渝西岩土工程概论

YUXI YANTU GONGCHENG GAILUN

孙云志　王　颂　张正清
　　　唐万金　沈明权　编著

中国地质大学出版社
ZHONGGUO DIZHI DAXUE CHUBANSHE

图书在版编目(CIP)数据

渝西岩土工程概论/孙云志等编著. —武汉:中国地质大学出版社,2021.9
ISBN 978-7-5625-4758-7

Ⅰ.①渝⋯
Ⅱ.①孙⋯
Ⅲ.①岩土工程-概论-渝西
Ⅳ.①P618.128

中国版本图书馆 CIP 数据核字(2020)第 276266 号

渝西岩土工程概论	孙云志　王颂　张正清　唐万金　沈明权	**编著**
责任编辑:张旻玥　阎娟	选题策划:徐蕾蕾	责任校对:徐蕾蕾
出版发行:中国地质大学出版社(武汉市洪山区鲁磨路388号)		邮政编码:430074
电　　话:(027)67883511	传真:67883580	E-mail:cbb@cug.edu.cn
经　　销:全国新华书店		http://cugp.cug.edu.cn
开本:880毫米×1230毫米 1/16		字数:1022千字　印张:32.25
版次:2021年9月第1版		印次:2021年9月第1次印刷
印刷:武汉市籍缘印刷厂		
ISBN 978-7-5625-4758-7		定价:368.00元

如有印装质量问题请与印刷厂联系调换

前　言

渝西，常指重庆西部地区，地处长江干流、嘉陵江和沱江三大水系的分水岭地带，地形以低山丘陵和平行岭谷为主，辖重庆市沙坪坝、九龙坡、江津、北碚、合川、永川、大足、璧山、铜梁、潼南、荣昌等城区，面积1.23万 km^2，人口约801万人。

在大地构造单元上，渝西位于扬子准地台四川台拗之川中台拱与川东陷褶束的接合部。本区基本构造形态定型于燕山运动末期，进入喜马拉雅运动以来，区内处于相对稳定状态，未发生造山或强烈的断块差异运动，构造运动主要表现为整体抬升，差异运动不强烈。新近纪以来的地质历史处于相对稳定状态，各级夷平面峰线齐一，沿江各级阶地未见错断现象，地表未见明显变形迹象，区内无活动性断裂通过，区域构造稳定，基本地震动峰值加速度为0.05～0.10g，相应的地震基本烈度为Ⅵ～Ⅶ度。

在地层岩性上，渝西出露古生界二叠系长兴组，中生界三叠系飞仙关组、嘉陵江组、雷口坡组、须家河组，侏罗系珍珠冲组、自流井组、新田沟组、下沙溪庙组、上沙溪庙组、遂宁组、蓬莱镇组及第四系；岩性为泥岩、粉砂岩等碎屑岩，以及灰岩、白云岩等碳酸盐岩。

近20年来，渝西经济建设取得了巨大成就，兴建了一批大型工程，满足了人民日益增长的物质生活需求。这些工程跨越市政、公路、铁路、堤库、岸坡、桥梁等多个行业及学科领域，涉及的岩土工程问题众多。上述问题的勘察论证与工程实践，在世界范围内具有一定的示范作用，对我国岩土工程学科的发展起到了促进作用。

为了系统地总结渝西岩土工程问题勘察论证的工程实践，在长江岩土工程有限公司的大力支持下编写了本书。

全书共分18章：第一章介绍了渝西区域地质与构造稳定性，第二章介绍了渝西岩土工程重要勘探技术，第三章介绍了高填方地基工程，第四章介绍了500m级顺层陡倾岩质特高人工边坡稳定性研究，第五章介绍了崩塌、滑坡与泥石流治理工程，第六章介绍了桥梁地基工程，第七章介绍了取水泵站地基工程，第八章介绍了输水管线地基工程，第九章介绍了堤库岸坡稳定性，第十章介绍了病险土石坝渗透分析与渗透控制工程，第十一章介绍了隧洞工程，第十二章介绍了大跨度地下空间软弱围岩工程特性，第十三章介绍了岩爆，第十四章介绍了软弱围岩大变形，第十五章介绍了隧洞TBM施工的适宜性，第十六章介绍了顶管施工的适宜性，第十七章介绍了隧道工程对水环境的影响与评价，第十八章对渝西岩土工程问题的勘察研究提出了展望。

全书由孙云志组织编写，同时负责第四章、第十二章、第十八章的编写；王颂负责第十三章、第十五章、第十六章的编写；张正清负责第三章、第六章、第十四章、第十七章的编写；唐万金负责第二章、第五章、第九章、第十章的编写；沈明权负责第一章、第七章、第八章、第十一章的编写。此外，王吉祥、杨文杰、王锐、万永良、谢玉萍、苏传洋、雷世兵、尹卫、张腾飞等参加了部分章节的编写工作，在此表示感谢。

由于水平所限，时间仓促，书中不妥或错误之处在所难免，恳请读者批评指正。

笔者

2021年9月

目 录

第一章 渝西区域地质与构造稳定性 ··· (1)

    第一节 区域地形地貌 ··· (1)

    第二节 区域地层岩性 ··· (1)

    第三节 区域地质构造 ··· (2)

    第四节 新构造运动与地震 ·· (38)

    第五节 地震基本烈度与地震危险性 ·· (56)

    第六节 地震动参数及地震动区划 ·· (68)

    第七节 小 结 ·· (81)

第二章 渝西岩土工程重要勘探技术 ·· (83)

    第一节 小口径钻探技术 ·· (83)

    第二节 超深孔绳索取芯技术 ··· (89)

    第三节 深水区钻探定位技术 ··· (95)

    第四节 非爆破勘探平硐掘进技术 ·· (96)

第三章 高填方地基工程 ·· (99)

    第一节 高填方地基 ·· (99)

    第二节 高填方地基工程特征 ·· (100)

    第三节 高填方地基工程勘察技术与方法 ·· (100)

    第四节 高填方地基勘察方法与处理工程实例 ··· (108)

第四章 500m级顺层陡倾岩质特高人工边坡稳定性研究 ··· (124)

    第一节 概 述 ·· (124)

    第二节 自然地理与区域地质 ·· (127)

    第三节 边坡工程地质条件 ·· (131)

    第四节 边坡岩体物理力学性质 ··· (146)

    第五节 边坡监测 ·· (151)

    第六节 边坡破坏模式与稳定性评价 ··· (155)

    第七节 边坡开挖、支护及运行监测建议 ·· (170)

第五章　崩塌、滑坡与泥石流治理工程 …………………………………………………… (172)

第一节　问题的提出 ……………………………………………………………………… (172)
第二节　崩　　塌 ………………………………………………………………………… (172)
第三节　滑　　坡 ………………………………………………………………………… (179)
第四节　泥石流 …………………………………………………………………………… (187)
第五节　崩塌、滑坡、泥石流监测预报 …………………………………………………… (191)
第六节　工程实例 ………………………………………………………………………… (193)

第六章　桥梁地基工程 ………………………………………………………………………… (206)

第一节　桥梁地基 ………………………………………………………………………… (206)
第二节　桥梁地基工程勘察技术与方法 ………………………………………………… (211)
第三节　桥梁地基勘察方法与地基处理工程实例 ……………………………………… (225)

第七章　取水泵站地基工程 …………………………………………………………………… (234)

第一节　问题的提出 ……………………………………………………………………… (234)
第二节　取水泵站勘察技术与方法 ……………………………………………………… (236)
第三节　工程实例 ………………………………………………………………………… (246)

第八章　输水管线地基工程 …………………………………………………………………… (257)

第一节　问题的提出 ……………………………………………………………………… (257)
第二节　输水管线地基勘察技术与方法 ………………………………………………… (258)
第三节　工程实例 ………………………………………………………………………… (270)

第九章　堤库岸坡稳定性 ……………………………………………………………………… (283)

第一节　问题的提出 ……………………………………………………………………… (283)
第二节　堤岸勘察 ………………………………………………………………………… (283)
第三节　库岸勘察 ………………………………………………………………………… (285)
第四节　影响堤库岸坡稳定性的因素 …………………………………………………… (287)
第五节　堤库岸坡稳定性评价 …………………………………………………………… (289)
第六节　堤库岸坡治理措施 ……………………………………………………………… (291)
第七节　工程实例 ………………………………………………………………………… (294)

第十章　病险土石坝渗透分析与渗透控制工程 …………………………………………… (307)

第一节　问题的提出 ……………………………………………………………………… (307)
第二节　病险土石坝水库勘察 …………………………………………………………… (307)
第三节　病险库渗漏分析 ………………………………………………………………… (314)
第四节　渗透稳定性分析 ………………………………………………………………… (318)
第五节　渗透控制措施 …………………………………………………………………… (319)
第六节　工程实例 ………………………………………………………………………… (324)

第十一章	隧洞工程	(332)
第一节	问题的提出	(332)
第二节	隧洞工程勘察技术与方法	(334)
第三节	万开快速通道隧洞工程	(345)

第十二章	大跨度地下空间软弱围岩工程特性	(360)
第一节	问题的提出	(360)
第二节	大跨度地下空间软弱围岩工程性状	(360)
第三节	大跨度地下空间软弱围岩主要工程地质问题	(370)
第四节	工程实例	(373)

第十三章	岩 爆	(374)
第一节	关于隧洞岩爆的勘察方法	(374)
第二节	岩爆成因及发生的一般条件	(379)
第三节	岩爆类型	(381)
第四节	岩爆预测判据	(383)
第五节	岩爆特征与规律	(384)
第六节	隧洞岩爆的防治方案与措施	(388)
第七节	渝西隧洞岩爆的防治工程实例	(394)

第十四章	软弱围岩大变形	(399)
第一节	软弱围岩大变形	(399)
第二节	软岩大变形的勘察技术与方法	(402)
第三节	软岩大变形勘察研究工程实例	(421)

第十五章	隧洞 TBM 施工的适宜性	(435)
第一节	基于隧洞 TBM 施工适应性评价的围岩质量分类方法	(436)
第二节	基于隧洞 TBM 施工适应性评价的围岩分类体系	(439)
第三节	隧洞 TBM 适宜性评价	(441)
第四节	影响 TBM 施工的主要工程地质问题	(442)
第五节	TBM 在不良地质段掘进难点分析和应对策略	(445)
第六节	TBM 隧道施工超前地质预报现状和技术	(454)
第七节	渝西隧洞 TBM 施工工程实例	(458)

第十六章	顶管施工的适宜性	(461)
第一节	顶管施工技术的发展状况	(461)
第二节	顶管施工技术研究现状	(462)
第三节	顶管施工技术基本规定及勘察方法	(462)
第四节	顶管施工分类及特点	(463)

第五节　顶管施工技术的适应性分析 …………………………………………………………（467）

　第六节　渝西顶管施工实例 ……………………………………………………………………（471）

第十七章　隧道工程对水环境的影响与评价 ………………………………………………………（476）

　第一节　问题的提出 ……………………………………………………………………………（476）

　第二节　隧道工程对地下水环境影响的勘察技术与方法 ……………………………………（477）

　第三节　隧道施工对地下水环境影响评价 ……………………………………………………（482）

　第四节　万开周家坝-浦里快速通道隧道工程地下水环境影响评价 ………………………（493）

第十八章　展　　望 …………………………………………………………………………………（501）

主要参考文献 …………………………………………………………………………………………（502）

第一章　渝西区域地质与构造稳定性

第一节　区域地形地貌

渝西位于四川盆地东南部的川中丘陵与川东平行岭谷接合部，以华蓥山—巴岳山—螺观山为界，以西的合川、铜梁、大足、潼南等属于川中丘陵范畴，以东则属于川东平行岭谷低山丘陵地貌。区内地势总体具有北高南低、西高东低的特点。

区内川中丘陵位于四川盆地中部丘陵的中南部。其间丘陵此起彼伏，丘顶海拔一般350～500m，相对高差多为50～100m。内江—自贡一带为盆地最低处，海拔仅300～400m，由于分布的岩层多近于水平，局部呈中等—陡倾斜，加之岩性差异，丘陵形状各地有异。遂宁—内江一带，以泥页岩组成的矮丘为主，形态多浑圆；其东、西蓬南场—大足及内江—自贡一带和威远穹隆状背斜周围，多为砂岩与泥页岩互层，组成台阶状的方山丘陵；宜宾柳嘉—丘场一带主要出露块状砂岩夹泥页岩，形若置于下层丘顶的"桌状"台面（高出下层丘顶100m左右），"台上"低丘密布；铁山—威远一带则为砂、页岩间互层组成与穹隆状背斜形态一致的低山地形，是四川盆地中部隆起最高者，核部海拔一般大于800m，相对高差为300～400m。

川东平行岭谷区：由花果山、黄瓜山、云锦山、东山、西山、五仙山、螺观山—古佛山、青山岭、观斗山等近10条狭窄的条状山地自东北向西南延伸，山地之间为宽阔的丘陵谷地，它们构成平行岭谷地形。山岭海拔550～1000m，山坡陡峻，山系及各山岭均显东北端抬高而向西南渐次低下，不仅山岭走向与构造线一致，且两翼和两端倾没特点亦吻合。局部山地顶部出露碳酸盐岩，则形成岩溶槽谷，或为断层所致，而形成一山二岭、一山三岭，除此为宽缓或陡峻山顶。华蓥山主峰海拔1 704.1m，大宝顶海拔1 278.3m，为区内最高峰。山岭与山岭间，宽缓且小丘错落的丘陵谷地，属构造剥蚀地形，丘低坡缓，河流溪沟密布，地面分割甚剧，一般海拔300～500m，相对高差100m左右。长江两岸，上述地形特点渐匿，代之以台阶状的方山状丘陵，与前述内江—自贡和柳嘉—丘场一带的景观颇为相似，唯长江以南的合江及习水县境邻黔北山地，海拔达900余米。

区内河流众多，源远流长，水量丰沛，地面分割零碎，均属长江水系。除长江横贯东西外，北岸岷江、沱江、涪江、嘉陵江、渠江均作北西-南东向凿山而出汇注长江。3级支流南广河、越溪河、釜溪河、郯江、琼江河、清水河、濑溪河和永宁、赤水河及其4、5级支流分别集注于2级河流或直接汇入长江。长江、嘉陵江流经本区丘陵地时，河谷开阔，阶地发育；河流切割山地时，常形成峡谷，如嘉陵江下游以"小三峡"著称的沥鼻峡、温塘峡、观音峡，以及长江切割的铜锣峡、明月峡等。

第二节　区域地层岩性

区域地层涉及古生界二叠系长兴组，中生界三叠系飞仙关组、嘉陵江组、雷口坡组、须家河组，侏罗系珍珠冲组、自流井组、新田沟组、下沙溪庙组、上沙溪庙组、遂宁组、蓬莱镇组及第四系。

各组地层之间除须家河组与雷口坡组、新田沟组与自流井组、下沙溪庙组与新田沟组为平行不整合接触外，其余各组均为连续沉积。长兴组、飞仙关组、嘉陵江组和雷口坡组属滨海-浅海相碳酸盐岩地层，其余各组均属于河湖相碎屑岩地层，以泥岩、粉砂岩等软质岩石为主，夹砂岩、岩屑砂岩。

第三节 区域地质构造

一、大地构造单元及其分区

区域大地构造的滋生环境及其演化历史是理解晚新生代以来,特别是现今块体运动特征的基础。研究区主要包括了秦岭造山带、龙门山-大巴山前陆逆冲楔和扬子陆块各一部分,渝西地区的大地构造位置及相邻的大地构造单元如图 1.3-1 所示。

扬子陆块为晋宁旋回固化的稳定克拉通,以新元古界变质基底之上的典型地台沉积为特征。其北缘大致沿青海玛沁、甘肃迭部和四川平武、青川一线以北,早古生代时为扬子地台被动大陆边缘与昆仑-秦岭洋过渡区,志留纪末的加里东运动使昆仑-秦岭洋由南向北俯冲、闭合,从而使扬子陆块与华北地台拼合为一个完整陆块。后受古特提斯洋扩张影响,在秦岭-北祁连山加里东造山带前缘形成了一系列的迁移裂陷槽。扬子陆块西缘的广大地域由于与北部劳亚大陆及西部羌塘-昌都陆块的相互作用而卷入强大的造山事件中,构成了松潘-甘孜印支期造山带的主体。

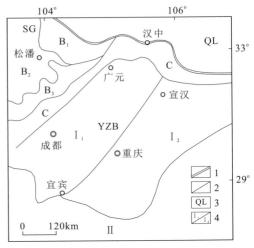

图 1.3-1 区域大地构造单元划分图
(许志琴等,1992;王二朋等,1993;程裕淇,1994 资料合编)
1.板块缝合线;2.大地构造单元代号;3.滑脱逆冲带;4.次级大地构造单元界线;YZB.扬子陆块;QL.秦岭造山带;I_1.川中台拱;I_2.川东陷褶束;II.扬子台褶带;SG.松潘-甘孜造山带;B_1.摩天岭逆冲-滑脱叠置岩片;B_2.巴颜喀拉-马尔康逆冲-滑脱叠置岩片;B_3.丹巴逆冲-滑脱叠置岩片;C.龙门山-大巴山前陆逆冲楔

松潘-甘孜造山带是古特提斯洋开启和闭合的产物,归因于扬子陆块向北俯冲于昆仑地块之下,同时又向西俯冲于羌塘-昌都陆块之下的双向俯冲结果,致使造山带的平面形态表现为独特的倒三角形,同时又记录了新特提斯运动的构造变形过程。研究结果表明,松潘-甘孜造山带形成的主要时段为 $P_1^2-T_3^2$,持续时间约 50Ma,历经了收缩变形与伸展变形等过程,形成有深层高温韧性剪切带,并伴随有高温面理、线理、"A"形褶皱等构造变形现象。在 T_3 晚期以来,随着新特提斯洋的开启与闭合以及热流作用,致使造山带地壳上部的体积膨胀,在强大的近东西向挤压作用下,造山带整体上升,地壳上部物质的塑性流动导致沿龙门山-锦屏山构造带发生大规模冲断作用,形成龙门山和盐源前陆薄皮逆冲楔,四川盆地则进入前陆盆地的发育时期。

秦岭造山带是扬子陆块与华北陆块分界的结合带,历经了漫长而复杂的构造变形过程,古、新特提斯洋的演化和太平洋板块对中国大陆的俯冲作用均在其地质记录和构造变形上打上了深刻的烙印。印支晚期以来,秦岭造山带发生了由北向南的大规模滑脱逆冲运动,在大巴山地区形成了一系列弧顶向南的推覆构造带,亦具有前陆薄皮逆冲楔的典型特征,并对四川盆地北东缘施加了重要的影响。

广义的四川盆地包括了川、滇、黔、渝各一部分,实质上是龙门山、大巴山和雪峰山冲断带前缘所共有的一个中、新生代前陆盆地。根据沉积建造及变形的强弱可将四川盆地进一步划分为上扬子台褶带和四川台坳两个二级大地构造单元,四川台坳以华蓥山断裂带为界又可进一步划分为川中台拱和川东陷褶束两个三级大地构造单元。川中台拱地层近水平,变形微弱,以鼻状或短穹隆状背斜构造为特点,地表几乎未见断裂构造;川东陷褶束变形稍强,以狭长的背斜和宽缓的向斜大致等距平行展布为特点,地表断裂与背斜构造具有伴生现象,且大多断于背斜的轴部或陡翼。四川盆地北东缘由于受大巴山南缘推覆构造带的影响,构造线方向偏转为北东东—东西向或北西西向,地表断裂仍然具有与背斜构造共生的现象。渝西地区位于川东陷褶束和川中台拱内。

大致始于50Ma的印-亚板块会聚导致新特提斯洋闭合及青藏高原快速隆升,对青藏高原东缘地区的地质地貌变革具有深刻影响。一是由于东喜马拉雅构造结在向北的推进过程中,产生了强大的向东方向推挤力,形成了由西向东的推覆,现已确认的中国兰坪和泰国清迈等推覆构造体,皆是由西向东逆冲,推覆距离达80~100km。二是由于高原的迅速崛起,高原地壳物质在重力势的作用下产生了水平推挤力。在这两者的共同作用下,龙门山-盐源推覆构造带最终形成并定位,在两侧形成显著的地形高差。三是在东缘地区形成大型的弧形走滑断裂系,即川青块体向南东东方向的逸出和川滇块体向南南东方向的侧向滑移。据研究,作为印支块体和川滇块体分界的红河断裂的右旋走滑运动大致发生在13~15Ma,而作为川青块体和川滇块体分界的鲜水河断裂的左旋走滑运动发生在15~20Ma。这一重要的运动转型期,不仅对东缘地区地质、地貌的表现,而且对地震活动均具有重要的制约作用。

第四纪基本上继承了上述运动转型期以来的构造变形表现形式,研究区域内的差异运动主要发生在岷山、龙门山、秦岭地区和大凉山,差异运动幅度达1000~4000m。渝西所处的四川盆地第四纪抬升幅度明显降低,差异运动不明显,是相对稳定的地区。

二、区内及外围主要断裂活动性

1. 区内及外围主要断裂及分布

活动断裂研究是涉及断裂最大可能潜在地震能力估计和潜在震源区划分的重要内容。研究区包括了青藏高原东缘及四川盆地的一部分。

重庆地域地壳岩层结构大致可以分为基底和盖层两大岩层部分,基底部分由两套岩性、原岩建造和时代不同的前寒武系变质岩群组成,并形成结晶基底,以及结晶基底和褶皱基底构成的双层结构基底;盖层则由一套海相岩层发展为陆相的化学和碎屑岩石建造所构成。

研究区内的断裂构造主要有区域性的块体边界断裂、断裂和受断裂控制的地表盖层断裂。以岷山断块、龙门山构造带和荥经-马边-盐津断裂带为界,研究区东、西两侧的构造变形及其地震活动出现明显的差异。研究区西侧断裂主要集中于块体边界上,是活动构造区;断裂规模大、活动性强,地震频发,尤其是6级以上强震主要集中于这些断裂上,这些断层的最后活动时代多为全新世时期。研究区东侧的四川盆地断裂构造不甚发育,主要为块体内部的断裂和与断裂相关联的地表断裂以及发育在背斜核部的盖层断裂,其中控制性的、具有较强地震背景的是断裂带,与断裂相关联的地表断裂在地表呈断续延伸,破碎带较宽,可达十几至几十米,其特点是与断裂或平行靠近、或重叠、或斜交,或深部同根。这些断层的最后活动时代多在中更新世时期,个别在晚更新世时期仍有活动,从分布在断层附近的地震震源深度较深的特点推测,它们与靠近的断裂存在成因或结构上的联系。这些断裂规模小、活动性弱,仅有一些零星的中强地震活动记载,是相对的稳定区,因此,对这些断层在分析区域主要断裂的活动特点时一并阐述。渝西正处于相对稳定的四川盆地内。

渝西区域断裂(带)有22条(图1.3-2,表1.3-1):龙门山构造带(F_1)和荥经-马边-盐津断裂带(F_7)等区域性块体边界断裂;华蓥山断裂带(F_{12})、七曜山-金佛山断裂带(F_{13})、长寿-遵义断裂带(F_{14})、彭水断裂带(F_{15})、龙泉山断裂带(F_5)和方斗山断裂带(F_{16})等为断裂带。

2. 主要区域性断裂特征

1)龙门山构造带

印度板块以约40mm/a的速率与欧亚板块的北向会聚造就了青藏高原广泛隆升和地壳物质沿大型走滑断裂带块体状的东向运移,受到华北地块鄂尔多斯和华南地块四川盆地等高强度块体的阻挡,在青藏高原东缘形成了局部挤压推覆构造带及其前陆盆地系统,包括作为青藏高原东部巴颜喀拉与华南两地块分界的龙门山推覆构造带。龙门山推覆构造带西接鲜水河-安宁河断裂带,南临四川盆地,北部为龙门山区,东部与秦岭南缘相接,是中国大陆南北地震构造带中段的重要组成部分(图1.3-3)。研究结果显示,龙门山构造带在晚三叠世诺利期以前处于扬子准地台西缘的被动大陆边缘。从晚三叠世诺

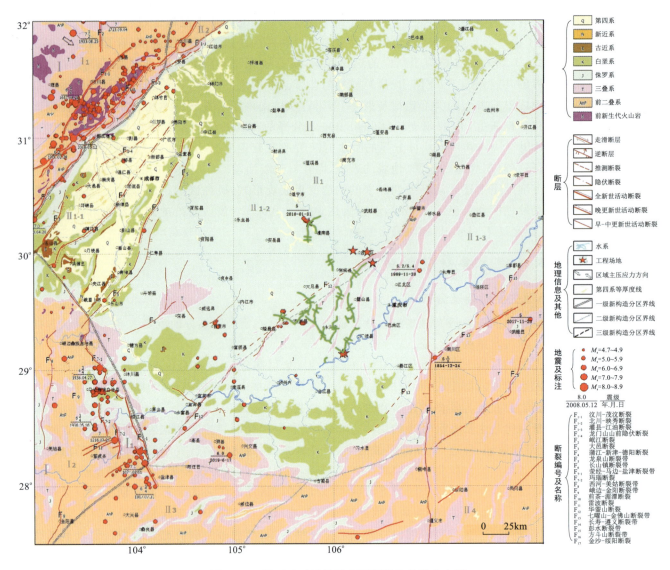

图 1.3-2 渝西地区及外围主要断裂及地震分布图

利期开始,龙门山构造带才由北向南开始逆冲作用,控制了龙门山构造带前陆盆地的成生与发展。其冲断过程具有由北西向南东渐次推进的前展式特点,并伴随前陆盆地西缘砾质粗碎屑楔状体的周期性出现和前陆盆地的幕式沉积响应。晚新生代以来,青藏高原的迅速崛起导致东缘地区地壳物质沿大型弧形断裂系发生大规模的向东方向逃逸,龙门山构造带作为川青滑移块体的南东边界仍然显示强烈的推覆逆掩作用。由于区域构造应力场从印支期的由北向南挤压转变为晚新生代以来的北西-南东向挤压,龙门山构造带还显示出明显的右旋滑动。龙门山构造带晚新生代以来的构造变形形式不仅对其前缘的晚新生代地层的沉积,而且对成都前陆盆地的构造变形均具有重要的控制作用。

龙门山推覆构造带长约500km,宽40～50km,南起泸定、天全,向北东延伸经宝兴、灌县、江油、广元进入陕西勉县一带,由走向N40°～50°E、倾向北西、倾角50°～75°的4条逆断裂叠瓦状组合而成(图1.3-4),自北西-南东向分别为龙门山后山断裂(汶川-茂汶断裂)、中央断裂(北川-映秀断裂)、前山断裂(灌县-江油断裂)和山前隐伏断裂,其间分别为汶川-茂汶、北川-映秀、灌县-安县-广元、龙门山山前等楔状推覆体。四川盆地为龙门山推覆构造带南侧的前陆盆地,具有前展式扩展的基本特征。

表 1.3-1 区域主要断裂活动特征一览表

编号	断裂(带)名称	产状	长度/km	性质	分段性(活动时代)	地震活动及滑动速率/(mm·a^{-1})
F_{1-1}	汶川-茂汶断裂	N30°~50°E/NW∠50°~70°	300(区内114)	逆冲兼右旋走滑	陇东段(Q_3)	中小地震分布
					茂汶-草坡段(Q_4)	1657年6.5级地震;滑动速率:1(水平),0.80(垂直)
					青川段(Q_4)	
F_{1-2}	北川-映秀断裂	N30°~50°E/NW∠50°~70°	300(区内212)	逆冲兼右旋走滑	北川-映秀段(Q_4)	1958年6.2级地震,2008年汶川8级地震;滑动速率:1mm/a(水平和垂直)
					南坝段(Q_{1-2})	中小地震分布
F_{1-3}	灌县-江油断裂	N30°~50°E/NW∠50°~70°	300(区内260)	逆冲兼右旋走滑	都江堰-天全段(Q_4)	1327年≥6级和1970年6.2级地震,2013年芦山7级地震;滑动速率:1mm/a(水平和垂直)
					江油段(Q_1—Q_2)	中小地震零星分布
F_{1-4}	龙门山山前隐伏断裂	N50°~60°E/NW∠60°~80°	105	逆冲	大邑段(Q_3)	中小地震分布;滑动速率:0.13~0.24mm/a
					竹瓦铺-什邡段(Q_3)	
					绵竹段(Q_3)	
F_2	岷江断裂	NS/W,倾角不定	170(区内30)	左旋走滑兼逆冲	南段(Q_4)	1713年7级和1933年7.5级地震
F_3	大邑断裂	N50°~60°E/NW∠60°~80°	180(区内65)	逆冲	Q_4	
F_4	蒲江-新津-德阳断裂	N30°~40°E/SE∠50°~70°	180	逆冲	Q_3	1734年5级和1962年5.1地震;滑动速率:0.15~0.33mm/a
F_5	龙泉山断裂带	N20°~30°E/SE∠50°~70°	210	逆冲	西支(Q_2—Q_3)	1967年5.5级地震
					东支(Q_1—Q_2)	
F_6	长山镇断裂带	N40°~50°E/NE∠60°~80°	60	逆冲	Q_1—Q_2	
F_{7-1}	荥经-马边-盐津断裂带	N25°~30°W/SW∠60°	250	左旋走滑兼逆冲	峨边段(Q_1—Q_2)	
					马边段 Q_4	1974年7.1级地震
F_{7-2}	玛瑙断裂	N10°W/SW∠50°	60		Q_4	1216年7级和1936年6.5级地震
F_8	西河-美姑断裂带	SN/W∠60°	185	逆冲	Q_1—Q_2	
F_9	峨边-金阳断裂带	NS/W∠60°~75°	240	逆冲	Q_1—Q_2	
F_{10}	煎茶-湄潭断裂	N40°~50°E/SW,倾角不定	130	逆冲	Q_1—Q_2	西南段有5级左右地震分布
F_{11}	雷波断裂	N70°E/SW∠65°	30	逆冲	Q_1—Q_2	
F_{12}	华蓥山断裂带	邻水-达县(北段):N30°~35°E/SE∠30°~70°	150	逆冲	Q_2	数次5级左右中强地震;B.C.26年宜宾5.5级地震及1610年高县5.5级地震等
		邻水-合川(中段):N30°~35°E/SE∠30°~80°	80		Q_2	
		合川-宜宾(南段):N40°~45°E/SE∠50°~80°	230		Q_2,局部 Q_3	
F_{13}	七曜山-金佛山断裂带	N30°E/SE∠50°	350	逆冲	Q_1—Q_2;武隆段位 Q_3	有5.5级历史地震分布
F_{14}	长寿-遵义断裂	NS/E∠50°	230(区内60)	逆冲	Q_1—Q_2	有5.5级历史地震分布
F_{15}	彭水断裂带	N30°E/SE∠45°~60°	280	逆冲	Q_1—Q_2	沿断裂发生过4.75级左右地震,其南东一侧发生过6.25级地震
F_{16}	方斗山断裂带	N30°~40°E/NW∠50°	230	逆冲	Q_1—Q_2	近5年来有多个中小地震分布
F_{17}	金沙-绥阳断裂	45°~60°/SE∠70°~80°	210	逆冲	Q_1—Q_2	历史上曾发生过5.5级地震

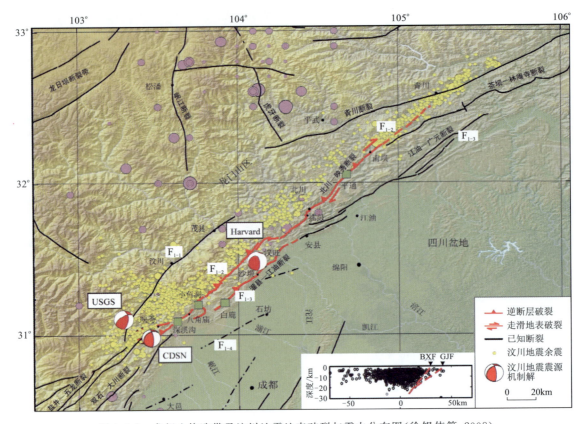

图 1.3-3 龙门山构造带及汶川地震地表破裂与震中分布图（徐锡伟等，2008）

右下角余震剖面显示北川-映秀断裂（BXF）平均倾角 47°，灌县-江油断裂（GJF）平均倾角 35°；粉红色圆圈代表历史破坏性地震，震级范围：5～7.5 级；黄色为汶川地震余震，震级范围：3.5～6.4 级；汶川地震震源机制解来自中国地震台网中心（CDSN）、美国 USGS 和 Harvard

全新世以来龙门山构造带的新活动性具有明显的分段性，中段和南西段主要由茂汶-汶川断裂、北川-映秀断裂、灌县-江油断裂和龙门山山前隐伏断裂组成，显示右旋逆冲运动方式，具有较明显的地质地貌证据。首先是沿龙门山构造带安县以南的中南段发生了强烈的差异活动，形成了成都第四纪断陷盆地（第四系最大厚度可达 550m）。北川以北的北东段主要由青川断裂、茶坝-林庵寺断裂和江油-广元断裂组成。各断裂在全新世以来的右旋走滑速率约为 1～10mm/a；逆冲垂直滑动速率≤1mm/a。也有研究者指出，龙门山推覆构造带中央断裂中段的北川-映秀断裂垂直滑动速率为 1～2mm/a，并推测整个龙门山推覆构造带总体滑动速率 4～6mm/a。从地质资料推测跨龙门山推覆构造带 NW 向地壳缩短速率为 10mm/a，由平衡剖面计算获得的地壳缩短率为 40%～60%。近年来 GPS 观测反映龙门山推覆构造带现今地壳缩短速率不明显；跨龙门山断裂带 700km 宽度范围内的现今地壳缩短速率约 7mm/a，或约 250km 宽度范围龙门山次级块体的地壳缩短速率约 4mm/a，同时存在 7.5mm/a 的左旋滑动速率。依据跨龙门山区有限的地质与 GPS 资料推测其现今地壳缩短速率≤3mm/a。

（1）汶川-茂汶断裂。

汶川-茂汶断裂为龙门山后山断裂的中段，其北为青川断裂（研究区外），其南为耿达-陇东断裂，研究区内展布的主要是汶川-茂汶断裂。

龙门山断裂带后山断裂的南段也称耿达-陇东断裂，北起耿达，向南至卧龙 SW 侧一带开始呈帚状撒开为多支，整体向 N45°E，发育于古生代地层中，断裂沿线存在糜棱岩、流劈理、片理等结构。沿断裂带无明显的活动地貌显示，至今尚未观测到直接断错第四系剖面。陈立春等（2013）在陇东等地、沟谷边侧基岩中见有多个断层剖面，断裂所穿过的 T_1-T_2 阶地以及水系均未见明显的断错迹象，反映断裂在

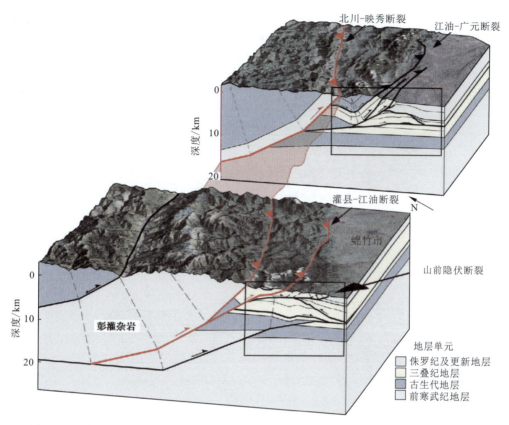

图 1.3-4　龙门山推覆构造带及汶川 Ms8.0 级地震三维发震构造模型(徐锡伟等,2008)

沿北川-映秀断裂和灌县-江油断裂发生的地表破裂带呈叠瓦状在地壳中部合并,调节龙门山前山地带地壳缩短;黑矩形区为石油地震剖面揭示的地下结构范围,地表模型主要依据多光谱卫星影像和地形高程模型(DEM)

T_2 阶地形成以来活动不明显,断裂活动时代为中更新世—晚更新世。

汶川-茂汶断裂位于彭灌杂岩西北侧,走向 N25°~45°E,近地表倾角较大,在北端与青川断裂斜交,晚更新世以来右旋滑动速率为 0.8~1.4mm/a,全新世逆冲垂直滑动速率为 0.5mm/a(唐荣昌等,1993;马保起等,2005)。

在茂县县城附近汶川-茂汶断裂断错岷江Ⅲ级河流阶地,断裂平均垂直滑动速率为 0.84mm/a(周荣军等,2003)。在汶川县城岷江南岸的姜维城,高出现代河床 120m 的 Ⅴ 级阶地上的冲洪积地层中发育有压扭性断层,断层走向 N30°E,倾向 SE,倾角 70°,与主干断裂组成"入"字形构造,指示断裂的右旋错动性质(四川省地质局,四川省地震局地质编图组,1980)。另在姜维城相当于Ⅲ级河流阶地高程的冲洪积砾石层中发育一组(共 4 条)砂脉,砂脉一般宽 0.5~1cm,最宽可达 3~5cm,有可能是两次古地震事件(图 1.3-5)。该断裂于汶川附近发生过 1657 年 6.5 级地震及多次中强地震。因此,该断裂的茂汶—草坡段具全新世活动性,南西段为晚更新世活动断裂,断裂错切了晚更新世沉积物(图 1.3-6)(杨晓平等,1999)。

综上所述,龙门山后山断裂北段的青川断裂和南段的耿达-陇东断裂为中更新世活动断裂,中段的汶川-茂汶断裂为全新世活动断裂,曾发生过 1657 年 6.5 级地震及多次中强地震,具备 6~7 级地震的发震构造能力。龙门山后山断裂在 2008 年汶川地震中未发生同震破裂。

(2)北川-映秀断裂。

北川-映秀断裂为龙门山中央断裂的中段,其北为茶坝-林庵寺断裂(研究区外),其南为盐井-五龙断裂,研究区内展布的主要是北川-映秀断裂。龙门山中央断裂走向 N45°E,倾向 NW,倾角 60°左右,南西始于泸定两河口以南,经盐井、映秀、茶坪、北川、南坝、茶坝进入陕西境内与勉县-阳平断裂相接,长约

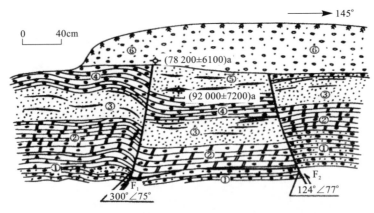

图 1.3-5 宝兴五龙茂汶-汶川断裂剖面图(杨晓平等,1999)
①黑灰色粗砂角砾;②细砂夹砾石层;③细砂夹细砾石;内夹数条黏土带;④灰黄色角砾石层;⑤粗砂夹细砂、黏土条;⑥冲洪积砂砾石

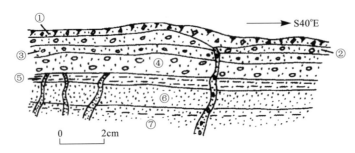

图 1.3-6 汶川姜维城Ⅲ级河流阶地中的古地震砂脉
①灰黄色坡洪积砂砾石;②褐灰色砂夹次棱角状砾石;③粗砂;④褐灰色砂砾石;
⑤黄褐色细—粉砂;⑥土黄色细砂;⑦青灰色细—粉砂

500km。茶坝-林庵寺断裂主要发育在奥陶纪、志留纪和泥盆纪地层中,由多条次级断裂组成,晚更新世以来不活动(李传友等,2004);盐井-五龙断裂曾被发现切割宝兴西河阶地堆积物,是晚第四纪以来断裂活动的最新证据(杨晓平等,1999)。

北川-映秀断裂走向N35°~45°E,倾向NW,由数条次级逆断裂组成叠瓦状构造,表现为元古宙彭灌杂岩和上古生界至中、下三叠统向SE逆冲到上三叠统须家河组之上,晚更新世以来逆冲垂直滑动速率为0.6~1mm/a,右旋滑动速率为1mm/a(邓起东等,1994;赵小麟等,1994;马保起等,2005;李勇等,2006;Densmore et al.,2007)。

北川-映秀断裂是汶川地震的主破裂段,地表破裂带长240km,破裂带几何结构非常复杂,主要由逆断层陡坎(图1.3-7a、b)、挤压推覆陡坎、褶皱陡坎(图1.3-7c)、后冲逆断层陡坎(图1.3-7d)和鳄鱼嘴状陡坎(图1.3-7g)等基本破裂单元组合而成,垂直或水平断错河床、河流阶地、公路、田埂等地物标志(图1.3-7e、f、h)。

映秀-北川破裂带上最大地表垂直位移为6.5m,右旋位移为4.8m,位于北川-映秀断裂的南段(图1.3-8、图1.3-9),其余大部分地段垂直位移集中在2~4m之间(何宏林等,2008);北川以北右旋分量接近垂直位移分量;小鱼洞一带NW向断裂的同震垂直位移量为1~2m,擂鼓镇石岩村一带2~3m(陈桂华等,2008;徐锡伟等,2008)。

映秀-北川地表破裂带北段沿北川-青川断裂带分布,该段地表破裂沿走向连续分布,结构单一,破裂长度为60~90km,地表破裂没有到达青川县关庄镇(图1.3-10b)。走向总体为20°~55°,运动学性质主要为右旋走滑逆冲。地震形成的地表破裂主要表现为垂向上的地表拱曲(图1.3-10a、b),指示了深部断层的逆冲性质;在水平运动方向上则主要表现为右旋走滑(图1.3-10c)。地震地表破裂显示的同震

图 1.3-7 断层断错地貌基本类型
a.公路垂直断错;b.河床垂直断错;c.褶皱陡坎;d.后冲逆断层陡坎;e、f.垂直擦痕;g.鳄鱼嘴状陡坎;h.水平向擦痕

垂直位移从西南段黄家坝的 3m 左右,向东北逐渐降低至南坝、石坎的 1.5m 左右(图 1.3-10c);右旋水平位移没有明显变化或者略有增加,一般在 1.5~2.0m 之间(图 1.3-7d)。

野外调查发现,沿映秀-北川-青川断裂,多个地点新老地貌面存在累计变形量,探槽开挖也证实了这一点(图 1.3-11)。冉勇康等(2008)、郑文俊等(2008)对该段的古地震进行了研究。

探槽结果表明:在汉旺-白鹿地表破裂带南段的小鱼洞(图 1.3-11 中 a 点,图 1.3-12)、擂鼓镇(图 1.3-11 中 d 点,图 1.3-13)等地,汶川地震之后Ⅱ级阶地断层陡坎与Ⅰ级阶地陡坎高度基本呈倍数关系,探槽揭露Ⅱ级阶地标志地层(黄砂土层)在断裂两盘的位差也是汶川地震的约 2 倍,显示在龙门山

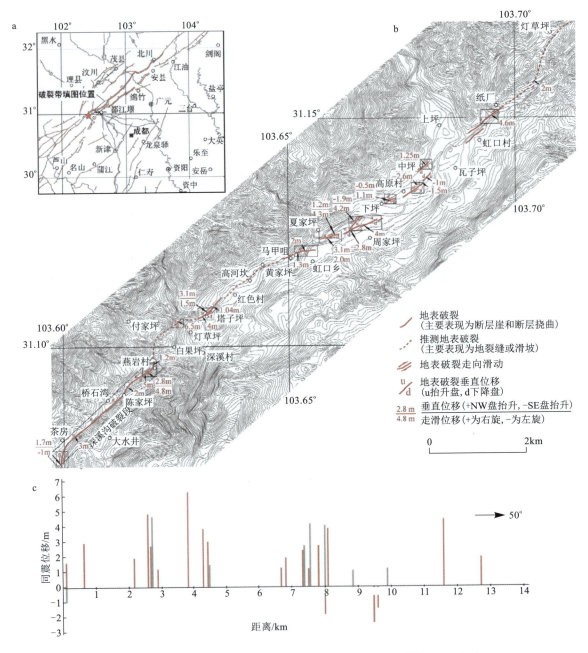

图 1.3-8 北川-映秀断裂白沙河地表破裂带分布图(何宏林等,2008 修改)

a.龙门山地区区域活动构造简图,双实线表示汶川 M_s8.0 地震地表破裂带位置,红星表示主震中,菱形框表示白沙河破裂段的填图范围图 b;b.数字地形图上所示实测地表破裂带的位移及分布;c.白沙河破裂带同震位移分布图,红色线段表示垂直位移量,其中 NW 盘上升的为正,SE 盘上升的为负,绿色线段表示走滑位移,其中右旋为正,左旋为负

地区区域Ⅱ级阶地形成之后,汶川地震发生之前,存在一次与汶川 M_s8.0 级地震地表变形规模相当的地震事件。在中央断裂北段的桂溪乡凤凰村(图 1.3-11 中 e 点,图 1.3-14)、平通盘旋路平通河Ⅰ级高阶地(图 1.3-11 中 f 点,图 1.3-15)、南坝镇庙子湾(图 1.3-11 中 g 点,图 1.3-16)等地,探槽揭示该段断裂在汶川地震之前可能还存在一次震级相当的地震事件,其发生时间至少早于该区域内 T_1 阶地形成的最新年龄 3000a。

所开挖的 5 个地点的剖面,都一致显示了包括 2008 年汶川地震在内的至少两次大小相近的地震事件。

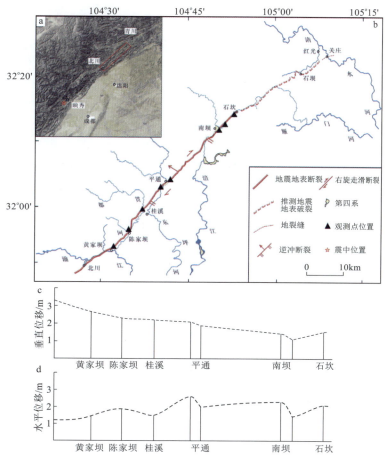

图 1.3-9　北川-映秀断裂北川-石坎段地表破裂带展布图（李传友等，2008 修改）

a.龙门山地区遥感影像图所示研究区 b 图位置；b.北川-石坎地表破裂带分布图；c.北川-石坎破裂带同震垂直位移分布图；d.北川-石坎破裂带同震水平位移分布图

图 1.3-10　断层断错地貌基本类型

a.黄家坝处洪积扇面上农田的垂直挠曲断错；b.黄家坝处现代冲沟沟床与水泥路面垂直断错；c.陈家坝乡西侧冲沟附近的断裂位错与地表破裂

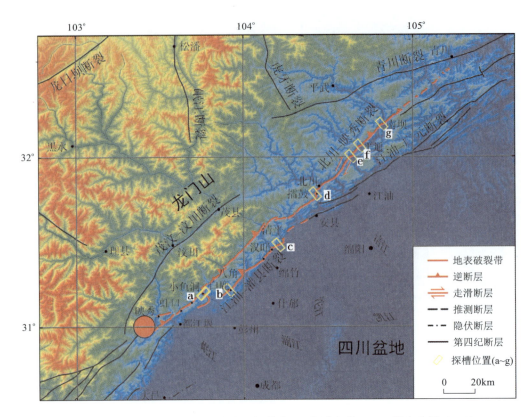

图 1.3-11 汶川地震地表破裂与中段探槽位置(冉勇康等,2008;郑文俊等,2008)

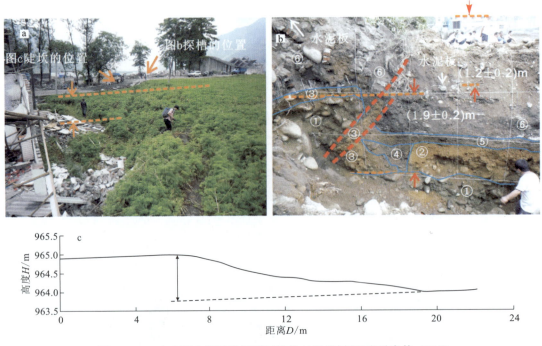

图 1.3-12 小鱼洞水泥厂附近断层陡坎与探槽剖面(冉勇康等,2008)
a.小鱼洞水泥厂附近的断层陡坎(镜向 SE);b.探槽剖面显示的地层变形层;②黄色砂土位差为(1.9±0.2)m,但震前在同一水平面上的水泥板现在位差 1.1~1.2m(镜向 NW);c.汶川地震断错公路的垂直位移量实测剖面

图 1.3-13 擂鼓镇老场口河西北岸阶地上的断层陡坎和探槽剖面(冉勇康等,2008)
a.石岩村一带Ⅰ级阶地上汶川地震断层陡坎(镜向 SW);b.石岩村一带Ⅱ级阶地发育的复式断层陡坎,黄色箭头表示汶川地震前存在的老陡坎,红箭头表示新伴生的陡坎(镜向 W);c.在 b 位置开挖的探槽照片拼接剖面

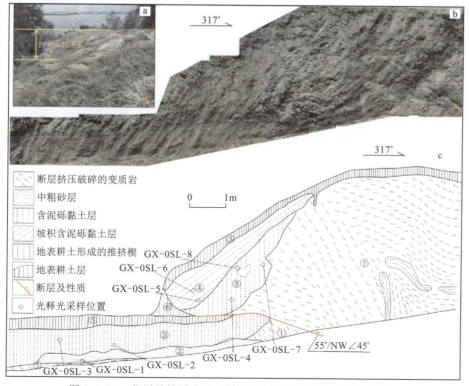

图 1.3-14 北川县桂溪乡凤凰村五组探槽剖面(郑文俊等,2008)
a.本次地震形成的陡坎地貌(镜向 SW);b.探槽剖面照片:图中方格为 1m×1m;c.探槽剖面图

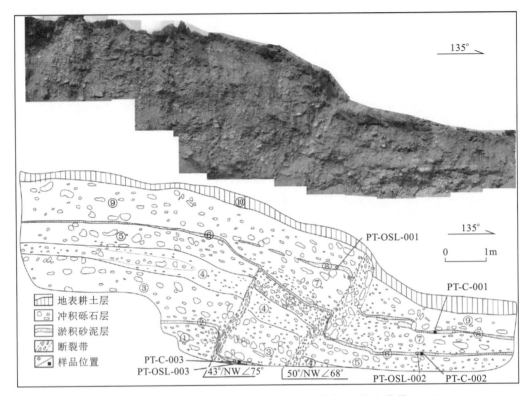

图 1.3-15 平通盘旋路平通河Ⅰ级高阶地探槽剖面(郑文俊等,2008)

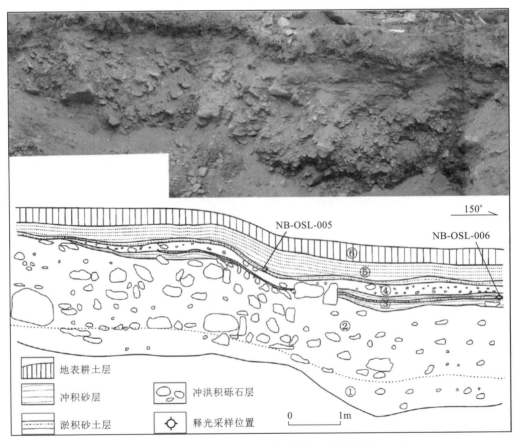

图 1.3-16 平武县南坝镇庙子湾探槽剖面(郑文俊等,2008)

(3) 灌县-江油断裂。

灌县-江油断裂为龙门山前山断裂的中段,其北为江油-广元断裂,其南为大川-双石断裂。龙门山前山断裂走向呈 N35°~45°E,断面倾向 NW,倾角 50°~70°,南起天全,经灌县、江油、广元延入陕西宁强、勉县一带。研究区内主要出露灌县-江油断裂,2008 年汶川地震的次级破裂带正是沿着该段展布的。2013 年 4 月 20 日四川芦山 7.0 级地震发生在大川-双石断裂带东侧的盲逆断层上,断裂未断错地表,是盲逆断层型地震。

江油-广元断裂又称马角坝断裂,发育在寒武纪与志留纪地层中,顶部被晚更新世——全新世地层覆盖,最晚活动时代应在第四纪以前(李传友等,2004);大川-双石断裂为龙门山推覆构造带南段一条区域性大断裂,走向 N43°E,倾向 NW,倾角 45°~65°不等,其东南侧为开阔的中新生代陆相盆地,西北侧为古生代地层组成的中高山区,可见断裂切割古生界、三叠系煤系和白垩系砂砾岩,晚第四纪以来有过活动(杨晓平等,1999)。

灌县-江油断裂主要发育在中生代地层中,倾向 NW,倾角较陡;沿断裂航、卫片上线性影像特征清晰,两侧地貌差异明显,断层陡坎、边坡脊、断层沟槽、断错水系和山脊以及大小不一的断塞塘等活动构造微地貌发育(邓起东等,1994;李勇等,2006;陈国光等,2007),晚更新世中期以来逆冲垂直滑动速率约为 0.2mm/a(马保起等,2005)。

在彭县老君山附近,一系列山脊被断裂同步右旋位错了 10~20m。彭县菩萨岗—代明寺一带,彭县-灌县断裂将两条冲沟同步右旋位错了 75m 和 120m,并在断层陡坎下方形成断塞塘,可见到晚更新世早期洪积物[顶面 ESR 年龄值为(96 000±7300)a]逆冲于晚更新世晚期湖沼相黏土[T_L 测龄值为(14 300±1100)a]之上(图 1.3-17),断面附近松散物中颗粒有定向现象。根据断错开始的相应时间估计,断裂的平均水平滑动速率为 0.78~1.25mm/a,均值为 1mm/a。

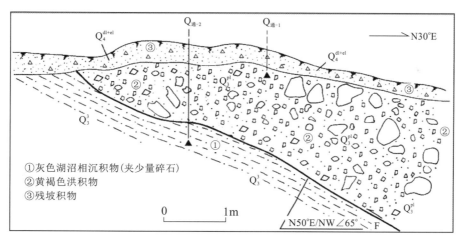

图 1.3-17 菩萨堂东南侧第四纪断层剖面图

大邑双河一带,邓起东等(1995)亦报道了主干断裂新活动所形成的边坡脊与断塞塘,野外工作中还发现有右旋位错冲沟的现象,估计的断层平均水平滑动速率在 0.9mm/a 左右。在都江堰附近,该断裂将岷江Ⅲ级阶地垂直位错了 12m 左右,Ⅰ、Ⅱ级阶地可能也存在位错现象,估计该断裂的垂滑动速率约为 0.2mm/a(中国地震局地壳应力研究所,2001)。史料记载,该断裂上发生过 1327 年天全 8 级地震和 1970 年大邑 6.2 级地震,特别是 1970 年地震在地表形成了地震缝,显示出最新的活动。

汶川地震使山前断裂发生破裂,紧邻老陡坎前缘分布,但地震地表形变带仅局限于断裂中段的白鹿—汉旺一带,没有突破原活动断裂边界。

白鹿镇一带是灌县-江油断裂在汶川地震时伴随的地表垂直位移最大的地段,中心学校两栋教学楼之间断层陡坎的高度为 1.8m 左右,白鹿河和白鹿镇老街道路垂直位错可达 2.4m。湔江支流白鹿河Ⅱ

级阶地上普遍发育复式断层陡坎,高度多在 4～5m 之间。在白鹿镇中心学校围墙外,老陡坎前缘为梯田埂,有(1.7±0.3)m 高的垒石,垒石坎前存在高 1.6m 左右的陡坎或鼓包,形成明显的复式陡坎(图 1.3-18)。探槽揭示,汶川地震在探槽东北 20m 以外的中心学校两栋教学楼间平面状水泥地板上形成的垂直位移量为(1.8±0.3)m,而探槽开挖处陡坎高度约 5m(含弯曲隆起量),汶川地震发生前已存在(1.7±0.3)m 高的垒石陡坎,地震后存在明显的复式陡坎,反映出包括汶川地震在内,至少存在 2 次大小相近的事件。

图 1.3-18　白鹿镇中心学校附近断层陡坎与探槽(冉勇康等,2008)

a.中心学校教学楼之间的汶川地震断层陡坎,实测高度 1.8m(镜向 N);b、c.中心学校南墙外复式断层陡坎,实测高度 3.3m,其中老陡坎高 1.7m(护坎垒石高度),汶川地震陡坎高度约 1.6m,老陡坎原始面存在新的弯曲变形;d.探槽局部,汶川地震断层位错黑色耕作土

汉旺镇一带,地表破裂断续出露,在汉旺北约 3km 的全新村(玉皇庙),白溪河两岸,地表断层延伸 100 余米,位错河岸堤坝,使庄稼地变形,产生高度 0.9m 左右的断层陡坎(图 1.3-19)。探槽揭示,层②存在明显的弯曲隆起变形的痕迹,使巨大砾石倾向上游,并在断裂带上定向排列。但层②隆起的部位地貌上并不存在变形的迹象,说明被后期河流改造。而汶川地震的断层陡坎显然向前展了约 1m,形成 0.9m 高的陡坎,因此可认为层②隆起变形发生在汶川地震之前。反映出包括汶川地震在内,至少存在 2 次大小相近的事件。

2013 年 4 月 20 日芦山 7.0 级强震是继 2008 年 5 月 12 日汶川 8.0 级地震后又一次发生在龙门山推覆构造带上的一次破坏性地震。据国内外多个科研机构给出的震源机制解可知(图 1.3-20、图 1.3-21),芦山 7.0 级强震是一次发生在青藏高原中东部巴颜喀拉块体东端与华南块体西北端四川盆地强烈挤压碰撞带内部典型的逆断层型地震,震源深度 12.3～15km,震源断层走向 N40°E,倾角约 35°,面波震级 7.0 级,矩震级 6.6 级左右(刘超等,2013;中国地震局地震预测研究所,2013;王为民等,2013)。

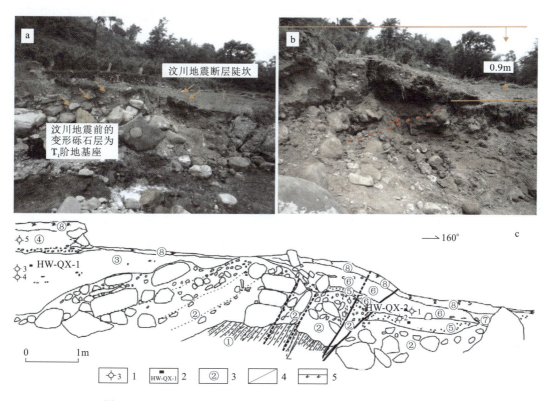

图 1.3-19　汉旺北全新村白溪河北岸的断层陡坎（冉勇康等，2008）

a.Ⅰ级阶地老的变形砾石与汶川地震断层陡坎（镜向 NE）；b.陡坎近景，实测高度；c.探槽剖面（1.释光采样点及编号，图中编号 T3 表示样品野外编号 HW-QX-T3，其他样品同；2.^{14}C 采样点及编号；3.地层编号；4.大砾石层的层理；5.地表耕作土）

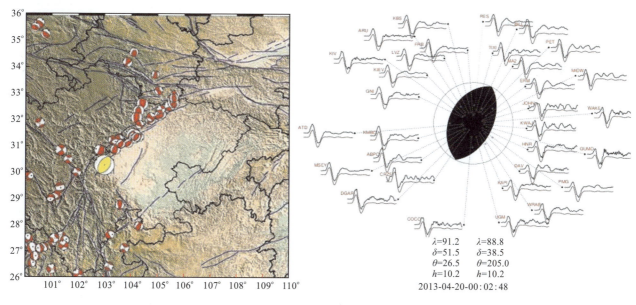

图 1.3-20　历史地震震源机制及 7.0 级
地震震源机制解分布
（中国地震局地震预测研究所，2013）

图 1.3-21　雅安芦山地震震源机制解（王为民等，2013）
采用下半球投影，同时给出了点源模型的 P 波垂向位移理论图（红线）与资料（黑线）的拟合情况。图形下方给出了两组节面解（左下，λ,δ,θ,h 分别表示错动倾伏角、断层倾角、断层走向、震源深度）和点源模型的震源时间函数（右下）

如图1.3-21所示,利用沿方位角分布比较均匀的31个远场P波波形(震中区位于30°～90°之间)数据点源模型的震源机制解反演;根据反演结果再利用31个远场P波波形并增加14个SH波波形资料用于震源过程反演。初始破裂点取USGS给出的震中位置。计算得到的地震矩为$1.54×10^{19}$N·m,M_w=6.7。最大滑动159cm。结果表明:雅安芦山地震为震级6.7,震源深度10.2km的逆冲断层,破裂在断层面上的分布比较集中,震中区的地震烈度(中国地震烈度表,2008)约为Ⅸ度。

虽然此次地震沿区内主要断裂发育了大量地表裂缝和滑坡等次生地质效应,但地震野外应急调查并没有发现真正意义上的地表破裂。同时,震中附近地区存在多条近于平行的NE向断裂,构造上较为复杂。由于此次地震没有同震破裂在地表出露,其发震构造究竟是哪条断裂,是离震中最近的构成前山断裂南段主体的大川-双石断裂,还是更靠东侧的火井-高何断裂和新开店断裂,或盆地内的大邑隐伏断裂,仍然难以定论。因此,对于此次地震的发震构造,目前只是根据地震参数、震源机制解、地震反射剖面和地表地质效应等获得了一些推测性认识(图1.3-22)。

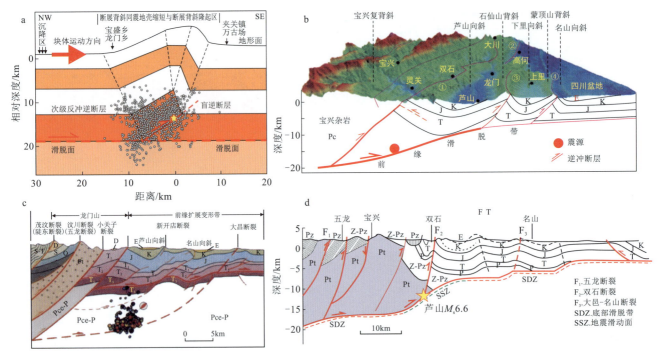

图1.3-22 芦山地震可能的地震构造与断层模式

a.徐锡伟等,2013。白色小圆圈为重新定位后的芦山地震余震;黄色五角星为芦山地震震源位置;地表变形特征依据断展背斜原理推断;盲断层倾角约为38°,倾向NW。b.李传友等,2013。粗红色线条示发震滑脱带;细红色线条本次地震发生滑动的断层;紫色线条示此次地震没有发生滑动的断裂;虚线为推测断裂;黑色线条示地层,红色圆圈为震源大体相当的深度位置;滑脱构造和地层参考Burchfiel等(2008);①大川-双石断裂;②火井-高何断裂;③新开店断裂;④名山断裂。c.朱李勇等,2013。图中前缘扩展变形带的浅部构造剖面据地震反射剖面的构造解释成果编制而成,余震的纵剖面分布根据芦山地震余震精确定位图(中国地震局地球物理研究所,2013-04-22)。d.张岳桥等,2013

由于此次地震没有同震破裂在地表出露,一些研究者将此次地震定为盲断层型地震(图1.3-22a)(徐锡伟等,2013)。此次地震中的运动主要发生在大川-双石断裂与芦山东侧断裂(新开店断裂)之间的芦山地块,该区域的主要构造为位于芦山之下的龙门山前缘滑脱带。因此,芦山地震的发震构造可确定为这一构造滑脱带,具体的发震段落应位于太平-双石和新开店断裂之间(图1.3-22b)(李传友等,2013)。综合余震重新定位结果、石油地震勘探剖面和震源机制解等,判定本次地震的主要发震构造为控制蒙山东麓的大邑断裂,系龙门山构造带南段NW-SE向缩短所导致的大邑断裂上冲作用的结果;新开店断裂亦在深部产生了同震破裂,造成了断裂上盘震害明显高于下盘的断层上盘效应现象(图1.3-22c)(李勇等,2013)。根据地震震源机制解,芦山地震主破裂滑动面西倾,倾角30°～40°,基于震源资料并结合深部构造剖面,张岳桥等(2013)推断芦山地震可能发生在龙门山断裂带底部滑脱面与双石-大川断裂的交会部位,底部滑脱带在该部位应该是一断坡,是地应力积累的有利部位(图 1.3-22d)。

(4)龙门山山前隐伏断裂

龙门山山前隐伏断裂系指发育在成都平原西北缘的隐伏构造,地表仅断续出露一些次级断层和倾向 SE、发育在隐伏断裂上盘的上三叠统须家河组和侏罗系组成的单斜构造。地震反射资料显示在侏罗系之下,须家河组内部存在 1 条盲断层,断裂上盘发育的开阔背斜为断裂扩展褶皱(邓起东等,1994)。龙门山山前隐伏断裂在 2008 年汶川地震中并未发生同震破裂。

该断裂由数条次级断裂羽列而成。在成都断陷区内,主要由大邑断裂、竹瓦铺-什邡断裂和绵竹断裂呈左阶羽列组成,均为隐伏断裂性质,控制了成都断陷的北西边界。在大邑东关附近的古近纪名山群($E_{1-2}M$)砂泥岩中,基岩断裂清楚地显示由北西向南东逆冲,并将上覆的Ⅲ级阶地垂直位错了 3~4m。竹瓦铺断裂两侧基岩埋深差异显著,北西侧为基岩出露的走石山,南东侧第四系最厚可达 541m,显示强烈的差异活动。绵竹断裂的差异活动稍弱,但绵竹县城附近的钻孔证实该断裂业已错切晚更新世早期沉积物。在安县以北,该断裂为潜伏性质,未直接出露地表,但近年的中小地震活动仍显示出其具有一定的现今活动性。

此外,利用双差地震定位法(Waldhauser et al.,2000)对四川地震台网观测报告中 1992—2002 年间记录到的川西地区 13 367 个小震作了重新定位,获得了 10 215 个地震重新定位的震源参数(朱艾斓等,2005)。重新定位后的中小地震主要集中在龙门山推覆构造带中段中央北川-映秀断裂上,前山灌县-江油断裂和后山汶川-茂汶断裂上有较多的中小地震分布;映秀镇以南的龙门山推覆构造带南段中小地震也较多,而广元、青川附近及其以东的龙门山推覆构造带北段青川断裂、茶坝-林庵寺断裂和江油-广元断裂上中小地震活动稀少或缺失,但在平武至北川之间存在着多条垂直龙门山推覆构造带的 NW 向中小地震密集带,NW 向中小地震密集带以南地震密集,以北则几乎无中小地震活动,推测为龙门山推覆构造带推覆逆冲过程中引起地壳不均匀缩短所产生、具走滑活动性质的掖断层,为龙门山推覆构造带中段与北段宽阔的段落边界构造。这些现象表明,龙门山推覆构造带具有分段活动性,中段和南段现今仍存在着地壳变动,与 GPS 观测结果得出龙门山断裂带的地壳汇聚缩短不明显的结论不符(King et al.,1997;吕江宁等,2003;Shen et al.,2005),龙门山推覆构造带北段活动性很弱,甚至不活动。

从上述断层切割第四纪地层、构造地貌分析和双差地震定位分析可知,龙门山推覆构造带北段青川断裂、茶坝-林庵寺断裂和江油-广元断裂为早中更新世断裂,具备发生 6.5 级地震的构造背景;中段汶川-茂汶断裂、北川-映秀断裂和灌县-江油断裂均为全新世断裂,具备发生 8 级地震的构造背景;南段除耿达-陇东断裂情况不明外,盐井-五龙断裂和大川-双石断裂为晚第四纪以来有过活动的断裂,具备发生 7.5 级地震构造背景。沿龙门山构造带中段所开挖的全部探槽剖面,都一致显示了包括 5·12 汶川地震在内的至少 2 次大小相近的地震事件。意味着龙门山中段的强震重复,无论中央和前山断裂,可能是大小相近的特征地震类型,以及中央和前山断裂联合破裂模式。

汶川 8.0 级地震发生在中小地震密集分布的龙门山推覆构造带中段,叠瓦状推覆的北川-映秀断裂和灌县-江油断裂同时破裂,形成了几何结构复杂的地震地表破裂;芦山 7.0 级地震发生在双石-大川断裂东部的盲冲型断层。综上所述,龙门山断裂带的活动可能改变山前断裂活动频度和强度,另一方面本次地震释放了巨大的能量,它释放了大范围区域构造应力和弹性应变能,也可能解除了附近断裂带的发生强震的危险性。在潜在震源区确定方面将考虑正反两方面的因素。虽然该断裂带的潜在震源较大,但由于该断裂带距场地较远,经汶川地震和芦山地震检验,其烈度影响小于Ⅵ度。

2) 荥经-马边-盐津断裂带

该断裂带位于四川盆地西南缘,是凉山活动断块的东边界。北起天全以南,向南经荥经、峨边、马边至云南盐津北,全长 250 余千米。由 9 条规模不等的断裂组成一条宽 25~30km 的北北西向断裂带,总体走向 N25°~30°W。断裂带在活动时代、活动强度上具有明显的北老南新、北弱南强的特点。北段

(马边以北)断裂组合形式单一,地质上主要活动期在晚更新世以前,如天全-荥经断裂和峨边-烟峰断裂的热释光年龄值分别为46万a和27万a左右。北段仅利店断裂活动性稍强,在断面上取断层泥或方解石脉经热释光(T_L)法测定,其最晚一次活动时间在晚更新世早期。近年在沐川凤村至杨村一带连续发生了3次5级地震。南段(马边以南)断裂组合形式复杂,由北至南由靛兰坝断裂、中都断裂、玛瑙、猓子坝断裂、关村断裂及中村断裂等组成,可见到断错河流阶地及第四纪沉积物中有断层

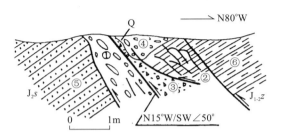

图 1.3-23　太平村南玛瑙断裂剖面图
(成都地震大队地震地质队,1972)
①碎裂状砂岩；②碎裂状泥岩；③断层角砾岩；④第四系砂砾石；⑤侏罗系砂岩；⑥侏罗系泥岩

或褶皱等变形现象(图 1.3-23)(成都地震大队地震地质队,1972)。因此,该断裂段普遍具有较强的晚更新世活动性,特别是靛兰坝、玛瑙、猓子坝断裂等为全新世活动断裂。断裂南段地震活跃,强震频繁,历史上曾发生过1216年雷波马湖7级地震、1974年云南大关北7.1级地震及1935—1936年马边6.75级震群。此外,大毛滩等地有古地震砂脉现象(国家地震局地质研究所,四川省地震局,1990),表明该断裂段可能还发生过一些古地震事件。

虽然该断裂带的潜在震源较大,但由于该断裂带距场地较远,对场地影响有限。

3) 华蓥山断裂带

该断裂带北起达州北、向南西经大竹、邻水、合川、铜梁、荣昌至宜宾南,长约460km,是四川盆地内规模最大的断裂带。断裂带总体走向N40°～45°E,倾向南东,倾角30°～70°,具挤压逆冲性质。在地表,断裂表现为沿一系列背斜轴部延伸、断续出露而规模不大的压性或压扭性断层,长度多在几千米至几十千米,构成华蓥山断裂带。规模最大的地表断裂在华蓥山天池、宝顶一带,连续出露长度达50km以上。

物探资料表明,华蓥山基底断裂两侧结晶基底的埋深与性质有着迥然不同,西侧的川中地区基底由一套基性、中性及较强磁性的火成岩所组成,具有密度高、磁性强的特点,表明基底为一变质深和硬化程度高的刚性块体,其埋深5～6km;东侧的川东地区的基底主要由一套巨厚的沉积变质碎屑岩夹碳酸盐岩与火山碎屑岩的复理式建造所组成,属低密度和弱至无磁性的塑性基底结构,埋深一般7～9km,最深可达11～12km(赵从俊,1984;赵从俊等,1989)。华蓥山基底断裂的地表断裂带在第四纪有一定的活动性,在北西西向主压应力场作用下,显示为挤压逆冲性质,并具有一定的右旋滑动分量。

从断裂带的地表特征、地震活动性的强弱特征、断裂活动时代特征等多方面的因素,华蓥山断裂带大致以合川北附近为北段与中段界线,以大足南附近为南段和中段的界线,分为北、中、南三段。

分述如下:

(1) 南段(宜宾南-大足南段)。

该段南起宜宾南,北止于大足南,全长约230km,走向N45°E左右。该段由5～6条规模不等的背斜构造呈右阶羽列而成,断裂常发育于背斜的轴部或靠近轴部的陡翼一侧,显压性特征。背斜长度不等,长约10～60km,背斜高点高程不等,一般为数百米。断裂规模不等,长数千米至30余千米。在平面形态上,背斜端部略呈"S"形弯转,表明断裂具有一定的右旋分量。四川省地震局(1993)曾在华蓥山断裂带的南段荣昌-高县等处取断层泥样进行SEM分析,结果表明,该断裂在上新世—早更新世(N_2—Q_1)有过强烈活动,具蠕滑性质。而热释光测龄为距今22万～7万a,表明断裂在中更新世中期—晚更新世早期又有过活动。该段断裂曾发生过多次5级左右的地震,如公元前26年宜宾一带5级地震,1610年高县庆符5级地震,荣昌附近多次5级地震等,小震亦沿断裂密集成带分布,表明该段断裂现今仍具有一定活动性。

(2) 中段(合川北-大足南段)。

该段南起大足南,北至合川北,全长约80km,走向N40°E左右。该段由2～3条规模不等的背斜构

造呈右阶羽列而成，断裂常发育于背斜的轴部或靠近轴部的陡翼一侧，显压性特征。背斜长度不等，长约10～40km，背斜高点高程不等，一般为数百米。断裂规模不等，长短不一。在平面形态上，背斜有些许弯转，表明断裂具有一定的右旋分量，断层的剖面特征上没有中更新世晚期活动的特点，断面胶结好，据此特征推断其活动时代集中在中更新世早中期。在该段的合川，曾发生1936年的4级、1853年的4.5级和1969年的4.0级地震。

华蓥山断裂带中段与北段在地表特征方面有较大差异，北段断层出露明显，出露规模大，主断面有多条小断面伴生；中段在地表出露时隐时现，出露规模小，部分隐伏；中段与北段在地震活动性上差别也较大，其中中段曾发生3次4～4.5级地震，而北段均以小于4级的小震为主；北段和中段在活动时代上也有一定的差别，中段活动时代集中在中更新世早中期，北段的活动时代集中在中更新世早期和早更新世。结合该断裂中段和北段在地震活动性、最后的活动时代、断层的地表特征多方面的不同，以合川北为分界点将该断裂分为北段和中段。

（3）北段（合川北-达州北段）。

该段南起合川北，北至达州北，全长约150km，走向N30°E左右。其中合川附近地表断裂发育于华蓥山复式背斜的西翼，平面上有3～4条断裂近于平行展布，剖面上构成叠瓦状构造，并出现反向冲断层，在剖面上，常见下古生界寒武系地层逆冲在二叠系地层之上，断距在2000m以上（图1.3-24）。邻水至达州北地表断裂不发育，仅天池—桂兴北之间出露有20～30km长的次级断裂。

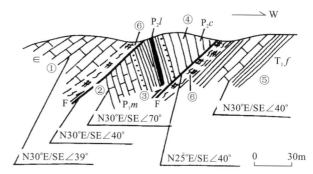

图1.3-24 天口场北田坝子华蓥山断裂剖面图
（重庆市工程地震研究所，2002）
①寒武系灰岩；②下二叠统茅口组灰岩；③上二叠统罗坪组煤系地层；④上二叠统长兴组灰岩；⑤三叠系飞仙关组砂页岩、灰岩互层；⑥断层破碎带

在合川北至邻水之间的华蓥山复式背斜轴部高点达1700m左右，高出四川盆地1300～1400m，显示出较强的差异运动。邻水至达州北华蓥山复式背斜构造形迹亦呈减弱的趋势，轴部高点降低，但深部的基底断裂依然显示清晰。

在合川东北至达州北之间的地表断裂的断裂破碎带中取7件年代学样品，经热释光法测定，其年龄值在(1.49 ± 0.118)万～(2.624 ± 0.207)万a之间。在桂兴乡所取断面上的方解石经热释光法测得的年龄值为(4.047 ± 0.291)万a。SEM法鉴定结果表明活动亦在中更新世早中期和早更新世，以黏滑活动方式为主。沿该段断裂，现今有弱震零星分布，最大地震为1986年邻水3.5级地震。

综上所述，华蓥山断裂带在地表可以比较明显地分为南段、北段和中段三段。现今地震活动是南段较强，北段和中段较弱。年代学测试结果表明华蓥山断裂带北段和中段在中更新世有过活动，南段在中更新世至晚更新世早期有过活动。其中南段发生过多次5～5.5级地震，综合南段地震活动性较强、晚更新世早期有过活动的特点，具备发生6.5级地震能力；北段和中段虽然地震活动性较弱，但规模大、切割深，通过和长寿-遵义基底断裂进行构造类比，中段和北段具备发生6.0级地震构造背景。

4）七曜山-金佛山断裂带

七曜山-金佛山断裂带，潜伏于盖层之下，大致沿金佛山、七曜山一带展布，走向北东，向北东可达巫山附近，长度大于350km。大地构造上，为四川台拗与上扬子台褶带两个二级大地构造单元的边界断裂，控制了两侧地层与构造的发育，断裂带北西侧为中生代地层分布区，构造上表现为狭窄背斜与宽缓向斜组成的隔档式褶皱；断裂带南东侧古生代地层广泛发育，构造上为宽缓背斜与向斜组成的"城垛式"褶皱。在地貌上断裂带构成四川盆地的东南边界，从最高一级夷平面的分布高程来看，南东侧比北西侧高出约600～700m。

地表上断裂带表现为沿背斜轴部及其附近发育规模不大断续分布的断层，其长度多在几千米至十余千米，最长亦不超过40km。在断裂带利川县南坪的大槽处取样作热释光测年为(81.04 ± 5.83)万a，沿断裂带在武隆土坎附近老场东北侧出露剖面断错层位顶部土样的测年结果为(11.56±0.98)万a。表明断裂在中更新世晚期—晚更新世早期有过活动。据地表断裂出露情况,研究区内断裂带宽15km左右。其西南段在南川南西与长寿-遵义断裂带相交。沿断裂带有中强地震活动,在与长寿-遵义断裂带的交会部位南川附近,1854年发生过5.5级地震,石柱一段曾发生过10次4.0~4.6级地震。

七曜山-金佛山断裂带主要包括南中北三段,其中北段由七曜山、马武段组成,中段由老场段和金佛山段组成,南段由綦江段组成。北段断裂规模较大,最新活动时代均为早、中更新世,地震活动以小于5级的地震为主,综合以上特征,判断七曜山-金佛山断裂带北段最大潜在地震震级为6.0级。七曜山-金佛山断裂带中段地球物理场和地貌特征明显,并且有年代学证据表明断裂在中更新世晚期—晚更新世早期有过活动,并且发生过5.5级中强地震,根据地质构造和地震活动特征,判断七曜山-金佛山断裂带中段最大潜在地震震级为6.5级。七曜山-金佛山断裂带南段是根据重力异常线和地壳厚度曲线判断的隐伏段,缺少地震资料,无4级以上地震发生,但由于七曜山-金佛山断裂带是区域内较大的断层,地震能力强,所以认为其隐伏的南段也有一定的发震能力,但小于北段和中段的发震能力,综合分析判断七曜山-金佛山断裂带南段最大潜在地震震级为5.5级。

5) 长寿-遵义断裂带

该断裂带北起长寿北西,向南经南川西、桐梓东至遵义附近,长约230km,近南北走向。大地电磁测深资料表明长寿-遵义断裂带深约30km,倾向西。据重庆市地勘总公司资料,该断裂形成于印支运动期,断裂两侧有一定的重、磁异常。进入喜马拉雅运动期以后,该断裂对盖层构造的形成有明显的干扰作用,在断裂线西侧形成轴向平行的褶皱构造和地表断层,东侧则形成极特殊的菱形褶皱构造。

断裂带在地表表现为沿背斜轴部及其附近断续出露的断层,地表断层长度多在20~30km,倾向东,倾角30°~60°,带宽一般在25km左右。地表断裂带在贵州桐梓附近被北东向桐梓-正安断裂切为南、北两段,研区内为断裂带的北段,长约180km。

地表断裂在第四纪以来均有一定活动,沿断裂有多处温泉出露。取断层泥样经SEM特征分析,最新活动时期为早更新世—中更新世初期。沿断裂带的地震活动主要集中在与北东向构造会合处,地震主要与北东向构造相关,本身地震活动较弱。在该断裂南部与七曜山-金佛山断裂带交会的地方发生过1854年南川5级地震,该地震等震线方向为北东向,显示与七曜山-金佛山断裂带的相关性。综合对比本地区断裂带的特征后判断该断裂带最大潜在地震为6级。

6) 彭水断裂带

彭水断裂带沿北东走向延至湖北利川,沿南东至贵州东北地区。前人研究认为,断裂带在电测深上反映极为明显。在电测深资料的解释图中,彭水断裂带深达70km左右,断裂面切穿基底和盖层,呈弯弧形断面,上部(深15km左右)表现为正断层性质,下部为逆冲性质特征,整体为高角度逆冲断层的力学特征。断裂带展布于研究区南东的彭水至贵州桐梓、正安、道真一带,长约300km,总体走向NE30°,倾向NW或SE,倾角45°~60°,带宽3.5km左右,单条断裂长度多在30~80km,力学性质显压扭性。在桐梓南西与仁怀之间,断裂带被南北向构造干扰。往北东,在彭水与利川之间,有明显的地表断裂出露,呈现断裂谷地貌和多期复杂力学运动特征。

前人研究表明断裂在中更新世有活动。断裂多处方解石热释光分析,测得活动年龄为(46.50±9.03)万a,表明断裂在中更新世有活动。该断裂历史地震活动较强,南段1855年彭水曾发生过4.75级地震,北段的大沙溪一带发生过5.0级左右的中强地震,而且北段文斗场至大沙溪一带3.0级左右的微小地震频度较高,震源深度达40km。根据震级上限确定的地震构造和地震活动标志,南段具备发生5.5级左右地震的背景,北段具备发生6.0级地震的构造背景。根据国家地震局五代图潜源划分方案(即《全国地震区划图潜在震源区划分方案》),彭水断裂带北段与黔江断裂共同划成一个潜源,即90号黔江潜在震源区。

7) 方斗山断裂带

该断裂北起万州龙泉沟,向南经方斗山,在白马附近与七曜山-金佛山断裂带交会。地表有5~6条断裂呈右阶雁行式排列,组成方斗山断裂带。这些断裂主要发育于二叠系—三叠系中,最大断距达700m,长度大于130km,为压性逆冲断层。

方斗山断裂带南段石柱鱼池—丰都神仙碴一带,断裂规模宏大,单条断裂长度均可达50km,断面倾向北西,可见二叠系乐平组砂页岩逆冲至下三叠统大冶组或嘉陵江组之上。在石柱鱼池、石柱城关西侧麻坪一带采集断层方解石样,热释光法测定的时代分别距今(48.83±3.81)万a和(50.49±4.6)万a,表明麻坪一带方斗山断裂带的最新一次活动在中更新世以来。

此断裂为四川盆地弱活动断裂构造区的东边界,具有明显的深部地球物理场特征。在重力平均异常图上,该断裂位于以大足为中心的重力高的南东侧宽缓下降的重力梯度带的背景上。沿断裂带中、小地震活动频繁,在石柱县茶园附近于1979年8月先后发生过3.0级地震和3.8级地震,之后于1987年7月2日在原地又发生4.4级地震,2004年11月21日在石柱发生4.6级地震,2005年2月11日再次发生4.2级地震,2013年7月发生4.8级地震。

根据震级上限确定的地震构造和地震活动标志,方斗山基底断裂中段具有发生6.5级地震的发震构造条件;北段具备发生6.0级地震的背景。

8) 龙泉山断裂带

龙门山逆冲推覆带经历了复杂的地史演变,晚三叠世羌塘-东昆仑-扬子陆块的碰撞形成了松潘-甘孜造山带,晚三叠世—侏罗纪形成了四川前陆盆地(许志琴等,2007),此时,龙泉山构成了四川前陆盆地的前陆隆起,沉积作用与缓慢的隆升同时发育。晚白垩世—新近纪由于青藏高原的向东挤压以及扬子地块的阻挡(张家声等,2004),造就了龙门山褶皱逆冲断层带以及与其伴生的四川前陆盆地和龙泉山断层传播褶皱(陈社发等,1994;刘树根等,2003);与此同时,造成了龙门山褶皱逆冲断层带与成都平原、龙泉山背斜之间巨大的地形差异(图1.3-25a)。

龙泉山断裂带主要发育中生代沉积地层,包括上侏罗统蓬莱镇组,由中上部夹有灰绿色、淡紫红色砂岩薄层以及紫灰色页岩棕红色—砖红色泥岩、粉砂岩、泥灰岩组成;下白垩统夹关组和灌口组主要由棕红色厚层块状砂岩,棕红色粉砂岩、粉砂质泥岩、泥岩组成,古近纪和新近纪地层不发育;第四纪沉积物分布非常有限,除了因区域河流而发育极其有限的堆积阶地外,没有第四系堆积(图1.3-25b)。

龙泉山主逆冲断裂分布于龙泉山西坡,由草山断裂(F_1)、金鸡寺断裂(F_2)、龙泉驿断裂(F_3)、镇阳场断裂(F_4)、新桥镇断裂(F_5)组成(黄祖智等,1995),北起中江黄家坳,经金堂、龙泉驿、三星场、籍田县,南到乐山市新桥镇附近,长约200km(图1.3-25b)。

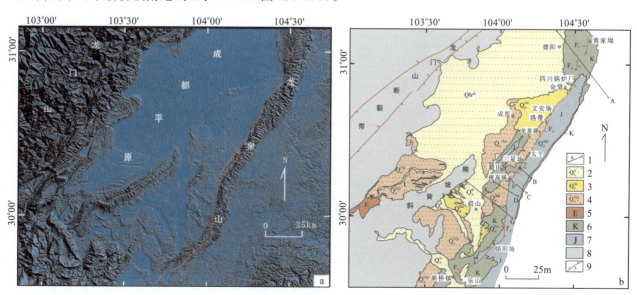

图1.3-25 龙泉山与相邻区域数字地形及构造地质图(王伟涛等,2008)

1.剖面位置;2.全新统;3.晚更新统;4.中更新统;5.古近系;6.白垩系;7.侏罗系;8.古、中生代地层;9.龙泉山断裂带

龙泉山断裂带具有明显的分段特征,北段由黄家坳至四川锅炉厂,断裂由1条倾向NW的逆冲断层和1条倾向SE的反冲断层构成"人"字形断裂系统(图1.3-26a),断裂没有切穿白垩系,因此龙泉山

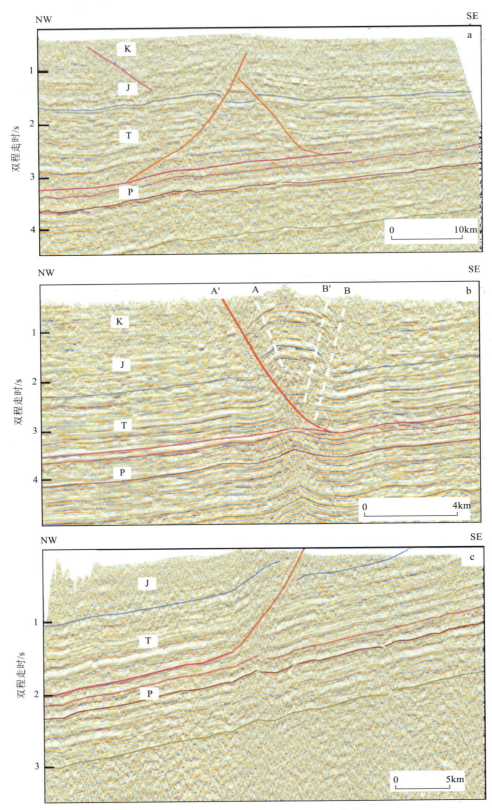

图1.3-26　龙泉山断裂带地震反射剖面(王伟涛等,2008)
a.A地震剖面;b.D地震剖面;c.G地震剖面(A,D,G剖面位置见图1.3-25剖面b)

断裂带北段出露较差,分布不连续,地表表现为与断裂相关的褶皱作用。中段由金堂至视高铺,断面倾向 SE(图 1.3-26b),构成了龙泉山断裂带的主体。南段始于视高铺,经镇阳场至乐山新桥镇以南,断裂总体走向 30°,断面倾向 NW,表现为沿三叠系底界面的由西向东的逆冲(图 1.3-26c)。

邓起东等(1994)通过分析龙泉山西缘断裂过龙泉驿的剖面,发现龙泉山断裂带控制了第四纪晚更新世灰黄色砂砾岩层,同时认识到龙泉山断裂带于晚更新世晚期有过一定的活动。黄祖智等(1995)通过对龙泉山断裂带断层泥的特征分析与热释光测定认为:断裂带最新一次活动时间为(297 800±17 400)a,断裂带在中更新世—晚更新世有过活动,晚更新世以来活动较为微弱,不一定表现为断错地表的运动。

龙泉山断裂带的新活动性表现为在不同地段断错沱江、岷江不同阶地(Ⅰ~Ⅲ级),王伟涛等(2008)根据研究区各级阶地的年龄(T_1 阶地 3000a;T_2 阶地 22 780a;T_3 阶地 30 000a)计算了龙泉山断裂带的活动速率,结果显示:龙泉山断裂带北段 T_3 形成以来的平均活动速率不超过 0.06mm/a,T_2 形成以来的平均活动速率不超过 0.04mm/a,T_1 形成以来龙泉山断裂带北段则保持着相对的稳定。龙泉山断裂带中段 T_2 形成以来的平均活动速率约为 0.05mm/a;南段 T_1 形成以来的活动速率约为 0.13mm/a。张培震等(2008)利用 GPS 观测到横跨整个龙门山断裂带的构造变形速度不超过 2mm/a,单条断裂的活动速率不超过 1mm/a;徐锡伟等(2005,2008)利用地貌断错和年代测定,认为龙门山断裂的晚第四纪滑动速率约为 2~3mm/a。对比龙泉山断裂带与龙门山断裂的活动速率可以发现,龙泉山断裂带作为龙门山褶皱逆冲断裂带的最前缘,具有较低的活动速率。龙泉山断裂带近代有过多次中小地震发生,根据历史地震记载与仪器记录,自公元 1531 年至 1957 年,震中在龙泉山断裂带及其附近的有感地震共有 17 次。1958 年至 2005 年龙泉山断裂带共发生 $M_L \geq 2.0$ 地震 66 次(徐水森等,2006)。最大一次地震是 1967 年 1 月 24 日仁寿大林场 5.5 级地震,震源深度 4km,震中位于龙泉山西坡断裂的东南侧大林场附近。该次地震同时也表明龙泉山断裂带是具有发生中强地震能力的地震构造。

9) 大邑断裂

大邑断裂是龙门山山前隐伏断裂的一部分,分布于成都盆地的西部,走向 N60°~70°E,为隐伏的逆断裂(图 1.3-27)。对于该断裂,前人(Burchfiel et al.,1995;李勇等,2006;Densmore et al.,2007)认为它是龙门山地区最东边的一条活动断裂。与分布在高原内部的龙门山断裂带相比,密集的人类活动和植被覆盖给大邑断裂的研究带来了困难;由于大邑断裂很可能属于或部分属于龙门山前逆冲活动造成

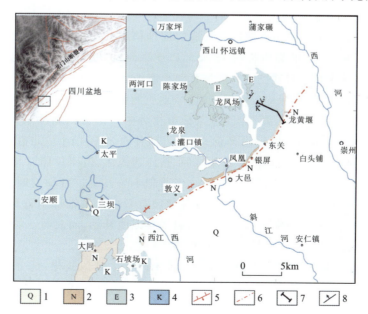

图 1.3-27 大邑断裂的构造位置(左上角)及平面分布图(董绍鹏等,2008)
1.第四系;2.新近系;3.古近系;4.白垩系;5.逆断层;6.隐伏断层;7.地质剖面;8.产状

的盲断裂(blind fault)(Chen et al.,1996),断裂的最新活动迹象不易直接出露地表。

区域上,大邑断裂是龙门山断裂带最前缘的一条次级断裂。龙门山断裂带主要的形成和发育时代为中生代的侏罗纪—白垩纪,控制了四川侏罗纪—白垩纪盆地的西北边界。但由大邑隐伏断裂(盲断裂)引起的褶皱变形卷入的地层为白垩系和新近系,反映了大邑断裂的主要形成时代应在新近纪末—早更新世,明显晚于龙门山主断裂带的形成时间,这也反映了龙门山断裂带在其形成和发育过程中具有前展性特征。大邑断裂在新近纪末—早更新世形成之后继续活动。野外调查发现,在断裂的西北盘,沿河流普遍发育多级阶地,而在东南盘沿河流仅有Ⅰ级阶地,反映了中更新世以来大邑断裂活动使西北盘抬升,东南盘下降。

野外调查,在龙泉沟至白塔湖一线,发现线状延伸、基本上与山体平行的小鼓丘带,鼓丘距离大邑断裂约100～200m,可追踪长度为25km(图1.3-28),鼓丘两侧的地层倾向有所不同。如在龙泉沟沟口东边的鼓丘前翼

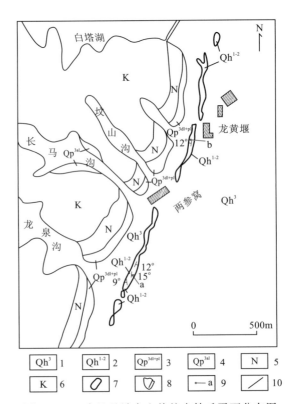

图 1.3-28　大邑县城东山前的小鼓丘平面分布图
1.全新统上段;2.全新统中、下段;3.上更新统,洪积与坡积相;4.上更新统冲积相;5.新近系;6.白垩系;7.小鼓丘;8.白塔湖;9.剖面及代号;10.产状

倾向SE,产状为:40°/SE∠12°和25°/SE∠15°;后翼倾向NW或NWW,产状为:30°/NW∠12°和355°/W∠9°,测得的各点的产状值显示出皱褶的基本样式。鼓丘下部为一套疏松的紫红色黏土层,层理不清楚,含陶片。据此,初步推断组成小鼓丘的2套地层都属于晚更新世—全新世堆积。根据小鼓丘的平面展布和剖面形态,初步认为它们是由大邑断裂最新活动造成的褶皱。

10)蒲江-新津-德阳断裂带

蒲江-新津-德阳断裂带是龙门山逆冲推覆构造向前推挤进入盆地内部的一个主要构造变形带,断裂带走向N40°～50°E,倾向SE,断裂带长约180km,以新津为界,可分为南北两段,北段新津-德阳断裂呈隐伏状态;南段蒲江-新津断裂与其控制的熊坡背斜出露地表(图1.3-29)。

四川省地质局的调查结果(邛崃幅(H-48-14)区域地质测量报告,1976)显示,断裂沿熊坡背斜轴部及其以北出露,断裂南盘(上盘)的须家河组至蓬莱镇组相对往NW方向斜冲于北盘(下盘)蓬莱镇组至夹关组之上,水平移距达4km,垂直断距由西向东增大,从几百米至1km。北盘地层普遍直立倒转,一些地段两侧出现牵引褶曲,并在不同地段形成断层泥、挤压透镜体、挤压片理以及帚状节理等,在万坪附近,挤压破碎带宽度达百米以上,伴生的"X"节理及张节理十分发育。背斜与断裂基本同步展布,特别是背斜的中段,受断裂影响较为明显,野外调查,发现熊坡背斜西北侧轴部附近地表表现出明显的线性特征,在卫星影像上线性特征较为明显,该线性构造自洪雅以西开始,向北经三场后转为NE向,经小月坝、蒲江县南、回龙镇,最后到达新津县城一带,长约80km(图1.3-30)。

野外调查发现,卫星影像线性带附近地层在较小范围内发生倾角变化,部分地层近直立,后又逐渐转变为向反方向缓倾,这在横切剖面上显示得较为明显(图1.3-31),线性构造与地貌特征的表现是一致的,蒲江以南为线性沟谷地貌,向北为平原与山地的分界,断层控制了一个相对连续的台缘面。横切剖面显示,地层在较小范围内发生倾角变化,部分地层近直立,后又逐渐转变为向反方向缓倾,熊坡背斜在其西南端有较强的构造变形,向NE方向发展变形相对减弱,特别是在新津西南,已基本为对称的相

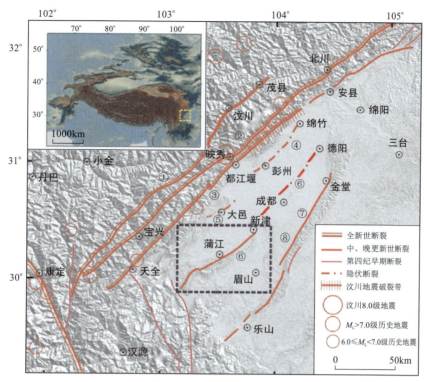

图 1.3-29　蒲江-德阳断裂及熊坡背斜区域地质构造图(郑文俊等,2008)
①茂汶-汶川断裂;②北川-映秀断裂;③灌县-江油断裂;④龙门山山前断裂;⑤大邑断裂;⑥蒲江-新津断裂;⑦龙泉山断裂带

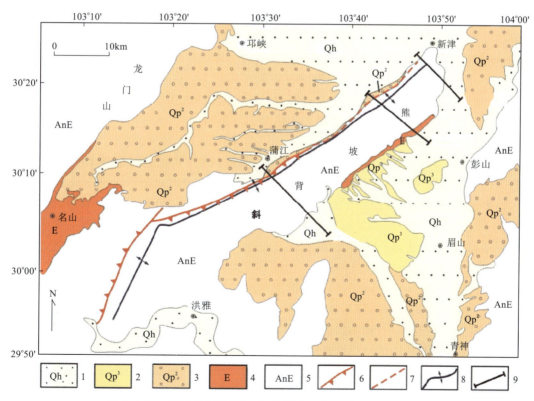

图 1.3-30　熊坡背斜及蒲江-新津断裂展布图(郑文俊等,2008)
1.全新统冲、洪积物;2.晚更新统洪积物;3.中更新统洪积物;4.古近系;5.前古近系;6.逆冲断层;
7.推测断层;8.背斜轴;9.横切剖面位置

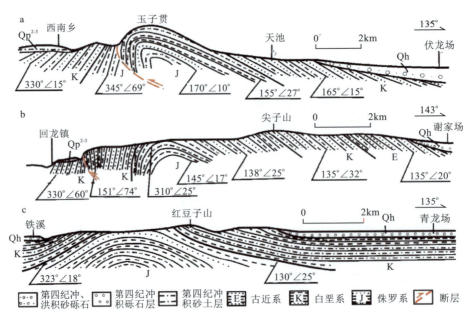

图 1.3-31 横切熊坡背斜的地质剖面图(郑文俊等,2008)
a.蒲江西南乡-伏龙场剖面;b.回龙镇-谢家场剖面;c.铁溪-青龙场剖面

对较宽缓的背斜构造,这也进一步说明熊坡背斜的构造变形特征,断裂构造与背斜以相互的配套形式出现。在其深部,结合石油地质剖面显示,背斜形态和断裂构造的发育特征在地表的表现形式与深部也是一致的,多表现为地层膝折及受断层控制的断弯褶皱,因而更进一步说明了断裂的存在和其地表表现形式的合理性。另外,石油地质剖面显示断层是自四川盆地内部三叠系底部的滑脱层开始发育的,是控制熊坡背斜形态发育的断裂构造(Jia et al.,2006)。

沿蒲江-新津断裂蒲江-邛崃回龙一带,断层南侧发育1个由中更新世洪积砾岩覆盖的洪积台地,延伸长度约30km(图1.3-32),该台面高于南河的Ⅲ级阶地面约20～40m不等,上部覆盖有10m左右的洪积砾石层,该台面后缘沿断裂展布,没有越过断裂,说明断裂对该洪积台地有一定的控制作用,根据对该洪积台地砾石层上部的砂层进行采样所得到的热释光年龄为(94.7±6.9)万a,说明该断裂在该点晚更新世以来没有发生明显的活动。

另外,熊坡山前的回龙镇一带南河发育有明显不对称的阶地,其向NE在新津汇入岷江,该河流北岸发育有较窄的Ⅰ级阶地和宽广的Ⅱ级阶地,而南岸(近断层侧)仅在局部保留有少量不连续的Ⅰ、Ⅱ级阶地,发育有较窄的Ⅲ级阶地,再高一个台面就是受断层控制的洪积台地(图1.3-32),而在蒲江一带,河流阶地发育于河的南岸(图1.3-32b),且Ⅲ级阶地较为宽广。由于该河流阶地面上均为近距离搬运的红色砂质黏土,或是基岩直接出露地表,我们把它与岷江阶地进行对比,根据高玄余等(2008)在成都段对岷江不同阶地的测年结果,岷江 T_3 阶地的形成年代为30～50ka,T_4 阶地的形成年代为50～60ka,根据类比,南河作为岷江的一级支流,其阶地的形成与岷江阶地同步或是稍晚。

综合以上横切断裂的阶地位相和断裂所控制的地貌面的分析,通过区域对比认为,蒲江-新津断裂的最新活动时间应为第四纪早期,到第四纪晚期活动逐渐减弱或趋于静止,但是受龙门山向SE推挤的影响,熊坡背斜属于与龙门山山前前陆盆地配套发育的内部隆起区,可能受龙门山最新活动的影响发生应力调整和局部的构造变动,这也是在熊坡背斜一带发生5级左右地震的一个重要原因。

蒲江-新津-德阳断裂带是成都平原内部的主要活动断裂。由于北侧青藏高原地壳断块向南移动导致龙门山断裂带向南东方向的推挤作用,晚第四纪以来断裂仍表现一定的活动性。广汉附近跨过该断裂的青白江阶地位相图表明,在断层穿过处和Ⅰ级阶地高度有向下游反向抬升的现象。在断裂东侧,下游阶地反向抬升1m,离断层一定距离后阶地的高度又恢复到正常状态。跨断层的土氡测量表明,隐伏

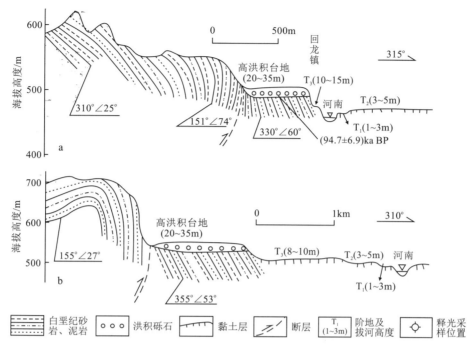

图 1.3-32 受断裂控制的洪积台地与南河阶地的关系(郑文俊等,2008)
a.回龙镇山前南河阶地横剖面;b.蒲江县东南河阶地横剖面

断裂附近氡浓度急剧升高,同样反映断裂具活动性。若Ⅰ级阶地面的年代为上更新世末,以2万~3万a计,按阶地的反向抬升估计断裂在晚更新世末期以来的垂直滑动速率为0.03~0.06mm/a。这与按断裂两侧第四系厚度差异估计的垂直滑动速率一致(钱洪等,1992)。

11) 岷江断裂

岷江断裂是青藏高原东部边界的重要断裂,是西部川青块体和东部岷山断块的分界断裂,北起贡嘎岭以北,向南经贡嘎岭、卡卡沟、瘩米寺、川主寺,达松潘后,继续沿岷江西岸延伸至较场以南(钱洪,1999),全长170km,研究区内出露长度约30km,断面倾向西,倾角40°~70°,为具有左旋分量的逆断层。岷江断裂第四纪以来表现为明显的推覆逆掩运动并具有一定的左旋走滑分量。岷江断裂分为北、中、南三段,川主寺以北为北段,川主寺至较场为中段,较场以南为南段(钱洪等,1999;周荣军等,2000;司建涛等,2008)。

断裂带的南段曾发生1933年叠溪7.5级地震和1713年叠溪7级地震,造成沿岷江断裂带大量堰塞湖及古堰塞湖相沉积;湖相层普遍发生的不同程度的构造变形,说明断裂的多次活动及强活动性。

近年来,前人对岷江断裂晚第四纪湖相地层和地貌遗迹及其构造变形做了诸多研究(赵小麟等,1994;钱洪等,1995;唐文清等,2004,安卫红等,2008)。安卫红等(2008)通过对羌阳村一带古堰塞湖沉积层的研究,获得了岷江断裂全新世多次活动的证据:岷江断裂沿线古堰塞湖相沉积及其构造变形可能反映岷江断裂至少发生过4次古地震活动;其中最近的地震活动错断了湖相层之上最新的堆积物,垂直位移约为2.6~3.6m。

综上所述,岷江断裂是一条全新世强烈活动的断裂带,历史上曾发生过多次7级以上强震,断裂带的南段具备发生8级地震的构造背景。

研究区其余断裂由于距渝西地区较远或活动性较弱,不致对渝西地区产生重大影响,本书不再一一赘述。

三、渝西地区主要断裂及活动性

1. 主要构造及分布

区内大地构造单元处于扬子准地台（Ⅰ级）四川台坳（Ⅱ级）川中台拱与川东陷褶束接合部，以华蓥山基底断裂为界，断裂以西属于川中台拱，以东则属于川东陷褶束。

川中台拱基底为太古宙—古元古代片麻岩和岩浆杂岩，顶面埋深 5～9km，上覆古生代和中生代地台盖层，地表广泛分布侏罗纪红层，盖层之间为平行不整合或连续沉积，新生代期间发生大面积隆起，喜马拉雅运动使盖层大面积隆起上升，上升幅度不大，一般不超过 500m，局部地方遭受轻微变形，形成变形平缓的穹隆、短轴背斜或鼻状构造，具有覆于坚硬结晶基底之上的表皮滑脱构造特征。工程区涉及主要褶曲由东向西有合川向斜、大石桥背斜、古楼场向斜、中心镇背斜及龙凤场向斜，这些背向斜以平缓的褶皱构造为主要特征涉及地层为上沙溪庙组、遂宁组等地层，两翼地层产状多平缓。

川东陷褶束为一系列近平行的不对称梳状、箱状背向斜组成，具有背斜成山、向斜成槽谷的特点。构造线走向为 NNE 向，背斜呈狭长紧凑状，轴部较平缓，两翼倾角较陡，向斜宽缓呈屉形，共同组成隔档式右行雁列式褶皱带。工程区涉及主要褶曲由东向西有：观音峡背斜、北碚向斜、温塘峡背斜、璧山向斜、沥鼻峡背斜、石庙场向斜、东山背斜、蒲吕场向斜、西山背斜、石盘铺向斜、螺观山背斜等。背斜狭窄呈长条状，核部出露地层主要有长兴组、飞仙关组和嘉陵江组，具有由东向西、由北向南、由老变新的特点，核部地层小褶曲、揉皱发育，部分伴生断层，以逆断层为主，背斜两翼地层主要由须家河组组成，地层倾角一般 35°～65°；向斜宽缓呈屉型，核部出露地层为上沙溪庙组、遂宁组或蓬莱镇组，轴部地层平缓，无断裂发育，两翼地层由下沙溪庙组、新田沟组、自流井组和珍珠冲组地层组成。

2. 主要褶皱构造及断裂

渝西外围 25km 范围内，活动构造主要是近 NS 向和 NE 向"隔档"式褶皱及分布于背斜轴部的压扭性逆冲断层，两者合称褶断带。主要展布 5 个褶断带，分别是华蓥山褶断带、沥鼻峡褶断带、温塘峡褶断带、观音峡褶断带和南温泉褶断带，它们的主要特征见表 1.3-2。每个褶断带上都发育有断续延伸的地表断层，总计 10 条地表断层，见图 1.3-33。

表 1.3-2 主要褶断带特征一览表

编号	名称	类型	宽度/km	主要特点	形成时期	与地震关系
[1]	华蓥山褶断带	隔档式	5～20	呈北北东向展布，轴部为三叠系灰岩，两翼倾角 50°～80°，轴部出露第四纪活动断层，核部存在地腹断层，1989 年渝北统景 5.2、5.4 级地震位于该背斜轴部	喜马拉雅运动时期	荣昌附近发生过多次 5 级左右地震
[2]	沥鼻峡褶断带	隔档式	4～6	主体呈近南北走向，略呈向西突出的弧形，轴部为三叠系灰岩，两翼倾角 65°～85°，轴部出露第四纪活动断层	喜马拉雅运动时期	
[3]	温塘峡褶断带	隔档式	4～6	呈近南北走向，轴部为三叠系灰岩，两翼倾角 30°～70°，轴部出露第四纪活动断层，有 2.0～3.1 级地震发生	喜马拉雅运动时期	
[4]	观音峡褶断带	隔档式	6～8	呈近南北走向，轴部为三叠系灰岩，两翼倾角 55°～85°，轴部出露第四纪活动断层，延伸长。背斜上的白庙子断层北段正在发生蠕滑、黏滑迹象	喜马拉雅运动时期	小震较密集，有 2.0～3.3 级地震发生
[5]	南温泉褶断带	隔档式	4～7	呈北北东向展布，轴部为三叠系灰岩，两翼倾角 55°～70°，轴部出露第四纪活动断层，有 3～4 级地震分布	喜马拉雅运动时期	历史上曾有 4 次 4 级地震分布

资料来源：①1∶20 万区域地质调查报告；②重庆市内系列工程场地地震安全性评价报告；③卫星影像。

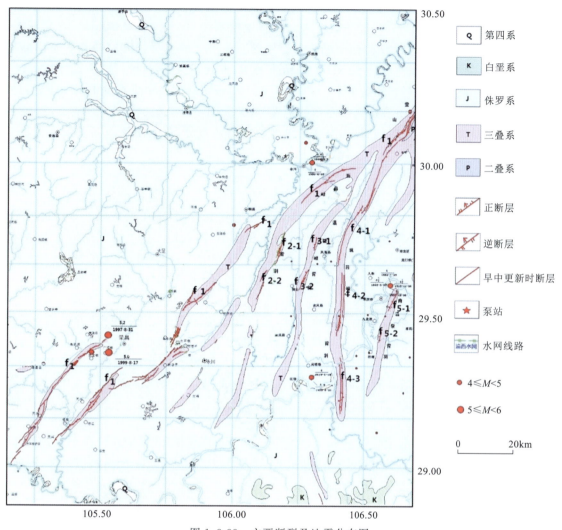

图 1.3-33　主要断裂及地震分布图

1) 华蓥山褶皱带

该断裂带北起达州北,向南西经大竹、邻水、合川、铜梁、荣昌至宜宾南,长约 460km,是四川盆地内规模最大的断裂带。断裂带总体走向 N40°～45°E,倾向 SE,倾角 30°～70°,具挤压逆冲性质。在地表,断裂表现为沿一系列背斜轴部延伸、断续出露而规模不大的压性或压扭性断层,长度多从几千米至几十千米,构成华蓥山断裂带。规模最大的地表断裂在华蓥山天池、宝顶一带,连续出露长度达 50km 以上。

物探资料表明,华蓥山基底断裂两侧结晶基底的埋深与性质有着迥然的差别,西侧的川中地区基底由一套基性、中性及较强磁性的火成岩所组成,具有密度高、磁性强的特点,表明基底为一变质深和硬化程度高的刚性块体,其埋深 5～6km;东侧的川东地区的基底主要由一套巨厚的沉积变质碎屑岩夹碳酸盐岩与火山碎屑岩的复理式建造所组成,属低密度和弱至无磁性的塑性基底结构,埋深一般 7～9km,最深可达 11～12km(赵从俊,1984;赵从俊等,1989)。华蓥山基底断裂的地表断裂带在第四纪有一定的活动性,在北西西向主压应力场作用下,显示为挤压逆冲性质,并具有一定的右旋滑动分量。

从断裂带的地表特征、地震活动性的强弱特征、断裂活动时代特征等多方面的因素,华蓥山断裂大致以合川北附近为北段与中段界线,以大足南附近为南段和中段的界线,分为北、中、南三段。

分述如下。

(1) 南段(宜宾南-大足南段)。

该段南起宜宾南,北止于大足南,全长约 230km,走向 NE45°左右。该段由 5～6 条规模不等的背斜构造呈右阶羽列而成,断裂常发育于背斜的轴部或靠近轴部的陡翼一侧,显压性特征。背斜长度不等,长10~60km,背斜高点高程不等,一般为数百米。断裂规模不等,长数千米至30km。在平面形态上,背斜端部略呈"S"形弯转,表明断裂具有一定的右旋分量。四川省地震局(1993)曾在华蓥山断裂带的南段荣昌—高县等处取断层泥样进行SEM分析,结果表明,该断裂在上新世—早更新世(N_2—Q_1)有过强烈活动,具蠕滑性质。而热释光测龄为距今22万~7万a,表明断裂在中更新世中期—晚更新世早期又有过活动。该段断裂曾发生过多次5级左右的地震,如公元前26年宜宾一带5级地震,1610年高县庆符5级地震,荣昌附近多次5级地震等,小震亦沿断裂密集成带分布,表明该段断裂现今仍具有一定活动性。

(2)中段(合川北-大足南段)。

该段南起大足南,北至合川北,全长约80km,走向N40°E左右。该段由2~3条规模不等的背斜构造呈右阶羽列而成,断裂常发育于背斜的轴部或靠近轴部的陡翼一侧,显压性特征。背斜长度不等,长约10~40km,背斜高点高程不等,一般为数百米。断裂规模不等,长短不一。在平面形态上,背斜有些许弯转,表明断裂具有一定的右旋分量,断层的剖面特征上没有中更新世晚期活动的特点,断面胶结好,据此特征推断其活动时代集中在中更新世早中期。在该段的合川,曾发生1936年的4级、1853年的4.5级历史地震和1969年的4.0级地震。

华蓥山中段与北段在地表特征方面有较大差异,北段断层出露明显,出露规模大,主断面有多条小断面伴生;中段在地表出露时隐时现,出露规模小,部分隐伏;华蓥山中段与北段在地震活动性上差别也较大,其中中段曾发生3次4~4.5级地震,而北段均以小于4级的小震为主;华蓥山北段和中段在活动时带上也有一定的差别,中段活动时代集中在中更新世早中期,北段的活动时代集中在中更新世早期和早更新世。结合该断裂中段和北段在地震活动性、最后的活动时代、断层的地表特征等多方面的不同,以合川北为分界点将该断裂分为北段和中段。

(3)北段(合川北-达州北段)。

该段南起合川北,北至达州北,全长约150km,走向N30°E左右。其中合川附近地表断裂发育于华蓥山复式背斜的西翼,在平面上由3~4条断裂近于平行展布、剖面上构成叠瓦状构造,并出现有反向冲断层,在剖面上,常见下古生界寒武系地层逆冲在二叠系地层之上,断距在2000m以上(图1.3-34)。邻水至达州北地表断裂不发育,仅天池—桂兴北之间出露有20~30km长的次级断裂。

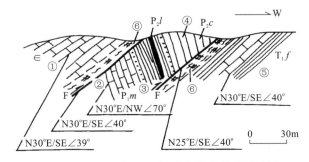

图1.3-34 天口场北田坝子华蓥山断裂剖面图
(重庆市工程地震研究所,2002)

①寒武系灰岩;②下二叠统茅口组灰岩;③上二叠统龙潭组煤系地层;④上二叠统长兴组灰岩;⑤三叠系飞仙关组砂页岩、灰岩互层;⑥断层破碎带

在合川北至邻水之间的华蓥山复式背斜轴部高点达1700m左右,高出四川盆地1300~1400m,显示出较强的差异运动。邻水至达州北华蓥山复式背斜构造形迹亦呈减弱的趋势,轴部高点降低,但深部的基底断裂依然显示清晰。

在合川东北至达州北之间的地表断裂的断裂破碎带中取7件年代学样品,经热释光法测定年龄值在(14.09±0.1~26.24±0.207)万a之间。在桂兴乡所取断面上的方解石经热释光法测得的年龄值为(40.47±0.291)万a。SEM法鉴定结果表明活动亦在中更新世早中期和早更新世,以黏滑活动方式为主。沿该段断裂,现今有弱震零星分布,最大地震为1986年邻水3.5级地震。

综上所述,华蓥山基底断裂在地表可以比较明显地分为南段、北段和中段三段。现今地震活动是南段较强,北段和中段较弱。年代学测试结果表明华蓥山基底断裂北段和中段在中更新世有过活动,南段在中更新世—晚更新世早期有过活动。其中南段发生过多次5~5.5级地震,综合南段地震活动性较强、晚更新世早期有过活动的特点,具备发生6.5级地震能力;北段和中段虽然地震活动性较弱,但规模大、切割深,通过和长寿-遵义基底断裂进行构造类比,中段和北段具备发生 6.0 级地震构造背景。

2) 沥鼻峡褶断带

沥鼻峡褶断带由沥鼻峡背斜和发育于背斜上的断层组成。沥鼻峡背斜位于渝西地区东北角,呈北东走向,轴部为三叠系灰岩(T_1f),两翼倾角 30°～80°。

(1) 黄石岩断层(F_{2-1})。

断层发育于沥鼻峡背斜南东翼,可分为两段:北段黄石岩断层,南段六层坡断层。其中黄石岩断层走向 N21°E,倾向 SE,倾角 81°,长约 9km。北起龙家坡背斜轴部,南截断登第场向斜,使南段向斜轴向南西方向位移。上盘须家河组盖在下盘珍珠冲组和自流井组上,上盘岩层倾角平缓,下盘陡。断层带上有断层泥、擦痕。综合认为该断层无晚第四纪以来活动证据。

(2) 大河场断层(F_{2-2})。

断层发育于沥鼻峡背斜南东翼,走向 N35°E,倾向 NW,倾角 40°,长约 7km。大沱高点东翼,万寿寺一带上盘须家河组逆冲于珍珠冲组和自流井组之上,断距约 110m,向南北两端断距渐小,北部断于须家河组中,南部断于珍珠冲组和自流井组中。断层带上有断层泥、擦痕。综合认为该断层无晚第四纪以来活动证据。

3) 温塘峡褶断带

温塘峡褶断带由温塘峡背斜与发育在背斜上的高石坎断层、凉亭关断层组成。温塘峡背斜呈北北东走向,轴部为三叠系灰岩(T_1f),两翼最大倾角 70°。

(1) 高石坎断层(F_{3-1})。

该断层位于温塘峡背斜甘家槽高点中部,长约 5km,产状 N15°W,倾向 NW,压性。中部断距较大,上(西)盘嘉陵江组顶部砂岩逆冲于下(东)盘须家河组底部灰岩之上(图 1.3-35)。北端断于嘉陵江组中,南端断于须家河组中。发育于背斜东翼。

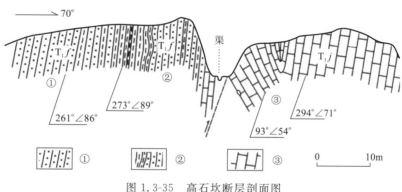

图 1.3-35 高石坎断层剖面图
①砂岩;②砂、泥岩互层;③灰岩

航卫片解译及现场调查表明,断层带地貌上表现为沟谷状负地形。未见新生断层坎及冲沟扭错,断面之上的残坡积物未见断错。断层附近没有现代地震分布。该断层的最后活动时代应与川东陷褶束内其他隔档式背斜及其发育的断层活动时代接近,即早、中更新世活动断层。

(2) 凉亭关断层(F_{3-2})。

该断层位于背斜轴部,产状 NE25°,倾向 NW,倾角 60°。上盘为嘉陵江组顶部灰岩,下盘为须家河组底部砂岩,故断距不大。堰塘湾一带由于岩层倾角加大和断层破坏,轴部雷口坡组急剧变窄,宽仅为北边的 1/3。断层附近岩层破碎、产状乱,地貌上形成直线排列的一系列垭口。断裂南部有一分支逆断层,端掉了雷口坡组,使须家河组与嘉陵江组接触,在北部破坏了梨树坪小背斜。与主断层走向近似一致,倾向 SE,倾角 60°。

在四楞碑(三岔湾)北东采石场,西侧中薄层灰岩中发育复背斜,为等厚尖褶皱;向东背斜东翼发育一斜切断层下盘灰岩出现牵引、破碎,沿断层见碎裂岩透镜体,岩层挠曲,西侧为背斜核部,发育纵张裂隙,两侧为中薄层泥灰岩夹薄层泥岩(图1.3-36)。

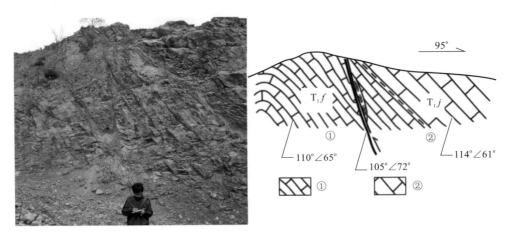

图1.3-36 凉亭关断层四楞碑采石场剖面图
①下三叠统嘉陵江组泥岩夹层;②下三叠统飞仙关组灰岩

4)观音峡褶断带

观音峡褶断带由观音峡背斜与发育在背斜上的白庙子断层、凉风垭断层、隧道口断层和王帽山断层组成。观音峡背斜呈近南北走向,轴部为三叠系灰岩(T_1f),两翼倾角55°～85°。轴部出露第四纪活动断层。有2.0～3.3级地震发生。

(1)白庙子断层(F_{4-1})。

该断层位于渝西地区东南部观音峡背斜轴部,沿文星场、白庙子、黄颠树、峭角庙一线展布,长约26km。工作中,调查了文星场、白庙子、天府隧道附近,取得了一些基本认识。

平面上,断裂NNW向呈凸出弧形,与观音峡背斜的弯曲一致,北段走向NE35°,向南渐变为NE5°,总体倾向SE,局部倾向NW,倾角55°～60°。该断层在构造地貌表现为线性槽谷,岩层陡立甚至发生倒转。

沿断裂带长江以南段(龙凤桥南北)发育窄谷及一系列垭口,线性特征清晰,在中厚层灰黄色砂岩中见挤压变形带,宽大于10m,砂岩层面挠曲变形,较破碎,断层西侧为一倒转紧闭背斜(图1.3-37)。

在嘉陵江北岸白庙子附近的断层剖面上,断层破碎带宽20m,挤压片理和挤压透镜体发育,断层具明显的压扭性特征,断层东盘下三叠统飞仙关组砂页岩夹灰岩逆冲在西盘下三叠统嘉陵江组灰岩之上。破碎带内见岩溶裂隙或洞穴堆积,有钟乳石发育。在断层挤压破碎带中采到方解石脉和断层泥样品,强烈变形的方解石脉热释光(T_L)年龄为距今(47.43±6.07)万a[四川省地震局采样测定结果为(33.53±2.68)万a]。该断层的最后活动时代应与川东陷褶束内其他隔档式背斜及其发育的断层活动时代接近,故该断层为早—中更新世活动断层。

(2)凉风垭断层(F_{4-2})。

凉风垭断层又名中梁山断层,位于渝西观音峡背斜轴部,沿凉风垭、放牛坪、高炉坪一线展布,断层走向N10°E,倾向NW,倾角55°～65°,长约25.6km,上盘上二叠统龙潭组页岩或长兴组灰岩逆冲在下盘长兴组燧石结核灰岩或飞仙关组砂页岩之上(图1.3-38)。

调查中多处见到断层露头,在中梁山石板隧道四方井附近,断层发育在二叠系灰岩中,断层靠近背斜核部(图1.3-39、图1.3-40),两侧岩层近陡立,均为上二叠长兴组中厚层灰岩,断层面生长的方解石脉厚约0.5cm,断层顺层滑动,面上有多组擦痕(图1.3-41),断层破碎带物质为两侧原岩受挤压后形成的角砾,角砾大小不一,2～3cm,断层物质已经胶结成岩,应为第四纪早期基岩老断层。

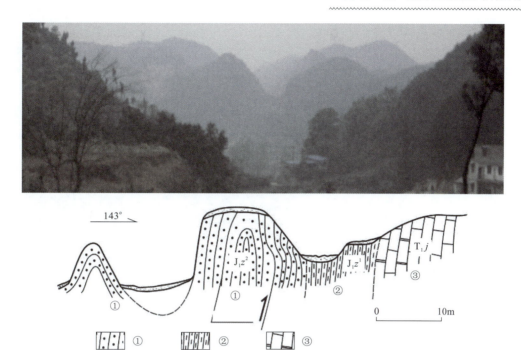

图 1.3-37　白庙子断层龙凤桥附近剖面示意图
①下侏罗统珍珠冲组砂岩；②下侏罗统珍珠冲组泥岩；③下三叠统飞仙关组灰岩

在断层破碎带上曾采到断层泥样品，用热释光法测定，擦痕和阶步变形方解石脉的测年结果为距今(113.99±9.73)万 a，无任何变形特征的方解石脉测年结果为距今(51.0±4.07)万 a，表明该断层的最新活动时代为中更新世早期。用 SEM 方法对断层泥中石英碎砾表面溶蚀结构特征的分析结果也与此相同。

航卫片解译及现场调查表明，断层在地貌上表现为一条发育在中梁山山脊的浅切割线性槽谷，未见新生断层坎及冲沟扭错，断面之上的残坡积物未见断错。沿断层有 4 个大于 2 级地震分布，最大 3.3 级。综合分析上述情况认

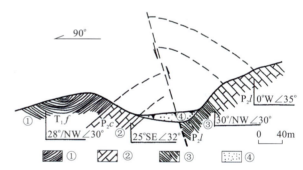

图 1.3-38　中梁山凉风垭断层信手剖面
①下三叠统飞仙关组页岩；②上二叠统长兴组灰岩；
③上二叠统龙潭组页岩；④第四系全新统坡积层

图 1.3-39　中梁山石板隧道四方井附近断层剖面

为,该断层带主要活动年代为第三纪晚期—第四纪中更新世(N_2—Q_2),最新活动年代为中更新世;断层活动方式以蠕滑为主,兼有黏滑。

(3)王帽山断层(F_{4-3})。

该断层位于观音峡背斜南段西翼,呈南北走向。北起白沙驼,向南穿长江,南至于斑竹林附近,全长约20.8km。

断层主体发育在背斜核部的三叠系嘉陵江组—须家河组灰岩、泥质灰岩、泥质白云岩夹页岩岩系之中,东、西两条断层分别倾向西和东,倾角分别为50°和70°,呈对冲挤压逆冲性质。

图1.3-40 中梁山石板隧道四方井附近地层剖面

图1.3-41 中梁山石板隧道四方井附近断层擦痕

现场考察多处可以看到王帽山断层带的露头,如猫儿峡、环山子、刘家沟、新塘湾煤洞等。东侧断层主破碎带宽约10m,破碎带成分为角砾、泉华堆积和泥沙钙质胶结(图1.3-42),向东还可看到三个次级逆冲断面。比较分析认为,东侧断层的规模大于西侧断层。

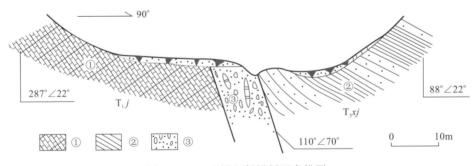

图1.3-42 王帽山断层剖面素描图
①下三叠统灰岩;②上三叠统砂岩;③断层破碎带

采石场见灰岩间角度不整合形态(图1.3-43),断层面见顺层擦痕,面上普遍充填方解石脉,接触面紧闭,仅局部见碎裂岩,上盘岩层挠曲破碎,两侧岩层为泥质灰岩夹薄层泥岩。

前人工作中在该褶断带上采集的多个断层物质测年结果为:距今24万a、(33.53±2.68)万a、36万a、(47.43±6.07)万a和55万a,表明其第四纪以来的明显活动是在早中更新世时期。断层泥

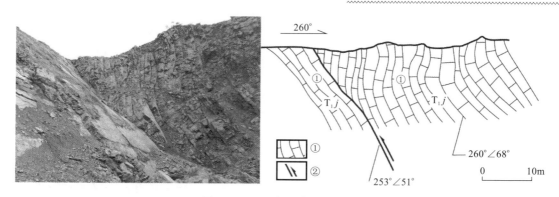

图 1.3-43　王帽山断层剖面图
①下三叠统嘉陵江组灰岩；②断层破碎带

SEM 分析结果，石英碎砾表面均有程度不同的溶蚀现象。

综上分析并与本构造单元内其他断层类比，认为该褶断带上的断层为第四纪活动断层，其最后活动应在早—中更新世时期。

5）南温泉褶断带

南温泉褶断带由南温泉背斜与发育在背斜上的鸡冠石断层、南温泉断层组成。南温泉背斜呈 NNE 向展布，轴部为三叠系灰岩，两翼倾角 55°~70°，轴部自北向南发育 2 条地表断层。

(1) 鸡冠石断层（F_{5-1}）。

该断层位于渝西南温泉背斜向北倾伏的端点附近，沿鸡冠石、蒋山一带展布，长约 7.6km。断层走向 N20°E，总体倾向 SE，倾角 65°~75°，为一高角度右行逆冲断层。断层发育在南温泉背斜轴部三叠系地层中，上盘下三叠统嘉陵江组灰岩、中三叠统雷口坡组白云岩、泥质白云岩逆冲在下盘上三叠统须家河组长石石英砂岩之上。在鸡冠石附近断层挤压破碎带中采到片理化断层泥样品（图 1.3-44），热释光法测得该断层的最新活动年代为 (20.24±2.06) 万 a，SEM 分析测定的断层最新活动年代为第四纪早更新世时期。热释光和扫描电镜测定的活动年代表明从中更新世断层有多次活动。

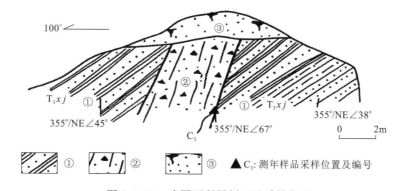

图 1.3-44　鸡冠石断层剖面及采样位置
①上三叠统须家河组砂岩夹薄层页岩；②断层破碎带；③第四系全新统残坡积黏土层

鸡冠石断层主要表现为顺层错动，在邮电学院路见到多个剖面露头（图 1.3-45），大体由 3 个断面组成，各个断层破碎带宽约 1~1.2m，由碎裂岩构成，局部见糜棱岩化现象，断层物质呈风化状态，灰白色、灰褐色，未见晚第四纪新活动显示。航卫片解译及现场调查表明，断层带上岩层陡立，地貌上北段表现为断层陡崖，南段为岩溶槽谷。未见新生断层坎及冲沟扭错，断面之上的残坡积物未见断错。断层北端（南温泉背斜与铜锣峡背斜的复合部位）曾有 2 次 4 级历史地震和 2 次 4 级现代地震分布。综合分析上述情况并与本构造单元内其他断层类比认为，该断层带为第四纪活动断层，其最后活动是在中更新世晚期，断层活动以黏滑为主。

(2)南温泉断层(F_{5-2}).

该断层位于渝西中南部的南温泉背斜轴部,沿垭口、洞子林一线展布,长约5km。断层走向近南北,倾向西,倾角50°～60°。在南温泉南断层剖面上,上盘下三叠统飞仙关组紫红色砂质泥岩逆冲于下盘下三叠统嘉陵江组灰岩之上(图1.3-46)。在断层破碎带中采方解石样,经热释光法测定,其年龄为(20.11±1.61)万a,表明该断层的最新活动年代至少应在此之前。

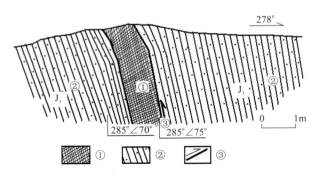

图1.3-45 鸡冠石断层剖面素描图
①断层破碎带;②下侏罗统珍珠冲组砂岩;③断层及性质

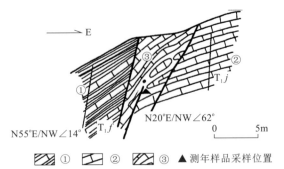

图1.3-46 南温泉断层剖面及采样位置图
①下三叠统飞仙关组泥岩夹泥灰岩;②下三叠统嘉陵江组灰岩;③断层破碎带

在采石场西侧的南北向沟西(图1.3-47),修建公路新开挖的剖面显示,断层发育在下三叠统飞仙关组碳质页岩、泥质灰岩之中,沿页岩软弱面可见明显的构造错动形成的角砾岩,断层带宽约0.4～2m,断层走向近南北,倾向西,倾角50°～60°,该点位断层没有断裂至地表,表现为地层套内层间错动。

航卫片解译及现场调查表明,断层带地貌上表现为沟谷状负地形,局部为岩溶槽谷。未见新生断层坎及冲沟扭错,断面之上的残坡积物未见断错。断层附近曾有1次2级现代地震分布。

前人工作中在该褶断带上采集断层物质测年结果为:距今(11.45±1.15)万a、12.6万a、(20.11±1.61)万a、(20.24±2.06)万a、21.7万a和22.8万a,表明其第四纪以来的明显活动是在中更新世时期。断层泥SEM分析结果,石英碎砾表面均有程度不同的溶蚀现象。

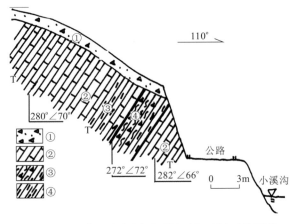

图1.3-47 南温泉断层采石场西沟西剖面素描图
①第四系残坡积层;②三叠系灰岩;③三叠系页岩;④断层角砾岩条带

综上分析并与本构造单元内其他断层类比,认为该断层为第四纪活动断层,其最后活动应在早—中更新世时期。

第四节 新构造运动与地震

一、新构造运动特征

1. 渝西阶地面测量

渝西地区位于长江和嘉陵江两大河流的峡谷区,针对其较为特殊的地质地貌条件,"重庆市都市区活断层探测与地震危险性评价"(中国地震灾害防御中心,2011)项目,对区内的两江河流阶地进行详细调查与测量,并结合钻探进行阶地分级和年代鉴定,通过对跨越目标区背斜及相应构造的地貌图对比,分析了目标区第四纪以来背斜及相关断裂的活动性。

(1)嘉陵江阶地测量研究。

嘉陵江测量河道长 50 km,跨度大,该河段的阶地测量工作主要是针对沥鼻峡背斜、观音峡背斜和温塘峡背斜及其相应的断裂构造的第四纪活动特征进行的。因此,河流段的选取,跨越了沥鼻峡背斜、观音峡背斜和温塘峡背斜(图1.4-1),以便对背斜两侧的各级阶地进行统一对比。嘉陵江阶地分布不连续,零星分布于两岸,野外调查表明可划分为5级。为了便于对比,将嘉陵江河道划分为14个分区(A—O),通过对嘉陵江 A—O 各测区的阶地测量结果对比(表1.4-1),对各分区阶地高程进行了纵向对比位置及结果对比(图1.4-2)。

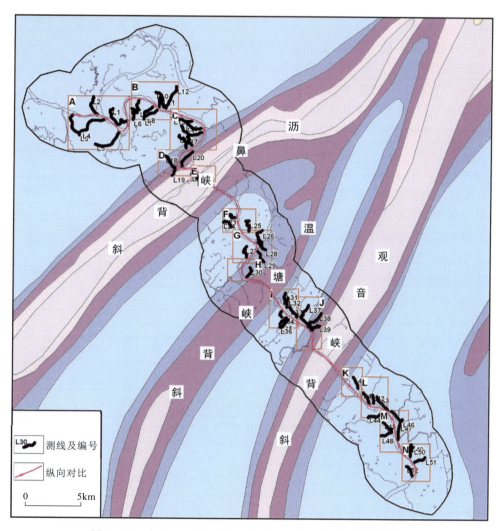

图 1.4-1　嘉陵江段跨背斜区阶地测线分布及纵向对比分布图

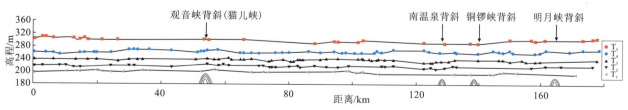

图 1.4-2　嘉陵江各测线Ⅰ～Ⅴ级阶地位相图

表 1.4-1　嘉陵江各分区 Ⅰ～Ⅴ级阶地高程（m）

阶地	A	B	C	D	E	F	G	H	J	K	L	M	N	O
T_5	315	310	310			310	315		310			310	312	300
T_4	290	285	280	279		280	275	280	275	270	270	275	268	270
T_3	260	260	260	256	257	252		250	250	252	247	250	248	250
T_2	240	235	230	228	225		227	225	225	223		220	220	218
T_1	220	218	215				210		210	208			210	207

通过对各测线的测量结果综合分析,认为嘉陵江共发育 5 级阶地,各级阶地主要发育在背斜两侧的向斜区域。通过对嘉陵江的阶地对比,主要是验证该区域与背斜相关的构造活动性。通过对背斜两侧嘉陵江Ⅰ～Ⅴ级阶地的对比发现,背斜两侧阶地没有明显的起伏,两侧各级阶地都较为连续,在同一高程附近发育,其中Ⅴ级阶地高程基本都发育在 300～320m 的高程附近;Ⅳ级阶地基本都在 270～285m 之间;Ⅲ级阶地发育在 245～260m 之间;Ⅱ级阶地高程为 220～240m 之间,Ⅰ级阶地高程为 200～220m。Ⅰ级和Ⅲ级阶地自上而下有一定的坡降。通过对各级阶地高程的对比发现,Ⅴ级阶地形成以来该地区以间歇性抬升为主,背斜及其相关断裂构造没有差异性运动,因此通过对嘉陵江段的阶地对比认为,该地区三条主要背斜构造即沥鼻峡背斜、温塘峡背斜和观音峡背斜Ⅴ级阶地形成以来不再活动,如前述该地区Ⅴ级阶地形成于早更新世晚期—中更新世早期,因此至少中更新世早期以来各背斜及其相关构造即已停止活动。

(2)长江阶地测量研究。

长江测量河道长约 147 km,跨度大,该河段的阶地测量工作主要是针对观音峡(猫儿峡)背斜、南温泉背斜、铜锣峡背斜和明月峡背斜及其相应的断裂构造的第四纪活动特征进行的。因此,河流段的选取,跨越了观音峡(猫儿峡)背斜、南温泉背斜、铜锣峡背斜和明月峡背斜(图 1.4-3),以便对背斜两侧的各级阶地进行统一对比。长江阶地分布不连续,零星分布于两岸,野外调查表明可划分为 5 级。为了便于对比,将长江河道划分为 20 个分区(A—S),通过对长江 A—S 各测区的阶地测量结果对比(表 1.4-2),对各分区阶地高程进行了纵向对比位置及结果对比(图 1.4-4)。

表 1.4-2　长江各分区 Ⅰ～Ⅴ级阶地高程（m）

分区	阶地				
	T_5	T_4	T_3	T_2	T_1
A	305	260	245	220	200
B1	305	260	240	220	200
B2	300	260	240	220	200
C	300	260	240	220	197
D		260	240	218	
E	300	270	240	223	200
F		260	240	220	195
G	295	260	240	220	195
H		260	235	215	196
I	295	260	240	215	193
J	290	260	240	220	190
K	295	250	235	215	190
L	290	250	232	210	190
M	295	260	230	205	192
N	290	250	228	200	185
O	300	260	230	200	185
P		300	260	230	200
Q		300	260	225	195
R		300	260		
S		300	255	220	

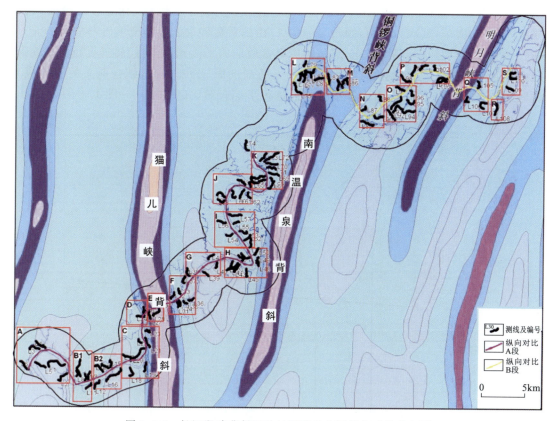

图 1.4-3　长江段跨背斜区阶地测线分布及纵向对比分布图

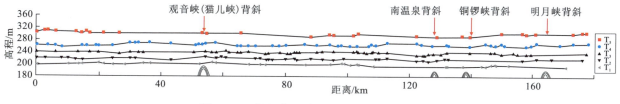

图 1.4-4　长江各测线Ⅰ～Ⅴ级阶地位相图

通过对长江各测线的测量结果综合分析,认为长江共发育 5 级阶地,各级阶地主要发育在背斜两侧区域。通过对背斜两侧阶地高程对比,发现各级阶地均较为连续,没有起伏变化,其中Ⅴ级阶地高程基本都发育在 290～310m 的高程附近;Ⅳ级阶地基本都在 250～270m 之间;Ⅲ级阶地发育在 220～245m 之间;Ⅱ级阶地高程为 195～225m 之间,Ⅰ级阶地高程为 185～200m。Ⅰ级和Ⅲ级阶地自上而下有一定的坡降。通过阶地纵向对比发现,观音峡(猫儿峡)背斜两侧各级阶地没有起伏变化,说明Ⅴ级阶地形成以来该背斜及其相关构造没有差异性运动,即该阶地形成以来不再活动。南温泉、铜锣峡背斜和明月峡背斜及其相关构造两侧的阶地也没有起伏变化,说明Ⅴ级阶地形成以来这三组构造也已停止活动。

综上认为,该地区 5 级阶地形成以来以间歇性抬升为主,观音峡(猫儿峡)背斜、南温泉背斜、铜锣峡背斜和明月峡背斜及其相关构造不存在差异性运动,即各相关构造在Ⅴ级阶地形成以来停止活动。根据本区域Ⅴ级阶地形成于早更新世晚期—中更新世早期,说明这些背斜及其相关构造在中更新世早期以来已不再活动。

2. 渝西夷平面对比

根据前人的研究资料和野外调查以及对该区地形图的判读,认为背斜之间的向斜区域,沉积物具有夷平面特征,残厚 1～18m,堆积高度海拔 360m 左右。岩性为卵砾石夹砂黏土,砾石为石英岩、石英砂岩，其次为石英、燧石等，砾径 1～30cm，一般 10cm 左右，多呈扁平椭圆状，有菱形光滑面，偶见擦痕。砾石主要倾向北东、南东，其次为北西，倾角 20°～40°，由棕黄色砂黏土紧密充填砾石之间。前人称之为盆地二期（王家大山亚期）。与邻区对比，沉积物应属盆地期夷平面残留，时代属早更新世中晚期。

通过渝西及外围相关高程分析，共获得了三条夷平面剖面（图 1.4-5），结合前人的研究成果，认为目标内盆地二期夷平面较为发育，并对该级夷平面进行了综合对比（图 1.4-6～图 1.4-8）。

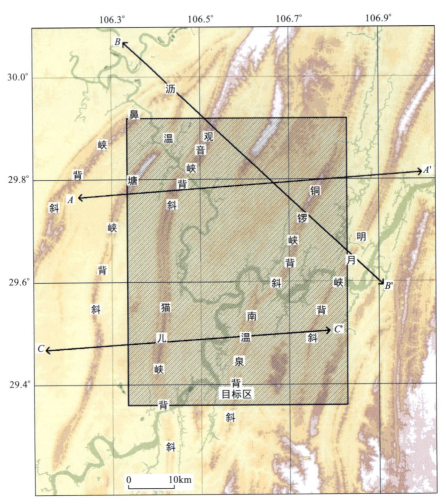

图 1.4-5　跨渝西地区相关构造夷平面测量位置图

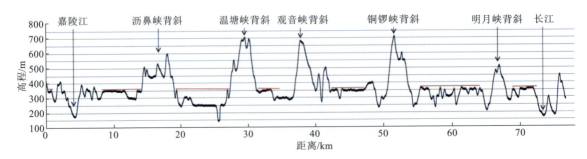

图 1.4-6　测线 A—A′ 夷平面与目标区各背斜关系

通过对该级夷平面的分析认为，目标区内各背斜及其相关构造并未对该级夷平面造成垂直位错，因此认为目标区内各背斜及其相关构造在早更新世中晚期以来已停止活动。

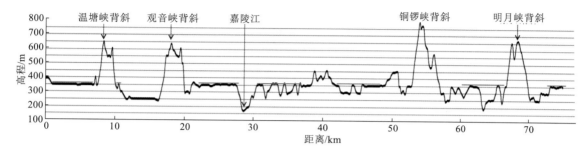

图 1.4-7　测线 $B—B'$ 夷平面与目标区各背斜关系

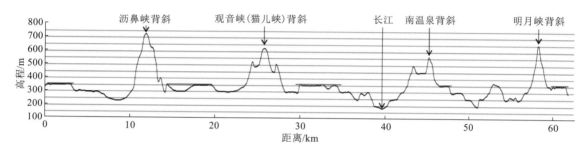

图 1.4-8　测线 $C—C'$ 夷平面与目标区各背斜关系

3. 新构造运动基本特征

研究区地跨中国西部强烈隆升区和东部弱升区两个截然不同的一级新构造运动单元。场地位于四川盆地内的川东盆岭区三级新构造运动单元内。

研究区东部和西部地区的新构造运动特征及地貌塑造过程具有明显的差异(图 1.4-9)。东部地区即四川盆地和滇东、黔西、黔中第四纪以来表现为缓慢抬升,现存三期夷平面,高程分别为 300~500m、600~900m 和 1100~1600m(盆周区),第四纪以来抬升幅度在 500~1500m 的范围内,区内差异运动不明显。整体性较好,构造较简单,断裂规模小,活动性弱。仅有一些零星的 5 级左右中强地震记载。

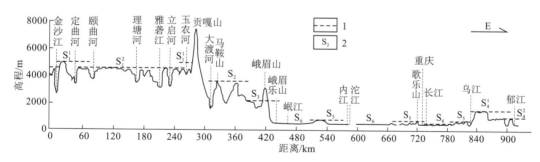

图 1.4-9　研究区东、西部地形剖面图(唐荣昌等,1993)
1.夷平面；2.夷平面代号

西部地区即四川西部高原第四纪以来为强烈快速抬升区。新近纪末期尚处于准平原状态,高程仅 1000m 左右,第四纪以来与青藏高原同步快速抬升,为青藏高原的组成部分。现存高夷平面海拔 4200~4500m,第四纪以来的抬升幅度达 3000~3500m。断裂带规模大,由于高原的差异抬升以及高原内部断块的水平移动,致主要的边界断裂表现出明显的活动性,是研究区内 6 级以上强震的分布区(唐荣昌等,1993)。

在西部强隆区和东部弱升区之间的过渡地区,主要是指龙门山、大相岭、大凉山及攀西等地区,第四纪以来的抬升幅度大约在 2000m,主要表现为中深切割的高山峡谷地貌,强震主要集中在不同块体的边界断裂上,而块体内部整体性较好,较少6级以上地震发生。

四川地区的新构造运动及地貌格局主要受喜马拉雅运动的影响。喜马拉雅运动可分为三期,即古近纪末、新近纪末和第四纪。古近纪、新近纪的运动性质以褶皱造山运动为主,第四纪则表现为大面积的整体抬升。在区域整体快速抬升的同时,沿一些边界断裂发生了明显的差异运动(包括水平与垂直运动),这种运动的速度差异直接导致了不同的地貌格局,为新构造的进一步分区提供了依据。

根据第四纪抬升幅度的差异,研究区的新构造运动可划分为如下几个区(表1.4-3)。简述如下。

表 1.4-3 研究区新构造运动分区表

一级区	二级区	三级区
西部强隆区（Ⅰ）	川青面状强隆区（I_1）	龙门山断隆（I_{1-1}）
	大凉山中升区（I_2）	凉山中升区（I_{2-1}）
东部弱升区（Ⅱ）	四川盆地弱升区（II_1）	成都断陷（II_{1-1}）
		川中微升区（II_{1-2}）
		川东盆岭区（II_{1-3}）
		鄂西-黔东中升区（II_{1-4}）
	秦岭-大巴中升区（II_2）	
	滇东-黔西中等掀升区（II_3）	
	黔中面状隆升区（II_4）	

西部强隆区(Ⅰ):包括西部强烈隆起抬升区和强隆区与弱升区之间的过渡地区,第四纪以来的抬升幅度较大,可进一步划分为川青面状强隆区(I_1)和大凉山中升区(I_2)2个二级区。川青面状强隆区(I_1)主要为龙门山断隆(I_{1-1}),其处于高原向四川盆地的过渡地区,表现为中深切割的高山峡谷地貌,第四纪抬升幅度具有由南东向北西逐渐增大的趋势,在1000～3000m之间。研究区仅包括了大凉山中升区(I_2)的凉山中升区(I_{2-1})一部分,凉山中升区(I_{2-1})位于大凉山断裂以东,荥经-马边-盐津断裂带以西的地区,第四纪以来表现为整体性的大面积抬升,抬升幅度在2000m左右。

东部弱升区(Ⅱ):第四纪以来抬升幅度较西部地区小,可进一步划分出四川盆地弱升区(II_1)、秦岭-大巴中升区(II_2)、滇东-黔西中等掀升区(II_3)和黔中面状隆升区(II_4)。四川盆地弱升区(II_1)可细划为成都断陷(II_{1-1})、川中微升区(II_{1-2})、川东盆岭区(II_{1-3})和鄂西-黔东中升区(II_{1-4})4个三级区:成都断陷(II_{1-1})第四纪以来一直处于下降状态,第四系最大厚度可达550m;川中微升区(II_{1-2})第四纪一直处于剥蚀状态,抬升幅度小于500m,形成大面积的丘陵地貌;川东盆岭区(II_{1-3})整体性好,第四纪以来一直处于剥蚀状态,抬升幅度在500m左右,表现为中低山、丘陵相间分布的地貌类型;鄂西-黔东中升区(II_{1-4})整体性好,第四纪以来一直处于稳定的隆升状态,抬升幅度在1000～1500m左右。秦岭中升区(II_2)具有典型的由北向南掀斜抬升的断块山块特征,差异运动幅度最大的地段出现在秦岭北缘断裂,垂直运动幅度达2000～3000m,向南运动幅度逐渐降低,至龙门山、大巴山地区约1000～1500m。滇东-黔西中等掀升区(II_3)整体性好,第四纪以来一直处于稳定的隆升状态,抬升幅度在1000～1500m左右。黔中面状隆升区(II_4)包括了广大的贵州高原分布区,第四纪一直处于稳定的隆升状态,整体性较好,隆升幅度在1000m左右。

据现今地貌形态,研究区可划分为三个大的构造地貌单元:西部青藏高原高山地貌区,海拔1000～3000m;中部四川盆地区,海拔一般在1000m之下;东北部和东南部中-低山区。其中四川盆地区又细分为以下3个地貌区。

(1)华蓥山以西的丘陵地貌区:在地貌上以圆形或长圆形丘陵地貌为特征,丘陵高度多在海拔500m以下。这一地貌特征是穹隆构造、短轴背斜构造的反映。

(2)华蓥山以东的低山丘陵相间排列地貌区:包括华蓥山断裂带及其以东至七曜山-金佛山断裂带

之间的广大地区,地貌上一系列北东走向的狭窄条状山岭与相对较宽阔的岭间丘陵相间排列。低山海拔多在600~900m之间,最高为华蓥山主峰高登山,海拔1744m,岭间丘陵海拔一般在500m以下。这一地貌形态与区内存在的隔档式褶皱构造一致,背斜为"山",向斜为"谷"。

(3)金佛山南东中-低山区:地貌上以北东走向较宽阔的山地与相对比较狭窄的较低丘陵相间排列,山地海拔多在1500m左右,最高为金佛山主峰,海拔2251m,山间丘陵海拔多在1000m左右。这一地貌形态,是该地区域垛式褶皱构造和断层活动的反映。

这三个构造地貌单元基本上以华蓥山断裂带和七曜山-金佛山断裂带为界,是新生代以来断裂运动的直接结果。

渝西地区位于川东陷褶束内,构造地貌主要形成于古近纪的喜马拉雅运动第一幕。古近纪、新近纪四川运动奠定了重庆地区现今地貌形态的基本轮廓。新构造运动在近场及附近地区亦表现为间歇性抬升,形成了多级夷平面和河流阶地。

渝西地区存在四级夷平面和Ⅴ级河流阶地,夷平面的海拔高度分别为800~900m、600~700m、450~500m和350~400m。主要为歌乐山期和盆地期(重庆期),歌乐山期可分为两个亚期,第一亚期夷平面海拔高程约800~900m,第二亚期夷平面海拔高程约600~700m,该期夷平面形成于早更新世。盆地期形成450~500m和350~400m两级夷平面,形成于中更新世时期。

渝西地区的河流阶地主要沿长江和嘉陵江河谷两岸发育,呈零星状分布,其中Ⅰ、Ⅱ级阶地保存完整。五级河流阶地的形成时代分别为全新世、晚更新世晚期、晚更新世早期、中更新世中晚期、中更新世早期,以基座阶地为主。

现以菜园坝-铜元局实测长江剖面为例将各级阶地的发育特征分述如下(图1.4-10)。

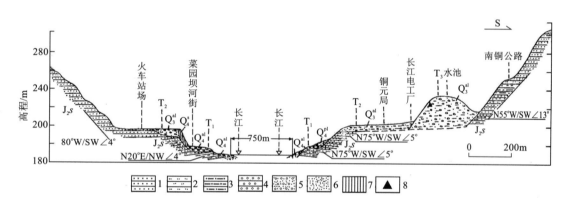

图1.4-10 重庆菜园坝-铜元局长江河流阶地剖面图
1.厚层转状长石石英砂岩;2.粉砂岩;3.泥质粉砂岩;4.砾岩(江北砾石层);5.砾石层;
6.洪积砂层;7.人工堆积物;8.年代学样品取样处

Ⅰ级阶地,拔河高度10~15m,由半胶结的"江北砾岩"组成,经取样作热释光测龄,其年龄为14 400±1200a,对乌江彭水Ⅰ级阶地"江北砾岩"取样经热释光测龄,其年龄值为(10 000±1500)a,故认为川东长江流域Ⅰ级阶地的时代为全新世。

Ⅱ级阶地,为基座阶地,拔河高度30~40m,由亚沙土砾石层组成。该级阶地面较宽,铜元局长江电工厂和重庆火车站均坐落在该级阶地上,时代为晚更新世晚期。

Ⅲ级阶地,为基座阶地,拔河高度60m左右,由亚沙土砾石层组成,中部取样作热释光测龄,其年龄值为(101 800±8100)a,为中更新世晚期沉积物。

Ⅳ级阶地,为基座阶地,拔河高度80~90m,在松林坡、李家沱等地都可以见到,时代为中更新世中晚期。

Ⅴ级阶地,为基座阶地,拔河高度110~120m,以杨家坪天鹅抱蛋为代表,时代为中更新世早期。

上述资料表明：渝西地区的新构造运动主要表现为间歇性的抬升运动。根据Ⅰ级阶地的时代（按10 000a计）和拔河高度估算，全新世以来地壳的平均抬升速率为1～1.5mm/a，根据Ⅱ级阶地的时代和拔河高度估算中更新世末期以来地壳的平均速率为0.6mm/a。

二、地震活动性

1. 地震资料概述

1）区域历史地震目录

区域历史地震目录指有史以来区域范围内 $M \geqslant 4.7$ 级的地震目录。主要来源有《中国历史强震目录（公元前23世纪—公元1911年）》（国家地震局震害防御司编，1995）；《中国近代强震目录（公元1912—1990年）》（中国地震局震害防御司编，1999）；《中国地震台网(CSN)地震目录》（中国地震台网中心）。本书利用了我国丰富的历史地震资料和地震台网观测资料，将地震资料时段取至2018年3月。

有史以来区域范围内共记录到 $M \geqslant 4.7$ 级的地震74次，其中 $\geqslant 7.0$ 级地震2次，6.0～6.9级地震2次，5.0～5.9级地震42次，4.7～4.9级地震28次。最早记载到的破坏性地震是公元前26年3月26日四川宜宾一带的5.5级地震。表1.4-4列出区域内 $M \geqslant 4.7$ 级地震的目录，有宏观震中的以宏观震中代替微观震中。

表1.4-4　渝西地区 $M \geqslant 4.7$ 破坏性地震目录（B.C.26—2018年3月）

序号	发震时间（年.月.日）	震中位置 纬度	震中位置 经度	精度	震级	震中烈度	深度/km	参考地点
1	B.C.26.03.26	28.8°	104.6°	5	5.5	Ⅶ		四川宜宾一带
2	1488.09.25	31.7°	103.9°	3	5.5	Ⅶ		四川茂县一带
3	1610.02.03	28.5°	104.5°	2	5.5	Ⅶ		四川高县庆符
4	1844.08.	28.1°	103.9°	3	≥5			云南大关北
5	1854.12.24	29.1°	107.0°	1	5.5	Ⅶ		四川南川陈家场
6	1892.02.10	28.9°	105.0°	2	5	Ⅵ		四川南溪
7	1896.02.14	29.3°	104.9°	2	5.75	Ⅶ		四川富顺
8	1905.11.08	29.4°	104.7°	2	5	Ⅵ		四川自贡
9	1917.07.31	28.0°	104.0°		6.75	Ⅸ		云南大关北
10	1927.05.22	29.4°	104.7°		4.75	Ⅵ		四川自贡
11	1928.04.**	28.5°	105.5°		4.75	Ⅵ		四川泸县
12	1936.05.16	29.1°	103.9°	3	5.5			四川马边
13	1936.09.25	28.7°	105.1°		5			四川江安
14	1940.**	31.6°	103.9°		5.5	Ⅷ		四川茂汶一带
15	1947.10.18	29.4°	104.8°		4.75	Ⅵ		四川自贡市
16	1954.10.24	29.4°	104.8°		5	Ⅶ		四川自贡市
17	1958.02.08	31.5°	104.0°	2	6.2	Ⅶ		四川茂汶、北川一带
18	1959.03.11	28.2°	104.0°	2	5			云南盐津附近
19	1959.11.13	29.0°	105.0°	4	5			四川富顺附近
20	1961.06.28	31.6°	103.9°	2	4.8		38	四川茂汶东南
21	1966.06.27	31.6°	104.2°	2	4.8	Ⅵ	46	四川安县附近
22	1967.01.24	30.2°	104.1°	2	5.5	Ⅶ		四川仁寿附近
23	1970.03.22	31.63°	104.03°	1	4.8	Ⅵ⁻	16	四川茂汶东南

续表 1.4-4

序号	发震时间（年.月.日）	震中位置		精度	震级	震中烈度	深度/km	参考地点
		纬度	经度					
24	1973.06.29	28.9°	103.9°	1	4.8			四川马边东
25	1973.08.02	27.9°	104.6°	*	5.4	Ⅶ⁻	1	云南彝良东北
26	1974.05.11	28.2°	104.1°	1	7.1	Ⅸ	14	云南大关北
27	1974.05.11	28.1°	104.0°		4.9		33	云南大关北
28	1974.05.12	28.3°	104.0°	1	4.8		19	云南大关北
29	1974.06.01	28.3°	104.2°	2	4.7		13	云南大关北
30	1974.06.05	28.3°	104.2°	1	5			云南大关北
31	1974.06.15	28.4°	104.2°	1	5.7		18	云南大关北
32	1974.06.15	28.5°	104.1°	1	4.8			云南大关北
33	1974.06.15	28.3°	104.1°	1	5.2		15	云南大关北
34	1974.07.10	28.3°	104.0°	1	5.2		22	云南大关北
35	1974.07.10	28.2°	103.9°	1	4.7			云南大关北
36	1974.07.13	28.3°	104.0°	1	4.7			云南大关北
37	1975.03.08	28.4°	104.2°	1	5.3	Ⅵ	30	云南盐津北
38	1975.12.04	28°35′	105°01′	1	4.7	Ⅵ⁻	23	四川长宁东
39	1981.11.07	31.25°	104.0°	2	4.7		15	四川彭县
40	1985.03.29	29.41°	105.00°	1	4.8	Ⅶ	7	四川自贡
41	1989.05.04	31.71°	104.23°	1	4.8	Ⅶ⁻	7	四川绵竹北
42	1989.11.20	29.85°	106.85°	1	5.2	Ⅶ	5	重庆渝北统景
43	1989.11.20	29.85°	106.85°	1	5.4	Ⅶ	5	重庆渝北统景
44	1996.02.28	29.1°	104.8°		5.4			四川自贡
45	1997.08.13	29.5°	105.5°	2	5.2	Ⅶ	13	重庆市荣昌
46	1999.08.17	29.4°	105.7°	1	5.0	Ⅶ	12	重庆荣昌县城
47	1999.09.14	31.6°	104.1°		5.0			四川绵竹
48	1999.11.30	31.4°	104.4°		5			四川安县
49	2001.06.23	29.45°	105.49°	1	4.9	Ⅵ	11	重庆荣昌广顺
50	2004.06.17	29.10°	104.63°	1	4.7	Ⅶ	5	四川宜宾
51	2006.07.22	28.02°	104.14°	1	5.1	Ⅶ	17	云南盐津
52	2006.08.25	28.04°	104.11°	1	5.1		15	云南盐津
53	2006.08.29	28.1°	104.18°		4.8		16	云南盐津
54	2008.5.12	31.0°	103.4°	1	8.0	Ⅺ	14	四川汶川
55	2008.05.12	31.3°	104.1°	1	5.2			四川绵竹
56	2008.05.12	31.5°	103.9°	1	5.2			四川什邡
57	2008.05.13	30.8°	103.9°	1	5			四川汶川
58	2008.05.13	31.4°	104.0°	1	5.7			四川什邡
59	2008.05.13	31.7°	104.5°	1	5.2		11	四川安县
60	2008.05.14	31.4°	104.0°	1	5.1			四川什邡

续表 1.4-4

序号	发震时间(年.月.日)	震中位置 纬度	震中位置 经度	精度	震级	震中烈度	深度/km	参考地点
61	2008.07.15	31.6°	104.0°		5.0			四川什邡
62	2009.06.30	31.4°	104.1°	*	5.6	*	2	四川绵竹
63	2009.06.30	31.5°	104°	*	5	*	2	四川绵竹
64	2009.11.28	31.3°	103.9°	*	5	*	21	四川德阳市什邡市、成都市彭州市交界
65	2010.01.31	30.3°	105.7°	1	5.0	Ⅶ	10	四川遂宁、重庆潼南间
66	2010.09.10	29.4°	105.5°	1	4.7		7	重庆荣昌
67	2010.10.18	28.06°	104.11°	1	4.7		11	云南盐津
68	2013.02.19	31.21	105.20	1	4.9		20	四川三台
69	2013.04.25	28.40°	104.95°	1	4.8		5	四川长宁
70	2014.07.29	31.46°	105.2°	1	4.9		15	四川梓潼
71	2016.12.27	29.47°	105.60°	1	4.8	Ⅵ	10	重庆荣昌
72	2017.01.28	28.09°	104.72°	1	4.9		11	四川宜宾市筠连县
73	2017.05.04	28.19°	104.87°	1	4.9		10	四川宜宾市珙县
74	2017.11.23	29.40°	107.94°	1	5.0		10	重庆武隆县

注：1. 破坏性地震震中定位精度(1970年前)：1类，误差≤10km；2类，误差≤25km；3类，误差≤50km；4类，误差≤100km；5类，误差＞100km。地震台网震中精度(1970年后)：1类，误差≤5km；2类，误差≤15km；3类，误差≤30km；4类，误差＞30km。

2. 表中"*"号表示缺乏资料。

2）区域近代地震目录

近代地震目录取自中国地震台网中心的地震数据库，目录中的参数是根据仪器记录得到的。现代小震通常采用近震震级 M_L，在以往工作中，将其转换为 M_S 震级时，所采用公式为1971年郭履灿等根据邢台地震资料进行统计得出的转换公式：$M_S=1.13M_L-1.08$。该公式适用于华北地区，其他地区兼用，震中距≤1000km((国家地震局震害防御司，1990)。在编制第五代区划图的工作中，对 M_S、M_L 的关系重新进行了统计分析。根据1990—2007年间同时测定有 M_S、M_L 数据且震源深度＜70km 的(6577个)地震，拟合得到的关系式接近于 $M_S=M_L$ (汪素云等，2009)。因此，对于没有测定 M_S 的地震，本书在进行震级标度转换时直接使用 $M_S=M_L$ 进行转换，统一表示成 M。

区域内自1970年1月—2018年3月记录到2.0～4.6级地震6584次，其中2.0～2.9级地震5386次、3.0～3.9级地震1049次、4.0～4.6级地震149次。区域内的中小地震活动绝大多数为2.0～2.9级的微震。

3）地震资料完整性及可靠性分析

研究区主要跨长江中游地震带，从该地震带的地震记载和黄玮琼等(1994)的研究，长江中游地震带1484年后 $M≥6$、1800年后 $M≥5$、1900年后 $M≥4.7$ 级地震历史记载较为完整。

区域地震资料显示，历史记载地震为公元前26年宜宾5.5级地震。自公元前26—1610年间，区域内仅有1次 $M≥4.7$ 级地震记载，表明1610年以前区域历史地震记载有遗漏。国家西南地震台网始建于1965年前后，主要分布在东经99°～104°、北纬26°～33°的范围内。1970年后该台网逐步完善，随着地震台网的建设，1989年后研究区可监控震级下限为2.5。整个重庆地区建立最早的地震台是1939年建立的重庆北碚地震台，但该台存在时间很短。新中国成立后，重庆地区第一个地震台是重庆南泉地震台，该台建于1976年，1977年开始观测，当时研究区 $M3.0$ 级以上地震基本不会漏记。重庆测震台网于1993年建立，2002年启动了"重庆十五数字地震观测网络"项目，2006年底，又启动了"三峡库区重庆段地震监测系统"项目。随着"十五"项目和三峡项目的建设,区域地震监测能力大大提高。2007年台网进一步完善。从地震台网的地震监控能力图可知,研究区域基本上可监测到 $M \geqslant 1.8$ 级的地震,渝西地区范围内可监测到 $M \geqslant 1.6$ 级的地震。为更好地反映地震活动特点,区域弱震的起始震级搜集从2.0级开始。

通过对地震资料的完整性进行分析,认为在区域地震活动性研究时,利用历史地震公元前26年后 $M \geqslant 4.7$ 级地震目录和现代地震1970年后 $M \geqslant 2.0$ 级地震目录进行分析,基本上可以保证资料的完整性。以上结果可作为研究研究区区域地震活动性及其参数估计的参考依据。

2. 地震活动的空间分布特征

区域地震活动的空间分布特征是确定潜在震源区及地震活动性参数的重要依据。

1) 地震区、带的划分

地震区、带划分是地震危险性概率分析的主要基础工作之一,是根据构造活动性和地震活动性的区域性差异进行的。地震带是地震危险性分析中地震活动性参数估计的基本统计单元。

图1.4-11 区域地震区、带划分

在我国的地震区划研究中,已对地震区、带的划分进行过系统研究。本书充分考虑了2008年5月12日汶川8.0级地震对区域地震活动性的作用和影响,采用了新版《中国地震动参数区划图》(GB 18306—2015)所使用的地震区(带)划分方案,研究区地震区带划分方案见图1.4-11。从图中可见,研究区大部分位于长江中游地震带内,此外主要还涉及青藏高原地震区内地震活动十分强烈的龙门山地震带和鲜水河-滇东地震带。因此我们对这3个地震带的地震活动概况进行简述,并以此作为地震时间分布特征研究、地震活动趋势预测和地震危险性分析的统计单元。

(1) 长江中游地震带地震空间分布特征。

长江中游地震带位于长江中游一带,大部为扬子准地台分布的区域,处于华北强震活动区与东南沿海强震带的过渡地区。本带地震活动水平较低,自公元前143年以来共记录到119次 $M \geqslant 4.7$ 的地震,其中6级以上地震3次,5.0~5.9级地震67次,区内记载到的最大地震是1631年发生在湖南常德的6级。该带地震活动的空间分布有如下特点。

①弱活动性:虽然历史上经历过多次构造运动,但新近纪以来构造活动明显减弱,绝大多数断裂在晚第四纪以来都未见明显活动,地震活动相对较弱。②弥散性:长江中游地震带的地震总体呈弥散分布,但在该区北界秦岭—大别一线、洞庭湖盆地、鄱阳湖盆地及四川盆地西南部地震活动稍强。③震源浅:大部分为浅源地震。

(2) 龙门山地震带地震空间分布特征。

该带包括西秦岭东段和龙门山地区。自公元前193年起有地震记载以来,记到8级地震3次,分别为1654年天水南8级地震、1879年武都南8级地震和2008年汶川8级地震,7.0~7.9级地震12次,6.0~6.9级地震37次。该带地震活动的空间分布有如下特点。

①丛集性:该带南部地震多集中分布在北东向的龙门山断裂带,近南北向的岷江断裂、虎牙断裂等,北部地震多集中分布在北西西向的西秦岭北缘断裂带及甘南-川西北弧形构造。②重复性:地震带内同一地点重复发生的破坏性地震有多次。③震源浅:大部分为浅源地震。④震级大:该带属南北地震带中的一段,地震活动相当强烈。

(3) 鲜水河-滇东地震带地震空间分布特征。

鲜水河-滇东地震带分布在可可西里-鲜水河-滇东断裂带的西南,金沙江-红河断裂以东。该带自有地震记载史以来共记到8级地震1次,7.0～7.9级地震31次,6.0～6.9级地震106次,5.0～5.9级地震398次。本带目前的最大地震是1833年9月6日发生在云南嵩明的8级地震。该带地震活动的空间分布有如下特点:

①重复性:地震带内同一地点重复发生的破坏性地震有多次。②分区性:表现出显著的分区特征,大致分为羌塘北、川西和攀西-滇中3个地震活动区。其中,攀西-滇中地震活动区水平最高,川西地区次之,羌塘地区弱于上述两个区。③分段性:带内强震活动主要分布在东段,即鲜水河-滇东断裂带和金沙江-红河断裂带一带。④震源浅:大部分为浅源地震。⑤震级大:地震活动强度大、频度高,为强地震活动区。

2) 区域地震震中空间分布特征

(1) 区域破坏性地震分布特征。

区域内破坏性地震的空间分布格局有下述特征。

第一,区域地震活动具有明显的分区特点,并与活动断裂分布有着密切的关系。区域破坏性地震主要分布在东经106°西侧。区域破坏性地震空间分布不均匀,主要集中在渝西外围的西北角和西南角。西北角在龙门山地震带内地震活动较为强烈,1958年在四川茂汶、北川一带发生过1次6级以上地震;距离渝西地区最近的地震为2010年1月31日四川遂宁与重庆潼南间5.0级地震;渝西范围内的地震为1999年8月17日重庆荣昌5.0级地震、2010年9月10日重庆荣昌4.7级地震。

第二,地震活动的空间分布具有显著的不均匀性。其空间分布格局的不均匀性主要表现在地震活动沿某些带或在某些区域分布较为集中,而在另一些区域则很少发生,强震活动的这种特性则表现得更为明显。

(2) 近代中小地震分布特征。

区域内近代中小地震活动的空间分布也呈明显的不均匀分布格局:小震活动在渝西外围的西北角以及西南方最为密集。此外,在四川绵竹、长宁、自贡,重庆荣昌、南川等地地震的分布也较密集,在历史上破坏性地震震中附近小震活动呈密集活动。

综上所述,区域强震、中小地震活动在空间分布上呈明显的不均匀性,其分布格局与区域性断裂构造有十分密切的关系,强震的主要活动场所是活动断块的边界、活动断裂的交会部位和新构造运动十分强烈的地区。因此,地震活动空间分布格局的差异,显示在不同地区断裂运动方式和运动强度存在着差异,这为地震区(带)划分和潜在震源区的确定提供了重要的依据。

3) 区域地震震源深度分布

在区域范围内,共检索到$M \geqslant 4.7$级地震震源深度39个,其中32个震源深度小于20km,属浅源构造地震。因为区域有震源深度记录的破坏性地震仅有39个,不足以说明问题,所以在地震震源深度分布特征部分补充了有震源深度记录的$2.0 \leqslant M \leqslant 4.6$地震进行分析。按5km的间隔,对近代中小地震震源深度进行了统计,研究区$2.0 \leqslant M \leqslant 4.6$级地震震源深度不同层位分布数据的统计结果见表1.4-5、图1.4-12。从表中可见,约占97.59%的$2.0 \leqslant M \leqslant 4.6$级地震震源深度分布在地下1～25km范围内,25km以下的地震相对较少,区域地震活动深度总体较浅,属于浅源地震。

表 1.4-5 区域近代中小地震($2.0 \leqslant M \leqslant 4.6$)震源深度分布统计

地震震源深度/km	1～5	6～10	11～15	16～20	21～25	26～30	31～35	>35
地震次数	1539	1548	1053	564	286	70	30	23
百分比/%	30.10	30.28	20.59	11.03	5.59	1.37	0.59	0.45

3. 地震活动的时间分布特征和未来活动趋势

研究区主要位于长江中游地震带,此外还涉及龙门山地震带和鲜水河-滇东地震带,各地震带的时间分布特征及未来地震活动发展趋势如下。

1) 长江中游地震带地震活动的时间分布特征

该带 1300 年之前地震资料遗失较多,长江中游地震带 1300 年以来 $M\geqslant 4.7$ 地震的 $M-T$ 图和应变释放曲线见图 1.4-13。从图上看,该带 1300 年以来经历有两个地震活跃期,即 1467—1640 年和 1813 年至今,从这两个活跃期的地震分布看,现仍处于活跃期后期阶段,为保守起见,未来地震活动性参数估计应基于活跃期地震活动水平。

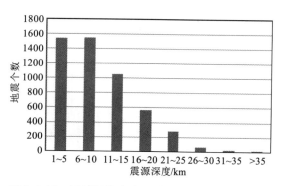

图 1.4-12 区域近代中小地震震源深度分布直方图

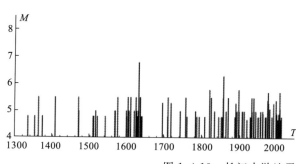 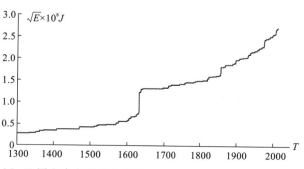

图 1.4-13 长江中游地震带 $M-T$ 图和应变释放曲线图

2) 龙门山地震带地震活动的时间分布特征

该区最早地震记载为公元前 193 年 2 月临洮 7 级地震。该地震带 1400 年以前地震资料严重缺失,1400 年之前仅有 36 次地震记录。自 1400 年以来 5 级以上地震记录才基本完整。该带 1400 年以来的 $M-T$ 图和应变释放曲线见图 1.4-14。从图上看,1400 年以来地震活动经历了两个活跃期(1573—1765 年;1879 年至今),现处于第二活跃期,至今尚未结束。第一活跃期持续了 190 多年,第二活跃期至今已历经了 120 多年,2008 年汶川 8.0 级地震活动位于该活跃期段,未来百年地震活动应略高于平均活动水平。

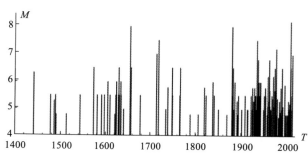 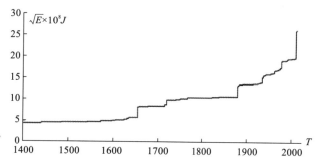

图 1.4-14 龙门山地震带 $M-T$ 图和应变释放曲线图

3) 鲜水河-滇东地震带地震活动的时间分布特征

鲜水河-滇东地震带自 1400 年以来 $M\geqslant 5$ 级地震的 $M-T$ 图见图 1.4-15。从图上看,鲜水河-滇东地震带地震活动很活跃,尤其自 1900 年以来地震活动一直处于活跃状态,地震应变几乎以一个斜率在线性释放,6 级以上地震平均每 1.2 年发生 1 次,两个相邻的 6 级以上地震最大时间间隔不超过 6 年。未来几十年该地震统计区的地震活动水平应以活跃水平估计为宜。

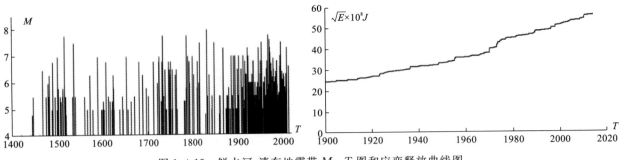

图 1.4-15　鲜水河-滇东地震带 $M-T$ 图和应变释放曲线图

4. 渝西地震活动特征

在渝西地区范围内，自 1970—2018 年 3 月记录到 6 次 $M\geqslant 4.7$ 级的破坏性地震；此外，近代地震活动均为 $M\leqslant 4.6$ 级的中小地震。在统计数据时剔除了破坏性地震的前震和余震。至 2018 年 3 月已记到 2.0～4.6 级地震 1444 次，其中 2.0～2.9 级地震 1293 次，3.0～3.9 级地震 125 次，4.0～4.6 级地震 26 次。由于渝西地区中小地震目录数目太多，因此本报告仅列出 4.0 级以上地震。近场近代地震目录（$M\geqslant 4.0$ 级）见表 1.4-6。

表 1.4-6　渝西地区近代地震目录（$M\geqslant 4.0$ 级）

地震时间	纬度/(°)	经度/(°)	震级	深度/km
1993.08.20	29.63	105.48	4.3	*
1994.02.23	29.52	105.58	4.0	*
1994.04.15	29.48	105.53	4.5	1
1995.01.03	29.38	105.47	4.3	32
1995.04.30	29.45	105.52	4.6	*
1995.12.26	29.40	105.52	4.5	*
1996.01.16	29.33	105.55	4.3	*
1997.02.25	29.42	105.55	4.4	*
1997.08.13	29.50	105.50	5.2	13
1997.12.23	29.38	105.50	4.0	15
1998.02.04	29.38	105.62	4.0	20
1998.02.18	29.38	105.52	4.0	6
1998.05.16	29.45	105.54	4.0	*
1999.06.21	29.43	105.55	4.0	24
1999.08.17	29.40	105.70	5.0	12
1999.08.25	29.35	105.55	4.0	10
2000.04.27	29.38	105.57	4.0	*
2001.06.23	29.50	105.50	4.9	11
2002.04.30	29.42	105.50	4.0	6

续表 1.4-6

地震时间	纬度/(°)	经度/(°)	震级	深度/km
2003.01.02	29.38	105.67	4.0	12
2003.04.21	29.33	105.80	4.0	3
2009.08.08	29.40	105.50	4.3	4
2009.11.20	28.92	105.55	4.3	23
2010.01.31	30.30	105.70	5.0	10
2010.02.22	29.37	105.47	4.5	30
2010.09.10	29.40	105.50	4.7	7
2012.11.10	29.30	105.18	4.4	25
2012.11.11	29.30	105.20	4.4	22
2012.11.11	29.27	105.20	4.6	12
2012.12.25	29.28	105.22	4.0	14
2013.01.18	29.32	105.20	4.1	16
2016.12.27	29.47	105.60	4.8	10

注："*"表示缺乏资料。

对渝西地区地震资料分析可知,2.0～2.9级地震占89.2%,3.0～3.9级地震占8.6%,4.0～4.6级地震占1.8%,4.7级以上地震占0.4%。

渝西地区地震震中分布情况可以看出,除了1999年荣昌5级地震和2010年4.7级地震发生在渝西地区5km范围内,其余在大部分场地及其附近5km范围内,历史上无破坏性地震记载。

综合分析认为,渝西地区地震活动在荣昌地区相对集中,地震活动水平不强,以中小地震活动为主。

5. 历史地震的影响

历史地震对区内影响的评价,其目的一是了解工程场址处地震影响的历史状况,二是为场区地震动参数的确定提供参考依据。

历史地震的影响烈度,系指用烈度来衡量历史地震对工程场地的影响程度。场区历史地震影响评价,除需要考虑区域范围内$M \geqslant 4.7$级的破坏性地震外,还应尽可能考虑区域外围可能对场区产生Ⅴ度以上烈度影响的大地震。

本书从两个方面来考察影响烈度,一是根据有历史地震等震线资料的地震,确定历史地震在场区的宏观影响烈度;二是估算没有等震线资料的地震对场区的影响烈度值,即由场地到地震震中的距离和地震震级,根据地震烈度衰减关系式计算得到场地的影响烈度。最后根据两方面的资料对场区的历史地震影响进行综合评价。

据已有资料,渝西地区周围有17次地震对区内可能产生Ⅳ度及以上烈度的影响。有等震线资料的达10次,这10次地震是1786年四川康定南地震,1879年甘肃武都地震,1920年宁夏海原地震,1933年茂县叠溪地震,1936年马边地震,1936年雷波西宁地震,1976年松潘、平武间地震,1989年重庆渝北地震,2008年四川汶川地震,2013年四川芦山地震,无等震线资料的有7次,地震烈度影响结果由衰减关系计算得到。

区域及周围主要地震对区内产生的影响烈度值列于表1.4-7。从中可见,渝西地区从公元前186年至2018年3月期间遭遇过17次Ⅳ度及以上的地震影响,其中,4次为Ⅳ度,9次为Ⅴ度,4次为Ⅵ度及以上。上述地震对渝西地区的最高地震影响烈度为Ⅶ度。

表1.4-7 场地影响烈度目录(烈度≥Ⅳ度)

编号	发震时间(年.月.日)	震级	震中参考地名	震中烈度	距离/km	影响烈度	备注(依据)
1	1654.07.21	8	甘肃天水南	Ⅹ	448	Ⅴ	衰减关系计算
2	1786.06.01	7.75	四川康定南	≥Ⅹ	343	Ⅴ	等震线图
3	1879.07.01	8	甘肃武都	Ⅹ	340	Ⅴ	等震线图
4	1920.12.16	8.5	宁夏海原	Ⅻ	708	Ⅴ	等震线图
5	1933.08.25	7.5	四川茂县叠溪	Ⅹ	288	Ⅴ	等震线图
6	1936.04.27	6.75	四川马边	Ⅸ	226	Ⅴ	等震线图
7	1936.05.16	6.75	四川雷波西宁	Ⅸ	236	Ⅳ	等震线图
8	1974.05.11	7.1	云南大关	Ⅸ	192	Ⅴ	衰减关系计算
9	1976.8.16	7.2	四川松潘、平武间	Ⅸ	398	Ⅳ	等震线图
10	1989.11.20	5.2,5.4	重庆渝北统景	Ⅶ	68	Ⅳ	等震线图
11	1997.08.13	5.2	重庆荣昌许溪	Ⅶ	9	Ⅵ—Ⅶ	衰减关系计算
12	1999.08.17	5.0	重庆荣昌	Ⅶ	1	Ⅵ	衰减关系计算
13	2001.06.23	4.9	重庆荣昌广顺	Ⅵ	9	Ⅴ	衰减关系计算
14	2008.05.12	8.0	四川汶川	Ⅺ	239	Ⅵ	等震线图
15	2010.01.31	5.0	四川遂宁、重庆潼南间	Ⅶ	6	Ⅵ	衰减关系计算
16	2013.4.20	7.0	四川芦山	Ⅸ	232	Ⅳ	等震线图
17	2016.12.27	4.8	重庆荣昌	Ⅵ	11	Ⅴ	衰减关系计算

6. 区域现代构造应力场

现代构造应力场是区域断裂构造活动和地震活动的基本原因,不同的现代构造应力场会引起不同类型的断层的变形特征,不同的断层变形性质,所引发的地震的震源特性也不同。根据地震的震源机制解反推地震发生地区的现代构造应力场,是目前常用的有效方法。

1)单个地震的震源机制解

依据《重庆涪陵核电项目可行性研究阶段地震安全性评价报告》(中国地震局地球物理研究所,2008)测定的渝北统景5.2级地震、荣昌许溪5.2级地震的震源机制解,以及许忠淮(1994)测定的地震震源机制解和中国地震局地球物理研究所提供的地震震源机制解,从中选出位于研究区域内及其周边地区地震的震源机制解共15个,给出下半球投影的标准格式。将上述结果均列于表1.4-8中,并绘制这15个地震的震源机制解分布。

从表1.4-8所列数据可见,这些地震以逆断层活动和逆兼走滑断层活动为主。

2)小震综合节面解

利用重庆地震台记录到的中小地震波形资料,求解单台多时段小震综合节面解,结果列在表1.4-9中。其中补充了重庆地震台1989—2003年的最新资料结果,并对1989年以前的资料进行了校正和重新分析。我们从重庆地震台1970—2003年报告中选出具有清晰P波初动符号的地震约50个,测定了重庆地区小震综合节面解,如表1.4-9所示,P轴方位为275°,仰角7°,此结果与重庆地区两次5级多地震(1989年统景5.2级、1997年荣昌5.2级)的震源机制解也基本一致。

表 1.4-8 单个地震震源机制解表

编号	地震时间(年.月.日)	震中位置 北纬/(°)	震中位置 东经/(°)	震级 M	节面Ⅰ 走向/(°)	节面Ⅰ 倾角/(°)	节面Ⅰ 滑动角/(°)	节面Ⅱ 走向/(°)	节面Ⅱ 倾角/(°)	节面Ⅱ 滑动角/(°)	P轴 方位角/(°)	P轴 倾角/(°)	T轴 方位角/(°)	T轴 倾角/(°)	B轴 方位角/(°)	B轴 倾角/(°)	来源
1	1958.02.08	31.3	104.0	6.2	31	78	86	230	13	108	125	33	296	57	32	4	①
2	1967.01.24	30.2	104.1	5.5	311	71	−35	54	57	−157	268	38	5	9	106	51	①
3	1970.02.24	30.6	103.3	6.2	41	58	53	276	47	134	156	6	256	59	63	31	①
4	1974.05.11	28.2	104.1	7.1	30	70	0	300	90	160	347	14	253	14	120	70	①
5	1974.06.15	28.4	104.2	5.7	321	50	58	185	50	122	73	0	163	65	343	24	①
6	1979.05.22	31.3	110.47	5.1	116	72	148	217	60	20	169	6	73	35	270	54	①
7	1989.11.20	29.84	106.88	5.2	57	63	166	153	78	28	282	10	18	28	175	60	②
8	1997.08.13	29.5	105.5	5.2	63	57	114	204	40	58	137	9	23	68	230	20	②
9	2008.05.12	31.0	103.4	8.0	8	63	74	220	32	118	110	16	246	68	16	14	③
10	2009.06.30	31.4	104.1	5.6	153	51	51	25	53	128	89	1	358	61	180	29	③
11	2009.11.28	31.3	103.9	5.0	235	49	99	41	42	80	319	2	201	82	49	7	③
12	2010.01.31	30.3	105.7	5.0	16	51	87	201	39	94	108	6	267	84	18	2	③
13	2010.05.25	31.1	103.7	5.0	78	77	−166	345	76	−13	302	19	211	1	119	71	③
14	2010.04.20	30.3	103.0	7.0	34	55	87	220	35	95	126	10	292	79	36	4	③
15	2014.08.03	27.1	103.4	6.5	74	84	177	165	87	6	299	2	56	6	142	34	③

注：①许忠淮等,1994；②重庆涪陵核电项目,2008；③中国地震局地球物理研究所,2014。

表 1.4-9 重庆及邻区小地震综合节面解参数表

地址台名	资料起止时间	节面Ⅰ 走向/(°)	节面Ⅰ 倾向/(°)	节面Ⅰ 倾角/(°)	节面Ⅱ 走向/(°)	节面Ⅱ 倾向/(°)	节面Ⅱ 倾角/(°)	P轴 方位/(°)	P轴 仰角/(°)	T轴 方位/(°)	T轴 仰角/(°)	矛盾比
重庆台	1977.3—1978.3	92.5	S	60	343	NE	60	128	45	218	0	27%
重庆台	1987.3—1989.11	45	NW	65	291	SW	49	267	50	163	11	20%
重庆台	1970.1—2003.12	50	NW	70	320	NW	57	275	7	185	3	31%
重庆台	2003.1—2004.12	230		60	140		90	91	21	189	21	29%

此外,我们陆续对2003年以后的波形资料进行分析,选出具有清晰P波初动符号的记录,预期补充最新的结果。首先选取2003—2004年重庆地震台记录到的具有清楚初动符号的地震56个,测定了重庆地震台周围地震的综合节面解,如图1.4-16所示,并将结果列于表1.4-9中。

3) 区域现代构造应力场分布特征

根据地震震源机制解的结果,综合表1.4-8和表1.4-9的结果,我们绘制了主压应力轴(P轴)和主张应力轴(T轴)的方位角和倾角分布图(图1.4-17),图中径线表示力轴与水平面的夹角,从圆周到圆心,代表力轴从水平至直立;环线大圆刻度表示方位角从0°~360°。

由图可见,主压应力轴P轴的优势方位为北西西—近东西向,倾角大多小于45°;主张应力轴T轴的优势方位为北北东—南南西向,倾角分布从水平至直立均有。分析得出,本区处于北西西—近东西向水平主压应力与北北东-南南西向具有一定倾角的主张应力为主的现代构造应力场中,在这样的应力场中易发生逆断层或逆兼走滑型断层活动,其中北东—北东东向破裂面具有以右旋水平剪切为主的错动性质;北西—北北西向或北北东向的破裂面具有以左旋水平剪切为主的错动性质。

7. 地震活动环境综合评价

综上所述,对区域地震活动环境总体评价如下:

(1)区域主要位于长江中游地震带内,同时涉及龙门山地震带、鲜水河-滇东地震带。研究区内自有地震史料记载以来,共记录到 $M \geqslant 4.7$ 级的破坏性地震 73 次,其中 7.0～7.9 级地震 1 次,6.0～6.9 级地震 2 次,5.0～5.9 级地震 42 次,4.7～4.9 级地震 28 次。此外,自 1970—2018 年 3 月还记录到近代弱震($2.0 \leqslant M \leqslant 4.6$)6584 次。$M \geqslant 4.7$ 级以上地震的空间分布不均匀,具有明显的分区特点,主要集中分布在渝西外围的西南角和西北角。

(2)研究区范围内地震震源深度的优势分布层位是有明显差异的:大部分具有震源深度资料的 $M \geqslant 4.7$ 级地震都分布在地下 20km 范围内,约占 97.59% 的 $2.0 \leqslant M \leqslant 4.6$ 级地震震源深度分布在地下 25km 范围内,属于浅源地震。

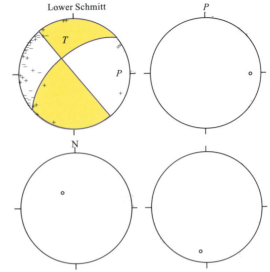

图 1.4-16　重庆单台小震综合节面解(2003—2004 年)

(3)区域内龙门山地震带第一活跃期持续了 190 多年,第二活跃期至今已历经了 120 多年,未来百年地震活动应略高于平均活动水平;鲜水河-滇东地震带地震活动很活跃,尤其自 1900 年以来地震活动一直处于活跃状态,未来百年该带地震活动水平仍将处于活跃水平;长江中游地震带未来百年内的地震活动时间进程仍将主要持续现在的地震相对活跃期,地震活动水平将保持最近百年的平均地震活动水平。

(4)渝西地区内自有地震史料记载以来,记录到 6 次 $M \geqslant 4.7$ 级的破坏性地震,自 1970 年有仪器记载以来共记录到 $2.0 \leqslant M \leqslant 4.6$ 级地震 1463 次,其中 2.0～2.9 级地震 1309 次,3.0～3.9 级地震 127 次,4.0～4.6 级地震 27 次。经分析,区内地震对工程场地的影响烈度达到Ⅴ度,有极小一段影响烈度达到Ⅵ～Ⅶ度。

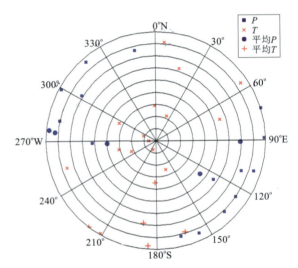

图 1.4-17　P、T 轴方位及倾角分布示意图

(5)渝西遭受Ⅳ度以上地震影响共 17 次。历史上地震对工程场地影响烈度基本为Ⅴ度,仅有极小一段影响烈度达到Ⅵ～Ⅶ度。

(6)本区域基本处于以北西西-近东西向水平主压应力与北北东-南南西向有一定倾角的主张应力为主的现代构造应力场中。在这样的应力场中,易于发生逆断层或逆兼走滑型断层活动。本区北东向的断层易发生逆兼右旋走滑运动,北北东向隔档式背斜断裂带易发生逆冲断裂活动,近南北向的隔档式背斜断裂易发生逆兼左旋走滑运动。

第五节　地震基本烈度与地震危险性

本节的目的在于,根据地震活动环境、区域和近场地震地质的研究成果,对影响到场地地震安全性的潜在震源区、地震活动性参数和地震动衰减关系进行认真确定,再进行场地的地震危险性分析,通过分析计算为工程的抗震设计提供依据。

一、地震危险性概率分析方法概述

场地地震危险性概率分析的目的在于给出场地地震动参数 Z 超过给定值 z 的超越概率 $P(Z>z)$。

设有 N 个地震带对场点的地震危险性有贡献。若第 n 个地震带对场点地震动年超越概率为 $P_n(Z>z)$，则场点总的地震动年超越概率表示为

$$P(Z \geqslant z) = 1 - \prod_{n}^{N}(1 - P_n(Z \geqslant z)) \tag{1.5-1}$$

在地震危险性分析中，最关键的步骤是确定第 n 个地震带对场点的地震危险性。下面以某一个特定地震带为例，叙述确定地震带对场点的地震危险性。为简单起见，公式中的参数略去关于地震带的角标，所有参数都描述同一地震带。

地震带是地震活动性分析的基本统计单元，它应具有统计上的完整性和地震活动趋势的一致性。地震时间过程符合分段的泊松过程。在 t 年内，年平均发生率为 υ，则

$$P_{kt} = \frac{(\upsilon t)^k}{k!} e^{-\upsilon t} \tag{1.5-2}$$

式中：P_{kt} 为统计区内未来 t 年内发生 k 次地震的概率。

地震带内大小地震的比例遵从修正的震级—频度，相应的震级概率密度分布函数为

$$f_M(M) = \frac{\beta \exp[-\beta(M - M_0)]}{1 - \exp[-\beta(M_{uz} - M_0)]} \tag{1.5-3}$$

式中：β 为 $b \times \ln 10$；M_{uz} 为地震带的震级上限。

在地震带内，可划分出若干潜在震源区。潜在震源区的地震空间分布函数是一个与震级有关的常数，记作 f_{l,M_j}，其物理含意是一次震级为 $M_j \pm \frac{1}{2} \Delta M$ 的地震落在第 l 个潜在震源区内的概率。它作为震级的条件概率，可以反映地震带内地震强度空间分布的非均匀性，对指定震级档的 f_{l,M_j} 在整个地震带内是归一的，即

$$\sum_{l=1}^{N_s} f_{l,M_j} = 1$$

式中：N_s 为地震带内潜在震源总数；f_{l,M_j} 可以用统计方法综合判断确定。ΔM 为震级分档步长，M_j 的定义是从起算震级 M_0（$M_0 = 4.0$ 级）到潜在震源区的震级上限 M_u 的若干档中第 j 档的中心震级。

根据分段泊松分布模型和全概率定理，地震带内所发生的地震，影响场点的地震动参数 Z 超越给定值 z 的超越概率为

$$P(Z \geqslant z) = 1 - \exp\left\{-\upsilon \sum_{l=1}^{N_s} \iiint \sum_{j=1}^{N_M} P(M_j) \frac{f_{l,M_j}}{S_l} \cdot P(Z \geqslant z \mid E) f_l(\theta) dx dy d\theta \right\} \tag{1.5-4}$$

式中：$P(M_j)$ 为地震带内地震落在 j 级档 $M_j \pm \frac{1}{2} \Delta M$ 内的概率；N_M 为震级分档数；S_l 为 l 潜在震源区的面积

$$P(M_j) = \frac{2}{\beta} f_M(M_j) \mathrm{sh}\left(\frac{1}{2} \beta \Delta M\right) \tag{1.5-5}$$

由以上两式可得：

$$P_n(Z \geqslant z) = 1 - \exp\left(-\frac{2\upsilon}{\beta} \sum_{l=1}^{N_s} \sum_{j=1}^{N_M} \iiint P(Z \geqslant z \mid E) f_M(M_j) \mathrm{sh}(\frac{1}{2}\beta\Delta M) f_l(\theta) f_{l,M_j}/S_l dx dy d\theta \right) \tag{1.5-6}$$

式中：$P(Z \geqslant z | E)$ 是其中第 l 个潜在震源区内发生特定事件（震级为 $M_j \pm \frac{1}{2} \Delta M$，特定的椭圆长轴取向）时场点处地震动参数值超过 z 的概率。

地震动衰减关系的不确定性可按地震危险性分析中通常采用的方法进行校正,可按前面得出的标准差用下列公式进行校正

$$P(Z \geqslant z) = \frac{1}{2\pi\sigma_{\ln z}} \int_{-3\sigma_{\ln z}}^{3\sigma_{\ln z}} \exp\left(-\frac{\ln Z - \ln z}{2\sigma_{\ln z}}\right) \mathrm{d}\ln Z \qquad (1.5\text{-}7)$$

式中:$P(Z \geqslant z)$为校正后的超越概率;σ为衰减关系的标准差。

二、统计单元及其地震活动性参数的确定

1. 统计单元

本研究区主要位于长江中游地震带,因此本书以长江中游地震带、为统计单元。

2. 地震带活动性参数的确定

地震带活动性参数包括震级上限M_{uz},起算震级M_0,震级-累计频度关系中的系数b值,$M_s \geqslant 4$地震年平均发生率ν_4和震源深度h。

1)震级上限M_{uz}和起算震级M_0的确定

震级上限M_{uz}的含义是指震级-频度关系式中,累积频度趋于零的震级极限值。确定M_{uz}有两条主要依据:一是历史地震资料足够长的地区,地震带中地震活动已经历几个活动期,可按该统计区内发生过的最大地震强度确定M_{uz};二是在同一个大地震活动区内,用构造类比外推,认为具有相似构造条件的地震带,可发生相似强度的地震。在实际工作中,我们综合考虑两条原则,且地震带的震级上限M_{uz}应等于地震带内各潜在震源区震级上限(M_u)的最大值。

长江中游地震带$M_{uz} = 7.0$。

起算震级M_0指能够产生工程所关心的建筑物损坏的最小震级,它与震源深度、震源类型、震源应力环境等有关。由于区域范围内地震属浅源地震,一些4级地震也会产生一定程度的破坏,故在本研究中各地震带M_0均取4级。

2)震级频度关系式中b值、年平均发生率ν_4的确定

b值反映了地震带内不同大小地震频数之间的比例关系,它和地震带内的应力状态及地壳破裂强度有关。在地震危险性分析中,b值的作用在于可以确定地震带内有效震级范围内地震震级的分布密度函数和各级地震的年平均发生率。

由于b值是由实际地震资料统计得到的,故它与资料的可靠性、完整性、取样的时空范围、样本起始震级、震级间隔等因素有关。

地震年平均发生率是指一定统计区(地震带)范围内,平均每年发生大于或等于起算震级以上的地震次数。地震年平均发生率的大小,对地震危险性分析的结果影响较大。年平均发生率主要影响因素是b值和选取资料的统计时段。

采用"中国第五代地震动参数区划图"中的结果,长江中游地震带的震级上限M_{uz}、b值和年均发生率ν_4见表1.5-1。

表1.5-1 地震带地震活动性参数

地震带	M_{uz}	M_0	b值	ν_4	h/km
长江中游地震带	7	4.0	1.2	3.2	15

3. 背景地震

背景地震表示地震带内划定的潜在震源区以外的地震活动,背景地震的震级一般按照本地震带内各潜在震源区最低的震级上限减去半个震级单位来确定,因此长江中游地震带背景地震为5.0级。

三、潜在震源区的划分及其活动性参数的确定

潜在震源区的划分是工程地震危险性分析的重要步骤,它是区域内确定未来潜在发生破坏性地震的区域。潜在震源区划分是在区域、近场区地震活动性、地震构造研究成果的基础上,按一定的原则和方法,划分出可能发生强震的分布区域、潜在地震的最大强度及有关参数。

1. 潜在震源区划分的原则

潜在震源区划分的原则可概括为历史地震重演和构造类比两条基本原则。

历史地震重演原则,是认为历史上发生过大地震的地方,将来还可能发生类似的地震。根据历史地震的地点和强度,结合现代强震活动及中小地震活动特点和规律的研究,如强震活动空间分布规律的研究、地震活动带划分、现代小震活动图像的研究等,划分潜在震源区。

构造类比原则,是根据已发生强震的地区发震构造条件的研究,外推到具有相同或类似构造条件的区域。需要指出,大地震并不是在深和大的构造带上均匀发生,而只在某些具有特定发震构造条件的部位或地段发生。因此,潜在震源区划分是在研究地震活动性、强震活动与地球物理场及深部构造的相关性、强震活动与现代构造运动的相关性以及现代构造应力场的基础上,结合本区大地震发生的构造环境条件,进而划分潜在震源区。

2. 各震级段潜在震源区划分的地震地质条件

在确定潜在震源区震级上限时,不是以某一个条件作为依据,也不是采用个别震例简单的构造对比,而是综合考虑潜在震源区内地震活动的状况、地震发生的构造环境、现代构造应力场作用下的发震断层的活动性质和活动性、发震断层特殊的结构特征,以及发震构造的规模等因素。

根据区域地震与地质构造关系的研究,按上述潜在震源区划分的原则和方法,以及潜在震源区震级上限确定的依据,提出本区划分各震级段地震潜在震源区的发震构造条件。

1) 震级上限为 7.5 级震级段地震潜在震源区发震构造条件

(1)晚更新世以来,尤其是全新世以来发生过明显活动的各种性质的断裂带。

(2)发生过 $7.0 \leqslant M < 7.5$ 级地震的断裂带。

(3)不同方向断裂的交会部位。

(4)中型新生代隆起和断陷的边界断裂带,地震构造带总长度在 300km 以上的区域性断裂带,发震构造段的长度大于 70km。局部重力、磁力的梯级带、新构造差异活动带。

具备以上条件的地区,可划分为上限为 7.5 级地震的潜在震源区。

2) 震级上限为 7 级震级段地震潜在震源区发震构造条件

(1)晚更新世以来发生过明显活动的各种性质的断裂带。

(2)发生过 $6.0 \leqslant M < 7.0$ 级地震的断裂带。

(3)不同方向断裂的交会部位。

(4)中型新生代隆起和断陷的边界断裂带,地震构造带总长度在 300km 以上的区域性断裂带,发震断层段的长度大于 30～40km。局部重力、磁力的梯级带、新构造差异活动带。

具备以上条件的地区,可划分为上限为 7 级地震的潜在震源区。

3) 震级上限为 6.5 级震级段地震潜在震源区发震构造条件

(1)第四纪早期有过较强活动的断裂带或晚更新世有过弱活动的断裂带。

(2)发生过 $5.0 \leqslant M \leqslant 6.0$ 级地震的断裂带或近期小震活动密集带。

(3)断层特殊结构的部位,新构造运动显著差异带。

(4)地震构造带总长度大于 150km 的区域断裂带,发震断层段的长度约 20～30km。

具备以上条件的地区,可划分为上限为 6.5 级地震的潜在震源区。

4) 震级上限为 6.0 级震级段地震潜在震源区发震构造条件

(1)第四纪早期活动的断裂带。

(2) 发生过 $4.0 < M \leq 5.5$ 级地震的断裂带或近期小震活动带。

(3) 地震构造带总长度大于 100km，发震断层段的长度约 10~20km。

具备以上条件的地区，可划分为上限为 6.0 级地震的潜在震源区。

3. 各震级段潜在震源区边界的确定

(1) 震级上限为 6.5 级及以上的高震级档潜在震源区。

在确定潜在震源区范围时，考虑到高震级档的潜在震源区的发震构造条件较为明确，地震多发生在一些特殊构造部位，因此对于构造条件较为明确、发震构造较清楚的高震级档潜在震源区应尽可能划小，勾画出震中可能的分布范围，以突出大地震活动空间不均匀性的特点，减少由于高震级档潜在震源区过大引起的平均稀释效应。这类潜在震源区宽度一般为 15~20km。对于发震构造由两条以上发震断裂平行分布的高震级档潜源，可适当划大一些，宽度一般 20~30km。

(2) 震级上限小于 6.5 级的低震级档潜在震源区。

对于发震构造条件不十分清楚、空间分布不确定性因素较大、发生过 6 级以下地震的较低震级地震的潜在震源区，或高震级档潜源的外围地区、发生过 4 级或 5 级左右地震和小震密集区，划为低震级档潜源区。该潜在震源区适当划大或划多一些，以适应当前对这类地震的认识水平和进行不确定性分析。

4. 潜在震源区的划分

以新一代《中国地震动参数区划图》中潜在震源区划分的综合方案为基础，根据本项目搜集的资料，结合区域地震地质的研究结果，区域范围内及附近共划分出潜在震源区 17 个，其中，震级上限 6.5 级的潜在震源区 5 个、震级上限 6 级的潜在震源区 6 个、震级上限 5.5 级的潜在震源区 5 个。

现将主要的潜在震源区分述如下。

1) 川东潜在震源区组

该组潜在震源区的地震构造背景主要为川东隔档式高陡背斜带，主要包括北东向华蓥山背斜带、铜锣峡背斜、明月峡背斜、方斗山背斜和南北向的长岭-半边山背斜等。

方斗山背斜长约 200km，是川东地区规模仅次于华蓥山背斜带的高陡背斜。该背斜隆起幅度在 1000m 以上，最高可达 1680m，核部出露二叠系，表明褶皱变形较为强烈，卷入地层较深，但地球物理场资料显示该背斜无深部基底断裂。该背斜轴部伴生有方斗山褶皱断裂，为第四纪早期断裂。沿背斜中部微震活动较为频繁，发生了十余次 3.0 级以上地震，最大震级 4.6 级。根据对这些小震活动的空间、时间特征分析，并结合其他工作开展的方斗山断裂带活动性的专门调查结果（中国地震局地球物理研究所，2011），该背斜构造变形核心段为最大潜在地震震级为 5.5 级的发震构造。沿该发震构造划分了一个潜在震源区（7 号潜源）。考虑到方斗山背斜除了没有基底断裂以外，其他构造特征与华蓥山高陡背斜有一定的可比性，且现代小震活动相对来说还是较为显著的，在潜在震源区震级上限确定中，考虑一定的不确定性，故将该潜源震级上限定为 6.0 级。

华蓥山背斜受华蓥山基底断裂带控制，长约 460km，是川东地区规模最大的褶皱构造带。该背斜核部出露寒武纪地层，说明滑脱层位较深，变形程度较强。背斜轴部或陡翼伴生有华蓥山褶皱断裂带，最新活动时代为中更新世，大致以合川和邻水北为界，北段主体不出露，中段规模较大，南段活动性较强，破坏性地震多分布南段的南端。与华蓥山背斜相邻的铜锣峡，位于北东向华蓥山断裂带东南侧，南北向南川-长寿断裂附近。1989 年发生过 4.7 级、5.3 级地震。沿华蓥山背斜划分了 4 个潜在震源区（1~4 号潜源），1 号潜源为华蓥山断裂带北段，分布于华蓥山背斜的向北倾末位置，其背斜规模小、断裂不发育，地震活动相对较弱，震级上限定为 5.5 级；2 号潜源包括华蓥山背斜中段、铜锣峡背斜和明月峡背斜的主体部分，褶皱、断裂及地震活动较强，发生过 5.3 级地震，震级上限定为 6.0 级；3 号潜源位于华蓥山背斜南段北部，背斜规模较小，但断裂、地震活动性较强，发生过荣昌 4.7 级、4.9 级地震，微震活动较为活跃，故该潜源震级上限定为 6.0 级；4 号潜源位于华蓥山断裂带南段断层和地震活动最为强烈的地区，历史上曾发生过多次 5~5.5 级地震，震级上限定为 6.5 级。

长岭-半边山背斜是长寿-南川基底断裂控制下形成的一条背斜构造带,总体走向近南北,其北段为线性背斜带,长约 80km。地表断裂最新活动时代为第四纪中更新世晚期的活动断裂。沿断裂带地震活动主要集中在与北东向构造会合处,主要与北东向构造相关,本身地震活动较弱,在该断裂南端与金佛山断裂带交会的地方发生过 1854 年南川 5 级地震,该地震等震线方向为北东向,显示与齐曜山-金佛山断裂带的相关性。断裂带北部接近铜锣峡、明月峡背斜断裂带的部位发生过统景 4.7 级、5.3 级地震,等震线方向也近北东向,显示出与北东向构造的关系。该背斜北段定为最大潜在地震为 5.5 级的发震构造,沿该段划分出一个潜在震源区(5 号潜源),考虑一定的不确定性将震级上限定为 6.0 级。

2）川东南潜在震源区组

该组潜在震源区构造背景以川东南城垛式背斜构造带为主,主要包括北东向七曜山-金佛山背斜断裂带、彭水断裂带和黔江断裂等。

七曜山-金佛山断裂带线性影像清晰,为重力异常和航磁异常梯度带,存在倾向南东的七曜山-金佛山基底逆断裂带。地表断裂基本沿一系列背斜带呈北东向断续延伸,构造形态较为复杂,主要由齐曜山段、马武段、老场段和金佛山段四条次级断裂组成。马武断裂和齐曜山段断裂规模也较大,最新活动时代均为早、中更新世,沿断裂仅有零星小震,老场断裂南段为晚更新世活动断裂,而金佛山段尽管地表断裂不发育,但其地球物理场和地貌有明显显示、地震活动也较为显著,发生过 5.5 级地震,近期微震活动也很活跃。上述发震构造划分为 7 号潜源(金佛山段和老场段),最大潜在地震震级 6.5 级。

5. 潜在震源区地震活动性参数的确定

潜在震源区活动性参数包括:震级上限 M_u,空间分布函数 f_{i,m_j},椭圆等震线长轴取向及分布概率。震级上限在划分潜在震源区时,依据潜在震源区本身的地震活动性及地震构造特征已经确定。

1) 空间分布函数 f_{i,m_j}

空间分布函数 f_{i,m_j} 是一个地震带内发生的 m_j 档震级的一个地震落在第 i 个潜在震源区内的概率。在同一地震带内 f_{i,m_j} 满足归一条件

$$\sum_{i=1}^{n} f_{i,m_j} = 1 \quad \text{(对不同震级档 } m_j\text{)} \tag{1.5-8}$$

这里 n 为地震带内第 m_j 档潜在震源区的总数。

确定影响空间分布函数时,主要考虑了以下因素:

对 6 级以下的低震级潜在震源区,主要考虑小地震空间分布密度。对 6.5 级以上的潜在震源区,主要考虑:①长期地震活动背景。②具备发生 7 级以上地震的构造上的空段。③中国东部和中部 8 级大震减震效应。④潜在震源可靠程度。

分不同地震带计算出带内潜在震源区各自的空间分布函数。计算涉及的几个主要潜在震源区的空间分布函数列于表 1.5-2。

表 1.5-2 区域几个主要潜在震源区 M_u、f_{i,m_j} 和方向性函数

潜源区编号	震级档							M_u	$\theta_1/(°)$	P_1	$\theta_2/(°)$	P_2
	4.0~4.9	5.0~5.4	5.5~5.9	6.0~6.4	6.5~6.9	7.0~7.5	>7.5					
2	0.007 47	0.014 43	0.048 86	0.000 00	0.000 00	0.000 00	0.000 00	6.0	50	1.0	0	0
3	0.006 59	0.007 99	0.021 82	0.000 00	0.000 00	0.000 00	0.000 00	6.0	40	1.0	0	0
4	0.011 55	0.019 06	0.064 53	0.163 99	0.000 00	0.000 00	0.000 00	6.5	40	1.0	0	0
5	0.003 32	0.011 98	0.014 20	0.000 00	0.000 00	0.000 00	0.000 00	6.0	90	1.0	0	0
7	0.002 66	0.028 46	0.015 95	0.085 99	0.000 00	0.000 00	0.000 00	6.5	50	1.0	0	0
背景源	0.019 99	0.031 43	0	0	0	0	0	5.5	0	6.5	90	0.5

注：M_u 为各潜在震源区的震级上限；θ_1、θ_2 为等震线长轴取向角度；P_1、P_2 为相应分布概率。

2) 等震线长轴取向及分布概率

我国大陆地震等震线多呈椭圆形,地震烈度在长轴和短轴方向衰减特征不同。在计算各潜在震源区对场地的影响时,必须确定长轴方向。所以对每个潜在震源区都给出方向性因子:即给出两个可能的长轴走向 θ_1 和 θ_2 和相应的概率值 P_1 和 P_2。本区域内断裂活动以走滑为主,各潜在震源长轴取向大多与各潜在震源区构造走向一致。对某些具有共轭断层的潜在震源区,依照两个方向作用的大小,给予不同的概率值。各潜在震源区具体的取向角度与分布概率也列于表 1.5-2 中。表中的角度是指断裂构造走向与正东方向间的夹角。

四、地震动衰减关系

地震动衰减关系的确定是地震危险性分析中的重要环节。本项工作所使用的反应谱衰减关系在建立时,使用了具有可靠长周期信息的数字宽频带记录作为数据而统计得出参考地区的地震动衰减关系的长周期部分(俞言祥,2002),而周期小于 1.7s 的短周期部分,则采用了传统的模拟式强震记录统计得到的衰减关系。参考地区的烈度衰减关系则采用了 Chandra 的结果(Chandra,1979),而本地区的烈度衰减关系则为中国地震动参数区划图(2001)编制工作中所得到的华南地区地震烈度衰减关系(汪素云等,2001)。采用胡聿贤等(1984)提出的转换方法得到了中国东部地区的反应谱衰减关系。

基岩地震动水平向峰值加速度和反应谱衰减关系的形式为

$$\lg A = c_1 + c_2 M + c_3 M^2 + c_4 \lg(R + c_5 e^{c_6 M}) \tag{1.5-9}$$

式中:A 为峰值加速度或反应谱值;M 为震级;R 为震中距。式中周期小于 6s 的长轴和短轴衰减关系系数如表 1.5-3 和表 1.5-4 所示,σ 为衰减关系各周期的标准差。图 1.5-1 和图 1.5-2 分别为水平向基岩峰值加速度衰减关系和加速度反应谱衰减关系图。

表 1.5-3 基岩水平向峰值加速度和反应谱(阻尼比 5%)的衰减关系系数(长轴)

周期 T/s	c_1	c_2	c_3	c_4	c_5	c_6	$\sigma_{\lg Sa}$
PGA	−0.150	1.257	−0.053	−2.022	1.192	0.479	0.232
0.04	0.505	1.036	−0.039	−1.889	1.192	0.479	0.225
0.05	0.513	1.018	−0.038	−1.838	1.192	0.479	0.226
0.07	1.016	0.895	−0.028	−1.875	1.192	0.479	0.226
0.10	1.534	0.801	−0.020	−1.927	1.192	0.479	0.231
0.12	1.446	0.819	−0.021	−1.885	1.192	0.479	0.251
0.14	1.477	0.813	−0.020	−1.889	1.192	0.479	0.258
0.16	1.462	0.818	−0.020	−1.886	1.192	0.479	0.253
0.18	1.258	0.868	−0.022	−1.899	1.192	0.479	0.259
0.20	1.155	0.867	−0.022	−1.836	1.192	0.479	0.268
0.24	1.012	0.875	−0.022	−1.780	1.192	0.479	0.269
0.26	0.975	0.885	−0.022	−1.786	1.192	0.479	0.276
0.30	1.025	0.864	−0.020	−1.800	1.192	0.479	0.292
0.34	0.986	0.864	−0.020	−1.803	1.192	0.479	0.308
0.36	0.813	0.896	−0.022	−1.789	1.192	0.479	0.318
0.40	0.715	0.905	−0.022	−1.771	1.192	0.479	0.324

续表 1.5-3

周期 T/s	c_1	c_2	c_3	c_4	c_5	c_6	$\sigma_{\lg Sa}$
0.44	0.475	0.936	−0.024	−1.737	1.192	0.479	0.331
0.50	0.102	1.007	−0.026	−1.737	1.192	0.479	0.337
0.60	−0.337	1.061	−0.029	−1.654	1.192	0.479	0.339
0.70	−0.728	1.147	−0.033	−1.708	1.192	0.479	0.340
0.80	−0.903	1.169	−0.034	−1.694	1.192	0.479	0.348
1.00	−1.378	1.255	−0.038	−1.706	1.192	0.479	0.345
1.20	−1.597	1.286	−0.039	−1.722	1.192	0.479	0.338
1.50	−2.013	1.347	−0.041	−1.725	1.192	0.479	0.334
1.70	−2.395	1.378	−0.041	−1.648	1.192	0.479	0.333
2.00	−2.611	1.398	−0.041	−1.646	1.192	0.479	0.329
2.40	−1.326	0.899	0.000	−1.645	1.192	0.479	0.322
3.00	−1.649	0.926	0.000	−1.643	1.192	0.479	0.306
4.00	−1.859	0.946	0.000	−1.671	1.192	0.479	0.307
5.00	−2.183	0.958	0.000	−1.619	1.192	0.479	0.324
6.00	−2.450	0.969	0.000	−1.578	1.192	0.479	0.328

表 1.5-4 基岩水平向峰值加速度和反应谱(阻尼比 5%)的衰减关系系数(短轴)

周期 T/s	c_1	c_2	c_3	c_4	c_5	c_6	$\sigma_{\lg Sa}$
PGA	−0.948	1.203	−0.050	−1.640	0.340	0.565	0.232
0.04	−0.247	0.989	−0.037	−1.532	0.340	0.565	0.225
0.05	−0.221	0.973	−0.036	−1.491	0.340	0.565	0.226
0.07	0.258	0.853	−0.027	−1.521	0.340	0.565	0.226
0.10	0.744	0.761	−0.019	−1.564	0.340	0.565	0.231
0.12	0.671	0.781	−0.020	−1.529	0.340	0.565	0.251
0.14	0.698	0.776	−0.019	−1.533	0.340	0.565	0.258
0.16	0.681	0.782	−0.019	−1.530	0.340	0.565	0.253
0.18	0.472	0.831	−0.021	−1.541	0.340	0.565	0.259
0.20	0.394	0.833	−0.021	−1.489	0.340	0.565	0.268
0.24	0.272	0.842	−0.021	−1.444	0.340	0.565	0.269
0.26	0.232	0.852	−0.021	−1.449	0.340	0.565	0.276
0.30	0.275	0.832	−0.020	−1.460	0.340	0.565	0.292
0.34	0.233	0.832	−0.019	−1.463	0.340	0.565	0.308
0.36	0.067	0.864	−0.021	−1.451	0.340	0.565	0.318

续表 1.5-4

周期 T/s	c_1	c_2	c_3	c_4	c_5	c_6	$\sigma_{\lg Sa}$
0.40	−0.023	0.873	−0.022	−1.436	0.340	0.565	0.324
0.44	−0.250	0.904	−0.023	−1.409	0.340	0.565	0.331
0.50	−0.623	0.975	−0.026	−1.409	0.340	0.565	0.337
0.60	−1.028	1.032	−0.029	−1.342	0.340	0.565	0.339
0.70	−1.440	1.116	−0.032	−1.385	0.340	0.565	0.340
0.80	−1.609	1.138	−0.033	−1.374	0.340	0.565	0.348
1.00	−2.089	1.224	−0.037	−1.384	0.340	0.565	0.345
1.20	−2.315	1.255	−0.038	−1.396	0.340	0.565	0.338
1.50	−2.733	1.316	−0.040	−1.398	0.340	0.565	0.334
1.70	−3.085	1.349	−0.041	−1.336	0.340	0.565	0.333
2.00	−3.301	1.369	−0.041	−1.335	0.340	0.565	0.329
2.40	−2.034	0.877	0.000	−1.334	0.340	0.565	0.322
3.00	−2.357	0.903	0.000	−1.331	0.340	0.565	0.306
4.00	−2.579	0.923	0.000	−1.354	0.340	0.565	0.307
5.00	−2.880	0.936	0.000	−1.312	0.340	0.565	0.324
6.00	−3.130	0.947	0.000	−1.278	0.340	0.565	0.328

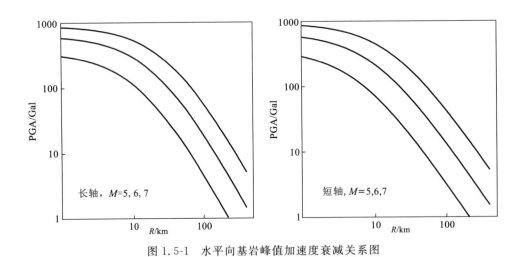

图 1.5-1 水平向基岩峰值加速度衰减关系图

五、地震危险性分析结果

根据前几节研究确定的潜在震源区、地震活动性参数、地震动衰减关系,采用计算程序(ESE)进行地震危险性概率计算。

为了更好地分析各潜在震源区对各站场的场地地震危险性贡献,分析场址受到潜源的影响。表 1.5-5 为主要潜在震源区对合川区渭沱镇南溪口的贡献表,可以看出,南溪口主要受 3 号、4 号、2 号、5 号等潜源的影响。

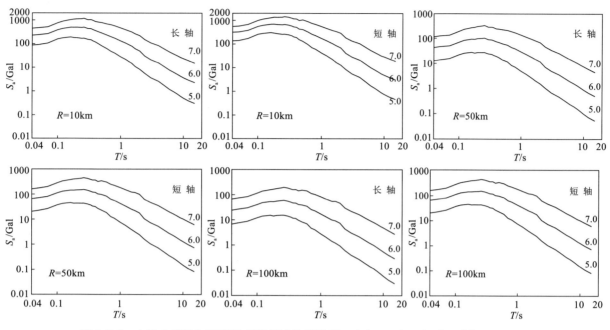

图 1.5-2　水平向基岩加速度反应谱衰减关系图（$R=10$km、50km、200km，$M=5,6,7$）

表 1.5-5　主要潜在震源区对峰值加速度的贡献表

潜源区编号	加速度峰值/Gal					
	1	5	10	20	40	60
3	0.014 75	0.011 05	0.007 67	0.004 71	0.001 56	0.000 85
4	0.012 31	0.004 51	0.002 51	0.000 75	0.000 04	0.000 00
2	0.009 01	0.002 90	0.001 30	0.000 11	0.000 00	0.000 00
5	0.009 83	0.002 41	0.000 77	0.000 10	0.000 00	0.000 00

六、场地基岩峰值加速度与反应谱

利用前表提供的反应谱衰减关系，以潼南区双江镇三块石、合川区渭沱镇南溪口、北碚区澄江镇炭坝村、合川区鱼城村老马沟、江津区金刚镇作坊村、江津区金刚镇瓦厂村为例，计算了6个地方50年超越概率63%、10%、2%以及100年超越概率60%、10%、2%的峰值加速度（表1.5-6），对应的峰值加速度超越概率曲线（图1.5-3），以及各个超越概率的峰值加速度反应谱值（表1.5-7，图1.5-4）。

表 1.5-6　基岩峰值加速度　　　　　　　　　　　　　　　　　单位：Gal

站场名称	经度/(°)	纬度/(°)	50年63%	50年10%	50年2%	100年60%	100年10%	100年2%
三块石	105.75	30.27	15.8	37.9	56.4	22.4	46.9	68.9
南溪口	106.20	30.03	18.1	57.3	111.4	27.4	81.4	161.1
炭坝村	106.38	29.92	18.9	64.8	126.8	29.3	93.8	179.8
老马沟	106.33	30.01	18.5	61.8	121.8	28.4	89.3	175.0
作坊村	106.09	29.14	14.7	38.1	64.4	21.2	50.3	87.3
瓦厂村	106.11	29.14	16.3	47.0	89.9	23.9	66.0	131.3

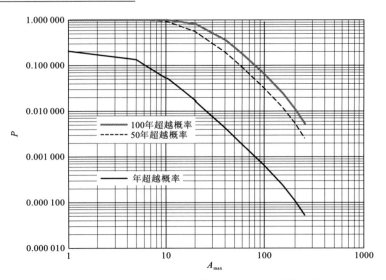

图 1.5-3　渭沱镇南溪口基岩峰值加速度超越概率曲线

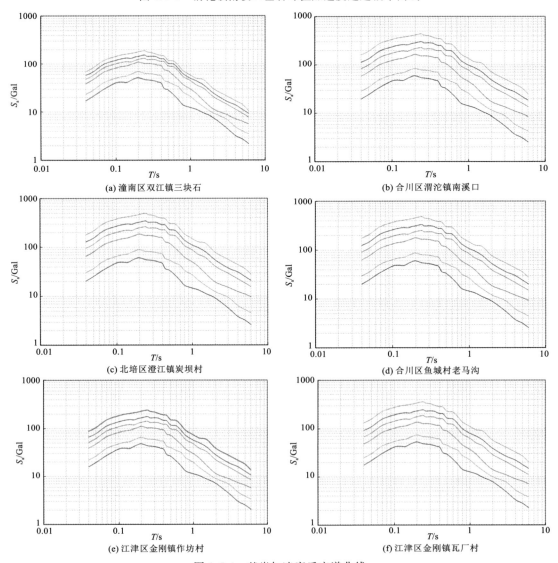

图 1.5-4　基岩加速度反应谱曲线

曲线自上而下分别为 100 年超越概率 2%、50 年超越概率 2%、100 年超越概率 10%、50 年超越概率 10%、100 年超越概率 60% 以及 50 年超越概率 63%

表 1.5-7 基岩水平加速度反应谱

单位:Gal;阻尼比:5%

周期 T/s	三块石			南溪口			炭坝村			老马沟			作坊村			瓦厂村		
	50a 63%	50a 10%	50a 2%	50a 63%	50a 10%	50a 2%	50a 63%	50a 10%	50a 2%	50a 63%	50a 10%	50a 2%	50a 63%	50a 10%	50a 2%	50a 63%	50a 10%	50a 2%
0.04	17.1	38.7	57.8	19.7	58.5	114.1	20.5	66.2	129.9	20.1	63.1	124.8	15.9	39.0	66.0	17.6	48.1	92.2
0.05	21.1	47.1	68.3	24.3	71.1	135.0	25.3	80.4	153.7	24.8	76.8	147.6	19.6	47.4	78.1	21.7	58.5	109.1
0.07	29.9	67.7	99.3	34.4	102.3	196.3	35.9	115.7	223.4	35.1	110.4	214.6	27.8	68.1	113.5	30.8	84.1	158.5
0.1	40.3	82.1	120.1	46.3	124.1	237.4	48.3	140.3	270.2	47.3	133.9	259.5	37.4	82.6	137.3	41.4	102.0	191.8
0.12	41.9	88.2	129.2	48.1	133.2	255.3	50.2	150.6	290.6	49.1	143.7	279.1	38.8	88.7	147.7	43.0	109.5	206.2
0.14	41.2	91.2	133.8	47.4	137.8	264.4	49.4	155.8	300.8	48.3	148.7	289.0	38.2	91.7	152.9	42.4	113.3	213.5
0.16	45.8	97.9	132.0	52.6	147.9	260.8	54.8	167.3	296.8	53.6	159.6	285.1	42.4	98.5	150.8	47.0	121.6	210.7
0.18	49.7	104.1	140.7	57.1	157.2	278.1	59.5	177.8	316.5	58.2	169.7	304.0	46.0	104.7	160.8	51.0	129.3	224.6
0.2	51.6	109.9	145.0	59.3	166.1	286.6	61.8	187.8	326.1	60.5	179.2	313.3	47.8	110.6	165.7	53.0	136.5	231.5
0.24	47.2	102.2	154.6	54.2	154.4	305.5	56.5	174.6	347.0	55.3	166.6	334.0	43.7	102.8	176.7	48.5	126.9	246.7
0.26	46.4	102.8	144.7	53.4	155.2	285.9	55.6	175.6	325.4	54.4	167.5	312.6	43.0	103.4	165.3	47.7	127.6	230.9
0.3	45.2	101.0	146.0	52.0	152.6	288.4	54.2	172.6	328.2	53.0	164.7	315.3	41.9	101.6	166.8	46.5	125.5	233.0
0.34	43.4	96.9	142.9	49.9	146.4	282.5	52.0	165.6	321.5	50.9	158.0	308.8	40.3	97.5	163.4	44.6	120.3	228.2
0.36	41.9	94.1	136.6	48.1	142.1	270.0	50.2	160.8	307.2	49.1	153.4	295.1	38.8	94.6	156.1	43.0	116.8	218.0
0.4	39.9	92.8	128.3	45.9	140.2	253.6	47.8	158.6	288.6	46.8	151.4	277.2	37.0	93.4	146.6	41.0	115.3	204.8
0.44	30.9	75.8	127.0	35.5	114.5	250.9	37.0	129.5	285.6	36.2	123.6	274.3	28.6	76.3	145.1	31.7	94.2	202.7
0.5	28.5	71.7	103.1	32.8	108.3	203.8	34.2	122.5	231.9	33.4	116.9	222.8	26.4	72.1	117.8	29.3	89.0	164.6
0.6	22.4	56.9	98.6	25.8	85.8	194.9	26.9	97.0	221.8	26.3	92.5	213.0	20.8	57.1	112.7	23.1	70.5	157.4
0.7	17.5	45.4	77.9	20.1	68.6	154.0	21.0	77.6	175.2	20.5	74.1	168.3	16.2	45.7	89.0	18.0	56.4	124.3
0.8	13.9	36.9	62.0	15.9	55.7	122.6	16.6	63.0	139.5	16.3	60.1	134.0	12.9	37.1	70.9	14.3	45.8	99.0
1	12.3	29.8	50.0	14.2	45.1	98.9	14.8	51.0	112.5	14.4	48.6	108.1	11.4	30.0	57.2	12.7	37.0	79.8
1.2	11.3	24.1	44.1	13.0	36.4	87.1	13.5	41.2	99.1	13.2	39.3	95.2	10.5	24.3	50.4	11.6	30.0	70.3
1.5	9.5	16.9	35.8	10.9	25.5	70.8	11.3	28.8	80.6	11.1	27.5	77.4	8.8	17.0	41.0	9.7	20.9	57.2
2	7.6	11.4	24.5	8.8	17.2	48.5	9.2	19.5	55.2	9.0	18.6	53.0	7.1	11.5	28.0	7.9	14.2	39.2
3	4.8	8.9	16.9	5.5	13.4	33.3	5.7	15.2	37.9	5.6	14.5	36.4	4.4	9.0	19.3	4.9	11.1	26.9
4	3.2	7.3	14.0	3.7	11.1	27.6	3.9	12.5	31.4	3.8	12.0	30.2	3.0	7.4	16.0	3.3	9.1	22.3
5	2.7	6.5	11.2	3.1	9.8	22.1	3.3	11.1	25.2	3.2	10.6	24.2	2.5	6.5	12.8	2.8	8.0	17.9
6	2.2	5.7	9.3	2.5	8.6	18.5	2.6	9.7	21.0	2.6	9.3	20.2	2.0	5.7	10.7	2.3	7.1	14.9

第六节 地震动参数及地震动区划

本节研究目的是将危险性分析得到的基岩地震动参数,作为基底地震动输入,然后根据场地的工程地质勘探、场地土动力参数试验以及场地地震工程地质条件勘测的结果,进行场地土层地震动力反应分析,得到地表面及相关高程地震动的幅值、频谱和持时,给出与场地相关的设计地震动参数,供拟建工程建设抗震设计使用。

一、场地地震动参数的确定

1. 地震反应分析模型及模型参数的选择

场地地震反应分析模型即场地力学模型的确定是场地地震反应分析的关键问题,依据《工程场地地震安全性评价》(GB 17741—2005)相关规定和工程场地地质条件勘测成果,选择地震反应分析模型、岩土力学参数和地震输入界面,研究以潼南区双江镇三块石、合川区渭沱镇南溪口、北碚区澄江镇炭坝村、合川区鱼城村老马沟、江津区金刚镇作坊村、江津区金刚镇瓦厂村为例。

1) 场地地震反应分析模型及其参数确定

根据现场勘查资料可知,工程场地包含Ⅰ、Ⅱ类场地,其中潼南区双江镇三块石、江津区金刚镇作坊村、江津区金刚镇瓦厂村为Ⅱ类场地,合川区渭沱镇南溪口、北碚区澄江镇炭坝村、合川区鱼城村老马沟为Ⅰ类场地。

根据 GB 17741—2005,Ⅱ类场地需要进行土层反应分析,根据地表的结果确定场地设计地震动参数。Ⅰ类场地直接根据地震危险性分析结果进行规准确定场地设计地震动参数。

根据搜集的钻孔资料,建立场地土层模型进行土层反应分析。土层柱状剖面参数见表 1.6-1。本场地土非线性参数类取《工程场地地震区划评价》(GB 17741—2005)相关类似土类的结果,见表 1.6-2。并采用一维场地模型(一维等效线性化波动法)计算土层地震动反应,分析计算程序采用国家地震局(1995)推荐"地震安全性评价计算程序包(ESE)"。

表 1.6-1 钻孔土层柱状剖面参数

孔号	厚度/m	剪切波速 v_s/(m·s^{-1})	容重/(g·cm^{-3})	土类序号	孔号	厚度/m	剪切波速 v_s/(m·s^{-1})	容重/(g·cm^{-3})	土类序号
ZK9	3.7	163	1.95	1	ZK4	3	197	1.95	1
	3.8	250	2.10	2		5.4	373	2.10	2
	3.8	272	2.10	2		5.4	389	2.10	2
	3.8	292	2.10	2		5.5	403	2.10	2
		552.0	2.46	3		5.5	416	2.10	2
ZK10	2.3	181	1.95	1		5.5	434	2.10	2
	2.3	183	1.95	1			543.0	2.46	3
		552.0	2.46	3	ZK13	3.9	209	1.95	1
ZK12	4.4	193	1.95	1		3.9	245	1.95	1
	4.4	209	1.95	1			584.0	2.46	3
	4.4	225	1.95	1	ZK14	3.1	189	1.95	1
	5	241	2.10	2		3.1	219	1.95	1
	5	261	2.10	2			584.0	2.46	2
	5.1	282	2.10	2					
		560.0	2.46	3					

表 1.6-2　场地土 $G/G_{max}-\gamma$ 和 $\lambda-\gamma$ 的推荐值

土类序号	岩性	参数	剪切应变 γ_d							
			5.00×10^{-6}	1.00×10^{-5}	5.00×10^{-5}	1.00×10^{-4}	5.00×10^{-4}	1.00×10^{-3}	0.005	0.01
1	粉质黏土	G_d/G_{max}	0.980	0.970	0.840	0.730	0.400	0.250	0.070	0.030
		λ_d	0.012	0.015	0.037	0.056	0.112	0.137	0.170	0.180
2	卵石/砂砾石	G_d/G_{max}	0.993	0.987	0.942	0.890	0.619	0.449	0.140	0.075
		λ_d	0.033	0.040	0.062	0.074	0.115	0.139	0.215	0.259
3	基岩	G_d/G_{max}	1.000	1.000	1.000	1.000	1.000	1.000	1.000	1.000
		λ_d	0.050	0.050	0.050	0.050	0.050	0.050	0.050	0.050

2）地震输入界面确定

依据钻孔资料和剪切波速测试结果，确定本工程场地地震输入界面。本工程采用剪切波速值大于500m/s的土层顶面作为计算输入界面。

2. 基岩地震动时程合成

结构抗震设计理论由地震动输入、结构模型、结构反应分析和设计原则这四大环节组成，而作为四大环节之基础的地震动输入对设计的最终结果起重要的控制作用。以地震危险性分析所给出的具有概率含义的自由基岩地震动峰值和反应谱作为目标谱，采用三角级数迭加法合成基岩地震动，作为场地地震动力反应分析的输入地震动时程，该时程含有概率含义，并与特定地震环境相关。

在合成基岩地震动时程过程中，非平稳包络函数取如下形式：

$$f(t)=\begin{cases}\left(\dfrac{t}{t_1}\right)^2 & 0\leqslant t<t_1\\ 1 & t_1\leqslant t<t_2\\ e^{-c(t-t_2)} & t\geqslant t_2\end{cases} \quad (1.6\text{-}1)$$

式中：t_1、t_2 分别为控制强震平稳段的首末时刻；c 为衰减因子，控制振幅下降段衰减的快慢。

根据地震危险性分析得到的基岩加速度峰值和反应谱，经光滑作为目标谱，结合适应本地区地震活动特征的非平稳强度包络函数，采用拟合基岩反应谱的三角级数叠加法合成基岩地震动，作为场地地震动力反应分析的输入地震动时程。

研究区的强度包络取上述所示形式。根据霍俊荣的研究结果，基岩场地上，方程式（1.6-1）中的强度包络参数的衰减关系如下：

$\lg T_S=-2.268+0.326\,2M+0.581\,5\lg(R+10.0)+\varepsilon$
$\lg T_1=-1.074+1.005\lg(R+10.0)+\varepsilon$
$\lg c=1.941-0.281\,7M-0.567\,0\lg(R+10.0)+\varepsilon$

式中：T_S 为峰值平稳段的持时，即 $t_2=t_1+T_S$；M 为等效震级；R 为等效震中距。

地震动持时参数的确定，采用地震危险性分析结果与地震动时程合成过程中地震动能量匹配的原则，即以地震危险性分析所得等效震级与距离，以及由地震动持时参数统计经验关系所得的地震动持时参数作为参考，在地震动时程合成过程中，综合考虑地震动反应谱与强度包线之间的匹配情况，调整地震动持时参数值，并加以最终确定。表1.6-3给出了综合评判场地

表 1.6-3　场地地震动包络函数的参数

超越概率	地震动包络函数参数		
	t_1/s	t_2/s	c
50年63%	3.9	7.0	0.284
50年10%	4.8	9.8	0.183
50年2%	5.6	12.1	0.147
100年60%	4.3	8.1	0.235
100年10%	5.2	10.9	0.164
100年2%	6	14.6	0.114

地震动包络函数参数。

由上述方法和场地动力参数,按50年超越概率63%、10%、2%以及100年超越概率60%、10%、2%各合成3条基岩地震动时程,分别对应3个不同的随机相位,时程采样步长0.02s,选择60个周期作为拟合控制点。控制点的周期从0.04~6s近似地按对数等间距分布,目标谱与计算谱之间的相对误差小于5%。

3. 场地设计地震动参数的确定

考虑到工程抗震设计使用的合理性,对Ⅱ类场地上土层反映之后的结果也就是地表的地震动反应谱进行规准作为其场地的设计地震动参数。对Ⅰ类场地地震危险性分析结果进行规准作为其场地的设计地震动参数。

规准后的反应谱曲线,其表达式如下:

$$Sa(T)=\begin{cases} A_{\max}\times\left(1+\dfrac{(\beta_{m}-1)}{(T_{0}-0.01)}(T-0.04)\right) & 0.04s\leqslant T\leqslant T_{0} \\ A_{\max}\times\beta_{m} & T_{0}<T\leqslant T_{g} \\ A_{\max}\times\beta_{m}\left(\dfrac{T_{g}}{T}\right)^{c} & T_{g}<T\leqslant 12s \end{cases} \quad (1.6\text{-}2)$$

式中:$Sa(T)$为周期T时的反应谱值;T为反应谱周期;$A_{\max}$为峰值加速度;T_0、T_g为反应谱拐点周期;β_m为相对反应谱最大值;c为衰减指数。

规准后的反应谱参数,见表1.6-4。表中数据综合反映了场地附近一定范围内,地震环境和场地条件对地震动的影响,反应局部场地条件的特性,可作为该工程场地抗震设计使用。在《建筑抗震设计规范》(GB 50011—2010)中,垂直向设计地震动规定为水平向设计地震动的65%,其谱形参数与水平向的相同。

表1.6-4　场地水平向设计反应谱参数(阻尼比5%)

工程位置	超越概率	t_1/s	t_g/s	$A_{\max}$/Gal	$\beta_{\max}$	$\alpha_{\max}$	c
三块石	50年63%	0.1	0.45	22.8	2.5	0.057	0.9
	50年10%	0.1	0.45	53.4	2.5	0.133	0.9
	50年2%	0.1	0.45	73.1	2.5	0.183	0.9
南溪口	50年63%	0.1	0.4	18.2	2.5	0.045	0.9
	50年10%	0.1	0.4	57.3	2.5	0.143	0.9
	50年2%	0.1	0.4	126.9	2.6	0.330	0.9
炭坝村	50年63%	0.1	0.4	18.9	2.5	0.042	0.9
	50年10%	0.1	0.4	64.8	2.5	0.155	0.9
	50年2%	0.1	0.4	126.9	2.5	0.330	0.9
老马沟	50年63%	0.1	0.4	18.5	2.5	0.046	0.9
	50年10%	0.1	0.4	61.8	2.5	0.155	0.9
	50年2%	0.1	0.4	121.9	2.5	0.305	0.9
作坊村	50年63%	0.1	0.5	21.9	2.5	0.055	0.9
	50年10%	0.1	0.5	54.2	2.5	0.135	0.9
	50年2%	0.1	0.5	81.2	2.5	0.203	0.9
瓦厂村	50年63%	0.1	0.4	24.3	2.5	0.061	0.9
	50年10%	0.1	0.4	67.9	2.5	0.170	0.9
	50年2%	0.1	0.4	113.5	2.5	0.284	0.9

注:$\alpha_{\max}$为最大地震影响系数,$\alpha_{\max}=A_{\max}\cdot\beta_{\max}/g$,其中$g$为重力加速度(1000cm/s^2)。

二、带状场地地震动参数区划

1. 计算与分析原则

(1) 依据《工程场地地震安全性评价》(GB 17741—2005)的相关规定，我们取带状场地沿线两侧不小于 5km 的区域作为计算区。

(2) 在计算区内按 0.05°(纬度、经度)为间隔进行网格离散化，共得到 616 个空间离散点。

(3) 分别计算出每一个空间离散点 50a 超越概率 10% 的基岩水平向峰值加速度，见表 1.6-5。

表 1.6-5　616 个空间离散点基岩场地水平向峰值加速度计算结果　　　　　　　　50a 超越概率 10%

经度/(°)	纬度/(°)	PGA/Gal	经度/(°)	纬度/(°)	PGA/Gal	经度/(°)	纬度/(°)	PGA/Gal	经度/(°)	纬度/(°)	PGA/Gal
105.35	30.4	44.8	105.6	29.7	48.7	105.9	30.4	36.9	106.15	29.7	67.6
105.35	30.35	43.8	105.6	29.65	61.2	105.9	30.35	36.8	106.15	29.65	67.6
105.35	30.3	42.9	105.6	29.6	56.3	105.9	30.3	36.7	106.15	29.6	66.7
105.35	30.25	42.3	105.6	29.55	59.9	105.9	30.25	36.8	106.15	29.55	65.2
105.35	30.2	41.7	105.6	29.5	63.0	105.9	30.2	36.9	106.15	29.5	63.0
105.35	30.15	41.2	105.6	29.45	65.3	105.9	30.15	37.5	106.15	29.45	59.9
105.35	30.1	40.8	105.6	29.4	66.8	105.9	30.1	38.5	106.15	29.4	56.1
105.35	30.05	40.6	105.6	29.35	67.6	105.9	30.05	39.8	106.15	29.35	52.6
105.35	30	40.5	105.6	29.3	67.5	105.9	30	41.0	106.15	29.3	50.2
105.35	29.95	40.7	105.6	29.25	67.0	105.9	29.95	43.0	106.15	29.25	48.6
105.35	29.9	40.9	105.6	29.2	65.6	105.9	29.9	45.2	106.15	29.2	47.2
105.35	29.85	41.5	105.6	29.15	63.5	105.9	29.85	58.2	106.15	29.15	46.2
105.35	29.8	42.3	105.6	29.1	60.7	105.9	29.8	62.0	106.15	29.1	45.4
105.35	29.75	43.5	105.6	29.05	57.4	105.9	29.75	65.2	106.15	29.05	35.5
105.35	29.7	45.1	105.65	30.4	40.1	105.9	29.7	67.7	106.2	30.4	34.9
105.35	29.65	47.1	105.65	30.35	39.4	105.9	29.65	69.1	106.2	30.35	35.4
105.35	29.6	49.5	105.65	30.3	38.9	105.9	29.6	70.5	106.2	30.3	36.3
105.35	29.55	52.8	105.65	30.25	38.7	105.9	29.55	71.1	106.2	30.25	37.6
105.35	29.5	56.6	105.65	30.2	38.5	105.9	29.5	71.2	106.2	30.2	39.1
105.35	29.45	60.8	105.65	30.15	38.5	105.9	29.45	70.7	106.2	30.15	41.0
105.35	29.4	64.5	105.65	30.1	38.6	105.9	29.4	69.6	106.2	30.1	43.4
105.35	29.35	67.5	105.65	30.05	38.9	105.9	29.35	58.3	106.2	30.05	55.7
105.35	29.3	69.6	105.65	30	39.3	105.9	29.3	55.4	106.2	30	59.4
105.35	29.25	70.9	105.65	29.95	40.3	105.9	29.25	51.5	106.2	29.95	62.5
105.35	29.2	71.6	105.65	29.9	41.5	105.9	29.2	48.4	106.2	29.9	64.6
105.35	29.15	71.6	105.65	29.85	42.8	105.9	29.15	45.7	106.2	29.85	65.9
105.35	29.1	70.8	105.65	29.8	44.5	105.9	29.1	43.5	106.2	29.8	66.8
105.35	29.05	69.5	105.65	29.75	47.0	105.9	29.05	41.8	106.2	29.75	67.2
105.4	30.4	43.8	105.65	29.7	50.4	105.95	30.4	36.3	106.2	29.7	67.1
105.4	30.35	42.9	105.65	29.65	54.3	105.95	30.35	36.3	106.2	29.65	66.6
105.4	30.3	42.2	105.65	29.6	58.1	105.95	30.3	36.4	106.2	29.6	65.3
105.4	30.25	41.6	105.65	29.55	61.3	105.95	30.25	36.6	106.2	29.55	63.3

续表 1.6-5

经度/(°)	纬度/(°)	PGA/Gal	经度/(°)	纬度/(°)	PGA/Gal	经度/(°)	纬度/(°)	PGA/Gal	经度/(°)	纬度/(°)	PGA/Gal
105.4	30.2	41.0	105.65	29.5	63.7	105.95	30.2	36.9	106.2	29.5	60.4
105.4	30.15	40.6	105.65	29.45	65.4	105.95	30.15	37.5	106.2	29.45	56.7
105.4	30.1	40.4	105.65	29.4	66.4	105.95	30.1	39.1	106.2	29.4	53.3
105.4	30.05	40.2	105.65	29.35	66.8	105.95	30.05	40.2	106.2	29.35	50.3
105.4	30	40.2	105.65	29.3	66.4	105.95	30	41.9	106.2	29.3	48.6
105.4	29.95	40.4	105.65	29.25	65.3	105.95	29.95	44.3	106.2	29.25	47.1
105.4	29.9	40.8	105.65	29.2	63.5	105.95	29.9	47.6	106.2	29.2	46.0
105.4	29.85	41.4	105.65	29.15	60.9	105.95	29.85	60.4	106.2	29.15	45.2
105.4	29.8	42.4	105.65	29.1	57.7	105.95	29.8	63.8	106.2	29.1	44.6
105.4	29.75	43.7	105.65	29.05	54.3	105.95	29.75	66.4	106.2	29.05	44.2
105.4	29.7	45.4	105.7	30.4	39.2	105.95	29.7	68.2	106.25	30.4	35.1
105.4	29.65	47.5	105.7	30.35	38.8	105.95	29.65	69.3	106.25	30.35	35.8
105.4	29.6	50.3	105.7	30.3	38.5	105.95	29.6	70.2	106.25	30.3	37.1
105.4	29.55	53.7	105.7	30.25	38.3	105.95	29.55	70.4	106.25	30.25	38.3
105.4	29.5	57.8	105.7	30.2	38.2	105.95	29.5	70.1	106.25	30.2	49.0
105.4	29.45	61.9	105.7	30.15	38.0	105.95	29.45	69.1	106.25	30.15	42.3
105.4	29.4	65.3	105.7	30.1	38.2	105.95	29.4	67.5	106.25	30.1	54.2
105.4	29.35	67.9	105.7	30.05	38.9	105.95	29.35	65.1	106.25	30.05	57.6
105.4	29.3	69.7	105.7	30	39.3	105.95	29.3	52.2	106.25	30	60.8
105.4	29.25	70.7	105.7	29.95	40.7	105.95	29.25	48.5	106.25	29.95	63.1
105.4	29.2	70.9	105.7	29.9	41.9	105.95	29.2	45.6	106.25	29.9	64.8
105.4	29.15	70.5	105.7	29.85	43.3	105.95	29.15	43.3	106.25	29.85	66.1
105.4	29.1	69.5	105.7	29.8	45.6	105.95	29.1	41.6	106.25	29.8	66.6
105.4	29.05	67.7	105.7	29.75	48.6	105.95	29.05	40.2	106.25	29.75	66.7
105.45	30.4	43.0	105.7	29.7	61.3	106	30.4	35.8	106.25	29.7	66.3
105.45	30.35	42.2	105.7	29.65	65.2	106	30.35	35.7	106.25	29.65	65.3
105.45	30.3	41.5	105.7	29.6	68.6	106	30.3	36.2	106.25	29.6	63.6
105.45	30.25	40.9	105.7	29.55	62.2	106	30.25	36.6	106.25	29.55	60.9
105.45	30.2	40.5	105.7	29.5	64.0	106	30.2	37.4	106.25	29.5	57.4
105.45	30.15	40.2	105.7	29.45	65.2	106	30.15	38.2	106.25	29.45	53.9
105.45	30.1	39.9	105.7	29.4	65.7	106	30.1	39.3	106.25	29.4	50.6
105.45	30.05	39.8	105.7	29.35	65.6	106	30.05	40.8	106.25	29.35	48.6
105.45	30	40.0	105.7	29.3	64.8	106	30	43.0	106.25	29.3	47.1
105.45	29.95	40.3	105.7	29.25	63.3	106	29.95	46.0	106.25	29.25	45.9
105.45	29.9	40.8	105.7	29.2	61.0	106	29.9	58.6	106.25	29.2	44.9
105.45	29.85	41.6	105.7	29.15	57.9	106	29.85	62.3	106.25	29.15	44.4
105.45	29.8	42.5	105.7	29.1	54.4	106	29.8	65.1	106.25	29.1	44.0
105.45	29.75	43.9	105.7	29.05	51.2	106	29.75	67.1	106.25	29.05	43.7
105.45	29.7	45.6	105.75	30.4	38.6	106	29.7	68.4	106.3	30.4	35.6

续表 1.6-5

经度/(°)	纬度/(°)	PGA/Gal	经度/(°)	纬度/(°)	PGA/Gal	经度/(°)	纬度/(°)	PGA/Gal	经度/(°)	纬度/(°)	PGA/Gal
105.45	29.65	48.3	105.75	30.35	38.3	106	29.65	69.1	106.3	30.35	36.5
105.45	29.6	51.4	105.75	30.3	38.1	106	29.6	69.7	106.3	30.3	37.9
105.45	29.55	55.1	105.75	30.25	37.9	106	29.55	69.4	106.3	30.25	39.3
105.45	29.5	59.3	105.75	30.2	37.8	106	29.5	68.8	106.3	30.2	41.3
105.45	29.45	63.0	105.75	30.15	37.9	106	29.45	67.4	106.3	30.15	53.0
105.45	29.4	66.0	105.75	30.1	38.1	106	29.4	65.2	106.3	30.1	56.1
105.45	29.35	68.3	105.75	30.05	38.9	106	29.35	62.2	106.3	30.05	59.3
105.45	29.3	69.5	105.75	30	39.8	106	29.3	58.6	106.3	30	61.9
105.45	29.25	70.1	105.75	29.95	40.9	106	29.25	45.6	106.3	29.95	63.8
105.45	29.2	70.1	105.75	29.9	42.0	106	29.2	43.3	106.3	29.9	65.1
105.45	29.15	69.3	105.75	29.85	44.2	106	29.15	41.3	106.3	29.85	66.0
105.45	29.1	67.8	105.75	29.8	46.9	106	29.1	39.9	106.3	29.8	66.3
105.45	29.05	65.6	105.75	29.75	59.3	106	29.05	38.7	106.3	29.75	66.1
105.5	30.4	42.2	105.75	29.7	63.4	106.05	30.4	35.2	106.3	29.7	65.4
105.5	30.35	41.4	105.75	29.65	66.9	106.05	30.35	45.0	106.3	29.65	63.8
105.5	30.3	40.8	105.75	29.6	69.6	106.05	30.3	35.8	106.3	29.6	61.6
105.5	30.25	40.4	105.75	29.55	71.6	106.05	30.25	36.6	106.3	29.55	58.3
105.5	30.2	40.0	105.75	29.5	64.0	106.05	30.2	37.3	106.3	29.5	54.7
105.5	30.15	39.6	105.75	29.45	64.7	106.05	30.15	38.6	106.3	29.45	51.5
105.5	30.1	39.5	105.75	29.4	64.8	106.05	30.1	40.1	106.3	29.4	48.9
105.5	30.05	39.5	105.75	29.35	64.2	106.05	30.05	41.9	106.3	29.35	47.4
105.5	30	39.9	105.75	29.3	62.9	106.05	30	44.6	106.3	29.3	46.0
105.5	29.95	40.3	105.75	29.25	60.9	106.05	29.95	57.0	106.3	29.25	45.0
105.5	29.9	40.8	105.75	29.2	58.1	106.05	29.9	60.7	106.3	29.2	44.2
105.5	29.85	41.7	105.75	29.15	54.7	106.05	29.85	63.8	106.3	29.15	43.8
105.5	29.8	42.7	105.75	29.1	51.3	106.05	29.8	66.0	106.3	29.1	43.6
105.5	29.75	44.4	105.75	29.05	48.4	106.05	29.75	67.5	106.3	29.05	43.5
105.5	29.7	46.4	105.8	30.4	38.0	106.05	29.7	68.4	106.35	30.4	36.2
105.5	29.65	49.3	105.8	30.35	37.8	106.05	29.65	68.8	106.35	30.35	37.5
105.5	29.6	52.6	105.8	30.3	37.6	106.05	29.6	68.9	106.35	30.3	38.7
105.5	29.55	56.8	105.8	30.25	37.5	106.05	29.55	68.4	106.35	30.25	40.6
105.5	29.5	60.5	105.8	30.2	37.6	106.05	29.5	67.1	106.35	30.2	52.1
105.5	29.45	64.1	105.8	30.15	37.8	106.05	29.45	65.2	106.35	30.15	54.9
105.5	29.4	66.5	105.8	30.1	38.0	106.05	29.4	62.5	106.35	30.1	57.9
105.5	29.35	68.2	105.8	30.05	38.8	106.05	29.35	59.0	106.35	30.05	60.6
105.5	29.3	69.2	105.8	30	40.3	106.05	29.3	55.2	106.35	30	62.5
105.5	29.25	69.4	105.8	29.95	41.3	106.05	29.25	52.6	106.35	29.95	64.0
105.5	29.2	68.9	105.8	29.9	43.0	106.05	29.2	41.2	106.35	29.9	65.1
105.5	29.15	67.7	105.8	29.85	45.4	106.05	29.15	39.7	106.35	29.85	65.7
105.5	29.1	65.7	105.8	29.8	48.7	106.05	29.1	38.3	106.35	29.8	65.7

续表 1.6-5

经度/(°)	纬度/(°)	PGA/Gal	经度/(°)	纬度/(°)	PGA/Gal	经度/(°)	纬度/(°)	PGA/Gal	经度/(°)	纬度/(°)	PGA/Gal
105.5	29.05	63.2	105.8	29.75	61.6	106.05	29.05	37.4	106.35	29.75	65.3
105.55	30.4	41.4	105.8	29.7	65.3	106.1	30.4	35.0	106.35	29.7	64.2
105.55	30.35	40.8	105.8	29.65	68.1	106.1	30.35	35.4	106.35	29.65	62.1
105.55	30.3	40.3	105.8	29.6	70.2	106.1	30.3	36.0	106.35	29.6	59.3
105.55	30.25	39.7	105.8	29.55	71.7	106.1	30.25	36.4	106.35	29.55	55.7
105.55	30.2	39.3	105.8	29.5	72.7	106.1	30.2	37.9	106.35	29.5	52.5
105.55	30.15	39.1	105.8	29.45	64.0	106.1	30.15	39.2	106.35	29.45	49.9
105.55	30.1	39.1	105.8	29.4	63.6	106.1	30.1	41.0	106.35	29.4	47.7
105.55	30.05	39.2	105.8	29.35	62.5	106.1	30.05	43.2	106.35	29.35	46.5
105.55	30	39.5	105.8	29.3	60.7	106.1	30	55.5	106.35	29.3	45.4
105.55	29.95	40.3	105.8	29.25	58.2	106.1	29.95	59.2	106.35	29.25	44.5
105.55	29.9	40.8	105.8	29.2	55.0	106.1	29.9	62.4	106.35	29.2	44.0
105.55	29.85	42.0	105.8	29.15	51.4	106.1	29.85	64.8	106.35	29.15	43.7
105.55	29.8	43.1	105.8	29.1	48.4	106.1	29.8	66.3	106.35	29.1	43.4
105.55	29.75	45.2	105.8	29.05	45.9	106.1	29.75	67.7	106.35	29.05	43.5
105.55	29.7	47.5	105.85	30.4	37.5	106.1	29.7	68.1	106.4	30.4	37.3
105.55	29.65	50.6	105.85	30.35	37.3	106.1	29.65	68.3	106.4	30.35	38.6
105.55	29.6	54.4	105.85	30.3	37.3	106.1	29.6	67.9	106.4	30.3	40.2
105.55	29.55	58.5	105.85	30.25	37.1	106.1	29.55	67.0	106.4	30.25	51.6
105.55	29.5	62.0	105.85	30.2	37.1	106.1	29.5	65.3	106.4	30.2	54.2
105.55	29.45	64.8	105.85	30.15	37.7	106.1	29.45	62.8	106.4	30.15	56.8
105.55	29.4	66.9	105.85	30.1	38.4	106.1	29.4	59.4	106.4	30.1	59.4
105.55	29.35	68.1	105.85	30.05	39.4	106.1	29.35	55.7	106.4	30.05	61.4
105.55	29.3	68.6	105.85	30	40.6	106.1	29.3	52.5	106.4	30	63.0
105.55	29.25	68.3	105.85	29.95	41.9	106.1	29.25	50.4	106.4	29.95	64.1
105.55	29.2	67.4	105.85	29.9	44.2	106.1	29.2	48.8	106.4	29.9	64.9
105.55	29.15	65.8	105.85	29.85	47.1	106.1	29.15	47.5	106.4	29.85	65.2
105.55	29.1	63.5	105.85	29.8	59.8	106.1	29.1	37.1	106.4	29.8	65.0
105.55	29.05	60.5	105.85	29.75	63.5	106.1	29.05	36.4	106.4	29.75	64.3
105.6	30.4	40.8	105.85	29.7	66.7	106.15	30.4	34.8	106.4	29.7	62.8
105.6	30.35	40.2	105.85	29.65	68.9	106.15	30.35	35.5	106.4	29.65	60.3
105.6	30.3	39.5	105.85	29.6	70.5	106.15	30.3	36.0	106.4	29.6	56.3
105.6	30.25	39.1	105.85	29.55	71.6	106.15	30.25	37.1	106.4	29.55	53.5
105.6	30.2	38.9	105.85	29.5	72.0	106.15	30.2	38.4	106.4	29.5	50.8
105.6	30.15	38.8	105.85	29.45	71.9	106.15	30.15	40.1	106.4	29.45	48.3
105.6	30.1	38.8	105.85	29.4	62.1	106.15	30.1	42.1	106.4	29.4	46.9
105.6	30.05	39.0	105.85	29.35	60.5	106.15	30.05	44.8	106.4	29.35	45.7
105.6	30	39.4	105.85	29.3	58.2	106.15	30	57.5	106.4	29.3	44.8
105.6	29.95	40.3	105.85	29.25	55.2	106.15	29.95	60.9	106.4	29.25	44.1
105.6	29.9	41.2	105.85	29.2	51.6	106.15	29.9	63.6	106.4	29.2	43.7
105.6	29.85	42.1	105.85	29.15	48.4	106.15	29.85	65.6	106.4	29.15	43.4
105.6	29.8	43.7	105.85	29.1	45.8	106.15	29.8	66.9	106.4	29.1	43.6
105.6	29.75	45.9	105.85	29.05	43.8	106.15	29.75	67.5	106.4	29.05	43.8

(4)依据《中国地震动参数区划图》(GB 18306—2015)中Ⅱ类场地(中硬场地)地震动峰值加速度与基岩场地地震动峰值加速度的对应关系(表 1.6-6),将基岩场地结果转化为Ⅱ类场地结果(表 1.6-7)。场地地震动峰值加速度调整系数 F_a 在计算中根据表 1.6-6 所给值分段线性插值计算。

表 1.6-6　场地地震动峰值加速度调整系数 F_a

Ⅱ类场地地震动峰值加速度值	场地类别				
	I_0	I_1	Ⅱ	Ⅲ	Ⅳ
≤0.05g	0.72	0.80	1.00	1.30	1.25
0.10g	0.74	0.82	1.00	1.25	1.20
0.15g	0.75	0.83	1.00	1.15	1.10
0.20g	0.76	0.85	1.00	1.00	1.00
0.30g	0.85	0.95	1.00	1.00	0.95
≥0.40g	0.90	1.00	1.00	1.00	0.90

表 1.6-7　带状区 5km 范围内 616 个空间离散点Ⅱ类场地水平向计算结果　50 年超越概率 10%

经度/(°)	纬度/(°)	PGA/Gal	经度/(°)	纬度/(°)	PGA/Gal	经度/(°)	纬度/(°)	PGA/Gal	经度/(°)	纬度/(°)	PGA/Gal
105.35	30.4	56.0	105.6	29.7	60.9	105.9	30.4	46.1	106.15	29.7	83.8
105.35	30.35	54.8	105.6	29.65	76.0	105.9	30.35	46.0	106.15	29.65	83.8
105.35	30.3	53.6	105.6	29.6	70.1	105.9	30.3	45.9	106.15	29.6	82.7
105.35	30.25	52.9	105.6	29.55	74.5	105.9	30.25	46.0	106.15	29.55	80.9
105.35	30.2	52.1	105.6	29.5	78.3	105.9	30.2	46.1	106.15	29.5	78.3
105.35	30.15	51.5	105.6	29.45	81.0	105.9	30.15	46.9	106.15	29.45	74.5
105.35	30.1	51.0	105.6	29.4	82.8	105.9	30.1	48.1	106.15	29.4	69.9
105.35	30.05	50.8	105.6	29.35	83.6	105.9	30.05	49.8	106.15	29.35	65.7
105.35	30	50.6	105.6	29.3	83.6	105.9	30	51.3	106.15	29.3	62.6
105.35	29.95	50.9	105.6	29.25	83.0	105.9	29.95	53.8	106.15	29.25	60.8
105.35	29.9	51.1	105.6	29.2	81.4	105.9	29.9	57.3	106.15	29.2	59.0
105.35	29.85	51.9	105.6	29.15	78.8	105.9	29.85	71.1	106.15	29.15	57.8
105.35	29.8	52.9	105.6	29.1	75.5	105.9	29.8	77.0	106.15	29.1	56.8
105.35	29.75	54.4	105.6	29.05	71.5	105.9	29.75	80.9	106.15	29.05	44.4
105.35	29.7	56.4	105.65	30.4	50.1	105.9	29.7	83.9	106.2	30.4	43.6
105.35	29.65	58.9	105.65	30.35	49.3	105.9	29.65	85.5	106.2	30.35	44.3
105.35	29.6	61.9	105.65	30.3	48.6	105.9	29.6	87.3	106.2	30.3	45.4
105.35	29.55	65.9	105.65	30.25	48.4	105.9	29.55	87.9	106.2	30.25	47.0
105.35	29.5	70.5	105.65	30.2	48.1	105.9	29.5	88.0	106.2	30.2	48.9
105.35	29.45	75.6	105.65	30.15	48.1	105.9	29.45	87.5	106.2	30.15	51.3
105.35	29.4	80.0	105.65	30.1	48.1	105.9	29.4	86.1	106.2	30.1	54.3
105.35	29.35	83.6	105.65	30.05	48.6	105.9	29.35	71.2	106.2	30.05	69.5
105.35	29.3	86.1	105.65	30	49.1	105.9	29.3	69.1	106.2	30	73.9
105.35	29.25	87.7	105.65	29.95	50.4	105.9	29.25	63.4	106.2	29.95	77.6

续表 1.6-7

经度/(°)	纬度/(°)	PGA/Gal	经度/(°)	纬度/(°)	PGA/Gal	经度/(°)	纬度/(°)	PGA/Gal	经度/(°)	纬度/(°)	PGA/Gal
105.35	29.2	88.5	105.65	29.9	51.9	105.9	29.2	60.5	106.2	29.9	80.1
105.35	29.15	88.5	105.65	29.85	53.5	105.9	29.15	57.1	106.2	29.85	81.8
105.35	29.1	87.6	105.65	29.8	55.6	105.9	29.1	54.4	106.2	29.8	82.8
105.35	29.05	86.0	105.65	29.75	58.8	105.9	29.05	52.3	106.2	29.75	83.3
105.4	30.4	54.8	105.65	29.7	63.0	105.95	30.4	45.4	106.2	29.7	83.1
105.4	30.35	53.6	105.65	29.65	67.7	105.95	30.35	45.4	106.2	29.65	82.5
105.4	30.3	52.8	105.65	29.6	70.9	105.95	30.3	45.5	106.2	29.6	81.0
105.4	30.25	52.0	105.65	29.55	76.1	105.95	30.25	45.8	106.2	29.55	78.5
105.4	30.2	51.3	105.65	29.5	79.0	105.95	30.2	46.1	106.2	29.5	75.1
105.4	30.15	50.8	105.65	29.45	81.1	105.95	30.15	46.9	106.2	29.45	70.6
105.4	30.1	50.5	105.65	29.4	82.3	105.95	30.1	48.9	106.2	29.4	66.5
105.4	30.05	50.3	105.65	29.35	82.8	105.95	30.05	50.3	106.2	29.35	62.9
105.4	30	50.3	105.65	29.3	82.3	105.95	30	52.4	106.2	29.3	60.8
105.4	29.95	50.5	105.65	29.25	81.0	105.95	29.95	55.4	106.2	29.25	58.9
105.4	29.9	51.0	105.65	29.2	78.8	105.95	29.9	59.5	106.2	29.2	57.5
105.4	29.85	51.8	105.65	29.15	75.7	105.95	29.85	75.1	106.2	29.15	56.5
105.4	29.8	53.0	105.65	29.1	71.9	105.95	29.8	79.2	106.2	29.1	55.8
105.4	29.75	54.6	105.65	29.05	67.7	105.95	29.75	82.3	106.2	29.05	55.3
105.4	29.7	56.8	105.7	30.4	49.0	105.95	29.7	84.4	106.25	30.4	43.9
105.4	29.65	59.4	105.7	30.35	48.5	105.95	29.65	85.8	106.25	30.35	44.8
105.4	29.6	62.9	105.7	30.3	48.1	105.95	29.6	86.9	106.25	30.3	46.4
105.4	29.55	67.0	105.7	30.25	47.9	105.95	29.55	87.1	106.25	30.25	47.9
105.4	29.5	72.0	105.7	30.2	47.8	105.95	29.5	86.8	106.25	30.2	61.3
105.4	29.45	76.9	105.7	30.15	47.5	105.95	29.45	85.5	106.25	30.15	52.9
105.4	29.4	81.0	105.7	30.1	47.8	105.95	29.4	83.6	106.25	30.1	67.6
105.4	29.35	84.1	105.7	30.05	48.6	105.95	29.35	80.8	106.25	30.05	71.7
105.4	29.3	86.3	105.7	30	49.1	105.95	29.3	65.2	106.25	30	75.6
105.4	29.25	87.5	105.7	29.95	50.9	105.95	29.25	60.6	106.25	29.95	78.3
105.4	29.2	87.7	105.7	29.9	52.4	105.95	29.2	57.0	106.25	29.9	80.4
105.4	29.15	87.3	105.7	29.85	54.1	105.95	29.15	54.1	106.25	29.85	81.9
105.4	29.1	86.0	105.7	29.8	57.0	105.95	29.1	52.0	106.25	29.8	82.5
105.4	29.05	83.9	105.7	29.75	60.8	105.95	29.05	50.3	106.25	29.75	82.7
105.45	30.4	53.8	105.7	29.7	76.1	106	30.4	44.8	106.25	29.7	82.2
105.45	30.35	52.8	105.7	29.65	80.9	106	30.35	44.6	106.25	29.65	81.0
105.45	30.3	51.9	105.7	29.6	84.9	106	30.3	45.3	106.25	29.6	78.9
105.45	30.25	51.1	105.7	29.55	77.3	106	30.25	45.8	106.25	29.55	75.7
105.45	30.2	50.6	105.7	29.5	79.4	106	30.2	46.8	106.25	29.5	71.5

续表 1.6-7

经度/(°)	纬度/(°)	PGA/Gal	经度/(°)	纬度/(°)	PGA/Gal	经度/(°)	纬度/(°)	PGA/Gal	经度/(°)	纬度/(°)	PGA/Gal
105.45	30.15	50.3	105.7	29.45	80.9	106	30.15	47.8	106.25	29.45	67.2
105.45	30.1	49.9	105.7	29.4	81.5	106	30.1	49.1	106.25	29.4	63.3
105.45	30.05	49.8	105.7	29.35	81.4	106	30.05	51.0	106.25	29.35	60.8
105.45	30	50.0	105.7	29.3	80.4	106	30	53.8	106.25	29.3	58.9
105.45	29.95	50.4	105.7	29.25	78.5	106	29.95	57.5	106.25	29.25	57.4
105.45	29.9	51.0	105.7	29.2	75.9	106	29.9	71.6	106.25	29.2	56.1
105.45	29.85	52.0	105.7	29.15	72.1	106	29.85	77.4	106.25	29.15	55.5
105.45	29.8	53.1	105.7	29.1	67.8	106	29.8	80.8	106.25	29.1	55.0
105.45	29.75	54.9	105.7	29.05	62.5	106	29.75	83.1	106.25	29.05	54.6
105.45	29.7	57.0	105.75	30.4	48.3	106	29.7	84.7	106.3	30.4	44.5
105.45	29.65	60.4	105.75	30.35	47.9	106	29.65	85.5	106.3	30.35	45.6
105.45	29.6	62.8	105.75	30.3	47.6	106	29.6	86.3	106.3	30.3	47.4
105.45	29.55	68.7	105.75	30.25	47.4	106	29.55	85.9	106.3	30.25	49.1
105.45	29.5	73.8	105.75	30.2	47.3	106	29.5	85.1	106.3	30.2	51.6
105.45	29.45	78.3	105.75	30.15	47.4	106	29.45	83.5	106.3	30.15	66.2
105.45	29.4	81.9	105.75	30.1	47.6	106	29.4	80.9	106.3	30.1	69.9
105.45	29.35	84.5	105.75	30.05	48.6	106	29.35	77.3	106.3	30.05	73.8
105.45	29.3	86.0	105.75	30	49.8	106	29.3	71.6	106.3	30	76.9
105.45	29.25	86.8	105.75	29.95	51.1	106	29.25	57.0	106.3	29.95	79.2
105.45	29.2	86.8	105.75	29.9	52.5	106	29.2	54.1	106.3	29.9	80.8
105.45	29.15	85.8	105.75	29.85	55.3	106	29.15	51.6	106.3	29.85	81.9
105.45	29.1	84.0	105.75	29.8	58.6	106	29.1	49.9	106.3	29.8	82.2
105.45	29.05	81.4	105.75	29.75	73.8	106	29.05	48.4	106.3	29.75	81.9
105.5	30.4	52.8	105.75	29.7	78.7	106.05	30.4	44.0	106.3	29.7	81.1
105.5	30.35	51.8	105.75	29.65	82.9	106.05	30.35	56.3	106.3	29.65	79.2
105.5	30.3	51.0	105.75	29.6	86.1	106.05	30.3	44.8	106.3	29.6	76.5
105.5	30.25	50.5	105.75	29.55	88.5	106.05	30.25	45.8	106.3	29.55	71.2
105.5	30.2	50.0	105.75	29.5	79.4	106.05	30.2	46.6	106.3	29.5	68.2
105.5	30.15	49.5	105.75	29.45	80.3	106.05	30.15	48.3	106.3	29.45	62.9
105.5	30.1	49.4	105.75	29.4	80.4	106.05	30.1	50.1	106.3	29.4	61.1
105.5	30.05	49.4	105.75	29.35	79.7	106.05	30.05	52.4	106.3	29.35	59.3
105.5	30	49.9	105.75	29.3	78.1	106.05	30	55.8	106.3	29.3	57.5
105.5	29.95	50.4	105.75	29.25	75.7	106.05	29.95	71.0	106.3	29.25	56.3
105.5	29.9	51.0	105.75	29.2	70.9	106.05	29.9	75.5	106.3	29.2	55.3
105.5	29.85	52.1	105.75	29.15	68.2	106.05	29.85	79.2	106.3	29.15	54.8
105.5	29.8	53.4	105.75	29.1	62.6	106.05	29.8	81.9	106.3	29.1	54.5
105.5	29.75	55.5	105.75	29.05	60.5	106.05	29.75	83.6	106.3	29.05	54.4

续表 1.6-7

经度/(°)	纬度/(°)	PGA/Gal	经度/(°)	纬度/(°)	PGA/Gal	经度/(°)	纬度/(°)	PGA/Gal	经度/(°)	纬度/(°)	PGA/Gal
105.5	29.7	58.0	105.8	30.4	47.5	106.05	29.7	84.7	106.35	30.4	45.3
105.5	29.65	61.6	105.8	30.35	47.3	106.05	29.65	85.1	106.35	30.35	46.9
105.5	29.6	65.7	105.8	30.3	47.0	106.05	29.6	85.3	106.35	30.3	48.4
105.5	29.55	70.7	105.8	30.25	46.9	106.05	29.55	84.7	106.35	30.25	50.8
105.5	29.5	75.2	105.8	30.2	47.0	106.05	29.5	83.1	106.35	30.2	65.0
105.5	29.45	79.5	105.8	30.15	47.3	106.05	29.45	80.9	106.35	30.15	68.5
105.5	29.4	82.4	105.8	30.1	47.5	106.05	29.4	77.6	106.35	30.1	72.1
105.5	29.35	84.4	105.8	30.05	48.5	106.05	29.35	72.0	106.35	30.05	75.4
105.5	29.3	85.6	105.8	30	50.4	106.05	29.3	68.8	106.35	30	77.6
105.5	29.25	85.9	105.8	29.95	51.6	106.05	29.25	65.7	106.35	29.95	79.4
105.5	29.2	85.3	105.8	29.9	53.8	106.05	29.2	51.5	106.35	29.9	80.8
105.5	29.15	83.9	105.8	29.85	56.8	106.05	29.15	49.6	106.35	29.85	81.5
105.5	29.1	81.5	105.8	29.8	60.9	106.05	29.1	47.9	106.35	29.8	81.5
105.5	29.05	78.4	105.8	29.75	76.5	106.05	29.05	46.8	106.35	29.75	81.0
105.55	30.4	51.8	105.8	29.7	81.0	106.1	30.4	43.8	106.35	29.7	79.7
105.55	30.35	51.0	105.8	29.65	84.3	106.1	30.35	44.3	106.35	29.65	77.1
105.55	30.3	50.4	105.8	29.6	86.9	106.1	30.3	45.0	106.35	29.6	73.8
105.55	30.25	49.6	105.8	29.55	88.6	106.1	30.25	45.5	106.35	29.55	69.5
105.55	30.2	49.1	105.8	29.5	89.9	106.1	30.2	47.4	106.35	29.5	65.5
105.55	30.15	48.9	105.8	29.45	79.4	106.1	30.15	49.0	106.35	29.45	62.4
105.55	30.1	48.9	105.8	29.4	78.9	106.1	30.1	51.3	106.35	29.4	59.6
105.55	30.05	49.0	105.8	29.35	77.6	106.1	30.05	54.0	106.35	29.35	58.1
105.55	30	49.4	105.8	29.3	75.5	106.1	30	69.2	106.35	29.3	56.8
105.55	29.95	50.4	105.8	29.25	71.1	106.1	29.95	73.6	106.35	29.25	55.6
105.55	29.9	51.0	105.8	29.2	68.6	106.1	29.9	77.5	106.35	29.2	55.0
105.55	29.85	52.5	105.8	29.15	62.8	106.1	29.85	80.4	106.35	29.15	54.6
105.55	29.8	53.9	105.8	29.1	60.5	106.1	29.8	82.2	106.35	29.1	54.3
105.55	29.75	56.5	105.8	29.05	57.4	106.1	29.75	83.9	106.35	29.05	54.4
105.55	29.7	59.4	105.85	30.4	46.9	106.1	29.7	84.3	106.4	30.4	46.6
105.55	29.65	63.3	105.85	30.35	46.6	106.1	29.65	84.5	106.4	30.35	48.3
105.55	29.6	67.8	105.85	30.3	46.6	106.1	29.6	84.1	106.4	30.3	50.3
105.55	29.55	71.4	105.85	30.25	46.4	106.1	29.55	83.0	106.4	30.25	63.0
105.55	29.5	77.0	105.85	30.2	46.4	106.1	29.5	81.0	106.4	30.2	67.6
105.55	29.45	80.4	105.85	30.15	47.1	106.1	29.45	78.0	106.4	30.15	70.7
105.55	29.4	82.9	105.85	30.1	48.0	106.1	29.4	73.9	106.4	30.1	73.9
105.55	29.35	84.3	105.85	30.05	49.3	106.1	29.35	69.5	106.4	30.05	76.3
105.55	29.3	84.9	105.85	30	50.8	106.1	29.3	65.5	106.4	30	78.3

续表 1.6-7

经度/(°)	纬度/(°)	PGA/Gal	经度/(°)	纬度/(°)	PGA/Gal	经度/(°)	纬度/(°)	PGA/Gal	经度/(°)	纬度/(°)	PGA/Gal
105.55	29.25	84.5	105.85	29.95	52.4	106.1	29.25	63.0	106.4	29.95	79.5
105.55	29.2	83.5	105.85	29.9	55.3	106.1	29.2	61.0	106.4	29.9	80.5
105.55	29.15	81.6	105.85	29.85	58.9	106.1	29.15	59.4	106.4	29.85	80.9
105.55	29.1	78.8	105.85	29.8	74.4	106.1	29.1	46.4	106.4	29.8	80.6
105.55	29.05	75.2	105.85	29.75	78.8	106.1	29.05	45.5	106.4	29.75	79.8
105.6	30.4	51.0	105.85	29.7	82.7	106.15	30.4	43.5	106.4	29.7	78.0
105.6	30.35	50.3	105.85	29.65	85.3	106.15	30.35	44.4	106.4	29.65	75.0
105.6	30.3	49.4	105.85	29.6	87.3	106.15	30.3	45.0	106.4	29.6	70.1
105.6	30.25	48.9	105.85	29.55	88.5	106.15	30.25	46.4	106.4	29.55	66.7
105.6	30.2	48.6	105.85	29.5	89.0	106.15	30.2	48.0	106.4	29.5	63.5
105.6	30.15	48.5	105.85	29.45	88.9	106.15	30.15	50.1	106.4	29.45	60.4
105.6	30.1	48.5	105.85	29.4	77.1	106.15	30.1	52.6	106.4	29.4	58.6
105.6	30.05	48.8	105.85	29.35	75.2	106.15	30.05	56.0	106.4	29.35	57.1
105.6	30	49.3	105.85	29.3	71.1	106.15	30	71.6	106.4	29.3	56.0
105.6	29.95	50.4	105.85	29.25	68.8	106.15	29.95	75.7	106.4	29.25	55.1
105.6	29.9	51.5	105.85	29.2	63.0	106.15	29.9	78.9	106.4	29.2	54.6
105.6	29.85	52.6	105.85	29.15	60.5	106.15	29.85	81.4	106.4	29.15	54.3
105.6	29.8	54.6	105.85	29.1	57.3	106.15	29.8	82.9	106.4	29.1	54.5
105.6	29.75	57.4	105.85	29.05	54.8	106.15	29.75	83.6	106.4	29.05	54.8

2. 地震动区划结果

(1)按照表1.6-8的加速度分区原则,根据表1.6-9并考虑地形地貌等因素的因素,对Ⅱ类场地50年超越概率10%的地震动峰值加速度进行分区,对应的区域性地震区划图结果见图1.6-1。

表 1.6-8 加速度分档方法

Ⅱ类场地地震动峰值加速度	$0.04g \leq A_{max} < 0.09g$	$0.09g \leq A_{max} < 0.19g$	$0.19g \leq A_{max} < 0.38g$	$0.38g \leq A_{max} < 0.75g$	$A_{max} \geq 0.75g$
地震烈度	Ⅵ	Ⅶ	Ⅷ	Ⅸ	≥Ⅹ

表 1.6-9 地震动峰值加速度分区与地震基本烈度对照表

地震动峰值加速度范围/g	<0.05	0.05	0.1	0.15	0.20	0.30	≥0.40
地震基本烈度值	<Ⅵ	Ⅵ	Ⅶ	Ⅶ	Ⅷ	Ⅷ	≥Ⅸ

(2)由图1.6-1可知,管道地震动参数区划50a超越概率10%划分为2个档区,分别为地震动峰值加速度为50Gal和100Gal。

(3)根据反应谱特征周期调整表(表1.6-10),该场地反应谱特征周期区划结果与中国地震动反应谱特征周期区划图一致,即整个场地区划结果均为0.35s。

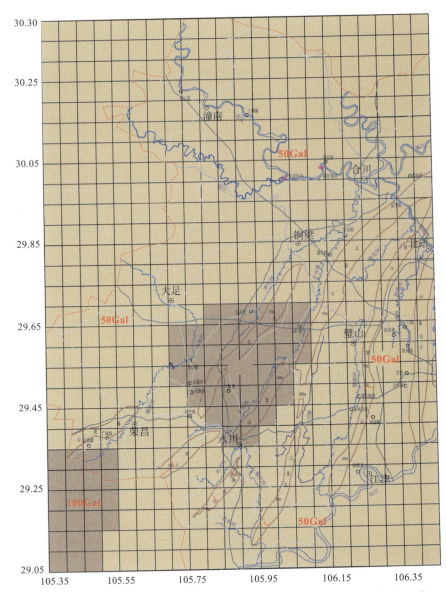

图 1.6-1　渝西地区地震动峰值加速度(Gal)分区示意图(50年超越概率10%)

表 1.6-10　场地基本地震动加速度反应谱特征周期调整表　　单位：s

Ⅱ类场地基本地震动加速度反应谱特征周期分区值	场地类别				
	I_0	I_1	Ⅱ	Ⅲ	Ⅳ
0.35	0.20	0.25	0.35	0.45	0.65
0.40	0.25	0.30	0.40	0.55	0.75
0.45	0.30	0.35	0.45	0.65	0.90

3. 渝西区域性地震动区划图说明

（1）图1.6-1采用的比例尺为1∶50万。

（2）图1.6-1依据《工程场地地震安全性评价》(GB 17741—2005)标准所要求的技术规范进行编制。

（3）50年超越概率10%的区划结果与《中国地震动参数区划图》(GB 18306—2015)绘图精度和比例尺要求不同，本区划结果更精细。

（4）工程抗震设计中如果需要竖向设计地震动参数值，则建议按如下原则确定各概率水平的竖向设计地震动参数:峰值加速度取为相应的水平向峰值加速度的65%,加速度放大系数反应谱参数值取相应的水平向加速度放大系数反应谱参数值。

第七节 小 结

一、渝西区域地震

渝西地跨松潘-甘孜造山带和扬子准地台2个一级大地构造单元,印支运动奠定了本区的基本构造格局。晚新生代以来,伴随着青藏高原持续抬升和高原物质向东蠕散的影响,高原东部地区表现出地壳抬升、变形与缩短和块体的旋转与侧向挤出等复杂的变形过程,导致研究区内的断裂均具有不同程度的第四纪活动性和频繁的地震活动。

渝西包括了中国西部强隆区和东部弱升区各一部,龙门山构造带中南段和荥经-马边-盐津断裂带以西的川西高原和大凉山地区属西部强隆区一部,第四纪以来抬升幅度较大。东部弱升区第四纪以来的抬升幅度小,在1000m以下,特别是四川盆地的抬升幅度不足500m。渝西地区位于东部弱升区内的川中台拱区内,第四纪以来一直处于缓慢的隆升状态,差异活动不甚显著,是相对稳定的地区。

渝西包括了中国西部南北向巨型重力梯度带一部,龙门山构造带和荥经-马边-盐津断裂带上及其附近,布格重力异常均呈明显的梯度带,地幔呈向西倾斜的斜坡。表明了研究区内边界断裂具有切穿地壳或岩石圈的深大断裂性质。航磁异常致龙门山构造带也呈现出不同的分区特征。

渝西内主要发育有NE、NW和NS向三组不同方向的断裂构造,区内呈NW走向的荥经-马边-盐津断裂带均具有明显的晚更新世—全新世以来活动的地质地貌证据,主要表现为左旋走滑运动特征;而NE走向的龙门山构造带主要表现为由北西向南东的冲断作用,并具明显的右旋走滑运动特征。这些断裂历史上均发生过6级以上强震或存在史前古地震的地质纪录,特别是龙门山发生了8级地震后,上述断裂未来强震的复发将对拟建项目的地震安全性产生不同程度的影响。

渝西东部属于四川盆地内部部分的断裂规模较小,活动性较弱,断裂常发育在背斜的轴部或陡翼,与背斜构造具有共生的特点,属"断层弯曲或断层扩展背斜"成因。这些背斜与中强地震的发生具有一定的成因联系,地震常发生在背斜之下的盲冲断裂上,等震线长轴与背斜走向一致。但由于该区内长寿-遵义断裂和华蓥山断裂带距场地较近,其对场地的地震安全性产生较大影响。

二、渝西地震构造特征

渝西地区位于川东陷褶束三级大地构造单元内。区内构造变形定型于印支期,喜马拉雅运动对此有所改造和加强。川东陷褶束地表表现为背斜构造与向斜大致等间距的梳状构造,具"断层弯曲背斜"或"断层扩展背斜"的典型特征。区内位于四川盆地东部的盆地内部,第四纪早中期的新构造运动是以间隙性抬升为主,晚期以间隙性缓慢抬升为主,伴随断层的继承性活动。区内第四纪的抬升幅度弱于盆地周缘地区。

区内地质构造相对简单,条理清楚。地表发育由三叠系—侏罗系构成的褶皱。除华蓥山断裂带外的断裂构造规模较小,主要分布在背斜轴部及其附近,与背斜平行展布,走向为北东向或北北东向。通过对长江和嘉陵江两大河流的各级阶地高程对比、区内盆地夷平面分析以及地表断层测年,认为区内褶皱及其断裂构造最后的活动时代在中更新世早期。

华蓥山断裂带是渝西地区最大的断裂带,也是区域重要的断裂带,历史上发生过多次5级左右地震,其最后活动时代为中更新世早期,具有发生6级地震的发震条件。

华蓥山断裂带斜穿研究区,但考虑到华蓥山断裂带的最新活动时代为中更新世早期,可以忽略发震断层对地表位错的影响。

三、地震活动环境

渝西主要位于长江中游地震带内，同时涉及龙门山地震带、鲜水河-滇东地震带。研究区内自有地震史料记载以来，共记录到 $M \geqslant 4.7$ 级的破坏性地震 73 次。此外，自 1970—2018 年 3 月还记录到近代弱震（$2.0 \leqslant M \leqslant 4.6$）6584 次。$M \geqslant 4.7$ 级以上地震的空间分布不均匀，具有明显的分区特点，主要集中分布在渝西外围的西南角和西北角。

渝西地震震源深度的优势分布层位是有明显差异的：大部分具有震源深度资料的 $M \geqslant 4.7$ 级地震都分布在地下 20km 范围内，约占 97.59% 的 $2.0 \leqslant M \leqslant 4.6$ 级地震震源深度分布在地下 25km 范围内，属于浅源地震。

渝西龙门山地震带第一活跃期持续了 190 多年，第二活跃期至今已历经了 120 多年，未来百年地震活动应略高于平均活动水平；鲜水河-滇东地震带地震活动很活跃，未来百年该带地震活动水平仍将处于活跃水平；长江中游地震带未来百年内的地震活动时间进程仍将主要持续现在的地震相对活跃期，地震活动水平将保持最近百年的平均地震活动水平。

渝西地区自有地震史料记载以来，记录到 6 次 $M \geqslant 4.7$ 级的破坏性地震，自 1970 年有仪器记载以来共记录到 $2.0 \leqslant M \leqslant 4.6$ 以上地震 1463 次。经分析，区内地震对工程场地的影响烈度达到 Ⅴ 度，有极小一段影响烈度达到 Ⅵ～Ⅶ 度。

渝西遭受 Ⅳ 度以上地震影响共 17 次。历史上地震对工程场地影响烈度基本为 Ⅴ 度，仅有极小一段影响烈度达到 Ⅵ～Ⅶ 度。

渝西基本处于以北西西—近东西向水平主压应力与北北东-南南西向有一定倾角的主张应力为主的现代构造应力场中。在这样的应力场中，易于发生逆断层或逆兼走滑型断层活动。本区北东向的断层易发生逆兼右旋走滑运动，北北东向隔档式背斜断裂带易发生逆冲断裂活动，近南北向的隔档式背斜断裂易发生逆兼左旋走滑运动。

四、渝西区域构造稳定性评价

渝西地貌属于川中丘陵与川东平行岭谷接合部，大地构造单元处于扬子准地台（Ⅰ级）四川台坳（Ⅱ级）川中台拱与川东陷褶束接合部，以华蓥山基底断裂为界，断裂以西属于川中台拱，以东则属于川东陷褶束。渝西地区新构造运动以大面积间隙性抬升为主，差异性升降运动不强烈，场区无活动性断裂通过，区内地震活动微弱，属于相对稳定的弱震环境，区域构造稳定性好—较好。

渝西 Ⅱ 类场地基本地震动峰值加速度和反应谱特征周期除荣昌区、永川区、大足区、铜梁区局部工程场地地震动峰值加速度为 $0.10g$、反应谱特征周期为 $0.35s$ 外，其余场区地震动峰值加速度均为 $0.05g$、反应谱特征周期均为 $0.35s$。

第二章 渝西岩土工程重要勘探技术

勘探技术是工程勘察最重要的、直接的勘察手段，尤其是小口径钻探技术在工程中的运用最广泛，适用于各类地层、各行业的工程地质勘察。渝西岩土工程勘察主要采用了小口径钻探、绳索取芯等勘探技术，为取得准确、翔实的地质资料提供了很好的技术支持。

第一节 小口径钻探技术

小口径钻探技术工程勘探中常指采用直径小于150mm钻头的钻进方法。根据钻具不同，分为硬质合金钻具、金刚石钻具和绳索取芯钻具等。小口径钻进时，钻具与孔壁的间隙小，钻具不易弯曲，因而钻孔弯曲度及动力消耗等都比较小。

一、硬质合金钻具

硬质合金钻具钻进是利用硬质合金破碎岩石的钻进工艺。钻具可选用单管和双管，常用的小口径硬质合金钻头一般分 $\phi75mm$、$\phi91mm$、$\phi110mm$、$\phi130mm$、$\phi150mm$ 五级，可按不同的钻探目的及要求进行加工。

硬质合金钻具是在钢质的圆筒状钻头体上因镶焊有碳化钨的硬质合金切削具而得名。硬质合金切削具根据形状和其在钻头上镶焊的数量、排列方式、镶焊角度的不同，称为底出刃、内出刃和外出刃，以保证有通水和排粉的间隙。钻头体的上部是丝扣连接岩芯管，钻头体侧部开有水槽，底部唇面上亦开有水口。水槽和水口都是保证冲洗液的流通，达到排除岩粉和冷却钻头的作用。钻进黏土层和页岩地层时为了加大间隙，在硬合金钻头的内外侧壁焊上肋骨，称肋骨式钻头。在研磨性高的硬地层可以使用针状硬质合金自磨式钻头。

硬质合金钻头是靠钻压和自身旋转产生的冲击载荷破碎岩石的。在凿岩钻进中，钻头经受高频率的冲击载荷，且受到扭转、弯曲、拉伸、压缩等多种复合应力的作用，在高速回转碰撞的环境下经受岩石、岩粉和矿水等工作介质的磨损与腐蚀。

硬质合金钻头的优点是成本低；易加工；环状间隙较大，有利于水或泥浆循环，从而快速降低钻头温度，防止烧钻；适用地层广。缺点是不适用于硬质岩石；镶嵌质量差时，易掉合金，影响钻进速度。

硬质合金钻具适用于中软岩石，一般硬合金钻头钻进岩石可钻性为Ⅱ～Ⅶ级的地层；针状硬质合金钻头可钻进Ⅵ～Ⅷ级岩石。

硬质合金钻进注意事项：

(1)新钻头入孔底前，要严格检查钻头的镶焊质量，分组轮换修磨使用，以保持孔径一致。

(2)钻具下入孔内，接上主动钻杆后，应开泵送水，以使孔底沉积岩粉(屑)处于悬浮状态。然后边冲边下，当钻具不再继续下行，表明钻头已经接触孔底或碰到残留岩芯，采用轻压、慢转的参数扫至孔底。

(3)经常保持孔内洁净，硬质合金崩落时，应及时进行打捞。

(4)保持压力均匀，不得随意提动钻具，遇有糊钻或岩芯堵塞等孔内异常现象时，应立即提钻处理。

(5)取芯应选择合适的卡料或卡簧，当采取干钻卡芯方法时，干钻时间应小于2min。

(6)合理掌握回次进尺长度，每次提钻后应检查钻头磨损情况，以改进下一回次的钻进技术参数。

(7)在松软、塑性地层使用肋骨钻头或刮刀钻头钻进时，为消除孔壁上的螺旋结构或缩径现象，每钻进一段后,应及时修正孔壁。

(8)取岩芯时,严禁用钢粒卡取岩芯。严禁猛墩钻具,以免损坏合金。取芯提钻要稳,防止岩芯脱落。退芯时,不要用大锤直接敲打钻头。

二、金刚石钻具

金刚石钻具钻进是利用金刚石破碎岩石的钻进工艺。按结构分为单管金刚石钻具、单动双管钻具(单动双层半合管钻具)、单动三管钻具(单动三层半合管钻具)、液动冲击回转金刚石钻具、孔底反循环金刚石钻具等。小口径金刚石单动双管钻具直径有 $\phi 46mm$、$\phi 59mm$、$\phi 75mm$、$\phi 91mm$ 四级。工程勘探中常用的金刚石钻头有 $\phi 75mm$、$\phi 91mm$ 两级。

1. 金刚石钻具的特点

金刚石钻具具有环状间隙小、旋转速度高和阻力大、环状间隙内的压头损失较大、钻头的冷却效果差等特点。

1) 环状间隙小

因使用小口径钻具钻进,钻头的外径与岩芯管的外径尺寸相差较小,致使钻具与孔壁间的环状间隙较小。由于环状间隙较小,冲洗液在环状间隙内单位流量的上返速率较大,因此增强了冲洗液对孔壁的冲刷作用,尤其在松散破碎岩层或松软地层易造成孔壁失稳以及超径。此外,起下钻时由于环状间隙小,易产生较大的抽吸压力导致孔壁坍塌或掉块,增加漏失或涌水的可能性,特别是高固相冲洗液,影响更大。由于冲洗液在钻杆内的流速比在环状间隙内的流速低,在高转速的离心力作用下易结成泥皮,且不易被冲刷破坏,从而导致内管打捞或投放困难或失败。

2) 摩擦阻力大

金刚石钻探要求较高的旋转速度,因而产生较大的阻力。金刚石钻探的功率消耗,基本上是与钻具和孔壁之间的摩擦系数成正比关系变化的。转速越高,环状间隙越小,摩擦阻力越大,功率消耗越多。减少摩擦阻力的关键在于改变钻具与孔壁之间的接触表面状态,减小摩擦系数,这就对冲洗液的润滑性能提出了更高的要求。

小口径金刚石钻探过程中需要较高的旋转速度,由于环状间隙较小,高速旋转的钻具与孔壁间极易产生摩擦,此外小口径钻探技术常与绳索取芯钻进技术相配合使用,绳索取芯钻杆与岩芯管尺寸一致,导致钻杆与孔壁间的间隙减小,由此导致钻杆及岩芯管与孔壁间产生较大阻力。钻探过程中的功率损耗由孔壁与钻具之间的摩擦系数决定,且呈现正比例关系。

3) 环状间隙内的压头损失较大

钻探过程中的环状间隙内返浆时压头损失可由下式计算:

$$P = \lambda \varphi \frac{\eta \gamma v^2}{2g(D-d)} L \qquad (2.1-1)$$

式中:λ 为环空压头阻力系数,无因次;φ 为压头损失增大系数($\varphi = 1.05 \sim 1.10$);γ 为含岩屑冲洗液密度(g/cm^3);v 为冲洗液返浆速度(m/s);L 为孔深(m);D 为钻孔直径(m);d 为钻具外径(m);g 为重力加速度($g=10m/s^2$)。

由上式可知,在一定条件下压头损失和冲洗液返浆速度的平方成正比。所以,环空压头损失比钻杆内部压头损失要大,进而形成了附加滤失,并随泵量的增加而增大。该滤失是小口径金刚石钻探所特有,其漏失量是一个变数,与一般漏失不同,用通常的堵漏方法是难以收效的,而主要从选择冲洗液类型和改善性能来解决。

4) 钻头的冷却效果差

金刚石的导热系数比周围介质高,而其比热容又比周围介质小,因此金刚石与岩层接触处因摩擦而产生的热量很快被金刚石本身吸收,而且热量积聚,温度急剧上升,传递和发散热量的唯一人为调控因素就是通过冲洗液。但是,金刚石是非极性矿物,其表面具有很高的亲油疏水性,与水的湿润接触角平均达 105°～106°，所以二者之间的接触面积小，妨碍热量的传递和发散。因此，冲洗液需要添加表面活性剂，以改变金刚石与冲洗液的表面性质，改变湿润现象，增加接触面积，从而改善散热条件，以利延长钻头寿命。

2. 金刚石钻探钻进技术参数的选择

小口径金刚石钻进的主要技术参数有转速、泵压、泵量及钻压，应注意 4 个参数之间的有机配合，这是充分发挥小口径钻进优越性的重要因素之一。

1）转速

在小口径钻进过程中转速是影响钻速的主要因素，一般情况下，转速与钻速成正比关系。但这个规律受孔深、钻具级配、环状间隙大小、钻孔弯曲程度、超径程度、岩性等因素影响，因此不能盲目高转速钻进，以致造成钻具的强烈振动，使钻头过早磨损或金刚石脱落，增大钻头的消耗。特别是在钻具产生共振的情况下，金刚石钻头的磨损急剧增大。转速选择的一般原则：同类型的金刚石钻头，直径越小，转速越高；孕镶金刚石钻头的转速比表镶金刚石钻头的转速高；转速适当的标志，当钻具在高转速状态下，没有发生抖振现象，且能保持平稳地运转；同一直径的金刚石钻头，推荐转速的幅度较大，转速的选择决定于外界综合因素的影响。

转速（线速度）推荐：表镶金刚石钻头以 1.0～2.0m/s 为宜，孕镶金刚石钻头以 1.5～2.5m/s 为宜。钻进回次开始时，应使用低转速，随后逐步提高至高转速。

2）泵压及泵量

金刚石小口径钻进时环状间隙小，岩粉粒度小，转速高，钻具配合精密，水口水槽窄，钻头唇面与岩层形成点接触（表镶）或面接触（孕镶从微点接触过渡到面接触）。在这种复杂条件下，钻头的冷却尤其是金刚石钻头的冷却极为重要，因此对冲洗液的良好冷却性能提出了更高要求。实践中证明，中等泵量（40～60L/min）即可以满足要求，但要在高泵压（1～3MPa）的状态下，才能迫使冲洗液通过孔底，起到冷却作用，防止烧钻。

在这种高泵压状态下，冲洗液的水力学性质，也从紊流、层流冲洗，变成"柱塞流"冲洗，即高压乳化液在钻柱周围形成一层高压润滑液膜，钻具成为一根润滑良好的刚性——弹性长轴，因而摩擦阻力小，功率消耗少，细小岩粉排除效果好。

推荐泵量的计算公式为：$Q = D \times (5\sim 8)$（L/min），D 为钻头直径。

3）钻压

在一定程度内，钻速随钻压的增大而增大，超过一定范围，钻速反而衰减，而且孕镶金刚石钻头的钻速衰减上限比表镶金刚石钻头还低。这种衰减点往往发生在金刚石颗粒锐刃压入岩石，胎体与岩石成平面接触时。因此，钻压过高会使表镶金刚石钻头金刚石碎裂、崩落，以致过早磨损，同时也是孕镶金刚石钻头加快磨损的主要因素，严重时会导致金刚石钻头产生异常变形或烧毁。

钻压选择的原则：孕镶金刚石钻头的钻压比表镶金刚石钻头的钻压高 100～200kN；表镶粗粒金刚石钻头比细粒的应低一些；不完整岩层比完整岩层应低 200～300kN；钻头初压是常压的 1/2～2/3，随后逐步增加；掌握合理的提钻时间。

孕镶金刚石钻头的钻速在正常情况下比较稳定，所以一旦发现钻速骤降，则应立即提钻。表镶金刚石钻头的最初钻速高，随刃部的磨损而逐渐降低，所以当发现不增压不进尺的时候则应立即提钻。

转速、泵压、泵量及钻压 4 个参数相互影响，要合理选择，以达到最高的钻进效率。

3. 金刚石钻探对冲洗液性能的基本要求

1）固相含量和密度

冲洗液中固相含量的降低，尤其是含沙量的降低，相当于密度的降低，不但可以有效提高钻进效率，延长钻头与水泵寿命，而且能够减少钻具回旋阻力和泵压损失，同时避免钻杆内壁结垢。金刚石钻探应尽可能采用无固相冲洗液或低固相冲洗液。如果采用泥浆钻进，必须选用优质膨润土，并使其固相总含量小于 4%,相当于泥浆密度在 1.06 以下。

2) 流变性要好

冲洗液应具有一定的黏度、切力和剪切稀释作用。要求动切力达到 15～30Pa,动切力与塑性黏度比值(动塑比 τ_d/η_p)应达到 0.36～0.48,以利于悬浮和携带岩粉、冷却钻头、提高钻速、降低泵压和减小漏失。为了使冲洗液具有良好的流变特性,应使用高效增黏剂来提高冲洗液的黏度,不能通过增加黏土的用量来提高冲洗液的黏度。

3) 润滑性要好

为降低小口径金刚石钻探钻进过程中钻具与孔壁之间的摩擦阻力,减小摩擦系数,解决的方法之一则是向冲洗液中添加润滑剂,提高冲洗液的润滑性能,同时还能改善钻具的工作环境以延长钻具的使用寿命。加入的润滑剂种类不同,加量不同,冲洗液的润滑系数也不尽相同。

4) 失水量要小,滤饼质量要好

小口径金刚石钻探的冲洗液,最好是初始失水要大,最终失水要小,从而形成薄而致密且具有良好润滑性的滤饼,有利于减少动失水。冲洗液中润滑剂的油珠或表面活性剂分子直接参与滤饼的组成,有助于改善滤饼的黏滞性,防止卡钻,减小钻具回转阻力,提高钻具转速,也有利于减少压头损失。

4. 金刚石钻探冲洗液的基本类型

根据上述小口径金刚石钻探特点及其对冲洗液性能基本要求的分析,在不同地层条件下可供选择和配制应用的冲洗液,可以归纳为以下四种基本类型。

1) 表面活性剂水溶液或水包油乳状液

表面活性剂水溶液或水包油乳状液适用于钻进稳定地层。表面活性剂水溶液是指不含基础油的表面活性剂,如松香酸钠、纸浆浮油皂等直接与清水混合配制而成的冲洗液,所以也称为无基础油润滑或润滑冲洗液。水包油乳状液是指表面活性剂和基础油制成的乳化油,如皂化油、切削油、太古油等与清水混合配制而成的冲洗液,简称乳化液。

目前应用的润滑剂,大多含阴离子表面活性剂,水溶性好,用量少而乳化效率高,对金属和岩石有较强的吸附能力,易在其表面形成油膜,有利于减摩润滑。但是要在 pH>7 的碱性条件下使用,而且易受钙、镁等高价阳离子的影响。对偏酸性的钻探用水或硬水,以及在含高价阳离子的地层中使用,容易破乳,从而失去润滑作用。因此必须对钻探用水作软化处理,提高 pH 值,或者对润滑剂进行改性。

2) 无固相冲洗液

小口径金刚石钻探用无固相冲洗液是在清水中直接加入一定量的高分子聚合物和适量的表面活性剂或皂化溶解油而配置的水基无固相润滑或乳状冲洗液,实际上是第一类冲洗液的转化。由于高分子聚合物的存在,冲洗液同样具有黏度、切力、失水等性能,并有造壁能力和防止孔壁坍塌等作用,因而适用于钻进坍塌掉块等不稳定地层。

用来配制无固相冲洗液的高分子聚合物,按其生成条件,可分为天然聚合物、合成聚合物和生物聚合物三大类。天然聚合物有植物茎、叶类的钻井粉如蒟蒻粉,仔仁类的水溶胶体如爪尔胶、田菁胶、槐豆胶等。合成聚合物是目前应用最广泛的处理剂,如高黏度 CMC,聚丙烯酰胺和聚丙烯腈及其衍生物,如泉州、安溪等地生产的 PAN-KHm、KHm-PAM 等共聚物。生物聚合物简称 XCP,是由甘蓝黑腐病黄原杆菌类作用于碳水化合物如玉米淀粉、葡萄糖等后形成的酸性多糖物质的链状高分子聚合物,有突出的提黏效果和优越的流变特性。

3) 不分散低固相润滑或乳化泥浆

不分散低固相润滑或乳化泥浆是膨润土低固相泥浆中加入一定量的选择性絮凝剂和适量的表面活性剂或皂化溶解油配制而成的,实际上可以由部分第二类冲洗液转化。由于优质膨润土、选择性絮凝剂和润滑剂的存在,使泥浆保持低密度、低黏度、低切力,有良好的流变性和润滑性,能形成薄而致密的泥皮,既有利于提高钻速,也有利于防塌堵漏。

目前我国主要使用水解聚丙烯酰胺作选择性絮凝剂,而以非分散性的处理剂,如高水解度聚丙烯酰胺(相当于聚丙烯酸钠)、水解聚丙烯腈等作为降失水剂。

4) 低固相泡沫润滑或乳化泥浆

低固相泡沫润滑或乳化泥浆是在不分散低固相润滑或乳化泥浆的基础上加入一定量的发泡剂配制而成的。由于发泡剂的作用,使泥浆密度进一步降低至 0.7 左右,液柱压力减少,所以有利于减轻或解决因失去压力平衡而造成的钻孔漏失问题,从而不需要停钻进行专门的堵漏工作。

常用的发泡剂有十二醇硫酸钠、十二烷基苯磺酸钠(ABS)等,加量为 0.05%~0.1%。

5. 金刚石钻进一般要求

(1) 钻进应使用润滑冲洗液。

(2) 钻杆接头应每班涂一次油。

(3) 钻头水口应及时修磨,水口高度不得小于 3mm。

(4) 钻进过程中应随时观察水泵压力表和流量表的变化,严禁送水中断。

(5) 每次起下钻,应检查钻杆、钻具。

(6) 每次下钻,不得将钻具直接下到孔底,应接上主动钻杆后开泵送水,轻压慢转扫到孔底。

(7) 金刚石钻进用卡簧卡取芯时,必须先停止回转,将钻具提离孔底拉断岩芯。

(8) 钻进时不得随意提动钻具。当孔较浅时,应适当调小泵压,禁止不停钻倒杆。

(9) 复杂地层钻进,可采用低固相或无固相冲洗液钻进。升降钻具应平稳,适当降低提升速度,降低转速和钻压,减少钻杆对孔壁的振动力。

三、各类地层钻进方法及参数选择

1. 土层钻进

土层钻进中可选择加大内刃 3mm 的肋骨钻头钻进,以解决钻孔的缩径问题。对质量要求不高的土层可采用单管快速钻进,此时泵量要大,退芯应采用水压法。

2. 砂卵砾石层钻进

(1) 跟管钻进。选择钻具长度以 2.0m 为宜,钻孔用小一级钻具,取样后用大一级钻具扩孔,然后跟进护壁套管,套管管脚距孔底不宜大于 0.5m,需及时处理孔壁塌落物,保持孔内清洁,回次取样进尺不得超过 0.5m。

(2) 植物胶钻进。采用 S 系列植物钻井液护孔,匹配 SD 型金刚石单动双管钻具进行钻进。其钻进参数可按表 2.1-1 选择。

表 2.1-1　SM 胶金刚石钻进参数表

钻头直径/mm	钻压/kN	转速/(r·min^{-1})	泵量/(L·min^{-1})	泵压/MPa
91	6~10	400~700	47~52	>0.5
75	4~6	500~800	32~47	>0.5

3. 基岩钻进

1) 常规基岩钻进技术参数的选择

基岩钻进根据钻头材质不同,可分为硬质合金片及金刚石复合片钻头钻进、表(孕)镶金刚石钻进、钢粒钻进。基岩常用钻进方法见表 2.1-2。

2) 绳索取芯钻进

绳索取芯钻进是利用带绳索的打捞器,以不提钻方式经钻杆内孔取出岩芯容纳管的钻进技术。绳索取芯钻进主要用于深孔或孔壁不稳定的地层。钻进技术参数与普通金刚石钻进参数基本相同,但钻压应增大,可按表 2.1-3 的选取,泵量可按普通金刚石泵量增大 10%~30%。

表 2.1-2 基岩常用钻进方法

钻进方法	钻进特点	适用条件（岩石可钻性等级及特点）
表镶金刚石回转钻进	孔径小，钻进功效高，岩芯采取率高，钻孔弯曲度小，孔内事故少	Ⅵ～Ⅷ级较完整均一岩层
孕镶金刚石回转钻进	在软及中硬岩石中钻进效率高，钻进质量好，材料消耗少，成本低	Ⅵ～Ⅻ级岩层
金刚石冲击回转钻进	钻进效率高，工程质量好，材料消耗少，孔内事故少，钻探成本低	Ⅷ～Ⅻ级坚硬弱研磨性致密岩层
硬质合金钻进	在软及中硬岩石中钻进效率高，钻进质量好，材料消耗少，成本低	Ⅰ～Ⅶ级软、中硬岩层
金刚石复合片回转钻进	适用于中等硬度岩层的常规成孔（$\varphi 59\sim 150mm$），各工效类似于孕镶金刚石回转钻进	Ⅳ～Ⅶ级中、弱研磨性岩层

煤系地层和煤层具有井壁稳定性差、容易发生井下复杂故障，煤层易受污染、实施煤层保护措施难度大，煤层破碎含游离气多、取芯困难等特点，常采用绳索取芯钻进，常用清水、无固相或低固相钻井液。

表 2.1-3 绳索取芯钻进推荐钻压表　单位：kN

钻头直径/mm		59	75	91
钻头种类	表镶	6～11	8～13	12～16
	孕镶	7～12	12～15	14～18

3）液动冲击回转钻进

液动冲击回转钻进是将冲击钻进与回转钻进结合起来的一种钻进方法。钻头在既有轴向压力和回转切削力，又有一定频率的冲击载荷同时作用下破碎岩石。液动冲击回转钻进通常用于坚硬、破碎、易斜及打滑地层。水泵额定泵压应大于 3MPa，胶管耐压应大于 5MPa，稳压罐耐压应大于 10MPa，容积不小于 60L。9 级～12 级打滑地层，宜采用 JR4 优质金刚石钻头，胎体硬度 HRC40，并应减少钻头底唇面的厚度。液动冲击回转钻进常用技术参数可按表 2.1-4 选用。

4. 破碎地层钻进

岩石破碎，取芯难度大，质量较差，为了保证取芯质量，可先用单动双管钻具（单动双层半合管钻具）、单动三管钻具（单动三层半合管钻具）。

表 2.1-4 液动冲击回转钻进常用技术参数表

钻头直径/mm	钻压/kN	转速/(r·min^{-1})	泵量/(L·min^{-1})
91	4～8	400～800	50～80
75	10～12	400～600	70～110
59	12～15	400～500	>150

一般遵循以下规定：

（1）在强风化地层中钻进，可采用直径在 110mm 以上的压卡式钻具，回次进尺 0.5～0.8m，用泥浆或无固相泥浆作冲洗液，用水压退芯法退出岩芯，也可采用无泵钻进。

（2）在破碎及软硬互层钻进，可采用出刃较大的硬质合金单动双管钻具，选用较小的钻进技术参数，钻进时不得上下提动钻具。也可采用无泵孔底反循环钻进。

（3）在硬、脆、碎地层中钻进，可采用"喷反"钻具或双管钻具，回次进尺 0.5～0.8m，用沉淀法取芯，孔底岩粉不得超过 0.3m。

（4）宜采用钻孔直径 75mm 或 91mm 金刚石单动双管钻具钻进，植物胶作冲洗液。

5. 软弱夹层钻进

软弱夹层质软、破碎，取芯要求高，为了保证取芯质量，可先用单动双管钻具（单动双层半合管钻具）、单动三管钻具（单动三层半合管钻具）。

一般遵循以下规定：

（1）软弱夹层钻进方法应单独做出施工设计。

(2)根据理想柱状图,钻进到离夹层顶板1m左右时,即换用与软弱夹层相适应的钻具和钻进方法,回次进尺为0.5~1.0m。遇有穿透夹层迹象时,应再钻进0.1~0.2m起钻。

(3)有软弱夹层的钻孔,金刚石钻进可采用钻孔直径75mm或91mm单动双管钻具钻进,植物胶作冲洗液。

(4)采用单动双管或三管时,钻具的有效长度不得超过1m。在内管与钻头之间设置扶正器。

(5)应安装岩芯堵塞报警装置,发现岩芯堵塞立即起钻。

(6)钻进时注意观察仪表,对钻速变化、回水颜色应记录,判定顶板、底板的位置。

(7)重要的软弱夹层可采用套钻方法:①采用导向钻具钻中心孔,直径应小于36mm。②钻中心孔前,孔底应灌入聚酯浆液,凝固后磨孔。③插筋后灌入黏结剂,压力1.5~1.8MPa。④套钻直径应不小于91mm。

四、小口径钻探孔内事故处理

1. 孔内事故处理一般规定

(1)一般事故由班长负责处理,复杂事故由机长负责处理。

(2)事故发生后,必须查清事故孔段的孔深、地层情况、钻具的位置、规格和数量,判明事故类型,并将所用打捞工具及处理方法填入班报表。

(3)事故排除后,应总结经验教训,采取预防措施。重大事故应根据有关规定填写事故报告表。

(4)钻场应配备适用的打捞工具。

2. 小口径钻探卡钻、埋钻、烧钻事故处理

(1)发现钻具遇卡或埋钻时,首先应保持冲洗液畅通,先用扭、打、拉等方法活动钻具,若处理无效,再反出钻杆,进行扩孔或掏芯钻进方法处理。深孔可人工造斜进行处理。

(2)在孔壁不稳定情况下,应先考虑护壁,再处理事故。

(3)处理事故用的扩孔钻具,必须带有内导向,导向器要焊接牢固。

(4)发现烧钻时,首先应提动钻具,无效时应采用向上打、反、磨等方法处理。

3. 钻具折断与脱落事故处理

(1)处理钻杆多头断脱落事故,应先下入打捞器,探明情况后再分别进行处理。

(2)采用掏芯方法处理岩芯管事故时,一般应使用比事故钻具小一级的钻具。

(3)在钻进中,发生钻具折断或脱落事故,用丝锥对接后应立即提钻检查钻具。

4. 钻头出现打滑时常采用的措施

(1)选用金刚石品级高、粒度细和浓度低的钻头。

(2)选用胎体硬度较低或胎体耐磨性低的钻头。

(3)减少钻头底面积,可选用薄壁钻头或增大水口宽度,还可选用阶梯式钻头。

(4)适当提高钻压、降低转速。

(5)减少冲洗液量或在冲洗液中加入研磨颗粒,促进自锐。

(6)当打滑地层薄又没有防打滑钻头时,可连续用新钻头钻进,也可采用砂轮片磨锐金刚石钻头后钻进。

第二节 超深孔绳索取芯技术

绳索取芯钻进是不提钻取芯(钻进)方法之一,即在钻进过程中,当岩芯管装满岩芯或岩芯堵塞时,不需要把孔内的全部钻杆柱提升到地面,而借助专用的打捞工具从钻杆柱内把内岩芯管取上来;只有当钻头切磨损失需要检查或更换时才提升全部钻杆柱的钻进方法(图2.2-1)。它是当代地质钻探的一种

新方法,在我国发展十分迅速。以绳索取芯为主体的金刚石钻探,已成为地质钻探三大技术体系之一。

在钻探施工中,岩芯采取率决定着钻孔的质量,绳索取芯钻进技术是一种有效提高钻孔质量的先进岩芯钻探工艺,且常用于深孔地质勘探取芯钻进。绳索取芯钻进技术采用大直径的钻杆,在钻具里面套装一根取芯管,在钻进过程中,岩芯缓慢地装在取芯管内。当回次进尺终了,岩芯装满取芯管时,采用带绳索的打捞器,从钻杆

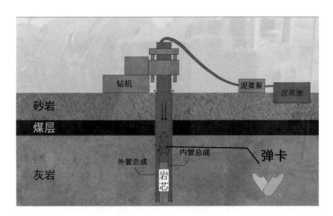

图 2.2-1　绳索取芯结构示意图

中把取芯管提出,提取岩芯后,又从钻杆中把取芯管放到孔底,继续钻进。绳索取芯与普通钻进取芯相比,具有控制钻孔偏斜度、提高钻进效率、降低工程成本、提高岩芯采取率、减少孔内事故等优点。尤其在钻进复杂地层方面,有着其他施工技术无可比拟的优点,因而在深孔钻探施工中被广泛应用。

一、绳索取芯钻进的特点

近年来在小口径钻探施工的过程中,普通钻进工艺频繁起下钻,不但劳动强度大,而且会耗费大量的时间,材料耗损大,经济效益低,致使台月效率低。

随着绳索取芯钻进技术不断改进,其相对于常规钻进工艺的优越性愈加凸显出来,主要的优点有:

(1)钻进效率高。由于不提钻采取岩芯,使钻进辅助时间减少;虽然绳索取芯钻头的壁厚比普通取芯钻头厚,钻进时的机械钻速略低于普通钻头,但由于减少了升降钻具时间,增长了纯钻进时间,所以总的钻进效率仍比普通钻头高,且这种趋势随孔深的增大而增大。

(2)钻头寿命长。由于钻杆与孔壁间的环状间隙较小,钻头在孔内工作平稳;随着提钻次数的减少,其拧卸、碰撞的机会及扫孔时的磨损减少,使其寿命延长。通常绳索取芯钻头寿命比普通钻头寿命高一倍左右。

(3)钻头成本降低。由于绳索取芯钻进效率、台班进尺的提高,节约了人工、燃料等费用。据有关资料统计,使用绳索取芯钻进工艺时施工成本能降低 30%~40%。

(4)钻进时孔内安全和便于测斜。由于减少了提钻次数,因而缩短了孔壁的裸露时间,也降低了提下钻具时对孔壁的破坏;同时钻杆还可以起到套管的作用,使测斜仪的下放更加方便、安全、快捷。

(5)取芯效果好。绳索取芯钻进时是采用单动双管,有效避免了冲洗液对岩芯的冲刷破坏,同时也避免了机械扰动对岩芯的损耗,使得岩芯的采取率高、完整度高。此外,绳索取芯钻进时钻具在孔底工作平稳,进一步降低了机械扰动对岩芯的损坏。

(6)降低工人的劳动强度。由于绳索取芯钻进技术可以不提钻取芯,使得在整个钻探施工过程中起下钻次数减少,因此降低了工人的劳动强度,而且随着孔深的增加,这个优势变得越来越明显。

绳索取芯钻进技术也有其缺点:由于绳索取芯钻头壁较厚,切削孔底岩石的面积较大,钻进碎岩时需要高转速,功率消耗较大。由于钻杆高速旋转驱动钻杆内的泥浆做离心运动,使得泥浆中的固相颗粒受离心力的作用被甩向钻杆内壁,相互压实而不下滑形成泥垢,此时往往需要将形成泥垢的钻杆提出才能保证岩芯内管顺利打捞及下放,导致钻进效率的下降及钻探成本的增加。

二、绳索取芯钻探工艺

在进行绳索取芯钻探施工之前,现场操作人员必须经过技术培训,要求熟悉绳索取芯钻具结构原理和使用维护规程,能熟练根据钻探施工条件,合理掌握钻进参数,充分发挥金刚石绳索取芯钻探优越性,减少各类事故,保证绳索取芯顺利进行。

1. 钻探准备工作

钻探设备选择合理；钻孔结构宜用一径或两径到底的钻孔设计；根据所钻探的岩层情况，合理选择钻头、钻杆和取芯管类型，达到保证质量、提高效率、降低成本的目的；根据地层稳定性和完整程度，合理选择冲洗液类型，防止钻探过程中出现各类孔内事故和钻杆内结泥皮现象。

2. 绳索取芯钻具的组装、检查与调整

新采用的绳索取芯钻具下孔前，应按照说明书对内、外管和打捞器总成进行认真检查，然后将内管总成装入外管总成，调整内外管长度配合，并用打捞器试捞内管总成，确认符合技术要求后方能下孔使用。

3. 绳索取芯操作要领

(1) 投放内管。

将检查合格的内管总成，由机上或孔口投入孔内。遇漏失层孔内无冲洗液时不用投放内管。应用打捞器干孔送入机构送入孔内，亦可泵入适量冲洗液后迅速投入内管总成。

(2) 开始钻进。

当在孔口投入内管并确认内管已下降到位后，才能开始扫孔钻进。钻进过程中如发现岩芯堵死，或者当进尺已接近岩芯容纳管长度时，应停止钻进，并适当冲洗钻孔。

(3) 捞取岩芯。

捞取岩芯根据所用设备采用孔口下打捞器捞取法或机上下打捞器捞取法。

孔口打捞法。操作程序包括提断岩芯、提升主动钻杆、卸开主动钻杆、钻机移离孔口、下放打捞器、开动绳索绞车提升内管总成、二次投入备用内管总成。

机上打捞法。操作程序包括提断岩芯、钻具不离开孔底、卸开机上捞取岩芯专用水龙头压盖，打捞器通过水龙头下入机上钻杆而到达孔底，开动绳索绞车提升内管总成。在采用机上打捞法时宜用回水漏斗将溢出的冲洗液引向水源箱。

4. 绳索取芯钻进的一般规定

(1) 下打捞器前，必须在孔口钻杆上端拧上护丝，也可直接从水接头上端投放。反复捞取内管无效时，不得猛冲硬撞，应提出钻具，检查原因。

(2) 内管提升速度不宜过快，孔口有冲洗液涌出或提升阻力增大，可判断内管打捞成功。

(3) 钻孔为干孔时不得自由投放内管，应用投放器送入孔底或往钻杆内迅速泵入冲洗液后立即投放内管。

(4) 投放内管前，钻具应提起一定高度，确认内管到位后可扫孔钻进。

(5) 岩芯打捞失败时，应立即提钻。

(6) 打捞器上应安装安全销或配置脱卡器，拉力超过 2.5kN 时，应被拉断。

(7) 绳索取芯钻杆、岩芯管、打捞器等运输与存放应符合要求，必要时应装箱。

(8) 绳索取芯钻进时钻压较大，钻机应保持稳固。

(9) 绳索取芯的双层或三层岩芯管，每次起出孔外应立即清洗加油。

(10) 绳索取芯钻进的压水试验可不提钻进行，钻杆柱可作为输水管用。

(11) 在孔壁容易坍塌的岩层中，打捞岩芯时钻头不得提离孔底过高。若要提出钻具，应当先捞出岩芯。

三、实际应用中的常见问题及处理措施

绳索取芯技术在万州至开州城市快速通道（铁峰山隧道）、巫山至大昌高速公路、城开高速公路及渝西水资源配置等工程地质勘察中得到了很好的应用，在钻探施工过程中对出现的问题及处理措施总结如下。

1. 内管总成投入的问题

顶漏钻进时不能像返水孔那样直接将内管总成从孔口投入,否则会因为钻孔内无水使内管总成产生自由落体运动,从而产生较大的冲击力损坏悬挂环、座环及内管其他部位,造成不必要的事故。需采取以下技术措施:①利用打捞器将内管总成送至孔底,同时适当锯短脱卡管,由孔深确定脱卡管的长度,最终是要降低脱卡管的冲击力从而达到安全脱卡的目的。②向钻杆柱内灌水,使钻杆柱内的水位升至孔口,然后迅速从孔口投入内管总成。

在地质钻探过程中,会遇到很复杂的地层或孔深较大的勘探孔,使用普通钻进方法时往往使钻进效率低下、劳动强度增大及钻探成本提高,因此在此情况下常使用绳索取芯钻进工艺进行钻进。但是,在钻进过程中常因地层较为发育的裂隙导致孔内没有水位或水位较深造成内管投放器不能正常投放内管或内管投放器的损坏。

为了解决这一难题,长江岩土工程有限公司经过专门研究,反复试验,成功地研制了一种新型的绳索取芯钻具干孔投放器,并取得国家实用新型发明专利(图 2.2-2)。在隧洞深孔绳索取芯钻进行中提高了效率,取得了良好的经济效益。

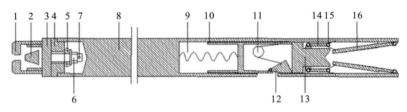

图 2.2-2 绳索取芯钻具投放器

1.绳卡套;2.绳卡芯;3.小轴;4.压盖;5.推力轴承;6.螺母;7.开口销;8.重锤;9.弹簧;10.滑套;11.张簧;12.锁紧扣;13.矛头座;14.连接杆;15.张簧;16.矛头锁紧片;17.开口槽

2. 内管打捞困难

岩芯堵塞时,必须打捞内管取出岩芯,但经常遇到打捞内管时提拉困难或提拉不动的情况,多数是由于以下原因所致:①岩芯堵塞后未及时停钻打捞内管,且施加较大的钻压,致使岩芯卡死在钻头部位,导致内管总成在钻头与弹卡挡头之间顶死,弹卡不能正常收拢。出现这种情况时,可以使用脱卡管安全脱卡,然后将打捞器以较快的速度下入孔内,使其以适当的力量撞击矛头,岩芯受振动而松动,弹卡收拢,打捞可获成功。②由于卡簧松开,卡簧倒扣,内管总成中某些连接丝扣松动、脱开等原因引起的内管掉落在钻头上,导致弹卡不能收拢;或者由于轴承损坏,使滚珠落入内外管间隙中,卡死内外管;矛头中的个别弹性销钉断裂脱出,卡住内外管;悬挂环强硬进入座环被卡死等原因引起内管不能打捞成功时,必须提钻处理。因此,为防止上述事故发生,应在每次下放内管时做详细检查,将卡簧座拧紧并查看是否变形,活动部位、丝扣部位要勤于保养。

3. 钻杆内壁结垢问题

由于泥浆中含有砂等其他有害固体颗粒,加上泥浆在钻杆高速旋转的影响下产生离心运动,致使绳索取芯钻杆内壁常出现结垢现象。钻杆内壁形成泥垢后,缩小了钻杆内径,直接阻碍打捞和内管总成在钻杆柱的升降,造成捞取岩芯困难甚至失败。因此,在钻探工作中有必要正确认识泥垢产生的原理及原因,对预防泥垢的产生具有重要意义。

在重庆万开城市快速通道 ZK157 孔顺利钻进至孔深 232.5m 处遇绳索取芯钻杆内壁结垢,严重阻碍打捞器及内管的下放或上提,使得钻进效率极大地降低。在发现绳索取芯钻杆内壁产生结垢现象后,仔细分析了该问题,找出导致结垢的原因有:泥浆含砂量大(平均含砂量 15.2%)、泥浆黏度过大(平均黏度 31.2s)。结垢的主要有害物质为泥浆中的砂,泥浆黏度过大则会促使结垢。

为解决泥浆含砂量大的问题,采取的技术措施有:增加一个沉淀池(尺寸:长 1.5m×宽 0.8m×深

0.6m)、增加循环槽长度(5.0m)、增加除砂装置、增加清理沉淀池的频率。在上述技术措施实施后使得泥浆中的含砂量降低到了<10%,达到了"降砂"目的。

泥浆黏度过大会加重结垢现象的产生,但过低则会影响泥浆携带岩粉的能力。为控制泥浆的黏度在合理范围内,一方面改用分子量低的聚丙烯酰胺配制泥浆,另一方面减少聚丙烯酰胺的加量,将泥浆黏度降低到19.2s左右。

通过上述技术措施的实施,成功解决了绳索取芯钻杆内壁的结垢现象。

4. 冲洗液参数及漏失地层的堵漏方法

绳索取芯钻进应根据地层特点、钻孔设计深度来合理选择冲洗液。一般采用优质低固相泥浆 $1.04 \sim 1.05 \text{g/cm}^3$,黏度为 $21 \sim 30\text{s}$,失水量 $7 \sim 10\text{mL}$,固相含量 $3\% \sim 4\%$,pH值 $8 \sim 10$。无固相优质泥浆性能为密度 $1.02 \sim 1.03 \text{g/cm}^3$,黏度为 $17 \sim 22\text{s}$,失水量 $7 \sim 8\text{mL}$,pH值 $7 \sim 8$。钻进坍塌掉块不稳定岩层,密度和黏度相应提高,漏失地层对绳索取芯钻进影响很大,无法维持冲洗液循环,起不到冷却钻头排除岩粉,保护孔壁、润滑钻具的作用,从而提不高转速,处理不当还有可能造成孔内事故,只能根据冲洗液返回地面情况分为轻微漏失、中等漏失、严重漏失等。应根据孔内含水层情况,确定漏失层位,孔内没有稳定水位,说明在非含水层底部漏失。若稳定水位与地下水位一致,说明在含水层钻孔底部漏失;若漏失层为非含水层,则稳定水位在漏失层之下;若漏失层为含水层,则稳定水位可能在漏失层之上或漏失层之中。一般常用泥浆、水泥浆、惰性材料直至下套管堵漏。

重庆万开城市快速通道铁峰山隧洞 ZK157 孔钻进至孔深 280.6m 处时发现泥浆微漏,但进一步钻进至 285.8m 处时泥浆严重漏失,孔口无泥浆上返,使得绳索取芯钻杆在孔内偏磨严重,严重影响绳索取芯钻杆使用寿命。

现场人员仔细查看了孔深 $280.6 \sim 285.8\text{m}$ 段的岩芯后发现该段岩层主要为泥质灰岩夹煤线,因此推断已钻遇煤层(后继续钻进时证实),在煤层处发生泥浆的严重漏失现象。为保证顺利钻进及绳索取芯钻杆的使用寿命,在泥浆中添加随钻801堵漏剂顶漏钻进,漏失现象有所好转。在进一步钻进时孔口又无泥浆上返,遂改用随钻803堵漏剂,但收效甚微。最后使用水泥封堵,采用泥浆泵泵送水泥浆至孔底,封堵后使用钻杆探试发现孔内水位上升,封堵完后停钻等待24h。后继续钻进时发现封堵的水泥浆几乎已漏失完,封堵无效。为保证工期,只能在孔内水位以上的钻杆外侧涂抹润滑膏进行顶漏钻进至终孔。经实践证明,该方法可行,有效保护了绳索取芯钻杆。

5. 脱卡问题

在发生泥浆严重漏失现象后采用在孔内水位以上钻杆外侧涂抹润滑膏的方法进行顶漏钻进,但仍存在一个致命问题。孔内水位很深,在投放脱卡管进行脱卡(即打捞器与内管分离)时由于冲击力过大常发生打捞器损坏的情况。

为解决这一问题,首先我们将脱卡管锯短以降低脱卡管对打捞器的冲击力,然后改进工艺,设计出绳索取芯钻具投放器(已获国家实用新型专利证书),在孔内水位很深甚至孔底无水的情况下都能脱卡。

6. 套管深度的选择及防斜措施

绳索取芯钻探与所下套管的直径和孔斜至关重要。下好表层套管是保证绳索取芯正常钻进的基础。针对孔深超过180m的钻孔都应下入套管,孔深不超过180m的钻孔也应下入大一级的孔口管控制表土坍塌,如果钻进比较厚的第四系地层不下套管,对冲洗液应定时进行检测,保持其护壁的优良技术参数,同时应尽量减少起下钻次数,达到冲洗液护壁的目的。一般应根据所采用绳索取芯钻具规格和孔径要求来选择套管直径,根据所遇地层岩性完整程度来确定所下入套管的深度。绳索取芯钻探与套管直径密切相关。套管直径过大会造成钻具工作不稳定,容易折断钻杆,且均发生在钻杆与丝扣、钻杆与钻杆连接处,而且不便提高钻具回转速度,影响效率的提高。但也不能下直径过小的套管,容易造成上下钻困难,冲洗液环状间隙过小,不利于畅通和排出岩粉。套管下入孔内的深度应根据钻孔所遇地层的岩石风化完整程度及地下水位来确定。若钻孔设计较深,生产周期较长,中深孔或深孔800m时,一般都要下 2～3 层套管,包含一层技术套管。当孔内出现坍塌、掉块或遇溶洞裂隙时,则将技术套管拨出,在扩孔到下部 3m 左右重新下入。每层套管应下到完整基岩,套管连接部位用接箍焊死,孔口处用水泥或木楔固定并用胶皮密封,防止泥砂、岩粉流入套管间隙,以便终孔后套管顺利起拨。

为防止孔斜,在开钻前必须用水平尺将钻机安装周正,天车、立轴、孔口三点成一直线,绳索取芯钻头底唇面较大,钻进所需的压力较大,且绳索取芯钻杆壁薄,刚性稍差,在轴向压力下易弯曲造成孔斜,所以要严格控制钻头压力;同时可增加金刚石钻头胎体高度,用外锥型和阶梯型钻头唇面形式选择合理的防斜扩孔器和检查悬挂机构中的悬挂环和座环,保持钻具在孔底的稳定性。

7. 如何提高回次进尺

裂隙较发育、破碎地层的岩芯容易堵塞内管,使回次进尺降低。经实践应用,总结出了以下经验:调整钻头内台阶与内管卡簧座的间隙在 4～6mm 之间,使得冲洗液不致将岩芯冲蚀,间隙太小则容易被卡死,造成内管打捞不出;内管保持通直、没有凸凹坑点,否则易卡阻岩芯;卡簧不变形,一般用手将卡簧套在已取出的完整岩芯上,能轻松通过为宜;确保最佳泵量,在保证孔底干净的前提下,用最小的水量;转速均匀,压力稳定,不要轻易改变规程参数,并注意倒杆时不提动钻具,一般情况下转速较高,回次进尺也相应较高。

四、绳索取芯与传统钻进技术的对比

1. 提高钻进效率及岩芯采取率

以实际应用为例,在采用传统钻进技术时,平均时效为 1.25m/h,平均回次进尺 3.68m(岩芯管长 4.00m),钻进效率为 265.8m/(台·月),共使用复合片钻头 6 个,全孔钻进成本约为 320 元/m(孔深 521.5m)。煤层中岩芯采取率约为 65%,一般地层岩芯采取率约为 82%。

采用绳索取芯钻进技术时,平均时效为 2.24m/h,平均回次进尺为 2.76m(内管长 3.00m),钻进效率为 336.7m/(台·月),平均提钻间隔为 32.5m,共使用金刚石绳索取芯钻头(胎体硬度 HR30～40)5 个,在终孔时的最后一个钻头钻进了 284m。全孔钻进成本约为 204 元/m(孔深 685.2m),比传统钻进成本低约 36%。煤层中岩芯采取率约为 86%,一般地层岩芯采取率约为 94%。综合比较各参数,绳索取芯钻进技术优势明显。

2. 有利于复杂地层钻进

在复杂地层(煤层、破碎地层等)钻进中使用传统钻进技术时,为了维持孔壁稳定性顺利钻进,需要以泥浆或清水作为钻进时的循环冲洗介质。在使用清水作为钻进时的循环冲洗介质,遇钻孔孔壁坍塌或掉块时,为维持孔壁的稳定性,只能使用水泥封孔后再钻进,这样就会造成钻进效率的下降。而采用绳索取芯钻进技术时,首先,由于绳索取芯钻具造孔后绳索取芯钻杆与孔壁的环状间隙很小(2mm),使得旋转中的绳索取芯钻杆对孔壁的扰动较小,能较好地维持孔壁的稳定性,顺利钻进。其次,采用绳索取芯钻进技术时常以无固相泥浆(聚丙烯酰胺液)作为钻进时的循环冲洗液,由于聚丙烯酰胺的分子链很长,因此也有利于保持孔壁的稳定。

3. 降低对孔内水文试验准确性的影响

钻进复杂地层时为确保顺利完成钻探任务,传统钻进技术需要使用泥浆作为钻进时的循环冲洗介质,以维持孔壁的稳定性,使用泥浆护壁钻进时又会影响孔内水文试验的准确性。但采用绳索取芯钻进技术不仅能维持孔壁的稳定性,而且使用无固相泥浆(聚丙烯酰胺液)作为钻进时的循环冲洗介质,还能极大地降低对孔内水文试验准确性的影响。

第三节 深水区钻探定位技术

在进行涉水工程(水利水电、桥梁、堤防、码头等)地质勘察时一般要进行水上钻探施工作业,施工场所多位于大江、大河、湖泊、水库等地方,这给水上钻探定位带来了一定的施工难度,主要表现在水深、水急、浪大、船多。以黄金水道长江三峡库区内的水上钻探为例,过往的船舶多、吨位大,勘察期间三峡库区水位为175m,水深25～95m。水深浪大给钻探定位造成了很大的困难,如何提高钻探定位精度是急需解决的重点问题之一。

一、钻船的组装

(1)钻船的选择:水上钻孔一般处于江面较宽、水流较急、水深较大的位置,过往船舶多,船速较快,涌浪大,为避免对水上钻探船稳定造成较大影响,要选用吨位较大、动力较大、稳定性较好的钻船,一般选用排水量200～300t的机动铁驳船改装成钻探用船。

(2)钻船的组装:在船甲板中前部的中心位置和同一垂线上的船底部割一直径400～500mm的圆孔,用相同直径的钢管焊接牢固并保证不渗水,作为钻孔保护导管的通道。

(3)在船甲板上安装基台木,基台木与船甲板用螺杆连接,基台木上全部钉铺厚度为50mm的木板,周围架设高为1.2m的栏杆。

(4)钻机基台布置在钻船中前部位,并保持平整。钻场长度与宽度不少于10m×6m。三脚架腿坐落在枕木上。钻船上采用10t绞关,安装在钻船船首。

二、钻探船的抛锚

(1)抛锚前,将铁锚、锚链、锚绳在抛锚船(拖轮)上接牢并按顺序摆好。操作人员合理分工,需要工人10～15人。钻探船自航至孔位上游适当位置(视主锚抛投距离远近而定),先将主锚抛下,钻探船慢慢向下游行驶,在离孔位一定距离处,把锚绳系于缆桩上。在系缆桩上缓慢松动锚绳,当钻船距孔位较近时,把锚绳拴紧,然后抛锚船,按前八字锚、后八字锚次序,将各锚逐个抛下。锚位示意图见图2.3-1。

(2)抛锚数量,一般为5～9个,前主锚可设1～2个,锚绳应与主流方向一致。前八字锚2个,在船头两侧,主锚绳与前八字锚绳夹角35°～45°。后八字锚2个,在船尾两侧,其夹角同上。必要时可增设一个后主锚,也可在钻船两侧各加1～2个边锚。如钻孔靠河道一边较近时,可将锚绳直接固定在岸上,以节约抛锚时间。

(3)抛锚注意事项:抛锚前,应通知海事、航道部门到现场,指挥过往船只安全通

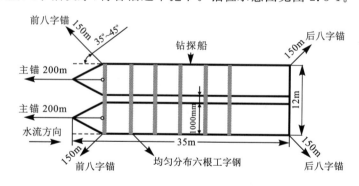

图2.3-1 锚位示置图

行;铁驳船抛锚时,操作人员不得站在锚绳与锚链活动范围以内,且必须穿戴救生衣;钻探船抛锚定位后,应立即通知航道部门按计划在钻船周围正确设置航标,指引船只按规定航线行驶,避免海损事故。

三、钻探船的定位

抛锚前,岸上设置孔位参照标志,待钻船开到标志处时用RTK精确定位。待各锚抛完以后,调整各根锚绳,测准孔位,将锚绳绞紧,使钻船稳定。水上钻探一般孔位误差在0.5m之内。在水边应设立水尺,以便随时观测水位涨落情况。在施钻过程中校正水位和孔深。锚绳靠近航道边界上的,按规定设置标志,防止发生锚绳挂船和撞船事故。

四、下入保护套管

钻探船确认定位稳定后,即可下入保护套管。无覆盖层的河床应用带钉管靴,防止套管沿岩面滑动。根据水深、流速、覆盖层厚度与孔深等情况,正确选择保护套管与护壁套管的直径与厚度。保护套管先用 ϕ219mm 或 ϕ168mm 厚壁套管。护壁套管采用 ϕ168mm 或 ϕ127mm 厚壁套管。

保护套管下入方法采用单根连接法。将所要下入的套管按其编号逐根连接下入水中,直至计划深度。第一根套管长度为4m左右。江水较深时,长节套管可多下几根,江水较浅时,长节套管应该少下。顶部应采用短节套管(长度0.5~1.0m),以便江水涨落时接卸之用。

(1)设置保险绳,下入第一节套管时,应在顶部接箍以下套以活动铁环,并拴好保险绳(ϕ12~ϕ15mm 柔心钢丝绳),陆续下入每节套管时,均应套以活动铁环,穿入保险绳,直到下完全部套管,最后将保险绳固定在钻场上。如果套管折断,可以避免套管丢失。

(2)设置定位绳,根据水深、流速和拉引的位置,选择定位绳的规格、长度。定位绳一般均采用两根,拴在保护套管柱的中间部位,其与水平面的夹角为45°左右。定位绳必须穿过船底拉向上游,固定在船头的系缆桩上,用以调整保护套管的垂直度,起到套管的定位作用。

(3)定位绳、保险绳的设置,见图2.3-2。

(4)保护套管的定位法,保护套管下到底以后,可用地质罗盘或水平尺校正其垂直度,用立轴钻杆来校正定位的准确性。必须确保管柱的垂直度,如有偏斜,应及时调整。如有必要,可将保护套管打入覆盖层3~5m,但不宜过多,防止造成拔管困难。

(5)下套管注意事项:①保护套管的螺纹连接必须牢固可靠,连接不牢固者不得下入水中,螺纹应旋转到位。②孔口夹板必须上紧,防止套管脱落。③定位绳、保险绳与减压绳应有专人负责与专人指挥,各绳的固定应牢固可靠。④在顶部套管口应有护丝箍,防止螺纹损坏。⑤施钻中注意对保护套管进行观察和调整,发现异常,应及时处理。⑥钻船及套管附近漂浮物太多时,应即时清除。⑦如遇大风、水位上涨过快时,应停止钻进,将钻具提出钻孔,并加长保护套管。

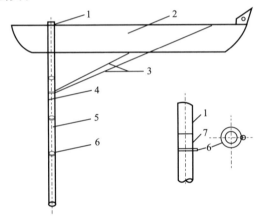

图 2.3-2 定位绳、保险绳图
1.保护套管;2.钻探船;3.定位绳;4.减压绳;5.保险绳;
6.铁环;7.接箍

第四节 非爆破勘探平硐掘进技术

在勘察工作中,为查明重要建筑物的工程地质条件或特殊地质问题(如断层、夹层等),为设计提供翔实准确的地质参数,通常需要采取平硐勘探技术来揭示地质情况,并进行现场原位测试和试验,所以平硐勘探技术在重要工程勘察中必不可少。

传统的平硐勘探采取钻爆技术,而钻爆法需要爆破材料,近年来,因办理爆破相关手续的时间越来越长,严重影响勘探工期,同时,有的平硐距民房较近,不能采取钻爆法施工。最近在平硐施工中出现了多种非爆破掘进技术,其技术特点各有优缺点,如水磨钻掘进技术,效率低,费用高,噪声大,粉尘较多,地层岩性适应性较差。下面就非爆破平硐掘进技术作一简要介绍。

一、悬臂掘进机掘进技术

悬臂式掘进机是一种能够实现截割、装载运输、自行走及喷雾除尘的联合机组。目前在煤矿掘进中应用广泛。随着回采工作面综合采煤机械化的快速发展,煤矿对巷道掘进速度要求越来越高。为了提高采准巷道的速度,悬臂式掘进机被大力研制并逐步发展完善。

目前,掘进技术在钻爆破岩掘进、悬臂式掘进机、连续采煤机、掘锚联合机组以及全断面掘进机5个方向持续发展。在全硬岩巷道的掘进中,钻爆破岩掘进在很长一段时间内仍会是一种主要方式,但在一些重要领域,全断面掘进机会逐步取代钻爆破岩掘进;在硬度较低的全岩巷道和半煤岩巷道,悬臂式掘进机会得到大力发展,逐步成为主要的掘进方式;在一些条件时宜的煤巷掘进中,掘进效率较高的连续采煤及和掘锚联合机组将会得到推广应用。

图 2.4-1 悬臂掘进机(EBZ260)

悬臂式掘进机技术在一些工程的平硐勘探中已引入,根据勘探平硐的断面尺寸特点选用小尺寸的悬臂掘进机,再根据勘探平硐断面尺寸和岩石力学指标,综合分析施工经济性,选定掘进机的型号(根据勘探平硐断面尺寸特点订制小型化悬臂掘进机,图2.4-1)。根据掘进机的定位截割范围,可采用上下大台阶、左右小台阶、分层多台阶施工。悬臂掘进机掘进技术缺点:粉尘大,文明施工差;强度高于60MPa时效率低;节齿消耗大;行走速度慢,6m/min;要求勘探平硐断面尺寸较大。

二、凿岩台车钻孔结合楔形劈裂机掘进技术

凿岩台车是隧道及地下工程采用钻爆法施工的一种凿岩设备,在生产中经过改进,与劈岩机结合运用,不需要爆破。采用凿岩台车钻孔、楔形劈裂机劈裂破岩的工作原理为:利用凿岩台车在岩石上钻孔,在圆孔上,插入岩石劈裂机的楔形块组件,启动液压泵站,液压泵站工作产生高压,驱动岩石劈裂机楔形块组的中间楔块向前运动,将反向楔块两边撑开,产生巨大劈裂力(达500~600t),此劈裂力由岩石内部向外,破坏岩石内部结构(此力是拉应力,岩石的拉应力远远小于抗压应力,只有其抗压应力的10%左右)。缺点:凿岩台车设备尺寸较大,适合勘探平硐使用的凿岩台车需要订制,如图2.4-2所示。

图 2.4-2 轨轮式全液压凿岩台车(DR1-14)

三、水磨钻掘进技术

水磨钻掘进技术最先运用于房屋桩基础,或地灾治理中的抗滑桩,由于在城区作业,施工中不允许使用炸药进行爆破开挖,以避免爆破产生的强烈震动及冲击波影响滑坡的稳定性及周边建、构筑物的安全,而传统的风镐施工速度慢。水磨钻施工技术(图2.4-3)既避免了爆破震动,又可加快施工进度,近年来在隧道掘进中运用广泛。

平硐中水磨钻掘进技术要点:

(1)钻孔布置。采用水磨钻钻孔取芯,形成槽形空间,形成临空面,以便于破碎岩石。临空面越多,单位破碎岩石的量越多,效率就越高。水磨钻钻孔时,人工破碎岩石通常采用的开槽形式有"回"字型、"田"字型,以"田"字型布孔开

图 2.4-3 水磨钻掘进平硐

槽居多。

(2)钻孔孔距的确定。钻孔孔距的大小与岩石硬度有直接关系,选择合适的孔距,既保证了破碎效果又节约了成本。一般钻孔孔距采用$0.85D \sim 0.9D$(D为钻孔直径),岩石硬度越大,孔距较小,硬度越小,孔距较大。若岩石硬度大,孔距较大,则岩芯破碎效果差,增加了破碎岩芯的成本。若岩石硬度小,孔距较小,虽然岩芯破碎效果好,但增加了钻孔的成本。渝西水资源配置工程岩石为页岩,选择钻孔孔距为$0.9D$,岩芯破碎效果较好,成本较低。

(3)钻孔孔径。钻孔孔径过小,完成一循环的开槽,所需钻孔数量太多,钻孔时间太长。钻孔孔径太大,单个钻孔完成时间较长,并增加了为保证桩径需敲除锯齿状岩石的工作量。根据长期的施工经验,一般钻孔孔径采用$110 \sim 160mm$。

(4)钻孔深度。根据选用的工程钻机的单次最大进尺,结合破碎岩石所需时间,确定合理的钻孔深度。

(5)水磨钻掘进技术在硐口段支护好后即可进行掌子面的开挖,采用水磨钻与风镐机交替进行,弃渣及时清理,除渣后进行木棚支撑支护。

木棚架设要点:架设木棚前,必须站在安全地点用长柄工具清除顶、帮浮石,然后由外向里连续安支,中途不得停顿,并且随时加强围岩监测。背板后面与围岩之间的空隙应用较大的碎石填实。

人工水磨钻掘进技术效率较低,费用较高,但适应性最强。

四、静态爆破掘进技术

静态爆破技术是利用静力破碎剂固化膨胀力破碎混凝土、岩石等的一种技术。静态爆破的核心是使用静态破碎剂,静态破碎剂是一种不使用常规炸药、利用种子的原理使岩石、混凝土构筑物等坚硬的物体破裂。静态破碎剂的主要成分是氧化钙,含有一些按一定比例掺入的化合物催化剂。其工作原理是利用装在钻孔中的氧化钙及化合物加水后发生水化反应,产生体积膨胀,从而缓慢地将膨胀压力施加给孔壁,并逐渐增大,最终在安静的状态下使岩石、混凝土构筑物等坚硬的物体破碎。它可广泛应用于工程施工过程中不允许使用常规炸药的特殊条件,达到施工过程中安全将岩石挖除和混凝土构筑物拆除的目的,是一种目前国内外流行的施工工艺。该破碎施工流程也非常简单:查看需开挖的岩石或混凝土构筑物,详细计算孔径和孔距等参数;钻孔;将破碎剂拌水调成流动状浆体,注入钻好的孔中。待过一段时间后,岩石自行胀裂、破碎。静态破碎是近年来发展起来的一种新的破碎岩石和混凝土构筑物的方法,也称静力迫裂或静力破碎技术。

静态爆破技术适用于岩体较为完整、裂隙发育程度较低的地层,安全风险较低,掘进效率较低,主要特点如下:

(1)施工过程安全,物资采购方便。静态爆破所使用的材料为氧化钙,非爆炸危险品,整个施工过程中不发生爆炸,也不需要到公安机关办理爆炸物品所需要的各种证件,施工人员不需要爆破等特殊工种。氧化钙和其他货物一样可以在市场上进行购买,它不同于普通炸药,不需要进行专门运输、重点保管,操作简单、安全。

(2)施工过程非常环保,不与其他施工发生干扰。岩石或混凝土构筑物被胀裂的整个过程中,不产生爆炸、震动、噪声、飞石等常规爆破的危害,不对周边的房屋、其他建筑物、行人及居民造成影响,故不存在安全的隐患。

(3)施工程序简单,操作容易。整个操作过程可以简要地概括为钻孔、灌入用水搅拌后的破碎剂和清理被破碎后的岩石或混凝土构筑物。

(4)使用方便。根据施工现场被破碎物体的要求,计算好孔径、孔距、角度等技术参数,按此技术参数进行施工就能达到预期的效果,爆破后的破碎剂残留物不会对周边的环境造成影响。

(5)在特殊环境下,如边坡自稳性较差,周边行人或居民较多的环境下,静态爆破的优越性更为出众。

第三章 高填方地基工程

渝西地区地貌属于四川盆地东南部的川中丘陵与川东平行岭谷接合部，以华蓥山—巴岳山—螺观山为界，以西的合川、铜梁、大足、潼南等属于川中丘陵范畴，以东则属于川东平行岭谷低山丘陵地貌。区内地势总体具有北高南低、西高东低的特点。

随着城市化进程的日益推进，城市圈范围不断扩展，城市规划建设用地紧缺问题彰显出来，为了缓解城市规划、建设用地，解决城市用地不足或短缺的问题，为了最大限度利用土地资源，研究回填土，特别是高填方回填土的工程特性是非常有必要的。

对回填土存在不同的工程地质问题，结合不同建筑物类型、结构形式，有针对性开展工程地质勘察工作，研究回填土施工处理方法、工艺，检测和监测方法等，尽可能合理利用、经济利用、安全利用、环保利用回填土，是渝西地区城市化建设面临的一个问题，也是岩土工程勘察的难点重点之一。

第一节 高填方地基

早在三峡库区百万移民迁建过程中，各县城集镇移民新址建设导致大量的开山回填现象，如万州三桥长江北岸大河沟下游沟内及长江南岸无名沟沟口，最大厚度约40m，三峡库区巫山新城的污水处理厂建在填方高度高达60多米的填筑体上，长江水库蓄水后长江及各支流沿岸护岸工程或公路工程建设也存在人工回填土问题，如丰都到忠县段公路存在30多米的填方路基，云阳至奉节高速公路奉节东互通立交隧洞出口位于一冲沟内，以路堤型式通过，其后回填土高度达到80余米。

随着国民经济的发展，中国高速公路、机场建设高填方地基不断涌现，回填高度不断刷新，百米高的回填土厚度也较多，如吕梁机场回填高度127m，九黄机场回填高度138m，承德机场回填高度141m，六盘水机场回填高度153m，重庆机场回填高度164m。

因建设项目不同，重要性不同，对回填土高度界定不一，查阅有关公路路基、铁路路基、地基基础设计等行业、国家标准或政府有关规定，如《重庆市建委员会关于印发进一步规范重庆市高切坡、深开挖、高填方项目管理的若干规定的通知》（渝建发〔2002〕47号）中明确规定填方的高度≥8m即为高填方；《铁路路基设计规范》(TB 10001—2016)中对路堤高度仅做了说明"路堤边坡高度应结合铁路等级、轨道类型、地基条件、填料来源、用地性质及环境等合理确定，不宜超过20m"；而《公路工程地质勘察规范》(JTG C20—2016)中对高路堤的定义为"填土高度大于20m，或填土高度虽未达到20m，但基底有软弱层发育，填筑的路堤有可能失稳、产生过量沉降及不均匀沉降时，应按高路堤进行勘察"；再如《高填方地基技术规范》(GB 51254—2017)对高填方地基的界定是"为解决工程建设用地、经人工分层填筑并采用强夯、振动碾压、冲击压实或其他技术措施处理所形成的，填筑厚度大于20m的场地或地基"；《民用机场高填方工程技术规范》(MH/T 5035—2017)规定"新建和改(扩)建民用机场(含军民合用机场民用部分)最大填方高度和填方边坡高度不大于160m的高填方工程的勘测、设计、施工、检验和监测……"。

目前，国内一般认为高填方地基指填筑厚度大于20m，主要是因为20m以下填筑地基工程比较多，也比较常见，地基处理难度不大，设计和施工人员可按相关标准进行勘察设计施工，考虑到回填土厚度超过80m高填方地基工程实例较少、工程经验不足，这里的高填方地基泛指高度大于20m、小于80m的填方厚度或填方边坡。

渝西地区属于丘陵地形，各种工业园区、城市建设离不开场平工作，场平多为就近挖填平衡堆填，填土厚度不一,地形平缓地段填筑厚度一般小于20m,沟壑处填筑厚度一般20~40m,部分工程弃渣场填筑厚度较厚,如拟建金刚沱泵站、草街航电枢纽弃渣场厚度可达60余米。

第二节 高填方地基工程特征

填土一般指人类工程活动在地形低洼、沟壑等处堆积形成的。按我国现行规范,根据物质组成分为素填土、杂填土、吹填土、压实填土四类。渝西地区城市化过程人填土多为开山场平形成的,岩性上属于四川红层,主要为泥岩、泥质粉砂岩,少量为岩屑长石砂岩,主要为素填土,填土特征与填筑区地形地貌特点、堆积物质(岩性特点)、堆积方法、填筑时间等有关,具有以下特点。

(1)渝西地区填土区多在沟壑、低洼等地,受沟的宽度、两侧地形坡度影响,纵坡的影响,堆填时有范围不确定性、厚度不均一性、填土底界面起伏、受地形控制的特点。

(2)填土材料岩性属于四川红层,主要为软质岩,岩性不均一,岩性强度又受风化影响,开挖后具有大块径、级配不均、大重度的特点。

(3)受级配、压密度及堆筑方法影响,回填土透水性有不均一性。回填初期填土透水率大,随着时间的推移,自重作用压实后透水性逐渐变小。

根据人工回填土的工程特性,针对不同建筑物,回填土地基存在不均匀沉降、承载力强度不足、稳定性差等工程地质问题,新近填土对桩基础还存在负摩阻力问题。

第三节 高填方地基工程勘察技术与方法

高填方地基勘察仍以传统的勘察方法为主,如工程地质测绘、勘探与取样、地球物理勘探、现场检测与试验、工程监测、数值分析与计算等,回填土区勘察应搜集建设用地使用功能要求、工程规模和特征、建筑物及上部荷载、结构类型、基础型式等资料,建筑物对地基强度、变形等方面的要求,同时还应搜集当地同类地层中工程建设相关经验的资料,结合工程拟建建筑物的重要性、场地的复杂性、地基土的复杂程度按不同的勘察阶段的目的和任务有针对性地进行。

一、岩土工程勘察中高填方勘察技术及要求

岩土工程勘察应根据工程重要性等级(分为重要工程、一般工程、次要工程)、场地复杂程度等级(分为复杂场地、中等复杂场地、简单场地)和地基复杂程度等级(分为复杂地基、中等复杂地基、简单地基)来划分岩土工程勘察等级。

在工程重要性、场地复杂程度、地基复杂程度中有一项或多项为一级的即为甲级勘察;乙级勘察指除勘察等级为甲级和丙级以外的勘察项目;丙级勘察中的工程重要性、场地复杂程度和地基复杂程度等级均为三级。

各建筑物的岩土工程勘察宜分阶段进行,可分为可行性研究勘察、初步勘察、详细勘察;场地条件复杂或有特殊要求的工程,宜进行施工勘察。

1. 可行性研究阶段

在可行性勘察阶段主要研究拟建场地的稳定性和建筑适宜性,并做出相应评价,主要包括以下内容:

(1)搜集区域地质、地形地貌、地震、矿产、当地的工程地质、岩土工程和建筑经验等资料。

(2)在充分搜集和分析已有资料的基础上,通过踏勘了解场地的地层、构造、岩性、不良地质作用和地下水等工程地质条件。

(3)当拟建场地工程地质条件复杂、已有资料不能满足要求时,应根据具体情况进行工程地质测绘和必要的勘探工作。

(4) 当有两个或两个以上拟选场地时,应进行比选分析。

本阶段勘察手段主要以搜集资料分析资料为主,现场进行调测或测绘,辅以少量勘探。填土区勘察应重点搜集调查地形和地物的变迁,填土的来源、堆积时间、年限及填积方式;对填土的分布、厚度、物质组成、结构特征、颗粒级配、均匀性、密度性、湿陷性和压缩性应有初步的认识,对填土地基或斜坡稳定性、填土工程可利用性做出评价,对危害程度进行预判,评价填土地基处理难度、经济合理性,评价处理后能否满足场地稳定性和建筑适宜性的要求。

2. 初步勘察阶段

主要针对场地内拟建建筑物地段的稳定性做出评价。

1) 初步勘察主要工作内容

(1) 搜集相关工程有关文件、工程地质和岩土工程资料以及工程场地范围内的地形图;初步查明地质构造、地层结构、岩土体的工程特性、地下水埋藏条件及补径排的关系。

(2) 查明场地不良地质作用的成因、分布、规模、发展趋势及对工程项目的影响;抗震设防烈度等于或大于6度的场地应对场地和地基的地震效应做出初步评价。

(3) 初步判定水和土对建筑材料的腐蚀性;高层建筑物初步勘察时,应对可能采取的地基基础类型、基坑开挖与支护、工程降水方案进行初步分析评价。

2) 初步勘察的勘探工作要求

(1) 勘探线应垂直地貌单元、地质构造和地层界线布置。

(2) 每个地貌单元均应布置勘探点,在地貌单元交接部位和地层变化较大的地段,勘探点应予加密。

(3) 在地形平坦地区,可按网格布置勘探点。

3) 初步勘察勘探线、勘探点间距

(1) 对岩质地基,勘探线和勘探点的布置、勘探孔的深度,应根据地质构造、岩体特性、风化情况等按地方标准或当地经验确定。

(2) 对土质地基,可按表3.3-1及表3.3-2确定,局部异常地段可加密。填土地区勘察应在此基础上加密勘探点,确定暗埋的塘、浜、坑的范围。

表3.3-1 初步勘察勘探线、勘探点间距 单位:m

地基复杂程度等级	勘探线间距	勘探点间距
一级(复杂)	50~100	30~50
二级(中等复杂)	75~150	40~100
三级(简单)	150~300	75~200

注:1.表中间距不适用于地球物理勘探;2.控制性勘探点宜占勘探点总数的1/5~1/3,且每个地貌单元均应有控制性勘探点。

表3.3-2 初步勘察勘孔深度 单位:m

工程重要性等级	一般性勘探孔	控制性勘探孔
一级(重要工程)	≥15	≥30
二级(一般工程)	10~15	15~30
三级(次要工程)	6~10	10~20

注:1.勘探孔包括钻孔、探井的原位测孔等;2.特殊用途的钻孔除外。

(3) 勘探孔的深度应穿透填土层,其中对勘察孔深可根据建筑物荷载条件、标高与地面高差、基岩埋深、下伏软弱层等情况适当增减勘探孔深度。

4) 取样和原位测试

(1) 采取土试样和进行原位测试的勘探点应结合地貌单元、地层结构和土的工程性质布置,其数量可占勘探点总数的1/4~1/2;采取土试样的数量和孔内原位测试的竖向间距,应按地层特点和土的均匀程度确定,每层土均应采取土试样或进行原位测试,其数量不宜少于6个。

(2) 填土的工程特性指标,如填土的均匀性和密实度应采用动探法并辅以室内试验获得;填土的压缩性、湿陷性可以采用室内固结试验或现场载荷试验获取;填土的密度试验宜采用大容积法;对压实填土,在压实前应测定填料的最优含水量和最大干密度,压实后应测定其干密度,计算压实系数。

5)初步勘察水文地质工作

调查含水层的埋藏条件,地下水类型、补给排泄条件,各层地下水位,调查其变化幅度,必要时应设置长期观测孔,监测水位变化;当需绘制地下水等水位线图时,应根据地下水的埋藏条件和层位,统一量测地下水位;当地下水可能浸湿基础时,应采取水试样进行腐蚀性评价。

本阶段勘察手段以钻探为主,并进行取样、原位测试等工作,勘察布置以控制查明地貌单元为主,在地形变化、岩性变化较大处钻孔均应加密,这是填土区的基本地形及地质特征决定的,故填土地质勘察应在此勘察精度的基础上加密勘探点;另填土为特殊性土,可视为不良地质体,初步勘察阶段应查明填土的分布、厚度、物质组成、结构特征,重点评价填土的均匀性、密度性、湿陷性和压缩性对工程区各建筑物的影响,分析作为地基的适宜性,评价填土地基稳定性,并提出人工填土初步处理方案措施的建议。

高填方工程改变了原有的地形地貌,也改变了场地岩性结构,对地表水、地下水补给、排泄等水文地质条件进行了改变,而地下水对原地基、填筑体具有浸泡、软化、潜蚀等不良作用,高填方地基工程出现问题时,大部分情况与地下水有关,故高填方区在场地水文地质条件复杂或人类工程活动对水环境改变较大时,产生的工程地质问题危害制约工程项目建设的成立,或引起工程设计方案的不确定性,以及有可能产生工程设计方案的重大变更、调整,应进行专项水文地质勘察。

3. 详细勘察阶段

主要针对建筑物进行勘察,对建筑物地基做出岩土工程评价,提供工程设计、施工所需岩土体参数建议值,并对地基类型、基础形式、地基处理、基坑支护、工程降水和不良地质作用的防治等提出建议。

1)详细勘察工作内容

(1)搜集附有坐标和地形的建筑总平面图,场区的地面整平标高,建筑物的性质、规模、荷载、结构特点,基础形式、埋置深度,地基允许变形等资料。

(2)查明埋藏河道、沟浜、墓、穴、孤石等对工程不利的埋藏物;查明不良地质作用的类型、成因、分布范围、发展趋势和危害程度,提出整治方案的建议。

(3)查明建筑范围内岩土层的类型、深度、分布、工程特性,分析和评价地基的稳定性、均匀性和承载力。对需进行沉降计算的建筑物,提供地基变形计算参数,预测建筑物的变形特征。

(4)查明地下水的埋藏条件,提供地下水位及其变化幅,判定水和土对建筑材料的腐蚀性。

(5)在抗震设防烈度等于或大于6度的地区工作应确定场地类别,对场地附近有滑坡、滑移、塌陷等不良地质体时,应进行专门勘察,评价在地震作用下的稳定性。

2)详细勘察阶段勘探工作要求

(1)勘探点宜按建筑物周边线和角点布置,对无特殊要求的其他建筑物可按建筑物或建筑群的范围布置。

(2)同一建筑范围内的主要受力层或有影响的下卧层起伏较大时,应加密勘探点,查明其变化;重大设备基础应单独布置勘探点;重大的动力机器基础和高耸构筑物,勘探点不宜少于3个。

3)详细勘察勘探线、勘探点间距

(1)应根据建筑物特性和岩土工程条件确定。对岩质地基,应根据地质构造、岩体特性、风化情况等,结合建筑物对地基的要求,按地方标准或当地经验确定,对土质地基,按表3.3-3确定。

表3.3-3 详细勘察勘探点间距　　　　　　　　单位:m

地基复杂程度等级	勘探点间距	地基复杂程度等级	勘探点间距
一级(复杂)	10~15	三级(简单)	30~50
二级(中等复杂)	15~30		

(2)对高层建筑物详细勘察还做出"单栋高层建筑物勘探点布置,应满足对地基均匀性评价的要求,

且不应少于 4 个，对密集的高层建筑群，勘探点可适当减少，但每栋建筑物至少应有 1 个控制性勘探点"的规定。

①详细勘察的勘探深度自基础底面算起，应符合下列规定：

a. 勘探孔深度应能控制地基主要受力层，当基础底面宽度不大于 5m 时，勘探孔的深度对条形基础不应小于基础底面宽度的 3 倍，对单独桩基不应小于 1.5 倍，且不应小于 5m。

b. 对高层建筑和需作变形验算的地基，控制性勘探孔的深度应超过地基变形计算深度；高层建筑的一般性勘探孔应达到基底下 0.5～1.0 倍的基础宽度，并深入稳定分布的地层。

c. 对仅有地下室的建筑或高层建筑的裙房，当不能满足抗浮设计要求，需设置抗浮桩或锚杆时，勘探孔深度应满足抗拔承载力评价的要求。

d. 当有大面积地面堆载或软弱下卧层时，应适当加深控制性勘探孔的深度。

e. 在上述规定深度内遇基岩或厚层碎石土等稳定地层时，勘探孔深度可适当调整。

②详细勘察的勘探孔深度，除应符合上述要求外，变形计算、稳定计算、基础型式、地基处理深度等尚应符合下列规定：

a. 地基变形计算深度，对中、低压缩性土可取附加压力等于上覆土层有效自重压力 20% 的深度；对于高压缩性土层可取附加压力等于上覆土层有效自重压力 10% 的深度。

b. 建筑总平面内的裙房或仅有地下室部分（或当基底附加压力 $P_0 \leqslant 0$ 时）的控制性勘探孔的深度可适当减小，但应深入稳定分布地层，且根据荷载和土质条件不宜少于基底下 0.5～1.0 倍基础宽度。

c. 当需进行地基整体稳定性验算时，控制性勘探孔深度应根据具体条件满足验算要求。

d. 当需确定场地抗震类别而邻近无可靠的覆盖层厚度资料时，应布置波速测试孔，其深度应满足确定覆盖层厚度的要求。

e. 大型设备基础勘探孔深度不宜小于基础底宽的 2 倍。

f. 当需进行地基处理时，勘探孔的深度应满足地基处理设计与施工要求；当采用桩基时，勘探孔的深度应满足桩基勘察的基本要求。

4）取样和原位测试

（1）采取土试样和进行原位测试的勘探孔的数量应根据地层结构、地基土的均匀性和工程特点确定，且不应少于勘察孔总数的 1/2，钻孔取土试样孔的数量不应少于勘探孔总数的 1/3。

（2）每个场地每一主要土层的原状土试样或原位测试数据不应少于 6 件（组），当采用连续记录的静力触探或动力触探为主要勘察手段时，每个场地不应少于 3 个孔。

（3）在地基主要受力层内，对厚度大于 0.5m 的夹层或透镜体，应采取土试样或进行原位测试。

（4）当土层性质不均匀时，应增加取土试样或原位测试数量。

5）其他规定

（1）基坑或基槽开挖后，岩土条件与勘察资料不符或发现必须查明的异常情况时，应进行施工勘察，在工程施工或使用期间，当地基土、边坡体、地下水等发生未曾估计到的变化时，应进行监测，并对工程和环境的影响进行分析评价。

（2）室内土工试验在满足室内试验要求的基础上，为基坑工程设计进行的土的抗剪强度试验，还要符合"受基坑开挖影响和可能设置支护结构的范围内，应查明岩土分布，分层提供支护设计所需的抗剪强度指标，土的抗剪强度试验方法，应与基坑设计要求一致，符合设计采用的标准，应在勘察报告中说明"的规定。

（3）地基变形计算应按现行国家标准《建筑地基基础设计规范》（GB 50007—2011）或其他有关标准执行。

（4）地基承载力应结合地区经验按有关标准综合确定。有不良地质作用的场地，建在坡上或坡顶的建筑物，以及基础侧旁开挖的建筑物，应评价其稳定性。

二、公路行业高填方勘察技术及要求

公路行业填土工程地质勘察应查明地形地貌类型、形态特征和沟谷发育情况；填土的物质组成、颗粒级配、密实程度、均匀性、湿陷性和压缩性；填土的物理力学性质和地基承载力；地下水类型、埋深、水位及变化幅度、腐蚀性；不良地质的类型、规模、分布及其对路线的影响和避开的可能性。

公路工程地质勘察可分为预可行性研究阶段工程地质勘察（预可勘察）、工程可行性研究阶段工程地质勘察（工可勘察）、初步设计阶段工程地质勘察（初步勘察）和施工图阶段工程地质勘察（详细勘察）。

填土区工程地质勘察在《公路工程地质勘察规范》（JTG C20—2011）中与填土区在线路是什么构筑物，如是线路、一般路基、高路堤、陡坡路等有关，这里以高路堤及陡坡路堤为例从工可阶段勘察开始对填土地基进行分析阐述。

1. 工可勘察阶段

在初步查明公路沿线的工程地质条件和工程地质问题基础上，在填土地段选线应避开填土分布广、厚度大、土质松软、治理困难的地带，以及可能产生滑坡、泥石流等不良地质的填土地带。无法避开时应选择在填土分布窄且厚度较小的位置通过。

（1）工可勘察应初步查明公路沿线的工程地质条件和对公路建设规模有影响的工程地质问题，为编制工程可行性研究报告提供工程地质资料。

（2）工可勘察应以资料搜集和工程地质调绘为主，辅以必要的勘探手段，对项目建设各工程方案的工程地质条件进行研究，完成下列各项工作内容。

①了解各路线走廊或通道的地形地貌、地层岩性、地质构造、水文地质条件、地震动参数、不良地质和特殊性岩土的类型、分布及发育规律。

②初步查明控制路线及工程方案的不良地质和特殊性岩土的类型、性质、分布范围及发育规律。

③评价各路线走廊或通道的工程地质条件，分析存在的工程地质问题。

④编制工程可行性研究阶段工程地质勘察报告。

（3）工程地质调绘。

①工程地质调绘应对区域地质、水文地质以及当地采矿资料等进行复核，区域地层界线、断层线、不良地质和特殊性岩土发育地带、地下水排泄区等应进行实地踏勘，并做好复核记录。

②工程地质调绘的比例尺为1∶10 000～1∶50 000，范围应包括各路线走廊或通道所在的带状区域。

（4）当通过资料搜集、工程地质调绘不能初步查明其工程地质条件时，遇有下列情况应进行工程地质勘探。

①控制路线及工程方案有不良地质和特殊岩土路段。

②控制路线方案有越岭路段、区域性断裂通过的峡谷、区域性储水构造。

（5）工可勘察报告提供资料。

①文字说明：应对公路沿线的地形地貌、地层岩性、地质构造、水文地质条件、新构造运动、地震动参数等基本地质条件进行说明；对不良地质和特殊岩土应阐明其类型、性状、分布范围、发育规律及其公路工程的影响和避开的可能性；路线通过区域性储水构造或地下水排泄区，应对路线方案有影响的水文地质及工程地质问题进行充分论证、评价；应结合工程方案的论证、比选，对工程地质条件进行说明、评价，提供工程方案论证、比选所需的岩土参数。

②图表资料：1∶10 000～1∶50 000工线路程地质平面图；1∶10 000～1∶50 000线路工程地质纵剖面图；1∶2 000～1∶10 000重要工点工程地质平面图；1∶2 000～1∶10 000重要工点工程地质横断面图；附图、附表及照片等。

2. 初步勘察阶段

1）一般规定

（1）初步勘察应基本查明公路沿线及各类构筑物建设场地的工程地质条件，为工程方案比选及初步设计文件编制提供工程地质资料。

（2）初步勘察应与路线和各类构筑物的方案设计相结合，根据现场地形地质条件，采用遥感解译、工程地质调绘、钻探、物探、原位测试等手段相结合的综合勘察方法，对路线及各类构筑物工程建设场地的工程地质条件进行勘察。

（3）初步勘察应对工程项目建设可能诱发的地质灾害和环境工程地质问题进行分析、预测，评估其对公路工程和环境的影响。

2）高路堤初步勘察工作内容

（1）高填路段的地貌类型、地形起伏变化情况及横向坡度；地基的土层结构、厚度、状态及软弱地层的发育情况。

（2）基岩的埋深和起伏变化情况；岩层产状、岩石的风化程度、岩体的节理发育程度；土体的物理力学性质和地基承载力；地表水的类型、埋深、分布和水质。

（3）基底的稳定。

3）工程地质调绘

应沿拟定的线位及两侧的带状范围内进行地1:2000工程地质调绘，调绘宽度不小于两倍路基宽度。

4）初步勘察勘探要求

（1）应根据现场地形地质条件选择代表性位置布置横向勘探断面，每段高路堤的横向勘探断面数量不少于1条。

（2）每条勘探横断面上钻孔数量不得少于1个。勘探深度宜至持力层或基岩面以下3m，并满足沉降稳定计算要求。

（3）填土工程地质勘探应根据地形地质条件、填土的类型、分布范围、地层结构及构筑物设置情况确定勘探点的数量和位置。

5）取样和原位测试

（1）粉土、黏性土应取原状样，在0～10m的深度范围内，取样间距宜为1.0m；10m以下，取样间距宜为1.5m，变层应立即取样。

（2）砂土、碎石土可取扰动样，取样间距宜为2m，变层应立即取样，厚度大于5m的同一土层，可在上、中下取样，取样后应立即做动力触探试验。

6）高路堤初步勘察提供资料

（1）文字说明：应对高填路段的工程地质条件进行说明，对工程建设场地适宜性进行评价，分析、评估高路堤产生过量沉降、不均匀沉降及地基失效导致路堤产生滑动的可能性。

（2）图表资料：1:2000工程地质平面图；1:2000工程地质纵剖面图；1:100～1:400工程地质横断面图；1:50～1:200挖探（钻探）柱状图；岩土物理力学指标汇总表；水质分析资料；物探解释成果资料；附图、附表及照片等。

3. 详细勘察阶段

高路堤详勘应在确定的路线上查明高路堤段的工程地质条件，其内容与初步勘察的工作内容相同。

（1）工程地质测绘就对初勘调绘资料进行复核，当路线偏离初步设计线位或地质条件需要进一步查明时，应进行补充工程地质调绘，工程地质调绘比例尺1:2000。

（2）每段高路堤横向勘探断面的数量不得少于1条，做代表性勘探，每条勘探断面上的钻孔或探坑（井）数量不得少于1个，必要时，与静力触探等原位测试手段结合进行综合勘探。地质条件复杂时，应增加勘探断面数量。

（3）勘探深度、取样、测试等也与初步勘察要求相同。

从初步勘察与详细勘察两阶段工作内容、勘察布置、取样试验等方面分析，两阶段勘察内容相同，勘察仅在"必要时，与静力触探等原位测试手段结合进行综合勘探。地质条件复杂时，应增加勘探断面数量"做出要求,勘探深度、取样、测试等也与初步勘察要求相同。

人工回填土形成的高路堤按段进行勘探,要求每段高路堤的横向勘探断面数量不少于1条,每条勘探横断面上钻孔数量不得少于1个,高路堤勘察没有考虑到长度、下伏地形坡度、岩性结构等影响;而在填土路基勘察中明确指出"填土路基勘探勘探点宜沿线路中心线布置,间距不宜大于50m,当填土厚度大、分布复杂时,应布置横向勘探断面,每条勘探横断面上的勘探点的数量不宜少于1个。填土分布复杂路段,应根据地层条件采用物探、静力触探等进行综合勘探",勘察精度不如一般填土的路基勘察,对高路堤勘探应视填土下地形坡度、地层结构上综合考虑加密布置勘探。

三、高填方地基勘察技术及要求

《高填方地基技术规范》(GB 51254—2017)规范适用于填筑厚度大于20m的建设场地或填筑地基形成中的勘测、设计、施工、质量检验与监测。

原地基地形地貌特征、岩土体的工程特征及水文地质条件影响高填方地基变形、稳定,甚至影响到环境地质问题时,对高填方区原地基勘察也是十分必要的,本规范中主要内容是对原场地进行勘察,并对原场地地基处理、填筑地基工程、边坡工程、排水工程等进行规定。

原场地岩土工程勘察应根据拟建场地工程建设分区(主要分为建构筑物区、边坡区、场地平整区等)及填筑地基相应设计阶段的要求确定工程地质、水文地质勘察方案;勘察范围应根据工程建设场地分区确定,场地附近存在影响工程安全的不良地作用时应扩大,原场地岩土工程勘察等级应根据场地复杂程度、场地地基等级、复杂程度等确定。

高填方地基设计前应搜集填方场地的区域地质、工程地质、水文地质、气象、地震及地质灾害、水土保持、环境评价、矿产压覆等已有资料,以及场地拟建(构)筑物的上部结构及地基基础设计等资料;组织踏勘现场,调查分析场地邻近建(构)筑物使用效果和工程经验;根据场区地形地貌特征及拟建建(构)筑物规模、荷载等工程特征,在工程建设和规划用地范围内进行工程测量与岩土勘察。

原场地岩土工程勘察阶段应与高填方工程设计阶段要求相适应,对于一般场地可分可初步勘察和详细勘察两个阶段;对于工程地质条件特别复杂、有特殊要求的场地,尚应进行施工勘察。

1. 初步勘察工作内容

(1)初步查明场地主要的地层结构、地质构造、地震烈度、工程地震特征,填方区岩土特性和软弱层的分布,场区土层冻结深度和冰冻期。

(2)初步查明挖方区料场填料的工程性质,如风化程度、石料可挖性、土石储量和土石比例。

(3)初步查明岩溶和其他可能存在的不良地质体的分布范围和规模,并判定地表岩溶和地下岩溶的分布及形态;对不良地质作用、特殊性岩土、边坡稳定性应作出初步分析、评价及处理建议。

2. 详细勘察工作内容

(1)查明填方区域的地层分布、不良地质作用、岩土层的物理力学性质指标,软弱地层、岩溶发育的位置与规模,并应作出稳定性评价,对地基处理提出建议。

(2)对挖方区填料应进行详细分类和评价,并提供填料的土石比例及相应的工程技术参数;开挖至设计高程后应查明地面下有无软弱地层、岩溶与土洞以及其他不良地质作用,评价其工程影响,并应提出处理意见和建议。

(3)查明场区内可液化地层、断裂破碎带分布,进行填方场地环境工程地质评价和地质灾害预测,提出不良地质作用的防治和监测措施建议。

(4)边坡区应查明岩土层分布情况及影响边坡稳定的工程地质问题,提供边坡稳定分析及计算所需的物理、力学参数。

(5)对可能采用的地基处理措施,应提供地基处理设计、施工的岩土特性参数,并分析地基处理时对工程环境影响的有关问题。

3. 勘探布置要求

1) 场地工程勘探线(点)布置的有关规定

(1) 填筑区勘探线可按工程范围和建设场地分区,沿地形坡向、沟谷走向等布置,并应满足原场地地基处理、填筑地基的变形计算与边坡稳定性计算的要求。

(2) 每个地貌单元和不同地貌单元交接部位应布置勘探点;对暗河、暗沟、断层破碎带、溶洞、岩溶洼地、岩溶漏斗、地表塌陷、落水洞、溶槽及溶蚀破碎带、冲(溶)沟等地质条件复杂的地段应适当加密钻孔。

(3) 挖方区填料和料源勘察应按山体坡度和基岩出露情况布置勘探线,并应根据地质条件及物探成果合理布置钻孔。

(4) 对场区内岩溶漏斗、岩溶洼地、地表塌陷和断层破碎带均应布置钻孔,钻孔数量应根据岩溶漏斗、岩溶洼地、地表塌陷和断层破碎带的分布范围确定,并应满足查明充填物及岩溶的发育情况要求。

2) 勘察勘探线、勘探点间距

《高填方地基技术规范》(GB 51254—2017)规定,对原场地的勘察,其勘探线点间距与勘察等级和建筑场地分区密切相关。勘探线(点)间距可按表3.3-4确定,主勘探线(点)布置应考虑后期详细勘察时的勘探点布置。同时对控制性钻孔分布、占比及孔深也有规定。

表 3.3-4　勘探线(点)间距

勘察等级	勘探线(点)间距/m					
	边坡用地区		边坡稳定影响区		建(构)筑物区	场地平整区
	填筑区	挖方区	填筑区	挖方区		
甲级	10~20	30~50	30~50	50~100	《岩土工程勘察规范》(GB 50021)	50~100
乙级	20~30	50~80	50~80	100~150		100~150
丙级	30~50	80~100	80~100	150~200		150~200

(1) 控制孔与一般钻孔在平面上宜均匀分布,挖方区钻孔深度可从该处地势设计高程起算。

(2) 勘察等级为甲级、乙级工程控制钻孔不宜少于勘探孔总数的1/4;丙级工程宜占1/6,岩溶突出部位宜占1/3,且每个地貌单元宜设控制钻孔。

(3) 钻孔深度应满足查明地基稳定性和控制沉降计算深度要求,查明地质构造的钻孔深度按实际需要确定。

(4) 挖方区填料勘察的钻孔深度应根据实际地质情况确定,并宜进入地势设计高程以下3m,应满足判明填料情况要求;岩溶勘察钻孔的深度应穿透表层岩溶发育带。

4. 取样和原位测试

(1) 取样孔、井在平面上应均匀布置,数量不应少于勘探点总数的1/6~1/3。

(2) 钻孔岩土取样深度小于10m时,取样间距为1.5m;取样深度为10~15m时,取样间距为2.0~2.5m,每一岩土层必须取样。

(3) 遇地下水的钻孔宜量测地下水位,并取水样进行化验,确定对混凝土和金属的腐蚀性。

(4) 应根据地层厚度确定标准贯入孔或动力触探孔试验深度;静力触探孔应测试至主要压缩层或潜在滑移面深度以下,且宜布置在土层较厚地段。

(5) 填筑边坡稳定性分析所用的参数应通过室内相似条件下的密度、剪切试验以及现场大型密度、剪切等试验确定。

5. 水文地质勘察

(1) 对于水文地质条件复杂、填筑施工可能引起水文地质条件变化或设计方案重大调整,以及工程使用基可能出现严重湿陷等工程危害的场地,应进行专项的水文地质勘察。

(2)水文地质测绘的比例尺及范围应根据勘察阶段、工程特点和场地水文地质条件复杂程度确定。水文地质调查应符合下列规定。

①根据区域水文地质条件,分析工程完工后区域水文地质条件改变可能引起的环境地质、水土保持和地质灾害问题,并应作出评价。

②内容应包括区域地形地貌、地层岩性、地质构造、水文气象、植被分布等及与水文地质条件的关系,区域水文地质特征,地下水的赋存条件与分布规律,地下水的水质、水量及其补给条件与运动规律,含(透)水层和隔水层的埋藏与分布特征。地下水的赋存条件复杂时应进行水文地质分区。

③搜集和分析区域自然地理、地质和水文地质资料,包括勘探成果重要水井资料;水文地质资料缺乏的地区应进行区域水文地质勘查,重点地段可采用简易勘探手段验证。

④水文地质物探应根据被探测对象的物性特征,采用有效方法综合探测,关键点位及典型地段的探测成果应经钻探或其他手段验证。

⑤水文地质试验应以现场试验为主,室内试验为辅。试验的位置、数量和方法应结合勘察阶段和工程特点确定。

高填方工程一般具有地形起伏较大、地质条件复杂、土石方材料多样且工程量巨大等特点,以及由此带来的场地稳定、地基与填筑体沉降和差异沉降、高边坡稳定等方面的问题。

在高填方工程勘察中应高度重视基底面为填筑体与原地基的结合面,临空面为边坡坡面和高填方顶面,交接面为填挖方交接面及其过渡段;填筑体要重视自身的压缩变形,它与原地基共同作用也会影响原地基的沉降变形;在填方边坡稳定影响区,填筑体的强度特性则直接影响高边坡的稳定,同时填筑体自身的强度、变形特性还受到填料、施工等因素的影响。

高填方勘察一定要重视其均匀性、密实性、湿陷性和压缩性的特性,重视调查访问工作,重点调查填土的来源、堆积时间、年限及填积方式,搜集地形和地物的变迁情况,了解高填方区基底面起伏、岩土结构等情况;填土区各类工程选址、选线应避开填土分布广、厚度大、土质松软、治理困难的地带,无法避开时,应选择在填土分布窄且厚度较小的位置通过;应评价填土地基处理难度、经济合理性,评价处理后能否满足场地稳定性和建筑适宜性的要求。

高填方为特殊岩土,对工程的危害性不亚于不良地质作用,在搜集建设用地使用功能、工程规模和特征及其上部建筑荷载情况、结构类型、基础型式,对地基强度、变形等要求的资料基础上,针对不同勘察阶段、构筑物类型等进行勘察,且勘探剖面间距、勘探孔的密度要比同阶段勘察精度高,并及早对高填方区的可利用性做出评价,还需充分考虑水环境影响。

第四节 高填方地基勘察方法与处理工程实例

一、工程物探在填土区勘察的应用

20世纪50年代以来,世界各国广泛使用天然地震面波来研究地球内部结构,发现不同构造环境的地壳上地幔结构有很大差异,获得了其分层厚度和横波速度。21世纪初,日本的株式会社推出了佐藤式全自动地下勘探机,使面波技术在浅层勘察工作中得以应用。经过多年的发展,面波勘探技术已经广泛应用于工程地质勘察、无损检测和浅层煤炭勘探。各类能源和工程勘察设计通常需要快速取得覆盖层厚度和地质分层等参数,传统的方法有钻探和静力触探等。钻探方法设备重、施工慢、费用高而且对环境破坏大。静力触探方法虽然快速,但是设备仍不是很轻便,而且仅能在软土中应用,遇见孤石或卵石就无法推进。面波勘察技术具有经济、快速、高效和对环境无破坏等优点,非常适合用于土石方调查工作。现结合具体工程实例就该技术进行介绍。

1. 基本原理和方法

面波分为瑞雷波和拉夫波,瑞雷面波是指在弹性分界面处由于波的干涉而产生,并且沿界面传播,波动现象集中在界面附近的一种弹性波,因瑞雷波在振动波组中能量最强、振幅最大、频率最低,容易识别也易于测量,所以面波勘察一般是指瑞雷波勘探。它具有以下几种主要特性:

(1)在均匀介质条件下,瑞雷面波的传播速度 v_R 与其振动频率 f(即与面波的波长 λ_R)无关,即面波在均匀介质中传播没有频散性。与此相对应,在不均匀介质中,面波的传播速度 v_R 是频率 f 的函数,即面波在非均匀介质中具有频散特性。在均匀介质中无频散性和不均匀介质中具频散特性是面波勘探的物理基础。

(2)在多层介质中,瑞雷面波具有明显的频散特性。面波沿地面表层传播,影响表层的深度约为一个波长,因此同一波长面波的传播特性反映了地质条件在水平方向的变化情况,不同波长的面波的传播特性反映着不同深度的地质情况。

(3)瑞雷面波的水平和垂直振幅从弹性介质的表面向内部呈指数减小,大部分能量集中在一个波长的深度范围内,即认为面波的穿透深度约为一个波长。

(4)瑞雷面波波速近似等于横波波速,并具有相关性,因此面波波速与介质的物理力学性质密切相关。瑞雷波速和横波波速的关系为:

$$v_S = \frac{1+\nu}{0.87+1.12\nu} v_R \quad (\nu \text{ 为泊松比}) \tag{3.4-1}$$

当 ν 从 0.25 至 0.5 时,v_R/v_S 从 0.92 至 0.95。由此可将瑞雷波速换算成横波波速。

瑞雷面波的野外采集,是在地面上沿波的传播方向,以一定的道间距 Δx 设置 $N+1$ 个检波器,就可以检测到面波在 $N\Delta x$ 长度范围内的传播过程(图 3.4-1)。

设面波的频率为 f,相邻检波器记录的面波的时间差为 Δt(或相位差为 $\Delta \phi$),则相邻道 Δx 长度内面波的传播速度为:

$$v_R = \frac{\Delta x}{\Delta t} \quad \text{或} \quad v_R = \frac{2\pi f \Delta x}{\Delta \phi} \tag{3.4-2}$$

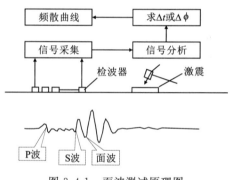

图 3.4-1 面波测试原理图

测量范围 $N\Delta x$ 内平均波速为:

$$v_R = \frac{N\Delta x}{\sum_{i=1}^{N} \Delta t_i} \quad \text{或} \quad v_R = \frac{2\pi f N\Delta x}{\sum_{i=1}^{N} \Delta \phi_i} \tag{3.4-3}$$

在同一地段测量出一系列频率对应的 v_R 值,就可以得到一条 v_R-f 曲线,即所谓的频散曲线,频散曲线的变化规律与地下地质条件存在着内在联系,通过对频散曲线进行反演解释,可得到地下某一深度范围内的面波传播速度 v_R 值,v_R 值的大小与介质的物理特性有关,据此可对岩土的物理性质作出评价。

2. 解释方法

瞬态瑞雷面波法是通过人工震源激发,产生一定频率范围的瑞雷面波(图 3.4-2),再通过振幅谱分析和相位谱分析,把记录中不同频率的频散曲线面波分离出来,然后分别对各频率谐波进行互相关运算,计算出各频率谐波的传播速度,从而得到一条称为"频散曲线"的 v_R-f 曲线,然后根据 v_R-f 曲线的结果进行反演计算,求取各岩土层的厚度及瑞雷面波速度,整个处理流程如下。

(1)对原始资料进行整理,检查核对,编录。
(2)计算各频率条件下瑞雷面波的传播速度。
(3)确定瑞雷面波时间-空间窗口。
(4)在频率-波数域内提取瑞雷面波。
(5)进行频散分析并形成频散曲线图(图 3.4-3)。

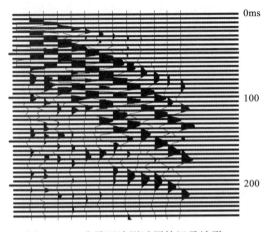

图 3.4-2 瑞雷面波测试原始记录波形

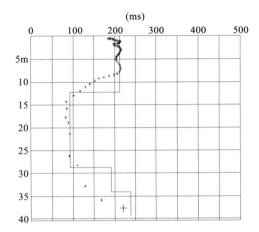

图 3.4-3 瑞雷面波测试频散曲线图

(6) 根据频散曲线的变化，对层数和各层速度的变化范围作出定性解释。

(7) 进行定量解释，确定各层的厚度，计算各层的瑞雷面波层速。

3．应用实例

1) 工程概况

拟建场地位于深圳市福永镇，原始地貌为海陆交互冲积平原。本次采用瑞雷面波物探勘察手段，通过物探的方法测定反压护道及施工围堤人工填土层厚度，计算人工填土土石方量。

2) 野外地球物理条件

为做好物探工作，应对施测对象的性质、特征了解清楚，以采取合适的方法、参数。同时在解释时采取合适的方法，以提高解释精度。

经了解场区从上至下可分为人工填土层、淤泥（包括淤泥质土、砂）、残积黏土层，其岩土特性和地球物理特性简单分析如下。

人工填土层：为人工抛填土、石，主要由块石、黏土、砂组成，块石成分占大部分，级配差，孔隙大，大部分地段未进行碾压震动，只有部分地段经车辆走动而有一定压实，因此分析认为视电阻率根据其含水量不同在 $50 \sim 500\Omega \cdot m$，填土层块石成分多，孔隙度小的地段相对较高，以土、砂为主，孔隙度大的地段相对较低。其面波波速约为 150～400m/s，和其成分、压实度关系大，据了解本层填土层厚度在 3～7m 之间。

淤泥层：为水塘或海底淤泥，含大量腐殖质，呈软塑至流塑状，饱和，孔隙大，视电阻率一般小于 $50\Omega \cdot m$，瑞雷面波速度低，约为 80～130m/s。

黏土层：位于淤泥层下部，黏土呈可塑—硬塑状，湿，视电阻率一般 $50 \sim 300\Omega \cdot m$，瑞雷面波速度约为 150～300m/s。残积黏土层一般埋深为 10m 以上，下部为基岩岩层，由于土层厚度大，基岩埋深较深，本次勘测未涉及基岩层。

以上几层由于成因不同，在层序上有明显分层，对瑞雷面波而言有明显波速（波阻抗）差异，在波形上有一定的拐点出现，因此适用瑞雷面波法进行勘察。

3) 测点布设

本次勘察沿路基中线，纵向上每 20m 布置一个面波测点，两端用仪器测设控制桩，控制桩之间用皮尺量测定测试点。面波主要的野外采集参数如下：12 道检波器，偏移距 5m，道间距 1m，采样间隔 0.5m，采样长度 256ms，每 20m 采集一个点。

4) 数据分析结果

经面波物探勘察，根据野外地球物理条件中的岩土划分原则，对各物探勘察断面进行了岩土划分。图 3.4-3 中路面高程、路面宽度均为实地量测。

5）填土方量计算原则

根据本次勘探及现场已开挖部分的资料,本项目土石方计算遵循以下原则：

$$v_R = \sum H \times (S_i + S_{i+1} + \sqrt{S_i \times S_{i+1}}) \div 3 \tag{3.4-4}$$

式中：H 为勘测断面间距(m)；S_i 为前一断面填土层断面积(m^2)；S_{i+1} 为后一断面填土层断面积(m^2)。

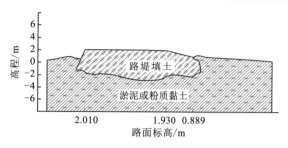

图 3.4-4 物探解释断面图

本工程实例采用瑞雷面波法的物探勘察手段来进行道路及施工围堤人工填土方量调查,根据物探解释结果经过计算得出土石方量,结果准确。

从上述工程实例中可以看出,瑞雷面波不光具有经济、高效、无损的勘察特点,而且对浅部地层具有很高的分辨率,解释结果直观、准确,具有较高的工程实用性。

二、回填土地基利用的施工处理

(一) 强夯法加固大面积人工高杂填土地基的技术

1. 工程概况

抚顺市新建某体育场是一座符合国际标准并能满足国际比赛的田径和足球大型综合体育场,总建筑面积 36 000m^2,能容纳观众 35 000 人。工程位于浑河北岸边。场区内地形凹凸不平,起伏较大,高差 10.33m。地貌为浑河一级冲积阶地,后经人工回填(回填期 1a 左右,平均填深 6.0m)整平。

工程地质水文地质情况：表层杂填土,成分复杂,主要由砖块、混凝土块、炉灰渣、砂土、碎石及黏性土组成,局部含有生活垃圾。此层厚度变化大、密实度和均匀性差、天然地基承载力低。下层为淤泥质粉质黏土,中粗砂和强风化混合花岗岩层。场地地下水赋存于粗、砾砂层中,埋深 5～6m。

根据建筑物特点,对重要结构(如看台框架和承重墙基)采用预制钢筋混凝土桩基础。对看台下周围附属用房的地面(以下简称看台)和比赛场地,必须进行人工加固处理。依据处理范围、现场环境、地质条件和水位情况,经比较决定采用强夯法进行地基处理。强夯加固总面积约为 39 000m^2,处理后杂填土应达到如下设计要求：

(1) 保证各部分场地在正常使用情况下不能产生沉降,特别是有害的不均匀沉降。

(2) 跑道部分地基承载力达到 250kPa。

(3) 看台及足球部分地基承载力达到 150kPa。

2. 强夯试验

为了给确定施工参数提供充分的依据,对跑道和看台部分各选择一处具有代表性的试夯区进行试验性施工,每个试夯区分布 9 个或 12 个夯点,面积为 100～150m^2。

1) 试验设备

吊车为 W-1001 型 15t 履带式起重机一台,臂杆长 16m,最小升角 75°,最大回转半径 6m。由于吊钩在夯锤落下时易碰臂杆,在臂杆上加废轮胎作保护用。

推土机 1 台。用作回填,平整夯坑和碾压场地用。

夯锤为六柱台状和圆形铸钢锤。重 10t,锤底面积 3.78m^2,锤底静压力 26.5kPa,夯锤对称设置 4 个直径 0.35m 上下贯通的排气孔。

自动脱钩装置 1 套。

2) 试验方法

采用单点夯与群夯相结合的方法,根据设计要求和建筑地基处理技术规范。以最后两击的平均夯沉量小于 50~100mm 为控制指标。

3）检验效果

(1)单点夯沉量。跑道及看台的单点夯沉量分别见表 3.4-1、表 3.4-2。

表 3.4-1　跑道夯击次数和夯沉量关系

夯点编号	单击夯实量/mm										累计
	1	2	3	4	5	6	7	8	9	10	
1	180	80	70	50	60	70	55	50	40	30	685
3	150	120	80	60	70	65	53	45	40	35	718
5	150	80	50	60	60	50	30	30	20	10	540
7	160	100	60	70	50	55	50	45	30	20	640
9	180	110	50	70	20	50	40	30	25	20	595

表 3.4-2　看台夯击次数和夯沉量关系

夯点编号	单击夯实量/mm						累计
	1	2	3	4	5	6	
1	120	110	100	90	90	90	600
4	160	90	90	80	80	90	590
7	130	130	130	110	110	100	710
8	200	110	120	110	80	70	690
9	50	110	110	80	90	90	530
12	270	90	70	60	70		560

(2)夯点周围地面变形及破裂形迹。根据夯点周围四个方向的地面变形观测。距夯坑边缘 1.5m 范围内不仅未发生隆起,而且沉降幅度较大,可达 70~150mm,随距离增加沉降渐小。说明在大能量夯击下,夯坑周围土体也得到振实加固。在夯击过程中,夯坑周围出现一些不规则环状裂隙,裂隙宽度 3~10mm 不等,大于 5m 出现较少。可以说明,侧向应力对夯心 6.0m 半径之内的土体影响较大。

(3)动力触探(Z)测试。夯前夯后各打 2 个测试孔。从测试结果看出 2.5~3.0m 水平上动(Z) $N_{63.5}$ 击数较高,随深度增加逐渐降低,6.0m 以下已不明显。测试结果表明:跑道部分夯前动(Z)平均值 $N_{63.5}=2.5$ 击,夯后动(Z)平均值 $N_{63.5}=9$ 击,增长 6.5 击,增长率 260%;看台夯前动(Z)平均值 $N_{63.5}=2.5$ 击,夯后动(Z)平均值 $N_{63.5}=5$ 击,增长 2.5 击,增长率 100%,加固深度可达 5.5~6.0m。

(4)波速测试。夯前、夯后的波速均是在井中测试。放大器和记录仪用浅层地震仪代替,井中检波器为三分量(X,Y,Z)检波器。根据夯前、夯后波速在土体中的不同传播速度,确定强夯加固效果和加固深度。波速测试只在看台试验区进行,夯前波速在 80~240m/s 之间变化,平均波速为 170m/s;夯后波速在 80~700m/s 之间变化,平均波速值为 427m/s,是夯前平均波速的 2.5 倍。从夯前、夯后波速 v_S-H 曲线形态分析,4.5~5.0m 水平土体密度增加较大,以下增加相对减少,完全符合强夯规律,加固深度可达到 6.0m,与动力触探测试结果基本吻合。

3. 强夯参数的确定

根据试夯所取得的测试结果.施工时采取下列强夯参数。

(1)锤重 10t,落距:点夯 10m,满夯 6m。

(2)单点夯击能:1000kN·m。
(3)最大夯击能:跑道10 000kN·m,看台、足球场6000kN·m。
(4)每大夯点的击数:点夯跑道10击,看台、足球场6击,满夯单击2击。
(5)夯点布置:夯点采用3.5m×3.5m正方形网格法排列。
(6)夯击遍数:点夯、满夯各1遍,先点夯后满夯。
(7)间隙时间:由于地下水位距地表面5.0m以下,且表层为非饱和粗颗粒土,夯时不存在孔隙水压力消散问题,可以连续夯击。
(8)控制标准:以最后2击的平均夯沉量小于50～100mm,当未达到夯沉量时,击数可以增加。
(9)修正系数取0.55。
(10)加固范围:在设计范围边缘线外增加1个夯点(即3.5m)。

4. 强夯施工

(1)用推土机平整施工场地,按规定要求设置水准基准点,用水准仪测量场地高程,用经纬仪及皮尺确定夯点及间距,并用白灰按锤底形状尺寸,画出其轮廓线,要求清晰、准确。

(2)进行第一遍点夯,在夯击中,夯点与夯锤中心对准,偏差不大于100mm,夯锤起落要平稳。现场由技术人员统一指挥,并做好现场施工记录,观测夯坑沉降量。发现夯坑倾斜或周围隆起过大,应及时处理。

(3)在点夯结束后,用推土机将夯坑填平,测出本遍场地的高程,求得夯沉量。然后进行低能量"满夯拍平",锤印互相搭接约为锤径的1/4。将场地表层松土夯实,并测量夯后场地高程。

(4)强夯施工过程中,设有专职技术或质量检查人员,负责监测工作,并对各项参数及施工情况进行详细记录。

(5)现场工作人员应戴安全帽,以防飞石伤人。夯击时,机下所有人员,均应退到安全线以外,对场地附近的管线应采取有效的防护措施。

5. 强夯测试

强夯测试是在夯后2天进行的。由于强夯作业不连续,所以测试也是间断进行的。测试采用手段为动力触探(Z)和波速测试。根据现场的不同条件,共布28个测试孔。

(1)动力触探(Z)测试。跑道范围布设11个测试孔,看台与球场部分布设17个测试孔,其测试结果见表3.4-3。

表3.4-3 跑道、看台与球场夯前后动(Z)测试成果

分区	跑道			看台与球场		
项目	取值范围	统计测数	动(Z)平均值$N_{63.5}$	取值范围	统计测数	动(Z)平均值$N_{63.5}$
夯前/击			2.5		275	2.5
夯后/击	7～20	482	13.8	4～15	667	11.0
增长值/击			11.3			8.5
增长率/%			452			340

(2)波速测试。由于跑道部分地基承载力要求高,故波速测试孔全布置在跑道。波速测试结果见表3.4-4。

(3)测试评价。从$N_{63.5}-H$关系曲线关系可以看出2.5～3.0m以上,$N_{63.5}$击数较高,大于13击,随深度增加击数逐渐减少,6.0m以下不明显。从v_s-H曲线形态分析,5.0m以上土体密度增加较大,以下增加相对减少,加固深度可达6.0m。

表 3.4-4　跑道波速测试成果

分区	跑道		跑道	
项目	范围值 $v_S/(m·s^{-1})$	平均值 $v_S/(m·s^{-1})$	项目	范围值 $v_S/(m·s^{-1})$	平均值 $v_S/(m·s^{-1})$
夯前(击)	80~240	170	夯后(击)	200~650	520.7
增长值(击)	—	350.7	增长率(%)	—	211

(4)场地总夯沉量。夯坑最大夯沉量0.73m,最小为0.35m,平均夯沉量为0.45m。

6. 结论

强夯加固总面积约39 000m²,每平方米强夯费用约15元。实际工作2.5个月。与大开挖换土碾压或其他方法相比较,具有质量好、费用低、速度快、施工简便等优点。这次试验与施工实践证明:强夯法是一种经济、快速、易行而有效的加固地基方法。

(1)夯后测试结果表明,跑道和看台,球场地基承载力均满足设计要求。跑道地基承载力 $f_k>250kPa$,看台、球场地基承载力 $f>150kPa$,由此可以看出各部分选择的强夯参数是正确的、合理的。

(2)由于场地回填土成分复杂,局部 $N_{63.5}$ 击数出现偏低现象,为4~6击,其成分为粉煤灰和原沟塘的软塑粉质黏土,层位较薄且均在2.0m以下,对整个场地稳定无影响。

(3)对于人工高杂填土,在地下水位较低的情况下,强夯处理主要是冲切作用,因此夯击点周围地面的土体在强夯时不仅无隆起而且有所振实,随距坑边的距离增加而沉降渐小。

(4)强夯振动破坏区范围:自夯心向外6.0m之内破坏最大,距夯点10.0m处实测振动加速度274cm/s²,振动速度2.4cm/s。根据国内外有关资料:对既有建筑物或设备的有害影响,通常以5cm/s左右为峰值速度限值。我国学者顾成提出振动速度小于2.5cm/s属微振,对建筑物无损坏。所以距夯心10.0m外都属安全范围。

(二)人工填土地基处理在重庆机场的应用

重庆江北国际机场位于重庆市郊东北方向21km,一期工程按飞国内航线和B747专包机飞行要求设计,于1990年1月正式建成并投入使用。随着年旅客吞吐量的不断增加,原机场规模已远远满足不了要求,于1999年开始对飞行区进行扩建。

1. 工程地质条件

重庆江北机场位于剥蚀浅丘地貌区,原始地貌发育有多条冲沟横贯场区。飞行区扩建工程范围内的平行滑行道、快滑道及端联络道已在一期工程中予以填平,填方厚度变化大,无明显规律,最大填方厚度达28.2m,当时设计要求的填土压实度为0.90%,但经勘察,北端的压实度为0.83%~0.91%,平均为0.87%,南端的压实度为0.81%~0.96%,平均为0.88%,且填土的结构不均一,呈松散—稍密状,均匀性比较差,岩性为黏土、粉质黏土、粉土夹块碎石。块碎石成分为泥岩及砂岩,呈次棱角状—棱角状,粒径一般为5~30cm,大者可达50cm。土石比8:2~7:3,个别地段5:5,甚至2:8。虽经10a,其压缩性仍比较高,加上其厚度突变性大,造成地面下地基土不均匀。填土的地基反应模量也比较低,与机场场道对地基的要求尚有差距,因而需对其进行地基处理。为此就人造填土地基的处理设计、施工方法及地基检测等问题,在现场开展了系统的试验,人工填土的物理力学性质指标见表3.4-5、表3.4-6。土层的重型击实试验和现场地基反应模量试验结果见表3.4-7、表3.4-8。

2. 试验方案及试验概况

根据场区的地质条件,考虑到试验区位于滑行道,故在选择地基处理方法上最根本的一条原则就是试验项目及指标必须满足场道工程设计要求,施工质量必须达到要求的工程质量标准,为此,对地基处理试验方案进行了多种方案比较和技术论证,最后确定选用具有加固效果显著、设备简单、施工方便、经济易行等特点的以强夯法为主的地基处理方法。

表 3.4-5 人工填土物理性质指标统计表

位置	无量纲	天然孔隙比 e_0	天然含水量 $w/\%$	天然密度 $\rho_0/(g \cdot cm^{-3})$	干密度 $\rho_d/(g \cdot cm^{-3})$	液限 $w_L/\%$	塑限 $w_P/\%$	液性指数 I_L
北端	最小值	0.470	6.80	1.91	1.71	26.5	18.5	−0.81
北端	最大值	0.586	15.80	2.03	1.86	42.2	24.7	0.33
北端	平均值	0.528	9.91	1.97	1.79	32.58	18.42	−0.13
北端	建议值	0.565	12.49	1.95	1.75			
南端	最小值	0.439	7.90	1.91	1.68	24.3	14.0	−0.39
南端	最大值	0.671	17.60	2.12	1.90	40.8	19.7	0.73
南端	平均值	0.520	11.98	2.01	1.79	30.83	17.47	0.12
南端	建议值	0.520	11.98	2.01	1.79			

表 3.4-6 人工填土力学性质统计表

位置	无纲量	黏聚力 c/kPa	内摩擦角/(°)	压缩系数 $a_{1\sim2}/MPa$	压缩模量 E_P/MPa	渗透系数 $k/(cm \cdot s^{-1})$	无侧限抗压强度 q_u/kPa	承载力标准值 f_k/kPa	变形模量 E_P/MPa	动力触探 $N_{63.5}$
北端	最小值	31.0	16.4	0.16	4.14	5.1				
北端	最大值	85.0	20.5	0.40	9.39	37.6				
北端	平均值	54.6	18.7	0.27	6.49	22.6				
北端	建议值							164	34.9	4.6
南端	最小值	34.0	15.6	0.24	2.52	5.1	36.5			
南端	最大值	38.0	16.4	0.57	6.35	5.5	119.2			
南端	平均值	36.0	16.4	0.45	3.78	5.1	155.7			
南端	建议值							128.5	21.8	4.0

表 3.4-7 人工素填土重型击实验成果表

位置	无量纲	最大干密度 $\rho_{dmax}/(g \cdot cm^{-3})$	最优含水量 $w/\%$	压实度 $k/\%$
北端	最小值	2.03	8.7	83.3
北端	最大值	2.11	12.1	91.2
北端	平均值	2.06	10.5	87.1
北端	建议值	2.06	10.5	87.1
南端	最小值	1.96	9.2	80.4
南端	最大值	2.08	13.0	96.4
南端	平均值	2.04	10.7	88.1
南端	建议值	2.04	10.7	88.1

表 3.4-8 地基反应模量试验成果表

位置	无纲量	现场土基反应模量 $K_u/(MN \cdot m^{-3})$	不利季节土基反应模量 $K_o/(MN \cdot m^{-3})$
北端	最小值	51.2	37.5
北端	最大值	107.1	77.4
北端	平均值	79.4	56.8
北端	建议值		44.3
南端	最小值	40.9	30.4
南端	最大值	70.1	56.6
南端	平均值	52.9	42.2
南端	建议值		35.0

试验段位于平行滑行道北端,共分 3 个区进行。A 区为 2000kN·m 级的强夯试验区(原填方厚度小于 5.0m),位于 P203+15~PZ05+5;B 区为 3000kN·m 级的强夯试验区(原填方厚度大于 5.0m 且小于 10.0m),位于 P211~P213+10;C 区为 6000kN·m 级的强夯试验区(原填方厚度大于 10.0m),位于 P213+10~P215。

1) 单点夯击试验

为确定各试验区小面积施工的强夯设计参数,分别在 A 区、B 区和 C 区进行了单点强夯试验,对强夯时的夯坑夯沉量及夯坑周围的地面变形进行了观测。

夯坑沉降量的观测,采用水准仪观测夯锤上多点每夯一击的平均夯沉量。强夯过程中的地面变形观测,是通过夯锤中心呈 90°夹角布置 2 条测线,测线上每一变形测量标点(小木桩)距夯点中心的距离分别为 2.5m、3.5m、4.5m、5.5m、6.5m、7.5m 和 8.5m,每夯一击用水准仪观测各标点的沉降或隆起。

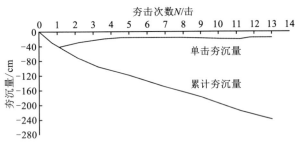

图 3.4-5 A 区(2000kN·m 点夯)单点夯击次数与夯沉量关系曲线

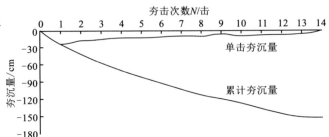

图 3.4-6 B 区(3000kN·m 点夯)单点夯击次数与夯沉量关系曲线

图 3.4-5~图 3.4-7 分别为 A 区、B 区和 C 区单点夯打次数与夯沉量的关系曲线。从图中可以看出 3 个试验区单点夯在各自设计夯击能、夯击次数作用下均有较大的夯坑下沉量。随着夯击次数的增加,夯坑累计夯沉量逐渐增加,单击夯沉量逐渐减小,说明地基土体逐渐得到夯实。

图 3.4-8~图 3.4-10 分别为 A 区、B 区和 C 区单点夯坑周围与夯点不同距离的地面变形与夯击次数的曲线,可以看出 3 个试验区在夯击过程中强夯引起的地面变形均不明显。

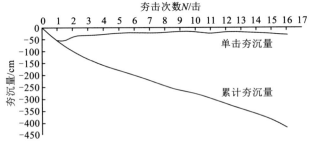

图 3.4-7 C 区(6000kN·m 点夯)单点夯击次数与夯沉量关系曲线

夯击过程中,A 区、B 区和 C 区最大地面隆起变形依次分别为 144mm、52mm、87mm,地面隆起主要发生在距夯锤边 1~2m 范围内,6m 外几乎无隆起发生。在这三组单点夯试验中,夯沉量与隆起量相比,A 区、B 区和 C 区累计隆起量占累计夯沉量的百分数依次分则为 6.0%、3.4% 和 2.1%。这说明,夯坑下土层有效压缩体积比较接近于夯坑土压缩体积,地基土夯实效果良好。

2) 强夯施工参数

根据单点夯击试验结果,各试验区选取的强夯施工参数见表 3.4-9。

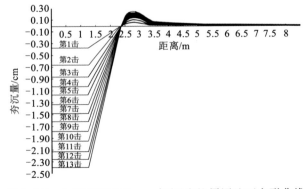

图 3.4-8 A 区(2000kN·m 点夯)夯坑周围地面变形曲线

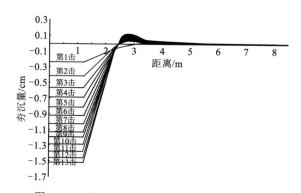

图 3.4-9　B区(3000kN·m点夯)夯坑周围地面变形曲线

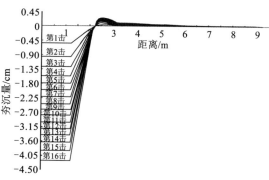

图 3.4-10　C区(6000kN·m点夯)夯坑周围地面变形曲线

表 3.4-9　试验区强夯施工参数

试验区	夯型	单击夯击能/(kN·m⁻¹)	每遍夯间距/m	夯点布置	夯击遍数	单点击数	点夯停夯标准
点夯A	第一遍	2000	5	正方形	2	10~12	最后2击平均夯沉量≤8cm或坑深≥2m
	第二遍	1500	5	正方形	2	10~12	
	满夯	600	$d/4$搭接	搭接形	1	3~5	
点夯B	第一遍	3000	5.5	正方形	2	12~14	最后2击平均夯沉量≤8cm
	第二遍	3000	5.5	正方形	2	12~14	
	满夯	800	$d/4$搭接	搭接形	1	3~5	
点夯C	第一遍	6000	7.0	正方形	2	12~14	以夯击次数控制
	第二遍	6000	7.0	正方形	2	12~14	
	满夯	1000	$d/4$搭接	搭接形	1	3~5	

3. 强夯加固效果检测

为检测强夯法处理填土地基加固效果，强夯后在各试验区分别进行干密度、重型动力触探、地基反应模量等项目的测试，并对检测结果进行对比分析。

1) 大体积密度试验

为取得强夯地基处理前后地基土的物理力学性质对比资料，强夯后在各试验区采用灌砂法进行大体积密度试验。强夯前后物理力学指标按深度平均的统计结果如表 3.4-10 所示，强夯后物理力学性质与强夯前各区的平均值相比的变化率如表 3.4-11 所示。从表中可以看出在探井开挖深度范围内，各试验区的干密度和密实度都有很大的提高。从整体上看，A 区的加固深度为 5.0m，B 区的为 7.0m，C 区的为 9.5m。

2) 重型动力触探试验

在开挖探井进行大体积密度试验的同时，在各试验区进行了重型动力触探试验。

各个试验区强夯后的重型动力触探试验击数当量值，如表 3.4-12 所示。由此表可以看出强夯处理后 A 区、B 区和 C 区地基上的重型动力触探试验锤击数，比处理前有较大幅度提高。

3) 地基反应模量试验

为检验强夯后填土的地基的反应模量，分别在各试验区土基顶面进行地基反应模量试验。各试验区地基反应模量测试结果如表 3.4-13 所示。

表 3.4-10　各试验区强夯前后人工填土主要物理力学指标统计表

夯后深度/m	指标	夯前各区	夯后试验区		
			A	B	C
0~3.0	干密度/(g·cm^{-3})	1.86	2.05	2.04	2.06
	压实度/%	90.5	99.5	99.0	100
3.0~5.0	干密度/(g·cm^{-3})	1.77	1.85	2.05	2.01
	压实度/%	85.4	90.0	99.5	97.6
5.0~8.0	干密度/(g·cm^{-3})	1.79		2.03	1.89
	压实度/%	86.9		98.5	91.7
8.0~11.0	干密度/(g·cm^{-3})				1.86
	压实度/%				90.3

表 3.4.-11　各试验区强夯后人工填土主要物理力学指标变化率

夯后深度/m	指标	A	B	C
0~3.0	干密度/(g·cm^{-3})	10.2	9.7	10.8
	压实度/%	9.9	9.4	10.5
3.0~5.0	干密度/(g·cm^{-3})	4.5	15.8	13.6
	压实度/%	5.2	16.5	14.3
5.0~8.0	干密度/(g·cm^{-3})		13.4	5.6
	压实度/%		13.3	5.5

表 3.4-12　强夯后试验区动探击数当量值

深度/m		A		B		C	
		夯前	夯后	夯前	夯后	夯前	夯后
5.0m 内	当量值	5.3	16.0	3.4	8.0	3.4	12.0
	提高倍数		2.02		1.35		2.53
8.0m 内	当量值			3.6	21.3	4.8	14.1
	提高倍数				4.92		1.94
11.0m 内	当量值					5.4	14.4
	提高倍数						1.67
15.0m 内	当量值					6.1	18.2
	提高倍数						1.98

表 3.4-13　强夯前后地基顶面反应模量　　　　　　　　　单位:kN·m^{-1}

试验区	夯前	A	B	C
夯心		84.3	47.9	64.7
夯间		34.3	58.8	68.5
平均值	44.3	59.4	53.4	66.6

从此表可知强夯后地基顶面反应模量各试验区普遍有明显提高，提高幅度在 20.5%～50.3% 之间。

4. 结论

(1) 试验结果表明，在本场区工程地质条件下，采用了强夯方法进行地基处理是可行的，有明显的加固效果，达到了试验设计预期的提高地基土的密实性、减少地基的不均匀性的目的。

(2) 从强夯的加固影响深度看，本次地基试验不同的人工填土厚度所提出的各项强夯设计和施工参数是适宜的。

(3) 对人工素填土地基处理效果的检测，可采用现场密度试验、重型动力触探试验和地基反应模量。

(4) 飞行区扩建工程地基处理以后，经过数年的机场运行，地基稳定。

三、巫山县污水处理厂高填方地基湿化变形试验研究

土石料填筑体浸水后会产生附加沉陷，这种现象称为湿陷；而在复杂边界条件下，填筑体除湿陷外还会产生侧向变形，统称为湿化变形。水库的初次蓄水、库水位的反复升降、地下水位的上升和地表水的入渗等，都会引起填筑体的湿化变形。已有的研究成果表明，在土石坝等填土工程中，无论是碎石土、砂砾土或黏性土，即使是压实系数达到 90% 以上，也存在较明显的湿化变形问题，较大的湿化变形对填筑体的变形、稳定、开裂和渗透稳定都有较大的影响，而且对于土坡和建筑物地基的性状也有较大的影响。湿化变形不仅包括湿化体应变，而且包括湿化偏应变。湿化后，土体的强度明显降低，湿化既是引起土石料填筑体产生不均匀沉降和裂缝的关键因素，又是造成边坡塌滑的重要因素。

巫山县污水处理厂位于巫山县二道沟冲沟部位，场区地坪规划设计高程为 179m，规划用地面积 0.017km^2，其中污水处理厂规模为 $2 \times 10^4 m^3/d$，总投资近 1 亿元。污水处理厂高填方地基的最大填方高度为 75m，方量约 $5.67 \times 10^5 m^3$，当三峡库水蓄水至 175m 时，填筑体绝大部分处于库水位以下，必须考虑湿化引起高填方不均匀沉降对直径为 69m 的水池的不利影响。通过对填土在复杂应力状态下的强度和湿化变形进行试验，为高填方地基填筑设计、控制湿化变形措施和附加压密措施提供了数据。

1. 试样制备和湿化变形实验方法

1) 高填方填筑土料的物理性质指标

施工场地的二道沟附近主要分布有 4 种土，它们分别是巫山黄土、巴东组一段、巴东组二段和巴东组三段强风化土料，为了评价填筑土料的合理性，以及对土料进行填筑设计，对拟选作填料的以上 4 种土料进行了稠度试验，试验结果见表 3.4-14。

表 3.4-14 各种土料的稠度试验成果

土料名称	塑限 w_P/%	液限 w_L/%	塑性指数 I_P
巫山黄土	17.7	33.8	16.1
巴东组一段	17.8	30.0	12.2
巴东组二段	14.3	26.5	12.2
巴东组三段	16.5	37.5	21.0

试验结果表明：巴东组三段的黏粒含量较多，而二段及一段的黏粒含量较低。由于巫山黄土的储量最少，巴东组二段及三段的储量较多，因而拟选定二段、三段作为主要填筑土料。

2) 填筑土料击实前后的颗粒分析

对巴东组一、二、三段分别进行了重型击实前后的颗粒分析，颗粒大小分布曲线见图 3.4-11～图 3.4-13。

3）重型击实试验成果与试样的制备

取巴东组一、二、三段土料，将土料中大于 40mm 的颗粒筛去，进行重型击实试验（三层，每层击数为 $N=94$，击实筒容积为 $2\,103.9\,\text{cm}^3$），重型击实试验成果见图 3.4-14。

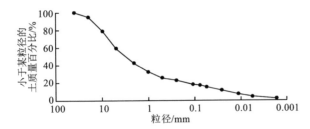

图 3.4-11 巴东一段土料击实前的颗粒大小分布曲线

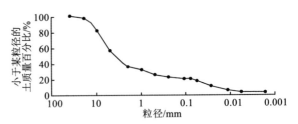

图 3.4-12 巴东二段土料击实前的颗粒大小分布曲线

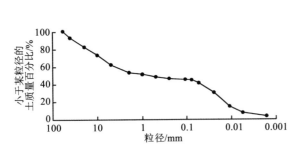

图 3.4-13 巴东三段土料击实前的颗粒大小分布曲线

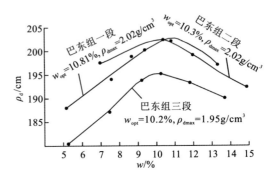

图 3.4-14 巴东一、二段及三段土料的重型击实曲线

以上结果表明：3 种土料的最优含水量十分接近，最大干密度也相差不大。因此，在进行湿化变形试验时，取巴东组二段黏土作为试验用料，制成含水量 $w=13.6\%$，干密度 ρ_d 分别为 $1.80\,\text{g/cm}^3$、$1.85\,\text{g/cm}^3$、$1.90\,\text{g/cm}^3$ 的土样，其直径为 3.9cm，高为 8.0cm。制备的土样含水量（$w=13.6\%$）大于最优含水量（$w_{opt}=10.81\%$），原因是高填方设计中采用"湿法填筑"，工后不会产生较大的湿化变形，其抗剪强度不致因浸水后含水量增加而显著降低。制备土样的压实度 λ 分别为 0.92，0.95，0.98，目的是根据其湿化变形成果来选择分层碾压及强夯后填土压实系数的设计值。

试验中采用应力控制式三轴剪切仪，本书采用的试样饱和方法与常用的真空饱和法不同。首先，使试样固结后施加反压饱和；然后，继续固结到稳定为止，反压力达 200kPa。一共进行 9 组试验，即在每一干重度下，按 σ_3 为 100kPa、200kPa、300kPa 分 3 组进行，每一组试验包括 5 个试样：1 个为"干样"，即非饱和试样的常规固结排水试验，其余 4 个为"湿样"，即分别在偏应力（$\sigma_1-\sigma_3$）为 10kPa、$0.25(\sigma_1-\sigma_3)_f$、$0.5(\sigma_1-\sigma_3)_f$、$0.75(\sigma_1-\sigma_3)_f$ 的浸水压力下，饱和后进行固结排水试验，湿化点偏应力取 10kPa，目的是使活塞先与土样接触。试验中测定"干样"和"湿样"的轴向变形和体积变化，湿化前（包括干样）的分级加载标准为：破坏前荷载增量为 $1/10(\sigma_1-\sigma_3)_f$，接近破坏时为 $1/20(\sigma_1-\sigma_3)_f$；湿化后分级加载标准为 $(1/10\sim1/7)(\sigma_1-\sigma_3)_f$。湿化稳定标准为：每级加荷历时 3～4h，且轴向变形读数增值每分钟不超过 0.01mm。

2. 湿化变形试验成果

在 20 世纪 70 年代之前，各国学者普遍采用单向固结仪进行湿化变形研究，一维固结仪虽然简单易行，但其应力状态和变形条件均不符合实际情况，只能测得垂直压力和垂直湿化应变的关系，局限性大。随后，国外学者采用三轴仪与"双线法"来研究湿化问题，即分别采用风干土样和饱和土样进行应力-应变关系三轴试验，某应力状态下的湿化变形为干、湿两条应力-应变曲线上所对应的应变之差。三轴"双线法"改变了水与荷载对土体的作用次序，这样的应力状态与实际不符。我国学者提出了模拟实际浸水湿化的三轴"单线法",即将风干土样加载至某应力状态,并维持不变,浸水饱和并测定其湿化变形后,施加偏应力至剪切破坏。刘祖德教授于 1977 年利用三轴仪与"单线法"进行了张家嘴水库土坝风化砂的湿化变形试验,研究了土在复杂应力条件下湿化过程中的应力-应变关系和附加湿化变形量,随后,该方法在国内外被普遍采用于砂砾料、堆石料和黏性土的湿化变形试验研究。

将每一组湿化试验的结果绘成 $(\sigma_1-\sigma_3)$ 与附加轴向应变 $\Delta\varepsilon_{as}$,附加体应变 $\Delta\varepsilon_{vs}$ 之间的关系曲线,试验成果见表 3.4-15。

表 3.4-15 不同干密度下试样湿化时的附加轴向应变 $\Delta\varepsilon_{as}$—附加体应变 $\Delta\varepsilon_{vs}$

围压/kPa	湿化应力水平 $s=\dfrac{\sigma_2-\sigma_1}{(\sigma_2-\sigma_1)_f}$	干密度/(g·cm^{-3})								
		1.80			1.85			1.90		
		$\Delta\varepsilon_{as}$/%	$\Delta\varepsilon_{vs}$/%	$\Delta\varepsilon_{as}/\Delta\varepsilon_{vs}$	$\Delta\varepsilon_{as}$/%	$\Delta\varepsilon_{vs}$/%	$\Delta\varepsilon_{as}/\Delta\varepsilon_{vs}$	$\Delta\varepsilon_{as}$/%	$\Delta\varepsilon_{vs}$/%	$\Delta\varepsilon_{as}/\Delta\varepsilon_{vs}$
100	0.10	0.1165	1.4738	0.079	0.2243	0.2575	0.871	0.1423	0.2129	0.668
	0.25	0.4362	0.7535	0.579	0.5025	0.6441	0.780	0.1476	0.5359	0.275
	0.50	4.0913	0.8211	4.983	3.0938	0.7555	4.095	0.1517	0.7241	0.210
	0.75	8.3044	0.9510	8.732	7.7461	0.5860	13.219	0.2291	0.5235	0.438
200	0.05	0.1925	0.5196	0.370	0.1274	0.3826	0.334	0.2530	0.1174	2.155
	0.25	1.2538	0.9587	1.308	0.7269	0.8720	0.834	1.8375	0.7921	2.320
	0.50	4.9013	1.0571	4.637	4.0177	0.9761	4.116	3.0080	0.5963	5.200
	0.75	8.4157	1.5511	5.427	6.3243	1.1934	5.299	5.5610	0.5115	10.872
300	0.03	0.1207	0.5931	0.204	0.1500	0.4171	0.360	0.1570	0.1300	1.208
	0.25	0.9251	0.4291	2.157	0.4526	0.2364	1.915	0.5447	0.2293	2.385
	0.50	3.3509	0.4906	6.847	2.8911	0.2935	9.850	3.2853	0.3015	10.898
	0.75	5.6621	0.5025	11.268	4.3526	0.2095	20.776	4.2002	0.2958	14.1999

限于篇幅,本书仅给出干密度 $\rho_d=1.80\text{g/cm}^3$,$\rho_d=1.90\text{g/cm}^3$,周围压力 $\sigma_3=100\text{kPa}$ 时的试验成果曲线,见图 3.4-15~图 3.4-18。

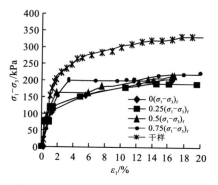

图 3.4-15 $\rho_d=1.80\text{g/cm}^3$,$\sigma_3=100\text{kPa}$ 的主应力差-轴向应变关系曲线

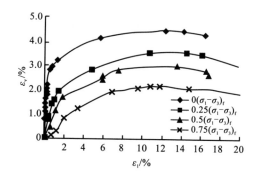

图 3.4-16 $\rho_d=1.80\text{g/cm}^3$,$\sigma_3=100\text{kPa}$ 的体变-轴向应变关系曲线

从图 3.4-15~图 3.4-18 及表 3.4-15 中可以看出:

(1)非饱和试样及湿化试样湿化前后的 $(\sigma_1-\sigma_3)-\varepsilon_1$ 关系都近似符合于双曲线关系。

(2)在 σ_3 为常数条件下,湿化前各土样的应力-应变曲线基本重合,且与"干样"的应力-应变曲线前段基本重合,这表明各个试样有着相似的初始条件。

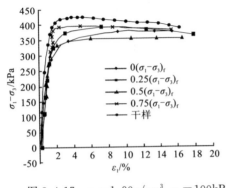

图 3.4-17 $\rho_d=1.90\text{g/cm}^3$, $\sigma_3=100\text{kPa}$
的主应力差-轴向应变关系曲线

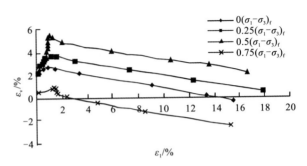

图 3.4-18 $\rho_d=1.90\text{g/cm}^3$, $\sigma_3=100\text{kPa}$
的体变-轴向应变关系曲线

(3) 在不同应力水平下,所有试样都产生了附加的轴向应变 $\Delta\varepsilon_{as}$,湿化阶段的应力-应变曲线表现为近似平行的水平线。湿化后,继续增加 $\sigma_1-\sigma_3$,直至破坏,该段应力-应变曲线近似平行,湿化后的极限强度 $(\sigma_1-\sigma_3)_{max}$ 比非饱和试验低,相同的 $\sigma_1-\sigma_3$ 值曲线的坡度也稍小,这表明湿化降低了土的变形模量和强度。

(4) 在三向应力状态下,湿化变形中不仅包括土的体变 $\Delta\varepsilon_{vs}$,而且包括土的偏应变 $\Delta\upsilon_{oct}$;在较大的应力水平 $(\sigma_1-\sigma_3)/(\sigma_1-\sigma_3)_f$ 下,湿化变形绝对值与相对值 $\Delta\upsilon_{oct}/\Delta\varepsilon_{vs}$ 都很大;$\Delta\varepsilon_{as}$ 随着应力水平 $(\sigma_1-\sigma_3)/(\sigma_1-\sigma_3)_f$ 的增大而增大。

(5) $\Delta\varepsilon_{as}$ 和 $\Delta\varepsilon_{vs}$ 随着干密度 ρ_d 的增大而减小,这反映出干密度对湿化变形量影响较为显著。

(6) $\Delta\varepsilon_{vs}$ 与 $(\sigma_1-\sigma_3)/(\sigma_1-\sigma_3)_f$ 及 σ_3 间的规律性不明显,有待于继续深入研究。

(7) 当试样的干密度为 $\rho_d=1.90\text{g/cm}^3$,湿化点应力水平 $s=(\sigma_1-\sigma_3)/(\sigma_1-\sigma_3)_f$ 超过 1/4 时,土样呈剪胀特性,土样的侧胀比 $\upsilon_t=-\text{d}\varepsilon_3/\text{d}\varepsilon_1>0.5$。

3. 工程实例

从试验成果可知,随着压实度的增加,湿化变形减小,严格控制压实度将有利于减少高填方地基的湿化变形。巫山污水处理厂高填方地基,从坝趾清基面算起,其填方高度达 75m,根据《碾压式土石坝设计规范》的规定,该坝属于高坝,在如此高填方上修建污水处理厂,这在国内外尚无先例。填筑体高程范围和三峡库区库水位涨落范围一致,填筑体修建完成后,要经受库水位反复升降带来的极为不利影响的考验,必须考虑填土的湿化变形;填筑体两侧山体地形地质条件复杂,填土体轮廓特殊;填筑体顶面为污水处理厂地坪,其工后沉降要求特别严格(总沉降不得超过 10cm,不均匀沉降不得超过 2cm);填筑体后部上方环境十分严峻,要承担上方滑坡和地下地表水的威胁。本填方工程没有给定预沉期,以上罕见条件决定了本工程必须采用分层碾压加强夯的两序施工方法,且必须达到较高压实度。

提高压实度的关键在于选择质量大(如碾压机的压实能大于室内试验相应的压实功)、压实效果好(如振动碾)的碾压机和控制填筑含水量,可以较容易达到高密实度。本工程的填筑施工中采用轮重为 10t、激振力为 40t 的振动碾,碾压厚度为 33cm,要求先静压 2 遍,随后振动碾压 6 遍,施工时便能达到较高密实度。但填筑含水量过大时,增大碾压遍数也不能达到规定的压实度。

根据高填方填料的试验结果,巴东二段的 $\rho_{dmax}=1.95\text{g/cm}^3$,巴东三段的 $\rho_{dmax}=2.02\text{g/cm}^3$,对于黏土而言,能达到如此高的干密度是很少见的,表明巴东二段和三段土料具有易于压实,孔隙易被破碎后的细颗粒所充填的特点,孔隙比可达 0.40 左右,这已接近细粒土的极限。据此提出:碾压后,压实度 $\lambda\geqslant0.95$;强夯后,压实度为 $\lambda\geqslant0.98$。按设计规定的高标准施工工艺进行填筑施工,完全能达到该要求。

4. 结论

从巴东组二段黏土不同的干密度和轴向应力作用下的湿化变形试验中可以看出:

（1）三向应力状态下，湿化变形不仅包括湿化体应变，而且包括湿化偏应变，湿化后土体的变形模量和强度均明显降低。

（2）本次湿化试验所得出泊松比离散性较大，其变化规律尚不明显，应进一步研究泊松比的湿化变形规律。

（3）土料的湿化变形与其干密度等有关，随着土样初始含水量的增加，湿化变形减小；随着压实度的增加，湿化变形减小，严格控制压实度将有利于减少高填方地基的湿化变形。依据本次室内湿化变形试验成果，本工程采用了"湿法"填筑、分层碾压加强夯两道施工程序，且施工时需严格了控制压实系数（经分层碾压后，压实系数不低于 0.95；强夯后，压实系数不低于 0.98）。

第四章 500m级顺层陡倾岩质特高人工边坡稳定性研究

第一节 概 述

锦屏一级水电站位于四川省凉山州盐源县雅砻江普斯罗沟峡谷内,是雅砻江干流上的重要梯级水电站工程。该水电站大坝为混凝土双曲拱坝,坝高305m,坝顶高程1885m,水库总库容77.6亿 m^3,装机容量3600MW,年发电量166亿 kW·h。大坝共需混凝土成品骨料约800万 m^3。经比较,选定大奔流沟料场作为大坝混凝土人工骨料料场(图4.1-1)。

图4.1-1 大奔流沟料场443m特高人工边坡全貌

大奔流沟料场位于雅砻江左岸临江斜坡上,自然边坡为顺向坡,边坡主体走向北东、倾向南东、坡度65°~75°,坡脚河床高程1620m,临江山顶高程2480m,最大自然坡高约860m。边坡设计高度513m,竣工后形成顺层陡倾边坡高度443m,属特高人工边坡。

大奔流沟料场边坡基岩为三叠系中、上统杂谷脑组第3段($T_{2-3}z^3$)变质细砂岩夹板岩、第2段($T_{2-3}z^2$)大理岩。其中,第3段($T_{2-3}z^3$)总厚度大于300m,按岩性进一步划分为三层,即$T_{2-3}z^{3(1)}$—$T_{2-3}z^{3(3)}$,人工边坡主要涉及第一层($T_{2-3}z^{3(1)}$),厚度177.66m,该层进一步细分为9个小层。其中,第1、2、3、5、7、9小层岩性主要为中厚至厚层状变质石英细砂岩;第4、6、8小层岩性主要为青灰色薄至极薄层状变质石英细砂岩与板岩互层。人工边坡形成后,第1小层$T_{2-3}z^{3(1-1)}$—第5小层$T_{2-3}z^{3(1-5)}$组成西侧边坡岩体,为顺向坡,第6小层$T_{2-3}z^{3(1-6)}$—第9小层$T_{2-3}z^{3(1-9)}$组成南侧边坡岩体,为斜向坡。大奔流沟料场人工边坡具有顺层、陡倾、软硬相间的结构特点。

采用综合先进勘察技术方法,查明边坡地层岩性、地质结构、岩体风化、岩体卸荷、地应力、地下水等特征;通过现场试验及室内试验,获取边坡岩体物理力学性质指标;提出了500m级顺层陡倾边坡的破坏模式,并进行了稳定性分析;给出了500m级顺层陡倾特高人工边坡支护设计建议;成功解决了复杂自然环境条件下500m级顺层陡倾特高人工边坡勘察与支护难题,保证了锦屏一级水电站800万m³混凝土成品骨料的开采。

2014年8月,大奔流沟料场边坡与锦屏一级水电站主体工程同时竣工验收,最终形成高度443m的顺层陡倾特高人工边坡,为国内外同类边坡高度之最,且在诸多领域取得前沿性的成果。

一、勘察工作难点

工程边坡是工程建设的重要组成部分。随着我国经济发展和基础设施建设的推进,特别是西部水电开发工程规模的不断增大以及地形地质条件越来越复杂,工程边坡的高度、规模越来越大,边坡勘察与支护的难度越来越大。因此,国内外对高边坡勘察,特别是特高人工边坡勘察的关注度越来越高,属工程建设的前沿领域。

我国现行相关技术标准规定,工程边坡按高度划分,大于100m的为超高边坡(其中,大于300m的为特高边坡)。实际工程中,进一步地将边坡倾向与岩层倾向夹角小于20°的边坡定为顺层边坡;将坡度为45°~60°定为陡倾边坡。顺层陡倾特高人工边坡,由于具有顺倾向的层理结构,边坡岩体极易滑动失稳,是国内外边坡勘察及支护设计的重点和难点(表4.1-1)。

表4.1-1　大奔流沟料场443m特高人工边坡技术难点

序号	难点	工程特征
1	特高人工边坡	边坡高度443m
2	边坡陡峻	单级边坡坡角71°,综合坡角64°
3	开挖规模巨大	开挖总量约1187万m³,分26级开挖
4	高地应力,快速卸荷	为满足大坝用料需求,开挖快速,支护难度大
5	顺层边坡	岩层走向与边坡近于平行,岩层倾角64°~72°,陡倾坡外
6	边坡岩层软硬相间,岩体结构不利于边坡稳定	边坡岩层软硬相间,薄层与厚层相间,软弱夹层发育,裂隙发育

大奔流沟料场边坡为顺层陡倾特高人工边坡,边坡地层结构复杂,开挖规模大,支护难度大,边坡整体与局部稳定性问题突出,在国内外人工岩质边坡工程中罕见。

二、勘察采用的关键技术

(1)三维可视化地表扫描系统的应用。大奔流沟料场特高人工边坡为陡峻的峡谷岸坡,坡度65°~75°;自然坡度大,高度约860m。因此,采用传统测绘方法无法完成如此高陡的人工边坡的地形测绘与高程控制测量工作。为此,本工程应用了自主研发的三维可视化地表扫描系统,成功地获取了人工边坡1:200~1:1000比例尺地形图及开挖台面控制高程,为人工边坡支护动态优化设计提供了科学依据。

三维可视化地表扫描系统由RIEGL VZ-1000三维激光扫描仪、后续配套处理软件Riscan Pro、PointCloud、南方Cass成图软件等组成。其中RIEGL VZ-1000三维激光扫描仪以长距离(6000m)、广角、高精度(mm级、每秒发射300 000点激光束)的性能雄踞世界三维测量技术之首。三维可视化地表扫描系统将RIEGL VZ-1000三维激光扫描仪直接与数码相机、GPS结合,能在数分钟内实现目标区域高精度的三维立体影像数据的获取和多站点数据的快速拼接与建模。

三维可视化地表扫描系统在大奔流沟料场特高人工边坡地形测量与控制测量上的应用,实现了500m级特高人工边坡勘测技术的进步。

(2)野外地质信息采集系统的应用。大奔流沟料场特高人工边坡陡峻,传统的地质编录方法不仅功效慢,而且危险,不能满足边坡开挖进度的需要。为此,本工程应用了自主研发的野外地质信息采集系统(发明专利号:ZL 2013 1 0340991.3;软件著作权登记号:2013SR023192),成功地完成了特高人工边坡的地质信息采集工作,包括地层、岩性、断层、裂隙、地质点的编录与拍照等。野外地质信息采集系统集通讯、相机、地质罗盘、GPS等多功能设备于一体(移动终端数据手机),数据采集快速、便携,数据输出方便,功能强大。野外地质信息采集系统在大奔流沟料场特高人工边坡地质信息采集上的应用,实现了特高人工边坡勘测技术的进步。

(3)测量机器人系统的应用。大奔流沟料场特高人工边坡高陡,监测测点落差大,工作基点布置在江对岸,通视难度大,采用传统的监测仪器及方案对人员素质要求高,同时难以在精度、时效上满足工作需求。为此,本工程采用了国际最先进的测量机器人技术对边坡表面变形进行观测。本工程应用的测量机器人系统由"瑞士徕卡公司 TCA2003 全站仪+高精度大地测量监测自动系统"组成,通过机载自动化记录软件、内业数据预处理及平差软件,实现了自动观测、读数和计算,并控制多项限差和进行重测处理,直至合格观测数据的记录和储存,真正实现了数据采集的智能化。

三、与当前国内外同类工程主要技术成果的对比

(1)首次提出了顺层陡倾特高人工边坡压剪溃屈破坏模式。大奔流沟料场特高人工边坡西侧区为顺向坡,坡度65°~75°,与岩层倾角相当,边坡岩性软硬相间,人工边坡开挖成形后,边坡临江一侧岩层临空,普遍发生卸荷回弹,岩体在重力荷载作用下将沿层面向下蠕滑,在边坡中下部形成鼓起、拉裂、脱层,直至发生压剪溃屈破坏。压剪溃屈破坏模式的提出,为顺层陡倾特高人工边坡稳定性分析及支护设计提供了依据。

(2)首次提出了顺层陡倾特高人工边坡压裂滑移剪出破坏模式。大奔流沟料场特高人工边坡南侧为斜向坡,坡度65°~75°,边坡走向N28°W,倾向62°,与岩层走向夹角约54°,边坡岩体为中厚—厚层变质石英细砂岩,夹薄层板岩与大理岩。受节理、裂隙切割,边坡存在大型柱状岩(块)体,并压裂底部软弱岩体,形成破坏,导致上部柱状岩(块)体的滑移剪出。大型柱状岩(块)体侧向切割面主要为陡倾走向北东东组长大结构面及陡倾层间软弱夹层所围限,体积可达数千方。本工程提出的压裂滑移剪出破坏模式在人工边坡开挖形成过程中得到了验证。2011 年 7 月 4 日发生在桩号 0+200~0+157、高程 1925~1985m 段的破坏就是压剪滑移剪出破坏模式,体积约为 4100m³。

(3)根据 500m 级顺层陡倾料场人工边坡的破坏模式,提出针对性强的边坡加固对策,指导边坡开挖施工,包括:

①根据目前边坡岩层倾角及变化,建议西侧顺向坡与南侧斜向坡 EL1865 以下单级边坡开挖坡比 1:0.45,综合坡比 1:0.5,确保边坡开挖不切脚。

②在西侧顺向坡 EL1850 设一级 10~15m 的宽平台,改善开挖完成后边坡下部岩体受力状况;同时保证 EL1850 以下边坡表层岩体为较好的 $T_{2-3}z^{3(1-5)}$ 层砂岩。南侧斜向坡鉴于受 T_{40} 大长裂隙切割,岩体总体较破碎,并可能在 EL1865 以下向深部切割,并与岩层(或层间错动带)形成大型不稳定块体,建议南侧坡在高程 EL1865~EL1880 设一级 10~15m 的宽平台。

③建议取消 EL1740 临江一侧反坡开挖,向外一直开挖至自然边坡面,有利于开采更多 $T_{2-3}z^{3(1-9)}$ 层砂岩。

④适当放慢边坡开挖降坡速度,使边坡在开挖降坡间歇边坡岩体有较充分的时间来调整和适应边坡应力重分布;同时及时跟进边坡支护。

⑤在边坡开挖过程中,严格按爆破程序作业,适当控制炸药量,分段爆破,对边坡进行保护性开挖,做好自然边坡一侧的锁口支护处理。

⑥在上一级开挖边坡未进行及时跟进支护情况下,严禁下一级边坡开挖。

⑦加强现场施工地质工作和地质问题的预测预报。

第二节　自然地理与区域地质

一、自然地理

雅砻江发源于青海省玉树县境内的巴颜喀拉山南麓，自西北向东南，在呷依寺附近流入四川省。至两河口有支流鲜水河汇入转向南流，经雅江至洼里上游约 8km 处，右岸汇入小金河，其后折向东北方向绕锦屏山至巴折，形成长约 150km 的大河湾，巴折以下继续向南流，至小得石下游约 3km 处左岸有安宁河加入，再向南流至攀枝花市下游的倮果汇入金沙江。干流全长约 1570km，流域面积约 13.6 万 km^2。

雅砻江流域位于青藏高原东部，地理位置介于北纬 26°32′—33°58′与东经 96°52′—102°48′之间，东西两侧分别与大渡河、金沙江相邻，北与黄河上游分界。全流域呈南北向条带状，河系为羽状发育，东、北、西三面大部分被海拔 4000m 以上的高山包围，南面为滇东北高原，分水岭高程约 2000m。洼里以上流域平均海拔高程为 4080m。

雅砻江河道下切十分强烈，沿河岭谷高差悬殊，相对高差一般在 500~1500m。河源至河口海拔高程自 5400m 降至 980m，落差 4420m，其中四川省境内河长约 1368km，落差 3180m，平均比降 2.34‰。

雅砻江流域属川西高原气候区，主要受高空西风环流和西南季风影响，干、湿季分明。每年 11 月至次年 4 月，天气晴和，降雨很少，气候温暖干燥。5—10 月为雨季，气候湿润、降雨集中，雨量约占全年雨量的 90%~95%，雨日占全年的 80%左右。雨季日照少、湿度较大、日温差小。多年平均年降雨量为 500~2470mm。工程区日最大降雨量 87.7mm。流域内雨日多，连续降雨日较长。多年平均年蒸发量为 1166~2500mm。多年平均气温为 -4.9~19.7℃。多年平均相对湿度为 53%~73%。

二、区域地质

1. 地形地貌

雅砻江是金沙江第一大支流，发源于青海省玉树县境内的巴颜喀拉山南麓，至攀枝花市下游的倮果汇入金沙江，全长 1500km，流域面积 $13×10^4 km^2$。

雅砻江在工程区内流向自洼里向北经淇木林后折向东，继又南折，经泸宁、里庄、大水沟、巴折等地而出区外，形成一向北凸出的、长约 150km 的大河弯，常水位面宽 70~100m。河床坡降大，水流湍急。河谷呈"V"形，漫滩、心滩少见，沿岸阶地零星发育。大奔流沟料场处河流枯水位 1625m，河面宽度 68~98m。

锦屏山河弯区位处青藏高原向四川盆地过渡的两级地貌阶梯带，全区呈高山峡谷地貌景观。锦屏山以近南北向展布于河弯范围内，山势雄厚，沟谷深切，峭壁陡立。山脊多呈尖棱状，主脊两侧山梁呈梳状排列。高程在 3000m 以上的山峰甚多，高于 4000m 者有大药山（4443m）、罐罐山（4480m）、干海子（4309m）、么罗杠子（4393.2m）等，最大相对高差达 3150m。呈南北走向的地形主分水岭稍偏于西侧，分水岭两侧地形不对称，东侧宽而西侧窄；区内山势展布与构造线基本一致，地表起伏大，高差悬殊，山高谷深坡陡，是工程区地形地貌的基本特点。根据山川地势、相对高差、切割程度等，区内的地貌类型见有强烈上升的高山区（3600m 以上）、中等切割的中山区（2000~3600m）、峡谷地貌、夷平面（4000m 左右、3000m 左右、2200m 左右）及阶地、岩溶地貌和冰蚀地貌等。

2. 地层岩性

雅砻江流域按断块学说归于川滇菱形断块。区域地层可划分为Ⅰ-康滇分区；Ⅱ-盐源-丽江分区；Ⅲ-马尔康分区。

康滇分区，主要出露二叠系浅海碳酸盐岩类；上二叠统峨眉山玄武岩组（$P_2\beta$）及上二叠统宣威组

(P_2x)的黄色板岩夹粉砂岩及变质页岩；三叠系下—中统为滨海相碎屑岩建造，上三叠统为浅海相碎屑岩及河流湖沼相含煤岩层，下—中统（T_{1-2}）的粉砂岩和砾屑砂岩，上三叠统（T_{1-3}）（未建组）的灰紫色变质砾岩、安山质火山砾岩、熔结火山碎屑岩及凝灰岩、黄色泥灰岩、变质粉砂岩、千枚岩等；上三叠统白果湾组（$T_{2-3}bg$）的黑色煤系地层；下侏罗统益门组（J_1y）为红色岩系。

盐源-丽江分区，主要出露震旦系和志留系到三叠系地层，为一套滨—浅海相碎屑岩，碳酸盐岩及酸性和基性火山岩建造。主要有下震旦统苏雄组（Zas）的陆相酸性火山岩；上震旦统的观音崖组（Zbg）的紫红、灰绿色粉砂质板岩，泥质白云岩和灯影组（$Zbdn$）的白云岩；志留系的浅海陆棚相碎屑岩—碳酸盐岩；泥盆系为滨—浅海相碳酸盐夹碎屑岩；石炭系为浅海台地相碳酸盐类夹碎屑岩类；下二叠统为浅海台地相碳酸盐类；三叠系为河流—三角洲相、潮坪潟湖和碳酸盐台地相的含膏盐碎屑岩—碳酸盐岩建造。

马尔康分区，主要出露前震旦系江浪群地层，为含基性—碱性火山岩的砂泥质复理石建造；下志留统为一套半深海相黑色硅质岩建造；上石炭统为浅海相碳酸盐岩夹碎屑岩建造；上二叠统为一套具有火山、地震、同沉积断层等复杂成因的沉积岩层；中—上三叠统主要是一套浅海碎屑岩复理石沉积。

雅砻江锦屏大河弯地区出露的主要地层有：下古生界下奥陶统、下志留统；上古生界中上石炭统及二叠系；中生界三叠系。下古生界为一套厚度巨大并经中—低级区域变质的碎屑岩类；上古生界和中生界主要为区域变质的碳酸盐岩、碎屑岩和玄武岩、火山碎屑岩，分布在西雅砻江和大河弯河间地块一带。东部主要分布前震旦系变质岩系，古生界碳酸盐岩，峨眉山玄武岩和碎屑岩，中生界碎屑岩、黏土岩。中更新世以来的堆积物主要沿河谷与山麓地带零星分布。

雅砻江流域广泛发育加里东期至燕山期的各类侵入岩和喷出岩，印支期—燕山期（中生代）主要发育酸性和碱性侵入岩，分布范围较广泛。

三、地质构造

1. 大地构造位置

从大地构造上，雅砻江流域位于松潘-甘孜地槽褶皱系的东南部，中生代以来经受印支、燕山，特别是喜马拉雅运动，形成一系列叠瓦状逆冲断层、地层倒转、"A"形平卧褶皱和拉伸线理以及沿断层形成的飞来峰构造。雅江褶皱带是古生代至三叠纪的地槽褶皱带。三叠纪末的印支运动使其褶皱回返，燕山运动影响本区，有花岗岩类侵入。喜马拉雅运动强烈隆起并伴有断裂活动。

按断块学说，雅砻江流域处于鲜水河断裂、安宁河断裂、则木河断裂、小江断裂和金沙江断裂、红河断裂所围的"川滇菱形断块"之内。区内褶皱及断裂构造发育（图4.2-1），雅砻江大河弯地区为一轴向北北东向的大型复式向斜，次级褶皱相当发育，且多褶皱带。

2. 主要断裂构造基本特征及活动性

雅砻江流域断裂构造发育，主要构造形迹有近南北向、北北东和北东向、北北西和北西向，主要活动断裂包括金沙江断裂、甘孜-理塘断裂带、安宁河断裂带、则木河断裂、小江断裂、鲜水河断裂、金河-箐河断裂带、龙门山断裂带、锦屏山断裂、青纳断裂等（表4.2-1）。

四、区域构造稳定性与地震

1. 区域构造稳定性评价

据有关研究资料，雅砻江流域构造稳定性可分为以下三个区。

（1）潜在强震危险区：包括西昌地区及则木河断裂带，其特点是应力和应变能集中明显，且应力集中程度还随时间过程而明显增强；历史上震级高（最大震级为7.5级），而且强震次数多。

（2）潜在中强震危险区：包括安宁河断裂带泸沽至大桥段、木里弧形构造、盐源弧形构造西翼、金河-箐河断裂带和前波断层等，其特点是除金河-箐河断裂带外，其余地段有较强的应力和应变能集中现象；

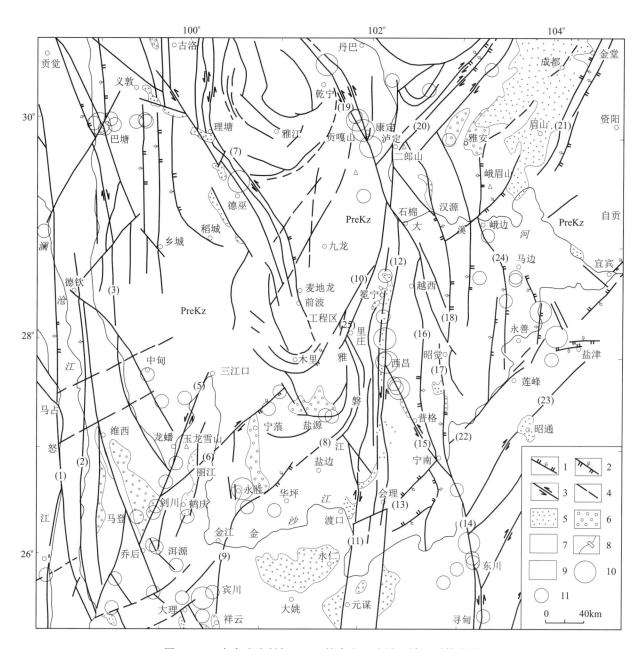

图 4.2-1 大奔流沟料场 443m 特高人工边坡区域地震构造图

1.正断层;2.逆断层;3.走滑断层;4.推测及隐伏断层;5.第四纪盆地;6.第三纪盆地;7.前新生界;8.坝址;9.湖泊;10.M_s7.0~7.9;11.M_s6.0~6.9。主要断层编号及名称:(1)怒江断裂带;(2)澜沧江断裂带;(3)金沙江断裂带;(4)红河断裂带;(5)剑川断裂带;(6)丽江-剑川断裂带;(7)甘孜-理塘断裂带;(8)金河-箐河断裂带;(9)程海断裂带;(10)锦屏山断裂带;(11)磨盘山-绿汁江断裂带;(12)安宁河断裂带;(13)宁南-会理断裂带;(14)小江断裂带;(15)则木河断裂带;(16)越西-普格断裂带;(17)布拖断裂带;(18)甘洛-昭觉断裂带;(19)鲜水河断裂带;(20)龙门山断裂带;(21)龙泉山断裂带;(22)遂峰断裂带;(23)团山断裂带;(24)峨边-金阳断裂带;(25)青纳断裂带

历史上地震活动性相对较弱,历史地震最高震级小于 6.7 级,但地震频率较高。

(3)构造相对稳定区:包括工程区所在的雅砻江大河弯地区、盐源和木里弧形构造东翼及安宁河断裂带大桥以北地区,其特点是断层活动性弱,而且随时间发展迅速趋于稳定;历史上地震活动性非常弱,历史上最大震级小于 4.0 级,地震频率较低。

表 4.2-1　主要断裂活动特征统计表

断裂(带)	分段	走向	活动性质	滑动速率	最新活动时代	最大历史地震	古地震
金沙江		NWW	右旋	16~20.4	Q_4	6.5	多次
甘孜-理塘		NW			Q_{3-4}	7.3	
鲜水河	南段	NW	左旋		Q_4	7.0	多次
锦屏山	南段	NE			Q_{2-3}		
青纳	南段	NE	逆		Q_{2-3}		
安宁河	冕宁以北	近SN	正左旋	1~3	Q_4	6.0	多次
	冕宁-西昌	近SN	左旋	5.6	Q_4	7	多次
	西昌以南	近SN			Q_3		
则木河	西宁	NNW	正左旋	6.49	Q_4	7.0	多次
	西昌	NW	左旋	7.16	Q_4	7.5	多次
小江	巧家段	NNW	左旋		Q_4	6	
	东川段	NNW	左旋	9.6	Q_4	7.5	多次
	嵩明段	近SN	左旋	6.2	Q_4	8	多次
宁南-会理		NE	逆右旋		Q_{2-3}	5	
磨盘山-绿汁江	磨盘山段	近SN	逆		Q_{1-2}		
	元谋段	近SN	正左旋	3~4	Q_4	6.8	
金河-箐河		NE	逆		Q_2		
程海		近SN	正左旋	2.7	Q_4	7.5	
龙门山		NE	逆兼右旋		Q_4	6.0	多次
丽江-剑川	丽江北东段			1.8	Q_4	6.0	
	丽江西南段	NE	左旋	1-2	Q_4	6.0	
红河		NW			Q_{3-4}	7	

2. 地震

雅砻江流域地震的空间分布具有很强的规律性，强($M>6$)—中强($4.5<M<6$)地震主要沿"川滇菱形块体"北东缘的鲜水河断裂带和东缘的安宁河、则木河断裂带分布；中强(少量强震)—弱震则主要发生在西部的盐源、木里弧形构造带西翼和理塘断裂带。根据地震震中分布与构造的关系，可划分出石棉-元谋、盐源-丽江、理塘3个地震带。石棉-元谋地震带的地震活动具有分段集中的特点。强震主要集中在冕宁-西昌附近，在南北长约70km的范围内，历史记载有3次7级以上地震，5次6.0~6.9级地震，12次5.0~5.9级地震。在南段的鱼砟及元谋附近，也集中了一些5~6.7级地震。这种分段集中的特点与断裂带反时针剪切扭动强度有关，或与不同方向现代活动断裂交会部位有关。盐源-丽江地震带包括北东向的金河-箐河-永胜断裂带及盐源-木里弧形断裂。历史上多次发生中强震，频度大于石棉-元谋地震带。但是分布范围较宽。而在盐源-宁蒗地区，中强地震和弱震的频度相当高。理塘地震带主要沿甘孜-理塘断裂带展布。强震主要集中在断裂带的北头—理塘甲洼一带。自1746年到1973年的两百多年间，发生4级以上地震30多次，其中$M \geqslant 5$级的地震17次，最大7.25级。该带南端介入本研究区麦地龙一带，1948年6月18日麦地龙发生的地震达5.7级，说明南段亦具有一定的活动能力。

根据《四川雅砻江锦屏水电站地震安全性评价报告》(1993年)，虽然本区外围有强烈现代活动断裂和地震分布，但在工程区所在断块属于整体抬升为主的相对稳定地区。工程区50年超越概率10%地震动峰值加速度为 0.15g，相应地震基本烈度为Ⅶ度，反应谱特征周期 0.45s。

第三节　边坡工程地质条件

一、地形地貌

大奔流沟料场位于大奔流沟下游长约 750m 的雅砻江左岸临江斜坡上，距上游锦屏二级水电站闸坝 300～1000m。该段自然边坡为一顺向坡，边坡走向自南向北为 NE21°～N～NW334°，倾向 SE—NE。边坡 2130m 高程以下地形坡度 55°～65°，以上为 65°～75°陡坡。坡脚河床地面高程 1620m，临江峰顶最大高程 2480m，最大自然坡高约 800m。边坡基岩裸露较好，自然岸坡整体稳定性较好。

二、地层岩性

根据地面测绘、调查、边坡开挖及钻探揭露，场地出露第四系地层主要有人工堆积层（Q_4^{ml}）、崩坡积碎块土（Q_4^{col+dl}）、冲洪积堆积层（Q_4^{al}）；边坡区出露基岩主要为三叠系中、上统杂谷脑组第 2 段（$T_{2-3}z^2$）大理岩、第 3 段（$T_{2-3}z^3$）变质细砂岩夹少量板岩。表 4.3-1 为边坡工程区地层岩性简表；图 4.3-1 为边坡工程区地质简图。

表 4.3-1　边坡地层岩性简表

界	系	统	组	段	大层	小层	地层代号	地层厚度/m	岩性简述
新生界	第四系	全新统			人工堆积层		Q^r	0.5～5	开挖边坡弃渣或施便道回填，厚度一般为 0.5～5m。主要分布于开挖料场前侧江边
					冲积层		Q_4^{al}	30～40	现代河流冲积层砂卵（砾）石层，分布河床两岸漫滩
					洪冲积层		Q^{pl+al}	25～40	碎块石、漂石夹少量粉质壤土，主要分布于大奔流沟
					崩坡积层		Q^{col+dl}	10～35	碎石土、块石及碎石土夹块石。厚度变化大。零星分布
中生界	三叠系	中、上统	杂谷脑组	第3段	第3层		$T_{2-3}z^{3(3)}$	>100	青灰色厚层石英砂岩夹深灰色粉砂质板岩
					第2层	第3小层	$T_{2-3}z^{3(2-3)}$	40.39	深灰色薄层粉砂质板岩
						第2小层	$T_{2-3}z^{3(2-2)}$	19.35	青灰色厚层—块状变质石英细砂岩
						第1小层	$T_{2-3}z^{3(2-1)}$	20.8	深灰色薄层粉砂质板岩
					第1层	第9小层	$T_{2-3}z^{3(1-9)}$	35.5	青灰色中厚层变质石英细砂岩，夹少量薄层细砂岩
						第8小层	$T_{2-3}z^{3(1-8)}$	7.4	极薄层状板岩与变质石英细砂岩不等厚互层
						第7小层	$T_{2-3}z^{3(1-7)}$	34.22	青灰色厚层及中厚层变质石英细砂岩。夹少量薄层砂质板岩
						第6小层	$T_{2-3}z^{3(1-6)}$	14.97	青灰色薄至极薄层状变质石英细砂岩夹极薄层板岩
						第5小层	$T_{2-3}z^{3(1-5)}$	37.04	青灰色厚层及中厚层变质石英细砂岩，上部夹中厚层状大理岩透镜体
						第4小层	$T_{2-3}z^{3(1-4)}$	7.3	青灰色薄至极薄层变质石英细砂岩与板岩互层
						第3小层	$T_{2-3}z^{3(1-3)}$	17.8	青灰色厚层、中厚层状变质石英细砂岩
						第2小层	$T_{2-3}z^{3(1-2)}$	6.4	青灰色中厚层至薄层状变质石英细砂岩，夹少量薄层板岩
						第1小层	$T_{2-3}z^{3(1-1)}$	17.03	青灰色厚层、中厚层状变质石英细砂岩，含白色石英脉及团块，局部偶见透镜状大理岩
				第2段			$T_{2-3}z^2$	285	浅灰色至灰白色厚层—块状大理岩夹中厚层杂色角砾状大理岩，局部夹少量富绿泥石—绢云母条带

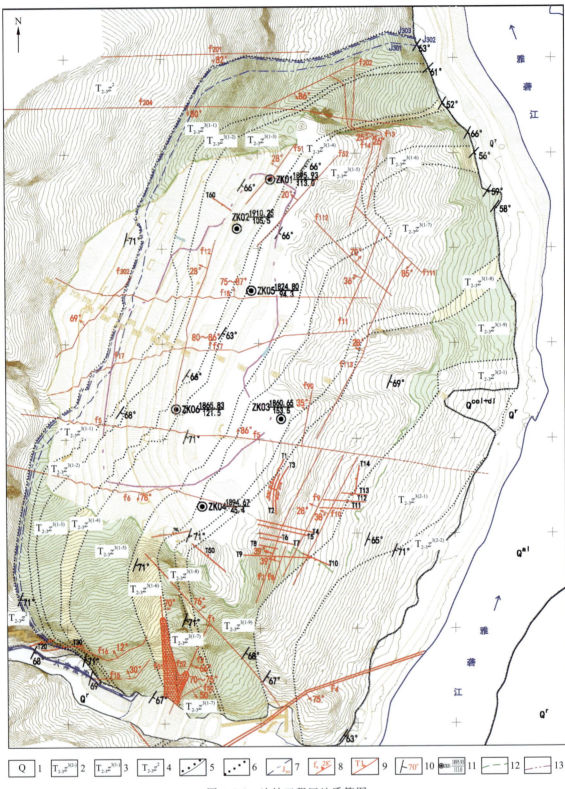

图 4.3-1 边坡工程区地质简图

1.第四系；2.分为6小层，第1小层岩性为深灰色薄层状粉砂质板岩，第2小层岩性为青灰色厚层状变质石英砂岩，第3小层岩性为深灰色薄层粉砂质板岩；3.分为9个小层，第1、2、3、5、7、9小层岩性主要为中厚至厚层状变质石英细砂岩（浅绿色表示），第4、6、8小层岩性主要为青灰色薄至极薄层状变质石英细砂岩与板岩互层（浅黄色表示）；4.灰白色砾状大理岩；5.第四系与基岩界线；6.岩性界线；7.层间软弱夹层及符号；8.断层及编号；9.裂隙及编号；10.岩层产状；11.钻孔编号（高程/孔深）；12.料场开挖范围线；13.卸荷带

三、地质构造

工程区位于锦屏山断裂西侧 2km,三滩倒转向斜之南东翼(正常翼),为一单斜层状构造岩体,岩层总体走向 350°~30°,倾向南东,倾角 64°~72°。受构造作用影响,局部岩层挠曲,其走向为 40°~56°,倾向南东,倾角陡至 80°~85°。根据地质测绘与调查,岩层倾角在 EL1865 以下倾角主要为 64°~69°居多。

根据地质测绘与调查、边坡与施工支洞的地质编录,工程区主要地质构造有断层、裂隙、层间软弱夹层。

(一)断层

1. 断层发育的主要特征

工程区查明断层 32 条。其中地面见 26 条,平洞或施工隧洞掩埋断层 6 条。所有已查明的断层中,除 F_4 规模较大外,其余均为裂隙性断层。它们的特征见表 4.3-2。

表 4.3-2 边坡区断层一览表

断层编号	断层走向分组	走向/(°)	倾向/(°)	倾角/(°)	构造带宽/cm	延伸长度/m	特征描述
f_7		30	NW	39	20~50	174	碎裂状石英脉,局部夹有岩屑,断面附 1~3mm 厚的泥,断面平直粗糙
f_8		15	NW	39	8~15	42	厚碎裂状石英脉充填,断面附 1~2mm 厚的泥,断面平直较光滑
f_9		20	NW	28	10~15	143	碎裂状石英脉,断面附 1~3mm 厚的泥,影响带内岩体见牵引现象,断面平直粗糙
f_{10}		25	NW	38	10~30	150	碎裂状、块状的石英脉,断面附 1~5mm 厚的泥,断面平直粗糙
f_{12}		30	NW	28	30~40	241	碎裂状石英脉充填,断面附 2mm 厚的泥,断面平直粗糙
f_{11}		30	NW	36	50~100	99	带内物质为厚碎裂状、块状的石英脉充填,断面附 1mm 厚的泥,断面见有擦痕,断面平直粗糙
f_{13}		30	NW	26	20~80	115	碎裂状石英脉充填,断面附 3mm 厚的泥,断面起伏粗糙
f_{14}	NNE	26	NW	25	10~50	165	碎裂状石英脉充填,断面附 1mm 厚的泥,断面起伏较光滑
f_{15}		20	NW	30	5~30	73	碎裂状石英脉充填,断面附 1~2mm 厚的泥,断面平直较光滑
f_{16}		23	NW	12	7~70	73	碎裂状、块状石英脉充填,断面附 1mm 厚的泥,断面平直粗糙
f_{51}		30	NW	28	10~30	80	在 1880~1895m 开挖坡面出露,碎裂状石英脉充填
f_{52}		30	NW	20	10~60	90	在 1865~1880m 开挖坡面出露,碎裂状石英脉充填
f_{113}		25	NW	28	5~10	226	构造带为深灰色钙质胶结的碎石充填,断面平直,较粗糙
f_{114}		20	SE	65	2~5	约 65	PD11 平硐揭露,构造带为深灰色钙质胶结的碎石充填,断面平直,较粗糙
f_{90}		15	NW	35	5~15	45	构造带物质为石英脉与黄褐色钙质胶结的角砾,断面平直
f_{382}		19	NW	69	1~4	166	带内物质为厚黄褐色碎石夹泥,遇水易软化,断面平直较光滑
f_{183}		60	NW	51	4~16	约 80	SD2 支洞揭露,黑色片状碎石夹泥充填,断面起伏光滑
f_2	NE	53	SE	66	80~100	104	灰色角砾岩和压裂岩充填,两侧岩体较完整,断面起伏粗糙
F_4		40~60	SE	75~80	700~800	>1000	由糜棱岩、片状碎裂岩组成,糜棱岩平行断层走向带状分布,呈黑色土状,结构松散,断面起伏光滑
f_{17}	NEE	70	NW	85	100~200	500	碎裂状、块状石英脉充填,断面附 1mm 厚的泥,断面平直粗糙
f_{18}		85	NW	75	50~200	392	碎裂状、块状石英脉充填,断面附 1mm 厚的泥,断面平直粗糙

续表 4.3-2

断层编号	断层走向分组	走向/(°)	倾向/(°)	倾角/(°)	构造带宽/cm	延伸长度/m	特征描述
f_{201}	NEE	89	SE	82	1~4	215	带内物质为灰色泥夹碎石,断面起伏光滑
f_{202}		69	SE	86	1~3	108	灰色泥夹碎石充填,断面起伏粗糙
f_{203}		60~84	SE	73	1~5	55	在 SD2 号支洞内揭露,黄褐色片状碎石夹泥、泥夹碎石充填,遇水易软化,断面平直光滑
f_{204}		82	SE	80	5~50	434	带内物质为灰色碎裂岩,局部夹泥,断面较光滑
f_{303}		69	SE	83	1~10	约40	在 SD03 支洞揭露,黄褐色碎石夹泥充填,断面起伏粗糙
f_{91}		70	SE	73	5~10	约95	在 SD09 支洞揭露,深灰色泥夹碎石充填,遇水易软化,断面起伏光滑
f_1	NWW	302	NE	76	20~100	218	带内物质为深灰色碎裂岩,揉皱状,断面起伏光滑
f_5		276	NE	86	300~500	>520	黄褐色、灰色压裂岩充填,局部夹数毫米厚的泥,见有揉皱,断面起伏光滑
f_6		283	SW	78	3~5	340	黄褐色碎石充填,较松散,局部夹数毫米厚的泥,断层两侧 5~20cm 的基岩多风化成黄褐色,断面起伏光滑
f_{111}	NW	315	SW	85	5~18	98	构造带为深灰色钙质胶结的碎石充填,断面平直,较粗糙
f_{112}		315	NE	70	3~5	112	构造带为深灰色钙质胶结的碎石充填,断面平直,较粗糙
f_{102}	NNW	345	SW	12	1~4	约70	在 SD1 支洞揭露,碎石夹泥充填,断面平直光滑

(1) 断层发育的方向性较明显,主要有以下几组。

①NNE 组断层,走向 10°~30°组,倾向 NW 居多(即坡里),倾角 29°~35°,主要有 f_7、f_8、f_9、f_{10}、f_{12}、f_{13}、f_{14}、f_{15}、f_{16}、f_{51}、f_{52}、f_{113}、f_{114}、f_{302} 等共 16 条,约占总数的 50%。断面微弯曲,顺河向延伸长 73~165m,构造带宽 5~80cm 不等,该组断层带主要由石英脉夹少量岩屑充填;地层断距一般小于 0.5m 或不明显。

②NE 组断层,走向 35°~60°组,见 f_2、F_4、f_{103} 等,占总数的 10%。断层倾向 NW 或 SE,倾角一般 31°~40°,最大为 86°,断面微弯曲,延伸长 80~500m 不等,构造带宽 0.2~2m,主要为石英脉夹少量岩屑与黏土充填;地层断距一般小于 0.5m 或不明显。

③NEE 组断层,走向 60°~90°组,断层倾向 SE 多,倾角 73°~86°,主要见 f_{17}、f_{18}、f_{201}、f_{202}、f_{203}、f_{204}、f_{303}、f_{91} 8 条,占断层总数的 24%。断层延伸长 99~215m,带宽一般 1~10cm,宽者 10~50cm;倾向 NW 见 f_{17}、f_{18} 两条,倾角 75°~85°,延伸长大于 100m。该组断层面起伏,主要由片状岩屑及黏土充填。

④NWW 组断层,走向 270°~300°,见 f_5、f_6、f_1 3 条。f_5、f_1 断层倾向 NE,倾角分别为 86°、35°。f_1 为裂隙性断层,延伸长为 125m,构造带宽 0.1~0.3m,主要为石英脉充填。f_5 断层延伸长大于 520m,构造带宽 3~5m,片状岩屑夹碎石、黏土充填。f_6 断层倾向 SW,倾角 80°,延伸长 340m,构造带宽 3~5cm,片状岩屑充填。

⑤NW 组断层,走向 300°~330°组,见 f_{111}、f_{112} 两条,其中 f_{112} 倾向 NE,倾角 70°,延伸长 112m,断面平直,构造带宽 0.2~1m,断面起伏,碎裂岩充填;f_{111} 倾向 SW,倾角 85°,断面平直,构造带宽 5~18m,钙质胶结碎石充填。

⑥NNW 组断层,走向 330°~360°组,见 1 条 f_{102} 断层,倾向 SW,倾角 12°,断面平直,构造带宽 1~4cm,碎石夹黏土充填。

统计结果表明:走向 NNE 与 NEE 两组断层最多,走向 NWW 组断层次之。

(2) 走向NNE组断层最发育,且主要为中缓倾角断层,倾向主要为NW,倾角28°～40°,断层长度一般70～160m,少数小于50m。断层带主要由石英脉夹少量岩屑充填,脉厚一般0.2～0.7m不等,为裂隙性断层。

(3) 从断层规模看,F_4断层为本区规模最大的一条断层,长大于1000m,断层带宽7～8m,构造岩由糜棱岩、片状碎裂岩组成,糜棱岩平行断层走向带状分布,呈黑色土状,结构松散,断面起伏光滑。地表大多为负地形。断层带覆盖严重。该断层处于料场开挖区东南侧外约190m,对边坡工程无影响。除F_4断层外,其他断层总体无明显的大范围错距,地层断距多小于1.0m,主要为裂隙性断层。

走向NWW组与NEE组两组断层规模稍大,倾角一般75°～80°,其中边坡开挖范围内f_{17}、f_{18}、f_5及f_6断层带较宽,断层带及影响带一般宽1.0～2.0m,断层带岩石多为碎裂状,断面多平直,部分断层带内岩石见有揉皱。

(4) 从断层带风化状态看,NNE中缓倾角断层充填石英脉微裂隙呈网状,部分呈灰白带黄色,微至弱风化,断面两侧岩石多无风化现象,总体性状较好。NWW与NEE两组(f_{17}、f_{18}、f_5及f_6)断层带岩石在薄层砂岩夹板岩中,断层带岩石风化较强烈,多为弱风化—强风化,断面可见数毫米厚的泥膜。

2. 断层与边坡的关系

(1) 走向NNE组断层与西侧正面边坡交角较小,部分近于平行,开挖揭露在边坡面中主要为顺坡向延伸,出露上游高、下游低,总体倾向山里偏下游。在南面侧向坡中,与边坡构成斜交,倾向山里稍偏坡外。

(2) 走向NEE组和NWW组断层与西侧正面边坡大角度斜交,断层带与坡面斜交,倾向上游或下游。NWW组断层(如f_6)在南侧边坡与边坡斜交,断层倾向上游偏山里。

(二) 裂隙

1. 地表裂隙统计与基本特征

(1) 对地质编录的757条裂隙进行统计,结果表明边坡区主要发育4组裂隙,以走向NEE组60°～90°最发育,见223条,占裂隙总数的29.5%;走向NWW组270°～300°次之,见217条,占裂隙总数的28.6%;走向NW组300°～330°和走向NE组30°～60°再次,分别见107、96条,占裂隙总数的14.1%、12.6%,其他方向发育较少。

①走向NEE组(N60°～90°E),倾向NW,部分倾向SE,倾角主要为60°～80°,这些裂隙主要发育在厚层砂岩中,裂面平直粗糙,石英脉充填,一般宽1～5mm,延伸长一般8～15m,间距0.3～15m。在大奔流沟内左岸实测最大长度达30m(T_{20}、T_{30}),产状160°～170°∠74°～83°,裂面较平直,面较粗糙,面附铁膜。

②走向NWW组(270°～300°),倾向NNE居多,倾向SW占30%,倾角65°～80°,该组裂隙平直,面较粗糙,主要发育在变质砂岩中,部分充填石英脉,一般宽1～5mm,延伸长8～30m,裂面间距0.5～4m。

③走向NW组(300°～330°),倾向SW居多,部分倾向NE,倾角65°～85°居多,倾角25°～35°较少,该组裂隙平直粗糙,一般宽1～5mm,延伸长5～12m,裂面间距0.5～4m。

④走向NE组(30°～60°),倾向SE或倾向NW,倾角75°～85°,或倾角20°～40°,倾向NW者多为中缓倾角;该组裂隙在变质砂岩中发育,裂面平直粗糙,一般宽1～3mm,石英或方解石充填,延伸长6～12m,间距1.0～10m。该组中缓倾角裂隙在料场边坡地质编录中实测最大长度可达140m(EL1880～EL1895边坡T_1、T_6、T_{23}),产状315°～338°∠16°～29°,裂面较平直,部分充填泥膜。

(2) 走向NEE组裂隙不但发育且最长大,走向NE组也发现有长大裂隙,其他裂隙一般延伸长度十余米。走向NWW组与走向NEE组裂隙大多闭合或充填石英脉。在西侧边坡中较发育。

(3) 统计结果显示,边坡岩体中倾向坡外裂隙(即倾向20°～160°),倾角0°～45°中缓倾角裂隙共计有42条。其中,中缓倾角以30°～35°居多。

从地质编录结果看,西侧顺向中倾向坡外的裂隙长度大多小于 15m,多数在 2~8m 之间,多为短小裂隙,部分充填少量泥或石英脉或无充填,总体上其发育密度较低。

缓倾角(0°~30°)裂隙(即倾向 270°~330°)共计 21 条,倾角以 15°~30°居多,该组裂隙在西侧坡倾向坡内偏下游,在南侧坡略倾坡外。虽然这两种倾角裂隙所占比重不大,但对边坡整体稳定性关系大,这类裂隙大多闭合或充填石英脉。

2. 钻孔电视成像缓倾角裂隙统计

对边坡区 6 个钻孔电视成像缓倾角(小于 30°)裂隙统计列于表 4.3-3、表 4.3-4、表 4.3-5。

表 4.3-3 钻孔电视成像缓倾角裂隙数量统计表

地层代号	岩性	孔号	钻孔裂隙条数	裂隙总条数
$T_{2-3}z^{3(1-7)}$	中厚层砂岩	ZK3	51	51
$T_{2-3}z^{3(1-6)}$	薄层砂岩与板岩互层	ZK3	1	4
		ZL4	3	
$T_{2-3}z^{3(1-3)}$	中厚层砂岩	ZK2	3	6
		ZK6	3	
$T_{2-3}z^{3(1-2)}$	薄层砂岩夹少量板岩	ZK1	1	5
		ZK5	3	
		ZK6	1	
$T_{2-3}z^{3(1-1)}$	中厚层砂岩	ZK1	3	31
		ZK2	5	
		ZK5	4	
		ZK6	19	
$T_{2-3}z^2$	大理岩	ZK6	1	1

表 4.3-4 钻孔电视成像缓倾角裂隙按倾角大小分类统计表

地层代号	岩性	倾角/(°)	裂隙条数	裂隙总数
$T_{2-3}z^{3(1-7)}$	中厚层砂岩	0~10	9	51
		10~20	22	
		20~30	20	
$T_{2-3}z^{3(1-6)}$	薄层砂岩与板岩互层	0~10	0	4
		10~20	0	
		20~30	4	
$T_{2-3}z^{3(1-3)}$	中厚层砂岩	0~10	0	6
		10~20	2	
		20~30	4	
$T_{2-3}z^{3(1-2)}$	薄层砂岩夹少量板岩	0~10	2	5
		10~20	1	
		20~30	2	
$T_{2-3}z^{3(1-1)}$	中厚层砂岩	0~10	7	31
		10~20	7	
		20~30	17	
$T_{2-3}z^2$	大理岩	0~10	0	1
		10~20	0	
		20~30	1	

钻孔电视成像及统计结果表明:

(1)对边坡区 6 个钻孔揭示的 583 条裂隙,进行分层统计,小于 30°缓倾角裂隙共计 98 条,占总裂条数的 17%;最发育层位是 $T_{2-3}z^{3(1-7)}$ 层和 $T_{2-3}z^{3(1-1)}$ 层,缓倾角裂隙垂直方向平均直线发育率分别为 0.48 条/m、0.2 条/m,其他层位小于 0.1 条/m;其中 $T_{2-3}z^{3(1-1)}$ 层缓倾角裂隙又主要发育在 ZK6 孔一带,说明上游裂隙较下游发育。

(2)$T_{2-3}z^{3(1-7)}$ 层缓倾角裂隙以倾向 150°~170°、25°~50°,倾角 15°~30°居多。$T_{2-3}z^{3(1-1)}$~$T_{2-3}z^{3(1-3)}$ 层以倾向 260°~300°、70°~150°,倾角 15°~30°或近水平居多。根据统计,倾向 30°~160°,即西侧边坡中倾向坡外缓倾角裂隙共 42 条(统计特征见表 4.3-6),占总裂隙条数的 7%,占缓倾角裂隙总条数的 44%。

表 4.3-5 钻孔电视成像缓倾角裂隙按倾向分类统计表

地层代号	岩性	倾向/(°)	裂隙条数	不明倾向裂隙条数	裂隙条数	地层代号	岩性	倾向/(°)	裂隙条数	不明倾向裂隙条数	裂隙条数
$T_{2-3}z^{3(1-7)}$	中厚层砂岩	0~90	9	7	51	$T_{2-3}z^{3(1-6)}$	薄层砂岩与板岩互层	0~90	1	0	4
		90~180	19					90~180	1		
		180~270	10					180~270	1		
		270~360	6					270~360	1		
$T_{2-3}z^{3(1-3)}$	中厚层砂岩	0~90	1	0	6	$T_{2-3}z^{3(1-2)}$	薄层砂岩夹少量板岩	0~90	0	1	5
		90~180	2					90~180	0		
		180~270	1					180~270	3		
		270~360	2					270~360	1		
$T_{2-3}z^{3(1-1)}$	中厚层砂岩	0~90	8	6	31	$T_{2-3}z^2$	大理岩	0~90	0	0	1
		90~180	4					90~180	1		
		180~270	6					180~270	0		
		270~360	7					270~360	0		

表 4.3-6 西侧边坡钻孔外倾缓倾角裂隙结构面性状统计表

分组	产状 倾向/(°)	产状 倾角/(°)	条数	宽度/mm	垂直线密度/(条·m^{-1})	结构面形态	充填物
1	30~60	近水平或16~27	8	1~3	1.3	较平直	多闭合少量充填石英
2	60~90	17~28	8	3~10 局部宽达 20~40	1.3	总体较平直	石英脉充填或半充填
3	90~120	10~29	15	1~10 局部达 20~30	2.4	总体较平直	部分充填石英脉或局部风化
4	120~160	9~27	11	1~3 局部达 5~20	1.8	总体较平直,部分波状	微张,部分充填石英,沿裂面风化

(3)根据表4.3-6,工程边坡倾向坡外的缓倾角结构面,垂直线密度1.3~2.4条/m,总体上来看垂直线密度不大,缓倾角裂隙发育密度不高;裂隙大多充填石英脉或部分充填石英脉,仅少量存在风化现象。其中,$T_{2-3}z^{3(1-1)}$~$T_{2-3}z^{3(1-3)}$层缓倾角裂隙一般宽1~3mm,微张至闭合,充填石英脉,局部脉宽10~20mm,结合总体较好。$T_{2-3}z^{3(1-6)}$、$T_{2-3}z^{3(1-7)}$层缓倾角裂隙一般宽1~8mm,微张至闭合,充填石英脉,局部脉宽20~30mm。由于本次钻孔数量有限,其缓倾角裂隙长度向山体内延伸情况无法从钻孔完全揭示,但从边坡地质编录情况分析,其长度一般小于10m,总体上属于短小裂隙,且连通率不高。

3. 裂隙与边坡的关系

(1)走向NE组裂隙与西侧正面边坡交角较小,部分近于平行,开挖揭露在边坡面中主要为顺河向延伸,总体倾向山里偏下游。但在南面侧向坡中,与边坡构成倾向坡外的不利结构面。

(2)走向NEE组和NWW组裂隙走向与西侧正面边坡大角度斜交,裂隙与坡面斜交,倾向上游或下游,主要为边坡的侧向切割面。在南面侧向坡中,走向NEE组裂隙为长大裂隙,是边坡中不利组合块体结构面之一,是南面边坡的关键结构面。

(3)西侧边坡中倾向坡外或倾坡内缓倾角裂隙,是影响边坡整体稳定的不利结构面。

三、层间软弱夹层

地质测绘与调查发现,工程区分布有 23 条层间剪切软弱夹层,其性状特征见表 4.3-7。可以看出,工程区的层间剪切软弱夹层主要发生在 $T_{2-3}z^{3(1)}$ 变质石英细砂岩内。其中,$T_{2-3}z^{3(1-1)}$ 层见 4 条,平均间距 4.26m 可见 1 条;$T_{2-3}z^{3(1-3)}$ 层见 1 条;$T_{2-3}z^{3(1-5)}$ 层 5 条,平均间距 7.4m 见 1 条;$T_{2-3}z^{3(1-6)}$ 层 3 条,平均间距 4.99m 见 1 条;$T_{2-3}z^{3(1-7)}$ 层 5 条,平均间距 6.84m 见 1 条;$T_{2-3}z^{3(1-9)}$ 层 2 条,平均间距 17.75m 见 1 条。

表 4.3-7 层间剪切软弱夹层一览表

类型与编号	发育层位	距该层顶界面/m	厚度/cm	特征描述
Ⅱ-J320	$T_{2-3}z^{3(1-9)}$	20.99	3～10	薄层粉砂质板岩层间破碎带,呈黄褐色,破碎,面平直粗糙,连续性差
Ⅱ-J319		30.75	3～10	薄层粉砂质板岩层间破碎带,呈黄褐色,破碎,面平直粗糙,连续性差
Ⅱ-J318	$T_{2-3}z^{3(1-7)}$	4.50	5.0	黑色极薄层状板岩,破碎,连续性差
Ⅱ-J317		12.1	20	板岩受层间挤压,较为破碎,局部呈鳞片状,面平连直
Ⅱ-J316		14.27	10	板岩剪切破碎带,岩层破碎,面平直,连续性差
Ⅱ-J315		22.12	35	剪切破碎带,薄层状砂岩夹板岩
Ⅱ-J314		32.47	20	板岩剪切破碎带,岩层破碎,面平直
Ⅱ-J313	$T_{2-3}z^{3(1-6)}$	6.48	5～10	极薄层板岩层间破碎带
Ⅱ-J312		11.52	1～5	极薄层板岩层间破碎带
Ⅱ-J311		11.92	1～5	极薄层板岩层间破碎带
Ⅱ-J310	$T_{2-3}z^{3(1-5)}$	1.0	3～5	剪切破碎带,主要为极薄层板岩夹透镜状硅质条带
Ⅱ-J309		18.27	2～3	板岩剪切破碎带,岩层破碎,面平直
Ⅱ-J308		24.42	1～2	板岩剪切破碎带,夹层连续性差,未见泥化
Ⅱ-J307		31.08	1～2	剪切破碎带,主要为破碎状板岩
Ⅱ-J306		37.04	1～2	剪切破碎带,主要为破碎状板岩,局部夹泥
Ⅱ-J305	$T_{2-3}z^{3(1-3)}$	0.0	0.5～1	片状板岩及页岩充填,受层间挤压,较为破碎,局部泥质充填
Ⅱ-J304		6.68	2～5	极薄层板岩及石英脉破碎带,厚度变化较大,局部尖灭
Ⅰ-J303	$T_{2-3}z^{3(1-1)}$	9.88	5～10	极薄层石英脉夹炭质板岩,受层间剪切,炭质板岩呈鳞片状,较为破碎,较连续、夹泥
Ⅰ-J302		15.53	15～40	黑色炭质板岩夹层,受层间剪切,呈鳞片状,见较多断续条带状石英脉,连续、夹泥
Ⅰ-J301	$T_{2-3}z^{3(1-1)}/T_{2-3}z^2$	17.03	15～55	黑色炭质板岩夹层,受层间剪切,呈鳞片状,见较多断续条带状石英脉,连续、夹泥
Ⅱ-J203	$T_{2-3}z^2$	3.0	2～3	极薄层片状大理岩,受层间挤压破碎,局部夹泥
Ⅱ-J202		9.05	2～4	薄至极薄层大理岩,受层间挤压破碎,局部夹泥
Ⅱ-J201		11.85	1～2	薄至极薄层大理岩,受层间挤压破碎,局部夹泥

1. 层间剪切软弱夹层分类及特征

根据成因条件、物质成分和性状,将层间软弱夹层分为两个类型:层间剪切破碎夹泥层(Ⅰ类)和层间剪切破碎夹层(Ⅱ类)。

1) Ⅰ类——层间剪切破碎夹泥层

在坚硬变质砂岩中夹有薄层至极薄层炭质板岩，经后期层间剪切错动及地下水作用，碳质板岩破碎、泥化，并连续夹泥。这类夹层有 J_{301}、J_{302}、J_{303}，其特征为：

(1) 破碎带呈黑色鳞片状，分带性不明显，染手，明显含炭质，有挤压光面，层理揉皱，连续夹泥，遇水易泥软化，层位稳定。

(2) 厚度较大，一般为 5～30cm，最厚达 15～55cm，厚度较稳定，连续性好，夹泥厚一般为 0.5～1.0cm，局部可达 3cm。

(3) 带中含白色薄片状石英细脉，厚 0.5～1.0cm，具一定方向性，地表面呈沟槽。

2) Ⅱ类——层间剪切破碎夹层

中厚层变质砂岩中极薄层薄层板岩或中厚层—厚层大理岩中夹薄片状大理岩，在构造作用下产生层间剪切错动，板岩或薄片状大理岩被挤压破坏，并经风化而成。该类层间剪切破碎层有 J_{304}～J_{320}、J_{201}、J_{202}、J_{203} 等 20 层，特征为：

(1) 破碎带由板岩碎屑构成，分带性不明显，不连续，板岩呈片状，局部呈鳞片状。

(2) 厚度一般为 1～10cm，最厚达 35cm，仅见断续泥膜，部分夹片状石英细脉；在卸荷带内沿层面多有夹泥现象。

(3) 层间剪切破坏面连续较差，较平直，面粗糙，起状差较大。

2. 层间剪切软弱夹层分布特征

层间剪切软弱夹层分布特征主要表现为其产状与地层产状一致，其中：

Ⅰ类层间剪切软弱夹层在工程区分布稳定，从上游的 EL1775 降段洞至下游的 EL1895 降段洞均可见，从 EL1775 至 EL1910 均可观察到该层带；性状差、厚度大，连续性好；处于开挖边坡内侧（EL1700）水平距 75m 左右附近，对西侧边坡稳定影响大。

Ⅱ类层间剪切软弱夹层分布厚度与连续性不稳定，相变较大，不同地方对应关系不强，厚度总体较小；大多处于边坡开挖区，对西侧顺向边坡影响是局部的，但对南面侧向坡不利块体稳定性有重要影响。

除此之外，$T_{2-3}z^{3(1-4)}$、$T_{2-3}z^{3(1-2)}$ 薄层粉砂质板岩层中受层间错动影响，岩体完整性差，局部岩层破碎，且在卸荷带内沿层面多有夹泥现象。

四、水文地质

1. 地下水类型、补给与排泄特点

边坡地下水类型主要为基岩裂隙水，其次为岩溶水和孔隙水。边坡 EL1670 以上无泉点出露，以下在北侧雅砻江的沿江道路内侧见一处 W_1，出露于（$T_{2-3}z^{3(1-1)}$）变质砂岩层面裂隙中，出露 EL1665，出水量 30mL/min。

工程区地下水主要靠大气降水补给，向雅砻江和上游侧的大奔流沟排泄，雅砻江是边坡区地下水最低排泄基准面。因坡面较陡，大气降水后，大部分水都将沿陡峭的山坡下泄，少量沿裂隙渗入地下再向河谷排泄。从钻孔揭露及地下水调查情况看（表4.3-8），边坡地下水位埋深一般在 100～120m，分布高程在 EL1868 以下。再从施工支洞调查情况看，EL1940～1968 段仍有一定的地下水活动，且主要表现在 $T_{2-3}z^3$ 层砂岩中渗滴水，大理岩中活动较少。地质分析认为，该高程段的地下水活动主要与边坡临时施工用水有关。

2. 岩体透水性

为研究岩体的透水性，本次进行了 27 段钻孔压水试验，结果见表 4.3-9。可见，本区弱—微新岩体透水率一般均小于 10Lu，为弱透水。仅局部因破碎带不起压，为中等—强透水。

表 4.3-8 工程区地下水调查统计表

序号	钻孔或隧洞编号	钻孔或隧洞部位	孔口或隧洞高程/m	终孔水位/m	水位高程/m	钻孔水位与隧洞地下水调查综合简述
1	ZK1	EL1895支洞口	1 895.91	82.3	1 813.61	
2	ZK2	EL1910支洞口	1 910.25	干孔	<1 804.75	干孔
3	ZK3	EL1865施工平台	1 860.65	127.0	1 733.65	
4	ZK3-1	EL1865施工平台	1 860.90	干孔	<1 831.9	干孔
5	ZK4	EL1895施工马道	1 894.67	26.50	1 868.17	
6	ZK5	EL1824支洞内	1 824.80	66.00	1 758.8	
7	ZK6	EL1865支洞内	1 865.83	110.5	1 755.33	
8	1775降段支洞	与料场西侧边坡近垂直。在边坡南侧4#、7#断面附近	1 775.0			全洞洞壁及地面潮湿，在顶拱沿1~4层裂隙有线状水流，流量约3~5L/min
9	2#溜井交通洞	在边坡2#断面附近。与料场西侧边坡斜交	1 824.0			在1~3层洞顶和偏下游壁洞有两处线状滴水，水量约2~3L/min，在较大夹层及断层处均可见地下水浸润，其他位置偶见滴水点。地面及洞壁较潮湿
10	1835降段支洞	在边坡6#断面附近。与料场西侧边坡近正交	1 835.0			在1~3层洞壁多潮湿，沿断层、夹层及较大裂隙见多处滴水点
11	1865施工交通支洞	在边坡南侧7#断面附近。与料场西侧边坡斜交	1 865.0~1 874.0			在距边坡开挖面向内10m洞顶见一垂直排水孔，孔内出水，目估流量约3~5L/min。同时沿J_1夹层见较多线状滴水。其他部位较干燥
12	1895施工支洞	在边坡1#断面附近。与料场西侧边坡近正交	1 895.0			在距边坡开挖面48m、69m、79m、84m处洞顶共见4处滴水点，其他部位较干燥
13	5#施工支洞	在边坡5#断面附近。与料场西侧边坡近正交	1 910.0			距边坡开挖面5~10m内，在洞顶沿横断面见3条滴水条带，每个条带滴水点5~8个
14	1925降段支洞	在边坡2#断面附近。与料场西侧边坡近正交	1 925.0			洞顶沿J_{303}夹层可见滴水，其他部位未见滴水及浸水
15	6#支洞	在边坡南侧4#断面附近。与料场西侧边坡斜交	1 940.0			洞内壁面及地面干燥
16	10#交通洞	在边坡3#、7#断面附近。与料场西侧边坡近平行及正交	1 955.0~1 973.0			洞内壁面及地面干燥。可见前期地下水浸润痕迹
17	3#交通洞	在边坡南侧	1 980.0			洞内壁面及地面干燥
18	7#交通洞	在边坡南侧4#断面附近。与料场西侧边坡斜交	1970~1975			洞内壁面及地面干燥
19	4#交通洞	在边坡内从南至北。南北两侧洞段与料场西侧边坡斜交	1 991.47~2 055.0			洞内壁面及地面干燥

表 4.3-9　钻孔压水试验统计表

钻孔编号	试验孔深/m	地层代号	吕荣值/Lu	备注
ZK1	18～23	$T_{2-3}z^{3(1-3)}$	1.95	弱风化带
	23～28	$T_{2-3}z^{3(1-3)}$	1.98	弱风化带
	28～33	$T_{2-3}z^{3(1-3)}$	3.53	弱风化带
	33～38	$T_{2-3}z^{3(1-3)}/T_{2-3}z^{3(1-2)}$	2.14	弱风化带
	38～42	$T_{2-3}z^{3(1-2)}$	4.09	弱风化带
ZK2	29.8～35.3	$T_{2-3}z^{3(1-2)}$破碎带	不起压	弱风化带
	35.1～40.9	$T_{2-3}z^{3(1-2)}/T_{2-3}z^{3(1-1)}$	3.19	弱风化带
	40.5～45.6	$T_{2-3}z^{3(1-1)}$	3.69	弱风化带
	45.6～51.1	$T_{2-3}z^{3(1-1)}$	2.24	微新
	51.5～56	$T_{2-3}z^{3(1-1)}$	3.22	微新
ZK3	14.8～19.6	$T_{2-3}z^{3(1-7)}$	3.03	微新
	19.9～25.0	$T_{2-3}z^{3(1-7)}$	3.14	微新
	25.0～30.0	$T_{2-3}z^{3(1-7)}$破碎带	不起压	微新
	30.0～35.6	$T_{2-3}z^{3(1-7)}$	3.19	微新
	35.6～40.7	$T_{2-3}z^{3(1-7)}$	3.04	微新
ZK4	30.0～35.3	$T_{2-3}z^{3(1-6)}$	3.04	微新
	35.3～40.3	$T_{2-3}z^{3(1-6)}$	5.91	微新
ZK5	15.0～20.0	$T_{2-3}z^{3(1-2)}$	2.09	微新
	20.0～25.0	$T_{2-3}z^{3(1-2)}/T_{2-3}z^{3(1-1)}$	1.53	微新
	25.0～30.0	$T_{2-3}z^{3(1-1)}$	2.06	微新
	30.0～35.0	$T_{2-3}z^{3(1-1)}$	2.45	微新
	35.0～40.3	$T_{2-3}z^{3(1-1)}$	1.96	微新
ZK6	10.0～15.0	$T_{2-3}z^{3(1-3)}$	2.77	微新
	15.0～20.0	$T_{2-3}z^{3(1-3)}$	2.71	微新
	20.0～25.2	$T_{2-3}z^{3(1-3)}$	3.39	微新
	25.0～30.0	$T_{2-3}z^{3(1-3)}$	4.05	微新
	30.0～35.0	$T_{2-3}z^{3(1-2)}$	2.03	微新

3. 水质化学性质

本区地下水以 HCO_3^- Ca 型为主,少量为 SO_4^- HCO_3^- Mg、HCO_3^- Mg·Ca 型;其 pH 值为 8.3～8.9,矿化度为 201.06～360.01mg/L。地表水、地下水对混凝土均不具侵蚀性。

五、物理地质现象

1. 岩体风化

边坡区 $T_{2-3}z^2$ 和 $T_{2-3}z^{3(1-1)}$、$T_{2-3}z^{3(1-3)}$、$T_{2-3}z^{3(1-5)}$、$T_{2-3}z^{3(1-7)}$、$T_{2-3}z^{3(1-9)}$ 层岩性主要为中—厚层变质石英细砂岩,这类岩石强度高,抗风化能力强,岩体风化以沿裂隙和构造破碎带风化为主要特征,即只沿构造裂面或夹层有强风化,而岩块依然较新鲜。但 $T_{2-3}z^{3(1-2)}$、$T_{2-3}z^{3(1-4)}$、$T_{2-3}z^{3(1-6)}$、$T_{2-3}z^{3(1-8)}$ 层薄—极薄层砂岩夹板岩因微裂隙发育,岩体较破碎,处在强风化带中岩体往往普遍风化锈染色变,部分板岩风化呈土状、砂状,而弱风化带只表现沿裂隙轻度风化色变。

据开挖边坡与施工支洞揭露,开挖边坡坡面强风化状薄—极薄层砂岩夹板岩体大部分已挖除,主要表现为弱风化特点,仅在上游侧向坡见 $T_{2-3}z^{3(1-6)}$、$T_{2-3}z^{3(1-8)}$ 层呈强风化状。

2. 岩体卸荷变形特征

边坡岩体的卸荷主要沿近平行岸坡的陡倾结构面拉裂变形,处在强卸荷风化带岩体卸荷裂面张开宽一般 1～3cm,少量 5～10cm,间距一般 2～5m,裂面普遍锈染,充填风化岩屑、岩块,部分可见次生泥,裂面附近岩石风化较强,岩体多呈碎裂结构。隧洞开挖中成洞条件较差。

弱卸荷带岩体卸荷裂面仍以集中张开为主,一般 0.5～1cm,个别 3～5cm,间距一般 3～5m,裂面多轻微锈染,无次生充填,岩体多呈次块-镶嵌结构。隧洞开挖中成洞条件相对较好。

据地面测绘和平硐、施工隧洞揭露,边坡区的卸荷带在雅砻江一侧较厚,一般水平厚可达 60～65m,局部突出山脊和山梁最厚可达 75～85m,其中,强卸荷带水平厚 30～35m,弱卸荷带厚 40～50m。大奔流沟一侧较薄,水平厚 15m 左右,其中强卸荷带厚 4～5m。

六、地应力特征

为了获得大奔流沟料场边坡不同埋深岩体地应力分布规律,利用勘探钻孔 ZK2 和 ZK6 进行了水压致裂法地应力测试。其中,ZK2 位于 1910m 马道,测孔深度 105.0m;ZK6 位于 3# 号施工支洞,测孔深度 120.0m。

1. ZK2 测试结果

ZK2 孔口位于 2—2′剖面的 1910m 马道平台,孔深 105m。0～26m 为青灰色中—厚层变质石英细砂岩,26.0～37.6m 为薄—中厚层变质石英细砂岩夹少量板岩,37.6～71.8m 为青灰色中—厚层变质石英细砂岩,71.8～105.0m 为大理岩。

在岩石比较完整的 20 个深度区间,进行了水压致裂法地应力测试,成功获得 14 测段的完整测量曲线。测试成果见表 4.3-10、表 4.3-11。表 4.3-11 列出各测段位置的声波测试结果、水平埋深以及钻孔电视反映的测点孔壁情况。

应力量值:

从表 4.3-10 可以看出,孔深 38.6～94.5m 范围的最大水平主应力(σ_H)为 2.2～6.6MPa,最小水平主应力(σ_h)为 1.7～3.9MPa;铅直应力(σ_z)依铅直向埋深估算为 1.0～2.6MPa。可见,岩体应力量级为低应力水平。其中,测段 79.5m、85.5m、90.0m 应力量值相对较低,据表 4.3-11,这三个测段均处于岩体裂隙发育区,即存在应力松弛现象。另外,孔深 57.5～69.0m(近开挖边坡的坡角)存在一定的应力集中现象。

侧压系数:

最大水平主应力方向的侧压力系数(σ_H/σ_z)为 2.3～3.8。总体上讲,本测孔的最大水平应力测值大于铅直应力。

表 4.3-10　ZK2 钻孔水压致裂法地应力测试结果

序号	孔深/m	P_b/MPa	P_r/MPa	P_s/MPa	P_0/MPa	σ_t/MPa	σ_H/MPa	σ_h/MPa	σ_z/MPa	λ	σ_H 方位
1	38.6	5.9	5.5	2.9	0.00	0.4	4.0	3.3	1.0	3.8	
2	40.0	4.8	4.5	2.2	0.00	0.3	2.9	2.6	1.1	2.7	
3	42.0	7.4	6.1	3.0	0.00	1.3	3.7	3.4	1.1	3.3	N23°E
4	46.5	6.0	5.3	2.8	0.00	0.7	4.0	3.3	1.3	3.2	
5	57.5	7.4	6.3	3.3	0.05	1.1	4.7	3.9	1.6	3.0	N27°E
6	63.0	6.2	3.3	2.5	0.10	2.9	5.4	3.1	1.7	3.2	
7	66.0	7.5	4.8	3.1	0.13	2.7	5.7	3.8	1.8	3.2	
8	67.5	4.2	3.7	3.0	0.15	0.5	6.5	3.7	1.8	3.6	
9	69.0	9.0	8.1	4.5	0.16	0.9	6.6	5.2	1.9	3.6	N18°E
10	75.0	3.2	2.6	2.1	0.22	0.6	5.0	2.9	2.0	2.5	
11	79.5	8.5	3.6	1.8	0.27	4.9	3.1	2.6	2.1	1.5	N15°E
12	85.5	10.0	3.5	1.8	0.33	6.5	3.3	2.7	2.3	1.4	
13	90.0	10.5	1.6	0.8	0.37	8.9	2.2	1.7	2.4	0.9	N20°E
14	94.5	—	4.0	2.8	0.42	—	5.9	3.7	2.6	2.3	

注：P_b 为岩石破裂压力；P_r 为裂缝重张压力；P_s 为瞬时闭合压力；P_0 为岩石孔隙压力；σ_t 为岩石抗拉强度；σ_H 为最大水平主应力；σ_h 为最小水平主应力；σ_z 为自重应力估计值；λ 为最大水平主应力方向的侧压系数（σ_H/σ_z）。破裂压力、重张压力及关闭压力为测点孔口压力值，岩石容重取为 27kN/m³（下同）。

表 4.3-11　ZK2 钻孔测试位置的岩石条件

序号	孔深/m	σ_H/MPa	σ_h/MPa	波速/(m·s⁻¹)	水平埋深/m	钻孔电视描述
1	38.6	4.0	3.3	—	25	完整砂岩，一条陡倾裂隙，胶结良好
2	40.0	2.9	2.6	—	26.2	完整砂岩，一条陡倾裂隙，胶结良好
3	42.0	3.7	3.4	—	28.8	完整砂岩
4	46.5	4.0	3.3	—	57.8	完整砂岩
5	57.5	4.7	3.9	5700	69.3	砂岩，方解石充填裂隙
6	63.0	5.4	3.1	5500	77.5	完整砂岩
7	66.0	5.7	3.8	5600	83.5	完整砂岩，一条缓倾裂隙，胶结良好
8	67.5	6.5	3.7	5650	86.8	完整砂岩
9	69.0	6.6	5.2	5700	110.2	完整砂岩，一条缓倾裂隙，胶结良好
10	75.0	5.0	2.9	5700	113.4	大理岩，多组缓倾裂隙
11	79.5	3.1	2.6	5400	117.4	大理岩，多组缓倾裂隙，孔壁不光滑
12	85.5	3.3	2.7	5500	120.5	大理岩，多组缓倾裂隙，孔壁不光滑
13	90.0	2.2	1.7	5700	122.3	大理岩，多组缓倾裂隙，孔壁不光滑
14	94.5	5.9	3.7	5500	124.1	大理岩，多组缓倾裂隙，孔壁不光滑

地应力量值与深度的关系：

水平主应力量值随深度（H）变化关系的拟合结果见式（4.3-1），在测试范围内，应力测值基本上随深度的增加而增大。

$$\sigma_H = 0.076\,1H + 0.547\,9$$
$$\sigma_h = 0.020\,3H + 0.356\,6 \tag{4.3-1}$$

进一步，可利用式（4.3-1）估算边坡坡脚地应力大小。坡脚高程按1610m计算。得到边坡坡脚σ_H为23.38MPa，σ_h为8.45MPa。

应力方位：

由压裂缝方向获得的最大水平主应力方向稳定在N15°E～N27°E。

2. ZK6测试结果

ZK6孔口位于6—6′剖面的3#施工支洞洞口（EL1865），孔深120.5m。0～30m为青灰色中—厚层变质石英细砂岩，30～40.8m为薄—中厚层变质石英细砂岩夹少量板岩，40.8～91.9m为青灰色中—厚层变质石英细砂岩，91.9～120.5m为大理岩。

在岩石比较完整的20余个深度区间，进行了水压致裂法地应力测试，测试成果见表4.3-12、表4.3-13。表4.3-12列出了ZK6测试位置的声波测试结果、测点水平埋深以及钻孔电视反映的测点孔壁情况。

表4.3-12 ZK6钻孔水压致裂法地应力测试结果

序号	孔深/m	P_b/MPa	P_r/MPa	P_s/MPa	P_0/MPa	σ_t/MPa	σ_H/MPa	σ_h/MPa	σ_z/MPa	λ	σ_H方位
1	31.2	2.4	1.8	1.3	0.0	0.6	2.7	1.6	1.1	2.4	
2	38.5	8.9	2.1	1.1	0.0	6.8	2.0	1.5	1.3	1.5	N15°E
3	47.8	4.5	3.1	1.7	0.0	1.4	3.0	2.2	1.6	1.9	
4	55.1	5.7	2.8	1.8	0.0	2.9	3.7	2.4	1.8	2.1	
5	64.5	4.8	2.9	1.9	0.0	1.9	4.1	2.5	2.0	2.0	
6	72.6	3.0	2.0	1.5	0.0	1.0	4.0	2.2	2.2	1.8	N7°E
7	82.4	2.3	1.8	1.5	0.0	0.5	4.3	2.3	2.5	1.7	
8	88.6	7.7	4.1	2.6	0.0	3.6	5.5	3.5	2.7	2.1	
9	95.9	7.8	3.5	2.6	0.0	4.3	6.2	3.6	2.9	2.2	
10	99.7	8.1	3.9	2.8	0.0	4.2	6.5	3.8	3.0	2.2	N13°E
11	104.5	9.9	5.2	2.9	0.0	4.7	5.6	3.9	3.1	1.8	
12	108.4	12.3	4.3	2.5	0.0	8.0	5.4	3.6	3.2	1.7	
13	115.2	6.0	4.2	2.8	0.0	1.8	6.5	4.0	3.4	1.9	
14	119.7	8.3	5.5	3.1	0.0	2.8	6.2	4.3	3.5	1.8	N5°E

应力量值：

在31.2～119.7m孔深范围的最大水平主应力（σ_H）为2.0～6.5MPa，最小水平主应力（σ_h）为1.5～4.3MPa，铅直应力（σ_z）依铅直向埋深估算为0.8～3.2MPa。岩体应力量级为低应力水平。受f_5断层影响，31.2m、38.5m两测段的应力水平较低。

侧压系数：

最大水平主应力方向的侧压力系数（σ_H/σ_z）为1.7～2.4。

表 4.3-13　ZK6 钻孔测试位置的岩石条件

序号	孔深/m	σ_H/MPa	σ_h/MPa	波速/(m·s^{-1})	水平埋深/m	钻孔电视描述
1	31.2	2.7	1.6	—	144.6	完整砂岩,一条裂隙,胶结良好
2	38.5	2.0	1.5	—	149.3	完整砂岩
3	47.8	3.0	2.2	—	154.5	完整砂岩
4	55.1	3.7	2.4	—	159.1	完整砂岩
5	64.5	4.1	2.5	5150	163.6	砂岩,含多裂隙
6	72.6	4.0	2.2	5200	172.9	完整砂岩
7	82.4	4.3	2.3	6050	183.0	完整砂岩
8	88.6	5.5	3.5	6050	186.9	完整砂岩,含微裂隙,胶结良好
9	95.9	6.2	3.6	6000	192.4	大理岩,含缓倾裂隙,胶结良好
10	99.7	6.5	3.8	6100	195.4	完整大理岩
11	104.5	5.6	3.9	6100	199.7	完整大理岩
12	108.4	5.4	3.6	6100	204.1	完整大理岩
13	115.2	6.5	4.0	6150	210.7	大理岩,含裂隙,充填胶结良好
14	119.7	6.2	4.3	6100	216.5	大理岩,含裂隙,充填胶结良好

地应力量值与深度的关系:

水平主应力量值随深度(H)变化关系的拟合结果见式(4.3-2)。可以看出,在测试范围内,应力测值基本上随深度的增加而增大。

$$\sigma_H = 0.049H + 0.78$$
$$\sigma_h = 0.31H + 0.48$$
(4.3-2)

应力方位:

由压裂缝方向获得的最大水平主应力方向稳定在 N5°E~N15°E。

综上所述,根据 ZK2、ZK6 两个地应力测试钻孔资料,边坡岩体最大水平主应力(σ_H)为 3.0~6.5MPa,最小水平主应力(σ_h)为 1.5~4.0MPa,属低应力水平;最大水平主应力方向稳定在 N15°E 左右。

七、边坡岩体质量

根据《水力发电工程地质勘察规范》(GB 50287—2006)及《水电水利工程边坡工程地质勘察技术规程》(DL/T 5337—2006),依据边坡岩性组合、岩石强度、岩体结构、岩体风化与卸荷、结构面结合紧密程度、岩体声波速度等因素,对工程边坡岩体进行质量分类。

从边坡岩体质量分类结果看:

$T_{2-3}z^2$ 大理岩,$T_{2-3}z^{3(1-1)}$、$T_{2-3}z^{3(1-3)}$、$T_{2-3}z^{3(1-5)}$、$T_{2-3}z^{3(1-7)}$、$T_{2-3}z^{3(1-9)}$ 等中厚层砂岩,为中厚—厚层状结构,在新鲜状完整状态下为Ⅱ类岩体;$T_{2-3}z^{3(1-2)}$、$T_{2-3}z^{3(1-4)}$、$T_{2-3}z^{3(1-6)}$、$T_{2-3}z^{3(1-8)}$ 主要为薄层状结构,在新鲜状完整状态下为Ⅲ$_1$ 类岩体。以新鲜岩体质量为基础,不同风化带及卸荷带岩体质量类别将有所降低(表 4.3-14)。

表 4.3-14 边坡岩体质量分类表

岩类	亚类	地层岩性	岩石湿抗压强度/MPa	岩体结构特征		岩(层)体结合紧密程度	风化卸荷程度	岩体完整性			岩体基本特征
				岩体结构	裂隙发育特征			RQD/%	纵波速度V_0/(m·s^{-1})	K_v	
II		$T_{2-3}z^2$ 大理岩,$T_{2-3}z^{3(1-1)}$、$T_{2-3}z^{3(1-3)}$、$T_{2-3}z^{3(1-5)}$、$T_{2-3}z^{3(1-7)}$、$T_{2-3}z^{3(1-9)}$ 等变质石英砂岩	65～95	中厚—厚层状	发育1～2组裂隙,单位面积裂隙一般为2～6条,间距大于100cm,方解石或石英脉充填	紧密	微新无卸荷	60～90	4500～6000	>0.75	岩体较完整,岩体整体强度较高,开挖坡面成型好
III	III$_1$	$T_{2-3}z^{2(1-2)}$、$T_{2-3}z^{3(1-2)}$、$T_{2-3}z^{3(1-4)}$、$T_{2-3}z^{3(1-6)}$、$T_{2-3}z^{3(1-8)}$ 等砂岩与板岩互层	50～60	薄层状	发育1～3组裂隙,沿裂面锈蚀,裂隙微张,多充填泥膜,间距50～100cm	较紧密	微新无卸荷	50～70	4000～5000	0.5～0.75	岩体完整性较好,裂隙较发育,岩体总体强度不高,开挖坡面成型较好
		$T_{2-3}z^2$ 大理岩、$T_{2-3}z^{3(1-1)}$、$T_{2-3}z^{3(1-3)}$、$T_{2-3}z^{3(1-5)}$、$T_{2-3}z^{3(1-7)}$、$T_{2-3}z^{3(1-9)}$ 等变质石英砂岩	55～65	中厚—厚层状	发育1～3组裂隙,裂隙微张,沿裂面锈蚀充填泥膜,间距50～100cm	较紧密	弱风化带,弱卸荷带	50～65	4500～5000	0.5～0.75	
	III$_2$	$T_{2-3}z^{2(1-2)}$、$T_{2-3}z^{3(1-2)}$、$T_{2-3}z^{3(1-4)}$、$T_{2-3}z^{3(1-6)}$、$T_{2-3}z^{3(1-8)}$ 等砂岩与板岩互层	35～45	薄层状	发育3组以上裂隙,裂隙张开,且普遍锈蚀充填泥,间距10～30cm	较松弛	弱风化带,强卸荷带	35～50	3400～4800	0.3～0.45	岩体完整性较差,开挖坡面成型较差
		$T_{2-3}z^2$ 大理岩、$T_{2-3}z^{3(1-1)}$、$T_{2-3}z^{3(1-3)}$、$T_{2-3}z^{3(1-5)}$、$T_{2-3}z^{3(1-7)}$、$T_{2-3}z^{3(1-9)}$ 等变质石英砂岩	35～45	中厚—厚层状	发育3组以上裂隙,裂隙张开,且普遍锈蚀充填泥,间距10～30cm	较松弛	强卸荷带	35～50	3400～4800	0.3～0.45	
IV		$T_{2-3}z^{2(1-2)}$、$T_{2-3}z^{3(1-2)}$、$T_{2-3}z^{3(1-4)}$、$T_{2-3}z^{3(1-6)}$、$T_{2-3}z^{3(1-8)}$ 等砂岩与板岩互层	30～40	薄层状	发育3组以上裂隙,裂隙张开填泥,间距一般小于10cm	松弛	强风化带,强卸荷带	20～45	<3400	0.2～0.3	岩体完整性差,开挖坡面成型差
V		断层及软弱夹层带		碎屑状	岩体极破碎,岩屑或泥质物夹岩块	很松弛					

第四节 边坡岩体物理力学性质

一、前期试验研究成果

大奔流沟人工骨料场是前期可研究阶段确定的雅砻江锦屏一级水电站最终推荐人工骨料场之一。

据可研究阶段地质报告,该料场边坡所开展的地质勘察工作主要有1:2000地质测绘0.3km²,平洞勘探490m/3个,人工骨料建材原岩物理力学性质试验15组,其中对料场开挖取用层第一层岩石进行了6组物理力学性质试验。针对推荐用料层(第一层 $T_{2-3}z^{3(1)}$)青灰色变质石英细砂岩试验主要成果是：干密度 2.69～2.72g/cm³，饱和吸水率 0.21%～0.51%，湿抗压强度 100～147MPa，软化系数 0.69～0.88。

进一步分析发现：

(1) 可研究阶段料场边坡勘探平洞高程总体较低，以至于对 EL1710～EL2080 开挖区间垂直方向第 1 层砂岩岩性相变研究不够，试验成果针对性不强。

(2) 对推荐料源层第 1 层总厚度 130～200m 的岩性未进行细分，对工程边坡稳定有影响的工程岩体及主要结构面未进行物理力学试验。

因此，本专题开展适量的物理力学参数补充试验研究工作是必要的。

二、岩石（体）物理力学试验及成果

为了研究边坡岩体与结构面的物理力学性质，在室内和现场进行了工程区岩体物理力学性质的试验和测试。试验和测试项目有：岩石（体）的抗压、抗拉和抗剪（三轴）强度试验；岩石（体）的变形特性试验；岩层层面、软弱夹层、缓倾角结构面的抗剪强度试验；钻孔声波测井等测试工作。

1. 岩石室内试验及成果

根据边坡区出露岩石层位与岩性特点，对 $T_{2-3}z^{3(1-1)}$、$T_{2-3}z^{3(1-3)}$、$T_{2-3}z^{3(1-6)}$ 中厚层变质石英细砂岩与粉砂质板岩取样，做了 5 组 39 个钻孔岩芯样室内试验。

2. 岩石的物理性质

青灰色变质石英细砂岩天然密度 2.69～2.70g/cm³，饱水率 0.32%～0.38%，孔隙率 0.85%～1.03%。

薄层砂质板岩天然密度 2.72～2.74g/cm³，饱水率 0.25%～0.60%，孔隙率 0.69%～1.64%。

3. 岩石的抗压强度

变质石英细砂岩力学实验成果明显偏低，原因是施压方向与岩层层面夹角约为 22°，试验施压时试样多沿层面剪出造成的，没有真实反映岩块的抗压强度。后又在 EL1775 降段支洞内取 $T_{2-3}z^{3(1-3)}$ 砂岩岩块样进一步试验复核，其试验成果见表 4.4-1。

表 4.4-1　料场边坡块状样岩石单轴抗压强度试验成果表

岩石名称	岩样编号	饱和抗压强度 R_{cd}/MPa		天然抗压强度 R_c/MPa		软化系数	取样部位
		单值	均值	单值	均值		
变质石英细砂岩	块1775	87.2	92.6	99.5	105.1	0.88	1775 洞内 $T_{2-3}z^{3(1-3)}$ 层
		95.6		102.7			
		91.4		113.5			
		102.8		109.9			
		84.8		98.8			
		93.7		106.1			

注：压力方向与岩石层面垂直。

(1) 青灰色变质石英细砂岩湿抗压强度平均值为 92.6MPa，软化系数 0.88，属坚硬岩。

(2) 薄层砂质板岩湿抗压强度平均值为 39.15MPa，软化系数 0.77～0.84，属中硬岩。

(3) 岩石抗剪强度。

室内岩芯样三轴抗剪试验是在吸水状态及三向应力条件下进行的。青灰色变质石英细砂岩摩擦系数 $f=1.38～1.39$，黏聚力 $c=9.22～9.73$MPa；薄层砂质板岩摩擦系数 $f=1.23～1.40$，黏聚力 $c=6.59～9.61$MPa。

4. 岩体及结构面原位试验

岩体中的结构面主要是指岩层层面、层间软弱夹层、缓倾角结构面。为了研究结构面的力学特性，在料场边坡施工支洞 EL1775 降段支洞内开挖试验洞，进行现场抗剪试验。

1) 缓倾角结构面抗剪强度

在 EL1775 降段支洞内的 6# 试验平洞选择代表性的缓倾角结构面进行现场大型抗剪试验，采用顺结构面倾向方向平推法，成果见表 4.4-2。

表 4.4-2　边坡岩体缓倾角结构面现场大型抗剪试验成果

结构面类型	抗剪断（峰值）		抗剪（摩擦）	
	f'	c'/MPa	f	c/MPa
缓倾角裂隙	0.49	0.16	0.46	0.09

2) 岩层层面抗剪强度

岩层层面抗剪强度选择了 EL1835 降段支洞内的 2# 试验平洞对 $T_{2-3}z^{3(1-2)}$ 薄层砂岩层面，EL1775 降段支洞内的 5# 试验平洞内对 $T_{2-3}z^{3(1-3)}$ 中厚层砂岩层面、4# 试验平洞内对 $T_{2-3}z^{3(1-4)}$ 薄层砂岩层面进行现场抗剪强度试验，采用顺层面从上向下加力试验，成果见表 4.4-3。

表 4.4-3　边坡岩体岩层层面抗剪试验成果表

岩层层面类型	抗剪断		抗剪（摩擦）		备注
	f'	c'/MPa	f	c/MPa	
$T_{2-3}z^{3(1-2)}$ 薄层砂岩层面	0.46	0.18	0.43	0.11	层面可见黄色锈蚀，结合紧密
$T_{2-3}z^{3(1-4)}$ 薄层砂岩层面	0.52	0.37	0.46	0.13	层面结合紧密
$T_{2-3}z^{3(1-3)}$ 中厚层砂岩	0.29	0.016	0.27	0.014	见黄色锈蚀，附极薄层泥膜，上下盘间结合很差

3) 层间软弱夹层抗剪强度

在 EL1775 降段支洞内的 3# 试验平洞内对 $T_{2-3}z^{3(1-1)}$ 层底界 J_{302} 进行现场大型抗剪试验，采用顺层从上向下加力试验，成果见表 4.4-4。

表 4.4-4　边坡层间软弱夹层现场抗剪试验成果

名称	抗剪断（峰值）		抗剪（摩擦）		备注
	f'	c'/MPa	f	c/MPa	
J_{302}	0.34	0.07	0.33	0.05	沿剪切面破坏，剪切面为鱼鳞状黑色碳质页岩，部分样见极薄层泥膜

4) 结构面中型剪切试验成果

为了查明Ⅱ类层间软弱夹层的性状，本次勘察在现场还进行了中型剪切试验。EL1865 降段支洞内的 $T_{2-3}z^{3(1-4)}/T_{2-3}z^{3(1-5)}$ 分界面现场取样进行抗剪强度试验，成果见表 4.4-5。

表 4.4-5　边坡岩体结构面中型抗剪试验成果表

名称	抗剪断（峰值）		抗剪（摩擦）	
	f'	c'/MPa	f	c/MPa
$T_{2-3}z^{3(1-4)}/T_{2-3}z^{3(1-5)}$ 分界面Ⅱ-306	0.41	0.08	0.39	0.06

5. 岩石（体）的变形特征

在 EL1835 降段支洞内的 1#、2# 试验平洞 $T_{2-3}z^{3(1-3)}$ 中厚层砂岩、$T_{2-3}z^{3(1-2)}$ 薄层砂岩，在 EL1775 降

段支内的 $5^{\#}$ 试验平洞内对 $T_{2-3}z^{3(1-3)}$ 层进行了 3 组现场岩体变形试验。试验采用柔性承压板法。成果见表 4.4-6。

6. 岩体弹性波特性

在边坡钻孔中进行了岩体声波测试，钻孔所测各层岩体的纵波速度值见表 4.4-7。

表 4.4-6 边坡岩体变形试验成果表

试验平洞	地层岩性	应力方向	变形模量/GPa	平均模量/GPa	弹性模量/GPa	平均模量/GPa
$1835\text{-}1^{\#}$	$T_{2-3}z^{3(1-3)}$ 中厚层变质砂岩	垂直层面	3.18	3.89	5.83	6.21
			3.54		5.70	
			4.95		7.10	
		平行层面	15.74	13.51	19.11	20.40
			14.23		22.10	
			10.56		20.00	
$1835\text{-}2^{\#}$	$T_{2-3}z^{3(1-2)}$ 薄层变质砂岩	垂直层面	3.39	2.90	5.10	4.37
			2.20		2.65	
			3.12		5.37	
		平行层面	10.98	11.39	14.15	15.83
			11.24		16.96	
			11.96		16.39	
$1835\text{-}5^{\#}$	$T_{2-3}z^{3(1-3)}$ 中厚层变质砂岩	垂直层面	4.93	6.53	6.07	9.45
			7.83		10.23	
			6.83		12.06	
		平行层面	19.05	20.21	24.37	24.08
			21.12		23.50	
			20.46		24.32	

表 4.4-7 边坡岩体纵波速度值表

地层代号	岩性	声波区间值/(m·s^{-1})	声波平均值/(m·s^{-1})	完整性系数 K_v	完整性评价
$T_{2-3}z^{3(1-6)}$	薄层状变质石英细砂岩夹薄层板岩	3509～6060	5200	0.69	较完整
$T_{2-3}z^{3(1-5)}$	大理岩	4878～6250	5810	0.86	完整
$T_{2-3}z^{3(1-1)}$	大理岩	4878～6250	5670	0.82	完整
	中厚层变质石英细砂岩	3125～6450	5620	0.76	完整
	J_{302}	3145～4082	3420	0.28	较破碎
	J_{301}	2740～4082	3300	0.26	较破碎
$T_{2-3}z^2$	大理岩	3077～6450	5850	0.82	完整

从表 4.4-7 中可以看出，薄层状变质石英细砂岩夹薄层板岩 $V_{pm}=3509～6060\text{m/s}$，$K_v=0.69$；中厚薄层状变质石英细砂岩 $V_{pm}=3125～6450\text{m/s}$，$K_v=0.76$；大理岩 $V_{pm}=3077～6450\text{m/s}$，岩体较完整，均为良好岩体。$J_{301}$、$J_{302}$ 等层间剪切带 $V_{pm}=2740～4082\text{m/s}$，$K_v=0.26～0.28$；岩体较破碎。

钻孔岩体物探声波测试低值异常带统计列于表 4.4-8。从表可以看出，岩体中低值异常除层间破碎带低值外,其余主要是裂隙及风化引起的低值。其纵波速度低值多在 3125～4878m/s,K_v=0.30～0.57;完整性较差。

表 4.4-8 钻孔声波测试岩体低值异常带统计表

孔号	地层代号	岩性	钻孔深度/m	"异常"岩体波速 V_p/(m·s^{-1})	测点数	完整性系数 K_v	物探解释
ZK1	$T_{2-3}z^2$	大理岩	84.8～85.4	3077～4762	4	0.23～0.55	裂隙发育,沿裂面风化
ZK2		大理岩	92.6～92.8	4000～4250	2	0.38～0.43	裂隙,沿裂面风化
ZK3	$T_{2-3}z^{3(1-6)}$	薄层状变质石英细砂岩夹薄层板岩	128.8～129.2	4000～4444	3	0.41～0.51	裂隙,沿裂面风化
			129.8～130.2	4545～4878	3	053～0.61	裂隙,沿裂面风化
			133.8～134	4545～4878	2	053～0.61	裂隙,沿裂面风化
			136.4～136.8	4444～5128	3	0.51～0.67	裂隙,沿裂面风化
			142～142.2	4444	2	0.51	裂隙,沿裂面风化
ZK4	$T_{2-3}z^{3(1-6)}$	薄层状变质石英细砂岩夹薄层板岩	23.2～25	3509～4878	10	0.30～0.57	裂隙发育,沿裂面风化
ZK5	$T_{2-3}z^{3(1-5)}$	青灰色层厚及中厚层变质石英细砂岩。上部夹中厚层状大理岩透镜体	31.2～31.4	3571～4545	2	0.31～0.50	裂隙,沿裂面风化
			32～32.2	4444～4651	2	0.47～0.52	裂隙,沿裂面风化
			43.2	4167	1	0.42	裂隙,沿裂面风化
ZK6	$T_{2-3}z^{3(1-1)}$	变质石英细砂岩	64.9～65.5	3125～4878	4	0.23～0.57	裂隙,沿裂面风化
			67.5～67.9	3846～4878	3	0.35～0.57	裂隙,沿裂面风化
			79.3	4444	1	0.47	裂隙,沿裂面风化
			83.3～84.7	3125～4082	8	0.23～0.40	J_{302}剪切带,岩体风化
			86.5～87.3	2740～4082	5	0.18～0.40	J_{301}剪切带,岩体风化

三、岩体力学参数建议值

根据室内和现场试验成果,试验样品和试验点的地质代表性,结合锦屏一级水电站同地层岩性试验成果,由设计、地质、试验三方研究确定边坡各类岩体和结构面的力学参数建议值,见表 4.4-9。

表 4.4-9 边坡岩(石)体、结构面物理力学参数建议值

岩(石)体、结构面名称	地层代号	岩(石)体质量类别	天然重度/(kN·m^{-3})	加载方向	岩石单轴抗压/MPa 干	岩石单轴抗压/MPa 饱和	岩体变形/GPa 变形模量	岩体变形/GPa 弹性模量	泊松比	岩体抗剪断强度 f'	岩体抗剪断强度 c'/MPa	岩体抗拉强度 R_t/MPa	备注
厚层状大理岩	$T_{2-3}z^2$	II	26.8	∥	70～80	60～70	17～22	22～27	0.25	1.2～1.3	1.3～1.5	0.8～1.0	变形模量、弹性模量、抗剪、抗拉等强度指标,弱风化的弱卸荷岩体按80%取值,弱风化的强卸荷岩体按40%～50%取值
				⊥			15～20	20～25					
青灰色中—厚层状变质细砂岩	$T_{2-3}z^{3(1-9)}$ $T_{2-3}z^{3(1-7)}$ $T_{2-3}z^{3(1-5)}$ $T_{2-3}z^{3(1-3)}$ $T_{2-3}z^{3(1-1)}$	II	26.7	∥	90～105	85～100	15～20	20～25	0.25	1.2～1.3	1.3～1.5	0.8～1.0	
				⊥			10～15	13～18	0.28				

续表 4.4-9

岩(石)体、结构面名称	地层代号	岩(石)体质量类别	天然重度/(kN·m^{-3})	加载方向	岩石单轴抗压/MPa 干	岩石单轴抗压/MPa 饱和	岩体变形/GPa 变形模量	岩体变形/GPa 弹性模量	泊松比	岩体抗剪断强度 f'	岩体抗剪断强度 c'/MPa	岩体抗拉强度 R_t/MPa	备注
青灰色薄层—极薄层状变质细砂岩与板岩互层	$T_{2-3}z^{3(1-8)}$ $T_{2-3}z^{3(1-6)}$ $T_{2-3}z^{3(1-4)}$ $T_{2-3}z^{3(1-2)}$	III_1	26.5	∥ ⊥	50~60	40~50	6~8 3~5	8~10 5~8	0.28 0.30	0.8~1.0	0.8~1.0	0.3~0.5	变弹模、抗剪、抗拉等强度指标,弱风化的弱卸荷岩体按80%取值,弱风化的强卸荷岩体按40%~50%取值
薄层层面										0.4~0.5	0.10~0.15	0.10	
胶结型结构面										0.7~0.8	0.2~0.3		完整新鲜层面;石英脉充填胶结的裂隙等
无充填紧密型结构面	f_{12}、f_{13}、f_{15}、f_{16}、f_{52}等缓倾角裂隙性断层									0.50~0.7	0.15~0.20		无充填的裂隙等
岩块岩屑充填型结构面	f_{17}、f_{18}、f_5、f_6等陡倾角									0.45~0.55	0.08~0.10		陡倾角断层,断层带为碎裂岩,含石英脉局部含泥膜
碎屑夹泥型结构面	J_{304}~J_{320}、J_{201}、J_{202}、J_{203}等									0.35~0.40	0.05~0.08		II类层间软弱夹层
泥夹碎屑型结构面	J_{301}、J_{302}、J_{303}									0.28~0.30	0.02~0.05		I类层间软弱夹层

第五节 边坡监测

一、监测断面的布置与安装完成概况

大奔流沟料场边坡共设置 4 个监测断面。2009 年 1 月开始边坡从坡顶自上而下开挖,2009 年 7 月 25 日开始埋设监测仪器并对开挖边坡进行观测。根据 2011 年第 10 期总第 27 期监测月报(2011 年 9 月 26 日—2011 年 10 月 25 日),截至 2011 年 10 月 25 日各监测断面深层岩体监测仪器已安装完成并进行监测情况如下:

I$^\#$监测断面(YK0+150 桩号),完成安装锚索测力计 11 台,监测点分布 EL2046~EL1917;完成安装多点位移计 2 组。

II$^\#$监测断面(YK0+73.129 桩号),完成安装锚索测力计 14 台,监测点分布 EL2120~EL1911;完成安装多点位移计 7 组,监测点分布 EL2090~EL1955。

III$^\#$监测断面(YK0-36.871 桩号),完成安装锚索测力计 7 台,监测点分布 EL2120~EL1925;多点位移计尚未安装监测。

Ⅳ#监测断面(YK0-204.871桩号),完成安装锚索测力计 11 台,监测点分布 EL2090~EL1926;完成安装多点位移计 3 组,监测点分布 EL2075~EL1985。

下面依据监测月报,对 2010 年 10 月—2011 年 10 月的内观及表观监测成果开展分析。

二、边坡内观监测成果与分析

1. 锚索测力计监测成果

各监测断面锚索测力计锚固力变化监测典型历时曲线图,见图 4.5-1~图 4.5-4。

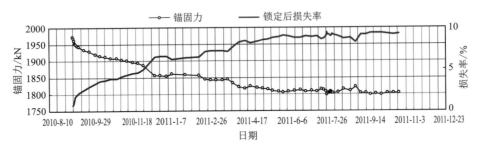

图 4.5-1　Ⅰ#监测断面 SF1-1DBL(EL2046)锚固力变化过程线

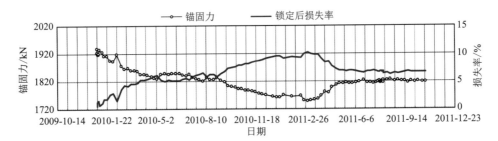

图 4.5-2　Ⅱ#监测断面 SF2-2DBL(EL2090)锚固力变化过程线

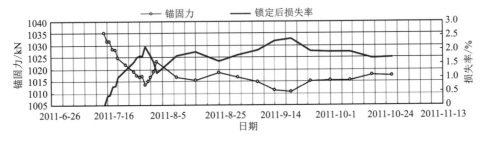

图 4.5-3　Ⅲ#监测断面 SF3-6DBL(EL1925)锚固力变化过程线

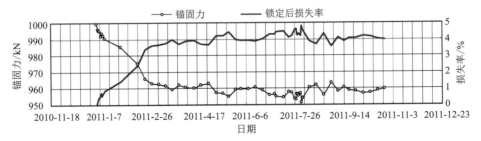

图 4.5-4　Ⅳ#监测断面 SF4-5DBL(EL1985)锚固力变化过程线

2. 锚索多点位移计监测成果

各监测断面锚索多点位移计变化监测典型历时曲线图,见图 4.5-5、图 4.5-6。

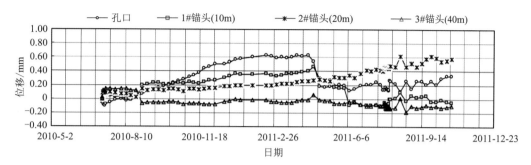

图 4.5-5　Ⅱ#监测断面 M2-3DBL(EL2060)多点位移计绝对位移变化过程线

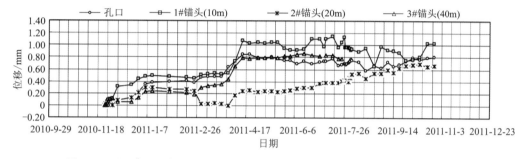

图 4.5-6　Ⅳ#监测断面 M4-3DBL(EL1985)多点位移计绝对位移变化过程线

从边坡内部锚索测力计监测月报与曲线分析:Ⅱ#监测断面 SF2-2DBL 测点与Ⅲ#监测断面 SF3-4DB 测点在 2011 年 2—4 月锚固力表现持续增加,每天变化量最大增加值可达 0.60 kN/d;5—6 月每天变化量在 0.2~0.6kN/d 之间,逐渐减小。10 月底监测显示各监测断面锚固力变化在－0.16~0.25kN/d 之间,锚固力变化趋于平稳。

从边坡内部锚索多点位移计监测月报与曲线分析:Ⅳ#监测断面 M4-3DBL(YK0-171、EL1985)多点位移计在 2011 年 4 月初位移量表现持续增加,且从坡面至内部 30m 各测点均表现出位移量增大。4 月中旬之后变形量相对较平稳。至 10 月底月变形量在－1.97~0.24mm 之间。

从发生变形地段看主要集中在开挖边坡的Ⅱ、Ⅲ区顺向坡地段,从高程看主要发生在 EL2030 以上 $P_{2-3}z^{3(1-1)}$ 厚层砂岩与大理岩坡面,均表现为预应力锚索锚固力的增加且变形大值均邻近桩号 YK+143 Ⅲ区塌方地段。

三、表面变形观测成果与分析

大奔流沟料场边坡截至 2011 年 10 月 21 日。平面位移观测 HD1-1DBL、HD2-5DBL 等共有 18 个测点,垂直位移观测 HD1-1DBL、HD4-3DBL 等共有 18 个测点的强制对中盘盘面高程。观测仪器采用 TCA2003 全站仪,精度指标为测角精度 0.5″,测距精度 1mm+1×10^{-6}m。10 月监测成果如下。

1. 平面位移变形成果及简要分析

1) 测墩 X 方向(即上、下游方向)分析

从变形累计位移值来看,测点 HD1-1DBL、HD1-2DBL、HD2-5DBL、HD2-6DBL、HD3-7DBL、HD4-6DBL、HD01DBL 呈下游方向变形,其他测点均呈上游方向变形,其中变形累计值最大的测点为 HD4-3DBL,其累计变形值为 7.0mm。

从变形间隔位移值来看,测点 HD2-3DBL 呈上游方向变形,其他测点均呈下游方向变形,其中变形

间隔值最大的测点为 HD4-2DBL,其间隔变形值均为 5.0mm。

测墩 X 方向变形历时曲线图见图 4.5-7。

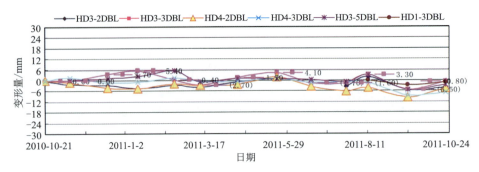

图 4.5-7 测墩 X 方向历时变形曲线图

2）测墩 Y 方向（即河床、山体方向）分析

从变形累计位移值来看,HD4-4DBL、HD4-6DBL、HD01DBL 测点呈河床方向变形,其他全部呈山体方向变形。其中累计变形值最大的测点为 HD4-3DBL,其累计变形值为 12.4mm。

从间隔变形位移值来看,测点 HD2-2DBL、HD2-5DBL、HD2-6DBL、HD3-5DBL、HD3-7DBL、HD4-3DBL 呈山体方向变形,其他测点均呈河床方向变形。其中间隔变形值最大的测点为 HD4-4DBL,其间隔变形值为 5.4mm。

测墩 Y 方向变形历时曲线图见图 4.5-8、图 4.5-9。

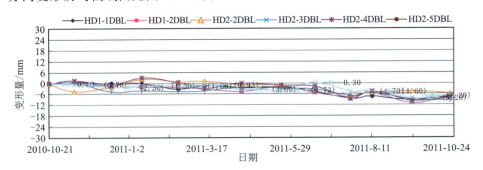

图 4.5-8 测墩 Y 方向历时变形曲线图

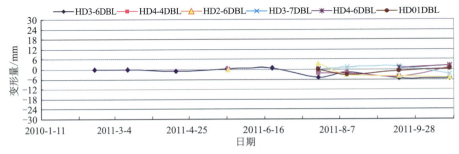

图 4.5-9 测墩 Y 方向历时变形曲线图

3）测墩水平位移及变形速率分析

水平位移最大的测点为 HD4-3DBL,位移变形值为 14.24mm,南偏西 61°方向,间隔值日平均变形速率为 0.07mm/d。间隔值日平均变形速率最大的测点为 HD3-7DBL、HD4-4DBL,日平均变形速率为 0.16mm/d。

2. 垂直位移变形成果统计及简要分析

结果统计结果表明：

(1) 从累计位移值来看，测点 HD1-2DBL、HD2-2DBL、HD3-3DBL、HD3-5DBL、HD4-2DBL、HD4-4DBL、HD01DBL 呈垂直下沉现象，其他测点均呈垂直上抬现象，其中变形量最大的测点为 HD1-1DBL，其累计变形值为 5.9mm。

(2) 从间隔位移值来看，测点 HD3-3DBL、HD3-7DBL、HD4-2DB、HD4-4DBL、HD01DBL 呈垂直下沉现象，其中变形量最大的测点为 HD1-1DBL，其间隔变形值为 5.9mm，间隔值日平均变形速率为 0.17mm/d。

四、监测成果评价

(1) 边坡内部锚索测力计监测表明，边坡测点锚固力变化率 0.2～0.6kN/d，量值平稳，变化较小。

(2) 边坡内多点位移计监测表明，边坡相对位移量均在 1mm 以内，无异常情况发生，观测误差在规定范围之内。

(3) 边坡表观位移监测表明，边坡测点沿上下游方向变化最大量为 HD4-2DBL 测点，向下游变化 5.0mm；沿左右岸方向变化最大量为 HD4-4DBL 测点，向山体变化 5.4mm；沿高程方向变化量最大的为测点 HD1-1DBL，垂直上抬 5.9mm。

综合各监测成果看：大奔流沟料场边坡目前处于稳定状态。

第六节 边坡破坏模式与稳定性评价

一、边坡破坏模式

大奔流沟料场边坡为顺向坡，自然地形坡角 50°～55°，局部为直立状陡崖。在天然状态下自然斜坡是稳定的。

大奔流沟料场因锦屏水电站取料，经开挖形成人工边坡。料场西侧（开挖Ⅱ、Ⅲ区及部分Ⅰ区）为顺向边坡，南侧（开挖Ⅰ区南段）为斜向边坡，北面及东面为自然临空面。

西侧开挖边坡，走向 NE28°，与岩层走向夹角约 2°～10°，基本上为顺层开挖；南侧开挖边坡为侧向开挖，南侧开挖边坡走向与岩层走向夹角约 56°。

由于西侧开挖边坡为顺层开挖、南侧开挖边坡为斜向开挖，其边坡整体破坏模式不同，因此分西侧与南侧两个区进行边坡破坏模式分析。

1. 西侧顺向开挖边坡破坏模式分析

根据开挖支护设计图，西侧开挖边坡走向 NE28°，与岩层走向夹角约 2°～10°，西面边坡基本上为顺层开挖，形成顺向边坡。其范围是开挖Ⅱ、Ⅲ区及Ⅰ区的北段。

根据对边坡地层岩性、地质结构、结构面发育规律、层间剪切软弱夹层的分布特点等地质条件的研究，结合开挖边坡的走向，西侧边坡的破坏模式主要有以下 5 种模式，即浅层滑移剪出破坏、深层滑移剪出破坏、压剪变形溃屈破坏、局部块体破坏及开挖切脚破坏。

1) 浅层滑移剪出破坏

当边坡开挖至一定高程后，临空层（板）状结构岩层沿 $T_{2-3}z^{3(1-3)}$、$T_{2-3}z^{3(1-4)}$、$T_{2-3}z^{3(1-5)}$ 层中的某一层间剪切软弱层带向下蠕滑，沿某一缓倾角（或近水平）结构面或缓倾角断层（破碎带）或一组缓倾角结构面剪出破坏。

勘察表明，边坡岩石具层状结构，岩体中层间软弱夹层发育，在组成坡体岩层 $T_{2-3}z^{3(1-3)}$、$T_{2-3}z^{3(1-4)}$、$T_{2-3}z^{3(1-5)}$ 中存在 J_{305}～J_{310} 等层间剪切软弱夹层及缓倾角结构面或缓倾角断层，这些为边坡岩体发生浅层滑移剪出破坏提供了边界条件。

2) 深层滑移剪出破坏

当边坡开挖至一定高程后,临空层状结构岩层沿边坡岩层深部的 $T_{2-3}z^{3(1-1)}$ 层 J_{301}、J_{302}、J_{303} 等较厚的层间软弱层带向下蠕滑,沿中下部中缓倾角(或近水平)结构面或缓倾角断层(破碎带)或某一组缓倾角裂隙带剪出,引起上部边坡岩体产生整体滑移剪出破坏。

勘察表明,边坡岩体具层状结构,在组成坡体岩层 $T_{2-3}z^{3(1-1)}$ 中存在 J_{301}、J_{302}、J_{303} 等较厚的层间剪切软弱夹层,这3条软弱夹层厚度较大,强度低,为边坡岩体后缘沿层间蠕滑提供了充分条件。

边坡深层滑移剪出破坏发生于边坡的深层,由于 J_{301}、J_{302}、J_{303} 等较厚的层间剪切软弱夹层距坡面水平距离有70~80m,要剪断如此厚度的岩桥,其可能性不大。但是作为一种破坏模式,它是存在的。

3) 压剪变形溃屈破坏

边坡开挖实际是将倾角50°~55°的自然边坡开挖形成单级坡角71°、综合坡角64°左右的人工边坡,综合开挖坡角与岩层真倾角相当。

勘察表明,组成坡体的岩体具有层状结构的特点,这种层状岩体对数百米坡高来讲可视为薄板。当边坡开挖后,层状岩层临江一侧临空,岩层卸荷回弹,层状岩层沿层面蠕滑,边坡岩层在下部受阻时,边坡中下部可能会出现鼓起、拉裂、脱层。当应力集中部位的压剪应力超过岩体的抗剪强度时,岩层剪切折断,引起边坡岩体压剪溃屈破坏,其破坏演进示意图见图4.6-1。

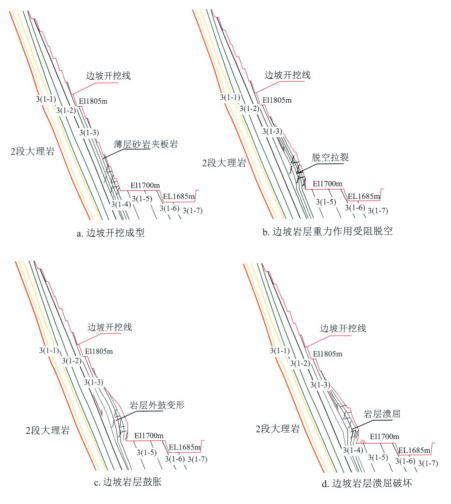

图 4.6-1 边坡压剪溃屈破坏演化示意图

从受力条件看,这种陡倾向坡外的板状结构岩质高边坡,边坡底部岩体受力以压剪应力为主,其主压应力(σ_1)方向与陡倾的岩层层面近于平行,中下部岩层局部存在压剪应力集中区,中上部则主要沿层间剪切带或岩层层面剪切滑动变形,正是几种力的共同作用使边坡岩体产生顺层外鼓式变形,直至溃屈。

边坡岩体溃屈破坏与岩层的层厚、抗剪强度、层间剪切带破碎带或层面的抗剪强度关系密切,而且距离坡面越近的岩层,单层岩层临空高度越高,岩层的开挖回弹卸荷越强,松弛力越大,单层受力增大,岩体的抗剪强度越低。根据地质剖面图,按现在的设计开挖边坡,EL1865以下边坡表层岩层主要是$T_{2-3}z^{3(1-4)}$青灰色薄—极薄层变质石英细砂岩与板岩互层,岩层层厚多为5~10cm,且临空高度较大,边坡岩体易发生溃屈整体破坏。

此外,溃屈折断破坏不仅易发生在临空坡面,还有可能发生在一定水平埋深砂岩中,这是由于边坡岩体软硬相间的结构,加之下部开挖引起坡脚岩体强度的削弱引起的。

4)局部块体破坏

边坡块体破坏模式主要是结构面的组合形成的随机块体破坏模式。根据对西侧顺向坡地质调查与地质编录,尚未发现边坡岩体中发育外倾(中倾角)顺河向长大结构面;对边坡岩石裂隙或断层统计结果显示,边坡岩体中走向NEE组(N60°~90°E)和走向NWW组(270°~300°)两组裂隙或断层结构面最发育,部分裂隙填泥。上述结构面与边坡大角度相交;走向NW组300°~330°和走向NE组30°~60°发育程度次之。上述结构面与边坡临空面构成局部不稳定块体。结构面赤平影图见图4.6-2、图4.6-3。

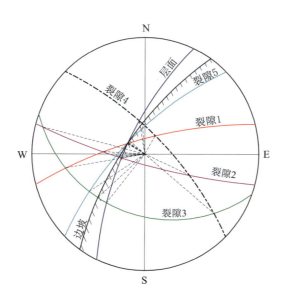

结构面产状统计表		
结构面编号	倾向(°)	倾角(°)
裂隙1	165	75
裂隙2	15	80
裂隙3	20	35
裂隙4	225	70
裂隙5	135	70
层面	115	70
边坡	125	70

不利结构面组合交线产状统计表		
结构面交线	交线倾向(°)	交线倾角(°)
裂隙1与裂隙2	93	49
裂隙1与裂隙3	80	19
裂隙1与裂隙5	120	69
裂隙2与裂隙3	86	4
裂隙2与裂隙5	86	61
裂隙3与裂隙5	57	29
裂隙4与层面	170	58

图 4.6-2 西侧边坡结构面赤平极射投影图

从赤平投影图中可以看出:第①组结构面与第②组结构面构成的不稳定块体较小,但交线倾角较陡,块体稳定性差。第①组结构面与第③组结构面构成的不稳定块体相对较大,交线倾角较缓,块体稳定性较差。岩层局部挠曲使岩层与边坡走向形成一定的夹角,夹角较大且层面倾角较小时层面可与结构面④构成不稳定块体。这些不稳定块体小者零点几立方米,大者数十立方米。块体的破坏与否和结构面的张开

图 4.6-3 结构面组合不利稳定块体结构示意图

红色为裂隙1;粉色为裂隙2;绿色为裂隙3;黄色为裂隙4;浅蓝色为裂隙5;深蓝色为层面

度、充填情况等性状以及爆破对它的影响相关。

西侧坡这种块体一般规模不大，只有当长大裂隙与层面组合时才有可能形成较大规模。如2011年3月23日发生在桩号0+143左右处，EL1955～EL1940段因岩层面与一裂隙性结构结合而发生的一次规模塌方，并引起了EL1975以下部分悬空岩体的变形，至4月中变形又渐向上部发展至EL1985。后经深层支护处理，边坡变形基本稳定。出现这次规模塌方主要是因岩层走向与边坡走向有24°的夹角，岩层层面与一走向65°～70°，倾向SE，倾角68°～73°的长大裂隙形成的不稳块体组合交线倾角65°（小于开挖边坡倾角71°），交线在EL1940坡面出露临空所致（图4.6-4、图4.6-5）。

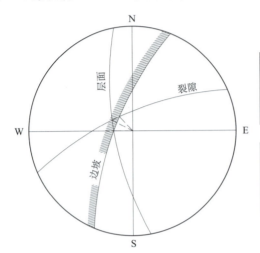

结构面产状统计表

结构面	倾向(°)	倾角(°)
层面	80	70
裂隙	157	70
边坡	112	71

组合交线产状统计表

组合结构面	倾向(°)	倾角(°)
层面与裂隙	118	65
层面与边坡	90	70
裂隙与边坡	138	69

图4.6-4 边坡结构面赤平投影图

5）开挖切脚破坏

边坡开挖切脚破坏主要发生在开挖坡角大于岩层倾角时。

根据开挖设计图，料场边坡单级开挖坡角71°，综合坡角64°左右。从开挖边坡地质编录与地质调查可知，料场边坡EL1910以上岩层倾角多为68°～71°，以下岩层倾角多为64°～68°，局部可达69°～71°。由于每级边坡留有3m宽的马道，其边坡的综合坡角与岩层倾角相当，总体看来，从上至下发生多级边坡切脚的可能性较小，因此发生多级

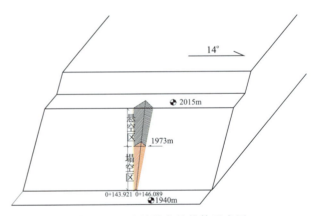

图4.6-5 边坡塌方结构体示意图

或整体开挖切脚破坏的可能性不大。但边坡单层开挖坡角大多与岩层倾角相当，或局部略大于岩层倾角，因此EL1910以下在单层边坡开挖时局部有单层边坡顺层滑塌发生的可能。控制一类型边坡的破坏，最有效的办法是放缓开挖坡比，从开挖揭示岩层倾角看，EL1865及以下岩层倾角总体在64°～68°，因此开挖坡比按综合坡比1：0.5(63.5°)比较合适，完全可以避免这一类整体破坏。

总之，因局部岩层倾角变缓而小于开挖边坡引起的局部切脚块体破坏是局部破形式之一。

2. 南侧斜向坡开挖边坡破坏模式分析

南侧边坡（开挖Ⅰ区南段）为斜向坡，边坡走向N28W，倾向62°，与岩层走向夹角约54°。组成边坡岩体为第5、7小层中厚—厚层变质石英细砂岩，夹少量薄层板岩与大理岩；第6、8小层岩性主要为薄层砂岩与粉砂质板岩互层，夹少量中厚层变质石英细砂岩。地质调查与地质编录显示，边坡裂隙结构面较发育。但该边坡中无顺坡延伸的外倾长大结构，中缓倾角外倾结构面发育密度不大，长度有限，同时由于岩层面的侧向切割限制，该边坡发生整体滑出破坏的可能较小。但边坡岩体经结构面组合形成的局

部块体破坏规模较大,主要是因为 NEE 组长大结构面与层间破碎带或层面构成较大规模块体。南侧边坡的破坏模式主要存在压裂滑移剪出破坏与局部块体破坏两种形式。

1) 压裂滑移剪出破坏

这种破坏模式主要是以走向 NEE 组长大结构面和陡倾层间剪切带为侧向切割面组合,形成大型块体,下部某个部位岩体因强卸荷风化破碎,加之两侧结构面均充填黏土,引起两侧结构面抗剪强度的减弱,造成上部岩体全部压在下部强度不高的板岩岩体之上,进而使得下部岩体被压裂破碎,导致上部大型块体岩柱沿破碎岩体或外倾结构面滑移挤出变形破坏。

2011 年 7 月 4 日发生在桩号 0+200～0+157 高程 1985～1925m 段的 $T_{2-3}z^{3(1-6)}$ 层薄—极薄层砂岩夹板岩和部分 $T_{2-3}z^{3(1-7)}$ 层中—厚层砂岩中的塌方,由 T_{40} 与 J_{312} 组合夹持形成的倒四面体即该种模式的破坏(图 4.6-6、图 4.6-7)。该塌方体高 90m,顺坡塌宽 27～30m,坡顶最大纵深 27.44m,总体积 4100m³。

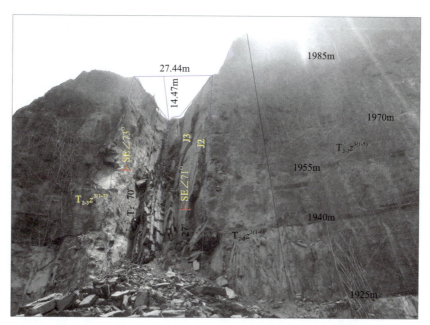

图 4.6-6　2011 年 7 月 4 日南侧斜向坡(Ⅰ区)塌方全景照

T_{40} 走向 75°,倾向 155°～180°或倾向 NW,倾角 65°～80°,结构面起伏,填泥,长度可达 40m。该长大裂隙贯通整个坡面,并向下发育;J_{312} 夹层性状较差。这种破坏模式发生的可能性取决于下部岩体强度、风化与破碎程度、性状、范围与规模;同时,若下部存在外倾结构面,则发生沿外倾结构面剪出的可能性更高。由于 T_{40} 长大裂隙的确定性,并向下发育可能性较大,因此该种破坏模式在南侧边坡向下开挖中仍然可能发生。

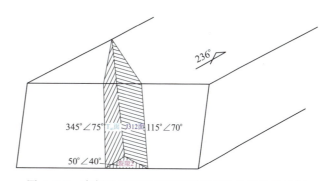

图 4.6-7　南侧边坡压裂滑移剪出破坏块体结构示意图

2) 局部块体破坏

根据统计结果,南侧边坡的主要结构面是:第 1 组裂隙,走向 75°,倾向 155°～180°或倾向 NW,倾角 65°～80°,结构面起伏,填泥,长度可达 40m,该组裂隙长大,密度小,但对边坡稳定影响大;第 2 组裂隙,外倾结构面,倾向 20°～60°,倾角 30°～50°,该组裂隙长度一般 5～10m,裂隙面粗糙,微张开,填泥;第 3

组裂隙,倾向 20°～60°,倾角 50°～89°,该组裂隙长度一般 10m 左右,裂隙面多铁质浸染;第 4 组裂隙,倾向 15°,倾角 60°～90°,裂面较平直;第 5 组裂隙,倾向 135°,倾角 60°～90°裂面较平直。边坡中岩层面或层间破碎带同样是边坡的主要结构面。上述结构面与边坡临空面构成局部不稳定块体。结构面赤平投影图见图 4.6-8～图 4.6-10。

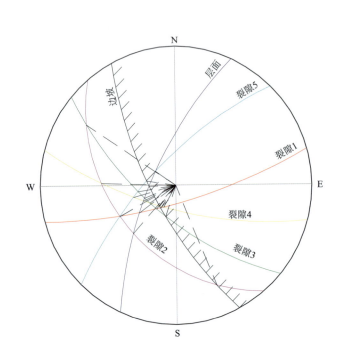

结构面产状统计表

结构面编号	倾向(°)	倾角(°)
裂隙1	345	75
裂隙2	50	40
裂隙3	40	65
裂隙4	15	70
裂隙5	135	70
层面	115	70
边坡	62	70

不利结构面组合交线产状统计表

结构面交线	倾向(°)	倾角(°)
裂隙1与裂隙2	62	39
裂隙1与裂隙3	40	65
裂隙1与裂隙5	62	39
裂隙1与层面	62	39
裂隙1与层面	54	53
裂隙2与裂隙3	124	13
裂隙2与裂隙4	92	32
裂隙2与裂隙5	62	39
裂隙2与层面	43	40
裂隙3与裂隙4	57	64
裂隙3与裂隙5	81	58
裂隙3与层面	68	62
裂隙4与裂隙5	75	54
裂隙4与层面	65	60

图 4.6-8 南侧边坡结构面赤平极射投影图

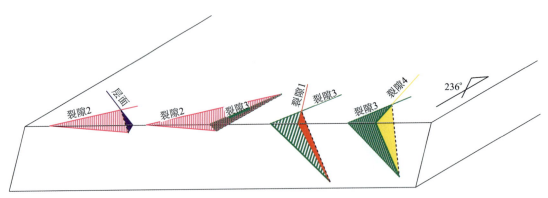

图 4.6-9 结构面组合单面滑移块体结构示意图

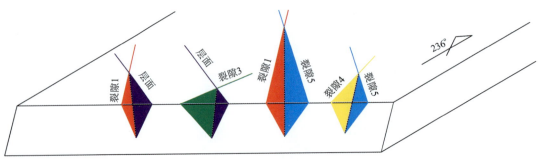

图 4.6-10 结构面组合双面滑移块体结构示意图

从赤平投影图中可看出：第①、③、④组结构面与层间剪切带或层面及第⑤组结构面构成的不稳定块体，交线倾角较陡，块体稳定性差。第②组结构面与层间剪切带或层面及第⑤组结构面构成的不稳定块体，交线倾角相对较缓，构成的不稳定块体规模大，块体稳定性较差。其形成的块体与第②组结构面强度或块体底部岩体完整性与强度相关。当块体底滑面的强度较低时使得下部岩体滑移破坏。其中第①组结构面与层间剪切带构成的大型块体是前述的确定性破坏模式。其他结构面由于裂隙发育程度不高，为非长大结构面，因此形成的块体为随机性潜在不稳定块体。该段边坡虽为侧向坡，但边坡岩体卸荷风化作用强烈，特别是薄—极薄层岩体普遍严重锈染充泥，在开挖至EL1895时就曾发生过两次较大规模破坏。

从开挖结果与地质编录情况看，南侧坡从临江自然边坡向内60～80m范围内，岩体中外倾（倾向30°～55°、倾角25°～55°的中缓倾角）结构面发育，对边坡稳定十分不利，且有NEE组长大结构面斜切边坡，切割深度较大，加之这一带岩体处于边坡外缘，岩体卸荷较强烈，岩体完整性差，发生较大规模块体破坏的可能性较大，应加强支护。

另外，在自然边坡一侧由于$T_{2-3}z^{3(1-8)}$层薄—极薄层砂板岩的出露并临空，加之岩体强风化锈蚀充泥严重，强度低，雨水易软化坡脚岩体，又有邻近爆破振动的影响，从而易产生上部顺层溃屈下滑变形破坏。如2011年6月29日发生在开挖边坡的上游段，因$T_{2-3}z^{3(1-8)}$薄—极薄层砂岩夹板岩强风化破碎，强度低，坡脚又发育一条与岸坡斜交顺倾的中等倾角长大裂隙性结构面T_{50}，加之当时雨水较多软化了坡脚岩体，使其在沿T_{50}面向外滑移的同时，引起上部高约50m的薄板状（厚2～3m）岩体顺层下滑变形破坏（图4.6-11），该次垮塌体总体积约550m^3。

图4.6-11　2011年6月29日Ⅰ区塌方全景照

二、边坡稳定性分析

1. 边坡稳定性计算（刚体极限平衡法）

对于西侧边坡，采用不平衡推力传递法，计算边坡浅层滑移剪出破坏模式和深层滑移剪出破坏模式下不同滑面组合的边坡稳定性系数，以确定最终的边坡稳定系数。

对于南侧边坡J_{312}层间剪切带与T_{40}长大裂隙面形成的楔形体采用规范推荐的楔形体法计算其稳定性。

不平衡推力传递法计算简图如图4.6-12所示。

边坡稳定性系数按下式计算：

$$K = \frac{\sum_{i=1}^{n-1}(R_i \prod_{j=i+1}^{n} \psi_j) + R_n}{\sum_{i=1}^{n-1}(T_i \prod_{j=i+1}^{n} \psi_j) + T_n} \quad (5.6\text{-}1)$$

$$R_i = [(W_i + V_i)\cos\alpha_i - U_{bi} - Q_i\sin\alpha_i]\tan\varphi' + c'_i l_i \quad (5.6\text{-}2)$$

$$T_i = (W_i + V_i)\sin\alpha_i + Q_i\cos\alpha_i \quad (5.6\text{-}3)$$

$$\psi_i = \cos(\alpha_{i-1} - \alpha_i) - \sin(\alpha_{i-1} - \alpha_i)\tan\varphi'/K \quad (5.6\text{-}4)$$

式中：ψ_i 为第 i 计算条块剩余下滑推力向第 $i+1$ 计算条块的传递系数。

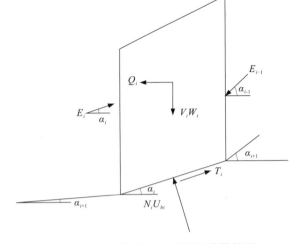

图 4.6-12　不平衡推力传递法计算简图

1) 西侧边坡

(1) 计算边界条件。

锦屏大奔流沟料场高边坡西侧边坡共有 5 种破坏模式。其中，浅层滑移剪出破坏模式和深层滑移剪出破坏模式可以采用刚体极限平衡法进行分析计算；边坡压剪变形溃屈破坏模式的潜在发生位置及规模未知，因此难以采用刚体极限平衡法进行计算，但可采用有限元软件进行模拟分析。而边坡块体破坏和边坡开挖切脚破坏的规模较小，经分析多在数十立方米以下，预防及治理较为容易，而这两种破坏模式的发生位置难以确定，因此难以进行定量分析。

通过前面工程地质条件分析及边坡破坏模式分析，结合边坡实际开挖情况及设计开挖方案，选取 $2-2'$ 剖面为西侧边坡的典型剖面，采用刚体极限平衡法计算边坡稳定性。

由于刚体极限平衡法将岩体视为刚体，不考虑其自身变形，不能计算边坡岩体溃屈破坏的情况，因此刚体极限平衡法仅计算边坡沿潜在滑面发生浅层或深层滑移剪出情况的稳定性，溃屈破坏情况将在下面的数值模拟计算中加以分析。

结合岩层倾角、软弱夹层、岩体结构面分布特征及边坡已开挖及待开挖方案，西侧边坡共有 3 类潜在滑动面：

① 层间软弱夹层。该类软弱夹层又可按性状差异细分为层间剪切破碎夹泥层（Ⅰ类）和层间剪切破碎夹层（Ⅱ类）。

深层滑移剪出破坏，本次计算以Ⅰ类 J_{301} 夹层和Ⅱ类 J_{305} 夹层为潜在后缘滑动面分别计算边坡稳定性，即分别计算边坡岩体沿 $T_{2\text{-}3}z^2$ 大理岩与 $T_{2\text{-}3}z^3$ 砂岩的分界面的 J_{301} 夹层发生深层滑移剪出破坏时的稳定性。浅层滑移剪出破坏，本次计算以 $T_{2\text{-}3}z^{3(1\text{-}3)}$ 与 $T_{2\text{-}3}z^{3(1\text{-}4)}$ 之间的 J_{305} 夹层为滑移面，计算发生浅层滑移剪出破坏时的稳定性。

② 边坡岩体中普遍存在的倾向坡内的缓倾角结构面及缓倾角断层，倾角在 $3°\sim40°$ 之间，尤以倾向 $230°\sim290°$，倾角 $15°\sim35°$，倾向 $315°\sim338°$，倾角 $\angle16°\sim29°$ 的两组内倾结构面最为发育，延伸长度较大，且有多条结构面和断层切穿数个 $T_{2\text{-}3}z^3$ 变质砂岩小层。这两组结构面分布范围较广，在边坡表面及内部各个位置均有分布，因此将这两组结构面定义为潜在底滑面。本次计算仅计算倾角 $=15°$ 的情况（由于该类结构面内倾，倾角大于 $15°$ 时稳定性计算结果必然增大）。

③ 外倾缓倾角结构面及剪断岩桥的外倾潜在滑动面。边坡岩体中倾向坡外裂隙，即倾向 $20°\sim160°$，倾角 $0°\sim45°$ 中缓倾角裂隙共计有 42 条，这些缓倾角结构面连续性较差，发育程度总体较小；分布范围也不广，但该型结构面对边坡稳定的不利影响远大于内倾结构面，边坡岩体沿这些裂隙发生剪出破坏的可能性较大。由于该类裂隙面普遍较短小，因此在沿该类裂隙面发生潜在滑移时，必然需要剪断裂隙面之间的岩桥，因此计算中需考虑结构面的连通率，由于连通率没有实测值，故计算中后缘滑面为

J_{301}夹层时,按10％、20％、30％的连通率分别计算,由于J_{305}夹层距边坡表面较近,外倾结构面相对底滑面长度所占比例较大,且可能发育有切穿岩体的较大结构面,故本次计算以后缘滑面为J_{305}夹层时,按30％的连通率和全连通两种情况计算,全连通情况下结构面参数按紧密无充填结构面类型取值。由于该类潜在滑动面的具体位置及倾角难以确定,本次计算按倾角10°、20°、30°分别计算稳定性。

由于边坡开挖达400余米,开挖完成后坡面形成数十级马道,单个马道相对整个坡体的比例极小,且潜在滑面均较平直,根据马道过多条分或分块,条块之间力的传递过程复杂,方向也易发生微小的变化,对计算结果反而有不利影响。因此本次计算将坡面简化,以综合坡比线结合上部原地形线和实践开挖线表示。图4.6-13及图4.6-14以2—2′剖面为例,给出计算剖面图和不同滑面组合情况下的计算剖面图。由于2、3类潜在滑面的位置与倾角都未知,本次计算分别以EL1805、EL1730、EL1700作为潜在剪出口位置进行计算,在1875m左右高程以延伸长度较大的f_{51}缓倾角断层作为底滑面进行计算。

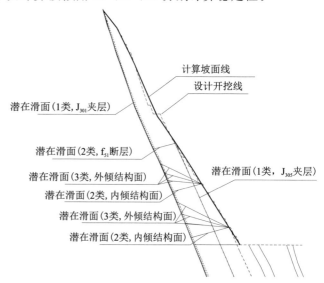

图4.6-13 2—2′计算剖面图

(2)边坡稳定性计算工况及参数取值

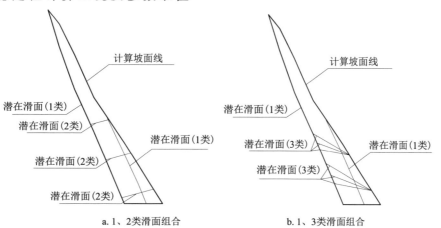

a. 1、2类滑面组合　　　b. 1、3类滑面组合

图4.6-14 2—2′滑面组合图

说明。

考虑到边坡开挖后可能遇到的情况,采取以下计算工况:正常工况、短暂工况(暴雨作用)和偶然工况(暴雨＋地震作用),为叙述方便,上述计算工况分别称为工况一、工况二、工况三代替。

根据岩体力学参数建议值,并参照相关规程规范确定边坡刚体极限平衡法计算物理力学参数(表4.6-1)。由于刚体极限平衡法无法模拟边坡岩体$T_{2-3}z^3$砂岩中1～9小层中厚层及薄层相间的情况,因此岩体物理力学参数采用综合值,考虑薄层岩体及结构面的不利影响,力学参数取值较中间值略低。

边坡地震水平向峰值加速度取0.15g,采用拟静力法进行分析,边坡仅考虑沿水平方向的地震力作用。

(3)稳定性计算结果。

本边坡开挖至EL1700后自然边坡加人工开挖边坡的总高度约700m,为世界罕见的超高边坡,且边坡临江,距锦屏二级水电站坝址仅数百米,边坡失稳可能危及锦屏二级电站的建筑物安全,根据《水电水利工程边坡设计规范》(DL/T 5353—2006)5.0.1条及5.0.4条之规定,本边坡天然工况下安全系数取1.25,短暂工况下安全系数取1.15,偶然工况下安全系数取1.05。

表 4.6-1 边坡岩(石)体、结构面物理力学参数计算值

岩石名称	地层代号	天然容重/(kN·m^{-3})	抗剪断强度(天然)		抗剪断强度(饱水)		抗剪强度	
			f	c/MPa	f'	c'/MPa	f	c/MPa
砂岩	$T_{2-3}z^3$	26.6	1.05	1.15	0.95	1.0		
Ⅱ类软弱夹层	层间剪切破碎夹层						0.35	0.05
Ⅰ类软弱夹层	层间剪切破碎夹泥层						0.28	0.02
胶结较好的结构面							0.70	0.20
紧密无充填结构面							0.50	0.15
岩块岩屑充填结构面							0.45	0.08

按本节列出的滑面组合方式,对 2—2′剖面分别按边坡浅层滑移剪出破坏模式和边坡深层滑移剪出破坏模式进行稳定性计算。

①边坡浅层滑移剪出破坏模式。以层间软弱夹层Ⅱ-J$_{305}$($T_{2-3}z^{3(1-3)}$与$T_{2-3}z^{3(1-4)}$分界处)为后边界,以 EL1805、EL1730、EL1700 三个不同高程平台处潜在发育的内倾及外倾的缓倾角结构面为底边界,进行稳定性计算(表 4.6-2)。

表 4.6-2 2—2′剖面浅层滑移剪出破坏稳定性安全系数计算结果表

滑面组合	剪出口高程	底滑面角度	连通率	工况一	工况二	工况三
a类(1类滑面为305夹层)	1730	−15°	>10		8.887	5.269
b类(1类滑面为305夹层)	1805	10°	30%	4.189	3.606	3.069
			全连通	2.249	1.626	1.360
		20°	30%	3.639	3.109	2.682
			全连通	1.853	1.335	1.124
		30°	30%	3.627	3.087	2.686
			全连通	1.704	1.224	1.035
	1730	10°	30%	2.911	2.549	2.180
			全连通	1.803	1.315	1.110
	1715	20°	30%	2.404	2.088	1.802
			全连通	1.403	1.022	0.863
		30°	30%	2.260	1.949	1.688
			全连通	1.210	0.881	0.739
	1700	10°	30%	2.752	2.424	2.063
			全连通	1.771	1.294	1.089
		20°	30%	2.223	1.943	1.671
			全连通	1.347	0.985	0.829
		30°	30%	2.044	1.774	1.529
			全连通	1.135	0.829	0.693

②边坡深层滑移剪出破坏模式。以层间软弱夹层 $I-J_{301}$（$T_{2-3}z^2$ 与 $T_{2-3}z^{3(1-1)}$ 分界处）为后边界，以 EL1805、EL1730、EL1700 三个不同高程平台处潜在发育的内倾及外倾的缓倾角结构面为底边界，进行稳定性计算（表4.6-3）。

表 4.6-3　2—2′剖面深层滑移剪出破坏稳定性安全系数计算结果表

滑面组合	剪出口高程	底滑面角度	连通率	工况一	工况二	工况三
a类（1类滑面为301夹层）	1875	−15°		>10	7.988	5.145
	1805			>10	>10	6.518
	1730			>10	>10	6.902
b类（1类滑面为301夹层）	1805	10°	10%	2.725	2.426	2.114
			20%	2.481	2.213	1.926
			30%	2.239	2.001	1.739
		20°	10%	2.055	1.821	1.603
			20%	1.875	1.663	1.462
			30%	1.694	1.506	1.321
		30°	10%	1.705	1.499	1.319
			20%	1.558	1.372	1.205
			30%	1.412	1.245	1.091
	1730	10°	10%	2.662	2.377	2.049
			20%	2.424	2.168	1.866
			30%	2.185	1.959	1.685
	1715	20°	10%	1.981	1.761	1.536
			20%	1.806	1.608	1.400
			30%	1.631	1.455	1.265
		30°	10%	1.649	1.457	1.269
			20%	1.505	1.331	1.158
			30%	1.362	1.207	1.048
	1700	10°	10%	2.645	2.364	2.030
			20%	2.407	2.155	1.849
			30%	2.171	1.948	1.668
		20°	10%	1.960	1.744	1.516
			20%	1.786	1.592	1.382
			30%	1.613	1.440	1.248
		30°	10%	1.622	1.435	1.246
			20%	1.481	1.312	1.137
			30%	1.340	1.189	1.029

2）南侧边坡楔形体计算

南侧边坡坡面倾向62°，综合坡角63°，自1895平台至EL1700地面高差195m。南侧边坡的潜在破坏模式主要有压裂滑移剪出破坏与局部块体破坏两种形式，其中南侧边坡上部的 $T_{2-3}z^{3(1-6)}$ 岩体曾沿 J_{312} 层间剪切带（产状117°∠71°）与陡倾的 T_{40} 长大裂隙面（产状160°∠75°）的组合面形成大型楔形体的压裂滑移剪出破坏,而1880m平台以下该组合面仍然存在,且发育有一组外倾缓倾结构面(产状50°∠40°)(1895m以下发育部位未知)。坡面、J_{312}剪切带、T_{40}裂隙构成楔形体,同时楔形体底部可能被外倾缓倾结构面切割,降低其稳定性。而其他结构面形成的局部块体的体积较小,发生破坏的可能性相对较低。因此,压裂滑移剪出破坏是南侧边坡的两种潜在破坏模式中规模及危险性均较大的一种破坏模式,局部块体破坏模式则相对规模及危险性均相对较小,据此对J_{312}层间剪切带(产状117°∠71°)与陡倾的T_{40}长大裂隙面(产状160°∠75°)的组合面形成的大型楔形体进行稳定性评价。

采用边坡块体计算软件slopeblock进行计算。各结构面计算参数按表4.6-1取值。模型高195m(即1895平台至1700平台),由于软件无法设置3级以上的马道,故坡面取综合坡比1∶0.5(63°),缓倾裂隙(产状50°∠40°)具体位置未知,本次计算取距坡脚50m高差位置,见图4.6-15,计算结果见表4.6-4。

表4.6-4 南侧坡楔形体计算结果表

体积(m³)	下滑力(t)	摩擦力(t)	黏滞力(t)	稳定性系数
91 300.63	159 041.53	104 199.57	58 267.86	1.02

3) 结果分析

极限平衡法的计算结果表明,边坡在天然状态下处于整体稳定状态,内倾缓倾角结构面虽然发育,但其对边坡稳定性的影响很小。外倾缓倾角结构面对边坡稳定性的影响大,当30°的外倾缓倾角结构面的连通率达到30%时,以J_{301}夹层和外倾缓倾角结构面形成的滑面组合稳定性较低,在EL1730、EL1700位置极端工况下稳定性小于1.05;在EL1805位置,当存在外倾30°的贯通缓倾角结构面时,极端工况下潜在滑体稳定性小于1.05。在EL1730

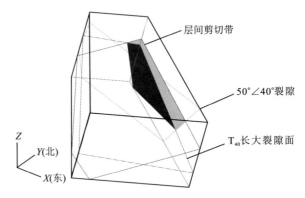

图4.6-15 南侧坡楔形体模型图

位置和EL1700位置,当存在外倾20°的外倾缓倾角结构面,与J_{305}夹层构成全连通滑面时,工况二条件下,潜在滑体稳定性接近1.0的极限平衡状态,工况三条件下,潜在滑体稳定性小于1.0;当EL1730位置及EL1700位置存在30°的贯通缓倾角结构面时,三种工况下稳定性系数均不能满足安全储备要求。

从计算结果来看,降雨和地震对边坡稳定性的影响大。由于本边坡为岩质边坡,坡面及层面倾角均较陡,且因为交通洞和施工支洞的密集分布,地下水的排泄条件良好,因此天然状态下的计算未考虑地下水的因素。但暴雨后由于地下水的疏干需要一个过程,边坡中会产生瞬时积水,同时水会降低边坡岩体及结构面的物理力学参数,因此降雨条件下边坡稳定性的下降幅度较大。同时地震因素对边坡稳定性的影响因素也非常大,从计算结果可以看出,在暴雨叠加烈度为Ⅶ度的地震力作用下,部分潜在滑面的边坡稳定性系数降幅超过35%。

外倾结构面的位置及倾角对边坡稳定性的影响也很大,从EL1805、EL1730与EL1700三个高程潜在剪出口位置的计算结果可以看出,外倾结构面位置越接近坡脚,潜在滑体的稳定性系数越低,外倾结构面的倾角越大,稳定性系数也越低。因此尽量提高终采平台的高层,同时,应加强施工地质工作,对开挖发现的外倾缓倾角裂隙做到及时发现与加固处理,可以有效提高边坡的稳定性。

南侧边坡面倾向62°,综合坡角63°,存在由J_{312}层间剪切破碎带(产状117°∠71°)与陡倾的T_{40}裂隙面(产状160°∠75°)、外倾缓倾结构面(产状50°∠40°)组合而成的不稳定楔形体,计算得天然状态下楔形体稳定性系数为1.02。由于T_{40}裂隙面为近直立的陡倾结构面,倾角在75°~-75°之间变化,外倾缓倾结构面(产状50°∠40°)连续性较差,且倾角在一定范围内变化,边坡坡面按15m高、3m宽保留了多级马道,因此该楔形体的实际稳定性应比计算结果略高,但计算结果反映了该楔形体在天然工况下安全储备严重不足,接近极限平衡状态,一旦发生降雨或地震的情况,该楔形体发生失稳滑动的可能性极大。

2. 边坡溃屈破坏的有限元模拟

本书主要采用国际上通用的岩土工程数值分析软件 FLAC^{3D} 程序对边坡进行开挖数值模拟。为了对不同软件和数值方法的结果进行对比验证,还采用有限元软件 ABAQUS 进行了计算分析。

1) FLAC^{3D} 分析

边坡临界失稳状态下的变形和塑性区见图 4.6-16。根据位移等色区和矢量图可以看出,边坡中上部岩体沿层间剪切带和层面下滑,下部受到中上部下滑作用力呈被动挤压,向坡外隆起变形,表现出溃屈破坏的特征;边坡下部岩体呈压剪状态,塑性区贯通。

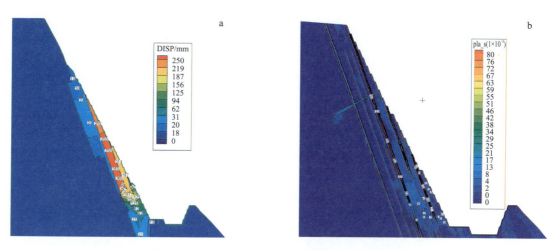

图 4.6-16　边坡临界失稳状态下的变形和塑性区
a.边坡在临界失稳状态下的位移等色区图;b.边坡在临界失稳状态下的等效塑性应变等色区图(以 1×10^{-3} 为基准)

2) ABAQUS 分析结果

为了研究层间错动带及层面对边坡变形特征和失稳模式的影响,采用接触面力学模型对层间错动带和层面进行模拟。

图 4.6-17 所示为边坡开挖至 EL1910 时,进入临界失稳状态时的位移等色区。进入极限状态时,边坡中上部岩体的位移以顺层面向下部滑动为主,下部则以水平朝向临空面的变形为主。边坡下部靠 J_{301} 部位的岩体产生了较大的剪切屈服,从而导致坡脚部位岩体外鼓变形。

由边坡进入临界失稳状态时的滑移路径和塑性区分布来看,边坡的整体失稳模式为

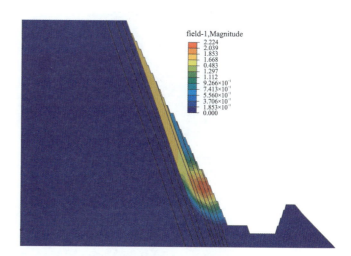

图 4.6-17　临界失稳状态时位移云图(局部放大)

靠 J_{301} 坡外侧的中上部岩体沿着 J_{301} 向下滑动,下部岩体受中上部岩体挤压产生压剪屈服并朝临空方向鼓出。与 FLAC^{3D} 的计算结果接近。

3) 边坡溃屈破坏分析

大奔流沟料场边坡坡体内存在多条层间错动带、层面等软弱结构面,且开挖边坡高达 513m,当边坡开挖后,层状岩层临江一侧临空,岩层卸荷回弹,层状岩层沿层面蠕滑,边坡岩层在下部受阻时,边坡

中下部可能会出现鼓起、拉裂、脱层,当鼓起、拉裂、脱层等部位的拉应力超过岩石的抗拉强度时,岩层折断,引起边坡岩体溃屈整体破坏。

根据宏观定性分析,陡倾坡外的层状岩质边坡产生溃屈破坏大致经历了如图 4.6-18 所示的几个过程:在岩层重力等荷载的驱动下,中上部岩体顺层间软弱面滑移,对应于图 4.6-18a 所示的主动传力区。由于层间软弱面埋入坡体内,致使岩体向下变形受阻,下部岩体形成被动挤压区而向临空面方向隆起,产生弯曲变形。在上部荷载的持续作用下,层状岩体由轻微弯曲(图 4.6-18a)发展为严重弯曲(图 4.6-18b),甚至岩体发生断裂(图 4.6-18c)。下部锁固段岩体刚度和强度削弱后将导致中上部岩体继续下错变形,坡脚部位岩体弯曲隆起加剧,最终导致锁固段岩体被剪断,边坡整体失稳(图 4.6-18d)。

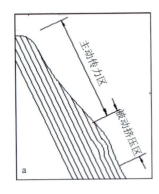
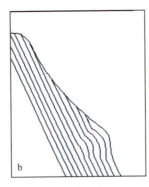

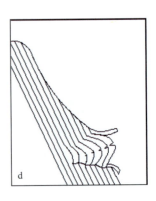

图 4.6-18　顺倾向层状边坡溃屈破坏的形成过程示意图

通过数值模拟(FLAC 和 ABAQUS)的强度折减分析,得到大奔流沟料场边坡极限状态时的变形形态与塑性区分布。边坡处于临界失稳状态时,中上部岩体产生顺层滑移,沿层间错动带或层面滑动下坐,在上覆岩层自重荷载作用下边坡下部岩体发生压剪屈服,在侧向约束解除一侧(即开挖面侧)形成共轭 X 形压剪屈服区,其破坏形式类似于单轴压缩试件(图 4.6-19);同时岩层向坡外侧产生弯曲变形,层面张开,坡脚剪应变强烈集中,呈溃屈向外鼓出,并在边坡下部形成剪出口(图 4.6-20)。

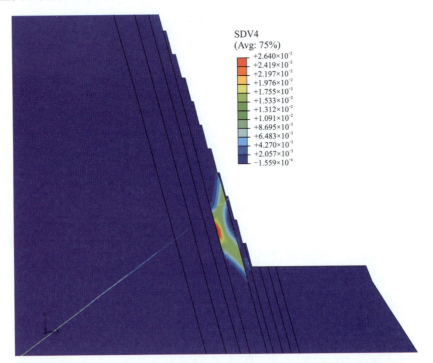

图 4.6-19　开挖至 EL1910 边坡临界失稳状态时的塑性区图(ABAQUS)

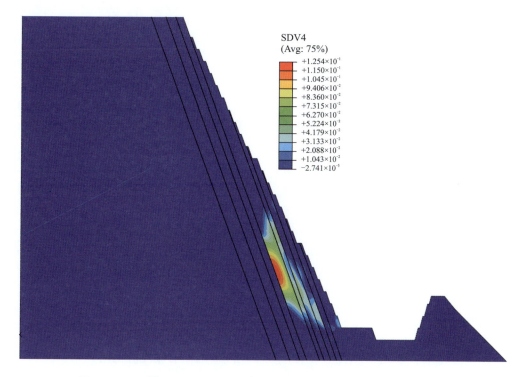

图 4.6-20　开挖至 EL1685 边坡临界失稳状态时的塑性区图（ABAQUS）

三、边坡稳定性评价

西侧边坡（开挖Ⅱ、Ⅲ区）为顺层开挖，形成顺向边坡，边坡破坏模式以浅层、深层滑移剪出破坏和溃屈折断变形破坏为主，局部可能发生开挖切脚破坏和不稳定块体滑移破坏，但切脚破坏和不稳定块体滑移破坏规模较小，且易于治理。南侧边坡（开挖Ⅰ区）为斜向边坡，岩层层面与坡面斜交，发生整体滑移剪出破坏的可能性较小，但由于边坡岩体存在与边坡坡面大角度斜交的陡倾长大裂隙和层间剪切带，且边坡中下部有顺坡向的缓倾角结构面发育，形成规模较大的楔形体。

据地质成果和计算分析表明，边坡的稳定性主要受控于开挖边坡下部岩体的完整性及岩体结构特征、层间剪切软弱夹层和岩层层面的抗剪强度、边坡的开挖高度等。当开挖边坡下部岩体内层间剪切软弱夹层和层面的强度参数降低或层状边坡岩层的高度增大时，将导致边坡安全系数的降低。总体上，边坡具一定规模的潜在的失稳模式为浅层、深层滑移剪出破坏及溃屈破坏。

由于边坡岩体中存在倾角 0°～35°的外倾缓倾角结构面，根据极限平衡法计算的结果，该组缓倾角结构面的发育规模、结构面特性对边坡稳定性的影响极大。通过对 2—2′剖面的计算，整体来看，高边坡在天然状态下虽处于整体稳定状态，但边坡中下部的缓倾角结构面的发育情况对边坡稳定有着至关重要的影响。根据计算结果，在 EL1805 以下如果存在倾角大于 20°，且贯通性较好的外倾结构面，在工况三条件下，边坡安全储备系数将不能满足要求，如果在 EL1730、EL1700 附近存在贯通性较好的外倾结构面，工况二条件下边坡安全系数小于 1，边坡沿 J_{305} 软弱夹层与外倾结构面发生滑移剪出破坏的可能性极大。

根据数值分析结果，虽然边坡在天然状态下处于稳定状态，但边坡开挖过程中受岩体卸荷回弹因素影响，边坡中下部将发生较大的变形，岩体沿层间剪切软弱夹层发生溃屈破坏的可能性存在。

第七节　边坡开挖、支护及运行监测建议

一、边坡开挖建议

根据边坡开挖地质编录成果，EL1925～EL1865 边坡岩层产状大多为 $64°～68°$，岩层倾角与边坡上部变化较大，倾角总体向下部变缓。西侧顺向边坡按设计开挖线，EL1865 以下边坡坡面岩层主要为 $T_{2-3}z^{3(1-4)}$ 青灰色薄—极薄层变质石英细砂岩夹粉砂质板岩。边坡向下开挖坡高不断增加，边坡岩体受力条件更加复杂。对边坡开挖提出如下地质建议。

(1)根据边坡岩层倾角情况及变化趋势，建议西侧顺向坡与南面侧向坡 EL1865 以下单级边坡开挖坡比 1∶0.45，综合坡比 1∶0.5，确保边坡开挖不切脚。

(2)在西侧顺向坡 EL1850 设一级 10～15m 的宽平台，改善开挖完成后边坡下部的岩体受力；同时保证 EL1850 以下边坡表层岩体为较好的 $T_{2-3z}^{3(1-5)}$ 层砂岩。南侧斜向坡鉴于受 T_{40} 大长裂隙切割，岩体总体较破碎，并可能在 EL1865 以下向深部切割，并与岩层或层间错动带形成大型不稳定块体，建议南面坡在高程 EL1865～EL1880 设一级 10～15m 的宽平台。

(3)建议取消 EL1740 临江一侧反坡开挖，向外一直开挖至自然边坡面，有利于取用 $T_{2-3}z^{3(1-9)}$ 层砂岩。

(4)适当放慢边坡开挖降坡速度，使边坡岩体在开挖降坡间歇有较充分的时间来调整和适应边坡应力重分布；同时也能对边坡及时跟进支护。

(5)在边坡开挖过程中，严格按预裂爆破程序作业，适当控制炸药量，分段爆破，对边坡进行保护性开挖。做好自然边坡一侧的锁口支护处理。

(6)在上一级开挖边坡未进行及时跟进支护情况下，严禁下一级边坡开挖。

(7)加强现场施工地质工作和地质问题的预测预报，发现问题及时会同各有关部门人员协商解决。

二、边坡加固措施建议

根据边坡破坏形式分析计算与对边坡的宏观稳定性判断，结合边坡结构面在不同边坡中的出露特点，对可能发生的整体破坏形式和局部块体组合应进行重点加固。依据地质分析结果对边坡加固措施提出如下地质建议。

(1)西侧顺向坡桩号 0+80(6—6′地质剖面)至下游开挖边线，EL1865 以下全部锚索锚固端深入至 $T_{2-3}z^2$ 层大理岩中约 10m，即锚索长度增加到 80～90m，防止边坡沿 J_{301} 等层间剪切带滑移剪出整体破坏。桩号 0+80 至 0+160 段锚索至少应深入至 $T_{2-3}z^{3(1-3)}$ 层中。

(2)西侧顺向坡与南面侧向坡 EL1865 以下单级边坡建议布置三排锚索加强锚固。考虑深层支护的联合受力，建议锚索间增设格构梁。

(3)建议西侧顺向坡锚索改为向上一定仰角进行锚固，增强锚索向上拉锚力；南面斜向坡考虑到对 NEE 组(如 T_{40})长大结构面与岩层面的锚固，锚索水平方向调整一定角度，建议锚索水平方向为 220°左右，有利于锚固 NEE(N70E)组长大结构面与锚索穿越更多岩层，同时视 EL1895 以下岩体的完整性，有必要时宜将局部系统锚杆改为系统锚筋桩，同时增设格构梁。

(4)对于开挖边坡局部完整性较差、强度相对低的 $Ⅲ_2$、Ⅳ 类岩体坡面，建议改系统锚杆为锚筋桩。

(5)建议对 EL2130 以下的降段施工支洞，分高程选择部分支洞对揭露的砂岩夹板岩层段用钢筋混凝土回填处理，使其对岩层层面和层间剪切错动面起到阻滑作用。对未进行回填的支洞增设排水孔，铺设排水沟，以利边坡排水。

(6)南侧斜向坡主要在强至弱卸荷带中开挖，其岩体较破碎，建议：①加强自然边坡一侧坡面的预应力锚索支护处理。②在Ⅰ区南端长约 70m 段的 EL1880 继续留一宽 3～10m 的马道，并加强该段坡面

的系统锚杆支护处理,特别对层间错动带、长大裂隙性结构面加打锚筋支护处理。③对Ⅰ区南端长约70m段已形成的EL1895～EL1865坡面进行框格处理。

三、边坡施工运行监测建议

边坡施工安全监测是了解边坡变形过程、及时发现隐患、确保边坡安全的重要手段。由于料场开挖区地质结构与构造复杂,岩性变化较大,虽然结构面总体发育特征具有规律性,但具体部位的长度、贯通性及性状与所处的地质环境密切,且具有随机性,边坡变形与坡高、结构面发育程度、性状息息相关,因此安全监测是贯穿边坡开挖全过程的重要一环。对以后安全监测工作提出以下地质建议。

(1)南侧边坡增加一条监测断面,了解南侧边坡开挖中边坡深部岩体变形过程与特点。

(2)由于工程区地处暴雨较集中区域,应加强雨季的监测密度。

(3)加强监测资料的整理与分析,对边坡异常变形部位及时发出预警预报,指导施工开挖与支护工作。

(4)随施工开挖及时布设监测点,尽可能增加监测数据,及早对边坡进行监测。

第五章 崩塌、滑坡与泥石流治理工程

第一节 问题的提出

崩塌、滑坡与泥石流是山区主要的斜坡地质灾害。人类生活在地球岩石圈的表层,受大气圈、水圈、生物圈各种内、外营力的作用,它们之间相互制约与促进,构成一个统一的生态系统。当各种自然营力作用失去平衡时,促使斜坡发生崩塌、滑坡、泥石流等地质灾害然现象,给人类生存和工程建设造成威胁和破坏,以致危及人类生命财产的安全,就形成了灾害。在人类生存发展的历史进程中,一方面由于人类自身活动超出环境承载限度时,可诱发或加重灾害的发生与发展;另一方面由于人类高强度的经济开发活动增加了人与环境的互动,诱发灾害的频次增多,灾害的规模增大。2001年5月1日,重庆市武隆县县城江北西段发生山体滑坡,造成一幢8层居民楼房垮塌、79人死亡、数人受伤的重大事故;2016年6月23日晚,重庆永川区红炉镇强降雨引发泥石流灾害,诱发滑坡30处,坍塌12处,造成59间房屋垮塌等灾害。

人类历史上很长一段时期逐水而居,顺应自然环境,地质灾害对人类的危害较轻。随着经济活动频繁,基础建设的日新月异,深挖高填建房、修路架桥,砍伐植被,造地种粮,在水源地建造密集的工厂、矿山,加上近年来的极端天气的影响,使山区地质灾害频频发生。

人与自然是统一体,但又是一对矛盾体,只要处理得当,人与自然就能统一协调,和谐共生。人类可靠自己的活动减轻或防止地质灾害,但若处理不当,就可造成难以恢复的严重后果。

目前虽然还无法完全制止和控制地质灾害的发生,但地质灾害的发育有其一定的规律性、周期性,受环境因素影响。可以通过避让和治理,来避免或减轻因地质灾害造成的损失。地质灾害最经济而有效的措施是对地质灾害点采取绕避,无法避让时应采取相应的治理措施,而其前提是要做好勘察工作,搜集翔实的勘察资料,研究致灾地质体的基本特征、成因、形成机制、稳定性及其发生发展过程,并根据勘察成果进行论证和方案比较,就成为防治地质灾害的必要环节。

第二节 崩 塌

崩塌是指陡坡上的岩土体被裂隙切割、拉裂后,在长期的重力作用下突然脱离母体,向临空面发生倾倒、坠落、滚动、滑落等块体垂直位移大于水平位移运动的地质现象。又称崩落、垮塌、岩崩、山崩等,是一种常见的地质现象(图5.2-1)。块体在运动的过程中由于跳跃、碰撞,使大的岩土块碎裂、解体成小块。岩体或土体中存在的软弱结构面和明显破裂面(如断层、节理、裂隙及层理面等)是引起崩塌的主要原因。岩体崩塌(岩崩)能发生在各类岩石中,通常崩塌沿着软弱结构面发生,同时也受到风化以及裂缝充水,底部被风蚀、侵蚀、淘蚀、开挖等诸多因素影响。当下伏土层为易于冲淘的软弱土层时,其上部固结较好的土层则易发生土体崩塌(土崩)。无论岩崩或土崩,都是由于裂隙产状和临空面的不利组合使岩土体产生拉裂变形(即割离体或危岩),如该斜坡深处存在向外倾斜的长大裂隙或同组裂隙密度很大,且有陡坡(大于50°)和充裕的临空面存在,应引起重视,可能是崩塌发生的前奏。崩塌是运动过程,危岩是相对静止的变形体,要认识崩塌,主要是研究危岩的规模、特征和稳定性。

危岩是指陡坡或悬崖上被裂隙分割可能失稳的岩体(图5.2-2)。

图 5.2-1　崩塌

图 5.2-2　危岩

一、崩塌的分类与发育条件

1. 崩塌分类

按发生原因为分为自然崩塌和人为崩塌（如采矿、开挖等）。

按物质分为土崩和岩崩。土体发生崩塌称为土崩；岩体发生崩塌称为岩崩。

按块体方位分为坠落式和倾倒式。坠落式：斜坡上悬空的岩土块体呈悬臂梁受力状态而发生断裂，以自由落体方式脱离母体；倾倒式：斜坡上岩土体受重力而发生弯曲，最终断裂、倾倒而脱离母体。

按块体规模分为崩塌、坠落和剥落。崩塌是指规模大整体运动，范围大；坠落是个别岩土块体运动，范围小；剥落是指岩屑崩落，剥落后暴露出的坡面依然是稳定的，又称撒落、散落、碎落。

按运动方式分为坠落式、跳跃式、滚动式、滑动式和复合式。

按体积分为：特大型，体积>100 万 m^3；大型，体积为 10 万～100 万 m^3；中型，体积为 1 万～10 万 m^3；小型，体积为 0.1 万～1 万 m^3；较小型，体积为 0.01 万～0.1 万 m^3；微型，体积<0.01 万 m^3（单块脱落、落石）。

分类为崩塌勘察与研究提供命名基础，通常可以依据单分类命名，也可复合命名，如盐池河崩塌就是倾倒式特大型崩塌。

2. 崩塌形成条件及影响因素

崩塌的发生，首先斜坡要具备有利于崩塌发生的地形、地层岩性、地质构造和新构造活动的内部条件；其次要有适合的外部条件，在外部条件如水及振动等的激发下使部分斜坡强度降低和抗阻力减少，从而使其由变形积累而导致开裂、向临空面倾倒以致瞬间脱离母体。

1）地形地貌

从区域地貌条件看，崩塌形成于山地、高原地区；从局部地形看，易发生崩塌的地方地形陡峻，顶底高差大，有效临空面宽。据统计，规模较大的崩塌，一般多产生在高度大于 30m，坡度大于 45°（大多数介于 45°～75°之间）的陡峻斜坡上。斜坡的外部形状，对崩塌的形成也有一定影响。一般在上缓下陡的凸坡和凹凸不平的陡坡上易于发生崩塌，孤立山嘴或凹形陡坡均为崩塌形成的有利地形。另外，斜坡高度越大，崩塌概率越大，其规模也大。如长江和嘉陵江峡谷段、乌江江面与顶部夷平面不但地形陡峻且高差也大于 500m 或上千米，该地区崩塌也较发育。

2) 地层岩性

在地形地貌具备崩塌发育的条件下,地层岩性对其发生具有决定性因素,有以下几种情况:①坚硬且呈脆性岩体易发生崩塌。②巨厚层的沉积岩(如厚层砂岩)与下伏软弱岩层(如泥岩、页岩等)软硬相间所构成的高陡斜坡易发生崩塌,如重庆市渝中区的危岩崩塌。③软硬相间地层构成的坡体(如乌江地区的二叠系、三叠系灰岩与志留系页岩),其硬岩高突而易崩塌(如武隆鸡冠岭岩崩)。④岩浆岩构成的坡体,因其节理裂隙发育,加上后期岩脉穿插,形成有利组合,易产生崩塌。⑤变质岩构成的斜坡,硬厚岩层成陡崖,易产生崩塌。

土质边坡的崩塌类型有溜塌、滑塌和堆塌,统称为坍塌。按土质类型,稳定性从好到差的顺序为碎石土＞黏砂土＞砂黏土＞裂隙黏土;按土的密实程度,稳定性由大到小的顺序为密实土＞中密土＞松散土。

3) 地质构造

完整岩体受构造抗压,断层、裂隙、软弱夹层等结构面切割的不利组合形成不稳定岩块沿临空面容易发生崩塌,故构造是崩塌发生的最重要的因素。

断裂构造对崩塌的控制作用主要表现为:①斜坡岩体的完整性和新构造差异运动构成的地形地貌,在深大断裂交会和新构造强烈地区崩塌较发育。②当陡峭的斜坡走向与区域性断层、长大裂隙平行时,沿该斜坡发生的崩塌较多。③在几组断裂交会的峡谷区,往往是大型崩塌的潜在发生地。④断层中的破碎带所形成的软弱结构面,往往是崩塌的控制面。⑤节理密集分布区岩层较破碎,坡度较陡的斜坡常发生崩塌或落石。

位于褶皱不同部位的岩层遭受破坏的程度各异,因而发生崩塌的情况也不一样:①褶皱核部岩层变形强烈,常形成大量垂直层面的张节理。在多次构造作用和风化作用的影响下,破碎岩体往往产生一定的位移,从而成为潜在崩塌体(危岩体)。如果危岩体受到震动、水压力等外力作用,就可能产生各种类型的崩塌落石。②褶皱轴向垂直于坡面方向时,一般多产生落石和小型崩塌。③褶皱轴向与坡面平行时,高陡边坡就可能产生规模较大的崩塌。④在褶皱两翼,当岩层倾向与坡向相同时,易产生滑移式崩塌,特别是当岩层构造节理发育且有软弱夹层存在时,可以形成大型滑移式崩塌。

4) 水的作用

河流等地表水体不断地冲刷坡脚或浸泡坡脚,削弱坡体支撑或软化岩土体,降低坡体强度,也能诱发崩塌。地下水对崩塌的影响表现为:①充满裂隙的地下水及其流动对潜在崩塌体产生静水压力和动水压力。②裂隙充填物在水的软化作用下抗剪强度大大降低。③充满裂隙的地下水对潜在崩落体产生浮托力。④地下水降低了潜在崩塌体与稳定岩体之间的抗拉强度。边坡岩体中的地下水大多数在雨季可以直接得到大气降水的补给,在这种情况下,地下水和地表水的联合作用,使边坡上的潜在崩塌体更易于失稳。

5) 人类活动

开挖边坡改变了斜坡外形,使斜坡变陡,软弱构造面暴露,使部分被切割的岩体失去支撑,结果引起崩塌;地下采空、水库蓄水、泄水等改变坡体原始平衡状态的人类活动,都会诱发崩塌活动。如1994年4月30日,发生于重庆市武隆县内乌江鸡冠岭山体的崩塌虽然是多种因素综合作用的结果,但在乌江岸边修路爆破和在山坡中段开采煤矿等人类活动是重要的诱发因素。

二、危岩崩塌勘察方法

1. 一般规定

(1)危岩崩塌勘察范围应包括危岩带和相邻的地段,坡顶应到达卸荷带之外一定位置,坡底应到达危岩崩塌堆积区外一定位置。

(2)以地质测绘与调查为主,槽探、钻探和井探为辅,结合陆地摄影测量、透视雷达和弹性波检测等方法。

(3)对已有崩塌堆积体应进行勘察,以地质测绘与调查为主,当宏观判定稳定性较差时应按滑坡勘察的要求进行。

2. 危岩崩塌地质测绘与调查

(1)危岩崩塌地质测绘与调查应先搜集已有的区域构造、地震、气象、水文、植被、人为改造活动、崩塌历史及造成的损失程度等资料,了解与危岩崩塌成生有关的地质环境。

(2)调查危岩所处陡崖(带)岩体结构面性状(产状、性质、延伸长度、深度、宽度、间距、充填物、充水情况),坡体结构(岩性、结构面或软弱层及其与斜坡临空面的空间组合),陡崖岩体卸荷带特征,基座特征(软弱地层岩性、风化剥蚀情况、岩腔及洞穴状况、变形情况),崩塌堆积规模及可能造成的危害。

(3)地质调查比例尺宜为1:1000~1:5000,危岩带地质测绘比例尺宜为1:500~1:1000,危岩体的地质测绘比例尺宜为1:100~1:500。

3. 危岩崩塌勘探

(1)勘探被覆盖或被填充的裂隙特征、充填物性质及充水情况可采用钻探、槽探、井探、跨孔声波测试、孔中彩色电视及地表雷达测试等手段。

(2)勘探控制性结构面的钻孔应采用水平或倾斜钻进,钻孔应穿过控制性结构面,深度不应小于可能的卸荷带最大宽度和结构面最大间距;水平或倾斜钻孔宜按危岩(陡崖)高度的1/2~1/3布置从崖脚起算。

(4)崖顶卸荷带、软弱基座分布范围勘探宜采用槽探和井探。

(5)对危岩带勘察时勘探线应尽量通过危岩体重心,勘探线间距宜为80~100m;对单个危岩进行勘探时,勘探线应通过危岩体重心。

(6)勘探点应能控制危岩体的主要结构面。

(7)危岩崩塌勘察试验样品应在母岩及治理工程可能涉及范围内采集。当结构面中充填土时,应采集土样,数量满足统计要求。

三、危岩的稳定性评价

在进行危岩稳定性计算之前,应根据危岩范围、规模、地质条件,危岩破坏模式及已经出现的变形破坏迹象,采用地质类比法对危岩的稳定性作出定性判断。

危岩稳定性定量评价所采用的荷载可分为危岩自重、裂隙水压力和地震力。"现状"应是勘察期,"暴雨"应是强度重现期为二十年的暴雨。考虑自重同时对滑移式危岩和倾倒式危岩应分别考虑现状裂隙水压力、枯季裂隙水压力和暴雨时裂隙水压力。危岩计算剖面应通过危岩块体重心。

1. 滑移式危岩稳定性计算

(1)后缘无陡倾裂隙的滑移式危岩稳定性按下式计算,如图5.2-3所示。

$$F = \frac{(W\cos\alpha - Q\sin\theta - V) \cdot \tan\varphi + cl}{W\sin\alpha + Q\cos\alpha} \tag{5.2-1}$$

式中:V为裂隙水压力(kN/m),根据不同工况按下式计算:

$$V = \frac{1}{2}\gamma_w h_w^2 \tag{5.2-2}$$

式中:F为危岩稳定性系数;W为危岩体自重(kN/m);α为滑面倾角(°);φ为后缘裂隙内摩擦角标准值(°),当裂隙未贯通时,取贯通段和未贯通段内摩擦角标准值按长度加权的加权平均值,未贯通段内摩擦角标准值取岩石内摩擦角标准值的0.95倍;Q为地震力(kN/m),按公式$Q=\zeta_e W$确定,式中地震水平作用系数ζ_e取0.05;c为后缘裂隙黏聚力标准值(kPa),当裂隙未贯通时,取贯通段和未贯通段黏聚力标准值按长度加权的加权平均值,未贯通段黏聚力标准值取岩石黏聚力标准值的0.4倍;l为滑面长度(m);r_w为水的重度,取10kN/m³;h_w为裂隙充水高度(m),取裂隙深度的1/2~2/3;其他符号意义同前。

(2) 后缘有陡倾裂隙、滑面缓倾时，滑移式危岩稳定性本章第三节平面滑动法计算。

2. 倾倒式危岩稳定性计算

(1) 后缘岩体抗拉强度控制时，按下式计算（图 5.2-4）：

危岩重心在倾覆点之外时：

$$F = \frac{\frac{1}{2}f_{lk} \cdot \frac{H-h}{\sin\beta}\left(\frac{2}{3}\frac{H-h}{\sin\beta} + \frac{b}{\cos\alpha}\cos(\beta-\alpha)\right)}{W \cdot a + Q \cdot h_0 + V\left(\frac{H-h}{\sin\beta} + \frac{h_w}{3\sin\beta} + \frac{b}{\cos\alpha}\cos(\beta-\alpha)\right)} \tag{5.2-3}$$

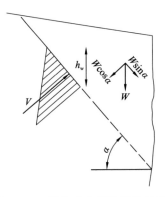

图 5.2-3 滑移式危岩稳定性计算
（后缘无陡倾裂隙）

危岩重心在倾覆点之内时：

$$F = \frac{\frac{1}{2}f_{lk} \cdot \frac{H-h}{\sin\beta} \cdot \left(\frac{2}{3}\frac{H-h}{\sin\beta} + \frac{b}{\cos\alpha}\cos(\beta-\alpha)\right) + W \cdot a}{Q \cdot h_0 + V\left(\frac{H-h}{\sin\beta} + \frac{h_w}{3\sin\beta} + \frac{b}{\cos\alpha}\cos(\beta-\alpha)\right)} \tag{5.2-4}$$

式中：f_{lk} 为危岩体抗拉强度标准值（kPa），根据岩石抗拉强度标准值乘以 0.4 的折减系数确定；H 为后缘裂隙上端到未贯通段下端的垂直距离（m）；h 为后缘裂隙深度（m）；h_w 为后缘裂隙充水高度（m）；a 为危岩体重心到倾覆点的水平距离（m）；b 为后缘裂隙未贯通段下端到倾覆点之间的水平距离（m）；h_0 为危岩体重心到倾覆点的垂直距离（m）；α 为危岩体与基座接触面倾角（°），外倾时取正值，内倾时取负值；β 为后缘裂隙倾角（°）；其他符号意义同前。

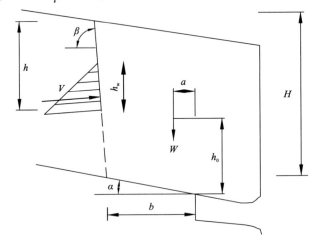

图 5.2-4 倾倒式危岩稳定性计算
（后缘岩体抗拉强度控制时）

(2) 由底部岩体抗拉强度控制时，按下式计算（图 5.2-5）。

$$F = \frac{\frac{1}{3}f_{lk} \cdot b^2 + W \cdot a}{Q \cdot h_0 + V\left(\frac{1}{3}\frac{h_w}{\sin\beta} + b\cos\beta\right)} \tag{5.2-5}$$

式中各符号意义同前。

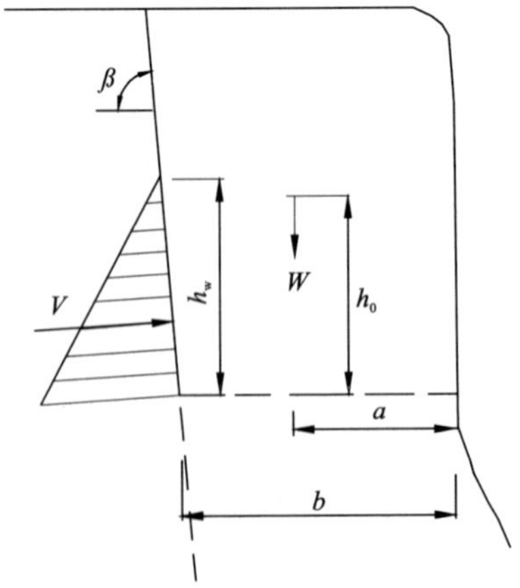

3. 坠落式危岩稳定性计算

(1) 对后缘有陡倾裂隙的悬挑式危岩，按下列二式计算，稳定性系数取两种计算结果中的较小值（图 5.2-6）：

$$F = \frac{c(H-h) - Q\tan\varphi}{W} \tag{5.2-6}$$

$$F = \frac{\zeta \cdot f_{lk} \cdot (H-h)^2}{Wa_0 + Qb_0} \tag{5.2-7}$$

图 5.2-5 倾倒式危岩稳定性计算
（由底部岩体抗拉强度控制）

式中：c 为危岩体黏聚力标准值（kPa）；ζ 为危岩抗弯力矩计算系数，依据潜在破坏面形态取值，一般可取 1/12～1/6，当潜在破坏面为矩形时可取 1/6；a_0 为危岩体重心到潜在破坏面的水平距离（m）；b_0 为危岩体重心到潜在破坏面中心的铅垂距离（m）；f_{lk} 为危岩体抗拉强度标准值(kPa),根据岩石抗拉强度标准值乘以 0.20 的折减系数确定;φ 为危岩体内摩擦角标准值(°);其他符号意义同前。

(2)对后缘无陡倾裂隙的悬挑式危岩按下列二式计算,稳定性系数取两种计算结果的较小值(图 5.2-7)。

$$F = \frac{c \cdot H_0 - Q\tan\varphi}{W} \quad (5.2\text{-}8)$$

$$F = \frac{\zeta \cdot f_{lk} \cdot H_0^2}{W \cdot a_0 + Q \cdot b_0} \quad (5.2\text{-}9)$$

式中:H_0 为危岩体后缘潜在破坏面高度(m);f_{lk} 为危岩体抗拉强度标准值(kPa),根据岩石抗拉强度标准值乘以 0.30 的折减系数确定;其他符号意义同前。

4. 危岩稳定状态

根据《地质灾害防治工程勘察规范》(DB 50/T 143—2018),按危岩稳定系数判断危岩稳定状态时,应符合表 5.2-1 的规定。

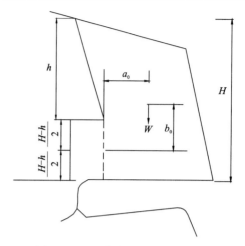

图 5.2-6 坠落式危岩稳定性计算
(后缘有陡倾裂隙控制)

四、崩塌防治措施

1. 崩塌防治原则

由于崩塌发生得突然而猛烈,治理比较困难而且复杂,特别是大型崩塌,一般多采用以预防为主的原则。

在工程选址或线路选线时,应注意根据斜坡的具体条件,认真分析崩塌的可能性及其规模。对有可能发生大、中型崩塌的地段,有条件绕避时,宜优先采用绕避方案。若绕避有困难时,可调整路线位置,离开崩塌影响范围一定距离,尽量减少防治工程,或考虑其他通过方案(如隧道、明洞等),确保安全。对可能发生小型崩塌或落石的地段,应视

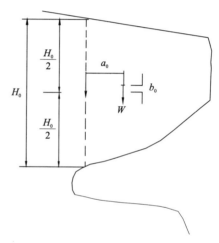

图 5.2-7 坠落式危岩稳定性计算
(后缘无陡倾裂隙控制)

地形条件进行经济比较,确定绕避还是设置防护工程。如拟通过,路线应尽量争取设在崩塌体停积区范围之外。如有困难,也应使路线离坡脚有适当距离,以便设置防护工程。

表 5.2-1 危岩稳定状态

危岩类型	危岩稳定状态			
	不稳定	欠稳定	基本稳定	稳定
滑移式危岩	$F<1.0$	$1.00 \leqslant F<1.15$	$1.15 \leqslant F<F_t$	$F \geqslant F_t$
倾倒式危岩	$F<1.0$	$1.00 \leqslant F<1.25$	$1.25 \leqslant F<F_t$	$F \geqslant F_t$
坠落式危岩	$F<1.0$	$1.00 \leqslant F<1.35$	$1.35 \leqslant F<F_t$	$F \geqslant F_t$

注:F_t 为危岩稳定安全系数,根据不同行业、规范和工程防治等级确定。

在工程设计和施工中,避免使用不合理的高陡边坡,避免大挖大切,以维持山体的平衡。在岩体松散或构造破碎地段,不宜使用大爆破施工,以免由于工程技术上的错误而引起崩塌。

在整治过程中,必须遵循标本兼治、分清主次、综合治理、生物措施与工程措施相结合、治理危岩与保护自然生态环境相结合的原则。通过治理,最大限度降低危岩失稳的诱发因素,达到治标又治本的目的。

此外,应加强减灾防灾科普知识的宣传,严格进行科学管理;合理开发利用坡顶平台区的土地资源,防止因城镇建设和农业生产加快危岩的形成,杜绝发生崩塌的诱发因素。

2. 工程防治措施

崩塌落石防治措施可分为防止崩塌发生的主动防护和避免造成危害的被动防护两种类型。具体方法的选择取决于崩塌落石历史、潜在崩塌落石特征及其风险水平、地形地貌及场地条件、防治工程投资和维护费用等。常见的防治崩塌的工程措施有:

(1)清除。山坡或边坡坡面崩落岩块的体积和数量不大,岩体的破碎程度不严重,可全部清除并放缓边坡。

(2)遮挡。即遮挡斜坡上部的崩塌落石。这种措施常用于中、小型崩塌或人工边坡崩塌的防治中,通常采用修建明硐、棚硐等工程进行,在铁路工程中较为常用。

(3)拦截。对于仅在雨季才有坠石、剥落和小型崩塌的地段,可在坡脚或半坡上设置拦截构筑物,如设置落石平台和落石槽以停积崩塌物质,修建挡石墙以拦坠石,利用废钢轨、钢钎及钢丝等编制钢轨或钢纤栅栏来挡截落石。

(4)支挡。在岩石突出或不稳定的大孤石下面,修建支柱、支挡墙或用废钢轨支撑,用石砌或用混凝土作支垛、护壁、支柱、支墩、支墙、锚杆(索)等,以增加斜坡的稳定性。

(5)护墙、护坡。在易风化剥落的边坡地段修建护墙,对缓坡进行坡面喷浆砌石铺盖、水泥护坡等以防治软弱岩层进一步风化,进行灌浆缝,镶嵌、锚栓以恢复和增强岩体的完整性。一般边坡均可采用。

(6)镶补勾缝。对坡体中的裂隙、缝、空洞可用片石填补空洞,用水泥砂浆勾缝可防止裂隙、缝、洞的进一步发展。

(7)刷坡(削坡)。在危石、孤石突出的山嘴以及坡体风化破碎的地段,采用刷坡来放缓边坡。

(8)排水。在有水活动的地段,布置排水构筑物,可拦截疏导、调整水流,如修筑截水沟、堵塞裂隙等,防止水流大量渗入岩体而威胁斜坡的稳定性。

(9)SNS技术。近几年来,一种全新的SNS柔性拦石防护技术在我国水电站、矿山、道路等各种工程现场的崩塌落石防护中得到了广泛的应用。SNS系统是利用钢绳网作为主要构成部分来防护崩塌落石危害的柔性安全网防护系统,它与传统刚性结构防治方法的主要差别在于该系统本身具有的柔性和高强度,更能适应于抗击集中荷载和高冲击荷载。当崩塌落石能量高且坡度较陡时,SNS钢绳网系统不失为一种十分理想的防护方法。

该系统包括主动系统和被动系统两大类型。前者通过锚杆和支撑绳固定方式将钢绳网覆盖在有潜在崩塌落石危害的坡面上,通过阻止崩塌落石发生或限制崩落岩石的滚动范围来实现防止崩塌危害的目的。后者为一种栅栏式拦石网,它采用钢绳网覆盖在潜在崩岩的边坡面上,使崩岩滑坡面滚下或滑下而不致剧烈弹跳到坡脚之外,它对崩塌落石发生频率高、地域集中的高陡边坡的防治既有效又经济。

SNS被动防护系统由钢绳网、减压环、支撑绳、钢柱和拉锚5个主要部分构成。该系统既可有效防止崩塌灾害,又可以最大限度地维持原始地貌和植被,保护自然生态环境。

落石的冲击力按可能出现的单个大块落石的质量进行计算,单个落石石块的质量应根据调查确定,并了解母岩节理裂缝切割情况,考虑崩塌物体滚动时经碰撞而变小的可能。

根据《公路路基设计规范》(JTJ 013),落石的冲击力按下式计算(图5.2-8)。

$$P = P(Z) \cdot F \quad (5.2\text{-}10)$$

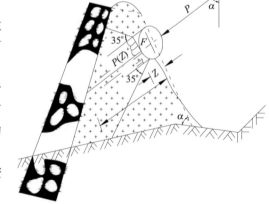

图 5.2-8 落石冲击力计算示意图

$$P(Z) = 2 \cdot \gamma \cdot Z \left[2 \cdot \tan^4 \left(45° + \frac{\varphi}{2} \right) - 1 \right] \qquad (5.2\text{-}11)$$

式中：Z 为碰撞的石块陷入深度（m），按下式计算：

$$Z = v \sqrt{\frac{Q}{2 \cdot g \cdot \gamma \cdot F \left[2 \cdot \tan^4 \left(45° + \frac{\varphi}{2} \right) - 1 \right]}} \qquad (5.2\text{-}12)$$

式中：v 为落石碰撞前的末段速度（m/s），宜调查或试验确定；Q 为石块重力（kN）；g 为重力加速度（m/s²）；γ 为缓冲填土容重（kN/m²）；F 为假定石块为球体的圆截面面积（m²），$F = \pi \left(\frac{3Q}{4\pi \cdot \gamma} \right)^{2/3}$；$\varphi$ 为缓冲填土摩擦角（°）。

冲击力 P 作用到缓冲土层的扩散角可考虑为 35°，以扩散角达到构造物上的宽度而确定冲击力的分布。

设计构造物的荷载分两种情况考虑：①拦石墙背顶被落石堆满或明洞顶的土堆积到天然休止角后，再与落石的冲击力组合。②受墙背或明洞顶人工回填的缓冲土层作用与落石的冲击力相组合。

第三节　滑　坡

滑坡是指斜坡上的岩土体，在重力作用下，沿着一定的软弱结构面（带）产生剪切破坏，整体或局部向下运动的现象。滑坡是一种常见的斜坡地质灾害，俗称山移、地滑、走山、垮山、土溜、崩岗等（图 5.3-1）。

图 5.3-1　滑坡（https://www.zjol.com.cn）

滑坡的特征表现为：①一般发生变形破坏的岩土体以水平位移为主，垂直动力为辅，除滑体边缘存在为数较少的崩离碎块和翻转现象外，滑体上各部分的相对位置在滑动前后变化不大。②滑体始终沿着一个或几个软弱面（带）滑动，岩土体中各种成因的结构面均有可能成为滑动面，如岩土界面、岩层层面、断层面、贯通的节理裂隙面、古地形面等。③滑坡滑动过程可以在瞬间完成，也可能持续几年或更长的时间。规模大的滑坡一般是缓慢地、长期地往下滑动，其位移速度多在突变阶段才显著增加，滑动过程可以延续数年至数十年甚至更长的时间。有些滑坡滑动速度也很快,如2009年8月发生的綦江鱼栏嘴水库张家沟滑坡,从发现滑坡后缘开裂→变形→滑动→停止,仅数十日时间。

一、滑坡的分类与发育条件

1. 滑坡分类

(1)按滑坡岩土体和结构因素分类,如表5.3-1所示。

表5.3-1　滑坡岩土体和结构因素分类(据《滑坡防治工程勘查规范(GB/T 32864)》)

类型	亚类	特征描述
土质滑坡	滑坡堆积体滑坡	由前期滑坡形成的块碎石堆积体,沿下伏基岩顶面或滑坡体内软弱面滑动
	崩塌堆积体滑坡	由前期崩塌等形成的块碎石堆积体,沿下伏基岩或滑坡体内软弱面滑动
	黄土滑坡	由黄土构成,大多发生在黄土体中,或沿下伏基岩面滑动
	黏土滑坡	由具有特殊性质的黏土构成,如昔格达组、成都黏土等
	残坡积层滑坡	由基岩风化壳、残坡积土等构成,通常为浅表层滑动
	冰水(碛)堆积物滑坡	冰川消融沉积的松散堆积物,沿下伏基岩或滑坡体内软弱面滑动
	人工填土滑坡	由人工开挖堆积弃渣构成沿下伏基岩面或滑坡体内软弱面滑动
岩质滑坡	近水平层状滑坡	沿缓倾岩层或裂隙滑动,滑动面倾角不大于10°
	顺层滑坡	沿顺坡岩层层面滑动
	切层滑坡	沿倾向坡外的软弱面滑动与岩层层面相切
	逆层滑坡	沿倾向坡外的软弱面滑动,岩层倾向山内,滑面与岩层倾向相反
	楔体滑坡	厚层块状结构岩体中多组软弱面切割分离楔形体的滑动
变形体	岩质变形体	由岩体构成,受多组软弱面控制,存在潜在滑面,已发生局部变形破坏,但边界特征不明显
	土质变形体	由堆积体构成(包括土体),以蠕滑变形为主,边界特征和滑动面不明显

(2)按滑坡其他成因分类,如表5.3-2所示。

表5.3-2　滑坡其他成因分类

有关因素	名称类别	特征说明
滑体厚度	浅层滑坡	滑坡厚度在10m以内
	中层滑坡	滑坡厚度10~25m
	深层滑坡	滑坡厚度25~50m
	超深层滑坡	滑坡厚度超过50m
滑动形式	推移式滑坡	上部岩(土)层滑动,挤压下部产生变形,滑动速度较快,滑体表面波状起伏,多见有堆积物分布的斜坡地段
	牵引式滑坡	下部先滑,使上部失去支撑面变形滑动,一般速度较慢,多具上小下大的塔式外观,横向张性裂隙发育,表面多呈阶梯状或陡坎

续表 5.3-2

有关因素	名称类别	特征说明
发生原因	工程滑坡	由于切脚或加载等人类工程活动引起的滑坡
	自然滑坡	由于自然地质作用产生的滑坡
现今活动程度	活动滑坡	发生后仍继续活动的滑坡，或暂时停止活动，但近年内活动过的滑坡
	不活动滑坡	发生后停止发展
发生年代	新滑坡	现今正在发生滑动的滑坡
	老滑坡	全新世以来发生滑动，现今整体稳定的滑坡
	古滑坡	全新世以前发生滑动的滑坡，现今整体稳定的滑坡
滑体体积 V	小型滑坡	$V<10\times10^4\mathrm{m}^3$
	中型滑坡	$10\times10^4\leqslant V<100\times10^4\mathrm{m}^3$
	大型滑坡	$100\times10^4\leqslant V<1000\times10^4\mathrm{m}^3$
	特大型滑坡	$1000\times10^4\leqslant V<10\,000\times10^4\mathrm{m}^3$
	巨型滑坡	$V\geqslant100\,000\times10^4\mathrm{m}^3$

2. 滑坡形成条件及影响因素

滑坡的形成主要由内部因素决定，外部因素影响滑坡的发展。

1) 滑坡发育的内部条件

滑坡发育的内部条件是指斜坡本身所具备的或潜在的利于滑坡发生的地形地质条件，即滑坡发生的必要条件。

(1) 地形地貌。斜坡的高度、坡度、形态和成因与滑坡有着密切的关系。高陡斜坡通常比低缓斜坡更容易失稳而发生滑坡。斜坡的成因、形态反映了斜坡的形成历史、稳定程度和发展趋势，对斜坡的稳定性也会产生重要的影响。如山地的缓坡地段，由于地表水流动缓慢，易于渗入地下，因而有利于滑坡的形成和发展。山区河流的凹岸易被流水冲刷和淘蚀，当高阶地前缘坡脚被地表水侵蚀和地下水浸润，这些地段也易发生滑坡。

据统计资料，18°~45°的斜坡发生滑坡的可能性最大，约占统计总数量的80%。地形坡度在18°~22°之间的较陡坡和相对高差在40~80m之间的矮坡常分布于受地表水强烈冲刷的地带，在一定重力势能和强烈地下水共同作用下，极易诱发浅层小规模滑坡；地形坡度大于27°和相对高差大于120m的高坡由于具备较大重力势能，常诱发深层大规模滑坡；45°以上斜坡发生的滑坡，多为崩塌性滑坡。红层地区阶梯状地形地貌，常见滑坡，一般滑面倾角较缓。此外，长江上游地区还具备滑移控制面得以暴露或剪出的有效临空面。

(2) 地层岩性。不同地质时代、不同岩性的地层中都可能形成滑坡，但滑坡产生的数量和规模与岩性有密切关系。滑坡主要发生在易于亲水软化的土层中和一些软质岩层中，当坚硬岩层或岩体内存在有利于滑动的软弱面时，在适当的条件下也可能形成滑坡。容易产生滑坡的土层有胀缩黏土、黄土和黄土类土，以及黏性的山坡堆积层等。它们有的与水作用容易膨胀和软化，有的结构疏松，透水性好，遇水容易崩解，强度和稳定性容易受到破坏。容易产生滑坡的软质岩层有页岩、泥岩、泥灰岩、易风化的凝灰岩等遇水易软化的岩层。此外，千枚岩、片岩等在一定的条件下也容易产生滑坡，这些地层往往称为易滑地层。

渝西地区地层岩性为红层地区，软弱的泥岩分布较广，属易滑地层。

(3)地质构造。埋藏于土体或岩体中倾向与斜坡一致的层面、夹层,基岩顶面,古剥蚀面、不整合面、层间错动面、断层面、裂隙面、片理面等,一般都是抗剪强度较低的软弱面(带),当斜坡受力情况突然变化时,都可能成为滑坡的滑动面。如堆积体滑坡的滑动面,往往就是下伏的基岩面与堆积体的岩土界。岩质滑坡滑移控制面与斜坡的不利组合,形成不稳定块体,促成滑坡的发生。这些软弱结构面控制了滑动面的空间展布及滑坡的范围。

地质构造复杂,构造断裂带和特殊构造部位(如紧密褶皱轴部),岩石破碎,裂隙发育,都为滑坡生成提供了有利的地质构造环境,滑坡常沿其密集分布。渝西地区滑坡在背斜轴部、背向斜之间的转折部位、构造断裂带亦相对密集。

(4)地震。每次较强地震都破坏斜坡的稳定性,直接触发大量滑坡。

(5)地下水动态。由于人为和自然因素,使坡体内都地下水位升高,也使滑带发生物理、化学变化,强度降低,有的产生渗流变形作用,致使本来处于稳定状态的坡体稳定度降低。

2)滑坡发育的外部条件

(1)降水。降水是触发滑坡的主要外部因素,降雨量和降雨强度是滑坡发生与发展的重要或主要诱因。据统计,约94%的滑坡发生在雨季。雨水的浸泡使解体软化形成滑带,降低滑带抗剪强度,孔隙水压力增大,滑面土有效法向应力降低即抗滑力降低产生静水压力和动水压力,使下滑力增大。据研究,滑坡分布密集区绝大部分位于年平均降雨量 800~1200mm 的区域内。当50mm 的日降雨量持续数日,斜坡就会发生大量崩滑。

(2)坡脚淘蚀作用。在江河的凹岸处,由于地表水的淘蚀作用而产生滑坡是较为普遍的。若河流凹岸处具备产生滑坡的内部条件,基本上都有滑坡的发生,并且稳定性较差。

(3)坡面加载作用。坡面加载是由崩塌、坠落物等长期积累的结果。如长江新滩滑坡的多次活动主要是由于滑坡后壁上的崩积物质不断堆积在滑坡后部,当积累到一定程度时,就不可避免地失稳下滑。

(4)人类活动。人类活动在滑坡发育中的作用日益突出,尤其是山区道路、厂矿、水利水电工程和城镇建设,常因山坡坡脚开挖、坡面加载或突然改变水文地质条件而促使滑坡的发生。如武隆县"五一"滑坡。

二、滑坡勘察

1. 一般规定

(1)滑坡勘察的范围应包括滑坡及其邻区:滑坡后缘以上一定范围的稳定斜坡或汇水洼地;剪出口以下的稳定地段;滑体两侧以外一定距离或邻近沟谷。涉水滑坡尚应到达河(库)心或对岸。

(2)滑坡勘察以地质测绘与调查、钻探、井探、槽探为主,辅助洞探和物探手段。

2. 滑坡地质测绘与调查

(1)搜集滑坡所处地理位置、气象水文(尤其是降雨、河流或水库水位)、交通状况等。搜集分析区域地质和已有勘察资料。

(2)滑坡地质测绘与调查应查明滑坡区的自然地理条件、地质环境、滑坡各种要素特征和滑坡的变形破坏历史及现状。调查边坡开挖、堆填加载、采石采矿、水库渠道渗漏等人为因素,对滑坡成因、性质和稳定性作出判断。

(3)地质环境调查的内容应包括地形地貌、地质构造、新构造运动、地震、地层岩性、水文地质条件。识别滑坡特征和滑坡要素,根据地形特征及地面裂缝分布规模等情况判定滑坡范围、主滑方向及主滑线。对能够观察到的滑坡要素和异常地质现象,以及能反映滑坡基本特征的地质现象,应有地质观测点控制。

(4)从滑坡体上的微地貌特征、植物生长情况、建构筑物变形破坏情况、地面开裂位移情况及井泉动态变化等方面对滑坡的稳定性作出宏观分析判断。

(5)地质测绘平面图比例尺宜采用1∶500～1∶2000,应根据滑坡面积、滑坡地质环境复杂程度、防治工程等级和滑坡治理工程设计的需要进行选择。

3. 滑坡勘探

(1)滑坡勘探应查明滑体范围、厚度、物质组成和滑面(带)的个数、形状、滑带厚度及物质组成;查明滑体内含水层分布,地下水的流向、水力坡度、水位、水量及动态变化。

(2)滑坡勘探线应平行主滑方向布置,勘探原则为先主后辅,垂直主滑线布置横剖面以了解滑体厚度横向变化;当同一滑坡有多个次级滑体时,各次级滑体均应平行主滑线布置勘探线。初步勘察阶段纵勘探线间距宜为80～150m,详细勘察阶段剖面间距宜为40～80m。勘探工作同时应满足滑坡治理工程设计的需要。当需进行支挡时应沿初拟支挡部位布置横勘探线;需采取地下排水措施时,应在拟设排水构筑物位置增布勘探线。

(3)每条纵勘探线上的勘探点不应少于3个,初步勘察阶段勘探点间距宜为50～80m,详细勘察阶段勘探点间距宜为30～60m。剪出口难以确定或横勘探线可能作为支挡线时,应适当加密勘探点。

(4)滑坡勘探深度:①岩质滑坡或最低滑面为岩土界面的土质滑坡,勘探深度应根据滑面的可能深度确定。控制性钻孔应进入可能的最低滑面以下3～5m,一般性钻孔进入最低滑面以下1～3m。滑面难以判断时,钻孔可根据需要加深。②对土质滑坡,钻孔进入滑床的深度应大于土层中最大块石直径的1.0～1.5倍,控制性钻孔宜进入下伏基岩中等风化层1～3m。③探井揭穿最低滑面即可。④对需要防治的滑坡,勘探深度应满足防治工程设计的需要,拟设置抗滑桩地段的钻孔进入滑床的深度宜为孔位处滑体厚度的1/3～1/2。

(5)竖井编录图比例尺应能反映滑带特征,宜为1∶50～1∶100。

(6)岩样采集位置应主要布置在滑坡可能支挡部位。每种岩性的岩样不应少于3组,但抗剪强度试验的岩样不应少于6组。

(7)土样采集位置应主要布置在滑坡主勘探线上。初步勘察阶段,滑带土和滑体土数量均不应少于6组;详细勘察阶段不宜少于9组,宜在滑坡内均匀取样。

(8)室内试验除常规项目外,主要是做剪切实验,确定滑面的内摩擦角和黏聚力。

三、滑坡稳定性评价

1. 滑坡稳定性计算

1)传递系数法

$$F_s = \frac{\sum_{i=1}^{n-1}\left(R_i \prod_{j=1}^{n-1}\Psi_j\right) + R_n}{\sum_{i=1}^{n-1}\left(T_i \prod_{j=1}^{n-1}\Psi_j\right) + T_n} \tag{5.3-1}$$

$$R_i = [W_i\cos\alpha_i - Q_i\sin\alpha_i + D_i\sin(\beta_i-\alpha_i)]\tan\varphi_i + c_i l_i \quad (i=1,\cdots,n) \tag{5.3-2}$$

$$T_i = W_i\sin\alpha_i + Q_i\cos\alpha_i + D_i\cos(\beta_i-\alpha_i) \quad (i=1,\cdots,n) \tag{5.3-3}$$

$$\Psi_j = \cos(\alpha_i-\alpha_{i+1}) - \sin(\alpha_i-\alpha_{i+1})\tan\varphi_{i+1} \quad (j=i \text{ 时}) \tag{5.3-4}$$

$$\prod_{j=1}^{n-1}\Psi_j = \Psi_i\Psi_{i+1}\Psi_{i+2}\Psi_{i+3}\cdots\Psi_{n-1} \tag{5.3-5}$$

$$P_i = P_{i-1}\Psi_{i-1} + T_i - R_i/F_s \tag{5.3-6}$$

式中:F_s为稳定性系数;P_i、P_{i-1}为第i条块、第$i-1$条块剩余下滑力(kN/m);R_i为第i条块抗滑力(kN/m);Ψ_j为第i条块剩余下滑力传递至$i+1$块段时的传递系数($j=i$时);T_i为第i条块下滑力(kN/m);W_i为第i条块自重标准值与相应附加荷载之和(kN/m);Q_i为第i条块的地震力(kN/m);D_i为第i条块的动水压力(kN/m);c_i为第i条块滑面黏聚力标准值(kPa),水位面以下自重采用饱和重度计算时,按总应力法取值;水位面以下自重采用浮重度计算时,按有效应力法取值;φ_i为第i条块滑面内摩擦角标准值(°),水位面以下自重采用饱和重度计算时,按总应力法取值;水位面以下自重采用浮重度计算时,按有效应力法取值;n为条块数。

当$P_{i-1}<1$时,取$P_{i-1}=0$。

采用传递系数法示意图见图5.3-2。

(1)动水压力计算。

$$D = \gamma_w h l \cos\alpha \sin\beta \quad (5.3\text{-}7)$$

式中:D为滑坡体或其某条块动水压力(kN/m);γ_w为水的重度,取$10kN/m^3$;h为滑坡体或其某条块在地下水位面至河(库)水位面范围内的高度(以过滑面中点的铅垂线为准)

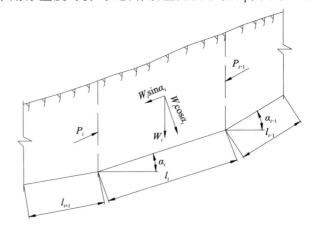

图5.3-2 传递系数法示意图

(m);l为滑坡体或其某条块滑面长度(m);α为滑坡体或及其某条块滑面倾角(°),滑面反倾时,α应取负值;β为滑坡体或其某条块地下水流线平均倾角(°),当滑面在河(库)水位面上方时,若滑床隔水则取地下水位面倾角与滑面倾角的平均值;若滑床透水,则取地下水位面倾角的0.5~1.0倍(视滑面距地下水位面和河水、库水位面相对远近而定);当滑面在河(库)水位面下方时取地下水位面倾角的0.5倍。

动水压力作用倾角应为地下水流线平均倾角。

(2)滑坡后缘裂隙水压力和滑面水压力(扬压力)计算(图5.3-3)。

$$V = \frac{1}{2}\gamma_w h_w^2 \quad (5.3\text{-}8)$$

$$U = \frac{1}{2}\gamma_w l h_w \quad (5.3\text{-}9)$$

式中:V为后缘裂隙水压力(kN/m);h_w为裂隙充水高度(m),取裂隙深度的1/2~2/3;U为滑面水压力(kN/m);l为滑面长度(m)。

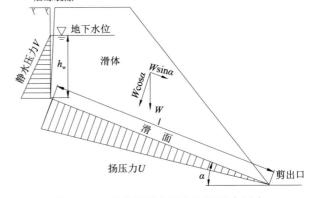

图5.3-3 后缘裂隙水压力和滑面水压力

(3)地震力计算。

$$Q = \zeta_e W \quad (5.3\text{-}10)$$

式中:Q为作用于滑坡体或其某条块的地震力(kN/m);ζ_e为地震水平系数,岩质滑坡取0.05,土质滑坡取0.0125;W为滑坡体或其某条块自重与相应建筑等地面荷载之和(kN/m)。

2)平面滑动法

$$F_s = \frac{R}{T} \quad (5.3\text{-}11)$$

$$R = (W\cos\alpha - Q\sin\alpha - V\sin\alpha - U)\tan\varphi + cl \quad (5.3\text{-}12)$$

$$T = W\sin\alpha + Q\cos\alpha + V\cos\alpha \quad (5.3\text{-}13)$$

式中:R为滑坡抗滑力(kN/m);T为滑坡下滑力(kN/m);W为滑坡体自重与建筑等地面荷载之和(kN/m);c为滑面黏聚力标准值(kPa);φ为滑面内摩擦角标准值(°);其余符号意义同前。

2. 滑带土强度指标的确定

滑带土的抗剪强度直接影响滑坡稳定性验算和防治工程的设计,因此测定c、φ值应根据滑坡的性质,组成滑带土的岩性、结构和滑坡目前的运动状态选择尽量符合实际情况的剪切试验(或测试)方法。

滑带土的抗剪强度指标应以测试结果为基础,结合宏观地质判断、工程类比和地区经验综合确定,并应通过反分析进行校核。

1）滑动面（带）的鉴定

滑带土的特点是潮湿饱水或含水量较高，比较松软，颜色和成分较杂，常具滑动形成的揉皱或微斜层理、镜面和擦痕；所含角砾、碎屑具有磨光现象，条状、片状碎石有错断的新鲜断口，同时还应鉴定滑带土的物质组成，并将该段岩芯晾干，用锤轻敲或用刀沿滑面剖开，测出滑面倾角和沿擦痕方向的视倾角，供确定滑动面时参考。

2）试验

对于重要的大型滑坡防治工程，应进行现场大剪试验，来确定滑带土的抗剪强度。试验推力方向与滑动方向保持一致。

滑带土的剪切试验方法大致有：原状土快剪、原状土固结快剪、浸水饱和土固结快剪、原状土滑面重合剪、重塑土的多次剪等。究竟宜采取何种方法，应从滑坡的性质、组成滑带土的岩性、结构、滑坡目前的运动状态来选择（表5.3-3）。

表5.3-3　滑带土剪切试验方法的建议（据《铁路工程地质手册》）

滑坡的运动状态或滑带土的岩性结构	宜采用剪切试验的方法	附注
目前正处于运动阶段的滑坡，滑动带为黏性土或残积土	宜采用残余剪或多次快剪求滑带土的残余抗剪强度。因为滑坡滑动使滑带土的结构遭受破坏，强度逐渐衰减	试验方法的选择，必须以能否真实地模拟滑坡的性质为原则。如已经产生的滑坡，则宜采用多次剪切；至于采用几次剪切为准，则视滑坡变形大小而定，可以使用2～6次中的任一次结果，并不一定采用最后的残余强度值；在重塑土多次剪切时，增加一个考虑今后含水量变化时，最不利含水状态的剪切试验
滑带土为流塑状态的滑坡泥	采用浸水饱和快剪为宜。因为此时上部土层所构成的垂直荷载没有成为滑带土内颗粒间的有效应力	
滑带土潮湿度不大，且具有明显的滑动面	可采用滑面重合剪	
滑动带为角砾土或岩层接触面	最好采用野外大面积剪切	
还未产生滑坡的自然斜坡，当其潜在滑动带为不透水且有相当饱和度的黏土层	采用固结快剪或三轴剪切试验为宜	

3）反演计算

反演计算的原理是假定滑坡的稳定数为1（即滑坡将要滑动而尚未滑动的极限平衡瞬间），列出极限平衡方程式求解c、φ值。

（1）在滑动过的主轴断面上，恢复斜坡原地面线，认为该斜坡在滑动瞬间，处于极限平衡状态，其稳定系数为1进行反算。

（2）由于种种原因恢复原地面不易做到时，则可在实测主轴地质断面上结合当前所处的滑动阶段，给定其稳定系数进行反算。

以上两法，根据滑带物质组成成分选择。

以粗粒岩屑或残积物为主，滑动过程可以排出滑带水时，假定$c=0$，反求φ。

滑带土成分以黏性土为主，土质均匀，滑带饱水且排水困难时，假定$\varphi=0$，反求c。

滑带土是黏性土和岩屑碎粒时，则假定c、φ值试算求得合适的c、φ值。

（3）利用地质条件类似的两个或两个以上滑坡的主轴断面，恢复滑动前瞬间状态，假设稳定系数为1，建立共轭方程组，求解c、φ值。

4）比拟计算与经验值

比拟计算是一种从工程地质条件入手，在滑坡实地分析时力求可与既有处理成功的滑坡相比拟的各种计算数据的方法。

经验值是指在不同地区，不同类型滑坡处理过程中所积累的试验数据和反算数据。

3. 滑坡变形阶段

滑坡变形阶段的划分各行业不一致,铁路手册划分为七个阶段,工程地质手册划分为四个阶段,从滑坡变形的宏观发展,一般要经历以下三个阶段。

(1)蠕动变形阶段。蠕动变形是指岩土体在一定荷载的长期作用下所产生的非弹性变形。它表现为岩土体的松弛,岩块间剪切移位,歪斜扭转和岩层的弯曲。岩土体的蠕动导致水的集中并加速减弱坡体内的强度。岩土体因重力作用自蠕动区向前挤压,其后部因拉张而产生断断续续的张性裂缝,随蠕动区的扩大,中后部滑动面逐渐形成,后部裂缝贯通并错开。岩土体进一步向前挤压,两侧出现断断续续的羽毛状裂隙,但只在局部地段有位移。

(2)滑动阶段。蠕动区的后上部分在重力牵引作用下,首先形成滑动面,并不断向前下部推挤。后上部称牵引滑坡地段或主滑地段,前下部称推动滑坡地段或抗滑地段。当抗滑地段的阻力被克服,前下部形成新的滑动面和出口时滑动阶段即开始。后部及两侧裂缝贯通,牵引滑坡地段后缘失去支撑而陷落,并产生一系列牵引性张裂缝,滑体呈块段状下滑形成阶梯状滑坡。前下部推动滑坡地段滑动面平缓,甚至向相反方向倾斜,滑体被挤压成褶曲或类似逆掩断层的叠瓦状构造,滑动带上形成摩擦黏土角砾岩。滑坡前缘则受挤压隆起形成滑坡鼓丘,在前缘斜坡上还出现断断续续的鼓张裂缝和张性扇状裂缝。滑坡从蠕变阶段到滑动阶段,有时须经数月或数年时间。

(3)稳定压密阶段。滑动之后,滑体重心降低,能量消耗;滑动带土体因水分被挤出而逐渐固结,强度提高;滑体的抗滑部分增大,在自重作用下滑体逐渐压密,裂缝消失,滑坡遂趋于稳定。例如我国卧龙寺滑坡在1955年滑动后,1959年自重压密下沉25.9mm,1960年下沉7.4mm,1961年又下沉1.3mm,而后逐步趋于稳定,至今没有活动。

四、滑坡防治措施

1. 防治原则

滑坡的防治,要贯彻以防为主、整治为辅的原则,在选择防治措施前,要查清滑坡的地形、地质和水文地质条件,认真研究和确定滑坡的性质及其所处的发展阶段,了解产生滑坡的主、次要原因及其相互间的联系,结合工程的重要程度、施工条件及其他情况综合考虑。

对大型滑坡,技术复杂,工程量大,时间较长,首先应考虑避让的方案;对于中型或小型滑坡连续地段,宜避让,或结合工程建设对滑坡进行治理。

整治滑坡一般应先做好排水工程,然后再针对滑坡形成的主要因素,采取相应措施。以长期防御为主,防御工程与应急抢险工程相结合。根据危害对象及程度,正确选择并合理安排治理的重点,保证以较少的投入取得较好的治理效益。生物工程措施与工程措施相结合,治理与管理、开发相结合。因地制宜,讲求实效,治标与治本相结合。

2. 防治措施

防治滑坡的工程措施,大致可分为排水、力学平衡及改善滑动面(带)土石性质三类。目前常用的主要工程措施有地表排水、地下排水、减重及支挡工程等。选择防治措施,必须针对滑坡的成因、性质及其发展变化的具体情况而定。

(1)排水。地表排水,如设置截水沟以截排来自滑坡体外的坡面径流,排水系统汇集旁引坡面径流于滑坡体外排出;在滑坡体上设置树枝状天沟。地下排水,目前常用的排除地下水的工程是渗沟、盲洞;近几年来不少地方已推广使用平孔排除地下水的方法,平孔排水施工方便,工期短,省材料和劳力,是一种经济有效的措施。

(2)力学平衡。如在滑坡体下部修筑抗滑片石垛、抗滑挡土墙、抗滑桩等支挡建筑物,以增加滑坡下部的抗滑力,在滑坡体的上部刷方减重以减小其滑动力等。

抗滑挡土墙工程破坏山体平衡小,稳定滑坡收效快,是滑坡整治中经常采用的一种有效措施。对于中小型滑坡可以单独采用,对于大型复杂滑坡,抗滑挡土墙可作为综合措施的一部分。设置抗滑挡土墙时必须弄清滑坡滑动范围、滑动面层数、位置和推力方向及大小等,并要查清挡墙基底的情况,否则会造成挡墙变形,甚至挡墙随滑坡滑动,造成工程失效。抗滑挡土墙按其受力条件、墙体材料及结构可分为浆砌石抗滑挡墙、混凝土抗滑挡墙、实体抗滑挡墙、装配式抗滑挡墙和桩板式抗滑挡墙等类型。

抗滑桩是以桩作为抵抗滑坡滑动的工程。抗滑桩是在滑体和滑床间打入若干大尺寸锚固桩并使两者成为一体,从而起到抗滑作用,所以又称锚固桩。桩的材料有木桩、钢板桩、钢筋混凝土桩等。近年来,抗滑桩已成为滑坡整治的一种关键工程措施,并取得了良好的效果。抗滑桩的布置取决于滑体的形态和规模,特别是滑面位置及滑坡推力大小等因素。通常按需要布置成一排和数排。我国滑坡治理中多采用钢筋混凝土的挖孔桩,截面多为方形或矩形,其尺寸取决于滑坡推力和施工条件。

如果滑坡的滑动方式为推动式,并具有上陡下缓的滑动面,采取后部主滑地段和牵引地段减重的治理方法可起到治理滑坡的作用。减重时需经过滑坡推力计算,求出沿各滑动面的推力,才能判断各段滑体的稳定性。减重不当,不但不能稳定滑坡,还会加剧滑坡的发展。

如果滑坡前缘有抗滑地段存在,可以在滑坡前部或滑坡剪出口附近填方压脚,以增大滑坡抗滑段的抗滑能力。与减重一样,滑坡前部加载也要经过精确计算,才能达到稳定滑坡的目的。

(3)改善滑动面(带)土石性质。如阻滑键、置换、焙烧、电渗排水、压浆及化学加固等。此外,还可针对某些影响滑坡滑动的因素进行整治,如为了防止流水对滑坡前缘的冲刷,可设置护坡、护堤、石笼及拦水坝等防护和导流工程。护坡工程主要是指对滑坡坡面的加固处理,目的是防止地表水冲刷和渗入坡体。对于黄土和膨胀土滑坡坡面加固护理较为有效。具体方法有混凝土方格骨架护坡和浆砌片石护坡。在混凝土方格骨架护坡的方格内铺种草皮,不仅有绿化效果,更可起到防冲刷作用。

第四节 泥石流

泥石流是山区沟谷中,由暴雨、冰雪融水等水源激发的,含有大量泥沙、石块和巨砾等固体物质的特殊洪流。是一种固液两相流体,呈黏性层流或稀性紊流等运动状态。泥石流暴发时,从陡峻的山坡奔涌而下,顺着溪沟直冲出峡谷,堆积在较开阔的沟口。俗称"走蛟""蛟龙""出龙""龙扒"等。泥石流具有发生突然、来势凶猛、历时短暂、大范围冲淤、破坏力极强的特点,常给人民生命财产造成巨大损失(图5.4-1)。

泥石流具有如下三个基本性质。①泥石流具有土体的结构性,即具有一定的抗剪强度,而挟沙水流的抗剪强度等于零或接近于零。②泥石流具有水体的流动性,即泥石流与沟床面之间没有截然的破裂面,只有泥浆润滑面,从润滑面向上有一层流速逐渐增加的梯度层,而滑坡体与滑床之间有一破裂面,流

图 5.4-1 泥石流(据 http://tupian.hudong.com)

速梯度等于零或趋近于零。③泥石流一般发生在山地沟谷区,具有较大的流动坡降。

根据泥石流发育区的地貌特征,一般可划分出泥石流的形成区、流通区和堆积区。①形成区位于流域上游沟谷斜坡段,山坡坡度30°～60°,包括汇水动力区和固体物质供给区,多为高山环抱的山间小盆地,山坡陡峻,沟床下切,纵坡较陡,有较大的汇水面积。区内岩层破碎,风化严重,山坡不稳,植被稀少,水土流失严重,崩塌、滑坡发育,松散堆积物储量丰富。区内岩性及剥蚀强度,直接影响着泥石流的性质和规模。②流通区位于流域的中、下游地段,多为沟谷地形,一般地形较顺直,沟槽坡度大,沟床纵坡降通常在1.5%～4.0%。沟壁陡峻、河床狭窄、纵坡大,多陡坎或跌水。③堆积区多在沟谷的出口处,地形开阔,纵坡平缓,泥石流至此多漫流扩散,流速减低,固体物质大量堆积,形成规模不同的堆积扇。

一、泥石流分类及发育条件

1. 泥石流的分类

目前泥石流分类指标和原则尚不统一。常用单指标或局部综合分类(表5.4-1)。

表5.4-1 泥石流分类表(据《三峡库区滑坡泥石流预警指南》)

指标	类型	主要特征	
成因	人为泥石流	不合理的人类活动引起,包括经济、社会、军事活动	
	自然泥石流	自然因素引起	
物质补给方式	散流坡面泥石流	坡面散流冲刷饱和土层而形成	
	崩塌泥石流	崩塌体液化或遭冲刷而成	
	滑坡泥石流	滑坡体液化或遭冲刷而成	
	沟床泥石流	沟槽水流掀揭底层面成	
	溃决泥石流	溃决水流冲起溃坝土体而成	
流体组成	泥石流	粗土粒(粒径大于2mm)含量超过30%	
	泥流	粗土粒小于30%	
	水石流	缺少细土粒(粒径小于0.02mm)	
流体性质	黏性泥石流	黏浓,密度一般超过$2t/m^3$,惯性强,冲击力大	
	稀性泥石流	较稀,密度小于$1.7t/m^3$	
	过渡性泥石流	介于上述的两者之间,密度$1.7\sim2t/m^3$	
发育阶段	发展期泥石流	沟道和坡面源地扩大,土量增加,频率增加,可预测、预报	
	旺盛期泥石流	源地和土量增重最大值,泥石流频频暴发,可预报、警报和预测	
	间歇期泥石流	源地土量趋向稳定,偶尔暴发,须提高警惕	
	衰退期泥石流	源地补给土量降减,频率、规模递减,可预测、预报	
规模(两者之一)	特大型	最大一次冲出物体积大于50万m^3	流域固体物质储量大于100万m^3/km^2
	大型	10万～50万m^3	10万～100万m^3/km^2
	中型	1万～10万m^3	5万～10万m^3/km^2
	小型	小于1万m^3	小于5万m^3/km^2
成因动力条件	暴雨型	由暴雨引起径流形成,快而量大	
	冰川融化型	水源为冰川	
	水体溃决型	天然或人工坝体溃决引起的泥石流,量大而短暂	
	混合型	两型以上混合	

2. 泥石流形成条件

泥石流的形成条件概括起来主要表现为地形地貌条件、物源条件、水源条件。

(1) 地形地貌条件。泥石流流域的地形特征：①山高沟深，地势陡峻，沟床纵横坡度大，流域的形状便于水流的汇集。②上游形成区的地形多为三面环山，一面出口的瓢状或漏斗状，地形比较开阔，周围山高坡陡，地形便于水和碎屑物质的集中。③中游流通区的地形多为狭窄陡深的峡谷，沟床纵坡坡度大，使泥石流得以迅猛直泻。④下游堆积区的地形多为开阔、平坦的山前平原或河谷阶地，便于碎屑物质的堆积。

地形地貌对泥石流的发生、发展主要有两方面的作用：①通过沟床地势条件为泥石流提供位能，赋予泥石流一定的侵蚀、搬运和堆积的能量。②在坡地或沟槽的一定演变阶段内，提供足够数量的水体和土石体。沟谷的流域面积、沟床平均比降、流域内山坡平均坡度以及植被覆盖情况等都对泥石流的形成和发展起着重要的作用。

渝西地区以低山丘陵地貌为主，其间发育近平行的条带状褶皱的山体，山高坡陡，高差较大，切割较强烈，是泥石流分布区的地形特征。

(2) 物源条件。泥石流形成的物源来源又决定于地层岩性、构造、风化、人类活动等因素。①地质构造类型复杂、断裂褶皱发育、新构造运动强烈、地震烈度较高的地区，一般便于泥石流的形成。这类地区往往表层岩土破碎，滑坡、崩塌、错落等不良地质作用发育，为泥石流的形成提供了丰富的固体物质来源。②岩性结构疏松软弱、易于风化、节理发育的岩层，或软硬相间成层的岩层，易遭受破坏。形成丰富的碎屑物质来源。③人类工程经济活动，如滥伐森林造成水土流失，开山采矿、采石弃渣等，往往也为泥石流提供大量的物质来源。

渝西地区第四系沉积物时代新、结构松散，最易受侵蚀、冲刷而形成泥石流第三系和中生代地层，主要由泥岩、页岩、粉砂岩、砂岩等组成，胶结较差，较易为泥石流提供散碎屑物，其余时代的地层，在未受构造作用影响下，提供物源相对较少。另外，地质构造、新构造运动及地震、不良地质现象等也为泥石流的形成提供了物质来源。

(3) 水源条件。水是泥石流形成的重要因素，水不仅是泥石流的组成部分，也是松散固体物质的搬运介质，促进了泥石流松散碎屑物的形成，为泥石流提供水体成分和动力条件，往往是泥石流发生的激发因素。①水能浸润、饱和山坡松散物质，使其摩阻力减小，滑动力增大，水流对松散物质的侧蚀、掏挖作用引起滑坡、崩塌等，增加了物质来源。②泥石流的形成与短时间内突然的大量流水密切相关，如强度较大的暴雨；冰川积雪的强烈消融；冰川湖、高山湖、水库等突然溃决。

渝西地区属亚热带湿润季风气候，多年平均降水量在 1000~1400 mm 之间，雨量充足，7—9 月多暴雨，强度较大而历时短。每年的暴雨，如 2007 年沙坪坝区短时降雨量达到 266.6mm，为泥石流的发生提供了充足的水源。

二、泥石流勘察

1. 一般规定

(1) 泥石流地质测绘与调查应包括泥石流形成区、流通区、堆积区及可能遭受泥石流影响的全部范围。

(2) 泥石流勘察应以地质测绘与调查、钻探、槽探、井探为主，必要时应采用物探和洞探；有条件时应进行遥感资料解译。初步勘察阶段应以地质测绘与调查为主；详细勘察阶段应根据可能布设防治工程的地段，按防治工程需要布置勘探工作量。

2. 泥石流调查测绘

(1) 准备工作，泥石流地质测绘与调查前，应详细搜集当地水文气象资料，土壤植被资料，已有的地形地质资料、遥感资料、泥石流活动史、泥石流防治或研究资料以及人类经济活动资料。

(2)外业调查前,根据搜集的资料,初步分析了解调查区地质环境、植被分布、地面水系特征;汇水区范围和面积,岩土分布特征,泥石流沟谷和坡面特征,泥石流长度、宽度及形成区、流通区和堆积区范围及其相互关系。

(3)泥石流全域调查测绘内容:①暴雨强度、前期降雨量、一次最大降雨量、一次降雨总量、平均及最大流量、地下水出水点位置和流量、地下水补给、径流、排泄特征、地表水系分布特征等。②沟谷或坡面地形地貌特征,包括沟谷形态及切割深度、弯曲状况、沟谷纵坡降及坡面的坡角等。③地层岩性及其风化程度、地质构造、不良地质现象、松散堆积物的成因、分布、厚度及组成成分等。④圈定泥石流形成区、流通区和堆积区的范围及边界,并圈定汇水区范围。⑤泥石流已造成的危害和可能造成的危害。

(4)泥石流形成区调查测绘内容:水源类型、汇水区面积和流量,斜坡坡角及斜坡的地质结构,松散堆积层的分布、植被情况,以及已成为或今后将成为泥石流固态物质来源的滑坡、崩塌、岩堆、弃渣的体积、质量和稳定性。

(5)泥石流流通区调查测绘内容:沟床纵横坡度及其变化点、沟床冲淤变化情况、跌水及急湾、两侧山坡坡度、松散物质分布、坡体稳定状况及已向泥石流供给固态物质的滑塌范围和变化状况、已有的泥石流残体特征。当有地下水出水点时,尚应调查其流量及与泥石流补给关系。

(6)泥石流堆积区调查测绘内容:堆积扇的地形特征、堆积扇体积,泥石流沟床的坡降和岩土特征,堆积物的性质、组成成分和堆积旋回的结构、次数、厚度,一般粒径和最大粒径的分布规律、堆积历史,泥石流堆积体中溢出的地下水水质和流量、地面沟道位置和变迁、冲淤情况,堆积区遭受泥石流危害的范围和程度。对黏性泥石流,尚应调查堆积体上的裂隙分布状况,并测量泥石流前峰端与前方重要建构筑物的距离。

(7)泥石流测绘比例尺可采用1∶1000～1∶10 000。

3. 泥石流勘探

当工程地质调绘不能满足设计要求或需要对泥石流采取防治措施时,可进行勘探试验工作,以查明泥石流堆积物的分布、厚度、性质及下伏基岩的坡度等,并配合有关专业提供泥石流的流体密度、固体物质含量、粒径、流速、流量、淤积速度及冲刷量等指标。

勘探工作布置应视勘察目的、阶段,以及泥石流规模和地质环境复杂程度而定;当泥石流需要治理时,应沿拟设治理工程支挡线布置,对于拟设的排水构筑物位置,应增布勘探线;勘探钻孔进入泥石流沟床中等风化基岩1～3m,可能的治理工程支挡线上进入中等风化基岩3～5m。

4. 泥石流沟的识别

能否产生泥石流可从形成泥石流的条件分析判断;已经发生过泥石流的流域,可从下列几种现象来识别。

(1)中游沟身常不对称,参差不齐,往往凹岸发生冲刷坍塌,凸岸堆积成延伸不长的"石堤"或凸岸被冲刷。凹岸堆积,有明显的截弯取直现象。

(2)沟槽经常大段地被大量松散固体物质堵塞,构成跌水。

(3)沟道两侧地形变化处、各种地物上、基岩裂缝中,往往有泥石流残留物、擦痕、泥痕等。

(4)由于多次不同规模泥石流的下切淤积,沟谷中下游常有多级阶地,在较宽阔地带常有垄岗状堆积物。

(5)下游堆积扇的轴部一般较凸起,稠度大的堆积物扇角小,呈丘状。

(6)堆积扇上沟槽不固定,扇体上杂乱分布着垄岗状、舌状、岛状堆积物。

(7)堆积的石块均具尖锐的棱角,粒径悬殊,无方向性,无明显的分选层次。

上述现象不是所有泥石流地区都具备的,调查时应多方面综合判定。

三、泥石流防治

泥石流的发生和发展原因很多,从根本上来说,对泥石流的防治原则应该是以防为主,防治结合。

(1) 预防措施：①水土保持，植树造林，种植草皮，退耕还林，以稳固土壤不受冲刷，不使流失。②坡面治理，包括削坡、挖土、排水等，以防止或减少坡面岩土体和水参与泥石流的形成。③坡道整治，包括固床工程，如拦砂坝、护坡脚、护底铺砌等。④调控工程，如改变或改善流路、引水输砂、调控洪水等，以防止或减少沟底岩土体的破坏。

(2) 治理措施：①拦截措施，在泥石流沟中修筑各种形式的拦渣坝，如拦砂坝、石笼坝、格栅坝及停淤场等，用以拦截或停积泥石流中的泥砂、石块等固体物质，减轻泥石流的动力作用。②滞流措施，在泥石流沟中修筑各种位于拦渣坝下游的低矮拦挡坝（谷坊），当泥石流漫过拦渣坝顶时，拦蓄泥砂、石块等固体物质，减小泥石流的规模；固定泥石流沟床，防止沟床下切和拦渣坝体坍塌、破坏；减缓纵坡坡度，减小泥石流流速。③排导措施，在下游堆积区修筑排洪道、急流槽、导流堤等设施，以固定沟槽、约束水流、改善沟床平面等。④跨越措施，桥梁适用于跨越流通区的泥石流沟或者堆积区的稳定自然沟槽，隧道适用于穿过规模大、危害严重的大型或多条泥石流沟；泥石流地区不宜采用涵洞。在活跃的泥石流沟槽中禁止采用涵洞。

勘察时做好泥石流的判识，工程尽量避让或选择最优方案。

第五节 崩塌、滑坡、泥石流监测预报

崩塌、滑坡、泥石流等斜坡地质灾害监测的主要目的是了解和掌握地质灾害的演变过程，及时捕捉崩滑流的特征信息，为崩塌、滑坡、泥石流及其他类型斜坡地质灾害的分析评价、预测预报及治理工程提供可靠资料和科学依据。同时，监测结果也是分析评价防治工程效果的尺度。因此，监测既是斜坡地质灾害调查、研究与防治的重要组成部分，又是获取崩塌、滑坡等斜坡地质灾害预测预报信息的有效手段之一。

通过监测可掌握崩塌、滑坡、泥石流的变形特征及规律，预测预报崩滑体的边界条件、规模、滑动方向、失稳方式、发生时间及危害性，及时采取防灾措施，尽量避免和减轻灾害损失。如长江三峡新滩滑坡、马家坝滑坡等的成功预报，避免了人民生命财产的重大损失，也为探索研究斜坡地质灾害的监测预报和减灾防灾积累了宝贵经验。

目前，世界各国崩塌、滑坡监测的技术和方法已发展到一个较高水平，监测内容丰富，监测方法众多，监测仪器也多种多样，这些方法从不同侧面反映了与崩塌、滑坡形成和发展相关的各种信息。随着电子技术与计算机技术的发展，斜坡地质灾害的自动监测技术及所采用的仪器设备也将不断得到发展与完善，监测内容将更加丰富。

崩塌、滑坡、泥石流地质灾害监测的内容主要涉及斜坡地质灾害的成灾条件、演变过程和地质灾害防治效果等。监测的具体内容包括：①斜坡岩土表面及地下变形的二维或三维位移、倾斜变化的监测。②应力、应变、地声等特征参数的监测。③地震、降水量、气温、地表水（地下水）动态、水质变化以及水温、孔降水压力等环境因素和爆破、灌溉渗水等人类活动的监测。

监测仪器类型较多，按仪器的适用范围可分为位移测量仪器、倾斜测量仪器、应力测量仪器和环境要素测量仪器四大类。①位移测量仪器。用来监测斜坡岩土位移的仪器主要有：多点位移计、伸长计、收敛计、下沉仪、水平位错仪、增量式位移计及三向测缝计等。②倾斜测量仪器。这类仪器主要有钻孔倾斜仪、盘式倾斜测量仪、T字形倾斜仪、杆式倾斜仪及倒垂线等。③应力测量仪器。测量地应力变化的仪器主要有压应力计和错杆测力计等。④环境要素测量仪器。监测环境因素的仪器很多，主要有雨量计、地下水位自记仪、孔隙水压计、河水位量测仪、温度记录仪及地震仪等。

在监测技术方法方面，已由过去的人工监测过渡到仪器监测，现在正向自动化、高精度的遥控监测方向发展。目前国内外常用的崩塌滑坡监测方法主要有宏观地质观测法、简易观测法、仪器仪表观测法、设站观测法及自动遥测法等，用以监测崩滑体的三维位移、倾斜变化及有关物理参数和环境影响因素的改变。由于斜坡地质灾害的类型较多，特征各异，变形机理和所处的变形阶段不同，监测的技术方

法也不尽相同。

一、宏观地质观测法

宏观地质观测法就是利用常规地质调查方法对崩塌、滑坡等宏观变形迹象及其发展趋势进行调查、观测，以达到科学预报的目的。宏观地质观测法以地裂缝、地面鼓胀、沉降、坍塌、建筑物变形特征及地下水变异、动物异常等现象为主要观测对象。这种方法不仅适用于各种类型斜坡地质灾害的监测，而且监测内容丰富，获取的前兆信息直观且可信度高。结合仪器监测资料进行综合分析，可初步判定崩滑体所处的变形阶段及中短期变形趋势，作为临崩、临滑的宏观地质预报判据。此方法简易经济，便于掌握和普及推广，适合群测群防。宏观地质法可提供崩塌、滑坡短临预报的可靠信息。即使已采用了先进的观测仪器和自动遥测技术，该方法也是不可缺少的。

二、简易观测法

简易观测法是在斜坡变形体及建筑物裂缝处设置骑缝式简易观测标志，使用长度量具直接测量裂缝变化与时间关系的一种简易观测方法。主要方法及监测内容有：①在崩滑体裂缝处埋设骑缝式简易观测桩，监测裂缝两侧岩土体相对位移的变化。②在建筑物裂缝上设简易玻璃条、水泥砂浆片或贴纸片。③在岩石裂缝面上用红油漆画线作标记。④在陡壁软弱夹层出露处设简易观测桩等，定期测量裂缝长度、宽度和深度变化及裂隙延伸的方向等。该方法监测内容比较单一，观测精度相对较低，劳动强度较大，但是操作简易，直观性强，观测数据可靠，适合于交通不便、经济困难的山区。即使在有精密仪器观测的条件下，进行一些简易观测也是必要的，以便将结果相互检验核对。

三、仪器仪表观测法

仪器仪表观测法主要有测缝法、测斜法、重锤法、沉降观测法、电感电阻位移法、电桥测量法、应力应变测量法、地声法、声波法等，主要对变形斜坡进行地表及深部的位移、倾斜、裂缝变化及地声、应力应变等物理参数与环境影响因素进行监测。按所采用的仪表可分为机械式传动仪表观测法（简称机测法）和电子仪表观测法（简称电测法）两类，其共性是监测的内容丰富、精度高、灵敏度高、测程可调、仪器便于携带。

应变测量根据工作原理可分为两类：一类是通过测量两点间距离的变化来计算应变；另一类是直接利用传感器来测量应变。目前三峡库区地质灾害监测中应力测量主要是利用传感器测量应变。其优点是能直观反映变形体内部应力变化；可自动化观测和连续监测。缺点是只能提供局部的变形情况；需预先安装仪器；设施损毁后基本无法修复。

测斜仪是通过测量测斜管轴线与铅垂线之间夹角变化量，有常规型和固定型两种。在滑坡监测中利用常规型测斜仪测量较多。优点是能直观地反映出滑体深部的位移变形情况；缺点是当滑坡的变形达到一定的程度后，测斜钻孔会被破坏而造成无法采集测量数据。

四、设站观测法

设站观测法是在斜坡地质灾害调查与勘探的基础上，在可能造成严重灾害的危岩、滑坡变形区设立线状或网状分布的变形观测站点，同时在变形区影响范围以外的稳定地区设置固定观测站，利用经纬仪、水准仪、测距仪、摄影仪及全站型电子速测仪、GPS接收机等定期监测变形区内网点的三维位移变化。设站观测是一种行之有效的监测方法。

五、自动遥测法

自动遥控监测系统可进行远距离无线传输观测，它自动化程度高，可全天候连续观测，安全快速，省时省力，是今后滑坡监测技术的发展方向。但自动遥测法也存在着某些缺陷，如传感器质量不过关、仪器的长期稳定性差、运行中故障率较高等,遇有恶劣的环境条件(如雨、风、地下水侵蚀、锈蚀、雷电干扰、瞬时高压),遥测数据时有中断。

水是产生滑坡的最主要外因之一,变形监测中,地下水位监测这一环节显得尤为重要。地下水位测量主要用在滑坡变形监测中,是利用自动化设备对地下水的水位和水温的动态变化进行连续、长期的自动监测。其优点是测量简单,可自动观测和连续监测;缺点是仅能对引起地质灾害的地下水这一因素进行测量,不能直观反映出变形体的动态变化情况。

六、摄影测量方法

摄影测量是对研究对象进行摄影,根据所获得的构像信息,从几何方面和物理方面加以分析研究。随着近年来摄影测量点位测量精度的提高,摄影测量在变形测量中也有着较为广泛的应用。在变形监测中,摄影测量具有如下优点:可以同时测定变形体上任意点的变形;提供完全和瞬时的三维空间信息,大量减少野外的测量工作,可以不需要接触被测物体;有了摄影底片可以观测到变形体以前的形态。摄影测量应用在变形监测中最显著的缺点就是精度较低,不易达到监测要求。

对一个具体的危岩或滑坡,如何针对其特征,如地形地貌、变形机理及地质环境等,选择合适的监测技术、方法,确定理想的监测方案,正确地布置监测点,是一个值得不断探索的课题。应通过各种方案的比较,使监测工作做到既经济安全,又实用可靠,避免单方面地追求高精度、自动化、多参数而脱离工程实际的监测方案。在选择监测技术方法时,不仅应以监测方法的基本特点、功能及适用条件为依据,而且要充分考虑各种监测方法的有机结合、互相补充、校核,才能获得最佳的监测效果。

第六节 工程实例

一、崩塌

渝西地区危岩崩塌主要在砂岩类地层发育,数量多、规模小、分布广,约占危岩总数的80%,以侏罗系砂岩发生危岩的频率最高。典型的有渝中区危岩崩塌、合川区三汇镇鸡公嘴崩塌、合川区涞滩古城墙危岩、北碚区北温泉后鹞鹰危岩与崩塌、江北切风崖崩塌等。

1. 渝中区危岩崩塌

重庆市渝中区有危岩数十处,均沿江岸斜坡分布,其高程为210~311m,分布位置在长江北岸的竹木街、南区路、解放西路和东水门以及嘉陵江南岸的洪岩洞、一号桥、曾家岩、嘉陵江大桥南桥头和佛图关等地。危岩绝大部分集中分布在嘉陵江南岸,且又多位于洪岩洞和佛图关两地段。市中区危岩均发育在侏罗系上沙溪庙组(J_2s)的巨厚层砂岩形成的陡崖和悬崖之中,特别是层高12~25m的砂岩层,危岩最发育,当该层砂岩有顺坡外倾裂隙发育,密度较大时,易成危岩体。这些危岩形态多样,有块状、柱状、板状、倒切锥状等,单个危岩体体积有数十立方米至数千立方米,一般为数百立方米。崩塌始于长江水系形成之后的更新界,大规模崩塌发生在中、晚更新世(60万至20万a前),古崩塌规模巨大,现代崩塌规模较小,但危害严重,极易成灾。即使小于1m^3的落石也能毁坏房屋,造成人员伤亡。20世纪50年代至今,这类灾害不断。1948年洪岩洞崩塌量为2000m^3左右,摧毁房屋几十间,伤亡300多人。1984年10月白骨塔危岩区200余立方米崩塌,阻断嘉陵路交通148小时。

2. 合川区三汇镇鸡公嘴崩塌

鸡公嘴崩塌位于重庆市合川区三汇镇的一个矿区,1973年5月23日鸡公嘴发生大型崩塌,并形成独特、罕见、强大的碎屑流,流动距离达1.575km。崩塌体约200余万m^3。崩塌物摧毁了沟谷中全部矿井,造成40余人死亡。独特地形强化的崩塌—碎屑流使1km之外的重庆至广安201公路交通中断数月之久,沿途煤矿被毁,损失十分惨重。

崩塌体位于高程为1200余米的高山陡崖坡肩处,陡崖之下为一面积为6000m²的洼地。洼地中出露煤层,并有断层。洼地的一个出口(垭口)与冲沟相通,与崩塌开裂处相对,三者近于一直线(崩源—洼地—垭口)(图5.6-1),当该崩塌体从高差数十米至200m往下崩落瞬间,不仅将整个洼地覆盖,还在洼地中产生高压气流——冲击波,该气流沿洼地出口冲向冲沟方向高速运动。于是崩塌体大量岩块、碎石和岩屑被高压气流卷挟冲向沟口,顷刻间从崩塌区至冲沟口一带粉尘弥漫,蔽日遮天。这些崩积物和碎屑流物质停积于陡崖下、洼地、冲沟及沟口地段。崩塌物崩落、跃起、滚动的最大距离达1.5km。该地亦由华蓥山大断裂逆冲使二叠系灰岩高耸,形成悬崖峭壁,煤层构成软弱基座,故拉张裂隙密布,危岩体十分发育,发生崩塌的可能性较大。随着煤业的发展,该处于1964年、1968年相继发生过规模较大的崩塌。

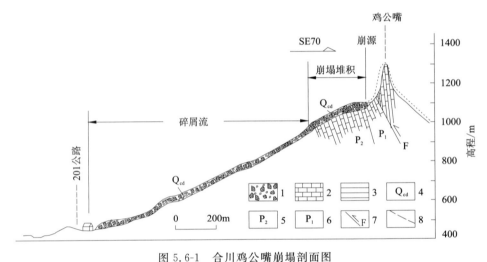

图 5.6-1 合川鸡公嘴崩塌剖面图
1.碎块石;2.灰岩;3.煤层;4.第四纪崩积物;5.二叠系上统;6.二叠系下统;7.逆断层;8.原始地形线

3. 合川区涞滩古城墙危岩

涞滩古城墙危岩位于合川向斜中部偏南东翼,属丘陵剥蚀地貌,地形坡度小于5°。危岩带长度约190m,分布高程261～283.5m,为中侏罗统上沙溪庙组(J_2s)砂岩,中厚—巨厚层状,砂岩形成陡崖,高10～15m不等,下部为砂质泥岩。近水平地层。

发育两组优势裂隙:①第一组,走向20°,倾向110°,倾角45°～60°,裂隙张开,可见深度约6.5m,延伸长度大于10m。间距2～5m不等,属于卸荷裂隙。②第二组,走向290°,倾向200°,倾角75°～85°,延伸长度大于5m。间距5～15m。近垂直边坡走向发育。卸荷带发育宽度16.07m。

地下水多埋深在砂岩泥岩分界附近。砂岩底部出现脱空,形成洞穴有一带渗水、滴水较为严重。

涞滩古城墙危岩是典型的差异风化型危岩,是指在软硬岩互层的沉积岩地区,上部硬质砂岩抗风化能力强,风化速度较慢,下部泥岩风化速度较快,泥岩基座风化向内收缩退后形成岩腔,砂岩向外悬挑,当达到一定的破坏准则时,砂岩卸荷张裂,形成危岩,危岩断续发展就可能产生崩塌。

涞滩古城墙危岩破坏模式有以下三种。

滑移式破坏(A类):基岩顶面为一外倾斜面,城墙沿基岩顶面或强风化带向外滑移变形。表现为砂岩条石挡墙破坏。

倾倒式破坏(B类):岩体中裂隙组合形成潜在不稳定块体,块体东侧临空,在外力作用下,块体可能倾倒失稳,从而引起上部城墙变形破坏。表现为城墙顶部塌陷、张裂。

坠落式破坏(C类):地基岩体外侧临空,底部脱空,在重力作用下,可能沿裂隙面向下坠落等破坏。表现为城墙塌落变形破坏(图5.6-2)。

涞滩古城墙危岩体处于潜在不稳定状态,局部处于欠稳定状态。其中潜在不稳定长51.6m,占总

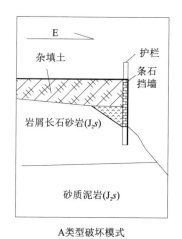 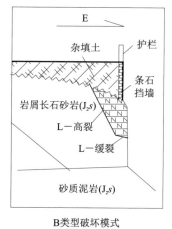 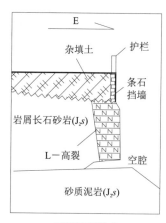

图 5.6-2 边坡失稳类型示意图

长的 27.3%；欠稳定长 137.3m,占总长的 72.7%。

防治措施：①对砂岩底部出现脱空地段,采取混凝土回填支撑措施,并在上部岩体有潜在不稳定块体处增加锚(杆)索加固措施。②对岩体内部空腔,采取回灌混凝土措施,回填后再打排水孔,排泄沿裂隙流出的泉水。③对岩体中发育卸荷带,可能造成岩体失稳,采取回填灌浆＋锚索、锚杆等处理措施。

4. 北碚区北温泉后鹞鹰危岩与崩塌

北温泉后鹞鹰危岩体坡顶高程 400m,相对高差达 200～220m,为峡谷地貌,出露地层上三叠统须家河组第二至第五段。上部陡崖带主要由第四段块状长石石英砂岩组成。沿陡崖带发育的卸荷裂隙带宽达 8～14m,其中以与陡坡面近于平行的一组卸荷裂隙最发育,且延伸长,开度大(常见缝宽达 10～35cm),裂面较平直,微错移现象明显。北温泉危岩沿圈椅状陡崖展布,共 36 个,总体积 105 万 m³。按危险度划分,最危险的 17 个,危险的 19 个,而在南段鹞鹰岩段就达 28 个,故属最危险段。危岩带长达 1000m,分布广,规模大,居高临下,破坏力强,危害严重。据北碚志记载北泉公园前身为温泉寺,始建于公元 432 年,13 世纪时,寺庙毁于垮塌之中,1426 年重建新殿,1927 年辟为公园,1974 年 7 月 14 日鹞鹰岩西端发生了约 3500m³ 岩崩的灾难,突然一声巨响,浓烟滚滚笼罩山谷,大块石从山崖飞出,顺坡而下,堵塞下方公路,砸坏公园房屋、水文站、儿童游泳池,奔入江中巨石击起数米高巨浪,掀翻航行中的木船,造成 5 人死亡(含船工 1 人)、数人受伤,交通中断数十日,直接经济损失达 50 万～60 万元。1993 年 4 月连降数天中至大雨后,在原崩塌顶部发生数立方米的小崩塌,影响范围 30～40m。据估计,若崩塌达 1 万 m³,直接经济损失约 850 万元。

5. 江北切风崖崩塌

切风崖崩塌位于江北县柳荫乡胜天水库库尾的邓家沟一带,为嘉陵江左岸支流黑水滩河支流的上游山谷。该处原为危岩,名切风崖一线天,一线天裂缝长约 60m,上宽 4m,下宽 0.5～1.0m,从崖坡坡肩至坡脚深 90 余米。平行峡谷走向展延,为长期在卸荷剥蚀作用下产生的山体开裂现象。一线天山崖壁为薄层状板岩,走向与崖壁平行,呈直立状。该崩塌为板状陡倾岩层在自重力的作用下,沿卸荷裂隙发生弯曲——拉裂变形(俗名"点头哈腰"),并向峡谷临空方向倾倒拉裂的一种岩体变形破坏。变形已久,终于在 1989 年 10 月 23 日 15 时左右发生岩崩,岩崩体积 7 万多立方米、占切风崖开裂岩体(危岩)的 2/3,还有 1/3 岩体处于一触即倒的状态。岩崩在切风崖左峡谷形成了 1 个天然堆石坝,高约 20m,堆石坝极不稳定,威胁下游胜天水库的安全,已加固治理。

6. 武隆鸡冠岭岩崩

鸡冠岭岩崩位于重庆武隆县兴顺乡核桃村的乌江中游边滩峡左岸。岩崩区岸坡陡峭,处于背斜轴部,岩石强烈挤压,构造裂隙发育,平行乌江岸坡发育 10 余条弧形拉张裂缝,最长达 900m,缝宽 0.2～

1.0m,且裂缝不断发展、贯通。岩崩区地下含薄层煤数层,当地小规模开采,但历史悠久,现有兴隆、核桃2个煤矿共5个矿井。因长期采煤,该处岸坡近地表数百米深度内的煤层均已采空,这直接影响到山体的稳定。据碑刻记载,清道光三年(1823年)此处航道磊石成险,船行至此,需人力背物过滩,可见在190多年前就发生过岩崩成滩碍航事件。

1994年4月30日11时45分,鸡冠岭再次发生巨大岩崩,据目击者说,其时响声隆隆,在龙冠嘴一带升起冲天尘柱,遮天蔽日。崩塌体总量为530万 m^3,除100万 m^3 岩石碎块坠落入江外,大部分停积在乌江岸坡上,呈斜长760m、平均宽200m的堆积体。崩塌体坠落入江时乌江产生高达30余米的涌浪,立即形成一座崩塌物堆石坝,并使乌江断流半小时,上下游水位差10m左右,24小时后乱石坝被冲开,至5月5日冲开宽度已达40m,上下游水位差仍达5~6m。崩塌使川东南至黔北地区20多个县市间的客货水上运输中断。据当地政府统计,崩塌致死4人,伤5人,另有12人下落不明。造成直接经济损失988万元。其后该崩塌体于当年月2日22时至3日4时在持续暴雨激发下,3日下午斜坡崩积体大部分又发生坍滑。部分崩积物入江,在原堆石坝上游形成第二道堆石坝,同时加宽了原来的堆石坝。

据现场调查,发生崩塌前的2月份,兴隆煤矿地表水池出现开裂漏水现象,3月发现风井平硐拱硐开裂,至4月26日矿井内裂缝明显增大已构成险情,鉴此,矿领导决定撤离矿井,从而减少了人员伤亡。究其成因,是在不利的地形地质条件下,不合理的煤矿开采加速和促进了山体斜坡的变形与破坏,最终导致灾害的发生。

7. 武隆县城崩塌

2001年5月1日晚8时30分左右,重庆市武隆县江北西段发生山体滑坡,又称"五一"滑坡,造成一幢9层居民楼房垮塌、死亡79人。阻断了319国道新干道,几辆停靠和正在通过的汽车也被掩埋于滑坡体中。据现场调查,该滑塌体长约40m,宽约50m,剪出口部位滑塌体厚度约20m,但整体滑塌体平均厚度仅约3m,体积约5000m^3,主滑方向为垂直乌江河谷(正南)。虽然这起滑坡规模并不大,造成的危害却很大。

武隆滑坡处出露的地层为上三叠统须家河组(T_3xj)灰黄色厚层块状细—中粗粒岩屑长石砂岩,并夹有5~6层灰黄色泥页岩、粉砂岩等。砂岩单层厚度一般为1~3m,泥岩类夹层厚度一般为0.5~1m。岩层厚度和成分等岩相特征在横向上有一定变化。夹层构成边坡岩体中相对软弱层,易于风化,且在上层滞水作用下易于泥化。砂岩岩块强度较高,但垂层节理和卸荷裂隙较为发育。边坡位于紧密背斜的核部,岩层平缓,其层面倾向为NE90°~110°,倾角15°左右,产状不甚稳定。大部分坡体岩层与临空面构成逆向平叠坡。滑坡发生地位于东西走向的乌江右岸,岸坡地势陡峻,河谷深切,具有典型的川盆边缘峡谷丘陵地貌特征。原人工边坡坡度55°~64°,坡高高达50m。构成边坡岩体主要部分的厚层块状砂岩,不但裂隙发育,而且贯通性强,是良好的含水层。但斜坡顶部及上部表层因处于坡顶张应力卸荷带,裂隙张开,地下水不易储存,地下水埋藏较深或基本不含地下水。在砂岩中的泥岩夹层为相对隔水层,可形成暂时性的上层滞水,形成较大的水压力。

导致武隆滑坡的主要因素包括:边坡中存在不利的结构面组合;不良软弱结构面内含有泥质物,受降雨影响其强度降低,从而降低原有人工边坡的稳定性;边坡局部岩体排水不畅,可导致暂时性孔隙水压力的升高,从而诱发滑坡发生;对高边坡破坏模式的认识不到位,支护措施欠合理。

二、滑坡

滑坡是渝西地区的主要地质灾害,以中、小型滑坡为主。

1. 綦江鱼栏嘴水库张家沟滑坡

1)概述

2009年8月5日,綦江县普降暴雨,造成鱼栏咀水库渠道(桩号K1+667~K1+755段)张家沟滑坡,受滑坡影响,渠道发生断裂垮塌,不能够运行。

2) 地质概况

滑坡位于通惠河右岸,属丘陵剥蚀斜坡地貌,地势总体西高东低,西北侧峰顶高程 357m,通惠河为区内最低处,高程 277.5m,相对高差约 79.5m,平均地形坡度为 15°。斜坡中部有一连续砂岩陡崖,陡崖后侧山体地形相对平缓,地形坡度约 10°。

滑坡位于三角镇向斜核部,岩层倾向 135°,倾角 5°。场区出露地层为上侏罗统蓬莱镇组(J_3p),岩性主要为泥岩、砂岩,地表为第四系残坡积土(Q_4^{el+dl})和滑坡堆积体(Q_4^{del})。

3) 滑坡基本特征

滑坡体形态呈不规则扇形,地势西北高东南低,前缘宽,地形较平坦,后缘窄。后缘高程 304~319m,经滑动后,地表明显见张裂缝、陡崖,其中梅子崖是本次滑坡后形成,崖高约 17m;滑坡前缘高程 227.5~282m,地形相对平缓,伸入通惠河。滑坡体面积约 $2.56×10^4 m^2$,厚度 3.3~8.3m,平均厚度约 6m,体积约 $15.36×10^4 m^3$,属中型滑坡体。

滑坡体分为两个区:I_1 区为基岩滑动,岩体沿软弱夹层滑动;I_2 区为土质滑坡,滑体为粉质黏土碎块石,碎块石主要为泥岩、砂岩风化碎块石,碎块石含量 10%~30%,块径一般 1~20cm,最大达 50cm。其中滑坡体前缘厚度 3.3~6.55m,滑坡体后缘厚 5.6~8.3m,滑坡体中部厚 4.5~6.1m。

滑床明显分两段,前段主要沿岩土接触面滑动,滑坡中后段沿基岩软弱夹层滑动。从剖面可以看出(图 5.6-3):中前段滑面顺直,倾角近水平,中后段滑面较顺直,沿基岩面滑动。该滑坡滑床形态总体连接平顺,无突变现象。滑坡体前缘揭示出滑带土,沿岩土接触面滑移,滑面贯通性一般,后缘基岩滑动面贯通性较好。

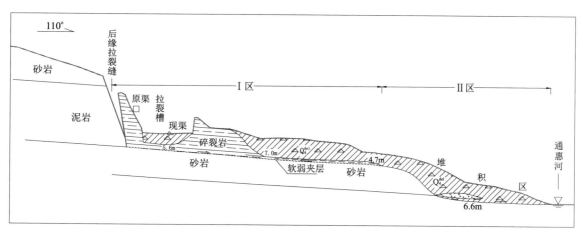

图 5.6-3 綦江鱼栏嘴水库张家沟滑坡剖面图

4) 滑坡成因及诱发因素分析

经调查分析,滑坡成因主要有以下几方面。

(1)滑坡位于斜坡中前部地带,经过不断的地质作用,前缘地形变陡,沿砂岩地表形成陡坎或陡崖,为滑坡形成提供了地形条件。

(2)滑坡物质组成为崩坡积堆积的黏性土、碎块石土等,总体结构较松散,地表水易入渗。加之崩坡积体与基岩面间存在粉质黏土层形成的天然软弱带,遇地下水反复作用,其强度不断降低,该种结构组合也为滑坡的形成提供了条件。

(3)滑坡处于斜坡中前部位,为整个斜坡的地下水排泄区,地下水丰富,加之该区内雨量充沛,且多暴雨,大量雨水的下渗产生渗透压力并增加滑体土重量,同时使滑带土亲水矿物产生溶解、软化,强度降低,促使坡体变形。

(4)滑坡体后缘岩体卸荷裂隙发育,暴雨期地表水快速下渗,裂缝内水位上升,在水推力的作用下,促进了滑坡的形成和发育。

综上所述,水是导致滑坡滑移的主要因素之一,地表水的入渗使岩体裂隙饱水度加大,水位迅速上升,滑体中的渗透压力增加,加大滑体的下滑力;另一方面地下水的频繁活动使滑带土中的亲水矿物产生溶解、软化,降低了滑带土的力学强度。据调查访问,2008 年震后,岩体的完整性受到破坏,卸荷裂隙有加大加宽现象,为地表水或地下水汇聚提供了储水环境。

5) 滑坡体破坏模式分析

根据滑坡的成因分析,张家沟滑坡为典型的推移型滑坡,滑坡体后半部分沿软弱夹层面进行滑移,前半部分为覆盖层沿基岩面滑移,其滑面形态为折线型。滑面总体上呈陡缓交替的斜坡地形,滑坡前缘临江面形成一砂岩陡坎,为上部滑体提供了临空条件,后部基岩内存在软弱夹层,夹层性状较差,在地下水的长期浸泡下,软化部分泥化,力学性质大大降低,形成滑面;滑坡体后缘卸货裂隙宽大,且无充填,为地下水的汇集提供了条件;因滑坡滑动前连日暴雨,后缘裂隙中入渗流量大于排泄流量,裂隙内的水位迅速上升,形成了较大的水压力,在水压力的推动下,打破原来的平衡,致使滑体产生滑移破坏。

6) 滑坡稳定性评价

滑坡体参数取值,滑带土天然重度 20kN/m³,饱和重度 21kN/m³,天然内摩擦角 $\varphi=10°$,天然内聚力 $c=28$kPa,饱和内摩擦角 $\varphi=5.1°$,饱和内聚力 $c=26$kPa;软弱夹层天然重度 25.4kN/m³,饱和重度 25.6kN/m³,天然内摩擦角 $\varphi=11°$,天然内聚力 $c=10$kPa,饱和内摩擦角 $\varphi=10°$,饱和内聚力 $c=5$kPa。

滑坡体稳定性计算成果:天然状态滑坡稳定性系数 $F_s=2.01$,滑坡处于稳定状态;暴雨骤降时,滑坡稳定系数 $F_s=0.96$,滑坡处于不稳定状态。

7) 防治措施

渠道拟采用高架桥方案或隧洞方案通过张家沟滑坡。高架桥方案:需对滑坡体后侧边坡进行削坡、挂网、喷锚治理,对潜在滑移和变形处应进行加固处理,还需对整个滑坡前缘后缘设置排水系统,投资高;隧洞方案、工程建设避开了滑坡体,后侧山体地质条件简单,地质构造单一,投资低。经综合比较,最终采用隧洞方式避开滑坡。

工程建设应尽量避让不良地质发育地段,无法避开时,应充分考虑环境变化可能产生的新地质灾害对建(构)筑的破坏,采取必要防治措施。

2. 重庆武隆鸡尾山滑坡

1) 概述

2009 年 6 月 5 日,重庆武隆鸡尾山发生大型岩质滑坡,造成 74 人死亡、8 人受伤的特大灾难。鸡尾山滑坡属于典型的特大岩质斜坡失稳后形成的高速远程滑坡,斜坡变形已具有较长的历史。早在 20 世纪 60 年代就发现后缘张拉裂缝,1998 年危岩裂缝最大宽度为 2m,2011 年以来多次发生小规模崩塌。2009 年 6 月 2 日滑源区前缘发生局部崩塌,6 月 4 日同一位置再次发生崩塌,并向中下部岩体转移,崩塌范围扩大。6 月 5 日 15 时许,前缘岩体发生瞬时视向临空剪出,导致后部长约 690m、宽 140~150m、厚约 60m、总体积约 $4.8×10^6$ m³ 的危岩体沿下伏软弱夹层产生快速滑动破坏,撞击前缘视向边界后转向临空面从 70m 高的陡坎跃下。在越过坡体前缘宽约 200m、深约 50m 的沟谷后撞击对岸,受对岸陡坡的阻挡,高速运动的滑体物质进而转向沿沟谷向下游运动。滑体沿途发生高速撞击、刨蚀和铲刮作用,不断解体,最终转化为高速远程碎屑流,碎屑散布堆积区长 2150m,形成的堆积体体积达 $7×10^6$ m³。

2) 地质概况

(1)地层岩性,至上而下为下二叠统茅口组(P_1m)厚层灰岩、栖霞组(P_1q)中厚层含沥青质灰岩、梁山组(P_1l)含赤铁矿黏土岩和中志留统韩家店组(S_2h)粉砂质页岩。

(2)地质构造,岩层产状,倾向 345°,倾角 20°~32°;岩体中存在三组优势裂隙,第一组裂隙(L_1)倾向 175°,倾角 75°,与岩层走向近于平行,倾向相反;第二组(L_2)产状倾向 125°,倾角 70°。第三组(L_0)裂隙倾向 77°,倾角 80°,与岩层走向近于直交。

(3)软弱夹层,根据现场调查,栖霞组中下段炭质页岩发育软弱夹层 J_1,夹层厚度约为 30cm,含碳质和沥青质。长期缓慢变形在炭质页岩层面形成清晰的擦痕,具有明显的磨光现象。天然状态下,该层炭质页岩具薄片状层理,易剥离,性脆,敲击易碎,遇水易软化崩解成碎屑和泥。

鸡尾山斜坡东侧临空陡崖,陡崖走向近南北向,陡崖高差为50～150m,陡崖产状为倾向90°,倾角75°。

3) 滑动模式分析

鸡尾山滑坡失稳模式是在重力的长期作用下,山体初始沿着软弱夹层J_1真倾向345°滑动。沿岩溶发育的第一组陡倾节理裂隙逐渐产生后缘L_9、侧向裂缝L_1,构成以软弱夹层为主滑面的变形楔块体。由于地下水等因素使软弱夹层软化,块体下滑力增大,前缘阻滑关键块体内部应力积累,随着结构面的贯通,最终沿强度较低的岩溶发育带、转向N21°E发生剪切破坏,产生视向滑动,诱发山体整体高位剪出形成高速远程滑坡(图5.6-4)。

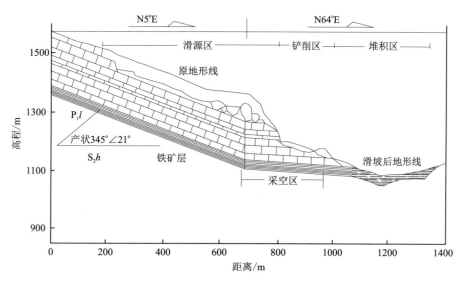

图5.6-4 鸡尾山滑坡剖面图(视倾角方向)(刘传正,2009)

4) 因素分析

(1) 层间软弱带孕育形成危岩体蠕动变形、逐渐剪切滑出的底界面,同时构成各种切割、溶蚀作用孕育的"岩柱集合体"的底界。铁矿采空区至山顶的所有软弱夹层都有可能形成强度弱化蠕变滑移的关键界面。

(2) 山体结构上南北向和东西向破裂面的存在容易使山体向临空方向拉开,形成孤立危岩体。西侧为拉开断裂边界,北侧为挤压剪切边界。在危岩体形成过程中,西部边界为追踪近南北向原生裂隙拉裂,逐渐成为自由边界。北部"楔形区"西边界是迁就近东西向和南北向裂隙与岩溶化脆弱带形成的,滑后显示的"黄泥巴壁"是岩溶孔隙、岩溶管道或洞穴内黄泥沉淀、浸染现象,说明软层阻隔面以上大气降水产生地表水向下排泄强烈,岩溶作用活跃。

(3) 岩溶、大气降雨逐渐弱化、损伤岩体的完整性和坚固性,使原生构造裂隙缓慢扩大。岩溶及大气降雨作用使原生裂隙扩展,沿裂隙形成串珠状落水洞、岩溶管道和溶蚀槽,形成岩体强度脆弱带,其抗剪性显著降低。

(4) 地下采矿影响,鸡尾山滑体前缘滑床以下约78m深度为大面积采空区,矿区走向长为360m,平均宽度约为137m。其中,20世纪60年代到21世纪初的采矿活动位于滑体前缘关键块体之下,2004年以后的采矿活动主要位于滑体前缘之外。采矿活动对上部含水层茅口组和栖霞组中的地下水起向下疏导的作用,加剧了岩溶地下水向下侵蚀,使关键块体岩体强度降低,同时采空区对山体的应力调整和变形有一定的影响。采空区上覆岩体,在自重应力下产生悬臂梁效应,处于采空区正上方的前缘关键块体易产生压裂,斜坡上部岩体易发生拉裂。采空区随着作业面不断向北推进而增大,梁的跨度越来越大,随之作用在梁上的压力与荷载相应增长,斜坡上部拉裂不断扩大,前缘压裂程度加剧。

(5)山体高陡临空是产生崩塌的重要地形条件,具备自由空间才能使高位势能转化为动能并形成强烈冲击作用。

5) 滑坡形成堰塞湖

崩滑体堵塞乌江支流石梁河上游支流铁匠沟(和平沟)。崩滑体顺铁匠沟长约 1870m,面积约 50 万 m^2,总方量约 596 万 m^3,形成上游集雨面积约 5.1km^2,坝高 28~35m,最大库容约 49 万 m^3 的堰塞湖。堰塞坝物质组成主要以大块石为主。6 月 7 日,堰塞湖蓄水不足 1000m^3;至 6 月 11 日 15 时,堰塞湖水深 6.72m,蓄水量约 5.73 万 m^3。综合判别堰塞体危险性级别为中危险(图 5.6-5)。

图 5.6-5 堰塞体(孙云志摄)

3. 万州长江二桥对滑坡的利用

现代城市建设速度越来越快,城市规模越来越大,可供选择的好的地质条件地段越来越少,研究和利用滑坡越来越重要,万州长江二桥在选址工作中认真地分析了滑坡的稳定性、滑坡方向等特征,成功地在复杂的滑坡群中选择相对稳定的地段建桥,选择安全且治理费用最少的方案。长江二桥于 2006 年建成通车,三峡库区于 2008 年蓄水运行后,滑坡局部产生了塌滑,塌滑方向与桥轴线平行,对桥墩无影响,大桥运行安全,为同类工程提供了参考案例。

1) 地质环境

桥位区为长江河流侵蚀堆积地貌,谷底较宽缓,谷坡陡缓相间,呈阶梯状,两岸基本对称,"U"形河谷。地形地貌主要受岩性的控制,砂岩形成陡坎或陡崖,黏土岩则形成缓坡及平台。

基岩为侏罗系中统上沙溪庙组(J_2s)上部的地层,岩性有长石砂岩、粉砂岩及黏土岩,岩相变化大,厚度不稳定;第四系主要为滑坡堆积(Q^{del})和残坡积(Q^{el+dl})。

构造单元位于万县向斜北东段近轴部,轴向 NE60°通过桥址,未见断层发育,地层产状较平缓,岩层倾向 310°~330°,倾角 7°~11°。

桥位区多年平均降雨量为 1 191.3mm,长江平均流量 13 700m^3/s,流速 3.5~3.8m/s。

2) 滑坡分布及特征

桥位区古滑坡及现代变形体发育(图 5.6-6),古滑坡北岸有枇杷坪滑坡(102),南岸有凉水凼滑坡(186)、楠木垭滑坡群(148)、新干洞滑坡(150);现代变形体北岸有康家坡变形体(205)、巨鱼沱变形体

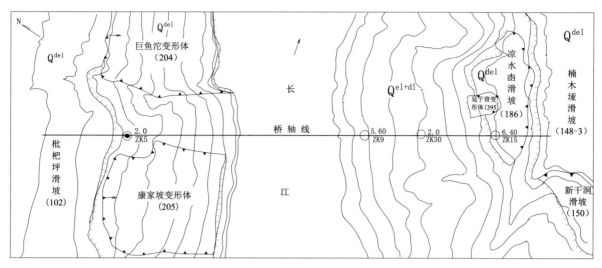

图 5.6-6　桥位区滑坡及变形体分布图

(204)，南岸有冠子背变形体(395)。

(1)古滑坡体。

①枇杷坪滑坡(102)。位于长江北岸，前缘高程 220m，后缘高程 300m，平面呈横展型，纵长 697m，横宽 170m，面积 81.6×10⁴m²，体积 2990×10⁴m³。滑体北东高，南西低，坡面较平缓或波状起伏，大部分坡度小于 10°。

滑坡北东部主要为滑坡岩体，构成三角形垄丘，母岩为紫红色黏土岩和灰白浅灰色长石细砂岩，后缘见滑移拉裂缝，倾角 85°～90°，破碎带宽度 0.6～1.5m；南西部为碎块石土，见砂岩块石，块径 2～5m，最大达 15m。滑体厚度 17～90m。滑带土为浅灰、灰白色黏土或棕红色黏土夹碎石、细砾、风化砂等。滑床基岩为紫红色黏土岩，产状 310°∠3°。主滑方向为 130°。

据 1994 年以来地表和钻孔变形监测结果分析，枇杷坪古滑坡滑床起伏不大，且微倾向山里，整体趋于稳定，但滑体前缘及中部局部存在蠕变问题。因蠕变部位距北岸桥址区远，故枇杷坪滑坡对大桥没有影响。

②凉水凼滑坡(186)。凉水凼滑坡位于长江南岸，平面呈横展型，滑坡纵长 220m，横宽 450m，地形坡度小于 5°，前缘高程 235m，后缘高程 266m，平面面积为 5.62×10⁴m²，滑体平均厚度为 13m，体积为 73×10⁴m³。主滑方向为 326°。

滑体物质为棕褐色粉质黏土夹少量砂岩碎块，滑坡中部及后部各见一滑移松动岩体小孤丘，其岩性为紫红色黏土岩夹浅灰色粉砂岩及长石砂岩。左侧水塘一带偶见滑移岩体分布，产状平缓。

滑坡体上多年来没有滑移变形迹象，三峡水库蓄水后，对滑坡的影响甚微，因此，滑坡在水库蓄水前后均处于稳定状态，局部存在变形现象。

③楠木垭滑坡群(148)。楠木垭滑坡群位于长江南岸。滑体呈横展型，纵长 220～480m，横宽约 1300m。滑体前缘高程 265m，后缘高程 325m。滑体分布面积 48×10⁴m²，滑体体积 950×10⁴m³，滑体平均厚度约 22m。主滑方向为 320°。

滑体物质以黏土夹砂岩块石组成，零星分布有孤石。在滑体后缘则以块石为主，滑体物质具有明显的分带性。根据调查分析，该滑体处于稳定状态。

④新干洞滑坡(150)。新干洞滑坡位于长江南岸，距拟建桥位约 300m。滑体后缘呈圈椅状地貌，滑体前缘高程为 229m，后缘高程 262m，纵长约 350m，横宽约 135m。平面面积为 4.7×10⁴m²，厚度 11～14m，体积约 58×10⁴m³。主滑方向为 290°。

滑坡物质为黏土夹砂岩碎块石，零星分布孤石。根据调查分析，该滑体处于稳定状态。

(2) 现代变形体。

①康家坡变形体(205)。康家坡变形体位于长江北岸,拟建桥位上游 20~60m。变形体平呈圈椅状地貌,前缘高程为 135m,后缘高程为 191m,变形体纵长 430m,横宽 210m。厚度 20~40m,平面面积为 $3.6\times10^4 m^2$,滑体体积为 $108\times10^4 m^3$。两侧"双沟同源"。北西侧高,南西侧低,其中发育两级台地。第一级台面高程为 165~175m,第二级台面高程为 190~195m,总地形坡度小于 8°。

变形体上部为黏土,粉质黏土夹块石,厚度约 16m;下部为滑移松动岩体,岩性主要为紫红色黏土岩,厚度 18m。主滑方向为 155°。

变形体现今处于缓慢变形阶段,滑面较平缓,滑床坡度为 2°~3°。水库蓄水后,变形体将大部分被淹。在三峡水库水位变动范围内,水的作用有可能使变形体失稳。由于变形失稳的方向与大桥轴线平行,仅下游侧对 4~7 号墩表层土体有轻微牵引影响,对大桥稳定影响小。

②巨鱼沱变形体(204)。巨鱼沱变形体位于长江北岸枇杷坪古滑体的南东侧,康家坡变形体东侧。变形体后缘呈典型的圈椅状。前缘高程为 115m,后缘高程为 215m。纵长 390m,横宽 500m,厚度 30~40m,平面面积为 $12\times10^4 m^2$,滑体体积为 $180\times10^4 m^3$。主滑方向为 145°。

变形体由粉质黏土夹碎块石,零星分布大孤石,其直径大者可达数米,于长江边上见滑移松动岩体。变形体整体稳定,三峡水库正常蓄水后,变形体有 2/3 将被淹没,在水库运行期间,局部可能变形失稳。

长江二桥位于变形体上游侧,距变形体最小距离 62m,并且变形体的失稳方向与长江二桥轴线平行。因此,变形体对大桥影响小。

③冠子背变形体(395)。冠子背变形体位于长江南岸,呈典型的圈椅状地貌,纵长 110m,横宽 70m,厚度小于 3m,前缘高程 205m,后缘高程 240m,分布面积为 $0.76\times10^4 m^2$,体积为 $2\times10^4 m^3$。主滑方向为 320°。

变形体物质为褐红色黏土、粉质黏土夹少量砂岩块石。该变形体处于欠稳定状态。

4) 桥位的微观选址

前期勘察工作已查明了桥位区滑坡和变形体的分布、边界条件、形态特征、物质组成、渗流场及稳定状态。对特大型滑坡已设置了变形观测网。对桥位有影响的滑坡、变形体共有 6 个,北岸有枇杷坪滑坡、康家坡变形体和巨鱼沱变形体;南岸有楠木垭滑坡群、凉水凼滑坡和冠子背变形体。

为了保证桥位安全,进一步优化设计,在对滑坡充分论证的基础上进行了微观选址。北岸枇杷坪滑坡、康家坡变形体与巨鱼沱变形体形成"品"字形分布,在康家坡变形体与巨鱼沱变形体之间有 78~116m 宽的稳定岸坡,枇杷坪滑坡在该段剪出口最低高程 228.0m,高于桥面,且通过长期观测,枇杷坪滑坡在桥位区没有变形迹象。康家坡变形体、巨鱼沱变形体分别位于桥址上下游,滑坡变形对大桥影响小,故康家坡变形体、巨鱼沱变形体与枇杷坪滑坡之间,面积约 $2\times10^4 m^2$ 的稳定岸坡作桥基是可行的。南岸楠木垭滑坡群、凉水凼滑坡和冠子背变形体呈阶梯状分布,且滑坡(或变形体)规模从上到下呈量级减小。楠木垭滑坡群处于稳定状态,凉水凼滑坡基本稳定,冠子背变形体欠稳定,故桥位应避开冠子背变形体。南岸冠子背变形体正对北岸康家坡变形体与巨鱼沱变形体之间的稳定岸坡,综合分析,北岸桥位应向长江上游移动,靠近康家坡变形体,南岸桥位同时向长江上游移动,避开冠子背变形体和减小凉水凼滑坡对桥位的影响。

5) 滑坡对大桥的影响分析

(1) 北岸。

桥位区北岸有枇杷坪古滑坡和康家坡变形体、巨鱼沱变形体。

枇杷坪古滑坡整体趋于稳定,据 1994 年以来地表和钻孔变形监测结果分析,滑体前缘及中部局部存在蠕变,但蠕变部位距北岸桥址区远,故枇杷坪滑坡对大桥没有影响。

康家坡变形体现今处于缓慢变形阶段,在水库水位变动范围内,水的作用有可能使变形体失稳。但是,由于变形失稳的方向与大桥轴线平行,仅下游侧对 4~7 号墩表层土体有轻微牵引影响,对大桥稳定无影响。

巨鱼沱变形体变整体趋于稳定，三峡水库正常蓄水后，变形体有 2/3 将被淹没，在水库运行期间，存在整体变形失稳的可能。长江二桥位于变形体上游侧，距变形体最小距离 62m，并且变形体的失稳方向与长江二桥轴线平行。因此，变形体对大桥没有影响。

综上所述，除康家坡变形体对北岸 4～7 号墩表层土体有轻微牵引影响外，枇杷坪古滑坡和巨鱼沱变形体对大桥影响小。

(2) 南岸。

桥位区北岸有楠木垭滑坡群、凉水函滑坡和冠子背变形体。

楠木垭滑坡群处于稳定状态。滑体前缘高程 255m，比三峡水库正常蓄水位 175m 高出 80m。该滑体距长江二桥南岸桥台平面距离约 120m，不会对大桥的安全构成威胁。

凉水函滑坡在水库蓄水前后均处于稳定状态，局部存在变形现象，大桥从滑坡上游通过，桥位区滑坡未见变形，对大桥影响小。

冠子背变形体处于欠稳定状态，在雨季和暴雨季节，特别是三峡水库蓄水后，该变形体可能失稳。选址时已进行了避让，避让最小距离 23m，变形体的失稳对大桥影响小。

综上所述，南岸滑坡和变形体对大桥影响小。

6) 大桥建设对滑坡的影响分析

万州长江二桥为悬索桥方案，主桥跨为 580m。主要建筑物为 2 个主塔墩、17 个附桥墩、两岸桥台及 4 个锚墩。北岸与天城枇杷坪小区相接，南岸与陈家坝移民小区及江南新区相接。

根据设计方案，大桥除两岸为桥台外，1～17 号桥墩均采用桩基础，桩基均不在滑坡之内，4 号桥墩距滑坡距离最小，约 6.0m，桩基的开挖对滑坡无影响；锚碇位于 1 号和 16 号桥墩两侧，35°向下的斜洞，入洞口直径 4.0m，洞尾直径 15.6m，锚碇洞室离滑坡较远，洞室开挖对滑坡无影响；北岸桥台开挖将形成 3.45m 高的岩土混合边坡，对枇杷坪滑坡无影响；北岸连接道开挖后将形成约 14.8m 高的人工边坡，枇杷坪滑坡被切脚开挖，但边坡范围较小，滑坡切脚高度约 2m，对枇杷坪滑坡整体稳定性影响小，可能造成枇杷坪滑坡的局部失稳；南岸桥台开挖将形成 7.40m 高的岩土混合边坡，距凉水函滑坡较远，对滑坡影响小；南岸连接道开挖后将形成约 22.4m 高的人工边坡，凉水函滑坡被切脚，但边坡范围较小，滑坡切脚最大高度 3.5m，对凉水函滑坡整体稳定性影响小，可能造成凉水函滑坡的局部失稳。

为了减少大桥建设对滑坡稳定性的不利影响，保护滑坡的稳定，建议首先对受边坡开挖影响的滑坡段采用锚杆桩进行处理，然后才能进行边坡开挖。

三、泥石流

渝西地区发生的泥石流地质灾害仍以中小型为主，占泥石流总数的 89%，主要分布在大巴山、北碚区观音峡背斜两翼。这里主要介绍永川黄瓜山泥石流勘察及防治。

2010 年 6 月 19 日早上 6 点，永川黄瓜山镇南侧陡坡，重庆文理学院卫星湖校区后山，发生泥石流地质灾害。泥石流在沟口堆积厚度 0.3～3.0m，体积约 1.8 万 m^3。导致学校的主水管和气管全部断裂，学校大面积淤积，未造成人员伤亡。

1. 地质条件

(1) 地形地貌。泥石流发生于黄瓜山镇上南侧陡坡，属构造侵蚀中切割陡峻低山地貌、斜坡冲沟地形，地势北西高南东低，高程 229.2～581.1m，相对高差 281.9m，地形坡角 10°～47°，斜坡坡面呈东西向，长约 900m，南北向冲沟发育，主要发育 6 条冲沟，冲沟切割深度 2～10m，局部深度较大，沟床坡降为 20%～50%，沟坡坡度为 10°～25°(图 5.6-7)。

(2) 地层岩性与构造。区内出露的地层岩性主要有第四系崩坡堆积物、洪积物、残坡积物，土层厚度为 2～15m，下伏基岩为侏罗系下统珍珠冲组泥岩夹砂质泥岩、粉砂岩不等厚互层，三叠系上统须家河组厚层砂岩。

区域构造上位于东山背斜东翼，近轴部，背斜轴部呈箱体构造，产状变化较大，斜坡处高程 485m 以下,产状较陡,岩层产状为150°∠62°,坡顶485m高程以上产状平缓,岩层产状为150°∠36°。岩体中主要发育两组节理裂隙,L_1:产状为224°∠48°;L_2:产状为302°∠54°,裂隙结合程度差,属硬性结构面。

2. 泥石流各区特征

(1)物源区特征。物源区主要分布于高程350~485 m之间,为斜坡中部最陡峭地带,植被条件差,发育的5条冲沟呈带状,平行发育,沟谷切割浅,纵坡降大。横断面呈波浪状,斜坡坡度一般为25°~47°,局部超过60°,冲沟上游地形多呈喇叭状,后壁多呈陡壁,两侧分布大量风化、崩塌形成的松散堆积体。物源区岩土体物质主要

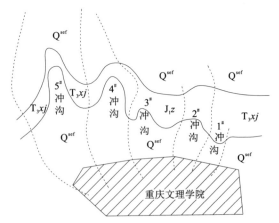

图 5.6-7 泥石流沟谷示意图(卢丙清等,2011)

Q^{sef}.泥石流;J_1z.侏罗系珍珠冲组;T_3xj.三叠系须家河组

为3类。第一类:由残积土、腐植土、坡面泥石流堆积土组成,结构松散,分布于缓坡和坡顶地带;第二类:碎石土,由碎屑流、泥石流、水石流和崩塌体组成,除水石流结构稍密实外,其余结构松散,分选性差,棱角明显,分布于沟谷两岸斜坡地带;第三类:全强风化砂泥岩。

(2)流通区特征。流通区主要分布于高程325~350m之间,为缓坡地带,坡角15°~25°,即各冲沟沟口处斜坡地带,除$3^\#$沟外其他4条冲沟流通区与形成区为同一区,基本无流通区,泥石流形成后便进入校区堆积区。

(3)堆积区特征。泥石流堆积扇位于沟口,高程300~325m区间,主要位于校区,仅$3^\#$沟泥石流进入堆积区并抵达$8^\#$宿舍楼,前缘宽50m,后部宽30 m,纵长40 m,高程319~325m,呈喇叭状,坡度3°~6°,泥石流堆积扇面积约735m²,堆积扇厚1~3m,平均厚2m,堆积物质体积约1470 m³,累加各沟谷上泥石流堆积区总泥石量约1.8万 m³。

3. 成因机制

(1)地形条件是泥石流形成的一个重要因素,陡峭的地形不利于地表物质的稳定,易发生崩塌和滑坡等不良地质现象而产生松散固体物质,这些物质在陡峻地形背景和降水的作用下很容易随着雨水进入沟谷,为泥石流的发生提供大量的物源。同时,陡峭的地形产生的势能,还可以为泥石流的发生提供强大的动力源。较大的高差及较大的流域面积使得地表水快速而大量地汇集,并侵蚀地表,带动松散固体物质运动,从而产生泥石流,泥石流运动过程中沿途产生侧蚀和揭底,将沟道内座两侧的松散固体物质一同带走,从而形成规模较大的泥石流。

(2)丰富的松散固体物质补给是泥石流发生的一个重要因素,其性状及储量大小决定着泥石流暴发的规模、流体性质及破坏强度等,而它的储量大小与当地的构造、岩性、土壤、人类活动及植被覆盖率等有着很密切的关系。后山斜坡流域内的松散堆积物的类型有残坡积物、崩坡积物和洪水泥石流堆积。泥石流固体物质的补给方式以沟道补给为主,松散固体物质分布不集中,整条沟均有丰富的松散固体物质,主要为沟道内的堆积物和两侧的坡积物。沟道内堆积的松散固体物质较为丰富,堆积层平均厚度约3m,石块含量较高,粒径范围在20~50cm,多呈次棱角状。沟道两岸的滑坡多为浅表层土质滑坡,块石和砂土含量较高,碎石含量相对较低。

(3)降雨是泥石流发生的主要诱发和动力因素,一方面,降水使得坡面的表层土体失稳,易产生滑坡、崩塌;另一方面,降水形成汇流后强烈冲刷沟道两岸的松散堆积体,使得沟谷两岸的松散固体物质不断进入沟谷,为泥石流提供物源。2010年6月19日6时30分短时间暴雨,冲沟汇水面积达0.674km²,暴雨形成的大量汇水在短时间内无法形成渗流,迅速形成地表径流,汇集到沟道,冲刷沟道及两岸的松散固体物质,启动松散固体物质参与运动而形成泥石流。短时、强降水是引发该次泥石流的

主要诱导因素。

综上所述,地形陡峭、物质来源丰富及降水充足是发生本次突发泥石流的重要成因。

4. 泥石流治理措施

根据黄瓜山泥石流汇水面积较大、泥石流沟纵坡比较大、植被破坏严重及距保护对象较近等特点,采用排水工程＋拦挡工程＋防火隔离＋坡面绿化＋供水管线保护的方案进行综合治理。

(1)截排水沟。在坡顶设置4条截水沟,将山体以上范围来水通过截水沟直接排泄至排水沟及冲沟。其中由东向西分别为1#、2#、3#、4#截水沟,且疏通地下排水设施。

(2)拦挡工程。结合原有拦挡坝,在各沟口修建谷坊坝,同时于拦挡坝前设置片石混凝土护坦,对坝体进行保护。

(3)防火隔离。为防止坡上再次发生火灾,危及坡下居民安全,故于坡体中部设置一条防火隔离带。隔离带西侧终点靠近4#冲沟,东侧起点连接道路,总长度为350m,隔离带外侧设置挡墙,内侧设置边沟。

(4)坡面绿化。对斜坡裸露岩土进行绿化,绿化面积约1.8万 m^2。

(5)供水管线保护。防治区域内有供水管线,长约600m,其所在位置位于各冲沟流通区,极易遭到破坏,同时不利于隔离工程施工,故对其进行搬迁。治理布置措施如图5.6-8所示。

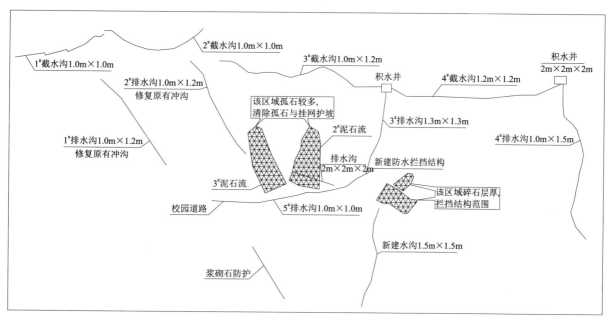

图5.6-8 泥石流治理布置图(卢丙清等,2011)

第六章　桥梁地基工程

随着全球经济一体化的逐步实现，交通工程和工具的发展受到了来自各方面的压力。建立全面、完善的交通网络，大力发展交通事业成为了我们的当务之急，而桥梁建设作为交通建设中较为关键的一步，发挥了无可替代的作用。道路桥梁是我国经济发展中十分重要的基础设施，承载着我国交通体系的正常运行以及发展，还与我国经济的发展速度与稳定性息息相关，不仅能带动经济的发展，同时也是国家经济实力、科技实力的象征和体现。

桥梁的历史就是人类的发展史，中国桥梁的历史可以上溯到 6000 年前的氏族公社时代，到了 1000 多年前的隋、唐、宋三代，古代桥梁发展到了巅峰时期。在最近的 1000 年中，中国的桥梁技术全面落后于世界的脚步，中国第一座现代化桥梁的出现距今仅 100 多年历史，而且是由外国人建造的。从钱塘江大桥算起，中国人自己设计现代桥梁的历史还不足 70 年。改革开放以来，中国的桥梁建造技术取得了举世瞩目的成就，20 世纪 90 年代迎来了跨越式的发展。展望未来，桥梁建设逐渐向跨海、跨国际、轻质、多样化用途、环保型的方向不断发展，随着中国经济的发展，中国桥梁将会创造更辉煌的成就。

重庆是一座山城，到处都是山；重庆也可以说是一座水城，到处都有河流。山谷水流之间，自然需要很多桥梁，桥梁对跨越山水起着重要作用。截至 2016 年底，重庆已建和在建桥梁已达 1.3 万余座，数量在全国城市中列居首位。在类型、技术创新等方面，重庆桥梁共创造了 15 个世界之最，7 个亚洲之最，14 个中国之最，数量和密度远远超过中国其他城市，建设密度和施工难度世所罕见。

渝西地区以华蓥山-巴岳山-螺观山山脉以西属川中丘陵地貌，地形以馒头状孤丘分布为主要特征，地面高程一般 300～400m；而巴岳山以东则属于川东平行岭谷分布区，主要为北东向展布的长条形山脉与宽缓丘陵相间的低山丘陵地貌，山脉宽度一般 2～4km，山脊狭长，区内山脉大多具有"一山二岭一槽"或"一山三岭二槽"的特征，山脉地面高程一般 550～750m，山脉间为浅丘宽谷，谷宽 9～15km，地面高程一般 250～350m。受地形切割槽谷发育较多，坡面多冲沟。

渝西地区均属长江水系。除长江、嘉陵江干流外，区域内主要支流有渠江、涪江、琼江、小安溪、璧南河、濑溪河、清流河等。其中各河流集雨面积在 100～1000km^2 的支流有 20 条，分别是属长江水系的观胜河（沱江支流清流河的支流）、窟窿河、珠溪河、新峰河（沱江支流濑溪河的支流）、大陆溪河、临江河（永川河）、九龙河（璧南河支流）7 条；嘉陵江属长江一级支流，水网并布，其二级支流有古溪河（涪江支流）、护龙河、塘坝河、平滩河（琼江支流）、复兴河（平滩河支流）、双桥溪、板桥沟、淮远河（小安溪支流）、雍溪河（淮远河支流）、璧北河、黑水滩河、梁滩河、龙凤溪（梁滩河支流）13 条。区域内其他小的沟壑、水网的也较发育。

渝西地区处于成渝经济区和成渝城市群主轴线上，区位优势突出，发展前景广阔，是重庆市五大功能分区规划中的都市功能拓展区和城市发展新区，是全市未来工业化、城镇化的主战场，是重庆市发挥区位优势、实现国家战略的核心支撑。桥梁工程对于成渝城市圈的发展起到了很好的促进和推动作用。

第一节　桥梁地基

地基是指建筑物下面支承基础的土体或岩体。从现场施工的角度来讲地基，地基可分为天然地基、人工地基。

天然地基是自然状态下即可满足承担基础全部荷载要求，不需要加固的天然岩（土）层，节约工程造价,不需要人工处理。天然地基可分为四大类:岩石、碎石土、砂土、黏性土。

人工地基通常指经过人工处理或改良的地基,地基处理的对象是软弱地基和特殊土地基,我国的《建筑地基基础设计规范》(GB 50007)中明确规定,软弱地基是指主要由淤泥、淤泥质土、冲填土、杂填土或其他高压缩性土层构成的地基;特殊土地基具有地区性的特点,它包括软土、湿陷性黄土、膨胀土、红黏土和冻土等地基。

当上部荷载过大时,为使地基具有足够的承载能力,也要进行地基处理(对地基内的土层采取物理或化学的技术处理,如表面夯实、土桩挤密、振冲、预压、化学加固和就地拌和桩等方法),以改善其结构性质,达到建筑物对地基设计的要求。

一、土质地基

1. 土质地基分类

土的工程分类的标准和方法很多,目前国内外工程中广泛应用的主要有两类,一类把土作为建筑地基,以原状土利用为目的,侧重于研究土的变形和强度特征。另一类把土作为建筑材料,用于路堤、土坝和填土地基等工程,以扰动土为基本研究对象,侧重于土的组成,而不考虑土的天然结构性。

《建筑地基基础设计规范》(GB 50007)和《岩土工程勘察规范》中土的分类体系是以苏联天然地基设计规范为基础,结合我国土质条件和几十年的实践经验,不断改进补充而成。它在考虑划分标准时,注重土的天然结构联结的性质和强度,并始终与土的主要工程特性,即变形和强度特征紧密联系,具有方法科学、简单、明确和实用性强的特点。

在此我们仅介绍目前作为国内标准,且已被我国各类工程所广泛应用的《建筑地基基础设计规范》(GB 50007)中土的分类。

(1)土按堆积年代可划分为两类。①老沉积土:第四纪晚更新世(Q_3)及其以前沉积的土层,一般呈超固结状态,具有较高的结构强度。②新近沉积土:第四纪全新世中近期沉积的土层(Q_4),一般结构强度较低。

(2)土按颗粒级配和塑性指数分为碎石类土、砂类土、粉土和黏性土等,见表6.1-1。

(3)土根据地质成因可分为残积土、坡积土、洪积土、冲积土、湖积土、海积土、风积土和冰川沉积土。

(4)土根据有机质含量可分为无机土、有机质土、泥炭质土和泥炭。

(5)具有特殊成分、状态和结构特征的土称为特殊性土,可分为湿陷性土、红黏土、软土(包括淤泥和淤泥质土)、混合土、填土、多年冻土、膨胀土、盐渍土、污染土10种类型。

2. 土质地基工程特征

作为建筑地基的土层可分为碎石土、砂土、粉土、黏性土和人工填土。

1) 无黏性土工程特征

无黏性土包括碎石土和砂土。通常具有以下特征。

(1)颗粒粗大,且多为物理风化生成的肉眼可见原生矿物颗粒或更大的岩石碎屑。颗粒间无联结或称无黏性,一般呈松散状态,因而现场采取原状土样极其困难。具有单粒结构。

(2)压缩性和抗剪强度等力学性质与土的粒度成分及密实程度关系密切,越是紧密的土,其强度越大,结构越稳定,压缩性越小;抗剪强度指标中仅有内摩擦角,没有黏聚力,即 $c=0$。

(3)压缩过程迅速。

2) 黏性土工程特征

由于黏性土的颗粒组成与无黏性土有较大的差异,因而其工程性质也与无黏性土不同,具有以下特征。

(1)颗粒细小,且多由化学风化生成的次生黏土矿物颗粒组成,具有黏性和可塑性。由于黏粒与水相互作用产生黏结力,使得土表现为具有一定的黏性和可塑性。

表 6.1-1 土按颗粒级配和塑性指数分类

土的名称		主要组成颗粒	分类标准
无黏性土	碎石类土	漂石（圆形及亚圆形为主）	粒径大于 200mm 的颗粒质量超过总质量 50%
		块石（棱角形为主）	
		卵石（圆形及亚圆形为主）	粒径大于 20mm 的颗粒质量超过总质量 50%
		碎石（棱角形为主）	
		圆砾（圆形及亚圆形为主）	粒径大于 2mm 的颗粒质量超过总质量 50%
		角砾（棱角形为主）	
	砂类土	砾砂	粒径大于 2mm 的颗粒质量占总质量 25%～50%
		粗砂	粒径大于 0.5mm 的颗粒质量超过总质量 50%
		中砂	粒径大于 0.25mm 的颗粒质量超过总质量 50%
		细砂	粒径大于 0.075mm 的颗粒质量超过总质量 85%
		粉砂	粒径大于 0.075mm 的颗粒质量超过总质量 50%
粉土	粉土	粉粒	粒径大于 0.075mm 的颗粒质量不超过总质量 50%，且 $I_P \leqslant 10$
黏性土	粉质黏土	粉粒、黏粒	$10 < I_P \leqslant 17$
	黏土	黏粒	$I_P > 17$

注：1. 定名时应根据颗粒级配由大到小以最先符合者确定。2. 塑性指数 I_P 应由 76g 圆锥仪入土深度 10mm 时测定的液限计算而得。

(2) 黏性土的工程特征与土的含水量有着密切的关系。随着土的含水量的变化，黏性土可以从干而坚硬的固体一直到具有流动性的液体间的各种不同类型的物理状态。随着土的物理状态变化，土的工程特性也将发生变化。

(3) 具有胀缩性。随着土的含水量的变化，黏性土的体积也会发生变化。当黏性土的含水量增加时，由于土在浸湿过程中使结合水膜变厚，土粒间的距离增大，土的体积将发生膨胀；反之，当黏性土的含水量减少时，由于土粒间的结合水膜变薄、粒间距离减小，土的体积将发生收缩。这种由于含水量变化而引起土的体积变化的性质，即土的遇水膨胀和失水收缩的特性称为土的胀缩性。黏性土的胀缩性容易使工程土体产生不均匀变形，对建筑基坑、路堤、路堑及新开挖河道岸边等工程边坡的稳定性造成不利影响。

(4) 具有团聚结构。由于黏性土的颗粒非常细小，且黏粒与水之间有联结力，使得黏性土的颗粒间只有彼此相连形成各种颗粒后才可以沉积，因而黏性土的结构类型为团聚结构。

(5) 抗剪强度包括土颗粒间的摩擦力及联结力两个部分，即抗剪强度指标既包括内摩擦角，又包括黏聚力。

(6) 具有触变性。黏性土颗粒间的联结力极其微弱，当土体受外力作用时，土颗粒间的静电引力、分子引力联结及水胶联结等联结力将被破坏，从而使土体的强度降低。这种由于土体结构受扰动破坏而造成土体强度降低的特性称为土的触变性。正因为黏性土具有触变性，在黏性土的原状样采取及工程施工过程中应采取有效措施来保护土体的结构强度，以免造成试验指标的失真或工程土体强度的降低。

(7) 透水性极其微弱。当黏性土的含水量较少时，由于土粒与水相互作用产生黏结力，使得其余水体难以通过；当黏性土的含水量较高时，由于土粒间的孔隙已被水占据，从而会妨碍其他水体的通过。所以，黏性土的透水性极其微弱，甚至不透水。

(8) 部分黏性土具有崩解性。当黏性土颗粒间联结物为可溶胶结物，特别是易溶的胶结物时，其遇水后，胶结物的溶解或软化会造成土粒间联结力的降低，很快就可以使土由表及里地分散成小块或碎片。黏性土的这种遇水分散的特性称为土的崩解性。

3) 人工填土

可分为素填土、杂填土、吹填土、压实填土四类。素填土为由碎石土、砂土、粉土、黏性土等组成的填土；经过压实或夯实的素填土为压实填土；人工杂填土是含有建筑垃圾、工业废料、生活垃圾等杂物的填土；冲填土为由水力冲填泥砂形成的填土。

渝西地区城市化过程人工填土多为开山场平形成的，岩性主要为泥岩、泥质粉砂岩，少量为岩屑长石砂岩，主要为素填土，填土特征与填筑区地形地貌特点、堆积物质（岩性特点）、堆积方法、填筑时间等有关，具有以下特点。

(1) 填土材料岩性上属于四川红层，主要为软质岩，岩性不均一，岩性强度又受风化影响，开挖后具有大块径、级配不均一、大重度的特点。

(2) 填土随意回填，结构上较松散，有架空现象，具有大孔隙率、低密度、密实性差、强度低、高压缩性、湿陷性的特点。

(3) 填土的透水性大，受级配、压密度及堆筑方法影响，有不均一性。回填初期填土结构较松散，级配不良，有架空现象，透水率大，随着时间的推移，在自重作用压实下透水性逐渐变小。

二、岩质地基

1. 岩质地基分类

工程中的岩石分类方式较多，现就常见的几种分类方式介绍如下。

1) 按其成因划分

按其成因划分，可分为岩浆岩、沉积岩和变质岩三大类，其中渝西地区常见岩石为沉积岩类。

(1) 岩浆岩。岩浆岩是指在内力地质作用下，地球内部的岩浆沿地壳裂隙侵入地壳或喷出地面冷凝而成的岩石。岩浆岩又称火成岩，其中，埋于地下深处或接近地表的称为侵入岩；喷出地表的称为喷出岩。

岩浆岩一般较硬，绝大多数矿物成结晶粒状紧密结合，常具块状、流纹状及气孔状结构，原生节理发育。其矿物成分包括浅色矿物（石英、正长石、斜长石、白云母等）和深色矿物（黑云母、角门石、辉石、橄榄石等）。常见的岩浆岩主要有酸性的浅色的花岗岩、花岗斑岩和流纹岩；中性的浅色的正长岩、正长斑岩和粗面岩；中性的深色的闪长岩、玢岩和安山岩；基性的深色的辉长岩、辉绿岩和玄武岩；超基性的深色的橄榄岩和辉岩。

(2) 沉积岩。沉积岩是指岩石在外力地质作用下，经过风化、剥蚀成岩石碎屑，经流水、风等搬运作用搬运到低洼处沉积下来，而后再经过压紧或化学作用硬结而成的岩石。

沉积岩分布广泛，约占地球表面积的75%。沉积岩的成分，包括矿物和胶结物。矿物中有石英、长石、云母等原生矿物和方解石、白云石、石膏、黏土矿物等次生矿物。沉积岩的种类包括碎屑岩（砾岩、角砾岩、砂岩、凝灰岩、火山角砾岩等）、黏土岩（泥岩、页岩）、化学岩和生物化学岩（石灰岩、泥灰岩）四类。

(3) 变质岩。变质岩是指地壳的原岩（岩浆岩或沉积岩）因地壳运动、岩浆活动，在高温、高压和易发生化学反应的物质作用下，改变原岩的结构、构造和成分，形成一种新的岩石。

变质岩的矿物成分，除石英、长石、云母、方解石等矿物外，还具有特异的矿物滑石、绿泥石、蛇纹石和石榴石等。常见的变质岩有块状的大理岩和石英岩，板状的板岩，片状的云母片岩、绿泥石片岩、滑石片岩、角闪石片岩，片麻状的片麻岩等。

2) 按照其坚固性划分

按照岩石的坚固性划分可分为两类：硬质岩石和软质岩石。

(1) 硬质岩石是指其饱和单轴极限抗压强度≥30MPa的岩石。常见的硬质岩石有花岗岩、石灰岩、石英岩、闪长岩、玄武岩、石英砂岩、硅质砾岩和花岗片麻岩等，可细分为坚硬岩、软硬岩。

(2) 软质岩石是指其饱和单轴极限抗压强度<30MPa的岩石。常见的软质岩石有页岩、泥岩、绿泥

石片岩和云母片岩等,可分为较软岩、软岩、极软岩。

除此之外,岩石按照其风化程度可分为三类,即微风化、中等风化和强风化。

2. 岩质地基工程特征

岩体基本质量是岩体固有的,由岩石坚硬程度和岩体完整程度所决定的,确定了岩石坚硬程度和岩体完整程度,就可以对岩体基本质量进行判断。根据《工程岩体分级标准》(GB 50218—2014)中的标准,岩体基本质量可分Ⅴ级,且可以采用定性和定量两种方法进行确定。

1) 岩石强度分级及完整性分级

(1)坚硬程度分类。根据《工程岩体分级标准》(GB/T 50218—2014),渝西代表性岩石强度分级,分为两大类五个亚类,见表6.1-2。

表 6.1-2　岩体坚硬程度分级表

坚硬程度	硬质岩		软质岩		
	坚硬岩	较坚硬岩	较软岩	软岩	极软岩
R_c/MPa	$R_c>60$	$60 \geqslant R_c>30$	$30 \geqslant R_c>15$	$15 \geqslant R_c>5$	$R_c \leqslant 5$
代表性岩石	石英岩、闪长岩、玄武岩、花岗片麻岩	砂岩、灰岩、白云岩、泥质灰岩	粉砂岩、页岩、泥灰岩	泥岩、中等风化的较软岩	各类强风化岩石

(2)完整程度分级。岩体完整性指数(K_v)是指岩体弹性纵波速度与同一岩体中所包含的岩石弹性纵波速度之比的平方,岩体完整程度分级见表6.1-3。

表 6.1-3　岩体完整程度划分表

完整程度等级	完整	较完整	较破碎	破碎	极破碎
完整性指数(K_v)	>0.75	0.75～0.55	0.55～0.35	0.35～0.15	<0.15

当工程岩体中包含不止一种岩石或不止一个不同的工程地质岩组时,应针对不同的工程地质岩组或岩性段,选择有代表性的点、段分别评价。

当无条件取得岩体完整性指数的实测值时,也可用根据节理组数及间距确定。岩体的完整程度依据《水利水电工程地质勘察规范》(GB 50487—2008)附录进行初步划分,见表6.1-4。

表 6.1-4　岩体完整程度划分表

间距/cm	组数			
	1～2	2～3	3～5	>5或无序
>100	完整	完整	较完整	较完整
100～50	完整	较完整	较完整	差
50～30	较完整	较完整	差	较破碎
30～10	较完整	差	较破碎	破碎
<10	差	较破碎	破碎	破碎

2) 岩体基本质量分级

(1)岩体基本质量的定性分类是指根据岩体的定性特征,即岩石坚硬程度和岩体完整程度进行的岩体基本质量分类,其具体确定方法见表6.1-5。

表 6.1-5　岩体基本质量分类

基本质量级别	岩体基本质量的定性特征	岩体基本质量指标(BQ)
Ⅰ	坚硬岩,岩体完整	>550
Ⅱ	坚硬岩,岩体较完整;较坚硬岩,岩体完整	550～451
Ⅲ	坚硬岩,岩体较破碎;较坚硬岩或软硬岩互层,岩体较完整;较软岩,岩体完整	450～351
Ⅳ	坚硬岩,岩体破碎;较坚硬岩,岩体较破碎至破碎;较软岩或软硬岩互层,且以软岩为主,岩体较完整至较破碎;软岩,岩体完整至较完整	350～251
Ⅴ	较软岩,岩体破碎;软岩,岩体较破碎至破碎;全部极软岩及全部极破碎岩	<250

(2)岩体基本质量的定量分类。岩体基本质量的定量分类是指根据岩体的基本质量指标(BQ)进行的岩体基本质量分类。岩体基本质量指标(BQ)的计算方法如下,评价标准见表 6.1-5。

$$BQ = 90 + 3R_c + 250K_v \tag{7.1-1}$$

其中,当 $R_c > 90K_v + 30$ 时,应以 $R_c = 90K_v + 30$ 代入;当 $K_v > 0.04R_c + 0.4$ 时,应以 $K_v = 0.04R_c + 0.4$ 代入。

式中:R_c 为岩石单轴饱和抗压强度(MPa);K_v 为岩体完整性指数。

(3)工程岩体基本质量。岩体基本质量级别划分虽然对岩体质量作出了初步等级判断,在实际应用过程中,岩体的质量除了取决于岩体的这两个方面的因素外,还与工程的类型、所处的地质环境有关,如岩体结构组合、地下水出水状态及地下水压力、工程轴线或走向线的方位与主要软弱结构面产状的组合关系、结构面发育组数、张开情况及结合情况、初始应力状态等,因而对工程岩体进行详细定级时还应在岩体基本质量等级划分的基础上根据工程建筑物类型特点,结合以上因素进行必要的修正。

第二节　桥梁地基工程勘察技术与方法

传统的勘察方法是在地面的工程地质测绘和调查所取得的地质认知的资料基础上,通过勘探验证,并取得岩土试样。勘探是工程地质勘察过程中查明地质情况的必要手段之一,一般勘探工作包括坑探、钻探、触探和其他轻型勘探等。采取岩样、土样及水样等是岩土工程勘察中必不可少的、经常性的工作,是工程勘察中岩土物理力学性质指标获取的前提。

而现场原位测试与室内试验是获得岩土参数的重要手段。现场原位测试是直接在现场对天然状态下的岩土体在其生成的原有位置上进行测试、试验,因而比室内土工试验更能真实反映岩土体的固有应力和结构构造特性,其缺点是试验时的应力路径难以控制、边界条件较复杂、有些试验耗费人力物力较多,但是在现有科学发展条件下,原位测试不可能完全替代室内实验。室内试验的优点是试验条件比较容易控制(边界条件明确,应力应变条件可以控制等),可以大量取样,主要的缺点是试样尺寸小,不能反映宏观结构和非均质性对岩土性质的影响,代表性差,试样不可能真正保持原状,而且有些岩土也很难取得原状试样。

不均匀性和变异性是岩土体(尤其是土体)的主要特点之一,加之受取样以及运输过程中的扰动、试验仪器、试验操作方法差异等的影响,试验得到的岩土参数往往具有很大的离散性。试验中,对岩土体进行科学分层分类、取得足够多的试验数据、按工程地质单元及层次分类结果对取得的数据分别进行统计整理、求得具有代表性的岩土参数及指标是工程地质勘察工作的一项重要任务。

岩土参数是岩土工程设计的基础,可靠性和适用性是工程设计对岩土参数的基本要求。准确确定岩土体参数真值的分布区间,选定的岩土体参数能正确反映岩土体在规定条件下的性状,能满足岩土工程设计计算的假定条件和计算精度要求。

现场检验与监测是岩土工程中的一个重要环节，它与勘察、设计、施工一起，构成了岩土工程的完整体系。其目的在于保证工程的质量和安全，提高工程效益。现场检验与监测工作一般是在勘察和施工期进行的。现场检验包括施工阶段对先前岩土工程勘察成果的验证核查以及岩土工程施工监理和质量控制。现场监测则主要包含施工作用和各类荷载对岩土反应性状的监测、施工和运营中的结构物监测和对环境影响的监测等方面。

随着科学技术的飞速发展，岩土工程勘察领域不断引进了高新技术。例如，工程地质综合分析、工程地质测绘制图和不良地质现象监测中遥感(RS)、地理信息系统(GIS)和全球卫星定位系统(GPS)即"3S"技术的引进；勘探工作中地质雷达和地球物理层成像技术(CT)的应用等。岩质高边坡快速摄像微机地质素描成图、层析成像技术、近坝库段安全监测技术、边坡监测数据处理预报软件研究、高精度大地测量监测自动化系统等项目，越来越多的研究成果在工程中应用，效益显著。

一、公路行业桥梁工程勘察技术及要求

公路桥梁工程行业地质勘察分为预可行性研究阶段工程地质勘察（简称预可勘察）、工程可行性研究阶段工程地质勘察（简称工可勘察）、初步设计阶段工程地质勘察（简称初步勘察）和施工图设计阶段工程地质勘察（简称详细勘察）四个阶段。

1. 预可勘察

预可勘察应了解公路建设项目所处区域的工程地质条件及存在的工程地质问题，为编制预可行性研究报告提供工程地质资料。

1）勘察工作内容

预可勘察应充分搜集区域地质、地震、气象、水文、采矿、灾害防治与评估等资料，采用资料分析、遥感工程地质解译、现场踏勘调查等方法，对各路线走廊带或通道的工程地质条件进行研究。

(1) 了解各路线走廊带或通道的地形地貌、地层岩性、地质构造、水文地质条件、地震动参数、不良地质和特殊性岩土的类型、分布范围、发育规律。

(2) 了解当地建筑材料的分布状况和采购运输条件。

(3) 评估各路线走廊带或通道的工程地质条件及主要工程地质问题。

(4) 编制预可行性研究阶段工程地质勘察报告。

2）工程勘察

(1) 遥感解译及踏勘调查应沿拟定的路线及其两侧的带状范围进行，工程地质调查的比例尺为1∶50 000～1∶100 000，调查宽度应满足路线走廊及通道方案比选的需要。

(2) 跨江、海独立公路工程建设项目应进行工程地质勘探，并符合下列要求。①应通过资料分析、遥感工程地质解译、现场踏勘调查等明确勘探的重点及问题。②应沿拟定的通道布设纵向物探断面，数量不宜少于2条。当存在可能影响工程方案的区域性活动断裂等重大地质问题时，应根据实际情况增加物探断面的数量。③区域性断裂异常点、桥梁深水基础、水下隧道，应进行钻探，取样和测试应符合初步勘察中取样及测试的有关规定。

3）预可勘察报告

(1) 文字说明：应对拟建工程项目的工程地质条件、存在的工程地质问题及筑路材料的分布状况和运输条件等进行说明，对各路线走廊带或通道的工程地质条件进行评估、对下一阶段的工程地质勘察工作提出意见和建议。

(2) 图表资料：1∶50 000～1∶100 000 路线工程地质平面图及附图、附表、照片等，跨江、跨海的桥隧工程，应编制工程地质断面图。

2. 工可勘察

工可勘察应初步查明公路沿线的工程地质条件和对公路建设规模有影响的工程地质问题，为编制

工程可行性研究报告提供工程地质资料。

1) 勘察工作内容

工可勘察应以资料搜集和工程地质调绘为主,辅以必要的勘探手段,对项目建设各工程方案的工程地质条件进行研究。

(1) 了解各路线走廊或通道的地形地貌、地层岩性、地质构造、水文地质条件、地震动参数、不良地质和特殊性岩土的类型、分布及发育规律。

(2) 初步查明沿线水库、矿区的分布情况及其与路线的关系。

(3) 初步查明控制路线及工程方案的不良地质和特殊性岩土的类型、性质、分布范围及发育规律。

(4) 初步查明技术复杂大桥桥位的地层岩性、地质构造、河床及岸坡的稳定性、不良地质和特殊性岩土的类型、性质、分布范围及发育规律。

(5) 初步查明筑路材料的分布、开采、运输条件以及工程用水的水质、水源情况。

(6) 评价各路线走廊或通道的工程地质条件,分析存在的工程地质问题。

(7) 编制工程可行性研究阶段工程地质勘察报告。

2) 工程地质调绘

(1) 应对区域地质、水文地质以及当地采矿资料等进行复核,区域地层界线、断层线、不良地质和特殊性岩土发育地带、地下水排泄区等应进行实地踏勘,并做好复核记录。

(2) 工程地质调绘的比例尺为 1:10 000~1:50 000,范围应包括各路线走廊或通道所处的带状区域。

3) 工程勘探

遇有下列情况,当通过资料搜集、工程地质调绘不能初步查明其工程地质条件时,应进行工程地质勘探。

(1) 控制路线及工程方案的不良地质和特殊性岩土路段。

(2) 特大桥、特长隧道、地质条件复杂的大桥及长隧道等控制性工程。

(3) 控制路线方案的越岭路段、区域性断裂通过的峡谷、区域性储水构造。

(4) 跨江、海独立公路工程建设项目。

4) 工可勘察报告

(1) 文字说明:应对公路沿线的地形地貌、地层岩性、地质构造、水文地质条件、新构造运动、地震动参数等基本地质条件进行说明;对不良地质和特殊性岩土应阐明其类型、性质、分布范围、发育规律及其对公路工程的影响和避开的可能性;路线通过区域性储水构造或地下水排泄区,应对路线方案有重大影响的水文地质及工程地质问题进行充分论证、比选,对工程地质条件进行说明、评价,提供工程方案论证、比选所需的岩土参数。

(2) 图表资料:1:10 000~1:50 000 线路工程地质平面图;1:10 000~1:50 000 路线工程地质纵断面图;1:2000~1:10 000 重要工点工程地质平面图;1:2000~1:10 000 重要工点工程地质断面图附图;附表和照片等。

3. 初步勘察

1) 一般规定

(1) 初步勘察应基本查明公路沿线及各类构筑物建设场地的工程地质条件,为工程方案比选及初步设计文件编制提供工程地质资料。

(2) 初步勘察应与路线和各类构筑物的方案设计相结合,根据现场地形地质条件,采用遥感解译、工程地质调绘、钻探、物探、原位测试等手段相结合的综合勘察方法,对路线及各类构筑物工程建设场地的工程地质条件进行勘察。

(3) 初步勘察应对工程项目建设可能诱发的地质灾害和环境工程地质问题进行分析、预测,评估其对公路工程和环境的影响。

2）桥梁勘察内容

桥梁初勘应根据现场地形地质条件，结合拟定的桥型、桥跨、基础形式和桥的建设规模等确定勘察方案，基本查明下列内容：

(1) 地貌的成因、类型、形态特征、河流及沟谷岸坡的稳定状况和地震动参数；褶皱的类型、规模、形态特征、产状及其与桥位的关系；断裂的类型、分布、规模、产状、活动性，破碎带宽度、物质组成及胶结程度。

(2) 覆盖层的厚度、土质类型、分布范围、地层结构、密实度和含水状态；特殊性岩土和不良地质的类型、分布及性质；基岩的埋深、起伏形态，地层及其岩性组合，岩石的风化程度及节理发育程度；确定地基岩土的物理力学性质及承载力。

(3) 水下地形的起伏形态、冲刷和淤积情况以及河床的稳定性；地下水的类型、分布、水质和环境水的腐蚀性。

(4) 重视深基坑开挖对周围环境可能产生的不利影响，重视桥梁通过气田、煤层、采空区时，有害气体对工程建设的影响。

3）桥位选择原则

根据地质条件选择桥位应选择在河道顺直、岸坡稳定、地质构造简单、基底地质条件良好的地段；桥位应避开区域性断裂及活动性断裂。无法避开时，应垂直断裂构造线走向，以最短的距离通过；桥位应避开岩溶、滑坡、泥石流等不良地质及软土、膨胀性岩土等特殊性岩土发育的地带。

4）工程地质调绘

(1) 跨江、海大桥及特大桥应进行1：10 000区域工程地质调绘，调绘的范围应包括桥轴线、引线及两侧各不小于1000m的带状区域。存在可能影响桥位或工程方案比选的隐伏活动性断裂及岩溶、泥石流等不良地质时，应根据实际情况确定调绘范围，并辅以必要的物探等手段探明。

(2) 工程地质条件较复杂或复杂的桥位应进行1：2000工程地质调绘，调绘的宽度沿路线两侧各不宜小于100m。当桥位附近存在岩溶、泥石流、滑坡、危岩、崩塌等可能危及桥梁安全的不良地质时，应根据实际情况确定调绘范围。

(3) 工程地质条件简单的桥位，可对路线工程地质调绘资料进行复核，不进行专项1：2000工程地质调绘。

5）工程地质勘探

桥梁初勘应以钻探、原位测试为主，遇有桥位有隐伏的断裂、岩溶土洞、采空区，沼气层等不良地质发育时，基岩面或桩端持力层起伏变化较大，用钻探资料难以判明时，水下地形的起伏与变化情况需探明时，控制斜坡稳定的卸荷裂隙、软弱夹层等结构面用钻探难以探明时，应结合物探、挖探等进行综合勘探。

(1) 勘探测试点的布置应符合下列规定。①勘探测试点应结合桥梁的墩台位置和地貌地质单元沿桥梁轴线或在其两侧交错布置，数量和深度应控制地层、断裂等重要的地质界线和说明桥位工程地质条件。②特大桥、大桥和中桥的钻孔数量可按表6.2-1确定。

表6.2-1 桥位钻孔数量表　　　　单位：个

桥梁类型	工程地质条件简单	工程地质条件较复杂或复杂
中桥	2~3	3~4
大桥	3~5	5~7
特大桥	≥5	≥7

小桥的钻孔数量每座不宜少于1个；深水、大跨桥梁基础及锚碇基础，其钻孔数量应根据实际地质情况及基础工程方案确定。③基础施工有可能诱发滑坡等地质灾害的边坡，应结合桥梁墩台布置和边坡稳定分析进行勘探。④当桥位基岩裸露，岩体完整，岩质新鲜，无不良地质发育时，可通过工程地质调绘基本查明工程地质条件。

(2) 勘探深度应符合下列规定。①基础置于覆盖层内时，勘探深度应至持力层或桩端以下不小于3m；在此深度内遇有软弱地层发育时，应穿过软弱地层至坚硬土层内不小于1.0m。②覆盖层较薄，下伏基岩风化层不厚时,对于较坚硬岩或坚硬岩,钻孔钻入微风化基岩内不宜少于3m;极软岩、软岩或较软岩,钻入未风化基岩内不宜少于5m。③覆盖层较薄,下伏基岩风化层较厚时,对于较坚硬岩或坚硬岩,钻孔钻入中风化基岩内不宜少于3m;极软岩、软岩或较软岩,钻入微风化基岩内不宜少于5m。④地层变化复杂的桥位,应布置加深控制性钻孔,探明桥位地质情况;深水、大跨桥梁基础和锚碇基础勘探,钻孔深度应按设计要求专门研究后确定。

6) 取样及测试

(1)取样。①在粉土、黏性土地层中,每1.0~1.5m应取原状样1个;土层厚度大于或等于5.0m时,可每2.0m取原状样1个;遇土层变化时,应立即取样。②在砂土和碎石土地层中,应分层采取扰动样,取样间距一般为1.0~3.0m;遇土层变化时,应立即取样。取样后应立即做动力触探试验。③在基岩地层中,应根据岩石的风化等级,分层采取代表性岩样。④当需要进行冲刷计算时,应在河床一定深度内取样做颗粒分析试验。⑤遇有地下水时,应进行水位观测和记录,量测初见水位和稳定水位,并采取水样做水质分析。

(2)测试。应根据地基岩土类型、性质和桥梁的基础形式选择岩土试验项目和原位测试方法,并符合下列规定。①砂土应做标准贯入试验,碎石土应做重型动力触探试验,有成熟经验的地区,可采用静力触探、旁压试验、扁铲侧胀试验等方法评价地基岩土体工程地质性质。②钻探取芯、取样困难的钻孔,可采用孔内电视、物探综合测井等方法探明孔内地质情况。③遇有害气体时,应取样测试。④悬索桥、斜拉桥的锚碇基础,地下水发育时,应进行抽水试验。

7) 桥梁初勘应提供下列资料

(1)地质条件简单的小桥可列表说明其工程地质条件,特大桥、大桥、中桥、地质条件较复杂和复杂的小桥应按工点编写文字说明和图表。

(2)文字说明应对桥位的工程地质条件进行说明,对工程建设场地的适宜性进行评价;受水库水位变化及潮汐和河流冲刷影响的桥位,应分析岸坡、河床的稳定性;含煤地层、采空区、气田等地区的桥位,应分析、评估有害气体对工程建设的影响应分析、评价锚碇基础施工对环境的影响。

(3)图表资料1∶10 000桥位区域工程地质平面图;1∶2000桥位工程地质平面图;1∶2000桥位工程地质断面图;1∶50~1∶200钻孔柱状图;原位测试图表;岩、土测试资料;物探资料;有害气体测试资料;水质分析资料;附图、附表和照片等。

4. 详细勘察

桥梁详勘应根据现场地形地质条件和桥型、桥跨、基础形式制订勘察方案,查明桥位工程地质条件,其内容应符合初步勘察工作内容的规定。

1) 一般规定

(1)详细勘察应查明公路沿线及各类构筑物建设场地的工程地质条件,为施工图设计提供工程地质资料。

(2)详细勘察应充分利用初勘取得的各项地质资料,采用以钻探、测试为主,调绘、物探、简易勘探等手段为辅的综合勘察方法,对路线及各类构筑物建设场地的工程地质条件进行勘察。

2) 工程地质测绘

应对初勘工程地质调绘资料进行复核。当桥位偏离初步设计桥位或地质条件需进一步查明时,应进行补充工程地质调绘,补充工程地质调绘的比例尺为1∶2000。

3) 工程地质勘探

(1)钻孔布置。①梁墩、台的勘探钻孔应根据地质条件按图6.2-1在基础的周边或中心布置。当有特殊性岩土、不良地质或基础设计施工需进一步探明地质情况时,可在轮廓线外围布孔,或与原位测试、物探结合进行综合勘探。②工程地质条件简单的桥位,每个墩(台)宜布置1个钻孔;工程地质条件较复杂的桥位,每个墩台的钻孔数量不得少于1个。遇有断裂带、软弱夹层等不良地质或工程地质条件复杂时,应结合现场地质条件及基础工程设计要求确定每个墩台的钻孔数量。③沉井基础或采用钢围堰施工的基础,当基岩面起伏变化较大或遇涌砂、大漂石、树干、老桥基等情况时,应在基础周围加密钻孔,确定基岩顶面、沉井或钢围堰埋置深度。④悬索桥及斜拉桥的桥塔、锚碇基础、高墩基础,其勘探钻孔宜按图6.2-1中的4、5、6布置,或按设计要求研究后布置。⑤桥梁墩(台)位于沟谷岸坡或陡坡地段时,宜采用井下电视、硐探等探明控制斜坡稳定的结构面。

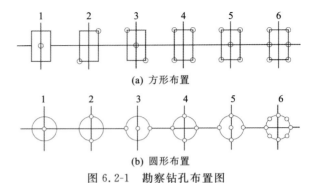

图6.2-1 勘察钻孔布置图

2) 钻孔深度

应根据基础类型和地基的地质条件确定,并符合下列要求:①天然地基或浅基础钻孔钻入持力层以下的深度不得小于3m。②桩基、沉井、锚碇基础钻孔钻入持力层以下的深度不得小于5m。③持力层下有软弱分布时,钻孔深度应加深。

二、铁路行业桥梁工程勘察技术及要求

新建铁路工程地质勘察应按踏勘、初测、定测、补充定测开展工作,并与预可行性研究、可行性研究、初步设计、施工图四个设计阶段相适应。地形地质条件特别复杂、线路方案比较范围较大时,宜在初测前增加、加深地质工作。

1. 踏勘

(1)踏勘阶段工程地质工作的任务应是了解影响线路方案的主要工程地质问题和各线路方案一般工程地质条件,为编制预可行性研究报告提供工程地质资料。

(2)踏勘阶段工程地质工作应采用搜集、分析区域地质资料与遥感图像地质解译、现场踏勘相结合的工作方法,并应完成下列各项工作:①广泛搜集、分析区域地质资料,认真研究线路方案。②地质条件复杂时,进行遥感图像地质学解译,拟定现场踏勘重点及需解决的问题。③编制踏勘阶段工程地质资料。

(3)踏勘阶段的工程地质工作内容。①概略了解线路通过区域的地层、岩性、地质构造、地震动参数区划、水文地质等及其与线路的关系,初步评价线路通过地区的工程地质条件。②对控制线路方案的越岭地段,了解其地层、岩性、地质构造、水文地质及不良地质等的概略情况,提出越岭方案的比选意见。③对控制线路方案的大河桥渡,了解其地层、岩性、地质构造、岸坡和河床的稳定程度等概略情况,提出跨越地段地质条件的比选意见。④对控制线路方案的不良地质和特殊岩土地段,概略地了解其类型、性质、范围及其发生、发展的概况,提出对铁路工程危害程度的评估意见和对线路方案的比选意见。⑤了解沿线既有及拟建的大型水库及矿区情况,分析其对线路方案的影响。⑥了解沿线天然建筑材料的分布情况。⑦对地震动峰值加速度大于0.4g的地区,应进行地震危害的专门研究,提出线路方案的比选意见和下一阶段勘测的注意事项。⑧提出对线路方案,工程设置等有很大影响,须进行地质专题研究的课题。

(4)踏勘阶段工程地质资料编制要求。①全线工程地质说明:a.线路通过地区的自然地理、地层岩性、地质构造、水文地质概况、主要气象资料及地震动参数区划概况;b.控制线路方案的不良地质、特殊岩土、地质复杂的越岭地段、大河桥渡、大型水库和矿区的工程地质条件;c.各方案的工程地质条件评价和方案比选意见;d.对下阶段工程地质勘察工作的建议。②全线工程地质图:a.比例尺为1:50 000~1:200 000(工程地质条件简单时,可用1:500 000),可与线路方案平、纵断面缩图合并;b.利用区域地质和遥感图像解译资料编制,对控制线路方案的不良地质、主要构造等可用文字说明并以图例表示于平面图的相应地段;c.控制线路方案的不良地质、特殊岩土和地质复杂的特大桥、长隧道的工程地质平、纵断面示意图;d.搜集的勘探、试验资料及工程地质照片等的整理。

2. 加深地质工作

(1)应根据审查批复意见,在线路可能通过的最大区域内,初步查明控制和影响线路方案的地质条件,提出初测方案范围和评价意见。

(2)应采用多种遥感图像地质解译、大面积地质调绘和综合物探相结合并辅以少量验证性钻探的综合勘察方法。

(3)加深地质工作内容。①初步查明测区地形地貌气象特征、地震动参数等自然地理概况及主要地层岩性,影响线路方案的地质构造的延伸及其工程地质特征。②初步查明测区内不良地质及特殊岩土的性质规模、发育特征、分布范围及对线路方案的影响程度。③布置少量验证性钻孔,查明控制性地质条件,并应结合工程情况与物探测井、孔内原位测试相配合,尽量多地取得地质参数。

(4)大面积工程地质选线应充分注意对环境工程地质条件分析,全面权衡其对线路和建筑物的稳定、施工安全、运营养护及对环境的长期影响,并应符合下列要求。①河谷线路应选择在地形平坦的宽谷阶地一侧,宜避开陡峻坡山坡,避免岩层不利结构面倾向线路的长大挖方工程。②越岭线路宜避开地质构造轴线,尤其应避免沿大的断层破碎带、地下水发育的地带通过;应选择在相对稳定、地层完整的地带通过;在通过大的断层破碎带时,线路应垂直或大角度斜交穿越,避免在其上迂回展线和设站。③线路应绕避严重不良地质、工程难以处理的特殊岩土地段,当不能绕避时,应采取切实可行的工程措施,一次根治不留后患。④线路宜躲避地震动峰值加速度大于0.4g的地区及新构造运动活动强烈的地段,特别是不利抗震地段,必须通过时应采用工程措施,并选择长度最短的地段通过。⑤重点桥梁、隧道及控制性路基工程应结合线路走向和工程地质条件、水文地质条件在较大范围内进行方案比选,应避免沿断裂破碎带及在地质条件复杂地带通过。

(5)加深地质工作调绘范围应以批准的加深地质工作要求范围为准,包括所有线路方案在内的区域,当宏观地质条件定性需要加宽时,可适当扩大范围。

(6)加深地质工作成果资料。①线路方案研究报告。②工程地质勘察总报告,内容包括勘测工作概况、自然地概况、地层及构造、水文地质特征、主要工程地质问题及工程措施意见、线路方案的地质条件评价及结论意见、存在的主要问题及初测中应注意事项。必要时应增加水文地质、遥感图像地质解译和地球物理勘探等分报告。③全线工程地质图件。a.工程地质图,比例为1:10 000~1:50 000,填绘内容应包括地层年代、岩性、影响线路方案的地质构造、不良地质、特殊岩土的性质、范围及水文地质情况、地震动参数及界线;b.水文地质图,比例尺与工程地质图相同;c.遥感图像地质解译成果图。比例为1:100 000~1:200 000;d.地质复杂、控制线路方案的特大桥、长隧洞的工程地质纵断面图(含综合物性纵断面)。比例尺根据需要确定;e.勘探、测试成果资料。

3. 初测

初测阶段工程地质勘察应根据预可行性研究报告审查批复意见安排工作。

1)初测阶段的工程地质勘察工作内容

(1)查明线路可能通过地区区域地质条件,为工程地质选拔提供可靠地质依据。

(2)查明推荐线路方案和线路主要比较方案工程地质条件,对线路各方案做出评价;编制初测工程地质勘察报告和加各类工程设计提供工程地质资料。

2)初测阶段工程地质勘察工作的重点

(1)大面积工程地质选线应符合TB 10012—2019规范附录H的规定。

(2)推荐线路方案和线路主要比较方案应包括:①初步查明沿线的地形地貌、地层岩性、地质构造、水文地质特征等工程地质条件。②初步查明各类不良地质和特殊岩土的成因、类型、性质、范围、发生发展及分布规律、对线路的危害程度,提出线路通过的方式和部位。③初步查明地质复杂及控制和影响线路方案的重大路基工点、大桥、隧道、区段站及以上大站等的工程地质条件,为各类工程位置选择和工程设计提供地质资料。④配合相关专业对沿线大型或重点建筑材料场地进行材料质量及储量的工程地质勘察工作,并作出工程地质评价。⑤对由于工程修建可能出现的地质病害,预测其发生和发展的趋势及对线路方案的影响。⑥确定沿线的岩土施工工程分级。⑦对重大工程地质问题开展专题研究。

3) 初测阶段的工程地质调绘

(1) 工程地质调绘方法:①工程地质调绘宜采用野外地质调绘与遥感图像地质解释相配合。②构造复杂的地区用追索法,查明地质构造特征、性质、延伸方向,宽大断裂带应划分岩体的破碎程度,评价构造带对线路方案或工程的影响。③工程地质图应在野外实地填绘对线路方案和工程有影响的地质界线、地质点,应采用仪器测绘。

(2) 初测阶段工程地质调绘内容:①应符合 TB10012 规范第 3.4 节的规定。②应统一区域地层划分标准和技术工作标准。③配合有关专业实地确定地形地质条件,较复杂地段线路通过的地带、查明不良地质,特殊岩土、重点桥梁、隧道等控制和影响线路方案地段的工程地质条件,提出线路通过位置或方案比选意见。④一般地段结合工程地质条件,提出工程措施意见,确定岩土施工工程分级及挖方地段岩、土成分比例。⑤搜集、汇总气象资料及土的冻结深度,并应结合地形条件划分适宜范围。⑥在短时间难以查明且影响线路方案选定的复杂地质地段或工点,必要时应建立观测站(点)行观测。

(3) 初测阶段工程地质调绘宽度。①全线工程地质图,受构造条件控制时,应调绘至线路受构造影响的范围;受其他地质条件控制时,应调绘至该条件对线路的影响范围之外;沿河谷的线路,当需要比较两岸工程地质条件时,应调绘至河谷两岸线路可能通过的范围。②详细工程地质图。应与线路地形图的宽度相适应;对于不良地质、特殊岩土及受地质条件控制的大桥。隧道等工点、应扩大调绘至有影响的范围。

4) 初测阶段工程勘探和测试

(1) 勘探、测试工作应根据地质条件合理选配勘探测试方法,地质条件允许时应充分利用工程物探、原位测试等方法。

(2) 勘探、测试的重点应是控制和影响线路方案的不良地质、特殊岩土及地质复杂的重点工程,一般地段也应布置适当的勘探测试孔,避免遗漏隐蔽的工程地质问题。

(3) 勘探、测试孔的数量和深度,对控制和影响线路方案的工点应结合工程类别和场地地质条件确定,对一般地段应以基本查明区域稳定程度和沿线工程地质条件为原则。

(4) 对控制和影响线路方案的工程应根据工程要求采集水、土、岩样进行分析试验,一般地段必结合区域地质条件分段采集水、土、岩样进行分析试验。

5) 初测阶段资料整编要求

(1) 工程地质勘察报告。①任务依据、线路概况。②工作概况:包括工作时间、工作方法,人员与分工、完成工作量和既有资料利用情况等。③自然概况:包括线路通过地段的自然地理概况,如山脉、水系、气象、地形、地貌等及城镇、交通情况,地震动参数的区划概况,土的冻结深度分布情况。④工程地质特征:包括沿线地层、岩性及其分布范围,线路通过主要地质构造及与线路的关系,各类铁路建筑物的工程地质条件。⑤水文地质特征。⑥主要工程地质问题:包括沿线不良地质、特殊岩土的类型、性质、范围、分布规律及其对线路的危害程度,处理原则。⑦重点或大型建筑材料场地的工程地质评价。⑧线路各方案的工程地质评价和比选意见。⑨有待进一步解决的问题及定测注意事项。⑩必要时附全线各类工点目录表。

(2) 全线工程地质图。①比例为 1:10 000～1:200 000(工程地质条件简单时,可采用 1:500 000),应包括主要岩层分界线、地质构造线、代表性岩层产状、地层小柱状图、地层成因及时代、不良地质、特殊岩土、地震动参数界线,地质图例,代表性工程地质横断面图及主要方案工程地质纵断面示意图或综合柱状图。②对评价工程地质条件有重要意义的地质现象,在图上填绘宽度不足 2mm 用时,应适当扩大并加注说明。③图面地质界线填绘的宽度不宜小于 5～10cm,有比较线且两方案相距不远时,中间宜予补全,使其相连。

(3) 详细工程地质。①比例为 1:2000～1:5000,可与线路平面图合并,其内容包括岩层分界线、成因、时代、产状、节理、断裂,扭曲等,不良地质、特殊岩土的范围界线,地震动参数界线,地下水露头、地层小柱状图、地质点、地质图例、符号(绘于封面之后)。②工程地质纵断面图,比例为横 1∶10 000,竖 1∶200~1∶1000,也可与线路详细纵断面图合并。根据地质调绘及初步勘探成果填绘地层、岩性、地质构造、代表性勘探点,对工程有影响的地下水位,用地质图例花纹或文字与花纹结合绘制,工程地质特征栏中分段简述地质概况。

(4)分段说明。沿线工程地质分段说明根据导线里程或纸上定线里程,按地形、地貌或不同工程地质条件分段编写。其内容包括地形、地貌、地层、岩性、地质构造、水文地质条件,不良地质和特殊岩土的分布、特征、规模、发生和发展的原因。稳定性及其对工程影响的评价;不控制线路方案的路基(包括防护工程)、桥涵、隧道、站场等建筑物的工程地质条件,以及挖方边坡坡率、地基基本承载力、隧道围岩分级、地震动参数、土壤冻结深度、岩土施工工程分级及挖方工程岩、土成分比例、工程措施意见。

(5)工程地质专题研究课题的研究报告(有专题研究课题时附)。

(6)勘探、测试及其他原始资料。①所有观测点、钻探、简易勘探及各类测试资料,除附有关工点外,应各有1份装订成册。②各类物探成果资料,应按工点整理、分析说明并装订成册。③地质照片、岩石标本、化石等分类整理。

(7)初测阶段应对控制和影响线路的不良地质、特殊岩土、重大工程和技术复杂的工程编制工点资料,其编制办法应符合 TB 10012—2019 规范第4、5、6章有关规定。控制线路方案、工程地质条件复杂的特大桥、长隧道等工点的地质资料宜单独成册。

主要比较方案应以同等精度完成上述资料。

4. 定测

根据可行性研究报告批复意见,在利用初测、可行性研究报告资料的基础上,为确定线路具体位置详细查明采用方案的工程地质和水文地质条件;为各类工程建筑物和建筑材料场地初步设计提供地质资料。

1) 定测阶段工程地质勘察工作内容

(1)准备阶段。①熟悉可行性研究资料及方案比选过程,补充搜集有关区域地质及工程地质资料。②研究可行性研究报告批复意见及定制任务书,结合工程地质条件提出对线路方案的改善意见。③工程地质勘察工作全面开展前,宜统一技术工作标准,提出工程地质勘察中的注意事项。④配合有关专业进行沿线会勘,实地了解线路位置概略情况及可能出现的局部修改方案地段的工程地质条件。

(2)勘察实施。①工程地质勘察工作应采用综合勘察方法、资料整理时应进行综合分析。②工程地质勘察工作宜按工点进行,应结合区域地质条件,详细查明场地地质条件,合理布置勘探、测试工作。

2) 定测阶段工程地质调绘

应根据沿线地质特点,结合工程类型开展工作。除应满足 TB 10012—2019 规范第4章的规定外,尚应包括下列内容:①对有价值的局部比较方案,提供评定方案的工程地质资料及方案选择的意见。②受工程地质条件控制的地段,宜采用地质横断面选线,必要时应实地试线确定线路位置。③详细查明地形地貌形态与地层岩性、地质构造之间的关系及其对工程的影响,预测工程设置、施工可能出现的工程地质问题。④实地复核、修改、补充详细工程地质图,为绘制详细工程地质纵断面图搜集地质素材。⑤已设置且影响工程稳定的地质观测站(点),应继续进行观测。

3) 定制阶段工程勘探

(1)勘探点的布置。①勘探点的间距,应根据地质复杂程度和不良地质、特殊岩土的性质,以及建筑物的布置范围确定。②工程地质断面图上地质界线的确定应以地质点为依据。代表性工程地质断面图不得少于2~3个地质点(包括观测点)。③区域地质条件规律性明显、地层简单时,可用代表性勘探点资料,提供一般建筑物的设计。④每一段路基地段应布置适量勘探孔,以满足编制详细工程地质纵断面图要求和不遗漏对线路安全有影响的工程地质问题。

(2)勘探点的深度。除应满足各类建筑工程勘探要求外,尚应满足下列要求。①对一般基础工程应超过最大季节冻结深度及基础持力层深度。②对受常年或季节性水流冲刷的基础工程应超过水流最大冲刷深度。③地震动峰值加速度为 0.1g 及以上地区,地基土为饱和砂土、粉土地震时,应大于地震可液化层深度。④若第四纪覆盖较薄,应结合建筑物对地基强度的要求和基岩形态、性质及其风化带的力学强度来确定,一般应超过岩层全风化带至强风化(或弱风化带),必要时至微风化带内一定深度。⑤位于陡立谷坡上的基础工程,应穿透该谷坡稳定坡角线以下,并达特力层。⑥探明地质构造(如断裂)、水文地质条件、不良地质和特殊岩土的勘探测试孔应视具体情况确定。

(3)钻孔物探测井或原位测试。①地质复杂地段的钻探,由于岩芯漏层可能对工程稳定及施工安全有影响的钻孔。②需测定地下水水位、层数、流向、流速或渗透系数的钻孔。③需测定岩层原始地应力和地温的钻孔。④有特殊要求的钻孔。

上面各类情况的钻孔宜进行物探测井或原位测试。

4)岩土参数的测试工作要求

(1)第四系堆积地层宜采用原位测试方法,分层提供基本承载力。

(2)土及松软土地区宜采用土工试验和静力触探、十字板剪切试验相结合的方法为工程设计提供物理、力学数据。

(3)应根据工程场地条件、区域地质、不良地质和特殊岩土的发育情况,分别采取岩、土、水样进行分析试验。

(4)有不利结构面危及工程稳定和施工安全时,也可选择适当地点作大面积剪切试验。

5)资料整编

(1)定测阶段工程地质勘察资料编制要求。①地质勘察资料编制工作应按资料整理程序开展工作。其中基础资料应结合场地情况,对各类地质勘察资料进行认真分析、综合对比;岩土参数结合地质条件,剔除异常致据后再分类统计。②各类建筑物、不良地质、特殊岩土工点。应按 TB 10012—2019 规范第 4 章及现行有关规范的规定编制。

(2)工程地质勘察报告。①工作概况内容:包括任务依据、工作时间、人员分工、工作方法、完成工作量、资料利用等。②自然地理概况:内容包括线路通过地区地形地貌、交通、气象特征、土的冻结深度段落划分。③工程地质特征:内容包括沿线地层、岩性、地质构造、水文地质特征、岩土施工工程分级、地震动参数等。④工程地质条件评价:内容包括不良地质、特殊岩土、重点建筑材料场地、各类重点工程的工程地质条件概况、评价及工程措施意见等。⑤有待解决的问题。⑥全线各类工点及附件目录。

(3)详细工程地质图。①比例为 1:2000~1:5000(补充修改可行性研究的详细工程地质图),详细工程地质纵断面图,比例为横 110 000、竖 1:200~1:1000,也可与线路详细纵断面图合并,填绘地层、岩性、地质构造、岩土施工工程分级。②代表性勘探点及对工程有影响的地下水位线,用花纹符号或文字与花纹符号结合绘制,工程地质特征栏内分段简述地质概况。

(4)其他类资料。勘探、测试资料及其他原始资料分类分析整理、装订成册。

5. 补充定测

补充定测阶段工程地质勘察应根据工程勘察任务书要求,在充分利用既有工程地质资料基础上,补充工程地质勘察工作,提供沿线各类工程施工图所需工程地质资料。

1)补充定测阶段工程地质调绘工作要求

(1)按工点核对、补充地质调绘资料。地质条件复杂工点、尚遗留地质疑点时,应从影响因素入手,多角度反复调查,详细查明场地地质条件。

(2)修改、补充详细工程地质图,为修改详细工程地质纵断面图搜集资料。

(3)影响施工安全并已设点进行观测的站点,应继续进行观测。

2)补充定测阶段工程勘探和地质测试

(1)应在分析既有地质资料的基础上,结合场地工程地质条件,按施工图设计要求补充勘探、测试工作。

(2)勘探测试数量与孔深应根据场地地质条件、工程设置、初步设计地质资料情况确定。

(3)测试内容应根据既有工程地质资料情况及工程施工图设计所需岩、土、水参数要求确定。

3)资料整编

(1)工程地质勘察资料应首先将既有地质资料和本阶段工程地质勘察资料一起汇总分析,出现差异、分析原因,作出判断,然后按程序进行。

(2)工程地质勘察报告编写内容可参照定测阶段工程地质勘察报告要求编写,内容中应着重评价工程地质特征、各类工程的地质条件、施工中应注意的工程地质问题。

(3)利用补充定测阶段工程地质资料,补充、修改初步设计阶段详细工程地质图和详细工程地质纵断面面。

(4)各类建筑物、不良地质、特殊岩土工点资料编制,应符合 TB 10012—2019 规范第 4 章及现行有关标准的有关规定。

(5)勘探、测试资料及其他原始资料应分类整理,装订成册。

6. 桥梁工程勘察

1)桥位选择

大中桥、高桥、特大桥桥渡位置选择应选择在水流集中而稳定,河床较窄,岸坎明显、岸坡稳定,岩层完整、地质构造简单,基底地质条件良好的地段;宜避开断层破碎带,当必须通过时,宜正交或以大角度通过;宜避开大型不良地质体,必须通过时应对其稳定性进行评价,并采取工程防护措施。

对通过的活动性断裂,应进行稳定性评价或专题研究。

2)工程地质测绘

大中桥、高桥、特大桥工程地质调绘应包括下列内容:

(1)地质调绘的范围应沿河流上下游不小于 200m。遇不良地质时,应根据其分布情况适当扩大调绘范围。

(2)调绘精度一般以 1∶2000 地形图控制,客运专线或地质复杂的特大桥、高桥可按 1∶500 或 1∶1000 地形图控制。

(3)查明桥址地段地形地貌、地层岩性、地质构造及岸坡稳定性,对深峡谷及陡坡地区,必要时应进行岸坡稳定性评价;查明断层破碎带的分布、断层活动情况及破碎带的胶结程度和含水情况;查明墩台范围内有无软弱夹层,提出地基稳定性评价及处理意见。

(4)查明土的成因类型、物质成分、性质、结构特征、厚度、密实度、潮湿程度及下伏基岩面的形态等;查明基岩的风化程度及分带情况。

(5)查明不良地质、特殊岩土的性质和分布范围及对墩台稳定性的影响,提出工程措施意见。

(6)查明墩台及调节水流建筑物等基底岩土的物理力学性质,确定地基承载力。

(7)查明桥渡区水文地质特征,分析判明基坑可能涌水、流砂等情况。

3)桥梁地基工程勘探

(1)工程勘探、地质测试。大中桥、高桥、特大桥工程勘探、地质测试应符合下列要求:①地质条件复杂的桥基宜开展综合勘探,应以钻探和原位测试为主,并与其他勘探手段相结合。勘探点一般沿桥址纵断面方向并结合墩台位置,在墩台基础轮廓线以内沿周边或中心布置。当桥址处有不良地质或特殊岩土发育,并可能影响桥墩、台稳定时,勘探点的布置范围应酌情扩大。②桥基地层为粉土及砂类土时,其密实程度及地基强度的确定宜以原位调试方法为主;桥基地层为黏性土时,其压缩性和承载能力的确定宜采用室内试验与原位测试相结合的方法。地震动峰值加速度为 0.1g 及以上地区的饱和粉土、砂土层,还应判定其地震液化的可能性。③勘探点应根据场地地质条件和桥跨设置,以能探明地基各岩土层分布和地基强度,满足场地稳定性评价要求为度。为探明深部地层结构,可根据需要布置加深钻孔。④勘探点的数量原则上每个墩、台应有 1 个勘探点。当地层简单、地层层序有规律或覆盖层较薄、基岩面平缓且岩性单一时,结合桥跨、基础类型等,勘探点可减少;对高墩或工程地质条件复杂和岩溶发育地区,勘探点应增加。⑤对调节水流建筑物及附属工程,也应适当布置勘探点。

(2)勘探深度。基础置于土层时,勘探深度一般可根据基础类型参照表6.2-2确定。①特殊岩土地段勘探深度,应同时满足桥基场地评价和地基强度评价要求。②在岩溶发育及地下采空地段,钻至基底以下不小于10m,在此深度内如遇溶洞及空洞,勘探深度应专门研究确定。③基岩地段的勘探深度,当风化层不厚或为硬质岩时,应穿透强风化带,钻至弱风化层(或微风化层)2～3m;当风化层很厚或为软质岩时,应根据其风化程度,按相应的土层确定钻探深度;遇到第三纪以后多次喷发的火山岩时,钻孔应适当加深;当河床有大漂(块)石,则钻入基岩的深度应不小于5m,并应超过当地漂(块)石的最大粒径2倍。④当桥结构复杂或跨度64m以上、墩高50m以上,以及地基为流塑状态的黏性土、饱和粉土、粉砂、软土时,勘探深度应专门研究确定。⑤当地层岩性、地质构造复杂,或不良地质现象发育时,可采用物探、原位测试等手段补充、验证物探资料,并加强综合分析评价。

表 6.2-2　特大桥、大中桥勘探深度　　　　单位:m

基础类型	黏性土、粉土、粉砂、细砂	中砂、粗砂、砾砂、碎石类土
桩基	20～60	15～40
明挖基础	15～30	10～25

注:1.表列深度,自原地面或新开挖地面算起。已包括常见冲刷深度;如遇特殊情况或需了解深部地质情况时,可酌情增加;2.桩基一般应钻至桩底以下5～15m。

4) 取样及试验

(1)桥基为黏性土和粉土时,应分层采取原状土样作物理力学试验;较厚时,可按1～3m间距取样,潮湿程度及土层结构变化时应加密取样;桥基为砂类土、碎石类土时,应分层取样进行颗粒分析,桥基为基岩时,应按地层岩性分别取代表性岩样做抗压试验,各类岩、土的试验项目应符合本规范附录E的要求。

(2)地表水及地下水应取样进行水质分析,各含水层的渗透系数可查表取值,必要时绘制水文地质试验。

(3)地震区,必要时地基土应进行剪切波速测试、地震动参数测试,对场地土和场地进行评价。

5) 资料整编

大中桥、高桥、特大桥资料编制应包括下列内容:①工程地质勘察报告。②工程地质图,比例为1:500～1:5000。③工程地质纵断面图,横、竖比例宜一致。④墩台工程地质横断面图(必要时绘制),比例尺视具体情况决定。⑤墩台基岩面起伏较大时,宜做基岩面等高线图。⑥勘探点工程地质柱状图。⑦勘探、测试资料。

6) 其他要求

大中桥、高桥、特大桥初测阶段工程地质勘察应遵循下列原则:

(1)工程地质条件复杂且控制线路方案的特大桥、高桥、大桥,应按工点进行勘察。勘探点不宜少于2～4个,查明桥址地区地质条件,编制单独工点资料。

(2)一般地段的大、中桥进行代表性地质勘探、测试,可制表说明或在沿线工程地质分段说明中阐述其工程地质条件。

(3)当地形地质条件适宜时,宜采用简易勘探、静力触探、物探等勘探手段,综合评价桥址区工程地质条件。

三、市政工程桥梁工程勘察技术及要求

市政工程勘察应根据市政工程的重要性、场地复杂程度和岩土条件复杂程度进行勘察等级划分,并按不同勘察阶段进行勘察。

市政工程勘察宜按可行性研究勘察、初步勘察、详细勘察三个阶段开展工作,并可根据施工阶段的需要进行施工勘察。

市政工程勘察应根据不同的勘察阶段、工程类别和重要性、场地及岩土条件的复杂程度、设计要求，确定勘察方案和提交勘察成果。

1. 可行性研究勘察

(1)可行性研究勘察应对拟建场地的稳定性和工程建设的适宜性做出评价，并应以搜集资料、工程地质测绘和调查为主，必要时应进行适当的勘探、测试及试验。

(2)可行性研究勘察工作内容。①搜集区域地质、构造、地震、水文、气象、地形、地貌等资料。②了解场地的工程地质条件和水文地质条件概况。③调查拟建场区及周边环境条件。④分析不良地质作用和场地稳定性，划分抗震地段类别。⑤评价拟建场地工程建设的适宜性。⑥存在两个或以上拟选场地时，进行比选分析。

2. 初步勘察

(1)初步勘察宜在可行性研究勘察的基础上，初步查明拟建场地的岩土工程条件，提出初步设计所需的建议及岩土参数。

(2)初步勘察工作内容。①初步查明拟建场地不良地质作用的分布、规模、成因、发展趋势等。②初步查明场地岩土体地质年代、成因、结构及其工程性质。③初步查明地下水的埋藏条件、动态变化规律以及和地表水的补排关系。④初步判定水和土对工程材料的腐蚀性。⑤初步查明特殊性岩土的工程性质，并对其进行相应的评价。⑥初步评价场地和地基的地震效应。⑦对可能采用的地基基础方案、围岩及边坡稳定性进行初步分析评价。

3. 详细勘察

(1)市政工程详细勘察应针对工程特点和场地岩土条件，进行岩土工程分析与评价，提供设计和施工所需的岩土参数及有关结论和建议。

(2)市政工程详细勘察工作内容。①查明拟建场地不良地质作用的分布、规模、成因，分析发展趋势，评价其对拟建场地的影响，提出防治措施的建议。②查明场地地层结构及其物理、力学性质。③查明特殊性岩土、河湖沟坑及暗浜的分布范围，调查工程周边环境条件，分析评价其对设计与施工的影响。④查明地下水埋藏条件及其和地表水的补排关系，提供地下水位动态变化规律，根据需要分析评价其对工程的影响。⑤判定水、土对工程材料的腐蚀性。⑥对场地和地基的地震效应进行评价，提供抗震设计所需的有关参数。⑦根据需要，对地基工程性质、围岩分级及稳定性、边坡稳定性等进行分析与评价。⑧对设计与施工中的岩土工程问题进行分析评价，提供岩土工程技术建议和相关岩土参数。

4. 城市桥涵工程

1) 一般规定

(1)本小点用于城市桥梁、涵洞及人行地下通道等工程的岩土工程勘察。

(2)城市桥涵工程勘察前应根据不同勘察工作阶段的要求，取得工程设计总平面图，有关工程规模、结构类型、基础形式、尺寸、荷载等设计要求相应资料及周边环境和地下设施的相关资料。

(3)城市桥涵勘察应对地基作出岩土工程评价，为地基方案选择及基础设计提供工程地质依据和必要的设计参数，并提出相应的建议。

(4)城市桥涵勘察工作应提出可能采用的地基基础形式，并提供相应的设计与施工岩土参数；对于跨河桥应搜集河流水文资料；应评价拟建工程与既有地下设施之间的相互影响。

2) 可行性研究勘察

(1)可行性研究勘察应以搜集资料、工程地质调查和测绘为，在特大桥、大桥的主要墩台部位宜进行适当的勘探工作。

(2)可行性研究勘察应重点分析评价内容。①初步调查不良地质作用的分布范围，分析评价其影响。②当分布有特殊性岩土时，应分析其工程特性及可能造成不利影响，分析评价拟建场地的稳定性和工程建设的适宜性。

3) 初步勘察

(1) 初步勘察应初步查明拟建场地的工程地质及水文地质条件,评价拟建地段的稳定性。

(2) 初步勘察勘探线应与桥梁的轴线方向一致,勘探点宜布置在桥梁轴线两侧可能建造墩台的部位。对特大桥的主桥,每个墩台勘探点不宜少于1个;对其他桥梁,可采取隔墩台或隔墩台交叉布置勘探点。

(3) 采取土试样和进行原位测试的勘探孔数数量占勘探孔总数的1/3~1/2。

(4) 控制性勘探孔的勘探深度应满足地基基础方案比选和地基稳定性、变形计算的要求,一般性勘探孔应满足查明地基持力层和软弱下卧土层分布的要求。

(5) 对于岩溶、土洞、采空区应采用物探、钻探、井探、槽探相结合的综合勘察手段。

(6) 初步勘察应重点分析评价内容。①初步分析地基稳定性、地基变形特征、对可能采用的地基方案进行比选分析。②拟采用桩基时,分析备选桩端持力层的分布变化规律,提出桩型、施工方法的初步建议,提供桩侧摩阻力和端阻力。③当存在特殊性岩土时,分析其工程特性,并评价其对桥涵工程产生的不利影响。④分析评价周边环境与拟建桥涵工程的相互影响,提出防治措施初步建议。

4) 详细勘察

(1) 详细勘察应查明地基的岩土工程条件,提供地基基础设计、地基处理与加固、不良地质作用防治与特殊性岩土治理的建议和相关岩土技术参数。

(2) 勘探点布置。①对特大桥的主桥,每个墩台勘探点不应少于2个;对其他桥梁,宜逐墩台布置勘探点,岩土条件复杂程度等级为三级时可隔墩台布点。②对于人行天桥主桥可逐墩台布点,梯道可隔墩台布点,梯脚部位应布置勘探点。③城市涵洞和人行地下通道的勘探点间距宜为20~35m,单个涵洞、人行地下通道的勘探点不应少于2个,当场地或岩土条件复杂程度为一级时应适当增加勘探点。④相邻勘探点揭示的地层变化较大、影响基础设计和施工方案的选择时,应适当增加勘探点数量。

(3) 勘探孔深度要求。①当拟采用天然地基时,勘探孔深度应能控制地基主要受力层,一般性勘探孔应达到基底下(0.5~1.0)倍加基础宽度,且不应小于5m;控制性勘探孔的深度应超过地基变形计算深度;对覆盖层较薄的岩质地基,勘探孔深度达到可能的持力层(或埋置深度)以下3~5m。②当拟采用桩基时,控制性勘探孔应穿透桩端平面以下压缩层厚度;一般性勘探孔深度宜达到预计桩端以下(3~5)倍的桩径,且不小于3m,对于大直径桩不应小于5m;嵌岩的控制性勘探孔应深入预计嵌岩面以下(3~5)倍桩径,一般性勘探孔应深入预计嵌岩面以下(1~3)倍桩径,并应穿过溶洞、破碎带,达到稳定地层。③当采用沉井基础时,勘探孔深度应根据沉井刃脚埋深和地质条件确定,宜达到沉井刃脚以下(0.5~1.0)倍沉井直径(宽度),并不应小于5m。

(4) 详细勘察阶段,控制性勘探孔数量不应少于勘探孔总数1/3;采取土试样和进行原位测试的勘探孔数量不应少于勘探孔总数的1/2;当勘探孔总数少于3个时,每个勘探孔均应取样或进行原位测试。

(5) 详细勘察应重点分析评价内容。①对地基基础方案进行分析评价,提供设计所需的岩土参数,对设计与施工中的岩土工程问题提出建议。②当拟采用桩基时,提出桩型、施工方法的建议,分析拟选桩端持力层及下卧层的分布规律,提出桩端持力层方案的建议。③提供计算单桩承载力、桩基变形验算的岩土参数,评价成(沉)桩可能性,论证桩的施工条件及其对周边环境的影响。④当桩身周围有液化土层分布时,应评价液化土层对基桩设计的影响,提供相应参数。⑤当桩身周围存在可能产生负摩阻力的土层时,应分析其对基桩承载力的影响。当拟采用沉井时,提供井壁与土体间的摩擦力、沉井设计、施工和沉井基础稳定性验算的相关岩土参数;对沉井外壁与土的摩阻力,当无测试数据时,可按表6.2-3取值。⑥评价地下水对沉井施工可能产生的影响和沉井施工可能性,论证沉井施工条件及其对环境的影响。⑦对涵洞、人行地下通道等工程,分析评价地下水对工程的影响;工程需要时,应进行专项工作,分析评价地下水在运营期间的变化,提供抗浮设计的建议。⑧对在河床中设墩台的桥梁,应提供抗冲刷计算所需的岩土参数。

表 6.2-3 沉井外壁与土体间的单位摩阻力

土质类型	沉井外壁与土体间的单位摩阻力/kPa	备注
砂卵石	18～30	1. 本表适用于深度不超过30m的沉井； 2. 采用泥浆助沉时，单位摩阻力取3～5kPa； 3. 当井壁外侧为阶梯形并采用灌砂助沉时，灌砂段的单位摩阻力可取7～10kPa； 4. 沉井外壁的单位摩阻力分布，在0m～5m深度内，单位面积的摩阻力从零按直线增加，大于5m时为常数；当沉井深度内存在多种类型的土层时，单位摩阻力可按各土层厚度取加权平均值
砂砾石	15～20	
砂土	12～25	
硬塑黏性土、粉土	25～50	
可塑、软塑黏性土、粉土	12～25	
软土	10～12	

（6）对遇有的不良地质作用及特殊性岩土，分析评价尚应合下列规定：①岩溶发育地区，应根据岩溶发育的地质背景、溶洞、土洞、塌陷的形态、平面位置和顶底标高，分析岩溶的稳定性及其对拟建桥涵工程的影响，提出治理和监测的建议。②当存在采空区时，应根据采空区的埋深、范围和上覆岩层的性质等评价桥涵工程地基的稳定性，并提出处理措施的建议。③湿陷性土地区，应根据土层的湿陷程度、地下水条件，分析评价湿陷性土对桥涵工程的危害程度，并提出地基处理措施的建议。④膨胀岩土地区，应评价膨胀岩土的工程特性，并应根据场地的环境条件和岩土体增水后体积膨胀、强度衰减和失水后体积收缩、强度增大的变化特点，综合评价桥涵工程的地基强度和变形特征。⑤软土地区，应根据软土的分布范围、分布规律和物理力学性质，评价桥涵地基的稳定性和变形特征，并提出地基处理措施的建议。⑥多年冻土地区，应根据多年冻土的类型、工程地质条及采用的设计原则，综合评价多年冻土的地基强度、变形特征，并提出地基处理措施的建议。⑦对厚层填土，应根据填土的堆积年代、物质组成、均匀性、密实度等，评价其对拟建桥涵地基基础的影响，提出加固处措施的建议。

第三节　桥梁地基勘察方法与地基处理工程实例

一、重庆市万州长江大桥红层软弱夹层桥基选择

万州区位于重庆市东部，地处长江中上游结合部、三峡库区腹心地带，为了连接万州主城区商业中心和江南新区的城市交通枢纽工程，在长江修建万州长江二桥及三桥，两个桥梁相距4.8km，按跨径划分属于特大桥。万州长江二桥选定为悬索桥方案，主桥跨为580m，主要建筑物为2个主塔墩、15个附桥墩、两岸桥台及4个锚墩，大桥全长1.25km；三桥桥型为斜拉桥，主跨730m，大桥中线总长约2.12km，南、北两个主桥塔高248.12m。

1. 桥址区基本地质情况

工程区位于长江三峡库区，地貌类型主要为构造剥蚀低山、丘陵，桥位区地形地貌主要受岩性的控制，砂岩形成陡坎或陡崖，黏土岩则形成缓坡及平台。岩体的差异风化在该区形成台地，经冲沟切割形成台状或条块状地貌，桥位区两侧冲沟发育，最大切割深度达20余米。

根据地表出露及钻孔揭露，桥位区出露有第四系（Q）和侏罗系中统上沙溪庙组（J_2s）地层。第四系类型包括人工堆积（Q^{ml}）、河流冲积（Q^{al}）、残坡积（Q^{el+dl}）、崩坡积（Q^{col+dl}）及滑坡堆积（Q^{del}）等。

基岩为侏罗系中统上沙溪庙组上部（J_2s^3）的地层，岩性有长石砂岩、粉砂岩及黏土岩，岩相变化大，厚度不稳定。地层由新至老可分为四层，分述如下：

第六层（J_2s^{3-6}）　上部约24m为厚层—巨厚层褐红色、暗紫红色泥质粉砂岩夹紫红色、浅紫红色泥岩，下部为厚层—巨厚层夹薄层灰黄色、紫灰色长石砂岩，其中夹一层厚4～7m紫红色泥质粉砂岩或泥

岩。全层厚约50～55m。分布高程245～305m。

第五层(J_2s^{3-5}) 为中厚层—巨厚层暗紫红色、褐红色泥质粉砂岩和浅紫红色、紫红色泥岩,中部夹厚层—巨厚层(极少量薄层)灰黄色、紫灰色长石砂岩。全层厚约55m。分布高程190～250m。

第四层(J_2s^{3-4}) 为厚层—巨厚层(极少量薄层)灰黄色、紫灰色、灰白色长石砂岩夹泥质粉砂岩、泥岩和极少量的砂砾岩。全层厚约87m。分布高程101～197m。

第三层(J_2s^{3-3}) 为厚层—巨厚层暗紫红色、紫褐色泥质粉砂岩夹厚层—巨厚层灰黄色、紫灰色长石砂岩和青灰色、灰白色细砂岩。全层厚约90m。分布高程约11～104m,勘探未揭穿该层。

桥位区在构造单元上属川东褶皱带的万县复向斜万县向斜北东段近轴部,区内岩层产状:倾向300°～330°,倾角2°～8°,层面平缓。基岩中未见到断层。

裂隙主要发育于砂岩(长石砂岩及细砂岩)中。陡崖顶部、表部多为卸荷裂隙,张开度较大的裂隙分布于陡崖顶部卸荷带内。依据地表地质测绘和钻孔揭示,桥位区中风化和微新岩体中裂隙不发育,强风化岩体中裂隙较发育,多为风化裂隙。钻孔录像及钻孔岩芯编录揭示基岩深部裂隙不发育,裂隙一般闭合。

砂岩类强度较高的岩石,抗风化能力强,以沿裂隙面风化为主要特征,地形上常形成陡坎陡崖,虽经历了长时间的自然风化作用,却仍然坚硬完好;下部为泥质粉砂岩夹泥岩、砂岩,为强度较低的软质岩,具有易风化的特征,地形上形成宽缓的平台或斜坡,下部泥质粉砂岩开挖揭露时间不长,却出现明显的风化剥落现象,局部剥落深度达30～50cm。

桥址区坝区岩体软硬相间分布,差异风化明显。泥岩、粉砂岩抗风化能力差,以均匀风化为主,由地表至深部呈减弱趋势。

2. 不良地质现象

1) 软弱夹层特征

根据钻孔录像资料及钻探揭露,局部发现层间风化破碎夹层,总体属破碎夹层,为岩体在构造应力作用下,沿软、硬岩层接触带或软岩内部,发生层间剪切错动而形成的破碎带(图6.3-1),同时具有节理带、劈理带和泥化光面等分带现象,主错动面、次级错动面以及两侧的劈理带、碎裂带、节理带保留尚全,掰开夹层可见普遍分布的定向擦痕夹层,分布宽度在几毫米到几十毫米不等,起伏差变化大,但风化夹层在相邻钻孔同一高程均未发现,风化夹层具有局限性,其空间延伸有限。

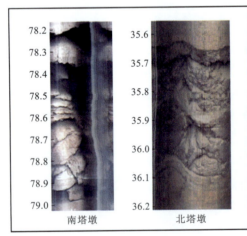 

图6.3-1 钻孔电视录像及岩芯中的软弱夹层

2) 疏松砂岩

重庆红层地区部分砂岩地层中存在少量薄层疏松砂岩,钻探揭露岩性主要为灰黄色、灰绿色细砂岩,胶结差,细粒结构,手捏易散,结构较疏松。室内颗粒分析试验及扫描电镜分析等分析,疏松砂岩呈细粒结构、块状构造、孔隙式胶结,岩石结构疏松,强度较低,含水量大,透水严重,这种砂岩多孔隙,不仅为地下水的运移提供了通道,也使岩体的风化作用强烈,往往构成顺层风化,风化带可伸入山体几十米。

工程区钻孔揭示该类砂岩岩石胶结较差,强度低,厚度0.1~4.4m,多呈强风化状,用手可将岩石轻易捏碎、捏成砂粒,具有夹层状强风化的特点,声波测试值一般在2600km/s,与一般强风化岩体声波值相当,而微新砂岩纵波速值一般3340~3760km/s,相差较大。

桥基钻孔揭示相邻或附近同一地层中,相同部位或同一高程上下,均未发现疏松砂岩,总体上说明疏松砂岩连续性差,其空间延伸有限。

疏松砂岩成因复杂,有胶结说、溶滤说、新近沉积说,其在工程特性主要表现为承载力相对较低,作为围岩自稳能力差、易塌方,存在透水现象。

3. 主桥墩地基持力层选择

场地第四系覆盖层承载力低,工程地质特性差,不能作为主要桥墩基础持力层。基岩为侏罗系中统上沙溪庙组第三段长石砂岩、泥质粉砂岩及泥岩,层面平缓,可作为桥梁地基持力层。

本段以万州三桥北主桥墩为例进行阐述。北主桥墩桥基主要为第三段第四层(J_2s^{3-4}),厚层—巨厚层(极少量薄层)灰黄色、紫灰色、灰白色长石砂岩,近中部夹厚7.2~8.6m的泥质粉砂岩、泥岩和极少量的砂砾岩,全层厚约87m。中等风化层厚21.9~37.5m,其下为微风化层,但在长石砂岩中下部局部夹疏松砂岩层(厚度一般小于2.8m)。

桥基持力层选择要求厚度稳定、岩体新鲜完整、强度高,避开软弱夹层、疏松砂岩等不良地质体,这类不良地质体受压易产生不均匀沉降变形问题。

桥基下中等风化长石砂岩,其承载力较高,是良好的桥基持力层;但近中部所夹的泥质粉砂岩、泥岩等为软弱夹层,呈中等风化状,其容许承载力较低,不宜作为基础的持力层;在长石砂岩中下部分布有厚约3.0m的疏松砂岩,该夹层容许承载力低,不宜作为桩端持力层;避开这类不良地质体后,其下持力层为厚约34m的微风化长石砂岩,其容许承载力较高,工程地质特性较好,为良好的地基持力层。

根据这一原则万州长江三桥主桥墩及辅助墩均避开了不良地质体,桥基持力层主要放在厚度大,岩体新鲜完整的砂岩上,少量为微风化泥质粉砂岩、细砂岩和长石砂岩,并得到桥梁设计师的肯定。

4. 锚碇软岩围岩

万州长江二桥为悬索桥,在两岸布置有复合式隧道锚碇,锚碇洞室大部分位于三峡工程蓄水位175m以下,且距水边线仅约12m;悬索桥的主缆钢索直接通过锚碇基础与围岩连成整体,锚碇将钢缆两端固定住,使其能牢靠受力,因此,锚碇是悬索桥的关键受力部位,锚碇对洞室岩体完整性、围岩类别及岩体透水性要求较高。

万州桥位区岩性主要为粉砂岩泥岩、粉砂岩及砂岩,中等风化下单轴饱和抗压强度多小于30MPa,为软质岩或软岩类。锚洞洞口至洞深22~30m岩体强风化,其余硐段岩体为中风化,锚碇区为微风化至新鲜岩体,围岩类别为Ⅳ类;锚碇区岩体完整,各孔揭示裂隙,少量高倾角、近直立裂隙发育,局部面附钙膜,微风化及新鲜岩体,为弱透水岩体,裂隙分布段及强风化岩体为中等透水—强透水。

基于锚碇区水平红层软岩岩性的这一基本工程特征,在施工图设计时,设计采用了传统楔体锚碇的优点,创造性地提出采用复合式锚固系统,即锚碇加锚杆,该锚固系统充分利用了锚碇后端围岩,减小了锚碇的尺寸,增加了施工的安全性。

通过结构计算除了锚碇前端围岩的应力达到其抗拉强度之外,其他围岩中的应力都远小于其抗拉强度,锚固系统的大缆位移不得超过2cm。因锚碇和洞室为一倾斜、变截面结构,且锚碇的围岩不仅要维持自身的稳定,同时还要承受主缆传递的拉力,故开挖与支护的施工过程中要严格控制围岩的完整性。

二、弹性波CT技术在岩溶区铁路桥梁勘察中的应用

岩溶作为一种典型的不良地质,严重影响工程建设的安全性,因此对岩溶发育特点的准确勘察对岩溶区工程的安全性具有重要意义。目前依赖于钻探手段的勘探在一定程度上虽能解决工程问题,但是

对岩溶发育情况的准确把握有很大局限性。现阶段,准确探明岩溶区的岩溶发育特点,多种手段的联合使用已成为必然,特别是近年来各种物探技术先后在工程建设中应用(如综合物探技术在石膏岩岩溶路基探测中的应用,综合物探法在岩溶及采空区的应用,综合物探法在铁路路基岩溶探测中的应用,综合物探法在黄土隧道超前预报中的应用等),都取得了较为满意的效果。其中弹性波 CT(Computerized Tomography)技术刚好弥补了勘探手段的这种缺陷,该技术已经广泛应用于隧道围岩松动圈、基岩断裂带探测、岩溶探测、铁路路基病害注浆效果检测、防渗墙质量检测、大坝截渗墙等诸多方面。

1. 基本原理

工程 CT 技术是借鉴医学 CT,通过人为设置某种射线(弹性波、电磁波等)穿过探测对象,通过解译成像来反映探测体内部结构特点的反演技术,可分为弹性波 CT、电磁波 CT 及电阻率 CT 等。

弹性波 CT 可分为地震波 CT 和声波 CT,两者的成像方法、原理完全一致。本书利用弹性波中的声波(CT)探测技术,根据声波在溶洞与周围围岩传播速度方面的明显差异来探测灰岩内溶洞的发育特点。声波速度层析成像法是基于弹性波射线理论,借助于声波在地层的传递时间,通过解析声波在传递过程中速度场的变化,追踪反演声波射线特点,重构地层波速数据模型。声波 CT 观测系统布置见图 6.3-2。

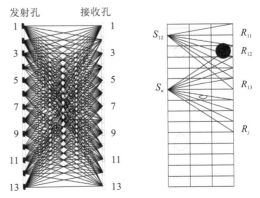

图 6.3-2 弹性波 CT 观测系统及反演计算原理

读取每条射线的声波初至时间,依据每条射线的激发点坐标、接收点坐标和声波初至时间编制声波 CT 数据文件。把两钻孔间的断面划分为 n 个小单元,遵循 Fermat 原理计算射线路径,建立大型线性方程组,采用重构模型反演拟合算法求解每一个单元的声波速度。声波在地层中传播时,声波射线的旅行时间是地层速度 $V(x,y)$ 和几何路径的函数。对于第 j 条射线,若射线的走时为 t,则有下列积分公式:

$$t_j = \int_{R_j} \frac{1}{V(x,y)} ds = \int_{R_j} A(x,y) ds \tag{6.3-1}$$

式中:$V(x,y)$ 为地层速度分布函数;R_j 为第 j 条射线路径;$A(x,y)=1/V(x,y)$ 为慢度分布函数。

此次声波 CT 反演解释软件采用最短时间路径射线追踪法,以最小二乘共轭梯度法(LSQR 法)进行反演解释。该方法具有收敛快、稳定性好、分辨率高等特点,而且易于用阻尼因子控制其反演成果质量。依据声波 CT 反演拟合计算结果,可得到每个地层单元的波速值及整个断面的地层波速等值线图和波速色谱图,然后根据波速等值线图可圈定低速异常区,结合地质、钻孔资料可推断岩溶的发育范围及其规模。

2. 应用工程地质条件

大山桥位于江苏省徐州市茅村镇附近,场地内处于奥陶系下统肖县组石灰岩地层。根据钻探揭露,场地内岩溶大部分为充填型溶洞,局部为无充填型岩溶,并有串珠状溶洞发育;溶洞高度 0.15～3.8m,顶板埋深 21.2～58.2m,底板埋深 21.6～58.5m,基岩面下 5m 范围内溶洞总厚度 103.3m,占石灰岩溶洞总厚度的 86.8%,基岩面下 5m 范围内线溶率可达 12.0%。

3. 实施方案

本次声波 CT 探测采用智博联公司生产的 ZBL-U520 声波仪(仪器编号:U20904013)及大功率柱面换能器,ZBL-U520 声波仪的声时采样精度高达 0.1μs。

图 6.3-3 为本次勘测的五号墩台钻孔平面示意图,利用声波 CT 法跨孔 D05-2、D05-5,以探测中间孔位 D05-3、D05-4(剖面:D05-2～D05-5)岩溶发育情况;利用声波 CT 法跨孔 D05-6、D05-8(D05-6～D05-8)以探测中间孔位 D05-7 岩溶发育情况。声波 CT 现场探测时,激发和接收点距均为 0.2m,以扇

形方式观测,采用声波检测仪采集相应数据,图6.3-4为声波CT原理图。根据声波CT探测波速色谱图,石灰岩的波速(探测波速为相对波速)范围为3.5~5.5km/s。当基岩中发育溶洞时,其波速偏低;基岩与溶洞界线依据波速等值线大小、波速梯度和水平射线波速来判定,基岩中波速小于3.5km/s的低速异常区判别为岩溶或岩溶发育区。D05-2~D05-5、D05-6~D05-8剖面孔间距分别为8.1m、5.4m,探测深度范围分别为32.2~47.6m、32.9~44.3m。

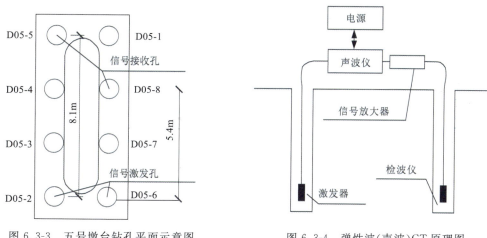

图6.3-3 五号墩台钻孔平面示意图　　图6.3-4 弹性波(声波)CT原理图

4. 弹性波CT探测成果分析

结合区域地质资料、溶洞的填充情况,根据波速色谱图,参考水平射线波速图(由于水平波速存在绕射现象,本书中的水平波速为平均波速),可知D05-2~D05-5剖面发育5个低速异常体,判定为溶洞;编号分别为溶洞1~溶洞5;D05-6~D05-8剖面发育7个低速异常体,判定为溶洞,编号分别为溶洞6~溶洞12。D05-2~D05-5剖面波速色谱图和水平射线波速图(平均波速)详见图6.3-5,成果剖面图详见图6.3-6,D05-6~D05-8剖面波速色谱图和水平射线波速图(平均波速)详见图6.3-7,成果剖面图详见图6.3-8。根据弹性波CT法解译结果,本次勘测中溶洞发育位置及规模统计结果如表6.3-1所示。

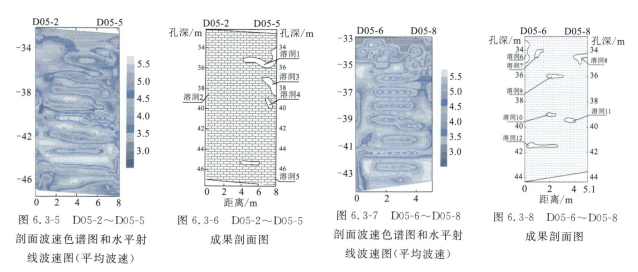

图6.3-5 D05-2~D05-5剖面波速色谱图和水平射线波速图(平均波速)　　图6.3-6 D05-2~D05-5成果剖面图　　图6.3-7 D05-6~D05-8剖面波速色谱图和水平射线波速图(平均波速)　　图6.3-8 D05-6~D05-8成果剖面图

5. 钻探与弹性波CT法勘测成果对比

物探结束后,利用钻探技术分别对实施跨孔弹性波(声波)CT法探测的孔D05-3、D05-4、D05-7实施钻探,以了解钻探条件下的灰岩内溶洞的发育特点。钻探揭露溶洞发育情况如下:D05-3钻进岩土界面下43.02m,未见溶洞发育;D05-4在进尺34.6~35.71m处见有溶洞发育,D05-7孔在进尺35.65~

35.94m、38.60～39.30m、41.10～41.48m 处见有溶洞发育,经过对比跨孔弹性波 CT 法探测结果,两者所揭露的溶洞在上述三个孔内的发育情况基本吻合,如图 6.3-9、图 6.3-10 所示。

表 6.3-1 弹性波 CT 探测溶洞异常

溶洞编号	剖面号	溶洞顶埋深/m	长×高/m×m
溶洞 1		34	3.9×2.0
溶洞 2		38.5	0.2×0.3
溶洞 3	D05-2～D05-5	36.9	1.7×1.9
溶洞 4		38.9	0.8×1.1
溶洞 5		45.3	2.3×0.4
溶洞 6		33.2	0.4×1.8
溶洞 7		33.9	0.7×0.7
溶洞 8		34.2	1.2×0.9
溶洞 9	D05-6～D05-8	35.8	1.4×0.3
溶洞 10		38.9	0.8×0.3
溶洞 11		39.3	0.9×0.4
溶洞 12		41.2	2.5×0.4

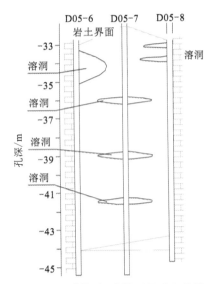

图 6.3-9 弹性波(声波)CT 法与钻孔剖面对比(Z05-7)

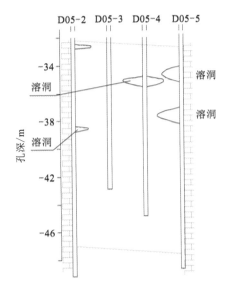

图 6.3-10 弹性波(声波)CT 法与钻孔剖面对比(Z05-3、Z05-4)

三、大型悬索桥水中锚碇基础施工技术

随着科技发展水平和船机设备性能的提高,土木工程的大型化、装配化、标准化、信息化水平正在快速提高。借鉴丹麦大贝耳特海峡东桥等项目的设计理念与建设经验,结合国内企业在港珠澳大桥、杭州湾大桥、深中通道等项目上取得的技术进步,充分利用现有大型施工设备等资源,经长期研究,对水中大型悬索桥锚碇基础方案提出了两种新思路:超大型沉箱厚基床结构方案和借助钢圆筒围堰施工混凝土结构方案。这里以深中通道伶仃洋大桥锚碇基础为例,结合深中通道项目现场实际、周边地区环境状况以及施工作业条件,介绍两种方案的结构形式与实施思路。

深中通道伶仃洋大桥为主跨 1666m 钢箱梁悬索桥,桥跨布置为 500+1666+500=2666m。单个锚碇承受约9万t水平拉力。锚碇位置水深为−5~−3m,下伏基岩为花岗岩,基岩埋深起伏较小,强风化岩顶标高约−38m,中风化岩顶标高约−45m。

1. 超大型沉箱厚基床结构锚碇基础方案

1) 结构形式

本项目锚碇区域强风化岩以上土层地基承载力不能满足锚碇结构地基应力要求。锚碇基础沉箱方案可将起伏岩面以上软弱土层全部挖除,沉箱基础采用二片石升浆基床。为尽可能降低超大沉箱拖运吃水,沉箱隔墙可考虑设计成阶梯形,从四周向中间逐渐降低,安装后现浇到标高。结合锚碇结构尺寸及沉箱浮运吃水受航道水深限制情况,拟定沉箱高度为28.5m,沉箱安装后外墙顶标高定为+3.5m,底标高为−25m,东锚碇升浆基床平均深度约11m,西锚碇约13m。

国内具备超大型沉箱厚基床结构施工能力及丰富的沉箱施工经验,沉箱重力式码头是最常见的码头结构形式之一。大连南部滨海大道工程预制安装锚碇基础沉箱达到2.6万t,积累了大型沉箱预制、运输、安装以及地基处理施工技术。港珠澳大桥岛隧工程沉管隧道单管节重达78 000t,研发了超大型预制构件施工技术。目前国内外有许多采用沉箱厚基床作为锚碇或码头基础结构的成功案例,部分项目的块石基床厚度超过20m。

本方案沉箱长105m,宽82m。沉箱底板预制厚度0.65m,海上现浇后厚度6.0m。外墙为3m厚钢筋混凝土箱形结构,双壁高28.5m/26m,其中外壁厚0.5m,内壁厚0.28m,腹板厚0.28m。箱形结构外墙空腔配置拉结箍筋,海上灌注混凝土成实体。隔墙高24.5m/17m,壁厚0.28m。沉箱外圈舱格碎石升浆,其余舱格回填碎石、块石。结构断面如图6.3-11所示。

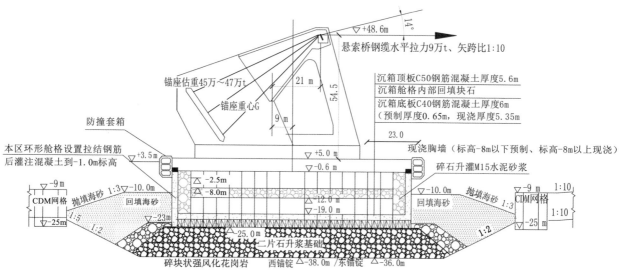

图6.3-11 沉箱锚碇基础方案断面示意图

沉箱预制完成后的空箱重量为73 767t,沉箱浮运吃水为8.57m,干舷高度为18.43m,空箱浮运时沉箱定倾高度$m=61.25$m,沉箱拖运时浮游稳定满足规范要求。

2) 结构合理性分析

沉箱方案减少了主体墙身结构现场施工作业量,工程质量易得到保证,项目实施可行、可控;工程预算和计划工期接近实际施工情况。

航道疏浚、基坑开挖和基床施工与沉箱预制同步平行施工,有利于保证项目工期。

沉箱方案通过调整优化沉箱平面尺寸,满足上部锚座悬索钢缆拉力扩散要求,同时将结构荷载效应均匀有效地传递到沉箱二片石升浆基础和碎块状强风化花岗岩地基上;沉箱基础二片石升浆基床强度高、刚度大,能够满足基础承载力、抗剪强度要求,以及基础滑移和整体稳定要求。

沉箱方案通过钢筋混凝土顶板和内部墙体以及回填石料的相应处理,将下部沉箱锚碇基础和上部锚座有机地联结成一个整体结构,能够满足锚碇结构的滑移、倾覆稳定和抗剪强度要求。

沉箱与升浆基床及周边回填材料具有足够的刚度抵抗水平荷载,锚碇结构水平变位会很小。

二片石基床升浆作业完成后,随着沉箱内部结构和上部锚座的施工,在构件自重的强力作用下,整个锚碇基础的地基沉降在施工期将会基本完成;锚索安装后使用期结构竖向变位很小。

沉箱基础施工采用 CDM 围护结构,可以大幅减少现场挖泥量,降低基槽开挖和沉箱周边回填对环境的不利影响。

3)实施思路

预制场地及对应航道情况是影响本方案实施的重要因素。沉箱预制场考虑在西人工岛、龙穴岛文船船坞、虎门大桥上游西岸新建土坞 3 个方案。深中通道西人工岛自身围护结构方案不影响岛隧工程总工期,距离锚碇基础位置近,施工成本最低,故作为推荐方案。

沉箱预制底胎设计成可透水结构,以减小沉箱与底胎间的黏结力和真空吸力。沉箱分层分区预制,各区域间设置阶梯形膨胀加强带。在预制坞注水前,利用缆绳连接沉箱四角与预制坞两侧系船柱,以限制沉箱横向移动,防止沉箱碰撞坞墙。第二座出运沉箱在第一座沉箱出运前先压水,避免第一座沉箱出运时起浮。采用 6 艘拖轮组合拖带,2 艘拖轮护航。其中 2 艘主拖轮为 3675kW(5000HP),系柱拖力均为 63t,其余拖轮为 2940kW(4000HP)。通过沉箱上部 4 台绞车配合绞动,控制沉箱漂浮位置,进行安装定位。打开进水截门压水下沉。对抛石基础用空心方块分隔,采用深水基床整平船整平。沉箱安装后依次对每个隔断区域进行升浆。现浇外墙顶部,沉箱底板上半部分及双外墙空腔内-1.0m 以下均浇筑水下混凝土,舱格内回填及升浆,现浇双外墙空腔上部、隔墙上部及顶板。沉箱周边回填海砂。

2. 借助钢圆筒围堰施工混凝土结构锚碇基础方案

1)结构形式

水中锚碇基础常见的筑岛施工地连墙方案,围堰施工周期长,投入大。本方案借助大直径钢圆筒围堰形成干作业条件现浇锚碇基础主体结构,围堰形成快,对环境影响小。通过将大直径钢圆筒及副格结构底部振沉至中风化岩,钢圆筒及副格局部加强,内外和底部土体处理及钢圆筒内支护,满足钢圆筒围堰整个施工期的结构稳定性。

港珠澳大桥东西人工岛及深中通道西人工岛分别采用直径 22m 和 28m 的钢圆筒作为岛壁围护结构,并成功实施,功效、环保等方面优势得到充分体现。深中通道西人工岛项目,通过采用深层水泥搅拌船松动钢圆筒拟插入土体,成功振沉钢圆筒穿透砂层和强风化岩,进入中风化岩。现有钢圆筒振沉能力可以满足本方案设计需要。港珠澳大桥 CB03 标利用直径 22m 钢圆筒提供干施工条件,实现了墩台干法安装。

本方案由 6 个外径 30m 钢圆筒及副格组成围堰结构,平面尺寸 100m×68m,顶标高+3m,底部进入中风化岩 1m。钢圆筒下部采用双壁桁架结构加强。外侧副格为双壁钢结构,内侧副格为弧形单壁钢结构。钢圆筒打设前,筒壁间隙及围堰外侧土体采用砂桩加固。钢圆筒下部外侧部分区域旋喷加固。副格双壁钢围堰内泥面以下旋喷加固,泥面以上浇筑混凝土。钢圆筒外侧水土压力过大时,可对外侧土体用深层水泥搅拌桩固结。

锚碇基础主体采用钢筋混凝土结构,由底板、墙体、顶板组成,锚索锚碇端对应舱格内采用 C15 素混凝土填芯。锚碇基础下碎块状强风化花岗岩层采用帷幕灌浆处理。每个锚碇基础下 128 根直径 1.5m 灌注桩,混凝土强度 C35。灌注桩桩身嵌入底板以上墙体 3m。锚碇墩底板为 5m 厚 C35 钢筋混凝土,底板下为 3m 厚 C30 水下封底混凝土。墙体为 2m 厚 C40 钢筋混凝土结构,横纵墙布置。顶板为 5m 厚 C35 钢筋混凝土结构。钢圆筒锚碇方案纵断面、横断面分别见图 6.3-12、图 6.3-13。

2)施工流程

钢圆筒锚碇基础方案施工流程为:

钢圆筒外侧及副格内打设砂桩、钢圆筒筒壁及挡水副格下采用深层水泥搅拌船松动土体、圆筒、副

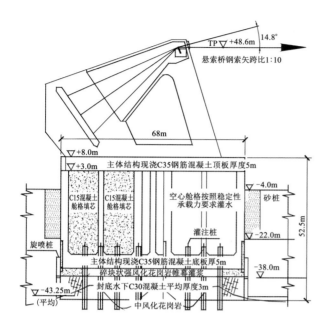

图 6.3-12　钢圆筒锚碇基础方案纵断面

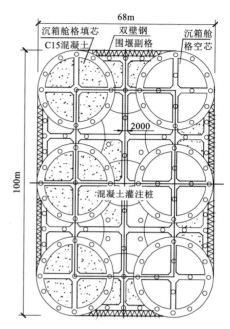

图 6.3-13　钢圆筒锚碇基础方案纵横面

格振沉及内部回填、旋喷桩、灌注桩及帷幕灌浆施工，水上拌和平台和小临平台建设、主格开挖至原泥面并安装3道钢圈梁、保持钢圆筒内部水位在±0.0m左右，抽排筒内土层至碎块状强风化花岗岩顶面，浇筑封底混凝土，分层降水、分层安装其余钢圈梁、钢圆筒内底板及墙体钢筋混凝土自下而上分层施工、副格墙体及底板钢筋混凝土自上而下分层施工、填芯混凝土施工、顶板钢筋混凝土施工，辅助设施拆除。

3. 结论

在现有工程条件和施工环境下，超大型沉箱厚基床结构方案和借助钢圆筒围堰施工混凝土结构方案均能够满足深中通道伶仃洋大桥悬索桥锚碇功能要求，技术可行，工期可控，质量有保障，安全可靠，造价与实际接近，可作为大型悬索桥水中锚碇基础的比选方案，对水中其他大型结构物实施也有一定借鉴意义。

第七章 取水泵站地基工程

第一节 问题的提出

随着世界经济的高速发展,水资源的战略地位愈来愈重要,水资源的高效利用和有效治理越来越得到世界各国政府的高度重视。世界各国先后出台了水资源调度及综合利用、水土保持、按用途优化用水及海水淡化等方针政策,并以此来解决日益严重的水危机问题。

取水泵站——水的唯一人工动力来源——作为重要的工程措施,它在水资源的合理调度和治理中起着不可替代的作用。取水泵站与其他水利建筑物不同,它无需修建挡水和引水建筑物,对资源和环境的影响有限,受水源、地形、地质等条件的影响较小,且具有投资省、成本低、工期短、见效快、灵活机动等优点。为此,国家把取水泵站工程建设列为优先考虑的重点,特别是大型取水泵站的建设工程。

近年来,跨流域调水工程正在我国迅速发展。随着经济的迅速发展,天津、烟台、青岛、上海、宁波、温州、福州、厦门、深圳、香港等沿海大中城市的用水量大幅度增加。在当地水资源不足、海水淡化成本很高的情况下,跨流域调水工程成为解决用水紧张状态的重要途径。调水工程也有"自流"和"提水"问题。"引滦入津""引黄济青""东部供水"等都是采用"提水"方式的大型调水工程,其中"引滦入津"工程全线4座大型取水泵站,总装机约20 000kW。"引黄济青"工程共设宋庄泵站、王耶泵站、亭口泵站、棘洪滩泵站4级提水泵站,总装机25 960kW。"东深供水"工程共设太园泵站、莲湖泵站、旗岭泵站、金湖泵站4级提水泵站,总装机约22 000kW。

"南水北调"工程是我国最大的跨流域调水工程。该工程共分东线、中线和西线三条调水路线。东线工程由江苏的江都和泰州引江水利枢纽从长江取水,通过多级取水泵站提升到达沿线最高的黄河,经隧道穿过黄河后,经京杭运河自流到达天津。中线工程从湖北丹江水库取水,经河南、河北自流到达津京地区。虽然中线输水干线上无须取水泵站,但沿途很多分水处都需要泵站加压。西线工程是从长江上游的金沙江、雅江和大渡河取水,跨越巴颜喀拉山调往黄河上游。各线均设置大量泵站工程。

地基基础工程是取水泵站整体的根本之源,作为地下隐蔽部分,针对地基基础开展的工程前期地质勘查工作、地基基础设计方案的选择和施工过程中的控制管理因素都直接关系到建筑物整体的安危。从国内外发生的多起建筑物倒塌事故原因分析来看,地基基础工程存在质量问题都是事故的主因,并且地基基础一旦出现问题,采取补救措施极其困难。

地基土与上部建筑有着密切的关系,地基土的优劣直接关系着地基处理方式的选择及地基施工,所以在选用地基处理方法之前,必须先了解一些常见的地基土,了解该类地基土的特点和力学性能。

在我国常见的不良地基主要有以下几种。

(1)杂填土。杂填土是人们的生活和生产活动所遗留或堆放的垃圾土。这些垃圾土一般分为三类:建筑垃圾土、生活垃圾土和工业生产垃圾土。不同类型的垃圾土、不同时间堆放的垃圾土很难用统一的强度指标、压缩指标、渗透性指标加以描述。杂填土的主要特点是无规划堆积、成分复杂、性质各异、厚薄不均、规律性差。因而同一场地表现为压缩性和强度的明显差异,极易造成不均匀沉降,通常需要进行地基处理。

(2)软黏土。软黏土(又称软土)是软弱黏性土的简称。软黏土具有低强度、高压缩性、低渗透性、高灵敏度的特点,不排水强度通常仅为5~30kPa,表现为承载力基本值很低,一般不超过70kPa,有的甚至只有20kPa。它形成于第四纪晚期,属于海相、潟湖相、河谷相、湖沼相、溺谷相、三角洲相等的黏性沉积物或河流冲积物。多分布于沿海、河流中下游或湖泊附近地区。常见的软弱黏性土是淤泥和淤泥质土。常用的地基处理方法有预压法、置换法、搅拌法等。

(3)饱和松散砂土。粉砂或细砂地基在静荷载作用下常具有较高的强度,但是当振动荷载(地震、机械振动等)作用时,饱和松散砂土地基则有可能产生液化或大量震陷变形,甚至丧失承载力,这是因为土颗粒松散排列并在外部动力作用下使颗粒的位置产生错位,以达到新的平衡,瞬间产生较高的超静孔隙水压力,有效应力迅速降低。对这种地基进行处理的目的就是使它变得较为密实,消除在动荷载作用下产生液化的可能性。常用的处理方法有挤出法、振冲法等。

(4)湿陷性黄土。湿陷性土属于特殊土,在上面覆盖土层自重应力作用下,或在自重应力和附加应力共同作用下,因浸水后土的结构破坏而发生显著附加变形。有些杂填土也具有湿陷性。广泛分布于我国东北、西北、华中和华东部分地区的黄土多具湿陷,通常需要进行地基处理。

(5)膨胀土。膨胀土是指具有较大的吸水后显著膨胀、失水后显著收缩特性的高液限黏土。其矿物成分主要是蒙脱石,具有吸水膨胀、失水收缩和反复胀缩变形、浸水承载力衰减、干缩裂隙发育等特性,性质极不稳定。在工程施工中,建造在含水量保持不变的黏土上的构造物不会遭受由膨胀而引起的破坏。当黏土的含水量发生变化,立即就会产生垂直和水平两个方向的体积膨胀。含水量的轻微变化,仅1‰~2‰的量值,就足以引起有害的膨胀,对建筑物危害性很大。膨胀土在我国的分布范围很广,如广西、云南、河南、湖北、四川、陕西、河北、安徽、江苏等地均有不同范围的分布。膨胀土是特殊土的一种,常用的地基处理方法有换土、土性改良、预浸水,以及防止地基土含水量变化等工程措施。

(6)红黏土。红黏土是指石灰岩和白灰岩等碳酸盐类岩石在亚热带温湿气候条件下,经风化作用所形成的褐红色红黏土。通常红黏土是较好的地基土,但由于下卧岩面起伏及存在软弱土层,一般容易产生地基不均匀沉降。

(7)季节性冻土。冻土是指气候在低温条件下,其中含有冰的各种土。季节性冻土是指冻土在冬季冻结,而夏季融化的土层,多年冻土或永冻土是指冻结状态持续三年以上的土层。季节性冻土因其周期性的冻结和融化,因而对地基的不均匀沉降和地基的稳定性影响较大。

(8)含有机质土和泥炭土。当土中含有不同的有机质时,将形成不同的有机质土,在有机质含量超过一定含量时就形成泥炭土,它具有不同的工程特性,有机质的含量越高,对土质的影响越大,主要表现为强度低、压缩性大,并且对不同工程材料的掺入有不同影响等,对直接工程建设或地基处理构成不利的影响。

(9)山区地基土。山区地基土的地质条件较为复杂,主要表现在地基的不均匀性和场地稳定性两个方面。由于自然环境和地基土的生成条件影响,场地中可能存在大孤石,场地环境也可能存在滑坡、泥石流、边坡崩塌等不良地质现象。它们会给建筑物造成直接的或潜在的威胁。在山区地基建造建筑物时要特别注意场地环境因素及不良地质现象,必要时对地基进行处理。

(10)岩溶(喀斯特)。在岩溶(喀斯特)地区常存在溶洞或土洞、溶沟、溶隙、洼地等。地下水的冲蚀或潜蚀使其形成和发展,它们对结构物的影响很大,易于出现地基不均匀变形、崩塌和陷落。因此在修建结构物之前,必须进行合理的处理;另地基岩体存在断层、裂隙、夹层形成岩体破碎、软弱层带、岩体多为软岩也会导致地基存在承载问题及不均匀沉降问题,通常需要进行地基处理。

根据地质勘察结果,合理地选择地基基础持力层是保证地基基础质量的重要保障。地基基础设计选型的主要原则:一是作用于地基基础的结构荷载不应超过地基基础的承载能力范围,以保证地基基础在整体结构中安全储备在许可范围内;二是地基基础的沉降值在地基基础变形允许范围内,地基基础的变形不影响建筑物整体的结构安全和使用维护。

对于施工地域地形复杂、地质条件较为恶劣的工程,组织工程设计前应该首先对其建筑结构类型和地基土体条件进行认真调查和细致研究,地基土体条件包括施工地域地形、地基土层状况、土体的物理力学性能、软弱土体分布、厚度、不均匀分布范围以及持力层的位置状况和地下水位深度等,只有切实掌握这些基本因素,才能做出合理可行的建筑设计。

由于各种软弱土体的物理性能、性质差异较大,即使施工地域土体性质条件差别不大,随着施工现场条件、施工场地的不同,地基基础设计方案的选择也是复杂多变的,地基基础常见问题的处理方案也不是一成不变的。所以,工程设计人员要善于针对不同的地质条件,不同的结构形式等各方面因素,综合考虑选定最合适的地基基础施工方案,而且要善于选取针对不同地基基础问题最适当的地基基础处理方法。

当地基基础土层物理性能不一致或土质分布不均匀以及下卧层较为软弱时,土体压缩性较高,工程设计人员在进行地基基础设计时,要加强地基基础设计结构刚度,防止发生地基基础不均匀沉降现象。

在软弱土地基基础上,假若建筑物临近范围内堆积有大量堆料荷载、生产设备或者堆载大面积填土,由于地面负荷面积大、应力扩散范围广、地基基础土体受压缩层厚度大,就会引起地基基础不均匀沉降。工程设计人员在设计计算时,若仅对地基基础土体的持力层承载力进行验算,忽略对地基基础下卧软弱层进行验算,就可能产生附加压力超过地基基础限定承载力的情况,因此设计下卧软弱层的地基基础时,地基基础的承载力不应全数使用,要适当留有储备数值。

针对软弱地基基础和地基基础发生不均匀沉降等问题时,常见处理措施主要有以下几种手段:①通过严格控制建筑物整体荷载的分布以及增加荷载的速率,来有效控制建筑物地基基础的变形问题的发生。②科学合理地设计选用适当的地基基础类型,以加强地基基础的整体结构刚度,比如选用桩基基础、筏板形基础、条形基础等形式。③通过采取措施控制并减少地基基础的基底附加应力,包括建筑物上部结构采用轻质材料或者轻体结构,以减轻建筑物整体结构自重,或者扩大地基基础底面积,以这些措施和手段来减少地基基础基底附加应力,也可以通过选用厚度满足要求,地基土体容许承载力较高的均匀土层来作为基础持力层等措施。这些简单实用的措施都可以有效控制、减少或者避免地基基础变形问题的发生。

渝西地区地形以低山丘陵和平行岭谷为主,丘陵和平坝面积超过75%,适宜工业化城镇化发展布局。同时,渝西位于成渝经济区和成渝城市群主轴线上,区位优势突出,是重庆市未来工业化城镇化的主战场、聚集新增产业和人口的重要区域。水资源调度及综合利用已成为渝西地区主要建设工程之一。已建成的大型输水工程主要为铜罐驿长江提水工程、松溉长江提水工程,在建的有金刚沱长江提水工程、草街嘉陵江提水工程。提水工程主要由泵站、输水管线、输水隧洞组成,输水管线多沿槽谷布置,输水工程以隧洞形式穿越山脉及高地。

因此,渝西地区已建、在建或拟建的取水泵站较多,对取水泵站地基基础的勘察技术、方法、勘察成果的总结与研究是必要的,对勘察成果与施工期实际揭示的工程地质、水文地质条件及遭遇的主要工程地质问题的对比总结有助于进一步提高现有的勘察技术和方法,为以后的取水泵站地基基础勘察提供借鉴作用。

第二节 取水泵站勘察技术与方法

一、勘察目的

根据不同勘察阶段勘察深度的不同,通过工程地质勘察,逐步了解、初步查明、查明区域及取水泵站区工程地质条件及水文地质条件,评价存在的工程地质问题,为不同阶段取水泵站设计提供工程地质依据。

二、取水泵站勘察的内容及规定

勘察一般分为规划阶段、项目建议书阶段、可行性研究阶段、初步设计阶段、招标设计阶段、施工详图设计阶段。

1. 规划阶段

规划阶段取水泵站工程勘察应包括下列内容：

(1) 了解区域地质和地震情况。

(2) 了解工程区的地形地貌特征、地质构造及水文地质条件。

(3) 了解工程区有无地面沉降、地下采空区、岩溶以及滑坡体、泥石流、崩塌等不良地质现象的分布情况。

(4) 了解工程区地层岩性、成因类型、特殊岩土分布情况和存在的主要工程地质问题。

(5) 了解工程区透水层和隔水层的分布情况、地下水埋藏、补给、径流和排泄条件。

规划阶段取水泵站工程的勘察方法应符合下列规定：

(1) 应搜集区域地形、地质、遥感和地震资料及工程区附近地质勘察资料。

(2) 利用已有的测绘资料编制工程地质图，必要时进行工程地质测绘，测绘范围应包括可能比选场址在内的所有建筑物地段和可能危及工程安全运行的地段。

(3) 对特殊重要的工程可布置勘探工作。

2. 项目建议书阶段

项目建议书阶段取水泵站地基工程勘察应包括下列内容：

(1) 初步评价场址区的区域构造稳定性，提出地震动参数。

(2) 初步查明场址区的地形地貌、地质构造、地层岩性、成因类型、岩土的基本性质，重点是特殊性岩土分布情况和存在的主要工程地质问题。

(3) 初步查明场址区地面沉降、地下采空区、岩溶、滑坡体、崩塌体、危岩体、蠕变体和泥石流等不良地质现象的分布、范围和规模。

(4) 初步查明场址区透水层和隔水层的分布情况，地下水类型、埋藏、补给、径流和排泄条件及环境水的腐蚀性。可溶岩区尚应调查岩溶发育的主要规律，初步查明主要洞穴、通道的规模、连通和充填情况，初步评价可能发生岩溶渗漏的地段以及渗漏量，岩溶洞隙对建筑物的影响。

(5) 初步查明岩基场址岩体风化、卸荷分带情况，主要断层、破碎带分布及其性状，初步评价岩体工程地质特性及断层活动性、各类结构面的组合对地基稳定、防渗和边坡稳定的影响。

(6) 初步查明土基场址地基均匀性，初步评价天然铺盖防渗、采用天然地基的可能性。

(7) 初步查明土岩双层地基基岩面起伏情况。

(8) 抗震设计烈度 7 度及以上场址的饱和无黏性土、少黏性土应进行液化判别，判别方法应符合 GB 50487 的规定。

(9) 进行主要岩土体物理力学性质试验，初步提出有关物理力学性质参数。

项目建议书阶段取水泵站工程的勘察方法应符合下列规定：

(1) 搜集场址区的区域地形、地质、遥感与地震资料，地震动参数宜根据 GB 18306 确定。

(2) 工程地质测绘范围应包括比选场址在内的所有建筑物及其外围 200~500m，并应包括可能危及工程安全的不良地质体分布地段。

(3) 可根据需要布置物探工作，物探方法应根据地形、地质条件和勘察目的选用，物探工作可结合勘探剖面布置，并充分利用勘探钻孔进行综合测试。

(4) 勘探点布置应根据工程规模、地质条件进行，宜沿轴线布置勘探剖面。地质条件复杂的可布置纵横 2 条剖面，每条剖面不宜少于 3 个勘探点，勘探点间距、深度应符合《水闸与泵站工程地质勘察规范》(SL 704—2015) 附录 B 的规定。

(5) 宜利用钻孔进行注水试验，基岩段宜进行压水试验。

(6) 应取样进行岩土室内试验，每一主要土层室内试验有效组数不宜少于 4 组，每一主要岩层室内试验有效组数不宜少于 3 组。

(7)宜利用勘探钻孔进行土层原位测试,每一主要土层原位测试有效组数不宜少于 3 组(段、点)。

(8)应对地下水和地表水进行水质分析,试验组数均不应少于 1 件。

3. 可行性研究阶段

可行性研究阶段取水泵站地基工程勘察应包括下列内容:

(1)评价场址区的区域构造稳定性,确定地震动参数。

(2)基本查明场址区的地形地貌、地质构造。

(3)基本查明场址区地面沉降、地下采空区、岩溶、滑坡体、危岩体、崩塌体、蠕变体和泥石流等不良地质现象的分布、范围和规模。

(4)基本查明场址区地层岩性、成因类型、岩土体结构和岩土物理力学性质,重点查明软土、膨胀岩土、湿陷性黄土等特殊性岩土分布范围、性状及存在的主要工程地质问题。

(5)基本查明场址区透水层和隔水层的分布情况、地下水类型、埋藏、补给、径流和排泄条件及环境水的腐蚀性。可溶岩区应调查岩溶发育的主要规律,基本查明主要洞穴、通道的规模、连通和充填情况,评价可能发生岩溶渗漏的地段以及渗漏量,岩溶洞隙对建筑物的影响。

(6)基本查明岩基场址区岩体风化、卸荷分带情况,主要断层、破碎带分布及其性状,评价岩体工程地质特性及断层活动性、各类结构面的组合对地基稳定、防渗和边坡稳定的影响。

(7)基本查明土基场址地基均匀性、渗透性和土岩双层地基基岩面起伏状况,评价采用天然铺盖、天然地基的可能性,提出地基处理及防渗措施建议。

(8)对抗震设计烈度 7 度及以上场址的饱和无黏性土、少黏性土进行液化判别。

(9)进行岩土体物理力学性质试验,提出有关物理力学性质参数。

(10)评价建筑基坑的工程地质条件,对基坑围护和降排水等提出建议。

可行性研究阶段取水泵站工程的勘察方法应符合下列规定:

(1)应搜集研究场址区的区域地形、地质、遥感与地震资料;地震动参数宜根据 GB 18306 确定。对 50 年超越概率 10% 的地震动峰值加速度不小于 0.10g 地区的重要工程可根据地震安全性评价结论确定。

(2)工程地质测绘范围应包括比选场址在内的所有建筑物及其外围 200~500m,并应包括可能危及工程安全的不良地质体分布地段。

(3)应调查古河道、牛轭湖、决口口门、沙丘、岩溶的分布埋藏情况,并根据需要布置物探工作。

(4)大型水闸与泵站工程宜利用钻孔进行综合物探测井和钻孔电视录像。

(5)勘探布置应根据工程规模、地质条件进行,沿垂直水流和平行水流的轴线方向各布置 1 条勘探剖面。对于拟选定场址、大型水闸和泵站工程及地质条件复杂的工程,可增加辅助勘探剖面。每条剖面不宜少于 3 个勘探点,勘探点间距、深度应符合附录 B 的规定。

(6)垂直水流方向主勘探线上的钻孔应进行现场水文地质试验。

(7)应取样进行岩土室内试验,每一主要土层室内试验累计有效组数不应少于 6 组,每一主要岩层室内试验累计有效组数不应少于 5 组。

(8)应利用勘探钻孔进行土层原位测试,每一主要土层原位测试累计有效组数不应少于 6 组(段、点)。

(9)应对地下水和地表水进行水质分析。地表水和不同含水层地下水试验均不应少于 3 件。

4. 初步设计阶段

初步设计阶段取水泵站地基工程勘察应包括下列内容:

(1)复核或补充区域构造稳定性研究与评价,复核场地地震动参数。

(2)查明场址各建筑物地基的地层岩性、物质组成、地质结构、性状和物理力学性质,重点查明软土、膨胀岩土、湿陷性黄土等特殊性岩土层的分布范围、工程特性,详细查明土岩双层地基基岩面的倾斜、起伏状况,评价存在的主要工程地质问题。

(3)查明上下游引河(渠)及施工临时建筑物范围内岩土层的厚度、埋深、分布范围、性状和物理力学性质。

(4)查明场址区滑坡、潜在不稳定岩体以及泥石流等不良地质现象。

(5)查明场址区的岩体结构、岩体风化、卸荷分带情况,重点是断层、破碎带、软弱夹层和节理裂隙发育规律及其组合关系,评价岩体工程地质特性、各类结构面的组合对地基稳定、防渗和边坡稳定的影响。

(6)查明各建筑物地基岩土体的透水性、透水层(包括透镜体)和隔水层的分布情况、地下水类型、埋藏、补给、径流和排泄条件、环境水的腐蚀性。查明主要洞穴、通道的规模、连通和充填情况,评价可能发生岩溶渗漏的地段以及渗漏量,评价岩溶洞隙对建筑物的影响。

(7)进行各建筑物部位岩土体物理力学性质试验,提出有关物理力学性质参数及地基允许承载力的建议值。

(8)对抗震设计烈度7度及以上场址各建筑物地基的饱和无黏性土、少黏性土进行液化判别。

(9)评价建筑物地基和边坡稳定性及渗透、渗透变形条件,评价采用天然地基的可能性,提出地基加固、防渗处理的建议。

(10)查明各建筑物基坑开挖影响范围内的工程地质条件,对基坑围护和降排水等提出建议;当基坑底面下存在承压含水层时,应进行基坑底渗流稳定性评价。

初步设计阶段取水泵站工程的勘察方法应符合下列规定:

(1)工程地质测绘范围应包括选定场址区所有建筑物地段及其外围200m,并应包括可能危及建筑物安全的不良地质体分布地段。

(2)勘探剖面应根据具体地质情况结合建筑物特点布置。在建筑物轴线及其上、下游引河(渠),防冲消能段、岸翼墙及临时建筑物等部位应布置勘探剖面,每条剖面不应少于3个勘探点;对建筑物安全有影响的边坡应布置勘探剖面。

(3)勘探点间距、勘探深度应根据覆盖层厚度、岩土层性质及建基面高程确定,并应符合《水闸与泵站工程地质勘察规范》(SL 704—2015)附录B的规定。专门性勘探点间距、深度可根据具体需要确定。水闸与泵站相邻布置时,水闸部位勘探深度宜考虑泵站对其地基变形的影响作用,适当加深。当建筑物地基为岩石时,应沿建筑物轴线和水流方向布置勘探剖面,其他部位宜有钻孔控制,必要时可布置剖面。

(4)分层取原状土样进行物理力学性质试验及渗透试验,每一主要土层室内试验累计有效组数不应少于12组;1级、2级建筑物地基应进行三轴压缩试验,每一主要土层试验累计有效组数不应少于6组;特殊土的特殊试验项目,应根据土层分布情况确定,每一土层试验累计有效组数不应少于6组。当建筑物地基为基岩时,每一主要岩石(组)室内试验累计有效组数不应少于6组。

(5)应结合钻探进行原位测试,根据土层性质选择适宜的测试方法。每一主要土层原位测试累计有效数量不应少于12组(段、点),静力触探试验孔不宜少于3孔。根据需要可进行原位载荷试验、三轴振动试验等专门性试验工作。当岩石地基需要进行现场变形和现场抗剪试验时,不应少于3组(点)。

(6)建筑物渗控剖面上的勘探孔应进行压(注)水或抽水试验。

(7)当地下水变化对建筑物设计、施工影响较大时,应选择代表性勘探孔进行地下水动态观测。

(8)对建筑物区附近潜在不稳定边坡及岩土体应进行变形观测。

5. 招标设计阶段

招标设计阶段取水泵站地基工程勘察应包括下列内容:

(1)复核建筑物工程地质条件及结论。

(2)复核主要、次要及临时建筑物工程地质条件及结论。

(3)复核天然建筑材料的储量、质量。

(4)查明初步设计阶段遗留的工程地质问题。

(5)查明初步设计审查意见提出的工程地质问题。

(6)查明优化设计、施工组织设计需要解决的工程地质问题。

6. 施工详图设计阶段

施工详图设计阶段工程地质勘察应在上述设计阶段基础上,检验、核定前期勘察的地质资料与结论,补充论证专门性工程地质问题,进行施工地质工作,为施工详图设计、优化设计、建设实施、竣工验收等提供工程地质资料。

专门性工程地质勘察应针对确定的工程地质问题进行,其勘察内容应根据具体情况确定。

专门性工程地质勘察宜包括下列内容:当泵站深基坑及开挖边坡出现新的地质问题,导致建筑物设计条件发生变化时,应进一步查明其水文地质、工程地质条件,复核岩土体物理力学参数,评价其影响,提出处理建议。

专门性工程地质的勘察方法应符合下列规定:

(1)勘察方法、勘察布置和工作量应根据地质问题的复杂性、已经完成的勘察工作和场地条件等因素确定。

(2)应利用施工开挖条件,搜集地质资料。

(3)充分分析和利用各种监测与观测资料。

(4)当设计方案有较大变化或施工中出现新的地质问题时,应进行工程地质测绘,布置专门的勘探和试验。

施工地质应包括下列内容:

(1)搜集建筑物场地在施工过程中揭露的地质现象,检验前期的勘察资料。

(2)编录和测绘地基基础的地质现象。

(3)进行地质观测和预报可能出现的地质问题。

(4)进行地基基础、工程边坡加固和工程地质问题处理措施的研究,提出优化设计和施工方案的地质建议。

(5)提出专门性工程地质问题专项勘察建议。

(6)进行边坡、地基等的岩体质量评价,参与与地质有关的工程验收。

(7)提出运行期工程地质监测内容、布置方案和技术要求的建议。

三、特殊性岩土勘察的内容及规定

1. 软土

软土分布场址勘察应包括下列内容:

(1)成因类型、成层条件、分布规律、层理特征、水平向和垂直向的均匀性。

(2)地表硬壳层的分布与厚度、下伏硬土层或基岩的埋深和起伏。

(3)固结历史、应力水平和结构破坏对强度及变形的影响。

(4)微地貌形态和暗埋的塘、浜、沟、坑、穴的分布、埋深及其填土的情况。

(5)评价开挖、回填、工程降水、打桩、沉井等对软土应力状态、强度和压缩性的影响。

软土分布场址勘察方法应符合下列规定:

(1)软土取样应采用薄壁取土器。

(2)软土原位测试宜采用静力触探试验或十字板剪切试验。

(3)软土抗剪强度指标室内宜采用三轴压缩试验。

(4)应进行固结试验,最大固结压力应根据上覆土层与建筑物荷载确定。

(5)宜测定土的灵敏度及土中有机质含量。

2. 膨胀性岩土

膨胀性岩土分布场址勘察应包括下列内容:

(1)岩性、地质年代、成因、产状、分布以及颜色、节理、裂隙等外观特征。

(2)划分地貌单元和场地类型,查明有无浅层滑坡、地裂、冲沟以及微地貌形态和植被情况。调查膨胀岩土大气影响带深度。

(3)地表水的分布、排泄和积聚规律以及地下水类型、水位和变化规律。

(4)膨胀岩土的矿物组成、岩土物理力学性质参数及软化、抗渗、膨胀特性参数,评价场址工程地质条件及膨胀岩土在工程施工、运行中可能产生的不利影响。

(5)预测运行条件下膨胀性岩土强度的变化趋势,对膨胀性岩土地基水闸、泵站设计、施工和运行提出处理、防护措施建议。

(6)调查当地膨胀土引起建筑物变形破坏情况。

膨胀性岩土分布场址勘察方法应符合下列规定:

(1)勘探点宜结合地貌单元、微地貌形态布置,采取试样的勘探点不应少于全部勘探点的1/2。

(2)勘探孔的深度应大于基础埋深和附加应力的影响深度。

(3)在大气影响深度以下,原状土取样间距可为1.5~2.0m。

(4)除常规试验外,膨胀性岩土特性室内试验应包括自由膨胀率、有荷膨胀率、膨胀力及收缩。

3. 黄土

黄土分布场址勘察应包括下列内容:

(1)黄土形成的时代,区分老黄土(Q_1、Q_2)、新黄土(Q_3、Q_4^1)和新近堆积黄土(Q_4^2)。

(2)黄土的成因类型、厚度、黄土层的均匀性与结构特征,古土壤与钙质结核层的分布与数量,单层厚度等。

(3)湿陷性黄土层的厚度和湿陷系数随深度的变化情况,判别黄土的湿陷类型,划分湿陷等级。

(4)黄土滑坡、崩塌、错落、陷穴、潜蚀洞穴、垂直节理、卸荷裂隙的分布范围、规模及性质。

(5)场地地下水类型、地下水位及变化幅度。

(6)根据黄土湿陷性程度提出物理力学参数、承载力和开挖边坡坡比建议值,并结合建筑物的基础形式进行工程地质评价。

黄土分布场址勘察方法应符合下列规定:

(1)宜在探坑(井)内采取黄土原状样。

(2)应进行黄土湿陷试验,测定湿陷系数、自重湿陷系数、湿陷起始压力等参数。

4. 红黏土

红黏土分布场址勘察应包括下列内容:

(1)不同地貌单元原生红黏土与次生红黏土的分布、厚度、物质组成、土性等特征及其差异。

(2)红黏土的状态、结构、浸水特征、裂隙发育特征及地基的均匀性。

(3)下伏基岩岩性、岩溶发育特征及其与红黏土土性、厚度变化的关系。

(4)土体结构特征、裂隙的密度、深度、延展方向及其发育规律。

(5)地表水体和地下水的分布、动态及其与红黏土状态垂向分带的关系和对红黏土物理力学性质的影响。

(6)地基及其附近土洞发育情况。

(7)搜集红黏土地区勘察设计及施工处理经验。

红黏土分布场址勘察方法应符合下列规定:

(1)应采用钻探、原位测试及室内试验等方法进行勘察。

(2)判别红黏土的胀缩性宜进行收缩试验、复浸水试验,确定承载力宜进行天然土与饱和土的无侧限抗压强度试验,或采用载荷试验、静力触探等原位测试方法。

(3)对裂隙发育的红黏土,宜进行三轴压缩试验。

(4)用于边坡长期稳定性验算时,应采用反复剪切试验指标。

5. 填土

填土地基勘察应包括下列内容：

(1)地形地貌的变迁,填土的类型、堆积年限和堆积方式。

(2)填土的分布、厚度、物质成分、颗粒级配,判定均匀性和湿陷性。

(3)填土的物理力学性质。

(4)判定填土及地下水对建筑材料的腐蚀性。

(5)填土地基上已有建筑物的变形或破坏情况。

填土地基勘察方法应符合下列规定：

(1)应在一般土勘察规定的基础上加密勘探点。确定暗埋的塘、浜、坑的范围。

(2)对由砂壤土或黏性土组成的素填土,可采用钻探取样、轻型钻探与原位测试相结合的方法；对含较多粗粒成分的素填土和杂填土宜采用动力触探、钻探,并应有一定数量的探井。

(3)对杂填土宜进行注水试验。

6. 盐渍土

盐渍土分布场址勘察应包括下列内容：

(1)盐渍土的地貌成因类型,植被生长状况以及盐渍土溶蚀穴的形态和微地貌发育特征。

(2)盐渍土地层时代,岩性,物质组成、分布厚度及成层情况。

(3)盐渍土的表面特征,石膏漠、龟裂土、蓬松土、盐霜、盐结皮、盐壳及盐盖的分布规律。

(4)盐分聚积、淋溶、迁移与气候、水文、微地形条件的关系。

(5)地下水的类型、分布埋藏特征,矿化度和矿化类型,地下水位上升和下降的动态变化与盐渍岩土地基溶陷、盐胀和稳定性的关系,重点查明盐分聚积层的分布。

(6)测定含盐量,分析盐渍化程度、类型及其分布规律,判别盐渍土对建筑建材的腐蚀性,评价盐渍土对建筑场地、地基及边坡稳定的影响。

盐渍土分布场址勘察方法应符合下列规定：

(1)测绘工作及勘探点布置应根据查明盐渍土分布特征的要求进行。

(2)采取岩土试样宜在干旱季节进行。

(3)宜测定有害毛细水上升高度。

(4)应根据盐渍土的岩性特征,选用载荷试验等适宜的原位测试方法,溶陷性盐渍土应进行浸水载荷试验。

(5)对盐胀性盐渍土宜现场测定有效盐胀厚度和总盐胀量,当土中硫酸钠含量不超过1%时,可不考虑盐胀性。

(6)进行含盐量测试,分析盐渍化程度、分布规律,必要时可对岩土的结构进行显微结构鉴定。

(7)应进行盐渍土对建筑材料的腐蚀性试验。

7. 多年冻土

多年冻土分布场址勘察应包括下列内容：

(1)调查多年冻土的分布范围及上限深度。

(2)多年冻土厚度、总含水率,结构特征、热物理性质、冻胀性,判别多年冻土的类别,进行冻胀性和融沉性分级。

(3)多年冻土层上水、层间水、层下水的赋存形式、相互关系及其对工程的影响。

(4)多年冻土区厚层地下冰、冰锥、冰丘、冻土沼泽、热融滑塌、热融湖塘、融冻泥流、寒冻裂隙等的形态特征、形成条件、分布范围、发生发展规律及其对工程的危害。

(5)对多年冻土的处理和融化后的强度及其渗透性能的变化做出评价、预测,提出利用原则、相应的保护和防治措施建议。

多年冻土分布场址勘察方法应符合下列规定：

(1) 进行地温测量，当需查明与冻土融化有关的不良地质作用时，调查工作宜在每年的 2～5 月进行；多年冻土上限深度的勘察时间宜在每年的 9～10 月。

(2) 应布置控制性勘探孔，深度应满足多年冻土地质评价和变形验算要求。

(3) 冻土地区钻探宜缩短施工时间，采用大口径低速钻进，终孔直径不宜小于 108mm，必要时可采用低温泥浆，并避免在钻孔周围造成人工融区或孔内冻结。

(4) 应分层测定地下水位。

(5) 保持冻结状态设计地段的钻孔，孔内测温工作结束后应及时回填。

(6) 取样的竖向间隔，在季节融化层应适当加密，试样在采取、搬运、贮存、试验过程中应避免融化。

(7) 试验项目除按常规要求外，宜进行总含水率、体积含冰量、相对含冰量、未冻水含量、冻结温度、导热系数、冻胀量、融化压缩、冻胀力等项目的试验；对盐渍化多年冻土和泥炭化多年冻土，应测定易溶盐含量和有机质含量。

四、取水泵站勘察的对象

取水泵站综合勘察的主要目的是查明场址区地质条件和水文地质条件，为取水泵站设计提供依据。随着技术标准的提高，取水泵站综合勘察的工作内容更加广泛，技术要求不断提高。在具体工作中，除查清取水泵站基本工程地质条件和水文地质条件外，还要围绕取水泵站勘察设计及施工中面临的重大不良地质问题和施工风险，解决施工和运营中可能发生的工程地质灾害，主要包括以下几个方面内容：

1. 软土层

我国东南部第四系地层广泛分布，下更新统一全新统均有出露。长江中下游各大平原区表层为粉质黏土，下为中粗砂、含砾中粗砂、中细砂、砂砾夹薄层的亚黏土、黏土。局部地方夹有淤泥质粉砂、粉砂质淤泥，如苏皖沿江平原区。软弱的淤泥、砂层如直接做泵站地基基础，影响泵站安全运行。

2. 基岩软弱层（断层破碎带及影响带、夹层）

软弱层是引起取水泵站地基基础不均匀沉降变形和泵房渗水的主要因素，是地基基础工程最常见、危害性最大的问题之一。我国西南地区红层软岩约占 39.7%，软岩中泥化夹层发育，物理力学性质较低。多数透水性微透，具有失水干裂、遇水膨胀或崩解成泥特征。如直接做泵站地基基础，影响泵站安全运行。我国西南地区断层规模巨大，长度绵延数十至数百千米，断层破碎带及影响带宽度几十至数百米。这些断层对取水泵站施工所造成的困难和风险均很大。活动性断层对取水泵站带来的风险更大。

3. 特殊岩土

在取水泵站建设中，特殊岩土首选膨胀岩。我国境内的膨胀岩主要分布在二叠系、三叠系、侏罗系、白垩系及第三系中，岩性为富含蒙脱石和石膏的泥岩、砂质泥岩、黏土岩、火成岩等。膨胀岩遇水膨胀，失水收缩，对隧道的破坏作用是长期的，因此应尽早查明，在设计中采取防水结构设计，施工中减少对地基基础的扰动，不使岩体的含水量发生较大的变化。另外，最近几年工程中遇到的含膏岩体，如在四川江津岷江拦河闸基处泥岩中夹有石膏岩及其次生的膏溶角砾岩，石膏岩及其次生的膏溶角砾岩工程性质极差，遇水软化、崩解，具有一定的膨胀性和腐蚀性。还有西部造山带中广泛存在的蚀变岩体等，这些特殊围岩会引起隧道边墙拱顶等砌体工程变形、鼓胀、开裂轨道位移等工程地质问题，诱发大量的工程地质病害，为工程施工、运营、养护维修带来了无穷的隐患。

此外还有放射性元素、高外水压力等。在西北地区及北方地区，一些取水泵站选址还经常遇到采空区、黄土、红黏土、多年冻土等特殊问题。

五、取水泵站勘察原则

取水泵站综合勘察原则如下：

（1）合理采用钻探物探等综合勘探手段，系统评价泵址区的工程地质条件及水文地质条件。勘察工作以地质调绘为主，辅以钻探、物探等综合测试方法验证。

（2）在充分研究地质调绘基础上布置勘探点；泵址区宜按地貌、地质单元布置勘探点；主要的地质界线、重要的不良地质特殊岩土地段，可能产生不均匀沉降、塌陷、滑移变形等处应有钻孔控制，范围宜在泵址周围30~50m。要充分利用勘探孔进行综合测井物探、水文地质试验、岩芯波速测试等。

（3）地质条件简单泵址的钻孔布置应根据地质调绘成果专门研究确定，可适当简化。

（4）泵址区地质条件复杂以及泵址区有岩溶、滑坡、膨胀（岩）土、软土等对工程有较大影响的不良地质体或特殊岩土时，应开展专项或深入的勘察和测试。

取水泵站综合勘察流程如图7.2-1所示。

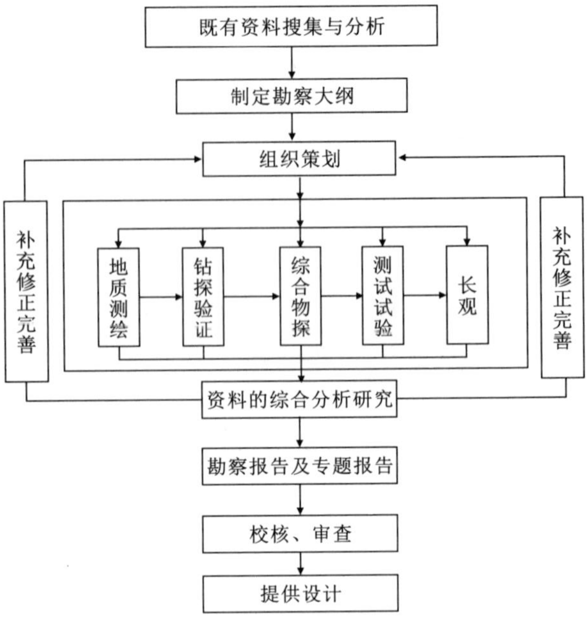

六、取水泵站勘察的内容和方法

在充分研究既有资料的基础上，针对泵址区中可能产生的不良地质问题，大力推广和采用综合勘探，相互验证，取长补短，充分发挥每一种手段的优势。同时，应用每一种手段中当前最有效、最先进的、最成熟的技术，比较深入地开展专项地质勘察研究的各项工作。

图7.2-1 取水泵站综合勘察工作流程图

1. 主要内容和流程

（1）在充分研究既有资料基础上，对泵址区进行地质调绘、专项地质构造及岩溶水文地质调查，建立实测标准地层剖面，对岩组进行划分；对于与泵址区密切相关的溶洞、断层泉、井点等进行详细调查，调查其出露点位置、高程、流量变幅及其发育特征，进行水化学分析试验，必要时应进行跟踪试验。

（2）在充分研究调查测绘、物探资料的基础上，根据具体情况布置足够数量的深孔，分阶段实施，详细取得泵址区有关的地层、岩性、构造、岩溶发育程度及规律、岩溶水等资料。

（3）采用孔内无限电波（声波）透视及孔内全景式数字摄影等先进的物探技术，查明深泵址区的地层、构造、岩溶发育深度、岩溶水可能赋存的层位等。

（4）根据需要和可能，选取与泵址区密切相关的井泉进出口进行长期的地下水动态观测。

2. 泵址区的主要勘察技术与方法

（1）工程地质测绘。工程地质测绘是综合勘探的关键工作，在对搜集到的区域地质资料分析研究和航、卫片进行室内判释的基础上，结合地形图、区域地质图对航片野外核实、验证，并对各种地质点刺点，重要地质点、勘探点等用GPS仪定位，并随时将测绘成果转绘到测绘精度要求的地形图上，对测绘判断不清需进一步确定的影响工程的断裂和重大不良地质地段及各方案的重点地段等要进一步利用物探钻探等其他勘探方法查明。地质测绘地质点采集可采用长江岩土工程总公司（武汉）地质公司自主研发的"野外地质信息采集系统"。

（2）钻探。应综合分析地质测绘成果，布置必要的钻孔进行钻探验证，用以掌握深部地层岩性及岩体状况，查明沙层、淤泥层、软弱层及地下水位；掌握下部岩（土）体物理力学参数，通过岩芯状况分析软弱层发育情况等。

泵址区岩体如存在软弱层时，宜采用大口径钻探技术、金刚石钻进技术双管单动钻具钻进进行钻探,回次进尺应相应缩短,以便更好的对软弱层取芯。

泵址区土体为砂卵石、砂层、淤泥层时,宜放慢钻进速度,采用静压方式、植物胶进行取芯。

布置设计一定数量的深孔,利用深孔进行物探试验、水文试验,以取得的相关的参数以及资料。

水文试验钻孔应进行特殊的设计,以达到试验的目的要求,其中水文试验钻孔应不少于钻孔总数的三分之一,水文试验应包括提水试验,必要时应进行注水及压水试验,以达到彻底查清各种水文地质参数的目的。

泵址区中的每一个钻孔尤其是深孔,在施钻之前都必须设计好,写明目的和勘探取样、试验等要求,并对岩芯采用数码相机(摄像机)进行拍照,岩芯应按顺序作好标识,就地掩埋,必要时保存。

(3)地球物理勘探。根据地层岩性地质构造、地下水发育程度、岩溶、特殊岩土及基础埋深等不同地段的具体特点,分段布设孔内无线电波(声波)透视及全景式数字摄影,力求反映泵站地基岩体整个的宏观全貌。利用弹性波法测试泵站地基岩体的纵波速度,测定岩体的完整性系数,指导泵站地基岩体分级的划分。

(4)水文地质试验。水文地质试验应根据岩体及地下水所赋存的地质环境、水量大小等具体特征,采用不同的水文地质试验。对于水量较小不能进行抽、提水试验的地段,应进行必要的注水及压水试验,以取得相关的水文地质参数。水文地质参数应采用多种方法并结合区域经验公式进行计算,综合分析确定给出。必要时对于那些附近有良好出露点的井泉区应建立专门的气象站进行实地观测,以取得相关的水文地质参数。

(5)室内试验。泵站地基每种岩性选择一定数量的样品,样品数量一般不能少于12组,除做常规的物理力学试验项目之外,还应加做吸水率、矿物鉴定、抗拉强度、耐冻性试验、对于特殊岩土还应加做黏土矿物、黏粒含量、化学分析、膨胀性等试验;此外,根据特殊岩体,如含膏岩体还应加做岩土腐蚀性、蒙脱石含量、阳离子交换量试验等。

七、取水泵站勘察成果

取水泵站勘察成果应按不同勘察阶段进行编制工程地质勘察报告和附图。工程地质勘察报告正文包括前言、区域地质与地震、泵站场地环境地质条件、泵站场址区工程地质条件、泵站地基工程地质评价、天然建筑材料、结论与建议等。

工程地质勘察报告各章内容应包括:

(1)前言包括工程概况、勘察目的与任务、勘察依据、勘察等级、前期勘察结论、本阶段勘察方法、勘察工作布置及主要工作量等。

(2)区域地质与地震应阐述区域构造稳定性与地震概况,划分建筑抗震地段类别,根据《建筑抗震设计规范》GB 50011的规定确定建筑场地类别及设计地震分组等,并对地基的地震效应做出初步评价。

(3)环境地质条件应阐述泵站场址周边的环境地质条件,滑坡、崩塌、危岩体、泥石流、塌岸、潜在不稳定斜坡等地质灾害的分布、规模等,评价其对场址的影响。

(4)泵站场址区工程地质条件应包括地形地貌、地层岩性、地质构造、水文地质条件、岩土物理力学性质等内容,阐述泵站场址的不良地质作用及特殊性岩土体,评价其对场址的影响。

(5)泵站地基工程地质评价应包括地基基础方案分析,工程施工及运营对周边设施影响的分析。

(6)天然建筑材料应阐述各类天然建筑材料的产地分布情况、基本地质条件、储量及质量、开采运输条件等内容。

(7)结论与建议应包括区域地质与地震、环境地质、泵站场地稳定性、场地工程建设适宜性评价、天然建筑材料等内容。

第三节　工程实例

一、南水北调中线刘湾泵站工程

1. 工程概况

南水北调中线配套工程21号口门刘湾泵站位于河南省郑州市汪垌村东北约300m，工程场区属黄河冲积平原区，地形平坦、开阔，交通便利。

2. 勘察要求

该勘察工程的勘察阶段为详勘，其技术要求按照《水闸与泵站工程地质勘察规范》(SL 704—2015)、《水利水电工程地质勘察规范》(GB 50487—2008)，并结合《岩土工程勘察规范（2009年版）》(GB 50021—2001)规定执行。现场踏勘认定场地地基等级为一级。据此，确定本详勘为一级工程地质勘察，其任务是对岩土技术参数、工程岩土评价、基础设计、地基处理及不良工程地质现象的防治提出具体的意见。

3. 勘探与测试方法

根据勘察技术要求，结合地形、地质条件，确定勘察方法以钻探方法和标准贯入试验方法为主，辅以坑探、物探、水平推剪试验、室内试验等方法完成工程勘察工作。

1) 勘探方法

(1) 钻探方法。钻探施工采用GY-200型钻机。共布设20个钻孔，有10个钻孔孔深均要求穿过重粉质壤土进入粘土岩中，用以控制影响深度范围内地基岩土组合情况及主要力学特性。

由于软土层钻进较快，孔壁易塌孔严重，故钻进采用了静探钻进工艺，取芯率达到100%，基本为原状样，可以直接用于室内分析试验，但材料成本较高。

(2) 坑探方法。本次勘察布置了3个掘探探井，深4m，长×宽为2.0m×3.0m，在坑内主要进行了地质描述、取原状样用于室内试验、现场拍照及一组原位水平推剪试验。

2) 物探方法

物探方法采用电测深法，采用ZWD-2型直流数字仪，利用五极轴测深法，共完成电阻率测深32点，工作参数$L=100$m，MN分别选用0.5m、1.0m、2.0m。野外对疑点、突变点及异常点均做了重复检查观测，对原始记录进行100%的复算。

3) 测试方法

(1) 标准贯入试验。标准贯入试验严格按《岩土工程勘察规范（2009年版）》(GB 50021—2001)要求进行。当钻进到预定试验深度并清孔完毕后，将贯入器或动探头放至试验位置，使用63.5kg穿心锤，以76cm的自由落距使其自由下落。先预打15cm，记录其击数，然后再分别记录连续贯入地层30cm中的每10cm锤击数。当锤击数已达50击，而贯入深度未达30cm时，记录50击的实际贯入深度。

(2) 水平推剪试验。现场布置一组水平推剪试验，用来确定基坑和边坡开挖支护处理时的抗剪强度力学参数。

(3) 室内试验。土的常规物理性质试验项目包括质量密度、天然含水量、土粒比重、天然孔隙比、孔隙度、饱和度、干密度、液限、塑限、液性指数、塑性指数，土的常规力学性质试验项目包括压缩系数、压缩模量、内摩擦角、黏聚力。共计完成60组。

4. 地质概况

1) 地形地貌

勘察区属黄河冲积平原区，地形平坦、开阔，场区地面高程128.4～129.2m。

2) 地层岩性

工程区勘探深度范围内为第四系全新统（Q_4）冲洪积层，第四系上更新统（Q_3）冲洪积层，中更新统（Q_2）坡洪积层及新近系中新统洛阳组粘土岩（N_1l）。现由老至新分述如下。

第⑤层上第三系中新统洛阳组（N_1l）粘土岩。棕红色杂棕黄色，成岩差。见铁锰质斑点及薄膜，干时开裂，岩性不均，含大量钙质结核，钙质结核含量约20%～30%。该层仅部分钻孔揭示，揭露最大厚度8.5m（未揭穿），层顶高程82.96～86.5m。

第④层中更新统（Q_2^{dl+pl}）坡洪积层重粉质壤土：棕红—棕黄色，可塑—硬塑状，土质较均匀，含较多黑色铁锰质浸染，偶见钙质结核，岩性不均，上部多为中粉质壤土。层面略有起伏，层厚25.0～30.1m，层顶高程92.6～94.5m。

第③层上更新统（Q_3^{al+pl}）冲洪积层粉细砂：浅黄—黄色，湿，中密状，成分主要为石英、长石，次为暗色矿物，砂粒不均，砂质不纯，局部夹黄土状轻粉贡壤土薄层，层面略有起伏，层厚3.5～7.0m，层顶高程115.4～118.0m。

第②层全新统（Q_4^{al+pl}）冲洪积粉细砂：浅黄—黄色，湿，中密状，成分主要为石英、长石，次为暗色矿物，砂粒不均，砂质不纯。层面略有起伏，层厚0～5.7m，层顶高程115.4～23.5m。分布不连续，3号孔缺失。

第①层全新统（Q_4^{al+pl}）轻壤土：灰黄色，可塑状，见有针状孔隙发育，见有锈黄色铁质浸染，土质不均，局部夹砂壤土薄层。该层分布于地表，可见植物根系，层厚2.8～6.5m。

3) 地质构造及地震动参数

泵站区属华北准地台（I）黄河海坳陷（I_2）区，新构造分区属豫皖隆起—坳陷区，区域主体构造线方向为北西向或近东向。场区地震动峰值加速度为0.10g，相当于地震基本烈度Ⅴ度区。

4) 水文地质条件及评价

泵站区地下水类型为第四系松散层孔隙潜水，勘探期间测得水位高程107.5～108.4m，年变幅4～5m，预测高水位112～113m。场区地下水补给来源为大气降水入渗和侧向地下径流补给，消耗于蒸发、人工开采及地下侧向径流排泄。由于受总千渠施工降排水的影响，地下水位变化较大。

在泵站区附近取水样一组作水质简分析，地下水无色、无味透明。场区地下水水化学类型为"HCO_3-Ca-Mg"型，矿化度0.2465g/L，属淡水；总硬度14.76德国度，属微硬水；pH值7.3，属中性水；侵蚀性CO_2含量为0ng/L，依据《水利水电工程地质勘察规范》（GB 50487—2008）附录L判定：场区地下水对混凝土不具腐蚀性，对混凝土中钢筋及钢结构具弱腐蚀性。

5) 土壤腐蚀性评价

根据管线土壤腐蚀性成果，场区上部土体对混凝土结构及钢筋具微腐蚀性，对钢结构具中等腐蚀性。

5. 建筑物工程地质条件及评价

1) 地层结构

泵站区地质结构为土岩双层结构，其中上部覆盖层多为黏砂多层结构。按岩性可分为5个土体单元，现由上至下分述如下：

第①层轻壤土（Q_4^{al+pl}）：层厚28～65m，该层分布于地表。

第②层粉细砂（Q_4^{al+pl}）：层厚0～5.7m，层顶高程115.4～23.5m，局部缺失。

第③层粉细砂（Q_3^{al+pl}）：层厚3.5～7.0m，层顶高程115.4～118.0m，分布较稳定。

第④层中粉质壤土（Q_2^{dl+pl}）：层面略有起伏，分布稳定，厚度大，层厚250～30.1m，层顶高程926～94.5m。

第⑤层粘土岩（N_1l）：揭露最大厚度8.5m（未揭穿），层顶高程82.96～86.5m。

2) 土体物理力学性质

根据现场原位测试和室内试验成果综合分析整理，各土体单元物理力学性指标评价如下：

①壤土(Q_4^{al+pl}):天然干密度 ρ_d 范围值 1.48~1.62g/cm³,平均值 1.57g/cm³;液性指数 I_L 范围值 −0.47~0.14,平均值 −0.10;压缩系数 a_{1-2} 范围值 0.16~0.48MPa⁻¹,平均值 0.302MPa⁻¹;修正后标贯击数 N 范围值 4~19 击,平均值 12.5 击。该层属中等压缩性中硬—硬土层。

②粉细砂(Q_4^{al+pl}):修正后标贯击数 N 范围值 16~26 击,平均值 20 击。该层呈中密—密实状。

③粉细砂(Q_3^{al+pl}):修正后标贯击数 N 范围值 10~27 击,平均值 20 击。该层呈中密—密实状。

④中粉质壤土(Q_2^{dl+pl}):天然干密度 ρ_d 范围值 1.53~1.67g/cm³,平均值 1.60g/cm³;液性指数 I_L 范围值 0.25~0.86,平均值 0.51;压缩系数 a_{1-2} 范围值 0.107~0.218MPa⁻¹,平均值 0.159MPa⁻¹;压缩指数 C_c 范围值 0.160 3~0.411 3,平均 0.235 1;回弹指数 C_s 范围值 0.009 0~0.016 2,平均 0.011 9;修正后标贯击数 N 范围值 9~17 击,平均值 14 击。该层属中等压缩性硬土层。

⑤粘土岩(N_1l):修正后标贯击数 N 范围值 21~28 击,平均值 24 击,属软岩。

各层土的物理力学指标建议值见表 7.3-1、表 7.3-2。

表 7.3-1 各层土的物理性指标建议值表

土体单元序号	土名	含水量 $w/\%$	干密度 $\rho_d/(g \cdot cm^{-3})$	比重 G_s	天然孔隙比 e	塑限 w_p	塑性指数 I_P	液性指数 I_L
①	轻壤土	11.9	1.48	2.68	0.837	12.6	10.9	−0.10
④	重粉质壤土	23.1	1.60	2.69	0.685	17.1	11.4	0.51

表 7.3-2 各层土的力学性指标建议值表

土体单元序号	土名	压缩		饱和快剪		垂直渗透系数 $K_v/(cm \cdot s^{-1})$	承载力标准值 f_k/kPa	基底与地基土之间摩擦系数 f
		压缩系数 a_{1-2}/MPa^{-1}	压缩模量 E_s/MPa	凝聚力 c/kPa	内摩擦角 $\varphi/(°)$			
①	轻壤土	0.30	5.5	10.0	20.0	1.2×10^{-4}	120	
②	粉细砂				27.0	2.0×10^{-2}	180	
③	粉细砂				27.0	$5.0 \times 10^{-3} \sim 2.0 \times 10^{-2}$	180	0.40~0.45
④	重粉质壤土	0.22	7.5	29.0	20.0	5.91×10^{-5}	190	0.30~0.35

6. 主要工程地质问题

1) 边坡稳定问题

根据建筑物布置,边坡开挖深度 16~18m。地层结构属黏砂双层结构,边坡岩性主要为轻壤土,中粉质壤土和粉细砂,存在边坡稳定问题。结合影响场区边坡稳定的各种不利因素,进行工程地质类比,确定边坡高宽比为 1∶1.75~1∶2.50。采用复式边坡,中间设置平台。必要时采取支护措施,施工时禁止在周围施加堆载,并加强监测,确保施工安全。

2) 施工排水问题

工程区地下水为第四系孔隙潜水,该层主要赋存于第四系松散层中,勘察期间地下水位高程 107.5~108.4m,建筑物建基面高程 113.932m,由于受总干渠施工开挖降排水的影响,地下水比前期有所下降,存在基坑施工降排水问题,建议施工前应先复测地下水位,待地下水位降至开挖边坡坡角以下方可施工。

三、重庆市松既毛子岩取水泵站工程

1. 工程概况

重庆市松既长江提水工程取水口位于永川松既镇毛子岩,可研阶段推荐方案为:由毛子岩取水泵站输水至金子山高位水池,再由金子山高位水池放水自流进入上游水库调蓄,然后通过蓝子山隧洞放水至卫星水库上游活龙沟天然河道自流,在蓝子山隧洞出口下游约2.6km的河道上建拦河节制闸将水位壅高至312.50m,由闸前取水并利用箱涵、管桥穿过黄瓜山白岩槽隧洞,再在隧洞出口处建一加压泵站,将水头加压至320m,利用管道将水输送至供水点斗篷岩拟新建永川水厂,线路总长约37 291.62m(图7.3-1)。

图7.3-1 松既长江提水工程毛子岩提水泵站(左为从上游向下游照,右为从下游向上游照)

2. 勘察要求

该勘察工程的勘察阶段为初步设计阶段,其技术要求按照《水闸与泵站工程地质勘察规范》(SL 704—2015)、《水利水电工程地质勘察规范》(GB 50487—2008)规定执行。其任务是对岩土技术参数、工程岩土评价、基础设计、地基处理及不良工程地质现象的防治提出具体的意见。

3. 勘察方法

根据勘察技术要求,结合地形、地质条件,确定勘察方法以工程地质测绘、钻探方法和原位超重型动力触探测试方法为主,辅以坑探、物探、室内试验等方法完成工程勘察工作。

1)工程地质测绘

在可行性研究阶段工作的基础上,进行泵站区工程地质测绘工作,范围包括选定泵站区及相关建筑物布置等有关地段,工程地质测绘比例选用1:500。重点调查下列问题:①第四系冲积层砂卵石层分布范围。②泵址区后缘山体地层岩性、地质构造等,有无不良地质现象。③泵址区水文地质条件。对各种地质点刺点,重要地质点、勘探点等用GPS仪定位,并将测绘成果转绘到测绘精度要求的地形图上。

2)勘探方法

(1)钻探方法。以小口径钻孔为主,辅以坑槽探,勘探工作布置是在可行性研究阶段成果基础上进行。在选定泵站区和相关建筑物布置小口径钻孔。布孔原则:初步设计阶段勘探工作量在可行性研究阶段已完成钻孔的基础上,并根据具体地质情况结合建筑物特点布置。在泵站建筑物轴线、临时建筑物等部位布置勘探剖面,每条剖面不宜少于3个勘探点,对建筑物安全有影响的边坡布置勘探剖面。主泵房钻孔间距25~50m,钻孔深度进入建基面下10~15m,并进入相对隔水层以下5m。

钻探施工采用GY-200型钻机。共布置10个钻孔,便于查明地基岩体岩性组成、地质结构、软弱夹层的分布和规模、岩体风化卸荷深度和程度,并结合物探、现场水文地质试验等,以研究岩体完整程度、岩体透水性等重点问题。

(2)坑槽。本次勘察在泵站后缘造近山坡脚布置了10个坑槽,深2m,长×宽为2.0m×2.0m,在坑内主要进行了地质描述、现场拍照。

3)物探方法

采用钻孔声波测试岩体纵波波速,钻孔电视录像观察岩体结构面,尤其是岩体中软弱夹层发育情况及特征;研究岩体风化、卸荷与完整程度;在开关站等建筑物部位布置剪切波等物探测试。

4)测试方法

(1)现场试验。在钻孔内覆盖层、全强风化层进行注水试验,在基岩段(地下洞室洞顶以上50m开始)进行岩体压水试验,测定岩土体透水率或渗透系数;对第四系松散堆积层和岩体全风化层进行重型动力触探或标准贯入试验,以获取地基承载力等设计所需的地质力学参数。利用钻孔进行地下泵站地应力测试。

(2)室内试验。采取岩土体试验样品进行室内物理力学性质试验。采取地表及地下水水样进行室内水质分析。

4. 地质概况

1)地形地貌

泵址区为河谷侵蚀斜坡地形,场地微地貌为一台地,地形平缓,场地高程199～203m,长约630m,宽约170m,台地长轴方向40°,地形坡角约5°,场地后侧为一侧向坡,坡脚高程203m,坡顶高程234.5m,相对高差约31.5m,地形坡角约29°,上覆厚约1.5m的崩坡积碎石土,场地下游侧为逆向坡,地形坡角25°～40°。长江水位193.80m,与台地相对高差9.2m。台地外侧长江水下地形为一斜坡,水下岸坡地形坡角约27°,水深约为14m。

2)地层岩性

泵址区内出露地层为侏罗系中统上沙溪庙组(J_2s)及第四系。

侏罗系中统上沙溪庙组(J_2s):泵站区基岩上部为厚约3.7～6.0m紫红色泥岩,下部为厚层灰—褐灰色长石砂岩,岩体完整,地层厚度大于50m,分布于整个泵站取水口。

第四系(Q):为长江冲积(Q_4^{3al})砂卵石层,色杂,稍湿,中密,卵石,磨圆度较好,呈浑圆、扁圆状,直径8～25cm不等,级配较好,母岩成分为石英、长石等。中夹粉、细砂,呈浅褐色,松散状,含量15%～20%,厚约4.8～6.5m,分布于整个台地。

3)地质构造及地震动参数

泵站地处六合场背斜西翼,为单斜构造,岩层产状:278°∠20°,无断层通过,岩层产状稳定。长石砂岩中见有两组裂隙。

第一组:产状51°∠70°～75°,裂隙长度大于3～5m,切割深大于5m,张开宽约1.2cm,充填黏土及碎石,裂面平直粗糙,面附棕色浸染,裂隙间距约4～6m。

第二组:产状127°∠72°,裂隙长度7m,切割深小于3m,张开宽约1cm,充填黏土及碎石,裂面平直粗糙,面附棕色浸染,裂隙间距2～3m。

工程区内构造活动微弱,属于相对稳定的弱震环境,50年超越概率10%,地震动峰值加速度值为0.05g,相应地震基本烈度为Ⅵ度,特征周期为0.35s。

4)水文地质

泵址区地表水为长江,地下水为基岩裂隙水,埋藏较浅。水质分析表明:地表、地下水水质类型为HCO_3-Ca型和HCO_3+SO_4-Ca型水,无侵蚀性CO_2,地表、地下水对混凝土均无腐蚀性。地下水情况见表7.3-3。

5)岩体风化

毛子岩取水泵站钻孔揭示岩体风化情况见表7.3-3。

表 7.3-3　毛子岩取水泵站钻孔特性一览表

孔号	孔口高程/m	钻孔深度/m	覆盖层厚/m	地下水位/m		强风化/m		
				埋深	高程	厚度	深度	高程
YK1	202.15	20.1	4.8	1.45	200.7	1.7	6.5	195.65
YK2	202.50	20.2	6.5	2.9	199.6	1.5	8.0	119.45
YK3	201.98	20.1	5.5	2.3	199.68	1.4	6.9	195.08
YK4	201.76	19.8	5.2	1.65	200.11	1.7	6.9	194.86

6）不良地质现象

泵站区无滑坡、崩塌、危岩、泥石流等不良地质现象。泵站平台与长江交界处为长石砂岩出露，属较硬岩，岸坡稳定性好，不存在岸边再造。

5．岩体透水性

在毛子岩取水泵站的 2 个钻孔中共做压水 5 段（表 7.3-4），压水试验表明，泵站岩体以弱透水为主，局部微透水，岩体透水性较差。

表 7.3-4　毛子岩取水泵站钻孔压水试验成果一览表

孔号	试段埋深/m	试段高程/m	试段长度/m	透水率/Lu	透水等级
YK2	7.78～12.78	194.72～189.72	5.0	1.33	弱透水
	12.68～17.78	189.82～184.72	5.1	3.0	弱透水
YK3	7.1～11.8	194.88～190.18	4.7	4.25	弱透水
	11.8～16.2	190.18～185.78	4.4	3.03	弱透水
	16.2～20.1	185.78～181.88	3.9	0.85	微透水

6．岩石（体）物理力学性质

1）岩石物理力学性质

泵站岩石室内物理力学性质试验成果见表 7.3-5。

表 7.3-5　毛子岩取水泵站长石砂岩物理力学试验成果统计表

位置	编号	比重/%	天然含水率/%	块体密度/(g·cm⁻³)			孔隙率/%	饱和吸水率/%	抗压强度/MPa		软化系数	抗拉强度/MPa	变形模量/MPa	弹性模量/MPa	泊松比	抗剪强度	
				天然	干	饱和			饱和	天然						φ/(°)	c/MPa
长江一级提水泵站	YK3-S	2.66	1.84	2.55	2.50	2.56	6.00	2.40	29.2	41.2	0.75	3.69	5112	6557	0.15	50.1	6.72
		2.67	2.08	2.55	2.49	2.56	6.52	2.62	29.8	43.3		4.27	2222	2746	0.15		
		2.66	1.82	2.54	2.50	2.56	6.03	2.42	34	39.9		3.68	5769	7385	0.14		
	YK3-S								48.4	61.3	0.78		3965	5031	0.13		
									52.6	68.9			4396	5634	0.14		
									47.1	58.5			7356	9014	0.13		
子样个数		3	3	3	3	3	3	3	6	6	2	3	6	6	6		
平均值		2.66	1.91	2.55	2.50	2.56	6.18	2.48	40.18	52.18	0.77	3.88	4 803.33	6 061.17	0.14	50.1	6.72
标准值									31.63	42.05			3 369.74	4 292.31	0.13		

从表中可知,长石砂岩天然单轴抗压强度 39.9~68.9MPa,标准值 42.05MPa,饱和抗压强度 29.2~52.6MPa,标准值 31.63MPa,为中硬岩,软化系数为 0.77,为不易软化岩石;长石砂岩变形模量 2.2~7.35GPa,标准值 3.37GPa,弹性模量 2.75~9.01GPa,标准值 4.29GPa。

(2)岩体物理力学指标建议值。根据室内试验成果和本次勘察其他构筑物岩石试验成果,结合工程经验提出泵站岩体力学参数建议值列表 7.3-6。

表 7.3-6 毛子岩取水泵站岩体力学参数建议值表

岩石名称	天然重度/ (kN·m^{-3})	岩石单轴抗压强度标准值/MPa		模量/GPa		抗剪强度		承载力特征值/MPa	泊松比
		天然	饱和	变形	弹性	$\varphi/(°)$	c/MPa		
长石砂岩	25.5	42.05	31.63	2.2	2.8	45	1.0	4.74	0.13

7. 主要工程地质问题

1) 泵站后侧边坡的稳定性评价

泵站后侧为一侧向坡,坡脚高程 203m,坡顶高程 234.5m,高差约 31.5m,斜坡平均地形坡角约 29°。通过钻孔 YK5 揭露斜坡上覆厚约 1.5m 的碎石土,下部基岩为长石砂岩夹泥岩,岩体风化微弱,强风化层厚约 1.0m,其余岩石弱风化。斜坡现状稳定,建议施工时对上部覆盖层进行处理。

2) 基坑涌水评价

泵站区基坑施工时建议将上部砂卵石层清除;下伏基岩为侏罗系中统上沙溪庙组(J_2s);基岩上部为厚约 3.7~6.0m 紫红色泥岩,下部为厚层灰—褐灰色长石砂岩,岩体完整,通过钻孔压水试验表明,泵站岩体以弱透水为主,局部微透水,岩体透水性较差,基坑涌水量小。

8. 工程地质条件及评价

泵址区地形稍缓,地面高程约 201~203m。地表为砂卵石层,厚约 4.8~6.5m。下伏基岩为侏罗系中统上沙溪庙组泥岩、砂岩。泵站区无滑坡、崩塌、危岩、泥石流等不良地质现象,场地稳定性好。

根据设计方案,泵站主体结构由进水间和主泵房两大部分组成,采用矩形布置,平面尺寸为 21m×19.9m,泵站建基面高程为 189.0m,地基基础岩性为弱风化长石砂岩(图 7.3-2)。长石砂岩为较硬岩,岩体较完整,弱风化长石砂岩岩体基本质量等级为 II 类岩体。

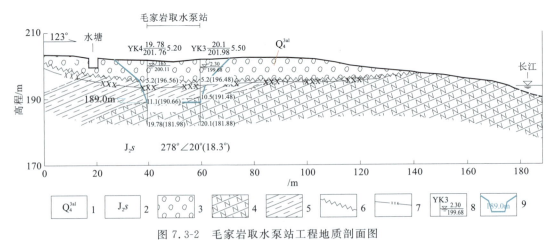

图 7.3-2 毛家岩取水泵站工程地质剖面图

1.第四系河流冲积层;2.侏罗系中统上沙溪庙组;3.砂卵石层;4.长石石英砂岩;5.泥岩;6.第四系与基岩分界线(虚线为推测);7.强风化下限;8.钻孔及地下水等参数;9.设计方案

泵站基坑开挖最大深度14.0m,基坑上部为砂卵石层,厚约4.8~6.5m,施工时建议将其清除。基岩上部为厚约3.7~6.0m紫红色泥岩,下部持力层为厚层灰—褐灰色长石砂岩,强风化层厚度小于2m。地层倾角270°∠20°,多为逆向坡。边坡基本稳定。

建议泵站取水口临时开挖坡比为1:0.2~1:0.3,永久开挖坡比1:0.3~1:0.5。勘探期间地下水位在建筑物建基面附近,应采取降排水措施。

三、禹门口水源泵站工程

1. 工程概况

禹门口水源泵站位于山西省河津市龙门村附近黄河干流上的原禹门口一级站北侧,距离河津市区约15km。

2. 勘察要求

该勘察工程的勘察阶段为初步设计阶段,其技术要求按照《水闸与泵站工程地质勘察规范》(SL 704—2015)、《水利水电工程地质勘察规范》(GB 50487—2008)规定执行。其任务是对岩土技术参数、工程岩土评价、基础设计、地基处理及不良工程地质现象的防治提出具体的意见。

3. 勘察方法

根据勘察技术要求,结合地形、地质条件,确定勘察方法以工程地质测绘、钻探与取样、标准贯入试验、重型圆锥动力触探试验、室内土工试验以及物探等方法完成工程勘察工作。

1) 工程地质测绘

在可行性研究阶段工作的基础上,进行泵站区工程地质测绘工作,范围包括选定泵站区及相关建筑物布置等有关地段,工程地质测绘比例选用1:500。重点调查下列问题:①岩溶洞隙的类型、形态、分布和发育规律。②岩面起伏、形态和覆盖层厚度。③地下水储存条件、水位变化和运动规律。④岩溶发育与地貌、地质构造、地层岩性、地下水的关系。对各种地质点刺点,重要地质点、勘探点等用GPS仪定位,并将测绘成果转绘到测绘精度要求的地形图上。

2) 勘探方法

以小口径钻孔为主,辅以坑槽探,勘探工作布置是在可行性研究阶段成果基础上进行。在选定泵站区和相关建筑物布置小口径钻孔。布孔原则:初步设计阶段勘探工作量在可行性研究阶段已完成钻孔的基础上,根据设计要求和规程、规范的规定,合理的布置勘测工作量。结合场地地质条件,本工程按其拟建建(构)筑物轮廓线范围按方格网状布置勘探点,且主泵房钻孔间距25~50m,钻孔深度进入建基面下10~15m,并进入相对隔水层以下5m。

钻探施工采用GY-200型钻机。共布置30个钻孔,便于查明地基岩体岩性组成、地质结构、溶洞的分布和规模、岩体溶蚀、卸荷深度和程度,并结合物探、现场水文地质试验等,以研究岩体完整程度、岩体透水性等重点问题。

3) 物探方法

物探法选用高密度电法勘探进行先疏后密、先面后点的分析,在探明重点发育区域后再采用探地雷达探测的方式进行对比测试,同时在重要拟建建构筑物区域按周线、轴线及建筑物轮廓线的方式布置勘探点,进一步验证物探成果。以便查明泵站厂区范围内的岩溶以及基岩破碎带发育情况范围、深度、发育规律等。

4) 测试方法

(1) 标准贯入试验。标准贯入试验严格按《岩土工程勘察规范(2009年版)》(GB 50021—2001)要求进行。当钻进到预定试验深度并清孔完毕后,将贯入器或动探头放至试验位置,使用63.5kg穿心锤,以76cm的自由落距使其自由下落。先预打15cm,记录其击数,然后再分别记录连续贯入地层30cm中的每10cm锤击数。当锤击数已达50击,而贯入深度未达30cm时,记录50击的实际贯入深度。

(2) 重型圆锥动力触探试验。重型圆锥动力触探试验与钻探配合在第四系地层和风化岩层中进行，严格按《岩土工程勘察规范(2009年版)》(GB 50021—2001)要求进行。探头规格：圆锥头，锥角60°，锥底直径7.4cm，锥底面积43cm²。当钻进到预定试验深度并清孔完毕后，将贯入器放至试验位置，使用63.5kg穿心锤，以76cm的自由落距使其自由下落。记录连续贯入地层10cm的锤击数。

(3) 抽水试验。抽水试验严格按《水利水电工程钻孔抽水试验规程》(SL 320—2005)要求进行。抽水孔采用XU300-2A型钻机，ϕ168mm钻具造孔，泥浆循环钻进，取好岩芯，供地质描述及取样，造孔结束后，用ϕ168mm钻具扫至孔底，扫孔结束后立即稀释孔内泥浆。造孔结束后，下入过滤器及观测管至预定深度，过滤器及测压管底部用木塞封堵，外用40目钢丝滤网包裹。后用清水洗孔后，最后用水泵反抽水洗孔，直至水清砂净、水位反应灵敏为止。本次抽水试验采用三角堰测流量，电测仪测水位，气温表测水温、气温，采用离心式水泵抽水。

(4) 室内试验。室内土工试验严格按《土工试验方法标准》(GB/T 50123—2019)的有关要求进行操作和资料整理。除一般物理力学指标试验外，还进行了剪切试验、固结试验、颗粒分析试验、土的腐蚀性分析等项目。

4. 地质概况

1) 地形地貌

水源泵站站址位于黄河东岸，站址处岩坡陡峻，山势险要，该处黄河河流流向为S15°E，河水宽约150～200m。地表高程为380～435m。水源泵站站址与原一级泵站相邻，其北侧为龙虎公路，南侧与黄河相依，地形呈东高西低之势。

2) 地层岩性

泵址区涉及的地层为古生界奥陶系与新生界第四系。

古生界奥陶系下统亮甲山组($O_1 l$)：为厚层状浅白、灰白色含燧石白云质灰岩，岩性致密、坚硬，细粒状结构，块状构造，局部夹有燧石层与燧石结核，并含有方解石脉，小溶洞、溶孔发育，孔径0.8～4.0cm，其中有方解石半充填，岩石局部破碎。层厚大于40m。主要分布于泵站的基础部位。

古生界奥陶系中统下马家沟组($O_2 m$)：为绿灰、黄灰色泥灰岩及角砾状泥灰岩，薄层状，岩性较软，含方解石脉，节理裂隙发育，为易风化的溶洞发育层。底部为贾旺页岩，岩层易风化破碎，地形上呈缓坡，层厚约15m。

全新统洪冲积层(Q_4^{al+pl})：为灰白、浅红色中细粒砂层，其结构松散，主要由长石、石英及云母组成，分选性与磨圆度均较好。层厚1.5～8.0m，位于黄河河床。

全新统坡积层(Q_4^{el+dl})：为浅黄色低液限粉土，局部夹有灰岩碎块，碎块径5～40cm，约占30%。层厚5～8m，位于黄河岸坡上。

人工堆积层(Q_4^{ml})：为块石与卵石混合土及混凝土，块石与卵石原岩为灰岩与白云岩。

3) 地质构造

泵址区小沟内发育有F_3正断层，断层产物为断层角砾，主要成分为白云质灰岩小碎石，泥钙质微胶结，断裂带宽1.3～4.5m，偶见擦痕，断面不详，断距约6m，断层产状为N65°W/SW∠72°～74°。站址邻黄河河岸边一侧还发育有F_4断层，其性质不明，产状为N46°W/NE∠71°，断层带宽度为2～3m。

泵址区岩层产状为N15°E/NW∠15°～23°，发育有两组节理裂隙，产状分别为：①N15°E/SE∠75°。②N60°～88°E/NW∠73°～82°。第②组节理相对较为发育，裂隙宽度一般为1～2cm，最宽约10cm，方解石、泥质充填或半充填，部分无充填。

5. 地质问题分析及措施

泵址基岩面高程为385.8～410.0m，西南侧与黄河相依，高程较低，强风化带厚度为3～5m。站址厂房设计开挖高程为365.8m，地基持力层为亮甲山组厚层坚硬的含燧石白云质灰岩。岩体中发育的两组节理裂隙呈网格状分布，将岩体切割成块体状，第①组节理裂隙走向与河谷走向近于平行，沿该组节理面岸边基岩较易发生坍塌。泵站选址时应避让。

泵址西南部发育有 F_3 与 F_4 断层，该两断层的走向与黄河河岸近于平行，对站址的稳定性影响较小；由于 F_4 断层从站址的基础下通过，需要对断层破碎带根据基坑开挖的情况采取加固处理措施。

泵址基础开挖边坡高度多为 14.2～35.5m，最大为 60m，地基的地层岩性为亮甲山组厚层坚硬的含燧石白云质灰岩，岩层产状为 N15°E/NW∠15°～23°。基坑开挖后将产生临空面，泵址东、南侧岩体倾向基坑，形成顺向边坡，因而基坑东、南侧岩体存在高边坡稳定性问题。由于亮甲山组白云质灰岩岩体质量较好，岩体间基本无软弱夹层存在，故产生顺层滑动的可能性不大；而基坑东侧在高程 396m 以上存在下马家沟组泥灰岩，岩石质软，岩体质量较差，风化强烈，基坑开挖后在有水体浸入的情况下，会有沿着与亮甲山组接触面产生滑动的可能性。故建议全部清除边坡以上的覆盖层，并对岩质高边坡增设马道，对边坡进行支护处理，并做好地面的排水处理，对基坑东部下马家沟组泥灰岩建议采用土钉墙等方法进行锚固。建议基坑临时开挖边坡：覆盖层为 1∶0.75～1∶1.0，弱风化基岩为 1∶05～1∶0.75，新鲜基岩为 1∶0.3～1∶0.5。

泵址东面与南面高陡边坡存在有岩体质量较差的泥灰岩，容易发生掉块与滑塌等情况，建议在施工过程中采取挂铅丝网等针对性处理措施。

泵址地基岩体质量较好，为了减少基坑的开挖深度，降低基坑的边坡高度，并能避让 F_4 断层带，建议设计适当提高建基面高程。

泵址区碳酸岩岩体喀斯特发育，在岩体裂隙与断层带的相互切割影响下，岩体渗透性较为强烈，在水位升高的情况下，黄河河水对基础产生的扬压力将会增大。基坑开挖后会产生沿裂隙与溶隙进入的涌水。此外，基坑靠黄河一侧距 F_4 断层很近，局部仅 0.5m，开挖过程中如不慎打通断层带则会有通过断层带产生的涌水。断层带中产生的涌水量一般较大。

1) 溶隙涌水量计算

将基坑假设为大口井，采用井壁、井底同时进水非完整井按下式计算：

$$Q = 1.37 \frac{K_1(2h_0 - s)s}{\lg R' - \lg r} + 4K_2 rs \tag{7.3-1}$$

式中：Q 为基坑的涌水量（m³/d）；K_1 为坑壁含水层的平均渗透系数（m/d）；K_2 为坑底含水层的平均渗透系数（m/d）；r 为假想半径（m）；R' 为影响半径与假想半径 r 之和（m），影响半径取 5m；s 为水位降深（m），取 15.2m（黄河水位按 381m 考虑）；h_0 为静止水位至坑底深度（m），取 15.2m（黄河水位按 381m 考虑）。

假想半径 r 按下式计算：

$$r = \eta \frac{L + B}{4} \tag{7.3-2}$$

式中：η 为与 L/B 相关的系数，取 1.18；B 为基坑的宽度（m），可取 26.2m；L 为基坑的长度（m），可取 28.2m。

经计算，假想半径 r 为 16.05m。

基岩渗透系数根据一级站站址钻孔抽水试验资料，溶隙渗透系数值为 1.046～16.47m/d，计算时取平均值 $k_1 = k_2 = 4.1$m/d，基坑溶隙涌水量估算参数取值及结果见表 7.3-7。

表 7.3-7　泵址基坑溶隙涌水量计算成果表

渗漏带名称	k_1/(m·d⁻¹)	k_2/(m·d⁻¹)	r/m	R/m	s/m	H_0/m	Q/(m³·d⁻¹)
溶隙	4.1	4.1	16.05	5	15.2	15.2	15 020

2) 断层涌水量计算

F_4 断层位于基坑黄河一侧，断层带物质组成与 F_3 断层相近，其渗透系数参考 F_3 断层现场抽水试验结果,取 $k=642\text{m/d}$,F_4 断层带宽度约 2m,可将该断层视为一渗渠,采用式(7.3-3)、式(7.3-4)进行单位长度基坑涌水量估算。

$$q = k\left[\frac{H_1^2 + h_0^2}{2l} + S_1 q_{r1} + \frac{H_2^2 - h_0^2}{2R'} + S_2 q_{r2}\right] \quad (7.3\text{-}3)$$

$$R = 10S\sqrt{k} \quad (7.3\text{-}4)$$

式中:q 为基坑单位长度涌水量(m^3/d);k 为渗透系数(m/d);l 为断层带至黄河围堰距离(m);H_1 为黄河一侧基坑底以上含水层厚度(m);H_2 为山体一侧基坑底以上含水层厚度(m);h_0 为基坑内水深即动水位水深(m);S_1 为黄河一侧的水位差,其值为 $S_1 = H_1 - h_0$(m);S_2 为山体一侧的水位差,其值为 $S_2 = H_2 - h_0$(m);R' 为影响半径 R 与断层带宽之半 C 的和(m);S 为降深(m);R 为山体一侧影响半径(m);q_{r1} 为黄河河流方面相应引用流量,根据 α_1、β_1 由图 7.3-3 查得,其中:$\alpha_1 = l/(l+C) = 0.83$,$\beta = l/T = 0.5$;$T$ 为基坑底至基岩的距离(m),根据地质剖面图,取 10m;C 为断层带宽之半(m),取 1.0m。

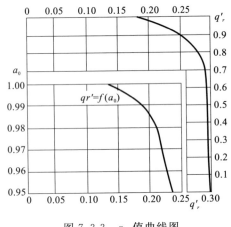

图 7.3-3 q_r 值曲线图

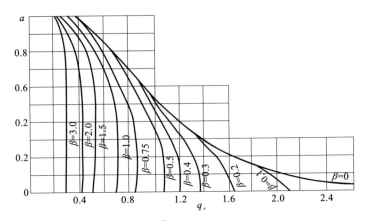

图 7.3-4 q'_r 值曲线图

q_{r2} 为山体方面相应引用流量,根据 α_2、β_2 值求得,其中 $\alpha_2 = R/(R+C) = 1$,$\beta_2 = R/T = 385.1$;因 $\beta_2 > 3$,$q_{r2} = q'_r/[(\beta_2 - 3)q'_r + 1]$,$q'_r$ 可根据图 7.3-4 由 $q'_r = f(\alpha_0)$ 查得,值为 0.22。其中 $\alpha_0 = T/[T+(C/3)]$。

涌水量估算参数取值及结果见表 7.3-8。

表 7.3-8 泵址基坑断层单位长度涌水量估算成果表

参数	$k/(\text{m}\cdot\text{d}^{-1})$	S/m	h_0/m	τ/m	R/m	H_1/m	S_1/m	H_2/m	S_2/m	q_{r1}	q_{r2}	$Q/(\text{m}^3\cdot\text{d}^{-1})$
取值	642	15.2	0	5	3851	15.2	15.2	15.2	15.2	0.65	0.002 59	21 220

经估算,基坑溶隙涌水量为 15 020 m^3/d;断层单位长度涌水量为 21 220 m^3/d。

第八章　输水管线地基工程

第一节　问题的提出

水是不可替代资源,对国计民生有着十分重要的作用。由于水资源供给的稳定性和需求的不断增长,使水具有了越来越重要的战略地位。如何解决水资源供应问题,保持水资源供给和需求之间的相对平衡,世界各地缺水地区长期以来都做了大量的探索。

我国水资源占全球径流资源量的6%左右,仅次于巴西、苏联和加拿大,列世界第四位。但我国人均仅相当于世界平均水平的1/4,世界排名110位,被列为全球13个人均水资源贫乏的国家之一。与其他国家相比,我国水资源使用量大,但利用效率低,我国工业生产用水的重复利用率约为40%,远低于发达国家75%~85%的水平。随着全国经济的突飞猛进,工农业生产和人民生活对水资源量的需求也迅速增加。原来缺水地区的用水更加紧张。水资源的问题已经成为了制约我国经济社会发展的瓶颈,它已经阻碍了人民生活水平的改善。解决水资源短缺问题最直接、最有效的方式就是修建调水工程,把水从水资源丰富的地区输送到水资源短缺的地区。在这种严峻的形势下,一些大型的长距离调水工程的建设势在必行,部分中型调水工程也应运而生。

近些年,为有效解决城市严重缺水的问题,各个城市争相建立跨区域长距离压力输水管线工程。长距离输水管线一般引水距离较远,需要跨区域、跨流域少则10km多则100km。长距离压力输水管线工程是城市供水系统的重要分支,因设计压力输水模式,管道敷设无需过多受限于地形、公路、铁路等障碍物的影响,便于将水输送至目的地。长距离压力输水工程具有高扬程、规模大、管线长等特点,其建设和运营过程中必须投入大量资金,因此,对管线地基展开相应的分析和探讨,有助于优化设计方案,减少工程投资,可提升工程的社会效益和经济效益。

长距离输水工程输水管线线路长,穿越的地段地层比较复杂,给输水管线的施工带来很大的难度。作为输水管线地基的岩土可分为岩石、碎石土、砂土、粉土、黏性土和人工填土。

渝西地区主要为川中丘陵地貌和川东平行岭谷区的低山丘陵地貌,覆盖层主要包括残坡积、冲积、崩坡积和人工堆积等各种成因的第四系松散堆积层。残坡积层以粉质黏土、黏土夹碎石为主,厚度一般1~3m,主要分布于缓坡平台及槽谷内,是区内的主要覆盖层;其次为冲积层粉细砂及砂砾石,厚度一般10~30m,主要分布于长江、嘉陵江等河谷漫滩上,是区内主要孔隙含水层;崩坡积层黏土夹碎块石、块石夹黏土,厚度一般1~5m,多位于傍山坡脚,范围有限;人工堆积层零星分布于城市建筑密集区、弃渣场,主要为碎块石夹黏土,厚度5~20m。基岩主要为侏罗系地层,岩性主要是紫红色泥岩、粉砂岩夹砂岩,少量页岩、灰岩,以泥岩为主,泥岩约占60%。

输水管线沿线不良岩土体主要为填土、软土。不良岩土体分布地段管线工程存在管道地基稳定及变形问题、临时边坡稳定问题。

填土主要为碎块石夹粉质黏土,厚约5~20m,零星分布于城市建筑密集区、弃渣场;填土多为素填土和杂填土。素填土的工程性质取决于它的均匀性和密实度。在堆填过程中,未经人工压实者,一般密实度较差,但在积时间较长,由于土的自重压密作用,也能达到一定密实度。如堆积时间超过10年的黏性素填土,超过5年的砂性素填土,均具有一定的密实度和强度,可以作为一般建筑物的天然地基。

软土是在静水条件或缓慢水流环境下迁移淤积,并伴有生物化学作用的情况下形成的第四纪松软土层。国外和我国各行业对软土的定义有所不同。日本采用标准贯入击数、无侧限抗压强度、荷兰式贯入指数等三项指标来划分软土。德国则用"很容易搓捏的土"来划分软土。《建筑地基基础设计规范》(GB 50007—2011)中定义软弱地基系指主要由淤泥、淤泥质土、冲填土、杂填土或其他高压缩性土层构成的地基。交通部的《公路软土地基路堤设计与施工技术细则》(JTG/T D31-02—2013)中定义软土为滨海、湖沼、谷地、河滩沉积的天然含水量高、孔隙比大、压缩性高、抗剪强度低的细粒土。我国《岩土工程勘察规范(2009年版)》(GB 50021—2001)中规定：天然孔隙比大于或等于1.0,且天然含水量大于液限的细粒土应判定为软土,包括淤泥、淤泥质土、泥炭、泥炭土等。综上所述,软土是与土质、工程性质相关的高孔隙比、高含水量、低强度、高压缩性及低渗透性且有触变恢复性的以近代沉积的细颗粒黏性土为主的软弱土层的统称。渝西地区软土主要为淤泥质土、软质黏土,厚约1~3m,分布于沿线槽谷内的水田、水塘及河流冲沟附近。

越来越多的试验研究与工程实践表明,填土、软土的结构性对其工程特性有重要影响。自20世纪80年代以来,在土木工程建设中遇到需要进行加固处理的填土、软土地基也越来越多,土木建设工程对地基提出了越来越高的要求。地基处理已成为土木工程中最活跃的领域之一,最近几十年地基处理在我国得到了飞速发展。地基处理技术最新发展反映在地基处理技术的普及与提高、设计计算理论、施工队伍的壮大、地基处理的机械、材料、施工工艺、现场监测技术以及地基处理新方法的不断发展和多种地基处理方法综合应用等各个方面。

输水管道对地基变形量的要求很高,在软弱土地基上修建输水管道必须对其进行加固。有时地基加固费用约占总投资比重的1/3,所以查明输水管线沿线不良岩土体(填土、软土)的分布、工程特征是管线工程勘察的重点、也是勘察的难点。有助于设计选择经济、有效的加固方案。

第二节 输水管线地基勘察技术与方法

一、勘察任务及范围

输水管线工程地质勘察的基本任务应为调查、查明输水线路的工程地质条件和工程地质问题,为方案选择、线路比选、工程设计和施工提供工程地质资料。勘察范围应包括输水线路和建筑物场址区及周边与其相关的地带,并满足方案选择、线路比选和工程设计的需要。

二、勘察的内容及规定

输水管线勘察一般分为规划阶段、项目建议书阶段、可行性研究阶段、初步设计阶段、招标设计阶段和施工详图设计阶段。

1. 规划阶段

1) 一般规定

(1)规划阶段工程地质勘察应对引调水线路规划方案进行地质论证,为规划设计提供工程地质资料。

(2)规划阶段工程地质勘察应包括下列主要工作内容：了解线路规划方案的区域地质和地震概况。了解线路规划方案的地质概况。初步查明影响线路规划的主要工程地质、水文地质、环境地质问题。对规划方案所需的天然建筑材料进行普查。

2) 区域地质和地震

(1)区域地质和地震勘察应包括下列工作内容：了解区域地形地貌形态、成因类型及剥夷面、地表水系的分布,划分地貌单元。了解区域内大型滑坡、泥石流、移动沙丘等不良地质现象的分布,分析对工程规划的影响。了解区域内地层的出露条件、地质年代、成因类型、接触关系、分布范围及岩性、岩相特征,划分地层单位。了解区域构造单元或构造体系的格架特征及区域性断裂的性质、产状、规模、展布特征和构造发展史,分析区域构造特征,确定线路规划方案所处大地构造单元及大地构造环境。了解区域地下水的赋存条件以及补给、径流、排泄条件和主要含水层、隔水层的分布,划分地下水类型和水文地质单元,分析区域水文地质特征。了解区域内历史和现今地震情况及地震动参数区划,初步分析区域地震活动特征。分析、评价区域地质条件和地震活动性对线路规划方案的影响。

(2)区域地质和地震勘察应符合下列规定:搜集、分析规划方案两侧各不小于150km范围内的地质、水文地质、环境地质、地震资料及遥感图像资料。编绘区域综合地质图,比例尺可选用1:50 000～1:200 000。地震勘察应搜集最新正式公布的地震资料。编绘区域构造与地震震中分布图,比例尺可选用1:50 000～1:200 000。沿线地震动参数区划应按GB 18306的有关规定提出。

3)引调水线路方案

(1)线路方案工程地质比选应综合考虑区域地质、工程地质、水文地质,环境地质条件和可能存在的工程地质问题及其对工程设计、施工建设和运行管理的影响,并宜遵循下列原则:地形相对完整,环境地质条件简单,地震活动性较弱,宜绕避规模较大的滑坡、泥石流、移动沙丘、溶洞、采空区及重要矿产分布区等。地层分布稳定,岩性较单一,地质构造较简单,宜绕避软弱、膨胀、易溶等不良岩土层及活动性断层、规模较大的断裂破碎带、褶皱轴部等结构破碎的部位。水文地质条件较简单,宜绕避地下水丰富的含水层(带)及规模较大的汇水构造、充水溶洞等。

(2)线路方案勘察应包括下列工作内容:了解地形地貌类型及河流、湖塘等地表水体的分布和流量,水位等水文特性,碳酸盐岩区应调查岩溶埋藏条件及岩溶地貌和岩溶发育特征。调查滑坡、泥石流、移动沙丘和采空区等不良地质现象的分布、成因、规模。了解地层岩性的分布情况和变化规律。第四系地层尚应调查沉(堆)积物的成因类型。了解断裂、褶皱等地质构造的分布、性质、规模。了解主要含水层、隔水层的分布及地下水补给、径流、排泄条件,初步划分地下水类型和水文地质单元。分析、评价地形地貌、地层岩性、地质构造、水文地质、环境地质条件及其可能存在的主要工程地质问题对输水线路规划方案的影响。

(3)线路方案勘察方法应符合下列规定:搜集、分析有关地质、水文地质、环境地质等资料,编绘综合地质图。工程地质测绘应符合下列要求:测绘范围应包括线路规划方案及周边与其相关的地带,平原区线路两侧宽度各不宜小于1km,山区不宜小于3km;测绘比例尺宜选用1:50 000～1:10 000。宜采用地质遥感测绘法,地质现象复杂地段应进行实地测绘。主要含水层(带)、岩溶发育区、采空区等对方案布置和线路规划论证有重要意义的地段,应进行物探。不同地貌单元及隧洞进出口,浅埋段、过沟段等宜布置少量控制性勘探点,勘探点位置、勘探深度,视勘探目的和工程地质条件确定。宜利用勘探点进行压水、注水试验、原位测试及物探测井。应利用勘探点、民井、地下水露头调查地下水的分布,并取样进行水质简分析。主要岩土层宜取样进行岩矿鉴定和少量室内试验。

2. 项目建议书阶段

1)一般规定

(1)项目建议书阶段工程地质勘察应在规划阶段勘察的基础上进行,提出线路比选地质意见,对推荐线路及主要建筑物地段进行工程地质初步评价,为项目建议书设计提供工程地质资料。

(2)项目建议书阶段工程地质勘察应包括下列主要工作内容:分析引调水线路的区域构造背景,初步评价区域构造稳定性,提出地震动参数。初步查明各比选线路及主要建筑物地段的工程地质、水文地质及环境地质条件。基本查明影响线路比选的主要工程地质问题。对天然建筑材料进行初查。

2)区域构造稳定性

(1)区域构造稳定性勘察应包括下列工作内容:分析引调水线路区域构造背景。分析区域性活断层的活动性质和空间分布规律。分析区域地震的分布及其活动性。初步评价工程区区域构造稳定性,提出地震动参数。

(2)区域构造稳定性勘察应符合下列规定:应调查、分析引调水线路两侧各50～100km范围内的地形地貌、地质建造、岩浆活动、区域性断裂分布等区域大地构造特征和地震活动性等资料,进行Ⅱ级、Ⅲ

级大地构造单元和地震区（带）划分，复核区域构造与地震震中分布图。宜采用比例尺 1∶200 000～1∶100 000 的地形、地质遥感图像资料，进行区域地形地貌的形态、分布特征和构造格架的规模、性状、展布特征、变形特征以及地层出露条件、接触关系和切错情况等解译，分析区域性断层的性质和分布规律。搜集区域地应力资料，分析区域构造应力场的分布和状态。搜集、统计区域地震资料，编辑地震目录，结合地震区、带的划分，分析中、强地震的活动特点。沿线地震动参数应按 GB 18306 的规定提出。区域构造稳定性初步评价应以区域构造背景为基础，结合区域构造格架及其变形特征、区域断裂的活动性及其空间分布规律和区域地震的分布及其活动性等进行。

3）输水管线

(1) 线路比选应根据输水线路的工程地质、水文地质、环境地质条件及项目建议书设计的要求进行，并应遵循下列原则：线路宜选择地形完整、地层岩性较单一、地质构造不发育、水文地质条件较简单的地段。线路宜绕避下列地段或部位：地形不完整、沟谷密集地段。区域性断裂、活动断层及构造交会带。特殊岩土大面积分布地段。高地下水位、高承压水及强富水分布地段。高陡边坡及崩塌、滑坡、泥石流等不良地质现象和潜在不稳定岩（土）体分布地段。采空区、重要矿产分布区。长距离埋管（涵）线路比选尚宜绕避河道弯曲、经常改道及河床淤积、冲刷变幅较大的河段。

(2) 输水线路勘察应包括下列工作内容：调查、了解线路沿线大气降水、气温变化等气象、水文情况。初步查明线路沿线地形地貌的类型、分布特征。初步查明线路沿线滑坡、泥石流、移动沙丘等不良地质现象的分布、成因、规模。初步查明线路沿线古河道、采空区和矿产资源的埋藏分布情况。初步查明线路沿线的地层岩性、成因类型、产状、分布情况。对第四纪地层，尚应初步查明沉（堆）物的厚度、物质组成及特殊性土的分布和季节性冻土的冻胀性、最大冻结深度；对碳酸盐岩区，尚应初步查明岩溶发育情况。初步查明线路沿线断裂、褶皱等地质构造的性质、产状、分布、规模。初步查明线路沿线地下水的类型、分布、化学性质和含水层、隔水层的性质、分布及岩（土）体的透水性。初步查明环境水的腐蚀性。初步查明线路沿线岩体风化、卸荷的深度和强度，初步进行风化带、卸荷带划分。初步查明主要岩（土）体的物理力学性质，初步确定主要物理力学参数建议值。初步分析工程地质、水文地质条件对线路布置和管道基础稳定、边坡稳定、管道渗漏的影响。分析各比选线路的工程地质、水文地质条件和可能存在的主要工程地质问题，提出比选意见。对推荐线路进行工程地质初步评价。

长距离埋管（涵）勘察除应符合上述规定外，尚应包括下列工作内容：初步查明管（涵）沿线基岩的岩性、埋深、分布。初步提出管（涵）穿越方式，埋置深度的地质建议。分析各比选线路的工程地质，水文地质条件和可能存在的主要工程地质问题。提出比选意见。对推荐管（涵）线进行工程地质初步评价。

渡槽、管桥勘察应包括下列工作内容：初步查明跨越地段沟谷的地形地貌特征和滑坡、崩塌、泥石流等不良地质现象的成因、规模、分布情况。初步查明跨越地段的地层岩性、产状、分布。对第四纪地层，尚应初步查明沉（堆）积物的成因、厚度、物质组成及架空层等不良结构体的分布。初步查明跨越地段断层、裂隙密集带等地质构造的性质、产状、规模、分布。初步查明跨越地段岩体风化、卸荷的深度和强度，初步进行风化带、卸荷带划分。初步查明环境水的类型、分布及化学性质，初步评价环境水的腐蚀性。初步查明主要岩（土）体及河流冲洪积物的物理力学性质，初步确定岩（土）体主要物理力学参数建议值。分析岸（边）坡的稳定条件。分析各比选渡槽、管桥场址的工程地质条件及可能存在的主要工程地质问题，提出比选意见。对推荐场址进行工程地质初步评价。

倒虹吸勘察应包括下列工作内容：调查、了解穿越地段河（沟）谷的水文情况和最大冻结深度等。初步查明穿越地段的地形地貌特征。初步查明穿越地段沉（堆）积物的成因类型、岩性、厚度、物质组成及基岩的岩性、埋深、分布。初步查明穿越地段地下水的类型、分布及化学性质，初步评价环境水的腐蚀性。初步查明主要岩（土）体的物理力学性质，初步确定主要物理力学参数建议值。提出倒虹吸穿越方式、埋置深度的初步建议。分析各比选倒虹吸场址的工程地质、水文地质条件和可能存在的主要工程地质问题，提出比选意见。对推荐场址进行工程地质初步评价。

(3) 管线勘察方法应符合下列规定：工程地质测绘应符合下列规定：测绘范围应包括管线及周边相

关地带,管线两侧各不宜小于1km。测绘比例尺可选用1∶10 000～1∶5000。宜采用地质遥感测绘与实地测绘相结合的方法。

物探应符合下列规定:管道轴线宜布置物探剖面,工程地质条件复杂地段宜垂直管道轴线布置辅助物探剖面。勘探钻礼应进行物探测试。物探方法应根据探测目的和管线岩(土)体的结构特征、物理特性选择。

勘探应符合下列规定:勘探布置应在工程地质测绘和物探的基础上进行。管道轴线应布置勘探纵剖面。勘探点间距宜1～2km,傍山地段可适当加密。应垂直纵剖面布置勘探横剖面,剖面间距宜2～4km,剖面长度应大于管道顶开口宽度的2～3倍,每个横剖面上不少于3个勘探点。勘探深度宜进入设计底板或填方段地面以下10～20m,深挖方、高填方及特殊性土和不良岩土分布地段宜适当加深。勘探过程中应搜集水文地质资料。

水文地质试验及观测应符合下列规定:钻孔应进行压(注)水或抽水试验,承压水分布地段应进行承压水头和涌水量观测。应利用勘探点或天然露头采取地下水样进行水质简分析,每类地下水试验不少于2组。宜利用钻孔进行地下水动态观测。

岩土试验和测试应符合下列规定:岩土物理力学性质以室内试验为主,各工程地质单元(段)各主要岩土层试验累计有效组数不宜少于6组。必要时可进行原位测试,原位测试方法根据岩土类别和勘察需要选择。

线路比选应综合分析各比选线路的工程地质、水文地质、环境地质条件及可能存在的主要工程地质问题,结合管线的布置形式及运行特性,提出比选意见。

推荐线路的工程地质评价应包括下列内容:分析、评价场地稳定性与适宜性。初步评价线路的工程地质、水文地质、环境地质条件及存在的工程地质问题。分析、预测线路工程建设对周围环境的影响。初步确定主要物理力学参数建议值。

长距离埋管(涵)勘察方法除应符合上述规定外,尚应符合下列规定:勘探深度宜进入持力层以下不应小于10m,遇有泥炭层、软土等工程性质不良土层时应适当加深。线路比选应综合分析各比选线址的工程地质、水文地质、环境地质条件及可能存在的主要工程地质问题,结合埋管(涵)的布置形式及运行特性,提出比选意见。推荐线路的工程地质初步评价应包括下列内容:分析评价场地的稳定性与适宜性。初步评价线路的工程地质、水文地质、环境地质条件及存在的工程地质问题。初步确定主要物理力学参数建议值。

渡槽、管桥勘察方法应符合下列规定:工程地质测绘应符合下列规定:测绘范围宜包括渡槽、管桥跨越地段及与其相关的周边地带。测绘比例尺可选用1∶5000～1∶2000,岸(边)坡及工程地质条件复杂地段可适当扩大。物探应符合下列规定:渡槽、管桥轴线应布置物探剖面。物探方法应根据探测目的和跨越地段岩(土)体的结构特征、物理特性选择。勘探应符合下列规定:勘探布置应在测绘和物探的基础上进行。渡槽、管桥轴线应布置勘探剖面,勘探点间距宜100～200m,勘探剖面不应少于3个勘探点,勘探深度进入持力层不应少于10m。岸(边)坡应结合地形地质条件布置勘探点,勘探深度宜进入沟谷底面以下5～10m,并满足边坡稳定评价的要求。勘探过程中应搜集有关水文地质资料。采用非桩(墩)基跨越方式时,应根据具体要求布置勘探工作。

场址比选应综合分析各比选场址的工程地质、水文地质、环境地质条件及可能存在的主要工程地质问题,结合渡槽、管桥的布置形式及运行特性,提出比选意见。推荐场址的工程地质初步评价应包括下列内容:分析、评价场地稳定性与适宜性。初步评价场址的工程地质、水文地质、环境地质条件及存在的主要工程地质问题。初步确定主要物理力学参数建议值。

倒虹吸勘察方法应符合下列规定:搜集场址区的气象、水文资料。工程地质测绘应符合下列规定:测绘范围宜包括倒虹吸场址及与其相关的周边地带。测绘比例尺可选用1∶5000～1∶2000,岸(边)坡及工程地质条件复杂地段可适当扩大。物探应符合下列规定:沿倒虹吸轴线应布置主要物探剖面,斜坡段及工程地质条件复杂地段宜垂直主要剖面布置辅助剖面。物探方法应根据探测目的和穿越地段岩

(土)体的结构特征、物理特性选择。勘探应符合下列规定：勘探布置应在测绘和物探的基础上进行。沿倒虹吸轴线应布置勘探剖面，斜坡段、河流、沟谷段、工程地质条件复杂地段应布置勘探点。勘探深度进入持力层不应少于10m。勘探过程中应搜集有关水文地质资料。场址比选应综合分析各比选场址的工程地质、水文地质、环境地质条件及可能存在的主要工程地质问题，结合倒虹吸的布置形式及运行特性，提出比选意见。推荐场址的工程地质初步评价应包括下列内容：分析评价场地的稳定性与适宜性。初步评价场址的工程地质、水文地质、环境地质条件及存在的工程地质问题。初步确定主要物理力学参数建议值。

3. 可行性研究阶段

1) 一般规定

(1) 可行性研究阶段工程地质勘察应在项目建议书阶段勘察的基础上进行，提出线路比选地质意见，对选定线路及主要建筑物进行工程地质评价，为可行性研究设计提供工程地质资料。

(2) 可行性研究阶段工程地质勘察应包括下列主要工作内容：研究线路区域地质构造背景及断层活动性、地震活动性，评价区域构造稳定性、确定地震动参数。基本查明各比选线路及主要建筑物地段的工程地质条件，评价主要工程地质问题。查明选定线路及主要建筑物工程地质条件，评价主要工程地质问题。进行天然建筑材料详查。

2) 区域构造稳定性

(1) 区域构造稳定性勘察应包括下列工作内容：研究引调水线路区域地质构造背景。研究引调水线路区域性断裂、褶皱构造的规模、性质、展布特征及断层的活动性和分布规律。查明引调水线路活断层的活动性质、位移量及分布特征。研究引调水线路地震活动特征。评价引调水线路区域构造稳定性，确定地震动参数。

(2) 区域构造稳定性勘察应符合下列规定：地质、地质构造背景研究应调查、研究引水线路两侧各10～50km范围内的地形地貌形态及其分布特征和各级地貌面的物质组成，地层岩性特征及其出露分布条件和组合接触关系，区域性断裂、第四纪断裂的分布特征及其活动性，历史和近期地震活动性及其分布特征等。编制断裂构造图，比例尺可选用1:200 000～1:100 000。构造稳定性研究应在构造背景研究的基础上，主要研究影响工程安全的断层和地震活动特征以及构造应力场特征。应进行专门性构造地质测绘，测绘范围宜包括引调水线路两侧各8km，测绘比例尺宜采用1:50 000～1:10 000。断层活动性研究应根据地貌、地质构造、地层切错情况、地震、测年资料、地壳形变以及地球物理科地球化学特征等，进行综合分析、判定，活断层的判定应符合GB 50487的有关规定。搜集区域地应力资料，结合区域地应力实测成果，分析现今构造应力场的分布及应力的方向、量级等。引调水建筑物场地地震动参数的确定应符合下列规定：对50年超越概率10%的地震动峰值加速度不小于0.10g地区的重要建筑物，宜进行场地地震安全性评价，其他建筑物场地地震动参数可按GB 18306的规定确定。构造稳定性应根据场区断层的活动性、地震活动性、地震动峰值加速度及区域重磁异常等因素，结合场区的地质条件综合进行评价。引调水线路跨越不同构造单元，应分区确定地震动参数，进行构造稳定性评价。

3) 输水管线

(1) 线路勘察应包括下列工作内容：基本查明管线沿线平原、山地及次级地貌的类型、分布特征。基本查明滑坡、泥石流、移动沙丘等不良地质现象的分布规模、类型性质、物质组成、结构特征及稳定状态。对傍山地段，尚应基本查明山体边坡的稳定性及山前冲洪积扇的物质组成、分布形态。基本查明管线沿线古河道、古冲沟的分布、埋藏条件、物质组成等。基本查明管线沿线地层岩性、产状、分布特征、岩(土)体的结构特征。对基岩地层，尚应查明软弱、膨胀、易溶和岩溶化岩层等的分布及其工程地质性质；对第四纪沉(堆)积物，尚应查明沉(堆)积物的成因类型、厚度、物质组成、结构特征及架空层、湿陷性土、膨胀土、分散性土等不良结构体和特殊性土的分布及其工程地质性质。基本查明管线沿线断层、破碎带、裂隙密集带等断裂构造的分布及其透水性。基本查明管线沿线地下水的类型、性质、分布、补排关系和含水层、隔水层的分布。基本查明管线沿线岩(土)体的透水性，进行渗透性分级。查明深挖方和高填方段岩土的结构特征及工程地质性质,评价其稳定性。基本查明环境水和土的腐蚀性。基本查明各类岩(土)体的物理力学性质,基本确定岩(土)体物理力学参数及有关工程地质参数。进行管线工程地质分段,评价线路工程地质、水文地质、环境地质条件,评价线路边坡稳定、管线地基稳定、管道渗漏和渗透稳定等地质问题。

长距离埋管(涵)勘察内容除应符合上述规定外,尚应包括下列工作内容:基本查明穿越地段基岩的岩性、埋深、分布。提出穿越方式和最小埋置深度的地质建议。评价穿越地段的适宜性和稳定性。

渡槽、管桥勘察应包括下列工作内容:基本查明跨越地段河流、沟谷的形态特征。基本查明跨越地段滑坡、崩塌、泥石流等不良地质现象的成因、规模、分布情况。基本查明跨越地段的地层岩性、产状、分布。对第四纪地层,尚应基本查明沉(堆)积物的分布厚度、物质组成、结构特征及架空层等不良结构体的分布。对碳酸盐岩区,尚应基本查明溶隙、溶洞等的分布、规模及充填情况。基本查明跨越地段断层、裂隙密集带等地质构造的性质、产状、规模、分布。基本查明跨越地段岩体风化、卸荷的深度和强度,进行风化带、卸荷带划分。基本查明跨越地段地下水的分布、类型及岩(土)体的透水性。基本查明环境水、土的腐蚀性。基本查明桩(墩)基持力层的地层岩性、埋藏深度、厚度及其工程地质性质。基本查明桩(墩)基持力层岩(土)体的物理力学性质,基本确定物理力学参数及有关工程地质参数。桩(墩)基为第四系地层,应对可能液化土层进行液化判别。评价岸(边)坡及桩(墩)基稳定性。

倒虹吸勘察应包括下列工作内容:基本查明穿越地段气温变化和最大冻结深度。基本查明穿越地段河流、河谷的形态特征及水位、流量和冲刷、淤积情况。基本查明穿越地段沉(堆)积物的分布厚度、物质组成、结构特征及架空层等不良结构体的分布。基本查明穿越地段地下水的分布、类型。基本查明穿越地段岩(土)体的物理力学性质,基本确定岩(土)体物理力学参数及有关工程地质参数。基本查明岸(边)坡的地层岩性、地质构造、岩体风化卸荷等工程地质条件,评价其稳定性。提出穿越方式及最小埋置深度的初步建议。对可能液化土层应进行液化判别。评价环境水和土的腐蚀性。对穿越地段的适宜性和稳定性进行工程地质评价。

(2)线路勘察方法应符合下列规定:工程地质测绘范围应包括管线及与其相关的地带,管线两侧各不宜小于500m,工程地质、水文地质条件复杂地段可适当扩大。测绘比例尺可选用1:5000～1:2000。

物探应符合下列规定:应主要探测不良结构体、古河道、古冲沟溶洞及基岩面、断裂构造等的分布、规模。勘探钻孔应进行综合测井。

勘探应符合下列规定:勘探工作布置应在测绘和物探的基础上进行。应沿线路中心线布置勘探纵剖面,勘探点间距宜500～1000m。勘探深度应进入设计管道底板或填方管道地面以下10～15m,深挖方、高填方及特殊土和不良岩土等地段宜适当加深。每一工程地质单元及工程地质分段应垂直纵剖面布置勘探横剖面,剖面间距宜为纵剖面勘探点间距的2～3倍,每条横剖面上,勘探点不应少于3个,勘探深度视需要确定。高边坡部位宜布置探洞,勘探深度视需要确定。勘探过程中应搜集水文地质资料。

水文地质试验及观测应符合下列规定:钻孔应进行压水、注水试验。高地下水位或强富水集段应进行抽水试验,强含水层段抽水试验不应少于3段。可能存在浸没、盐渍化的周边地带应进行注水试验。承压水分布段应进行承压水头和涌水量观测。宜布置地下水动态观测,观测时间不应少于1个水文年。取地下水样进行水质分析和腐蚀性评价,试验组数不应少于4组。

岩土试验及测试应符合下列规定:每一工程地质单元及工程地质分段各主要岩土层应取原状样进行室内物理力学试验,累计有效组数不应少于6组。特殊性土可根据其工程地质特性进行专门试验。冻土应取原状样进行室内物理、化学、力学、热学性质试验,累计有效组数不应少于6组。视需要选择适宜的方法进行原位测试。

土对钢结构的腐蚀性评价应符合相关规定。

管线边坡稳定分析、渗透稳定分析、岩(土)体渗透性分级、浸没评价地基液化判别及岩土物理力学参数取值应符合GB 50487的有关规定。

管线工程地质分段评价宜符合相关的规定。

长距离埋管(涵)勘察方法除应符合上述规定外,尚应包括下列内容。物探应符合下列规定:埋管(涵)轴线应布置物探剖面,物探方法应根据探测目的和穿越地段岩(土)体的物理特性选择。应主要探测第四纪沉(堆)积物的厚度、物质组成、地下水分布等。勘探应符合下列规定:埋管(涵)轴线应布置勘探纵剖面,勘探点间距宜为500m。开挖穿越方式段勘探深度应进入设计管(涵)底以下5~10m,非开挖穿越方式段勘探深度应进入设计管(涵)底以下10~15m。遇有泥炭、软土等工程性质不良土层应适当加深。工程地质条件复杂及非开挖穿越方式段宜垂直纵剖面布置勘探横剖面,横剖面可距宜为纵剖面勘探点间距的2~4倍。每条横剖面勘探点不应少于3个,勘探深度宜与纵剖面勘探深度一致。穿越河流时宜在埋管(涵)轴线上游15~20m处布置勘探剖面,勘探点间距宜为100~200m,但不应少于3个勘探点。勘探深度宜进入设计管底以下10~15m或河床以下20~30m。岩土试验项目应根据穿越方式和岩土性质确定。穿越地段的适宜性和稳定性应根据岩(土)体地质性质,可能产生变形破坏的边界条件及河谷的水文特性,结合穿越方式及埋管(涵)的运行方式等综合分析、评价。

渡槽、管桥勘察方法应符合下列规定:工程地质测绘范围应包括渡槽、管桥及周边地带。测绘比例尺可选用1:2000~1:1000。物探应符合下列规定:工程地质条件复杂地段应加密布置物探剖面。应主要探测河谷第四纪沉(堆)积物和不良结构体、溶洞的分布及岸(边)坡的地层岩性、断裂构造等。勘探应符合下列规定:渡槽、管桥轴线应布置勘探纵剖面,勘探点间距50~100m,且不应少于3个勘探点,勘探深度应进入桩(墩)基以下10m,岩溶发育区应适当加深。每个跨度宜垂直纵剖面布置勘探横剖面,勘探点位置、深度根据勘探目的,结合地形地质条件确定,每条横剖面不应少于3个勘探点。岸(边)坡应布置勘探点,勘探深度宜达到沟谷深度以下5m或超过控制稳定的结构面。采用非桩(墩)基跨越方式时,应根据跨越方式及其工程地质要求布置勘探工作。水文地质试验应符合下列规定:可能存在基坑涌水的桩(墩)位应进行抽(注)水试验。承压水分布部位应进行承压水头和涌水量观测。取地表水和地下水样进行水质分析及腐蚀性评价,试验组数不应少于4组。岩土试验及测试应符合下列规定:桩(墩)基主要岩土层均应取原状样进行室内物理力学性质试验,累计有效试验组数不应少于6组。桩(墩)基土层应选择适宜的方法进行原位测试。特殊岩土应取样根据其工程地质特性进行专门试验。岸(边)坡稳定性评价应根据工程地质条件及其可能的变形破坏类型进行分析、评价。桩(墩)基稳定性应根据桩(墩)基岩(土)体的工程地质性质、可能产生变形破坏的边界条件及跨越河谷的水文特性,结合渡槽、管桥的运行方式等综合分析、评价。

倒虹吸勘察方法应符合下列规定:工程地质测绘范围应包括管(涵)址及周边地带。测绘比例尺可选用1:2000~1:1000。物探应符合下列规定:倒虹吸轴线应布置物探剖面。应主要探测第四纪沉(堆)积物的厚度、物质组成、地下水分布等。勘探应符合下列规定:倒虹吸轴线应布置勘探剖面,勘探点间距宜为200~300m,勘探点不应少于3个。勘探深度应进入设计管底以下5~10m,遇有软土、泥炭等工程性质不良土层应适当加深。穿越河流宜在倒虹吸轴线上游15~20m处布置勘探剖面,勘探点间距宜为100~200m,勘探点不应少于3个。勘探深度宜进入设计管底高程以下10~15m或河床以下20~30m。承压水地段应进行承压水头和涌水量观测。取地下水样进行水质分析及腐蚀性评价,试验组数不应少于4组。岩土试验及测试应符合下列规定:每一地质单元及工程地质分段主要岩土层均应取原状样进行室内物理力学性质试验,累计有效试验组数不应少于6组。试验项目应根据穿越方式和岩土性质确定。特殊土应取样根据其工程地质特性进行专门试验。各土层应结合钻孔选择适宜的方法进行原位测试。土对钢结构腐蚀性评价应符合相关的规定。穿越地段的适宜性和稳定性应根据岩(土)体地质性质,可能产生变形破坏的边界条件及河谷的水文特性,结合穿越方式及倒虹吸的运行方式等综合分析、评价。

4. 初步设计阶段

1) 一般规定

(1)初步设计阶段工程地质勘察应在可行性研究阶段勘察基础上进行,评价工程地质问题,提出局部线路比选的工程地质意见,为初步设计提供工程地质资料。

(2)初步设计阶段工程地质勘察应主要包括下列工作内容:必要时对区域构造稳定性进行复核。查明建筑物场址的工程地质条件,评价工程地质问题,提出工程处理建议。查明局部线路比选的工程地质条件,评价工程地质问题。查明临时建筑物的工程地质条件。必要时对天然建筑材料进行复核。

2)输水管线

(1)线路勘察应包括下列工作内容:查明管线地段不良地质现象的结构特征及分布规模,性质类型,分析可能变形破坏的趋势,评价对管线的影响。对滑坡应查明分布规模、类型、滑坡要素及滑带的物理力学性质;对泥石流应查明其形成条件、规模,类型,发育阶段及形成区、流通区、堆积区的范围和地质特征;移动沙丘应查明其类别,形状、植被覆盖特征及活动性。

查明管线地段古河道、古冲沟等的分布、埋藏条件、物质组成以及地下水分布和土体透水性,评价其对渠道渗漏、渗透稳定的影响。

查明管线地段的地层岩性。主要查明湿陷性土、膨胀土、分散性土等特殊土及软弱、膨胀、易溶和岩溶化等不良岩层的分布及其工程地质性质。

查明傍山地段山体边坡、山前冲洪积扇的地层岩性、物质组成及工程地质性质,分析其稳定性。

查明管线地段的地质构造。主要查明断层、破碎带、裂隙密集带等断裂构造的分布、性质,充填情况及其透水性。

查明管线地段地下水分布、类型,水质及含水层(带)、透水层(带)和隔水层的分布、性质等,承压水应查明其埋藏条件和承压水头的分布特征。

可溶岩区应查明碳酸盐岩的层组类型、分布特征和溶洞、溶隙等岩溶现象的分布,规模,发育程度连通性、充填情况等。

黄土区应查明陷穴、潜蚀洞穴、冲沟等黄土不良地质现象的成因、规模、发育特征。

冻土区应查明冻土的分布、类型和冻胀、融沉特性及可能出现滑坡、融陷的地段等。

查明深挖方、高填方地段岩(土)体的岩性、结构类型及工程地质性质,评价挖、填方体的稳定性。

进行管线工程地质分段评价。

查明管线和边坡岩(土)体的物理力学性质,确定物理力学参数及有关工程地质参数。

必要时应对管基可能液化土层进行液化复核。

分析管道工程地质,水文地质条件,论证、评价管道边坡稳定性和渗漏、渗透稳定性及其对周边环境的影响。

提出管道线路局部优化的建议,并进行工程地质论证。

长距离埋管(涵)勘察内容除应符合上述规定外,尚应包括下列工作内容:查明持力层及镇墩部位的地层岩性、埋藏深度、分布特征及其物理力学性质和工程地质特性。确定持力层及镇墩岩(土)体主要物理力学参数及有关工程地质参数。提出穿越方式及最小穿越深度的地质建议,评价其工程地质条件和工程地质问题。查明施工围堰和施工机械场地的工程地质条件,评价存在的主要工程地质问题。

渡槽、管桥勘察应包括下列工作内容:查明跨越地段滑坡、崩塌、泥石流等不良地质现象的成因、规模、分布情况。查明岸坡及桩(墩)基部位的地层岩性。主要查明架空层等不良结构体和软弱、膨胀等不良岩(土)体的分布特征及工程地质性质。可溶岩区应主要查明溶隙、溶洞等的分布特征。查明岸坡及桩(墩)基部位的地质构造。主要查明断裂结构面、软弱结构面等的分布特征及其工程地质性质。查明岸坡及桩(墩)基部位岩体风化、卸荷的深度、强度,进行风化带、卸荷带划分。查明地下水及含水层的分布特征,承压水应查明其埋藏条件及承压水头。查明桩(墩)基持力层的地层岩性、埋藏深度、分布特征及其物理力学性质和工程地质特性。确定岸坡及桩(墩)基持力层岩(土)体的主要物理力学参数及有关工程地质参数。对可能液化土层进行液化复核。评价环境水、土的腐蚀性。评价岸坡及桩(墩)基的稳定性。评价基坑开挖边坡稳定及涌水等工程地质问题,提出工程处理及桩(墩)型建议。查明桩(墩)基施工围堰的工程地质条件,评价堰基及开挖边坡稳定性。提出线路局部优化建议,并进行工程地质论证。

倒虹吸勘察应包括下列内容:查明穿越地段的地层岩性,主要查明湿陷性土、膨胀土、软土等特殊土及架空层等不良结构体的分布特征及工程地质性质。查明穿越地段地下水及含水层的分布特征,承压水应查明其埋藏条件及承压水头。查明持力层及镇墩部位的地层岩性、埋藏深度、分布特征及其物理力学性质和工程地质特性。确定持力层及镇墩岩(土)体主要物理力学参数及有关工程地质参数。对可能液化土层进行液化复核。评价环境水和土的腐蚀性。进行工程地质分段评价。提出穿越方式及最小穿越深度的地质建议,评价其工程地质条件和工程地质问题。查明岸(边)坡的工程地质条件,评价其稳定性,确定物理力学参数及有关工程地质参数。查明施工围堰和施工机械场地的工程地质条件,评价存在的主要工程地质问题。提出线路优化建议,并进行工程地质论证。

(2)管线勘察方法应符合下列规定:工程地质测绘范围应包括管线及与其相关地带,宜管线两侧各500m。傍山段、深挖方和高填方段及工程地质条件复杂地段应进行专门工程地质测绘,比例尺可选用1:1000~1:500。规模较大的承压水分布及水文地质条件复杂的地段,应进行专门水文地质测绘,比例尺可选用1:1000~1:500。对管线地基稳定有影响的不良地质现象应进行专门工程地质测绘,比例尺可选用1:500~1:200。

物探应符合下列规定:应主要探测管线地段古河道、溶洞及地下水、含水层、透水层、隔水层和承压含水层的分布。利用探洞、钻孔进行物探综合测试。

勘探应符合下列规定:管线轴线应布置勘探纵剖面,勘探点间距宜为200~500m,傍山段、深挖方和高填方段及特殊土和不良岩土分布段宜适当加密。勘探深度应进入设计管基或填方管基地面以下5~10m,深挖方、高填方及特殊土和不良岩土等地段宜适当加深。勘探横剖面视需要布置,每个横剖面上不应少于3个勘探点,勘探深度宜与纵剖面一致。大面积特殊土分布地段应进行专门勘探。必要时,对管道地基稳定有影响的不良地质现象应进行专门勘探。可能引起的重大环境地质问题应进行专门勘探。

水文地质试验应符合下列规定:松散地层应进行钻孔抽(注)水试验,基岩地层应进行钻孔压水试验。承压水分布段宜补充进行承压水头及涌水量观测。可能产生渗漏、浸没的地段应进行现场渗透试验。可溶岩区应进行连通试验。

岩土试验及测试应符合下列规定:各工程地质单元的每主要岩土层应取原状样进行室内物理力学性质试验,累计有效组数不应少于12组。特殊性土应进行专门试验。对管道稳定有影响的滑坡、泥石流应取样进行物理力学性质试验。可能引起的重大环境地质问题应进行专门试验。视需要选择适宜的方法进行原位测试。

长距离埋管(涵)勘察方法除应符合上述规定外,尚应包括下列内容:工程地质条件复杂部位应进行专门工程地质测绘,比例尺可选用1:500~1:200。工程地质勘探应符合下列规定:采用开挖穿越方式应在埋管(涵)轴线布置勘探剖面,勘探点间距宜100~500m。采用非开挖穿越方式应在埋管(涵)轴线两侧各15m处布置勘探剖面,勘探点间距宜100~200m,两条勘探剖面的勘探点呈交错布置。勘探深度宜进入设计埋深以下5~10m,遇有特殊岩土层应适当加深。穿越河流勘探深度宜达到最大冲刷深度以下15m,无冲刷深度资料时,应视河床地质条件确定。施工围堰堰基应布置勘探点,勘察深度宜为堰高的1/3,但应不少于5m。施工机械场地应布置勘探点,勘探深度视需要确定。岩土试验及测试应符合下列规定:持力层岩(土)体应取原状样进行室内物理力学性质试验。穿越地段河谷冲积物应取样进行颗分试验。持力层宜进行原位测试。采取土样进行腐蚀性分析、评价。持力层稳定性应根据岩(土)体的物理力学性质及可能产生变形破坏的边界条件,结合埋管(涵)的运行特性等综合分析、评价。穿越方式及最小穿越深度应根据穿越地段的工程地质条件及最大冻结深度和穿越河流的水文特性和冲刷变幅等情况提出。

渡槽、管桥勘察方法应符合下列规定:岸坡及桩(墩)基部位应进行专门工程地质测绘,比例尺可选用1:1000~1:500。勘探应符合下列规定:岸坡部位应进行勘探,勘探深度宜达到沟谷深度以下3m或超过控制稳定的结构面。桩(墩)基部位应进行勘探,每桩(墩)基应不少于1个勘探点,大型桩(墩)基或工程地质条件复杂可在桩（墩）基周边补充布置勘探点。勘探深度宜进入桩端或墩基以下5m，可溶岩区应适当加深，必要时可布置勘探竖井。采用非桩（墩）基跨越方式时，应根据跨越方式及工程设计要求布置勘探工作。施工围堰堰基应布探勘探点，勘探深度宜为堰高的1/3，但应不少于5m。水文地质试验应符合下列规定：可能存在基坑涌水的桩（墩）位应进行抽（注）水试验。承压水分布部位应进行承压水头和涌水量观测。采取地表水、地下水样进行水质分析及腐蚀性评价，分析组数不应少于4组。岩土试验及测试应符合下列规定：桩（墩）基每一主要岩土层均应取原状样进行室内物理力学性质试验，累计有效试验组数不应少于6组。松散地层桩（墩）基部位应进行原位测试。需要时可进行原位载荷试验。桩（墩）基稳定性应根据桩（墩）基岩土体的工程地质性质、可能产生变形破坏的边界条件及跨越河谷的水文条件，结合渡槽、管桥的运行特性等综合分析、评价。

倒虹吸勘察方法应符合下列规定：工程地质条件复杂部位宜进行专门工程地质测绘，比例尺可选用1∶500～1∶200。工程地质勘探应符合下列规定：采用开挖穿越方式应在倒虹吸轴线布置勘探剖面，勘探点间距宜为100～200m，勘探剖面上不应少于3个勘探点。采用非开挖穿越方式应在倒虹吸轴线两侧各15m处布置勘探剖面，勘探点间距宜50～100m，两侧勘探剖面的勘探点呈交错布置，每条勘探剖面不应少于3个勘探点。勘探深度宜进入设计埋深以下5～10m，遇有特殊岩土层应适当加深。穿越河流勘探深度宜达到最大冲刷深度以下15m，无冲刷深度资料时，应视河床地质条件确定。岸（边）坡部位应布置勘探点，勘探深度宜达到沟谷深度以下3m。施工围堰堰基应布置勘探点，勘察深度宜为堰高的1/3，但不应小于5m。施工机械场地应布置勘探点，勘探深度视需要确定。水文地质试验应符合下列规定：钻孔应进行抽水试验，承压水分布地段应进行承压水头、涌水量观测。采取地表水和地下水样进行水质分析和腐蚀性评价。岩土试验及测试应符合下列规定：持力层岩（土）体应取原状样进行室内物理力学性质试验。特殊土应进行专门试验。穿越地段河谷冲积物应取样进行颗分试验。持力层应选择适宜的方法进行原位测试。采取土样进行腐蚀性分析、评价。土对钢结构的腐蚀性评价应符合相关规定。持力层稳定性应根据岩（土）体的物理力学性质及可能产生变形破坏的边界条件，结合倒虹吸的运行特性等综合分析、评价。穿越方式及最小穿越深度应根据穿越地段的工程地质条件及最大冻结深度和穿越河流的水文特性和冲刷变幅等情况提出。

5. 招标设计阶段

1）一般规定

（1）招标设计阶段工程地质勘察应在审查批准的初步设计报告基础上，复核初步设计阶段的地质资料与结论，补充论证主要工程地质问题，为完善、优化设计及编制工程招标文件提供工程地质资料。

（2）招标设计阶段工程地质勘察应包括下列工作内容：复核初步设计阶段的主要勘察成果。补充论述初步设计阶段程地质勘察报告审查中提出的工程地质问题。提供与优化设计和招标文件编制有关的工程地质资料。

2）工程地质复核与勘察

（1）工程地质复核应包括下列主要工作内容：引调水建筑物主要工程地质条件和工程地质问题及结论。天然建筑材料的储量、质量、开采运输条件及料场开采对环境的影响。

（2）工程地质复核方法应符合下列规定：分析研究初步设计阶段工程地质勘察成果和审查意见。分析研究观（监）测成果。实地勘验重大工程地质问题。

（3）工程地质勘察应包括下列主要工作内容：引调水建筑物尚需补充论证的工程地质问题。施工组织设计需要查明、论证的工程地质问题。天然建筑材料需要复查或补充勘察的问题。

（4）工程地质勘察方法应符合下列规定：充分分析、利用已有勘察、试验、观（监）测资料。补充必要的地质测绘、勘探与试验工作，勘察方法和勘察工作量应根据工程地质问题的复杂程度确定。

6. 施工详图设计阶段

1）一般规定

（1）施工详图设计阶段工程地质勘察应在招标设计阶段基础上，检验、核定前期勘察的工程地质资料与结论,补充论证专门性工程地质问题,进行施工地质工作,为施工详图设计、优化设计、工程建设实施、竣工验收等提供工程地质资料。

(2)施工详图设计阶段工程地质勘察应包括下列工作内容:招标设计阶段遗留的工程地质问题。施工中出现的工程地质问题。优化设计需要进行的工程地质勘察。施工地质工作。提出施工期和运行期工程地质监测内容、方案布置和技术要求的建议。

2)施工期工程地质勘察

(1)施工期工程地质勘察宜包括下列工作内容:对招标设计阶段遗留的、施工中出现的和优化设计需要的工程地质问题进行勘察,查明其工程地质条件,复核岩(土)体物理力学参数,评价其影响,提出处理建议。料场情况发生变化或需新辟料场时,应查明或复查天然建筑材料的质量、储量及开采条件。

(2)施工期工程地质的勘察应符合下列规定:利用施工开挖条件,搜集地质资料。充分分析、利用各种观(监)测资料。勘察方法、勘察工作布置应根据工程地质问题的性质、复杂程度和已经完成的勘察工作及场地条件等因素确定。

三、主要勘察技术、方法

1. 航测遥感地质判释

遥感判释在整个输水管线勘察工作中占有极其重要的地位,对地质测绘起着积极的指导作用。以往常用的片种为美国陆地卫星TM卫片、MSS图像及航磁等资料。随着卫星遥感技术的进步,卫片精度和所含的信息量在不断提高,主要体现在数字型航空摄影技术、成像光谱技术、干涉雷达技术、图像处理等方面。外业航片调绘工作按照:图像资料整理→相关地物上线→勾绘判释范围→地物调绘→制定判释原则及资料统一要求→室内判释→制定外业核对路线→现场调查核对等程序进行。遥感解译完成后即刻进行现场核对,对航片调绘进行补充、修正、指导。同时,通过现场核对后再对航、卫片进行复判,最后完成卫星影像图及地质解释图。

在遥感影像上,勘察区域地形地貌特征、河流、泉水、滑坡、泥石流、冰川、线状构造等地质现象均有清晰的表现,通过遥感判释,可以对勘察区地质背景形成清晰的宏观认识。即使受覆盖和视野局限影响有时看不到地面的一些构造,也可以在遥感影像上分析出来。利用像对技术还能够制作勘察区三维立体影像,进行地层划分,了解褶皱特征,甚至能够计算出地层产状来。地质遥感和地面地质调查相结合,改变了传统地面地质工作的含义,大大提高了工作效率。

2. 工程地质测绘

工程地质测绘是输水线路勘探的关键工作,在对搜集到的区域地质资料分析研究和航、卫片进行室内判释的基础上,结合地形图、区域地质图对航片野外核实、验证,并对各种地质点刺点,重要地质点、勘探点等用GPS仪定位,并随时将测绘成果转绘到测绘精度要求的地形图上,对测绘判断不清需进一步确定的影响工程的断裂和重大不良地质地段及各方案的重点地段等要进一步利用物探钻探等方法查明。

1)填图单元划分

第四系:按两级划分,首先按成因进行第一级划分类型,然后在同一成因内部,按照土类及土石比例进行第二级划分。

基岩:1:10 000地质测绘时填图单位划分到"组";1:2000地质测绘时填图单位划分到"段"。1:1000地质测绘时填图单位划分到"层"。

2)测绘精度

测绘精度应与地质测绘的比例尺相适应,图上宽度大于2mm的地质现象应予测绘。对具有特殊工程地质意义的地质现象在图上宽度不足2mm时应扩大比例尺表示,并标注其实际数据。地质界线误差不应大于相应比例尺图上的2mm。

3)测绘重点内容

(1)按地层时代、岩性划分岩性界线,对水文地质和工程地质有重要意义的岩层着重分层测绘。

(2)第四系覆盖层按组成物质进行分区,首先按成因进行第一级划分类型,然后在同一成因内部,按照土类及土石比进行第二级划分。

(3)影响枢纽工程区地质构造格局的断层及与建筑物密切相关的断层要查明其展布、规模、产状及物质组成等。

(4)调查地表岩溶发育的类型、规模及规律等,进一步查明坝址区岩溶发育规律。

(5)调查井泉位置、流量,了解其动态。

(6)主要建筑物区、线路区与隧洞进出口段测绘以基岩区为重点,查明结构面的组合特征、对边坡(斜坡)稳定不利的主控结构面。

(7)在露头条件差或涉及重要地质现象的地段按地质测绘精度要求布置人工勘探点。

(8)对崩(坡)积体、倾倒变形体、不利结构体及危岩体等不良地质现象,圈出其边界,查明规模、稳定状态、变形迹象、发展趋势等。

3. 综合物探

物探的最终目的是寻找地质界面,而从理论上来讲,由于地质界面附近地层岩性的差异性,地质界面应该是物探界面。在基岩—覆盖层的二元结构地层中,岩土界面、差异风化界面都会是电性和弹性分界面。因此在采用综合物探法进行勘探的时候,如果各种物探方法之间的物探界面能够接近或是重合,那么这个界面是地质界面的可能性就变得很大,而这个界面被推断为地质界面也就更加合理,这样就变相地减小或是消除了单一物探解释的多解性。输水管线勘察通常采用高密度电法和地震面波法相结合的综合物探技术来勘察输水管线工程中基岩—覆盖层界面划分。

高密度电法是以地下介质的电性差异为理论基础,将直流电通过一次布置的多道电极传入地下,建立起较为稳定的人工电场,然后通过自动控制转换装置对所布设的剖面在地下水平向和竖直向的电阻率变化情况进行观测分析,划分出电阻率的异常区域,进而分辨出异常体。

地震面波法是通过人工震源激发出多种频率成分的地震面波,然后借助检波器对地表震动进行记录,再通过计算得到相应的频散曲线,根据不同的波长穿透深度对场地进行分层并计算出各层横波速度,进而获得工程所需的一些岩土参数。

当然,输水线路沿线区域地貌、岩性复杂多变,仅靠物探方法无法解决所有的勘察问题,最好选取若干典型剖面,结合地质调查、探井、钻探等进行对比验证,以此来提高物探解释成果的准确性。

4. 勘探

1)小口径钻探

输水线路工程多穿越多个地貌单位,在勘察中钻探工作量大、设备搬迁频繁、工期紧凑,采用传统钻探方法具有设备重量大、搬迁困难、耗水量大、山区钻进效率低及作业安全隐患大等缺点,这就限制了传统钻探设备的使用。表8.2-1为传统常见钻探设备与轻便型钻探设备优缺点及适用条件对比表,通过分析对比,结合山区输水线路勘测规范要求及山区钻探作业的特点,输水线路工程多采用轻便型的绍尔背包钻机及TCQ-15浅层取样钻机。

2)坑槽探

坑槽探主要用于查明输水线路覆盖层厚度或强风化层厚度,由于坑槽探挖掘较困难,多用于覆盖层较浅部位。

5. 原位试验

(1)标贯试验。适用于砂土、粉土和一般黏性土。试验时,以每分钟15~30击的贯入速度将贯入器打入试验土层中,先打入15cm不计击数,继续贯入土中30cm,记录相应的锤击数。若土层密实,贯击数较大时,也可以记录贯入深度小于30cm锤击数,当锤击数大于50击时,试验结束。

(2)动探试验。重型动探试验,适用于碎石土、砂砾石层和填土。触探架应安装平稳,保持触探孔垂直,地面上触探杆的高度不宜超过1.5m,以免倾斜或摆动过大。贯入过程尽量连续进行,锤击速率每

表 8.2-1　传统常见钻探设备与轻便型钻探设备优缺点及适用条件对比表

类型	设备名称	总重/最大单件质量/kg	钻孔直径/mm	理论钻孔深度/m	耗水量/(L·h^{-1})	优缺点及适用条件
轻便型钻探设备	绍尔背包钻机	40/7.6	25.8	10~13	40~60	1.设备轻巧,可远距离人工搬运,作业范围不受地形约束;2.用水量少,但不能进行循环水钻进;3.破碎复杂地层钻进能力有限;4.适用岩土层:碎块石含量较少的黏性土、粉土以及各类完整、较完整部分较破碎基岩钻进
轻便型钻探设备	TGQ-15钻机	140/38	46/60	15~20	钻井液,漏失量	1.可短距离人工搬运,适用于高差小于150m山地人工搬迁作业;2.可循环水钻进,泥浆池初始水量约100L;3.适用岩土层:黏性土、粉土、胶结性较好的砂土、碎石土以及各类完整、较完整、破碎复杂地层基岩钻进
传统常见钻探设备	XY-100型钻机	810/150	75/130	100	钻井液,漏失量	1.设备笨重,搬迁效率低,适用于平原交通便利地区作业;2.循环水钻进,水源需求大;3.适用岩土层:适用范围广,能够钻进大部分地层
传统常见钻探设备	SH30-2A钻机	630/250	142/110	30	钻井液,漏失量	1.设备笨重,搬迁效率低,适用于平原交通便利地区作业;2.循环水回转钻进(水源需求大)和钢绳冲击钻进(无需水源)两种钻进方式;3.适用岩土层:适用范围广,能够钻进大部分地层
传统常见钻探设备	EP200便携式全液压钻机	605/120	60~96	30~200	钻井液,漏失量	1.设备笨重,搬迁效率低,适用于平原交通便利地区作业;2.循环水钻进,水源需求大;3.适用岩土层:适用范围广,能够钻进大部分地层

分钟宜为15~30击。每贯入10cm记录其相应的锤击数。

(3)注水试验。在覆盖层和基岩全(强)风化带中进行,严格按《水利水电工程注水试验规程》(SL 345—2007)要求进行。钻孔常水头注水试验适用于渗透性比较大的壤土、粉土、砂土和砂卵砾石层,或不能进行压水试验的风化、破碎岩体、断层破碎带等透水性较强的岩体;钻孔降水头注水试验适用于地下水位以下粉土、黏性土层或渗透系数较小的岩层。试段长度对于均一岩土层,试段长度不宜大于5m;同一试段不宜跨越透水性相差悬殊的两种岩土层。

(4)钻孔水位观测。每个钻孔必须按任务书要求量测初见水位和终孔水位;钻进过程中记录冲洗液明显漏失的所在孔深;钻进过程中发现孔内涌水,记录其位置,并停钻测量涌水水头高度与涌水量。

6. 室内试验

土工试验按《土工试验方法标准》(GB/T 50123—2019)要求执行,土样测试指标应包括颗粒分析、天然重度、饱和重度、含水量、压缩系数、液限、塑限、天然及饱和状态的黏聚力和内摩擦角、膨胀性试验、腐蚀性试验等。

岩石试验按《水电水利工程岩石试验规程》(TSL/T 264—2020)要求执行,主要测试物性、强度及变形试验。

水质分析按《水利水电工程水质分析规程》(SL 396—2011)要求执行,分析项目:Cl^-、SO_4^{2-}、HCO_3^-、NO_2^-、K^+、Na^+、NH_4^+、Ca^{2+}、Mg^{2+}、Fe^{2+}、Al^{3+}、pH值、游离CO_2、侵蚀CO_2、总硬度、暂硬度、负硬度、总碱度、矿化度、腐蚀性等。

第三节　工程实例

以渝西某工程输水管线为例,介绍可行性研究阶段采用的勘察方法及取得的成果。

一、勘察技术、方法及应用

1. 遥感判释

可行性研究阶段采用1:20万陆地卫星影像,进行宏观区域地质条件评价,为综合选线服务。并采用多种先进方法进行图像处理和解译,根据已有地质资料和实际典型地质现象的对比分析,建立地质判释标志,通过系统的室内判释和外业核对,分析研究测区地形地貌、地层岩性、地质构造和不良地质等及对隧洞工程的影响。完成卫片解译约213km^2,航片判释106.5km^2,编制了遥感工程地质解译图等有关图件,很好地指导了地质测绘。

2. 地质测绘

在对区域地质资料详细研究和遥感判释的基础上,对输水管线轴线两侧各500m进行了1:2000工程地质测绘。

主要调绘内容为:调查管线带状区域内有无滑坡、地面沉降等不良地质现象及特殊土层(填土、软弱土)的分布,重点查明跨河处河岸岸坡稳定性(包括现状及岸边再造)和交叉建筑物的地质条件。

共完成1:2000带状工程地质测绘35.5km^2,手持GPS定位测绘各种重要地质点300多个。

通过工程地质调绘,基本查明了输水管线沿线第四系堆积物的成因类型、厚度、物质组成、结构特征及不良岩土体、不良地质现象的分布情况,初步查明了输水管线沿线的水文地质条件,为准确查明和评价管线区工程地质条件、统筹综合勘探起到了基础性作用。

3. 综合物探

本次勘察对覆盖层厚度较大部位进行了高密度电法电阻率测试,主要用于探明覆盖层厚度,试验成果如图8.3-1、图8.3-2所示。

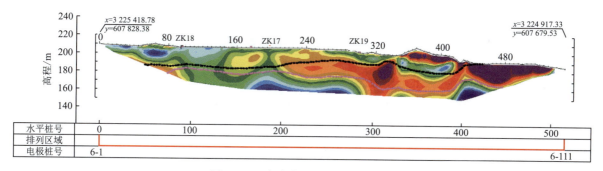

图8.3-1 高密度电法电阻率成果图

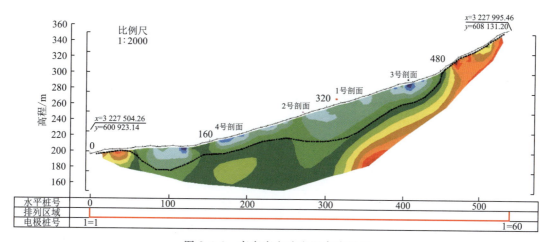

图8.3-2 高密度电法电阻率成果图

4. 勘探

某工程35.5km,设计流量12.60～8.10m³/s,管(隧)径3.2～2m。输水管线多沿槽谷布置,地表多出露第四系覆盖层,一般厚约0.5～2m,局部较厚(约2～4m)。下伏基岩为侏罗系红层,主要为泥岩、粉砂岩、砂岩。沿输水管线轴线布置纵勘探剖面1条,布置勘探坑、孔,勘探点间距500～1000m;覆盖层较薄地段采用轻型勘探,覆盖层较厚或不同工程地质单元布置钻孔(河流两岸一般覆盖层较厚,钻孔可结合跨河建筑物布置;顺河流布置的管线段和分布软弱土段,钻孔适当加密),钻孔深度15～20m;沿输水管线每隔2000m布置1条勘探横剖面,采用手摇钻或坑槽探进行,每条横剖面布置2个勘探点。跨小河10处,跨璧南河1处,各布置勘探纵剖面1条,每处布置钻孔1～2个,钻孔深度20m。管线穿越国道、省道5处,顶管穿越高速公路1处,穿越5#轻轨1处,各布置勘探纵剖面1条,每处布置钻孔2个,钻孔深度20m。共计完成钻孔64个,手摇钻70个。

二、勘察成果

某工程35.510km,其中隧洞4座,隧洞长6.431km,洞径3.2m,埋管段7座,长28.513km,管径2～2.5m,双管;顶管3处,长0.535km;取水闸长31m。加压站1座,交叉建筑物13处,其中顶管3处,倒虹管10处。

1. 基本工程地质条件

1) 地形地貌

输水管线沿线地貌多为丘陵地貌,少量为低山山地,区内地形以侵蚀-剥蚀地形为主,长江边有少量堆积地形。

桩号0+000～1+800段:该段为丘陵地貌,输水线路地面高程200～312m,多为旱地,少量水田、鱼塘。地形以坡地为主,受溪沟切割,完整性较差,地形坡度一般15°～25°,局部砂岩形成陡坎(崖),崖高可达5～10m。

桩号1+800～4+240段:该段为冲积堆积地貌,输水线路地面高程195～203m,多为菜地,少量水田、鱼塘。地形以平缓台地为主,受溪沟切割,完整性稍差,台面地形坡度多小于10°,溪沟两侧地形稍陡,地形坡度约20°。

桩号4+240～13+591段:该段沿线为丘陵地貌,输水线路地面高程188.2～396.5m,多为旱地,少量水田、鱼塘。地形以坡地为主,受溪沟切割,完整性较差,地形坡度一般15°～25°,局部砂岩形成陡坎(崖),崖高可达5～10m。

桩号13+591～7+140段:为青峰山油德隧洞段,隧洞轴线地面高程230～420m,隧洞埋深30～190m,地形以山地为主,地形坡度一般30°～45°,局部砂岩形成陡坎(崖),崖高可达10～15m,地表植被较好。

桩号17+140～29+200段:该段顺青峰山东侧槽地布置,为低山丘陵地貌构造剥蚀地形。管线多顺槽谷布置,槽谷宽约40～120m,地面高程一般200～280m,地形坡角5°～10°,多为水田、鱼塘及耕地;丘陵多呈串珠状、条带状,丘顶高程一般280～320m,相对高差约10～30m,地形坡角18°～25°。

桩号29+200～35+510段:该段位于北碚槽地内,为丘陵地貌构造剥蚀地形。管线横穿越构造线,地面高程248～334m,多为水田、鱼塘及耕地;丘陵多呈串珠状、浑圆状,丘顶高程一般300～330m,相对高差约10～30m,地形坡角18°～25°(表8.3-1)。

2) 地层岩性

输水线路沿线覆盖层与基岩相间分布,覆盖层主要为残坡积(Q_4^{el+dl})粉质黏土、粉质黏土夹碎石,可塑—硬塑状,厚度一般1～3m,局部槽谷内可达4～5m;其次为河流冲积阶地堆积(Q_4^{2al})和崩坡积(Q_4^{col+dl}),河流冲积阶地堆积分布于金刚沱村靠长江一带,成分主要为粉土、粉细砂及砂砾石,厚度一般10～30m;崩坡堆积主要为碎块石土、粉质黏土夹碎石,厚度一般3～5m,局部较厚(15～20m),主要分

表 8.3-1　某输水线路工程主要水系调查情况一览表

溪、河名称	位置	宽度/m	勘察期流量/$(L \cdot min^{-1})$	地形地貌特征
曹家沟	0+685	5.4	80	水面宽约3～5m,水面高程约201.5m,水深约0.3～0.5m,冲沟坡降约1%。两岸地形坡度较缓,切割深约1～5m
	1+807	8	95	水面宽约5～7m,水面高程约197.2m,水深约0.3～0.5m,冲沟坡降约1%。两岸地形坡度较缓,切割深约3～6m
	2+007	6.0	95	水面宽约3～5m,水面高程约197.0m,水深约0.3～0.5m,冲沟坡降约1%。两岸地形坡度较缓,切割深约2～4m
	2+783	6.5	96	水面宽约4～6m,水面高程约196.0m,水深约0.3～0.5m,冲沟坡降约1%。两岸地形坡度较缓,切割深约2～3m
	3+433	7.4	98	水面宽约3～5m,水面高程约195.2m,水深约0.3～0.5m,冲沟坡降约1%。两岸地形坡度较缓,切割深约3～5m
张家沟	1+349	2.0	10	水面宽约1～2m,水面高程约201.5m,水深约0.2～0.4m,冲沟坡降约3%。两岸地形坡度较缓,切割深约3～10m
盘古溪	7+098	5.5	50	水面宽约2～3m,水面高程约216.3m,水深约0.2～0.4m,冲沟坡降约1%。两岸地形坡度较缓,切割深约2～4m
石板溪	8+694	12.0	80	水面宽约8～10m,水面高程约194.5m,水深约0.6～1.0m,冲沟坡降约2%。两岸地形坡度较缓,切割深约10～15m
璧南河	13+055	40.0	500	水面宽约35～40m,水面高程约187.5m,水深约2.0～3.0m,冲沟坡降约2.5%。两岸地形坡度较缓,切割深约20～40m
堰塘湾沟	17+365	3.2	10	水面宽约1～2m,水面高程约201.5m,水深约0.2～0.4m,冲沟坡降约5%。两岸地形坡度较缓,切割深约10～18m
新庙村沟	17+570	2.5	15	水面宽约1～2m,水面高程约201.5m,水深约0.2～0.4m,冲沟坡降约2%。两岸地形坡度较缓,切割深约1～2m
花朝村沟	19+962	3.0	12	水面宽约1～2m,水面高程约229.2m,水深约0.2～0.4m,冲沟坡降约6%。两岸地形坡度较缓,切割深约3～5m
拱背桥沟	20+550	3.0	10	水面宽约1～2m,水面高程约241.5m,水深约0.5～1.0m,冲沟坡降约4%。两岸地形坡度较缓,切割深约2～3m
白家村沟	23+065	2.0	10	水面宽约1～2m,水面高程约228.5m,水深约0.2～0.3m,冲沟坡降约2%。两岸地形坡度较缓,切割深约2～3m
刘家村沟	26+764	2.0	5	水面宽约1～2m,水面高程约250m,水深约0.2～0.3m,冲沟坡降约1%。两岸地形坡度较缓,切割深约2～3m
何家滩	29+955	8	15	水面宽约6～7m,水面高程约247.6m,水深约0.5～1.0m,冲沟坡降约2.5%。两岸地形坡度较缓,切割深约4～20m

注:堰塘湾沟、新庙村沟、花朝村沟、拱背桥沟、白家村沟、刘家村沟均为桥溪河支沟,在德感街道和爱村汇入长江。

布于隧洞进出口、河流两岸。基岩主要为三叠系嘉陵江组(T_1j)(温塘峡背斜)浅灰色中厚层状灰岩、泥质灰岩、白云岩及泥质白云岩,钻孔STJK30勘探表明,该层未发育溶洞,须家河组(T_3xj)(分布于油德隧洞)岩性为灰白色岩屑石英砂岩、岩屑长石砂岩夹灰黑色页岩、炭质页岩及薄煤层;侏罗系珍珠冲组(J_1z)、自流井组($J_{1-2}z$)、新田沟组(J_2x)、下沙溪庙组(J_2xs)、上沙溪庙组(J_2s)、遂宁组(J_3s),岩性主要为紫红色泥岩、粉砂岩夹砂岩,少量页岩、灰岩,以泥岩为主,泥岩约占60%。

3）地质构造

0+000～13+591 段位于璧山向斜东南翼、温塘峡背斜西北翼，地层产状由 290°～300°∠5°～10°渐变为 250°～270°∠25°～30°；13+591～17+140 位于温塘峡背斜，地层产状由 260°～270°∠50°～60°转变为 115°～120°∠50°～60°；17+140～35+510 段位于温塘峡背斜东南翼及北碚向斜内，其中 17+140～29+200 段在温塘峡背斜西翼上，岩层产状 115°～120°∠30°～50°，桩号 29+200～35+510 由温塘峡背斜西翼向北碚向斜轴部过渡，岩层产状由 115°～120°∠20°～30°过渡到 110°～120°∠5°～8°，产状无突变。

温塘峡背斜核部揭示 1 条断层，共 3 条断裂面，分别宽 2.0m、1.9m、5m。该断层为逆断层，断层上盘为三叠系须家河组、嘉陵江组砂岩、灰岩、白云岩，下盘为三叠系须家河组砂岩，断距约 190m。断层带为碎裂岩，原岩为浅灰色微晶灰岩，挤压特征明显，呈碎裂状，灰岩碎石呈平行排列，局部见深灰色—灰色页岩碎块、不规则方解石脉及团块。

泥岩中主要发育浅表层风化裂隙，规模小，性状好，发育深度浅。

4）水文地质

区内冲沟、小河沟较发育，多为季节性冲沟，与线路交叉的主要河流为曹家沟、张家沟、盘古溪、石板溪、璧南河、堰塘湾沟、新庙村沟、花朝村沟、拱背桥沟、白家村沟、刘家村沟、何家滩等，河水面宽 4～40m（璧南河），水深约 0.2～3.0m，勘察期间流量约 5～500L/min。地表水体主要为稻田与鱼塘，水深 0.2～2.5m，主要分布于槽谷内，多成片分布。

地下水主要为松散岩（土）类孔隙水与碎屑岩类裂隙（孔隙）水。松散岩（土）类孔隙水主要赋存于槽谷地带的残坡积松散堆积层中；碎屑岩类裂隙（孔隙）水主要赋存于碎屑岩风化带及侏罗纪地层中厚层砂岩含水层内，为浅层地下水；水量均较小，旱季时多干涸，地下水埋藏较浅。

地下水主要为潜水，钻孔终孔水位观测结果表明：槽谷地下水位埋深较浅，一般埋深 0.5～4.5m，局部地段 9.9～12.5m。隧洞段地下水埋深较大，最大埋深约 88.0m。

区内地下水主要接受大气降水补给，少量由地表水补给，不存在越流补给现象；局部可能存在承压水。地表水及地下水对混凝土结构、混凝土中钢筋无腐蚀性，对钢结构具弱腐蚀性；工程区残坡积、冲洪积等成因的土层对混凝土结构、钢结构及混凝土中钢筋均具微腐蚀性。

线路区砾石夹砂、块石层为强透水层，块（碎）石夹土层、细砂、粉土层为中等透水层，粉质黏土、黏土夹碎石为弱透水或微透水层。全强风化层属于中等透水岩体，弱风化、微新岩体主要为微透水—弱透水岩体。

5）岩体风化

输水管线沿线基岩主要为泥岩、粉砂岩夹砂岩，钻孔揭示岩体风化情况表明：槽谷内岩体强风化带较薄，厚度一般 1.6～3.4m，斜坡泥岩层强风化带较厚，厚度一般 3～18.5m，局部达 37.6m，砂岩层强风化带较薄，一般 0～2.7m；槽谷弱风化带厚度一般 20～25m，斜坡、单薄山脊及陡崖一带的弱风化带厚度稍大，厚度可达 30～40m；岩体风化总体以均匀风化为主，由于岩性差异，局部存在差异风化；泥岩还存在快速风化问题，泥岩暴晒遇水后则崩解。

6）不良地质现象

地表调查未发现滑坡、危岩、泥石流等不良地质体存在，不受外围不良地质现象威胁，场地稳定，工程建设不会诱发新的地质灾害。区内卸荷主要分布于沿线陡崖部位，水平卸荷宽度一般 10～30m。

7）特殊岩土体

沿线特殊岩土体主要为软弱土。软弱土主要为淤泥质土、淤泥等，厚约 1～3m，分布于沿线槽谷内的水田、鱼塘及河流冲沟附近。

8）岩土体物理力学性质

根据本次土体、岩石室内试验成果，参考工程区已建工程资料，提出岩土体的有关物理力学参数建议值，见表 8.3-2、表 8.3-3。边坡开挖坡比建议值见表 8.3-4。

表 8.3-2　工程区土体物理力学指标建议值表

岩性	重度		抗剪强度				压缩系数 a_{1-2}/MPa^{-1}	压缩模量 E_s/MPa	承载力标准值 f_k/kPa	基底摩擦系数 μ	渗透系数 K_{20}/(cm·s^{-1})
	天然	饱和	天然		饱和						
	ρ/(kN·m^{-3})	ρ_w/(kN·m^{-3})	φ/(°)	c/kPa	φ'/(°)	c'/kPa					
填土（块石夹土）	19	19.5	25	0	22	0			80	0.30	$i \times 10^{-2}$
黏土	19	19.2	15	20	13	16	0.40	4.5	120	0.30	$i \times 10^{-4}$
粉质黏土	20	20.2	16	18	14	15	0.30	5.5	140	0.30	$i \times 10^{-4}$
粉质黏土夹碎石	20.5	21	18	15	16	12	0.25	6	150	0.35	$i \times 10^{-4}$
粉土	18.5	19.0	18	14	14	12			120		$i \times 10^{-3}$
粉砂层	18.5	19.0	28	0	26	0			100	0.30	$i \times 10^{-3}$
砂砾石层	21.5	22.0	34	0	31	0		15	350	0.45	$i \times 10^{-1}$
卵石夹粉土	22.5	23.0	25	12	22	5		8	240	0.35	$i \times 10^{-3}$

2. 主要工程地质问题

输水管线沿线不良岩土体主要为填土、软弱土。填土主要为碎块石夹粉质黏土，厚约 5~20m，零星分布于城市建筑密集区、弃渣场；软弱土主要为淤泥质土、软质黏土，厚约 1~3m，分布于沿线槽谷内的水田、水塘及河流冲沟附近。不良岩土体分布地段管线工程存在管道地基稳定及变形问题、临时边坡稳定问题。输水线路经过时建议清除，并在底部选用不易风化的片石、块石或砂、砾等透水性较好的材料回填，做好排水设施。

另外，输水管线沿线村落断续分布，与线路交叉的主要有已建或在建国道、高速公路、轻轨、油气管道、军用及民用通信光缆、输水管线等，受施工影响较大的主要有：桩号 6+773、35+131 与高压输油管道相交，桩号 2+841、9+486、21+284、22+155、22+689、25+652、31+064 与天然气管道相交，桩号 SXK30+866 与军用电缆相交，桩号 3+209、8+149 与省道 S208 相交，桩号 31+040 与重庆轨道交通 5 号线（S107）相交，桩号 35+140 与 G93 成渝环线高速公路相交，桩号 13+853 与在建合璧津高速公路相交。

3. 工程地质条件评价

根据线路区地形地貌、地层岩性、岩土特性及工程地质问题对线路区进行工程地质分段评价。

综上所述，某输水管线全长 35.510km，多采用埋管方式，埋深一般 0.7~2.0m，管径 1.8~2.4m。管道沿线多为山丘与槽谷交错，槽谷内覆盖层一般厚约 1~3m，局部地段或跨越河流段覆盖层较厚，约 5~10m，最厚约 30m；沿线基岩岩性多为泥岩、粉砂岩、砂岩，少量页岩。管线沿线及周边未发现规模较大的滑坡、危岩、泥石流等不良地质体，具备埋管的地形地质条件，管线工程地质条件较好—好，少量跨河段工程地质条件较差。

管沟开挖覆盖层为普通土，强风化带基岩为硬土，弱风化泥岩、粉砂岩、页岩为软石，弱风化砂岩、灰岩为次坚石。管沟开挖后，多为强风化或弱风化基岩，可直接作为基础持力层，覆盖层相对较厚地段，填土、软弱土建议换填，原生土可作为基础持力层。粉质黏土、粉质黏土夹碎石地基承载力特征值 140~150kPa；人工填土（碾压密实）地基承载力特征值 80~100kPa。强风化泥岩、粉砂岩、页岩地基承载力特征值 300~500kPa，强风化砂岩地基承载力特征值 500~800kPa；弱风化泥岩、粉砂岩、页岩地基承载力特征值 900~1200kPa，弱风化砂岩地基承载力特征值 1500~1800kPa。

输水管线存在的主要工程地质问题为管道地基稳定及变形问题、临时边坡稳定问题。以上地质问题均可采取常规工程处理措施解决，不存在制约管线布置的重大地质问题。

表 8.3-3 工程区岩体物理力学指标建议值表

岩性	风化状态	天然重度/(kN·m⁻³)	岩体抗剪断 f'/MPa	岩体抗剪断 c'/MPa	岩体抗剪 f	抗压强度 天然/MPa	抗压强度 饱和/MPa	模量 弹性/GPa	模量 变形/GPa	泊松比	抗拉强度/MPa	承载力特征值/MPa	M30砂浆与岩石黏结强度/MPa
岩屑砂岩	强	23.2~24.2										0.7~0.8	0.10~0.15
岩屑砂岩	弱	24.3~24.9	0.75~0.85	0.8~0.95	0.50~0.60	20~24	18~21	4~5	3.5~4.0	0.24~0.28	0.80~0.90	2.5~3.0	0.80~0.90
岩屑砂岩	微	25.0~25.7	0.90~1.0	1.0~1.2	0.60~0.65	38~42	32~36	8~10	7~8	0.23~0.27	0.95~1.05	6.0~7.0	1.20~1.40
长石砂岩	强	23.0~23.9			0.4							0.5~0.6	0.10~0.15
长石砂岩	弱	24.0~24.4	0.60~0.75	0.7~0.85	0.45~0.50	14~17	10~12	3~4	2.5~3.5	0.27~0.30	0.70~0.80	1.5~1.8	0.70~0.80
长石砂岩	微	24.5~25.3	0.75~0.85	0.8~1.00	0.50~0.55	23~28	18~22	6~8	5~6	0.24~0.28	0.90~1.0	3.5~4.5	0.95~1.10
粉砂岩	强	23.5~24.5			0.35							0.4~0.5	0.10~0.15
粉砂岩	弱	24.6~25.3	0.55~0.65	0.50~0.60	0.4~0.45	8~10	7~9	2.0~3.0	1.5~2.5	0.29~0.33	0.4~0.5	1.0~1.2	0.40~0.50
粉砂岩	微	25.4~26.1	0.65~0.80	0.75~0.85	0.50~0.55	14~17	12~15	4.0~5.0	3.0~4.0	0.27~0.30	0.70~0.80	1.5~1.8	0.80~1.00
泥岩	强	23.2~24.1			0.35							0.3~0.4	0.05~0.10
泥岩	弱	24.2~24.8	0.50~0.60	0.25~0.35	0.40~0.45	6~8	4~6	1.0~2.0	0.8~1.2	0.32~0.34	0.3~0.4	0.9~1.1	0.20~0.30
泥岩	微	24.8~25.5	0.60~0.65	0.35~0.45	0.45~0.50	9~11	7~10	2.0~3.0	1.5~2.5	0.28~0.32	0.4~0.5	1.1~1.3	0.40~0.50
页岩	强	23.5~24.4			0.35							0.3~0.4	0.05~0.10
页岩	弱	25.3~25.8	0.55~0.60	0.40~0.50	0.45~0.50	8~10	6~8	1.5~2.5	1.0~2.0	0.28~0.33	0.40~0.5	1.0~1.1	0.35~0.45
页岩	微	25.9~26.6	0.65~0.75	0.65~0.80	0.50~0.55	15~18	12~15	4.5~5.5	4.0~5.0	0.26~0.30	0.60~0.65	1.5~1.8	0.75~0.90
灰岩	强	24.3~25.3			0.45							0.7~0.8	0.15~0.20
灰岩	弱	25.4~26.1	0.75~0.85	0.90~1.05	0.60~0.65	27~33	24~27	8~10	7~8	0.23~0.28	0.90~1.0	3.0~4.0	1.0~1.10
灰岩	微	26.2~26.9	1.05~1.20	1.3~1.8	0.65~0.70	45~55	40~45	20~25	15~20	0.17~0.21	1.05~1.20	10.0~12.0	1.40~1.60

表 8.3-4　工程区岩(土)体开挖坡比建议值

岩土名称	状态	单级开挖坡比(坡高<8m)	岩土名称	状态	单级开挖坡比(坡高<8m)
粉质黏土	可塑	1:2.5～1:2.0	泥岩 粉砂岩	弱风化	1:1.0～1:0.7
粉质黏土夹碎石	硬塑	1:2.0～1:1.75		微风化	1:0.7～1:0.5
粉土、粉细砂		1:2.5～1:2.0	砂岩 岩屑砂岩	弱风化	1:0.8～1:0.6
砂卵砾石层	中密	1:1.75～1:1.5		微风化	1:0.6～1:0.4
碎石土层	中密	1:1.5～1:1.25	灰岩 白云岩	裂隙性溶蚀	1:0.7～1:0.5
强风化岩体		1:1.25～1:1.0		微新	1:0.5～1:0.3

注：本表不适宜有外倾结构面及地下水较丰富的边坡；顺向坡，边坡坡角不应大于岩层倾角；边坡开挖建议控制边坡的总体坡角和单级高度，针对不同岩性及岩体的风化程度合理设计边坡坡比，坡高控制在8～15m，马道宽度3～5m为宜。边坡开挖后应及时封闭。

三、典型输水管线地基及处理实例

1. 埋管

1) 适用条件

埋管在中小型灌溉、供水工程中应用较多。圆管多用于有压管道。矩形和圆拱直墙形用于无压管道。箱形可用于无压或低压管道。埋没在地下用于灌溉或供水的管道与开敞式的明渠相比，具有占地少，渗漏、蒸发损失小，减少污染，管理养护工作量小等优点，但所用建筑材料多，施工技术复杂，造价高，适用于人多地少、水源不足、渠线通过城市或地面不宜为明渠占用的地区。为便于管理，对较长的管道可以分段控制，沿线设通气孔和检查孔。

2) 影响管道地基的因素

（1）地基土强度及稳定性：当地基土的抗剪强度较低，不足以支撑上部结构自重和附加荷载时，地基就会产生局部或整体剪切破坏。

（2）压缩变形及不均匀沉降：当地基由于上部结构自重和附加荷载作用而产生过大的压缩变形时，特别是产生超过管道本身所能允许的不均匀沉降时，就会引起管道整体或局部过量下沉，导致接口开裂，影响管道的正常使用。

（3）地震或外力影响：地震可能造成地基土层液化或震陷现象，使地基土承载力下降、沉降加大；而超过设计承载力的车辆振动或爆破等外力荷载也有可能引起地基土失稳，这些因素都有可能导致管道的破坏。

（4）流砂：当管道的基础持力层为粉土或粉砂时，由于管道周边地下水降水不当或管道本身产生渗漏，会引起管道周边地下水压力产生较大变化，当管道渗漏量或地下水水力坡降超过容许值时，可能会发生流砂现象，导致地基土失稳而对管道造成破坏。

当管道的天然地基存在上述问题时，应采取适当的地基处理措施，以确保管道的安全施工和正常运行。

3) 实例

以桩号1+600～2+080输水管线为例，该段管径2m，双管。为丘陵地貌，斜坡地形，地形坡角8°～18°，沿线地面高程195～240m，相对高差约45m，沿线覆盖层与基岩相间分布，覆盖层多为残坡积粉质黏土夹碎石，可—硬塑状，结构稍密，厚度一般2～4m，过沟或河段覆盖层较厚，约5～8m。基岩为侏罗系遂宁组紫红色泥岩、粉砂岩夹薄层砂岩，强风化带厚约2～3m。岩层产状300°∠10°（图8.3-3）。管线采用埋管跨越2条小河沟，沟水面宽约5～7m，水深约0.3～0.5m。

4) 地基处理

管沟开挖后，多为强风化或弱风化基岩，可直接作为基础持力层，覆盖层相对较厚地段，填土、软弱

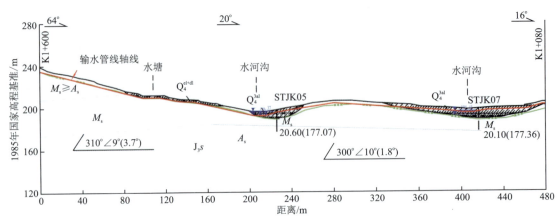

图 8.3-3　输水管线 K1+600～K2+080 段工程地质纵剖面图

土建议换填，原生土可作为基础持力层。

开挖边坡坡比按临时边坡考虑，岩质边坡采用 1∶0.5，土质边坡为 1∶0.7。管沟沟底多位于岩石地基，为保证管道的受力条件和运行要求，管底回填 0.2m 厚砂砾石或中粗砂。管沟回填需分层进行并作夯实处理。管道典型横断面见图 8.3-4。

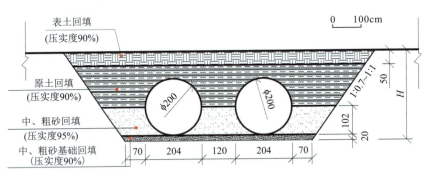

图 8.3-4　输水管线典型横断面图

常用的换填方法有：换填垫层法和水泥土搅拌法。

换填垫层法指挖去浅层软弱土层，回填坚硬、较粗粒径的材料，并夯压密实，形成垫层的地基处理方法。根据不同的工程地质条件、管道埋深及工程所在地等具体情况，可以选用包括碎石或砂、黏性土或素土、灰土等材料。

水泥土搅拌法就是以水泥为固化剂的主剂，通过特制的深层搅拌机械，将固化剂和地基土强制搅拌，使软土硬结成具有整体性、水稳定性和一定强度的桩体的地基处理方法。采用水泥土搅拌法加固后的地基承载力较高，地基沉降变形较小，能够较好地处理和加固正常固结的泥炭土、有机质土、淤泥和淤泥质土等软土地基。设计和施工可根据具体情况选择干法（粉体喷搅法）或湿法（深层搅拌法）进行施作。

2. 倒虹管

1) 适用条件

输水管道遇到河流、山涧、洼地或地下构筑物等障碍物时，不能按原有的坡度埋设，而是按下凹的折线方式从障碍物下通过，这种管道称为倒虹管。倒虹管由进水井、下行管、平行管、上行管和出水井等组成。确定倒虹管的路线时，应尽可能与障碍物正交通过，以缩短倒虹管的长度，并应选择在河床和河岸较稳定、不易被水冲刷的地段及埋深较小的部位敷设。通过河道的倒虹管，不宜少于两条；通过谷地、旱沟或小河的倒虹管可采用一条。通过障碍物的倒虹管径，应符合与该障碍物相交的规定。穿过河道的倒虹管管顶与规划河底距离一般不宜小于1.0m,通过航运河道时,其位置和规划河底距离应与航运管理部门协商确定,并设置标志,遇冲刷河床应考虑采取防冲措施。

2) 实例

以桩号8+540～8+860输水管线为例(图8.3-5),该段管径2m,双管。其中K8+678～K8+708段采用倒虹管跨越石板溪。该段为冲沟,地形较平缓,平均地形坡角小于5°,地面高程194.2～202.5m,相对高差约8m,沿线地表被第四系覆盖,覆盖层主要为冲洪积粉质黏土夹碎石,厚度4.0～5.6m,下伏基岩为侏罗系上沙溪庙组紫红色泥岩、粉砂岩,强风化带厚约1～2m。岩层产状213°∠17°,场地稳定。石板溪水面宽约8～10m,水深约0.6～1.0m。

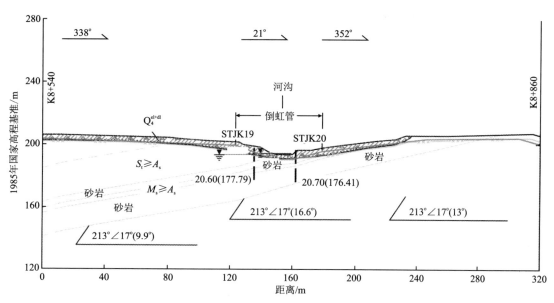

图8.3-5 输水管线K8+540～K8+860段工程地质纵剖面图

3) 地基处理

倒虹吸下行管和上行管多位于冲洪积粉质黏土夹碎石中,粉质黏土呈可—硬塑状,为弱透水或微透水层,多位于地下水位以下,作为基础持力层地基的承载力较低,承受荷载后沉降变形较大,容易因过度沉降或局部不均匀沉降导致管道及接口处因变形过大而引起渗漏,建议换填。平行管段位于强风化或弱风化基岩上,可直接作为基础持力层。

倒虹管典型纵剖面结构图见图8.3-6,施工照片见图8.3-7。

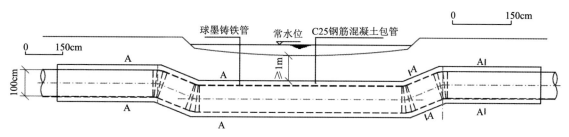

图8.3-6 倒虹管典型纵剖面结构图

倒虹管常用的软基地基处理方法有:换填垫层法和"混凝土-砂石"复合基础法。

换填垫层法是先挖去基坑下的部分或全部软弱土,然后以砂石、矿渣等强度较高的材料回填,置换基础表层软弱土,提高持力层的承载力、扩散应力,减少沉降量的处理办法。该方法适用于土质松软、湿

图 8.3-7 倒虹管施工照片

陷性较大、地基承载力低等地质情况。对于处理这种软土地基,管径不大的管道基础可采用砂砾石垫层。砂砾石垫层是先挖去基坑下的部分或全部软弱土,然后回填砂砾石垫层分层夯实,砂砾石的粒径不易过大,以粒径为 5~20mm 为宜,垫层厚度为 0.50m 左右。质量标准可按压实系数确定,一般为 0.93~0.95,管道基础压实系数一般采用 0.95,不得小于 0.91,其允许承载力可达 300kPa。

倒虹吸沿线软土地基状况为地下水位较高、土壤含水量较大,沟槽开挖后涌水量大,根据其工程特点和造价要求,无法采用井点降水方案,沟槽内的涌水量只能采用明排方式。因此,沟槽基础处理要考虑材料的透水性,保证沟槽四周涌水及时排出,还要保证泥沙不随涌水流走。石子具有很强的透水性,但强度稍低,故以石子为基础,上部采用现浇混凝土形成管槽,形成"混凝土-砂石"复合型基础,既能解决淤泥粉质黏土地基的含水量大、压缩变形大的问题,又能避免不均匀沉降使管道失稳。"混凝土-砂石"复合型基础处理法就是在管槽开挖深度达到换填高程后,进行排水和夯实,然后在管槽底铺设粒径较小的、磨圆度好的砂砾石垫层,砂砾石中砾石最大直径不宜大于 30mm,砂砾石垫层需进行夯实处理,夯实后相对密度不小于 0.91。完成砂砾石垫层后,在上部采用 C20 混凝土现浇管槽基础,混凝土管槽基础尺寸须与管道完全吻合,以便于形成刚性基础,即能保证管道基础沉降均匀,还可防止由于管道直接铺在石子上产生的应力对管材造成损伤。

3. 顶管

1) 适用条件

顶管施工是继盾构施工之后而发展起来的一种地下管道施工方法,它不需要开挖面层,并且能够穿越公路、铁道、河川、地面建筑物、地下构筑物以及各种地下管线等。顶管施工借助于主顶油缸及管道间中继间等的推力,把工具管或掘进机从工作井内穿过土层(或岩层)一直推到接收井内吊起。与此同时,也就把紧随工具管或掘进机后的管道埋设在两井之间,以期实现非开挖敷设地下管道的施工方法。该方法广泛应用于穿越公路、铁路、建筑物、河流以及在闹市区、古迹保护区、农作物和植被保护区等不允许或不能开挖的条件下进行煤气、电力、电信、有线电视线路、石油、天然气、热力、排水等管道的铺设。

2) 实例

以桩号 12+995~13+319 段顶管穿越璧南河为例(图 8.3-8),该段顶管长约 324m,双管,管道直径 2.5m,与璧南河近直交。为河谷地貌,顶管穿越璧南河,勘察期间璧南河为枯水期,河水水位约 186.7m,水面宽约 40~45m,水深约 2.5~3.5m;汛期河水水位约 190m,受长江水影响较大,水面宽约 50~65m,水深 5~7m。两岸为斜坡地形,左岸地形坡度 30°~37°,右岸地形坡度 19°~25°;沿线地面高程 186~236m,相对高差约 50m;沿线地表多基岩裸露,局部被第四系覆盖,覆盖层主要为粉质黏土夹碎石、粉细砂,厚度 1~3m,基岩为新田沟组页岩、粉砂岩夹砂岩和自流井组紫红色泥岩夹粉砂岩,少量灰岩、页岩,强风化带厚约 1~2m,岩层产状 277°∠45°。无滑坡、危岩、泥石流等不良地质现象分布,且不受外围不良地质现象威胁,场地稳定,适宜顶管法施工。

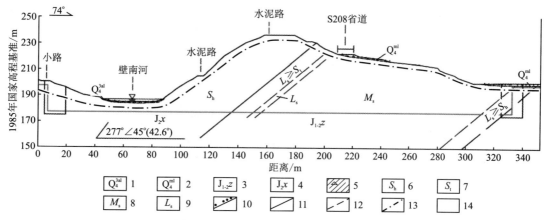

图 8.3-8 璧南河顶管工程地质剖面图

1.河流冲积;2.人工堆积;3.侏罗系中下统自流井组;4.侏罗系中统新田沟组;5.粉质黏土夹碎石;6.页岩;7.粉砂岩;8.泥岩;9.灰岩;10.第四系与基岩分界线(虚线为推测);11.地层界线;12.岩性界线;13.强风化下限;14.岩层产状

3) 地基处理

采用顶管施工穿璧南河段,地层岩性主要为泥岩夹粉砂岩、页岩,少量灰岩、砂岩,岩质不均一,软硬不一,在其界面处顶管顶进时易发生偏移。工作井开挖时,接收井处覆盖层厚约 1~2m,始发井基岩裸露,基岩多为泥岩、粉砂岩、灰岩、页岩,土质边坡稳定性差,存在边坡稳定问题;泥岩存在快速风化问题。工作井开挖后井壁应及时衬砌。顶管始发井位于河边,靠近河床,可能存在基坑渗水问题,应加强基坑防渗措施。

工作井、接收井结构设计见图 8.3-9,施工照片见图 8.3-10。

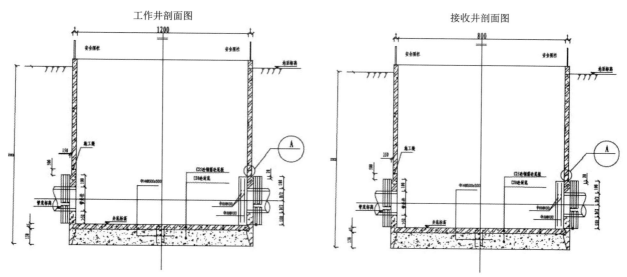

图 8.3-9 璧南河顶管工作井、接收井结构图

顶管施工过程中常见的施工工艺有:

(1)穿墙前注浆止水处理。顶管工作井穿墙洞口前方应采用压浆止水处理。注浆材料用石灰水泥、黏土搅拌成浆液,注浆液与自然土混合,洞口搅拌范围在 4m×4m 处,以保证工具头顺利成功出洞。浆

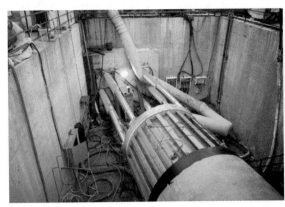

图 8.3-10　顶管施工照片

液配合比为石灰∶水泥∶黏土＝2∶1∶3,注入的浆液与自然土固结后既能让工具头顺利穿墙又能起止水和挡土的作用(注:入浆液量不得超过自然土的17%)。

(2)穿墙。①穿墙管内填夯压密实的纸筋黏土或低强度水泥黏土拌和土,以起到临时性阻水挡土作用。②为确保穿墙孔外侧一定范围内土体基本稳定并有足够强度,工作井工具管穿墙前对穿墙管外侧采取注浆固结措施。③穿墙前对可能出现的问题进行分析并制定相应处理措施。④闷板开启后迅速推进工具管,同时做好穿墙止水。中间安入20mm厚的天然优质橡胶止水板环,要求具有较高的拉伸率和耐磨性,借助管道顶进带动安装好的橡胶板形成逆向止水装置,应防止因穿墙管外侧的土体暴露时间过长而产生扰动流变。

(3)顶管出洞。顶管出洞属于顶管作业中非常值得注意的问题,顶管出洞,即顶管机和第一节管子从工作井中破出洞口封门进入土中,开始正常顶管前的过程,这也是顶管施工技术的关键性工序。因此为了防止管线出现偏斜,应采取工具管调零,在工具管下的井壁上加设支撑,工具管出洞前预先设定一个初始角弥补下跌等措施。在本工程中离接收井15m左右位置即加强对顶进轴线的观测,若发现顶进轴线偏差,立即用主顶油缸进行纠偏。

(4)注浆减阻。在顶管施工中还有一个重要的技术措施就是通过压注触变泥浆填充管道周围的空隙,形成一道泥浆保护套,起到支撑地层、减少地面沉降、减少顶进阻力的作用。注浆减阻适于长距离顶管施工。在施工中,首先对顶管机头尾部压浆,并与顶进工作同步,然后在中继间和混凝土管道的适当位置进行跟踪补浆,以补充在顶进中的泥浆损失。

(5)顶进偏差的校正。顶进过程中发现管位偏差10mm左右即应进行校正。纠偏校正应缓慢进行,使管子逐渐复位,不得猛纠硬调。纠偏是指机头偏离设计轴线后,利用设置在后部的纠偏千斤顶组,改变机头端面的方向,减少偏差,使管道沿设计轴线顶进。如果同时有高程和方向偏差,则应先纠正偏差大的一边。

第九章　堤库岸坡稳定性

第一节　问题的提出

塌岸是指河湖、水库岸坡，在地表水流冲蚀和地下水潜蚀作用下所造成的岸坡变形和破坏现象。河岸崩塌是一种典型的自然地质灾害，它的频繁发生不仅直接威胁到了堤防安全，而且给河道的航运和两岸工农业生产带来了严重危害。

随着水库建设的增多，水库塌岸对人们的生命财产造成的损失越来越大。20世纪60年代以前，国外已经开始注意到水库库岸失稳的影响。例如1923年，瑞士达沃斯湖的浮动水泵站，因湖水位急剧涨落引起湖岸滑塌而被涌浪破坏，机房工作人员全部死亡。由于失稳岸坡的规模不很大，危害不很突出，以至于水库岸坡的稳定问题并未引起应有的注意。

1961年3月，湖南资水拓溪水库在蓄水过程中，诱发了大坝上游1.6km处的塘岩光滑坡，滑坡体积达165万 m^3，滑坡体滑入水中，激起20m高的涌浪，摧毁坝顶的临时挡水设施，并漫过坝顶，造成重大损失。1963年10月9日，意大利瓦依昂水库左岸坡体突然大体积滑落，在30s内，3.2亿 m^3 的岩土体滑入库内，坝前1.8km的库段被填满，滑坡激起的涌浪，越过坝高262m的拱坝的坝顶高达50余米，冲向下游，虽然大坝安然无恙，但导致2600余人死亡，造成震惊世界的严重灾害。水库库岸相继发生大型滑坡引起重大灾害后，国内外开始重视水库岸坡特别是高山峡谷区水库岸坡的稳定问题。

20世纪60年代，原水电建设总局和中国科学院地质研究所合作，对当时国内已建和拟建的30余座大中型水库进行了工程地质总结，列举了许多大型崩塌、滑坡的实例及其危害。在1978年颁布实施的《水利水电工程地质勘察规范》中，明确规定要对库区大型塌滑体、大型堆积体、岸坡卸荷带及其他不稳定边坡地段进行勘察，并对其稳定性进行分析评价。如乌江渡水电站坝前的大、小黄崖危岩体的勘察与治理；黄河龙羊峡水电站由于库内存在大型滑坡，建成后限制蓄水位运行等。1982年和1985年，长江干流上分别发生鸡扒子滑坡和新滩滑坡，再一次提醒人们对库岸稳定性的重视，并成为三峡工程重新论证的三大专题之一。此后库岸稳定性成为水库工程地质勘察中的重点。

进入21世纪，随着我国水环境变好和亲水岸坡的建设，人们在堤岸区域活动更加频繁，对堤岸的稳定性研究尤为重要。

堤库岸坡综合整治将保证岸坡的稳定性，有效改善人居环境（图9.1-1）。

第二节　堤岸勘察

一、堤岸勘察任务

（1）可行性研究阶段，应调查了解堤岸岸坡的水文地质、工程地质条件，并对岸坡稳定性进行初步分段评价。

（2）初步设计阶段，应查明堤岸防护段的水文地质、工程地质条件，结合护坡方案评价堤岸的稳定性。

（3）施工图阶段，预测、预报施工中堤岸可能出现的不良地质现象，并提出处理建议，必要时可进行

图 9.1-1 堤库岸坡综合整治工程照片

专门工程地质勘察或研究。

二、堤岸勘察内容

1. 可行性研究阶段

(1)了解河势情况,特别应注意河道冲淤变化和岸坡的形态、防护及失稳情况。
(2)基本查明滑坡、危岩、崩塌、泥石流、岩溶土洞等不良地质现象。
(3)基本查明岸坡的地质结构,并对岸坡稳定性行初步的分段评价。

2. 初步设计阶段

(1)调查拟护堤岸段河势情况,岸坡微地貌形态,水下岸坡形态,护岸工程现状,岸坡失稳的范围、类型、规模和崩岸速率,发生险情过程,分析岸坡失稳的原因,调查抛填材料特点、抢险措施及效果。
(2)查明拟护堤岸段岸坡的地质结构、各地层的岩性、空间分布规律,评价其抗冲性能,确定各土(岩)层的物理力学参数,注意特殊土层、粉细砂层等的分布情况及其性状,不利界面的形态。
(3)查明岸坡透水层、相对隔水层的分布情况、渗透特性,地下水类型、补排条件、地下水位及变化规律、地下水与地表水的物理性质和化学成分。
(4)查明滑坡、危岩、崩塌、泥石流、岩溶土洞等不良地质现象。
(5)分段评价岸坡稳定性。

3. 施工地质

调查了解岸坡地下水出溢点位置,估算流量,同时调查并记录同期地表水位。

三、堤岸勘察方法

1. 资料搜集

搜集不同时期的地形图、遥感照片、前期勘察成果、水情资料、塌岸及整治资料;已建堤防的工程现状、各类险情隐患和抢险加固及加固效果资料,原施工地质及水文地质观测资料等。

2. 工程地质测绘

(1)平原河流,规划阶段工程地质测绘比例尺采用 1∶25 000～1∶50 000;可行性研究阶段 1∶10 000～1∶25 000,测绘宽度,水边至岸肩内 500～1000m;初步设计阶段 1∶2000～1∶5000,测绘宽度,水边至岸肩内 300～500m。

堤岸建筑物、塌岸段岸坡根据实际情况采用大比例尺进行工程地质测绘,测绘范围应涵盖整个地质灾害体及影响区域。

（2）山区河流，规划阶段工程地质测绘比例尺采用1:5000～1:10 000；可行性研究阶段采用1:1000～1:2000，测绘宽度，深泓线至堤轴线内500～1000m，有地质灾害体时，测绘范围应包括整个地质灾害体及影响范围；初步设计阶段采用1:500～1:1000，测绘宽度，深泓线至堤轴线内200～500m。并应包括堤防工程区及防护影响区及整个地质灾害体及影响范围；施工图设计阶段应根据拟查明的工程地质问题补充测绘。

（3）堤岸工程地质测绘应重点研究内容：古河道、渊、塘、沟、外滩宽度及岸坡形态、坡高、坡角等微地貌特征；特殊土的分布范围及工程地质特性；已建堤防工程堤身、堤基、涵洞和堤岸历年险情位置、冲刷坑的分布、发生时间、规模、性质、类型、危害程度、险情发生时的外江（河）水位等；不良地质现象的规模、特征、影响范围及其稳定性评价；岸坡失稳类型、规模、护岸工程现状等。

3. 工程勘探

（1）平原河流。堤外滩较窄时，堤岸勘探布置宜结合堤防勘探布置进行，堤岸勘探纵剖面宜沿岸肩布置，可行性研究阶段钻孔间距宜为500～1000m，初步设计阶段宜为200～500m。横剖面间距宜为纵剖面上钻孔间距的2～4倍，地质条件复杂或崩岸严重段，可适当加密横剖面。横剖面上的钻孔数宜为2～3个，孔距宜为20～100m。滑坡地段应沿滑动方向布置一条主勘探剖面，剖面上宜为3～5个钻孔，钻孔间距50～100m，当滑坡规模较大时，可平行主勘探剖面增加辅助勘探剖面。

每一工程地质单元，以及大中型涵闸应布置1～2个控制性钻孔；堤岸钻孔深度宜深入河床深泓以下5～10m。

钻孔完成后必须封孔（长期观测孔除外），封孔材料根据当地实际经验或试验资料确定。

岩土试验组数：规划阶段可采用工程地质类比法提出土（岩）物理力学参数建议值，必要时可取少量试样进行试验验证。可行性研究阶段，每一工程地质单元每一层累计有效试验组数不应少于6组，初步设计阶段不应少于10组。

土料产地距堤脚应有一定的安全距离，严禁因土料开采引起堤防渗透变形和抗滑稳定问题。

（2）山区河流。规划阶段可不布置钻探工作，可采用坑探配合测绘工作，对规划方案有重大影响的致灾地质体可布置适当的钻探工作；可行性研究阶段勘探线距100～300m。勘探点距50～100m；初步设计阶段勘探线距50～150m。勘探点距30～80m；施工图阶段根据需要补充勘探。

每个工程地质单元应至少有一条横剖面，横剖面线上宜为布置2～4个孔，控制性钻孔占勘探点总数的1/5～1/3。一般钻孔深度进入中等风化岩体3～5m，控制性钻孔5～8m。滑坡勘探深度应根据滑面的可能深度确定，应进入可能的最低滑面以下3～5m。重要建筑物应有勘察点控制。

一般地质灾害体可结合堤防勘察进行，对于重要地质灾害体应根据地质灾害防治勘察规范进行专门勘察。

第三节 库岸勘察

一、规划阶段勘察

（1）库岸勘察任务及内容：了解可能威胁水库成立的滑坡、潜在不稳定岸坡、泥石流等的分布，并分析其可能影响；了解水库运行后可能对城镇、重大基础设施的安全产生严重不良影响的不稳定地质体、坍岸和浸没等的分布范围。

（2）水库勘察宜结合区域地质研究工作进行。当水库可能存在坍岸、滑坡等工程地质问题且影响工程决策时，应进行相应的工程地质测绘，并应根据需要布置勘探工作。工程地质测绘比例尺可选用1:10 000～1:50 000。

二、可行性研究阶段

1. 库岸稳勘察任务

初步查明库岸稳定条件,确定崩塌、滑坡、泥石流、危岩体及潜在不稳定岸坡的分布位置,初步评价其在天然情况及水库运行后的稳定性;初步查明可能坍岸位置,初步预测水库运行后的坍岸形式、范围、淤积情况,初步评价其对工程、库区周边城镇、居民区、农田等的可能影响。

2. 水库库岸稳定勘察内容

(1)初步查明库岸地形地貌、地层岩性、地质构造、岩土体结构及物理地质现象等。

(2)初步查明库岸地下水补给、径流与排泄条件。

(3)初步查明库岸岩土体物理力学性质,调查水上、水下与水位变动带稳定坡角。

(4)初步查明水库区对工程建筑物、城镇和居民区环境有影响的滑坡、崩塌和其他潜在不稳定岸坡的分布、范围与规模,分析库岸变形失稳模式,初步评价水库蓄水前和蓄水后的稳定性及其危害程度。

(5)由第四纪沉积物组成的岸坡,应初步预测水库坍岸带的范围。

(6)进行库岸稳定性工程地质分段。

3. 库岸勘察方法

(1)工程地质测绘的比例尺可选用 1∶10 000～1∶50 000,对可能威胁工程安全的滑坡和潜在不稳定岸坡,可选用 1∶2000～1∶10 000。

(2)测绘范围:峡谷型水库应测到两岸坡顶,并包括坝址下游附近的塌滑体、泥石流沟和潜在不稳定岸坡分布地段。

(3)物探应根据地形、地质条件,采用综合物探方法探测库区滑坡体。

(4)勘探剖面和勘探点的布置:坍岸预测剖面应垂直库岸布置,水库死水位或陡坡脚高程以下应有坑、孔控制。滑坡体应按滑动方向布置纵横剖面。剖面上的勘探坑、孔、竖井应进入下伏稳定岩土体 5～10 m;平硐应揭露可能的滑动面。

(5)岩土试验应根据需要,结合勘探工程布置。有关岩土物理力学性质参数,可根据试验成果或按工程地质类比法选用。

(6)近坝库区或对工程有重大影响的大型不稳定岸坡应布置岩土体位移监测和地下水动态观测。

三、初步设计阶段

1. 水库库岸滑坡、崩塌和坍岸区的勘察内容

(1)查明水库区对工程建筑物、城镇和居民区环境有影响的滑坡、崩塌的分布、范围、规模和地下水动态特征。

(2)查明库岸滑坡、崩塌和坍岸区岩土体物理力学性质,调查库岸水上、水下与水位变动带稳定坡角。

(3)查明坍岸区岸坡结构类型、失稳模式、稳定现状,预测水库蓄水后坍岸再造范围及危害性。

(4)评价水库蓄水前和蓄水后滑坡、崩塌体的稳定性,估算滑坡、崩塌入库方量、涌浪高度及影响范围,评价其对航运、工程建筑物、城镇和居民区环境的影响。

(5)提出库岸滑坡、崩塌和坍岸的防治措施和长期监测方案建议。

2. 库岸滑坡、崩塌堆积体勘察方法

(1)搜集滑坡区水文、气象、地震、人类活动、地表变形、影像和当地治理滑坡的工程经验等资料。

(2)滑坡区工程地质测绘比例尺可选用 1∶500～1∶2000,范围应包括滑坡区和可能的派生地质灾害区。

(3)滑坡勘探应在工程地质测绘、物探基础上进行。主勘探线应布设在滑坡主滑方向且滑坡体厚度最大的部位,贯穿整个滑坡体;横剖面勘探线的布设应满足控制滑坡形态的要求。

(4)滑坡勘探线间距可选用50~200m,主勘探线上勘探点数不宜少于3个,滑坡后缘以外稳定岩土体上勘探点不应少于1个。

(5)滑坡勘探钻孔深度进入最低滑面(或潜在滑面)以下不应小于10m。

(6)大型滑坡或对工程建筑物、城镇和居民区环境有重要影响的滑坡宜布置竖井、平硐。竖井、平硐深度应穿过最低滑面(或潜在滑面),进入稳定岩土体,且应保证满足取样、现场原位试验、地下水和变形监测等要求。

(7)对已经出现或可能出现地表变形的滑坡,宜进行滑坡体深部位移监测,辅助确定滑动带位置;对滑体和滑床应分别观测地下水位,当滑坡体中存在两个以上含水系统时,亦应分层观测。

(8)对水工建筑物、城镇、居民点及主要交通线路的安全有影响的不稳定岩体的滑带土应进行室内物理力学性质试验,试验组数累计不应少于6组。根据需要可进行原位抗剪试验、涌浪模型试验和滑带土的黏土矿物分析。

3. 库岸坍岸区勘察方法

(1)坍岸区工程地质测绘比例尺,城镇地区可选用1:1000~1:2000,农业地区可选用1:2000~1:10 000,范围应包括坍岸区及其影响区。

(2)坍岸预测剖面应垂直库岸布置,靠近岸边的坑、孔应进入水库死水位或相当于陡坡脚高程以下。勘探线间距,城镇地区可选用200~1000m,农业地区可选用1000~5000m。

(3)根据需要进行土层物理性质试验。

(4)坍岸预测宜采取多种方法进行分析,坍岸范围与危害性宜进行综合评价。

(5)每一勘探剖面不应少于2个坑、孔,坑、孔间距视可能坍岸宽度确定,靠近岸坡边缘应布置钻孔,钻孔深度应穿过可能坍岸面以下5m。

4. 库岸其他不良地质灾害的勘察方法可参照地质灾害专项规范

水库库岸稳定性问题,由于库区地质条件、自然和社会环境的差异,各水库间库岸稳定性问题的复杂程度、问题的性质和回答的深度要求都有很大的差别,因而工作的方法和要求达到的深度可根据实际情况和需要解决的问题选择合适的勘察方法、勘察手段和勘察深度。

近年来,对水库库岸稳定性研究,包括其理论、勘察方法和手段、稳定性评价方法、监测手段与成果的分析、预测预报和处理措施等方面都取得了重大进展。如遥感技术在岸坡和滑坡、崩塌等的调查研究方面应用愈来愈成熟;数学模型、物理模型、数值分析等方法对滑坡形成机理、影响因素、稳定性分析滑坡涌浪等方面的研究手段愈来愈丰富。滑坡的监测技术有了长足的发展:在地表位移(变形)监测技术方面,如卫星遥感与航空遥感、GPS、测量机器人、分布式光导纤维技术等得到了广泛应用;岩土体微破裂信息检测、钻孔倾斜全自动监测技术等在深部变形(位移)、应力及声源定位监测技术方面的应用日趋成熟;实现了监测资料的无线传输和网络视屏管理。滑坡治理措施的研究方面,除了工程措施外,非工程措施如限制水库蓄水位、限制库水位涨速度,滑坡体及其可能影响区内居民的搬迁避让或监测预警等手段仰到了广泛重视,有效地避免或减轻了库岸失稳可能造成的危害。

第四节 影响堤库岸坡稳定性的因素

影响堤库岸坡稳定的主要因素有岸坡地形地貌,地质条件,水文条件和气象因素和人类工程活动。

1. 地形地貌

地形地貌对堤库岸坡具有重要的影响。与其有关的岸坡特征主要包括岸线形态、坡度、坡高、坡形与植被发育状况等因素。

岸线形态的影响，伸入水库内的凸岸，三面环水，受多向风浪的冲蚀，塌岸迅速而剧烈，塌岸宽度较大。凹岸一般为避风地带，波浪和沿岸流搬运的物质往往在此堆积，形成堆积浅滩，对库岸起保护作用，一般坍岸宽度较小。

岸线高度的影响，在水深相同的情况下，高岸塌岸速度慢，低岸塌岸速度快。

岸线坡度的影响，当陡岸岸前水深时，则坍岸速度快，最终塌岸宽度亦较大；缓岸的塌岸速度与宽度均较小；当缓岸坡度接近浅滩磨蚀角时，则不发生塌岸，或仅有少量塌岸。

水下岸形不仅影响塌岸的速度，而且还影响浅滩的宽度和坡角。一般岸前有浸没阶地或漫滩的库岸，所形成的浅滩宽而缓，并可减弱波浪对库岸的冲蚀，减小塌岸的速度；而水下岸形高陡的库岸，波浪对岸壁的作用强烈，坍落物质被搬运的速度快，将加速水库坍岸的过程，形成陡而窄的浅滩。

库岸的切割程度往往是塌岸发展的制约条件。一般支沟发育、切割破碎的库岸，坍岸严重；而岸坡平整、阶地面宽阔、支沟不发育的库岸，则塌岸较轻。

2. 地质条件

地层岩性和地质结构影响岸坡稳定的主要因素：

(1)地层岩性。不同地层岩性塌岸的发育频度和规模存在很大差异，对于土质岸坡，土体类型、成因、固结和密实程度等是影响近岸的主要因素，例如黄土的孔隙率高，常有垂直节理，浸水后土的胶体联结被破坏，以致崩解快，易发生强烈、快速的坍塌；粉砂、细砂的抗冲刷能力弱，还具有振动液化的特性，岸坡稳定性较差，易形成大量坍塌和宽缓的浅滩；砂砾石的抗剪强度大、抗冲刷性较强，只有少量坍塌，形成窄而陡的浅滩，对于岩质岸坡，岩性、岩层产状及其与岸坡坡度相对关系是影响堤岸的主要因素，塌岸一般发生在强度低、遇水易崩解、抗风化能力较弱的软岩岸坡中。

(2)地质结构。土质岸坡，土体抗冲刷能力较弱，总体来讲，土质岸坡稳定性较差。土体土层结构基本上可以分为上黏下砂(卵砾)、上砂下黏、砂黏互层、纯砂和纯黏、碎石土等六类结构。上黏下(卵砾)结构，容易形成规模较大的崩塌；下黏上砂结构，崩塌规模一般较小；砂黏互层结构，崩塌和滑坡都易发生；纯砂结构，易被冲刷，不易形成大的崩塌或滑坡，但在一定条件下也可形成大的窝崩；纯黏性土或碎石土结构岸坡，一般较稳定。

岩质岸坡，岩体抗冲刷能力较强，岸坡稳定性较好。顺向和斜交顺向岸坡，一般稳定性较差，易形成大规模的滑坡；逆向或切向岸坡稳定性较好，库岸再造以小规模崩塌为主。但受反倾向结构面控制时，也可能产生规模较大的塌滑；软硬相间的近水平岸坡，因软岩比硬岩风化速度快，硬岩形成陡崖和危岩，易产生崩塌；构造发育的岩体形成的岸坡稳定性较差；岩体风化越严重，岸坡稳定性越差。

岩土混合岸坡，易沿岩土界面产生滑动变形，岩土界面越陡，岸坡稳定性越差。

3. 水文条件

河流地质作用是塑造河道和使之不断演变的动力，由于组成河床及岸坡地质体的抗冲刷特性的差异，河流地质作用受到河谷地质结构的制约，两者相互作用塑造不同形态的岸坡态。

(1)河流水动力条件。河流水动力条件，决定着河流地质作用的类型。由于水流的冲击、剪切和振动等侵蚀作用，使岸坡稳定条件变差。由于水流流速变缓导致的堆积作用，使岸坡的稳定性增加。不同河流水动力条件及对岸坡稳定的影响，主要表现在以下方面。

横向环流。按形成成因主要有两类，一类是由河流弯道引起的横向环流，发生凹岸侵蚀凸岸堆积，造成侵蚀岸坡稳定条件愈来愈差，堆积岸坡稳定条件逐渐变好。另一类是在较顺直河道中，由于洪、枯水期水流特性不同造成的横向环流，如洪水期两岸近岸侵蚀，枯水期近岸堆积。如果近岸坡脚侵蚀大于堆积，则岸坡稳定条件逐年变差。

纵向流。在两岸有较好约束作用的河谷地质结构条件下，河道以纵向流为主，但当河床堆积层的抗冲能力有差异时，会出现河床纵断面的起伏，进而造成水流流速、流态的变化，形成立轴旋流和泡旋流等，反过来又促进河床纵断面的变化，循环往复，造成局部河段出现深槽，影响岸坡稳定。

折冲流。河道水流在遇到由基岩或黏土层等抗冲能力强的岸坡地质结构时（矶头），会形成折冲水流。折冲水流定向长期向另一岸冲刷，形成独特的侵蚀堆积类型——鹅头型河弯，其弧顶是岸坡稳定性最差的地段。长江中下游这种类型的河湾较为发育。

顶冲流。与折冲流类似，只是水流与岸坡的夹角更大。其形成条件是上游河道水流相对稳定，河岸顶冲部位岸坡抗冲性好（如基岩），长期得以稳定。河床在顶冲部位，可形成深潭或深槽，使河岸缓慢后退。

收缩扩散流。当两岸有较为对称的抗冲地层组成的河谷结构条件下，河谷宽度相对较窄，流速较大，上下游河谷较宽，流速较缓，一般可在上下游形成心滩堆积。由于下游心滩滩头堆积的是较为抗冲的粗粒物质，其形态将对两岸的岸坡稳定产生影响。

回流。主要出现在岸坡局部有抗冲点（天然或人工丁坝）的下游一定范围。回流淘刷岸坡，可影响局部岸坡的稳定。

（2）水位变化幅度的影响。洪枯水位或库水位的升降，导致岸坡岩土体地下水不断变化，地下水的频繁活动使岸坡岩土中的亲水矿物产生溶解、软化，改变了岩土体的物理、水理和力学性质，降低了岩土体抗剪强度。且水位的升降直接洗刷岸坡，产生塌岸。另一方面，水位迅速快速下降，坡体内地下水力坡降变陡，增加岸坡岩土体的渗透压力，侧向水压力减少。在长期的水位变动反复作用下，可能产生塌岸，降低岸坡的稳定性。

砂性土和黏性土互层状结构的岸坡，容易形成层间承压水，可减小黏性土层顶底面的抗剪强度，同时具有浮托力，降低上覆土层的压力，因而易于沿承压含水层顶面发生岸坡滑动破坏。

波浪对岸坡具有侵蚀和刷作用，冰的冻胀、浮冰的撞击等，降低岸坡的稳定。

4. 气象条件

气象条件主要指强降雨使坡体饱水，增加土体荷载、减小抗剪强度和增加地下水的渗透水压力，不利于岸坡稳定。

5. 人类活动因素

人工护岸工程。为了保护岸坡稳定和控制河势，很多河段修建了各种类型的护岸工程，一定程度上改变了该河段水流的流速、流向和流态，对相邻河段或对岸岸坡的稳定性产生一定的影响。

桥梁、码头等建筑工程。河床中设有桥墩的跨江桥梁和沿江码头，起到类似抗冲"节点"或"矶头"的作用，可改变水流的流向、流速和流态，影响下游岸坡的稳定。

人工采砂。人工采砂的直接表现为快速改变河床地形形态，影响水流的流向、流速和流态。当挖砂深槽临近岸坡时，可使岸坡水下坡度变陡，也可使河床堆积侵蚀状态发生改变，影响岸坡稳定。

第五节 堤库岸坡稳定性评价

一、堤岸分类及评价

（1）堤岸工程地质条件分类宜综合考虑水流条件、岸坡地质结构、水文地质条件、岸坡现状和险情等。

（2）当堤岸由细粒土组成时，应根据堤岸土体物理力学性质和水文地质条件分析堤岸在退水期的稳定性。

（3）当堤岸存在不利于稳定的结构面时，应分析堤岸土体沿结构面滑移的可能性。

（4）当堤岸受河水冲刷时，可根据岸坡（岩）土体抗冲刷能力与历史险情将岸坡稳定性分为四类：①稳定岸坡，岸坡（岩）土体抗冲刷能力强，无岸坡失稳迹象。②基本稳定岸坡，岸坡（岩）土体抗冲刷能力较强，历史上基本未发生岸坡失稳事件。③稳定性较差岸坡，组成岸坡的土体抗冲刷能力较差，历史上曾发生小规模岸坡失稳事件,危害性不大。④稳定性差岸坡,组成岸坡的土体抗冲刷能力差,历史上曾发生岸坡失稳事件,具严重危害性。

二、库岸稳定性评价

水库岸坡地质调查与评价时,宜将岸坡进行工程地质分段。对于山区或丘陵区岩质或岩土质混合岸坡宜进行定性的稳定性分类与评价,并对蓄水后的稳定性进行预测;对于平原区岸坡或第四纪沉积物组成的库岸,应预测水库塌岸的范围。

根据《水力发电工程地质勘察手册》,利用地质十因素综合评判法对岸坡稳定性进行定性评价,见表9.5-1。

表9.5-1 水库岸坡稳定性十因素评分标准

单因素分值	1~3分	4~5分	7~10分
地形坡度	地形坡度≤20°,地形整齐,无不利切割面	20°<地形坡度≤30°,地形较整齐,无明显不利切割面	地形坡度>30°,地形零乱,有不利地质切割面
岩层产状	反向坡	斜向坡	顺向坡(夹角≤25°)
松散堆积厚度	<5m	5~10m	>10m
全、强风化层厚度	<20m	20~50m	>50m
岩性及完整程度	岩性均一,坚硬或中等坚硬岩石,较完整,RQD>5	岩性不均一,互层软弱夹层不明显,RQD>25~50	岩性不均一,有明显软弱夹层,岩石破碎,RQD<25
软弱结构面结合	无	不明显	有
水库地质条件	简单	一般	复杂
水库蓄水影响程度	无浸泡、软化影响	有浸泡、无软化等严重不利影响	有浸泡、有软化等严重不利影响
历史和近期变位迹象	无	基本正常	有
植被	发育正常	基本正常	不正常(醉林等)

注:以上评分标准仅适用于水库岸坡调查和场地地基周围一般边坡地质测绘,对复杂边坡应进行详细的工程地质勘察后再作出稳定性综合评价。

利用水库岸坡稳定性十因素评分标准定性评价库岸稳定性时,可参照表9.5-2。

表9.5-2 地质十因素法岸坡稳定性评价标准

岸坡稳定性类别		分值/分	稳定性评价
Ⅰ		≤30	稳定
Ⅱ		30~45	基本稳定
Ⅲ	Ⅲ	45~55	稳定性较差
	Ⅲ	55~70	稳定性差
Ⅳ		≥70	稳定性很差

在野外地质调查时,应充分观察或搜集岸坡地形坡度、岩层产状、松散体厚度、全强风化岩体厚度、岩性及岩体完整性、软弱结构面组合、水文地质条件(特征)、水库蓄水影响程度、历史和近期变位迹象、植被发育情况等十项基本地形地质条件,并根据相近的地质条件进行分段,再利用表9.5-2进行综合评分。

第六节　堤库岸坡治理措施

一、堤岸治理措施

河岸防护按岸与堤的相对关系可大致分为三类：第一类是在堤临水侧无滩或滩极窄，要依附堤身和堤基修建护坡与护脚的防护工程，一般称为险工；第二类是堤临水侧虽然有滩，但滩地不宽，滩地受水流淘刷危及堤的安全，因而需要修建的依附滩岸的防护工程；第三类是堤临水侧滩地较宽，但为了保护滩地，或是控制河势而需要修建的依附滩岸的防护工程。第一类和第二类都是直接为了保护堤的安全而修建，因而统称为护岸工程。

堤岸防护工程主要有坡式护岸、坝式护岸、墙式护岸和其他形式护岸。

1. 坡式护岸

用抗冲材料直接铺敷在岸坡一定范围形成连续的覆盖式护岸，对河床边界形态改变较小，对近岸水流的影响也较小，是一种常见的护岸形式。我国长江中下游河道水深流急，总结经验认为最宜采用平顺护岸形式。我国许多中小河流堤防、湖堤及部分海堤均采用平顺坡式护岸，起到了很好的作用。

坡式护岸上部目前采用可等最多的仍然是干砌石，它有较好的排水性能，且有利于岸坡的稳定；混凝土预制板护坡施工方便；浆砌石、现浇混凝土板、模袋混凝土排整体性强，抗风浪和船行波性能强；下部护脚工程仍以抛石采用最多，它能很好地适应近岸河床冲深；各种结构的排体护脚因其整体性而具有较强的保护作用，如在前沿抛石适应河床变形，效果更好。

2. 坝式护岸

依托河岸修建丁坝、顺坝、勾头丁坝导引水流离岸，防止水流、潮沙、风浪直接冲刷、侵蚀河岸，危及堤防安全，是一种间断性的有重点的护岸形式，有调整水流作用，在一定条件下常为一些河岸、海岸防护所采用。我国黄河下游，因泥沙淤积，河床宽浅，主流游荡、摆动频繁，较普遍地采用丁坝、垛（短丁坝、矶头）以及坝间辅以平顺护岸的防护工程布局。长江在河口段江面宽阔、水浅流缓，也多采用丁坝、顺坝、勾头丁坝挑流促淤，取得了保滩护岸的效果。

3. 墙式护岸

墙式护岸为重力式挡土墙护岸，顺河岸设置，具有断面小占地少的优点，但要求地基满足一定的承载能力，造价也较高。墙式护岸多用于狭窄向段和城市防洪堤。

4. 其他防护形式

其他防护形式包括坡式与墙式相结合的混合形式、桩式护岸、枵搓坝、生物工程等。桩式护岸，我国海堤过去采用较多，如钱塘江和长江采用木桩或石桩护岸有悠久历史，美国密西西比河中游还保留不少木桩堆石坝，黄河下游近年来修筑了钢筋混凝土试验桩坝。生物工程有活柳坝、植草防护等。

修建护岸工程应尽量不缩窄防洪断面，不造成汛期洪水较大抬高，凡适宜修平顺顶护岸的则不修丁坝，尤其不宜修长丁坝。

护岸要尽量采取工程措施与生物措施相结合的方法，以达到经济合理并有利于环境保护的效果。

生物防护是一种有效的防护措施，具有投资省、易实施、效果好的优点，要因地制宜采用树、草进行防护对水深较浅、流速较小的堤段，通常多采用生物防护措施。

二、库岸治理措施

水库岸坡防治措施与岸坡的类型、塌岸规模、稳定性等有着直接的关系，对土质岸坡和岩质岸坡，塌岸规模和稳定性的不同岸坡，应该采取不同措施进行防治。同时，水库岸坡防治措施还与技术经济可行性、施工方法、施工难度、危害程度等有着重要的关系。只有充分考虑、权衡各种因素，才能制订出合理的防治措施。

1. 土质岸坡的治理

土质库岸的物质组成主要是第四系砂、卵砾石和冲洪积的粉质黏土等，局部还有少量的人工堆积、崩积的松散堆积物。这些物质胶结差，抗冲刷能力差。水库蓄水后在水流的冲刷作用下，容易发生塌岸。

稳定性较好的岸坡，易受风浪淘刷的部位，常采用护坡或护岸工程，增强库岸的抗冲刷性和稳定性。在适当地段可种植植被，构筑生态型护坡。护坡结构有利于减弱纵向水流和横向环流对库岸的侵蚀，也有利于减小波浪的作用。砌石料应选用抗冲刷和抗风化能力强的新鲜岩石，砌石体要留排水孔，以排泄岸坡内的地下水。

可能失稳的岸坡，宜采用挡土墙、抗滑桩等。挡土墙不仅可以防止水流对岸坡坡脚的冲刷，还可起到支撑岸坡岩土体稳定岸坡的作用。

已经失稳滑动变形的岸坡，可以采用的治理措施主要有：削坡、减重反压、抗滑桩、设置抗冲刷挡墙等措施。要特别注意的是此类岸坡不但要提高它的抗滑能力，还要进行护坡处理来提高它的抗冲刷能力。对于松散堆积物进行防治应先将其夯实，如果是块石堆积可先用填土碎石充填再行夯实，如是碎石堆积可直接进行夯实。

由冲洪积层构成的阶地库岸，因其前缘陡立，常被风浪淘蚀，失稳坍塌。其治理方法是：蓄水前在其脚部抛石填渣，使其形成平缓的斜坡，再在其上砌石护坡或修筑挡水防浪墙，阻挡浪蚀。在对库岸边坡进行整治时，除了防止水对岸坡的冲刷和浪蚀外，还要特别注意采取措施防止地表水和地下水对边坡的影响。地表排水一般采用设置外围截水沟的方法。同时，还要对岸坡坡面进行整平夯实，减少坑洼及裂隙，并做好岸坡的绿化工作。地下排水一般采用排水洞、排水孔、支撑盲沟、截水暗沟等措施。

2. 岩质边坡的治理

渝西地区岩质岸坡的岩性主要为砂岩、泥岩或者砂泥岩互层，且大部分岸段为砂泥岩互层结构。其治理措施要根据岸坡的实际情况进行选择。

在有裂隙的坚硬岩质岸坡，为了增强滑面的正压力以提高沿滑面的抗滑力或为了固定松动危岩，可采用锚固或预应力锚固措施。其方法是在拟固定的岩体上钻孔直达下部稳定基岩一定深度，在孔内插锚杆，将末端固死，孔口以螺栓固死。锚杆一般涂以化学涂料，以防锈并防止水的侵入，钻孔内也可浇水泥砂浆固定。为增加对岩体的压力，可在孔口施加预应力。锚固和预应力锚杆技术是当前最为高效和经济的加固技术。对于一些高陡岩质岸坡，它不存在顺坡向的不利结构面（如斜向坡、反向坡、近水平坡、横向坡），仅因岩体受节理裂隙面的切割较为破碎，就可能产生崩塌、坠石等岸坡局部失稳现象。可先采取措施剥除"危岩"，削缓岸坡，然后再进行锚固处理。对于比较破碎的坚硬岩石岸坡，为防止其进一步开裂掉块，保护建筑物的安全，可以采用浅层锚固喷射混凝土护面或钢丝网喷浆处理。如果岸坡的坡度较缓，而且稳定性又较好的，可以采用浆砌块石防护坡面，防止水流的冲刷。如果岸坡的结构是顺层的，一般可以采用抗滑桩或锚固措施来治理，对于一些大型的顺层塌岸，如果塌岸体对抗滑桩产生的弯矩过大时，推荐采用预应力锚拉桩。如果岩质岸坡下部有空区，可采用混凝土、柱、浆砌块石、毛石等回填来支撑空区；对于地表水要修筑集水沟和排水沟，进行拦截排出；地表裂缝要封闭，防止地表水下渗；对于地下水可采取防水帷幕截断，并采用水平排水孔、竖直集水井、泄水洞、洞孔联合、井洞联合等方法排出地下水；对于坡面可以采取灌浆、抹面、填缝、喷浆、嵌补等措施防止被水流侵蚀和风化。

3. 岩土混合岸坡的治理

岩土结合岸坡，土岩分界面一般就是不稳定的滑动面。对岩土结合岸坡一般可采用滑坡的治理措施，即削坡、减重反压、设置抗滑挡墙、抗滑桩、注浆法、锚固或预应力锚固等措施，鉴于滑坡的成分、结构和变形机制的复杂性，实际工作中可选取几种方法配合使用。如抗滑桩可以与锚索联合使用构成锚拉桩，从而增加桩的抗滑力。在打抗滑桩时，抗滑桩要穿过岩土分界面，嵌入基岩。对上部的松散堆积层，要先进行夯实处理,再进行防护处理。对于坡面可以采用浆砌块石进行防护。

山区型水库塌岸常用的防护措施见表 9.6-1。

表 9.6-1 山区型水库塌岸常用的防护措施

岸坡类型	塌岸模式	岸坡特征	冲刷强度	建议防护对策
土质库岸	侵蚀剥蚀型	缓坡	弱	①散抛石;②水下抛石+坡面植被防护
			强	①水下抛石+点砌石(混凝土模块)护坡;②水下抛石+浆砌石(混凝土模块)护坡;③沉排结构,如格宾网垫(石笼沉排)、土工网或土工格栅石笼、土工混凝土模块、混凝土连锁板
			—	①渗水盲沟+坡式护岸(干砌石、浆砌石)+坡脚防冲(流土)
		陡坡	—	①渗水盲沟+垂直护岸(挡土墙或铅丝笼)+坡脚防冲(流土)
	坍塌型	陡坡	弱	①垂直护岸(挡土墙或铅丝笼)+坡脚防冲;②格构+点砌石或浆砌石(混凝土模块)+坡脚防冲
			强	①垂直护岸(挡土墙或石笼)+坡脚防冲(水下抛石、柴枕柴排、混凝土模袋、软体沉排、干砌石、浆砌石);②格构+点砌石或浆砌石(混凝土模块)+坡脚防冲;③垂直护岸(挡土墙或铅丝笼)+坝式护岸(丁坝、顺坝),可选择不漫水下挑丁坝以防止水流直接冲刷或漫水上挑丁坝组以促成淤积
	滑移型	浅层滑移	—	①轻型支挡结构+护坡+坡脚防冲+排水,支挡可选抗滑挡土墙、钢板桩、微型桩;②削坡压脚+护坡+坡脚防冲+排水
		整体滑移	—	按照涉水滑坡防治工程相关规范进行勘查、设计和施工
岩质库岸	冲磨蚀型	软岩缓坡	强	①水下抛石+干砌石(混凝土模块)护坡;②水下抛石+浆砌石(混凝土模块)护坡;③沉排结构,如格宾网垫(石笼沉排)、土工网或土工格栅石笼、土工混凝土模块、混凝土连锁板
	坍塌型	软岩缓坡	—	①锚杆喷射混凝土+坡脚防冲;②格构+坡脚防冲刷;③桩板墙+坡脚防冲
		硬岩陡坡	—	①局部锚杆+喷射混凝土+裂隙灌浆加固;②锚索(单锚、群锚或格构锚索)+喷射混凝土+裂隙灌浆加固
	滑移型	—	—	按照涉水滑坡防治工程相关规范进行勘查、设计和施工
岩土混合库岸	侵蚀剥蚀型	缓坡	弱	①散抛石;②水下抛石+坡面植被防护
			强	①水下抛石+点砌石或浆砌石(混凝土模块)护坡;②水下抛石+浆砌石(混凝土模块)护坡;③沉排结构,如格宾网垫(石笼沉排)、土工网或土工格栅石笼、土工混凝土模块、混凝土连锁板
			—	①渗水盲沟+坡式护岸(干砌石、浆砌石)+坡脚防冲(流土)
		陡坡	—	①渗水盲沟+垂直护岸(挡土墙或铅丝笼)+坡脚防冲(流土)
	坍塌型	陡坡	弱	①垂直护岸(挡土墙或铅丝笼)+坡脚防冲;②格构+点砌石或浆砌石(混凝土模块)+坡脚防冲
			强	①垂直护岸(挡土墙或石笼)+坡脚防冲(水下抛石、柴枕柴排、混凝土模袋、软体沉排、干砌石、浆砌石);②格构+点砌石或浆砌石(混凝土模块)+坡脚防冲;③垂直护岸(挡土墙或铅丝笼)+坝式护岸(丁坝、顺坝),可选择不漫水下挑丁坝以防止水流直接冲刷或漫水上挑丁坝组以促成淤积
	滑移型	浅层滑移	—	①小型抗滑支挡结构+坡式防护+坡脚防冲+排水,抗滑支挡可选抗滑挡土墙、钢板桩、微型桩等;②削坡压脚+坡式防护+坡脚防冲+排水
		整体滑移	—	按照涉水滑坡防治工程相关规范进行勘查、设计和施工

第七节 工程实例

一、三峡库区白马中学防护工程堤岸破坏模式分析

1. 工程概况

三峡水库蓄水后,武隆县白马镇的黄荆坝及白马中学部分教室和操场被淹,且为水库消落带。拟通过回填造地等工程措施对黄荆坝进行防护,并增加建设用地,缓解建设用地紧张的矛盾。拟建防护堤工程轴线长 1.132km,采用碾压堆石堤,两级放坡。

2. 地形地貌

工程位于乌江一级支流石梁河右岸黄荆坝,为河漫滩及阶地,地势较平坦,漫滩呈南北向展布,长约 1.0km,宽约 0.36km,滩面高程 169.27~176.61m,高差约 7.0m,地形坡度 1°~5°。阶地分布于漫滩后缘,为堆积阶地,长约 1.2km,宽 30~100m,阶地前缘高程 175.00~176.61m,阶面高程 187.40~202.60m,阶面破坏较严重,阶面地形坡度 2°~8°。阶坡地形坡度 8°~20°。阶地中后缘及山麓斜坡地带现为建筑群。

3. 堤基地质结构

堤基地质结构分类是为了评价堤基工程地质条件,通过堤基地质结构分类来初步判别存在的工程地质问题。如堤基是否会发生渗漏或渗透变形,堤岸的破坏模式等,并对堤基防渗及抗滑稳定验算提供地质依据。不同的分类依据有不同的堤基结构类型,本书主要根据《堤防工程地质勘察规程》,结合长江中上游堤基地质结构特点,对堤基结构类型的划分进行了归纳,堤基地质结构类型见表 9.7-1。

表 9.7-1 堤基地质结构分类表

大类	亚类	地质结构特征
单一结构类（Ⅰ）	均一黏性土结构亚类（Ⅰ$_1$）	堤基上部黏土、粉质黏土组成;下部为基岩,抗渗条件好或较好,堤岸耐冲、稳定
	均一碎石土结构亚类（Ⅰ$_2$）	堤基为砂卵石,厚度不等,或上部砂性土、粉土小于1m,抗渗条件较差,易塌岸
双层结构类（Ⅱ）	上薄层黏性土;下碎石土结构亚类（Ⅱ$_1$）	漫滩,上部为黏土、粉质黏土;中下部为砂砾卵石夹粉细砂透镜体,抗渗条件较差,易塌岸
	上薄层砂性土;下碎石土结构亚类（Ⅱ$_2$）	漫滩,上部为粉土、粉细砂;中下部为砂砾卵石夹粉细砂透镜体,抗渗条件较差,易塌岸
	上厚层黏性土;下碎石土结构亚类（Ⅱ$_3$）	阶地,上部黏性土层,厚度大于3m,可—硬塑状,下部砂卵石层,厚度大,抗渗条件好或较好,堤岸耐冲、稳定
多层结构类（Ⅲ）	上人工填土;中部砂性土;下部碎石土结构亚类（Ⅲ$_1$）	上部为人工填土,结构松散—稍密;中部夹粉土、粉细砂;下部为砂砾卵石层。人工填土为新近填土,抗渗性能较差
	碎石土夹黏性土薄层或透镜体亚类（Ⅲ$_2$）	砂砾卵石层夹黏性土薄层或透镜体亚类,黏性土厚度一般 0.1~1m,抗渗性能较差

4. 堤岸破坏模式分析

(1)圆弧滑动。堤岸产生圆弧形滑动破坏模式的地质条件:漫滩,地势较平坦,堤基地质结构多为单一结构(Ⅰ)和双层结构(Ⅱ$_2$)。

白马防护堤轴线桩号 K0+210~K1+022,长约 812m,堤基坐落在漫滩上,漫滩地形较平坦,地形坡度 1°~5°,上部 0~5.8m 为粉土、粉细砂;下部为砂砾卵石夹粉细砂透镜体,堤基土体与堤身土体的

物理力学性质较接近,可视为均质体。在三峡库水 175~145m 之间运行时或洪水退水时,堤内产生较大的动水压力,堤岸可能产生圆弧形滑动(图 9.7-1)。

(2)沿斜坡滑动。堤岸沿斜坡折线滑动破坏模式的地质条件:堤岸位于斜坡上,斜坡将成为结构面,这类滑动破坏主要受地形坡度控制,各类堤基地质结构的岸坡都可以沿坡面产生滑动。

堤轴线桩号 K0+000~K0+210 和 K1+022~K1+132 两段,总长约 320m。堤基坐落阶地及漫滩交界部位。阶地阶坡坡度 8°~20°,阶地上部 2~10.8m 为粉质黏土,硬可塑状,透水性很小,为相对隔水层,上部堤身填土为中等—强透水层,地下水将沿着阶坡流动,在地下水的长期浸泡和冲蚀作用下,粉质黏土的力学性质会降低,甚至产生泥化,阶坡将形成软弱结构面,即为潜在滑面。堤岸将沿着坡面与漫滩组合面产生折线滑动破坏(图 9.7-2)。

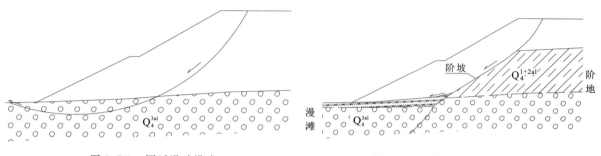

图 9.7-1　圆弧滑动模式　　　　　　图 9.7-2　沿阶坡折线滑动模式

(3)沿软弱夹层滑动。堤岸沿软弱夹层产生滑动破坏模式的地质条件:具有黏性土或粉土夹层,堤基地质结构为双层结构(Ⅱ$_1$)或多层结构(Ⅲ$_2$)。

堤岸沿软弱夹层产生滑动破坏模式分两种情况,第一种情况,堤基土体为砂砾卵石夹黏土薄层或透镜体。水对于材料强度是一个十分活跃的因素,黏性土在库水长期作用下造成的材料力学效应,主要体现在黏性土的黏聚力和内摩擦角的降低,堤岸将沿着这类软弱夹层产生滑动;第二种情况,2008 年三峡水库已试运行一年,当水库水位从 175m 退至 155m 后,在漫滩上淤积了一层厚 0.1~0.3m 的淤泥层,这对堤基抗滑稳定极为不利,堤岸将沿着这一软弱层面滑动破坏(图 9.7-3)。

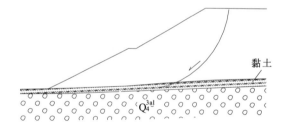

图 9.7-3　沿软弱夹层滑动模式

(4)渗流破坏。堤基渗透破坏是引发堤岸破坏的形式之一。

堤基渗透变形主要发生在漫滩,双层结构(Ⅱ$_2$),漫滩上部为 0.5~5.8m 粉土、砂土,渗透系数 $4.26×10^{-7}$~$1.95×10^{-6}$cm/s,渗透性小;中下部为厚度 2.2~27.9m 的砂卵砾石、砂砾石夹细—粗砂及少量粉土,不均匀系数 8.3~33.2,曲率系数 3.29~8.99,渗透系数 $5.07×10^{-4}$~$5.17×10^{-2}$cm/s,渗透性较大。

堤基土体在三峡库水或洪水退水时产生的动水压力作用下可能发生渗透破坏。堤基渗透破坏形式以接触冲刷为主。

(5)冲刷淘蚀。白马中学防护堤外滩宽度 12.0~80.0m,为土质岸坡,主要为阶地(Q_4^{1+2al})和漫滩(Q_4^{3al})两类。

阶地(Q_4^{1+2al}),多为双层结构(Ⅱ$_3$),上部 2.7~8.85m 为粉质黏土,硬可塑状;下部 0~5.8m 为砂卵砾石层,密实。阶地土体具有一定的抗冲刷能力,这类岸坡基本稳定。

漫滩(Q_4^{3al}),多为双层结构(Ⅱ$_2$),漫滩上部为 0.5~5.8m 粉土、砂土;下部为砂卵砾石层。粉土、砂土和砂砾卵石抗冲刷能力较弱,岸坡在河流侧向冲刷淘蚀或迎流顶冲作用下,将产生塌岸,原岸线不断迁移后退至堤脚,堤脚将产生临空,从而危及堤岸的稳定。

石梁河河水冲刷淘蚀作用较强烈,石梁河左岸,铧头嘴桥下游长约300m的顺河向浆砌块石堤坝,在河流的侧向冲蚀的作用下已发生垮塌翻转。

根据2002年2月和2008年2月工程区1∶1000的地形图进行对比分析(图9.7-4、图9.7-5),发现石梁河岸线改变较大,塌岸宽度一般3～15m,最大可达40m。由此推算出河流冲刷塌岸速度为0.5～6.5m/a。

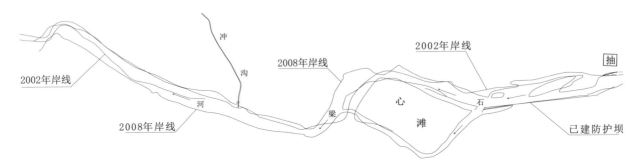

图9.7-4　石梁河白马镇黄荆坝段岸线迁移图

图9.7-5　石梁河白马镇黄荆坝段塌岸照片

通过对石梁河调查及岸线迁移分析,说明石梁河冲刷淘蚀作用较强烈,岸线迁移速度较快。

三峡水库按145～175m高程水位调度运行,石梁河有半年的时间处于天然的流水状态,对石梁河水流状态改变不大,反之,岸坡在库水的长期浸泡下,力学强度将会降低,河流的冲刷淘蚀用作将进一步显现。

5. 结论

(1)三峡电站已开始运行,因库水消涨带来的地质问题逐渐突现,移民搬迁造成建设用地十分紧张,沿江城镇正在兴建防洪护岸工程,防洪护岸工程既缓解了建设用地紧张的矛盾,又治理了因库水消涨引发的岸坡失稳。但如果治理方案和处理方法不当,将会产生新的地质灾害。

(2)对堤岸破坏模式的分析,进一步认识岸坡的变形破坏机制,从而提出科学而合理的治理方案和处理措施。

(3)堤岸的破坏模式主要受地质结构、岩土物理力学性质、水文地质条件和岸坡的几何形态等因素控制。

二、江西马湖堤崩岸

马湖堤位于江西省彭泽县,1996年1月3日和1月8日发生两起崩岸,毁防洪堤1210m。马湖堤在河势上处于长江向南突出的弓形顶部,长年处于侵蚀冲刷环境,1960年围垦时,堤外有宽200～300m的外滩,逐年崩塌退缩,至本次崩岸前,堤外滩地宽仅20m。

1. 崩滑体特征

崩滑体可分两部分,上游段崩岸长约300m,宽约200m,体积约40万～50万 m^3,从崩岸前后水下 $-20m$ 地形线对比,滑体推进入河床约160～180m;下游段崩滑体长约560m,宽270～290m,体积约60万～65万 m^3。从崩岸前后 $-20m$ 高程线对比,滑体推进入河床约130～160m,见图9.9-6。

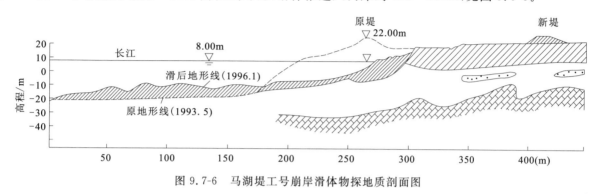

图9.7-6 马湖堤Ⅰ号崩岸滑体物探地质剖面图

2. 崩岸成因分析

(1)岸坡地质结构。组成岸坡的地层为上黏下砂结构。上部为粉质黏土夹有薄—极薄层粉细砂。黏性土饱水呈软塑状,厚16～25m;中部为粉细砂,中密,厚2～19m,夹有薄层软塑状粉土;下部为中细砂,厚0～9m;底部为砂砾石层,厚0～15m。下伏基岩为二叠系灰岩。上黏下砂地质结构有利于崩岸的发生。

(2)长期处于冲刷环境,堤外滩地退缩,岸坡在高程5～15m之间的坡度为1∶1.3～1∶1.5。1995年汛期大水,冲刷强烈,岸坡自稳能力进一步下降。

(3)1995年8月20日长江大洪水过后,水位从高程20.72m一直处于下降状态,至崩岸前1996年1月8日,长江水位为8m,水位下降12.7m,减小了岸坡的侧向水压力,增加了坡体的渗透压力(堤内侧鱼塘水位高出崩岸前江水位6m)。

(4)1995年11月—1996年1月,大堤加高2m,加宽6m,增加附加单宽荷载21.6t/m。填土采用机械碾压,可能导致黏土层中的粉细砂层液化。

在上述因素的综合作用下,于大堤加固完成后3天即发生重大崩岸。在崩岸发生前,无任何先兆。从崩岸的形态及形成机理分析,马湖堤崩岸属于"崩滑型"崩岸,或是"先崩后滑型"崩岸。

三、江苏潜洲窝崩

1. 窝崩特征

潜洲窝崩位于江苏省,是一个规模巨大的"窝崩"。崩窝口门宽570m,窝长680m,窝宽690m,$-25m$高程线深槽楔入岸坡240m。崩塌堆积物向河床推移280m,堆积物向上、下游分别延伸760m和81m,平均堆积厚度达10m,总体积约693万 m^3(图9.7-7)。崩岸区地层为第四系全新统沉积,上部为砂质粉质壤土,厚度一般1～5m,下部以粉细砂为主,夹有砂质壤土。

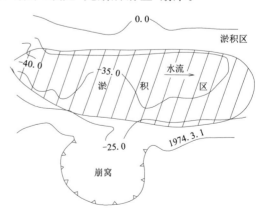

图9.7-7 潜洲窝崩示意图

2. 窝崩成因分析

潜洲窝崩属于巨大的"口袋崩"类型,这种崩岸形式不能单纯用水流侵蚀造成的重力失稳解释。其变形特征是连续不断地逐次向岸坡内崩塌,直到稳定。根据众多研究者的分析,有以下因素综合作用形成。

(1)贴岸侵蚀水流冲刷形成河床深槽,使岸坡变陡,稳定性降低。潜洲窝崩在崩塌前,河床深槽已逼近岸坡,崩后形成的深槽—25m高程线楔入岸坡240m。

(2)岸坡的地质结构,主要由砂性土组成,上部黏性土很薄,且为黏粒含量少的粉质壤土或砂质壤土,抗冲性能差,在振动下易于液化。

(3)粉细砂颗粒在一定流速下可以随水流运出崩窝区,并为后期崩塌留出空间。在崩窝区内测得的回流速度达1.5~2.0m/s,足以将粉细砂带出崩窝。

(4)崩塌涌浪,可对坡体稳定造成不利影响。据观察,每块崩塌体下滑时,造成的涌浪可高出岸坡。实际上产生了多种作用,第一块体下滑时,造成岸坡外侧水位骤降,而涌浪则造成水位骤升,两种截然相反的作用对未崩塌坡体挤压、拉张、振动,并造成坡体内地下水渗流状态及孔隙水压力的急剧变化,也可能造成砂性土层液化,强度降低,从而导致第二块体失稳崩塌。周而复始,形成巨大的口袋形崩窝。

涌浪造成的综合作用见图9.7-8。由涌浪作用对岸坡的冲击能量可用下式计算

$$E = \frac{\gamma}{8} hL \tag{9.7-1}$$

式中:E为波浪冲击能量;γ为水的容重;h为涌浪高度;L为涌浪波长。

由水位骤降造成岸坡水压力突然释放的效应,将会造成边坡土体结构变疏松,而涌浪的冲击又使土体受压,其中孔隙水压力也不断变化,由此反复作用,导致崩余岸坡砂性土体液化并被回流运走,进而又使未崩岸坡变陡,引发第二轮较大崩岸。

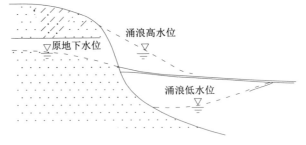

图9.7-8 崩塌涌浪综合作用示意图

一个大的窝崩的形成,崩塌的物质要不断地被窝内回流带出口门外,并随江水搬运至上下游堆积,在崩窝内留下一轮崩岸空间,这样窝崩才能不断地向岸坡纵深发展。如果崩塌物质不能被水流带走,则崩塌很快就会停止。因此,大的窝崩一般发生在上覆黏性土不厚,以砂性土为主的河段。

四、某水库库岸稳定性评价

水库干流长约27km,两岸相应岸线长约58km。库区水系发育,两岸呈树枝状展布,规模较大的支流均分布在右岸,分别为:陈河、绿鱼沟、刘家河。支流长度约4.4km,支流岸线长约8.7km。库区干流和支流累计岸线长约66.7km。

1. 库岸稳定分段

水库区岸坡依据地层岩性、地质结构及成因类型将库区岸坡分为三大类、五亚类,具体分类原则见表9.7-2。

库区干流左岸库岸稳定状态分段评价见表9.7-3,右岸略。

根据岸坡类型、地质结构与崩滑体分布密度,将库岸分为稳定条件好(A)、稳定条件较好(B)、稳定条件较差(C)和差(D)四类,共53段,总长64.1km。库岸总体稳定,稳定较差(C)地段主要为崩坡积堆积和滑坡堆积,稳定差(D)地段为滑坡堆积不稳定区。各类岸坡长度及所占库岸比例统计结果见表9.7-4。

表 9.7-2　岸坡分类原则

大类	划分标准	亚类	划分标准
岩质岸坡（Ⅰ）	岸坡为基岩	Ⅰ$_1$	逆向坡、斜向坡
		Ⅰ$_2$	顺向坡
土质岸坡（Ⅱ）	岸坡为覆盖层	Ⅱ$_1$	冲洪积
		Ⅱ$_2$	残坡积、崩坡积
		Ⅱ$_3$	滑坡、崩滑体
混合岸坡（Ⅲ）	覆盖层与基岩相间出露		

注：库岸分类范围：正常蓄水位 400m 至水库 20 年一遇洪水位（$P=5\%$）内的岸坡。

表 9.7-3　库区干流左岸库岸稳定状态分段评价表

库岸位置	距坝址距离/km	长度/km	河谷形态	岸坡类型	岩土组合	稳定性评价
库尾—涪阳法庭	24.9	4.4	走向谷、斜向谷	Ⅱ$_1$、Ⅲ	粉质黏土、卵石、局部基岩出露	较好（B）
涪阳法庭—涪阳污水厂	22.9	2.0	斜向谷	Ⅰ$_1$	基岩出露，为侏罗系泥岩、粉砂岩及砂岩	好（A）
涪阳污水厂下游	22.2	0.7	横向谷	Ⅱ$_2$	粉质黏土夹块石、碎块石土	较好（B）
涪阳污水厂下游—草池大桥	19.1	3.1	斜向谷	Ⅰ$_1$	泥岩、砂岩、粉砂岩互层	好（A）
草池乡	18.8	0.3	斜向谷	Ⅱ$_2$	粉质黏土夹碎块石、碎块石土	较差（C）
草池乡—城子坪	16.2	2.6	斜向谷	Ⅰ$_1$、Ⅱ$_1$	砂岩、泥岩、粉砂岩、粉质黏土	好（A）
城子坪—永胜桥	15.6	0.6	斜向谷	Ⅱ$_2$	崩坡积粉质黏土、块石土	较差（C）
永胜桥—七水木材厂	14.4	1.2	横向谷、斜向谷	Ⅰ$_1$	泥岩、砂岩、粉砂岩	好（A）
七水木材厂—丽洁饮用水厂	13.5	0.9	斜向谷	Ⅱ$_2$	残坡积、崩坡积粉质黏土、块石土	较好（B）
丽洁饮用水厂—黑窝子	12.7	0.8	横向谷、斜向谷	Ⅰ$_1$	泥岩夹砂岩、粉砂	好（A）
黑窝子	12.2	0.5	走向谷	Ⅱ$_2$	粉质黏土夹块石	较差（C）
黑窝子—三岔溪	9.1	3.1	走向谷、斜向谷	Ⅰ$_1$	泥岩夹砂岩、粉砂	好（A）
三岔溪—旱天坪	8.1	1.0	斜向谷	Ⅱ$_2$、Ⅱ$_3$	粉质黏土夹块石、块石土	较差（C）
旱天坪—蓝秧田	6.6	1.5	走向谷	Ⅰ$_1$、Ⅱ$_2$	泥岩、粉质黏土、块石土	较好（B）
蓝秧田—营田坝	5.8	0.8	走向谷	Ⅱ$_2$	粉质黏土、块石土	较差（C）
营田坝—书铺里	3.6	2.2	走向谷	Ⅱ$_2$、Ⅱ$_1$	粉质黏土、卵石	较好（B）
书铺里—石鹤嘴	2.8	0.8	斜向谷	Ⅰ$_1$	泥岩、砂岩、粉砂	好（A）
石鹤嘴	2.4	0.4	斜向谷	Ⅱ$_2$	粉质黏土、粉质黏土夹块石	较好（B）
石鹤嘴—坝址	0	2.4	斜向谷	Ⅰ$_1$	泥岩、砂岩、粉砂	好（A）

表 9.7-4 库岸稳定状态分类统计

稳定性	好(A)	较好(B)	较差(C)	差(D)
段数	22	19	11	1
累计长度/km	33.4	24.8	5.5	0.4
百分比/%	52.1	38.7	8.6	0.6

2. 库区滑坡

通过调查,水库区规模较大滑坡有草池滑坡、早天坪滑坡,总体积约 1775 万 m^3。草池滑坡总体积约 1575 万 m^3,属特大型滑坡;早天坪滑坡,体积约 200 万 m^3,属大型滑坡。

(1)草池滑坡。草池滑坡位于小通江右岸草池乡,距坝址约 16.5km。滑坡东西宽 370~400m,南北向长约 1900m。前缘边界(东侧)为小通江;后缘边界(西侧)以顺基岩陡崖坡脚拉裂槽为界;上游边界(北侧)与基岩陡坎相接;下游边界(南侧)位于刘家河口上游约 380m,沿滑坡下游边界发育一冲沟,冲沟口见零星基岩出露。滑坡前缘高程 375~380m,后缘高程 470~480m,局部 430m。前后缘高差约 105m。滑坡平面面积约 $75×10^4 m^2$,滑坡体厚度 9~39.4m,平均厚度约 21m,体积 $1575×10^4 m^3$。

根据滑坡体厚度、物质成分、地形地貌,结合滑体现状变形特征将草池滑坡分为Ⅰ区(下游部分)、Ⅱ区(上游部分)两个大区及 $Ⅰ_1$、$Ⅰ_2$、$Ⅱ_1$、$Ⅱ_2$ 四个亚区。

Ⅰ区:面积约 $52×10^4 m^2$,体积约 $1240×10^4 m^3$,顺河向宽约 1200m。根据揭示厚度及物质组成,该区进一步划分为 $Ⅰ_1$、$Ⅰ_2$ 两个亚区。$Ⅰ_1$ 区面积约 $19×10^4 m^2$,滑体厚度 12.5~18.4m,体积约 $280×10^4 m^3$,主要为粉质黏土夹碎块石,碎块石含量约占 30%;$Ⅰ_2$ 区面积约 $33×10^4 m^2$,滑体厚度 26.3~39.4m,体积约 $960×10^4 m^3$,主要为滑移反倾岩体,碎块石含量约占 60%~70%,局部达 90%。

Ⅱ区:面积约 $23×10^4 m^2$,体积约 $335×10^4 m^3$,顺河向宽约 700m,根据钻孔揭示滑体厚度及地表变形情况,对该区进一步划分为 $Ⅱ_1$、$Ⅱ_2$ 两个亚区。$Ⅱ_1$ 区面积约 $6.8×10^4 m^2$,滑体厚度 9.0~17.0m,体积约 $75×10^4 m^3$,滑体物质主要为粉质黏土夹碎块石,碎块石含量约占 30%~40%。$Ⅱ_1$ 区房屋、路面、围墙均存在变形裂缝,上游岸边部分房屋已产生破坏形成危房,该区草池小学已搬迁废弃。$Ⅱ_2$ 区面积约 $16.2×10^4 m^2$,滑体厚度 11.6~29.2m,体积约 $260×10^4 m^3$,滑体物质主要为碎块石夹粉质黏土,碎块石含量约占 50%~60%,后缘达 80%,该区近期变形破坏不明显。

根据竖井开挖揭示滑带为褐红色粉质黏土夹少量碎石,碎石受强烈挤压具一定磨圆特征。滑面清晰,面光滑见擦痕,具镜面特征。

滑坡体稳定计算参数主要采用钻孔、竖井取样室内试验成果,结合当地同类型滑坡参数综合取值。计算参数见表 9.7-5。

表 9.7-5 滑坡稳定性计算参数取值

土体		重度/(kN·m^{-3})		滑带抗剪强度			
				天然		饱和	
		天然	饱和	c/kPa	φ/(°)	c/kPa	φ/(°)
滑体	$Ⅰ_1$	21.2	21.7	25.4	17.4	21.5	16.0
	$Ⅰ_2$	23.6	23.9	25.4	17.4	21.5	16.0
	$Ⅱ_1$	22.4	22.8	25.4	17.4	17.5	12.5
	$Ⅱ_2$	23.0	23.4	25.4	17.4	21.5	16.0

根据草池滑坡现状,按照《水利水电工程边坡设计规范》(SL 386—2007),结合本滑坡具体工程地质条件,确定草池滑坡计算工况(表 9.7-6)。

表 9.7-6 草池崩滑体稳定性计算工况

类别		工况	荷载组合
蓄水前		工况 1	自重+地表荷载+天然状态地下水位
		工况 2	自重+地表荷载+暴雨状态地下水位
蓄水后	静止水位	工况 3	自重+地表荷载+水库正常蓄水位 400m+天然状态地下水位
		工况 4	自重+地表荷载+水库正常蓄水位 400m+暴雨状态地下水位
	水位降落	工况 5	自重+地表荷载+水库正常蓄水位 400m 骤降至 386m+天然状态地下水位
		工况 6	自重+地表荷载+水库正常蓄水位 400m 骤降至 386m+暴雨状态地下水位

依据《水利水电工程边坡设计规范》(SL 386—2007)推荐的不平衡推力传递法计算,本次勘察对滑坡内 7 条剖面进行稳定性计算,成果见表 9.7-7。

表 9.7-7 滑坡稳定计算成果

分区			工况 1	工况 2	工况 3	工况 4	工况 5	工况 6
Ⅰ区	Ⅰ₁	C7	1.327	1.324	1.273	1.270	1.195	1.192
	Ⅰ₂	C6	1.485	1.475	1.443	1.431	1.376	1.365
		C5	1.726	1.715	1.737	1.724	1.624	1.613
	Ⅱ₂	C4	1.201	1.190	1.172	1.159	1.100	1.088
	Ⅱ₁	C3	1.184	1.182	1.014	1.010	0.820	0.818
		C2	1.080	1.076	1.012	1.007	0.915	0.912
		C1	1.066	1.064	1.083	1.079	0.943	0.941

根据稳定性计算结果表明:计算稳定状态与现场地质调查宏观分析判断一致。青峪口水库蓄水后对草池滑坡Ⅰ区滑坡体稳定性有一定影响,但仍处于稳定状态;Ⅱ₁区面积约 $6.8 \times 10^4 m^2$,体积约 $75 \times 10^4 m^3$,处于不稳定状态,草池乡位于该区,房屋密集,人口众多,建议采取相应的工程治理措施,防止滑坡变形。Ⅱ₂区处于基本稳定状态,当Ⅱ₁区失稳后,Ⅱ₂区稳定性将受影响。

从滑坡前缘物质分布情况分析,在河床岸坡附近均有大块石堆积,对现有库岸起到了一定压脚作用。总体来说,库岸整体现状处于稳定状态。青峪口水库蓄水后,可能会对滑坡前缘库岸产生影响,主要表现形式为库岸再造。本阶段根据图解法来预测滑坡前缘的塌岸宽度。塌岸宽度 20~40m,塌岸高程 408~425m,塌岸对该滑坡稳定影响较小。

根据草池滑坡各区稳定性评价,结合工程地质条件、滑坡体基本特征、变形特征等对各区滑坡防治措施建议如下。

Ⅰ区:滑坡体蓄水前后各种工况下滑坡体稳定系数均大于安全标准,处于稳定状态,建议水库运行期间加强该区监测。

Ⅱ₁区:蓄水前天然状态处于基本稳定,饱和状态处于欠稳定,蓄水后处于欠稳定—不稳定状态。滑坡失稳可能产生较大的涌浪,滑坡距大坝 17km,对大坝的影响小,但将对滑坡附近居民生命财产产生重大影响。滑坡失稳还可能堵塞河道,水位壅高将产生较大的淹没损失。建议采取相应的工程处理措施。

II_2区:该区现状处于稳定状态,蓄水后天然状态处于基本稳定,滑坡内高程400～420m一带分布较多的居民房屋、街道等,水库蓄水后,坍岸对滑坡稳定影响较小。但由于滑坡体厚度大、物质结构复杂、微地貌复杂,水库蓄水后滑坡前缘将受库水长期浸泡、冲刷,建议对该区进行稳定性监测。

(2)旱天坪滑坡。旱天坪滑坡位于小通江左岸旱天坪处,七水治超检查站附近,距坝址约6.7km。现已采用重力式挡墙、抗滑桩进行局部治理。经治理后,旱天坪滑坡整体稳定,局部欠稳定。建议水库蓄水时,对该滑坡进行监测。

3. 坍岸

1) 库岸破坏形式

蓄水后水库坍岸主要有侵蚀型、坍塌型、滑移型三种类型。

岩质库岸段:以侵蚀型坍岸为主,局部岩体完整性较差,岸坡坡角较大,岸坡卸荷裂隙较发育,裂隙规模较大,水库蓄水后,可能产生小规模崩塌。参照嘉陵江亭子口水利枢纽工程库区岩质岸坡段坍岸情况,结合本水库库区岩性特征及现状洪水变动带库岸破坏情况,预测岩质岸坡库岸再造宽度一般小于20m。

土质库岸(含岩土混合库岸):河流冲积和稳定性较好的崩坡积易产生坍塌型坍岸;滑坡和顺向坡上的崩坡积易产生滑移型坍岸。

2) 坍岸预测

水库区滑移型坍岸干流左岸分布在蓝秧田—营田坝段、赤江乡段,总长约1.3km河段;干流右岸分布在后槽湾段、草池滑坡II_1区,总长约0.5km河段。根据库岸第四系堆积物质组成、厚度、地形坡角、岩土界面倾角等情况预测库岸再造带宽。坍塌型库岸水下稳定坡角根据现状洪水位变化带及枯水期岸边同类土质岸坡坡角确定;水上坡角参照现状岸边自然斜坡同类土质岸坡,水库蓄水后斜坡库水和洪水影响,取值适当低于现状岸坡坡角。水下稳定坡角粉质黏土岸坡取10°,块石土取16°;水上稳定坡角粉质黏土取20°,块石土取25°,进行坍塌岸宽度预测,滑移型库岸根据后缘边界确定坍岸宽度。见表9.7-8。

坍塌型库岸再造宽度相对较小,一般10～30m,大者60～80m;滑移型库岸再造宽度相对较大,一般80～190m。

由于库岸再造是局部的、分散的,时间上同时发生的概率较小,再造规模小,不会危及水库的正常运行。

五、黄龙滩水库岸坡失稳启示

水库引起库岸斜坡变形破坏,国内外不乏其例,使人们注意到水库滑坡危害的严重性。因此,当前将库岸稳定性的研究确定为水电工程勘测的一个重要工程地质和环境地质问题。

从国内库岸稳定性的研究情况看,以往多注重研究岸坡失稳对大坝及附属建筑物安全的影响,而忽视库岸失稳对库区城镇居民、航运及水库运行安全影响等问题。常常因库岸失稳对库区人民生命财产造成不同程度的威胁,使水库移民安置长期不能妥善解决,其中,鄂西北黄龙滩水库就是典型的一例。

黄龙滩水库位于汉江交流堵河上,由南至北贯穿三县一市,长93km,自1976年建成运行十余年后,岸坡大多数古老滑坡复活变形,并产生一些小规模的土层滑坡,使滑坡体上部分房屋破坏,直接危及库区人民生命财产的安全。

该水库库岸失稳造成的危害,虽是以往忽视库岸稳定性研究的教训,而更重要的是给水库工程地质工作很多启示。在水电工程勘测设计中,必须从工程地质和环境地质角度出发,查明岸坡的现状、水库形成后岸坡稳定性的变化趋势,并结合航运、移民规划进行综合评价,以达到利国利民的目的。

表 9.7-8 库区土质库岸坍岸预测一览表

位置	距坝距离/km	岸别	岸坡长度/m	塌岸宽度/m	破坏模式	岸坡特征
草池乡街道	17.0	左	280	30～40	坍塌型	上部为块石土,下部为粉质黏土、卵石
城子坪	13.5	左	630	10～50	坍塌型	粉质黏土夹块石
七水	11.5	左	810	20～50	坍塌型	粉质黏土夹块石
黑窝子	10.1	左	400	10～30	坍塌型	粉质黏土
三岔溪—早天坪	6.6	左	840	40～60	坍塌型	粉质黏土、块石土
蓝秧田—营田坝	5.0	左	720	80～150	滑移性	粉质黏土、块石土,易沿岩土界面滑动
赤江乡	4.1	左	540	20～50	滑移性	粉质黏土,易沿岩土界面滑动
书铺里	3.0	左	420	10～20	坍塌型	粉质黏土、块石土
后槽湾	17.8	右	220	190	滑移性	粉质黏土夹块石
草池滑坡Ⅱ$_1$区	16.3	右	320	180	滑移性	粉质黏土夹块石、块石土
袁家坝	15.1	右	520	10～30	坍塌型	粉质黏土
石板湾	9.1	右	390	60～80	坍塌型	粉质黏土夹块石、块石土
元宝田	8.2	右	360	30～50	坍塌型	块石土、粉质黏土夹块石
真武庙	7.1	右	560	40～70	坍塌型	块石土、粉质黏土夹块石
龙王庙	6.2	右	250	10～30	坍塌型	粉质黏土夹块石
王家湾	4.3	右	350	30～60	坍塌型	粉质黏土夹块石
土台坝	1.5	右	380	10～30	坍塌型	粉质黏土

1. 水库区地貌地质

黄龙滩水库地处鄂西北武当山脉低中山区,属侵蚀构造类型的尖脊峡谷地貌。水库河段蜿蜒曲折,从上游至下游河流总体呈北东至南北至北北东向展布,库岸多为坡角30°左右的岩质坡,其中下游约40km库段岸坡50°左右;临江山顶高程多在400～700m,天然河床江面宽一般50～100m,水库蓄水后增宽至150～250m,为峡谷型水库。库区河段可见一至四级基座阶地,其中三级阶地宽度和堆积物厚度较大。

库区出露元古宇武当群杨坪组(Ptwdy)、官坊组(Ptwdg)和化口组(Ptwdh)石英云母片岩、钠长片岩和绿色片岩等;局部为震旦系那西群(Zayn)云母石英片岩、绿泥片岩。库尾地段为古生界寒武系—志留系下统薄层硅质岩、炭质板岩、炭质千枚岩夹灰岩。

在区域地质构造上,水库处于武当地块北西向构造带一紧闭褶皱的单斜构造,片理走向270°～300°,倾角变化较大;以北东—北北东向和近东西向、北西向的断层规模较大,与其同方向的裂隙亦十分发育,致使岩石多被切割成碎裂状块体。库区内新构造运动表现为较强烈的上升,历史记载和近期观测有多次微震活动。

库岸发育众多的滑坡,是其主要的物理地质现象。

2. 库岸滑坡及其特征

库岸以岩质岸坡为主,第四系松散堆积物零星分布。由于库区内的变质岩系岩质软弱,风化强烈,并且断裂密集,岩体破碎,河流下切剧烈,岸坡陡峻,成为库岸基岩滑坡普遍发育的基本条件。

经历次考察，在水库回水范围的干支流，规模较大，形态明显的滑坡体达130处，其中干流岸坡98处。

因岩性及河流与岩层产状组合情况的不同，滑坡发育密度和规模在各库段中均有明显的差异。从库尾至大坝前大致可分为三段（表9.7-9）。

表 9.7-9　水库滑坡发育一览表

库段	库段长/km	出露地层	河床枯水位及回水位	滑坡发育情况				滑体上村民居住情况
				数量/个	体积/万 m^3	线密度/(处·km^{-1})	规模最大的滑坡	
上游段	35	寒武系—志留系武当群化口组	210～255m 枯水期无回水	34	350	0.5	屈家滑坡70万 m^3	约88%的滑体上有村民和有政府机关
中上游段	25	武当群官坊组	190～210m 常年回水	46	2600	0.88	姜家滑坡1440万 m^3	干支流岸坡约64%的滑坡体上有村民
中下游段	22	武当群杨坪组、官坊组	170～190m 常年回水	16	500	0.36	杨家滑坡240万 m^3	约62%的滑体上有村民居住

此外，在长约10km的库首地段，未见有一定规模的滑坡体。

从库岸滑坡的特征结合滑坡床片理产状分析，多为存在于水库蓄水前的基岩滑坡，尤以顺层滑坡普遍且规模大。滑坡体由黏土夹片岩碎块石组成，坡面一般15°～25°，陡者达35°，滑坡体的地貌形态明显，且前后缘高差较大。

因水库两岸滑坡形成较早，地势相对平缓，在尖脊峡谷地区，则是人类活动的主要场所。按1976年居住人口统计，仅某县境内水库两岸斜坡80%～90%的村民居住在这些古老滑坡体上，其中屈家坡滑坡就居住了136户689人。此外，一部分水库移民也由沿河阶地迁至滑坡体上。

3. 库岸失稳的现状及危害

水库蓄水运行10年时间内，回水范围内绝大多数原基岩滑坡变形失稳。其方式有以下几种情况：

(1)原基岩滑坡整体滑入水库，只两处。

(2)原基岩滑坡和堆积层滑坡蠕滑变形，只在滑坡体局部地段出现拉裂缝，缝宽0.5m左右，最大水平位移2m左右，多数属此类。

(3)库水位附近的土层蠕滑变形，见有10处，主要是库段内一、二级阶地具有膨胀性黏土产生局部浅层滑动，水平位移一般在0.5～1.0m。

(4)水库超蓄的浸没影响，见有16处，均是水库超蓄后，岸坡具有膨胀性土层蠕滑变形。

据调查，库水引起滑坡变形破坏，主要有两个时期（图9.7-9）：其一，蓄水初期，当库水位上升到220m，回水的库段内于1975—1976年有近30处老滑坡蠕滑变形，仅一滑坡 $30×10^4$～$40×10^4$ m^3 土石体瞬时滑入水库，并形成气浪和库水涌浪，实测涌浪爬坡高达16.18m；其二，1983年10月7日因特殊原因库水超蓄2.7m后，回水范围的多数滑坡产生蠕动变形和十余处浸没影响点的土层局部变形，仅一处约 $10×10^4$ m^3 的滑体滑入水库。而1979年库水位上升到正常蓄水位至1982年的4年多时间及1983年以后，除5处滑坡体分别在1980—1982年出现较明显的蠕滑变形外，其余均处于相对稳定状态。

因库岸的变形失稳会造成一定危害，应引起高度重视。据有关单位和当地政府于1975—1979年和1985年的调查，由于滑坡体变形，造成房屋倒塌、墙裂、房歪、地基塌陷近5000间。在移民过程中，因未做专门工程地质调查和考虑库水对环境的影响，使一些移民房屋建在不稳定的地基上，被迫多次搬迁，其中近60户村民搬迁3次以上，有2户村民竟在同一滑坡体上搬迁达5次。严重影响库区人民生产和生活，并增加经济负担。

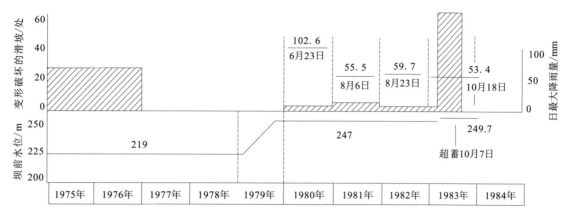

图 9.7-9　滑坡活动与水位回水关系示意图（刘世凯，2004）

该库岸滑坡体目前虽处于稳定状态，但由于其坡面较陡，前后缘高差大，若遇特殊的环境条件（暴雨、库水骤降或超蓄）仍可能局部失稳。迄今为止，库岸村民迁出滑坡体的仅 600 余户 3000 余人，还有 2000 余户 10 000 余人仍居住在水库回水区内的滑坡体上或超蓄浸没影响范围内。其中近 200 户 900 余人是由滑坡体迁至另一或同一滑坡体上。针对这一问题，有关部门目前已着手统筹规划，拟定处理方案和监测措施。

4. 教训与启示

该水库库岸失稳造成危害的后果，不能说不是水电工程勘测设计中的一个教训。从当前我国水利水电工程的分布看，水库多集中在高山峡谷区，而勘测过程中，侧重考虑库首段岸坡失稳对工程建筑物的危害，却忽视对整个库岸变形破坏现状、蓄水后岸坡稳定性及发展趋势的研究。更少考虑库岸失稳对城镇居民点的影响，成为一部分库区移民的长期遗留问题。

该水库库岸失稳状态及国内外部分水库滑坡实例，将启示水电工程地质工作者，水库形成后不同岩质岸坡的失稳类型、方式、与库水作用的关系、变形破坏程度及其危害，是重要的研究课题。

结合有关资料，该水库库岸的变形破坏主要发生于蓄水前存在的稳定程度差的地段（点），其类型有以下几种。

（1）土体滑坡：松散堆积物或老滑坡较厚的部位，因库水侵蚀，在库水位附近产生局部崩滑，若崩滑规模大，可诱发其后斜坡滑动，土石体的厚度越大，斜坡越陡，滑动的可能性就越大。

（2）表层滑坡：在松散堆积体较薄的部位，尤其是库水位附近具有膨胀性黏土，在库水降落时极易产生小规模浅层滑动。

（3）岩体崩落：在陡峻且存在危岩体的崖坡，因库水的侵蚀和浪击，常出现规模不大的崩落。库岸失稳的方式主要有两种：其一，整体快速滑入水库，形成涌浪，此类虽然少见，但破坏性都比较大。该水库出现两例，因规模小且离居民点远，未造成大的危害。其二，蠕动型滑坡，即老滑坡等松散堆积体产生缓慢的滑动，之后不久就停息，这种变形方式占绝大多数。

水库滑坡的发生，尤其与库水的骤然降落和超蓄水密切相关。大致可分几个时期：①蓄水初期，在库水作用下，使处于极限平衡的老滑坡体产生整体瞬时下滑，使原来稳定性较差的老滑坡体产生调整性的蠕滑变形。该水库蓄水初期约 20% 的老滑坡体蠕滑变形，一处整体滑动。②库水降落时期，可促使滑动更加活跃，当水位以大于 2m/d 的速度下降时，引起滑坡的例子较多。③库水超蓄时期，因库岸环境条件突然改变，也可使滑移活动加剧。该水库超蓄 2.7m 后 50% 以上的老滑坡体和部分土体蠕滑变形，一处整体滑动。然而，库水以较慢的速度升或降时，对岸坡稳定的影响较小，该水库在蓄水的初期至超蓄的 6 年及 1983 年以后，库水每年均有一次由正常蓄位至死水位的升与降，幅度 20m 左右，历时 40d 左右，库岸松散堆积体和老滑坡极少有变形破坏现象。

此外，特殊的地震地质环境因素，如新构造运动较强的地区、强烈水库诱发地震及活动性断裂等与库水的综合作用，亦可促使岸坡失稳。

归纳起来，库水的直接和间接作用，改变了库周一定范围的地应力场和水动力场，是产生水库库岸变形破坏的主要因素。库水的作用方式、作用对象，对库岸稳定性的影响有所区别。

库水对岸坡的作用是多方面的，其结果也各不相同。因此，在水库滑坡稳定性计算分析中，国内外有关学者除考虑滑坡本身的边界条件外，更加注意库水对岸坡的影响因素。如日本山田岗二等学者，提出库岸滑坡稳定系数计算公式。考虑了满水时的孔隙水压，高水位、低水位时滑动面前缘水头，高水位、低水位时斜坡上水体荷载。奥地利劳费尔等学者曾提出，库水的浮托力会使滑坡体的重心偏移，为达到新的平衡，则滑坡将产生移动，其稳定性计算中只考虑了库水的浮托力和滑体的重心。但以上学者均未涉及水淹部分滑坡体容重的增加、土石体或滑面抗剪强度值的改变、库水的升降速度，计算的结果显然是偏安全或计算的水平位移量较实际要大。

当前，计算边坡稳定性的萨尔法在工程中被广泛运用。长江勘测科研所陈晓秀高级工程师将 E. 霍克教授的萨尔法计算程序用于三峡工程水库库岸稳定性的预测分析，获得了较好的成果。计算中分析了不同设计水位及库水骤然降落、地下水的作用及不同排水措施、不同地震荷载、滑面抗剪强度值的变化等因素对滑坡体稳定性的影响，同时对各种影响因素的灵敏度进行了分析。

在库岸失稳的危害性评价方面，不仅应考虑库岸失稳对水工建筑物的危害，而且应对整个水库区的城镇居民、航运、移民选址和水库运行安全的影响等问题进行全面分析。

总之，水库岸坡稳定性和危害性分析涉及的因素较多，若要对其作出比较确切的定性或定量评价，则不能仅限于一般的地质工作方法和单因素的分析计算，尚需采取航空遥感、地质勘察、综合测试、形变监测、多因子的数值解析等手段。

第十章 病险土石坝渗透分析与渗透控制工程

第一节 问题的提出

土石坝是历史最为悠久的一种坝型,也是水库建设中普遍采用的一种坝型,具有对地形地质条件适应能力强、可就地取材、经济效益好等优点,全球土石坝占大坝的82.9%,我国土石坝比约93%。根据2011年全国第一次水利普查,重庆市已有水库2996座,渝西地区土石坝占比82.6%,这些土石坝水库主要是在20世纪50年代初到70年代末修建,由于当时经济匮乏,环境条件差,大多数水库没有经过勘察和设计阶段,直接进行施工,受技术手段限制,施工质量参差不齐。这些土石坝经过几十年的运行,存在不同程度的土石坝老化问题,影响了水库的正常使用及效益的发挥。

土石坝病险水库主要为防洪不足、渗透变形和破坏。我国土石坝发生的多次工程事故中,渗透破坏约占30%,变形破坏约占25%,表明渗透变形和渗透破坏已成为病险土石坝的主要表现形式。

土石坝变形往往与渗流作用有关。变形过程产生不均匀沉降,使应力水平超过土的强度,产生剪切裂缝、拉裂缝,导致滑坡、塌陷;变形破坏导致缩短渗径、破坏反滤排水设施,恶化渗流条件,诱发渗透变形,甚至渗透破坏。滑坡、塌陷的产生与发展,往往是渗流作用的结果,如水力劈裂缝,渗透压力引起的滑坡;坝体内产生集中渗流,或软硬接触带产生水力冲刷,导致坝面塌陷。对病险土石坝采取防渗加固或其他渗流控制措施后,变形破坏也往往停止发展。所以,处理病险土石坝,渗流控制是关键。

查明病险土石坝的渗流状态、渗透、变形形式、产生渗流的地层和工程部位,以及导致渗透破坏的地质问题,找出渗透失稳原因,从而确定合理可行的渗流控制措施,是土石坝除险加固设计和施工的关键。

第二节 病险土石坝水库勘察

一、土石坝的类型

土石坝按防渗体形式可分为均质坝、土质防渗体分区坝、人工防渗体土石坝和过水土石坝。

1. 均质坝

均质坝绝大部分由均一的土料分层填筑而成。筑坝料多用透水性较小的黏性土、砂质黏土或粉土。坝体具有防渗作用,因此无须设置专门的防渗措施,如图10.2-1所示。

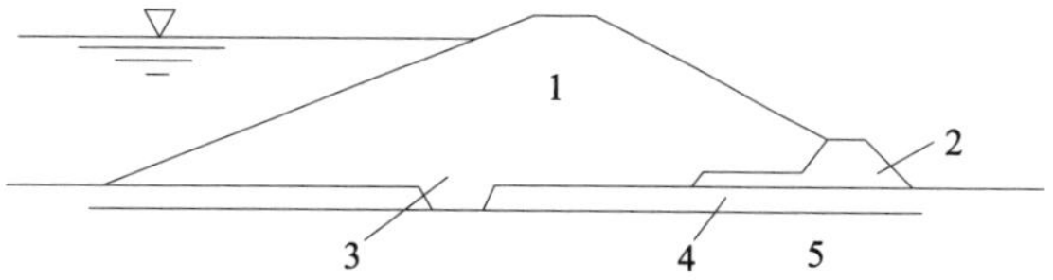

图10.2-1 均质土坝
1.均质土;2.坝趾排水体;3.截水槽;4.覆盖层;5.不透水地基

2. 土质防渗体分区坝

土质防渗体分区坝由透水性很小的土质防渗体和若干种透水土石料分区分层填筑而成。根据防渗体设置的部位不同分为心墙坝和斜墙坝,心墙土石坝防渗体设在坝体中部,斜墙土石坝防渗体设在坝体上游,如图10.2-2所示。

3. 人工防渗体土石坝

人工防渗体土石坝的防渗体主要为混凝土面板堆石坝、沥青混凝土心墙堆石坝和土工膜防渗土石

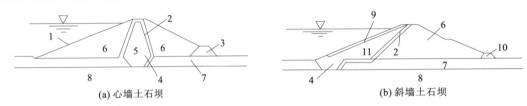

(a) 心墙土石坝　　　　　　　　　(b) 斜墙土石坝

图 10.2-2　土质防渗体土石坝

1.块石护坡；2.反滤层；3.坝趾排水体；4.截水槽；5.土质心墙；6.砂砾料或堆石；7.覆盖层；
8.不透水地基；9.斜墙保护层；10.坝趾排水体；11.土质斜墙

坝。混凝土面板防渗体设置在上游坝坡坡面，沥青混凝土防渗体设置在坝体中部，土工膜防渗一般设置在坝体上游，如图 10.2-3 所示。

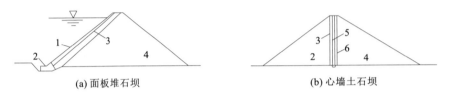

(a) 面板堆石坝　　　　　　　　　(b) 心墙土石坝

图 10.2-3　人工防渗体土石坝

1.人工防渗材料面板；2.趾板；3.垫层及过渡区；4.堆石或砂砾料；5.人工防渗材料心墙；6.垫层

4. 过水土石坝

防渗体设置在上游和下游坝坡，允许土石坝过水的一种坝型，常在小型土石坝水库中运用，如图 10.2-4 所示。

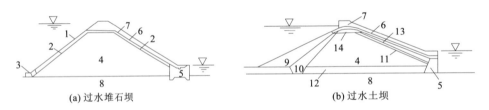

(a) 过水堆石坝　　　　　　　　　(b) 过水土坝

图 10.2-4　过水土石坝

1.混凝土防渗斜墙；2.垫层；3.趾板；4.堆石；5.混凝土墩；6.混凝土溢流面板；7.导流墙；
8.岩石地基；9.保护层；10.土质斜墙；11.砂砾料；12.覆盖层；13.干砌块石；14.坝体

根据不同的施工方法，出现如水力冲填坝、水中填土坝、定向爆破土石坝等。

二、勘察工作原则

(1) 充分利用已有资料。病险水库一般都做了一定的甚至大量的前期工作，积累了运行期间的监测资料。在勘察工作前应充分搜集利用这些资料，主要是前期勘察，专题研究资料选定方案的设计、施工文件；施工地质、基础处理及相应的质量评价大坝运行期间变形、渗流等安全监测资料；历次险情发生的时间、类型、部位，与库水位的关系及应急处理措施等资料。

由于诸多原因，如前期没有系统的勘察资料，或因时间久远资料散落遗失，施工、运行、监测缺乏完整系统的记录等，常常无法发挥应有的作用。

(2) 执行现行规范、规程。病险水库勘察阶段、勘察工作布置、技术方法与勘察深度，既要充分考虑险情与隐患的特点，又要符合现行规范的要求。有关工程地质问题的评价应遵循规范的技术标准。有关勘察工作，需执行相应的技术规程及若干特殊规定，如坝体上的钻孔除留作长期观测的钻孔外，应严格封孔，汛期不得进行勘察等。

(3) 勘察工作应有针对性与适应。勘察工作应根据土石坝及防渗型式、险情的类型、危害程度和相关的地质因素、作业环境与时间要求,先重点后一般,勘察工作的布置与技术方法应有鲜明的针对性与适应性。

(4) 明确技术要求。进行病险水库勘察时,应在查勘和搜集资料的基础上,针对险情特点及现场工作环境,编制勘察工作大纲,明确技术要求及技术措施,切忌盲目勘探。

三、勘察阶段和基本要求

病险水库勘察分为安全鉴定勘察和除险加固设计勘察,除险加固设计勘察阶段应与设计阶段相适应。除险加固设计勘察阶段可分为可行性研究阶段和初步设计阶段。总投资 2 亿元以上或总库容在 10 亿 m^3 以上的病险水库除险加固工程,应编制可行性研究报告,充分论证加固的必要性,在安全评价的基础上确定病险的类型和范围,初步评价大坝及与地质有关的险情和隐患的危害程度。其余可略去可行性研究阶段,直接进入初步设计阶段。

1. 安全鉴定勘察

安全鉴定勘察的对象和范围,应包括各建筑物地基及近坝库岸、地下工程围岩以及土石坝坝体等。

(1) 主要任务:全面复查影响工程安全的工程地质和水文地质条件,检查工程运行后地质条件的变化情况;以坝基、岸坡的工程处理效果和土石坝坝体填筑质量作出地质评价;初步查明工程区存在的地质病害及其危害程度。

(2) 勘察内容:调查坝体填筑土的物质级成、物理力学性质、渗透特性,软弱土体(层)及施工填筑形成的软弱接触带等的厚度和分布情况;评价填筑土的质量是否满足有关要求;调查坝体渗漏、开裂、沉陷、滑坡以及其他不良地质现象和隐患的分布位置、范围、特征及处理情况效果;调查坝体浸润线分布高程及其与库水位的关系,评价防治渗体和反滤排水体均可靠性;调查坝体与坝基接触部位的物质组成及其渗透特性,及坝体埋管、输水涵洞的渗漏情况;调查坝基、岸坡水文地质和工程地质条件,重点是调查坝基、坝肩渗漏情况,并对原防渗效果及渗透稳定性进行初步评价;调查可溶岩坝基岩溶发育情况及其对渗漏和坝基的影响。

(3) 勘探布置:搜集复核原地质图,如果无前期勘察资料,应进行工程地质测绘,比例尺可选用 1:2000~1:500;宜采用物探方法探测坝基、坝体隐患的位置和分布;垂直和平行坝轴线应布置勘探剖面线,剖面数量和勘察间距可根据具体情况确定。混凝土面板坝或黏土斜墙坝的勘探剖面,则应沿趾板或斜墙截水槽布置。剖面上钻孔数量一般 3~5 个,深度应至隔水层或相对隔水层顶面以下 5~10m,并辅以必要的坑槽探。勘探点应综合考虑险情情况、地质界线变化的规律等因素后,将其布置在最佳的位置,达到既能揭示地质条件,又便于设计人员减小工程投资误差。

对坝体(或防渗体)、坝基分别进行取样,一般不少于 6 组,进行室内物理力学性质试验进行地下水位的观测和相应的水文地质试验,并采取水样进行水化学分析,必要时对土石坝填筑土及土基可进行标准贯入、动力触探或静力触探试验,岩基可有选择地进行物探,如测井、钻孔彩色电视等。

2. 除险加固设计勘察

除险加固设计勘察应在安全鉴定勘察的基础上,对土石坝坝体及其他有关地质问题进行详细勘察,主要任务是,进一步调查、分析土石坝坝体病害的分布情况、类型及成因,评价其危害程度,提供坝体渗透和抗剪力学参数;查明地质病害和隐患的部位、范围和类型,分析其产生的原因,为除险加固设计提供地质资料与建议。

1) 病险土石坝渗漏及渗透稳定勘察应包括下列内容

(1) 土石坝坝体渗漏及渗透稳定应查明下列内容。①坝体填筑土的颗粒组成、渗透性、分层填土的结合情况,填土中砂性土的位置、厚度及分层结合部位的渗透系数。②防渗体的渗透性、有效性及新老防渗体之间的结合情况。③反滤排水棱体的有效性,坝体浸润线分布,坝内埋管的完整性及管内渗漏特征。④坝体下游坡渗水、渗漏的部位、特征、渗漏量的变化规律及渗透稳定性。⑤坝体塌陷、裂缝及生物洞穴的分布位置、规模及延伸连通情况。⑥坝体与山坡结合部位的物质组成、密实性和渗透特性。

(2)坝(闸)基及坝肩渗漏及渗透稳定勘察应查明下列内容。①坝基、坝肩施工期未作处理的第四纪松散堆积层、基岩风化层的厚度、性质、颗粒组成及渗透特性。②坝基、坝肩断层破碎带、节理裂隙密集带的规模、产状、延续性和渗透性。③可溶岩区主要漏水地段或主要通道的位置、形态和规模,两岸地下水位及其动态,地下水位低槽带与漏水点的关系。④渗漏量与库水位的相关性。⑤渗控工程的有效性和可靠性。⑥输水涵洞的漏水情况。⑦环境水对混凝土的腐蚀性。

2) 病险土石坝渗漏及渗透稳定勘察方法

(1)应搜集、分析已有地质勘察、施工编录、运行期渗流观测的渗流量、两岸地下水位、坝体浸润线、坝基扬压力、幕后排水、库水位及前期防渗加固处理等资料。

(2)工程地质测绘可在安全鉴定地质测绘的基础上进行补充修编,比例尺可选用 1∶1000～1∶500,制绘范围应包括与渗漏有关的地段。

(3)宜采用电法、地质雷达、电磁波等物探方法探测坝体病害、喀斯特的空间分布、渗漏通道的位置及埋藏深度。

(4)沿大坝防渗线和可能的渗漏通道部位应布置勘探剖面线,剖面线上应有钻孔控制。钻孔间距可根据渗漏特点确定。

(5)防渗线上钻孔孔深应进入相对隔水层,岩溶区钻孔应穿过岩溶强烈发育带,其他部位的钻孔深度可根据具体情况确定。

(6)防渗线上的钻孔应进行压(注)水试验。

(7)岩溶区必要时应进行连通试验,查明岩溶洞穴与漏水点间的连通情况。

(8)土石坝坝体应结合钻孔分层(区)取原状样进行室内物理力学和渗透试验。

(9)岩溶洞穴充填物应取样进行室内颗粒组成和渗透试验。

(10)检查、编录涵洞漏水点的位置、状况和漏水量。

四、病险水库渗漏的探测技术与方法

大坝渗漏探测技术与方法主要有自然电位法、充电法、温度场测试法、高密度电法、探地雷达法、电磁法、流场法、声呐探测法、示踪法等,通过一种或几种方法的组合探测,相互验证能够较好的解决大坝的渗漏问题。

1. 自然电位法

在岩土体内产生的自然电位有三种原因:一是水与固体物质产生化学反应;二是地电流产生的电位;三是水中的离子随水流动产生的电位等。由于水流电动势与水的流动密切相关(图 10.2-5),测量

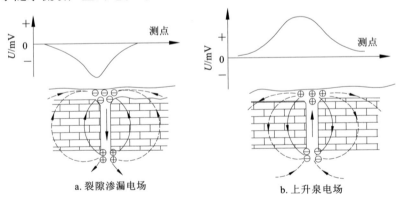

图 10.2-5 裂隙渗漏和上升电场示意图
(李广超,水库大坝渗漏探测技术与应用,2015)

水流的电动势就可以知道地下或建筑物中水的流动情况。这种方法是土石坝探测渗漏的重要方法之一。

(1)过滤电场,一般情况下,物质是电中性的,但在一定条件下会发生自然极化,形成一定的电位差。地下水在岩石中流过时将带走部分阳离子,于是上游就会留下多余的负电荷,而下游有多余的正电荷,破坏了正负电荷的平衡,形成了极化。这种结果将使沿水流方向形成电位差。在电法勘探中称之为过滤电场。自然电场法就是利用形成电场的条件,通过测试过滤电场的电位,确定地下水流向及地下水与地表水的补给关系(图10.2-6)。

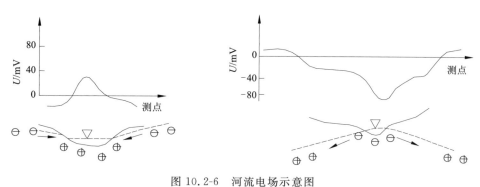

图10.2-6 河流电场示意图
(李广超,水库大坝渗漏探测技术与应用,2015)

(2)扩散—吸附电场,当不同浓度的溶液接触时,溶质由浓度大的溶液扩散到浓度小的溶液,以达到浓度平衡。通常情况下,由于正负离子质量不同,因此它们的迁移速度也不同其结果是在不同浓度的界面上形成双电层,产生了电位差。由此形成的电场就是扩散电场。

(3)氧化还原电场,地下岩矿石中电子导电体由于氧化还原反应而产生的电场称氧化还原电场。在氧化还原过程中,由于被氧化的介质失去电子而带正电,被还原的介质得到电子而带负电,这样在两种介质之间便产生了电场。

(4)工作方法及仪器设备。在野外观测时通常采用两种方法:电位法和梯度法。电位法以固定点作为基点,沿测线按照合适的间距测量自然电位,通过绘制自然电位的曲线或等势图,确定渗漏区域的位。梯度法是将测量电极放置在同一条测线的相邻2个测点上,观测它们之间的电位差。实际工作中多采用电位法,因为电位法观测比较准确,技术上也较简单,观测结果的整理也不复杂,只有当大地电流和游散电流干扰很大、应用电位法观测有困难时,才采用梯度法。

自然电场法常用的仪器设备有 WDDS-2 多功能数字直流激电仪、DZD-6A 多功能直流电法仪等。

(5)影响因素,容易受到地下工业游散电流干扰和接地条件影响数据的可靠性。

2. 充电法

充电法的原理是当某个物性体具有良好的导电性时,将电源的一个极直接连接到导电体上,而将另一极置于无限远的地方,该良导电体便成为带有积累电荷的充电体(近似等位体),带电等位体的电场与其本身的形状、大小、埋藏深度有关。研究这个充电体在地表的位置及其随距离的变化规律便可推断这个充电体的形状、走向、位置等。利用单井测试地下水的流速度和流向。

充电法中主要有电位法、电位梯度法和直接追索等位线法三种观测方式。在渗漏探测常在地表、钻孔和渗漏点充电。

(1)地表充电。充电法通常假定良导体为理想导体或近似看作理想导体,在局部地表出露或被某种勘察方法揭露后,如果向这种天然或人工露头充电,并观测其电场的分布,便可据此推断地下良导地质体(矿体或高度矿化地下水)及其围岩矿石的电性分布情况,解决某种地质问题。在渗漏点设置供电电极 A 设置两个无穷远电极,测试测线上的电位,进行归一化处理,就可以判断渗漏的位置。

(2)钻孔中充电。利用勘探孔观测地表电位,用来确定地下水的流速及流向。具体做法是:把食盐作为指示剂投入钻孔中,盐被地下水溶解后便形成随地下水移动的良导盐水体;然后对良导盐水充电,并在地表布设夹角为45°的辐射状测线;最后按一定的时间间隔来追索等位线地面观测到的等位线反映了盐晕的形态,根据不同时间里地面等位线的形态变化,便可了解地下水的运动情况。从正常等位线的中心与异常等位线中心的连线便可确定地下水的流向。在探测坝体渗漏的时候,多个钻孔可以判断流速最大的位置和流向,据此就能确定出来渗漏的位置。

(3)渗出点充电。充电法还常用在地下暗河的追踪上,在渗漏探测的时候可以把渗漏通道看作地下暗河,把充电的点放在渗漏出口处,然后沿着平行于大坝坝轴线的方向布设测线,沿着测线的方向进行电位或梯度测量,并根据测试点的位置绘制出电位曲线图或梯度曲线图,经过简单的处理就可以得到渗漏通道在平面的投影位置。

3. 温度场测试法

由于地表温度与库水的表层温度是随气温变化而变化的,深部地下水的温度与岩体的温度有关,受季节性温度变化影响很小,而由降雨造成山坡渗水的温度变化与地表温度有关。通过量测库水、地下水及山坡渗水三者的温度变化,确定不同层位的温度场变化。渗流会引起温度变化,产生高温或低温异常区,若在一段时间内堤坝的渗漏流速变化相对较小,渗漏水可以看作是一个持续作用的线热源,在这段时间内线热源的强度与渗漏流速是相关的,这样就可以研究管涌渗漏对地层温度的影响,并利用热源法的原理构建管涌渗漏的持续线热源法模型。通过测试水温的变化,确定渗漏水流的层位,地下水渗漏的流速,从而得到了堤坝渗漏空间位置。

4. 高密度电法

自然界中所有物质都有属于自身独特的电性特征,其中电阻率和介电常数是其中很重要的物理量,它不仅与介质本身的性质有关,而且与介质中含水量的关系密切。介质中的含水量增大,电阻率明显减小而介电常数变大。一般而言,漏水地段的电阻率与其周围有着明显的降低。在堤坝的渗漏探测方面,主要是通过对地层结构或大坝的材料构成的探测,从中发现一些物性参数不同于基本材料的电阻异常区,再利用其他方法相互验证,确定渗漏的空间位置。

常规的电阻率法有三极、四极、偶极等装置。高密度电法的优点主要体现在一次敷设电极,多种装置数据采集滚动前进,自动采集,是自动化技术和直流电阻率法的完美结合。由于它采集数据量大,信息丰富,因而对地电分辨率高,图像清晰直观;缺点是探测深度较浅(不超过200m),且到了一定的深度,精度受到影响;受地形地貌影响较大;受接地条件影响,混凝土面板接地困难;雨季坝体电阻低,对成果影响较大;渗水存在一定的水头压力,在经过防渗体后,向四周漫流,造成大面积渗流低阻。

5. 探地雷达法

探地雷达法是目前物探方法中具有较高探测精度的方法,该方法已成为探测任务中的首选,它有着分辨率高、效率高、快捷准确、抗干扰能力强,受场地地质条件影响小,不受机械振动干扰的影响,也不受天线中心频段以外的电磁信号的干扰影响,剖面图像直观等特点。

(1)工作原理,探地雷达是根据高频(偶极子)电磁波在地下介质传播的理论,以宽频带短脉冲电磁波经由地面的发射天线将其送入地下,经地下地层或目的体的电磁性差异反射回地面,由接收天线接收其反射电磁波信号。电磁波在介质中传播时,发生反射及透射的条件是相对介电常数发生明显改变,其反射和透射能量的分配主要与异常变化的电磁波反射系数有关。通过对返回电磁波的时频特征和振幅特征进行分析,便能了解到地下地质特征信息,从而探测堤坝隐患的位置,判断渗漏通道等。

(2)大坝渗漏探测及其解释特征。土石坝主要的组成材料包括块石、黏土、砂砾石等。坝体防渗体较单一、土质干容重较大,雷达在密实坝体部分反射波很弱,反射波同相轴连续,视频率基本相同。当坝体局部发生渗漏时,在水的作用下渗漏通道及其周围的黏土等材料处在相对的饱和状态,介电常数增大和电阻率减小与不渗漏的部位存在明显的电性差异,形成雷达波的强反射区在雷达剖面上的表现就是反射波强度加大、同相轴基本不连续或局部连续。

6. 瞬变电磁法

瞬变电磁法是利用不接地回线或接地线源向地下发送一次脉冲磁场，在一次脉冲磁场的间歇期间，利用线圈或接地电极观测二次涡流场的方法，可以分为时间域电磁法（TEM）和频率域电磁法（FEM），两者没有本质的不同。TEM 具有勘探深度大，体积效应小，工作效率高，纵向分辨率高，受地形影响小等优点，常用 TEM 法。

瞬变电磁法解释的主要图件是电阻率拟断面图，它是利用计算机对视电阻率进行数理统计处理后形成色谱图，能够形象地绘制地电剖面的结构与分布形态。基岩中裂隙发育较集中时，电磁波的能量衰减加大，干扰加强，地层的导电性明显减弱，电阻率增大，但是当裂隙充满水后，导电性加强，电阻率减小表现为局部的低电位高阻异常或高电位低阻异常。当岩体均匀无裂隙时，图像成层分布，视电阻率等级变化从地表向下呈均匀递减或递增趋势，表明浅部干燥、风化严重、密实度小，下部密实度增加、基岩完整；当岩体存在裂隙时，图像中层状特征遭到破坏，出现条带状或椭圆形高阻色块，使得某些层位被错开、拉伸发生畸变。如果这些裂隙充水，将表现为低阻带。

7. 大地电磁法

大地电磁法通过在地面接收地下反射来的电磁波达到电阻率测深的目的。

资料处理步骤：剔除干扰信号；选取适合的圆滑系数；进行地形修正与插值；绘制图件。

渗漏解释：绘制电阻率拟断面图可以根据电阻率的差异，结合搜集到的地质资料或钻孔测井资料等，分析获得相应深度地层对应的电阻率范围值，对比背景值划出异常的位置，从而分析出渗漏所在的位置。由于大地电磁法自身的特点，在反映地下介质的情况时，数据点的间隔较大，反演出来的数据不能精确反映浅部地层的情况，会有较大的偏差，因此大地电磁法在探测渗漏的时候需要配合浅部的物探工作。

8. 流场法

流场法是何继善院士提出的一种主要用于汛期查找渗漏管涌入水口的新方法。由水力学可知，堤坝管涌渗漏入水口会产生微弱的水流场，但在汛期这些微弱的流场被江、河及水库的强大正常水流场所掩盖，用仪器直接测量出来几乎是不可能的。因此，只能通过间接方法来测量这些微弱流场的存在。事实上管涌渗漏入水口近似于堤防内部渗流场的源头，渗流场的数学控制方程为拉普拉斯方程，与恒定电流场的数学控制方程相同，它们在空间分布上具有相似的规律。可用恒定的电流场来拟合渗漏水流场，又由于电流场的测量相对于水流场的测量容易得多，因此，可以通过测量电流场的空间分布来确定水流场的空间分布。

根据流场法的基本原理，研制出了堤坝管涌渗漏检测仪（DB-3 普及型堤坝管涌渗漏检测仪，简称 DB-3 检测仪）。适合土坝、石坝、混凝土坝等各种结构类型的坝体或其基础渗漏进水部位的探测。其特点是探头入水并尽量靠近水底，突破探测的局限，具有入水探头灵敏度高、分辨率高，抗干扰能力强，对渗漏进水部位的判断可靠性高。可对管涌渗漏进行实时监控，实时跟踪管涌渗漏的发展情况。

9. 声呐探测法

声呐探测技术是利用声波在水中的优异传导特性，实现对水流速度场的测量。如果被测水体存在渗流，则必然在测点产生渗流场，声呐探测器能够精细地测量出声波在流体中传播的大小，顺流方向声波传播速度会增大，逆流方向则减小，同一传播距离就有不同的传播时间。利用传播速度之差与被测流体流速之间的关系，建立连续的渗流场的水流质点流速方程如下：

$$U = -\frac{L_2}{2X}\left(\frac{1}{T_{12}} - \frac{1}{T_{21}}\right) \tag{10.2-1}$$

U 为三维流速矢量声呐测量仪，是一种渗漏水库声呐探测仪，它要主由水听器、信号处理电路和计算机组成。水听器的输出端与信号处理电路的输入端相连，信号处理电路的输出端通过串口通信电路与计算机的输出端相连。首次提出使用声呐技术解决水库渗漏的源头问题,借助声呐信号在水体中传播阻力小的特点对水库渗漏入口测量,从根本上改变了目前在水库除险加固中出现的被动局面。声呐探测技术谭界雄等在湖南白云水电站使用中取得了良好的效果。

10. 堤坝渗漏示踪法

(1)环境同位素示踪,温度是影响环境同位素分布的重要因素,在应用热源法研究堤坝渗漏的时候,环境同位素法可以起到很好的补充和验证作用。氧是地壳中分布最广的化学元素,它和氢元素生成的水构成了整个水圈,因此研究氢氧同位素的分布及变化规律对于调查堤坝渗漏问题具有重要的意义。常用的环境同位素检测有氚和氡,作为天然示踪剂参与了地下水的形成过程,研究它们的分布规律及分馏机制,有可能直接提供地下水形成和运动的信息。通过对不同来源的水中的氚值分析可以研究地下水的补给、排泄、径流条件,探索地下水的成因确定地下水与地表水之间的水力联系,确定地下水的流向,确定水文地质参数,计算渗漏量等。

(2)水化学分析,对水中化学成分(如 Cl^-、SO_4^{2-}、HCO_3^-、Ca^{2+}、Mg^{2+} 等)的分析对于水库或堤坝的渗漏调查有很重要的意义。水中化学成分的形成是水与地层间长期相互作用的结果,它包含了地下水的历史及地层构造等方面的诸多信息,是分析地下水补排的重要依据。由河、湖或水库逃逸出来的水进入地层后化学成分的变化可以知道水渗漏经过的一些地层的天然性质,在许多情况下对下游钻孔或泉中水的化学成分进行测量可以探明已存在的渗漏路径。通过水化学可以知道钻孔与泉水是来自地下水还是库水,因而在堤基渗漏评价时,可以利用地下水化学成分特征分析堤基渗流场发生渗漏的部位、强度等。

(3)人工示踪法,是检测大坝渗漏的一种基本方法。为了减少渗漏,通常采用一定的加固补强措施降低地层的渗透性。此时,就需要查清水库和下游渗水相连通的地下水渗漏通道。在各种水利工程渗漏测试技术中,示踪法占有特殊的地位,这种方法可以直接地了解地下水运动过程和分布情况。放射性示踪法就是采用具有放射性溶液或固体颗粒模拟天然状态水和泥沙的运动规律特性,并用放射性测量方法观测其运动的踪迹和特征。追踪地下水的示踪剂要求尽可能同步地随同所标记地下水一起运动,放射性示踪剂分为直接和间接两种。常用的示踪剂有饱和食盐水、碘-131、苯胺墨及易于分辨的颜料等。

11. 全孔标注水柱法

建立在对全孔水柱标注的基础上。将直径 8~10mm 的塑料也插入孔底,一个重物绑在它的下端有助于插入孔底,管的两端都是开口的。将从孔水位到孔底一段的塑料管内体积相等的示踪剂溶液通过管上部的另一端注入管中。然后匀速将塑料管取出,使示踪剂均匀分布在全部水柱中。一旦注入示踪剂后,通过在水柱中的上下移动探头测定到连续的示踪剂浓度垂直分布曲线。测量通过不连续的上升或下降探头进行。浓度分布曲线的测量次数必须与示踪剂稀释的速率相一致。示踪剂的注入通常是利用重力的作用,注入示踪剂溶液之前,要先通过漏斗将注入管灌满水,为投源做准备。为了避免示踪剂溶液被漏斗中水稀释,示踪剂溶液应在漏斗刚开始变空时注入。

第三节 病险库渗漏分析

渗漏是土石坝的一种常见病害,造成土石坝渗漏原因是多方面的,如防渗体裂缝、坝体或地基的不均匀沉降、排水设施失效、结构设计不合理、泄洪建筑物消能不合理、滑坡、动物破坏等均有可能诱发土石坝渗漏。

按照渗漏的部位和特征将渗漏分为坝体渗漏、坝基渗漏、绕坝渗漏、坝下涵管渗漏、输水线隧洞渗漏等。

一、坝体渗漏

坝体渗漏是指水库蓄水后,库水通过坝体在下游坡面逸出的渗漏方式。可分为散浸和集中渗漏两种。

土石坝常因心墙、斜墙等防渗体裂缝形成渗流集中通道,导致管涌发生,甚至引起坝体失事破坏。产生坝体渗漏的主要原因有:

(1)均质坝体填筑材料不良,抗渗性能不能满足要求,导致坝体外坡大面积散浸。

(2)心墙裂缝漏水。由于心墙和斜墙与坝体其他部分的填筑土料不同,因变形模量的差异使其变形不一致,导致心墙和斜墙防渗体开(断)裂。

(3)筑坝质量差,如铺土过厚、碾压不密实或漏压等。

(4)坝体单薄或土料透水性大,最大可能引起散浸。

(5)未按要求铺设反滤层或反滤设施质量差,土石混合坝未设过渡层等,造成心墙和斜墙破坏。

(6)坝后反滤排水体高度不够,当下游水位过高时,淤泥倒灌淤塞反滤层,抬高逸出点,可能引起大面积散浸。

(7)坝下涵管、埋管的外壁与土体结合部位回填料不密实,涵洞未做截水环,引起接触渗漏,以及涵管自身质量差、涵管断裂等引起坝体渗透破坏。

(8)坝体不均匀沉降引起的横向或水平裂缝可能引起坝体集中渗透破坏。

(9)坝体扩建加高,新、老防渗体衔接处理不当而漏水。

(10)生物洞穴,如兽洞、蚁洞、树根洞等。白蚁产生的连通蚁洞,引起渗漏、跌窝、管涌等险情,导致坝体渗漏。

(11)排水设备问题引起渗漏。由于排水设备问题引起土石坝渗漏的原因有:①坝龄大,反滤层失效,坝坡土堵塞排水体孔隙。②坝身浸润线位置抬高,渗流出逸点比设计高、范围大。③排水体填筑石料中含有易风化的软岩,风化后堵塞排水体孔隙,使排水体失效。④提高运行水位或坝体加高后,棱体未加高等。

(12)地震裂缝,由于地震使土石坝产生裂缝、沉陷、滑坡等导致水库产生渗漏。

二、坝基渗漏

坝基渗漏是指水库蓄水后,渗透水流通过坝基的透水层,从下游坡脚或坡脚以外的覆盖层的薄弱部位逸出的渗漏现象。

坝基渗漏通常是由于松散覆盖层、风化层、构造破碎带、松动变形岩土体及坝体与基岩接触面等强透水性的坝基未做防渗处理或处理不当,或坝基防渗设施失效而产生的。特别是对于强透水的砂砾石或砂层的地基,地层的渗流出逸坡降较大,若坝后没有采取排水、减压设施,出逸坡降往往会超出表层土的临界坡降,渗水通过坝基的透水层,从坝脚或坝脚外的覆盖层较弱处逸出,使坝后形成沼泽,严重的可能产生变形,流出浑水或翻砂。

产生坝基渗漏的主要原因有:

(1)覆盖层渗漏主要有冲积层砂砾石渗漏、残坡积碎石土渗漏两种形式。当大坝两岸直接坐落于河床或阶地上,由于河床坝基清基不彻底,残留有部分砂砾石而引起渗漏。当坝基具二元结构,上部为黏性土,下部为砂砾石层,并用上部黏性土防渗时,由于黏性土层较薄,或者施工就近取土受到破坏,大坝挡水后引起渗漏。当大坝两岸直接坐落于残坡积碎石土上而清基不彻底引起渗漏。坝基清基不彻底,存在较强的透水层,水库蓄水后出现散浸、管涌,危害很大。该类土渗透系数多为 $i\times10^{-4}$ cm/s 或 $i\times10^{-3}$ cm/s。该类型水库渗漏在流域内较常见。

(2)弱至强风化岩体因裂隙发育,透水率多大于10Lu,部分大于100Lu,为中等至强透水,渗漏量多在每秒数升至数十升。当坝基坝肩残留弱至强风化岩体,未做适当处理,会带来一系列渗漏问题。如可能引起接触冲刷破坏、绕坝渗漏影响下游坝坡稳定等。

沿夹层、断层破碎带渗漏，在各类坝型的坝基中均较常见。如湖北的跨马墩水库，坝基和坝肩基岩为花岗片麻岩，断层裂隙发育，以张性陡倾角为主，岩体风化厚度大，强风化带透水严重，弱风化上部岩体也为中等透水岩体，坝基岩体渗漏严重。

(3)坝基为石灰岩、白云质灰岩、钙质胶结砾岩的各类坝型，均有可能发生岩溶渗漏。其渗漏量一般较大，可达每秒数十升至数百升，并引起充填物的渗透破坏。土石坝常造成大坝上游坡沉陷，危及大坝安全。湖北省的西北口水库，大坝坝基为寒武系上统黑石沟组灰岩和白云岩，缓倾角断层、裂隙发育，溶蚀强烈，岩溶渗漏严重。湖南省方元水库，在坝基石灰岩中沿着3条断层碎带形成了3条与坝轴线近于正交的强岩溶渗漏通道。表层以溶隙型为主、深部以洞穴型为主，发育深度一般为30～40m，最深达60～70m，沿岩溶通道漏水严重。

(4)铺盖裂缝产生的渗漏。铺盖裂缝一般是由于施工时防渗土料碾压不严，达不到所要求的容重或铺土时含水量过大、固结时干缩而产生裂缝；或基础不均匀沉陷时铺盖被拉裂；或铺盖下没有做好反滤层，水库蓄水后在高扬压力下被顶穿破坏；也有施工时就近取土，破坏了覆盖层作为天然铺盖的防渗作用。

(5)心墙下截水墙与基础接触冲刷破坏。在截水墙下游与基础接触边界处设置的反滤层失效，导致接触冲刷，造成坝体严重破坏。

(6)清基不彻底，引起接触面渗水。

三、绕坝渗漏

绕坝渗漏是指水库蓄水后渗水绕过坝头两端渗向下游并在下游岸坡逸出的现象。绕坝渗漏可沿着坝体结合面或通过坝端山坡土体的内部渗向下游，并使坝端部分坝体内浸润线抬高。轻度的绕坝渗漏会在岸坡背后出现阴湿或出现水色较清的少量渗流；较严重的将使岸坡软化，形成集中渗漏通道，甚至引起岸坡塌陷和滑坡，影响土坝安全。因此，对绕坝渗漏必须引起足够重视。

产生绕坝渗漏的主要原因有：

(1)坝端两岸地质条件差。如土石坝两岸连接的岸坡属条形山或覆盖层单薄的山包，而且有砂砾透水层；透水性过大的风化岩层；坡积层太厚且为含块石泥土，山包的岩层透水性过大；山包的岩层破碎，节理裂缝发育，或有长大裂隙、断层通过，而且施工又未能妥善处理。

(2)因施工取土或水库蓄水后由于风浪的淘刷，破坏了上游岸坡的天然铺盖。

(3)坝头与岸坡接头防渗处理措施不当或施工质量不符合要求。如岸坡接头采用截水槽时，挖穿了透水性较小的天然铺盖，暴露出内部的渗透水层，加剧了绕坝渗漏；有时工程根据设计要求施工，忽视岸坡接合坡度和截水槽回填质量，造成坝岸接合质量不好，形成渗漏通道。

(4)坝肩为石灰岩、白云质灰岩、钙质胶结砾岩、石膏脉等可溶性岩石，可能发生岩溶渗漏。其渗漏量一般较大。

(5)生物洞穴以及植物根茎腐烂后形成的空洞等。此外，建坝时坝肩未能很好地清基和做防渗处理，水库蓄水后就会产生绕坝渗漏。

四、坝下涵管处渗漏

造成坝下涵管破坏而致使土石坝产生渗漏破坏的原因有：

(1)地基不均匀沉陷。部分坝下涵管基础未落在坚硬的基岩上，而是坐落在软土地基上；或涵管部分管段坐落在坚硬的基岩上，部分管段坐落在软土地基上。由于涵管沿长度方向荷载大小不同，涵管基础未做任何处理，容易因地基软硬不均、沉陷差过大而出现环向裂缝或引起断裂，造成涵管渗漏或大量漏水，导致土石坝失事。

(2)结构或构造设计不符合要求，常引起涵管出现裂缝或断裂，造成涵管渗漏或漏水，危及土石坝

(3) 结构设计不符合要求。主要是结构设计强度不足、荷载突变处未做分缝处理等。

(4) 构造设计不符合要求。主要表现在分缝间距过大;无截水环,部分坝下涵管常因未设截水环,造成沿涵管外壁与填土接触面渗漏;截水环布置不当。

(5) 施工质量较差或用材不当。如伸缩缝处理较差,砌石质量较差;砌石灰浆不满等造成涵管渗漏或漏水。

(6) 承受超过设计标准的荷载及工程老化等原因也是导致涵管发生裂缝或断裂的原因。

五、输水洞渗漏

输水洞是水利枢纽工程中的重要建筑物之一,其安全性直接关系到大坝乃至整个枢纽的安危。输水洞分为在岩石内开凿的输水隧洞和坝下埋管两种形式。现有的输水洞大部分已运行数十年之久,由于设计、施工、运行和管理等多方面的原因,大多输水洞老化,存在裂缝和漏水等问题。

输水洞漏水多数是因为裂缝造成,洞(管)身裂缝是输水洞或坝下涵洞最为常见的一类病害。裂缝性质不同,对输水洞的危害程度也不一样。严重的纵向裂缝可能导致结构的整体破坏,而环向裂缝则会产生严重漏水或射水,渗漏会加速混凝土内部钢筋的锈蚀,在输水洞混凝土裂缝部位或在止水失效的伸缩缝周围,常出现带有锈斑、锈纹的褐红色钙质结晶物,降低管壁混凝土强度,有的管壁周围坝体已出现空洞,造成渗流破坏。

1. 输水洞漏水成因

输水洞漏水分为纵向漏水和横向漏水。

(1) 纵向漏水,沿输水洞洞壁外侧的纵向漏水,一是输水洞外壁填土和洞壁结合不严密或未经压实,成为漏水通道;二是设计时没有考虑设置截水环或截水环的数量太少,渗径长度不够;三是有压洞洞壁存在裂隙、孔洞,内水向洞外渗漏,在薄弱处集中,沿洞壁外流。

(2) 横向漏水,穿过输水洞洞壁的横向漏水,第一,对于混凝土输水洞,主要是混凝土浇筑质量差,接头处理不彻底、养护不好或设置的沉陷缝或伸缩缝止水不严密或填料老化等原因所造成。圬工输水洞的砌筑材料质量差,施工时砌缝没有填实,勾缝不严,洞身有裂隙孔洞,都能造成穿过洞壁的横向漏水,使坝内渗水进入输水洞,严重的会导致流土,坝上出现塌坑;第二,明流输水洞有压力运行,在压力水头作用下,容易产生洞内向洞外的严重渗漏。

2. 输水洞漏水类型

(1) 漏斗型。坝体在施工中土体砂石含量过多,分缝接合处处理不当,碾压不密实,浸润线过高,淋滤作用强烈由于静水压力的作用,在坝体中形成各种大小不一、形状各异的渗漏通道。经过后期的冲刷、溶蚀、不均匀沉陷,使施工中座浆不足部位的涵管形成较多的孔洞、缝隙,为渗漏水顺利地进入涵管提供了有利的条件。由于渗漏水的长期作用,使坝体中的渗漏通道由细小的脉状逐步拓展成管道状、透镜状,最终形成土洞等,致使坝体的防渗体厚度相对变薄,防渗能力大大降低,渗漏量逐步扩大,在迎水面形成了以涵管为中心的漏斗状渗漏带,见图10.3-1a。

(2) 互补型。坝体中的废弃涵管大都用毛块石或毛料石浆砌而成,特别是顶板毛块石拱砌部位,孔洞、缝隙相对较多,在顶板与墙体接合部位防渗处理较差,过水断面偏小,局部形成有压,加大了水流的冲刷破坏能力。另外,由于坝体的压密及不均匀沉陷,使涵管墙体断裂、倾斜、顶板垮塌,涵管被不同程度堵塞、淤砂、淤泥,严重降低了涵管的过水能力,水在涵管中流动时不断地改变流向和流态,使管内外水形成交替互补,混为一体,促使涵管周边已成孔洞不断扩展成管道、土洞,直至坝面冒顶,形成塌坑为止,见图10.3-1b。

(3) 平行流动型。坝体中废弃的涵管为预制管件,由于大坝土体的压密、不均匀沉降、碾压等的损坏和涵管自身的质量问题,以及施工安装不当等诸多因素的影响,致使涵管破裂、脱节、断裂,管内水从损坏处流出管外,在坝体与涵管接合部位或周边碾压不密实地带形成渗漏通道。通道基本与涵管平行,见图 10.3-1c。

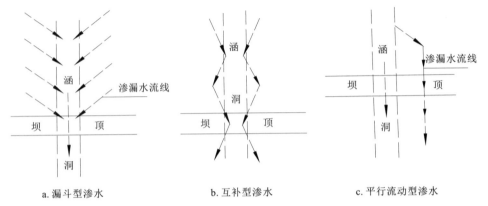

a.漏斗型渗水　　　　　　b.互补型渗水　　　　　　c.平行流动型渗水

图 10.3-1　输水洞漏水类型(闫滨,2016)

六、溢洪道渗漏

溢洪道是土石坝一种最常见的泄水建筑物,用于宣泄规划库容所不能容纳的洪水,防止洪水漫溢坝顶,保证大坝安全。溢洪道除了应具备足够的泄流能力外,还要保证其在工作期间的自身安全和下泄水流与原河道水流获得妥善的衔接。若干大坝的失事,往往是由于溢洪道泄流能力不足、设计运用不当或病险引起的。裂缝和渗漏是溢洪道存在的主要病险问题。

溢洪道渗漏主要是在溢流堰、闸室侧墙、陡坡段底板及侧墙等部位的渗漏。这些渗水点的渗漏量均较小,但会对浆砌体水泥砂浆产生水解和侵蚀,对结构稳定极为不利。溢洪道漏水主要由地质条件差、施工质量差或是表面裂缝引起,特别是溢洪道溢流堰轴线处的砌体和地基的防渗处理被忽视,引起地基渗漏、砌体渗漏和绕渗等隐患。陡坡段的底板和侧墙渗漏与纵横排水设施缺失或失效有关。

溢洪道泄洪可以引起土石坝渗漏,原因:①设计防洪标准偏低,防洪库容小。②泄洪建筑物过流尺寸不够,泄洪能力不足。③泄洪闸门及启闭设备简易,且年久失修,锈蚀严重,操作困难。④库区水土流失严重,防洪库容淤损较大。⑤泄洪建筑物消能不合理等。

第四节　渗透稳定性分析

1. 渗透稳定与渗透失稳

在渗透水流作用下,土石坝及其地基的渗透稳定是对土石坝进行安全评价的重要指标。土石坝及其地基的渗透稳定性有渗透静稳定、渗透动稳定及渗透破坏三种状态。开始发生渗透变形以前的土石坝及其地基处于渗透静稳定状态。土体已出现渗透变形,但未出现渗透破坏的土石坝及其地基处于渗透动稳定状态。在渗透水流作用下,土体失去部分承载力及渗流阻力产生的渗透变形,一般不会危及土石坝安全。在渗流作用下,土体失去承载力及渗流阻力产生的渗透破坏,称为渗透失稳,会危及土石坝及其地基局部安全。渗透失稳后期多表现为集中渗流对土体冲刷,严重危及坝体与地基安全。工程中采用临界坡降与破坏坡降作为渗透稳定性判据。

2. 无黏性土渗透变形与渗透失稳形式

(1)流土:在上升的渗流作用下,局部土体表面隆起、顶穿,或者粗细颗粒同时浮动而流失。主要发生在不均匀系数 $d_{60}/d_{10}<10$ 的土体,填料体积大于骨架孔隙体积情况下的渗流逸出处。在较均匀的粉细砂中主要形式为表面隆起、顶穿、砂沸现象。在不均匀砂土层中,主要为粗细颗粒群同时浮动而流失。大多发生在坝下游渗流出口无反滤层保护或反滤失效情况下。一般不发生在土体内部。流土只考

虑破坏坡降,临界坡降与其相近。可分为无约束流土(整块土体隆起或破坏)和有盖重的约束流土(砂沸、泡泉群、喷砂)。

(2)管涌(潜蚀):土体中的细颗粒在渗流作用下,由骨架孔隙通道流失。主要发生在不均匀系数 $d_{60}/d_{10}>20$,填料体积明显小于骨架孔隙体积,颗粒组成不均匀砂性土及砂砾石的渗流逸出处或内部有临界坡降,破坏坡降。颗粒级配连续的单峰土,一般产生非发展性管涌;土质疏松时,会形成发展性管涌。颗粒级配不连续的双峰土,发展性管涌与非发展性管涌都可能发生。

(3)接触冲刷:渗流沿着两种渗透系数不同的土层接触面或建筑物与地基的接触面流动时,沿接触面带走细颗粒,即渗透为顺接触面冲刷。主要发生于闸坝地下轮廓线与地基土的接触面、双层地基的接触面,以及坝内埋管与其周围介质的接触面、刚性与柔性介质的接触面上。

(4)接触流失:在层次分明,渗透系数相差悬殊的两土层中,当渗流垂直于层面流动时,将渗透系数小的一层土中的细颗粒带到渗透系数大的一层土中的渗透变形现象。渗流为顺垂直接触面冲刷。不符合要求的反滤层接触面上,常由于接触流失造成反滤层淤塞。

3. 黏性土渗透变形与渗透失稳形式

(1)流土:表层为黏性土或与其他细粒土组成的土体产生流土破坏现象为土体表面隆起、顶穿、断裂、剥落。主要发生在逸出面无盖重或无贴坡保护情况下。

(2)接触流土:在黏性土与粗粒材料接触处,发生土体向粗粒材料空隙中移动的流土破坏现象。土体破坏前,渗流出逸处体积略有增大,且升起土冠或在土的表面产生裂缝,然后产生流土,呈圆锥状脱落。

(3)剥落:当渗透水流经黏性土向设有粒粒材料盖重的另一侧渗透时,未被粗粒材料遮盖部位产生逐渐剥落,形成深注。接触面孔隙大于 4.5mm,便可出现剥落,剥落深度约为粗粒土孔隙直径 D_0 的 1/2。

(4)接触冲刷:沿防渗体的水力劈裂缝、横向裂缝产生的裂缝冲刷及相邻不同土层的层间流动产生的冲刷,带走细颗粒。

(5)发展性管涌:主要在分散性黏性土中产生。

黏性土的渗透破坏一般以接触冲刷或流土的形式出现,最后发展为沿水流方向形成管道流而破坏。裂隙性黏性上有可能产生沿裂隙面的管涌现象。分散性黏土的渗透破坏形式基本为发展性管涌。

4. 基岩中的断层及软弱夹层充填物的渗透交形与渗透失稳形式

(1)接触冲刷:断层及软弱层内的土颗粒或粒团在渗流作用下,沿充填物与壁面间被水流冲动带走的现象。

(2)管涌:在厚度大的断层及软弱层中,发生在充填物内的土颗粒被渗流冲动流失现象。

(3)流土:断层及软弱层内有一定体积的粒团在渗流作用下,被渗透压力推动挤出现象。

(4)灌淤:渗透水携带的土粒团及其他物质在岩层裂隙及介质孔隙中沉聚现象。

(5)溶解:裂隙水为钾钠型水质,溶解充填物,降低软弱夹层强度和抗渗性现象。

5. 土质防渗体与岩基或砂砾地基接触面之间的渗透变形与渗透失稳形式

(1)防渗体在接触面产生剥蚀。基岩破碎或有溶洞、泉眼,或为透水性强的砂砾中的渗水,使防渗体土料湿化崩解。

(2)沿接触面方向产生接触冲刷。防渗体与地基结合不紧密,岩基或砂砾地基中的纵向水流沿层面接触冲刷土质防渗体,形成集中渗流。

第五节 渗透控制措施

对土石坝渗漏的处理总的原则是"上堵下排"。"上堵"是指在上游坝坡采取防渗措施,封堵渗漏入口,防止库水渗入,提高坝体与坝肩的防渗能力;或者延长渗透路径,降低渗透坡降,尽量减少渗透水流渗入坝体和坝基。"下排"是指在下游采取反滤导渗排水设施，使渗入坝身和坝基的渗水，在不带走土颗粒的前提下，安全畅通地排到下游，保持土体的渗透稳定。

上堵的措施有垂直防渗和水平防渗。垂直防渗有混凝土防渗墙、高压定向喷射板墙、灌浆、黏土贴坡、黏土截水槽、土工膜防渗、人工连锁井柱防渗墙和砂浆板桩防渗墙等。水平防渗有黏土水平铺盖和水下抛土等。下排的措施有在坝的背水坡开沟导渗、坝后做反渗透水盖重、导渗沟和减压井等。一般来讲，垂直防渗处理可以比较彻底地解决坝基渗漏问题。水平防渗处理结合下游排水减压，虽可保证坝基渗透稳定，但仍有一定渗漏损失。在处理土石坝渗漏时，采取什么样的防渗措施，应根据具体地质条件、形成渗漏的原因和防渗要求，结合坝型及工程所在地的环境，遵循技术可靠和经济合理的原则，研究比较后确定。

1. 非岩溶坝基和坝肩绕渗的处理措施

(1) 地基覆盖层具有强分散流失性、易管涌性、高湿陷性、或属于少砂的卵石、漂砾层、架空层等强透水层，或透水性极不均匀地层，以及两岸透水性强、岩壁不易连接、存在古河道、古冲沟地区，首先考虑垂直防渗系统。地震区的砂性土坝基应采用垂直防渗措施截断渗流。

(2) 强透水的单层地基宜采用混凝土防渗墙加固。当透水层厚超过70m时，可采用混凝土防渗墙下接灌浆帷幕。透水地基内含有大量漂卵石或堆渣架空层时，采用灌注稳定浆液可控塑性灌浆方法形成防渗帷幕。

(3) 弱透水单层地基的渗透系数小于$i \times 10^{-5}$cm/s时，采用混凝土防渗控效果很小，只需复核坝身防渗体与地基间的接触冲刷。不满足要求时，采用高压旋喷灌浆方法在接触面形成截渗体，杜绝接触渗流。

(4) 由上部弱透水层和下部透水层组成的二元结构覆盖层，采用混凝土防渗墙穿过全部透水层。或迎水面采用黏性土铺盖加强上部弱透水层的天然铺盖作用，背水侧采用穿过上部弱透水层进入下部透水层中的减压井等排水减压措施，消减地基承压水头，采用背水侧透水盖重或透水盖重结合减压井（沟）方法增加地基抗浮稳定性。

(5) 多层地基上都为较厚的弱透水层时，产生渗透破坏的可能性不大；但因背水侧被弱透水层覆盖，地基中的承压水会对下游产生浸没影响或突涌，以下游侧采用排水减压措施较为经济。当有强渗漏带时，宜采用垂直防渗措施截断强渗漏带，并在关键部位设置反滤排水设施。

(6) 坝基迎水侧及坝基为透水层而背水侧表层为相对不透水层与下部不透水土层或基岩相接形成封闭区时，垂直截渗措施不能消除背水侧的封闭承压水，仍有产生突涌危险，则宜在背水侧采用透水盖重加减压井（间距10~25m）或排水沟底打砂井（间距5m）方法消散承压水头，增加地基抗浮稳定性。

(7) 探明的水下黏土铺盖裂缝及塌坑，可采用水中易崩解、固结的粉质黏土，水中抛土覆盖裂缝及塌坑部位。抛入水中的土部分被水流携带通过裂缝或塌坑进入砂砾石地基，淤堵渗水通道；大部分用于充填裂缝或塌坑，逐步恢复铺盖完整性。

(8) 多泥沙河流中的河道型水库，易形成坝前淤积的中低土石坝，砂砾层地基组成又较均匀时，可采用迎水侧水下抛土铺盖接斜墙，并完善坝后地基排水减压措施。

(9) 裂隙性岩体渗漏，采用水泥灌浆帷幕防渗，但有时也采用丙凝、丙强等化学灌浆材料。当基岩接触面无混凝土底板或喷射混凝土封堵岩面裂隙时，采用高压旋喷灌浆方法形成压浆盖板后，再对基岩进行水泥灌浆。

(10) 断层破碎带岩石往往极为破碎，当含泥较多，可灌性很差，采用灌浆处理起不到良好效果时，可采用防渗井措施，挖除断层破碎带的物质，回填混凝土。

(11) 砂砾地基中的混凝土防渗墙出现开裂或集中渗漏。在其迎水侧采用高压摆喷或二重管无收缩双液灌浆方法形成封闭区。高压喷射灌浆幕出现渗漏，采用灌注稳定浆液的静压灌浆方法处理。

(12) 绕坝渗流的处理，沿渗流入口部位铺贴复合土工膜、喷混凝土封闭裂隙、现浇混凝土形成岩面防渗层、抛填黏土铺盖等方法阻截渗水进口。在岩层中通过灌浆方法形成防渗帷幕，截断上下游贯通的断层破碎带内的渗流。

2. 岩溶坝基和坝肩绕渗的处理措施

岩溶渗漏常用的防渗处理措施有铺盖法、堵塞法、灌浆法、截水墙法、围井或隔离法等。

(1) 铺盖法,是处理库内呈面状或带状分散渗漏的一种常用方法,一般在坝上游或水库的渗漏部位,填筑黏土铺盖或混凝土盖板封闭漏水地段。

(2) 堵塞法,是处理集中渗漏通道如落水洞、竖井、漏斗、溶洞、地下暗河等的有效办法。在其进口或通道的咽喉部位加以堵塞,堵塞材料可采用块石、砂、黏土和混凝土等。

(3) 灌浆法,当坝基岩溶岩体分布范围大,透水层埋藏较深时普遍采用的一种防渗措施。当遇有大型溶洞时,可先封堵洞穴再进行灌浆。

(4) 截水墙法,当岩溶发育强烈的岩体埋藏较浅,灌浆方法又难以奏效时,可采用开挖截水墙,切断浅层岩溶通道。

(5) 围井或隔离法,适用于库区回水范围内的反复泉或直径较大的落水洞。前者由于雨季时地下水冒出,枯水季消失,在冒水时有一定的压力,采用铺盖和堵塞防渗效果不好。后者由于洞的宽度或深度较大,堵塞困难或工程量大时,采用围井法处理。当库内个别地段落水洞集中分布,或溶洞较多,分布范围较大,采用铺、堵、灌、截、围等方法处理均较困难时,则可采用隔离法。用隔堤把渗漏地带与水库隔开。

3. 均质土坝的坝体防渗处理措施

(1) 渗漏部位不明确,水库可基本放空创造干地施工条件时,在坝体临水侧设置斜墙铺盖形成新的防渗体,还延长了渗径,可减小渗水量,降低坝体浸润线。渗透系数相同时,含砂砾的土比纯黏性土具有更大的抗渗强度,出现裂缝后的自愈能力也较强塑性指数大于17的黏性土适应变形能力强,又具有较高的抗渗强度。因此,应选用渗透系数比原坝体小的黏性土、砾质土填筑斜墙、铺盖与地基截渗体、与周边山体结合部宜采用塑性指数大于17、液限大于40、含水量大于最优含水量2%~5%的黏土形成高塑性区。

(2) 渗漏部分明确,且位于均质土坝坝顶附近,可抽槽至渗漏部分以下,回填与坝身防渗填料相同或相近黏性土。渗漏部位不明确或位于坝体深部时,采用混凝土防渗墙劈裂灌浆幕、三轴深搅或多头小直径深搅灌浆幕、高压喷射灌浆幕、长臂螺旋钻造孔后压浆灌注墙形成完整垂直防渗体。渗漏严重的均质土坝宜选用混凝土防渗墙或复合灌浆防渗幕。坝体内地下水位低的中低坝还可采用倒挂组井、冲抓套井内回填黏土防渗墙。放空水库后的中低坝亦可采用黏土或土工膜上覆保护层形成上游防渗铺盖及斜墙。

(3) 均质坝身浸润线过高会危及下游坝坡安全,或出现散浸、鼓包隆起等渗透变形;采用贴坡排水棱体提高坝坡稳定性,采用有毛细虹吸作用的高效排水板、水平排水孔等措施降低坝身浸润线。

4. 分区土石坝的坝身防渗体加固处理措施

(1) 黏性土防渗体较易出现裂缝渗漏。自上而下发展的裂缝深度一般较浅,防渗体以外的坝壳及地基无异常时,采用开挖有裂缝部分,回填黏性土。由下向上发展的裂缝易被水饱和,危害大,非滑动性质的深层裂缝,均宜采用灌浆方法处理;经观察能自行愈合的裂缝,且水压力不大,可采用完善渗流出口部位反滤及排水设施,创造裂缝自愈条件。限制水库裂缝后初次蓄水速度,也有利于裂缝自愈。

(2) 黏性土心墙及截水槽渗漏,采用混凝土防渗墙或高压喷射灌浆幕进行防渗加固。中低坝的厚心墙也可采用劈裂灌浆幕进行防渗加固。心墙、截水槽底部与下卧砂卵石层或岩基面之间已有阻浆盖板或被灌浆帷幕封闭,且可放空水库的低坝亦可采用冲抓套井、倒挂组井黏土防渗墙加固。

(3) 黏性土斜墙出现渗漏、塌陷时,拆除斜墙上的保护层后,对较高部位的渗漏、塌陷,可抽槽回填黏土。渗漏处不明确或位于斜墙中、下部,采用不大于斜墙填料渗透系数的黏性土加厚斜墙,或在斜墙表面铺设复合土工膜,上浇混凝土护坡兼作保护层。斜墙与基岩的接触面渗漏采用高压旋喷灌浆封闭。

(4)处于高应力区的沥青混凝土心墙,出现裂缝和少量渗漏,有一定自愈能力。处于低应力区的沥青混凝土心墙出现裂缝和渗漏难以自愈,宜在其上游侧设置的宽约1.5～3.0m砂砾料过渡层内进行高喷灌浆、静压灌浆方法封堵。重庆市马家沟沥青混凝土心墙石渣坝坝顶高程252.00m,坝高38.2m。沥青混凝土心墙采用碾压法施工。在沥青混凝土心墙高程235.00m(距坝顶17m)附近有漏碾压或沥青用量不足形成水平渗漏带。在迎水侧过渡区内,采用高压旋喷灌浆形成一排限制浆液扩散范围的阻浆幕和基岩面压浆盖板,与沥青凝土心墙间按孔距1m灌注水泥稳定浆液,组成高喷、静压灌浆帷幕与沥青混凝土心墙防渗体。

(5)沥青混凝土斜墙出现裂缝,可降低水位露出裂缝。利用软沥青中掺矿粉形成的沥青玛碲脂封闭缝面,并铺贴土工膜,石砭峪沥青混凝土斜墙坝的沥青混凝土裂缝众多,且有塌陷现象。在斜墙下堆石体进行托底固结灌浆,厚3～5m;清除老化和产生裂缝的沥青混凝土。填铺平整后,粘贴复合土工膜。膜内设置排水管至堆石体内。复合土工膜上现浇150mm厚混凝土保护层。

5. 黏性土心墙、斜墙接触带渗漏处理措施

(1)心墙底部残留有砂卵石层时,采用常规帷幕灌浆的浆液会在大孔隙渗流中流失,可灌注稳定浆液或掺加速凝剂的旋喷或摆喷套接成防渗墙。

(2)心墙底部与基岩接触面防渗加固,采用常规帷幕灌浆不可能堵塞全部透水裂隙,更形不成混凝土隔离板,水泥浆还可能劈入坝体内形成不规则同时刚性体。宜采用高压旋喷或摆喷在接触带上套接成防渗体,其下部插入基岩内1～3m,上部插入5～7m。若还需形成基岩内的防渗帷幕,则先在接触带形成套接旋喷桩压浆盖板,兼起隔离作用,再进行基岩内的帷幕灌浆。

6. 铺盖防渗及处理措施

1)铺盖防渗适用条件

铺盖只宜用于地基覆盖层较深厚、颗粒组成较细、较均匀的中低土石坝地基防渗。不宜用于成层显著及不均一性大的砂砾地基;顶部为性透水层,承压水头削减慢的地基;以及易产生接触流土地层和基岩为岩溶裂隙发育部位。

库区天然淤积铺盖,表层干密度往往不到$1.0g/cm^3$;但其底部在库水的渗透压密作用下,干密度有的高达$1.5g/cm^3$以上,渗透系数可达$i\times10^{-6}cm/s$,有较好防渗效果。在进行病险土石坝防渗加固中考虑天然淤积铺盖防渗作用时,必须掌握其分布情况、厚度、干密度分布情况;其下部覆盖层的厚度、粒径组成和透水性,应满足反滤要求。

2)铺盖防渗加固注意事项

(1)铺盖宜与下游排水减压或压渗设施(水平排水层、排水反滤体、透水盖重、导渗沟、减压井等)联合使用。只要不影响坝坡、坝基稳定,排水减压设施尽可能靠近坝趾,以更有效地降低坝体浸润线,减小坝基承压水头。

(2)铺盖用土的渗透系数不宜大于$i\times10^{-6}cm/s$,且为地基土渗透系数的1/1000以下。避免与河床覆盖层渗透系数大于$i\times10^{-2}cm/s$的透水层直接接触。

(3)铺盖长度宜不小于坝前水头5～8倍;当水头较大,坝基砂砾石层又较深厚时、采用8～10倍的坝前水头,使地基内平均渗流坡降不大于砂砾石地基允许平均坡降,铺盖厚度应满足任一断面(特别是承担水头差最大的靠坝踵断面)的渗流坡降应小于铺盖土料的允许值。

(4)铺盖应覆盖河床及两岸透水层形成整体防渗系统,避免绕坝渗流破坏。

(5)由于河床面起伏不平,铺盖承受水头差各点不相同,铺盖在水压作用下产生的渗透压密变形不均匀,易产生裂缝。在铺盖与透水地基间设置的滤层应按有裂缝条件下满足反滤、排水要求设计,以利裂缝自愈。多沙河流的河道型水库有利于随着淤积和没填过程增强防渗效果。

(6)为防止铺盖失水干裂,运行期不宜放空水库露出铺盖。

3)铺盖防渗加固措施

(1)铺盖产生裂缝后,放空水库;向淤积层中的裂缝中灌粉细砂或表面堆填土料,在无天然淤积物的

铺盖表面堆填含砂砾的松土。水库恢复蓄水后,堆填料随渗水进入裂缝内,并在渗透压力及自身重力作用下压密,使裂缝自愈。铺盖上的塌坑、应开挖清除松散土,回填部分砂砾或中粗砂后,再回填黏性土;填筑含水量控制略大于塑限含水量,分层夯实、刨毛,保证新老填土结合良好。

(2)不能放空水库处理时,采用水中抛土加固。集中渗流的入渗口先抛装砂或装土编织袋等堵塞入渗口底部,形成滤层。再定点船抛或水中吹填易崩解固结的粉质黏土、粉土。北方地区还可采用冰上堆土融淤方式加固。

(3)坝体加固施工不应影响上游库区形成的淤积铺盖的完整性,也不能影响下游侧排渗能力。

(4)当原地基不适宜采用铺盖防渗时,可另建混凝土防渗墙或其他防渗系统。

7. 混凝土面板堆石坝防渗面板加固处理措施

降低水库水位,露出混凝土面板裂缝、渗漏部位后,采用下述措施处理。

(1)宽度小于 0.3~0.5mm 的混凝土面板裂缝,清洗表面后,沿线涂刷 HK-961 环氧材料或由水泥、硅粉和活性化学物质组成水泥基渗透结晶性防水材料,宽度大于 0.3~0.5mm 裂缝,在涂刷 HK-961 后,表面粘贴 GB 胶。更宽的裂缝,沿线凿成宽、深约 50mm 的"U"形槽后,回填乳化砂浆或预缩砂浆。

(2)混凝土面版的漏水接缝,采用增设止水方法恢复止水效果。

(3)混凝土面板与垫层脱开区,采用自流灌浆方法,灌注水泥—粉煤灰浆,水胶比 0.5~0.8,水泥与粉煤灰之比 1:(4.0~4.2)。

(4)混凝土面板产生破损、塌陷,且有集中渗漏时,通过面板钻孔埋管,采用水泥:粉煤灰:砂:水=1:2:1:1.35 的水泥砂浆,低压(0.1MPa)充填面板与垫层空隙部位,然后对垫层进行自下而上分段自流限量的加密灌浆。面板上铺贴复合土工膜,面板破损严重并出现堆石体松动部分,先在面板下 3~5m 范围内,按孔距 1.5~2.0m 布孔。采用由水泥、膨润土、砂与水配制、固化强度约 3~5MPa 的混合浆液,进行托底固结灌浆。挤压破坏的混凝土应凿除,割断已变形钢筋,然后修复钢筋并补浇混凝土,粘贴 SR 塑性止水材料及 SR 盖片。再在面板上铺设复合土工膜或合成橡胶膜,表面采用混凝土板保护。

8. 坝内埋管及其接触渗漏的加固处理措施

(1)土石坝内埋设的涵管壁渗漏采用修补裂缝、增设钢内衬,粘贴碳素纤维布处理,管壁周边进行回填灌浆。

(2)涵管与周边防渗体间出现接触面渗漏时,均质土坝在上游坝体内、分区坝在防渗体内,采用倒挂井,人工开挖至接触面后,回填混凝土;亦可采用高压旋喷灌浆群或二重管无收缩双液灌浆、顶压灌浆或填充灌浆方法形成涵管截流环。下游面完善反滤层。

(3)涵管破损、渗水严重时,宜将涵管内位于均质土坝上游侧、分区坝位于防渗体内的管段回填混凝土封堵,管外采用(2)法形成截流环,另行在岸边岩层开凿隧道、恢复功能。

9. 输水洞渗漏的防渗加固处理措施

水库输水洞与土石坝坝体的接触渗漏病害非常普遍,若处理不当,将严重影响工程效益、并可能导致垮坝失事,带来重大损失,甚至造成严重灾难。

输水洞渗漏的除险加固技术主要有 YEC 环氧防护涂层防渗防护、高压旋喷灌浆构筑输水洞截流环墙、输水洞伸缩缝渗漏加固技术、CP 砂浆防渗补强、洞顶断面钻探灌浆防渗以及内衬钢筋混凝土管、钢管或玻璃钢管等。

(1)输水洞伸缩缝渗漏处理,输水洞渗漏主要分为滴漏和射流,在滴漏部位要采用能充分填缝隙的材料,在射流部位则需要采用凝固时间短、膨胀系数大的材料充填。

常用处理方法有:伸缩点渗区化学灌浆法、水溶性聚氨酯嵌填伸缩缝。

(2)洞顶地面钻探灌浆防渗。对已建成水库,可以从洞顶地面对漏水输水洞进行灌浆堵漏处理、该方法简单易行,投资少,效果好,不仅对洞顶进行了回填,而且对洞顶围岩裂隙有固结作用。但当洞顶地形陡峻,高差太大时不适宜采用。

(3)内衬钢筋混凝土管、钢管或玻璃钢管。当输水洞已严重破坏,进行局部修补灌浆,已不能恢复其承载能力,解决止漏问题时,可在输水洞内加内衬。其优势在于技术可靠,由于在新管与洞壁之间进行接触灌浆,形成整体,牢固耐用,不需开挖大坝,避免了原结构遭到破坏而形成新的隐患;施工方便,大部分小型水库在深山沟内,交通不便,这种方法不需用笨重的机械设备,运输困难较小;经济可行,费用较低。当洞径较大时,可加衬钢筋混凝土管,洞径较小时,可加钢板内衬。若由于基础不均匀沉陷而产生多道环向裂缝时,以衬钢筋混凝土管为宜;若由于温度裂缝而产生多道环向裂缝时,以衬钢板为宜。

10. 溢洪道渗漏的处理措施

中小型水库的溢洪道多在坝端布置边墙(边墩)与土坝体或岸坡相接,由于衬砌质量差,座浆不饱满,墙后填土回填穷压不实常产生沿墙背面与坝体或山体间沿接触面渗漏破坏。若在汛期泄洪时发生,后果更为严重。对于溢洪道接触渗漏破坏,常见的处理方法如下。

1)溢洪道接触渗漏的处理

(1)培厚加固边墙,培厚从边墙背水面进行(不减少过水断面尺寸)。即处理好地基后,将原有砌体清洗干净,混凝土边墙则需凿毛、洗净,如若新增砌体断面,则务必处理好新老结合面。回填前应在边墙背面抹一层浓泥浆或水泥浆,然后分层回填夯实。

(2)增建刺墙,当与土坝相接的边墙发生裂缝时可将边墙拆除重建。同时,在溢洪道边墙墙背面加一段刺墙伸入土坝,以增长渗径防止渗漏破坏。

(3)充填灌浆处理,对于边墙后的集中接触渗漏,若边墙较高,增厚边墙或拆除重建工作量较大时,可以采用沿墙 0.5~1.0m 范围内,布孔灌浆充填处理,孔距 3~5m。靠近土坝一侧灌注黏土浆,靠近山坡一侧可灌注水泥浆或水泥稀土浆。

2)溢洪道基础渗漏的处理

溢洪道基础渗漏常采用帷幕灌浆的方法进行处理。

3)溢洪道裂缝渗漏的处理

对有小量渗水,但不影响结构强度的少数裂缝,可采用灌浆或喷浆的方法;对数量较多,分布面较广,但不影响结构强度的细微裂缝,可采用水泥砂浆抹面,浇筑混凝土隔水层、沥青混凝土防水层或表面喷浆;对渗漏较严重,但对结构强度无影响的裂缝,可在渗水出口面凿槽,把漏水集中导出后,再嵌补水泥砂浆,并在渗水进口面黏补胶泥等材料,或用钻孔灌浆堵漏;对开裂的伸缩缝,不渗水的可用灌浆法封补,有渗水的可先加止水片后再封补;对沉陷裂缝,要先用灌浆法加固基础后堵缝必要时可同时采用恢复或增强结构整体性措施,如浇筑新钢筋混凝土或新混凝土,灌浆、喷浆、钢板衬砌、锚筋锚固及预应力锚索加固等。

第六节 工程实例

一、坝体渗漏处理

1. 六都寨水库

六都寨水库位于资水支流辰水中上游,正常蓄水位 355.00m(吴淞高程),校核洪水位 358.14m,总库容 1.294 亿 m^3。该水库为一座以灌溉为主,兼有发电、防洪、养殖等综合效益的大型水利工程。大坝为黏土心斜墙土石混合坝,最大坝高 73.30m,坝顶高程 360.5m,坝顶长 480m。该工程于 1978 年初正式施工,1986 年大坝施工全部完成,1991 年 5 月大坝下闸蓄水。大坝一期施工,由于料场质量及施工质量都很差,未达到设计要求,造成高程 335.00m 以下黏土心墙表面出现裂缝,被迫停工两年,此后对不合格心墙采用挖除换填处理,进行第二期施工填筑。

心墙主要为黏土、粉质黏土、含少量砾的粉质黏土和砾质黏土,上游坝壳填料主要为砂和卵砾石,下游坝壳主要为碎石、砂、卵砾石及黏土。

水库运行后,发现大坝高程333.00m以下坝坡出现大面积散浸和渗漏,大坝右侧高程330.0m平台桩号0+113m至右坝肩散浸面积为220m²,溢出点共有9处,最大流量为1.8L/min,呈小股线状水流,在330.0m平台下面3m处挖探槽,可见线状水流集中流出。

勘探表明,大坝心墙填土成分总体为粉质黏土、黏土、含砾粉质黏土、含砾黏土,液限均值都大于50%,为高液塑限土,不利于压实,部分孔段含砾量较大,局部有碎石土、粉细砂、耕植土、煤渣、含卵砾石粉质黏土。心斜墙中上部和中下部结合部的渗透系数很大,平均值为2.72×10^{-4}cm/s。下游坝壳的料源为清基土石、溢洪道开挖弃料、近库碎石土和河床的砂卵砾石、含砾粉质黏土;部分风化土含块石,块径超限;部分土料含石量过少,或纯为黏土,存在严重的不均一性,部分为含砾黏土,颗粒偏细,渗透系数偏小。而且,大坝位于潮湿多雨地区,大坝白蚁窝多见,产生洞穴,危害严重。

针对以上问题,对坝体渗漏采取了混凝土防渗墙的处理措施,彻底地解决了坝体的渗漏问题。

2. 株树桥水库

株树桥水库位于湖南省浏阳河南源小溪河下游,水库大坝为混凝土面板堆石坝,坝高78m,总库容2.78亿m³,工程于1992年12月基本完工。水库自1990年下闸蓄水大坝即出现渗漏,并呈逐年增加趋势,至1999年7月漏水量达2500L/s以上。

大坝坝顶高程为171m,宽度8.0m,坝顶上游防浪墙高5.0m,下游设高4.0m的挡墙,上游坝体采用新鲜石灰岩,坝坡为1:1.4下游采用部分风化板岩代替料,坝坡为1:1.7,底部采用灰岩大块石棱体。大坝防渗系统由坝顶防浪墙、混凝土面板、混凝土趾板(混凝土截水墙)及接缝止水等构成。大坝剖面见图10.6-1。

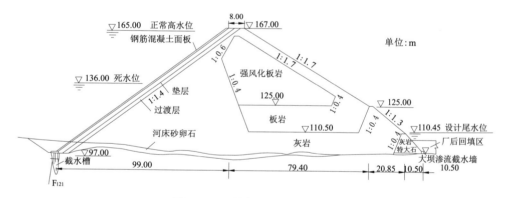

图10.6-1 株树桥大坝剖面简图

大坝渗漏的主要原因为大坝不均匀变形导致止水破坏,直接因素在于填筑材料的特性和压实不密实。地形的不利因素导致周边缝剪切变形较大,而止水系统因不能适应较大的变位导致止水破坏,又由于垫层料级配不良,特别是过渡料不合格甚至没有过渡层,垫层料在长期渗流作用下出现渗透破坏,造成垫层料流失,面板脱空,从而加剧面板变形,止水破坏更趋严重,如此逐渐演变发展,最终导致大坝出现严重的破坏及渗漏。

处理方案:加密垫层料,为混凝土面板提供坚实的支撑,灌浆处理面板脱空,在底部面板及趾板范围设置辅助防渗体,修复止水,新的止水结构应能适应周边缝较大的变形。加固处理后运行正常。

3. 马家沟水库

马家沟水库是重庆铜罐驿长江调水西部供水区的中转、囤蓄水库,位于九龙坡区石板镇附近的大漠河支流干河沟中游。水库集水面积11.85km²,正常蓄水位250.80m,总库容891万m³,为小型水库,由大坝、溢洪道、引水渠、进水泵站及港漑取水塔等建筑物组成。

大坝为沥青混凝土心墙石渣坝,最大坝高 38.0m,坝顶高程 252.0m,坝顶宽度 9.0m,坝顶长 267.60m。沥青混凝土心墙厚 50cm,底部通过混凝土齿槽与基岩连接。采用单排帷幕防渗,向下深入相对不透水层($q<5Lu$)3~5m。心墙两侧设 2m 厚的过渡料,上、下游坝充填筑料主要为砂质泥岩。

坝基岩体以砂质泥岩为主,岩体较完整。岩体透水性受裂隙以及风化卸荷的发育程度影响,岩体的透水性不均一。经钻孔揭示,坝基岩体强风化带厚 0.4~12m,弱风化带厚 1.5~17.5m。

马家沟水库工程于 2000 年 10 月开工,2002 年 12 月完成导流洞封堵试蓄水。水库蓄水伊始大坝即出现明显渗漏。渗漏量随库水位升高明显增大,库水位 237.0m 时渗漏量达 70L/s 左右,且下游坡面大量渗水,渗漏十分严重,为此,先后于 2003 年 11 月和 2004 年 12 月对大坝进行了两次防渗处理。第一次坝基河床部位的基岩补充灌浆防渗处理,效果不明显。第二次坝体上游反滤过渡料区旋喷防渗墙和沥青混凝土心墙间塑性灌浆处理,渗漏量虽有大幅减少,但未达到预期效果。2006 年 7 月 1 日库水位 241.02m 时,渗漏量为 30.4L/s;2006 年 12 月 23 日库水位 235.11m 时,渗漏量为 18.11L/s;2007 年 4 月 14 日库水位 229.58m 时,渗漏量为 5.09L/s。近似推算正常蓄水位 250.8m 时,水库年渗漏量可能达到 200 万 m^3 以上。

坝体的严重渗漏不仅影响工程效益的正常发挥,也直接影响工程安全运用。鉴于 241m 水位高程以上坝体尚未经受蓄水检验,因此要求对大坝渗漏采取进一步的处理措施,达到降低渗漏量、满足工程安全运用的目的。

马家沟水库大坝防渗处理方案:坝体+混凝土齿槽和浅层基岩防渗墙。混凝土防渗墙紧贴沥青心墙上游侧布置,墙厚 60cm,墙底根据水头大小分别深入基岩 4.0m、3.0m 和 2.0m。混凝土防渗墙抗渗等级为 W_8。沥青混凝土心墙上下游分别设有 2.0m 宽的反滤过渡层,反滤过渡层为灰岩骨料,最大粒径 80mm,小于 5mm 的占 5%,如图 10.6-2 所示。

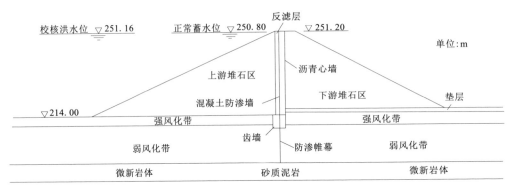

图 10.6-2 马家沟水库坝体渗漏剖面图

马家沟水库大坝防渗除险工程于 2008 年 5 月开工建设,同年 12 月底完工验收。2009 年实测水库蓄水位 250.35m 时,渗漏量为 5.23L/s。折算坝体年渗漏量为 16.5 万 m^3,渗漏量明显减小,防渗处理达到预期效果,工程运用情况良好,见图 10.6-3。

4. 大竹河水库

大竹河水库位于金沙江一级支流大河上,正常蓄水位 1215.69m,最大坝高 61.0m,总库容为 1128.90 万 m^3。主体工程由拦河大坝、溢洪道、放空洞、放水洞等组成。

大坝为碾压沥青混凝土心墙石渣坝,填料为全—弱风化石英闪长岩,干容重 $r_d=18.55$~20.8kN/m^3;防渗体采用碾压式沥青混凝土,厚度 0.4~0.7m,孔隙率为 2%~4%,渗透系数 $\leqslant 1\times 10^{-7}$cm/s,水稳定系数 $\geqslant 0.85$,骨料最大粒径 $\leqslant 25$mm。

基础进行帷幕灌浆,灌浆深入相对不透水层 5.0m,与心墙组成大坝防渗体,大坝防渗轴线向右坝

图 15.6-3　马家沟水库(http://cqjlp.gov.cn)

肩延伸 40m,左坝肩延伸至溢洪道左侧 40m。

坝基岩体为晋宁期石英闪长岩,中粗粒结构,块状构造。强风化厚度 4.70m,弱风化厚度 10.70m。卸荷裂隙长 10.0～20.0m,深 5.0～8.0m。

水库于 2009 年 12 月开工,2011 年 7 月大坝填筑完成,10 月开始试蓄水。在水库试蓄水过程中,2012 年 11 月 30 日蓄水至 1 201.48m,观测发现大坝渗流量 16.93L/s,渗流量大,随后观测发现大坝下游坝体浸润线较高。2013 年 3 月底开始大坝补强灌浆施工。2013 年 9 月 19 日,当蓄水位至 1 212.18m 时,下游坝坡高程 1182～1185m 出现散浸带,随后散浸带逐渐扩大,下游坝坡渗水呈流淌状,量水堰观测渗漏流量 23.2L/s,心墙渗流观测管流量 0.461L/s,渗流量与蓄水位呈正比,见图 10.6-4。坝顶累计沉降 0.274m,水平位移 0.049m(向下游)。

通过低应变和地震映像综合对沥青混凝土心墙进行检测,结合钻探和录像,心墙存在破碎异常区,主要集中在高程 1 171.0～1 200.0m 范围,存在渗漏;坝基与两岸岩体局部破碎、裂隙发育,同时强风化

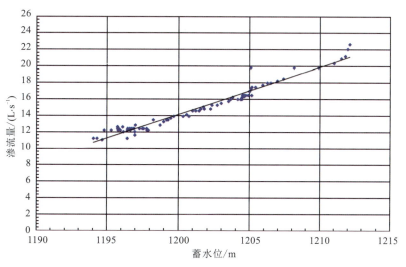

图 10.6-4　蓄水位与渗流量关系曲线

带存在透水性大,存在渗漏;接触带因未固结灌浆处理,导致接触带透水性大。

针对渗漏原因提出了堵疏结合,以堵为主,疏为辅的治理方案,具体方案为:原坝体沥青心墙轴线上游侧 4.50m 处设置混凝土防渗墙,防渗墙下基岩采用帷幕灌浆防渗,两岸基岩采用补强灌浆帷幕防渗,在下游坝体内增设排水设施。

混凝土防渗墙均质等厚 0.80m,墙体嵌入弱风化基岩 0.50～1.0m 且不高于原沥青混凝土齿槽底面高程。

通过大坝防渗处理后,下游坝坡渗水消失,量水堰观测渗漏流量小于 1.0L/s,坝体浸润线显著降低,见图 10.6-5。水库正常运行,处理效果良好。

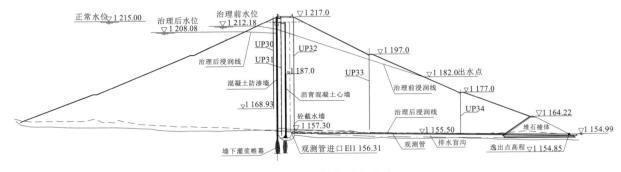

图 10.6-5 大坝浸润线剖面图(单位:m)

二、坝基和坝肩绕渗处理

1. 徐家河水库

徐家河水库位于湖北省广水市长岭镇境内徐家河下游,主坝坝顶长 830m,为均质土坝,最大坝高 35.30m,坝顶高程 77.30m,设计洪水位 75.00m,总库容 7.438 亿 m^3,是座以灌溉为主,兼顾防洪、发电、供水、航运、养殖等综合效益的大型水利工程。

水库枢纽工程于 1958 年 9 月动工,1959 年 2 月开始蓄水,1963 年冬至 1964 年春完成大坝加高培厚和正常溢洪道工程,1976 年冬完成非常溢洪道工程和大坝防浪墙。水库运行 40 年来,发现诸多工程隐患和险情,主要为坝体排水不畅、反滤层淤积严重、反滤层上游 57m 平台不均匀沉陷严重、大坝合龙段浸润线偏高、主坝左坝端长期散渗,其下游坝坡常年浸润,甚至出现沼泽。

主坝坝基存在的工程地质问题如下。

(1)坝基为砂卵石层和残坡积层。主坝沿轴线主河床及左岸有 1.0～2.0m 厚的含中粗砂卵石层,渗透系数大,临界比降小,存在漏水和渗透破坏的危险。坝基的残坡积物,成分为碎石土,渗透系数达不到防渗要求,需要处理。

(2)大坝坝基存在 0.5～10m 厚的强风化层,透水性强,需要处理,而且原河床一带部分中等风化岩体也存在压水试验结果达不到防渗要求,需要处理。

(3)大坝左端郭家湾断层为正断层,延伸长约 150～200m,宽度约 1.0～2.0m,贯穿水库和大坝下游,沿断层岩体破碎,可见未胶结角砾岩。破碎带性状差,为碎石夹土,宽 1.0～2.0m,透水性强,对坝左端渗漏有较大影响。

鉴于以上情况,采取的具体措施为在主坝坝轴线上游侧增设混凝土防渗墙,防渗墙穿过坝基砂层,并嵌入强风化岩层 1.0m,最大墙深 36.3m,中心线位于坝轴线上游 2.5m,墙厚 0.6m,混凝土强度等级 C_{15},抗渗标号 W_8,防渗墙顶部通过回填黏土与防浪墙相连,黏土上部铺碎石垫层并浇筑坝顶混凝土路面。考虑强风化岩层透水性较大,墙下接基岩灌浆帷幕,帷幕深至基岩透水率 5Lu 线以下 5.0m。帷幕沿防渗轴线布置,最大孔深 52m,单排布孔,孔距 1.5m,防渗标准为 5Lu;对郭家湾断层加强灌浆处理,沿断层走向布置6个灌浆孔,分别位于混凝土防渗墙轴线及其上、下游,孔距1.0m。经防渗处理后取得了较好效果。

2. 方元水库

方元水库是湖南省桂阳县内在丘陵地形中用5座坝围堵成的一个中型水库,库容1920万 m^3,1966年建成。3号坝为均质土坝,高16.1m,长320m,修建时未作防渗处理,蓄水便开始渗漏。曾于1971年和1976年两度在坝前坡脚修筑黏土截水墙,最深达9m,但成效甚小。到1984年蓄水到设计水位时,漏水量达1200L/s,多年来屡次发生塌坑、塌洞,严重威胁坝的安全。

经查明,在坝基石灰岩中发育三条顺河高压扭性断层破碎带,断层破碎带岩溶发育,形成了强岩溶渗漏通道。水库放空后发现断层破碎带表面以溶隙型为主,见串珠的落水洞(图10.6-6),深部以洞穴型为主。发育深度一般为30~40m,最大达60~70m。

该坝采取以下两种堵漏灌浆处理方法。

(1)针对坝基顺河向3个强岩溶渗漏通道,通过灌浆进行堵漏。从坝顶打孔,自上而下分段施工,在漏浆量大的地段先灌入尾矿砂、粒径小于0.65mm的河砂、粒径大于0.65mm的粗砂、砾卵石等粒料,灌满后再灌水泥浆,有时加入速凝剂。

(2)封堵库内落水洞。在坝的中部距左端65m处帷幕段上,经查明有一特大岩溶通道,其入口是坝前160m处水库内的一个落水洞。将此落水洞开挖、清理至基岩,下填砂浆,回填黏土时埋上2根管子,用1根注浆,另1根在灌浆时输水导流,将可能冒浆的落水洞作回填封堵,并针对通道打了两个填砂孔,共填入8t河砂,以阻止浆液向下游流失,在通道出口压砂覆盖(图10.6-7)。

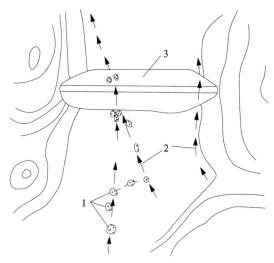

图10.6-6 落水洞断层发育的岩溶通道平面示意图
1.落水洞;2.岩溶通道;3.大坝

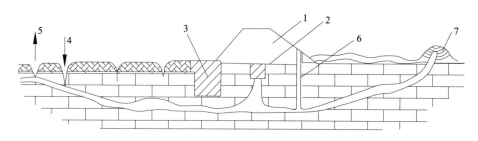

图10.6-7 利用库内落水洞对坝基岩溶通道作灌浆的布置
1.坝体;2.截水槽;3.后做截水墙;4.落水洞(灌浆);5.落水洞(抽水);6.投砂孔;7.压盖砂料

灌注的水泥浆从水灰比3:1开始,经过2:1到1:1结束,历时88h,灌入水泥140t。使出水处的漏水量由灌前的19.9L/s减小到0.02L/s,取得了显著效果。

3. 西北口水库

西北口水库位于湖北省宜昌黄柏河东支中游,大坝为混凝土面板堆石坝,最大坝高95.0m,正常蓄水位322.0m,总库容2.1亿 m^3,为大型水库。1968年开工,1989年6月基本建成,1991年9月开始蓄水。2000年4月经安全鉴定为三类坝,其大坝右岸渗漏严重,是影响大坝安全的主要问题之一。

大坝坝基为寒武系上统黑石沟组灰岩和白云岩,岩层倾下游偏右岸,缓倾角断层、裂隙发育,溶蚀强烈,建坝时根据原有资料曾作过帷幕灌浆处理。1992年5月6日,当库水位升至310.97m时,坝下游水位升高,6月15日坝后开始渗漏,测得最大渗漏量1.8m³/s,后经分析和进一步勘察发现,由于右岸覆盖层较厚,植被茂密,忽略了岩溶及卸荷裂隙的调查。施工开挖溢洪道时已发现岩溶发育,并可见长25m、宽0.2～2.5m的洞穴,但未引起重视,原设计的帷幕亦未完成,其深度也不够,因而出现渗漏。

加固处理。根据补充勘察资料,为了截断右岸 F_{13} 断层以上的强岩溶渗漏带,将右岸灌浆平洞向山体延伸32m,灌浆深度由高程296.5m加深至高程240m,并采用双排灌浆,排距1.5m,孔距2m,防渗标准仍为 $q<3Lu$,见图10.6-8。

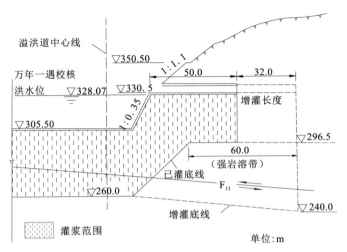

图10.6-8 强岩溶带渗漏帷幕灌浆处理示意图

四、用钻孔注水方法评价土坝心墙裂缝的教训

1. 工程概况

花凉亭水库位于安徽省太湖县的长河上,土坝为黏土心墙坝,最大坝高57m,库容23.98亿m³,心墙较薄,上下游平均边坡为1:0.15。土料为粉质黏土,黏粒含量38%～45%,粉粒含量32%～40%,砂粒含量15%～30%,塑性指数22%,设计干密度1.55g/cm³,渗透系数 $5×10^{-4}$cm/s,坝壳土料为中粗砂。

坝基覆盖层厚8～11m,上层为粗砂,$K=4.5×10^{-2}$cm/s,下层为砾质粗砂,河床宽度200m,用铺盖防渗,铺盖总长度320m,为坝高的5.6倍,其中坝轴线下游长50m,坝轴线上游位于坝内的部分长192m,坝外长78m,主要为坝内铺盖的形式。大坝断面见图10.6-9。

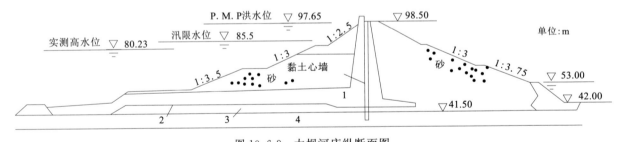

图10.6-9 大坝河床纵断面图
1.黏土铺盖;2.细砂反滤;3.中砂;4.中粗砂

大坝从1958年开始兴建,1962年坝顶高程达91.0m,坝高49.5m。1971年续建,1976年建成。

2. 心墙裂缝的发现过程

1966年8月,在心墙埋设测压管,用湿法钻进,钻孔水位于孔口齐平,发现钻孔漏水,怀疑心墙中存在裂缝。继续用钻孔检查,沿心墙轴线共布置21个钻孔,其中19孔漏水,漏水分布范围为0+075～0+360m,主要分布在河床段,漏水量大于0.07m³/s。开始出现回水的高程在45～65.2m范围内,向钻孔注水后稳定水位在56～58m之间。库水位为44.0m,表明心墙不漏水,为了查明原因,在11孔内水下摄影检查,查明孔内有3组裂缝,其中主要是纵向裂缝,裂缝走向为NW10°～NE20°,接近坝轴线方向NE7°,裂缝斜角85°～90°,接近垂直向,位于高程51～61m,缝宽10～30mm,最大宽度40～60mm,似有水平缝,但不明显。

根据心墙钻孔注水及水下摄影检查结果认为,心墙中存在纵向裂缝,进行灌浆处理。

3. 心墙裂缝原因分析

三次探井开挖结果表明,心墙裂缝主要是纵向缝,而且是张开缝,缝中填满了灌浆材料,方向基本是沿坝轴线方向。初步分析结果为,开始发现的心墙裂缝是测压管钻进中钻孔水压力劈裂心墙所造成的;摄影检查是在钻孔中注水的条件下进行的,所摄裂缝同样是孔内水柱对心墙的劈裂缝;灌浆后探井检查发现的纵向裂缝,缝内填满了灌浆土料,是灌浆造成的劈裂缝(图10.6-10)。为证明分析的可靠性,再次进行了心墙钻孔注水试验,结果表明注水对心墙可造成劈裂缝。

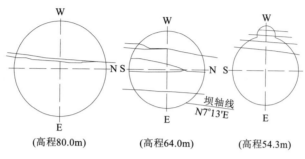

图 10.6-10 黏土心墙纵向裂缝图

4. 经验及教训

(1)薄心墙坝由于坝壳的拱效应,在心墙下部往往会出现大主应力小于自重应力的情况,使小主应力相应减小,如果在心墙上作钻孔注水试验,心墙容易沿小主应力面方向水力劈裂,出现裂缝,导致大量漏水。这将很容易会被误认为心墙存在裂缝。故薄心墙不宜采用注水试验的方法检查心墙是否存在裂缝。如柴河水库在薄心墙中钻孔注水试验时,也出现了突然漏水。

(2)心墙中若沿坝轴线方向进行灌浆,浆液自重加上灌浆压力在钻孔中形成的压应力往往会大于心墙中的小主应力,这必然会使心墙沿坝轴线方向产生劈裂缝,同时被泥浆所充填,在心墙中构成一道灌浆帷幕,帷幕两边的坝体也得到了挤压,其效果加强了心墙的防渗能力。

(3)劈裂灌浆和填充灌浆的机理是不同的,填充灌浆表示心墙本身已存在裂缝或孔洞,用灌浆的方法填充已存在的裂缝和孔洞,而劈裂灌浆是用较大的灌浆压力沿坝体小主应力面方向劈裂坝体进行灌浆。一般情况,只要灌浆压力大于小主应力,则坝体一定会从小主应力面方向被劈裂。

第十一章 隧洞工程

第一节 问题的提出

我国的隧道建设,尤其是长大隧道的建设主要集中在铁路隧道。截至 2003 年,铁路隧道中 8km 以上长大隧道有 7 座,分别是西康线的秦岭隧道(18 456m)、京广线的大瑶山隧道(14 294m)、朔黄线长梁山隧道(12 780m)、渝怀线圆梁山隧道(11 068m)、南昆线米花岭隧道(9383m)、大秦线的军都山隧道(8460m)和候月线云舌山隧道(8145m)。在我国,20 世纪 60 年代中期—80 年代初在川黔、成昆、贵昆等西南山区的铁路建造了一批 6~7km 的长隧道。这些隧道的施工大多采用轻型施工机械,大量采用风枪、电雷管和有轨运输,月掘进速度达到 100~150m。从 20 世纪 80 年代中期至今,我国隧道施工机具有了很大改观,陆续引进了一批现代化施工机具和先进技术,使我国在铁路隧道的施工方式和建造能力上有了质的改变,设计理论也得到了相应的发展。在此期间,钻爆法施工月进度达 200m 以上,已达到国际先进水平;而施工方法主要以矿山法和新奥法为主。全断面掘进机法(TBM 技术)在 1998 年前主要用于煤矿采掘,目前已应用于铁路及公路隧道的开挖施工中,如秦岭特长隧道就采用了此工法进行隧道开挖施工。

由于国内高速公路建设的相对滞后,特长隧道的公路隧道建设数量相对于铁路隧道来说少得多。其中有长度居亚洲第一的公路隧道——西安—安康高速秦岭终南山隧道,长 18.4km;四川省泥巴山隧道,长 8km;福建省少美菝岭隧道,全长 5.6km;西部地区建设的较长的高速公路隧道——四川省鹧鸪山隧道,长 4.4km;成渝高速公路歌乐山隧道,长 3.1km。在当今西部地区大力发展交通、兴建大量的隧道工程的形势下,很有必要对隧道建设中的诸多技术进行总结以供今后的工程借鉴。

综观世界各国隧道的建造史,制约特长隧道发展的因素大致可分为两大类。一类是施工技术方面的问题;另一类则是隧道开挖可能遭遇的地质及伴生的地质环境问题。前者包括掘进技术、通风技术、围岩加固技术、支护及衬砌技术等。经过 100 多年的发展,施工技术已经有了长足的发展,如掘进技术方面就已经有大量用于山岭隧道开挖施工的矿山法、越江隧道建设中常用的沉管法、地铁区间隧道的浅埋暗挖技术、盾构隧道技术(Shield Tunnel)、顶挖法、明挖法及掘进机法(TBM 技术)等多种适用于不同条件下的掘进手段;支护技术方面,也有了充分考虑岩体作用的新奥法施工方法。而对于地质及地质环境方面的问题,由于区域地层的复杂性及岩体结构沿隧道纵、横面的多变性,导致了认识、评价地质情况时的诸多困难,同时开挖过程中遭遇的各种复杂地质情况又对隧道施工产生严重的影响。目前常用的方法为,设计时采用钻探及地球物理方法对隧道周围的地质情况进行勘探,在此基础上进行隧道结构设计;在隧道开挖施工过程中采用超前钻孔地质勘测,同时根据开挖掌子面的围岩情况进行评定修正。上述的地质方法已能基本满足隧道建设中对地质及隧道围岩的情况的认识要求,但具体的地质情况下隧道建设保证措施仍是当前的难题,如涌水、突泥、膏岩地层等。

无论是国内还是国外,深埋长隧洞的工程地质勘察技术还不成熟,还存在不少困难,是水利水电工程地质勘察突出的难点之一,主要表现在:

(1)地面海拔高,交通困难,勘探设备甚至技术人员难以到达洞线位置。

(2)勘察测试手段跟不上隧洞工程发展需要,1000~3000m 的深度以及高应力、高水头条件尚缺乏适宜的勘探试验设备,现有的勘探试验方法选择受到限制。

(3)随埋深的显著增加,工程地质问题更为复杂,可借鉴的工程实例不多。

(4)有关理论还不够完善,分析评价方法需要摸索。

(5)采用TBM施工是深埋长隧洞工程发展趋势,相对于钻爆法,TBM对勘察成果的准确性有更高的要求,而不是可以简化。

(6)勘察经费和工期不足,勘察工作量布置和勘察方法选择受到明显限制。

目前,深埋长隧洞的工程地质勘察还处于探索和积累经验阶段,不仅需要工程地质分析、评价理论的丰富与完善,更需要勘察技术与方法的突破与创新。

隧洞工程可能存在的工程地质问题主要有围岩变形、塌方、岩爆、高外水压力、突水、突泥和涌水、高地温、岩溶、膨胀岩、有害气体、有害水质、放射性危害等。从一些工程实例来看,深埋长隧洞工程出现上述问题的概率明显更高,也更为复杂。在一个工程中,一般有2~4个工程地质问题会比较突出,如锦屏二级发电洞主要问题是岩爆和涌水,精伊霍铁路天山隧洞主要是断层带、大溶隙涌水,鱼箭口发电洞主要是溶洞突水、突泥,某达坂输水隧洞主要是软岩变形,奇热哈塔尔发电洞主要是岩爆和高地温等。突涌水、高应力条件下的岩爆,软弱破碎围岩大变形和高地温是深埋长隧洞出现概率比较高的工程地质问题,对工程影响也较大。国内如辽宁大伙房水库输水隧洞、野三关公路隧洞、精伊霍铁路天山隧洞、锦屏二级发电洞等工程在施工期间曾因大量突水、突泥、岩爆、塌方而出现过人身伤亡和设备事故,并造成投资增加、工期延误等不良影响。特别需要提出的是,在极高应力条件下,某些中硬岩也存在发生塑性变形的可能。瑞士圣格达铁路隧洞围岩中存在一种糖粒状砂岩,在高围压下发生塑性收敛变形达70cm以上,曾造成TBM卡机事故。新疆某达坂引水隧洞埋深不超过300m,但地应力高,岩石以泥岩与砂岩为主,因围岩挤压和膨胀变形造成数十次TBM卡机事故。穿过煤系地层的隧洞,有害气体和大变形问题最为突出,比较典型的工程有广渝高速公路华蓥山隧道和南昆铁路家竹箐隧道。家竹箐隧道实测瓦斯压力最大达到1.585MPa,高压力瓦斯、大变形和大涌水给该隧洞施工造成了很大困难。广渝高速公路华蓥山隧道不仅有煤层瓦斯,还遭遇了天然气、二次生化气及H_2S等有害气体,问题更为复杂。比较而言,这方面的问题在水利水电工程中较为少见。

隧洞活断层工程抗断的已建工程实例尚未见到,规划中的南水北调西线等几个长大隧洞工程,已将断裂活动性问题作为主要工程地质问题之一进行研究。考虑到强烈的破坏性,短时间内形成较大错距的区域性活断层应尽力绕避,而以缓慢蠕变变形为主的活断层在工程技术上是可以克服的。新疆某隧洞曾因放射性危害造成停工和方案改变,但是总的来说,出现严重放射性危害的工程实例较少见。

大范围的侵入岩、煤系地层是放射性矿物易于积聚之地,如在工程中遇到此类地层应进行必要的勘察研究工作。大伙房输水隧洞等工程勘察期间曾委托专业机构进行放射性勘探。

线路上如存在大范围放射性矿物,对施工、水资源危害较大,难以有效处理,应首先考虑绕避。

渝西地区地形以低山丘陵和平行岭谷为主,丘陵和平坝面积超过75%,适宜工业化城镇化发展布局。同时,渝西位于成渝经济区和成渝城市群主轴线上,区位优势突出,是重庆市未来工业化城镇化的主战场、聚集新增产业和人口的重要区域。该地区交通便利,高速公路四通八达,铁路横贯东西。高速公路、铁路均以隧洞形式穿越巴岳山以东的川东平行岭谷区的长条形山脉。已建成的大型输水工程主要为铜罐驿长江提水工程、松溉长江提水工程,在建的有金刚沱长江提水工程、草街嘉陵江提水工程。提水工程主要由泵站、输水管线、输水隧洞组成,输水管线多沿槽谷布置,输水工程以隧洞形式穿越山脉及高地。

因此,渝西地区已建、在建或拟建的隧洞较多,对隧洞的勘察技术、方法、勘察成果的总结与研究是必要的,对勘察成果与施工期实际揭示的工程地质、水文地质条件及遭遇的主要工程地质问题的对比总结有助于进一步提高现有的勘察技术和方法,为以后的隧洞勘察提供非常大的借鉴作用。

第二节 隧洞工程勘察技术与方法

一、勘察目的

通过工程地质勘察,逐步了解、初步查明、查明区域及隧址区工程地质条件及水文地质条件,评价存在的工程地质问题,为不同阶段隧洞设计提供工程地质依据。

二、各行业隧洞勘察的内容及规定

1. 水利水电隧洞勘察

勘察一般分为规划阶段、可行性研究阶段、初步设计阶段、施工详图设计阶段。

1) 规划阶段

(1)规划阶段引调水工程线路勘察应包括下列内容:①了解沿线地形地貌特征。②了解沿线地层岩性,第四纪沉积物的分布和成因类型。③了解沿线地质构造特征。④了解沿线的水文地质条件,可溶岩区的喀斯特发育特征。⑤了解沿线崩塌、滑坡、泥石流、地下采空区、移动沙丘等的分布情况。⑥了解沿线沟谷、浅埋隧洞及进出口地段的覆盖层厚度,岩体的风化、卸荷发育程度和山坡的稳定性。⑦了解主要渠系建筑物的工程地质条件和主要工程地质问题。⑧了解沿线矿产、地下构筑物和地下管线等的分布。

(2)划阶段引调水工程线路的勘察方法应符合下列规定:①搜集和分析引调水工程区域地质、航(卫)片解译资料,编绘综合地质图。②引调水工程线路应进行工程地质测绘,比例尺可选用1:50 000~1:10 000,测绘范围宜包括各比选线路两侧各1000~3000m,对于深埋长隧洞宜适当扩大。③根据地形和地质条件选用合适的物探方法。物探剖面应结合勘探剖面布置,并应充分利用勘探钻孔进行综合测试。④沿渠道中心线宜布置勘探剖面,勘探点间距宜控制在3000~5000m之间,勘探点深度根据需要确定。沿线的不同地貌单元、地下采空区跨河建筑物等地段应布置钻孔。⑤隧洞沿线的勘探点宜布置在进出口及浅埋段。⑥应测定沿线地下水位,并取水样进行水质简分析。⑦引调水工程沿线主要岩土层,可进行少量室内试验。根据需要进行原位测试。

2) 可行性研究阶段

(1)可行性研究阶段引水线路勘察应包括下列内容:①初步查明引水线路地段地形地貌特征和滑坡、泥石流等不良物理地质现象的分布、规模。②初步查明引水线路地段地层岩性、覆盖层厚度、物质组成和松散、软弱、膨胀等工程性质不良岩土层的分布及其工程地质特性。隧洞线路尚应初步查明喀斯特发育特征、放射性元素及有害气体等。③初步查明引水线路地段的褶皱、断层、破碎带等各类结构面的产状、性状、规模、延伸情况及岩体结构等,初步评价其对边坡和隧洞围岩稳定的影响。④初步查明引水线路岩体风化、卸荷特征,初步评价其对渠道、隧洞进出口、傍山浅埋及明管铺设地段的边坡和洞室稳定性的影响。⑤初步查明引水线路地段地下水位、主要含水层、汇水构造和地下水溢出点的位置、高程,补排条件等,初步评价其对引水线路的影响。隧洞尚应初步查明与地表溪沟连通的断层破碎带、喀斯特通道等的分布,初步评价掘进时突水(泥)、涌水的可能性及对围岩稳定和周边环境的可能影响。⑥进行岩土体物理力学性质试验,初步提出有关物理力学参数。⑦进行隧洞围岩工程地质初步分类。围岩工程地质分类应符合规范附录的规定。

(2)可行性研究阶段引水线路的勘察方法应符合下列规定:①工程地质引水线路测绘范围应包括线路及两侧300~1000m。引水线路测绘比例尺可选用1:10 000~1:2000,隧洞进出口段测绘比例尺可选用1:2000~1:1000。②宜采用综合物探方法探测覆盖层厚度、地下水位、古河道、隐伏断层、喀斯特洞穴等,并应利用钻孔和平硐进行综合测试。③勘探应符合下列规定:沿引水线路轴线应布置勘探剖面。进出口、调压井、高压管道等场地宜布置横剖面。勘探点应结合地形地质条件布置。隧洞进出口、傍山、浅埋、明管铺设等地段以及存在重大地质问题的地段应布置勘探钻孔或平硐。引水隧洞钻孔深度宜进入设计洞底以下 10~30m，但不应小于隧洞洞径。当地基为第四纪沉积物时应根据地质条件和建筑物荷载大小综合确定。④勘探过程中应搜集水文地质资料。隧洞和建筑物场地钻孔应根据需要进行抽水、压（注）水试验和地下水动态观测。⑤岩土试验应符合下列规定：主要岩土层室内试验累计有效组数不应少于 6 组；特殊岩土应根据其工程地质特性进行专门试验。⑥隧洞可利用平硐或钻孔进行岩体变形参数、岩体波速等原位测试。⑦隧洞应利用平硐或钻孔进行地应力、地温、有害气体和放射性元素测试。岩爆的判别宜符合规范附录的规定。

(3) 深埋长隧洞勘察除应符合上述规定外，尚应包括下列内容：①初步查明可能产生高外水压力突(涌)水(泥)的地质条件。②初步查明可能产生围岩较大变形的岩组及大断裂破碎带的分布及特征。③初步查明地应力特征及产生岩爆的可能性。④初步查明地温分布特征。⑤初步评价成洞条件及存在的主要地质问题，提出地质超前预报的初步设想。

(4) 深埋段的勘察方法应符合下列规定：①搜集本区已有的航片、卫片、各种比例尺的地质图及相关资料，进行分析与航片、卫片解译。②工程地质测绘比例尺可选用 1∶50 000~1∶10 000，测绘范围应包括隧洞各比选线及其两侧各 1000~5000m，当水文地质条件复杂时可根据需要扩大，水文地质调查应涵盖一个完整的水文地质单元。③选择合适的物探方法，探测深部地质构造特征、喀斯特发育特征等。④宜选择合适位置布置深孔，进行地应力、地温、地下水位、岩体渗透性、岩体波速等综合测试。⑤进行岩石物理力学性质试验。

3) 初步设计阶段

(1) 初步设计阶段隧洞勘察应包括下列内容：①查明隧洞沿线的地形地貌条件和物理地质现象、过沟地段、傍山浅埋段和进出口边坡的稳定条件。②查明隧洞沿线的地层岩性，特别是松散、软弱、膨胀、易溶和喀斯特化岩层的分布。③查明隧洞沿线岩层产状、主要断层、破碎带和节理裂隙密集带的位置、规模、性状及其组合关系。隧洞穿过活断层时应进行专门研究。④查明隧洞沿线的地下水位、水温和水化学成分，特别要查明涌水量丰富的含水层、汇水构造、强透水带以及与地表溪沟连通的断层、破碎带、节理裂隙密集带和喀斯特通道，预测掘进时突水(泥)的可能性，估算最大涌水量，提出处理建议。提出外水压力折减系数。⑤可溶岩区应查明隧洞沿线的喀斯特发育规律、主要洞穴的发育层位、规模、充填情况和富水性。洞线穿越大的喀斯特水系统或喀斯特洼地时应进行专门研究。⑥查明隧洞进出口边坡的地质结构、岩体风化、卸荷特征，评价边坡的稳定性，提出开挖处理建议。⑦提出各类岩体的物理力学参数。结合工程地质条件进行围岩工程地质分类。⑧查明过沟谷浅埋隧洞上覆岩土层的类型、厚度及工程特性，岩土体的含水特性和渗透性，评价围岩的稳定性。⑨对于跨度较大的隧洞尚应查明主要软弱结构面的分布和组合情况，并结合岩体应力评价顶拱、边墙和洞室交叉段岩体的稳定性。⑩查明压力管道地段上覆岩体厚度和岩体应力状态，高水头压力管道地段尚应调查上覆山体的稳定性、侧向边坡的稳定性、岩体的地质结构特征和高压水渗透特性。⑪查明岩层中有害气体或放射性元素的赋存情况。

(2) 初步设计阶段隧洞的勘察方法应符合下列规定：①工程地质测绘时复核可行性研究阶段的工程地质图；隧洞进出口、傍山浅埋段、过沟段及穿过喀斯特水系统、喀斯特洼地等地质条件复杂的洞段，应进行专门性工程地质测绘或调查，比例尺可选用 1∶2000~1∶1000；根据地质条件与需要，局部地段可进行比例尺 1∶500 的工程地质测绘。②宜采用综合物探方法探测覆盖层厚度、地下水位、古河道、隐伏断层、喀斯特洞穴等，并应利用钻孔和平硐进行综合测试。③勘探应符合下列规定：进出口及各建筑物地段应布置勘探剖面；勘探剖面上的钻孔深度应深入洞底 10~20m，从洞顶以上 5 倍洞径处起始，以下孔段均应进行压水试验；隧洞进出口宜布置平硐。④岩土试验应符合下列规定：每一类岩土室内物理力学性质试验累计有效组数不应少于 6 组；大跨度隧洞应进行岩体变形模量、弹性抗力系数、岩体应力测试等。⑤高水头压力管道地段宜进行高压压水试验。⑥隧洞沿线的钻孔宜进行地下水动态观测，观测时间不应少于一个水文年。喀斯特发育区应进行连通试验及地表、地下水径流观测。⑦进行地温、有害气体和放射性元素探测。⑧对建筑物安全有影响的不稳定边坡和岩土体应进行变形监测。

(3)深埋长隧洞勘察除应符合上述有关规定外,尚应包括下列内容:①基本查明可能产生高外水压力、突涌水(泥)的水文地质、工程地质条件。②基本查明可能产生围岩较大变形的岩组及大断裂破碎带的分布及特征。③基本查明地应力特征,并判别产生岩爆的可能性。④基本查明地温分布特征。⑤基本确定地质超前预报方法。⑥对存在的主要水文地质、工程地质问题进行评价。

(4)深埋段的勘察方法应符合下列规定:①复核可行性研究阶段工程地质测绘成果。②宜采用综合方法对可行性研究阶段探测的断裂带、储水构造喀斯特等进行验证。③宜选择合适位置布置深孔或平硐,进一步测定地应力、地温、地下水位、岩体渗透性、波速、有害气体和放射性元素等;进行岩石物理力学性质试验。

4)施工详图设计阶段

施工详图设计阶段工程地质勘察应在上述设计阶段基础上,检验、核定前期勘察的地质资料与结论,补充论证专门性工程地质问题,进行施工地质工作,为施工详图设计、优化设计、建设实施、竣工验收等提供工程地质资料。

专门性工程地质勘察应针对确定的工程地质问题进行,其勘察内容应根据具体情况确定。

专门性工程地质勘察宜包括下列内容:当洞室围岩及开挖边坡出现新的地质问题,导致建筑物设计条件发生变化时,应进一步查明其水文地质、工程地质条件,复核岩土体物理力学参数,评价其影响,提出处理建议。

专门性工程地质的勘察方法应符合下列规定:

(1)勘察方法、勘察布置和工作量应根据地质问题的复杂性、已经完成的勘察工作和场地条件等因素确定。

(2)应利用施工开挖条件,搜集地质资料。

(3)充分分析和利用各种监测与观测资料。

(4)当设计方案有较大变化或施工中出现新的地质问题时,应进行工程地质测绘,布置专门的勘探和试验。

施工地质应包括下列内容:①搜集建筑物场地在施工过程中揭露的地质现象,检验前期的勘察资料。②编录和测绘工程边坡、隧洞围岩的地质现象。③进行地质观测和预报可能出现的地质问题。④进行围岩、工程边坡加固和工程地质问题处理措施的研究,提出优化设计和施工方案的地质建议。⑤提出专门性工程地质问题专项勘察建议。⑥进行边坡、围岩等的岩体质量评价,参与与地质有关的工程验收。⑦提出运行期工程地质监测内容、布置方案和技术要求的建议。

2. 公路隧洞勘察

勘察的主要依据为《公路工程地质勘察规范》(JTG C20—2019)。

勘察一般分为预可研阶段、工可研阶段、初步设计阶段、详细勘察阶段。

1)预可研阶段

预可勘察应充分搜集区域地质、地震、气象、水文、采矿、灾害防治与评估等资料,采用资料分析、遥感工程地质解译、现场踏勘调查等方法,对各路线走廊带或通道的工程地质条件进行研究,完成下列各项工作内容:

(1)了解各路线走廊带或通道的地形地貌、地层岩性、地质构造、水文地质条件、地震动参数、不良地质和特殊性岩土的类型、分布范围,发育规律。

(2)了解当地建筑材料的分布状况和采购运输条件。

(3)评估各路线走廊带或通道的工程地质条件及主要工程地质问题。

(4)编制预可行性研究阶段工程地质勘察报告。

遥感解译及踏勘调查应沿拟定的路线及其两侧的带状范围进行,工程地质调查的比例尺为1∶50 000~1∶100 000,调查宽度应满足路线走廊及通道方案比选的需要。

工程地质勘探并符合下列要求:①应通过资料分析、遥感工程地质解译、现场踏勘调查等明确勘探的重点及问题。②应沿拟定的通道布设纵向物探断面,数量不宜少于2条。当存在可能影响工程方案的区域性活动断裂等重大地质问题时,应根据实际情况增加物探断面的数量。③区域性断裂异常点、水下隧道,应进行钻探。取样和测试应符合相关规定。

2) 工可研勘察

(1) 工可勘察应以资料搜集和工程地质调绘为主,辅以必要的勘探手段,对项目建设各工程方案的工程地质条件进行研究,完成下列各项工作内容:①了解各路线走廊或通道的地形地貌、地层岩性、地质构造、水文地质条件、地震动参数、不良地质和特殊性岩土的类型、分布及发育规律。②初步查明沿线水库、矿区的分布情况及其与路线的关系。③初步查明控制路线及工程方案的不良地质和特殊性岩土的类型、性质分布范围及发育规律。④初步查明长隧道及特长隧道隧址的地层岩性、地质构造、水文地质条件隧道围岩分级进出口地带斜坡的稳定性、不良地质和特殊性岩土的类型性质、分布范围及发育规律。⑤对控制路线方案的越岭地段、区域性断裂通过的峡谷、区域性储水构造初步查明其地层岩性、地质构造、水文地质条件及潜在不良地质的类型、规模、发育条件。⑥初步查明筑路材料的分布、开采、运输条件以及工程用水的水质、水源情况。⑦评价各路线走廊或通道的工程地质条件,分析存在的工程地质问题。⑧编制工程可行性研究阶段工程地质勘察报告。

(2) 工程地质调绘应符合下列规定:①应对区域地质、水文地质以及当地采矿资料等进行复核,区域地层界线断层线、不良地质和特殊性岩土发育地带、地下水排泄口等应进行实地踏勘,并做好复核记录。②工程地质调绘的比例尺为1:10 000~1:50 000,范围应包括各路线走廊或通道所处的带状区域。

(3) 遇有下列情况,当通过资料搜集、工程地质调绘不能初步查明其工程地质条件时,应进行工程地质勘探:①控制路线及工程方案的不良地质和特殊性岩土路段。②特大桥、特长隧道地质条件复杂的大桥及长隧道等控制性工程。③控制路线方案的越岭路段、区域性断裂通过的峡谷区域性储水构造。

3) 初步设计阶段

(1) 隧道初勘应根据现场地形地质条件,结合隧道的建设规模、标准和方案比选,确定勘察的范围、内容和重点,并应基本查明以下内容:①地形地貌、地层岩性、水文地质条件、地震动参数。②褶皱的类型、规模、形态特征。③断裂的类型规模产状、破碎带宽度、物质组成胶结程度、活动性。④隧道围岩岩体的完整性、风化程度、围岩等级。⑤隧道进出口地带的地质结构、自然稳定状况、隧道施工诱发滑坡等地质灾害的可能性。⑥隧道浅埋段覆盖层的厚度、岩体的风化程度、含水状态及稳定性。⑦水库、河流、煤层、采空区、气田、含盐地层、膨胀性地层、有害矿体及富含放射性物质的地层的发育情况。⑧不良地质和特殊性岩土的类型、分布、性质。⑨深埋隧道及构造应力集中地段的地温,围岩产生岩爆或大变形的可能性。⑩岩溶、断裂、地表水体发育地段产生突水、突泥及塌方冒顶的可能性。⑪傍山隧道存在偏压的可能性及其危害。⑫洞门基底的地质条件、地基岩土的物理力学性质和承载力。⑬地下水的类型、分布、水质、涌水量。⑭平行导洞斜井、竖井等辅助坑道的工程地质条件。

(2) 当两个或两个以上的隧道工程方案需进行同深度比选时,应进行同深度勘察。

(3) 根据地质条件选择隧道的位置应符合下列规定:①隧道应选择在地层稳定、构造简单、地下水不发育、进出口条件有利的位置,隧道轴线宜与岩层、区域构造线的走向垂直。②隧道应避免沿褶皱轴部,平行于区域性大断裂,以及在断裂交会部位通过。③隧道应避开高应力区,无法避开时洞轴线宜平行最大主应力方向。④隧道应避免通过岩溶发育区、地下水富集区和地层松软地带。⑤隧道洞口应避开滑坡、崩塌、岩堆、危岩、泥石流等不良地质,以及排水困难的沟谷低洼地带。⑥傍山隧道,洞轴线宜向山体一侧内移,避开外侧构造复杂、岩体卸荷开裂风化严重,以及堆积层和不良地质地段。

(4) 工程地质及水文地质调绘应符合下列规定:①工程地质调绘应沿拟定的隧道轴线及其两侧各不小于200m的带状区域进行,调绘比例尺为1:2000。②当两个及以上特长隧道、长隧道方案进行比选时,应进行隧址区域工程地质调绘,调绘比例尺为1:10 000~1:50 000。③特长隧道及长隧道应结合隧道涌水量分析评价进行专项区域水文地质调绘,调绘比例尺为1:10 000~1:50 000。④工程地质调绘及水文地质调绘采用的地层单位宜结合水文地质及工程地质评价的需要划分至岩性段。⑤有岩石露头时,应进行节理调查统计。节理调查统计点应靠近洞轴线,在隧道洞身及进出口地段选择代表性位置布设,同一围岩分段的节理调查统计点数量不宜少于2个。

(5)工程地质勘探应符合下列规定:①隧道勘探应以钻探为主,结合必要的物探、挖探等手段进行综合勘探。钻孔宜沿隧道中心线,并在洞壁外侧不小于5m的下列位置布置:地层分界线、断层、物探异常点、储水构造或地下水发育地段;高应力区围岩可能产生岩爆或大变形的地段;膨胀性岩土、岩盐等特殊性岩土分布地段;岩溶、采空区、隧道浅埋段及可能产生突泥突水部位;煤系地层、含放射性物质的地层;覆盖层发育或地质条件复杂的隧道进出口。②勘探深度应至路线设计高程以下不小于5m。遇采空区岩溶地下暗河等不良地质时,勘探深度应至稳定底板以下不小于8m。③洞身段钻孔,在设计高程以上3~5倍的洞径范围内应采取岩、土试样,同一地层中,岩、土试样的数量不宜少于6组;进出口段钻孔,应分层采取岩、土试样。④遇有地下水时,应进行水位观测和记录,量测初见水位和稳定水位,判明含水层位置、厚度和地下水的类型流量等。⑤在钻探过程中,遇到有害气体、放射性矿床时,应做好详细记录,探明其位置,厚度,采集试样进行测试分析。⑥对岩性单一、露头清楚、地质构造简单的短隧道,可通过调绘查明隧址工程地质条件。

(6)工程地质及水文地质测试应符合下列规定:①地下水发育时,应进行抽(注)水试验,分层获取各含水层水文地质参数并评价其富水性和涌水量。水文地质条件复杂时,应进行地下水动态观测。②在孔底或路线设计高程以上3~5倍的洞径范围内应进行孔内波速测试采取岩石试样做岩块波速测试,获取围岩岩体的完整性指标。③当岩芯采集困难或采用钻探难以判明孔内的地质情况时宜在方法试验的基础上选择物探方法,进行孔内综合物探测井。④深埋隧道及高应力区隧道应进行地应力测试。隧道的地应力测试应结合地貌地质单元选择在代表性钻孔中进行,地应力测试宜采用水压致裂法。⑤有害气体、放射性矿体等应按相关规定进行测试分析。⑥高寒地区应进行地温测试,提供隧道洞门和排水设计所需的地温资料。⑦室内测试项目可按规范选用。⑧采取地表水和地下水样,做水质分析,评价水的腐蚀性。

(7)隧洞围岩基本质量指标按相应公式进行计算,并对基本岩体基本质量指标进行修正。隧洞围岩分级按规范进行确定。

(8)隧洞的地下水涌水量应根据隧址水文地质条件选择水文地质比拟法、水均衡法、地下水动力学方法等进行综合分析评价。

4)详细勘察阶段

隧道详勘应根据现场地形地质条件和隧道类型、规模制订勘察方案,查明隧址的水文地质及工程地质条件其内容应符合初勘的规定。

隧道详勘应对初勘工程地质调绘资料进行核实。当隧道偏离初步设计位置或地质条件需进一步查明时,应进行补充工程地质调绘,补充工程地质调绘的比例尺为1:2000。

勘探测试点应在初步勘察的基础上,根据现场地形地质条件,及水文地质、工程地质评价的要求进行加密。勘探取样测试应符合初勘的规定。

隧道围岩分级应按初勘方法确定,地下水涌水量分析评价应符合初勘的规定。

3. 铁路隧洞勘察

勘察的主要依据为《铁路工程地质勘察规范》(TB 10012—2019)。

1) 隧道位置的选择应遵循下列原则

(1)隧道应选择在地质构造简单、地层单一、岩体完整等工程地质条件较好的地段,以垂直岩层走向最为有利。

(2)隧道应避开断层破碎带,当必须穿过时,宜以大角度穿过。

(3)隧道应避开岩溶强烈发育区、地下水富集区及地层松软地带。

(4)地质构造复杂、岩体破碎、堆积层厚等工程地质条件较差的傍山隧道,宜向山脊线内移,加长隧道,避免短隧道群。

(5)隧道洞口应选择在山坡稳定、覆盖层薄、无不良地质之处,宜早进洞、晚出洞。

(6)隧道宜避开高地应力区,不能避开时,洞轴宜平行最大主应力方向。

2)隧道工程地质调绘应包括下列内容

(1)查明隧道通过地段地形、地貌、地层、岩性、地质构造。岩质隧道应着重查明岩层层理、片理、节理等软弱结构面的产状及组合形式,断层、褶皱的性质、产状、宽度及破碎程度;土质隧道应着重查明土的成因类型、结构、成分、密实程度、潮湿程度等。

(2)查明洞身是否通过煤层、气田、膨胀性地层、有害矿体及富集放射性物质的地层等,并做出工程地质条件评价。

(3)查明不良地质、特殊岩土对隧道的影响,特别是对洞口及边仰坡的影响,提出工程措施意见。

(4)查明隧道通过地段的井、泉情况,分析水文地质条件,判明地下水的类型、水质、侵蚀性、补给来源等,预测洞身最大及正常分段涌水量,并取样作水质分析。在岩溶区,应分析突水、突泥的危险,充分估计隧道施工诱发地面塌陷和地表水漏失等破坏环境条件的问题,并提出相应工程措施意见。

(5)对于深埋隧道,应预测隧道洞身地温情况。深埋及构造应力集中地段,对坚硬、致密、性脆岩层应预测岩爆的可能性,对软质岩层应预测围岩大变形的可能性。

(6)对傍山隧道,外侧洞壁较薄时,应预测偏压危害。

(7)应根据地质调绘、勘探、测试成果资料,综合分析岩性、构造、地下水及环境条件,按附录的有关规定,分段确定隧道围岩分级。

(8)在接长明洞地段,应查明明洞基底的工程地质条件。

(9)查明横洞、平行导坑、斜井、竖井等辅助坑道的工程地质条件。

3)隧道工程勘探、地质测试应符合下列要求

(1)地质条件复杂的隧道宜采用综合勘探方法。地质条件复杂的深钻孔应综合利用。

(2)钻孔布置和数量应视地质复杂程度而定。洞门附近覆土较厚时,应布置勘探孔;地质复杂,长度大于3000m的隧道,洞身应按不同地貌单元布置勘探孔查明地质条件;主要的地质界线,重要的不良地质、特殊岩土地段等处应有钻孔控制。洞身地段的钻孔位置宜布置在中线外6~8m。钻探完毕,应回填封孔。

(3)钻探深度应至路肩以下2~3m;遇溶洞、暗河及其他不良地质时,应适当加深。

(4)钻探中应作好水位观测和记录,探明含水层的位置和厚度,并取样作水质分析。水文地质条件复杂的隧道,应作水文地质试验,测定地下水的流向、流速及岩土的渗透性,计算涌水量,必要时应进行地下水动态观测。

(5)应取代表性岩土试样进行物理力学性质试验。

(6)对有害矿体和气体,应取样作定性、定量分析。

三、隧洞勘察的对象

"隧道三条腿,岩性、构造、地下水"是多年来隧道建设经验积累的精华,对于隧道综合勘察而言,更是如此。隧道综合勘察的主要目的是查明隧道工程地质条件和水文地质条件,为隧道设计提供依据。随着技术标准的提高,隧道综合勘察的工作内容更加广泛,技术要求不断提高。在具体工作中,除查清隧道基本工程地质条件和水文地质条件外,还要围绕隧道勘察设计及施工中面临的重大不良地质问题和隧道施工风险,解决隧道施工和运营中可能发生的工程地质灾害,主要包括以下几个方面内容。

1. 断层破碎带及影响带

断层破碎带及影响带是引起隧道塌方、围岩失稳和隧道涌水的主要因素,是隧道工程最常见、危害性最大的问题之一。随着山岭隧道向长大和深埋趋势发展,遇到断层破碎带及影响带的几率也在逐步升高,尤其在我国西部地区,断层规模巨大,长度绵延数十至数百千米,断层破碎带及影响带宽度几十至数百米。这些断层对隧道施工所造成的困难和风险均很大。活动性断层对隧道带来的风险更大。

断层破碎带和影响带往往为地下水的逸流与储存创造了有利条件,特别是在碳酸盐岩地区断层带富水性高,隧洞围岩失稳与突水、突泥危害性大;一些浅埋隧道地下水活动强烈,受大气降水和地表水影响显著,涌水的突发性强。

2. 岩溶

岩溶主要出现在灰岩、大理岩等可溶岩分布地区。岩溶洞穴及突水、突泥是影响隧道施工和运营安全的主要隧道灾害。目前对可溶岩地区的勘察主要从宏观上查明岩溶的发育情况,而对岩溶洞穴的位置、规模和充填物的性质尚难准确查明。

3. 高地应力条件下的岩爆和软岩大变形

在一些山岭地区,随着隧道长度加大,必定存在向深部发展的趋势,出现高地应力作用,受地层岩性、地质构造、地应力场和隧道施工开挖条件变化等因素综合影响,随之可能产生的问题就是硬岩岩爆和软岩大变形问题。

4. 特殊岩土

在隧道建设中,特殊岩土首选膨胀岩。我国境内的膨胀岩主要分布在二叠系、三叠系、侏罗系、白垩系及第三系中,岩性为富含蒙脱石和石膏的泥岩、砂质泥岩、黏土岩、火成岩等。膨胀岩遇水膨胀,失水收缩,对隧道的破坏作用是长期的,因此应尽早查明,在设计中采取防水结构设计,施工中减少对围岩的扰动,不使围岩的含水量发生较大的变化。另外,最近几年工程中遇到的含膏岩体,如在石太线太行山隧道、南梁隧道、东凌井隧道通过的奥陶系中统三组八段地层中的第一段泥灰岩中夹有石膏岩及其次生的膏溶角砾岩,石膏岩及其次生的膏溶角砾岩工程性质极差,遇水软化、崩解,具有一定的膨胀性和腐蚀性。还有西部造山带中广泛存在的蚀变岩体等,这些特殊围岩会引起隧道边墙拱顶等砌体工程变形、鼓胀、开裂轨道位移等工程地质问题,诱发大量的工程地质病害,为工程施工、运营、养护维修带来了无穷的隐患。

5. 隧道高地温

随着隧道深度加大,受地温梯度影响,地温在不断升高。当隧道中原始地温高于28℃时,施工中就要采取适当的降温措施;当地温达到35℃以上时就会对作业人员的健康和安全产生危害。一般情况下,地温估算采用每百米升高3℃来计算,但在一些地壳活动活跃地区,地温梯度要高于这个数值。

6. 有害气体

有害气体主要有煤层瓦斯、一氧化碳、天然气、二氧化碳、二氧化硫、硫化氢气体等。当隧道开挖后,有害气体在地应力的作用下向地下洞室中释放和溢出,轻者影响施工人员健康,重者会引起爆炸。由于有害气体移动距离较大,在一些不含有害气源岩体的地层中开挖隧道也会遇到有害气体问题。

此外还有放射性元素、高外水压力等。在西北地区,一些隧道还经常遇到采空区、黄土等特殊问题。

四、隧洞勘察原则

隧洞综合勘察原则如下:

(1)合理采用航测遥感物探、深孔钻探、测井等综合勘探手段,系统评价隧道区的工程地质条件及水文地质条件。在航测遥感判释的基础上,勘察工作以地质调绘综合物探为主,辅以钻探等综合测试方法验证。

(2)对特长或地质条件复杂的隧道宜采用两种以上物探方法贯通测试,重要地段布设两条以上测线或增加横向断面,应充分发挥每一种物探方法的优势和特点。

(3)在充分研究地质调绘、物探成果基础上布置勘探点;隧道洞身应视地貌、地质单元布置勘探点;主要的地质界线、重要的不良地质特殊岩土地段,可能产生突水、突泥地段、重要物探异常等处应有钻孔控制,位置宜在中线以外8~10m;埋深小于100m或洞身段沟谷发育的隧道,勘探点间距不宜大于

500m。要充分利用勘探孔进行综合测井物探、水文地质试验、岩芯波速测试等,必要时进行地应力测试。

(4)深埋隧道的钻孔布置应根据地质调绘和物探成果专门研究确定,深孔钻探应综合利用,做好观察、取样、测试、试验工作。

(5)洞身地质条件复杂以及通过岩溶、滑坡、膨胀(岩)土、有害气体、矿床等对工程有较大影响的不良地质体或特殊岩土时,应开展专项或深入的勘察和测试。

(6)通过调查难以查明地质条件、覆土较厚的隧道进出口、浅埋地段,应布置勘探孔。辅助坑道以地质调绘、物探测试为主,布置适量勘探测试孔。

隧洞综合勘察工作流程如图11.2-1所示。

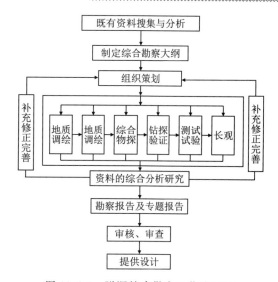

图11.2-1 隧洞综合勘察工作流程图

五、隧洞勘察的内容和方法

在充分研究既有资料的基础上,针对隧道中可能产生的不良地质问题,大力推广和采用综合勘探,相互验证,取长补短,充分发挥每一种手段的优势。同时,应用每一种手段中当前最有效、最先进的、最成熟的技术,比较深入地开展专项地质勘察研究的各项工作。

1. 主要内容和流程

(1)利用遥感技术判释隧道的岩性、构造分布及岩溶分布规律,利用高分辨率的卫片判释优势节理,并进行现场核对。

(2)在充分研究既有资料和航测遥感判释的基础上,针对重点地段开展大面积地质调绘、专项地质构造及岩溶水文地质调查,建立实测标准地层剖面,对岩组进行划分;对于与隧道密切相关的溶洞、断层泉、井点等进行详细调查,调查其出露点位置、高程、流量变幅及其发育特征,进行水化学分析试验,必要时应进行跟踪试验。

(3)采用大地音频电磁(EH-4、V6、GDP32等)、孔内无限电波(声波)透视及孔内全景式数字摄影等先进的物探技术,查明深埋隧道的地层、构造、岩溶发育深度、岩溶水可能赋存的层位等。

(4)在充分研究调查测绘、物探资料的基础上,根据具体情况布置足够数量的深孔,分阶段实施,详细取得各隧道有关的地层、岩性、构造、岩溶发育程度及规律、岩溶水等资料。

(5)利用深孔进行地温、地应力水文试验以及测井等,取得相关的参数以及资料。

(6)根据需要和可能,选取与隧道密切相关的井泉进出口进行长期的地下水动态观测,必要时选择代表性的地段建立气象站。

2. 隧道的主要勘察技术、方法

(1)航测遥感地质判释。遥感判释在整个综合勘察工作中占有极其重要的地位,对地质测绘起着积极的指导作用。以往常用的片种为美国陆地卫星TM卫片、MSS图像及航磁等资料。随着卫星遥感技术的进步,卫片精度和所含的信息量在不断提高,主要体现在数字型航空摄影技术、成像光谱技术、干涉雷达技术、图像处理等方面。外业航片调绘工作按照:图像资料整理→相关地物上线→勾绘判释范围→地物调绘→制定判释原则及资料统一要求→室内判释→制定外业核对路线→现场调查核对等程序进行。遥感解译完成后即刻进行现场核对,对航片调绘进行补充、修正、指导。同时,通过现场核对后再对航、卫片进行复判,最后完成卫星影像图及地质解释图。

在遥感影像上,勘察区域地形地貌特征、河流、泉水、滑坡、泥石流、冰川、线状构造等地质现象均有清晰的表现,通过遥感判释,可以对勘察区地质背景形成形象清晰的宏观认识。即使受覆盖和视野局限影响有时地面看不到的一些构造,也可以在遥感影像上分析出来。利用像对技术还能够制作勘察区三维立体影像,进行地层划分,了解褶皱特征,甚至能够计算出地层产状来。地质遥感和地面地质调查相结合,改变了传统地面地质工作的含义,大大提高了工作效率。

(2)工程地质测绘。工程地质测绘是综合勘探的关键工作,在对搜集到的区域地质资料分析研究和航、卫片进行室内判释的基础上,结合地形图、区域地质图对航片野外核实、验证,并对各种地质点刺点、重要地质点、勘探点等用 GPS 仪定位,并随时将测绘成果转绘到测绘精度要求的地形图上,对测绘判断不清需进一步确定的影响工程的断裂和重大不良地质地段及各方案的重点地段等要进一步利用物探钻探等其他勘探方法查明。

(3)地球物理勘探。根据多种物探方法的适用性,对隧道洞身选择采用 GDP32、V6、EH4、瞬变电磁等多种大地音频电磁方法贯通测试,对于地质构造、岩溶水发育、特殊岩土等重要地段布设 3～5 条测线或增加横向断面探测。

据地层岩性地质构造、地下水发育程度、岩溶、特殊岩土及隧道埋深等不同地段的具体特点,分段布设孔内无线电波(声波)透视及全景式数字摄影,力求反映隧道洞身围岩整个的宏观全貌。利用弹性波法测试隧道洞身内岩土的纵波速度,测定岩体的完整性系数,指导隧道围岩分级的划分。

结合地质测绘、钻探对物探各种手段进行相互对比,综合分析物探的各种物性指标,力求对各种地质现象的解译准确合理。同时,准确地指导钻探及地质测绘。

(4)钻孔及综合测井法。隧道应综合分析地质测绘、物探等成果,布置必要的钻孔和综合测井,用以掌握深部地层岩性及岩体状况,查明地下水位有害水质及有害气体,通过地应力测试了解地应力量值、方向;了解恒温层深度、地温增温梯度及地温随深度的变化情况等;掌握深部岩体物理力学参数,通过岩芯状况分析岩爆的可能性判断隧洞围岩分类等。

隧道工程勘察钻孔间距一般不超过 500m 的标准要求,隧道的钻孔间距也不应过大,地质复杂地段不应超过 500m,简单地段不应超过 2000m;对构造破碎带、褶曲轴部、岩溶发育地段、膏溶角砾岩地层应加强勘探、取样、试验和测试等工作。

布置设计一定数量的深孔,利用深孔进行地温、地应力、水文试验以及测井,以取得相关的参数以及资料。

水文试验钻孔应进行特殊的设计,以达到试验的目的要求,其中水文试验钻孔应不少于钻孔总数的 1/3,水文试验应包括提水试验,必要时应进行注水及压水试验,以达到彻底查清各种水文地质参数的目的,解决隧道内的水文工程地质问题。

隧道中的每一个钻孔尤其是深孔,在施钻之前都必须设计好,写明目的和勘探取样、试验等要求,并对岩芯采用数码相机(摄像机)进行拍照,岩芯应按顺序作好标识,就地掩埋。

(5)隧道平导和探洞。隧道平导,全称隧道平行导坑,其作用和意义在于:一是勘测正洞前方地质,降低或避免严重地质灾害风险;二是为正洞开挖排水减压;三是为正洞增开工作面积;四是为正洞运行后提供应急通道。如秀山隧道正洞全长 10 302m,距正洞线路左侧 30m 设置贯通平行导坑,平导与正洞通过 25 个横通道相连。

长距离的输水隧洞一般为单线,采用全线平导超前勘探可能性不大。但仍可以结合前导洞以及交通洞、通风洞(井)等辅助工程进行勘察或超前勘探,一洞多用。当然,如有资金和合适的位置也可以布置专门的长勘探洞。获得了到大量难得的技术资料,长期为各方引用。

(6)水文地质试验。水文地质试验应根据岩体及地下水所赋存的地质环境、水量大小等具体特征,采用不同的水文地质试验。对于水量较小不能进行抽、提水试验的地段,应进行必要的注水及压水试验,以取得相关的水文地质参数。水文地质参数应采用多种方法并结合区域经验公式进行计算,综合分析确定给出;当各种方法计算的数据相差很大,难以确定时,尤其对那些影响计算隧道最大涌水量及稳定涌水量的重要参数应建立水文地质模型,必要时对于那些附近有良好出露点的井泉区应建立专门的气象站进行实地观测,以取得相关的水文地质参数。

(7)室内试验。在隧道洞身内对每种岩性选择一定数量的样品,样品数量一般不能少于12组,除做常规的物理力学试验项目之外,还应加做吸水率、矿物鉴定、抗拉强度、耐冻性试验,对于特殊岩土还应加做黏土矿物、黏粒含量、化学分析、膨胀性等试验;此外,根据特殊岩体,如含膏岩体还应加做岩土腐蚀性、蒙脱石含量、阳离子交换量试验等。

(8)原位测试。长大隧道应进行孔内地应力测量、地温测量等原位测试试验;对于地下水露头较好的部位,应增加地下水的原位测试工作。

(9)化探及放射性探测。化探(即化学物理探测)可通过对氡气、汞气、氖气的探测了解隐伏地质情况。放射性勘察和测试需核专业单位完成。

(10)数值模拟分析。计算机数值模拟分析为隧洞工程勘察提供了一种全新的分析手段,国内外一些知名隧洞工程,如引黄入晋输水隧洞、安康铁路秦岭隧洞、瑞士的伯伦纳隧洞、圣戈达隧洞等工程,针对不同的地质问题进行了数值模拟分析。进行数值模拟分析在以下几方面具有重要意义:① 模拟分析原地应力场,可以利用浅孔和少量的原位应力测量资料分析预测全洞线深层地应力场特征;② 模拟计算应力重分布后的围岩应力场,分析预测松弛圈范围,预测岩爆、围岩变形等问题,国内外有很多成熟的计算软件可供利用;③ 根据《水工隧洞设计规范》推荐的外水压力折减系数法估算作用在衬砌上的外水压力,对隧洞区渗流场的数值模拟分析,预测隧洞外水压力、估算隧洞涌水量及两者在各时期、不同工况和衬砌形式的变化,可以为工程设计提供丰富的资料,该法较适宜于施工开挖阶段的应用;④ 模拟分析隧洞地温场,预测隧洞地温及其变化;⑤ 设计所需围岩物理力学指标原则上应通过试验、原位测试取得,但在埋深很大的情况下,大量的试验与测试较为困难,实际上能够得到的主要是浅层的试验测试成果。因此,比较经济可行的方法是利用少量深层资料与浅层资料的相关分析、专家经验系统分析来确定隧洞围岩物理力学指标。

(11)施工期超前探测。限于岩溶隧洞的特点和难点,前期勘察较难查清与其相关的所有工程地质问题。所以,施工中进行超前探测和预报十分重要,是施工过程中不可缺少的一个环节。在隧洞施工过程中进行超前地质预报,各种方法都有其长处和短处。地球物理探测资料具有多解性,单纯以物探方法提出的预报,与实际地质情况可能有较大误差。因此,在地质条件复杂的隧洞中,应综合运用多种预报方法,互相印证、取长补短。就具体工作方法来讲,地质综合分析法是超前预测预报的核心方法,其他直接和间接方法是地质综合分析法的辅助手段。除地质综合分析预报方法外,针对断层破碎带、围岩类别方面可供选择的预报方法有:TSP203超前地质预报系统、HSP水平声波剖面法、地质雷达法、水平超前钻孔和勘探洞等;针对突涌水及高外水问题的预报方法主要有:TSP203超前地质预报系统、红外探水法、地质雷达法和水平超前钻孔等。TSP203超前地质预报系统有效探测深度达150~200m,可作为中长期预报手段;水平钻孔、勘探洞、红外探测和地质雷达探测深度一般不超过50m,适宜进行短期预测预报。在钻爆法施工的隧洞中采用各种超前探测技术较为有利,而在开敞式TBM施工中进行超前预报要比护盾式TBM施工更容易一些。

六、专项地质勘察研究的有关问题

在长大隧洞、深埋长隧洞的勘察中,经常对地质构造、地下水、岩溶、特殊岩土四大地质问题作专项勘察研究。

1. 地质构造

1)断裂

(1)查明断裂的性质规模、大小及空间展布、断裂两盘岩层的岩性、产状及断层破碎带和影响带的宽度、断距等。

(2)查明断裂的分布位置,尤其是断层在隧道洞身的空间分布特征与隧道洞身的关系,分析评价断裂对隧道围岩岩体的稳定性所产生的影响。

(3)查明断层破碎带的富水程度以及相关的水力联系;分析、评价和预测其最大涌水量、稳定涌水量及所可能产生的地质灾害。

(4)研究确定隧道内各断裂间的成生、切割、复合、改造与继承关系,分析所切割地块的宏观地质特征、地块的稳定性及对隧道洞身围岩所产生的影响。

(5)查明断层破碎带或宽张节理裂隙带内的充填物的情况,尤其是否有侵入岩体及其所可能产生的层滑现象。若有,应详细查明岩脉(墙)的产状、性质及其在隧道洞身的具体分布位置及其工程地质特征。

(6)查明断裂对岩溶及地下水的影响和控制情况等。

2)褶皱

(1)查明褶皱的性质规模、大小及空间展布、褶皱核部的倾伏状态、两翼岩层的岩性产状、性质等。

(2)查明褶皱核部的分布位置与隧道洞身的关系,分析评价褶皱对隧道围岩岩体的稳定性所产生的工程影响。

(3)查明褶皱的富水程度以及相关的水力联系;分析、评价和预测其最大涌水量、稳定涌水量及所可能产生的突水地段。

(4)研究确定隧道内褶皱的成生、改造与继承关系,分析其应力和变形特点、层间滑动以及褶皱的形成次序、所组成的地块的稳定性及对隧道洞身围岩所产生的影响。

(5)查明断裂对岩溶及地下水的影响和控制情况,综合分析评价褶皱对隧道工程所产生的影响。

3)节理裂隙

(1)查明节理的成因、性质、产状、密度、宽度以及节理裂隙面间的充填物的情况、充水程度等,正确划分节理的组、系。

(2)绘制节理玫瑰花图、极点图及等密度图,分析研究节理的受力特征,评价其对隧道工程所产生的影响。

2. 岩溶

从地形地貌、地层岩性、地质构造、地下水等入手,采用当前最有效、最先进的多种技术手段,彻底查清隧道区可溶岩的分布、岩溶的微地貌形态、岩溶的分布及发育规律,分段预测隧道区岩溶的分布特征以及有可能产生的地质灾害,为设计提供翔实可靠的地质资料,确保特长隧道安全通过可溶岩地区。重点解决以下问题:

(1)详细查明各长大隧道的地层岩性、地下水、地质构造对岩溶发育规律的控制作用。

(2)查明现代岩溶与古岩溶的分布发育规律及与隧道的关系,分析岩溶对隧道的影响程度。

(3)对岩溶的发育程度进行分级,并对岩溶水、涌水量采用多种方法比较计算确定。

(4)对工程修建后有可能产生的新的岩溶地面塌陷提出处理措施意见,并对环境地质进行预测与评估。

3. 地下水

应运用综合勘探和综合分析的方法,积极采用新的理论、新技术、新方法,查明隧道区的水文地质条件,解决特长隧道中的地下水问题。重点解决以下地质问题。

(1)地下水的类型、性质、赋存介质、变幅、边界条件、含水层的埋深、厚度、补给边界和隔水边界等地下水静态特征。

(2)查明地下水的补给径流排泄特征,地下水与地表水的水力联系;尤其是隧道洞身存在多层地下水时,应查清各层地下水的水力联系及动态变化特征;应进一步查明岩溶水与岩溶发育规律的关系。

(3)查明地下水与隧道洞身的关系,采用多种手段和方法计算和确定渗透系数、给水度、释水系数、引用补给半径、降水入渗系数等水文地质参数,为设计提供准确的设计参数;分段预测隧道的最大涌水量、稳定涌水量,预测可能产生的集中涌水段点位置、突水地段、突水模式,及对施工和运营的危害程度,并提出可靠的处理措施,保证隧道的安全施工及运营。

(4)研究评价地下水对围岩分级、施工掘进和支护工程的影响,进行水文地质评价及围岩富水程度分区并提出工程措施建议。

(5)对隧道施工后水文地质条件的改变由此可能造成的环境水文地质问题进行预测和评估,并提出工程措施建议。

4. 特殊岩土

特殊岩土经常具有一定膨胀性及腐蚀性,会引起隧道边墙拱顶等砌体工程变形,鼓胀、开裂、轨道位移等工程地质问题。因此,必须查清特殊岩土的工程地质特征:

(1)查清特殊岩土的工程物理、力学性质。

(2)查明特殊岩土的成生机制关系。

(3)查明特殊岩土分布发育及其与地下水的关系。

(4)查清特殊岩土在隧道洞身的具体分布位置,上覆、下伏岩层的完整程度、地下水的富集程度等。

(5)研究评价特殊岩土对围岩分级、施工掘进和支护工程的影响,并提出工程措施建议。

第三节 万开快速通道隧洞工程

万开快速通道隧洞工程是重庆市市级重点项目,为我国目前最长城市隧洞工程。该隧洞工程采用城市快速路设计,双向4车道,线路全长11.6km,设计时速80km/h,总投资20.8亿元,于2015年12月27日正式开工,2019年5月6日建成,在我国城市深埋长隧洞工程建设中具有里程碑意义。

万开快速通道隧洞工程穿越铁峰山,位于国家级经济开发区万州经济开发区与开州浦里新区之间,全长9228m。该隧道围岩复杂,存在大型煤矿采空区、低瓦斯、强涌水、溶洞、膏岩等不良地质情况,日涌水量曾达38 000m^3,施工安全风险极大。万开快速通道工程铁峰山隧洞采用了综合勘察技术,取得了较好的应用成果,对施工期存在的主要工程地质问题进行了很好的预测,为该工程的顺利施工提供了有效保障。

一、勘察技术、方法及应用

1. 遥感判释

可行性研究阶段采用1:20万陆地卫星影像,进行宏观区域地质条件评价,为综合选线服务。初步设计阶段主要利用1:8000航空照片,并采用多种先进方法进行图像处理和解译,根据已有地质资料和实际典型地质现象的对比分析,建立地质判释标志,通过系统的室内判释和外业核对,分析研究测区地形地貌、地层岩性、地质构造和不良地质等及对隧洞工程的影响。完成卫片解译约135km^2,航片判释35km^2,编制了遥感工程地质解译图等有关图件,很好地指导了地质测绘。

2. 地质测绘

在对区域地质资料详细研究和遥感判释的基础上,首先测绘1~2条标准地质剖面,明确地层层序层厚和主要特征,然后在整个隧道区开展了大面积工程地质测绘。

主要测绘内容为:地层岩性的分布、特征、时代划分(地层划分到组、段)及组合关系;褶皱、断裂的展布、规模、性质及对工程的影响;节理裂隙的发育特征等。

共完成1:10 000工程地质调绘135km^2,1:2000带状工程地质测绘32.2km^2,手持GPS定位测绘各种重要地质点1000多个。

通过工程地质调绘,分析推测了洞身地层岩性及煤层、石膏等特殊岩土体的分布规律,调查研究了场址区褶皱的分布、特征及可能对隧道的影响,为准确查明和评价隧洞工程地质条件、统筹综合勘探起到了基础性作用。

由于万开隧道通过铁峰山背斜、须家河煤系地层、巴东组岩溶富水岩组,岩溶水文地质条件较复杂,在水文地质调绘中为查明地下水的补给、径流和排泄条件以及可能发生突水、突泥的位置规模和外水压力,分析预测隧洞涌水量,开展了大面积水文地质测绘(共完成131km^2),并充分利用水文地质钻探、试验及物探等多种综合勘探成果,查明了隧址区的岩溶发育规律和水文地质条件。对隧道所在泉域边界和水文地质单元进行了系统划分,构建了符合隧址区水文地质特征的水文地质概念模型,分区段预测了隧洞涌水量,并提出了14处可能突水、突泥地段,评价了隧道施工水文地质条件变迁及其对工程和环境的影响,提出了合理的工程措施建议。

3. 综合物探

1) 大地电磁

铁峰山隧洞初步设计阶段时采用先进的可控源音频大地电磁(V6A)和高顿大地电磁(EH4)两种方法贯通,且配合适量的地震折射、电测深及物探综合测井声波测井、孔内全景式数字摄影等多种方法,取得了显著的探查效果。

为准确探查和分析物探异常,V6A和EH4两种方法沿隧洞左幅布设,测量点距为50m;重要异常位置增加旁测线及横测线,以控制其走向、范围和分布特征等,在隧洞右幅的铁峰山背斜核部及背斜两翼自流井组地层灰岩岩性段等重点地段布设,同时在铁峰山背斜布置了6条横测线,测量点距为50m;共完成测线18.65km。资料处理方面,采用近场校正静态校正及FFT变换等先进技术,绘制各测线反演电阻率剖面图,并用不同颜色显示电阻率大小变化,清晰地反映了地质体的物性特征。根据地球物理勘探成果的地质解释,分别对各种地质现象如断层、岩溶、地层分布等布设钻孔验证。钻探结果表明,地球物理解释与钻探结果符合率达70%以上。

2) 综合测井

综合测井是地面物探和地质钻探的重要补充,铁峰山隧洞对每一个适宜的深孔均进行综合测井探测,共完成73孔。主要方法有声波波速测量、视电阻率测井、自然电位测井、高精变井温测量、井斜测量及孔内全景式数字摄影等,有效地揭示了破碎带等软弱部位、岩体的完整性、节理裂隙及地下水发育情况等。

铁峰山隧洞综合物探共探出各类异常20余处,其中对重要异常进行了钻探验证,准确率达80%以上,对隧道工程地质、水文地质条件及围岩稳定性评价发挥了重要作用。

4. 钻探试验

在遥感分析判释、详细地质测绘及综合物探的基础上,选择重要的代表性地段进行钻探验证。为了提高钻探的利用率和有效性,对深孔钻探进行精心策划和认真研究,力求目的明确、重点突出、一孔多用。

根据每一孔的勘探目的,对钻探方法、工艺和拟做的试验进行了系统的设计。除物探综合测井外,还开展了下列测试和试验。

(1) 水文地质试验。对有地下水的钻孔,根据水位埋深和水量大小,进行了压水、注水、提水试验,确定地层渗透系数和涌水量大小,并做了地下水的侵蚀性分析。并对重点部位的深孔选择了6个孔进行了自振法水文地质试验。

(2) 地应力测试。在隧道埋深较大的地段,选择4孔进行地应力测试,判定硬质岩岩爆和软质岩大变形的可能性。

(3) 有害气体(瓦斯)测试。在距煤系地层分布较近的地段,选择4孔进行有害气体成分和含量测定,判定其对施工安全和人体健康的危害。

(4) 岩土物理力学试验。取岩样135组、土样6组,进行了密度、强度等有关物理力学试验,对于石膏还做了水理性(崩解性、膨胀性、塑变性等)、腐蚀性、化学成分、矿物成分及含量等多种项目的试验。

(5) 重要水文点长期观测。分析隧道施工前后区域地下水动态变化及对环境水文地质条件的影响。

(6)地温测量(6孔)。观测地温随时间和深度的变化规律。

(7)放射性元素危险性评估4孔。

铁峰山隧洞地质钻探试验克服了重重困难,历时半年多,对隧洞涌水、突水突泥、瓦斯等有毒有害气体、膏岩及煤层腐蚀性、煤窑采空区等重大地质问题进行了深入分析研究,达到了预期目的和效果。

隧洞综合勘察,要始终坚持以地质为龙头,充分发挥遥感在区域地质研究和地质选线中的宏观作用,利用航片进行大面积地质调绘,在此基础上开展以大地电磁等先进物探技术为主导的综合物探,发挥其信息丰富、数据连续的优点及对地质钻探的指导作用,对重大物探异常和关键地质部位进行必要的钻探验证,并加强对各种资料的综合分析研究。合理应用综合勘察技术,使各种勘察方法取长补短、相互印证、对比复解、融会贯通,从而取得显著的勘察效果。

隧洞的地质工作应贯穿隧道工程的始终,不同勘测设计阶段有着不同的工作内容,对影响工程的复杂地质问题进行多学科、多专业的专题勘察试验研究是十分必要的。

二、基本地质条件

铁峰山隧洞分为左幅和右幅,其中左幅长9228m、右幅长9215m。隧洞为深埋特长隧洞,隧洞中线净高5.5m,隧洞最宽处12.25m;两隧洞洞壁相距20～35m。隧址区为低中山地貌,铁峰山隧洞进口高程约为310.1m,出口高程约为427.3m,最低点在隧洞进口处,穿过地带最高点毛狗梁高程为1286.0m,相对高差最高可达975.9m,隧洞最大埋深约858.5m。隧洞进、出口边坡均为顺向坡,地形坡角略小于岩层倾角,坡面较完整。在铁峰山背斜北西侧,平河位于隧道西侧,距隧道轴线最近约130m,流向与隧道轴线基本一致,平河沟底高程294～298m,勘察期平河水流量0.017m³/s(2015.10.9梯形断面实测),在高程506m以上,有部分无名冲沟深切洞轴线地表。在铁峰山背斜南东侧,深切洞轴线地表的冲沟主要是杨柳河沟,冲沟流向由北向南,沟底高程898～692m,枯水期流量0.005～0.01m³/s,在下游高程695m处接受大垭煤矿水补给后,流量可达0.06～0.08m³/s。在铁峰山隧洞近出口至终点,深切地表的冲沟主要是万家河沟,冲沟流向由北向南,沟底高程425～426m,勘察期万家河水流量0.012m³/s(2015.10.10梯形断面实测)。

隧道主要穿过三叠系中统巴东组(T_2b)、上统须家河组(T_3xj)、侏罗系下统珍珠冲组(J_1z)、自流井组(J_1zl)、中统新田沟组(J_2x)、下沙溪庙组(J_2xs)及上沙溪庙组(J_2s)地层。隧道依次穿越地层及分布桩号见图11.3-1。

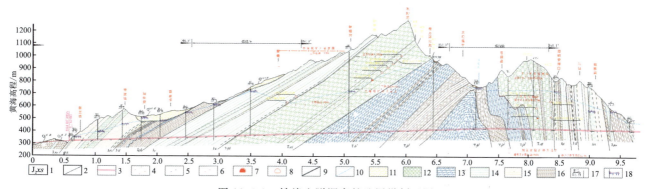

图11.3-1 铁峰山隧洞穿越地层纵剖面图

1.地层代号;2.地层界线;3.隧洞设计轴线;4.中宝煤矿开采边界;5.大垭煤矿开采边界;6.刘家沟煤矿开采边界;7.内部充水巷道;8.自流排水巷道;9.煤层(煤线);10.地下水水位线;11.碎块石土;12.砂岩;13.泥灰岩;14.粉砂岩;15.泥岩;16.页岩;17.初步设计阶段钻孔及孔深;18.钻孔地下水位及水位观测时间

隧道穿越铁峰山背斜中段,为南东翼近轴部直立,局部有倒转、北西翼缓倾的斜歪狭长背斜。核部出露的最老地层为三叠系中统巴东组第二段(T_2b^2),两翼依次分布三叠系上统至侏罗系中、下统地层。

隧道轴线与背斜轴线（地层走向）近于正交，隧址区未见断层等大的构造形迹，总体上南东翼陡，靠近轴部局部倒转，岩层挠曲，并有小规模错动迹象，轴部巴东组内见多组平行主轴的次级褶皱；北西翼略缓。背斜北西侧，岩层倾向307°～340°，倾角16°～40°；在背斜南东侧，岩层倾向146°～165°，倾角30°～80°。

隧道穿越区地表水排泄基准面，背斜北西翼为平河，南东翼为杨柳河及万家河，勘察期平河水流量0.017m^3/s（2015.10.9梯形断面实测），杨柳河枯水期流量0.005～0.01m^3/s，在下游高程695m处接受大垭煤矿水补给后，流量达0.06～0.08m^3/s，勘察期万家河水流量0.012m^3/s（2015.10.10梯形断面实测）。地下水主要为第四系松散堆积层孔隙水、基岩裂隙水和岩溶水，隧道进口张三坡，ZK44和ZK54钻孔中均有地下水溢出，流量约5.0L/min。W6泉水为大垭煤矿水平巷道段巴东组第三段地层泥质灰岩中的巷道集水，为老岩新村居民点饮用水，采煤巷道下延段须家河组砂岩集水下渗至北侧中宝煤矿后排泄。

钻孔揭示，隧址区地下水位埋深一般10～165.2m，ZK28因受中宝煤矿矿坑影响，地下水位埋深较深，约324m。钻孔压水试验表明，岩体透水率0.38～9.96Lu，少量试段15.84Lu，隧道围岩一般为微—弱透水岩体，少量中等透水岩体。大垭口煤洞水对混凝土结构有中等腐蚀性，即背斜核部巴东组地层分布段具有中等腐蚀性；铁峰山水库水为软水，对混凝土结构有弱腐蚀性，其余环境水对混凝土结构有微蚀性。

隧址区强风化带厚度约0.3～18.3m，强风化厚度大于20m的有ZK19孔、ZK32孔，强风化层厚度分别为41.1m和22.6m，均位于背斜南东翼近轴部岩层陡立或倾倒部位；中等风化带厚度一般为11～30m，厚度较大者可达60～80m，最厚达105.4m（ZK28）；陡坡、山脊、陡崖边缘一带微风化岩体一般埋深较大。

隧址区未发现断层、滑坡、泥石流等不良地质现象，不良地质现象主要为岩体卸荷及崩塌，分布在隧洞洞身段山体陡崖区，对工程影响较小。

三、主要工程地质问题

铁峰山隧洞穿越铁峰山背斜，穿越地层为J_2s、J_2xs、J_2x、$J_{1-2}z$、J_1z、T_3xj、T_2b，岩性主要为砂岩、泥岩、粉砂岩、泥质灰岩、泥灰岩，少量页岩，隧洞多属较软岩—中硬岩，围岩类别以Ⅳ类为主，Ⅲ类次之；须家河组含薄煤层或煤线，背斜核部巴东组泥质灰岩岩溶较发育，多呈薄层状，核部地层局部揉皱强烈，伴生断层较发育，岩体较破碎。存在的主要工程地质问题为突水突泥、瓦斯等有毒有害气体、岩爆及软岩变形、隧洞涌水、岩石腐蚀性、煤窑采空区等。

1. 突水突泥

自流井组（J_1zl）地层位于铁峰山背斜北侧缓坡，以页岩为主，夹3～4层灰岩，单层厚度一般小于6m，主要接受大气降水补给，由于出露面积小，灰岩厚度不大，钻孔未揭示到灰岩有溶蚀迹象，隧洞遇到岩溶突水突泥的可能性小。根据已建万开高速公路铁峰山2号隧洞的施工资料，在自流井组（J_1zl）地层中未见较集中的涌水，即使遇到溶洞，突水的规模不大。

巴东组（T_2b）地层的第三段（T_2b^3）岩性为泥质灰岩、泥灰岩、白云岩、钙质泥岩；第一段（T_2b^1）岩性为白云岩、泥质白云岩、白云质泥岩、角砾状泥质白云岩及含白云石硬石膏等，具备岩溶发育的条件。该组地层主要分布在背斜的核部或两翼近轴部位置，纵张裂隙发育，为地下水下渗创造了良好的构造条件。巴东组（T_2b）地层沿背斜核部槽状地带出露，主要接受大气降水补给。经地表地质调查，隧址区巴东组溶洞少，多发育在标高800m以上，各溶洞未连通，仅两个溶洞有水流出，流量不大，在铁峰山背斜北西翼巴东组顶部与须家河组接触带附近多泉点出露。钻探揭露岩芯中溶蚀小孔局部发育，未见较大溶隙及溶洞。根据已建万开高速公路铁峰山2号隧洞施工资料，隧洞左、右幅分别在（2004年9月）掘进到巴东组三段中部地层时右幅日涌水量达到50 000m^3/d，涌水量稳定后达35 000m^3/d；左幅日突水量约70 000m^3/d，稳定后水量约为16 000m^3/d。因此本隧道巴东组地层有突水突泥的可能，开挖至此地层时应预防突水发生,必要时可采用超前钻探,查明地下水情况,提前采取堵、排水措施。

J_1z 及 T_3xj 地层砂岩集中段裂隙发育,常能形成裂隙性囊状储水带,隧洞开挖揭穿储水带可能造成集中涌水现象,但规模不大。因此隧洞开挖到砂岩相对集中段或砂、页岩岩性分界处时,应引起重视,并做好防、排水措施。

隧道穿越刘家沟煤矿采空区时,由于采空区部分地段可能充水,存在隧道突水现象,建议做好超前预报工作。

根据岩溶发育规律、构造或裂隙储水带及矿井储水带分布位置,结合隧址区的地形地貌、地质构造、地层岩性等工程条件,以及铁峰山 2 号隧道施工揭露的实际突水情况,预测施工可能出现的突水突泥位置、规模及建议见表 11.3-1。

表 11.3-1　隧道突水突泥出露位置及危险性分析预测

编号		里程桩号	长度/m	地层岩性	突水规模及危险性分析
1	左幅	K1+385～K1+428	43	灰岩(J_1zl)	为岩溶突水,钻孔揭示未见溶蚀迹象,根据铁峰山 2 号隧洞施工资料,本段未见较集中的涌水。隧洞设计高程进口低于溶洞出口高程,隧洞遇到岩溶突水突泥的可能性小,危险性一般
1	右幅	YK1+393～YK1+438	45		
2	左幅	YK1+539～YK1+611	72		
2	右幅	YK1+548～YK1+619	71		
3	左幅	K1+924～K1+958	34	J_1zl 页岩与 J_1z 砂岩交界处	为碎屑岩裂隙储水带集中涌水,水沿着砂岩的层面及裂隙面涌出,由于上部为 J_1zl 页岩隔水层,为承压水,涌水规模有限(预计小于 $20 m^3/d$),危险性一般
3	右幅	YK1+932～YK1+966	34		
4	左幅	K2+657～K2+696	39	J_1z 粉砂岩与砂岩交界处	为碎屑岩裂隙储水带集中涌水,水沿着砂岩的层面及裂隙面涌出,涌水规模有限(预计小于 $50 m^3/d$),危险性一般
4	右幅	YK2+663～YK2+702	39		
5	左幅	K3+150～K3+188	38	J_1z 底部 K6 煤线与 T_3xj^{II} 砂岩交界处	为矿井储水带涌水,水沿着煤层与砂岩接触面涌出,因该层上部中宝煤矿(+620m、+670m 巷道)的巷道自流水可能在该部位涌出(局部可能呈喷射状涌水),危险性中等
5	右幅	YK3+108～YK3+145	37		
6	左幅	K4+036～K4+064	28	T_3xj^{II} 的 K5 煤层与砂岩交界处	为碎屑岩裂隙储水带涌水,水沿着 K5 煤层与砂岩接触面涌出,涌水规模有限(预计小于 $50 m^3/d$),危险性中等
6	右幅	YK4+019～YK4+054	36		
7	左幅	K4+131～K4+161	30	T_3xj^{I} 的 K3 煤层与砂岩交界处	为矿井储水带涌水,K3 煤层为大垭煤矿主要开采煤层,涉及 5 条坑道,分布高程 810～1000m,因煤矿关闭导致+810m 坑道积水严重,预计储水量总计为 0.75 万 m^3,隧洞设计高程为 373.5m,两者水头差相差 436.5m。经实际调查,该巷道内地下水经中宝煤矿风井(+680m)排出地表,因离隧洞高度较大,预测地下水可能沿着煤层与砂岩接触面呈喷射状涌进隧道,出水量小于 $300 m^3/d$,危险性中等,建议对该段做必要地质超前预报
7	右幅	YK4+113～YK4+150	37		
8	左幅	K4+473～K5+656	1183	泥灰岩、泥质灰岩(T_2b^3)	为岩溶突水,地表多为溶蚀裂隙,发育深度多小于 5m,钻孔揭露其溶蚀迹象不明显,根据铁峰山 2 号隧洞施工资料,本段见 2～4 处较集中的涌水,涌水规模中等,未造成突水事故。因此本段可能出现规模中等的涌水,危险性中等。建议加强抽排工作,并开展适当的超前预报工作
8	右幅	YK4+548～YK5+638	1090		
9	左幅	K6+106～K7+174	1068	白云岩(T_2b^1)	为岩溶突水,研究区内该层地表未出露,上覆岩性为泥岩,厚度大于 62.10m(ZK30)。虽受构造作用裂隙发育,但其为封闭岩溶水系统,岩溶不发育。根据铁峰山 2 号隧洞施工资料,本段未见较集中涌水。因此预测本段遇到岩溶突水突泥的可能性小,仅局部地段可能存在集中涌水现象
9	右幅	YK6+135～YK7+206	1071		

续表 11.3-1

编号	里程桩号		长度/m	地层岩性	突水规模及危险性分析
10	左幅	K7+488～K7+917	429	泥灰岩、泥质灰岩（T_2b^3）	为岩溶突水，地表多见溶蚀裂隙，发育深度多小于5m，局部发育岩溶泉，钻孔揭露其溶蚀迹象多为溶蚀孔洞，位于背斜南东翼近轴部，次级揉皱发育，受构造影响裂隙极发育，可能发生剪切破碎带，破碎带长度一般为几米至数十米。根据铁峰山2号隧洞施工资料，本段左线、右线均发生集中涌水，造成突水事故，最高日涌水量达70 000 m^3/d。因此预测本段发生突水突泥的可能性较大，可能出现规模中等—大涌水，危险性较强。建议加强超前预报和超前钻探，以便准确对富水带进行提前加固处理
	右幅	YK7+568～YK7+991	403		
11	左幅	K8+056～K8+068	12	T_3xj^I的K3煤层与砂岩交界处	为矿井储水带突水，K3煤层为刘家沟煤矿主要开采层位，资料显示该段有坑道3条，分布高程506～675m，其中+506m坑道为积水坑道（隧洞设计高程420m），储水量预计为1.09万m^3，其余坑道为自流排水，该处岩层产状较陡，岩体较为破碎，预计+506m坑道地下水向隧洞突水的可能性较大，危险性较大，建议做好超前预报工作
	右幅	YK8+093～YK8+106	13		
12	左幅	K8+291～K8+303	12	T_3xj^{II}的K5煤层与砂岩交界处	为矿井储水带突水，刘家沟煤矿开采K5煤层有2条巷道，其中+639m坑道已关闭，目前为自流流水；+512m坑道仍在运行，为自流排水，隧洞设计高程为417m。综合判断该段存在小—中等规模涌水
	右幅	YK8+287～YK8+298	12		
13	左幅	K8+568～K8+579	11	J_1z砂岩、粉砂岩与J_1zl页岩交界处	为碎屑岩储水带集中突水，位于J_1z砂岩、粉砂岩与J_1zl页岩分界处，因岩层倾角较陡，裂隙发育，预测该段的透水性较好，地下水可能沿着砂岩层面涌出，小—中等规模涌水，危险性中等
	右幅	YK8+564～YK8+576	12		
14	左幅	K8+651～K8+669	18	灰岩（J_1zl）	为岩溶突水，钻孔、采石场平硐揭示均未见溶蚀迹象，根据铁峰山2号隧洞施工资料，本段未见较集中的涌水。隧洞设计高程进口低于溶洞出口高程，隧洞遇到岩溶突水突泥的可能性小，危险性一般
	右幅	YK8+641～YK8+659	18		

工程实践表明：在自流井组（J_1zl）地层中未见较集中的涌水。在巴东组（T_2b）地层有突水突泥的可能，施工过程中采用了地质雷达、激发极化法等先进的地质预报探测方法。其中，激发极化法相当于对地质情况做"核磁共振"，可准确探测隧道前方30m左右的水系分布，从而有效规避了突水突泥的风险。T_3xj地层砂岩集中段裂隙发育，裂隙性囊状储水带较多，且有煤矿采空区储水。由于T_2b、T_3xj地层位于铁峰山背斜核部及两翼近轴部，纵张裂隙发育，使孔隙裂隙含水岩组与岩溶含水岩组地下水有连通的可能，使施工过程中日涌水量最高达3.8万m^3。

2. 瓦斯等有毒有害气体

勘察过程中在须家河组（T_3xj）地层揭示到煤线、煤层，在巴东组三段（T_2b^3）、一段（T_2b^1）地层中均揭示到石膏，结合区域地质资料及工程区煤炭、石膏矿产的开采情况，在须家河组（T_3xj）煤系地层（ZK28、ZK31、ZK32）的钻孔进行有毒有害气体含量及煤的物理性质测试；在石膏地层（ZK30）测试了有毒有害气体含量，特别是H_2S气体含量。

测试结果表明：须家河组、巴东组地层钻孔的有毒有害气体浓度均未超过相关规范的安全值，初步判断，工程区不存在有毒有害气体问题，但在施工中仍应加强有毒有害气体监测及防治；须家河组、巴东组地层的钻孔放射性测试值均未超过有关规范的设计限值，放射性物质氡含量较小，对施工无影响；对穿越巴东组地层的隧道，应加强H_2S的防治。如施工中出现H_2S超10×10^{-6}，应采用堵及抽的原则，确保施工安全。

拟建隧道穿过珍珠冲组和须家河组含煤地层。据钻探及地表调查揭露，珍珠冲组地层仅背斜北西翼底部局部含煤线及薄煤层（K6煤层），为灰色粉砂岩中夹3～4层灰黑色泥岩，泥岩中夹炭质页岩及煤线,泥岩单层厚度 0.2~1.5m,煤线厚度 0.5~2cm,含煤线地层总厚度约 15m。须家河组含 K1、K3、K5 三层煤,K1 煤层位于须家河组下亚组底界,为灰黑色页岩夹黑色煤线及透镜状煤,页岩层厚度 3.2~5.0m,该层煤质较差,未见大规模开采。K3 煤层位于须家河组下亚组顶界的深灰色页岩、炭质页岩中,页岩厚度 1~5m,煤层厚度约 0.3m,是工程区的主要煤层,大垭煤矿、中宝煤矿及刘家沟煤矿均开采自此煤层。K5 煤层位于须家河组上亚组中上部的深灰色砂质页岩中,页岩厚度 2~4m,煤层厚度约 0.05m。隧道穿越煤层见表 11.3-2。

表 11.3-2 隧址区穿越煤层瓦斯划分表

序号	位置		地层	起止里程/m	长度/m	穿越煤层	瓦斯危险等级
1	北翼煤系	左幅	J_1z	K3+150~K3+183	33	K6 煤层	低瓦斯段
		右幅		YK3+108~YK3+140	32		
2	北翼煤系	左幅	T_3xj^{II}	K4+036~K4+064	28	K5 煤层	低瓦斯段
		右幅		YK4+019~YK4+054	36		
3	北翼煤系	左幅	T_3xj^{I}	K4+131~K4+161	30	K3 煤层	低瓦斯段
		右幅		YK4+113~YK4+150	37		
4	北翼煤系	左幅	T_3xj^{I}	K4+473~K4+515	42	K1 煤层	低瓦斯段
		右幅		YK4+548~YK4+591	43		
5	南翼煤系	左幅	T_3xj^{I}	K7+908~K7+917	9	K1 煤层	低瓦斯段
		右幅		YK7+983~YK7+991	8		
6	南翼煤系	左幅	T_3xj^{I}	K8+056~K8+068	12	K3 煤层	低瓦斯段
		右幅		YK8+093~YK8+106	13		
7	南翼煤系	左幅	T_3xj^{II}	K8+291~K8+303	12	K5 煤层	低瓦斯段
		右幅		YK8+287~YK8+298	11		

根据煤层区钻孔及揭示煤层、隧址附近煤矿采集样品,瓦斯成分为:CH_4:0.01%~0.04%,CO_2:0.02%~0.056%,其他多为 N_2。搜集重庆内相同地层中瓦斯浓度,瓦斯浓度多小于 0.03%,部分矿井可达 0.07%。煤矿采深不同,瓦斯含量不同,采深较深的,其瓦斯浓度较大,采深较浅,工作面的瓦斯浓度要小得多。本隧道穿越该须家河煤层时,估计瓦斯涌出量在 0.1~0.3m³/min 的范围,最大不会超过 0.5m³/min 的上限值;通风情况下瓦斯浓度多为 0.02% 左右,个别达 0.1%。一般不存在瓦斯突出危险。

根据对隧址区煤矿瓦斯事故调查,仅刘家沟煤矿于 2007 年 6 月发生瓦斯窒息事故,主要是由于通风不良造成瓦斯积聚所致。鉴于隧道穿越煤系地层,从检测的结果来看,虽然瓦斯含量较小,但在施工中也应加强瓦斯防治,动态监测瓦斯含量,同时加强通风及火源管理。

经对 ZK32、ZK28、ZK31 三个钻孔中揭示煤层取样进行煤的自燃和爆炸性测试,煤层自燃倾向性Ⅲ等,为不易自燃。爆炸性分析火焰长度 10~30mm,有煤尘爆炸性。根据万开高速公路铁峰山 2 号隧道及区内煤矿煤层自燃现象调查,在隧道施工中及时喷浆封闭煤层的情况下,不会出现自燃煤层。另在煤层区开挖过程中应随时注意洒水降尘,避免煤尘飞扬,预防煤尘爆炸性。

通过对须家河组和巴东组地层内钻孔及已建隧洞的放射性检测,氡(Rn)为 2~4bk。从放射性结果来看,测试值均未超过有关规范的设计限值,隧洞不存在放射性问题。

工程实践表明：隧洞穿越须家河煤系地层，存在瓦斯等有毒有害气体，为低瓦斯，一般不存在瓦斯突出危险。在施工中也加强了瓦斯防治，动态监测瓦斯含量，同时加强通风及火源管理。在及时喷浆封闭煤层的情况下，不会出现自燃煤层。另在煤层区开挖过程中洒水降尘，避免了煤尘飞扬，预防了煤尘爆炸性。施工现场还布置了两台洒水车对施工路段进行全天不间断洒水降尘，控制了扬尘污染；同时，引入了隧道现场气候环境实时监测系统，实时显示现场环境信息，让施工更环保。

3. 岩爆及软岩变形

1）地应力测试

铁峰山隧洞为特长深埋隧道，地应力测试采用水压致裂法，分别对位于铁峰山最高点毛狗梁两侧的ZK28、ZK29、ZK32、ZK140钻孔进行了地应力测试，钻孔剖面位置如图11.3-2所示。

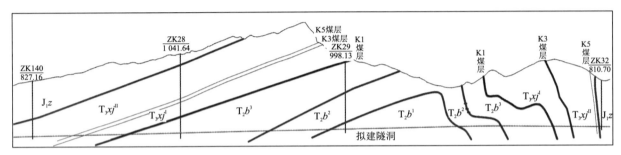

图11.3-2　地应力测试钻孔剖面位置示意图

测试结果表明：在测试深度范围，最大水平主应力为3.3～17.4MPa，最小水平主应力为2.7～13.4MPa。应力量值总体随孔深增加而增加，测试范围内应力场以水平应力为主（$\lambda \geqslant 1.0$）。测试所得最大水平主应力方向分布较为集中，主要为NNE—NE向，均值为N29°E，最大水平主应力集中方向与区内山脉走向呈中小角度相交。测区地应力场受区内地形地貌和构造影响较大。根据调查，万开高速公路铁峰山2号隧道施工中洞壁无岩爆及软质岩石塑性大变形，小口径钻孔岩芯无饼化现象，表明隧址区不存在高地应力现象。钻孔地应力实测成果亦表明，地应力量级不高。根据《水力发电工程地质勘察规范》（GB 50287—2006）岩体初始地应力分级标准，隧址区测试范围内属低—中等初始应力场。以水平应力为主，最大水平主应力方向与区域构造应力方向一致。

2）岩爆

本次岩爆研究选取有代表性钻孔，根据地应力测试成果拟合地应力随深度变化公式，结合岩石强度、埋深、隧洞轴向等因素，并参考万开高速公路铁峰山2号隧道的经验，作为本隧洞的岩爆判别依据。依据《水力发电工程地质勘察规范》（GB 50287—2006）附录P进行岩爆判别，即：①当$R_b/\sigma_{max}<1$时，表明岩体会产生极强岩爆；②当$1 \leqslant R_b/\sigma_{max} < 2$时，表明岩体会产生强烈岩爆；③当$2 \leqslant R_b/\sigma_{max} < 4$时，表明岩体会产生中等岩爆；④当$4 \leqslant R_b/\sigma_{max} < 7$时，表明岩体会产生轻微岩爆。

根据工程区地应力测试成果，硬质岩区具备产生岩爆的应力条件。隧址区须家河组（T_3xj）地层中ZK28孔、ZK140孔及珍珠冲组地层中ZK32孔、ZK140孔岩爆预测计算见表11.3-3。

根据铁峰山隧道硬质岩岩爆研究分析表，以及同类岩层地区地应力实测资料，结合工程经验，在隧道埋深小于140m时，不会发生岩爆；埋深在140～320m范围，可能发生轻微—中等岩爆；埋深在320～600m范围，可能发生中等岩爆。

隧址区所测的巴东组泥质灰岩、泥灰岩及石膏、硬石膏的岩石饱和抗压强度多在15～30MPa之间，岩体完整系数多在0.55～0.75之间，RQD多在0.50～0.85之间，隧道最大埋深约800m，一般不会发生岩爆现象。

表 11.3-3 铁峰山隧道硬质岩岩爆研究分析表

钻孔编号	地应力测试点孔深/m	岩性	饱和抗压强度 MPa	实测最大主应力 S_h MPa	自重应力 S_z MPa	R_b/σ_{max}	岩爆预测
ZK28 (T_3xj)	165.2~235.8(191.3)	砂岩	34	7.6	5.1	4.5	轻微岩爆
	272.4~333.4(298.6)	砂岩	34	11.2	7.9	3.0	中等岩爆
	361.7~415.8(387.7)	砂岩	34	13.4	10.3	2.5	中等岩爆
	442.8~523.4(505.9)	砂岩	34	16.2	13.4	2.1	中等岩爆
ZK32 (J_1z)	96.1~137.5(134.0)	砂岩	46	3.9	3.6	11.8	无岩爆
	137.5~185.9(180.2)	砂岩	46	5.7	4.8	8.6	无岩爆
	185.9~221.12(200)	砂岩	46	6.5	5.3	7.1	无岩爆
	231.8~240.2(236.5)	砂岩	46	7.4	6.3	6.2	轻微岩爆
	400	砂岩*	46		10.6	4.3	轻微岩爆
	600	砂岩*	46		15.9	3.0	中等岩爆
ZK140 (J_1z)	172.9~203.4(203.4)	粉砂岩	28	8.7	5.4	3.2	中等岩爆
	226.5~328.0(283.8)	粉砂岩	28	10.1	7.5	2.8	中等岩爆
ZK140 (T_3xj)	377.2~424.4(401.3)	砂岩	34	14.0	10.6	2.4	中等岩爆
	447.5~461.1(456.5)	砂岩	34	15.8	12.1	2.2	中等岩爆

注:带*号为按自重应力计算。

由于自流井组以泥岩、页岩等软岩为主,灰岩单层厚度一般小于4m,不利于灰岩中应力集中,且须家河组砂岩所夹页岩能有效释放部分应力,因此硬质岩岩爆强烈程度会降低。

隧道区须家河组砂岩在隧道范围内的最大埋深570m,根据对铁峰山隧洞硬质岩研究成果,隧洞穿越地层硬质岩岩爆预测见表11.3-4。

表 11.3-4 铁峰山隧道硬质岩岩爆预测表

隧洞剖面	桩号	长度/m	地层时代	岩性简述	埋深/m	岩体完整性	饱和抗压强度/MPa	岩石强度应力比 R_b/σ_m	岩爆预测
左幅	K3+154~K4+158	1004	T_3xj^{II}	巨厚层块状砂岩	317~513	完整	32	$2.34 \leq R_b/\sigma_{max} \leq 3.60$	中等岩爆
	K4+158~K4+510	352	T_3xj^{I}	巨厚层块状砂岩	513~570	完整	32	$2.02 \leq R_b/\sigma_{max} \leq 2.34$	中等岩爆
	K7+908~K8+056	148	T_3xj^{I}	巨厚层块状砂岩	448~370	较完整	32	$2.14 \leq R_b/\sigma_{max} \leq 2.30$	中等岩爆
	K8+056~K8+312	256	T_3xj^{II}	巨厚层块状砂岩	370~255	较完整	32	$2.30 \leq R_b/\sigma_{max} \leq 3.00$	中等岩爆
右幅	YK3+105~YK4+152	1047	T_3xj^{II}	巨厚层块状砂岩	307~513	完整	32	$2.33 \leq R_b/\sigma_{max} \leq 3.64$	中等岩爆
	YK4+152~YK4+583	431	T_3xj^{I}	巨厚层块状砂岩	513~546	完整	32	$2.10 \leq R_b/\sigma_{max} \leq 2.33$	中等岩爆
	YK7+985~YK8+098	113	T_3xj^{I}	巨厚层块状砂岩	413~376	较完整	32	$2.16 \leq R_b/\sigma_{max} \leq 2.34$	中等岩爆
	YK8+098~YK8+317	219	T_3xj^{II}	巨厚层块状砂岩	376~269	较完整	32	$2.34 \leq R_b/\sigma_{max} \leq 3.06$	中等岩爆

3) 软岩大变形

由于国内对软岩大变形尚处于研究阶段,目前还没有对软岩大变形作出具体规范的要求,据多数资

料的观点,大变形等级分界处与不同的岩体强度 R_{cm} 值对应的地应力 P_o 值呈直线关系,关系式如下:
$P_{o1}=4.67R_{cm}+2.52$;$P_{o2}=5.74R_{cm}+4.48$;$P_{o3}=7.73R_{cm}+5.20$。

各类软岩 R_{cm} 据重庆市《工程地质勘察规范》(DBJ 50/T-043—2016)规定 $R_{cm}=(0.33\sim0.75)R_c$ 取值,据地应力测结果,最大主应力方向与隧道方向夹角较小,对隧道围岩稳定影响较小,另由于隧洞顶部多微风化,岩体裂隙不甚发育,取折减系数为 0.4。用最大水平主应力 S_h 与自垂应力 S_z 计算平均地应力 P_o。

本次软岩大变形研究选用代表性钻孔 ZK32、ZK140,根据地应力测试成果,结合上面计算公式进行计算,计算结果见表 11.3-5,并结合万开高速公路铁峰山 2 号隧道软岩段开挖情况,对软岩大变形进行预测。

表 11.3-5　铁峰山隧道软岩大变形预测计算表

钻孔编号	孔深/m	岩性	饱和抗压强度/MPa	折减系数	R_{am}	P_{o1}	P_{o2}	P_{o3}	实测最大主应力 S_h	实测 S_z	P_o	软岩变形预测
									MPa			
ZK32 (J_1z)	81.7~96.1	泥岩	15	0.4	6	30.54	38.92	51.58				
	236.5	粉砂岩	28	0.4	11.2	54.824	68.768	91.776	7.4	6.3	6.85	不会发生大变形
	245	泥岩*	15	0.4	6	30.54	38.92	51.58	7.48	6.5	6.99	不会发生大变形
	388.9	粉砂岩	28	0.4	11.2	54.824	68.768	91.776	13	10.3	11.65	不会发生大变形
	600	泥岩*	15	0.4	6	30.54	38.92	51.58	18.84	15.3	17.07	不会发生大变形
	800	泥岩*	15	0.4	6	30.54	38.92	51.58	25.24	21.2	23.22	不会发生大变形
ZK140 (J_1z)	172.9	泥岩	15	0.4	6	30.54	38.92	51.58	7.7	4.6	6.15	不会发生大变形
	203.4	页岩	23	0.4	9.2	45.484	57.288	76.316	8.7	5.4	7.05	不会发生大变形
	226.5	粉砂岩	28	0.4	11.2	54.824	68.768	91.776	10.5	6.0	8.25	不会发生大变形
	283.8	粉砂岩	28	0.4	11.2	54.824	68.768	91.776	10.1	7.5	8.8	不会发生大变形

注:判别标准 $P_o<P_{o1}$ 则不会发生大变形,$P_{o1}<P_o<P_{o2}$ 为轻度变形区,$P_{o2}<P_o<P_{o3}$ 为中等变形区,$P_{o3}<P_o$ 为严重变形区。带 * 号为拟合公式计算。

本区的初始地应力不高,在钻探过程中岩芯无薄饼化现象,根据实测水平最大主应力为中—低应力区。软岩大变形除受构造应力影响外,还受地形、岩体完整性、强度等诸多因素影响,形成原因较复杂,且受施工条件及方法工艺等影响。根据预测分析成果,本隧洞工程软岩无大变形问题,已建万开高速公路铁峰山 2 号隧道施工过程中亦未发生过软质岩石塑性大变形,据此推断软岩大变形不是制约隧洞工程的主要地质问题。但施工中应注意局部发生掉块及坍塌、滑移剥落现象。建议在施工中采用小导坑释放应力、快开挖、快支护和快封闭的综合控制技术,并在隧洞封闭后加强变形监测。

工程实践表明:隧洞穿越须家河地层时,在砂岩集中段局部发生轻微—中等岩爆;隧洞开挖过程中未发生过软质岩石塑性大变形。因此,该隧洞岩爆及软岩变形问题不突出。

4. 隧洞涌水

1) 涌水量计算单元划分与汇水面积

根据地形地貌、岩性、透水性等,隧址区的涌水量计算单元按透水性可分为相对隔水层、含水层,含水层根据赋存条件不同又分为岩溶含水岩组、裂隙含水岩组(分孔隙裂隙、风化裂隙)。第一组为岩溶含水岩组,主要由巴东组下段(T_2b^1)、上段(T_2b^2)泥灰岩、泥质灰岩等组成,分布于铁峰山背斜轴部,其中 T_2b^1 泥灰岩因地表未出露,且顶部被 T_2b^2 厚层泥岩覆盖,故其不参与水量计算。第二组为孔隙裂隙含水岩组,主要为须家河组(T_3xj)厚层状石英砂岩,分布于背斜两翼近轴部。第三组为风化裂隙含水岩组,主要为侏罗系中下统(J_2x、J_1z)的粉砂岩与泥岩互层,分布于背斜中低山地区。第四组为相对隔水层,有上沙溪庙组(J_2s)、下沙溪庙组(J_2xs)等,以泥岩为主,分布于铁峰山背斜两翼的宽谷丘陵区。虽然富水性贫弱,但考虑到该层连续分布,在地下水量计算中将其作为一个大层加以考虑。

含水层出露宽度从隧道轴线水文地质纵断面(1:2000)上量取,汇水宽度(范围)从1:10 000地形图中按照隧道处于分水岭之间的平均距离,并结合地表水汇水条件、地层岩性、煤矿开挖范围等综合考虑,出露面积则为出露宽度与汇水宽度的乘积。

2)涌水量计算与预测

根据重庆市地方标准《地下工程地质环境保护技术规范》(DBJ 50/T-189—2014)、《铁路工程水文地质勘测规程》(TB 10049—2014)等规范,采用水文地质比拟法、地下水径流模数法、大气降水渗入法、地下水动力学法等方法对本隧洞进行涌水量计算,计算结果见表11.3-6。

根据上述不同方法获得的隧道涌水量,可以看出:地下水径流模数法、佐藤邦明经验式计算的正常涌水量结果相差不大,裘布依理论式、大气降水法计算结果相对偏小。根据相关经验,取四种方法计算结果的平均值(17 038.13 m³/d)作为隧道平水期涌水量。

根据工程经验,施工期间最大涌水量为平水期涌水量的1.5倍,雨洪期最大涌水量为平水期的2.5倍。据计算,施工期隧道涌水量为25 557.19 m³/d,隧道涌水量分段预测见表11.3-7。

根据隧址区工程地质及水文地质条件,结合铁峰山2号隧道的施工经验,隧址区可能发生一般性渗水、涌水地段以及出水状态预测(表11.3-8)。建议对该地段做好防排水措施。

表11.3-6 隧道涌水量计算成果综合汇总表

序号	分段桩号	地层岩性	富水性	正常涌水量/(m³·d⁻¹)				最大涌水量/(m³·d⁻¹)	
				径流模数法	大气降水法	裘布依理论式	佐藤邦明经验式	古德曼经验式	佐藤邦明非稳定流式
1	K0+457~K3+182	粉砂岩夹页岩(J_1z-J_2x)	弱—中等富水	1 547.25	1 946.94	1 716.69	1 271.74	8 459.78	4 286.86
2	K3+182~K4+510	石英砂岩(T_3xj)	中等富水	3 028.75	2 350.20	3 483.29	4 243.73	16 626.02	8 181.67
3	K4+510~K5+718	泥灰岩(T_2b^3)	强—中等富水	4 004.21	2 701.85	5 083.42	5 961.54	22 644.84	11 119.43
4	K5+718~K7+498	泥岩夹泥灰岩(T_2b^1、T_2b^2)	弱—中等富水			1 119.19	957.05	4 755.83	2 375.09
5	K7+498~K7+913	泥灰岩(T_2b^3)	中等—强富水	8 127.65	6 855.18	2 232.28	2 617.89	9 944.04	4 882.88
6	K7+913~K8+312	石英砂岩(T_3xj)	中等—强富水	902.88	573.89	1 173.77	1 182.61	4 797.97	2 366.68
7	K8+312~K9+202	粉砂岩夹页岩(J_1z-J_2x)	弱—中等富水	626.57	722.73	615.46	589.72	3163.68	1 586.53
8	K9+202~K9+685	页岩、泥岩(J_2xs)	弱—贫富水	77.76	60.34	153.57	35.74	350.26	180.17
9	K9+765~K9+900	页岩、泥岩(J_2s)	弱—贫富水	25.92	20.11	61.98	4.37	127.44	67.16
	总计			18 340.99	15 231.24	15 639.65	16 864.39	70 869.86	35 046.46

表 11.3-7 隧道涌水量分段预测表

序号	分段桩号	地层岩性	富水性	综合预测 $Q/(m^3 \cdot d^{-1})$ 平水期 W	综合预测 $Q/(m^3 \cdot d^{-1})$ 雨洪期 2.5W
1	K0+457~K3+182	粉砂岩夹页岩(J_1z-J_2x)	弱—中等富水	1 620.66	2 430.98
2	K3+182~K4+510	石英砂岩(T_3xj)	中等富水	3 276.49	4 914.74
3	K4+510~K5+718	泥灰岩(T_2b^3)	中等—强富水	4 437.76	6 656.63
4	K5+718~K7+498	泥岩夹泥灰岩(T_2b^1、T_2b^2)	弱—中等富水	1 038.12	1 557.18
5	K7+498~K7+913	泥灰岩(T_2b^3)	强—中等富水	4 958.25	7 437.38
6	K7+913~K8+312	石英砂岩(T_3xj)	中等—强富水	958.29	1 437.43
7	K8+312~K9+202	粉砂岩夹页岩(J_1z-J_2x)	弱—中等富水	638.62	957.93
8	K9+202~K9+685	页岩、泥岩(J_2xs)	弱—贫富水	81.85	122.78
9	K9+765~K9+900	页岩、泥岩(J_2s)	弱—贫富水	28.10	42.14
	总计			17 038.13	25 557.19

表 11.3-8 隧道一般性渗水、涌水段预测表

编号	位置	里程桩号	长度/m	揭示地层	岩性	预测涌水量/$(m^3 \cdot d^{-1} \cdot m^{-1})$	预测出水状态
1	左幅	K0+457~K0+557	100	J_2x^2	砂岩夹粉砂岩	0.60	线状流水或点滴状出水
1	右幅	YK0+480~YK0+565	85	J_2x^2	砂岩夹粉砂岩	0.60	线状流水或点滴状出水
2	左幅	K0+622~K0+682	60	J_2x^2	砂岩	0.60	线状流水或点滴状出水
2	右幅	YK0+644~YK0+708	63	J_2x^2	砂岩	0.60	线状流水或点滴状出水
3	左幅	K0+766~K0+826	60	J_2x^2	砂岩夹粉砂岩	0.60	点滴状出水或线状流水
3	右幅	YK0+783~YK0+849	65	J_2x^2	砂岩夹粉砂岩	0.60	点滴状出水或线状流水
4	左幅	K1+275~K1+334	58	J_2x^1	砂岩	0.60	点滴状出水或线状流水
4	右幅	YK1+283~YK1+331	47	J_2x^1	砂岩	0.60	点滴状出水或线状流水
5	左幅	K1+392~K1+431	39	J_1zl	灰岩	0.60	线状流水或点滴状出水
5	右幅	YK1+397~YK1+430	33	J_1zl	灰岩	0.60	线状流水或点滴状出水
6	左幅	K1+537~K1+610	73	J_1zl	灰岩	0.60	线状流水或点滴状出水
6	右幅	YK1+550~YK1+615	65	J_1zl	灰岩	0.60	线状流水或点滴状出水
7	左幅	K1+926~K2+064	138	J_1z	砂岩夹粉砂岩	0.60	点滴状出水或线状流水
7	右幅	YK1+926~YK2+036	110	J_1z	砂岩夹粉砂岩	0.60	点滴状出水或线状流水
8	左幅	K2+356~K2+456	100	J_1z	砂岩夹粉砂岩	0.60	点滴状出水或线状流水
8	右幅	YK2+365~YK2+462	97	J_1z	砂岩夹粉砂岩	0.60	点滴状出水或线状流水
9	左幅	K3+155~K4+510	1355	T_3xj	砂岩夹页岩	2.48	线状流水或点滴状出水,砂岩与页岩接触面可能存在小规模突水
9	右幅	YK3+103~YK4+582	1479	T_3xj	砂岩夹页岩	2.48	线状流水或点滴状出水,砂岩与页岩接触面可能存在小规模突水

续表 11.3-8

编号	位置	里程桩号	长度/m	揭示地层	岩性	预测涌水量/($m^3 \cdot d^{-1} \cdot m^{-1}$)	预测出水状态
10	左幅	K4+510~K5+651	1141	T_2b^3	泥质灰岩	3.85	线状流水,局部地段可能存在岩溶水集中涌水
	右幅	YK4+582~YK5+631	1049				
11	左幅	K6+122~K7+166	1044	T_2b^1	白云岩夹页岩	0.55	线状流水,局部地段可能存在岩溶水集中涌水、突水,但规模较小
	右幅	YK6+151~YK7+187	1036				
12	左幅	K7+492~K7+912	420	T_2b^3	泥质灰岩夹泥灰岩	12.27	线状流水或股状流水,局部地段可能存在岩溶水集中涌水、突水,规模中等—较大
	右幅	YK7+572~YK7+986	414				
13	左幅	K7+912~K8+312	400	T_3xj	砂岩夹页岩	2.42	线状流水或点滴状出水,砂岩与页岩接触面可能存在小规模突水
	右幅	YK7+988~YK8+317	328				
14	左幅	K8+346~K8+372	26	J_1z	砂岩	0.72	线状流水或点滴状出水
	右幅	YK8+357~YK8+383	26				
15	左幅	K8+655~K8+667	12	J_1zl	灰岩	0.72	线状流水或点滴状出水
	右幅	YK8+645~YK8+656	11				
16	左幅	K8+723~K8+747	24	J_2x^1	砂岩	0.72	点滴状出水或线状流水
	右幅	YK8+706~YK8+725	19				
17	左幅	K8+962~K8+983	21	J_2x^2	砂岩	0.72	点滴状出水或线状流水
	右幅	YK8+935~YK8+955	20				
18	左幅	K9+046~K9+063	17	J_2x^2	砂岩	0.72	点滴状出水或线状流水
	右幅	YK9+025~YK9+050	25				
19	左幅	K9+188~K9+205	17	J_2x^2	砂岩	0.72	点滴状出水或线状流水
	右幅	YK9+159~YK9+178	19				
20	左幅	K9+260~K9+309	49	J_2xs	砂岩	0.13	点滴状出水或线状流水
	右幅	YK9+235~YK9+276	41				
21	左幅	K9+372~K9+404	32	J_2xs	砂岩	0.13	点滴状出水或线状流水
	右幅	YK9+368~YK9+400	32				
22	左幅	K9+643~K9+681	38	J_2xs	砂岩	0.13	点滴状出水或线状流水
	右幅	YK9+644~YK9+695	51				
23	左幅	K9+795~K9+882	87	J_2s^1	砂岩	0.17	点滴状出水或线状流水
	右幅	YK9+807~YK9+888	81				

工程实践表明:J_2s—J_1z 地层隧洞洞身涌水少,洞室围岩多为渗水到滴水状态,在洞壁形成浸润面,局部有线性流水。洞身涌水主要集中在 T_3xj、T_2b 地层,施工过程中日涌水量最高达3.8万 m^3。施工过程中隧道涌水难题非常突出,抽水量多达180万 m^3,相当于一个小型水库的储水量,中铁二十五局针

对隧道涌水难题,深入地底布置9条抽水管,每条抽水管长1400m,抽水落差有100多米,相当于40多层楼高,配置多台专用抽水设备和1600kVA变压器,顺利攻克了涌水难题。

5. 岩石腐蚀性

1) 煤层

根据地表调查和钻孔揭示,隧址区在铁峰山背斜北西翼的珍珠冲组(J_1z)普遍含煤线及煤层,但煤层不稳定,一般延伸几十米至数百米后煤层尖灭,当地开采较少,对隧道无影响;钻孔揭示须家河组(T_3xj)含煤3层,部分煤层厚度小且不稳定,基本未开采,其中须家河组有一层煤厚10~30cm,煤层较稳定,为当地主采煤层。勘探钻孔揭示煤层4层,厚度一般0.05~0.6m。勘察过程中对煤层进行了采样试验,并类比其他相关地层经验,煤层中pH值9.30,SO_7^{2-}离子含量29mg/kg,Mg^{2+}离子含量19mg/kg,Cl^-离子含量16mg/kg,依据《公路工程地质勘察规范》(JTG C20—2011)附录K表K.0.2-1~表K.0.2-4,煤对混凝土结构(按B类水环境考虑),混凝土中的钢筋及钢结构有微腐蚀性。由于煤层厚度较小且不稳定,开挖后及时采用抗腐蚀性混凝土进行喷射封闭。

2) 石膏

在巴东组一段(T_2b^1)、二段顶部(T_2b^2)及三段(T_2b^3)地层中含硬石膏、石膏。钻孔揭示石膏主要发育在巴东组第三段及第一段地层内,单层厚度多小于1cm,多呈脉状或团块分布,最厚在ZK28孔深565.2~568.8m处,厚度达3.6m。

据岩矿鉴定样及化学分析样,石膏中SO_3含量17.48%~47.18%,H_2O^+含量0.32%~19.46%,CaO含量27.80%~38.40%,折算含普通石膏1.53%~83.85%,硬石膏2.31%~79.00%。石膏样进行了天然含水率、吸水率、饱水率、膨胀、崩解试验,硬石膏、石膏的水浸出液和盐酸浸出液成分分析等试验。

根据试验结果,参照《铁路工程特殊岩土勘察规程》(TB 10038—2012),场区硬石膏及石膏为非膨胀岩及不易崩解的岩石。由于试验过程中硬石膏及石膏浸水时间仅为两天,而硬石膏及石膏在水的长期作用下,硬石膏($CaSO_4$)将吸水慢慢转变为石膏($CaSO_4 \cdot 2H_2O$),这时体积膨胀,产生膨胀压力,甚至挤碎其顶底板岩石并挤入裂缝中,这是石膏矿山常见的地质现象。由于隧道将长期使用,故在时间效应的影响下应考虑膨胀压力对隧道围岩的影响,选取相应的加固措施。

根据浸出液成分分析结果,由于硬石膏及石膏为弱透水层,在隧道中不存在干湿和冻融交替作用,因此按Ⅲ类环境判定,硬石膏及石膏对混凝土具有结晶类严重腐蚀,无分解类腐蚀,无结晶分解复合类腐蚀。但是若隧道施工中处理不当,使其直接临水并受干湿交替影响,则变为Ⅱ类环境,就会对混凝土产生严重结晶类腐蚀并同时具有弱—中等结晶分解复合类腐蚀。隧道施工中应采取特重防护,作好隔水防潮处理,积极预防产生溶出型腐蚀,否则将出现贵昆铁路岩脚寨隧道类似的情况,把整体的混凝土拱墙腐蚀成豆腐碴样的碴浆。

3) 预测评价

隧道穿越了巴东组(T_2b)石膏层、须家河组(T_3xj)及珍珠冲组(J_1z)煤层,石膏与煤的腐蚀性对工程建设至关重要。隧道穿越煤层段桩号见表11.3-2,含膏盐岩段见表11.3-9。

煤层及石膏厚度较小,且不稳定,开挖后应及时采用抗腐蚀性混凝土进行喷射封闭,衬砌应采用防腐材料。硬石膏($CaSO_4$)转变为石膏($CaSO_4 \cdot 2H_2O$)时体积膨胀,产生膨胀压力,在开挖这些地层岩性段临空后易出现塑性变形,由侧壁向洞内挤入或在洞底出现底鼓现象,石膏岩按经验值提供自由膨胀率25%,隧道过石膏盐岩段时应及时做好防水及封闭处理。

6. 煤窑采空区

为更好的研究煤窑采空区问题,本次勘察进行了地质灾害评估和矿产压覆研究。根据地质灾害评估和矿产压覆报告,结合现场调查,邻近隧道的大垭口和中宝煤矿的开采下限高程均位于拟建的铁峰山隧道顶拱230m以上,采空区对隧道无影响;刘家沟煤矿现开采上界标高675m,现开采的下界标高

200m,开采高程包括了隧道分布高程,但目前已采区尚未进入隧道分布区域,考虑到刘家沟煤矿的申请扩界上界标高 800m、下界标高 0.00m,且申请扩界范围包括了部分隧道段,故隧道建设单位应与刘家沟煤矿业主协商,在隧洞周圈 50m 范围设为禁采区,建议对禁采区进行全断面衬砌支护,保护隧道围岩稳定。

表 11.3-9 隧址区穿越地层含膏盐段划分表

序号	位置		起止里程/m	长度/m	地层	含膏盐分段	工程地质特征
1 段	北翼	左幅	K4+703~K4+754	51	T_2b^3	含膏盐段	为石膏夹泥灰岩,该层厚约 6.3m,乳白色、深灰色,呈花斑状,碎裂结构,中厚层状构造,胶结好。乳白色矿物为石膏,呈半透明状,部分岩芯石膏含量达 80%
		右幅	YK4+731~YK4+787	56			
2 段	北翼	左幅	K4+853~K4+889	36	T_2b^3	含膏盐段	为泥灰岩,该层厚约 2.1m,灰—浅灰色,含 11 条石膏脉,脉宽约在 0.5~1.5cm 之间,石膏脉呈乳白色,半透明状,上下结合好
		右幅	YK4+861~YK4+903	42			
3 段	北翼	左幅	K5+047~K5+102	55	T_2b^3	含膏盐段	为泥质灰岩,该层厚约 10.5m,灰—浅灰色,含 8 条石膏脉,脉宽约在 0.5~1.5cm 之间,石膏脉呈乳白色,半透明状,上下结合好
		右幅	YK5+049~YK5+119	70			
4 段	北翼	左幅	K5+339~K5+413	74	T_2b^3	含膏盐段	为泥灰岩,该层厚约 18.35m,灰—青灰色,含 16 条石膏脉,脉宽约在 0.3~2.0cm 之间,石膏脉呈乳白色,半透明状,上下结合好
		右幅	YK5+408~YK5+482	74			
5 段	核部	左幅	K6+994~K7+028	34	T_2b^1	含膏盐段	为页岩夹泥灰岩,该层厚约 24m,灰—深灰色,含较多玻璃状透明石膏团块及条带,团块最大直径约 6~8cm,见少量方解石脉,局部具碎裂结构,胶结好
		右幅	YK6+995~YK7+035	40			
6 段	南翼	左幅	K7+517~K7+564	47	T_2b^3	含膏盐段	为泥灰岩、泥质灰岩夹页岩,该层厚约 32m,灰—深灰色,含 78 条石膏脉,脉宽约在 0.3~0.6cm 之间,石膏脉呈乳白色,半透明状,上下结合好
		右幅	YK7+597~YK7+645	48			

施工过程中,隧道下穿一段刘家沟煤矿采空区,该采空区位于隧洞上方约 50m 处,长约 200m,分布着数十个纵横交错的废弃巷道,里面充满水和泥水混合物,多达 20 万 m^3,犹如一颗"定时炸弹"悬在施工人员头上,稍有不慎就容易引发大面积塌方,施工方通过编制安全技术交底和专项应急预案等多种措施,并加强衬砌支护,最终安全通过了采空区。

第十二章 大跨度地下空间软弱围岩工程特性

第一节 问题的提出

渝西岩土工程中,存在软岩建设大跨度地下空间是否可行的问题。例如,某拟建工程地下空间尺寸为 106m(长)×20m(宽)×42m(高),围岩为侏罗系上统遂宁组泥岩,属 20m 级软岩大跨度地下空间,其技术可行性备受关注。

本章简要讨论渝西大跨度地下空间软弱围岩工程性状及稳定性问题。

第二节 大跨度地下空间软弱围岩工程性状

一、基本地质条件

1. 地形地貌

以渝西长江江津区石门镇一带建设软岩大跨度地下空间为例,来说明软弱围岩的工程性状。

江津区石门镇下游银石村至江津区油溪镇,沿江分布长度约 20km,地处长江左岸上,长江在该处为一向东南方向突出的"几"字型河弯,位于四川盆地东南部川东平行邻谷中的壁山向斜槽谷内,为丘陵地貌,以侵蚀—剥蚀地形为主,长江岸边为堆积地形,地形坡度一般 15°～25°,局部砂岩形成陡坎(崖),崖高可达 10～15m,受溪沟切割,完整性较差,山脊多呈不规则状、条带状展布,山脊高程多在 300～450m 之间,最高点位于护国寺,高程 503.1m,最低点金刚村长江边,江水位高程 188m,最大相对高差 315m。长江 I 级阶地平台长 1.5～3km,宽 200～400m,高出江面 10～13m。主要溪沟有银石沟和金刚沟,分别位于石门镇和金刚镇下游,为常年性流水沟,水量不大。

2. 地层岩性

工程区出露地层主要有上沙溪庙组、遂宁组、蓬莱镇组及第四系,蓬莱镇组地层残留在山顶,其分布厚度、岩性等特征见表 12.2-1。

工程区第四系主要有冲积、残坡积。残坡积层以粉质黏土、黏土夹碎石为主,厚度一般 1～3m,主要分布于缓坡平台及槽谷内;冲积层以粉土、粉细砂及砂砾石为主,厚度一般 10～30m,主要分布于长江河床、漫滩及阶地内(金刚村和苟家坝 I 级阶地,刁家坪局部残留有 II 级阶地)。

大跨度地下空间围岩主要为遂宁组地层,上部为厚 100～120m 的泥岩、泥质粉砂岩夹砂岩,单层厚度 10～20m,分布于高程 290m 以上的山顶一带;下部为厚约 200～150m 的泥岩、泥质粉砂岩,砂岩含量较少且单层厚度均小于 3m,属软岩,其地表形态见图 12.2-1,钻孔岩芯见图 12.2-2,围岩地质剖面见图 12.2-3。

3. 地质构造

工程区在大地构造单元上位于川东陷褶束壁山向斜,向斜轴部位于三圣、滩盘一带,呈近南北向展布,轴部地层为蓬莱镇组、遂宁组,两翼地层为上沙溪庙组、下沙溪庙组等地层。向斜西翼月亮岩一带地层产状倾向 20°,倾角 12°;向斜东翼金刚村一带地层产状倾向 210°～230°,倾角 5°～8°。工程区未见断层。遂宁组地层中含少量石膏脉及石膏斑点,石膏脉多顺层展布,脉宽1~2mm。在岩砂中测得2组裂隙,第1组倾向200°,倾角78°,间距3~5m,切割砂岩层位,延伸可见长度约15~30m;第2组倾向120°,倾角80°~85°,切割砂岩层位,延伸可见长度约5~15m。砂岩陡崖处受裂隙卸荷影响分布有小规模的危岩。

表12.2-1 某拟建大跨度地下空间软弱围岩地层岩性简表

界	系	统	组	代号	厚度/m	岩性	分布
新生界	第四系	全新统		Q_4^{el+dl}	1~7.8	残坡积层:紫红、褐红色粉质黏土夹碎块石,厚度一般1~3m,部分槽地内可达5~6m	缓坡平台、槽谷
				Q_4^{3al}	5~15	现代河流冲积层:砂卵(砾)石层、粉细砂层	长江河床及河漫滩
				Q_4^{1+2al}	8~38	Ⅰ级阶地:上部粉土、砂壤土及粉细砂层,厚度一般8~12m,下部砂砂卵(砾)石层夹粉细砂透镜体,厚度一般5~15m	苟洲坝、金刚沱Ⅰ级阶地平台
				Q_3^{al}	1~15	Ⅱ级阶地:砾(卵)石夹粉土,砾质土,含砾粉质黏土,残留厚度一般1~5m,局部可达15m	瓦厂村刁家坪残留阶地
中生界	侏罗系	上统	蓬莱镇组	J_3p	>224	灰白、青灰色厚层—块状中细粒长石石英砂岩、石英砂岩夹紫红色砂质泥岩,仅出露下段	护国寺
			遂宁组	J_3s	455~509	上部:鲜红色砂质泥岩与细砂岩、粉砂岩不等厚互层;中下部:棕红色泥岩夹粉砂岩;下部:砖红色砂泥岩、透镜状角砾岩	拟建工程区
		中统	上沙溪庙组	J_2s	996~1354	暗紫色、紫红色砂质泥岩、泥岩与页岩、灰紫色长石砂岩、粉砂岩互层,上部和下部砂岩发育	拟建工程区外围、河床深部

图12.2-1 某拟建大跨度地下工程围岩地表形态
(遂宁组下段泥岩,出露高程217~260m)

a. 泥岩　　　　　　　　　　　　　　　　b. 粉砂岩

图12.2-2 某拟建大跨度地下工程围岩钻孔岩芯

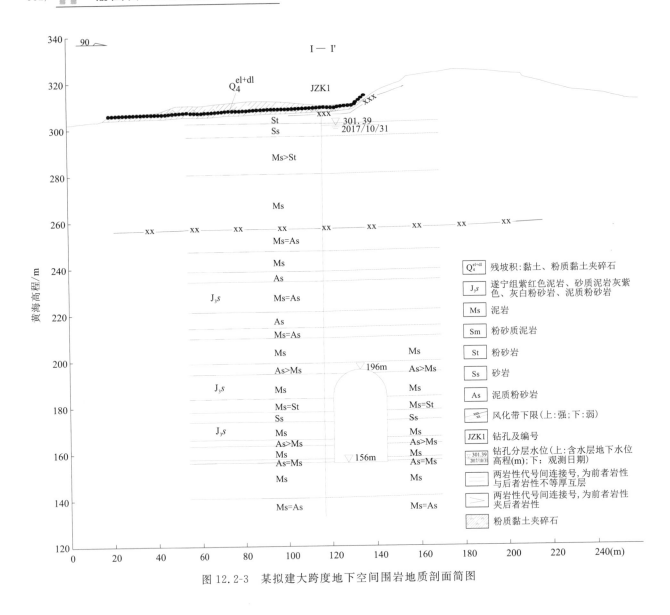

图 12.2-3 某拟建大跨度地下空间围岩地质剖面简图

4. 水文地质

工程区地下水按赋存介质分为松散岩(土)类孔隙水、碎屑岩类裂隙(孔隙)水。松散岩(土)类孔隙水主要赋存于河漫滩及阶地内,除接受大气降水补给外,还接受河流及溪沟地表水的侧向补给,水位埋深浅,地下水位大致与附近的地表水位一致;碎屑岩类裂隙(孔隙)水主要赋存于碎屑岩风化带中,为浅潜水或上层滞水,其富水性受岩性及裂隙发育程度的控制,泉水流量较小,一般小于 0.01L/s,受大气降水影响较明显。工程区为一套碎屑岩地层分布区,具层状水文地质结构特征,各含水层依各自的裂隙网络系统顺层运移,在低洼排泄于地表或沟谷内。由于砂岩分布较少,整体而言,仍属于区域性隔水层。

根据钻孔压水试验成果,在微新岩体内共进行了 41 段压水试验,获得围岩透水率全部小于 1.28Lu(其中,小于 1Lu 试段 36 段,占试验段总数的 88%),围岩以微透水为主。

5. 岩体风化

工程区覆盖层下强风化层厚度一般 0~3.3m,弱风化层厚度 3.4~25.5m,基岩裸露区强风层厚度一般 3~5m,弱风化层厚度 15~25m。岩体风化主要为均匀风化,风化分带较明显。随深度增加,岩体风化明显变弱,其岩体风化可分为全、强、弱、微四个风化带,由于砂、泥岩抗风化能力不一,存在差异风化。同时,软质泥岩还存在快速风化问题,经测试,弱风化及微新泥岩、砂质泥岩,在饱水状态下不易崩解,岩芯在空气中风干1~3日,便出现细小裂纹,遇水易崩解,风干10日,裂纹增多,若再浸水,则完全崩解。

6. 地应力

根据相关工程资料,工程区地应力测试结果如下:

(1) 地应力值。ZK1在测试范围内(76.0~172.0m)最大水平主应力为2.4~5.9MPa,最小水平主应力为2.0~4.1MPa,铅直应力σ_z为2.0~4.5MPa。

(2) 侧压系数。最大水平主应力方向侧压系数($\lambda=\sigma_H/\sigma_h$)范围为1.0~1.9,平均值为1.3。测深范围内三个主应力量值(σ_H、σ_h和σ_z)的相对大小主要满足$\sigma_H>\sigma_z>\sigma_h$,表明该钻孔位置的隧洞围岩应力场以水平应力为主。

(3) 地应力方位。根据压裂缝印模结果,最大水平主应力方向为N25°W~N32°W,平均N29°W。测试结果与工程区NNE—NE向断裂相吻合。最大水平主应力方向(测试钻孔部位)与隧洞轴线方向(约N43°W)的夹角较小,对大跨度地下空间围岩稳定性相对有利。

7. 岩石物理力学性质

根据相关工程资料,围岩岩性主要有泥岩、粉砂岩及砂岩,其物理力学性质试验成果见表12.2-2~表12.2-4。

表 12.2-2 工程区泥岩室内试验成果统计表

物理性质试验							
/	颗粒密度/$(g \cdot cm^{-3})$	块体密度/$(g \cdot cm^{-3})$			含水率/%	吸水率/%	孔隙率/%
		烘干	天然	饱和			
范围值	2.70~2.78 (29组)	2.17~2.6 (29组)	2.39~2.67 (29组)	2.39~2.67 (29组)	1.68~9.73 (29组)	2.24~9.7 (29组)	5.71~21.1 (29组)
平均值	2.74	2.45	2.55	2.55	4.51	4.63	10.83

变形试验(天然)					抗拉试验(饱和)	声波试验
/	试验应力 s/MPa	变形模量 E_0/GPa	弹性模量 E_e/GPa	泊松比 μ	抗拉强度/MPa	/
范围值	1.01~10.5	1.47~5.13 (24组)	2.06~6.23 (24组)	0.27~0.45 (25组)	0.11~1.89 (36组)	/
平均值	/	2.99	4.00	0.36	0.88	/
标准值		2.60	3.50	0.30	0.70	

单轴抗压试验				
/	饱和抗压/MPa	天然抗压/MPa	烘干抗压/MPa	软化系数
范围值	3.1~19.9(29组)	4.0~24.5(28组)	8.6~30.3(17组)	0.32~0.67(17组)
平均值	8.5	10.7	18.5	0.47
标准值	7.1	9.0	15.9	0.40

三轴试验(天然)		
/	$f=\tan\phi$	C/MPa
范围值	0.70~1.30(5组)	0.99~5.25(5组)
平均值	0.89	3.37
标准值	0.75	1.68

表 12.2-3　工程区砂岩室内试验成果统计表

物理性质试验							
/	颗粒密度/(g·cm⁻³)	块体密度/(g·cm⁻³)			含水率/%	吸水率/%	孔隙率/%
		烘干	天然	饱和			
范围值	2.53~2.65 (21组)	2.30~2.48 (21组)	2.33~2.51 (21组)	2.39~2.54 (21组)	0.67~1.54 (21组)	2.38~3.95 (21组)	5.81~9.10 (21组)
平均值	2.59	2.40	2.43	2.47	1.16	2.95	7.06

变形试验(天然)					抗拉试验(饱和)	声波试验
/	试验应力 s/MPa	变形模量 E_0/GPa	弹性模量 E_e/GPa	泊松比 μ	抗拉强度/MPa	纵波速度/(m·s⁻¹)
范围值	2.3~10.51	2.28~8.2 (15组)	2.99~9.42 (15组)	0.21~0.42 (12组)	0.87~3.77 (15组)	/
平均值	/	4.25	5.25	0.3	2.14	/
标准值	/	3.5	4.4	0.26	1.72	/

单轴抗压试验				
/	饱和抗压/MPa	天然抗压/MPa	烘干抗压/MPa	软化系数
范围值	17.2~31.1(25组)	24.7~43.2(24组)	32.1~55.2(10组)	0.55~0.69(5组)
平均值	23.8	32.5	42.5	0.64
标准值	22.4	30.5	39.4	0.59

三轴试验(天然)		
/	$f=\tan\phi$	C/MPa
范围值	0.76~1.17(7组)	4.34~13.84(7组)
平均值	0.95	9.46
标准值	0.93	6.72

表 12.2-4　工程区粉砂岩室内试验成果统计表

物理性质试验							
/	颗粒密度/(g·cm⁻³)	块体密度/(g·cm⁻³)			含水率/%	吸水率/%	孔隙率/%
		烘干	天然	饱和			
范围值	2.73~2.78 (9组)	2.47~2.50 (9组)	2.54~2.57 (9组)	2.55~2.57 (9组)	3.64~9.36 (9组)	4.01~9.54 (9组)	7.62~8.84 (9组)
平均值	2.75	2.48	2.55	2.56	5.64	5.96	8.19

变形试验(天然)					抗拉试验(饱和)	声波试验
/	试验应力 s/MPa	变形模量 E_0/GPa	弹性模量 E_e/GPa	泊松比 μ	抗拉强度/MPa	纵波速度/(m·s⁻¹)
范围值	1.95~2.08	2.67~3.51 (2组)	3.67~4.7 (2组)	0.26~0.35 (2组)	0.41~0.87 (3组)	/
平均值	/	3.09	4.19	0.31	0.68	/
标准值	/	/	/	/	/	/

续表 12.2-4

单轴抗压试验				
/	饱和抗压/MPa	天然抗压/MPa	烘干抗压/MPa	软化系数
范围值	12.3～21.1(23组)	16.9～29.6(23组)	21.8～30.6(6组)	0.65～0.50(4组)
平均值	16.8	22.9	26.20	0.51
标准值	14.7	19.5	22.8	/

三轴试验（天然）		
/	$f=\tan\phi$	C/MPa
试验值	0.95(1组)	2.25(1组)

8. 岩体声波

根据相关工程资料，在工程区采用国产岩海 RS-ST01C（编号 SB16）数字声波仪进行岩体声波测试工作。井下传感器采用一发双收装置（源距 0.3m，间距 0.2m），换能器主频为 30kHz，以水为耦合介质，测点间距 0.2m，由孔底至孔口逐点提升测试，测试范围为地下空间设计顶板以上 50m 范围至孔底，成果见表 12.2-5。

表 12.2-5 某拟建大跨度地下空间围岩钻孔声波测试成果统计表

位置	高程/m	ZK1					ZK3				
		孔深	主要岩性	波速/(m·s^{-1})		完整性系数	孔深	主要岩性	波速/(m·s^{-1})		完整性系数
				区间值	平均值				区间值	平均值	
地下空间以上40m区域	236～196	73～113	泥岩、泥质粉砂	2740～4762	3885	0.64～0.93	87～127	粉细砂岩、泥岩	2740～4651	3804	0.64～0.92
地下空间以上20m区域	216～196	93～113	泥岩	3175～4165	3936	0.69～0.91	107～127	粉细砂岩、泥岩	3175～4651	3984	0.78～0.92
地下空间	196～156	113～153	细砂岩、泥岩、粉砂岩	3333～4762	4073	0.77～0.96	127～167	泥岩、粉砂岩	2857～4762	3897	0.71～0.95

经分析，围岩完整性系数在 0.64～0.96 之间，为较完整—完整岩体，且以完整岩体为主。钻孔岩芯主要为柱状、长柱状，少量为短柱状，碎块少见，岩芯获得率一般在 95% 以上。钻孔压水试验主要为微透水，少量弱透水，相关勘察资料之间相互吻合。

9. 结构面与软弱夹层力学参数设计值

根据相关工程资料，工程区结构面与软弱夹层力学参数设计值表 12.2-6；各类岩体（石）声波 V_p 特征值见表 12.2-7。

10. 岩体结构类别

根据相关工程资料，工程区岩体为一套沉积岩，由碎屑岩组成的层状结构体，岩体中发育的结构面主要有层面、裂隙面与软弱夹层。按《工程岩体分级标准》(GB/T 50218—2014)，地下空间围岩结构类型有以下 4 类：①厚层状结构：结构面轻度发育，间距一般 100～50cm，岩体较完整，代表性岩石为砂岩。②中厚层状结构：结构面中等发育，间距一般 50～30cm，岩体较完整，代表性岩石为粉砂岩。③互层状结构：结构面较发育或发育，间距一般 30～10cm，岩体较完整或完整性差，代表性岩石为泥岩夹粉砂岩或互层状岩体。④碎裂结构：岩块镶嵌紧密，结构面较发育到很发育，间距一般 30～10cm，岩体完整性差，代表性岩石为强—全风化层。

表 12.2-6　某拟建工程区结构面与软弱夹层力学参数设计值

结构面类型		建议值			备注
		抗剪断		摩擦	
		f'	c'/MPa	f	
混凝土与岩体	灰岩/混凝土	1.10～1.05	1.00～0.95	0.70～0.65	新鲜岩体
	砂岩/混凝土	1.05～0.90	0.90～0.70	0.65～0.55	
	泥岩、粉砂岩/混凝土	0.70～0.55	0.50～0.45	0.50～0.45	
结构面	泥岩或粉砂岩/岩屑砂岩	0.55～0.50	0.30～0.25	0.45～0.40	新鲜岩体
	粉砂岩/泥岩 粉砂岩/粉砂岩 泥岩/泥岩	0.45～0.40	0.20～0.15	0.40～0.35	
软弱夹层	破碎夹泥层	0.30～0.25	0.05～0.02	0.25～0.22	软化，局部泥化
	泥化夹层	0.25～0.18	0.01～0.001	0.20～0.15	泥化层连续，面略有起伏

二、围岩基本质量

1. 岩体坚硬程度

根据《工程岩体分级标准》（GB/T 50218—2014），工程区地下空间围岩分为两大类四个亚类，见表 12.2-8。

2. 岩体基本质量

根据《工程岩体分级标准》（GB/T 50218—2014），根据岩石单轴饱和抗压强度及岩体完整性系数 K_V 值，对工程区围岩基本质量进行分级，成果见表 12.2-9。根据《水利水电工程地质勘察规范》（GB/T 50487—2008），进一步划分，微新泥岩、粉砂岩为 C_{IV} 类，微新粉细砂岩、岩屑长石砂岩属 B_{III1} 类，微新岩屑石英砂岩、灰岩为 B_{II} 类。

表 12.2-7　某拟建工程区岩体声波特征表

岩石名称	风化类别	纵波速度 v_p/(m·s^{-1})	
		范围值	平均值
泥岩、砂质泥岩	强风化	1600～2500	2100
	弱风化	2500～3100	2700
	微—新	3100～3700	3400
粉砂岩、泥质粉砂岩	强风化	1700～2700	2200
	弱风化	2700～3500	3000
	微—新	3500～4300	3800
砂岩、粉细砂岩	强风化	1800～2700	2500
	弱风化	2700～3300	3300
	微—新	3300～4100	4100

表 12.2-8　某拟建工程区地下空间围岩坚硬程度分级表

坚硬程度	硬质岩		软质岩		
	坚硬岩	较坚硬岩	较软岩	软岩	极软岩
饱和单轴抗压强度 R_c/MPa	$R_c>60$	$60 \geqslant R_c>30$	$30 \geqslant R_c>15$	$15 \geqslant R_c>5$	$R_c \leqslant 5$
代表性岩石		砂岩	粉砂岩	泥岩、砂质泥岩	各类强风化岩石

表 12.2-9　某拟建工程区地下空间围岩基本质量分级表

级别	分级标准（BQ）值	单轴饱和抗压强度/MPa	岩体完整性系数（K_v）	代表性岩性
Ⅱ	451～550	40～50	0.85～0.92	完整,厚层状岩屑砂岩
Ⅲ	351～450	25～40	0.75～0.90	完整,厚层状长石砂岩、粉细砂岩
Ⅳ	251～350	10～25	0.60～0.70	泥岩、泥质粉砂岩及互层状岩体
Ⅴ	<251	<10		强风化的各类岩体

三、地下空间围岩分类

依据《水利水电工程地质勘察规范》(GB 50487—2008)附录 N，围岩工程地质分类分为初步分类和详细分类。

1. 围岩初步分类

围岩初步分类，以岩体强度、岩体完整程度、岩体结构类型为基本依据，以岩层走向与洞轴线的关系、水文地质条件为辅助依据，并应符合表 12.2-10 的规定。

2. 岩体坚硬程度划分

根据《工程岩体分级标准》(GB/T 50218—2014)，岩体坚硬程度分为两大类四个亚类，详见前表 12.2-8。

3. 岩体完整程度划分

岩体的完整程度依据《水利水电工程地质勘察规范》(GB 50487—2008)附录进行初步划分，见表 12.2-11。

表 12.2-10　某拟建工程区地下空间围岩初步分类表

岩质类型	岩体结构类型	岩体完整程度	围岩初步分类 类别	围岩初步分类 说明
硬质岩	整体状或巨厚层状结构	完整	Ⅰ、Ⅱ	坚硬岩定Ⅰ类,中硬岩定Ⅱ类
	块状结构	较完整	Ⅱ、Ⅲ	坚硬岩定Ⅱ类,中硬岩定Ⅲ类
	次块状结构	较完整	Ⅱ、Ⅲ	坚硬岩定Ⅱ类,中硬岩定Ⅲ类
	厚层状或中厚层状结构		Ⅱ、Ⅲ	坚硬岩定Ⅱ类,中硬岩定Ⅲ类
	互层状结构	较完整	Ⅲ、Ⅳ	洞轴线与岩层走向夹角<30°定Ⅳ类
	薄层状结构		Ⅳ、Ⅲ	岩质均一、无软弱夹层可定Ⅲ类
	镶嵌结构	完整性差	Ⅲ	
	块裂结构		Ⅳ	
	碎裂结构	较破碎	Ⅳ、Ⅴ	有地下水定Ⅴ类
	碎块状或碎屑状结构	破碎	Ⅴ	
软质岩	整体状或巨厚层状结构	完整	Ⅲ、Ⅳ	较软岩无地下水定Ⅲ类,有地下水定Ⅳ类;软岩定Ⅳ类
	块状或次块状结构	较完整	Ⅳ、Ⅴ	无地下水定Ⅳ类;有地下水定Ⅴ类
	中、厚层或互层状结构		Ⅳ、Ⅴ	无地下水定Ⅳ类;有地下水定Ⅴ类
	薄层状或块裂结构	完整性差	Ⅴ、Ⅳ	较软岩无地下水时定Ⅳ类
	碎裂结构	较破碎	Ⅴ、Ⅳ	较软岩无地下水定Ⅳ类
	碎块状或碎屑状散体结构	破碎	Ⅴ	—

注：对深埋洞室，当可能发生岩爆或塑性变形时，围岩类别宜降低一级。

围岩初步分类成果：

工程区地下空间围岩岩性为泥岩、粉砂岩，泥岩饱和单轴抗压强度 7～10MPa，粉砂岩饱和单轴抗压强度 12～15MPa，均属于软质岩类；岩体结构为互层状结构，岩体内裂隙不发育，钻孔岩芯及孔内录像显示主要为一组层面裂隙，裂隙间距一般大于 30cm（局部粉砂岩石膏脉密集发育），钻孔岩芯呈柱状、长柱状，RQD 一般大于 75%，属较完整—完整岩体，岩体水文地质条件简单，压水试验表明泵房围岩以微透水为主，故地下泵房围岩初步分类为Ⅳ类。

表 12.2-11 某拟建工程区地下空间围岩完整程度划分表

间距/cm	组数			
	1～2	2～3	3～5	>5 或无序
>100	完整	完整	较完整	较完整
100～50	完整	较完整	较完整	差
50～30	较完整	较完整	差	较破碎
30～10	较完整	差	较破碎	破碎
<10	差	较破碎	破碎	破碎

4. 围岩详细分类

地下空间围岩详细分类是以控制围岩稳定的岩石强度（A）、岩体完整性（B）、结构面状态（C）、地下水状态（D）和主要结构面产状（E）五项因素之和的总评分为基本判据，围岩强度应力比为限定判据，来确定洞室围岩类型。各分项指标评分标准见表 12.2-12～表 12.2-16；围岩详细分类见表 12.2-17。

表 12.2-12 某拟建工程区地下空间围岩强度评分标准表

岩质类型	硬质岩		软质岩	
	坚硬岩	中硬岩	较软岩	软岩
饱和单轴抗压强度 R_b/MPa	$R_b>60$	$60 \geq R_b > 30$	$30 \geq R_b > 15$	$15 \geq R_b > 5$
岩石强度评分 A	30～20	20～10	10～5	5～0

注：1. $R_b>100$MPa 时，岩石强度评分为 30；2. 当岩体完整程度与结构面状态评分之和小于 5 时，岩石强度评分大于 20 分的，按 20 评分。

表 12.2-13 某拟建工程区地下空间围岩完整程度评分标准表

岩体完整程度		完整	较完整	完整性差	较破碎	破碎
岩体完整性系数 K_v		$K_v>0.75$	$0.75 \geq K_v > 0.55$	$0.55 \geq K_v > 0.35$	$0.35 \geq K_v > 0.15$	$K_v \leq 0.55$
岩体完整性评分 B	硬质岩	40～30	30～22	22～14	14～6	<6
	软质岩	25～19	19～14	14～9	9～4	<4

注：当 60MPa$\geq R_b>$30MPa，B+C>65 时按 65 评分；当 30MPa$\geq R_b>$15MPa，B+C>55 时按 55 评分；当 15MPa$\geq R_b>$5MPa，B+C>40 时按 40 评分；当 $R_b \leq$5MPa，属极软岩，岩体完整性程度与结构面状态不参加评分。

表 12.2-14 某拟建工程区地下空间围岩结构面状态评分标准表

结构面状态	张开度 W/mm	闭合 W<0.5		微张 0.5≤W<5.0								张开 W≥5.0	
	充填物	—		无充填			岩屑			泥质		岩屑	泥质
	起伏粗糙状况	起伏粗糙	平直光滑	起伏粗糙	起伏光滑或平直粗糙	平直光滑	起伏粗糙	起伏光滑或平直粗糙	平直光滑	起伏粗糙	起伏光滑或平直粗糙	平直光滑	—	—
结构面状态评分 C	硬质岩	27	21	24	21	15	21	17	12	15	12	9	12	6
	较软岩	27	21	24	21	15	21	17	12	15	12	9	12	6
	软岩	18	14	17	14	8	14	11	8	10	8	6	8	4

注：1. 结构面的延伸长度小于 3m 时，硬质岩、软软岩的结构面状态评分另加 3 分，软岩另加 2 分；结构面延伸长度大于 10m 时，硬质岩、较软岩的结构面状态评分减 3 分，软岩减 2 分。2. 当结构面张开宽度大于 10mm、无充填时，结构面状态评分为零。

表 12.2-15 某拟建工程区地下空间围岩地下水状态评分标准表

活动状态			渗水、滴水	线状流水	涌水
水量 $q[L/(min \cdot 10m 洞长)]$ 或压力水头 H/m			$q \leq 25$ 或 $H \leq 10$	$25 < q \leq 125$ 或 $10 < H \leq 100$	$q > 125$ 或 $H > 100$
基本因素评分 T'	$T' > 85$	地下水评分 D	0	0~-2	-2~-6
	$85 \geq T' > 65$		0~-2	-2~-6	-6~-10
	$65 \geq T' > 45$		-2~-6	-6~-10	-10~-14
	$45 \geq T' > 25$		-6~-10	-10~-14	-14~-18
	$T' \leq 25$		-10~-14	-14~-18	-18~-20

注：1. 基本因素评分 T' 是岩石强度评分 A、岩体完整性评分 B 和结构面状态评分 C 之和；2. 干燥状态取 0 分。

表 12.2-16 某拟建工程区地下空间围岩主要结构面状态评分标准表

与洞轴线夹角/(°)		90~60				60~30				<30			
结构面倾角/(°)		>70	70~45	45~20	<20	>70	70~45	45~20	<20	>70	70~45	45~20	<20
结构面产状评分 E	洞顶	0	-2	-5	-10	-2	-5	-10	-12	-5	-10	-12	-12
	边墙	-2	-5	-2	0	-5	-10	-2	0	-10	-12	-5	0

注：按岩体完整程度分级为完整性差、较破碎和破碎的围岩不进行主要结构面产状评分的修正。

5. 围岩分类指标评分

（1）岩石强度（A）：围岩单轴饱和抗压强度为 7~15MPa，为软岩，评分为 4 分。

（2）岩体完整性（B）：围岩岩体完整性系数 K_v 一般大于 0.75，为完整，评分为 23 分。

（3）结构面状态（C）：围岩结构面多为层面，面起伏，多闭合或充填石膏脉或方解石脉，评分为 18 分，但因延伸长度大于 10m，扣 2 分，最终评分为 16 分。

表 12.2-17 某拟建工程区地下空间围岩详细分类表

围岩类别	围岩总评分 T	围岩强度应力比 $S=(R_b \cdot K_v)/\sigma_m$（围岩最大主应力 MPa）
Ⅰ	$T > 85$	>4
Ⅱ	$85 \geq T > 65$	>4
Ⅲ	$65 \geq T > 45$	>2
Ⅳ	$45 \geq T > 25$	>2
Ⅴ	$T < 25$	—

（4）地下水状态（D）：围岩岩体主要为微透水，地下水状应为渗水或滴水，上述三项 A、B、C 之和为 43 分，评分为 -7 分。

（5）主要结构面产状（E）：围岩主要结构面为层面，近水平状，评分洞顶为 -11 分、边墙为 0 分。

（6）围岩总评分 T。

上述 5 项之和：地下空间围岩评分为 25~36 分。

6. 围岩强度应力比

（1）围岩强度 R_b。如前所述，工程区地下空间围岩主要为泥岩、砂质泥岩夹粉砂岩或互层，泥岩饱和单轴抗压强度 7~10MPa，粉砂岩饱和单轴抗压强度 12~15MPa，综合分析，围岩强度，饱和单轴抗压强度取 12MPa。

（2）完整性系数 K_v。围岩完整性系数在 0.64~0.96 之间，为较完整—完整岩体，且以完整岩体为主，综合分析，完整性系数 K_v 均取 0.9。

（3）围岩的最大主应力 σ_m。工程区地下空间围岩地应力测试成果，最大主应力均为水平应力，围岩地应力在 3.8~5.9MPa 之间,平均值 4.78MPa。

(4)围岩强度应力比 S。$S=(12\times0.9)/4.78=2.26$ 或 $S=(11\times0.9)/6.14=1.61$。

7. 围岩分类综合评价

工程区地下空间围岩 5 项基本指标评分 25~36 分,房围岩类别为Ⅳ类;围岩地应力测试成果,围岩强度应力比 S 为 2.26。

综合上述两项指标,渝西工程区地下空间围岩类别为Ⅳ类至Ⅴ类。

第三节 大跨度地下空间软弱围岩主要工程地质问题

一、围岩稳定性

如前所述,渝西岩土工程中存在建设软岩大跨度地下空间是否可行的问题。例如,某拟建工程地下空间尺寸为 106m(长)×20m(宽)×42m(高),围岩为侏罗系上统遂宁组泥岩,属 20m 级软岩大跨度地下空间。该工程位于川渝铁路内侧的长江Ⅰ级阶地后缘,地面高程 206~212m,地形完整,为缓坡,地形坡角小于 10°,表层粉土、粉细砂厚度 4~9m,其下砂砾石层厚度 20~27m,下伏基岩为遂宁组泥岩夹粉砂岩,设计建基面高程 170.37m,地基为弱风化泥岩、泥质粉砂岩,建基岩体为 $C_Ⅳ$ 类,围岩类别主要为Ⅳ类,洞室稳定性较差,施工难度很大,支护难度大,工程投资大。

二、围岩大变形

围岩大变形指采用常规支护的地下空间围岩由于地应力较高而使其初期支护发生不同程度的变形破坏,当破坏位移值(U_a)与地下空间半径(a)之比大于 3‰时,就认为是发生了大变形。

发生大变形的地下空间围岩一般为软岩,这类岩体的凝聚强度(c 值)较低,内摩擦角值(ϕ)很小,单轴抗压强度较低,是围岩产生大变形的固有特征。围岩大变形发生的程度与围岩地应力密切相关,在高应力地区或地质构造复杂地区,或深埋空间,受构造应力及重力应力影响,软岩及较软岩也易发生大变形。

前述某工程地下空间围岩,为侏罗系上统遂宁组地层,岩性为一套砂、泥岩组成的红色碎屑岩地层,以泥岩、砂质泥岩夹粉砂岩为主,夹少量砂岩,软岩所占比例达 85%以上,砂岩多呈薄—中厚层状,岩性不稳定,厚度变化大。工程位于璧山向斜轴部,岩层近水平,断层不发育,岩体较完整—完整。其中,泥岩、砂质泥岩呈紫红—暗红色,含少量灰绿色斑点、团块或条带,泥质结构,中厚—厚层状构造,块体密度 2.55~2.65g/cm³,变形模量 1.0~2.5GPa,单轴饱和抗压强度 7~10MPa,为软岩;粉砂岩呈褐红、紫灰色,粉砂质、砂泥质结构,薄—中厚层状构造,块体密度 2.55~2.7g/cm³,变形模量 1.5~4.0GPa,单轴饱和抗压强度 12~15MPa,为较软岩。在测试范围内(76.0~172.0m)最大水平主应力为 2.4~5.9MPa,最小水平主应力为 2.0~4.1MPa,铅直应力为 2.0~4.5MPa。根据压裂缝印模结果,最大水平主应力方向为 N25°W~N32°W,平均 N29°W,地应力方向与工程区 NNE-NE 向断裂相吻合。其中,最大水平主应力方向与地下空间轴线方向(约 N43°W)的夹角较小,对洞身围岩稳定性相对有利。

根据搜集的工程资料,地下空间围岩大变形临界值与岩体强度 R_{cm} 值对应的地应力 P_0 值呈直线关系,关系式如下:

$$P_{01}=4.67R_{cm}+2.52 \tag{12.3-1}$$

$$P_{02}=5.74R_{cm}+4.48 \tag{12.3-2}$$

$$P_{03}=7.73R_{cm}+5.20 \tag{12.3-3}$$

根据重庆市《工程地质勘察规范》(DBJ50/T-043—2016)规定,$R_{cm}=(0.33~0.75)R_c$。另外,根据地应力测结果,最大主应力方向与洞室方向夹角较小,对洞室围岩稳定影响较小,另由于洞室顶部多微风化，岩体裂隙不甚发育，取折减系数为 0.4，用最大水平主应力 S_h 与铅直应力 S_z 的平均值为地应力 P_0。某工程大跨度地下空间围岩大变形预测计算成果见表 12.3-1。

表 12.3-1 某工程大跨度地下空间围岩大变形预测计算表

钻孔编号	孔深/m	岩性	饱和抗压强度/MPa	折减系数	R_{cm}	P_{01}	P_{02}	P_{03}	实测最大主应力 S_h	实测 S_z	P_0	软岩变形预测
									MPa			
ZK1	76.0	泥岩	6	0.4	2.4	13.7	18.3	23.8	2.7	2.0	2.35	不会发生大变形
	85.0	粉砂岩	10	0.4	4	21.2	27.4	36.1	2.5	2.2	2.35	不会发生大变形
	91.0	粉砂岩	12	0.4	4.8	24.9	32.0	42.3	2.4	2.4	2.4	不会发生大变形
	96.0	泥岩	6	0.4	2.4	13.7	18.3	23.8	3.3	2.5	2.9	不会发生大变形
	100.0	泥岩	10	0.4	4	21.2	27.4	36.1	3.8	2.6	3.2	不会发生大变形
	119.0	粉砂岩	12	0.4	4.8	24.9	32.0	42.3	5.9	3.1	4.5	不会发生大变形
	132.0	泥岩	6	0.4	2.4	13.7	18.3	23.8	4.2	3.4	3.8	不会发生大变形
	140.0	泥岩	10	0.4	4	21.2	27.4	36.1	4.7	3.6	4.15	不会发生大变形
	161.0	粉砂岩	12	0.4	4.8	24.9	32.0	42.3	5.3	4.2	4.75	不会发生大变形
	172.0	粉砂岩	12	0.4	4.8	24.9	32.0	42.3	5.8	4.5	5.8	不会发生大变形

注：判别标准 $P_0 < P_{01}$ 则不会发生大变形，$P_{01} < P_0 < P_{02}$ 为轻度变形区，$P_{02} < P_0 < P_{03}$ 为中等变形区，$P_{03} < P_0$ 为严重变形区。

三、围岩卸荷回弹与蠕变

下面以某水利枢纽工程为例，简要说明软弱围岩开挖卸荷回弹问题。

工程位于白垩系下统苍溪组上，岩性为由砂岩、粉砂岩与泥岩互层，在右岸导流明渠及左岸厂房边坡开挖中均见有边坡岩体卸荷回弹现象（图 12.3-1），如边坡中的预裂孔已发生错位现象，砂岩与泥岩接触部位起伏差一般 1~3cm，最大起伏差可达 8cm。因此，地下空间边墙存在卸荷回弹变形。根据开挖边坡钻孔的卸荷回弹监测，边坡开挖后引起的较强卸荷回弹区宽度为 3.8~8.8m。

工程地下空间围岩岩性为由泥岩、砂质泥岩夹粉砂岩组成，主要为软岩，破坏以塑性破坏为主要特征。因此，大跨度地下空间围岩存在蠕变问题。

图 12.3-1 某水利枢纽工程开挖边坡卸荷回弹现象

四、软岩快速风化与软化对其强度的影响

地下空间围岩为泥岩、砂质泥岩夹粉砂岩、薄层—中厚层状砂岩,以软质岩为主,岩石总体抗风化能力差,在失水干裂的情况易产生快速风化问题,见图 12.3-2。

图 12.3-2 某工程钻孔岩芯软岩快速风化现象

取样测试,第一组 16 个样品,在天然状态下置于野外观察(观察时最高气温 34°,温差约 10°),于第五天岩样开裂,裂纹占 5%～15%,个别达 30%;于第六天凌晨淋雨后即全部崩解。第二组 9 个样品,在室外晒后再阴雨三天即全部崩解。由此可见,软质岩石的快速风化主要是因为岩石在失水过程中呈现出的开裂—崩解的物理作用过程。试验表明,新鲜泥岩在干、湿交替环境中极易开裂和崩解,其在不同环境条件下的快速风化速度是:干湿交替＞天然状态＞水下。进一步试验,若将黏土岩长时间(60 天)淹渍在水中,其完好率可达 90%。为此,软岩的快速风化可以采取时预留保护层或及时封闭的处理措施。

测试成果见表 12.3-2。

五、软岩软化对强度的影响

岩石物理力学试验表明,地下空间围岩中,岩性为泥岩、砂质泥岩的岩体软化系数较低,一般为 0.3～0.4,软化现象明显,岩石强度降低程度较大。此外,岩石干湿交替变化对岩体损伤及岩体强度的降低影响亦大。因此,地下空间开挖过程中,需要采取排水措施以保持洞室围岩处于较好的状态,改善围岩稳定条件。

表 12.3-2 某工程岩体快速风化测试成果表

钻孔编号	深度/m	岩性描述	观测日期(2009 年)				备注
			5.10	5.18	6.23	7.25	
			平均波速/(m·s^{-1})				
ZK1	0～8.6	褐红色泥质粉砂岩	3 096.8	3 079.4	3 062.7	3 043.7	4 次观测资料显示,波速值由大变小
	8.6～10.4	褐红色粉砂岩	3 298.2	3 244.7	3 232.8	3 244.2	4 次观测资料显示,前 3 次波速值由大变小,第 4 次反转升高
	10.4～16.2	褐红色砂质黏土岩	3 372.1	3 343.8	3 331.7	3 305.6	4 次观测资料显示,波速值由大变小
	16.2～20.1	褐红色泥质粉砂岩	3 329.7	3 271.4	3 256.9	3 236.4	4 次观测资料显示,波速值由大变小
	20.1～24.6	褐红色砂质黏土岩	3 287.5	3 198.4	3 173.8	3 169.8	4 次观测资料显示,波速值由大变小

续表 12.3-2

钻孔编号	深度/m	岩性描述	观测日期(2009年)				备注
			5.10	5.18	6.23	7.25	
			平均波速/(m·s^{-1})				
ZK2	0~18.6	褐红色砂质黏土岩	3 246.2	3 196.7	3 189.6	3 172.4	4次观测资料显示,波速值由大变小
	18.6~24.4	褐红色泥质粉砂岩	3 289.5	3 259.8	3 224.7	3 250.3	4次观测资料显示,前3次波速值由大变小,第4次反转升高
ZK3	0~3.2	暗紫红色粉砂岩夹黏土岩	2 618.1	2 633.6		2 558.4	4次观测资料显示,前2次波速值由小变大
	3.2~24.4	褐红色砂质黏土岩	3 309.2	3 239.4	3 251.1	3 271.3	4次观测资料显示,波速值由小变大
ZK4	0~6.5	紫灰色细粒岩屑砂岩	3 601.1	3 548.7	3 500.9	3 527.3	4次观测资料显示,前3次波速值由大变小,第4次反转升高
	6.5~9.7	杂色砾岩	3 547.4	3 504.9	3 520.6	3 463.2	4次观测资料显示,波速交替变化
	9.7~11.6	紫灰色细粒岩屑砂岩	3 971.7	3 907.4	3 966.8	3 940.3	4次观测资料显示,波速交替变化
	11.6~25.0	褐红色砂质黏土岩	3 410.2	3 442.1	3 407.2	3 368.2	4次观测资料显示,前2次波速升高,后2次逐渐降低

第四节 工程实例

宜兴抽水蓄能电站安装4台250MW机组,主要大洞室有平行布置的厂房洞、主变洞、尾闸洞。厂房洞开挖尺寸为155.3m×22.0m×52.4m(长×宽×高,下同);主变洞位于厂房下游40m,开挖尺寸为134.65m×17.5m×27.5m;尾闸洞位于主变洞下游35m,开挖尺寸为111m×8m×19.05m。地下洞室群位于砂岩夹粉砂质泥岩地层中,埋深在280~370m之间,地下水丰富,地质构造发育,围岩为茅山组中段($D_{1-2}ms^2$)中厚层砂岩夹泥质粉砂岩(含软弱夹层),Ⅲ类围岩占51%,Ⅳ+Ⅴ类围岩占49%。厂址南北两端分别有较大规模的F_{220}、F_{204}断层通过。其中,F_{204}出露宽度为5~15m,断层带内大多充填碎裂岩、角砾岩、糜棱岩、断层泥;F_{220}断层倾角和宽度变化较大,物质组成不一,性状差异较大。受断层影响,厂房北端岩体完整性以差—较破碎为主,局部较完整;南端岩体以较破碎—破碎为主。厂房区自南向北岩石质量渐高,岩体完整性渐好。

宜兴抽水蓄能水电站厂房工程地质条件较差,围岩稳定问题突出。在支护措施上,除采用喷层、锚杆、锚索支护外,还针对不稳定块体及断层进行了随机支护,设计还增加1m厚的混凝土衬砌作为永久支护,以保证南端墙的安全稳定。

第十三章 岩 爆

我国丰富的水电能源开发主要分布于西部高山峡谷地区，相当多电站都以纵横交错的大型洞室群作为地下厂房建筑物。由于地质条件错综复杂，近年来，我国有不少地下工程发生过岩爆现象。目前，由于岩爆问题的高度复杂性，岩爆机理尚不清楚，岩爆的预测还不够准确，相关研究成果尚不能完全满足工程实践要求。

岩爆地质灾害比较复杂，关于其形成、爆发机理说法不一。目前，国内外众多学者对深部地下工程岩爆破坏进行了若干思考和岩爆机理研究，从强度、能量、刚度、稳定、断裂损伤以及非线性理论等对岩爆机制进行了分析，在提出各种假设的基础上，形成了不同的理论指标和预测指标。当前，岩爆研究总体呈现从线性到非线性、从静力到动力、从局部材料到工程系统的转变趋势。

岩爆的破坏是一个复杂的变化过程。一般都认为岩体内部围岩自身内部积累的大量变形而产生的弹性应变能是产生岩爆的主要原因。但是，人们认识的岩爆中静荷载理论不能阐明岩爆的全部机理，岩体中的大量应变能仅是发生岩爆的必要条件，而大量的实际工程证实了必须有外部因素的扰动才能触发岩爆的发生。在地下开挖工程中，由于施工的需求而开展的爆破、机械扰动、或是相邻洞室对已开挖洞室的爆破应力波、地震波等动力扰动都可能导致原来处于高应力状态的围岩产生不同程度的破坏，甚至于洞室内围岩岩块以猛烈的方式弹射出来，其破坏程度远高于静载作用下的破坏，危害人们的生命财产安全。因此，在深部岩石领域中动力扰动诱发岩爆的科学研究亟待开展。

第一节 关于隧洞岩爆的勘察方法

现阶段水电、公路、铁路等行业规范对深埋长隧道勘察的要求总体相近，均要求查明隧洞区的地质结构、岩层产状，主要断裂破碎带的位置、产状、规模、性状及其组合关系等，以及有针对性地在断层、物探异常带、岩溶发育带、富水带等地段布置较深的钻孔，用于验证及修正调查和物探结果。但规范均缺乏对深埋长隧洞特别是长度大于10km以上超特长隧洞的实质性的要求和指导，例如对深孔的具体布设，构造单元的划分等。

就国内外理论研究而言，输水隧洞的地质勘察技术依旧存在一些难题，尤其是在大埋深长隧洞中，问题主要包括以下方面：

(1)隧洞地形地貌环境复杂，洞线埋深大，大都处于山岭崎岖，设备和勘察车辆人员抵达指定位置困难。

(2)地质勘察技术和设备与隧洞实际需要脱节，在2000~3000m的大埋深位置和高地应力地下水位蕴藏丰富的区域，现有设备明显受到技术手段，达不到勘测要求。

(3)国内外在相关工程领域可借鉴的工程经验有限，随着洞线不断深入，问题的突发性和复杂性不可预测。

(4)理论研究上的不足导致分析手段和评价体系的研究不完善。

(5)大多数工程在前期阶段地质勘察工作的周期性和费用不足，导致实地勘察的技术设备，勘察方法，工程量受到限制。而国内因地勘工作不足酿成事故的实例众多。所以，地勘工作在水工隧洞的前期设计工作中显得极其重要。

水工隧洞不同于枢纽工程中的其他水工建筑物，基本上长度是以km为单位计算，有些隧洞长达几十千米,工程一般建设在多山地带,埋深能达到几百至上千米。目前水工隧洞地勘方法包括以下几种:地表地质调查作为传统勘察地质方式,获取水工隧洞地质信息较为直接。随着新理论和新技术的应用,物探方法目前成为一种主流方式,在地勘工作得到广泛应用,但此法局限性较强,探测深度过大时较难能够获取准确度较高的岩体结构等地质信息,在大埋深长输水隧洞中应用受到限制。中国大部分水工隧洞建设于山岭地带,水工隧洞设计中对于地质构造的了解和地下水位的判断至关重要,一般通过地质钻孔的方式来解决,钻芯取样能够真实的反应围岩情况,进而优化洞线,节省工程投资,进一步加快工程施工。在大埋深长隧洞中,可以采用物探、少量钻孔的方式,洞轴线附近的地质问题可采用专用勘探平硐法,国内诸多工程采用 TBM 法进行洞室施工,可以结合隧洞超前地质预报综合分析方法得到准确的工程地质条件,有效作出判断和防范措施。

一、水利水电工程深埋长隧洞勘察方法

1) 可行性研究阶段

水利水电工程深埋长隧洞勘察一般包括下列内容:

(1) 初步查明可能产生高外水压力、突(涌)水(泥)的地质条件。

(2) 初步查明可能产生围岩较大变形的岩组及大断裂破碎带的分布及特征;初步查明地应力特征及产生岩爆的可能性。

(3) 初步查明地温分布特征。

(4) 初步评价成洞条件及存在的主要地质问题,提出地质超前预报的初步设想。

勘察方法应符合下列规定:

(1) 搜集本区已有的航片、卫片、各种比例尺的地质图及相关资料,进行分析与航片、卫片解译。

(2) 工程地质测绘比例尺可选用 1:50 000~1:10 000,测绘范围应包括隧洞各比选线及其两侧各 1000~5000m,当水文地质条件复杂时可根据需要扩大。

(3) 选择合适的物探方法,探测深部地质构造特征、喀斯特发育特征等。

(4) 宜选择合适位置布置深孔,进行地应力、地温、地下水位、岩体渗透性、岩体波速等综合测试。

(5) 进行岩石物理力学性质试验。

2) 初步设计阶段

初步设计阶段勘察一般包括下列内容:

(1) 基本查明可能产生高外水压力、突涌水(泥)的水文地质、工程地质条件。

(2) 基本查明可能产生围岩较大变形的岩组及大断裂破碎带的分布及特征。

(3) 基本查明地应力特征,并判别产生岩爆的可能性。

(4) 基本查明地温分布特征。

(5) 基本确定地质超前预报方法。

(6) 对存在的主要水文地质、工程地质问题进行评价。

深埋段的勘察方法应符合下列规定:

(1) 复核可行性研究阶段工程地质测绘成果。

(2) 宜采用综合方法对可行性研究阶段探测的断裂带、储水构造、喀斯特等进行验证。

(3) 宜选择合适位置布置深孔或平硐,进一步测定地应力、地温、地下水位、岩体渗透性、波速、有害气体和放射性元素等;进行岩石物理力学性质试验。

二、引调水线路工程深埋长隧洞勘察方法

1) 可行性研究阶段

引调水线路工程深埋长隧洞除基本查明隧洞地段水文地质、工程地质条件、隧洞地段有害气体和放射性物质的赋存条件,评价其存在的可能性外,深埋长隧洞可行性阶段勘察尚应包括下列内容:

(1)初步查明隧洞围岩各类岩(土)体的物理力学性质,基本确定岩(土)体物理力学参数及有关工程地质参数。进行围岩工程地质初步分类,初步评价 TBM 施工工程地质条件和适宜性。

(2)初步查明隧洞地段地应力的状态和条件。隧洞场区地应力状态和条件应根据地应力分布和受控情况及测试成果进行分析,基本确定最大主应力方向和量级。岩体地应力分组宜符合表 13.1-1 的规定。围岩稳定性评价应根据围岩的岩性和结构特征、地应力条件及地下水活动性,结合围岩地质分类进行。

表 13.1-1 岩体地应力分级

应力分级	极高地应力	高地应力	中等地应力	低地应力
最大主应力量级 σ_m/MPa	$\sigma_m \geq 40$	$20 \leq \sigma_m < 40$	$10 \leq \sigma_m < 20$	$\sigma_m < 10$
岩石强度应力比 R_b/σ_m	<2	2~4	4~7	>7

注:R_b 为岩石饱和单轴抗压强度(MPa);σ_m 为最大主应力(MPa)。

(3)初步查明可能产生高外水压力、突水(泥)的地质条件,初步预测涌水量。

(4)初步查明可能产生围岩较大变形的岩组和大断裂破碎带的分布及特征,初步评价围岩变形特性及稳定性。

(5)初步查明地应力特征及围岩产生岩爆的可能性。

(6)初步查明地温分布特征。

(7)初步评价成洞条件及存在的主要工程地质问题。

勘察方法除应综合上述规定,尚应符合下列规定:

(1)搜集本区已有航片、卫片、各种比例尺的地质图及相关资料,进行分析、解译。

(2)工程地质测绘范围应包括隧洞及与其相关的地段,宜隧洞两侧各 2~5km,工程地质、水文地质条件复杂可适当扩大。测绘比例尺可选用 1:25 000~1:10 000。

(3)选择合适的物探方法,探测深部地质构造特征、岩溶发育特征、地下水分布特征等。

(4)宜选择合适位置布置深孔或探洞,进行高压压水试验和钻孔电视观察有地应力、地温、岩体波速等测试。

(5)进行岩石物理力学性质试验,试验组数视需要确定。

2)初步设计阶段

除查明隧洞地段水文地质、工程地质条件、隧洞地段有害气体和放射性物质的赋存条件,评价其存在的可能性外,深埋长隧洞初步设计阶段勘察应包括下列内容。

(1)查明隧洞围岩及主要结构面的物理力学性质,确定物理力学参数及有关工程地质参数。

(2)高地应力场区应进一步查明地应力的状态、量级和方向,评价对隧洞围岩稳定的影响。

(3)进行围岩详细分类,评价 TBM 施工的工程地质条件适宜性。

(4)基本查明可能产生高外水压力、突涌水(泥)的水文地质、工程地质条件,提出外水压力值,评价预测突发涌水的可能性及涌水量。

(5)基本查明可能产生围岩较大变形的岩组及大断裂破碎带的分布及特征,评价围岩的稳定及塑性变形特征。

(6)基本查明地应力特征,判别产生岩爆的可能性。

(7)对存在的主要水文地质、工程地质问题进行评价。

勘察方法应符合下列规定:

(1)复核可行性研究阶段工程地质测绘成果。

(2)宜采用综合物探方法对可行性研究阶段探测的断裂带、储水构造、岩溶等进行验证。

(3)进行岩石物理力学性质试验。

(4)宜选择合适位置布置深孔或平洞,测定地应力、地温、地下水位、岩体渗透性、波速、有害气体和放射性元素等。

(5)隧洞围岩塑性变形评价应根据围岩的地质特征、结构特征及初始应力状态、地下水活动状态等因素综合分析。

三、公路工程深埋长隧洞勘察方法

公路工程隧洞勘察一般包括下列内容。

(1)隧洞初勘应根据现场地形地质条件。

结合隧洞的建设规模、标准和方案比选,确定勘察的范围、内容和重点,并应基本查明以下内容:

①地形地貌、地层岩性、水文地质条件、地震动参数。

②褶皱的类型、规模、形态特征。

③断裂的类型、规模、产状,破碎带宽度、物质组成、胶结程度、活动性。

④隧洞围岩岩体的完整性、风化程度、围岩等级。

⑤水库、河流、煤层、采空区、气田、含盐地层、膨胀性地层、有害矿体及富含放射性物质的地层的发育情况。

⑥深埋隧道及构造应力集中地段地温、围岩产生岩爆或大变形的可能性。

⑦傍山隧道存在偏压的可能性及其危害。

⑧地下水的类型、分布、水质、涌水量。

(2)当两个或两个以上的隧道工程方案需进行同深度比选时,应进行同深度勘察。

(3)根据地质条件选择隧道的位置应符合下列规定。

①隧道应选择在地层稳定、构造简单、地下水不发育的位置,隧道轴线宜与岩层、区域构造线的走向垂直。

②隧道应避免沿褶皱部,平行于区域性大断裂,以及在断裂交会部位通过。

③隧道应避开高应力区,无法避开时洞轴线宜平行最大主应力方向。

④隧道应避免通过岩溶发育区、地下水富集区和地层松软地带。

(4)工程地质及水文地质调绘应符合下列规定:

①工程地质调绘应沿拟定的隧道轴线及其两侧各不小于200m的带状区域进行,调绘比例尺为1:2000。

②当两个及以上特长隧道、长隧道方案进行比选时,应进行隧址区域工程地质调绘,调绘比例尺为1:10 000～1:50 000。

③特长隧道及长隧道应结合隧道涌水量分析评价进行专项区域水文地质调绘,调绘比例尺为1:10 000～1:50 000。

④工程地质调绘及水文地质调绘采用的地层单位宜结合水文地质及工程地质评价的需要划分至岩性段。

⑤有岩石露头时,应进行节理调查统计。节理调查统计点应靠近洞轴线,在隧洞洞身及进出口地段选择代表性位置布设,同一围岩分段的节理调查统计点数量宜少于2个。

(5)工程地质勘探应符合下列规定:

①隧洞勘探应以钻探为主,结合必要的物探、挖探等手段进行综合勘探。钻孔宜沿隧道中心线,并在洞壁外侧不小于5m的下列位置布置:地层分界线、断层、物探异常点、储水构造或地下水发育地段;高应力区围岩可能产生岩爆或大变形的地段;膨胀性岩土、岩盐等特殊性岩土分布地段;岩溶、采空区、隧道浅埋段及可能产生突泥、突水部位;煤系地层、含放射性物质的地层。

②勘探深度应至路线设计高程以下不小于5m。遇采空区、岩溶、地下暗河等不良地质时,勘探深度应至稳定底板以下不小于8m。

③洞身段钻孔,在设计高程以上3~5倍的洞径范围内应采取岩、土试样,同一地层中,岩、土试样的数量不宜少于6组。

④遇有地下水时,应进行水位观测和记录,量测初见水位和稳定水位,判明含水层位置、厚度和地下水的类型、流量等。

⑤在钻探过程中,遇到有害气体、放射性矿床时,应做好详细记录,探明其位置、厚度,采集试样进行测试分析。

四、铁路工程隧洞勘察方法

1) 可行性研究阶段

铁路工程深埋长隧洞可行性阶段勘察应包括下列内容:

(1)隧道应选择在地质构造简单、地层单一、岩体完整等工程地质条件较好的地段,以隧道轴线垂直岩层走向最为有利。

(2)隧道应避开断层破碎带,当必须穿过时,宜与之垂直或以大角度穿过。

(3)隧道应避开岩溶强烈发育区、地下水富集区、有害气体及放射性地层、地层松软地带。

(4)地质构造复杂、岩体破碎、堆积层厚等工程地质条件较差的傍山隧道,宜向山脊线内移,加长隧道,隧道群。

(5)隧道顺褶曲构造轴线布置时,宜避绕曲轴部破碎带,选择在地质条件较好的一侧翼部通过。

(6)隧道宜避开高地应力区,不能避开时,洞轴宜平行最大主应力方向。

(7)隧道工程地质调绘应查明隧道通过地段地形、地貌、地层、岩性、地质构造。岩质隧道应着重查明岩层层理、片进、节理、软弱结构面的产状及组合形式,断层、褶皱的性质、产状、宽度及破碎程度。

(8)查明洞身是否通过煤层、气田、膨胀性地层、采空区、有害气矿体及富集放射性物质的地层等,并进行工程地质条件评价。

(9)查明不良地质、特殊岩土对隧道的影响,评价隧道可能发生的地质灾害。

(10)对于深埋隧道,应预测隧道洞身地温情况。

(11)深埋及构造应力集中地段,对坚硬、致密、性脆岩层应预测岩爆的可能性,对软质岩层应预测围岩大变形的可能性。

(12)应根据地质调绘、物探及验证性钻探、测试成果资料,综合分析岩性、构造、地下水状态、初始地应力状态等围岩地质条件,结合岩体完整性指数、岩体纵波速度等,分段确定隧道围岩分级。

当设置有横洞、平等导坑、斜井、竖井等辅助坑道时,应查明其工程地质条件。

特长隧道、长隧道或地质条件复杂的隧道,应做好隧道地质条件的宏观控制,提出应重点监测或进行超前地质预报的方法和段落,以预防突发性地质灾害。做好配合施工工作,及时调整围岩级别和变更设计。

隧道工程勘探、地质测试应结合采用的施工方法进行,并符合下列要求:

(1)地质条件复杂的隧道宜采用综合勘探方法。地质条件复杂的深钻孔应综合利用。

(2)钻孔位置和数量应视地质复杂程度而定。地质复杂,长度大于1000m的隧道,洞身应按不同地貌及地质单元布置勘探孔查明地质条件;主要的地质界线,重要的不良地质、特殊岩土地段,可能产生突泥危害地段等处应有钻孔控制;穿越城市和大江大河的隧道应按相关规定进行勘探或专题研究。洞身地段的钻孔位置宜布置在中线外8~10m;钻探完毕,应回填封孔。

(3)钻探深度应至路肩下3~5m;遇溶洞、暗河及其他不良地质时,应适当加深至溶洞及暗河底以下5m。

(4)钻探中应作好水位观测和记录,探明含水层的位置和厚度,并取样作水质分析。水文地质条件复杂的隧道,应做水文地质试验,测定地下水的流向、流速及岩土的渗透性,计算涌水量,必要时应进行地下水动态观测。

(5) 应取代表性岩土试样进行物理力学性质试验。

(6) 对有害矿体和气体,应取样作定性、定量分析。

特长隧道、控制线路方案的长隧道、多线隧道应按工点搜集工程地质资料。

(1) 宜采用遥感图像地质解译、地质调绘、综合物探和少量钻探相结合的方法为隧道位置和施工方法的选择、工程地质条件评价提供资料,宜沿洞身纵断面布置物探、钻探、测试工作。

(2) 编制工程地质勘察报告或说明。

(3) 编制隧道纵断面图,并分段提供隧道围岩分级。

(4) 编制隧道线路方案工程地质图或隧道地区地质构造图。

五、深埋长隧洞勘察方案的制定

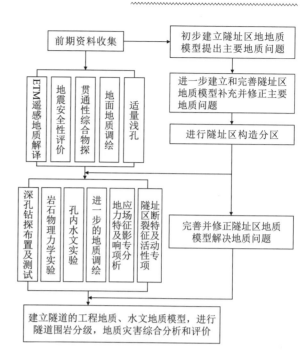

图 13.1-1　深埋长隧洞综合地质勘察框图

深埋长隧洞地质勘察应综合利用各种勘察手段,有目的的查明隧洞中的各种工程地质问题,而隧洞的综合地质勘察方案是根据隧洞所处的区域环境、区域地质特点,分阶段、分步骤的利用各种勘察手段来逐渐查明隧洞设计和施工所需要解决的各种工程地质问题的计划。除以上规程规范的勘察方法外,一般勘察方案可遵循如图 13.1-1 所示方法进行。

第二节　岩爆成因及发生的一般条件

岩爆,又被称为冲击地压,岩爆是处于较高地应力地区的岩体,由于工程开挖等活动导致其内部储存的应变能突然释放,或原来处于极限平衡状态下的岩体由于外界扰动的作用,开挖临空面围岩块体以猛烈的方式突然弹射出来或脱离母岩的一种动态力学现象。在一些埋深比较大的地下工程开挖建造时,时常会伴有岩爆现象的产生,因为在工程开挖过程中,当对地下岩体破坏所消耗释放其内部能量小于岩体中存有的弹性应变势能时,应力平衡被打破,多出的没有被释放的能量会导致岩体发生爆裂,爆裂产生的碎石向四周弹射。

岩爆能源来自岩体本身存储的应变能,开挖后使围岩处于高应力状态,当静应力超过岩石强度时,岩爆破坏迅速发生。虽然在开挖、爆破后临空面围岩周围产生的裂隙有利于高度集中的应力和能量的释放,但是,对于岩体进行开挖后围岩积聚大量弹性应变能,在外界动力扰动影响下将大大增加岩爆触发的概率。

一、岩爆发生的一般条件

从能量观点来看,岩爆的发生是能量快速释放的结果。因此岩爆发生与否及其表现形式主要取决于岩体是否能储存足够大的能量,是否储存了高能量以及是否具有释放的能量和能量释放方式等。国内外研究结果表明,岩爆是由围岩应力状态、地层岩性、地质构造、水文条件、地下工程布置等多种因素综合作用的结果。一般具备以下条件的工程部位易见岩爆发生(丁祖德等,2008)。

(1) 由于山体活动导致区域内应力变化较大,使得地下岩体中存有大量的弹性应变势能。

(2) 开挖处围岩应力为坚硬脆性岩体,且无明显裂隙或隐藏裂隙,相对比较完整,故可以存储大量能量,在开挖之后完成应力解除,因可变形性小而产生脆性破坏。

(3) 上覆岩体厚度要足够厚(埋深一般大于200m)，且与峡谷间裂隙带有较远的距离。

(4) 开挖处地下水很少且岩体相对干燥。

(5) 开挖断面呈不规则状或开挖洞室复杂且岔洞较多处，容易导致应力的局部集中，因此，在开挖时，尽量使断面呈圆形或者城门洞形，可有效降低应力集中状况。

(6) 若所在岩层中含有不少溶洞，则通常不会有岩爆现象发生。

国内部分隧道岩爆情况统计见表 13.2-1。由统计结果可以看出，岩爆的发生与岩性、初始应力和开挖有关，前二者是必要条件，后者是触发条件。

表 13.2-1　国内部分隧道岩爆情况统计

隧道名称	埋深/m	地层岩性	地质构造	断面形式
二郎山隧道	270～570	砂岩，硬脆，岩体完整性较好	单斜地层和11条断层，地质条件复杂	单心圆
秦岭隧道	50～1615	混合片麻岩及角闪长岩，岩石硬脆	秦岭褶皱断裂带中部，区内断层发育	三心圆曲墙
太平驿隧道	200～600	花岗岩及闪长岩，岩体完整，质硬	龙门山断裂带，茂注断裂与映秀断裂围限内	圆形结构
通渝隧道	300～1050	灰岩，岩坚硬呈中厚或块状	构造复杂，穿越八台山-大宁厂褶皱	曲墙半圆拱
苍岭隧道	50～768	凝灰岩，岩体完整，岩质坚硬	大断裂构成的四边形区域内，断层发育	直墙拱形
后岗隧道	180～230	凝灰岩，岩石致密坚硬，完整性好	构造简单	三心圆拱形

注：表中所指均针对岩爆段，且均为钻爆法施工。

二、应力条件

岩爆区一般都存在较高地应力，通常垂直应力是围岩中地应力的最大值。埋深越大，上部覆盖岩体自重越大，地应力也越大。在同样地质条件下，在较高垂直应力区最容易发生岩爆。当然这也并非一成不变的。根据工程实例分析来看，未经扰动的岩体应力体系呈现一种稳定自平衡状态，爆破开挖后出现临空面，径向约束解除，环向应力骤然增加，引起应力重新分布，能量集中。围岩在环向应力和构造应力的作用下开始发生运动，力图达到新的自平衡体系，从而诱发岩爆。

三、地层岩性

由于硬岩的弹性模量、抗压强度和抗剪强度都很高，在加载过程中，其应力-应变曲线近似为直线形，塑性变化很小，表现出很明显的弹性变形特性，在地质构造中能储存很高的弹性应变能，一旦应力状态发生剧变，如隧洞开挖，储备在硬岩中的应变能就会释放出来，从而可能引发岩爆。而软岩的弹性模量、抗压强度和 f、p 值都较低，在加载过程中，其应力-应变曲线为非直线形，且包含有较大的塑性变形，因此与硬岩相反，在地质构造过程中储备的弹性应变能低，在此类岩体中发生岩爆的概率很小。表 13.2-1 所列举的岩爆均发生在硬岩中，且岩体完整性均较好。

四、地质构造

资料统计结果表明，不少岩爆的发生与地质构造情况关系密切。在一些特殊的构造部位，如背斜和向斜核部等。在水平构造应力长期作用下，岩体内储存了大量的弹性应变能，一旦开挖至该部位，蓄积的能量猛烈释放，造成岩爆灾害。如重庆通渝隧道掘进至向斜核部时发生了岩爆。同样，一些构造形成的深切峡谷，当地下工程的轴线平行于深切峡谷的陡坡布置，在靠近陡坡一侧易发生岩爆。如我国太平驿电站引水隧道和巴基斯坦的布托隧洞。

另外，在距离断裂构造带一定距离范围的完整岩体中，由于断层过程中的应力分异可能造成局部应力集中增高区，此部分储存弹性应变能较大，在开挖至这个位置时可能发生岩爆。如台缙高速公路苍岭隧道的岩爆发生在距断层带一定距离的完整岩体中。而在断层破碎带和节理作用十分发育的地段，由于在其形成过程中，已产生了能量释放，即使后期再经历构造作用和强烈的浅表改造作用，这些地段由于岩体比较破碎，不具备储存大能量的条件，因而不会发生岩爆。符合岩爆基本发生在Ⅱ、Ⅲ级围岩中，而Ⅳ、Ⅴ级围岩一般不会发生岩爆的实际情况。而且，岩爆一般发生在地下水不发育的地段。

五、隧道断面形式和开挖方式

对不同断面形式的隧道，如圆形、圆拱直墙形、圆拱曲墙形等，其开挖后周边的应力分布状况有很大差别。而且，不同初始应力场中，其压应力集中部位亦不同。由此可以根据初始应力条件和断面形状进行开挖数值模拟分析，计算出最大压应力集中部位，结合岩石性状对发生岩爆的可能性及部位进行预测研究。

隧道的开挖掘进是岩爆发生的触发条件。在高地应力隧洞开挖过程中，如果开挖方法、工程措施选择不当，则会大大恶化围岩的物理力学性能和应力条件，从而诱发或加剧岩爆的发生。岩爆的机理实质上可归结为在高应力条件下出现的压致拉裂破坏，即相对于地下洞室而言的切向应力作用下的一种剧烈破坏形式，因此，在爆破开挖过程中，若光爆效果不好，洞壁凹凸不平或扰动大，使开挖表面的裂纹增多，裂纹端部的岩石由于应力集中产生较大的局部应力，若裂缝贯通，小块的岩石应力突然解除，应变能突然释放，岩块就会被弹出，引起岩爆。可见，开挖不好会增大发生岩爆的概率，而如果能解决好开挖方式和爆破效果，使围岩表面尽可能平顺，减少裂纹和扰动，有些岩爆是可能避免的。

总的来说，岩爆的发生是多种因素综合作用的结果，但针对具体隧道工程，其岩爆的主导性因素有所不同。若对岩体采取一定的释放应力措施和优化光爆效果，可降低岩爆发生的可能性和发生烈度。

第三节　岩爆类型

深埋、长距离的调水、交通等工程目前已经在国内外进行了大量的工程实践。随着埋深的加大，岩爆现象更为明显和更具破坏性。关于岩爆目前有较多的分类方法，较为常用的有以下几种：汪泽斌1988年在总结国内外34个地下工程岩爆实例的基础上，根据岩爆的特征将岩爆分为破裂松脱型、爆裂弹射型、爆炸抛突型、冲击地压型、远围岩地震型和断裂地震型六种类型。之后，谭以安1991年通过对天生桥二级水电站引水隧洞的岩爆实例进行分析，按照岩爆发生的应力类型将岩爆分为水平应力型、垂直应力型、混合应力型，并将混合应力型分为3个亚类。武警水电部队将天生桥二级水电站引水隧洞的岩爆按其破裂程度分为破裂松弛型和爆脱型两类，又按破坏规模分为零星岩爆（长0.5～10m）、成片岩爆（长10～20m）、连续岩爆（长>20m）三类。张倬元等(1994)按岩爆发生部位及所释放的能量大小将岩爆分为洞室围岩表部岩石突然破裂引起的岩爆、矿柱或大范围围岩突然破坏引起的岩爆、断层错动引起的岩爆三种类型。郭志(1996)根据岩爆岩体破坏方式将其分为爆裂弹射型、片状剥落型和洞壁垮塌型。王兰生等(1998)根据爆裂造成的岩块脱离母体的方式将岩爆分为爆裂松脱型、爆裂剥落型、爆裂弹射型和抛掷型。徐林生等(2000)在研究二郎山公路隧道岩爆特征的基础上，根据岩爆岩体高地应力的成因和具体应力条件，并结合岩爆特征等内容将岩爆分为自重应力型(Ⅰ)、构造应力型(Ⅱ)、变异应力型(Ⅲ)、综合应力型(Ⅳ)，并根据不同特征分为8个亚类。2006年周春宏在总结锦屏二级引水隧洞探洞和主洞施工过程中发生的岩爆实例的基础上首先按破坏程度将岩爆分为松脱型岩爆和爆脱型岩爆，同时根据几何尺寸将岩爆分为长度小于10m的零星型岩爆、长度在10～20m之间的成片型岩爆、长度大于20m的连续型岩爆。杨健等对橄榄玄武岩、闪长玢岩、花岗岩、细砂岩及中砂岩四种岩性的岩石在单向应力状态下和三向应力状态下的声发射特征研究的基础上，根据岩石的物质组成、构造特点及其声发射特征，将岩爆分为4种类型：群发型、集发型、突发型和散发型。马少鹏等(1998)在总结加拿大岩爆灾害的研究现状后认为加拿大采矿界根据岩爆发生原因的不同，将岩爆分为由于自身失稳而发生的"自诱型"岩爆和受远处扰动作用而发生的"激发型"岩爆两种类型。

岩爆分类主要根据弹性应变能的储存与释放特征、破坏形式以及应力作用方式进行。岩爆烈度分级主要是岩爆发生的强烈程度,应将两者分开讨论,避免混淆。

可从岩爆的破坏形式和应力作用方式对岩爆进行分类。岩爆分类依据可以分为影响岩爆的应力条件和岩爆的破坏形式两大类。谭以安分类、徐林生分类属于以应力类型为依据;武警水电部队、郭志、王兰生、周春宏等的分类以岩爆的破坏形式为依据;张倬元等的分类与冲击地压的分类有相似之处(赵国斌等,2012a)。

一、以引起岩爆发生的应力类型划分

岩爆的发生是由于岩体内部应力集中超过岩体的强度,岩体中集聚了大量的应变能,在外界扰动因素的诱发下,导致能量释放的一种地质灾害现象。以引起岩爆发生的应力类型为依据进行岩爆类型划分的理论基础就在于此。谭以安认为,造成岩爆的水平应力(σ_H)远大于垂直应力(σ_v),一般情况下$\sigma_H/\sigma_v>1.2$,与水平线夹角多$<30°$此时的岩爆为水平应力型岩爆。最大主应力近于垂直,与铅垂线夹角一般$<20°$,水平应力σ_H较小,σ_H/σ_v一般<0.8的为垂直应力型。

混合应力型的三个亚类分别为水平应力与垂直应力作用分不清主次的地区混合Ⅰ型、发生在以水平应力为主的深山峡谷地带混合Ⅱ型、多发生在以垂直应力为主的深山峡谷或峡湾地区混合Ⅲ型。谭以安的分类未考虑因构造或断层作用引起的岩爆问题,徐林生等的分类弥补了这项缺陷,即构造应力型(Ⅱ),此分类不仅包括了谭以安的水平应力型,同时考虑了因岩墙或岩脉存在而引起的局部高变异应力区发生的岩爆,即变异应力型(Ⅲ)。徐林生等分类中的Ⅱ-2即为张倬元分类中的断层错动引起的岩爆。

总结分析后将岩爆分为三类:

(1)构造应力型。包括水平应力型(板块挤压、走向断层),构造应力集中型(断层、褶皱),边坡应力集中型(边坡效应造成的坡脚应力集中、边坡卸荷造成的应力集中)。

(2)垂直应力型。上覆岩体自重产生的应力(地壳运动处于平静期或者以水平向运动为主)和重力异常区(黏滞效应造成的异常,多发生在地壳处于上升或下降运动过程中的地区,以及一些地层结构变化复杂的地区,煤层、铜矿、含水层等)。

(3)混合应力型。包括因岩性变化造成软硬相间的地层过渡带(因储能体性质发生变化,变质岩变质程度不同的界面),岩脉或岩墙的出现(因岩浆的侵入造成两侧岩体中赋存较高的应力、蚀变带),构造应力与垂直应力不易区分的地区。

二、以岩爆的破坏形式分类

总结和分析后可以根据岩爆的破坏形式将其分为松弛型岩爆和爆脱型岩爆两大类。

(1)松弛型岩爆。松弛型岩爆的特征为隧洞开挖掌子面或岩壁上的岩体在开挖一段时间后会有新鲜岩面出现,表现为不断的松弛和剥落,伴随轻微的响声或没有响声,松弛和剥落过程会持续很长时间。松弛型又可以分为破裂松弛型和爆裂松弛型(赵国斌等,2012a)。

破裂松弛型岩爆是应力调整造成的破裂、松弛、剥落,是围岩内重分布应力调整的过程,此类松弛现象破坏强度小,声音轻微或者没有声音,在岩爆烈度上属于轻微岩爆。破裂松弛型岩爆是岩体内的微裂隙在不断的扩张和发展造成的,但是应力调整后岩体内集聚的应变能不足以使岩块弹出,而是以松弛或松脱的形式与岩体连在一起,在施工爆破和外界因素影响下脱落。

爆裂松弛型岩爆是应力集中造成岩体内应变能集聚,导致破裂的围岩在能量释放时进一步松弛,此时伴随有响声,在外界扰动情况下,很容易脱落,并有进一步的追溯现象,即在某一位置发生连续不断的脱落。

破裂松弛型与爆裂松弛型的区别在于岩体内部的声响大小和破坏造成的爆坑深度,后者具有较大的"噼啪"声或闷雷声,前者相对轻微或者没有。在破坏规模上,破裂松弛型仅造成层状剥落,一般不会继续发生造成较深的坑,而爆裂松弛型由于其应力集中的范围较小,在一个位置容易不断的发生直到应力调整结束,像洋葱皮状剥落连续发生,易造成较深的爆坑。

(2)爆脱型岩爆。在隧洞开挖结束后,围岩岩体内部应力重分布。在重分布应力等级较高的地方,剥落岩块会以弹射、剥落或抛掷的形式脱离围岩,同时伴随有响声。烈度等级高的岩爆均会以此类形式发生。此类型的岩爆破坏强度大,容易造成较大的人员和机械损失。根据爆裂脱落岩块的大小、弹射速度可将其分为爆裂弹射型、爆裂剥落型、爆裂抛掷型。此类岩爆的强度等级一般在中等岩爆以上。

第四节 岩爆预测判据

在深埋长隧洞的勘察与施工过程中,岩爆问题是一种严重和常见的地质灾害,从勘察中的初步设计阶段到工程施工阶段,都要对其作出判断,并要作出结论。然而岩爆作为一种极为复杂的动力地质现象,多数学者的研究工作还停滞在假说或经验阶段。根据工程经验,最大埋深大于1000m的地下隧洞,岩爆问题将不可避免。通过岩爆问题的发生机理和将不同的岩爆判据用于深埋隧洞,预测不同埋深和桩号之间发生岩爆等级的对应关系,可使施工中岩爆的预测更直观(赵国斌等,2012b)。

一、规程规范岩爆判据

(1)《水利水电工程地质勘察规范》(GB 50487—2008)附录Q"岩体应力和岩爆判别"。

对于完整—较完整的中硬、坚硬岩体,且无地下水活动的地段,当隧洞埋深大于岩爆发生的临界深度时,将围岩强度应力比作为岩爆的判据。岩爆等级与围岩强度应力比S(岩石单轴饱和抗压强度R_c/最大主应力σ_1)具有如表13.4-1所示的关系。

表13.4-1 判别指标S与岩爆现象

判别指标S	4~7	2~4	1~2	<1
岩爆现象	轻微岩爆	中等岩爆	强烈岩爆	极强岩爆

(2)《工程岩体分级标准》(GB 50218—2014)的条文说明。

用岩石单轴饱和抗压强度(R_c)与最大主应力(σ_1)的比值,作为评价岩爆发生的判据,一般当$R_c/\sigma_1=3\sim6$时就会发生岩爆,小于3可能发生严重岩爆。

二、经验判据

国内外研究者根据已发生岩爆的工程实例,提出主要经验判据如下。

(1)伊阿·多尔尼诺夫判据(表13.4-2)。

表13.4-2 伊阿·多尔尼诺夫判据

σ_H/R_c	≤0.3	0.5~0.8	>0.8
岩爆现象	无岩射、剥落	岩射、剥落	岩爆、强烈岩射

注:σ_H为围岩最大压应力;R_c为岩块单轴抗压强度。

(2)E.HoeK判据(表13.4-3)。

表13.4-3 E.HoeK判据

σ_v/R_c	0.1	0.2	0.3	0.4	0.5
围岩稳定性	稳定巷道	少量片帮	严重片帮	需重型支护	可能出现岩爆

注:σ_v为原岩垂直应力。

(3)巴顿判据(表13.4-4)。

(4)I·A·特钱英奥判据。

$$无岩爆\ [\sigma_t+\sigma_z]<0.3R_c \quad (13.4\text{-}1)$$

式中:σ_t为围岩切向应力;σ_z为轴向应力;R_c为岩块单轴抗压强度。

(5)国内有的研究者根据我国工程实践提出。

$$产生岩爆\ \sigma_H\geqslant(0.15\sim0.2)R_c \quad (13.4\text{-}2)$$

式中:σ_H为岩体初始应力;R_c为岩块单轴抗压强度。

表13.4-4 巴顿判据

R_c/σ_H	R_t/σ_H	岩爆级别
5~2.5	0.33~0.16	轻微
<2.5	<0.16	严重

注:R_c为岩块单轴抗压强度;R_t为抗拉强度;σ_H为最大初始主应力。

三、刚度理论判据——脆性度判据

脆性度即为岩石的抗压强度与抗拉强度之比,即$N_b=R_c/R_t$,见表13.4-5。

表13.4-5 脆性度判据

脆性度N_b	>40	26.7~40	14.5~26.7	<14.5
岩爆现象	无岩爆	弱岩爆	中等岩爆	强岩爆

四、能量理论判据

(1)弹性应变指数W_{ET}(表13.4-6)。

表13.4-6 弹性应变指数

弹性应变指数(W_{ET})	≥5.0	2.0~4.99	<2.0
岩爆判别	严重冲击倾向	轻微冲击倾向	无冲击倾向

注:$W_{ET}=\dfrac{\varphi_{sp}}{\varphi_{st}}$为弹性应变指数;$\varphi_{sp}$为弹性变形能;$\varphi_{st}$为塑性变形能。

(2)能量冲击性指标A_{CF}(表13.4-7)。

表13.4-7 能量冲击性指标

能量冲击性指标(A_{CF})	<1	1~2	>2
岩爆判别	无冲击	有冲击	有严重冲击
	危险存在	危险存在	危险存在

第五节 岩爆特征与规律

一、岩爆分级

岩爆防治可通过改善围岩的物理力学特性、改善围岩的应力状态和控制爆破减少扰动等方法。为减弱岩爆的危害,应及时对开挖的工作面进行支护,按岩爆的强弱采取的支护措施不同。

(1)岩爆分级。依据岩爆危害程度及其发生时的声响特征、运动特征、爆裂岩块形态特征、发生部位、时效特征等,将岩爆烈度划分为轻微岩爆、中等岩爆、强烈岩爆、极强岩爆四个等级(RMS方案,1998)。铁路隧道设计规范对岩爆分级如表13.5-1所示(侯靖等,2011)。

表 13.5-1 岩爆烈度分级表

岩爆分级	声响特征	运动特征	时效特征	波及深度/m	岩块形态
轻微	噼啪声,撕裂声	松脱、剥离	零星间断爆裂	<0.5	薄片状、层状
中等	清脆的爆裂声	爆裂松脱、剥离现象严重	持续时间较长,有随时间累进性向深部发展特征	0.5~1	透镜状、棱板状
强烈	强烈的爆裂声	大片爆裂、出现弹射或松动下落	具有延续性,并迅速向围岩深部扩展	>1.0	棱板状、块状、板状

按照《水力发电工程地质勘察规范》(GB 50287—2006)对岩爆烈度分级见表 13.5-2。

表 13.5-2 岩爆烈度分级表

岩爆判别	岩爆等级			
	轻微岩爆（Ⅰ级）	中等岩爆（Ⅱ级）	强烈岩爆（Ⅲ级）	极强岩爆（Ⅳ级）
R_c/σ_m	4~7	2~4	1~2	<1
主要现象	岩爆零星间断发生,对施工影响小	岩爆有一定持续时间,对施工有一定影响	岩爆持续时间长,并向围岩深度发展,对施工影响大	岩爆震动强烈,有似炮弹、闷雷声,并迅速向围岩深部发展,严重影响工程施工
爆坑深度(m)	<0.5	0.5~1	1~3	>3

二、岩爆声响与落块体特点

岩爆的声音基本上分为两种类型,一种是比较清脆的如干柴烧裂的噼啪声或者破开冰层的声音,此时岩爆仅发生在围岩的表层,爆裂缝平行于岩壁,爆裂出来的岩块呈片状;另一种是比较沉闷的声音,如闷雷声,岩层内部会产生因压致剪切拉裂的爆裂类型,但有时并没有伴随岩块脱落或弹射。前一种声音感觉声音来自岩爆岩层表面,伴随声音一般可肉眼观察到岩石表面以较快的速度形成裂缝,继而发生岩石剥裂或弹射,这种类型比较多见。而比较沉闷的岩爆声表明是深部围岩在作较大规模的应力调整而形成了较大范围的破碎松动区。但也有混合类型的情况发生,即先听到沉闷的如闷雷一般的声音,约半小时后即听到清脆的啪啪声,稍后几分钟便伴随有岩石弹射、掉落(断面形状见图 13.5-1)。

岩爆掉落的岩石一般分为两种类型,一种为刀形,一边薄一边厚,另一种为中心厚边缘薄的透镜状片体。前者多发生在边墙部位,属松动脱落型岩爆;后者为爆裂弹射型。还有一种为爆裂掉块型的岩爆也比较常见,一般发生在隧洞断面顶部。

上述岩爆表现类型其实是岩爆导致的围岩动力破坏和静力破坏(片剥)两种基本形式,前者以劈裂破坏形式为主,岩块剥离的时间与爆裂声基本同时发生。后者是缓爆型岩爆,多以剪切破坏形式为主,一般是在施工干扰的诱发下发生了围岩体内的能量缓慢释放。

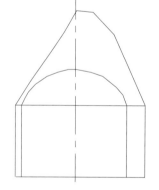

图 13.5-1 尖拱状岩爆断面示意图
(陈国容,2011)

三、岩爆坑特征

岩爆后洞室断面形状主要有两种情况:一种为"∧"形,爆坑较深,多发生在洞室顶部,另一种为锅底形状,其规模和强度都比较小,爆落的岩体多为板状或片状。

上述两种岩爆断面形状的形成都有个共同的突出特征：一旦一个部位发生过一次岩爆，尤其是比较强烈的岩爆，该部位便接着发生数次岩爆，但强度越来越低，脱落岩体越来越小；且每次脱落的岩块基本为块、片状，新鲜的岩爆剥裂面基本平行，最后形成上述的"∧"形或锅底形断面。多次发生岩爆的岩体，都发育有一定密度的结构面，一般为4～6条/m。

这种"岩爆追踪现象"，现有的赖以解释岩爆发生机理的静荷载理论难以全面解释。静荷载理论认为，岩爆是在应力接近岩石强度的情况下发生的静力破坏。但在静荷载作用下，加载过程中岩体内部不同规模的各类初始损伤和缺陷会逐渐扩展，从而外荷载做的功会以表

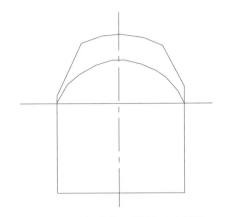

图 13.5-2　锅底状岩爆断面示意图
（陈国容，2011）

面能、热能及声能等形式耗散，能量耗散不会出现在岩体峰值强度附近。或者说，即使静荷载理论所描述的岩体峰值强度附近能量耗散现象（岩爆）发生了，随着能量的耗散，岩爆不应该多次、重复在同一地方发生。对此，应寻求其他理论予以解释。

由线性断裂力学理论可以得知，岩体中裂隙的扩展是在结构势能 $F=W-U$ 出现驻值时发生的，即：

$$d(W-U)/da=0 \tag{14.5-1}$$

式中：W 为结构弹性能；U 为裂隙扩张所需能量；a 为裂隙长度的一半。

岩体中裂隙扩展时消耗的能量，即裂隙驱动力可以用裂隙顶端的弹性能量释放率 G 来表示；裂隙扩展的阻力可以用裂隙扩展单位面积消耗的能量率 R 表示。由上式得：

$$dW/da=dU/da，即 R=G \tag{14.5-2}$$

根据非稳定平衡岩爆发生的能量准则可知，岩体失稳的条件是：$d/da(R-G)<0$，即为裂缝扩展条件。

断裂失稳条件为：

$$R-G<0 \tag{14.5-3}$$

据上式可知，当岩体中的能量积聚到大于岩爆体裂缝或节理面扩展所需的能量时，才会形成岩爆。而岩爆的形成过程中，首先就是岩体中的能量的聚集过程。岩爆虽然都是发生在致密坚硬的岩体中，但由于尺度效应的缘故，静荷载理论往往忽视了岩体中固有的肉眼不易观察到的微小裂缝、节理，也忽视了岩体较大尺度层面上的不均匀性。当然，裂缝过多，能量不会积聚到可以激发岩爆的程度，即如前所述，能量便会以其他形式提前耗散。当岩体中的裂缝数合适时，隧洞开挖后的岩体能重新分配聚集才会达到一定的程度；同时，一定数量裂缝的存在也为岩爆体中的高能量提供了扩展岩体裂缝，从而为激发岩爆提供了可能的途径。所以，裂缝数量过少的岩体难以激发岩爆，过多则能量积聚难以完成，岩体裂缝数量合适处岩爆才最易于激发。这就是一旦一个部位发生过一次岩爆，便接着发生数次岩爆的原因。上述分析也能解释岩体中仅有声音发出但没有岩块脱离母体的另一种岩爆现象。

四、岩爆空间分布规律

岩爆一般发生在隧道埋深较大（例如＞800m）的围岩之中。随着隧道的开挖，围岩内聚集的高地应力得到瞬间释放，才会发生岩爆。围岩的埋置深度越大，岩爆发生的可能性就越大。随着隧洞埋深的增加，发生岩爆等级和长度越来越大。

以锦屏二级水电站引水隧洞为例，埋深 2000～2500m 洞段岩爆发生最多，占相应埋深分段长度的 28.05%～30.99%；其次为埋深 1500～2000m 和 1000～1500m 洞段，占相应埋深分段长度的 11.99%～15.58%、11.05%～23.54%；最小为埋深 0～1000m 洞段占相应埋深分段长度的 5.39%～

7.15%。

其中埋深 2000～2500m 洞段最高发生中等、强烈岩爆,埋深 1500～2000 洞段最高发生中等岩爆,埋深 1000～1500m 洞段主要发生轻微、中等岩爆,埋深 0～1000m 洞段仅发生轻微岩爆。

从隧洞两端到隧洞深处,岩爆从无到有,从轻微到强烈,在里程 8100～10 000m 段岩爆等级和长度达到最高,是强烈岩爆的高风险段,其次为里程 5000～8100m 洞段,岩爆等级和长度也较高。连续岩爆的累计长度最大,占岩爆总长度的 57.4%～62.2%;其次为成片岩爆,零星岩爆最小,占岩爆总长度的 14.1%～16.3%。其中 T_2b 地层中成片和连续岩爆发生频率最大,其次为 T_2z 和 T_2y^5 地层,反映了这些地层的地应力和岩体强度变化幅度小,有较好的地应力赋存条件。

岩爆分布规律与引水隧洞断面最大主应力的切线方向很好对应。锦屏二级水电站岩爆大多发生在掌子面北侧,占岩爆总长度的 38.1%～52.6%;其次为掌子面南侧和洞顶,占岩爆总长度的 23.3%～36.8%、24.1%～24.1%。

岩爆发生概率高的地段大致在距掌子面 3 倍开挖宽度的范围内。距掌子面越近,岩爆越易发生,距掌子面越远,隧道开挖的时间越长,高地应力经过一段时间的释放,岩爆发生的概率就越低。在开挖面上,岩爆易发生的部位主要在拱部和边墙的上部,距地面越高,发生岩爆的概率越高。

强烈岩爆一般发生在掌子面 0～20m 范围内,放炮后即发生;中等岩爆松动脱离一般发生在距掌子面 0～40m 范围内,多在放炮后 2h 发生;而占主要类型的微弱掉块型岩爆多发生在距掌子面 20～200m。图 13.5-3 为岩滩水电站库区排涝工程拉平隧洞岩爆频率与距离的关系曲线(陈国容,2011)。

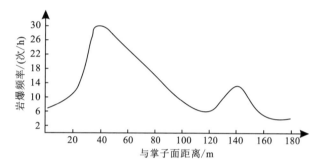

图 13.5-3 岩爆频率与掌子面距离的关系曲线

五、岩爆在时空上的特征及规律

随着掌子面的推进,围岩应力场随之不断重新分布,此过程由于受所谓的开挖面支承的"空间效应"及围岩变形的"时间效应"的影响,岩爆频率和爆破间隔时间二者之间是存在某种内在联系的。

岩爆发生的时间规律为:

(1)从掌子面开挖爆破起 3h 以内,岩爆频繁发生,次数多,强度大。一直到开挖爆破 7 天以内,岩爆仍然不断发生,次数和强度虽然有些减弱,但其危害仍然存在。从掌子面开挖爆破起 7 天以内一般称为岩爆严重期。

(2)从开挖爆破 7 天到 2 个月之内,虽然岩爆的次数和强度都减小了,但岩爆仍然会时有发生。这段时间一般称为岩爆的延续期。

(3)从掌子面开挖爆破起 2 个月以后,围岩高地应力基本得到释放,岩爆发生的概率很低。2 个月以后一般称为岩爆的稳定期。

(4)随时间的发展,岩爆由拱部、边墙的表层逐渐向岩层深处发展,表现为岩层内部的崩裂(岩层内部的闷响)。

以岩滩水电站库区排涝工程拉平隧洞为例,图 13.5-4 为强度较高岩爆与爆破后间歇时间的关系曲线(陈国容,2011)。从距离和时间关系曲线可以看出,岩爆发生的时空规

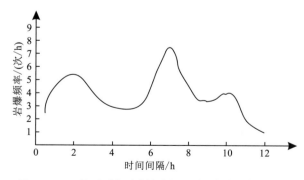

图 13.5-4 拉平隧洞岩爆与爆破后间歇时间关系曲线

律和开挖面的推进关系密切。由于在硬岩中实行光面爆破法施工,周边眼间距较小(45cm 左右),同时尽量减小各炮层之间的起爆时差,同一炮层特别是周边眼都是同时起爆。起爆以后,当前进尺开挖轮廓面上的径向心力将在极端时间内由基本原始状态的数十兆帕减到零,这将激发围岩质点的激烈震荡、诱发应力波,并引起围岩相应尺度的损伤或加剧原有结构弱面。

围岩还将承受多波次的爆破冲击波的作用。这种加载和卸载激发的应力波其特性是相似的,都将产生 P 波、S 波、头波、Rayleigh 波。这些应力波一次作用可能不会造成围岩发生宏观破坏,但多次扰动却会在微观—细观尺度上引起围岩的累积性损伤,导致局部压力环境的逐步恶化,加之围岩原储高能量的释放,以致裂纹最终即时动力扩展,围岩便会以岩爆形式发生破坏。而对围岩扰动最大的具有胀缩性质的 P 波出现在隧洞轴向断面 $0 \leqslant \theta \leqslant \pi/2$ 的范围内,受 P 波衰减规律的控制,其激发的环向张裂缝一般发生在当前炮次附近一定区域内,因此围岩中的高能量释放便会首先在该范围发生,岩爆高发区也就一般分布在该区域内并随掌子面的前移而同步前进。

此外,岩爆一般发生在整体性好、级别高、比较硬脆的围岩之中,如花岗岩、石灰岩、石英岩等围岩中发生岩爆的几率高。说明岩爆的发生与围岩的岩性有直接关系。

断层破碎带和裂隙、节理比较发育的围岩之中岩爆一般不会发生。说明岩爆的发生与围岩的构造有直接关系。

相同条件下(埋置深度、岩性、构造等),比较干燥的围岩发生岩爆的几率高,而地下水丰富的地段几乎不会发生岩爆。这说明岩爆的发生与围岩的干燥程度有直接关系。

隧道开挖面比较圆顺,光面爆破效果比较好的地段,发生岩爆的烈度明显比超、欠挖较大的地段要低。说明岩爆的发生与隧道开挖面的圆顺程度有较大的关系。

第六节 隧洞岩爆的防治方案与措施

一、岩爆的预防

在勘测设计阶段,应在隧道所经过的区间范围内尽可能地多钻孔、多取些岩芯,做岩石的弹性能指标 W_{et}、冲击能指标 W_{ef}、动态破坏时间 Δt 试验,根据试验来判定岩爆的倾向性级别(表13.6-1),建议采用模糊综合评判方法来进行岩爆倾向性级别的综合评价。岩爆的倾向性级别实际上是个定性的概念。当然在选线设计中应使隧道走向尽量避开存在强烈岩爆倾向性级别及中等岩爆倾向性级别的区域。

表 13.6-1 岩爆倾向性指标及其倾向性分级

弹性能指标 W_{et}	冲击能指标 W_{ef}	动态破坏时间 Δt	倾向性级别
$\geqslant 5.0$	>2.0	<50	强烈岩爆
$[2.0, 5.0)$	$(1.0, 2.0]$	$[50, 500]$	中等岩爆
<2.0	$\leqslant 1.0$	>500	无岩爆

在开挖施工阶段,岩爆的预防一般可采用以下三种措施。

1) 理论推算岩爆强度等级

根据强度系数 W 的计算,对不同程度的岩爆进行分类,以便采取相应措施。计算式为:

$$W = (W_b + W_h)K \tag{13.6-1}$$

式中:W 为强度系数;W_b 为岩石抗压系数;W_h 为岩石埋深系数;K 为围岩类别系数。

由计算得到的强度系数 W,查表 13.6-2 即可对不同岩爆进行分类定级,据此采取相应的预防措施。

2) 超前地质预报

岩爆现象极其复杂,基于对岩爆机理的认识不同,而产生的各种理论预测预报方法也不同。目前,国内外常用的方法有钻屑法、地球物理法、位移测试法、水分法、无触点法、温度变化法和统计方法等。这里介绍两种实用的方法。

表 13.6-2 岩爆程度分级表

W	≤0.5	0.3~1.5	1.5~2.5	2.5~4.0	≥4.0
岩爆程度	不产生	微弱	中等	较强	强烈
分级	Ⅰ	Ⅱ	Ⅲ	Ⅳ	Ⅴ

钻屑法（即岩芯饼化率法）：主要通过对围岩进行钻孔采样分析。对于强度较低的岩石，根据钻出岩屑体积大小或它与理论钻孔体积大小的比值来判断岩爆趋势。对于强度很高的岩石，高应力使岩芯发生饼化，根据某一厚度以下岩饼数量的相对大小来进行判断。而且钻孔过程中还可以获得诸如爆裂声、摩擦声和卡钻现象等具有辅助判断作用的动力响应信息。

声发射（AE）法：该方法源于岩石临近破坏前有声发射显现的实验观测结果。它是对岩爆孕育过程最直接的监测方法，也是最直接的预报方法。该方法的基本参数是能率 E 和大事件数频度 N，它们在一定程度上反映出岩体内部的爆裂程度和应力增长速度。研究表明：岩爆的产生需要积蓄能量，而能量的积蓄就意味着有一个暂时的声发射平静期，因此，AE 活动的暂时平静是岩爆发生的前兆。由于该方法可望在现场对岩爆进行直接的定时定位预报，是一种具有很大发展前景的直接预报方法。

3) 钻孔爆破预卸载法

隧道开挖后，在岩爆发生区段，沿周边斜向朝外钻一些深钻孔（孔深普遍大于正常开挖钻孔深度），装适量炸药进行爆破卸载。该方法需进行现场爆破试验，并利用超声波、地震波检测仪、声波发射和定点测定装置对单孔爆破的影响进行测试，据此进行爆破卸载设计。按设计进行爆破卸载施工，以达到卸载效果，确保围岩的稳定。

研究表明，爆破卸载对岩体的影响有以下三个方面。

(1) 由于爆破改变了岩体的物理（弹性）性质，可降低径向裂隙区半径（$5d \sim 15d$，d 为药包直径）范围内岩体的应力。

(2) 由于利用了爆炸地震能使岩体向暴露面移动，保证了药包和暴露面之间在 $100d$ 范围的岩体卸载。

(3) 由于节理块从药包往岩体深部移动和入契，附加的残余应力致使径向裂隙形成区以外 $10d \sim 50d$ 范围内的岩体加载（即岩体应力提高）。这足以证明爆破卸载的效果。即用爆破法降低有岩爆危险岩体的应力是有效的。

二、岩爆防治设计思想与原则

工程破坏之间的关系与地震源一带的破坏和地表一带（建筑物）的破坏具有较好的一致性。因此引水隧洞岩爆防治设计思想参照结构抗震设计思想，即"小震不坏、中震可修、大震不倒"。具体设计与施工原则是通过主动与被动的岩爆防治措施，实现发生轻微（Ⅰ级）岩爆时，由喷锚支护体系构成的围岩承载结构不发生损坏；发生中等（Ⅱ级）岩爆时，由喷锚支护体系构成的围岩承载结构允许局部小范围损坏，后期通过局部补强加固处理实现隧洞结构安全；发生强烈（Ⅲ级）与极强（Ⅳ级）岩爆时，由喷锚支护体系（包括钢架）构成的围岩承载结构不发生溃决性塌方，后期通过清理拆除岩爆损坏的前期支护系统，再实施整体重型补强加固措施，包括喷锚支护、混凝土衬砌、固结灌浆等联合措施，实现隧洞结构最终的永久安全（侯靖，2011）。

岩爆防治支护总体设计原则是：

(1) 始终遵循围岩才是隧洞主要承载结构的设计思想。

(2) 通过及时支护的手段，尽可能快速维持围压，限制围岩破裂发展的时间效应，并给深部围岩提供三轴围压应力状态,尽可能维持和利用大理岩的延性特性,发挥隧洞周边一定深度内、三轴围压状态下岩体的自承能力。

(3)对围岩表层损伤破裂区域进行重点加固。

三、钻爆法开挖洞段岩爆防治措施

岩爆防治主要从降低岩爆部位的能量集中水平和提高围岩抗冲击能力两个方面入手。具体就是采用控制爆破和锚喷支护两种手段,即短进尺控制爆破开挖,强烈与极强岩爆洞段要求配合应力解除爆破开挖、并进行危石清理及高压水冲洗,及时喷射混凝土覆盖岩面和实施防岩爆锚固措施(包括快速锚杆、挂网、钢拱肋等)以及后续实施系统锚杆支护等。

1)一般防治措施原则

深埋引水隧洞钻爆法开挖的岩爆控制从两个方面入手,一方面尽可能改善掌子面前方的围岩应力状态,减缓洞室围岩内的应力与能量集中强度,从源头上实现对岩爆发生可能性和发生程度的控制,减缓加固施工安全和及时性方面的压力;另一方面是提高洞室围岩抗冲击能力,即采用钢拱架与锚网喷联合支护手段,及时加固围岩结构,尽量减少开挖岩层的暴露面和暴露时间,以达到延缓或抑制岩爆发生的目的。

(1)积极主动在引水隧洞岩爆高风险洞段开展岩爆预测工作,先进行岩爆宏观分区预测,同时采用微震监测法进行岩爆实时动态预测,该方法源于岩石临近破坏前有声发射显现的实验观测结果,它是对岩爆孕育过程最直接的监测和预报方法,可以开展:①潜在岩爆的类型判断。②潜在岩爆的风险程度判断,即预测岩爆的震级。③预测震源位置,是围岩岩爆安全预警的重要手段。

(2)控制爆破参数。根据国内外岩爆防治的经验,岩爆地段采用钻爆法施工时,通常采用修正掌子面形态、减少爆破循环进尺。

建议掌子面形态修正以后的形态也为涡壳状,中心部位凹进,与周边的进尺差以方便施工为宜,一般控制在 2m 左右,原则上不超过 3m。

减少药量和减少爆破频率,控制光爆效果以减少围岩表面层应力集中现象。对于轻微岩爆、中等岩爆区一般进尺控制为 2.0～2.5m,尽量全断面开挖,以减少围岩应力平衡状态破坏,充分利用掌子面前方的屈服低应力区使得小进尺的开挖可以在一种低应力条件下完成。对于强岩爆和极强岩爆洞段,开挖进尺不宜大于 2m。

2)改善围岩应力

在隧洞开挖后应立即向掌子面及附近洞壁喷洒高压水或利用炮眼及锚杆孔向岩体深部注水,目的是降低围岩强度,增强其塑性,减弱其脆性,最终降低岩爆的剧烈程度。注水作用主要有:首先水及某些含阳离子的溶液具有降低岩石颗粒间表面张力的能力,因而降低了岩石的破裂强度;其次注水后的岩石明显比注水前岩石中的层理、节理、裂隙发育好,数量多,孔隙率也高,由于裂隙的增加与扩展,降低了岩石的强度和弹性模量,泊松比增加,内部黏结力减少,从而造成岩石弹性性质的差别,使弹性应变能降低。

3)加强围岩支护

及时与高质量的机械化系统喷锚支护,提高围岩的抗冲击能力,延缓或抑制岩爆产生的破坏程度。在掌子面开挖后及时进行支护,采用临时支护与永久支护相结合的支护方式。在初喷混凝土、钢筋网片、防岩爆锚杆等措施的保护下,及时进行全断面系统锚杆的安装和二次混凝土的喷射,在强烈、极强岩爆洞段根据围岩稳定性随机布置格栅拱架或钢筋拱肋,强岩爆围岩段隧洞后期采用全断面钢筋混凝土衬砌作为永久衬砌。

4)调整施工作业方案

对于岩爆烈度大、危险程度高的岩爆地段,适当的调整作业,待岩爆自然缓解后,撬除松裂岩石,及时喷纳米纤维混凝土。在边拱及顶拱成放射状倾斜向岩体内部钻孔,并向孔内灌高压水,使岩体有一定程度软化,加快围岩内部的应力释放后再施工,这种方案主要用于中等以上的岩爆地段。

5) 应力解除爆破

当预示前方可能产生岩爆时,采取超前应力解除爆破措施,减缓围岩内的应力与能量集中。即通过布置若干超前爆破钻孔1倍孔深的应力解除爆破孔,与开挖掘进同步或毫秒滞后爆破,在掌子面前方岩体中产生新的裂纹和松弛,达到使隧洞周边围岩释放能量、降低应力集中水平的目的,从而降低强岩爆发生的风险。

当预示前方可能产生强岩爆时,进行应力解除爆破。应力解除法参数如下:孔深不小于循环进尺的2倍,解除孔原则上要求布置在隧洞轮廓线外一定的安全距离范围内,但由于施工机械的作业限制及实际施工无法操作,因此应变力解除爆破孔布置在隧道轮廓线内。应力解除爆破只是调整围岩的应力而不是消除应力,须根据实际情况与效果确定其参数。

6) 不同分级岩爆的具体防治措施(吴世勇等,2010)

(1) 轻微岩爆。迹象:距掌子面约1~3倍洞径范围内,爆破后出现声小且频率低的爆裂声,随后片状岩块从拱部或侧墙坠落下来,岩片厚度1~3cm不等,大小在10~40cm左右,持续时间一般在20min以内。

防治措施:可向工作面及隧道壁面喷水来促进围岩软化,从而消除或缓解岩爆程度。轻微岩爆地段实施全断面法开挖,一次成形,减少对围岩的扰动,及时在掌子面和洞壁喷洒水以软化围岩。

爆破采用光面爆破,循环进尺控制在3m以内,爆破、通风、找顶后,洞壁四周、掌子面洒水3遍,每遍相隔5~10min,使开挖面充分湿润,洒水喷头水柱不小于10m。支护采用网喷支护,喷层厚度根据设计的围岩级别而定,Ⅱ级围岩5cm,Ⅲ级围岩8cm。采用$\phi 6mm$钢筋网,网格间距25cm×25cm,在岩爆发生部位随机布设$\phi 22mm$,$L=2m$长的砂浆锚杆。

(2) 中等岩爆。迹象:距掌子面约1~3倍洞径范围内,爆破后10~20min,人们进入工作面时,将听到岩体外露面岩体爆裂的声音,声音与前者相比偏大且频率偏高。紧接着垂直于岩体节理面的方向将发生弹射的岩片。伴随着可听到类似打枪啪啪啪的响声,随后在1~2min以内将发生岩块爆裂坠落现象,这时爆下来的岩块相对来说较厚较大,厚度一般达10cm以上,长×宽达40cm×10cm以上,一般为长条片状型,这种现象有时持续几分钟,有时持续1~2h。

防治措施:停止施工作业,退后100m待避,可设法远距离向岩爆区岩面喷射水,待岩爆缓解,基本无岩爆迹象后进行找顶,撬除已松裂的岩片、岩块,进行喷混凝土。随后在岩爆区钻孔安装锚杆、挂网喷混凝土。

中等岩爆实施全断面光面爆破开挖,循环进尺控制在3m以内。除了喷洒高压水外,还应加强支护。支护采用初喷5cm厚CF25钢纤维混凝土;$\phi 6mm$钢筋网,网格间距25cm×25cm,$\phi 25mm$机械涨壳式中空注浆锚杆,长3m,间距1.0m×1.0m,梅花形布置;复喷C25混凝土厚5cm。

(3) 强烈岩爆。迹象:一般发生在距工作面8~50m的范围内。除有中等强度的岩爆迹象外,主要特征为从岩爆开始,约1~2h后,岩爆变剧,声音也较响,可听到岩体内部岩石因断裂而发出的类似闷炮声响,爆裂下来的岩片也比较大,厚10cm以上,长×宽为60cm×25cm以上,爆下来岩石量也较多,一般达到$5m^3$以上,最大时达到$10m^3$以上。个别片状岩块由于受挤压破坏掉下后呈微拱形状;有时岩块在脱离母岩的瞬间发生爆裂,呈粉碎状弹射下来;有时伴有巨响,表面上看起来岩体较完整,其实内部已爆裂,敲击岩面可听到空响声;在现场还可以看到在两节理面交接处岩石受挤压破坏成粉碎现象。

防治措施:停止施工作业,退后200m待避。待岩爆自然缓解后,用机械手找顶,撬除松裂岩石,及时喷钢纤维混凝土。在边墙及拱部成放射状倾斜向岩体内部钻孔,并向孔内灌高压水,使岩体有一定程度软化,加快围岩内部的应力释放。随后安装锚杆、挂钢筋网,喷钢纤维混凝土。

强烈岩爆进尺控制在2m以内;全断面开挖,一次成形,减少对围岩的扰动;掌子面沿拱墙开挖轮廓线周边施作$\phi 76mm$超前应力孔提前释放应力、降低岩体能量,超前应力释放孔环向间距1.5m,纵向间距20m,单孔长度25m;具体布置见图13.6-1。注水利用锚杆孔、超前应力释放孔及炮孔高压注水,以降低岩体强度。支护采用 φ25mm 超前锚杆,环向间距 0.5m,纵向间距 2m,单根长 3.5m;初喷 5cm 厚 CF25 钢纤维混凝土;φ6mm 钢筋网,网格间距 25cm×25cm,φ25mm 机械涨壳式中空注浆锚杆,长 4m,间距 1.0m×1.0m,梅花形布置;架设 12cm×12cm 格栅钢架,纵向间距 1m;复喷 C25 混凝土厚 12cm。

(4)极强岩爆。迹象:除强烈岩爆所述现象之外,岩爆发生将更频繁,岩爆下来的岩石量更多,施工开挖极不安全。实际上围岩应力强大,足以压坏外露岩体。

防治措施:①必须配合钻孔爆破卸载法,尽可能使围岩内部的应力得以释放。②预钻孔法,在工作面周围(设计断面以外)成放射状倾斜向岩体内部钻孔,以 2 排为好,主动给岩体提供变形空间,使其内部的高应力得到有效的释放。必要时可配合

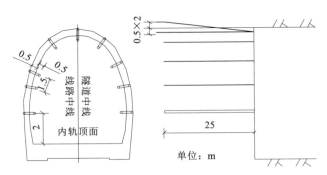

图 13.6-1　超前应力孔释放示意图

向孔内灌注高压水,此时释放应力的效果更好。③采用分部开挖的方案:先开挖导坑,待周围岩应力释放岩爆自然缓解后再出渣,而后扩大开挖,循序渐进。施工不受工期控制时可采用此方法。

控制岩爆的施工程序主要为短进尺控制爆破开挖,强烈与极强岩爆洞段要求配合应力解除爆破开挖→危石清理及高压水冲洗→及时喷射纤维混凝土覆盖岩面→及时实施防岩爆锚固措施(包括快速支护锚杆、挂网、钢支撑等)→后续紧跟掌子面实施系统锚杆支护。

实践证明,由钢纤维喷层、钢筋网和带外钢垫板系统锚杆构成的支护系统可以延缓强烈的冲击型破坏,保证施工安全,后续的系统喷锚支护则可以作为永久支护,进一步提高支护系统的安全性。

四、TBM 洞段岩爆防治方案以及措施

TBM 设备的特殊性给岩爆的预防与治理带来了一定的难度,岩爆对 TBM 设备也存在较大破坏,在已掘进的洞段也遇到过较大规模的塌方,设备上的电器设备不可避免的出现损坏。TBM 本身又不能像常规设备那样在遇到较大塌方时可撤至安全处,其功能和施工工艺要求,即便是在遇到较强岩爆和塌方时,TBM 设备也不能后退。故对于 TBM 施工洞段的岩爆预防显得尤为重要。

1. 引水隧洞 TBM 施工的岩爆防治原则

由于导致岩爆的基本要素之一是高应力,即岩爆的动力来源是隧洞开挖面周边存在的高应力。从高应力分布的角度看,隧洞掌子面一带是岩爆风险最高的洞段,但是受 TBM 设备结构方面的限制,无法对掌子面前方 3m 和掌子面后方 5m 的岩爆高风险区实施有效的人工干预措施,同样受 TBM 设备结构与空间方面的限制,一旦发生大规模岩爆破坏,很难实施高效清理与加强支护等措施,对施工安全与进度造成极大影响。

引水隧洞 TBM 施工的岩爆防治目标是要实现通过采取积极主动的防治方案与措施,实现 TBM 开挖过程中尽可能避免发生强烈与极强岩爆破坏,不发生由岩爆引起的溃决性围岩塌方对 TBM 造成的施工安全与进度的重大影响,尽可能降低围岩承载结构的损坏程度。

2. TBM 施工洞段主要岩爆防治措施

由于 TBM 设备掘进,对围岩扰动较小,掘进过程中不会产生像钻爆法那样的爆破松动圈,TBM 设备掘进开挖不利于围岩的应力释放。TBM 掘进过程中只发生小规模岩爆,而在间隔较长时间后才发生较大的岩爆,并可能出现围岩构造破碎带因高地应力作用而出现坍塌的现象。对于 TBM 施工洞段主要岩爆防治措施有以下两点(吴世勇等,2010)。

(1)中等程度的岩爆。岩爆控制主要通过有效的开挖控制和支护系统实践,TBM 正常的掘进速率掘进,掘进以后尽快对新开挖面进行钢纤维混凝土喷护处理,确保 TBM 掘进掌子面以后未支护长度原

则上不超过3m。对喷护段围岩立即实施系统锚杆处理,现场局部区域情况较严重,局部采用机械式胀壳预应力锚杆或水胀式锚杆进行快速加固处理,随机配合槽钢拱架或钢筋拱肋加固。

(2)强烈岩爆或极强岩爆。TBM掘进适合于地质条件良好和稳定的环境,TBM自身具备应付中低强度等级岩爆的能力,但当岩爆冲击能量足以导致机器设备损毁时,就不能仍依赖设备能力来解决问题。

在强岩爆风险洞段可采用钻爆法开挖先导洞,通过先导洞预先解除高地应力,而后采用TBM再二次扩挖的开挖方案。先导洞方案能改善TBM设备针对强岩爆手段有限的被动局面,有效降低TBM二次扩挖过程中岩爆风险。虽然先导洞还不能完全消除岩爆风险,但是其本身可以作为一个地质超前探洞以及超前预处理和微震监测工作面,提供一个良好的预先揭示、监测、分析、处理强烈与极强岩爆的现实条件。若判断某些洞段在TBM二次扩挖过程中,仍然有造成围岩崩溃性塌方的强烈岩爆风险,则这些洞段直接采取钻爆法扩挖支护到位,然后TBM步进通过方案。

此外可采用降低TBM掘进速度,掘进以后立即对新开挖面进行钢纤维混凝土喷护处理,确保TBM掘进掌子面以后未支护长度原则上不超过2m。对喷护段围岩立即实施挂网处理,重点是顶拱一带。使用预制钢筋网,采用通过垫板与锚杆连接的方式固定,与锚杆系统形成完整的支护系统。在挂网施工的同时进行防岩爆快速锚固处理,视现场潜在岩爆程度可以采用机械式胀壳预应力锚杆或水胀式锚杆,配合槽钢拱架或钢筋拱肋进行系统初期支护,主要目的是体现快速地加固围岩,并很快形成与表面支护措施(网、喷层和拱架)构成的支护系统。

五、岩爆防治对系统支护设计要求

岩爆防治对系统支护设计要求可以归纳如下(吴世勇等,2010):

(1)锚杆长度要穿过围岩损伤破裂区,能够有效限制围岩破裂裂纹扩展,加固岩体,提高岩体和结构面的抗剪强度,改善结构面附近的应力分布,具有一定的抗剪切能力。

(2)锚杆应具有良好的抵抗岩爆冲击能力与支护力,研究与实践说明,从耐久性、支护力、抗冲击能力、经济性以及施工便利性角度出发,全长黏结型锚杆的综合技术经济性相对最优。值得推荐的在锦屏二级地下洞室施工中大量的采用水胀式锚杆进行初期支护以及岩爆发生后的加固支护。水胀式锚杆具有安装快速、全长受力的特点,可很好地解决在危险条件下,尽快对围岩实施临时加固措施。根据现场对比分析,较普通砂浆锚杆的安装速度提高5倍及以上,平均安装1根2~3min。根据统计水胀式锚杆一个支护段完成仅需60min(20根计),而砂浆锚杆要150~180min,两者相比较可缩短至少90min。更为关键的是降低了在危险环境条件下的作业时间,极大地提高了工作环境的安全度,能在强岩爆发生前作好对围岩的加固处理。

经现场实践摸索,选用快速的水胀式锚杆与机械胀壳预应力锚杆的组合使用方案比较合适,这两种锚杆能方便快速给围岩提供第一时间的支护力,弥补全长黏结砂浆锚杆由于砂浆强度增加速度较慢而支护力发挥慢的缺点。

(3)支护措施要求具备及时性,能够及时迅速发挥作用,保证施工进度和施工安全。

(4)支护措施要求具备系统性。为了适应高地应力围岩表面卸荷与岩爆冲击破坏特点,全部系统锚杆均带外钢垫板,以便紧压围岩表面的挂网或喷层,提高锚杆支护效应,使得锚杆、挂网、喷层之间相互形成完整结构系统,避免相互独立工作,而应在围岩内部与表层要形成联合整体承载支护体系。

(5)喷射混凝土中掺加的钢纤维或有机仿钢纤维,提高混凝土喷层的力学性能,从而进一步提高隧洞围岩表面支护力,以便适应岩爆冲击力对锚杆群的分散传力。其中有机仿钢纤维能有效解决TBM设备配置的长距离、小管径喷混凝土管路在喷射钢纤维混凝土中容易堵管的缺点,并在力学性能上优于素混凝土与聚丙烯微纤维混凝土。

通过应用试验和综合效果评估,比较合适的组合支护方案是采用喷射钢纤维或有机仿钢纤维混凝土及时覆盖裸露岩面的基础上,以水胀式锚杆为随机锚杆和最快速的防治岩爆锚杆,以局部机械胀壳式预应力锚杆作为及时跟进掌子面的局部系统永久支护,部分该类锚杆也作为临时防治岩爆支护,以普通带外垫板的砂浆锚杆作为滞后掌子面一定距离的永久系统支护。

第七节 渝西隧洞岩爆的防治工程实例

一、通渝隧道岩爆防治工程措施(徐林生,2006)

通渝隧道是"8小时重庆"202省道城黔路燕子河至大进段二级公路建设的关键性控制工程。该隧道主要穿越寒武系至三叠系的一套碳酸盐岩—碎屑岩建造地层,全长4279m,最大埋深1000余米,属深埋特长公路隧道,实测最大主应力达33.04MPa,因而高地应力与岩爆问题是该隧道的主要工程技术难题之一。

(1)通渝隧道施工岩爆实录。通渝深埋特长隧道是在复杂的高地应力条件下进行施工的,由于隧道周壁会产生较高的切向应力,因而隧道施工中部分洞段围岩中产生了岩爆现象。自2002年5月28日开工建设至2003年11月24日隧道贯通期间,通渝隧道施工中先后共发生了数十次烈度不等的岩爆活动现象;集中发生岩爆的不同围岩洞段共有8段,岩爆区岩性主要为中—厚层灰岩、鲕状灰岩和燧石灰岩(表13.7-1)。

表13.7-1 通渝隧道各岩爆段特征

序号	里程桩号	岩爆情况	备注
1	K20+227~+278 (长51m)	两侧边墙部位常发生连续的大面积爆裂剥离现象,右侧拱肩部位围岩内部常发生沉闷的爆裂声,最终累进性发展,可形成岩爆"V"形三角坑,局部伴有弹射现象,岩爆影响深度1.5m左右	属中等岩爆,隧道埋深300~315m,V类围岩,岩性为中—厚层灰岩
2	K20+287~+295 (长8m)	两侧边墙、右侧拱肩部位都有爆裂剥离现象,弹射现象较强烈,多形成岩爆"V"形三角坑,岩爆最大影响深度约2.3m	属强烈岩爆,隧道埋深320~325m,V类围岩,岩性为中—厚层灰岩
3	K20+932~+955 (长23m)	拱顶、拱腰部位连续发生爆裂剥离(落)现象,爆裂岩块最大为1m(长)×0.7m(宽)×0.4m(厚)	属弱岩爆,隧道埋深795~805m,Ⅳ类围岩,岩性为中—厚层灰岩,鲕状灰岩
4	K21+431~+562 (长131m)	两侧边墙及拱顶围岩常发生成片的爆裂松脱、剥离(落)现象,岩爆最大影响深度为0.8m	属弱岩爆,隧道埋深870~915m,V类围岩,岩性为中—厚层灰岩
5	K21+562~+660 (长98m)	两侧边墙及右侧拱腰部位常发生爆裂剥离(落)现象,岩爆最大影响深度为0.5m	属弱岩爆,隧道埋深855~870m,Ⅳ类围岩,岩性为中—厚层灰岩、燧石灰岩
6	K21+660~+740 (长80m)	两侧边墙部位常发生连续的爆裂剥离(落)现象,岩爆最大影响深度为0.6m	属弱岩爆,隧道埋深855~900m,V类围岩,岩性为中—厚层灰岩、燧石灰岩
7	K21+740~+904 (长164m)	两侧拱腰、拱顶部位常发生成片的爆裂松脱、爆裂剥离(落)现象,岩爆最大影响深度为0.5m	属弱岩爆,隧道埋深900~1000m,Ⅳ类围岩,岩性为中—厚层灰岩
8	K21+948~K22+048 (长100m)	两侧边墙、拱腰部位常发生成片的爆裂剥离(落)现象,岩爆最大影响深度为0.7m	属弱岩爆,隧道埋深1000~1050m,Ⅳ类围岩,岩性为中—厚层灰岩

根据表13.7-1分析可知,通渝隧道中发生的岩爆以弱岩爆为主;地质勘察表明,由于隧道开挖产生快速卸荷作用,从而形成了一系列基本平行两侧洞壁和拱顶的连通性较差的板裂结构面,围岩爆裂松脱、剥离掉块等弱岩爆现象就是高地应力区这类板裂结构面进一步延续发展的产物,岩爆发生时可听到围岩内部发出清脆的爆裂撕裂声;爆裂岩块常呈薄片状、透镜状、棱块状或板状等,具有新鲜的贝壳状断口,因此,它们是压致拉裂型破坏的产物。

部分洞段发生的中等岩爆和强烈岩爆,最终累进性发展多形成岩爆"V"形三角坑,与洞口边界斜交,围岩内部可发出沉闷爆裂声;有的透镜状岩爆岩块上尚可见擦痕,具有弧形、楔形断口和新鲜贝壳状的破裂面,这些现象表明,它们曾不同程度地受过剪切应力作用。

（2）岩爆防治工程措施。根据通渝隧道的上述岩爆特征,综合参考国外公路隧道、引水隧洞等地下工程岩爆防治的经验,通渝隧道施工实践中提出了各级岩爆的防治工程措施(表13.7-2)。

表13.7-2 通渝隧道各级岩爆防治工程措施

烈度级别	改善围岩物理力学性能和应力条件	初期支护	二次模筑C25混凝土/cm
弱岩爆	一般进尺控制在2~2.5m;尽可能全面断面开挖,一次成形,以减少围岩应力平衡状态的多次破坏;控制光爆效果,以减小围岩表面应力集中现象;在掌子面和洞壁经常喷洒水或酌情进行高压注水,以弱化围岩,必要时可采用超前钻孔应力解除方法,形成局部应力释放区,以减少(弱)岩爆现象;开挖轮廓预留变形量5cm	酌情分二步循环作业,共喷10cm厚C20混凝土;ϕ22mm系统药包锚杆,长2.5m,间距1m×1m,梅花型布置,加垫板,ϕ6.5mm钢筋网,间距15cm×15cm	40(Ⅳ类岩区) 35(Ⅴ类围岩区)
中等岩爆		酌情分三步循环作业,共喷12cm厚C20混凝土;ϕ22mm系统药包锚杆,长3m,间距1m×1m,梅花型布置,加垫板,ϕ6.5mm钢筋网,间距15cm×15cm。必要时局部岩爆破坏较严重部位可酌情增设格栅钢架支撑	40(Ⅳ类岩区) 35(Ⅴ类围岩区)
强烈岩爆	一般进尺控制在2m以内;必要时也可以采用上下台阶法开挖,以减弱岩爆;严格控制光爆效果,以减小围岩表面应力集中现象;可采用超前钻孔应力解除方法、预裂爆破等方法,使岩体应力降低,弹性应变能在开挖前释放。在掌子面和洞壁经常喷洒水,也可向掌子面前方围岩均匀高压注水,以弱化围岩;开挖轮廓预留变形量7cm	必要时掌子面可以酌情采用超前锚杆加固;分三步循环作业,喷15cm厚C20混凝土;ϕ22mm系统药包锚杆,长3.5m,间距1m×1m,梅花型布置,加垫板,ϕ8mm钢筋网,间距15cm×15cm。增设格栅钢架支撑(1~1.2m/榀)	40

表13.7-2中需要强调的是,岩爆地段开挖后,必须及时进行挂网喷锚支护,当挂网喷锚支护作业完成后,即使再产生岩爆活动,它们也构成了"第一道防线",不会因此而直接危及到施工人员和设备的安全。初期支护加固围岩措施主要说明如下。

（1）总体上,可分步循环作业喷C20混凝土。①一般情况下,每次钻爆、排烟后,先及时找顶和排除危石,拱顶再进行第一次喷混凝土(初喷厚度5cm左右);初喷后再进行出渣作业,完成一次循环。②第二次开挖时,台架就位后先对第一次喷混凝土等施作系统砂浆锚杆,接着挂钢筋网,再进行第二次喷混凝土(厚度5cm左右),然后钻爆→排烟→出渣,并完成对两侧边墙的加固。③接着开挖时,再根据岩爆发生、发展演化实际情况及时进行补喷,补喷混凝土厚度一般在2~5cm;岩爆比较严重地段应及时焊接修补钢筋网,以提高施工的安全程度。

（2）系统锚杆。系统锚杆一般在每次台架就位后先施作。岩爆地段系统锚杆不宜过长,一般控制在2.5~3.5m,多呈梅花型布置,密度比普通锚杆稍大,具体锚杆长度和间距也可视岩爆烈度状况而定。其目的在于：一是便于挂网;二是可以防止大块岩爆岩石爆裂松脱、剥离掉块、弹射等现象的发生;三是便于与喷网形成系统组合,达到充分加固围岩的作用。

（3）钢筋网。钢筋网在打完系统锚杆后应立即安设。根据现场试验结果,施工中不单纯采用原设计中的传统挂网型式,而改用挂"整体网"的方法：即用若干长钢筋在同一循环相互之间与锚杆纵横焊接构成基本骨骼,并同时焊接预先准备好的片状挂网构成整体结构,紧贴周壁岩石布置。采用整体网的目的在于：①本循环作业的钢筋网是连成一体的,因而不会因为局部围岩发生岩爆而跌落失效;②整体网与系统锚杆连接更牢靠;③有助于喷、锚、网形成浑然一体的整体组合作用。

通渝隧道高地应力区岩爆的发生具有一定的规律性,提出的各级岩爆防治工程措施经业主单位采纳和相关施工单位试用,已在该隧道岩爆洞段施工实践中取得了良好的实际使用效果,从而确保了该隧道高地应力区的安全、顺利施工。

二、重庆市巴南区重建丰岩水库坝基岩体岩爆问题分析(张正清等,2009)

重庆市巴南区丰岩水库建于1974年,为条石拱坝,坝高27.8m,总库容$1024×10^4 m^3$。为了解决农业灌溉及城镇、农村人畜饮水不足的问题,在原坝址位置拟建坝高64.2m高的条石拱坝。

丰岩水库位于巴南区五步河支流施家溪上,坝址区为侵蚀、剥蚀低山地貌,河床底部宽度约40～60m,高程461.0m;两岸地形呈梯状"V"形,左岸斜坡上陡下缓,高程504 m以上地形坡度35°～55°,以下坡度25°～35°;右岸地形部体成陡崖状,中间分布台地,台地宽5～10m。两岸峰顶高程545m,高出河床66～84m。

坝址区出露侏罗系上统遂宁组地层,坝基岩石为砂岩,两岸主要由砂、泥岩互层,砂岩一般呈陡坎,泥岩呈斜坡状;坝址位于清和场向斜北西翼近轴部,可见地层产状100°∠10°,倾右岸偏上游。受风化卸荷影响,两岸山体水平卸荷带宽12～18m。坝址区砂岩为裂隙性含水层,泥岩为相对隔水层,坝基岩体完整,透水性微弱。

(1)坝基地质条件。丰岩水库坝址区两岸山体较雄厚,临江峰顶高程530m,为不对称的"V"形谷。施家溪呈NE10°。流经坝址区,在飘水岩以下呈NW325°流出坝区,岩层走向河谷近平行,倾向右岸。河床枯水位高程461.0m,相应河谷底宽约50m,见图13.7-1。

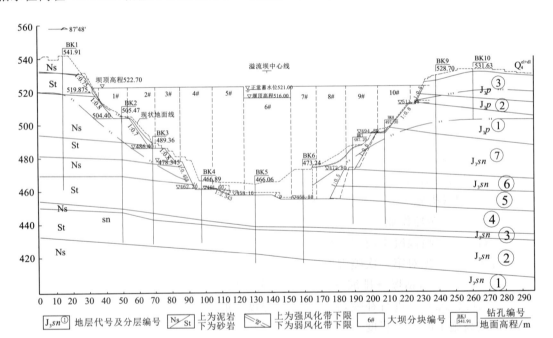

图13.7-1 重庆巴南区丰岩水库坝轴线剖面图

坝基岩体主要为遂宁组砂岩组成,厚度20m左右,岩性为灰白色巨厚层状细粒长石石英砂岩,岩体完整,裂隙不发育,饱和抗压强度28.5MPa,岩石新鲜,为较软岩,原大坝清基基岩面平整,顶板高程460.95m;下伏泥岩新鲜,饱和抗压强度13.59MPa,为较软岩,与顶部砂岩结合紧密。

通过钻孔压水试验,河床坝基下岩体透水性微弱,顶板高程433.57～465.93m。

(2)岩爆现象。2007年5月20日拆除原大坝,对原坝基进行清基后,1～2d发生岩爆。主要表现在开挖坝段坝基岩体表层大面积出现隆起,呈板片状开裂剥落,脱空现象,板片状厚度一般3～30cm,并时有不连续嘭嘭的响声。另在坝基上下游齿槽地基开挖施工中,利用轻型人工携带式金刚石钻机凿岩开槽时(钻孔深50cm),钻至50cm准备起钻时发现钻孔呈东西向椭圆形状,岩体变形挤压钻具,无法起钻。

岩爆范围横向发生在河床 4 号、5 号、6 号、7 号、8 号坝块，顺河向涵盖整个河床坝基开挖范围，岩爆发生形式表现为岩体表层出现隆起，呈板裂、剥落掉块，出现大面积的变形及松弛区，未见弹射现象，面积约 9000m²；钻孔变形位于 6 号、7 号、8 号坝块齿槽部位。

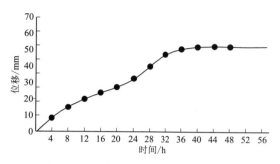

图 13.7-2 岩爆时间-位移关系曲线图

现场对坝基岩体表层变形隆起做了简易观测，坝基岩爆产生剥落起层现象一般 32h 内完成，开始 1~4h 位移量可达 20mm，32h 后趋于稳定，完成变形、起层、脱落或剥落（图 13.7-2）。

坝基岩体表层起层脱落现象，随着开挖深度的增加而加剧，导致基坑、齿槽无法开挖，致使工程一度停工。

（3）岩爆成因。从储存能量的能力分析，变形以弹性为主的岩体在受力变形时，能储聚较多的弹性应变能，而变形以塑性为主的岩体储存弹性应变能的能力相对较差，因此，岩爆一般产生在埋藏较深的地下工程。

丰岩水库区域上位于高应力区的脆性岩体中，坝基施工开挖爆破扰动原岩，改变了原有地应力，岩体释放出潜能，产生脆性破坏，这时围岩表面发生爆裂声，或产生板裂、剥落掉块等现象。

1）区域地应力分析

重庆地区出露大台坳之川东梳状褶皱束内，以 NE-NNE 向褶皱发育。重庆小南海水利枢纽工程原拟建坝址位于近 SN 向的金鳌寺向斜西翼，岩层较平缓，微倾上游偏左岸，对红层地区进行地应力测试的主要结论为工程测试区域应力量值不高，属中低应力水平。测试区域最大水平主应力量值范同在 1.5~6.6MPa 之间，最小水平主应力在 1.3~5.0MPa 之间，岩性以砂质黏土岩为主。浅部最大水平主应力方位为 NE5°，与山体优势走向基本平行。随着深度的增加，孔深 90m 以下主应力方位受构造作用控制，最大水平应力方位为 NW-NWW 向。主应力方向随深度的增加而发生改变，说明了深切河谷地形对浅表应力场的影响比较明显。

巴南区丰岩水库位于金鳌寺向斜东翼，与小南海水利枢纽区域地质背景相似，具备小南海地应力测试的基本规律。

2）地形剥蚀对地应力的影响

丰岩水库坝址区为低山地貌，河谷深切 66~84m，两岸山体斜坡表层受边坡卸荷的影响，其地应力场是在区域地应力场（与其地质构造格局相匹配）基础上受地表剥蚀、河流侵蚀作用改造形成的局部地应力场。即两岸河谷地形浅表为应力释放松弛区；向山体内渐变成应力过渡区及应力稳定区，受河流侵蚀深切影响，坡脚以及河底一带出现的应力集中现象，为应力集中区，见图 13.7-3。

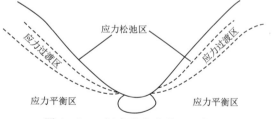

图 13.7-3 河床地应力分区示意图

坝基为灰、灰白色巨厚层状细粒长石石英砂岩，岩体完整，裂隙不发育，饱和抗压强度 28.5MPa，岩石新鲜，具备储存弹性应变能的地质条件。由于坝址区河谷深切，使河底坝基砂岩产生应力集中，储存弹性应变能量，具备产生岩爆的条件。

根据地应力测试资料，砂岩最大应力在 4.5MPa 左右，其相应围岩强度应力比 $R_c/\sigma_{max}<7$，在坝基开挖过程中洞壁岩体位移显著，持续时间长，成洞性差；基坑有隆起现象，成形性较差，可能会产生岩体剥离。

3）上部载荷对地应力的影响

工程软岩是指在工程力作用下能产生显著塑性变形的工程岩体，部分地质硬岩（如泥质胶结砂岩等)也呈现了显著变形特征,则应视其为工程软岩。

丰岩水库坝基砂岩即为上述的工程软岩,丰岩水库已建成 34 年,为条石拱坝,坝高 27.8m,坝基岩体微新,完整,裂隙不发育,在坝体和库水重力作用下,应力长期储存在坝基砂岩中,按岩石容重 25.0kN/m³ 计算,自重应力在 0.7MPa 左右,坝基岩体处于弹性工作状态,上部坝体拆除后,砂岩中应力竖向上得到释放,具备产生岩爆的条件。

坝基开挖后表层将出现较大的拉应力和向临空方向的位移,导致岩体片状破坏。从现场坝基岩爆特点分析,丰岩水库坝基岩爆为轻微岩爆,破裂松弛型,岩爆特点呈板状或片状剥落或隆起,爆裂响声微弱,破裂的岩块少部分与母岩断开。

(4)防治措施。由于岩爆、变形及松弛区的产生,较大程度地损坏了坝基岩体完整性和自支承能力。根据岩爆的强弱程度及分布规律采取工程措施,岩爆治理一般采用控制开挖速度、减小台阶开挖高度来减小应力集中;向岩体喷水或注水使其力学性质发生变化,降低岩体强度和弹性模量;采用喷钢纤维混凝土和带垫板锚杆联合支护,利用锚索加同也是高应力区通常采用的措施之一。

本工程主要采用工程避让措施、锚杆加固两种方法进行工程处理。坝基开挖后,基岩面平整,顶板高程 460.95m 左右,根据坝基岩爆分布情况,将坝轴线向上游移动了 25m,基本上避开了原大坝位置形成的主要应力集中区,减小岩爆区对新址的影响。

采用锚杆加固处理,现场施工的锚杆长度和间距根据最大主应力大小、松弛带的深度和结构的整体要求而定,一般锚杆长度为 6~8m。

(5)小结。重庆地区修建的中小型水库较多,现大部分存在病险问题,或由于国民经济增长,水库使用功能不能满足需求,很多水库需要重建。一般情况下深切河谷地形对浅表应力场的影响比较明显,河谷底部应力集中,加之原坝基岩体长期受上部坝体及库水的荷载,应力长期储存在坝基岩体中,拆除上部坝体重建时,坝基岩体一般要产生应力回弹,坝基岩体强度、变形、弹模等指标损失,甚至发生岩爆,坝基岩体发生片状剥落或隆起,影响工程进度,增大工程投资,故在中小型水库重建时,对这种现象应引起高度重视,及时采取相应的工程措施,避免应力回弹产生的卸荷或岩爆对岩体质量、施工进度的影响。

第十四章　软弱围岩大变形

渝西地区位于重庆市西部,区域地貌属于四川盆地东南部的川中丘陵与川东平行岭谷接合部,以华蓥山－巴岳山－螺观山为界,以东则属于川东平行岭谷低山丘陵地貌,主要为北东向展布的长条形山脉与宽缓丘陵相间的低山丘陵地貌,山脉宽度一般2~3km,山脊狭长,山顶地面高程一般550~750m;工程内从东往西依次分别为中梁山、缙云山、云雾山、黄瓜山、英山、巴岳山和箕山、螺观山等;山脉间为浅丘宽谷,谷宽9~15km,地面高程一般250~350m。

渝西地区隧洞多穿越红层软岩,其中最长的隧洞13 570m,埋深最大的500余米。因此,渝西隧道可能存在软弱围岩大变形问题。

第一节　软弱围岩大变形

一、软弱围岩

在地下工程中隧道、洞室等周围一定范围内,由于受开挖影响而发生应力状态改变的周围岩体称为围岩,围岩的范围一般指隧洞开挖洞径的3~5倍。软弱围岩一般是指质软、结构松散、破碎的围岩,整体强度相对较低,在一定地应力水平(或埋深)条件下,极易产生较大变形和洞室失稳现象。

1. 软岩的工程分类

按照工程软岩的定义,根据产生塑性变形的机理不同,将软岩分为四类,即膨胀性软岩(或称低强度软岩)、高应力软岩、节理化软岩和复合型软岩。

(1)膨胀性软岩:系指含有黏土等高膨胀性矿物的在较低应力水平(<25MPa)条件下即发生显著变形的低强度工程岩体,例如泥岩、页岩等抗压强度<25MPa的岩体,均属膨胀性低应力软岩的范畴。该类软岩产生塑性变形的机理是片状黏土矿物发生滑移和膨胀,根据低应力软岩的膨胀性大小可以细分。

(2)高应力软岩:指在较高应力水平(>25MPa)条件下才发生显著变形的中、高强度的工程岩体。这种软岩的强度一般>25MPa,其地质特征是泥质成分较少但有一定含量,砂质成分较多,如泥质粉砂岩、泥质砂岩等。它们的工程特点是,在深度不大时,表现为硬岩的变形特征,当深度加大至一定深度以下,就表现为软岩的变形特性。其塑性变形机理是,处于高应力水平时,岩石骨架中的基质(黏土矿物)发生滑移和扩容,此后再接着发生缺陷或裂纹的扩容和滑移塑性变形。

(3)节理化软岩:指含泥质成分很少(或几乎不含)的岩体,发育了多组节理,其中岩块的强度颇高,呈硬岩力学特性,但整个工程岩体在工程力的作用下发生显著的变形,呈现出软岩的特性,其塑性变形机理是在工程力作用下,结构面发生滑移和扩容变形。此类软岩可根据节理化程度不同细分。

(4)复合型软岩:指上述三种软岩类型的组合,即高应力强膨胀复合型软岩、高应力节理化复合型软岩、高应力节理化强膨胀复合型软岩。

2. 软岩围岩分级

1)软岩围岩

(1)《岩土锚杆与喷射混凝土支护工程技术规范》(GB 50086—2015)将洞室围岩级别按岩体结构、结构面影响发育及组合情况、岩石强度、岩体完整性等分为Ⅴ个级别,Ⅴ级围岩稳定性最差。Ⅴ级围岩主要为散体状结构,构造影响严重,多数为破碎带、全强风化带、破碎带交会部位,构造及风化节理密集,节理面及其组合杂乱,形成大量碎块体块体间多数为泥质充填,甚至呈石夹土或土夹石状;其中满足"岩石抗压强度10～30MPa,岩层结构为块状结构和层间结合较好的中厚层或厚层状结构,构造影响较重,有少量断层,结构面较发育,一般为3组,平均间距0.4～0.8m,以原生和构造节理为主,多数闭合,偶有泥质充填,贯通性较差,有少量软弱结构面。层间结合较好,偶有层间错动和层面张开现象;岩体完整性系数0.5～0.75,纵波速2.0～3.5km/s,这些条件的围岩级别为Ⅳ级。

(2)《铁路隧道设计规范》(TB 10003—2016)中洞室围岩级共分为Ⅵ级,Ⅵ级围质稳定性最差。其中Ⅵ围岩岩体为较软岩、岩体破碎;软岩岩体较破碎至破碎,全部极软破碎岩(包括受构造影响严重的破碎带),呈角砾碎石状松散结构。满足软质岩抗压强度5～30MPa,受地质构造影响严重,节理发育或较发育,呈块(石)碎(石)状镶嵌结构,围岩基本质量指标BQ值一般为251～350,围岩弹性纵波速度3.0km/s左右,围岩级别为Ⅴ级。

2)渝西地区软岩

渝西地区软岩、较软岩主要分布在上、下沙溪庙组、新田沟组、自流井组、珍珠冲组地层,岩性主要为泥岩、粉砂岩、页岩;矿物成分主要为黏土矿物、粉细砂,砂泥质结构,中厚层状构造,局部含灰绿色斑团、条带;这些地层中夹有厚度不一的较硬岩——砂岩,局部夹有硬质岩——灰岩。

渝西区域地质构条件不复杂,岩体中以短小不连续的小裂隙为主,岩体完整性较完整,泥岩类单轴饱和抗压强度7～10MPa,粉砂岩单轴饱和抗压强度12～15MPa,为软岩—较软岩,微新、弱风化状态下按各类规范围岩级别为Ⅳ级,以上各类岩石裂隙发育时或断层破碎带也为软岩,围岩级别为Ⅴ级。

二、软弱围岩工程特性

1. 岩石强度低

岩体一般由结构体(岩块)和结构面构成,其中岩块是构成岩体结构的基本骨架,与结构面的发育程度直接影响着围岩的整体强度性质。根据我国工程岩体分级标准、岩土工程勘察规范、铁路隧道设计规范等资料一般将单轴饱和抗压强度低于30MPa(国际上一般为25MPa)的岩石称为软质岩或软岩。

软质岩主要包括未成岩的岩石、已风化的岩石以及含有软弱矿物的岩石。渝西地区软岩主要是由软弱矿物岩石组成,主要包括泥质岩组、含煤岩组、含盐岩组、含石膏岩组等。该类岩体的抗压强度较低,洞室开挖后,在拉应力的作用易导致破碎坍塌,在压应力在其应力集中后会诱使岩体产生破坏滑移,洞室将由于围岩变形的发展而引发坍塌,甚至丧失围岩的总体稳定性。

2. 结构面发育的破碎岩体

一些坚硬的岩石,如嘉陵江组的石灰岩、须家河组的砂岩等,虽然其岩石强度较高,在造山过程中受到构造运动强烈挤压的影响,导致节理、裂隙、断层等结构面发育良好,岩体极度破碎,呈相互交织状,近于松散,处于层间破碎带,大型断层或风化强烈地带的岩体大多表现为此类特性,造成围岩强度降低很多,岩体的整体强度和其自稳性较差。

3. 围岩赋存环境条件差

隧道围岩环境处于不利于围岩稳定的高应力作用下,高地下水头、深埋藏条件下,在持续的承受压应力的情况下,由应力引起岩体变形在变形发展的过程中尚可保持而易引起变形、塌方等地质灾害,赋存于这种地质环境下的围岩也可称为软弱围岩。

三、软弱围岩大变形特征

1. 大变形的界定

大变形是相对正常变形而言,目前还没有统一的定义和判别标准。各类围岩在正常施工条件下都会产生一定的变形。现行的铁路隧道设计规范、公路隧道设计规范、新奥法指南及衬砌标准设计等都根据多年经验及统计,对各级围岩及各种支护结构制订了不同的预留变形量,以容纳这些正常变形。

铁二院从预留变形量出发,认为正常预留变形量对于单线隧道一般不大于 150mm,对于双线隧道不大于 300mm,并粗略取上述值的 4/5 作为正常变形值的上限,当单线隧道支护位移量大于 130mm,双线隧道支护位移量大于 250mm 时,即认为发生了大变形。

张祉道(2003)建议以初期支护位移值以及支护破坏现象作为定义指标,并将大变形定义为当采用常规支护隧道由于地应力较高而使其初期支护发生程度不同的破坏且位移与洞壁半径之比大于 3% 时,认为发生了大变形。

卞国忠(1998)从围岩变形量上给大变形作了界定,即若围岩变形量超过正常规定 2 倍时,可把围岩变形视为大变形(南昆线家竹箐隧道的经验是单线超过 25cm,双线超过 50cm 确定为大变形),围岩变形量介于正常预留变形量及其 2 倍之间时,可以认为是正常变形至大变形的过渡阶段。

2. 大变形的发生机理

1946 年 Terzaghi 首先提出挤出围岩和膨胀围岩的概念。受其影响,后来国际上普遍按形成机理将大变形分为两大类:即施工过程中由于应力重分布结果超过围岩强度而产生的塑性化变形和围岩遇水后发生膨胀作用而产生的变形。

在此基础上,从地质条件出发,认为围岩产生大变形的原因可能有三种:膨胀岩的作用、高地应力作用和局部水压及气压力的作用。而局部水压及气压力的作用仅当支护和衬砌封闭较好,周边局部地下水升高或有地下气体(瓦斯等)作用时,才使支护产生大变形。另外多位学者对软岩大变形产生原因也在不同见解,陈宗基(1983)将大变形产生的原因总结为 5 个方面,即塑性楔体的产生、流动变形(包括塑性流动和黏性流动)、围岩膨胀、扩容和层状岩体的挠曲。姜云(2004)将围岩大变形的发生机制归结为软弱围岩塑流、膨胀变形、层状岩体的板梁弯曲变形、塑性楔体、结构性流变、累进松脱扩展、差异性松脱、倾斜沉降变形和垂直沉降变形 9 个方面。其中,累进松脱扩展和差异性松脱一般在浅埋、低应力区发生,而倾斜沉降变形和垂直沉降变形主要发生在下卧采空区。

3. 大变形的类型

根据受控条件,大变形可以分为受围岩岩性控制型、受围岩结构构造控制型和受人工采掘扰动影响型三大类型。

(1)围岩岩性控制型。软弱围岩类,包括千枚岩、炭质板岩、泥质页岩和砂质泥岩、泥灰岩以及一些具有膨胀性的软弱围岩等。这一类围岩在高应力状态下将产生塑性变形,在地下水的参与下岩体软化现象明显,当膨胀性矿物成分较高时也会发生显著的膨胀变形。这一类围岩的变形破坏形式一般为由于剪切变形或弯曲变形产生的塑性流动。

(2)岩体结构控制型。主要发生在结构构造发育的硬质岩中。这种岩体一般岩块坚硬,但由于受其结构特征的影响,围岩整体强度以及变形特性均明显受控于围岩应力环境,隧道开挖前,处在高围压状态时围岩尚具有较高的强度和稳定性,但在隧道开挖卸载过程中,随着围压降低、围岩应力差增大,结构面张开或滑移,围岩整体强度和模量随之降低,这时即表现出显著的结构流变的特点。

(3)人工采掘扰动控制型。一般是由于受人工扰动的岩体(如采空区周边岩体)发生移动从而导致隧道围岩的大变形。这类围岩的变形破坏主要表现为剪切和滑动破坏。多发生于相对厚层的沉积岩中,具体表现为沿层面的滑动破坏和完整岩体的剪切破坏两种类型。

4. 围岩大变形特征

(1)对工程扰动的反应灵敏。隧道施工使得洞室周边一定范围内的岩体应力将发生重分布现象。由于软弱围岩整体强度较低,施工作业(开挖、爆破)对围岩的扰动程度和扰动范围均相对显著。对于浅埋隧道,当施工扰动范围波及地表时,容易发生洞室坍塌现象,因此施工中应采取有效的预支护或地层预加固措施,以维持洞室稳定对于深埋隧道,由于地应力相对较高,在洞周容易产生较大范围的屈服区域,当屈服区发展到一定程度时,区内围岩易出现塑性流动变形,从而导致宏观大变形现象的发生。实测数据表明，深埋软弱围岩隧道洞周变形可达数十厘米，如兰武二线乌鞘岭隧道岭脊段最大水平收敛1209mm，最大拱顶下沉达1053mm；兰渝线两水隧道最大水平收敛499mm，最大拱顶下沉达757mm。大变形隧道往往伴随有初期支护喷层开裂脱落钢架扭曲，至二次衬砌开裂等现象的发生。

（2）变形持续时间长。软弱围岩常常具有明显的蠕变特性。围岩的蠕变特性不仅与岩性有关，而且与围岩的赋存条件（如埋深、地应力水平、地下水条件等）也密切相关，一般情况下，黏性介质含量较高的岩体（如页岩、泥岩等）蠕变宏观特性相对明显，而花岗岩、安山岩等坚硬岩石蠕变变形相对较小，而且在很短时间内即趋于稳定；埋深较大或在高地应力地区开挖扰动后，二次应力水平大于蠕变下限时），软弱围岩的蠕变特性相对明显，隧道开挖后变形时间相对较长，若控制不当易发生洞室失稳现象，如乌鞘岭隧道岭脊千枚岩地段，最大埋深约1050m，隧道修建过程中变形持续时间达半年以上。

5. 围岩大变形表现形式

隧道开挖后地应力将重新分布，软岩强度低，对工程扰动极其敏感，主受拉或受压条件下将产生塑性区，使围岩和支护发生变形。一旦施工方法或工程措施不当，将极易发生初期支护变形破坏，致使隧道坍方等工程灾害。

从隧道开挖后的围岩变形看，大变形在隧洞工程主要表现特征为拱顶崩塌、掌子面失稳、底鼓现象严重、长时间的持续变形，或变形不收敛、初期支护严重变形、在富水条件下出现异常涌水，围岩流失等。

第二节 软岩大变形的勘察技术与方法

一、隧洞勘测特点及难点

隧洞区多位于山区地形复杂、交通不便、植被发育，地质勘探外业工作业条件困难，特别是深埋长隧洞勘察多位于高山区、高原区，地质条件更加复杂，且人烟稀少，气候恶劣，同时由于隧洞埋深大，现有的仪器、设备的勘测度受到影响。

隧洞线路跨越的地质构造单元、地形地貌单元、水文地质单元多。穿过不同时代的地层岩性种类和断裂多、工程地质条件杂多样，存在的工地质问题也不尽相同。

隧洞勘察线路长，线路比较方案多，勘测研究的范围大，受地形等限制，尤其是西部地区的深埋长隧洞地形陡峭，交通条件无法使技术人员及设备到达洞线位置，勘探钻孔作业困难，钻孔深度大，布孔密度受限。

由于工程地质勘察受地形、交通、地质条件复杂性的影响，对隧洞工程评价只能对各类地质问题进行总的把控，准确性不高，洞身段各岩组界线推测成分较多，尤其是西部深埋长隧洞，构造复杂，地表及地下构造上存在差异，地质从表层地质构造推测底部洞身的地质现象多有偏差。

二、隧洞工程勘察技术、方法

隧洞工程多位于线状或带状工程，因所处地质环境复杂性及工作条件、环境的不同，在不同的勘察阶段采用的勘察手段与方法也不同。主要勘察手段为资料搜集（包括区域地质资料、新理论新技术及方法等）、重视工程地质测绘工作，结合勘探钻孔、现场试验等验证工程地质条件的规律，利用深钻孔、超深钻孔及孔内测试，认识深埋段岩体性质、构造特点、应力状态等为正确评价隧洞工程质问题打下基础；采用EH4或CSAMT（V6A或V8）等地面综合地球物理勘探，结合探孔、探洞内地物探测试工作，是深埋长隧洞勘察的重要方法。

现场检测如高压压水试验、地应力、地温测试、有害气体及放射性测试等是取得隧洞工程围岩参数数据的必要手段；岩体原位测试和室内试验是不可缺少的勘测技术手段。目前技术尚不能达到的大埋深洞段，应通过浅部原位试验、室内试验、物探方法、动静对比试验等工作，结合深钻孔勘探和孔内测试成果，进行相关性分析研究，类比分析和模拟大埋深条件下岩体物理力学特征。

充分重视数值模拟分析工作，力求运用少量的勘探、试验资料，通过计算机数值计算，模拟大埋深、高应力条件下地质环境，分析各主要工程地质问题。

对隧洞工程存在的主要工程地质问题、复杂地区水文地质问题、水环境敏感区问题等要进行专题研究，并随勘测设计阶段的不断深入对其分析研究进行深化和细化。

深埋长隧洞的勘测技术工作应贯穿工程的全过程，做到隧洞工程地质条件清楚，主要工程地质问题可控，隧洞工程地质评价准确可信。在施工期应注重地质超前预报及施工地质过程信息的技术建设，做到施工期地质信息动态管理。

三、水利行业隧洞勘察技术及要求

根据《引调水线路工程地质勘察规范》（SL 629—2014），引调水线路工程地质勘察的基本任务应为调查、查明引调水线路的工程地质条件和工程地质问题，为方案选择、线路比选、工程设计和施工提供工程地质资料，其勘察范围应包括引调水线路和建筑物场址区及周边与其相关的地带，并满足方案选择、线路比选和工程设计的需要。

引调水线路工程地质勘察阶段与引调水工程设计阶段相对应，划分为引调水线路工程规划、项目建议书、可行性研究、初步设计、招标设计和施工详图设计等阶段，本章节省略招标设计和施工详图设计阶段勘察技术及要求内容，有兴趣的工程师可参考学习相关规范。引调水线路工程地质勘察宜按工作准备、现场勘察、资料整理、成果验收的程序进行。

1. 规划阶段工程地质勘察

1）一般规定

（1）规划阶段工程地质勘察应对引调水线路规划方案进行地质论证，为规划设计提供工程地质资料。

（2）规划阶段工程地质勘察主要工作内容：①了解线路规划方案的区域地质和地震概况。②了解线路规划方案的地质概况。③初步查明影响线路规划的主要工程地质、水文地质、环境地质问题。④对规划方案所需的天然建筑材料进行普查。

2）区域地质和地震

（1）区域地质和地震勘察工作内容：①了解区域地形地貌形态、成因类型及剥夷面、地表水系分布，划分地貌单元。②了解区域内大型滑坡、泥石流、移动沙丘等不良地质现分布，分析对工程规划的影响。③了解区域内地层的出露条件、地质年代、成因类型、接触关系、分布范围、岩性及岩相特征，划分地层单位。④了解区域构造单元或构造体系的格架特征及区域性断裂性质、产状、规模、展布特征和构造发展史，分析区域构造特点，确定线路规划方案所处大地构造单元及大地构造环境。⑤了解区域地下水的赋存条件以及补给、径流、排泄条件和主要含水层、隔水层的分布，划分地下水类型和水文地质单元，分析区域水文地质特征。⑥了解区域内历史和现今地震情况及地震动参数区划，分析区域地震活动特征。

（2）区域地质和地震勘察的规定：①搜集、分析规划方案两侧各不小于 150km 范围内的地质、水文地质、环境地质、地震资料及遥感图像资料。编绘区域综合地质图，比例尺可选用 1∶50 万～1∶20 万。②地震勘察应搜集最新正式公布的地震资料。编绘区域构造与地震震中分布图，比例尺可选用 1∶50 万～1∶20 万。③沿线地震动参数区划应按 GB 18306 的有关规定提出。

3）引调水线路方案

（1）线路方案工程地质比选应综合考虑区域地质、工程地质、水文地质、环境地质条件和可能存在的工程地质问题及其对工程设计、施工建设和运行管理的影响，并宜遵循下列原则：①地形相对完整，环境地质条件简单，地震活动性较弱，宜绕避规模较大的滑坡、泥石流、移动沙丘、溶洞、采空区及重要矿产分布区等。②地层分布稳定，岩性较单一，地质构造较简单，宜绕避软弱、膨胀、易溶等不良岩土层及活动性断层、规模较大的断裂破碎带、褶皱轴部等结构破碎的部位。③水文地质条件较简单，宜绕避地下水丰富的含水层（带）及规模较大的汇水构造、充水溶洞等。

(2)线路方案勘察工作内容:①了解地形地貌类型及河流、湖塘等地表水体的分布和流量、水位等水文特性,碳酸盐岩区应调查岩溶埋藏条件及岩溶地貌和岩溶发育特征。②调查滑坡、泥石流、移动沙丘和采空区等不良地质现象的分布、成因、规模。③了解地层岩性的分布情况和变化规律。第四系地层尚应调查沉(堆)积物的成因类型。④了解断裂、褶皱等地质构造的分布、性质、规模。⑤了解主要含水层、隔水层的分布及地下水补给、径流、排泄条件,初步划分地下水类型和水文地质单元。⑥分析、评价地形地貌、地层岩性、地质构造、水文地质、环境地质条件及其可能存在的主要工程地质问题对输水线路规划方案的影响。

(3)线路方案勘察方法的规定:①搜集、分析有关地质、水文地质、环境地质等资料,编绘综合地质图。②工程地质测绘范围应包括线路规划方案及周边与其相关的地带,平原区线路两侧宽度各不宜小于1km,山区不宜小于3km,测绘比例尺宜选用1:50 000~1:10 000,宜采用地质遥感测绘法,地质现象复杂地段应进行实地测绘;主要含水层(带)、岩溶发育区、采空区等对方案布置和线路规划论证有重要意义的地段,应进行物探。③不同地貌单元及隧洞进出口、浅埋段、过沟段等宜布置少量控制性勘探点,勘探点位置、勘探深度,视勘探目的和工程地质条件确定。④宜利用勘探点进行压水、注水试验、原位测试及物探测井。⑤应利用勘探点、民井、地下水露头分析地下水的补、径、排关系,并取样进行水质分析。⑥主要岩土层宜取样进行岩矿鉴定和少量室内试验。

2. 项目建议书勘察阶段工程地质勘察

1) 一般规定

(1)项目建议书阶段工程地质勘察应在规划阶段勘察的基础上进行,提出线路比选地质意见,对推荐线路及主要建筑物地段进行工程地质初步评价,为项目建议书设计提供工程地质资料。

(2)项目建议书阶段工程地质勘察应主要工作内容:①分析引调水线路的区域构造背景,初步评价区域构造稳定性,提出地震动参数。②初步查明各比选线路及主要建筑物地段的工程地质、水文地质及环境地质条件。③基本查明影响线路比选的主要工程地质问题。④对天然建筑材料进行初查。

2) 区域构造稳定性

(1)区域构造稳定性勘察工作内容:①分析引调水线路区域构造背景。②分析区域性活断层的活动性质和空间分布规律。③分析区域地震的分布及其活动性。④初步评价工程区区域构造稳定性,提出地震动参数。

(2)区域构造稳定性勘察的规定:①应调查、分析引调水线路两侧各50~100km范围内的地形地貌、地质建造、岩浆活动、区域性断裂分布等区域大地构造特征和地震活动性等资料,进行Ⅱ级、Ⅲ级大地构造单元和地震区(带)划分,复核区域构造与地震震中分布图。②宜采用比例尺1:200 000~1:100 000的地形、地质遥感图像资料,进行区域地形地貌的形态、分布特征和构造格架的规模、性状、展布特征、变形特征以及地层出露条件、接触关系和切错等解译,分析区域断层的性质和分布规律。③搜集区域地应力资料,分析区域构造应力场的分布和状态。④搜集、统计区域地震资料、编辑地震目录,结合地震区、带的划分,分析中、强地震的活动特点。⑤沿线地震动参数应按 GB 18306 的规定提出。⑥区域构造稳定性初步评价应以区域构造背景为基础,结合区域构造格架及其变形特征、区域断裂的活动性及其空间分布规律和区域地震的分布及其活动性等进行。

3) 隧洞勘察

(1)洞线工程地质比选应根据洞线的工程地质、水文地质、环境地质条件及项目建议书设计的要求进行,并应遵循下列原则。①洞线宜选择地形相对完整,地震活动性较弱,地层稳定单一,地质构造简单,岩体结构较完整,水文地质条件简单的地段。②洞线宜与岩层层面及主要构造线垂直或大角度相交,与最大水平地应力方向平行或小角度相交。③隧洞进出口洞段方向宜垂直地形等高线,岩层产状与构造组合应对边坡稳定有利。④长隧洞应考虑施工支洞的成洞条件。⑤洞线选择宜绕避软弱、膨胀、易溶岩土层和岩溶发育区、采空区及重要矿产分布区等地段,活动断裂以及规模较大的断裂、等构造部位;强富水带和可能产生大量涌水的汇水构造地段或部位,高地应力区及含有害气体、放射性物质的地段。

⑥隧洞进出口宜避开滑坡、泥石流、崩塌等不良地质现象和潜在不稳定岩体分布地段。

(2)隧洞勘察工作内容：①调查、了解、搜集隧洞沿线气象、水文情况。②调查、了解隧洞场区地应力的分布情况，搜集隧洞及邻近场区的地应力实测资料，或利用理论分析和经验判断对隧洞场区地应力分布情况进行评估。③初步查明隧洞沿线地形地貌的类型、分布特征和滑坡、泥石流等不良地质现象的分布、成因、规模。可溶岩区应初步查明岩溶发育情况。④初步查明隧洞沿线的地层岩性、成因类型、产状、分布情况；初步查明隧洞沿线断裂、褶皱等地质构造的性质、产状、分布、规模。⑤初步查明隧洞沿线地下水的类型、分布特征、化学性质和含水层、隔水层的分布及岩(土)体的透水性，初步查明环境水的腐蚀性。⑥初步查明隧洞沿线岩体风化、卸荷的深度和强度，初步进行风化带、卸荷带划分。⑦初步查明主要岩(土)体的物理力学性质，初步确定主要物理力学参数建议值。⑧调查、了解隧洞沿线有害气体和放射性物质的存在情况。⑨基本查明隧洞进出口边坡的稳定条件。分析各比选洞线的工程地质、水文地质条件和可能存在的主要工程地质问题，提出比选意见。⑩对推荐洞线进行工程地质初步评价。

(3)工程地质测绘规定：①测绘范围应包括隧洞及周边相关地带，洞线两侧宽度各不宜小于3km。②测绘比例尺宜选用1∶25 000～1∶10 000，隧洞进出口、施工支洞进口、浅埋段及岩溶发育等工程地质条件复杂的洞段可选用1∶5000。③宜采用地质遥感测绘与实地测绘相结合的方法。

(4)物探工作的规定：①隧洞进出口、施工支洞进口、浅埋段、深埋段及地质构造复杂、岩溶发育、覆盖层大面积分布地段等宜布置物探剖面。②应利用勘探洞、钻孔进行物探测试。③物探方法应根据探测目的和洞线岩(土)体的结构特征、物理特性选择。

(5)勘探工作规定：①勘探布置应在工程地质测绘和物探的基础上进行。②隧洞轴线应布置勘探剖面，并布置控制性钻孔。隧洞进出口、浅埋段、过沟段及工程地质条件复杂地段宜布置钻孔。③勘探深度应进入设计洞底以下不小于20m，必要时可加深。④进出口段可布置探洞，勘探深度应进入微风化岩体或弱卸荷带5m。⑤勘探过程中应搜集有关水文地质资料。

(6)水文地质试验及观测的规定：①钻孔应进行压(注)水试验，承压水分布地段应进行承压水头和涌水量观测。②探洞应进行出水状态和出水量观测，宜利用钻孔进行地下水动态观测。③应利用勘探点或天然露头采取地下水水样，进行水质简分析及腐蚀性评价，每类地下水试验不少于2组，腐蚀性评价应符合有关规范的规定。

(7)岩(土)体试验及测试：①主要地层应进行岩矿鉴定。②岩土物理力学性质应以室内试验为主，各工程地质单元(段)主要岩土层的试验累计有效组数不应少于6组。③岩(土)体主要物理力学参数建议取值应符合GB 10487的有关规定，并宜符合附录B的规定。

(8)洞线比选。应综合分析各比选洞线的工程地质、水文地环境地质条件和地应力分布情况及可能存在的主要工程地质，结合隧洞的布置形式及运行特性，提出比选意见。推荐洞线的工程地质评价应包括下列内容：①分析、评价场区稳定性与适宜性。②初步评价洞线的工程地质、水文地质、环境地质条件及存在的工程地质问题。③分析、预测隧洞工程建设对周围环境的影响。④初步确定主要物理力学参数建议值。

3．可行性研究阶段工程地质勘察

1)一般规定

(1)可行性研究阶段工程地质勘察应在项目建议书阶段勘察的基础上进行，提出线路比选地质意见，对选定线路及主要建筑物进行工程地质评价，为可行性研究设计提供工程地质资料。

(2)可行性研究阶段工程地质勘察主要工作内容：①研究线路区域地质构造背景及断层活动性、地震活动性，评价区域构造稳定性，确定地震动参数。②基本查明各比选线路及主要建筑物地段的工程地质条件，评价主要工程地质问题。③查明选定线路及主要建筑物工程地质条件，评价主要工程地质问题。④进行天然建筑材料详查。

2) 区域构造稳定性

(1) 区域构造稳定性勘察工作内容：①研究引调水线路区域地质构造背景。②研究引调水线路区域性断裂、褶皱构造的规模、性质、展布特征及断层的活动性和分布规律。③查明引调水线路活断层的活动性质、位移量及分布特征。④研究引调水线路地震活动特征。⑤评价引调水线路区域构造稳定性,确定地震动参数。

(2) 区域构造稳定性勘察的规定：①地质构造背景研究应调查研究引水线路两侧各 10～50km 范围内的地形地貌形态及其分布特征和各级地貌面的物质组成,地层岩性特征及其出露分布条件和组合接触关系,区域性断裂、第四纪断裂的分布特征及其活动性,历史和近期地震活动性及其分布特征等。编制断裂构造图,比例尺可选用 1∶200 000～1∶100 000。②构造稳定性研究应在构造背景研究的基础上,主要研究影响工程安全的断层和地震活动特征以及构造应力场特征,应进行专门性构造地质测绘,测绘范围宜包括引调水线路两侧各 8km,测绘比例尺宜采用 1∶100 000～1∶50 000。③断层活动性研究应根据地貌、地质构造、地层切错情况、地震、测年资料、地壳形变以及地球物理和地球化学特征等,进行综合分析、判定,活断层的判定应符合 GB 50487 的有关规定。④搜集区域地应力资料,结合区域地应力实测成果,分析现今构造应力场的分布及应力的方向、量级等。⑤引调水建筑物场地地震动参数的确定,对 50 年超越概率 10% 的地震动峰值加速度不小于 0.10g 地区的重要建筑物,宜进行场地地震安全性评价;其他建筑物场地地震动参数可按 GB 18306 的规定确定。⑥稳定性应根据场区断层的活动性、地震活动性、地震动峰值加速度及区域重磁异常等因素,结合场区的地质条件综合进行评价。⑦调水线路跨越不同构造单元,应分区确定地震动参数,进行构造稳定性评价。

3) 隧洞勘察

(1) 隧洞勘察工作内容：①基本查明隧洞地段地表水系的分布、水位、流量和大气降水、地面蒸发及地表径流、地下径流等气象、水文情况。②基本查明隧洞地段山地及次级地貌的类型、分布特征,基本查明隧洞地段地层结构、岩性类别、产状、分布特征,对基岩地层,应基本查明软弱、膨胀、易溶和岩溶化岩层的分布及其工程地质性质,对松散地层,应基本查明成因类型、分布厚度、物质组成及其工程地质性质。③基本查明隧洞地段地应力的状态和条件;基本查明隧洞地段断层、破碎带、节理裂隙密集带和主要结构面的产状、性质、分布特征。④基本查明滑坡、泥石流、崩塌等不良地质现象、潜在不稳定体的分布规模、类型性质、物质组成、结构特征和天然稳定状态;对傍山浅埋洞段、过沟段,应基本查明山体边坡的稳定性和山前冲洪积扇的形态特征、物质组成。⑤查明隧洞地段地下水的类型、分布、补排条件和含水层,汇水构造、强透水带的分布、规模、富水程度等;基本查明隧洞地段地下水的化学性质,进行地下水评价;基本查明隧洞地段岩(土)体的透水性进行岩(土)体渗透性分级。⑥基本查明隧洞地段岩体风化、卸荷的深度、强度,进行岩体风化带、卸荷带划分;基本查明隧洞围岩各类岩(土)体的物理力学性质,确定岩(土)体物理力学参数及有关工程地质参数。⑦基本查明隧洞地段有害气体和放射性物质的赋存条件,评价其存在的可能性。⑧分析隧洞地段工程地质条件,评价隧洞进出口边坡和围岩稳定性,预测其可能变形破坏的形式,提出改善处理措施初步建议;进行围岩工程地质初步分类,初步评价 TBM 施工工程地质条件及适宜性。⑨分析隧洞地段地质构造和水文地质条件,估算隧洞外水压力,分析隧洞地段水文地质条件及围岩充水条件,评价隧洞施工发生涌水、突水(泥)的可能性,概略预测涌、突水量,评价隧洞施工涌、突水对周边环境和生态的影响,提出预防和处理措施初步建议。

(2) 工程地质测绘：①分析隧洞地段气象水文资料。②工程地质测绘的规定。a. 测绘范围应包括隧洞地段及与其相关的地带,隧洞两侧各不宜小于 1km,工程地质、水文地质条件复杂地段可适当扩大,测绘比例尺宜选用 1∶10 000～1∶5000;隧洞进出口、施工支洞进口及浅埋段、岩溶发育段等工程地质条件复杂洞段,比例尺可选用 1∶5000～1∶2000;b. 可溶岩区宜对岩溶洞穴进行追踪测绘,宜采用实地测绘与地质遥感测绘相结合的方法。

(3) 工程物探工作的规定：①隧洞进出口、施工支洞进口及构造复杂、岩溶发育、覆盖层大面积分布洞段应布置物探剖面;必要时,宜垂直主要剖面布置辅助剖面,剖面间距应根据探测目的和地形、地质条件确定。②主要探测隧洞地段溶洞、断裂构造、地下水等的分布、规模。③可能富水地段宜布置测网,进行面积性探测,测网密度宜与测绘比例尺相适应。④应利用探洞、钻孔进行物探测试。

(4)勘探工作的规定:①勘探布置应在测绘和物探的基础上进行。②隧洞轴线应布置勘探剖面,隧洞进出口、施工支洞进口、浅埋段及工程地质条件复杂地段应布置钻孔;勘探深度进入设计隧洞底板以下不宜小于 20m,且至少应大于 1.5 倍洞径,需要时可适当加深。③隧洞进出口宜布置探洞,勘探深度宜进入微风化岩体或弱卸荷 5m。④勘探过程中应搜集水文地质资料。

(5)水文地质试验及观测:①应进行钻孔压水试验,试验宜从洞顶以上 5 倍洞径处起始。②承压水分布洞段应进行承压水头和涌水量观测。③岩溶发育洞段宜进行连通试验。④应利用勘探钻孔进行地下水动态观测,观测时间不应少于 1 个水文年。可溶岩区宜专门设置观测点(线、网)进行观测。⑤取地下水样进行水质及腐蚀性分析,试验组数不应少于 4 组。

(6)岩土试验及测试:①隧洞围岩每一类岩土室内物理力学性质试验累计有效组数不应少于 6 组。②主要岩体宜进行原位变形试验。③在深埋洞段、高地应力区、地壳活动强烈区等地段应进行地应力测试。

(7)其他规定:①隧洞围岩工程地质初步分类应符合 GB 50487 的有关规定,TBM 施工的工程地质条件适宜性评价宜本规范符合附录 C 的规定。②岩溶发育程度分级及岩溶水文地质结构分类和岩溶水动力剖面分带宜分别符合 SL 629—2014 规范中表 6.3.2-1、表 6.3.2-2、表 6.3.2-3 的规定。③隧洞外水压力可根据上覆岩体的透水性及地下水的分布形态,采用地下水位折减的方法进行估算,折减系数取值应符合 GB 50487 的有关规定。④隧洞涌水量预测宜符合本规范附录 E 的规定。⑤应进行有害气体和放射性元素的测试,有害气体和放射性物质存在的可能性及其赋存条件初步分析宜符合 SL 629—2014 规范附录 F 的规定。⑥隧洞场区地应力状态和条件应根据地应力分布和受控情况及测试成果进行分析,基本确定最大主应力方向和量级。⑦围岩稳定性评价应根据围岩的岩性和结构特征、地应力条件及地下水活动性,结合围岩地质分类进行。⑧隧洞进出口边坡稳定性评价应根据隧洞区的水文气象条件和边坡的结构特征、岩(土)体性质及其可能的破坏类型进行分析、计算,并应符合 GB 50487 的有关规定。

(8)深埋长隧洞勘察:①深埋长隧洞勘察除应符合上述有关规定外,尚应开展下列工作内容:a.初步查明可能产生高外水压力、突水(泥)的地质条件,初步预测涌水量;b.初步查明可能产生围岩较大变形的岩组及大断裂破碎带的分布及特征,初步评价围岩变形特性及稳定性;c.初步查明地应力特征、围岩产生岩爆的可能性,初步查明地温分布特征,初步评价成洞条件及存在的主要工程地质问题。②深埋长隧洞勘察方法尚应符合下列规定:a.搜集本区已有航片、卫片、各种比例尺的地质图及相关资料,进行分析、解译;b.工程地质测绘范围应包括隧洞及与其相关的地段,宜隧洞段两侧各 2~5km,工程地质、水文地质条件复杂可适当扩大,测绘比例尺可选用 1∶25 000~1∶10 000;c.选择合适的物探方法,探测深部地质构造特征、岩溶发育特征、地下水分布特征等;d.宜选择合适位置布置深孔或探洞,进行高压压水试验和钻孔电视观察及地应力、地温、岩体波速等测试;e.进行岩石物理力学性质试验,试验组数视需要确定;f.围岩岩爆判别评价应符合 GB 50487 的有关规定。

4. 初步设计阶段工程地质勘察

1)一般规定

(1)初步设计阶段工程地质勘察应在可行性研究阶段勘察基础上进行,评价工程地质问题,提出局部线路比选的工程地质意见,为初步设计提供工程地质资料。

2)初步设计阶段工程地质勘察工作内容:①必要时对区域构造稳定性进行复核。②查明建筑物场址的工程地质条件,评价工程地质问题,提出工程处理建议。③查明局部线路比选的工程地质条件,评价工程地质问题。④查明临时建筑物的工程地质条件。⑤必要时对天然建筑材料进行复核。

2)隧洞勘察

(1)隧洞勘察工作内容:①查明隧洞进出口、浅埋段、过沟段不良地质现象和潜在不稳定体的分布规模、性质类型、物质组成、结构特征及边界条件,分析可能变形破坏的趋势;对滑坡应查明滑坡要素及滑带的物理力学性质,对泥石流应查明其形成条件、发育阶段及形成区、流通区、堆积区的范围和地质特征。②查明隧洞地段的地层岩性。主要查明软弱、膨胀、易溶和岩溶化等不良岩体的分布、结构特征及工程地质性质;进出口、浅埋段、过沟段应查明覆盖层的分布、成因类型、物质组成。③查明隧洞地段的地质构造,主要查明软弱结构面、缓倾结构面等不良结构面的规模、自然特征、组合关系及其工程地质性质;查明进出口段岩体风化、卸荷的深度和强度及其工程地质性质,进行风化带、卸荷带划分。④查明隧洞地段地下水的类型、分布特征及补径排条件,划分水文地质单元;主要查明含水层(带)、含水构造的分布特征、性质、含水性及其水力联系,查明与地表溪沟相连的断层、破碎带、裂隙密集带等的规模及连通性、透水性;查明隧洞围岩的透水性,进行渗透性分级。⑤查明隧洞围岩及主要结构面的物理力学性质,确定物理力学参数及有关工程地质参数。⑥高地应力场区应进一步查明地应力的状态、量级和方向,评价对隧洞围岩稳定的影响;进行围岩详细分类,评价 TBM 施工的工程地质条件适宜性。⑦可能存在有害气体和放射性物质的洞段应查明其成分、聚集条件、分布规律及种类、强度,评价其对隧洞施工的影响。⑧分析隧洞工程地质、水文地质条件,论证、评价隧洞进出口边坡稳定性、洞身围岩稳定性、外水压力等工程地质问题,提出改善处理工程措施。⑨分析隧洞围岩的充水条件和富水程度,预测隧洞施工发生涌水、突水(泥)部位和最大涌水量,评价对隧洞施工和周边环境的影响,提出预防、处理措施;岩溶区隧洞尚应分析、评价产生岩溶渗漏及岩溶洞穴对围岩稳定的影响,提出隧洞施工超前地质预报设计。⑩提出隧洞线路局部优化的建议并进行工程地质论证。

(2)工程地质测绘:①测绘范围应包括隧洞地段及与其相关的地带,宜隧洞两侧各 500~1000m,比例尺可选用 1:5000~1:2000。②隧洞进出口、施工支洞进口、浅埋段及岩溶发育等工程地质条件复杂的洞段,应进行专门工程地质测绘,比例尺可选用 1:1000~1:500。

(3)物探:①隧洞进出口、浅埋段、过沟段及工程地质条件复杂洞段应选择适宜的方法进行综合物探,探明隧洞地段覆盖层厚度、岩体风化程度、溶洞发育程度和充填情况、富水洞段含水层、汇水构造的分布等。②模较大的岩溶水系统应进行专门探测。③利用探洞、钻孔进行物探测试。

(4)钻探:①隧洞进出口浅埋段、过沟段及工程地质条件复杂的洞段应进行勘探,勘探剖面视需要确定,勘探深度进入设计洞底以下不应小于 10m,至少应大于 1.0 倍洞径。②隧洞进出口段应布置探洞,过沟段可布置探井。③对隧洞进出口及浅埋、过沟段稳定有影响的不良地质现象应进行专门勘探。④富水洞段、规模较大的岩溶水分布洞段及水文地质条件复杂洞段应进行专门水文地质勘探。⑤专门水文地质勘探勘探点主要布置在不同岩性接触带、岩溶发育带、储(汇)水构造带等可能富水地段,且每一水文地质单元不应少于 1 个勘探点,其勘探深度宜揭穿主要含水层或储(汇)水构造带,可溶岩区宜进入地下水水平径流带。

(5)水文地质试验和观测:①应进行钻孔压水试验,试验宜从洞顶以上 5 倍洞径处起始。②承压水分布洞段宜补充进行承压水头和涌水量观测。③强富水洞段应进行钻孔抽水试验,试验组数不宜少于3 组,必要时可进行多孔抽水试验。④可溶岩区溶洞宜补充进行连通试验。⑤与地表溪沟相连的断层、破碎带、裂隙密集带等应进行连通试验。⑥可采用 T、D、^{18}O 等环境同位素方法,判定地下水的来源,分析含水层之间以及含水层与大气降水的联系程度等。⑦根据地下水动态和观测目的,补充、完善隧洞地段的地下水观测系统和观测内容。

(6)岩土试验及测试:①进行岩土室内物理力学性质试验。②隧洞进出口及浅埋段、过沟段稳定有影响的滑坡、泥石流应取样进行物理力学性质试验。③进行围岩变形、弹性抗力等试验。④论证 TBM 施工条件应进行岩石的单轴抗压强度、抗拉强度、弹性模量及岩石耐磨性或可钻性、岩石成分和石英含量试验。

(7)其他规定:①隧洞围岩充水条件、隧洞围岩富水程度见表 14.2-1 及表 14.2-2。②隧洞 TBM 施工工程地质条件适宜性评价宜符合 SL 629—2014 规范中附录 C 的规定。③高地应力对围岩稳定的影响应根据围岩强度应力比及结构面的分布组合特征等,评价、预测可能引起的变形和破坏形式。④隧洞涌水量预测宜符合附录 E 的规定。⑤有害气体和放射性物质评价宜符合 SL 629—2014 规范中附录 F 的规定，对隧洞施工的影响评价应委托专业部门进行。必要时，应提出施工监测建议。⑥隧洞岩溶渗漏应根据隧洞所处的岩溶水动力带和隧洞运行水位与岩溶地下水位的关系进行分析、评价。⑦岩溶洞穴对围岩稳定的影响应根据岩溶洞穴的发育特征、出露位置与隧洞的关系及岩溶洞穴的稳定性进行分析、评价。⑧不良地质现象应根据其规模、性质、物质组成、地下水活动性等地质条件、边界条件及诱发因素进行稳定性评价。滑坡应进行稳定验算，泥石流应确定其发育阶段、易发程度、爆发频率等。⑨隧洞施工超前地质预报设计应根据隧洞的工程地质、水文地质条件和预报的目的、内容编制，预报方法的选择应与施工方法相适应，并宜符合 SL 629—2014 规范中附录 H 的规定。

表 14.2-1　隧洞围岩充水条件划分

按水源划分	大气降水、地表水、地下水（孔隙水、裂隙水、岩溶水）
按渗水通道划分	渗入性通道　孔隙、构造裂隙
	涌入性通道　构造裂隙、岩溶

表 14.2-2　隧洞围岩富水程度分区

分区	贫水区（段）	弱富水区（段）	中等富水区（段）	强富水区（段）
钻孔单位出水量 $q/[m^3/(h \cdot m)]$	$q<1$	$1 \leqslant q<5$	$5 \leqslant q<10$	$Q \geqslant 10$
泉水流量 $Q/(L \cdot s^{-1})$	$Q<1$	$1 \leqslant Q<10$	$10 \leqslant q<50$	$Q \geqslant 50$

（8）深埋长隧洞勘察：①深埋长隧洞勘察除应符合上述等有关规定外，尚应包括下列工作内容：a. 基本查明可能产生高外水压力、突涌水（泥）的水文地质、工程地质条件，提出外水压力值，评价预测突发涌水的可能性及涌水量；b. 基本查明可能产生围岩较大变形的岩组及大断裂破碎带的分布及特征，评价围岩的稳定性及塑性变形特征；c. 基本查明地应力特征，判别产生岩爆的可能性；d. 基本查明地温及有害气体和放射物质的分布特征和强度；e. 对存在的主要水文地质、工程地质问题进行评价。②深埋长隧洞进出口及浅埋段的勘察方法还应符合下列规定：a. 复核可行性研究阶段工程地质测绘成果；b. 宜采用综合物探方法对可行性研究阶段探测的断裂带、储水构造、岩溶等进行验证；c. 进行岩石物理力学性质试验；d. 宜选择合适位置布置深孔或平洞，测定地应力、地温、地下水位、岩体渗透性、波速、有害气体和放射性元素等；e. 隧洞围岩塑性变形评价应根据围岩的地质特性、结构特征及初始应力状态、地下水活动状态等因素综合分析。

四、铁路行业隧洞勘察技术及要求

《铁路工程地质勘察规范》（TB 10012—2019）规定，新建铁路工程地质勘察宜按踏勘、初测、定测、补充定测分阶段开展工作，并与预可行性研究、可行性研究、初步设计、施工图四个设计阶段相适应。地形地质条件特别复杂、线路方案比较范围较大时，宜在初测前增加加深地质工作。

一是，工程地质勘察工作深度应满足设计要求，并与设计阶段相适应，不应超越阶段要求，亦不得将各阶段应做的工作推到下一阶段或施工中去完成。

二是，工程地质勘察应重视工程地质调绘、工程勘探、地质测试、资料综合分析和文件编制过程中的每一环节保证地质资料准确、可靠。

三是，工程地质勘察工作应根据勘察阶段、区域及工程场地质条件、工程类型、勘察手段的适宜性，统筹考虑勘察手段选配，开展综合勘察工作。

四是，工程地质勘察应根据建设项目的标准、地区特点、工程设置、勘测阶段等编制勘察大纲，确定勘察方法和工作量。每一阶段结束时，应根据工作情况，提出下阶段工程地质勘察重点及注意事项。

1. 踏勘

（1）踏勘阶段工程地质工作的任务应是了解影响线路方案的主要工程地质问题和各线路方案一般

工程地质条件,为编制预可行性研究报告提供工程地质资料。

(2)踏勘阶段工程地质工作应采用搜集、分析区域地质资料与遥感图像地质解译、现场踏勘相结合的工作方法,并应完成下列各项工作:①广泛搜集、分析区域地质资料,认真研究线路方案。②地质条件复杂时,进行遥感图像地质学解译,拟定现场路勘重点及需解决的问题。③编制踏勘阶段工程地质勘查方案。

(3)踏勘阶段的工程地质工作内容:①概略了解线路通过区域的地层、岩性、地质构造、地震动参数区划、水文地质等及其与线路的关系,初步评价线路通过地区的工程地质条件。②对控制线路方案的越岭地段,了解其地层、岩性、地质构造、水文地质及不良地质等的概略情况,提出越岭方案的比选意见。③对控制线路方案的大河桥渡,了解其地层、岩性、地质构造、岸坡和河床的稳定程度等概略情况,提出跨越地段地质条件的比选意见。④对控制线路方案的不良地质和特殊岩土地段,概略地了解其类型、性质、范围及其发生、发展的概况,提出对铁路工程危害程度的评估意见和对线路方案的比选意见。⑤了解沿线既有及拟建的大型水库及矿区情况,分析其对线路方案的影响。⑥了解沿线天然建筑材料的分布情况。⑦对地震动峰值加速度大于 $0.4g$ 的地区,应进行地震危害的专门研究,提出线路方案的比选意见和下一阶段勘测的注意事项。⑧提出对线路方案、工程设置等有很大影响,须进行地质专题研究的课题。

(4)踏勘阶段工程地质资料编制要求:①全线工程地质说明:a.线路通过地区的自然地理、地层岩性、地质构造、水文地质概况、主要气象资料及地震动参数区划概况;b.控制线路方案的不良地质、特殊岩土、地质复杂的越岭地段、大河桥渡、大型水库和矿区的工程地质条件;c.各方案的工程地质条件评价和方案比选意见;d.对下一阶段工程地质勘察工作的建议。②全线工程地质图:a.比例为 1∶50 000～1∶200 000(工程地质条件简单时,可用 1∶500 000),可与线路方案平、纵断面缩图合并;b.利用区域地质和遥感图像解译资料编制,对控制线路方案的不良地质、主要构造等可用文字说明并以图例表示于平面图的相应地段。③控制线路方案的不良地质、特殊岩土和地质复杂的特大桥、长隧道的工程地质平、纵断面示意图。④搜集的勘探、试验资料及工程地质照片等的整理。

2. 加深地质工作

(1)应根据审查批复意见,在线路可能通过的最大区域内,初步查明控制和影响线路方案的地质条件,提出初测方案范围和评价意见。

(2)应采用多种遥感图像地质解译、大面积地质调绘和综合物探相结合并辅以少量验证性钻探的综合勘察方法。

(3)加深地质工作内容:①初步查明测区地形地貌气象特征、地震动参数等自然地理概况及主要地层岩性,影响线路方案的地质构造的延伸及其工程地质特征。②初步查明测区内不良地质及特殊岩土的性质规模、发育特征、分布范围及对线路方案的影响程度。③布置少量验证性钻孔,查明控制性地质条件,并应结合工程情况与物探测井、孔内原位测试相配合,尽量多地取得地质参数。

(4)大面积工程地质选线应充分注意对环境工程地质条件分析,全面权衡其对线路和建筑物的稳定、施工安全、运营养护及对环境的长期影响,并应符合下列要求:①河谷线路应选择在地形平坦的宽谷阶地一侧,宜避开陡峻坡山坡,避免岩层不利结构面倾向线路的长大挖方工程。②越岭线路宜避开地质构造轴线,尤其应避免沿大的断层破碎带、地下水发育的地带通过;应选择在相对稳定、地层完整的地带通过;在通过大的断层破碎带时,线路应垂直或大角度斜交穿越,避免在其上迂回展线和设站。③线路应绕避严重不良地质、工程难以处理的特殊岩土地段,当不能绕避时,应采取切实可行的工程措施,一次根治不留后患。④线路宜躲避地震动峰值加速度大于 $0.4g$ 的地区及新构造运动活动强烈的地段,特别是不利抗震地段,必须通过时应采用工程措施,并选择长度最短的地段通过。⑤重点桥梁、隧道及控制性路基工程应结合线路走向和工程地质条件、水文地质条件在较大范围内进行方案比选,应避免沿断裂破碎带及在地质条件复杂地带通过。

(5)加深地质工作调绘范围应以批准的加深地质工作要求范围为准,包括所有线路方案在内的区域;当宏观地质条件定性需要加宽时,可适当扩大范围。

(6)加深地质工作成果资料:①线路方案研究报告。②工程地质勘察总报告,内容包括勘测工作概况、自然地概况、地层及构造、水文地质特征、主要工程地质问题及工程措施意见、线路方案的地质条件评价及结论意见、存在的主要问题及初测中应注意事项。必要时应增加水文地质、遥感图像地质解译和地球物理勘探等分报告。③全线工程地质图件：a.工程地质图，比例为1∶10 000～1∶50 000，填绘内容应包括地层年代、岩性、影响线路方案的地质构造、不良地质、特殊岩土的性质、范围及水文地质情况、地震动参数及界线；b.水文地质图、比例尺与工程地质图相同；c.遥感图像地质解译成果图，比例为1∶100 000～1∶200 000；d.地质复杂、控制线路方案的特大桥、长隧洞的工程地质纵断面图（含综合物性纵断面），比例尺根据需要确定；e.勘探、测试成果资料。

3. 初测

初测阶段工程地质勘察应根据预可行性研究报告审查批复意见安排工作。

1）初测阶段的工程地质勘察工作内容

（1）初步查明线路可能通过地区区域地质条件，为工程地质选拔提供可靠地质依据。

（2）初步查明推荐线路方案和线路主要比较方案工程地质条件，对线路各方案做出评价，编制初测工程地质勘察报告和加为各类工程设计提供工程地质资料。

2）初测阶段工程地质勘察工作的重点

（1）初步查明沿线的地形地貌、地层岩性、地质构造、水文地质特征等工程地质条件。

（2）初步查明各类不良地质和特殊岩土的成因、类型、性质、范围、发生发展及分布规律、对线路的危害程度，提出线路通过的方式和部位。

（3）初步查明地质复杂及控制和影响线路方案的重大路基工点、大桥、隧道、区段站及以上大站等的工程地质条件，为各类工程位置选择和工程设计提供地质资料。

（4）配合相关专业对沿线大型或重点建筑材料场地进行材料质量及储量的工程地质勘察工作，并做出工程地质评价。

（5）对由于工程修建可能出现的地质病害，预测其发生和发展的趋势及对线路方案的影响。

（6）确定沿线的岩土施工工程分级。

（7）对重大工程地质问题开展专题研究。

3）初测阶段的工程地质调绘

（1）工程地质调绘方法：①工程地质调绘宜采用野外地质调绘与遥感图像地质解释相配合。②构造复杂的地区用追索法，查明地质构造特征、性质、延伸方向，宽大断裂带应划分岩体的破碎程度，评价构造带对线路方案或工程的影响。③工程地质图应在野外实地填绘，对线路方案和工程有影响的地质界线、地质点，应采用仪器测绘。

（2）初测阶段工程地质调绘内容：①统一区域地层划分标准和技术工作标准。②配合有关专业实地确定地形地质条件，较复杂地段线路通过的地带、查明不良地质，特殊岩土、重点桥梁、隧道等控制和影响线路方案地段的工程地质条件，提出线路通过位置或方案比选意见。③一般地段结合工程地质条件，提出工程措施意见，确定岩土施工分级及挖方地段岩、土成分比例。④搜集、汇总气象资料及土的冻结深度，并应结合地形条件划分适宜范围。⑤在短时内难以查明且影响线路方案选定的复杂地质地段或工点，必要时应建立观测站（点）行观测。

（3）初测阶段工程地质调绘宽度：①全线工程地质图，受构造条件控制时，应调绘至线路受构造影响的范围；受其他地质条件控制时，应调绘至该条件对线路的影响范围之外；沿河谷的线路，当需要比较两岸工程地质条件时，应调绘至河谷两岸线路可能通过的范围。②详细工程地质图，应与线路地形图的宽度相适应；对于不良地质、特殊岩土及受地质条件控制的大桥、隧道等工点应扩大调绘至有影响的范围。

4）初测阶段工程勘探和测试

（1）勘探、测试工作应根据地质条件合理选配勘探测试方法，地质条件允许时应充分利用工程物探、原位测试等方法。

（2）勘探、测试的重点应是控制和影响线路方案的不良地质、特殊岩土及地质复杂的重点工程，一般地段也应布置适当的勘探测试孔,避免遗漏隐蔽的工程地质问题。

(3)勘探、测试孔的数量和深度,对控制和影响线路方案的工点应结合工程类别和场地地质条件确定,对一般地段应以基本查明区域稳定程度和沿线工程地质条件为原则。

(4)对控制和影响线路方案的工程应根据工程要求采集水、土、岩样进行分析试验,一般地段必结合区域地质条件分段采集水、土、岩样进行分析试验。

5)初测阶段资料整编要求

(1)工程地质勘察报告:①地质概况:简述勘察依据、勘测范围、勘测经过、预可行性研究地质专业审批意见的主要内容及执行情况、完成的勘探工作量及主要参考资料。②自然地理概况:概述测区地理位置、地形地貌及气象特征等。③地层、构造及地震:内容包括地层岩性、地质构造、新构造运动与地震、地震动参数的区划等。④水文地质特征:内容包括地表水、地下水的分布及特征。⑤工程地质特征:着重说明不良地质、特殊岩土和地质复杂控制线路方案的路基、桥梁、隧道等重大工程地质条件评价及工程措施意见,特殊自然灾害的评价及工程措施意见(必要时),沿线环境水(土)的侵蚀性评价及工程措施意见。⑥重点天然建筑材料场地的工程地质评价及储量和质量的评价。⑦地质灾害查询、压覆重要矿产资源查询、加深地质工作和专项地质工作研究课题的主要结论意见。⑧工程建设、天然建筑材料开采对环境地质条件的主要影响。⑨线路各方案的工程地质条件和评价,着重说明受地质因素控制的选线原则、贯通方案和主要比较方案的地质条件和评价,方案推荐意见及依据。⑩有待进一步解决的问题及定测注意事项。

(2)全线工程地质图:①比例为 1:10 000～1:200 000(工程地质条件简单时,可采用 1:500 000),应包括主要岩层分界线、地质构造线、代表性岩层产状、地层小柱状图、地层成因及时代、不良地质、特殊岩土、地震动参数界线,地质图例,代表性工程地质横断面图及主要方案工程地质纵断面示意图或综合柱状图。②对评价工程地质条件有重要意义的地质现象,在图上填绘宽度不足 2mm 时,应适当扩大并加注说明。③图面地质界线填绘的宽度不宜小于 5～10cm,有比较线且两方案相距不远时,中间宜予补全,使其相连。

(3)详细工程地质图:①比例为 1:2000～1:5000,可与线路平面图合并,其内容包括岩层分界线、成因、时代、产状、节理、断裂、扭曲等,不良地质、特殊岩土的范围界线,地震动参数界线,地下水露头、地层小柱状图、地质点、地质图例、符号。②工程地质纵断面图,比例为横 1:10 000,竖 1:200～1:1000,也可与线路详细纵断面图合并。根据地质调绘及初步勘探成果填绘地层、岩性、地质构造、代表性勘探点,对工程有影响的地下水位,用地质图例花纹或文字与花纹结合绘制,工程地质特征栏中分段简述地质概况。

(4)分段说明:沿线工程地质分段说明,根据导线里程或纸上定线里程,按地形、地貌或不同工程地质条件分段编写。其内容包括地形、地貌、地层、岩性、地质构造、水文地质条件,不良地质和特殊岩土的分布、特征、规模、发生和发展的原因,稳定性及其对工程影响的评价;不控制线路方案的路基(包括防护工程)、桥涵、隧道、站场等建筑物的工程地质条件,以及挖方边坡坡率、地基基本承载力、隧道围岩分级、地震动参数、土壤冻结深度、岩土施工工程分级及挖方工程岩:土成分比例,工程措施意见。

(5)工程地质专题研究课题的研究报告。

(6)勘探、测试及其他原始资料分类分析整理,汇总成册。①所有观测点、钻探、简易勘探及各类测试资料,除附有关工点外,应各有一份装订成册。②各类物探成果资料,应按工点整理、分析说明并装订成册。③地质照片、岩石标本、化石等分类整理。

(7)初测阶段应对控制和影响线路的不良地质、特殊岩土、重大工程和技术复杂的工程编制工点资料。控制线路方案、工程地质条件复杂的特大桥、长隧道等工点的地质资料宜单独成册。

主要比较方案应以同等精度完成上述资料。

4. 定测

根据可行性研究报告批复意见,在利用初测、可行性研究报告资料的基础上,为确定线路具体位置详细查明采用方案的工程地质和水文地质条件;为各类工程建筑物和建筑材料场地初步设计提供地质资料。

1) 定测阶段工程地质勘察工作内容

(1)熟悉可行性研究资料及方案比选过程,补充搜集有关区域地质及工程地质资料。

(2)研究可行性研究报告批复意见及定测勘察要求,结合工程地质条件提出对线路方案的改善意见。

(3)工程地质勘察工作全面开展前,宜统一技术工作标准,提出工程地质勘察中的注意事项。

(4)配合有关专业进行沿线会勘,实地了解线路位置概略情况及可能出现的局部修改方案地段的工程地质条件。

(5)工程地质勘察工作应采用综合勘察方法、资料整理时应进行综合分析。

(6)工程地质勘察工作宜按工点进行,应结合区域地质条件,详细查明场地地质条件,合理布置勘探、测试工作。

2) 定测阶段工程地质调绘

应根据沿线地质特点,结合工程类型开展工作。应包括下列内容:

(1)对有价值的局部比较方案,提供评定方案的工程地质资料及方案选择的意见。

(2)受工程地质条件控制的地段,宜采用地质横断面选线,必要时应实地试线确定线路位置。

(3)详细查明地形地貌形态与地层岩性、地质构造之间的关系及其对工程的影响,预测工程设置、施工可能出现的工程地质问题。

(4)实地复核、修改、补充详细工程地质图,为绘制详细工程地质纵断面图搜集地质素材。

(5)已设置且影响工程稳定的地质观测站(点),应继续进行观测。

3) 定制阶段工程勘探

(1)勘探点的布置:①勘探点的布置应根据地质复杂程度和不良地质、特殊岩土的性质,以及建筑物的布置范围确定。②工程地质断面图上地质界线的确定应以地质点为依据,代表性工程地质断面图不得少于2~3个地质点(包括观测点)。③区域地质条件规律性明显、地层简单时,可用代表性勘探点资料,提供一般建筑物的设计。④每一段路基地段应布置适量勘探孔,以满足编制详细工程地质纵断面图要求和不遗漏对线路安全有影响的工程地质问题。

(2)勘探点的深度:除应满足各类建筑工程勘探要求外,尚应满足下列要求。①对一般基础工程应超过最大季节冻结深度及基础持力层深度。②对受常年或季节性水流冲刷的基础工程应超过水流最大冲刷深度。③地震动峰值加速度为 0.1g 及以上地区,地基土为饱和砂土、粉土地层时,应大于地震可液化层深度。④若第四纪覆盖较薄,应结合建筑物对地基强度的要求和基岩形态、性质及其风化带的力学强度来确定,一般应超过岩层全风化带至强风化(或弱风化带),必要时至微风化带内一定深度。⑤位于陡立谷坡上的基础工程,应穿透该谷坡稳定坡角线以下,并达持力层。⑥探明地质构造(如断裂)、水文地质条件、不良地质和特殊岩土的勘探测试孔应视具体情况确定。

(3)钻孔物探测井或原位测试:①地质复杂地段的钻探,由于岩芯漏层可能对工程稳定及施工安全有影响的钻孔。②需测定地下水水位、层数、流向、流速或渗透系数的钻孔。③需测定岩层原始地应力和地温的钻孔;④有特殊要求的钻孔。

上面各类情况的钻孔宜进行物探测井或原位测试。

4) 岩土参数的测试工作要求

(1)第四系堆积地层宜采用原位测试方法、室内试验或经验方法,分层提供设计所需的参数。

(2)应根据工程场地条件、区域地质、不良地质和特殊岩土的发育情况,分别采取岩、土、水样进行分析试验。

(3)有不利结构面危及工程稳定和施工安全时,也可选择适当地点作大面积剪切试验。

(4)软土及松软土地区宜采用土工试验和静力触探、十字板剪切试验相结合的方法为工程设计提供物理、力学数据。

5) 资料整编

(1) 定测阶段工程地质勘察资料编制要求：①地质勘察资料编制工作应按资料整理程序开展工作。其中基础资料应结合场地情况，对各类地质勘察资料进行认真分析、综合对比；岩土参数结合地质条件，剔除异常致据后再分类统计。②各类建筑物、不良地质、特殊岩土工点的工程地质勘察报告（工程地质说明）。③勘探、测试资料及其他原始资料分类分析整理，汇总成册。

(2) 初步设计地质篇编制：①勘察概况：简述勘察依据、勘测范围、勘测经过、可行性研究地质篇审批意见的主要内容及执行情况、定测工程地质勘察大纲要点、执行情况及完成的勘探工作量；②自然地理概况：简述线路通过地区地形地貌、交通、气象特征、季节性冻土深度段落划分等。③地层、构造及地震：内容包括沿线地层岩性、地质构造、新构造运动与地震、地震动参数的区划等。④水文地质特征：内容包括地表水、地下水的分布及特征。⑤工程地质条件特征：详细阐述沿线有关的不良地质、特殊岩土的分布、特征及工程处理措施意见、特殊自然灾害的评价及工程措施意见（必要时）、沿线水（土）侵蚀性评价等。⑥地质灾害评估、压覆矿产资源评估和地震安全性评价的主要结论。⑦建设项目地质条件评价：详细阐述重要路基、桥梁和隧道工程地质条件、评价及工程措施建议，其他重大工程或地质条件复杂工程的地质条件评价及工程措施意见，主要天然建筑料料场地的地质条件及对储量和质量的评价，工程建设对地质环境的主要影响、建设项目工程地质条件的总体评价等。⑧地质风险因素及控制措施建议：根据地质条件、风险等级、周边环境、邻近工程重点部位和环节等因素，提出地质风险主要因素及控制措施建议。⑨补充定测及施工中应重视的工程地质问题及注意事项：主要阐述补充定测应重解决的问题，沿线环境地质条件改变后可能引起的工程地质问题和施工应注意的工程地质问题。⑩附件内容：主要工点、地质复杂工点的工程地质勘察报告，全线工程地质图、详细工程地质图及纵断面，地震安全性评价报告、地质灾害危险性评估报告、压覆矿产资源评估报告、专项地质工作报告等。

(3) 详细工程地质图：①比例为1：2000～1：5000（补充修改可行性研究的详细工程地质图），详细工程地质纵断面图，比例为横1：10 000、竖1：200～1：1000，也可与线路详细纵断面图合并，填绘地层、岩性、地质构造、岩土施工工程分级。②代表性勘探点及对工程有影响的地下水位线，用花纹符号或文字与花纹符号结合绘制，工程地质特征栏内分段简述地质概况。

(4) 其他类资料：勘探、测试资料及其他原始资料分类分析整理、装订成册。

5. 补充定测

补充定测阶段工程地质勘察应根据工程勘察任务书要求，在定测阶段工程地质勘察资料基础上，充分利用既有工程地质资料，进行工程地质补充勘察工作，提供沿线各类工程施工图所需工程地质资料。

1) 补充定测阶段工程地质调绘工作要求

(1) 按工点核对、补充地质调绘资料，地质条件复杂工点、尚遗留地质疑点时，应从影响因素入手，多角度反复调查，详细查明场地地质条件。

(2) 修改、补充详细工程地质图，为修改详细工程地质纵断面图收集资料。

(3) 影响施工安全并已设点进行观测的站点，应继续进行观测。

2) 补充定测阶段工程勘探和地质测试

(1) 应在分析既有地质资料的基础上，结合场地工程地质条件，按施工图设计要求补充勘探、测试工作。

(2) 勘探测试数量与孔深应根据场地地质条件、工程设置、初步设计地质资料情况确定。

(3) 测试内容应根据既有工程地质资料情况及工程施工图设计所需岩、土、水参数要求确定。

3) 资料整编

(1) 工程地质勘察资料应首先将既有地质资料和本阶段工程地质勘察资料一起汇总分析，出现差异、分析原因，做出判断，然后按程序进行。

(2) 工程地质勘察报告编写内容可参照定测阶段工程地质勘察报告要求编写，内容中应着重评价工程地质特征、各类工程的地质条件、施工中应注意的工程地质问题。

(3)利用补充定测阶段工程地质资料,补充、修改初步设计阶段详细工程地质图和详细工程地质纵断面图。

(4)勘探、测试资料及其它原始资料应分类整理,装订成册。

6. 隧道工程勘察

1)隧道工程位置选择原则

(1)隧道应选择在地质构造简单、地层单一、岩体完整等工程地质条件较好的地段,以隧道轴线垂直岩层走向最为有利。

(2)隧道应避开断层破碎带,当必须穿过时,宜与之垂直或以大角度穿过。

(3)隧道应避开岩溶强烈发育区、地下水富集区、有害气体及放射性地层、地层松软地带;当必须通过时,应开展专门研究工作,预测隧道通过上述地段可能产生的地质问题。

(4)地质构造复杂、岩体破碎、堆积层厚等工程地质条件较差的傍山隧道,宜向山脊线内移,加长隧道,避免短隧道群。

(5)隧道洞口应选择在山坡稳定、覆盖层厚度薄、无不良地质之处,宜早进洞、晚出洞;寒区隧道洞口宜避开冻土现象发育地段,洞身宜避开地下冰及地下水发育地带。

(6)隧道顺褶曲构造轴线布置时,宜避绕褶曲轴部破碎带,选择在地质条件较好的一侧翼部通过。

(7)隧道宜避开高地应力区,不能避开时,洞轴宜平行最大主应力方向。

2)隧道工程地质调绘

(1)查明隧道通过地段地形、地貌、地层、岩性、地质构造。岩质隧道应着重查明岩层层理、片理、节理、软弱结构面的产状及组合形式,查明断层、褶皱的性质、产状、宽度及破碎程度;土质隧道应着重查明土的成因类型、结构、成分、密实程度、潮湿程度等。

(2)查明洞身是否通过煤层、气田、膨胀性地层、采空区、有害矿体及富集放射性物质的地层等,并进行工程地质条件评价。

(3)查明不良地质、特殊岩土对隧道的影响,评价隧道可能发生的地质灾害,特别是对洞口及边仰坡的影响,提出工程措施意见。

(4)对于深埋隧道,应预测隧道地温情况。

(5)深埋及构造应力集中段,对坚硬、致密、性脆岩层应预测岩爆的可能性,对软质岩层应预测围岩大变形的可能性。

(6)对隧道浅埋段及洞口段应查明覆盖层厚度、岩土体的风化和破碎程度、含水情况,评价其对隧道洞身围岩及洞口边、仰坡稳定的影响。

(7)对傍山隧道、外侧洞壁较薄时,应预测偏压危害。

(8)应根据地质调绘、物探及验证性钻探、测试成果资料,综合分析岩性、构造、地下水状态、初始地应力状态等围岩地质条件,结合岩体完整性指数、岩体纵波速度等,分段确定隧道围岩分级。

(9)接长明洞地段,应查明明洞基底的工程地质条件。

(10)当设置有横洞、平行坑道、斜井、竖井等辅助坑道时,应查明地基工程地质条件。

(11)多年冻土地区隧道还应查明冻土类型、分布、特征、地下水类型、补给、径流、排泄及动态特征,多年冻土的下限深度及其洞身的冻土工程地质条件。

(12)隧道弃渣应查明场地范围内地形、地貌、地层岩性、水文地质、不良地质、特殊岩土及弃渣场挡护工程的地基地质情况;场地内水文、植被、地质灾害的发育情况,弃渣场周边的地质情况、对环境的影响及可能导致的次生地质灾害。

3)隧道通过地段的水文地质工作内容

(1)查明隧洞通过地段的井、泉情况,分析水文地质条件,判明地下水的类型、水质、侵蚀性、补给来源等,预测洞身最大及正常分段涌水量,并取样水质分析。

(2)在岩溶发育区,应分析突水、突泥的危险、充分估计隧道施工诱发地面塌陷和地表水漏失等破坏环境条件的问题,并提出相应工程措施意见。

(3)特长隧道、长度3km及以上的岩溶隧道和地质条件复杂的隧道,应提出可能发生的灾害类型和进行超前预报的重点段落及技术要求。

4) 隧道工程勘探

隧道工程勘探及地质测试应结合采用的施工方法进行,并符合下列要求:

(1)地质条件复杂的隧道应加强地质调绘,采用物探、钻探等综合勘探方法,深钻孔应综合利用。

(2)钻孔位置和数量应视地质复杂程度而定。洞门附近第四系地层较厚时,应布置勘探孔点;地质复杂,长度大于1000m的隧道,洞身段应按不同地貌及地质单元布置勘探孔查明地质条件;主要的地质界线、重要的不良地质、特殊岩土地段、可能产生突水、突泥危害等处应有钻孔控制,重要物探异常点应有钻探验证,穿越城市和大江大河的隧道应按城市铁路隧道或水下隧道工程进行地质勘察,洞身地段的钻孔位置宜布置在中线外8~10m,钻探完毕,应回填封孔。

(3)钻探深度应至路肩以下3~5m,遇溶洞、暗河及其他不良地质时,应适当加深至溶洞及暗河底以下5m。

(4)钻探中应作好水位观测记录,探明含水层的位置和厚度,并取样作水质分析。水文地质条件复杂的隧道,应进行水文地质试验,测定地下水的流向、流速及岩土的渗透性,计算涌水量,必要时应进行地下水动态观测。

(5)应取代表性岩土试样进行物理力学性质试验。

(6)对有害矿体和气体应取样作定性、定量分析。

(7)隧道弃渣场应根据工程设置布设必要的勘探及测试作。

5) 资料编制内容

(1)工程地质勘察报告或说明。

(2)隧道线路方案工程地质图(必要时绘制),比例尺为1:5000~1:50 000。

(3)隧道地区地质构造图(隧道长度大于3000m且地质构造复杂时绘制),比例尺为1:10 000~1:200 000。

(4)隧道地区水文地质图(水文地质条件复杂时绘制),比例尺为1:5000~1:50 000。

(5)隧道工程地质图(特长隧道、长隧道、多线隧道及地质构造复杂的隧道绘制,一般隧道视需要绘制),比例尺为1:2000~1:10 000。

(6)隧道工程地质纵断面图,比例尺为横1:500~1:5000,竖1:200~1:5000,横竖比例尺宜一致。

(7)隧道洞身工程地质横断面图(必要时绘制),比例尺为1:200或1:500。

(8)隧道洞口工程地质图,比例尺为1:500;隧道洞口工程地质纵断面图,比例尺为1:200;隧道洞口工程地质横断面图,比例尺为1:200。

(9)明洞边墙墙址工程地质纵断面图(必要时绘制),比例尺为横1:200~1:2000,竖1:100~1:500;隧道辅助坑道(横洞、平行导坑、斜井、竖井等)地质图件及说明(必要时绘制)。

(10)勘探、测试资料。

6) 各阶段勘察一般要求

(1)初测阶段隧道工程地质勘察应符合下列要求:①特长隧道、控制线路方案的长隧道、多线隧道宜采用遥感图像地质解释、地质调绘、综合物探和少量钻探相结合的方法为隧道位置和施工方法的选择、工程地质条件评价提供资料,宜沿洞身纵断面布置物探、钻探、测试工作。②编制工程地质勘察报告或说明。③编制隧道纵断面图,并分段提供隧道围岩分级。④编制隧道线路方案工程地质图或隧道地区地质构造图。⑤一般隧道可作代表性勘探,测试工作,并在沿线工程地质分段说明中简要叙述隧道工程地质条件和围岩分级。⑥对采用钻爆法施工长度大大于5km且地质条件复杂(包括高应力、富水、含有瓦斯等有害气体及大跨度隧道等)应进行地质因素的风险评价。

(2)定测阶段应开展下列工作：①分段查明沿线工程地质条件，提供区内相关地层的物理力学参数。②应查明地下水类型及相关参数，并评价对拟建工程的影响。③地震动峰值加速度为 0.1g 及以上地区应进行场地地震效应评价。④应查明不良地质及地下障碍物，分析其对工程的影响，并提出建议及对策。

7）无砟轨道铁路和时速 200km 及以上有砟轨道铁路的隧道工程地质勘察工作除应符合上述规定外，还应满足下列要求

(1)隧道洞身的勘探应根据地层及地质构造发育情况，适当增加勘探与测试工作量；埋深小于 100m 的较浅隧道或洞身段沟谷较发育的隧道，勘探点间距不宜大于 500m；埋深较大隧道勘探点的布置应根据地质调查及物探成果专门研究确定。断层和物探异常点应有勘探点控制。

(2)充分利用物探成果和其他勘探资料，综合分析隧道的工程地质和水文地质条件，合理确定隧道的围岩分级。

(3)通过粉土、黏性土、黄土地段内隧道，应根据设计需要增加渗透系数和固结系数等项目的试验。

8）特长隧道、长隧道或地质条件复杂的隧道

应做好隧道地质条件的宏观控制，提出应重点监测或进行超前地质预报的方法和段落，以预防突发性地质灾害。做好配合施工工作，及时调整围岩级别和变更设计。

五、公路行业隧洞勘察技术及要求

《公路工程地质勘察规范》(JTG C20—2011)中公路工程地质勘察可分为预可行性研究阶段工程地质勘察(简称预可勘察)、工程可行性研究阶段工程地质勘察(简称工可勘察)、初步设计阶段工程地质勘察(简称初步勘察)和施工图设计阶段工程地质勘察(简称详细勘察)四个阶段。

1. 预可勘察

预可勘察应了解公路建设项目所处区域的工程地质条件及存在的工程地质问题，为编制预可行性研究报告提供工程地质资料。

(1)预可勘察完成工作内容。预可勘察应充分搜集区域地质、地震、气象、水文、采矿、灾害防治与评估等资料，采用资料分析、遥感工程地质解译、现场踏勘调查等方法，对各路线走廊带或通道的工程地质条件进行研究，并完成下列各项工作内容。①了解各路线走廊带或通道的地形地貌、地层岩性、地质构造、水文地质条件、地震动参数、不良地质和特殊性岩土的类型、分布范围、发育规律。②了解当地建筑材料的分布状况和采购运输条件。③评估各路线走廊带或通道的工程地质条件及主要工程地质问题。④编制预可行性研究阶段工程地质勘察报告。

(2)工程地质测绘。遥感解译及踏勘调查应沿拟定的路线及其两侧的带状范围进行，工程地质调查的比例尺为 1∶50 000～1∶100 000，调查宽度应满足路线走廊及通道方案比选的需要。

(3)工程地质勘探。跨江、海独立公路工程建设项目应进行工程地质勘探，并符合下列要求：①应通过资料分析、遥感工程地质解译、现场踏勘调查等明确勘探的重点及问题。②应沿拟定的通道布设纵向物探断面，数量不宜少于 2 条。当存在可能影响工程方案的区域性活动断裂等重大地质问题时，应根据实际情况增加物探断面的数量。③区域性断裂异常点、桥梁深水基础、水下隧道，应进行钻探，取样和测试应符合本规范第 5 章的规定。

(4)预可勘察报告。①文字说明：应对拟建工程项目的工程地质条件、存在的工程地质问题及筑路材料的分布状况和运输条件等进行说明，对各路线走廊带或通道的工程地质条件进行评估、对下一阶段的工程地质勘察工作提出意见和建议。②图表资料：1∶50 000～1∶100 000 路线工程地质平面图及附图、附表、照片等，跨江、跨海的桥隧工程，应编制工程地质断面图。

2. 工可阶段勘察

工可勘察应初步查明公路沿线的工程地质条件和对公路建设规模有影响的工程地质问题，为编制

工程可行性研究报告提供工程地质资料。

1）工可勘察完成工作内容

应以资料搜集和工程地质调绘为主,辅以必要的勘探手段,对项目建设各工程方案的工程地质条件进行研究,完成下列各项工作内容。

(1)了解各路线走廊或通道的地形地貌、地层岩性、地质构造、水文地质条件、地震动参数、不良地质和特殊性岩土的类型、分布及发育规律。

(2)初步查明沿线水库、矿区的分布情况及其与路线的关系。

(3)初步查明控制路线及工程方案的不良地质和特殊性岩土的类型、性质、分布范围及发育规律。

(4)初步查明长隧道及特长隧道隧址的地层岩性、地质构造、水文地质条件、隧道围岩分级、进出口地带斜坡的稳定性、不良地质和特殊性岩土的类型、性质、分布范围及发育规律。

(5)对控制路线方案的越岭地段、区域性断裂通过的峡谷、区域性储水构造,初步查明其地层岩性、地质构造、水文地质条件及潜在不良地质的类型、规模、发育条件。

(6)初步查明筑路材料的分布、开采、运输条件以及工程用水的水质、水源情况。

(7)评价各路线走廊或通道的工程地质条件,分析存在的工程地质问题。

(8)编制工程可行性研究阶段工程地质勘察报告。

2）工程地质调绘

(1)应对区域地质、水文地质以及当地采矿资料等进行复核,区域地层界线、断层线、不良地质和特殊性岩土发育地带、地下水排泄区等应进行实地踏勘,并做好复核记录。

(2)工程地质调绘的比例尺为1∶10 000～1∶50 000,范围应包括各路线走廊或通道所处的带状区域。

3）工程勘探

遇有下列情况,当通过资料搜集、工程地质调绘不能初步查明其工程地质条件时,应进行工程地质勘探:①控制路线及工程方案的不良地质和特殊性岩土路段。②特大桥、特长隧道、地质条件复杂的大桥及长隧道等控制性工程。③控制路线方案的越岭路段、区域性断裂通过的峡谷、区域性储水构造。④跨江、海独立公路工程建设项目。

4）工可勘察报告

(1)文字说明:应对公路沿线的地形地貌、地层岩性、地质构造、水文地质条件、新构造运动、地震动参数等基本地质条件进行说明;对不良地质和特殊性岩土应阐明其类型、性质、分布范围、发育规律及其对公路工程的影响和避开的可能性;路线通过区域性储水构造或地下水排泄区,应对路线方案有重大影响的水文地质及工程地质问题进行充分论证、比选,对工程地质条件进行说明、评价,提供工程方案论证、比选所需的岩土参数。

(2)图表资料1∶10 000～1∶50 000线路工程地质平面图;1∶10 000～1∶50 000路线工程地质纵断面图;1∶2 000～1∶10 000重要工点工程地质平面图;1∶2 000～1∶10 000重要工点工程地质断面图附图;附表和照片等。

3. 初步勘察

1）一般规定

(1)初步勘察应基本查明公路沿线及各类构筑物建设场地的工程地质条件,为工程方案比选及初步设计文件编制提供工程地质资料。

(2)初步勘察应与路线和各类构筑物的方案设计相结合,根据现场地形地质条件,采用遥感解译、工程地质调绘、钻探、物探、原位测试等手段相结合的综合勘察方法,对路线及各类构筑物工程建设场地的工程地质条件进行勘察。

(3)初步勘察应对工程项目建设可能诱发的地质灾害和环境工程地质问题进行分析、预测,评估其对公路工程和环境的影响。

2) 隧道勘察工作内容

(1)隧道初勘应根据现场地形地质条件,结合隧道的建设规模、标准和方案比选,确定勘察的范围、内容和重点,并应基本查明以下内容:①地形地貌、地层岩性、水文地质条件、地震动参数;不良地质和特殊性岩土的类型、分布、性质;褶皱的类型、规模、形态特征;断裂的类型、规模、产状,破碎带宽度、物质组成、胶结程度、活动性。②隧道浅埋段覆盖层的厚度、岩体的风化程度、含水状态及稳定性,隧道围岩岩体的完整性、风化程度、围岩等级;隧道进出口地带地质结构、自然稳定状况、隧道施工诱发滑坡等地质灾害的可能性。③水库、河流、煤层、采空区、气田、含盐地层、膨胀性地层、有害矿体及富含放射性物质的地层的发育情况;深埋隧道及构造应力集中地段的地温、围岩产生岩爆或大变形的可能性。④地下水的类型、分布、水质、涌水量;岩溶、断裂、地表水体发育地段产生突水、突泥及塌方冒顶的可能性。⑤评价平行导洞、斜井、竖井等辅助坑道的工程地质条件;傍山隧道存在偏压的可能性及其危害;洞门基底的地质条件、地基岩土的物理力学性质和承载力。

(2)当两个或两个以上的隧道工程方案需进行同深度比选时,应进行同深度勘察。

3) 隧洞位置选择

根据地质条件选择隧道的位置应符合下列规定:

(1)隧道应选择在地层稳定、构造简单、地下水不发育、进出口条件有利的位置,隧道轴线宜与岩层、区域构造线的走向垂直。

(2)隧道应避免沿褶皱轴部,平行于区域性大断裂,以及在断裂交会部位通过。

(3)隧道应避开高应力区,无法避开时洞轴线宜平行最大主应力方向。

(4)隧道应避免通过岩溶发育区、地下水富集区和地层松软地带。

(5)隧道洞口应避开滑坡、崩塌、岩堆、危岩、泥石流等不良地质,以及排水困难的沟谷低洼地带。

(6)傍山隧道,洞轴线宜向山体一侧内移,避开外侧构造复杂、岩体卸荷开裂、风化严重,以及堆积层和不良地质地段。

4) 隧洞工程地质勘探

(1)隧道勘探应以钻探为主,结合必要的物探、挖探等手段进行综合勘探。钻孔宜沿隧道中心线,并在洞壁外侧不小于5m 的下列位置布置。①地层分界线、断层、物探异常点、储水构造或地下水发育地段。②高应力区围岩可能产生岩爆或大变形的地段。③膨胀性岩土、岩盐等特殊性岩土分布地段。④岩溶、采空区、隧道浅埋段及可能产生突泥、突水部位。⑤煤系地层、含放射性物质的地层。⑥覆盖层发育或地质条件复杂的隧道进出口。

(2)勘探深度应至路线设计高程以下不小于5m,遇采空区、岩溶、地下暗河等不良地质时,勘探深度应至稳定底板以下不小于8m。

(3)洞身段钻孔,在设计高程以上3~5倍的洞径范围内应采取岩、土试样,同一地层中,岩、土试样的数量不宜少于6组;进出口段钻孔,应分层采取岩、土试样。

(4)遇有地下水时,应进行水位观测和记录,量测初见水位和稳定水位,判明含水层位置、厚度和地下水的类型、流量等。

(5)在钻探过程中,遇到有害气体.放射性矿床时。应做好详细记录,探明其位置、厚度,采集试样进行测试分析。

(6)对岩性单一、露头清楚、地质构造简单的短隧道,可通过调绘查明隧址工程地质条件。

5) 工程地质及水文地质调绘

(1)工程地质调绘应沿拟定的隧道轴线及其两侧各不小于200m 的带状区域进行,调绘比例尺为1:2 000。

(2)当两个及以上特长隧道、长隧道方案进行比选时,应进行隧址区域工程地质调绘,调绘比例尺为1:10 000~1:50 000。

(3)特长隧道及长隧道应结合隧道涌水量分析评价进行专项区域水文地质调绘,调绘比例尺为

1∶10 000～1∶50 000。

(4)工程地质调绘及水文地质调绘采用的地层单位宜结合水文地质及工程地质评价的需要划分至岩性段。

(5)有岩石露头时,应进行节理调查统计。节理调查统计点应靠近洞轴线,在隧道洞身及进出口地段选择代表性位置布设,同一围岩分段的节理调查统计点数量不宜少于2个。

6) 工程地质及水文地质测试的规定

(1)地下水发育时,应进行抽(注)水试验,分层获取各含水层水文地质参数,并评价其富水性和涌水量,水文地质条件复杂时,应进行地下水动态观测。

(2)在孔底或路线设计高程以上3～5倍的洞径范围内应进行孔内波速测试,采取岩石试样做岩块波速测试,获取围岩岩体的完整性指标。

(3)当岩芯采集困难或采用钻探难以判明孔内的地质情况时,宜在方法试验的基础上选择物探方法,进行孔内综合物探测井。

(4)深埋隧道及高应力区隧道应进行地应力测试。隧道的地应力测试应结合地形地貌单元选择在代表性钻孔中进行,地应力测试宜采用水压致裂法。

(5)有害气体、放射性矿体等应按相关规定进行测试、分析。

(6)高寒地区应进行地温测试,提供隧道洞门和排水设计所需的地温资料。

(7)对岩、土进行室内试验工作,采取地表水和地下水样,做水质分析,评价水的腐蚀性。

7) 对隧道围岩基本质量打分

根据地下水、结构面、地应力等进行修正,隧洞围岩分级应按JTG C20—2011规范中附录F确定。

8) 隧道的地下水涌水量

应根据隧址水文地质条件选择水文地质比拟法、水均衡法、地下水动力学方法等进行综合分析评价。

9) 隧道初勘提供相关资料

(1)地质条件简单的短隧道可列表说明其工程地质条件,特长隧道、长隧道、中隧道和地质条件复杂的短隧道应按工点编制文字说明和图表资料。

(2)文字说明应对隧道工程建设场地的水文地质及工程地质条件进行说明,分段评价隧道的围岩等级;分析隧洞进出口地段边坡的稳定性及形成滑坡等地质灾害的可能性;分析高应力区岩石产生岩爆和软岩产生围岩大变形的可能性;对傍山隧道产生偏压的可能性进行评估;分析隧道通过储水构造、断裂带、岩溶等不良地质地段时产生突水、突泥、塌方的可能性;隧道通过煤层气田、含盐地层、膨胀性地层、有害矿体、富含放射性物质的地层时,分析有毒气体(物质)对工程建设的影响,对隧道的地下水涌水量进行分析计算;评估隧道工程建设对当地环境可能造成的不良影响及隧道工程建设场地的适宜性。

(3)图表资料包括1∶10 000隧址区域水文地质平面图;1∶10 000隧址区域工程地质平面图;1∶2000隧道工程地质平面图;1∶2000隧道工程地质纵断面图;1∶100～1∶2000隧道洞口工程地质平面图;1∶100～1∶2000隧道洞口工程地质勘断面图;1∶50～1∶20钻孔柱状图;物探、测井资料;原位测试、地应力测量资料;水文地质测试资料;岩、土、水测试资料;有害气体、放射性矿体、地温测试资料;附图、附表和照片。

4. 详细勘察

1) 一般规定

(1)详细勘察应查明公路沿线及各类构筑物建设场地的工程地质条件,为施工图设计提供工程地质资料。

(2)详细勘察应充分利用初勘取得的各项地质资料,采用以钻探、测试为主,调绘、物探、简易勘探等手段为辅的综合勘察方法,对路线及各类构筑物建设场地的工程地质条件进行勘察。

2）隧洞勘察

（1）隧道详勘应根据现场地形地质条件和隧道类型，规模制订勘察方案，查明隧址的水文地质及工程地质条件，其内容应符合初步勘察工作内容的规定。

（2）隧道详勘察对初勘工程地质调绘资料进行核实。当隧道偏离初步设计位置或地质条件需进一步查明时，应进行补充工程地质调绘，补充工程地质调绘的比例尺为1∶2 000。

（3）勘探测试点应在初步勘察的基础上，根据现场地形地质条件，及水文地质、工程地质评价的要求进行加密；勘探、取样、测试应初勘工作中相关规定。

（4）隧道围岩分级前先对隧道围岩基本质量打分，并根据地下水，结构面、地应力等进行修正，隧洞围岩分级应按JTG C20—2011规范中附录F确定。

（5）隧道的地下水涌水量应根据隧址水文地质条件选择水文地质比拟法、水均衡法、地下水动力学方法等进行综合分析评价。

（6）资料要求应符合初步勘察的规定。

第三节　软岩大变形勘察研究工程实例

一、万州堡镇隧洞软弱夹层状围岩变形

山区地形、地貌特征决定了交通、水工等工程中必然出现大量隧道及地下洞室，而山区地质构造和岩性较为复杂，隧道及洞室的开挖往往不得不穿越各种不良地质，软弱夹层就是其中之一。软弱夹层一般指岩体中，在岩性上比上、下岩层显著软弱的岩层，层状夹层的厚度变化较大。在穿越软弱夹层过程中，如果认识不够、施工不当或措施不力，常会造成不同规模的塌方，不仅给施工带来极大困难，延误工期，耗费资金，并且给施工和运营安全带来隐患。

对于具有明显层状岩体结构特征的围岩，由于其沉积环境的不同以及地质运动的影响，造成各岩层的物理力学性质不同，有时差别甚大。围岩变形破坏发展的程度则取决于各岩层间的相互作用关系。大量工程实践表明，层状岩体中的软弱夹层对岩体的整体稳定性具有重要影响，甚至在某些条件下控制着岩体的稳定性。为此，本书以堡镇隧道层状岩层中存在顺层发育的软弱夹层为研究对象，对软弱夹层的破坏特性以及与相邻岩层的相互作用关系进行了研究，深入分析软弱夹层对层状岩体中隧道围岩稳定性的影响及作用机理，并在此基础上建立了含软弱夹层围岩的组合系统力学模型，揭示了含软弱夹层围岩的破坏机理及失稳过程。

1. 工程概况（郭富利等，2008）

堡镇隧道是宜万铁路建设的控制性工程之一，地质条件之复杂实属罕见，工程特点可以概括为：深埋、偏压、富水、高地应力、软岩、顺层、山高谷深、地质复杂、施工风险多、科技含量大、建设标准高。

隧道位于贺家坪至椰坪之间，采用左、右两单线方案，全长约11.5km。左线DK72+834～DK79+887段及右线YDK72+248～YDK79+995段埋深较大，局部地段达到630m左右；左线穿越志留系碎屑岩10.263km，其中O_{2+3}泥灰岩、页岩段长1.3km，按照国际岩石力学学会于1990年和1993年定义的软岩概念（单轴抗压强度为0.5～25MPa的一类岩石）来看，基本为软岩。围岩级别划分情况如下：Ⅲ级围岩长4818m，占整个隧道长度的41.67%；Ⅳ级围岩长6589m，占整个隧道长度的56.98%；Ⅴ级围岩长156m，占整个隧道长度的1.35%。根据测试及分析隧道洞身最大水平主应力为16MPa，隧道横截面内的最大初始应力σ_{max}约14.75MPa。对应岩体（炭质页岩、砂质页岩、灰岩）的单轴抗压强度（R_c）为3.9～9.1MPa，$R_c/\sigma_{max}=0.26\sim 0.6<4$，根据国标《工程岩体分级标准》（GB 50218—2014），该区属极高应力区，隧道极可能产生大的位移和变形。

2. 含软弱夹层围岩的变形特点

隧道开挖引起围岩应力重分布，围岩将按照其应力-应变关系随应力而产生相应的变位，以适应应

力状态的变化,并在围岩系统能量最低的原则下,与围岩应力共同发展演化,以求在新的平衡点上达到新的稳定平衡状态,这一过程即围岩的动态过程。由于围岩变形和破坏是围岩动态过程最终表现和结果,包含了围岩动态各方面的丰富的信息,人们非常注重用它来研究围岩动态过程。在地下洞室施工过程中,软弱夹层对洞室围岩稳定性的影响是巨大的,目前已引起了工程地质界的广泛关注,相关规范中已将软弱夹层定性为不良工程地质。针对软弱夹层的发育规律和与其密切相关的特殊岩体结构形式,围岩的变形和破坏也是特殊的。从堡镇隧道左线出口所揭示的三种不同围岩情况来看,其变形破坏程度相差很大,但掌子面包含软弱夹层的隧道围岩,不论是岩性较好,较为完整的砂质页岩,还是高地应力,围岩破碎的炭质页岩,其变形破坏程度较相邻段同类围岩严重得多。

1) 软弱夹层对砂质页岩变形的影响

左线出口段 DK81+100~DK80+080、DK79+850~DK79+380 段围岩为砂质页岩,岩层产状为 357°∠56°,节理发育,层理明显,有渗水,弱风化,稳定性较好,开挖面偶有掉块现象,局部地段分布着炭质页岩,根据堡镇隧道所揭示的不同围岩室内三轴试验结果(表 14.3-1)可知,炭质页岩较砂质页岩强度低,此时炭质页岩作为软弱夹层成为整个围岩系统中的薄弱环节。DK81+100~DK80+080、DK79+850~DK79+380 段围岩变形情况如图 14.3-1、图 14.3-2 所示。

表 14.3-1 堡镇隧道岩石试验力学特性参数

岩性	饱水时间	围压/MPa	割线模量/MPa	极限强度/MPa	残余强度/MPa
灰岩	1月	0	149.18	51.0	2.36
		5	244.62	68.3	6.35
		10	250.93	73.7	11.24
		15	299.8	95.1	16.36
		20	328.39	97.7	20.12
		25	349.23	102.0	24.23
砂质页岩	1月	0	96.35	14.6	1.98
		5	105.51	38.4	4.36
		10	126.88	45.0	6.25
		15	227.3	52.8	6.85
		20	269.84	93.1	10.21
		25	320.25	107.5	14.10
炭质页岩	1月	0	28.29	4.25	0.87
		5	50.36	8.4	1.95
		10	128.36	12.71	4.47
		15	170.25	16.85	6.14
		20	176.31	25.5	11.21
		25	229.17	38.10	14.21

从图 14.3-1 可以发现,除了洞口附近 DK81+100~DK81+080 围岩,由于风化严重而导致的收敛变形偏大外,从 DK81+060 开始,变形值急剧下降,水平收敛值为 8.38~55.91mm,拱顶下沉为 1.66~

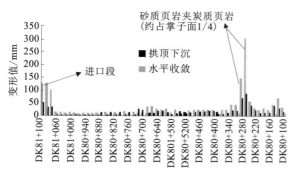
图14.3-1　DK81+100～DK80+080段围岩变形统计图

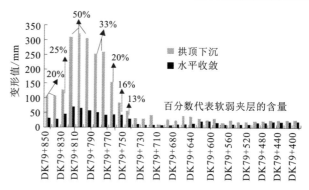
图14.3-2　DK79+850～DK79+380段围岩变形统计图

39.18mm。DK81+260～DK81+240段砂质页岩中分布着炭质页岩,围岩变形值急剧上升,水平收敛值为151.51～306.28mm,拱顶下沉为67.62～86.53mm。从DK81+220开始,围岩变形又开始下降,水平收敛值为23.89～68.15mm,拱顶下沉为67.62～86.53mm。

图14.3-2中百分数用来表示软弱夹层的厚度。从图中可以发现,软弱夹层的厚度与围岩变形程度密切相关,软弱夹层越厚,围岩变形程度越严重,软弱夹层成为控制围岩变形破坏的关键性因素。DK79+740～DK79+700段围岩(砂质页岩)中有灰岩分布,从表14.3-1可以知道,两者的强度相差不大,没有引起大的变形。

2) 软弱夹层对炭质页岩变形的影响

左线隧道从DK79+995进入高应力地段,分别在DK79+851～DK79+700和DK79+170～DK78+977段遇到了炭质页岩,其中变形最严重地段DK79+170～DK78+970掌子面岩层产状为350°∠54°,岩体结构呈薄及中厚层状,节理发育,裂隙水丰富,地下水水量及出露位置不稳定,经常发生变化,强风化,稳定差,岩质破碎,有褶皱和岩芯饼化现象,局部地段掌子面分布着泥岩夹层。

从掌子面地质素描来看,变形破坏严重的地段均存在软弱夹层(泥岩),软弱夹层与围岩之间有两种组合形式(图14.3-3),不同结构组合形式引起围岩系统变形破坏的模式不同,其变形特征由其应力-应变关系和受力状态决定,不同夹层厚度、不同岩层之间空间组合结构引起围岩应力状态的变化不同,最终引起围岩位移的不同。总的来说,夹层越厚,围岩变形程度越严重;夹层与掌子面不同组合形式引起的大变形机理也不同。该段围岩最大水平收敛值相差5～6倍,最大拱顶下沉值相差约2倍。

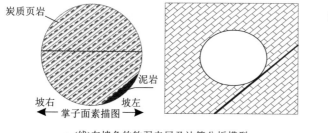
a.(线)左墙角的软弱夹层及计算分析模型

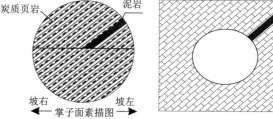
b.相交于侧墙的软弱夹层及计算分析模型

图14.3-3　炭质页岩段围岩地质素描及变形分析模型

3) 软弱夹层引起围岩变形破坏的机理

含软弱夹层围岩的破坏形式及其演化过程取决于软弱夹层与围岩组成的系统的稳定性,系统的稳定性则与系统中夹层与相邻岩层间的相互作用密切相关,而系统中岩层间的相互作用又影响着隧道围岩的动态演化过程。因此,对不同岩层的力学特性进行分析是研究组合系统稳定性的基础,岩层及其结构的破坏与隧道围岩系统的失稳是相互影响和相互制约的。

(1)围岩变形破坏模型。自隧道开挖以来,揭示了不同性质的围岩及不同岩性围岩的组合情况,不同的掌子面围岩组合情况下,变形破坏的程度有很大不同。总的来说,变形破坏严重的围岩主要发生在高地应力段,围岩以炭质页岩为主。本书拟以堡镇隧道左线出口高地应力炭质页岩段为研究对象对围岩变形破坏模型进行探讨。出口处围岩的岩体结构形式主要为薄层及中厚层状结构,结合对 DK79+170~DK78+970 段围岩掌子面地质素描和围岩变形破坏情况的比较后发现:当墙角或侧墙部位有软弱夹层分布时,水平收敛最大值为 1259.9mm,最小值为 518.93mm,拱顶下沉最大值为 299.12mm,最小值为 246.12mm;当掌子面没有软弱夹层分布时,水平收敛最大值为 195.0mm,最小值为 150.03mm,拱顶下沉最大值为 104.38mm,最小值为 71.83mm。从该段围岩变形值来看,夹层对围岩变形的影响程度十分严重,归纳起来,含软弱夹层围岩变形失稳的主要形式包括:①相切于(线)左墙角的夹层(泥岩)引起的底鼓。②相交于侧墙的夹层(泥岩)引起的侧墙变形破坏。

根据上面高地应力炭质页岩段由于软弱夹层引起围岩变形失稳的形式,总体上可以将围岩划分为两种典型岩层组合结构,相应的变形分析模型如图 14.3-3a、图 14.3-3b 所示。

(2)围岩动态演化过程。

①掌子面(线)左下脚含软弱夹层[图 14.3-3a]。掌子面围岩(线)左下脚含软弱泥岩夹层的隧道围岩动态演化过程可以用图 14.3-4 来说明,整个围岩结构中泥岩夹层是薄弱环节,变形破坏最先从这里发生。由于堡镇隧道 DK79+170~DK78+970 段水平地应力高,将夹层简化为受轴向力和横向力联合作用的梁,这时梁同时起到柱的作用。在梁柱中,围岩径向变形引起软弱夹层向洞内发生弯曲变形,加上轴向荷载的二次弯曲效应,使梁柱中弯矩增大。此时,和软弱夹层相邻的炭质页岩层,由于失去软弱夹层的约束作用变成简支梁(板),同样会受到轴向荷载的作用发生弯曲变形,由于炭质页岩层和泥岩层弹性模量、厚度的不同,他们的弯曲程度不同,结果导致泥岩夹层和炭质页岩发生离层。在高水平地应力的作用下,梁柱最终发生溃屈破坏,直到沿径向发展到一定深度达到新的平衡为止。

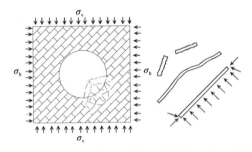

图 14.3-4 掌子面(线)左下脚含软弱夹层的力学模型

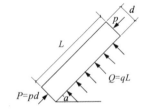

图 14.3-5 作用在梁上的联合荷载

图 14.3-4 所示的力学模型受力情况可以用图 14.3-5 来表示,在支脚处和梁柱中央弯矩为:

$$M_{\text{foot}} = \frac{qL^2}{12}\left[\frac{3(\tan V - V)}{V^2 \tan V}\right] \quad (14.3\text{-}1)$$

$$M_{\text{cent}} = \frac{qL^2}{24}\left[\frac{6(V - \sin V)}{V^2 \sin V}\right] \quad (14.3\text{-}2)$$

式中:$V = L\sqrt{\dfrac{3P}{Ed^3}} = L\sqrt{\dfrac{3p}{Ed^2}}$;$q$ 为蠕变产生的横向荷载;P 为单位宽度上的轴向总荷载;$P = pd$;$p = \sigma_h \cos^2\alpha + \sigma_v \sin^2\alpha$($\alpha$ 为岩层倾角);p 为单位高度上的轴向荷载。

式(14.3-1)、式(14.3-2)中括号内的项为只有横向荷载作用产生弯矩的倍数。

轴向荷载引起的轴向应力可加到由弯矩所引起的轴向应力上去,即最大轴向应力为

$$\sigma_{\text{总}} = p + \sigma_{\text{弯}} = p \pm \frac{6M}{d^2} \quad (14.3\text{-}3)$$

根据计算得到的总压应力(正值)或拉应力(负值)可对软弱夹层层状结构的稳定性做出判断。对于软弱夹层,其抗拉或抗压强度都很低,围岩变形破坏首先从夹层开始,夹层的弯曲破坏引起相邻岩层发生同样的破坏后,围岩承载圈出现"缺口"而不能闭合成环,引起松动圈向围岩深部扩展,直到达到新的

平衡为止。

②掌子面侧墙含软弱夹层[图 14.3-3b]。在地下工程中,开挖导致工程岩体既有卸荷又有加荷,这是地下工程与其他岩石工程的根本区别。

由于开挖引起一定范围内围岩的应力释放和转移,掌子面两侧墙含软弱夹层的围岩系统的动态演化过程经历两个阶段。

第一阶段。从图 14.3-3b 可以发现,由于围岩的强度大于软弱夹层,软弱夹层作为围岩系统的薄弱环节,在切向应力的作用下,首先到达峰值强度,夹层达到峰值强度时已进入塑性变形阶段,同时伴随着体积膨胀和顺层变形,从而对相邻岩层形成拉应力作用,使其出现弹性卸载。如图 14.3-6a 所示。此时夹层对相邻岩层所产生的最大拉应力为:

$$\sigma_t = \tau = c + \sigma_{c夹层} \cdot \tan\varphi \tag{14.3-4}$$

式中:c 为夹层内聚力;$\sigma_{c夹层}$ 为夹层峰值强度。若由式(14.3-4)得到的 σ_t 大于相邻岩层的抗拉强度,那么相邻岩层相当于在单向拉应力的作用下发生破坏;若由式(14.3-4)得到的 σ_t 小于相邻岩层的抗拉强度,那么夹层破坏将引起相邻岩层应力状态的变化(围压降低)。由表 14.3-1 可知,随围压的减小,相邻岩层的强度明显降低。因此,夹层破坏后所进行的应力调整使相邻岩层的强度降低,而当降至系统所承受的应力时,则相邻岩层发生破坏[图 14.3-6b],此时,相邻岩层与软弱夹层共同破坏,形成"等效软弱夹层"[图 14.3-6c]。等效软弱夹层与其相邻的硬岩层又组成与图 14.3-6a 类似的模型。等效软弱夹层对相邻岩层所产生的拉应力为

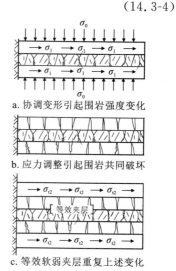

a. 协调变形引起围岩强度变化

b. 应力调整引起围岩共同破坏

c. 等效软弱夹层重复上述变化

图 14.3-6 夹层破坏引起侧墙围岩破坏的演化过程

$$\sigma_{t2} = \tau_2 = c_2 + \sigma_{n2} \cdot \tan\varphi \tag{14.3-5}$$

式中:c_2 为围岩层间黏结力,经过第一步围岩的动态演化,层理间发生相对错动导致层间黏结力 $c_2 = 0$;σ_{n2} 为等效夹层残余强度,其值等于夹层的残余强度值。比较式(14.3-4)、式(14.3-5)不难发现,在演化过程的第三步,等效夹层对围岩的应力状态改变程度较演化过程的第一步弱,但和第一步演化机理相同,开始新的演化,如此进行下去,直到等效夹层破坏后所进行的应力调整使围岩的强度大于系统所承受的应力时,这种由软弱夹层引起的围岩动态演化即发生终止。

第二阶段:悬臂梁(板)的弯折破坏。

侧墙一定范围(厚度)的围岩发生破坏后,侧墙围岩系统的力学模型如图 14.3-7 所示,此时,相邻的完整围岩由于失去破坏围岩的约束作用(或作用力降低)而成为悬臂梁(板)。如果不考虑破坏围岩对悬臂梁(板)的作用力,那么最大弯矩发生在固定端,其大小为

$$M_{max} = \frac{\sigma_\theta L^2}{2} \tag{14.3-6}$$

此时最大轴向拉应力(固定端)为

$$\sigma_弯 = \frac{6M_{max}}{d^2} \tag{14.3-7}$$

从堡镇隧道开挖揭示的围岩实际情况来看,层理发育,经过第一、二阶段的围岩动态演化后,侧墙一定厚度围岩发生破坏,由于其几乎沿洞室径向分布,使围岩承载圈向围岩深部转移,导致围岩松动圈的范围更大,DK79+170~DK78+970 段围岩变形破坏最严重的掌子面地质素描图中基本都在其侧墙位置有软弱夹层分布[图 14.3-3b]。

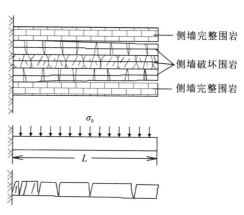

图 14.3-7 侧墙完整围岩变形破坏的力学模型

4. 围岩变形机理分析

洞室开挖前,岩体处于三向应力平衡状态,一经开挖,则原岩应力重新分布,导致巷道周边附近环向应力有很大增加,即出现应力集中,但轴向应力基本不变,而径向应力则显著降低。将洞室周边到一定深度范围的围岩变形、破坏看作是"环形试件"的三轴(低围压)压缩试验,此时,隧道周边的切向应力等价于环形试件的轴向应力,径向应力(等于支护阻力)等价于岩石试件所受的围压。但现有支护阻力太小(一般为0.1~0.25MPa),且不密贴,有空隙,故其对未破裂围岩系统基本上不起任何作用。如果集中应力小于岩体强度,那么围岩将处于弹塑性稳定状态。堡镇隧道地应力高,围岩中又有软弱夹层分布,因此,应力重新分布后夹层首先发生破坏,并经过夹层与围岩的相互作用,最终导致松动圈向围岩深部扩展,直至在一定深度取得三向应力平衡为止。深部扩展,直至在一定深度取得三向应力平衡为止。

上述过程与岩石试件在低围压下的三轴压缩试验全过程相类似,尤其岩石峰后的剪胀效应,与隧道围岩的稳定性和支护理论有着密切关系。研究显示,在软岩洞室中,围岩变形量一般接近或超过200mm,在这个变形量中,由于松动破裂带内岩体的碎胀而产生的变形占洞室变形总量的60%以上。岩石剪胀效应发生在破坏后,它不是微观结构的产生、扩展和汇集,而是岩石内部组构特征发生了显著的变化,是破裂块体之间镶嵌组合的一种结构效应。从变形特征来看,剪胀变形以岩块为基本单位,既有岩块内部质点的连续移动(3个自由度),又有岩块的整体平移和转动(6个自由度),因此,它要比质点连续移动的弹塑性变形量大得多。

堡镇隧道高地应力段软弱夹层引起的围岩大变形是以结构变形为主,非线性大变形(小应变)是其主要变形破坏形式。

5. 结论

(1)堡镇隧道为深埋高地应力软岩铁路隧道,由于其罕见的复杂地质条件,隧道成洞条件及自稳能力极差,其围岩变形具有变形速度快、变形量大且破坏严重、持续时间长的特征。

(2)夹层与围岩的强度接近时,其对隧道围岩的变形影响较小;当两者的强度差异较大时,其对隧道围岩的变形影响较大。

(3)软弱夹层是影响洞室围岩稳定性的关键因素,相关规范中已将软弱夹层定性为不良工程地质。包含软弱夹层的隧道围岩,其变形破坏程度较相邻段同类围岩严重的多,软弱夹层越厚,围岩变形破坏程度越严重。

(4)变形破坏严重的围岩主要发生在高地应力段,围岩以炭质页岩为主,并有软弱夹层分布。围岩变形失稳的主要形式包括相切于(线)左墙角的夹层引起的底鼓和相交于侧墙的夹层引起的侧墙破坏。

(5)夹层作为围岩系统的薄弱环节首先破坏,使围岩承载圈出现"缺口"而不能闭合成环,最终导致松动圈的范围增大,而围岩的变形大小与松动圈的范围密切相关。

(6)堡镇隧道围岩变形是以结构变形为主,非线性大变形(小应变)是其主要变形破坏形式。

二、引大济湟调水总干渠工程引水隧洞软岩研究

1. 工程概况

青海省"引大济湟"工程是一项大型跨流域调水工程。该工程为将水资源丰富的大通河水,引入湟水支流北川河上游宝库河,解决青海省湟水河流域地区的水资源短缺问题。

"引大济湟"工程主要由大通河石头峡水利枢纽、调水总干渠、宝库河黑泉水库和湟水南岸提灌工程等组成。调水总干渠工程为"引大济湟"的重要组成部分,调水总干渠工程由引水枢纽和大坂山引水隧洞等部分组成。

大坂山引水隧洞跨越门源县和大通县,隧洞进口位于引水枢纽右侧,穿越大坂山,出口位于青海省大通县境内。引水隧洞长24 165.83m,进口底高程2 955.6m,出口底高程2 941.7m,为圆形无压洞室,直径5m。隧洞轴线地面高程2943~4020m,最大埋深1028m,平均埋深约480m,为深埋长隧洞。

主要采用 TBM 施工，隧洞内径 5m，采用无压隧洞引水，设计引水流量 35m³/s。现引水隧洞、引水枢纽主体工程基本完工。

2. 工程区地质背景

工程区位于大坂山及其两侧的门源盆地和宝库河盆地，大坂山山顶高程在 4000m 以上，盆地的高程 2950m 左右。大通河以及宝库河由西向东流经本区，地貌上两侧为山间盆地，中间为高山。区域构造上工程区位于青藏高原北缘，处于祁连地槽褶皱系内。地质构造单元系祁连地槽褶皱系的北祁连优地槽褶皱带和中祁连中间褶皱带，进一步划分为山地强烈隆起区和盆地相对沉降区，其中北祁连优地槽褶皱带有大坂山强烈隆起区、门源盆地沉降区中的石头峡弱隆起区；中祁连中间褶皱带分为大坂山南坡隆起区和宝库河盆地区。

新构造运动在本区域以垂直升降运动为主，伴有褶皱、断裂等构造活动，地震活动频繁。区域断裂构造发育有北西西向、北北西—北西向、近东西向和北东—北东东向四组，以北西西向断裂为主，规模大，与区域构造线方向一致。

近场区总体属于第四纪及现代构造运动较强的地区，且是中强地震活动区。无论是历史地震，还是未来潜在地震，近场地震，还是远场地震，对工程区的影响烈度不大于Ⅶ度。场区引水隧洞进口部位等水工建筑物地震水平峰值加速度按 0.15g，地震动反应谱周期 0.45s；引水隧洞及其出口部位水工建筑物地震水平峰值加速度按 0.10g，地震动反应谱特征周期 0.45s。

3. 引水隧洞基本地质条件（柯于义等，2010）

大坂山最高海拔 4200～4500m，终年积雪，最低处位于大通河与宝库河河谷，海拔 2940m 左右。隧洞区地层发育较为齐全，地层时代跨度大，自古元古界至第三系地层断续分布，并分布加里东期侵入岩，不同时代的地层间均为断层接触或不整合接触，岩性种类多、地层接触关系复杂。古元古界（Pt_1）为一套灰绿片岩相-片麻岩相中-深变质片麻岩、片岩组成；奥陶系上统（O_3）为一套浅变质地槽型浅海相中基-中酸性变质火山岩、碎屑岩夹碳酸盐岩组成；二叠系（P）、三叠系上统第一段（T_3^1）均为一套紫红色砂岩夹泥质粉砂岩；三叠系上统第二段（T_3^2）为灰绿色砂岩与泥岩互层夹煤层；侏罗系（J）主要为灰绿色、灰白色泥页岩、砂岩，底部含煤层或煤线；第三系（R）主要为紫红色钙泥质胶结的砂砾岩；加里东期侵入岩主要侵入于奥陶系与古元古界地层中，以中酸性岩为主。

隧洞区褶皱和断裂构造发育，形态复杂。大坂山高山区为下古生界—古元古界的变质岩组成的老地层，两侧山麓与盆地为中—新生界新地层，构成了中间老两侧新一个大的复式背斜构造；但不同构造单元褶皱形态不同，高山区的下古生界—古元古界地层主要产出紧闭褶皱，盆地后期盖层沉积区产出开阔褶皱。隧洞沿线较大断层 20 余条，以 NWW—EW 向最为发育，表现为区域性大规模断裂带，控制着区域地质构造发展与演化历史，为左旋走滑兼逆冲性质。构造线方向为北西西向（270°～300°），隧洞轴线与地质构造线夹角 47.7°～77.7°。区域内现今的构造运动处在 NE—NEE 向的水平主压应力为主的现代构造应力场中。

4. 地应力特征

为了查明隧洞区应力状态，根据国道 227 线大坂山公路隧洞附近的 5 个钻孔中水压致裂法地应力测试工作，最大测试深度 367.77m，其中在大坂山南坡元古界地层、北坡的三叠系和侏罗系中布置了两个勘探深孔，深度达到拟建隧洞的洞身高程，获得了拟建隧洞洞身部位的地应力实测数据；其中北坡钻孔 SZK4 在软岩及软软岩中测试的最大主应力量值在深度上的变化比较明显，在小于 130m 的深度域上，最大水平主应力（S_H）值 2.10～2.95MPa，最小水平主应力（S_h）值 1.50～2.30MPa，估算出的垂直应力（S_v）值 1.89～2.98MPa，自重引起的垂直应力起主导作用。在大于 130m 的深度域上，最大水平主应力（S_H）值为 6.10～14.42MPa，最小水平主应力（S_h）值 3.90～8.42MPa，估算出的垂直应力（S_v）值 3.52～5.18MPa。两向水平应力均大于垂直应力，水平主应力占主导地位，表明一定程度的构造应力作用的现今地壳应力特征。

在大坂山南麓的中高山区,岩性为古元古界(Pt_1)一套中深变质岩系,轻混合岩化的石英片岩、片麻岩、绿泥石云母片岩等,岩性较坚硬。SZK5不同深度上12个测段的主应力测量结果是在95~352m的深度上,最大水平主应力(S_H)值2.97~20.04MPa,最小水平主应力(S_h)值2.45~12.02MPa,估算出的垂直应力(S_V)值2.57~9.51MPa。两向水平应力均大于垂直应力,水平主应力起主导作用;洞身高程2946~2951m,对应最大水平主应力(S_H)值为17.7MPa,最小水平主应力(S_h)值10.58MPa,估算出的垂直应力(S_V)值8.8~8.9MPa;但在隧洞轴线处隧洞埋深794~799m,估算出的垂直应力(S_V)值21.6~21.7MPa,自重引起的垂直应力起主导作用。

所有钻孔实测应力方向范围值为1°~30°,平均值16.6°,即主应力方向为NNE-NE向;通过地质调查及试验,基本查明了引水隧洞地应力特征。

通过对测量地应力的结果用线性回归方法进行计算,得出不同钻孔两向水平应力与深度的关系式SZK4孔为:

$$S_H = -7.14 + 0.108H \text{(MPa)} \quad r = 0.978$$
$$S_h = -3.56 + 0.061H \text{(MPa)} \quad r = 0.984$$

式中:H为测段的深度(m);r为线性相关系数。深度域为:70~192m。地应力随深度变化曲线见图14.3-8。

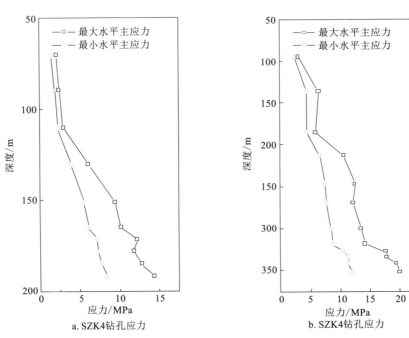

图14.3-8 钻孔应力随孔深变化图

SZK5孔两向水平应力与深度的关系式为:

$$S_H = -3.49 + 0.063H \text{(MPa)} \quad r = 0.966$$
$$S_h = -1.17 + 0.035H \text{(MPa)} \quad r = 0.970$$

地应力是岩体的赋存环境,一般来讲是由于岩体自重和历史上构造运动引起并残留至今的,主要形成于岩体自重和构造运动,影响地应力的因素也很复杂,前者受地层岩性、岩体强度、变弹模量,甚至岩石孔隙等对其也有影响;后者是地壳运动的结果,受控于历次构造运动产生应力的大,另地形地貌条件、岩浆活动、地温场、水流条件对地应力也有一定的影响。

根据对埋深50~1000m范围地应力与深度关系研究,在800~1200m时,最大主应力与垂直应力比值趋于1,且地应力量值与弹性模量及泊松比等有一定相关性,弹性模量总体上随埋深增加而变大,泊松比总体上呈相反的趋势,据统计当弹性模量$E<10$GPa时,水平应力一般<10MPa;$E=10$~

20GPa 时,水平应力一般 10～20MPa；$E=20\sim50$GPa 时,水平应力一般 20～25MPa；$E>50$GPa 时,水平应力一般 25～35MPa。当岩石泊松比 $\mu=0.18\sim0.22$ 时,地应力最大值一般不超过 35MPa,当岩石泊松比 $\mu=0.22\sim0.28$ 时,地应力最大值一般不超过 20MPa,岩石泊松比 μ 大于 0.28 时,地应力最大值一般不超过 15MPa。

5. 软岩变形特征

1) 软岩特征

引水隧洞软岩第一段位于大坂山北缘断裂及其影响带,桩号 12+460～12+590,隧洞埋深 735～771m,平均埋深 754m；第二段位于大坂山北南缘断裂及其影响带,桩号 16+166～17+158,隧洞埋深 690～830m,平均埋深 755m。

大阪山北缘断裂由 F_1 断层及由 F_2 断层组成,断层破碎带宽约 130m。断层破碎宽度挤压揉皱岩体中的节理、裂隙及次级断裂均较发育。隧洞围岩断层带物质为碎裂岩,母岩岩性为暗红色细砂岩、泥岩。影响带岩性为二叠系(P)暗红色细砂岩及泥岩,岩层产状 NW330°～360°SW∠30°～45°。节理裂隙发育,岩体完整性较差,岩体干燥－滴水,围岩类别为Ⅳ～Ⅴ类。

第二段位于大坂山南缘断裂,断层带物质为片状岩、劈理化岩石、碎块岩。隧洞围岩断层带物质为碎裂岩、角砾岩、糜棱岩,影响带岩性为志留系下统(S_1)砾岩及加里东期的花岗岩及花岗闪长岩、斜长岩。砾石呈磨圆状,红色泥质胶结,掘进时废水的颜色为红色,含有泥质成分,砾石粒径 0.4～5cm,砾石成分主要为白色长石石英砂岩,砾石呈磨圆状。部分洞段的砾岩仍保持有沉积层理,产状 310°～320°∠29°～50°。热动力作用强烈,砾岩在热动力作用下蚀变强烈,黏土化严重,强度极低,为极软岩,岩石用手可以掰断,岩石极易软化、泥化。

隧洞地下水刚滴水—线状流水,在桩号 K17+135 左右发生涌水现象,涌水量 300～400L/min,隧洞开挖后水量会增大。围岩类别多为Ⅴ类,部分Ⅳ类。

2) 变形特征

北缘断裂及其影响带在掘进衬砌完成 2 天后,发生了收敛变形,致使衬砌的管片发生了较严重错位现象。

大坂山南缘断带裂在掘进过程中,围岩首先揭露出来的裂隙呈闭合状,当隧洞围岩暴露一段时间后,围岩松弛,裂隙呈微张—张开状。围岩变形速率快,在地应力作用下易产生持续塑性变形,稳定性差,极易发生塌方现象。在 TBM 机掘进过程中,发生了 13 次大的卡机现象。在桩号 K17+153～K17+141.416 段根据 TBM 机的结构(护盾外壳面与围岩间距 55mm)进行初步估算,局部最大收敛变形速率达 55mm/d,一般变形速率达约 15mm/d。

6. 软岩大变形预测

从实测资料和地质条件分析,区内新构造运动作用较强,张性断层构造少见,主要为压性走滑断裂,断裂构造带宽度较大,但其特征是由一系列小断层和紧闭断面组成,未见松散宽厚张性破碎带。

对于埋深小于 130m 的隧洞段,由于风化、卸荷等作用,构造应力得以释放,以自重应力为主应力；埋深大于 130m 的隧洞段存在水平构造应力,水平应力为最大主应力,应力方向 NNE16°～20°。

在埋深 350m 实测最大水平应力达到 20MPa,考虑测量处沟谷地形特点,对应埋深 600m 的隧洞段最达水平应力为 20MPa 左右,埋深 1000m 左右的隧洞段地应力场趋向静水压力场过渡特征,最大水平应力应达 30MPa 左右。130～600m 隧洞段最大水平应力约为 6～20MPa。最大水平应力与最小水平应力的比值约为 1.55。三向主应力关系主要为 $S_H>S_h>S_v$ 或 $S_H>S_v>S_h$。

断裂及其影响带岩石为较软岩—极软岩,存在黏土化蚀变现象,岩石系数低,遇水会软化崩解。此段最大水平主地应力量值 21.1～22.1MPa,最小水平主应力 12.0～14.2MPa,垂直应力为 18.2～21.9MPa,断裂及其影响带岩石饱和抗压强度小于 10MPa 计,围岩强度应力比小于 0.5,按现行的《铁路隧道设计规范》中有大变形预测标准,见表 14.3-2,按《铁路隧道设计规范》中有大变形预测标准,为Ⅰ级大变形等级,强度越低大变形预测严重。

表 14.3-2　大变形分级表

大变形等级	围岩强度应力比 R_b/σ_{max}	围岩变形特征
Ⅰ级	0.25~0.5	开挖后围岩位移较大,持续时间较长;一般支护开裂或破损较严重,破损较严重,相对变形量 3%~5%,围岩自稳时间短,以塑流型、弯曲型、滑移型变形模式为主,兼有剪切型变形
Ⅱ级	0.15~0.25	开挖后围岩位移大,持续时间长;一般支护开裂或破损严重,相对变形量 5%~8%,洞底有隆起现象,围岩自稳时间很短,以塑流型、弯曲型变形模式为主
Ⅲ级	<0.15	开挖后围岩位移很大,持续时间很长;一般支护开裂或破损很严重,相对变形量大于 8%,洞底有明显隆起现象,流变特征很明显,围岩自稳时间很短,以塑流型为主

注:1. R_b 为围岩强度(MPa),σ_{max} 为最大地应力(MPa);2. 相对变形量为变形量与隧道当量半径之比。

引大济湟线路地形及构造背景的复杂性,其中受构造影响的较破岩体或裂隙密集带、断层带等抗压强度较小,在高地应力条件及深埋条件下,发生大变形的概率较大,均存在软岩大变形的风险。

三、软弱破碎围岩隧道大变形机理及处治

隧道工程在穿越高地应力、较大残余构造应力、浅埋偏压区域及软弱破碎围岩体时,围岩大变形是一种常见的、危害程度大且处治费用高的施工地质灾害。事实上,调研显示,公路隧道初期支护大变形已是困扰国内外隧道工程界的一个重大问题。国外发生大变形的著名例子有奥地利的陶恩隧道、阿尔贝格隧道,日本的惠那山隧道。国内也有许多公路隧道在建设过程中出现了大变形问题,其中比较有代表性的有:十漫(湖北十堰—陕西漫川关)高速公路火车岭隧道,最大沉降变形达 160cm,累计水平收敛最高达 120cm;国道 212 线(兰州—重庆)改建中的控制性工程木寨岭隧道,最大累计下沉和水平收敛分别达 171cm 和 108cm,对部分地段初期支护进行了二次换拱,特殊地段换拱甚至达 4 次;国道 213 线改建工程的龙眼晴隧道拱顶最大下沉量达 81.8cm,拱脚部位下沉量达 751cm;崇溪河—遵义高速公路凉风垭隧道施工过程中最大累计拱顶下沉量 58cm,而水平最大累计收敛值则达到 197cm;贵州省镇(镇宁)胜(胜境关)高速公路晴隆隧道施工过程中最大拱顶下沉达到 30cm 左右,水平收敛也超过了 10cm,已侵入二次衬砌断面。调研发现,与公路隧道大变形类似,铁路隧道工程的大变形现象也时常发生,如宜万铁路第二长隧堡镇隧道施工过程中在高地应力及顺层偏压的共同作用下发生了较大变形,拱顶沉降达 34.5cm,周边收敛则达到 70.2cm;兰新铁路乌鞘岭特长隧道穿越断层带施工过程中,最大拱顶下沉达 120cm,最大周边收敛值则达 105cm。襄渝二线重点控制性工程之一的新蜀河隧道施工过程中最大累计水平收敛值甚至超过了 220cm。如此多的隧道工程在施工过程中都出现了初期支护的大变形问题,其变形原因及机理不尽相同,变形特征及破坏程度也存在差异。总体来说,隧道工程发生初期支护大变形的原因主要有:

(1)地质因素:高地应力、围岩软弱破碎、膨胀性围岩、浅埋偏压等。

(2)结构因素:初期支护承载能力不足,支护基础软弱,且未采取有效加固措施。

(3)施工因素:主要是因为施工方法不当,如下台阶一次开挖长度过长,即悬空拱脚范围较大,锁脚锚杆数量、长度不足,以及仰拱未能紧跟等。

显然,针对具体工程实际,准确分析大变形发生的原因,有效阻止初期支护变形的进一步扩大,并在变形基本控制住以后,选择合适的处治方案解决初期支护的侵界问题,是隧道工程大变形问题得以有效处治的基本思路。本研究以山西省高平—陵川高速公路郭家川 2 号隧道为依托,该隧道为典型软弱破碎煤系地层隧道,针对施工过程中发生的较长区段的大变形问题,系统总结分析了其变形机理、处治方案及治理经验。

1. 工程概况（张连成等，2011）

郭家川2号隧道位于山西省高平—陵川公路川陵县郭家川村以南约600m，北四渠村以北约500m。

设计为左右线分离式短隧道，其右线里程桩号原设计为Yl(27+775~YK28+220，洞身全长445m，变更设计后新图纸在进洞口增加明洞20m，洞身全长为465m，其中深埋段长180m，最大埋深46m，浅埋段长240m，最浅埋深6.14m；左线里程桩号原设计为ZK27+780~ZK28+215，洞身全长435m，变更设计后新图纸在出洞口处增加明洞25m，洞身全长460m，其中深埋段长145m，最大埋深43.57m，浅埋段全长270m，最浅埋深7.2m。

郭家川2号隧道围岩主要由煤层、泥岩及薄层灰岩组成，其岩性较为复杂，岩体节理裂隙发育，岩质以软岩为主，整体围岩级别为Ⅴ级，其洞体及周边范围内存在不规则的大体积煤矿或硫磺矿采空区。隧道左洞进口上方为第四系中更新统黄土（粉质黏土），呈褐黄色，竖向节理发育，局部夹薄层状或透镜状的砂砾。

2. 初期支护大变形特征及机理分析

1) 大变形过程

2010年7月15日晚，郭家川2号隧道左洞ZK28+120~205段洞顶地表沿隧道纵向出现2条长约85m的裂缝，2条裂缝之间距离约24m，局部裂缝宽度达到20cm，洞内拱顶出现严重下沉，初期支护出现裂缝及混凝土脱离现象。至7月19日（15日至19日的拱顶下沉量对比），隧道下沉一直很严重，其中ZK28+130~+170段达到60~70cm，ZK28+180~+200段达到30~45cm，洞内初期支护的钢拱架部分位置有明显下凹，环向裂缝严重，部分小范围喷射混凝土脱落。

7月16日，即地表出现裂缝第2天，建设单位、监理单位及施工单位共同到地表裂缝区段进行现场查看，分析裂缝原因，确定治理方案。经过及时的处理，至7月25日该段下沉已基本趋于稳定状态。

2) 初期支护大变形机理分析

隧道初期支护出现大变形的原因是多方面的，参建各方从地形、地质、降水及施工等因素影响考虑，分析出郭家川2号隧道大变形的原因如下：

(1) 浅埋。大变形段为浅埋段，埋深仅7.2~7.5m，形不成压力拱，拱顶以上的土体自重全部作用于支护结构上，造成钢拱架变形，加之变形段的仰拱未闭合，拱脚无法提供足够的反力，隧道产生整体下移，隧道上方的围岩也产生整体或局部位移，进而导致地表出现了裂缝。

(2) 围岩软弱破碎。郭家川2隧道围岩软弱破碎，煤系地层、采空区分布广泛。上台阶开挖后初期支护的反力主要靠拱脚及锁脚锚杆提供，而隧道出口段煤层位于隧道的下台阶及仰拱部位，造成拱脚反力和锁脚锚杆的握裹力不足，这在很大程度上加剧了上台阶初期支护的沉降。

(3) 水是隧道围岩丧失稳定性，产生围岩大变形的重要原因之一。

郭家川2号隧道上方地表为农田，洞口又位于低洼地段，发生大变形时正值雨季，降雨频繁，周围山体内的水皆向洞口渗流。而且，隧道下穿陵沁一级公路，该公路两侧的边沟及涵洞的排水直接汇入隧道洞顶（原设计在洞口位置的左右线中间设计有蒸发池，降低了土体自稳能力，也增大了围岩荷载）。

(4) 超前支护效果不理想。隧道掌子面前方围岩松散破碎，围岩自稳性极差，采用超前小导管注浆后一定程度上提高了围岩的自承能力，且导管形成了较弱的梁效应。但在施工过程中，由于掌子面掘进扰动，梁效应的前方支撑力不足，超前支护钢管常发生下沉甚至小范围塌落现象，加剧了后方初期支护钢拱架的变形。而且，隧道围岩以粉质黏土、煤系地层为主，注浆效果较差，无法发挥超前支护的加固围岩效应。

(5) 隧道下台阶及仰拱开挖对拱部初期支护也会产生一定的影响。上台阶拱脚的反力主要靠拱脚反力和锁脚锚杆提供，而隧道下台阶和仰拱开挖时都会对拱脚和锁脚锚杆产生扰动，且开挖后拱脚会出现悬空，都会导致隧道初期支护发生沉降变形。

(6) 隧道施工过程中未能实现早封闭，仰拱浇注没能及时跟进。

3. 初期支护大变形处治措施

1) 加固措施

"新奥法"施工的基本思想是充分发挥围岩的自承能力,即在隧道掌子面开挖后围岩要通过应力释放,发生一定的变形后重新达到平衡状态,并在柔性支护支撑下保持结构稳定。而对于浅埋软弱围岩地段,围岩不具有自承能力,在进行隧道支护时首先考虑要以抗为主,不要先放后抗,否则,一旦变形加大,还需再次加强,反复支护难以形成整体受力,所以处理大变形时要采用早期强度高、刚度大的支护结构;其次考虑加固围岩,改变其物理力学性质(提高 c、f 值),提高围岩的强度和自稳能力。

(1)常用加固措施。施作临时仰拱:对于变形量较大且下台阶或仰拱未开挖的地段,可以施作临时仰拱,以达到早封闭的要求。临时仰拱施作简单快速,能迅速将初期支护闭合,有效地阻止初期支护继续变形,是处理隧道初期支护大变形最有效的措施之一。图 14.3-9a 为直线形临时仰拱示意图,图 14.3-9b 为弧形临时仰拱示意图。

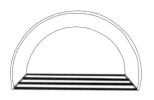
(a) 直线形临时仰拱示意图

(b) 弧形临时仰拱示意图

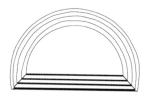
(c) 套拱示意图

图 14.3-9 常用加固措施示意图

(2)施作套拱:当初期支护变形很大,裂缝严重,甚至出现初期支护局部下凸,喷射混凝土脱落较为严重的情况时,为了防止初期支护继续发生大变形,甚至造成隧道坍塌的不利情况,应及时施作套拱。施作套拱的工序较为复杂,但套拱施作完成后能够有效地阻止初期支护继续变形,套拱的施作类似于在初期支护外再一次施作初期支护,其支护体系的刚性将得到极大的提高。图 14.3-9c 为套拱示意图。

(3)施作环向锚杆:增加锁脚锚杆的数量和长度。对于初期支护变形较大的地段可以采取施作环向锚杆的措施,利用锚杆的悬吊及成拱作用,阻止初期支护的继续变形,锚杆的数量、长度应视各隧道的具体情况而定。当隧道初期支护整体下沉较为严重时,其主要原因是初期支护尚未闭合,锁脚锚杆及拱脚基础无法提供足够的反力,此时应增加锁脚锚杆的数量及长度,扩大拱脚,以阻止隧道初期支护的整体下沉。

(4)注浆:对于节理裂隙发育的破碎围岩,当初期支护变形较大时,可考虑环向施作锚杆后再进行注浆处理,以增加锚杆与围岩间的接触摩擦力。另外,对软弱破碎围岩可视现场情况进行洞内或地表注浆。注浆后能够改变围岩的物理力学性质(提高 c、f 值),提高围岩的强度和自稳能力,有效地阻止初期支护受力而继续发生大变形。

(5)地表处理:当浅埋隧道因雨水的影响而出现初期支护大变形时,应在地表增设截水沟、排水沟等,做好地表排水措施。严重时应将隧道上方地表进行水泥硬化处理,以防止雨水下渗,保证围岩的物理力学性质,阻止渗水带来的大变形危害。

2) 所用加固措施

针对郭家川 2 号隧道的大变形情况,建设方特意组织了专家讨论会,详细分析了其变形机理(如前所述),并确定了加强洞内支护为主,改善围岩性质为辅,洞内治理与地表治理相结合的治理原则。具体措施如下:

(1)用灰土或黏土处理地表,防止雨水继续下渗,并在隧道上方挖排水沟,将陵沁线排下的水引走(隧道上方水分多的一个重要原因是陵沁线的排水沟的水全部流至隧道上方的农田),并在隧道上方的土体覆盖了薄膜防止雨水下渗。

(2) 郭家川 2 号隧道地表经处理后有效地防止了雨水的下渗,洞内滴水明显减少,既降低了围岩自重,又避免了地下水长期渗流带走细颗粒而造成围岩空隙增加、自稳性降低的不良影响。而且隧道内积水减少后,有利于隧道下台阶及初期支护拱脚的稳定性。

(3) 对隧道内大变形的下台阶未开挖段尽快施作临时仰拱,使初期支护闭合成环。为了迅速闭合,可跳跃式施作一临时仰拱,对于变形较严重的区段可再将缺失段补上,从而保证整个隧道初期支护的稳定性,防止局部变形过大。

(4) 对于下台阶已经开挖的下沉段,跳跃施作仰拱,对于变形较严重的区段,也可先施作临时仰拱,保证隧道的整体稳定性,并加快二次衬砌的施工速度。

(5) 加强监控量测工作,及时掌握隧道变形信息。隧道发生大变形后,为了掌握隧道的变形情况,及时修改处理方案,对隧道加强监控量测,监控频率保持每天至少 2 次,图 14.3-10 为大变形段拱顶下沉变化曲线图。

通过对大变形段的监控量测可以看出,郭家川 2 号隧道大变形段的治理效果明显,经地表及洞内处理后,变形段的沉降速率在允许范围内,变形得到控制。

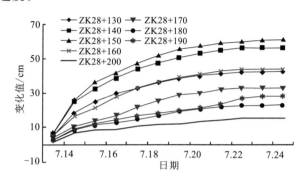

图 14.3-10　隧道大变形段拱顶下沉值曲线图

2) 侵界处治

(1) 常用侵界处治措施。总体来说,初期支护侵入二次衬砌的处理方案一般有置换方案和调坡方案。①置换方案:即把侵入建筑限界的部位凿除,重新施作支护结构,确保隧道的设计净空。对大变形段初期支护可以一榀一榀地置换钢拱架,即用风镐凿除喷射混凝土,拆除一榀立即安装一榀钢拱架;也可以隔榀跳跃置换钢拱架,即用风镐凿除喷射混凝土,隔榀跳跃拆除然后立即安装一榀钢拱架。

隧道断面内初期支护结构系统原有的平衡被打破,成为初期支护受力最危险的时期。特别是在围岩大变形段,如果初期支护拆除方式不当,会造成变形继续扩大或局部内力超过承载极限,而发生安全事故。因此在初期支护拆除过程中,应提前做好超前支护,并采取必要的临时支撑,在确保隧道初期支护结构稳定的前提下,将喷射混凝土凿除后,自上而下拆除钢拱架,拆除后立即架设钢拱架并喷射混凝土。采用自上而下的拆除方式是为了防止钢拱架拆除过程中拱脚失稳,而影响整个初期支护的受力。初期支护拆除过程中临近初期支护受到的影响往往比拆除段本身大,因此在拆除过程中,应加强临近段的监控量测,必要时增加相应的临时支护。

该方案能保证隧道按设计要求完成,不留后患,但是处治时间较长,经济性较差,而且钢拱架置换过程中可能导致新的问题产生,甚至出现塌方。该方案一般用于无法进行调坡处理或因围岩收缩而产生边墙部位侵限的隧道。

②调坡方案:即侵入建筑限界部位不动,修改隧道标高,将隧道底部整体降低,以期达到设计净空要求。该方案较为简单,对拱顶的侵限处置较为适用,但修改路面纵坡后可能对行车产生一定的影响,而且修改原设计后可能带来一系列问题。

(2) 所用侵界处治措施。郭家川 2 号隧道初期支护的大变形造成的最直接后果就是初期支护侵占二次衬砌,诸多位置均已侵入建筑限界,若不进行有效处理,二次衬砌厚度将严重不足,危及隧道结构本身的安全。

综合分析,就施工角度而言,从以上 2 种方案分析,调坡在技术上比较简单,投入资金也少,且对围岩扰动小,施工时间短,花费相对少。现行公路隧道设计规范要求,隧道内最小纵坡不应小于 0.3%,特长、长隧道最大纵坡宜控制在 2.5%以下,中、短隧道隧道最大纵坡宜控制在 3%以下。郭家川 2 号隧道设计为 2.8%单坡,大变形段为高坡端,调整坡度后满足设计要求的限值,更为重要的是,避免了凿除初期支护带来的经济损失及不安全因素,所以郭家川 2 号隧道采用调坡方案来处理初期支护的大变形。

另据现行隧道设计规范要求：隧道洞内外各3s设计速度行程范围的纵面线形应尽量保持一致，有条件时宜取5s设计速度行程。隧道洞口的纵坡，宜设置一定长度的直坡段，以使驾乘人员有较好的行车视距。郭家川2号隧道设计时速80km/s，5s设计速度行程为112m，大变形段长85m。在隧道调坡时，考虑到隧道行车线形的舒适性并满足大变形段二衬厚度要求，自ZK28+050处开始设置缓和曲线，缓和曲线半径按规范取最小值4500m，变坡后隧道纵坡为2.4%，既可满足二衬要求，且对线形影响较少，满足了行车的舒适性。

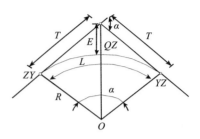

图14.3-11 圆曲线测设元素

圆曲线测设元素(图14.3-11)的计算公式如下：

切线长：$T = R\tan\dfrac{\alpha}{2}$

曲线长：$L = R\alpha\dfrac{\pi}{180°}$

外距：$E = R\left(\sec\dfrac{\alpha}{2} - 1\right)$

切曲差：$D = 2T - L$

郭家川2号隧道调坡段增设圆曲线交点JD的转角α为0.23°，圆曲线半径R为4500m，通过上述公式计算得：切线长T为9m，曲线长L为18.1m。图14.3-12为隧道大变形的调坡方案示意图。

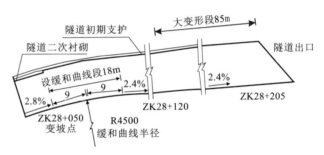

图14.3-12 隧道大变形段调坡示意图

郭家川2号隧道大变形段经过有效地处理后，满足了工程结构安全及行车舒适性的要求，处理结果表明该隧道大变形段采用调坡方案是切实有效的。

5. 结论

(1)隧道掌子面围岩软弱破碎时，应加强超前预报和监控量测手段，及时掌握围岩变形，调整支护参数和预留量等参数，做到"岩变我变"。

(2)超前支护是否理想是初期支护施工中的一个关键，只有超前支护的梁效应和加固围岩效应得到充分发挥，才能有效地控制沉降。因此在施工中要对此引起足够的重视。

(3)采用新奥法施工时初期支护是基础，尤其对软弱围岩，强支护是关键，否则将会大大增加工难度。

(4)对于浅埋隧道，出现大变形后应快速强行联合支护，不能死搬"新奥法"的做法，片面强调支护的柔性、充分发挥围岩自承载能力这种思路，而应采用采用早期强度高、刚度大的支护结构，在较短时间内闭合成环并及时跟进二次衬砌来承担部分荷载，即采取以柔克刚，以刚克柔，软岩硬进，硬岩软进的原则。

(5)水是隧道围岩丧失稳定性、产生围岩大变形的重要原因之一，对于浅埋软弱围岩隧道的地表应做及时有效的防排水处理。

第十五章 隧洞 TBM 施工的适宜性

在国内,全断面岩石掘进机(简称 TBM,Tunnel Boring Machine)经历了研制、引进设备与施工单位、引进设备自主施工、国内外合作生产、自主品牌产品应用等几个阶段,目前迎来了大范围的推广应用。截至 2018 年底正在施工和即将投入使用的 TBN 设备数量将达到甚至突破 60 台,并且大量潜在工程正在前期论证和可行性研究过程中。TBM 的应用覆盖了水利水电、轨道交通、铁路、矿山、综合管廊、公路等行业。TBM 法隧洞的地质条件不可避免地呈现多样化,具有良好工程适应性的 TBM 项目会越来越多,同时由于 TBM 施工的普及以及连续掘进长度的增大,遭遇不良地质甚至恶劣地质条件的概率也会越来越大。

在极强岩爆、极高岩温、严重破碎围岩、大变形等恶劣地质条件下,TBM 施工的安全、进度、成本与投资都会受到极大的影响。TBM 施工具有广阔的应用前景,但同时要做好迎接极端恶劣地质条件的挑战。

不同机型 TBM 工程适应性的局限性,导致 TBM 法施工技术对工程地质和水文地质的依赖程度远远高于钻爆法施工。以往 TBM 应用数量很少,在 TBM 工法选用过程中非常谨慎,一般找地质条件最适合的洞段采用 TBM 法施工,其余洞段全部采用钻爆法施工。目前 TBM 在单项工程中连续掘进的长度越来越大,并且由于大埋深等建设环境的影响,甚至无法设置更多的辅助通道,这就对 TBM 设备及施工技术提出了更高的要求。

近十年来,关于不良地质条件下 TBM 施工技术的研究很多,然而,关于恶劣地质条件下 TBM 施工技术与施工管理方面的研究尚未形成体系,例如:围岩大变形时 TBM 被卡的风险很高,处理方式五花八门,能够进行系统性快速处理的措施比较少,或者效果差强人意;自稳能力极差的破碎围岩洞段 TBM 刀盘前方形成巨大塌腔,增大了施工风险,但可供参考的有效超前处理措施很少;遭遇极强岩爆时 TBM 尚无独自应对的能力;大流量突涌水、涌泥、涌砂时,采取 TBM 施工不具备处置能力,无法有效封堵,只能通过长时间排放或采取矿山法、冷冻法施工后 TBM 再通过;极端恶劣地质条件下,参建各方常常焦虑、烦躁,甚至盲目指挥和决策,导致更大的风险和损失。

恶劣地质条件下的 TBM 施工是我们需要面对的严峻挑战,需要分别从不同的角度深入系统地进行研究。在适宜的地质条件下发挥 TBM 快速施工的优势,同时也能够保证恶劣地质条件下持续掘进,尽量避免或减少 TBM 长时间受阻或者停机,才能保证 TBM 更好地为隧道建设服务。

地质勘察尽量详细、准确地质条件是隧道建设重要的影响因素,也是 TBM 选型的基础。地质勘察成果直接决定隧洞施工工法的选择以及 TBM 的选型,并影响工程总体筹划。部分工程地质勘察工作详细且准确度高,例如:隧洞全长 526km 的西部某长隧引水工程,平均 1~2 布设 1 个地质钻孔,并经初步分析后局部加密探孔,该工程第 2 台 TBM 自 2017 年 9 月中旬开始掘进,至 2018 年 8 月底累计掘进 9400m,实际揭露围岩与施工图地质勘察成果的吻合度约为 70%,平均月进尺 820m,详细而准确的地质勘察成果为 TBM 合理选型提供了可靠依据,为 TBM 持续、均衡、快速施工奠定了基础。

然而由于技术水平、工期、成本等原因,很多隧道工程的地质勘察不够详细,准确度较低。全长 41km 的西部某输水隧洞,洞身段绝大部分未进行详细的地质勘察,出口段敞开式 TBM 已经掘进的 2800km 洞段实际揭露围岩与施工图地质勘察成果的吻合度只有 29.7%,并且出现了未预见的严重蚀变、长距离极破碎围岩,TBM 掘进施工严重受阻,平均月进尺仅 110m。由此可见,地质勘察成果的准确度对 TBM 顺利施工有着重要的影响。地质勘察结果尤其是隧洞的围岩分类能够尽量详细、准确,可为隧道设计、施工与 TBM 选型提供有力的支撑。

第一节 基于隧洞 TBM 施工适应性评价的围岩质量分类方法

要进行 TBM 施工适宜性评价首先要对隧洞围岩质量进行分类评价,隧洞围岩质量分类主要是依据《水利水电工程地质勘察规范》(GB 50487—2008)"附录 N 围岩工程地质分类"标准的隧洞围岩的 5 项要素,即岩石强度、岩体完整程度、结构面状态、地下水状态、主要结构面产状进行评价。

1) 初步分类

适用于规划阶段、可研阶段以及深埋洞室施工之前的围岩工程地质分类,详细分类主要用于初步设计、招标和施工图设计阶段的围岩工程地质分类。根据分类结果,评价围岩的稳定性,并作为确定支护类型的依据,其标准应符合表 15.1-1 的规定。

表 15.1-1 围岩稳定性评价

围岩类型	围岩稳定性评价	支护类型
Ⅰ	稳定。围岩可长期稳定,一般无不稳定块体	不支护或局部锚杆或喷薄层混凝土。大跨度时,喷混凝土、系统锚杆加钢筋网
Ⅱ	基本稳定。围岩整体稳定,不会产生塑性变形,局部可能产生掉块	
Ⅲ	局部稳定性差。围岩强度不足,局部会产生塑性变形,不支护可能产生塌方或变形破坏。完整的较软岩,可能暂时稳定	喷混凝土、系统锚杆加钢筋网。采用 TBM 掘进时,需及时支护。跨度>20m 时,宜采用锚索或刚性支护
Ⅳ	不稳定。围岩自稳时间很短,规模较大的各种变形和破坏都可能发生	喷混凝土、系统锚杆加钢筋网,刚性支护,并浇筑混凝土衬砌。不适宜于开敞式 TBM 施工
Ⅴ	极不稳定。围岩不能自稳,变形破坏严重	

围岩初步分类以岩石强度、岩体完整程度、岩体结构类型为基本依据,以岩层走向与洞轴线的关系、水文地质条件为辅助依据,并应符合表 15.1-2 的规定。

岩质类型的确定,应符合表 15.1-3 的规定。

岩体完整程度根据结构面组数、结构面间距确定,并应符合表 15.1-4 的规定。

对深埋洞室,当可能发生岩爆或塑性变形时,围岩类别宜降低一级。

围岩工程地质详细分类应以控制围岩稳定的岩石强度、岩体完整程度、结构面状态、地下水和主要结构面产状五项因素之和的总评分为基本判据,围岩强度应力比为限定判据,并应符合表 15.1-5 的规定。

围岩强度应力比 S 可根据下式求得:

$$S = \frac{R_b \cdot K_v}{\sigma_m} \tag{15.1-1}$$

式中:R_b 为岩石饱和单轴抗压强度(MPa);K_v 为岩体完整性系数;σ_m 为围岩的最大主应力(MPa),当无实测资料时可以自重应力代替。

2) 围岩详细分类

围岩详细分类中五项因素的评分应符合下列规定。

(1) 岩石强度的评分应符合表 15.1-6 的规定。

(2) 岩体完整程度的评分应符合表 15.1-7 的规定。

(3) 结构面状态的评分应符合表 15.1-8 的规定。

(4) 地下水状态的评分应符合表 15.1-9 的规定。

(5) 主要结构面产状的评分应符合表 15.1-10 的规定。

表 15.1-2　围岩初步分类

围岩类别	岩质类型	岩体完整程度	岩体结构类型	围岩分类说明
Ⅰ、Ⅱ	硬质岩	完整	整体或巨厚层状结构	坚硬岩定Ⅰ类,中硬岩定Ⅱ类
Ⅱ、Ⅲ	硬质岩	较完整	块状结构、次块状结构	坚硬岩定Ⅱ类,中硬岩定Ⅲ类,薄层状结构定Ⅲ类
Ⅱ、Ⅲ	硬质岩	较完整	厚层或中厚层状结构、层(片理)面结合牢固的薄层状结构	坚硬岩定Ⅱ类,中硬岩定Ⅲ类,薄层状结构定Ⅲ类
Ⅲ、Ⅳ	硬质岩	较完整	互层状结构	洞轴线与岩层走向夹角小于30°时,定Ⅳ类
Ⅲ、Ⅳ	硬质岩	完整性差	薄层状结构	岩质均一且无软弱夹层时定Ⅲ类
Ⅲ	硬质岩	完整性差	镶嵌结构	—
Ⅳ、Ⅴ	硬质岩	较破碎	碎裂结构	有地下水活动时定Ⅴ类
Ⅴ	硬质岩	破碎	碎块或碎屑状散体结构	—
Ⅲ、Ⅳ	软质岩	完整	整体或巨厚层状结构	较软岩定Ⅲ类,软岩定Ⅳ类
Ⅳ、Ⅴ	软质岩	较完整	块状或次块状结构	较软岩定Ⅳ类,软岩定Ⅴ类
Ⅳ、Ⅴ	软质岩	较完整	厚层、中厚层或互层状结构	较软岩无夹层时可定Ⅳ类
Ⅳ、Ⅴ	软质岩	完整性差	薄层状结构	较软岩无夹层时可定Ⅳ类
Ⅳ、Ⅴ	软质岩	较破碎	碎裂结构	软软岩可定Ⅳ类
Ⅳ、Ⅴ	软质岩	破碎	碎块或碎屑状散体结构	—

表 15.1-3　岩质类型划分

岩质类型	硬质岩		软质岩		
	坚硬岩	中硬岩	较软岩	软岩	极软岩
岩石饱和单轴抗压强度 R_b/MPa	$R_b>60$	$60 \geqslant R_b>30$	$30 \geqslant R_b>15$	$15 \geqslant R_b>5$	$R_b \leqslant 5$

表 15.1-4　岩体完整程度划分

间距/cm	组数			
	1～2	2～3	3～5	>5或无序
>100	完整	完整	较完整	较完整
50～100	完整	较完整	较完整	差
30～50	较完整	较完整	差	较破碎
10～30	较完整	差	较破碎	破碎
<10	差	较破碎	破碎	破碎

表 15.1-5　地下洞室围岩详细分类

围岩类别	围岩总评分 T	围岩强度应力比 S
Ⅰ	>85	>4
Ⅱ	$85 \geqslant T>65$	>4
Ⅲ	$65 \geqslant T>45$	>2
Ⅳ	$45 \geqslant T>25$	>2
Ⅴ	$T \leqslant 25$	—

注:Ⅱ、Ⅲ、Ⅳ类围岩,当围岩强度应力比小于本表规定时,围岩类别宜相应降低一级。

表 15.1-6　岩石强度评分

岩质类型	硬质岩		软质岩	
	坚硬岩	中硬岩	较软岩	软岩
饱和单轴抗压强度 R_b/MPa	$R_b>60$	$60 \geqslant R_b>30$	$30 \geqslant R_b>15$	$R_b \leqslant 15$
岩石强度评分 A	30～20	20～10	10～5	5～0

注:1.岩石饱和单轴抗压强度大于100MPa时,岩石强度的评分为30。2.岩石饱和单轴抗压强度小于5MPa时,岩石强度的评分为0。

表 15.1-7　岩体完整程度评分

岩体完整程度		完整	较完整	完整性差	较破碎	破碎
岩体完整性系数 K_v		$K>0.75$	$0.75≥K>0.55$	$0.55≥K>0.35$	$0.35≥K>0.15$	$K≤0.15$
岩体完整性评分 B	硬质岩	40～30	30～22	22～14	14～6	<6
	软质岩	25～19	19～14	14～9	9～4	<4

注：1.当 $60MPa≥R_b>30MPa$，岩体完整程度与结构面状态评分之和>65 时，按 65 评分。2.当 $30MPa≥R_b>15MPa$，岩体完整程度与结构面状态评分之和>55 时，按 55 评分。3.当 $15MPa≥R_b>5MPa$，岩体完整程度与结构面状态评分之和>40 时，按 40 评分。4.当 $R_b≤5MPa$，岩体完整程度与结构面状态不参加评分。

表 15.1-8　结构面状态评分

结构面状态	宽度 W/mm	W<0.5		0.5≤W<5.0								W≥5.0		
	充填物	—		无充填			岩屑			泥质			岩屑	泥质	无充填
	起伏粗糙状况	起伏粗糙	平直光滑	起伏粗糙	起伏光滑或平直粗糙	平直光滑	起伏粗糙	起伏光滑或平直粗糙	平直光滑	起伏粗糙	起伏光滑或平直粗糙	平直光滑	—	—	—
结构面状态评分 C	硬质岩	27	21	24	21	15	21	17	12	15	12	9	12	6	0～3
	软质岩	27	21	24	21	15	21	17	12	15	12	9	12	6	0～3
	软岩	18	14	17	14	8	14	11	8	10	8	6	8	4	0～2

注：1.结构面的延伸长度小于 3m 时，硬质岩、较软岩的结构面状态评分另加 3 分，软岩加 2 分；结构面延伸长度大于 10m 时，硬质岩、较软岩减 3 分，软岩减 2 分；2.结构面状态最低分为 0。

表 15.1-9　地下水评分

活动状态			渗水到滴水	线状流水	涌水
水量 $Q[L/(min·10m\ 洞长)]$ 或压力水头 H/m			$Q≤25$ 或 $H≤10$	$25<Q≤125$ 或 $10<H≤100$	$Q>125$ 或 $H>100$
基本因素评分 T'	$T'>85$	地下水评分 D	0	0～−2	−2～−6
	$85≥T'>65$		0～−2	−2～−6	−6～−10
	$65≥T'>45$		−2～−6	−6～−10	−10～−14
	$45≥T'>25$		−6～−10	−10～−14	−14～−18
	$T'≤25$		−10～−14	−14～−18	−18～−20

注：1.基本因素评分 T' 是前述岩石强度评分 A、岩体完整性评分 B 和结构面状态评分 C 的和；2.干燥状态取 0 分。

表 15.1-10　主要结构面产状评分

结构面走向与洞轴线夹角 β		$90°≥β≥60°$				$60°≥β≥30°$				$β<30°$			
结构面倾角 α		$α>70°$	$70°≥α>45°$	$45°≥α>20°$	$α≤20°$	$α>70°$	$70°≥α>45°$	$45°≥α>20°$	$α≤20°$	$α>70°$	$70°≥α>45°$	$45°≥α>20°$	$α≤20°$
结构面产状评分 E	洞顶	0	−2	−5	−10	−2	−5	−10	−12	−5	−10	−12	−12
	边墙	−2	−5	−2	0	−5	−10	−2	0	−10	−12	−5	0

注：按岩体完整程度分级为完整性差、较破碎和破碎的围岩不进行主要结构面产状评分的修正。

对过沟段、极高地应力区(>30MPa)、特殊岩土及喀斯特化岩体的地下洞室围岩稳定性以及地下洞室施工期的临时支护措施需专门研究,对钙(泥)质弱胶结的干燥砂砾石、黄土等土质围岩的稳定性和支护措施需要开展针对性的评价研究。

跨度大于20m的地下洞室围岩的分类还宜采用其他有关国家标准综合评定,对国际合作的工程还可采用国际通用的围岩分类进行对比使用。

第二节 基于隧洞TBM施工适应性评价的围岩分类体系

目前对围岩分类的研究过程中,诸多分类方法主要是为钻爆法施工条件下隧洞围岩稳定性等级的划分而提出的,难以满足目前TBM施工隧洞的需要。单纯套用以往以评价围岩稳定性为主的隧洞围岩分类方法对TBM施工隧洞的围岩进行分类不尽合理。随着TBM掘进技术的广泛应用,借鉴和吸收以往围岩分类方法的优点和经验,寻找适用于TBM施工隧洞的围岩分类方法显得尤为迫切。以《水利水电工程地质勘察规范》中的围岩分类方法(HC分类)为基础,建立适合于TBM开挖隧洞的围岩分类方法。

HC分类以岩石强度、岩体完整程度及结构面状态为基本因素,以地下水及主要结构面产状为修正因素,以基本因素和修正因素的累计得分为基本判据,以围岩强度应力比为限定判据进行围岩类别划分。并规定对于Ⅱ类围岩当S<4时、对于Ⅲ类和Ⅳ类围岩当S<2时,围岩类别相应降低一级。该方法在考虑高地应力对围岩类别的影响时简单地取了降级的处理方法势必影响围岩分类的精度。

1)指标的选取及分析

影响围岩类型的因素主要有两个方面:一是内在的因素,即地质状态的影响;二是人为因素,即施工带来的影响。对比TBM施工与钻爆法施工所揭露的围岩,其形态和力学性质上差别较大,具体如下:

(1)钻爆法施工对围岩扰动较大,节理易观察 搜集、张开较大、延伸较长,结构面组合破坏较多。

(2)TBM施工对围岩扰动较小,且由于施工原因节理表面被岩粉覆盖,节理状况不易搜集,对节理和结构面组合的判断造成误差,弱化围岩类别。

通过仔细观察TBM施工的隧洞,岩层的层面揭露得较为清晰,岩体结构可以准确获得,经过对结构面部分的添加、取舍、调整,以岩体结构代替HC法中的节理状态因素,形成了以地质因素(包括岩石饱和单轴抗压强度、岩体完整性系数和岩体结构三个因素、和赋存环境(包括地应力和地下水两个因素)为主的围岩评分体系。

在高地应力地区,应力作用明显,通过现场跟踪调查,引水隧洞高地应力破坏模式复杂多变,主要有岩爆、应力型坍塌和构造应力型坍塌。新建体系在HC分类的基础上,针对高地应力采取高地应力折减系数"k"对围岩类别进行折减。k值的大小按照上述三种高地应力破坏坑深取值。

2)TBM施工围岩分类体系

综上所述,以《水利水电工程地质勘察规范》中的围岩分类方法(HC分类)为基础。根据TBM施工的特点及特有的高地应力,去掉结构面形态,增添了岩体结构评分因素,并提出高地应力折减系数k按照破坏坑深对围岩进行降级,形成了以岩石饱和单轴抗压强度、岩体完整性系数和岩体结构为基本因素、高地应力、高外水压力为修正因素的围岩评分体系。

"结构面形态"这一地质因素在HC分类中对围岩的分值是"负分",在去掉这因素、增添"岩体结构"的综合调整下,围岩总评分值为90分。运用层次分析法对体系的因子进行权重分配,结果如下:饱和单轴抗压强度R_b、岩体完整性系数K_v、岩体结构分值分别为30、40、20。

TBM施工围岩评分体系的计算公式为:

$$T_{TBM} = T - 100k \tag{15.2-1}$$

式中:T为围岩的总评分;k为地应力折减系数。

T根据下式求得:

$$T=T'+T''\tag{15.2-2}$$

围岩基本评分 $T'=A+B+C$。A、B、C 分别为岩石强度的评分、岩体完整程度的评分、岩体结构的评分。T'' 为修正分，$T''=D$，D 为地下水状态的评分。

岩石强度（A）、岩体完整程度（B）、岩体结构（C），地下水状态评分修正（D）和引入地应力修正系数见表 15.2-1～表 15.2-5。

表 15.2-1 岩石强度评分

岩质类型	硬质岩		软质岩	
	坚硬岩	中硬岩	较软岩	软岩
饱和单轴抗压强度 R_b/MPa	$R_b>60$	$60 \geqslant R_b>30$	$30 \geqslant R_b>15$	$15 \geqslant R_b>5$
岩石强度评分 A	30～20	20～10	10～5	5～0

注：岩石单轴抗压饱和抗压强度大于 100MPa 时，岩石强度的评分为 30 分。

表 15.2-2 岩石完整程度评分

岩体完整程度		完整	较完整	完整性差	较破碎	破碎
岩体完整性系数 K_v		$K_v>0.75$	$0.75 \geqslant K_v>0.55$	$0.55 \geqslant K_v>0.35$	$0.35 \geqslant K_v>0.15$	$K_v \leqslant 0.15$
岩体完整性评分 B	硬质岩	40～30	30～22	22～14	14～6	<6
	软质岩	25～19	19～14	14～9	9～4	<4

表 15.2-3 岩体结构类型评分

类型	亚类	岩体结构特征	评分 C
块体结构	整体状结构	岩体完整，呈巨块状，结构面不发育，间距大于 100cm	20～15
	块状结构	岩体较完整，呈块状，结构面轻度发育，间距一般 100～50cm	15～11
	次块状结构	岩体较完整，呈次块状，结构面中等发育，间距一般 50～30cm	
层状结构	巨厚层状结构	岩体完整，呈巨厚层状，结构面不发育，间距大于 100cm	20～14
	厚层状结构	岩体较完整，呈厚层状，结构面轻度发育，间距一般 100～50cm	14～6
	中厚层状结构	岩体较完整，呈中厚层状，结构面中等发育，间距一般 50～30cm	
	互层状结构	岩体较完整或完整性差，呈互层状，结构面较发育或发育，间距一般 30～10cm	8～5
	薄层状结构	岩体完整性差，呈薄层状，结构面发育，间距一般小于 10cm	5～3

表 15.2-4 地下水评分（D）

活动状态			干燥到渗水滴水	线状流水	涌水	突水
水量 q/(L/min·10m 洞长) 或压力水头 H/m 或外水压力 P_w/MPa、水力劈裂的临界压力 P_c/MPa			$q \leqslant 25$ 或 $H \leqslant 10$	$25<q \leqslant 125$ 或 $10<H \leqslant 100$	$125<q \leqslant 250$ 或 $100<H \leqslant 200$ 或 $1<P_w<P_c$	$250<q \leqslant 300\,000$ 或 $200<H \leqslant 1000$ 或 $P_c<P_w<10$
基本因素评分 T' (A+B+C)	$100 \geqslant T'>85$	地下水评分 D	0	0～−2	−2～−6	−14～−18
	$85 \geqslant T'>65$		0～−2	−2～−6	−6～−10	−18～−22
	$65 \geqslant T'>45$		−2～−6	−6～−10	−10～−14	−22～−26
	$45 \geqslant T'>25$		−6～−10	−10～−14	−14～−18	−26～−30
	$T' \leqslant 25$		−10～−14	−14～−18	−18～−20	−25

表 15.2-5　地应力折减系数 k 取值

破坏区	无破坏	Ⅰ级应力破坏区	Ⅱ级应力破坏区	Ⅲ级应力破坏区	Ⅳ级应力破坏区
破坏尝试 h/m	0	<0.5	0.5～1	1～3	>3
k	0	0.05～0.1	0.1～0.2	0.2～0.3	>0.3

说明：破坏坑深 h 取破坏区的最大深度高地应力引起围岩破坏等级的判断宜采用综合判定法，充分考虑对围岩的稳定性，根据地应力、岩性、岩体完整性等综合判定，表中所给的 h 只作为参考判据。

第三节　隧洞 TBM 适宜性评价

TBM 施工的适宜性应以工程地质勘察成果及围岩基本质量类别为基础，考虑岩体完整性、岩石强度、围岩应力环境和不良地质条件等因素，结合 TBM 系统集成及施工应用特点综合评价。其中Ⅴ类围岩、地应力高、岩爆强烈或塑性变形大的围岩不适用于采用 TBM 施工。

隧洞 TBM 适宜性评价主要依据《引调水线路工程地质勘察规范》(SL 629—2014)的附录 C"隧洞 TBM 施工适宜性判定"相关标准进行评价。

隧洞 TBM 施工适宜性评价以工程勘察成果基本质量分类为基础，考虑岩体完整性(K_v)、岩石强度[饱和单轴抗压强度(R_b)]、围岩应力环境和不良地质条件等因素(表 15.3-1)。

具备下列地质条件可判定为不适宜 TBM 施工。
(1)以Ⅴ类围岩为主的隧洞。
(2)地应力高、岩爆强烈或塑性变形大的围岩。

隧洞 TBM 施工适宜性分为适宜(A 类)、基本适宜(B 类)、适宜性差(C 类)3 个级别。

表 15.3-1　隧洞 TBM 施工适宜性分级

围岩类别	与 TBM 掘进效率相关的岩体性状指标			TBM 施工适宜性分级	
	岩体完整性 K_v	岩石饱和单轴抗压强度 R_b/MPa	围岩强度应力比 S	适宜性评价	分级
Ⅰ	≥0.75	100<R_b≤150	>4	岩体完整，围岩稳定，岩体强度对掘进效率有一定影响，地质条件适宜性一般	B
		150<R_b	<4	岩体完整，围岩稳定，岩体强度对掘进效率有明显影响，地质条件适宜性较差	C
Ⅱ	0.75≥K_v>0.55	100<R_b≤150	>4	岩体较完整，围岩基本稳定，岩体强度对掘进效率影响较小，地质条件适宜性好	A
				岩体较完整，围岩基本稳定，岩体强度对掘进效率有一定影响，地质条件适宜性一般	B
		150<R_b	<4	岩体较完整，围岩基本稳定，岩体强度对掘进效率有明显影响，地质条件适宜性较差	C
Ⅲ	0.55≥K_v>0.35	60<R_b≤100	>4	岩体完整性差，围岩局部稳定性差，不利岩体地质条件组合对掘进效率影响较小，地质条件适宜性好	A
			2～4	岩体完整性差，围岩局部稳定性差，不利岩体地质条件组合对掘进效率有一定影响，地质条件适宜性一般	B
	≤0.35	100<R_b	<2	岩体完整性差—较破碎，围岩局部稳定性差，不利岩体地质条件组合对掘进效率有明显影响，地质条件适宜性差	C
Ⅳ	0.35≥K_v>0.15	30<R_b≤60	>2	岩体较破碎，围岩不稳定，不利岩体地质条件组合对掘进效率有一定影响，地质条件适宜性一般或不适宜于开敞式 TBM 施工	B
		15<R_b≤60	<2	岩体较破碎，围岩不稳定，变形破坏对掘进效率有明显影响，不利岩体地质条件地段需进行工程处理，地质条件适宜性差且不适宜于开敞式 TBM 施工	C

第四节　影响 TBM 施工的主要工程地质问题

一、影响 TBM 掘进效率的主要工程地质因素

滚刀是 TBM 施工中最主要的破岩工具。滚刀在破岩过程中，由于受刀盘推力、岩石摩擦及岩块冲击等作用，不可避免地会发生损耗。当刀圈磨损到一定程度或非正常损坏后，需要更换滚刀。

当滚刀更换量大时，会造成两个极为不利的后果：一是占用 TBM 掘进时间，降低设备利用率，影响施工速度；二是由于滚刀及刀圈单价高，大量换刀将增加施工成本。据统计，在秦岭隧道 TBM 施工中，刀具检查、维修及更换时间约占掘进施工时间的 1/3，刀具费用约占掘进施工费用的 1/3。因此，刀具消耗已经成为评价 TBM 工作性能的重要参数，也是 TBM 施工经济性分析的重要方面。

影响刀具消耗的因素多种多样，既有地质条件方面的，也有滚刀材质、刀具设计方面的，还有掘进参数方面的。如何深入分析并在刀具消耗预测时充分考虑以上影响因素，是刀具消耗预测研究的重点与难点问题。对 TBM 刀具消耗及磨损原因的研究，起初只是单一考虑地质条件或掘进机本身的因素，随后才慢慢发展到综合考虑两个方面的共同作用。例如：美国科罗拉多矿业学院针对不同的岩石，通过大量试验，提出利用岩石的 CAI 指数来表征岩石的耐磨性，并提出了基于 CAI 指数的滚刀刀圈寿命预测方法（CSM）；Frenzel 等通过大量的岩体磨耗性试验，提出 TBM 掘进参数和围岩地质条件是影响滚刀磨损的关键因素；张照煌等提出基于破岩弧长的滚刀寿命预测模型和刀盘上盘形滚刀等寿命布置理论。实际上，由于 TBM 掘进过程中滚刀破岩和磨损机制十分复杂，且滚刀受力状态不断变化，通过滚刀受力理论公式精确计算刀具消耗是难以实现的。

理论与实践表明，地质条件是影响刀具消耗的关键因素，而地质条件又包括岩石性质、节理裂隙、地下水和地应力等多个方面，很难将以上诸多方面全部列入刀具消耗预测模型中（闫长斌等，2018）。围岩分级方法则可将上述问题化繁为简，采用简单的围岩等级来评价复杂的地质条件。因此，可以利用围岩等级建立反映地质条件影响的刀具消耗预测方法。然而，目前常用围岩分级方法是面向钻爆法施工提出的，主要考虑围岩稳定性，无法充分反映 TBM 掘进性能特点。为此，应以围岩分级为基础，提出反映 TBM 施工特点的分级指标并建立与刀具消耗之间的联系。杨媛媛等（2005）利用 TBM 工作条件等级数建立了刀具寿命预测模型。随后，又对其进行了修正和改进。TBM 工作条件等级数是在围岩分级的基础上，考虑了 TBM 掘进效率给出的。因此基于 TBM 工作条件等级数进行刀具消耗预测分析，可以较充分地反映地质条件的适宜性，具有一定的合理性。

1) 岩石的单轴抗压强度（R_c）

TBM 是利用岩石的抗拉强度和抗剪强度明显小于抗压强度这一特征而设计的，抗压强度的高低是影响 TBM 掘进效率的关键因素之一。R_c 越小，掘进速度越快，效率越高；R_c 越大，掘进速度越慢，效率也就越低。但是 R_c 太小，围岩稳定性差，严重影响掘进速度；R_c 太大，TBM 掘进困难，效率低下。

一般情况下，岩石强度越高，TBM 掘进效率越低，刀具消耗越严重。例如：引汉济渭隧洞和秦岭隧道曾遇到单轴饱和抗压强度高达 250MPa 以上的岩石，刀具消耗明显高于其他围岩。

2) 岩石的耐磨性

国内外大量 TBM 施工隧洞的工程实践表明，刀具的磨损情况对 TBM 掘进效率以及工程的经济性影响很大。仅根据岩石抗压强度、岩体完整程度来判断和预测刀具的磨损情况是不够的，岩石的耐磨性也是衡量刀具磨损情况的主要指标之一。岩石的耐磨性越高，对 TBM 刀具、刀圈和轴承的磨损程度也越严重，刀具消耗和施工成本就越高，并造成停机换刀次数增加，影响 TBM 正常掘进，相应的 TBM 掘进效率也就越低。

地质条件是刀具消耗的决定性因素，包括围岩坚硬程度，如岩石强度、岩石硬度与耐磨性（与石英含量密切相关）等；一般情况下，岩石中石英含量越高，TBM 掘进效率越低，刀具消耗越严重。

3) 岩体的完整性

岩体中结构面(节理、层理、片麻理、断层)的发育程度(即岩体完整性)是影响 TBM 掘进效率的又一重要地质因素。一般情况下,当岩体非常完整时,不利于 TBM 掘进,TBM 掘进效率较低;当岩体完整性较低时,TBM 掘进速度较快,效率较高;但当结构面特别发育,岩体完整性很差时,岩体已呈碎裂状或松散状,整体强度很低,作为工程围岩已不具有自稳性,此时 TBM 掘进速度很慢,效率很低。因此,岩体结构面特别发育或不发育时往往都不利于 TBM 掘进,如磨沟岭隧道。

而深部岩体完整性是很难通过地质勘测手段查清楚的,勘察期可选在垭口、断层附近等结构面可能相对破碎的堤防布置勘探点,在钻孔中开展声波试验来评价岩体完整性。虽然此方法相对保守,但是也偏于安全。

4) 掘进参数

掘进参数包括贯入度、刀盘推力、转矩、转速和掘进速度等。TBM 施工过程中掘进参数的选择与地质条件密切相关。例如在坚硬岩石中的贯入度较小,当 TBM 掘进相同距离时,需要消耗更多的刀盘转数,导致滚刀划过掌子面的距离长,两者均会增加滚刀磨损量;而当岩体软弱破碎时,在较低的推力条件下即可获得较大的贯入度,刀圈承受的摩擦阻力小且相同掘进距离条件下滚刀划过掌子面的距离短,因此滚刀磨损量小。当刀盘推力大、转速高时,刀圈受岩石面的强摩擦作用会产生大量的热量,导致刀圈温度升高,从而加快刀具的磨损和消耗。

在特定地质条件下,当其他掘进参数不变时,TBM 掘进速度越高,滚刀破岩所需的时间越短,刀具磨损就越小。掘进速度主要取决于岩体中结构面的发育状况,结构面较发育时有利于滚刀破岩,掘进速度较高,刀具消耗降低。

由此可见,地质条件是影响 TBM 刀具消耗的决定性因素,刀具设计和掘进参数均在某种程度上与地质条件有关。例如在刀具设计中,最优刀间距往往根据地质条件通过试验进行优化确定;而掘进参数往往是根据具体地质条件进行动态调整的。近年来对于大直径滚刀的应用越来越广泛,因此刀具消耗预测分析应在考虑地质适宜性的基础上,引入滚刀直径的影响,可建立更合理的预测模型。

二、考虑地质适宜性 TBM 掘进效率预测

1) 刀具消耗与围岩等级的关系

刀具消耗不但与围岩坚硬程度有关,而且受岩体完整性的影响,因此可以利用围岩等级反映刀具消耗规律。在相同刀位上,对于相同类型的刀具,即便是围岩岩性相同,如果围岩等级不同,滚刀磨损量和刀具消耗率也存在一定差异。例如对于Ⅱ级和Ⅲ级围岩段,岩石较坚硬、围岩完整性较好,刀具的磨损也较大;而对于Ⅳ级和Ⅴ级围岩段,虽然岩石较软,但围岩稳定性较差,容易出现塌方、断层等不良地质情况,因而会增加刀具的非正常损坏。

国内外许多学者开展了 TBM 刀具消耗与围岩等级之间的关系研究,并分别尝试利用 RMR 分级、Q 系统分级、BQ 分级和 HC 分级等建立以围岩等级为基础的 TBM 刀具消耗经验预测公式。上述 4 种围岩分级方法是以隧道安全为目标,以围岩稳定性为评价对象的,无法体现 TBM 施工特点,没有充分考虑 TBM 刀具消耗的主要影响因素。因此应在上述围岩分级的基础上,引入能够反映 TBM 掘进适宜性的评价指标,构建适用于 TBM 施工的围岩分级方法,并以此为基础进行刀具消耗及 TBM 掘进效率预测(闫长斌等,2018)。

2) 面向掘进性能的 TBM 工作条件等级

无论是哪一种围岩分级方法,岩石坚硬程度和岩体完整性均是反映围岩基本质量的主要评价指标,也是影响 TBM 掘进性能的主要方面。因此面向掘进性能的 TBM 工作条件等级划分应在工程地质勘察成果的基础上,充分考虑与 TBM 掘进性能有关的岩石抗压强度、岩体裂隙发育程度、岩石耐磨性指标以及岩石硬度等对刀具消耗具有显著影响的地质因素。基于此,可将 TBM 施工适宜性/工作条件划分为 3 个等级,即:适宜/工作条件好(A)、基本适宜/工作条件一般(B)、适宜性差/工作条件差(C)。

基于 GB/T 50218—2014《工程岩体分级标准》对秦岭隧道建立的 TBM 施工隧道围岩分级表明,面向 TBM 掘进性能和围岩稳定性的分级结果并不是一一对应的。稳定性最好的 I 级围岩和稳定性差的 Ⅳ、Ⅴ级围岩对应于 TBM 工作条件来说,分别属于基本适宜(工作条件一般/B)、适宜性差(工作条件差/C)或不宜使用。

TBM 最适宜掘进的围岩类型,对应于围岩稳定性分级结果为 Ⅱ$_A$ 和 Ⅲ$_A$ 2 个等级,其基本特性为:岩石单轴抗压强度为 60~150MPa,属于中硬岩—坚硬岩;岩体节理中等发育,岩体完整性系数 K_v 为 0.45~0.75,完整性较差—较完整;岩石耐磨性指数 A_b 低于 5;地下水不发育;地应力为中低水平。在此条件下,TBM 破岩效率最高,同时围岩有一定的自稳能力,可减少由于围岩稳定性差而停机处理所耽误的时间。

根据 TBM 工作负荷情况,可将 TBM 工作条件等级数进一步量化,细分为 15 个等级,以便定量分析刀具消耗与 TBM 工作条件等级数之间的关系,如表 15.4-1 所示(闫长斌等,2018)。

表 15.4-1 TBM 工作条件等级

围岩类别	TBM 施工围岩分级	TBM 工作条件等级数
Ⅰ	A	1
Ⅰ	B	2
Ⅰ	C	3
Ⅱ	A	4
Ⅱ	B	5
Ⅱ	C	6
Ⅲ	A	7
Ⅲ	B	8
Ⅲ	C	9
Ⅳ	A	10
Ⅳ	B	11
Ⅳ	C	12
Ⅴ	A	13
Ⅴ	B	14
Ⅴ	C	15

3)基于 TBM 工作条件等级的刀具消耗预测

杨媛媛等(2005)根据 TBM 工作条件等级与刀具消耗数的关系,对数据进行拟合,得到了滚刀消耗量与 TBM 工作条件等级数之间的经验关系:

正(边)滚刀整刀消耗量
$$y = 1.4304 - 0.1753\ln(x+2) \quad (15.4-1)$$

正(边)滚刀刀圈消耗量
$$y = 3.7488 - 0.4589\ln(x+2) \quad (15.4-2)$$

式中:y 为 TBM 每掘进 10cm 消耗的刀具数(把);x 为围岩对应的 TBM 工作条件等级数,由于预测公式由 Ⅱ、Ⅲ、Ⅳ类围岩中刀具的消耗量推出,因此 x 的取值范围是 4~12。

黄平华(2008)认为上述预测方法在 2 个方面与 TBM 施工实际情况不符:①仅仅基于掘进里程进行分析,与实际情况不符;②计算结果以 10cm 为单位,与实际工程相差甚远。在此基础上,他提出了新的拟合分析方法:

$$y_1 = KD^2[1.8471 - 0.43361\ln(x+2)] \times 10^{-3} \quad (15.4-3)$$

$$y_2 = K[2.3518 - 0.5521\ln(x+2)] \times 10^{-3} \quad (15.4-4)$$

式中:y_1 为 TBM 掘进每 m 消耗的刀具数(把);y_2 为 TBM 掘进每 m^3 消耗的刀具数(把);D 为开挖直径(m);x 为 TBM 工作条件等级数,取 1~12;K 为实际岩石的变化系数,取 0.8~1.3。

通过工程实例验证发现,式(15.4-3)和式(15.4-4)计算结果与实际情况仍有较大偏差。例如秦岭隧道和引大济湟隧洞的刀具消耗预测结果偏高,误差分别为 42% 和 33%;而磨沟岭隧道则偏低,误差为 28%。原因是秦岭隧道岩石实际干抗压强度最高达 204MPa,大部分在 100MPa 左右,且岩面十分坚硬,岩体完整性较好,掘进速度缓慢,从而加速了刀具消耗;而磨沟岭隧道实际围岩破碎,岩石软弱,可实现 TBM 快速掘进,因此刀具消耗大大降低。几台双护盾 TBM 的刀具消耗预测结果存在偏差主要是由于实际开挖的围岩级别变化较快,岩石的变化系数 K 取值存在较大困难。

李凯磊(2015)对黄平华提出的预测方法进行了修正:

(1)依据 TBM 工作条件下的围岩分级,C 级是 TBM 工作条件最恶劣的一级,在相同地质围岩等级下,理应消耗更多的刀具,但是按照公式计算,在相同地质围岩等级下,C 级反而比 A 级消耗刀具数少;因此,需要进行调整,使 C 级排在 A 级前。

(2) 在拟合函数过程中，发现 $\ln(x+1)$ 比 $\ln(x+2)$ 更符合刀具消耗规律，因此采用 $\ln(x+1)$ 函数。修正后的拟合关系式为：

$$y_1 = KD^2[1.5952 - 0.3404\ln(x+1)] \times 10^{-3} \tag{15.4-5}$$

$$y_2 = K[2.0321 - 0.5524\ln(x+1)] \times 10^{-3} \tag{15.4-6}$$

由山西万家寨引黄工程 $4^\#\sim 7^\#$ 隧洞 TBM 实例计算结果表明，式(15.4-5)和式(15.4-6)计算结果比式(15.4-3)和式(15.4-4)更接近实际情况。

第五节　TBM 在不良地质段掘进难点分析和应对策略

在国内，TBM 的应用覆盖了水利水电、轨道交通、铁路、矿山、综合管廊、公路等行业。TBM 法隧道的地质条件不可避免地呈现多样化，具有良好工程适应性的 TBM 项目会越来越多，同时由于 TBM 施工的普及以及连续掘进长度的增大，遭遇不良地质甚至恶劣地质条件的概率也会越来越大。

不良地质条件下的 TBM 施工是我们需要面对的挑战，在适宜的地质条件下发挥 TBM 快速施工的优势，同时也能够保证恶劣地质条件下持续掘进，尽量避免或减少 TBM 长时间受阻或者停机，才能保证 TBM 更好地为隧道建设服务。

一、不良地质条件下 TBM 掘进技术难点分析

目前 TBM 已经广泛应用于各种类型的隧道施工，由于该设备对地质条件适应性较差，所以对 TBM 在不良地质条件下的掘进难点分析和应对措施，是 TBM 掘进安全、顺利通过不良地质段的有效保障。

1) TBM 掘进可能出现的不良地质现象

TBM 掘进可能出现的主要不良地质现象有以下几个方面：

(1) Ⅳ、Ⅴ类围岩，尤其是断层破碎带等严重围岩失稳。

(2) 灰岩岩溶段，掘进过程中存在溶蚀溶洞、塌方、突泥涌水等施工风险。

(3) 掘进中遭遇不可预见的岩爆设备毁灭性损坏而停止掘进。

2) 不良地质段 TBM 掘进可能出现的情况

不良地质段 TBM 掘进可能出现的情况如下：

(1) 掌子面或刀盘后方频发塌方，刀盘前方局部临空，不能有效破岩，清渣支护工作量大。

(2) 出渣量瞬间增加导致输渣系统瘫痪，被迫频繁停机。

(3) 洞壁不能为 TBM 撑靴提供必要的承载力，致使 TBM 推进困难，掘进方向难以控制。

(4) 围岩坍塌落石占用 TBM 主机区域设备空间，清渣占用大量时间，或因初期支护量大大增加，还需要回填或灌浆处理空洞，使 TBM 掘进单元经常待工，效率显著降低。

(5) 围岩失稳引起坍塌并可能会伴随发生突涌(泥)水，对 TBM 设备、作业人员安全带来威胁。

(6) 通过大的破碎带时，围岩大面积深度坍塌，挤压护盾，导致卡机。

3) 穿越不良地质段对 TBM 掘进的影响

穿越不良地质段对 TBM 掘进的影响，主要表现为以下几个方面：

(1) 初期支护量大大增加，严重影响掘进速度。

(2) 落渣急剧增加，造成残渣量剧增，清渣工作量大，占用时间长，直接影响钢拱架支护以及掘进施工。

(3) 软岩、破碎带需要超前支护，及早封闭，且初期支护占用时间长，减缓掘进速度；尤其是断层破碎带，围岩往往稳定性差，导致隧洞坍塌、挤压变形，严重影响施工。

二、围岩失稳对TBM施工的影响及处理措施

1) 轻微或一般围岩失稳洞段

此类洞段通常不会严重影响TBM掘进,坍塌量不大,可采用先掘进后处理的办法。通过减小撑靴撑紧压力、减小推进力与推进速度、降低刀盘转速等掘进参数的调整,继续掘进。围岩在护盾后面出露后,根据围岩的表现形式与失稳程度,选取合适的形式及时加强初期支护。可采用的支护形式有喷射混凝土或纳米混凝土、锚杆、钢筋网、钢拱架等。需特别注意,该情况下希望TBM尽快掘进通过,但必须严格控制掘进速度,充分利用TBM掘进对围岩扰动小的特点,维持围岩基本稳定,否则会加剧围岩失稳。

2) 严重围岩失稳洞段

Ⅳ、Ⅴ类等软弱围岩往往出现在断层破碎带地层,围岩松散、破碎、含水。Ⅳ、Ⅴ类围岩节理裂隙发育,岩体破碎,隧洞围岩自稳能力差,施工时容易发生围岩失稳现象。严重围岩失稳发生时,TBM无法继续掘进,必须停机,先处理后通过。利用TBM自身设备超前处理,对前方的断层破碎带超前加固处理,然后TBM掘进通过。超前加固的措施包括超前锚杆、超前小导管、超前注浆等,也可以采用加固速度快、效果较明显的新型化学浆液材料。

(1) 超前锚杆支护。超前锚杆主要用于节理裂隙发育,但岩石较完整的洞段。一般在拱部120°范围内,必要时也可在边墙局部布置,沿掘进方向钻孔,与钢拱架配合使用,其尾部一般置于钢拱架腹部,或在系统锚杆尾部设置环向钢筋,将超前锚杆尾部与环向钢筋焊接牢固,超前锚杆胶凝材料使用早强水泥砂浆或快速锚固剂。

(2) 超前小导管。在断层破碎带段,由于围岩易产生塌方,故施工前应采用超前小导管注浆加固进行预支护。小导管外径为φ42mm、长度3.5m钢花管,管壁四周按30cm间距梅花形、钻设φ6~8mm压浆孔。施工时,小导管按环向间距与衬砌中线平行以5°~10°仰角插入拱部围岩。根据现场围岩情况注单浆液(水泥浆液)或双浆液(水泥-水玻璃浆液)加固围岩。

(3) 超前注浆。当超前地质预报研判掘进前方地质条件较差时,需进行超前注浆处理。位置一般情况下位于TBM护盾外侧,参数根据地质条件进行布设。围岩较破碎情况下,注浆可采用φ32mm自进式注浆锚管,环向间距30cm,纵向2.7m/环,外插角按25°控制,可结合现场实际情况适当调整。

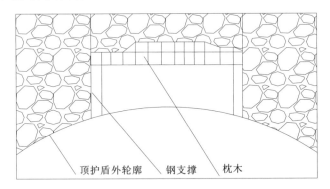

图15.5-1 导洞超前与预加固示意图

3) 严重围岩失稳TBM卡机

当TBM掘进遇到大的深层破碎带时,出现卡机现象,导致掘进机无法向前推进时可采用开挖导洞超前预加固,主要在TBM顶护盾上方,利用人工,小进尺的方式掏空顶护盾上方的破碎围岩,利用刚性支架支护围岩,使顶护盾上方形成空腔,从而减少围岩施加给顶护盾摩擦力,达到消减TBM推进阻力的目的。开挖导洞超前预加固示意图见图15.5-1(简江涛,2018)。

三、灰岩段岩溶对TBM施工的影响及处理措施

1) 灰岩段岩溶对TBM施工的影响

结合水文地质情况分析,灰岩可能出现的岩溶构造和对TBM施工的影响如下:

(1) 小型溶洞群。TBM掘进可能揭露围岩连续出现的小规模溶洞。小规模溶洞对TBM掘进通过不会造成本质影响,但可能出现局部小规模塌腔、掉块,造成人员和机械损伤,影响施工。

(2) 大型空洞溶洞。大型空洞溶洞会对 TBM 掘进造成极大威胁，TBM 贸然掘进揭露这一类型岩溶构造容易发生塌方、卡机事故，造成 TBM 难以掘进。尤其在隧道下部揭露时，可能产生 TBM 低头，甚至掉机的事故。

(3) 大型充填溶洞。TBM 揭露大型充填溶洞往往难以避免突水涌泥灾害，轻者淹没掘进工作区域，延误 TBM 施工，重者或导致掌子面或附近围岩坍塌等严重后果。

(4) 岩溶管道。本段落沿线断层破碎带发育且地下水丰富，灰岩地层中的岩溶管道很容易联通富水断层。TBM 揭露小规模岩溶管道可能出现洞壁涌水，延误施工。如果揭露沟通大规模含水构造的岩溶管道甚至地下暗河，人员财产损失将难以估计。

2) 溶蚀及小溶洞群处理措施

一般 2 倍洞径外的溶洞不处理。对 TBM 掘进过程中揭露出的溶洞和探测出的 2 倍洞径内未揭露出的溶洞，根据岩溶形态大小、充填特征、充填物性质、岩溶水量及岩溶与隧洞的位置关系等采用不同的处理措施。

(1) 溶蚀及溶洞在拱顶位置。溶洞出现在拱顶位置，在溶洞出露护盾前先安装 φ12mm 或 φ16mm 钢筋排及 I16 钢拱架（间距可选择 45cm、90cm、180cm）进行支护。若溶洞内有充填物并伴有掉块，为防止钢筋排变形和钢拱架收敛，将 φ22mm 连接筋改为 I16 工字钢与钢拱架进行纵向连接，必要时减小钢拱架间距；若溶洞内无充填物，待溶洞出露护盾后，采用 I16 工字钢支撑一端与钢拱架焊接，另一端顶紧岩面，待 I16 工字钢焊接牢固后将 φ8mm 钢筋网片填塞至空腔内，采用铁皮等对溶洞进行封闭并安装 φ42mm 注浆管与排气管，采用 C20 细石混凝土对溶洞溶腔进行回填，并在后配套进行回填灌浆作业（图 15.5-2）。

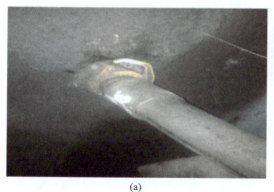 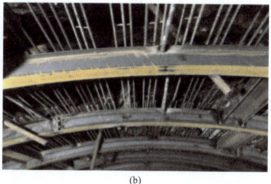

(a)　　　　　　　　　　　　　　(b)

图 15.5-2　拱顶溶洞处理措施（张俊卿，2018）

(2) 溶蚀及溶洞在撑靴位置。溶洞出现在撑靴位置时，分两种情况进行处理：①溶洞内含有充填物且较破碎，在 TBM 撑靴位置安放 H150 型钢或 I16 工字钢，为 TBM 撑靴提供足够支撑力，并提前进行网片挂设或钢筋排安装，采用应急喷射混凝土对溶洞位置进行喷射混凝土处理，喷射混凝土厚度与钢拱架内弧面齐平，待混凝土强度达到要求后 TBM 慢速掘进通过。②溶洞内无充填物，在拱架背部安放 H150 型钢或 I16 工字钢并焊接，或塞填折叠的 φ8mm 钢筋网片和 φ22mm 钢筋，并在该处挂网喷射混凝土，喷射混凝土厚度与钢拱架齐平，待混凝土强度达到要求时，TBM 慢速掘进通过。

(3) 溶蚀及溶洞在隧洞底部。TBM 掘进过程中加强对掌子面围岩的预判，结合物探地质预报推断隧洞底部溶洞存在的可能性及规模，然后启用应急泵站及管路深入刀盘前方对隧洞底部溶洞进行回填，实现边回填边缓慢推进的技术处理措施。溶洞在隧洞底部时，钢拱架底部采用 I16 工字钢进行纵向连接，防止钢拱架和轨排发生不均匀沉降，确保支护和机车运行安全。

3) 溶蚀及溶洞突泥涌水处理措施

施工前编制突泥涌水应急预案，施工过程中结合超前地质预报判断突泥涌水的可能性及规模。发生突泥涌水后立即启动应急抢险预案,并及时组织参建各方召开专家会,针对具体情况采取相应的处理措施。

突泥涌水处理措施:

(1)进入刀盘探明掌子面围岩地质情况,通过刀孔、入孔及刮渣孔判定涌泥的大小、位置及规模形态,TBM每推进0.5m至少观察1次,同时施做长距离TRT和地表钻孔。

(2)判定刀盘是否能够启动,对刀盘入孔及刮渣孔焊接钢板局部封堵,减小刀盘开口率以减少出渣量,每次掘进前空转刀盘,将刀盘泥浆清理干净。

(3)在皮带仓位置堆码沙袋墙,防止刀仓里面的泥浆从皮带仓口涌出,刀仓内泥渣从皮带系统输送出去,避免影响底部支护结构施工。

(4)调整掘进参数:降低掘进速度、刀盘转速、掘进推力,避免出渣量大造成皮带堵死或急停。

(5)加强支护强度:围岩出露护盾后及时进行封闭并加强支护,采取加密钢拱架、钢筋排、工字钢纵连、喷射混凝土封闭等联合支护措施,溶腔内灌填混凝土,确保支护强度不留安全隐患。

(6)加强监控量测:加强支护完成后,及时布设监控量测点,并加密量测频率,将监控量测数据及时反馈,以指导现场施工。

(7)配置应急水泵及管路等抽排水设施,确保抽排水系统具备足够的抽排水能力,避免TBM设备被淹风险,应急抢险期间加强与供电部门的沟通,同时配备足够的备用电源,确保电力供应。

4)岩溶地层塌方处理措施

遇此类情况,掘进机需停机处理;清理塌落体后,依据设计参数及时安装钢拱架(若塌方严重时,可采取拱架加密),拱架间采用I16工字钢连接;在拱部塌落处铺设钢筋排;为防止坍腔内的围岩进一步垮塌,可采用型钢支撑加固危岩,型钢落脚于钢拱架上;同时利用应急干喷机对坍塌处进行喷射混凝土封闭处理,减少岩石暴露时间以及时形成支护体系。为减少后续变形,利用应急干喷机对支护系统钢支撑进行封闭回填处理。为保证对塌腔内的回填密实,在封闭前安装φ42mm注浆管与排气管,采用C20细石混凝土对溶洞溶腔进行回填,到达喷浆桥后复喷混凝土至设计厚度,并在后配套进行回填灌浆作业(图15.5-3)。

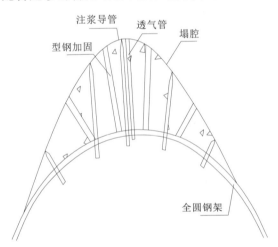

图15.5-3 岩溶地层塌方处理措施(张俊卿,2018)

对于撑靴处坍塌较严重部位,则在拱架背后利用上述同样的方式浇灌混凝土,混凝土回填密实,待混凝土强度达到要求后方可进行撑靴作业,然后慢速掘进通过。

四、断层破碎带对TBM施工的影响及处理措施

当TBM施工时如遇到软岩、断层破碎带或是风化岩等软弱围岩时,往往会由于强烈挤压变形和破坏发生隧洞塌方、TBM卡机、突涌水等事故,在我国TBM施工隧洞工程中已有相关报道,并采用了相应的工程处理措施。结合新疆某引水隧洞TBM掘进机施工时遇到的卡机问题进行分析,查找卡机原因,制定脱困方案和施工措施,成功解决了TBM卡机事故。

新疆某引水隧洞长度约6 443.73m,前500m为钻爆法施工,剩余5 943.73m洞段采用TBM掘进机开挖,开挖断面型式为圆形,断面直径为8.5m,纵坡为11‰。TBM掘进段设计提供的隧洞纵剖面图显示,隧洞围岩为石炭系凝灰质砂岩,处于新鲜岩体中,岩体呈厚状,产状315°NE∠75°。2016年8月11日,TBM向前掘进至桩号K0+716时,洞内围岩开始变差,局部较为破碎,洞壁出现掉块塌方,遂采用钢拱架(间距1.8m)和钢筋排支护措施进行加固。继续向前掘进1m后,掌子面塌方抱死刀盘,刀盘

无法转动(图15.5-4、图15.5-5)。清理刀盘料仓塌方体后试转刀盘,渣体马上充满刀盘料仓,导致主电机保护销剪掉8个,刀盘还是无法转动,发生TBM卡机事故。

图15.5-4 TBM刀盘掌子面塌方(孟晓燕,2018)

图15.5-5 TBM刀盘周围塌方(孟晓燕,2018)

1) TBM卡机原因分析

针对TBM卡机情况,对事故段围岩破碎情况进行地质预报测试。通过在隧洞内塌方段掌子面前方采用TRT6000仪器,同时在地表采用EH-4仪器对引水隧洞断层破碎带TBM掘进卡机处理措施进行测试,测试距离进行测试,测试距离为233m范围内,综合预测、预报结论见表15.5-1(孟晓燕,2018)。

表15.5-1 K0+717~K0+950段地质预报结论表

序号	桩号	长度(m)	推断结果描述
1	K0+717~K0+750	33	为断裂构造F_{304}主要影响区,岩体较破碎—破碎,存在大面积掉块、塌方可能。地下水以滴水为主,局部线状流水,隧洞右侧地下水相对发育。围岩为Ⅴ类为主。断层产状约为351°NE∠60°~80°
2	K0+750~K0+785	35	为F_{304}次要影响区,受F_{304}断层影响岩体较破碎,存在大的掉块、塌方可能。地下水以滴水为主,局部线状流水。围岩为Ⅳ~Ⅴ类
3	K0+785~K0+815	30	岩体完整性差—较破碎,存在大的掉块可能。地下水以局部滴水为主。围岩以Ⅲ类为主,围岩质量较以前段落稍好
4	K0+815~K0+835	20	为断裂构造F_{304-1}破碎带,岩体完整性差—破碎,存在大的掉块、塌方可能。地下水以滴水为主,局部线状流水。围岩为Ⅳ~Ⅴ类围岩
5	K0+835~K0+950	115	岩体较完整—完整性差,局部存在掉块可能。裂隙水不发育,局部滴水。围岩为Ⅱ~Ⅲ类

TBM开挖洞线内出现的断层为区域内F_{304}断裂构造、F_{304}次级断裂构造,F_{304-1}断裂构造破碎带,规模大,出现的频率高。根据地质预报结论,桩号在K0+699~K0+717处,遇到区域内F_{304}构造断层破碎带,破碎带呈松散状,松散系数1.5,无自稳能力,开挖后全断面出现塌方,塌落物质为5~15cm大小的黄褐色碎块。破碎带走向与洞线夹角较小,倾向以NE、NW,倾角60°~70°。组成物质为碎裂岩,呈强风化,拱顶右侧滴水,局部线状流水,塌方洞段,设计确认为Ⅴ类围岩。桩号K0+717处隧洞塌方体抱死刀盘,最终导致TBM卡机事故,刀盘无法转动。

2) 脱困方案(孟晓燕,2018)

TBM卡机后,根据地质超前地质结论,就TBM卡机原因进行了深入的分析,认为隧洞掌子面塌方岩体挤压抱死刀盘产生的摩擦力大于TBM刀盘驱动旋转扭矩使刀盘无法转动,必须将抱死刀盘周边的坍塌体清除,减少刀盘启动阻力,才能达到刀盘转动脱困目的。因此制订了如下TBM脱困方案:

(1)加强护盾后方拱架段的喷锚支护及径向固结注浆加固措施,防止洞壁围岩进一步变形。

(2)对侧顶护盾及刀盘周围进行化学注浆形成自然拱保护壳防止后续对护盾及刀盘顶部松散体固结注浆时浆液进入把护盾及刀盘固结在一起。

(3)对已形成自然拱保护壳的侧顶护盾及刀盘外松散体进行固结注浆使围岩固结自稳。

(4)待侧顶护盾及刀盘周围围岩自稳后凿除刀盘周围化学注浆形成的保护壳使刀盘转动脱困。

3)脱困措施(孟晓燕,2018)

(1)护盾后方拱架段加固措施。护盾后方拱架段主要指洞内桩号在K0+699~K0+711之间,此段需加强喷锚支护及径向固结注浆。首先在护盾后方段采用 ϕ22mm 钢筋排(130°随机钢筋排)+HW150 型钢支护(图15.5-6),锁脚锚杆三点式锁紧,拱架间距加密成 1.0m,拱架之间采用 10# 槽钢纵向连接,以便增强该段拱架整体稳定的受力结构。其次进行喷射混凝土封闭,喷射作业需分段、分片、分层、由下而上进行。喷射混凝土强度为 C25,初喷厚度为 10mm,注浆水泥为跨越 2000 型注浆材料,注浆压力控制在 0.2~0.5MPa。注浆孔布置在拱角以上 120°范围,弧长 8.9m,环间距 1m,中空注浆锚杆孔径为 6mm,每环布置 6~9 个注浆孔,注浆孔排距 1m,约 11 排。注浆孔深为 3~7.5m,前排和后排注浆孔交叉布置,呈梅花形,实施过程根据浆液扩散范围灵活掌握,局部加密布孔。中空注浆锚杆注浆孔在洞外加工好,注浆孔尾部用堵漏剂将孔周围封堵密实,防止漏浆,在管尾安装 ϕ32mm 止浆闸阀,开始注浆,注浆时先注奇数排,再注偶数排,注每排时,先注奇数孔,再注偶数孔。

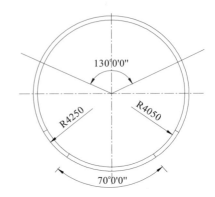

图15.5-6 护盾后方拱架段加强支护示意图
(孟晓燕,2018)

(2)对侧顶护盾及刀盘周围化学注浆。侧顶护盾及刀盘段已进入 F_{304} 断裂构造破碎带的主要影响区,采用有机化学浆液对侧顶护盾及刀盘周围松散体进行注浆,目的使其松散体通过化学浆液发泡膨胀胶凝固化,对护盾及刀盘周围一定范围内形成 50~100cm 厚的自然拱保护壳,并且具有一定的强度。根据 ϕ32mm 自进式锚杆初步超前探孔探测情况,护盾及刀盘顶部 3~7m 刀盘前方 3~5m 范围内为松散体,在尾盾拱架及刀盘喇叭口向护盾及刀盘周围化学注浆,注浆管布设于松散体内,化学浆液为北京瑞诺加固材料。在尾盾桩号 K0+711、K0+710、K0+709 三榀拱架超前掌子面方向(120°范围内)进行中空锚杆注浆孔位布置(图15.5-7),与岩面夹角约为 7°~10°,环向间距 1.0m,纵向间距 1.0m(往洞口方向),实施过程中根据实际情况灵活掌握,超前中空锚杆长度根据松散

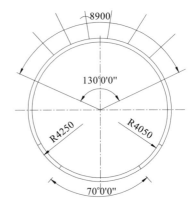

图15.5-7 护盾后方拱架段径向布孔示意图
(孟晓燕,2018)

范围尽量超过刀盘,侧顶护盾周围化学注浆形成的自然拱保护壳厚度约为 50~100cm。

(3)对保护壳外的松散体固结注浆。侧顶护盾及刀盘周围松散体通过化学注浆形成 50~100cm 厚有效自然拱保护壳体后,对预留下的三排径向注浆锚杆进行固结注浆,然后朝掌子面方向二次打 ϕ32mm 中空注浆锚杆,注浆水泥为跨越 2000 型注浆材料,注浆压力控制在 0.2~0.8MPa。在尾盾拱架超前掌子面方向,120°范围内进行中空锚杆注浆孔位布置,偏移于化学注浆孔位位置。每榀拱架紧挨两排注浆,与岩面夹角约从 10°递增到 60°,呈辐射状均匀分布于护盾及刀盘周围自然拱保护壳外的松散体内,环向间距 1.0m,纵向间距 1.0m(往洞口方向),实施过程中根据实际情况灵活掌握,超前固结中空锚杆长度根据松散体范围确定。

(4)注浆材料参数。施工中所采用的注浆材料有固结注浆材料和化学注浆两种材料。固结注浆材

料采用2000型注浆材料,材料技术指标如下:①比表面积大于480m²/kg。②初凝不小于10min,终凝不大于12h。③净浆强度:1天大于25MPa;3天大于35 MPa;7天大于42MPa;28天大于55MPa。④微膨胀:1天不小于0.02%,28天不大于0.03%。⑤流动性与安全性:具有很强的抗渗能力,后期强度稳定,具有较强的抗冻性能,不致遭受水霜冻融破坏而裂损。

化学注浆材料采用加固材料,分为A组和B组,技术参数见表15.5-2。

4)TBM脱困

(1)对刀盘周边进行人工扩挖,扩挖高度约为30～50cm之间,减小刀盘瞬间启动阻力,增加刀盘驱动扭矩;如果塌方岩石环向挤压护盾卡死,可以从护盾后方开孔,边扩挖边用槽钢对塌方体进行支护,扩挖高度在30～50cm之间,扩挖长度从盾尾到机头架前,扩挖宽度视现场情况而定。

(2)刀盘启动后,尝试后退刀盘10cm,查看护盾是否卡住,边后退边尝试转动刀盘。此时掘进速度控制在10mm/min,刀盘转速控制在2转/min,贯入度控制在5mm/转,其余掘进参数按现场情况灵活调整。

表15.5-2 化学注浆材料技术参数

产品特性	性能指标	
	A组	B组
外观	淡黄色或无色透明液体	深褐色液态
使用配比/体积比	1:1	
膨胀倍数	≥10	
发泡特性	两种材料混合自然发泡	
抗压强度(MPa)	≥10	
抗拉强度(MPa)	≥1.0	
抗剪强度(MPa)	≥1.0	
黏结强度(MPa)	≥1.0	
阻燃特性	满足矿井下用聚合物制品 MT 113—1995 技术标准	

(3)在TBM刀盘脱困后,通过F_{304}断层期间,掘进时必须严格控制掘进参数:刀盘转速控制在3转/min;掘进速度不能大于1.2m/h;主机1#皮带压力平均值不能大于85bar;主驱动电机电流控制在200A以内;刀盘最大扭矩不超过3400kNm。

(4)根据当前掌握已揭露的地质情况看,刀盘脱困后,后续掘进还在断层破碎带,超前预固结、短进尺、强支护、连续均衡施工的原则进行控制,直至顺利通过断层破碎带。因此,通过F_{304}断层掘进期间,每掘进两个循环对刀盘观察一次,防止前方有大量塌方体,将刀盘卡住;掘进时随时评估出渣量情况,判断实际出渣量是否与掘进断面理论出渣量一致,防止出现推进慢而出渣量远远大于理论出渣量的情况。

五、岩爆对TBM施工的影响及处理措施

1)岩爆洞段的围岩破坏

TBM掘进过程中破坏了围岩原有的三维应力状态,使围岩内部发生应力重分布。在应力重分布和调整过程中,不同部位围岩因地应力的分布格局、应力量级、岩体结构,以及TBM施工扰动程度的不同,围岩应力调整的表现形态也不尽相同,有的围岩内部应力调整过程比较缓和,调整后趋于稳定,但有的围岩调整过程中发生不同形式的围岩破坏,以释放部分应力实现应力平衡。

根据围岩破坏特征和强度的不同,以锦屏二级水电站引水隧洞TBM掘进过程为例,将岩爆分为以下4种(袁亮等,2012)。

(1)轻微岩爆。岩石表层发生爆裂脱落、松弛和碎裂现象,零星间断发生破坏,深度小于0.5m,内部有噼啪、撕裂声,持续时间相对较短。锦屏二级TBM穿越T_2y^5地层过程中围岩发生此类破坏现象较为突出。

(2)中等岩爆。围岩爆裂脱落、剥离现象较为严重,围岩表层时常呈板裂化,深度为0.5~1.0m,有少量弹射,伴有清脆的响声,多发生在隧洞水流方向左侧的拱肩部位。TBM在埋深超过1000m的围岩洞段中掘进,发生中等岩爆概率逐步增加。

(3)强岩爆。TBM掘进至埋深超过1500m,在接近褶皱的核心部位地段掘进,围岩大片爆裂脱落,

出现强烈弹射，影响深度1~3m。持续时间较长，并向围岩深度发展。

(4)极强岩爆。TBM在接近或超过2000m处于褶皱的核心区域掘进过程中，围岩易发生大片严重爆裂，往往容易沿结构面发生大面积的崩塌。其振动强烈，有沉闷的声响，迅速向围岩深部发展，影响深度超过3m；其能量巨大，对TBM构成严重威胁，甚至摧毁设备和工程。2009年11月28日，锦屏二级排水洞TBM在SK9+283m部位就遭遇到罕见的极强岩爆，直接导致TBM毁灭性破坏。

在掘进过程中除岩爆强度和形式不同外，岩爆发生的空间部位也不一样，一般沿TBM纵向可分为TBM掌子面岩爆、刀盘及护盾部位岩爆、护盾后岩爆；按照岩爆相对TBM横截面的位置分为顶拱岩爆、侧墙岩爆和底拱岩爆。TBM掘进过程中底拱基本没有发生岩爆现象。

岩爆发生的形式和空间部位不同，对TBM施工有不同的危害，一般有以下5方面：

(1)损坏TBM设备结构件。譬如掌子面岩爆，一方面容易直接砸损刀具或铲齿；另一方面因掘进过程中岩爆造成掌子面的不平整，致使刀具、铲齿及刀盘易受冲击荷载作用发生非正常损坏。护盾后顶拱岩爆，直接砸伤液压及机械部件。

(2)刀盘及护盾部位若发生强至剧烈岩爆，大量塌方体挤压刀盘或护盾，导致刀盘或护盾卡机。

(3)威胁人员安全，影响作业人员心理。岩爆发生时伴有飞石或塌方，威胁作业人员安全，易造成作业人员产生"谈爆色变"的恐惧心理，不利于人的身心健康和作业队伍稳定。

(4)制约TBM正常掘进。大量的塌方体堆积于TBM底部，影响TBM轨道铺设和行进；侧墙岩爆易形成爆坑，影响撑靴的正常工作，制约TBM掘进进度。

(5)毁灭TBM设备，造成人员群体伤亡事故。边的顶拱发生剧烈岩爆，可能损毁工程或设备，并有造成人员群体性伤亡事故的风险。譬如2009年11月28日排水洞TBM遭遇的剧烈岩爆，直接导致TBM毁灭、人员群体伤亡的惨痛事件。

2)岩爆段TBM总体施工思路与措施

在总结TBM岩爆施工经验后，锦屏二级水电站引水隧洞采取了"规避灾害性的强至极强岩爆、防治中等及轻微岩爆、降低部分强岩爆至可接受程度的原则"进行岩爆段施工，确保TBM设备和人员的安全。

(1)多种手段的岩爆综合预测。为做到岩爆的事前预防，主动进行岩爆防治，经过现场实践和专家咨询，采用以下手段进行岩爆的综合预测：①宏观分析判断法。根据隧洞埋深、围岩性质、地质构造和地形条件等从宏观预测岩爆的等级、烈度及分布情况，尤其是对可能发生强至极强岩爆的区域进行初步预测，基本确定易于发生强至极强岩爆段。②围岩性质预测法。根据揭露的围岩特性，譬如岩石的颜色、硬度、脆性、完整性，以及围岩表面的渗水等现象判断前方岩爆的可能性。施工过程中当遇见白色完整的大理岩表面无渗水或少有渗水的情况下，及时提醒现场做好岩爆预防。③根据TBM掘进的渣料块度、形状，以及掘进出露的岩面情况判别岩爆发生的可能性。一般正常的掘进渣料呈梭片状、块度小于或接近刀间距，或出现渣料呈板块状、块度大于滚刀间距的现象时，表明该区域存在岩爆迹象或可能性。④微震监测定位预测技术。微振检测技术是通过搜集岩体内应力重新分布过程中的微震事件，通过多角度采集信号进行微震点的定位和频度统计，并依据微震事件点的频率和集散度，判别潜在岩爆的级别和发生概率的一项岩爆预测技术。此项技术是锦屏二级引水隧洞后期岩爆预测的主要手段之一。

(2)改进设备，增强被动防护能力。为增强设备的抗岩爆能力，降低岩爆对TBM设备及人员的威胁，在TBM穿越岩爆段前对TBM设备进行必要的改进：①针对TBM L1区支护设备进行适应性改进，提高支护设备的作业效率，减少围岩的暴露时间。譬如L1区指形护盾进行了截短，优化L1区钢筋网安装器，将锚杆钻机前移，缩短锚杆钻机与掌子面的距离，以便能尽早对出露的围岩实施锚杆支护。②对TBM关键部件和易损部件进行防护性改造。如将钻机等支护设备的液压油管和阀门移位至钢结构件下部，对钻机滑轨和撑靴油缸加设可伸缩的防护装置等，增强设备自身的抗岩爆能力。③改善工人的作业条件，增强风险应对能力。譬如在L1区护盾下方增设和加宽作业平台，作业人员在护盾防护下安装网片；在L1区增设防护支架，人员可在防护支架下完成锚杆的钻孔和锚杆安装等工作，减少人的安全风险。

(3)强至极强岩爆段TBM穿越方案。结合TBM遭遇极强岩爆的危害,以及表现特征,研究分析认为极强岩爆是TBM难以承受的施工风险,在施工中应规避极强岩爆。通过多方面论证和现场试验,确定TBM在潜在极强岩爆段采取以钻爆先开挖导洞,然后由TBM进行剩余断面掘进的开挖方案。通过钻爆开挖导洞预处理释放应力,完成隧洞顶拱系统支护,然后在顶拱相对安全的条件下,TBM完成下部围岩的开挖,以规避TBM在极强岩爆段的施工风险。极强岩爆段采用的钻爆法与TBM法联合开挖的断面见图15.5-8。

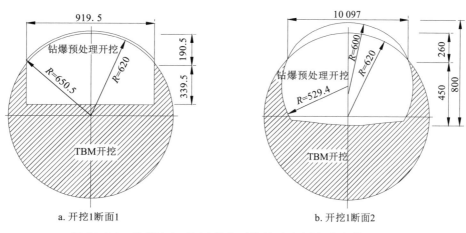

图15.5-8　钻爆法与TBM联合开挖断面示意图(袁亮等,2012)

(4)岩爆段支护措施(袁亮等,2012)。TBM在岩爆段掘进,主要以防治顶拱岩爆为主,重点在L1区有针对性地采取各种强支护措施进行防治;在L2区以完善系统支护为主,进行侧墙的系统砂浆锚杆和系统喷射混凝土施工。其中L1区的支护措施如下:

①预应力短锚杆+网片联合支护。针对轻微岩爆,如以应力松弛破坏为主的围岩洞段,普遍采用长3.8m、ϕ28mm的预应力胀壳式短锚杆与预制网片相结合的支护方案。当围岩出露护盾后即被网片覆盖,按间距1~1.2m施工锚杆,形成网+锚钉的支护结构,抑制围岩的弹射或松弛破坏的进一步发展,并使失稳的围岩块体堆积在网片内,避免掉落砸损设备和人员,减少了底拱的清渣量。

②网片+预应力锚杆+局部拱架或全圆拱架。对于顶拱潜在中等岩爆,或者围岩出露护盾在护盾内已经局部板裂化破坏的围岩,一般采用网片与拱架结合的支护方式。该结构较网片与锚杆的结构承载能力更强,当围岩板裂化程度较高,锚杆难以成孔时采用局部拱架或全圆拱架形成较强的被动支护体系,防止了围岩掉落砸损设备或堆积于隧道底部制约掘进,有效地抑制了岩爆的破坏。

③钢筋排架+拱架。针对围岩出露护盾前或出露护盾随即发生中等岩爆甚至部分强岩爆,钢筋网片的刚度和完整性不足以支撑上部落渣,存在大量失稳和掉落的岩块,不具备施工锚网结构的围岩洞段时,采用钢筋排架直接从护盾下缘拖拉出来封闭出露护盾的岩体,以间距1.0m施工全圆拱架,形成刚性被动支撑结构,阻止围岩掉落和围岩破坏的进一步发展,保证了L1区下部的设备和施工人员安全,避免失稳岩渣掉落堆积于隧洞底部。

④长锚杆与应急喷射混凝土。针对围岩出露护盾的实际情况,及时喷射混凝土封闭岩面,并与锚杆、钢筋网和钢筋排架等结构形成整体支护结构,也是TBM L1区采取的岩爆防治措施之一。但是,喷射混凝土对设备污染大,L1区的喷射混凝土大多只应用于已经发生岩爆破坏的区域,抑制岩爆破坏的进一步发展。针对部分强岩爆或预测出强岩爆的部位,在上述已实施措施的基础上,在L1区加密布置长6m的胀壳式中空预应力锚杆,以增加支护结构的影响深度,增加围岩自稳能力。

⑤水胀锚杆、中空预应力锚杆、掺仿钢纤维纳米混凝土以及柔性钢丝网在岩爆段的应用。水胀锚杆是一种中空的薄壁钢制锚杆,在高压充水时折叠的杆壁伸展与孔壁紧贴,是一种能快速支护且有利于围

岩应力调整的摩擦型锚杆。在实际应用中，对其外露的锚杆端头加设大垫板，利用摩擦锚杆的抗拉作用，限制锚杆孔周围岩体弹射和脱落。其施工快捷、操作简单，利用锚杆端头在撑靴撑压作用下可弯曲贴紧岩面不损伤撑靴的特点，较好地解决了 L1 区边墙锚杆施工安全风险高和锚杆头外露损坏撑靴的问题，在 IBM 岩爆段掘进中被广泛应用。

为减少 TBM 施工的锚杆数量，在隧洞顶拱使用了可将 L1 区临时支护与 L2 区系统支护锚杆相结合的中空预应力锚杆，即在 L1 区快速完成中空预应力锚杆的安装和预应力施加，然后在锚杆到达 L2 区平台时进行锚杆注浆，作为系统砂浆锚杆使用，大大降低了锚杆总体工程量，提高了 TBM 的掘进效率。

在喷射混凝土中添加纳米仿钢纤维，利用其凝固速度快和能提高混凝土韧性、增大抗拉裂能力的特点，快速封闭和加固围岩，抑制岩爆的发生。

在岩爆多发洞段，为防止岩爆弹射损伤设备和人员，在局部洞段侧墙使用柔性钢丝网代替钢筋网片，一方面可提高支护结构的整体性，减少了网片搭接质量不可靠和塌方部位网片安装困难的问题；另一方面柔性钢丝网直接从上向下快速铺设，形成一道防护网，然后施工锚杆将柔性网拉紧岩面，作业效率高，人员安全。

（5）掘进操作控制。①岩爆地段，由于地应力大、爆落的岩块多，TBM 应保持平稳匀速推进，并适当降低推进速度，减少对围岩的扰动和设备的非正常损坏。此外，在保证 TBM 推进的情况下，降低撑靴压力，减少撑靴对围岩的二次扰动，可降低因撑靴作用诱发二次岩爆的风险。②针对掌子面岩爆易形成掌子面爆坑和不平整的岩面结构，为降低刀具受冲击荷载发生非正常损坏的风险、减小刀盘和主轴承不平衡受力状况，适当降低刀盘转速和推进力。③在岩爆洞段，应利用 TBM 扩挖刀具实施一定的扩挖，并在掘进过程中尽可能伸展护盾，以便在岩爆发生后，护盾收缩的空间增大，一方面减少 TBM 卡机的风险和设备卡机后脱困的难度；另一方面避免岩爆洞段因支护结构的增强或变形，侵占隧道空间。

6）撑靴跨越岩爆爆坑的措施

TBM 岩爆洞段掘进过程中，侧墙在岩爆后往形成大小不同的爆坑或塌腔，使撑靴与洞壁不能充分接触并相互作用，使撑靴不能提供足够的 BM 掘进推进力，制约 TBM 掘进。为解决侧墙撑靴部位爆坑和塌腔问题，一般结合现场实际情况，灵活选用表 15.5-3 中所采取的措施，以保证撑靴撑紧洞壁，

表 15.5-3　撑靴跨越岩爆爆坑的措施

序号	爆坑或塌腔深度 δ	采取的措施
1	≤0.3m	枕木或沙袋塞填
2	0.3m≤δ≤1.5m	多层网片与喷射混凝土回填
3	≥1.5m	锚筋+模筑混凝土回填

提供向前掘进的推进力和刀盘旋转的反力矩（袁亮等，2012）。

第六节　TBM 隧道施工超前地质预报现状和技术

高难度隧道的建设对地质勘察有了很高的要求。但是山高洞深、地质条件庞杂紊乱和地表勘察技术方法困难，施工时难以对工程地质状况有所有精准的把握，另外不良地质体有较很强的隐蔽性，难以对隧道沿线不良地质状况精准说明。通常灾害赋存源在隧道施工影响下可能引发突水突泥，塌方等地质灾害，带来重大的人员和钱的损失。

一、TBM 施工超前地质预报技术现状

目前 TBM 已经广泛应用于各种类型的隧道施工，由于该设备对地质条件适应性较差，因此要求对隧道地质条件有充分了解和准确把握，由于设计阶段的精度所限或其他原因，隧道设计与实际地质情况相差较大，致使针对 TBM 施工的隧道超前地质预报研究日显突出。

TBM 本身是一个庞然大物，电磁环境极为庞杂紊乱，诱发电磁场畸变，引起得强烈影响可能"吞没"掌子面前方得物理响应，致使钻爆法中可用的瞬变电磁技术，地质雷达技术均无法用于 TBM 施

工。与此同时,TBM 占了掌子面后方得很大空间,掌子面后方的墙不具备设置超前探测测线,和阵列激发装置与传感器。致使超前地质预报的观测空间极为狭小,难以对掌子面前方进行观测,传统可用的地质雷达等技术难以运用到 TBM 施工里面来。由于 TBM 施工隧道环境的复杂性,在该类隧道中开展一般隧道超前地质预报方法存在较大的难度,且预报效果也会受到众多干扰源的影响,难以为 TBM 的安全掘进提供指导作用。

受限于方法技术的发展及成本的控制,目前 TBM 施工段超前地质预报主要方法多是从传统钻爆法改良而来,由于 TBM 施工隧道的特殊性,这些方法适应性较差,预报准确率有待提高。PETRONIO 等提出了应用于 TBM 施工的隧道随钻地震波预报法(Tunnel Seismic While Drilling,简称 TSWD),该方法利用 TBM 掘进机刀盘滚刀切割岩石所激发信号作为震源信号,通过对安装在刀盘的检波器所记录的震源信号(pilot signal)和在隧道外的接收信号进行互相关运算,能够有效提取到隧道前方不良地质体的反射波,并据此对前方地质条件作出判断。该方法实现了在 TBM 不停机的条件下对前方围岩变化情况进行预报,对 TBM 施工起到了积极的指导作用。

国内李苍松等针对 TBM 隧道施工的特殊性研究了 HSP 声波超前地质预报方法,对掌子面前方的不良地质体进行了有效预报。但该类被动源方法目前使用的都是较大的偏移距,且主要是利用透射波进行地质预报,在具体实施时难度较大,且震源能量衰减较多,降低了分辨率及预报准确率。

总体来说,目前 TBM 施工中超前地质预报技术注重与 TBM 机械结合,并且形成自动化系统,这代表了 TBM 施工环境探测技术的需要和未来发展趋势(古上申,2018)。

二、TBM 施工超前地质预报技术方法

1)宏观超前地质预报

依据:区域地质资料(水文、工程、岩溶)调查为基础,补充野外地质勘测、物探、综合分析。

作用:预报施工会遇到的不良地质类型、规模大小、大体位置,例如:溶洞、暗河、断层、裂隙。宏观预报其可能性,尽可能详尽的绘制隧道洞身沿线的主要不良地质分布图。

内容:①不良地质分布图。②风险等级划分,辨别高风险段,为第二阶段做准备。

2)长距离(100~150m)超前地质预报

TRT:测溶洞,暗河,断层,裂隙,围岩等级。

原理:地震波超前预报法,当地震波遇到声学阻抗差异界面时,一部分信号反射回来被隧道边墙及顶部的传感器接收,另一部分信号透射进入前方介质继续向前传播。声学阻抗的变化通常发生在地质岩层界面和岩体内不连续界面。

方法:靠近掌子面左右边墙分别布置两排震源点(每排 3 个,共 12 个),间距 2m,距离第二排震源点 10~20m 开始布置检波器,共布置 4 排。第一排检波器 2 个,第二排检波器 3 个,分别位于左右拱底及拱顶,第 3、4 布置同 1、2。最后通过软件处理数据得出结果(古上申,2018)。

3)中距离(50~80m)超前地质预报

多点阵列式瞬变电磁探测(该方法为传统瞬变电磁探测的改进):测含水构造。

原理:基于岩土体与水体之间的电阻率差异,通过观测低频电磁波在水体中激发的二次感应电磁场来确定含水构造。

方法:利用电磁脉冲激发,不接地回线向地下发射一次场,在一次场断电后,测量由地下介质产生的感应二次场随时间的变化,通过观测、处理、分析这一随时间衰减的变化来了解介质的电性、规模、产状等。

改进:

(1)发射(或接收)回线装置材料用非金属:降低了 TBM 施工中机械、电液系统的电磁干扰,使测量数据更精准。

(2)发射(或接收)装置回线结构的改进:与传统的线框结构相比,改进的 3 种方式具备轻便、快速拆

组、方便运输节约预报时间1/3～1/2,节省劳动力。

(3)三维探测:传统瞬变电磁只能得到二维切片图像,采用多点阵列式探测方法能够采集更多的数据,并在三维空间刻画掌子面前方的含水形态。

优点:精确测量出掌子面前方的水的形态,并汇出三维图。

缺点:只能测水。

4) 近距离(30m)超前地质预报

多同性源阵列激发极化法(探水)。

原理:不同地质介质之间(围岩与不良地质体)的激电参数差异为物质基础,通过测量分析地质体的激电效应实现探查。在电流激发作用下,因为电化学作用引起地质介质电荷分离,从而产生随时间变化的二次电场现象。当供电电极 AB 供入稳定电流,测量电极 MN 之间电压 U 随时间而变化,一般随着供电时间而增大并趋于稳定的饱和值,当断开供电电流,断电瞬间电压 U 急剧下降之后缓慢减小,一段时间之后衰减到零附近。

观测方法:在掌子面后方移动探测。多同性源供电原理,可以减小 TBM 施工中电极附近异常体的干扰。向掌子面后方移动探测提高探测距离,不用在掌子面下面测量,提高人员安全,不随掌子面开挖连续探测,实现对异常体的三维成像,提高定位精确度。

优势:

(1)多同性源供电原理,可以减小 TBM 施工中电极附近异常体的干扰。

(2)向掌子面后方移动探测提高探测距离,不用在掌子面下面测量,提高人员安全。

(3)不随掌子面开挖连续探测,实现对异常体的三维成像,提高定位精确度。

三、HSP 超前地质预报技术在双护盾 TBM 施工的应用

利用 TBM 掘进破岩所产生的地震波作为 HSP 超前地质预报的震源,通过对所采集的反射地震波进行反演成像,并根据实际围岩开挖观察结果以及基于 TBM 掘进参数的模糊数学判别结果,对长距离连续跟踪探测的 HSP 预报结果进行了评价。该方法现场操作便捷,能够实现在不停机状态下对前方地质情况进行探测,且探测精度较高(程德胜等,2018)。

1) 方法原理

适用于双护盾 TBM 施工的 HSP 地质预报技术主要利用 TBM 掘进时滚刀破岩所产生的地震波作为探测的震源信号,该被动信号特征依赖于掘进参数、岩性和滚刀的状态。是连续随机震源通过长时间的积累可以获得足够的能量,可作为震源信号进行地质探测。震源信号在隧道中的岩体内传播,当遇到存在波阻抗差异的地质界面时,如节理裂隙带、断层破碎带、岩溶等不良地质体时,便会发生反射,反射波经过地层的传播,被检波器所接收,通过对检波器的具体布设,可实现阵列式数据采集,并通过深度域绕射扫描偏移叠加成像技术,进行反演解释。

该方法数据处理的关键技术主要基于多源地震及地震干涉技术。多震源地震技术是近年来发展起来的地震快速采集技术。它不考虑相邻时间激发炮之间前一炮信号对后一炮的影响,可以同步或近同步激发两个或两个以上的震源。地震干涉法的研究最早由 CLAERBOUT 等提出,该方法能够在不知道震源特性的情况下通过波场之间的互相关重构来自地质构造的反射信息,从而对介质的构造特征进行探测。

对于双护盾 TBM 施工隧道,信号采集和数据储存都通过无线发射器由主机内置计算机进行控制。每次测试时,采集一到两个掘进循环进尺的数据(1.8～3.6m),数据量要求不少于 800 道,实际测试时接收传感器之间的间隔可根据现场条件具体确定。超前探测预报范围可达到 80～100m。

2) 预报成果及开挖验证(程德胜等,2018)

以西藏某公路隧道为例,隧道全长 4775m,位于极高山亚区,是高原隆升、侵蚀最为强烈的地区,地形起伏大,河谷深切,属典型的高山峡谷地貌,平均海拔达到 4000～5500m。隧道内径 8.4m,开挖洞径

9.1m,隧道最大埋深约为830m。该隧道采用双护盾TBM施工,区内岩性以花岗片麻岩、片麻岩、混合片麻岩等组成,片麻理发育,岩石总体属中硬岩—坚硬岩,受片麻理影响,岩石强度各向异性较明显。地质构造形迹主要表现为韧性剪切带、次级小型断层、长大裂隙和节理裂隙系统,对隧道稳定性起着控制作用。隧道横穿一个背斜,与背斜轴线方向大角度相交,该区域新构造运动强烈,地震活动频繁,其50年超越概率10%地震动峰值加速度$\geqslant 0.4g$,对应地震烈度$\geqslant$Ⅸ度,区域构造稳定性差。加之埋深较大,因此TBM卡机风险较大,掘进期间的超前地质预报将非常重要。

HSP超前地质预报具体实施为:在TBM保养期间,实施孔钻孔和掌子面地质情况观察分析;在TBM掘进施工过程中,实施HSP法数据采集。对典型里程段的预报成果进行了分析说明,并结合实际开挖围岩情况对预报成果进行验证。

在隧道施工至K10+072附近时,HSP探测结果显示前方至少超过50m的范围内存在反射异常,具体分析结果如表15.5-1所列,围岩情况极差,当天发出预警,隧道在加强支护的条件下继续掘进,之后TBM遭遇大范围的断层破碎带,多次发生塌方现象。

表15.6-1 K10+072掌子面测试分析结果

预报范围	探测结果
K10+073～K10+126	该段探测范围位于掌子面前方53m,有明显反射异常,初步判断围岩完整性和稳定性较差,可能存在间断式节理裂隙发育带,局部可能存在塌方现象,需注意里程K10+073～K10+084、K10+088～K10+108、K10+117～K10+126
K10+126～K10+173	该段探测宽度为47m,有明显反射异常,初步判断围岩完整性和稳定性较差,可能存在空腔、塌方现象。其中,K10+126～K10+140段,需注意局部区域可能会出现塌方现象;K10+140～K10+173段,可能存在节理裂隙密集发育带或断层破碎带

隧道掘进1200m期间,采用HSP法对前方实施了连续探测预报,预报结果均对TBM掘进施工起到了积极的指导作用,预报结果与实际开挖均较为符合。

双护盾TBM在掘进期间,由于其施工特点,所出露围岩有限,对围岩地质特征的观察受到很大制约,对围岩情况的判断仅能依靠地质观察窗和出渣情况,判断往往会存在一定的主观性以及误差,因此必须充分利用各种手段获得的信息,适时对围岩状况进行判断,研究表明通过对掘进参数进行分析,能够对围岩地质情况进行有效判别,能够客观的反应所遇围岩变化情况,因此选取掘进时的推力及贯入度,利用模糊数学方法对TBM掘进过程中围岩状况进行了判别,并将判别结果与HSP预测结果进行对比分析。与实际开挖情况所进行的统计对比可知围岩变化情况与掘进参数的变化规律存在高的相关性,因此对掘进参数进行详细的分析,可对预报成果形成更为客观性的评价。

结合探测成果与实际开挖所揭露的围岩情况表明,HSP地质预报法对节理裂隙密集带、断层破碎带等地质异常情况响应较好。但在围岩较为破碎的洞段,震源能量衰减较大,因此为保证TBM掘进施工的安全,应增加相邻两次预报的搭接长度。

HSP超前地质预报技术不影响TBM施工,前期准备工作少,现场操作便捷,针对双护盾TBM隧道施工预报适应性较强,在对西藏某公路隧道双护盾TBM施工阶段连续探测期间,准确提供了有关掌子面前方围岩地质情况变化的信息,为提前采取相应措施、减少因灾害造成的损失提供了技术支持,具有较高的实用价值。

目前适用于双护盾TBM施工隧道的HSP超前地质预报方法主要是利用纵波信号,对于隧道突涌水的预报效果还不是很理想,而横波对含水体等介质较为敏感,因此需进一步研究横波超前地质预报方法,提高对突涌水等灾害的预报准确度。

此外,还需采取数值模拟手段对TBM刀盘滚刀破岩所激发的地震波场进行详细研究,综合考虑影响多震源地震波场的各种因素,以便采取相应的数据处理方法,提高采集数据的质量。

第七节 渝西隧洞 TBM 施工工程实例

一、重庆地铁 TBM 施工对隧道围岩影响区域的研究(黄明普,2011)

随着重庆市地下交通的不断发展,地铁施工规模逐渐扩大。TBM 开挖方式因其具有安全和高效等一系列的优势,被广泛的应用到地铁施工中,深入的研究和分析 TBM 技术对于充分的利用地下空间,对提高重庆地区其他工程 TBM 施工水平有一定借鉴意义。

1) 工程概况

重庆轨道交通六号线一期工程为五里店—山羊沟水库段,长 12.122km,工程地质主要为Ⅳ类围岩,占 99.4%,岩性主要为砂岩、砂质泥岩和泥岩,其中砂质泥岩和泥岩占 88%,遇水易软化、结泥。地下水主要为裂隙水,潮湿、滴渗状,部分地段为线流水。

右线 TBM 于 2009 年 12 月 25 日始发,于 2011 年 7 月 31 日全线贯通,累计掘进 6 679.188m;左线 TBM 于 2010 年 1 月 13 日始发,于 2011 年 10 月 8 日全线贯通,开累掘进 6 851.297m。平均月进尺 406.76m,平均日进尺 13.56m。本工程 TBM 打破了全国城市地铁盾构施工月掘进 783.6m 的纪录,创造了城市轨道交通建设 TBM 施工单机日掘进 46.807m 和单机月掘进 862m 的全国新纪录。该工程为城市硬岩中利用开敞式 TBM 在地铁隧道中施工的首例,丰富了我国城市地铁隧道的施工技术,提高了城市岩石隧道的修建技术水平和施工工艺,也为岩石地层城市地下工程修建技术提供了借鉴。

2) TBM 施工对周边环境影响分析

TBM 掘进对围岩扰动小、噪声小,且自带除尘风机设备处理粉尘;由于 TBM 初期支护作业与掘进同步,及时封闭围岩,避免了由于初期支护不及时造成的拱顶沉降及周边位移,TBM 掘进对周边建筑物等环境影响较小。

城市隧道 TBM 施工与钻爆法相比存在以下优点:①隧道为圆形断面,隧道成型好。②洞周表面光滑,减少了应力集中。③TBM 对围岩扰动小,能够有效控制超欠挖,并可 24h 连续作业,掘进速度快。④对周边环境影响小,减少扰民的同时保证了地表建筑物的安全。

3) 计算模型和参数选取

该工程主要采用"地层-结构"模型进行计算,由一般力学理论能够得出,隧道模型计算边界根据隧道施工对围岩的影响可以对其进行忽略选取,模型左右边界距离隧道边 30m,下边界到距离隧道底部边界 40m,上边界距离隧道边界 30m。在该计算模型中,围岩利用 Plane42 单元,初期支护利用 beam3 单元。模型边界条件为:顶面是自由表面,两面是横向约束,底部为固定约束。在计算过程中岩土材料的非线性按照 DP 材料进行处理,塑性准则采用 Drucker-Prager 屈服准则。

在计算的过程中围岩和衬砌结构的物理力学指标按照该工程的地质勘察报告和隧道设计相关规范进行选择,弹性模量需要对岩体的完整性系数的影响进行考虑,其参数见表 15.7-1。

因为在地下水、注浆压力、疏密度以及土体渗透性等因素的作用下注浆层厚度和形状很难进行量化,所以在实际的二维模拟中假设壁后的逐渐层位一均质。等厚的弹性圆环,那么它的力学参数结合工程实际情况就根据将围岩参数提高一个等级进行确定。计算荷载时主要是对等自重应力场和支护结构的重力进行考虑。

表 15.7-1 计算参数

材料	重度	泊松比	内摩擦	黏聚力	弹性模量
Ⅲ级围岩	26	0.27	44	1.1	4.8
Ⅳ级围岩	25	0.33	33	0.45	1.1
Ⅴ级围岩	23	0.40	23	0.1	0.8
混凝土	25	0.17	60	4.8	31

4) 计算结果和分析

在实际工程施工中,TBM 需要经过多种不同的围岩,并还具有多种接近方式以及多种接近距离,为了确保计算具有普遍性,与该工程的实际情况进行结合,需要对各级围岩情况水平双洞和垂直双洞进行全面的考虑,双洞净距离分别为2/5/10/15,一共有24种工况。

在计算分析的过程中通过对开挖之前施加自重荷载时产生的初始应力和双洞都完成开挖并且TBM通过之后形成的围岩应力两者进行对比,来对影响范围进行划分,将前后应力值的变化率为25%作为对强影响范围判断的标准,在开挖之前的应力值变化率低于5%的情况下,可以认为TBM施工对该区域不存在影响;在开挖前后的应力值变化率处于5%~25%之间时,可以认为TBM施工对该区域的影响比较弱;在开挖前后应力值变化率高于25%时,那么可以认为TBM施工对该区域的影响比较强,从而对最合理的扰动影响范围进行最终的确定。

求解过程以实际开挖过程为准,也就是求解过程为初始应力求解→左洞开挖→左洞初期支护→右洞开挖→右洞初期支护。在求解之后,将计算得出的应力值提取出来,分别对各个位置的应力变化进行比较,在相同围岩级别之下,随着双洞间距的增大,在水平方向上影响范围逐渐变大的趋势,这是因为两洞之间都位于强影响区范围,而两洞外侧的影响范围基本上没有变化,深度方向上影响不是很明显。

根据变化趋势能够看出,在相同级别围岩的情况下,影响范围会随着双洞水平和垂直净距的增大而增大。在相同双洞开挖处,Ⅲ类围岩产生的应力变化范围最大,Ⅳ类围岩次之,Ⅴ类围岩最小。

5)结论

综上所述,强影响区范围根据围岩级别和开挖情况都是不同的,通常是2~3倍洞径。主要包括无影响区、弱影响区和强影响区,弱影响区占据了大部分的区域,主要分为在2~6倍洞径位置。

二、重庆地区泥岩条件下TBM滚刀偏磨处理措施研究(黄冬冬,2018)

重庆地区地铁建设近年来多处采取TBM进行施工,相对于传统钻爆法,TBM具有更加快速、安全、对周围环境影响较小等优势。重庆地区富含泥岩,TBM掘进过程中泥岩遇到适量的水后极易结成泥饼,极易导致滚刀出现偏磨现象。

重庆地铁环线凤鸣山—上桥区间隧道TBM项目,拟建区内地层主要有第四系全新统人工填土层和侏罗系中统沙溪庙组泥岩、砂岩组成。在TBM掘进过程中滚刀非正常磨损严重,且较大部分表现为偏磨,施工中频繁换刀,严重影响了施工成本和进度。刀具的是否完好关系到整个隧道掘进效率,刀具非正常磨损一直是TBM掘进施工过程中的难点之一。

由于该项目所在地区出露地层主要为泥岩、砂岩组成,在掘进过程中刀盘内极易结成泥饼,导致滚刀被泥饼糊住,出现偏磨。通过TBM区间滚刀的偏磨情况进行调查分析,深入研究了滚刀偏磨的主要原因,并总结提出减少刀具偏磨损坏的措施,为刀具磨损提供解决依据与对策。

1)刀具损坏形式

TBM破岩机理 TBM在掘进过程中,由于推进油缸的顶推作用,使滚刀紧贴掌子面,当刀盘旋转时带动滚刀,掌子面岩石被碾出许多同心圆,当岩石受力超过极限时,同心圆间岩石裂缝贯通,岩片被剥落,最后由皮带机运出,从而达到破岩掘进的过程。其破岩过程主要分为:挤压阶段、起裂阶段、破碎阶段。

对于全断面硬岩掘进机(TBM)刀具的磨损形式有正常磨损和非正常磨损。正常磨损是指TBM在掘进过程中,刀具由于磨损到所规定的尺寸而被更换。非正常磨损是指TBM在掘进过程中,刀具由于非正常的损坏,如刀圈偏磨、刀圈断裂、刀圈卷刃、轴承密封损坏等其他原因被更换掉。

2)滚刀偏磨的主要原因

刀圈偏磨主要表现为滚刀刀圈周边各部位的磨耗程度不一致,故又称为不均匀磨损。在掘进过程中,盾构操作手没有控制好掘进的各种参数,且由于重庆地区富含泥岩,当泥岩经挤压破碎变为碎屑和粉末状,同时遇到适量的水后极易结成泥饼,造成滚刀被泥土包裹不能转动,使刀圈呈现单边受力磨损的状态,从而使滚刀产生偏磨。

(1)施工操作原因。①循环水压力不足,刀盘冷却水的喷射出口被刀盘内渣土堵塞,导致渣土得不到改良,流塑性变差,从而易结泥饼,糊住滚刀,导致滚刀出现偏磨。②外循环水温度过高,易引起渣土的快速干结,且由于刀盘在与岩体摩擦使刀盘内温度升高,加速了渣土干结,导致刀盘结泥饼,使滚刀偏磨。③在施工中未进行渣土改良或改良不好,导致渣土流塑性较差,导致结泥饼。④未定时开仓清理刀盘堆积泥饼。

(2)地质原因。由于该区间隧道所属地层主要为砂质泥岩和部分砂岩,为沉积岩层,岩层富含黏土矿物颗粒,经过 TBM 掘进机刀具和刀盘的挤压破碎,导致泥岩变为碎屑和粉末状,当遇到适量的水后极易结成泥饼,导致滚刀偏磨。

(3)滚刀轴承和密封原因当滚刀出现轴承损坏、轴承进泥沙、轴承不转、滚柱破碎、轴承圈损坏、密封橡胶圈变形或失去弹性、密封环变形、润滑油失效等,极易导致滚刀停止转动,出现偏磨。

3)防止滚刀偏磨的措施

(1)泥岩渣土改良。对于重庆地区砂质泥岩地层,由于掘进开挖出来的渣土中黏性矿物含量较高,刀盘内极易结泥饼,对于该地层进行特别的渣土改良,以降低土体间的黏聚力、减少刀盘中开挖土体压实结密的可能性、减少掘削土体与刀盘的黏着力,提高渣土的软流塑状。

(2)选择合理的掘进参数。掘进时合理的掘进参数能较大限度的提高刀具的使用寿命,TBM 滚刀都有其特定的荷载承受力和启动扭矩,超过其荷载承受力会对刀具造成冲击损伤,造成其失效。在硬岩进行掘进时,需采用高转速、低贯入度,避免因推力过大将刀具损伤。对掘进参数和刀具磨损情况进行监控、对比分析、总结,得出合适的掘进参数。

(3)控制循环水温度。控制循环水温度不要太高,如在循环水箱加冰,增加循环水冷却塔等,保证刀盘冷却水在合适温度。

(4)保持刀盘冷却水喷口通畅。控制循环水压力,避免出现刀盘冷却水喷出口没有堵塞,在掘进时开启刀盘冷却水,增加渣土流塑性,使开挖渣土能及时运出。

(5)定时清理刀盘。对于在掘进过程中刀盘结泥饼较严重区间段,建议在拼装管片的时间段退出皮带机,工人对刀盘内泥饼进行清理,如用高压水枪冲洗或用锹清除,并检查滚刀是否被泥饼糊死。

(6)定期检查刀具磨损情况除了在掘进过程中对刀盘的清理,应组织人员定期对刀具进行检查及更换,加强对刀具的监控跟踪。在掘进过程中可以随时观察渣样及渣温,并进行记录总结,判断刀具的磨损状况,如发现异常应及时停机检查。

(7)建立刀具管理台账。对刀具的使用状态进行记录,及时掌握、了解刀具使用状态,总结刀具磨损规律,最大限度的减少刀具使用成本,也为类似工程提供经验。

4)结论

重庆地区在全断面硬岩掘进机掘进过程中,开挖后泥岩容易在刀盘内形成泥饼,最终极易导致滚刀出现偏磨现象。该项目结合施工现场情况系统性的分析了滚刀偏磨原因,并提出防止刀具出现偏磨的具体措施,建议在掘进过程中定期对刀盘和刀具进行检查和清理,在施工中应重视刀具管理,这样可以有效降低刀具的非正常磨损,延长刀具的使用寿命,节约成本。

第十六章 顶管施工的适宜性

随着国家加快城市建设的步伐,在近年来城市建设投资逐渐增加的背景下,城市规模得到了迅速扩张,城市整体功得到了改进,城市品位也得到了不断的提升。这带来新建、改建、扩建及加固大量的城区地下管线等基础设施的庞大市场。地下管线等基础设施在建设过程中,在追求经济合理而又安全可靠的建设目标的同时,注重环境保护这一政策,在整个建设中都必须得到体现。开槽埋管法是传统的地下管线施工的方法,亦称明挖法。随着社会经济的飞速发展以及城市化进程的加快,开槽埋管法已经不能适应城市的发展,远远不能满足加快城市建设的需要。

顶管施工方法是众多地下管道铺设方法中的一种,其应用和发展的历史比较悠久,大约有近百年历史,是继盾构施工方法后一种重要的地下管线施工方法。能够穿越公路、铁路、河道,地上建筑物以及各种地下管线等。它最早始于1896年美国的北太平洋铁路铺设工程的施工中。我国1954年在北京进行第一例顶管施工,1964年前后上海首次使用机械式顶管。20世纪80年代以来顶管施工发展迅速,顶管施工技术无论在理论上,还是在施工工艺方面,都有了长足的发展。1984年左右,北京、上海、南京等地先后开始引进国外先进的机械式顶管设备,使我国的顶管技术上了一个新台阶。1998年,中国非开挖技术协会成立,标志着我国的顶管行业开始进入规范化发展。2002年中国非开挖技术协会批准成立北京、上海、广州和武汉四个非开挖技术研究中心,非开挖管线技术列入科技的研究进一步深入。经济欠发达的西部地区或大多数的内陆城市采用顶管施工术还比较少。比如,2013年涪陵新区涞滩河东线污水主管网工程中的顶管工程,是顶管技术在重庆市涪陵地区的首次使用。作为一种新型地下管线敷设方式,顶管施工技术在城镇化建设中,与开槽埋管施工相比,具有不可或缺的优势。作为一种系统化的工程施工技术,顶管施工技术在实际工程应用中,同其他施工技术方法一样,会受到各种各样因素的影响,而顶管施工技术在各种条件下的适应性便可将这种影响或影响的程度表现出来(范杰,2018)。

第一节 顶管施工技术的发展状况

顶管施工技术,是非开挖技术中普遍也是重要的施工技术之一。顶管施工技术的发展可以带动非开挖技术的发展,两者是密不可分的关系。

我国在顶管施工技术方面的应用同国外经济发达国家相比,属于起步比较晚的,无论是相关理论研究还是工程实践经验都亟待发展和加强,处于技术发展的初级阶段,在应用水平方面的比较差距明显。但随着我国的非开挖事业的发展,特别是近20年来顶管工程的推广,顶管施工技术发展速度较快。顶管施工技术在我国的发展应用大致可以分为三个阶段(白建国,2006)。

第一阶段,大致时间是20世纪50年代初到20世纪80年代中期。这个阶段主要是传统的非开挖技术使用阶段。1953年,我国北京市某市政工程首次应用了顶管施工方法。由此为起点,顶管施工技术逐渐在全国得到推广应用。

第二阶段,大致为20世纪80年代中期到20世纪90年代初。这个阶段大量引进国外先进的非开挖技术,得到了突飞猛进的发展,这个期间,在穿越黄河、黄浦江等大跨度河流的工程中,还有在穿越公路、铁路,进行石油天然气输送管道的铺设时,先后引进了大、中型水平定向钻机和水平螺旋钻机等设备。先进的非开挖施工技术和国际领先设备的引进,推进了顶管施工技术在我国大范围的应用进程。

第三阶段,20世纪90年代初至今。本阶段开始进入装备引进、技术研发新时期。我国对现代非开挖技术的重视,促使对顶管这一施工技术的开发应用速度大大加快,也涌现出了大量各种专用设备、装备。这有力地解决了我国非开挖技术机械设备落后的问题,同时还将非开挖施工技术在我国的广泛应用进一步做了推广奠定了技术基础。在这期间我国顶管施工技术的应用也越来越广泛,并且相关的研究成果也越来越多。

随着国家提倡在城市建设注意环境的保护以及相关政策的出台,顶管施工技术因其环保性高的优点,必然将在我国更大范围内的应用得到推广。

第二节 顶管施工技术研究现状

顶管施工技术最初是在开槽埋管施工不可行的情况下的一种替代工法,是用于处理开槽埋管施工方法不适用的情况。所以顶管施工技术在一开始就定位为可以在特殊工况或者特殊的施工环境下应用的一种地下埋管施工技术,而并未被纳入通常情况下的常用工法加以考虑,所以其使用并不广泛。

顶管施工技术在我国经过六十多年的应用,目前已经得到了飞速的发展,但是针对顶管施工技术的专项研究并不多,尤其是研究其在不同影响因素作用下的适应性还存在欠缺。

由于顶管施工技术对环境破坏小、成本合理经济等优点,使其在工程实践中越来越受到重视。近年来大量的理论研究和实践应用表明当前我国的顶管施工技术仍在高速发展。已有文献中对顶管施工技术适应性的研究,大都集中在顶管技术对于地质土层条件的适应性、应用领域的适应性方面,以及对顶管施工的技术层面的研究,均未建立起全面的适应性评价指标,评价顶管施工技术对社会环境、经济效益方面的适应性,因此很难保证在选择顶管施工方案时的全面性、准确性以及客观性;而且也不能根据相对应的适应性评价的结果或结论去对顶管施工工艺流程、施工技术参数及顶管施工设备等加以针对性地改进和完善。这导致了在当前的顶管施工一直采用传统的施工方法和施工经验,因此,在城市建设地下管线敷设工程中,以顶管施工方法为代表的各类非开挖技术将会受到越来越广泛的运用(白建国,2006)。

第三节 顶管施工技术基本规定及勘察方法

一、基本规定

根据广东省标准《顶管技术规程》(DBJ/T 15-106—2015),顶管施工前一般应遵循以下基本规定。

(1)顶管方案确定前,应查明顶管沿线建(构)筑物、地下管线和地下障碍物等情况对采用顶管引起的地表变形和对周围环境的影响,应事先做出充分的预测。当预计难以确保地面建(构)筑物、道路交通和地下管线的正常使用时,应制定有效的监测和保护措施。

(2)顶管施工场地的选择应符合下列要求:①避开地下障碍物、离开地上及地下建(构)筑物。②顶管穿越河道时,管道应布置在河床冲刷深度以下。③管线位置宜预留顶管施工发生故障或碰到障碍时必要的处置空间。

(3)顶管在下列地层不宜采用:①标贯击数小于2的软土层。②花岗岩球状风化强烈的土层。③地下水位以下粒径大于50mm以上的卵砾石地层。

(4)顶管掘进工艺应采用泥水平衡式或土压平衡式,在探明地下存在障碍物无法使用平衡模式,且对不适用的地层条件采取可靠处理措施确保安全施工的条件下管道外径1.2m以上及2m以下(含1.2m及2m)时才能使用于掘式工艺。

(5)顶管施工前应清除地面和地下已知的障碍物,在铁路、高速公路等重要建(构)筑物底下穿过时应采用水平定向钻等措施进行探测试验。

(6)顶管施工应建立地面和地下测量系统,测量控制点应设在不易扰动、方便校核和易于保护的地方。地下测量系统应使用仪器于顶管井间从地面通视投测建立,不得使用铅锤放线。

(7)顶管施工前,应制定对周边建(构)筑物和地下管线的保护措施和监测方案。

二、岩土工程勘察方法

1)勘察一般规定

(1)顶管工程岩土勘察宜分阶段进行。应根据初步勘察成果综合判定实施顶管的可行性。对线路长、沿线情况复杂的工程,宜进行线路比选的选线勘察。

(2)岩土工程勘察报告应针对顶管工程的特点提出设计和施工建议及注意问题的意见。

(3)当顶管施工线路或地质条件发生变化影响施工时,应进行补充勘察。

(4)勘探孔工作完成后应进行全长封孔,封孔材料宜采用水泥浆或水泥砂浆等。

2)布孔原则

(1)一般顶管工程、简单顶管工程可在管道中心线布置勘探孔;重要顶管工程应在管道两侧折线或双侧边线布置勘探孔。

(2)顶管井的井位应布置勘探孔,重要顶管工程应在井的角部或沿井的周边增加勘探孔。

(3)勘探孔间距宜根据不同的勘察阶段、地层特性以及工程重要性按表16.3-1确定。

表 16.3-1　顶管勘探孔间距(m)

分类	重要顶管工程	一般顶管工程	简单顶管工程
描述	DN大于2000mm且覆土厚度大于10m,或地层条件复杂的工程	除重要工程和简单工程外的工程	DN不大于1000mm且覆土厚度小于5m和地层条件单一的工程
初步勘察	60~80	100~150	200~300
详细勘察	30~40	50~80	100~150

(4)重要顶管工程的管线位置勘探孔深度不应小于管道埋深以下5m,其他顶管工程的勘探孔深度不宜小于管道埋深以下3m。详勘时,勘探孔深度尚应符合下列要求:①当管道穿越河道时,应至河床冲刷深度以下3~5m。②当管道穿越软弱土层或液化土层时,应完全穿过该土层并往下加深1~2m。

(5)重要顶管工程的顶管井勘探孔深度不应小于管道埋深以下8m和1.5倍管道埋深,且应穿越透水层到达不透水层,其他顶管工程的可酌情减少。

3)勘察成果整理

(1)勘察报告应包括下列内容:①顶管工程的分类、勘察工作概况及执行的技术标准。②地形地貌、地质构造、地层分布及不良地质现象。③岩土的物理力学性能指标、地基承载力及地震动参数。④地下水的勘察和腐蚀性。⑤场地岩土工程与顶管适宜性评价。⑥有无易燃易爆和有毒气体。

(2)勘察报告应包括下列图纸和影像资料:①勘察点平面布置图。②工程地质剖面图。③钻孔柱状图。④岩芯彩色照片。

(3)岩土的物理力学性能指标应包括下列数据:①土的常规物理指标。②土的黏聚力、内摩擦角指标。③土的压缩模量、变形模量。④土的标准贯入试验统计数据。⑤土的渗透系数。⑥地基承载力的建议取值。

第四节　顶管施工分类及特点

顶管施工是指一种借助于主顶油缸及管道间中继间等的推力,把工具管或掘进机从工作井内穿过土层一直推到接收井内吊起。与此同时,也就把紧随工具管或掘进机后的管道,埋设在两井之间,以实现非开挖敷设地下管道的施工方法。

顶管施工的具体做法,运用专业的管道顶进设备,用物理方式采用顶力把管道按照一定作业坡度要求顶入地下,克服管道与岩土层摩擦,将管内土方运出。其工作原理类同于采油工程中的输油管道的顶进,不过后者是在地下竖立顶进,而顶管施工是在下把管道一节一节相连横向顶进,可以把这种工作原理称为竹节原理。具体做法用主顶油缸产生顶力,把管道或掘进机打进工作岩土层,一直推进到接收坑。

顶管技术解决了施工中对地表尤其是城市建筑物的破坏,也不会产生交通长时间的堵塞,环保效应明显。在现代技术不断创新的前提下,已经解决了顶管技术中一些难题,如管道铺设路程短,不能曲线推进等。目前我国顶管技术可以把管道在地下顶进 1500m,甚至更多,弯管技术能够绕过一些地下管线或障碍物等敏感区域,实现曲线穿行顶进。

一、顶管施工分类

不同性能的土质应采用不同类型的顶管机:地下水位以上的顶管可采用敞开类顶管机,地下水位以下的顶管应采用具有平衡类型的顶管机。

1) 敞开类顶管机

(1) 机械式顶管机。采用机械掘进的顶管机,可用于岩层、硬土层和整体稳定性较好的土层。

(2) 挤压式顶管机。依靠顶力挤压出土的顶管机,可用于流塑性土层。挤压式顶管法是在顶管前段装备工具管,工具管的前段安装有环刃式挤压刀口,在顶进时该环刃刀口进行切土作业,环内的土被挤入顶管前端的工具管而成环形土柱,当挤入一定的长度便用钢丝切断环形土柱,然后把土柱运送至工作井外。

挤压式顶管法机械设备操作简便,不用人工去挖土。但施工时对土质和覆土厚度即埋深有要求,只在埋深大于 $2.5d$ 时的黏性土中适用。同时要求其挤进管内土体必须占出渣口土体总体积的 95% 以上。只要控制好顶进速度和出土速度,就能很好地控制施工区沉降,保证进度,体现出顶管施工的经济优越性。

(3) 人工挖掘顶管机(手掘式顶管施工法)。采用手持工具开挖的顶管机,可用于地基强度较高的土层。如果在含水量较大的沙土中,则需要采用降水等辅助施工措施;如果是在比较软的黏土中,则可采用注浆以改善土质,或者是在工具管前加网格,以稳定挖掘面。

手掘式顶管法是人工进行挖掘,其间有开敞式的工具管对人加以保护,掘出的弃土可用渣车运出顶管工作坑。在各类顶管施工方法中,手掘式顶管法是最传统的一种。手掘式顶管的最大特点是在地下障碍物比较多的条件下,排出障碍物的可能性最大、最好。这种施工工法作业设备少且简单,日进尺快,在不同的土质中的适应性都比较好。手掘式顶管施工法清理障碍物方便、经济成本较低,常常在穿越公路、铁路的管线工程中应用,还适合在地下水位低、短于六十米施工距离的情况下施工。而当管线距离较长时,长时间的持续作业使施工人员容易产生疲劳,工作效率就会降低,且挖掘产生的弃土运输距离增加,顶管施工工作井数量增加,从而施工的总成本就不太经济。

基于手掘式施工的开挖工作面狭小,距离顶进的前端近,因此手掘式施工方法的稳定性比较好。但要注意在开挖时,若有超挖部分,需采取灌浆加固等措施,以免引起地面沉降。

由于顶管内需人工进行挖土,因此一般情况下手掘式顶管施工用管道直径在 0.8m 以上。选用该种施工工法,必须确保开挖面稳定,无毒害气体,无地下渗水,以保证安全。

2) 平衡类顶管机

(1) 土压平衡式顶管机。指通过调节出泥舱的土压力从而稳定开挖面,弃土可从出泥舱排出的顶管机,可用于淤泥和流塑性黏性土。

土压平衡式顶管施工的施工原理是利用土舱压力和输送机的排土压力平衡地下水压力,保证工作开挖面的稳定,以便顶进作业。这种施工法产生的渣土可以是含水量很多的泥浆液,也可以是含水量很少的干土。同时,顶进作业产生的弃土、土渣等不用像泥水平衡式顶管法将泥水分离,这是两种顶管工法的最大区别之处。

土压平衡式顶管施工法通常采用的顶管机包括两种,具体机型及其应用特点如表16.4-1所示。

表16.4-1 土压平衡式顶管机分类及特点

机型分类	应用特点
多刀盘土压平衡顶管机	软土适用,最适合软黏土土质;较大刀盘的质量轻,在易液化的土中不易走低,在施工的顶管沿线不能采取降低地下水的措施
DK式土压平衡顶管掘进机（亦称泥土加压式掘进机）	全土质型,地面沉降小,弃土处理简单,覆土很浅,可改良土壤

土压平衡式顶管法的适应性特点:①土压平衡式顶管法在不同土质中的适应性都较好,无论是黏性土还是砂砾土,都可以采用土压平衡式顶管施工法,属于全土质适用型顶管施工工法。②土压平衡式施工法对地面破坏小,极少引起地面沉降或变形,能保持开挖面稳定。③对施工所需的覆土厚度要求低,覆土厚度最浅可为管外径的0.8倍。这一点,别的顶管施工法均无法做到。④运输顶进施工中的弃土方便,处理也相对比较简单。⑤安全可靠,操作便利。既没有气压平衡式顶管施工中的压力作业,又没有泥水平衡式顶管施工中泥水处理设备,作业环境好。若想提高施工的效率,可采用土砂泵运输土。⑥在砂卵石层或少黏粒含量的砂土层中施工时,必须采用添加剂来改善土质。

(2)泥水平衡式顶管机。指通过调节出泥舱的泥水压力从而稳定开挖面,弃土以泥水方式排出顶管机,可用于粉质土和渗透系数较小的砂性土。泥水平衡式顶管施工法是顶管机械将泥土切削下来后,将水加入泥土进行混合搅拌使其成为泥浆液,然后用泵将泥浆液排出管道。在此过程中需利用泥水压力,在顶进工作舱里面保持地下水压力和顶进工作面土压力平衡,以保证顶进开挖面的稳定性。

泥水平衡式施工法的掘进机类型主要包括五大类,各种机型的分类及特点如表16.4-2所示。

表16.4-2 泥水平衡式顶管掘进机机型及其适应用特点

机型分类	应用特点
可浮动刀盘泥水平衡顶管机	土质变化大适用,软土适用,地面沉降一般小于5mm,小顶力,适合长距离顶进
可破碎泥水平衡顶管机(主轴装有轧碎机的顶管机、偏心破碎泥水顶管机)	偏心机为全土质型,在不同土层中顶进速度变化不大;破碎粒径大,精度高、偏差小;进土间隙小,即使用清水也能保持挖掘面稳定;长距离、曲线顶管都可用;施工速度快;结构紧凑,操作简单,维修方便
气压式泥水平衡顶管机	多用于直径比较大场地;压力调节精确,变化波动小,地面沉降极小;适用范围广
浓泥水式顶管机	适用于渗透系数很大的卵石层,和黏土、粉土、沙土等;较普通泥水法地面沉降小,无隆起,顶力小,适合长距离和曲线顶管;不破碎卵石,排出卵石粒径为管径的1/3;作业环境较好
多边形偏心破碎式泥水平衡顶管机	具有破碎功能,黏土适用

就土质的适用范围来讲,在各种土质中适应性较强的顶管施工法是泥水平衡式顶管法,无论是在黏性土、砂性土、小粒径的砂砾层等土质中均适用。同时,也能很好的适用于地下水压力很高或变化范围很大的情况。对于覆土太浅,或者遇到砂砾、卵石层这种渗透系数特别大的土层则不适用。

工作开挖面的稳定性好,因而施工中对邻近土体扰动较小,地面变形、沉降量都能得到很好的控制。由于泥浆液可以起到润滑、减小摩擦的作用,使得泥水平衡式顶管法与其他施工工法相比需要的总顶力更小,可以连续地进行施工顶进作业,顶进速度也快,因此比较适合长距离的顶进施工。

不过泥水平衡式顶管施工工法的缺点是它在顶进过程中中产生的弃土需要及时的运输和放置,且堆放的场地面积需求大；此外，顶管管道直径越大，需要处理的泥水量就越多。因此，这种方法比较适合管道直径比较小的情况。而从环境方面来讲，泥水平衡顶管施工噪声大、需要的水量多，对于环境保护不利。机械设备成本高、在顶进过程中遇到障碍物的情况下，整个顶进工作都需停止。

泥水平衡式顶管施工中关键的一点是需保证泥水压力和顶进工作面的土压力平衡。因此必须在顶进工作舱中有效地对泥浆压力进行控制。泥浆浓度控制也是需要注意的事情，相对密度一般不得低于1.03。

(3) 气压平衡式顶管机。指通过调节出泥舱的气压从而稳定开挖面，弃土以泥水方式排放出的顶管机，可用于有地下障碍物的复杂土层。该法的原理是用有一定压力的压缩空气平衡地下水压力，保证开挖面稳定以进行顶进作业。分全气压施工和局部气压施工两类。全气压顶管施工是指包括掘进机内部和所顶管道内都有气压；局部气压顶管施工是指只有掘进机或工具管内部才有气压，所顶管道都处在常压状态。

气压平衡式顶管施工法适应性特点：①不适合砂砾层渗透系数大于 1×10^3 cm/s 的情况。这时，土体渗透性强，地下水多，压缩气体泄漏大，不便于顶进作业。粉土是一种比较适用于压力顶管施工的土质，只要有足够的土壤层厚度，或上一层黏土层可以防止压力泄露即可。在软黏土中，渗透系数较大，适合采用气压顶管施工，可以使挖掘面保持稳定。另外在施工地层中遇到障碍物时，该施工方法能表现出较强的通过性。②利用此法进行顶管作业，动用的设备种类多，占地多；此外，空气压缩机工作时产生的噪音非常大。所以，住宅区附近施工不能选用气压平衡顶管法施工。③全气压顶进施工时，由于在全气压下有一定的危险性，要求施工作业人员身体健康、身体素质较好。施工作业时间应作好控制，不宜连续作业或者超时超量作业，做好施工安排，同时还要有相应的应急措施。④顶进作业全程必须保持通讯畅通，每隔一段时间，须有专门且专业的安全检查人员检查顶进作业过程的安全性，控制好安全。压力测试仪、管道顶进设备等须有备用装置，气压舱这类压力设备必须经过当地劳动部门允许、并出示相应的书面许可方能适用。

各种类型的顶管施工方法都有其各自的适用范围，目前还没有能够全方面适用的全能顶管施工方法，通过对比分析不同类型的顶管施工方法的优缺点，才能选择最优的适用具体管线工程的施工方法，在工程实践中，很多时候通常是两种或以上的施工方法并行使用。

二、顶管施工特点

1) 顶管的技术特点

顶管施工是一种地下管道施工方法，它不需要开挖面层，并且能够穿越公路、铁道、地面建筑物以及地下管线等。顶管施工技术已逐步发展成为一种以气压平衡、泥水平衡和土压平衡为理论基础的非开挖施工技术，这种技术具有许多优势。

(1) 顶管施工是顶管铺管技术的一种，在国外已广泛使用，国内也已逐渐普及。由于不开挖地面，所以能穿越公路、铁路、河流，甚至能在建筑物底下穿过，是一种能安全有效地进行环境保护的施工方法，堪称为环境保护施工时的环境保护。

(2) 顶管施工不开挖地面，故而被铺设管道的上韶土层未经扰动，管道的管节端不易产生段差变形，其管寿命亦大于开挖法埋管。

(3) 采用房下顶管施工法能节约征地拆迁费用。减少动迁用房，缩短管线长度，有很大的经济效益。

(4) 顶管工艺不仅仅用于管线铺设，它还具有灵活的排管施工方式。更为重要的是顶管施工作为一种工艺，它不仅仅铺设管线，还在管棚施工方面也具有优势。管棚施工是指在地下构筑物施工前，先利用密排的钢管做成各种断面形状的管棚，对地面建筑物在施工过程中起到保护作用或者是为了达到某种特殊要求而采取的一种辅助施工措施。

(5) 顶管施工范围的扩大，顶管机械的性能越来越适应各种土质。顶管特别适用中小型管径管道的非开挖铺设。与其他非开挖设备相比，其具有独特的优点。

2) 顶管施工特点

作为一种非开挖施工技术,和开槽法施工相比较,顶管施工具有以下特点:

(1)需要开挖的部分仅有工作井和接收井,对交通影响量小。顶管施工规模小、土方开挖面积小,因此对地面、地面建筑物的影响小、破坏程度没有明挖法大,还可以穿越地面建筑物、河流、公路等在地下管道施工,保持地面完整性和美观性,环保、文明施工程度高。

(2)在管道顶进过程中,只需要挖去管道断面的土,比开槽法施工挖土量大大减少。软土地层或富水软土层的情况下采用顶管施工非常适合。

(3)顶管施工作业人员少、设备少、操作工序简便、施工速度较快(施工工期短)、综合成本低。

(4)在管顶覆土较深的情况下,比开槽法施工经济,更加安全。可以在比较深的地下作业、铺设管道,但当管道直径大、顶进距离长时,纠偏比较困难。

(5)适用于中型管道(1.5~2m)管道施工。

第五节 顶管施工技术的适应性分析

顶管施工技术的适应性,是指顶管施工技术作为一个系统而言,相对于环境系统内的不同影响因素,所构成的一种系统可协调性。如顶管施工技术在应用中受到某个因素的影响小,则说明顶管施工技术对这个因素的适应性就强;反之若顶管施工技术在应用中受到某个因素的影响大,则说明顶管施工技术对这个因素的适应性就弱或者差。

针对顶管施工技术适应性研究,关键在于研究顶管施工技术的影响因素,通过研究已有文献及总结施工经验,将其影响因素归纳为技术、经济、社会三个方面,其中,技术方面的适应性主要包括地层、施工条件、设计要求,经济方面适应性主要表现在顶管施工技术的综合成本,社会方面的适应性则包括交通、安全、环境。

一、地层

1) 顶管施工地层分类

顶管施工中最突出的特点之一就是地层适应性问题。针对不同的地层,必须选用与之适应的顶管施工方法,以提高工效,否则可能导致顶管无法顺利顶进,延误工期,增加造价,严重的会使顶管施工失败,造成巨大的损失。

根据广东省标准《顶管技术规程》(DBJ/T 15-106—2015),顶管在下列地层不宜采用:①标贯击数小于2的软土层。②花岗岩球状风化强烈的土层。③地下水位以下粒径大于50mm以上的卵砾石地层。

根据顶管在地层中顶进时所需顶力大小及可能遇到的工程地质问题,把地层分为软土、黏性土、砂性土、碎石类土(含强风化岩石)、岩石(中等—微风化)和复合地层六大类。除此之外,还需考虑可能存在的地下障碍物、地下水等因素的影响。因此,在考虑地层情况对顶管施工作业的影响时,应综合上述六类以及地下障碍物和地下水的因素。

(1)软土。软土的土质较细且含水量高,对管壁有一定程度的润滑和黏结作用,当顶管在其中顶进工作时,土质细腻、含水量大,对管壁具有一定的润滑作用。顶管在软土中顶进时,土层紧贴管壁使得顶力增加,总体而言,顶力增加不大,而且有时还可能下降。软土的压缩性强,渗透性低,触变性高,因此它的结构很容易受到破坏,如果施工过程中对土体的扰动过强,就容易导致管道接头错位、管道沉陷,尤其是处于流塑状态的软土,非常不利于施工顶进,在施工时一定要注意第一节管道的下沉等问题,可能需借助其他的工法对土层进行处理。

(2)黏性土。黏性土的性质主要受含水量和塑性指数等因素影响。天然含水量状态下的黏性土不需较大的顶力,不断向前推进的工作面(即掌子面)土体相对比较稳定,对于顶进工作很有利。当含水量增大或者其塑性指数增加时,顶进工作面的土体黏性增强,就需较大的顶力。

在黏性土层中顶进施工时,尤其是当含水率保持一定时,土体的润滑减磨作用较强,土层中有卸力拱作用,此时允许有一定程度的超挖,从而减小总顶力,便不需采用其他辅助方法。若含水率过大,管道的管节与其周围土体的黏附作用加强,黏结力增加,需要加大总顶力,此时可在管道沿线两侧采取井点降水的措施,让土体的含水率保持在一定的数值范围。

(3)砂性土。砂性土含沙土粒较多,且具有一定的黏性,压实后水稳性较好,强度较高,毛细作用小。砂性土没有黏附性和塑性,其透水性非常强,砂性土的天然密实度在控制其地质性质方面是主要的影响因素。砂性土的含水率无论过大还是过小,均会影响周围的土体,容易导致土体坍塌将管道管节包围,这时所需的顶力增大,加大注浆的难度。在砂性土中进行顶进作业时,需考虑土体的密实程度和地下水含量情况,顶进时要持续顶进,保持连续状态,及时地注浆。当地下水压力偏大、土体密实度状况不良好时,易产生管涌或流砂等不利于顶进施工的现象,顶进工作面的土体稳定性弱,需增大顶力。

呈松散状态的砂性土在受施工扰动的情况下,容易发生液化现象,影响顶进施工进程。相比之下,顶管施工在砂性土中顶进比在黏性土中顶进要更加困难,通常需要借助其他的辅助工法或者改进顶进施工工艺,在砂性土中顶进施工一般采用封闭式的顶管掘进设备,因为砂性土体的稳定性较弱。

(4)碎石类土(含强风化岩石)。强风化的岩石大多呈碎裂的块状、它的节理、裂隙发育完善,其内部的矿物成分往往发生了显著的变化,其中可能夹杂、充填大量的黏土等矿物,通常可将这类岩石与碎石类土划分为一类。由于其由岩石强分化而来,它的透水性极强,保水性就很差,需采取相应的土体加固措施以防止土体坍塌。在地下管线施工中遇到碎石类土,选取顶管施工方案关键需要考虑土体中碎石的最大粒径,如果粒径过大,可能影响顶进工作面土体稳定性或者限制敞开式顶进设备的施工时,优先选择具有破碎功能的顶进机械。

(5)岩石(中等—微风化)。若在中风化或微风化岩石中进行顶管施工,需要的顶力非常大,而且顶进速度受岩石风化程度、坚硬状况、是否可削等因素的限制,若岩体的含水量高,则需选择岩石掘进顶管机才能顶进施工。

(6)复合地层。当顶管断面位于复合地层(两个或两个以上地层)时,往往优势地层决定了顶管施工方法的选择。

2)地下障碍物

在顶管施工之前,选取施工路线时,务必注意根据详细地形地貌图合理地选取施工方案,尽可能绕开有地下障碍物的地方,例如地下管线、废弃桩基、大粒径卵石、块石等,避开地下障碍物分布密集的区域。当施工中遇到大粒径块石或孤石,可以采取全气压条件下人工清理障碍的措施,如若土体疏松,土层空隙大,气压在其中难以保持平衡,则需先要采取加固措施,对地下障碍物附近区域注浆,当土体达到一定的强度之后,才继续进行清理障碍物作业。

当地下障碍物是废弃的建筑桩基时,如果桩基的尺寸较小,则可以用有破碎能力的掘进设备,在放慢顶进速度的同时将障碍物破碎;也可以先冲孔将其破碎后再用小型明挖机械,开挖清除障碍物。如果桩基障碍物的强度较高,处于保护掘进机械免遭磨损的目的,考虑采用前方开挖的方式处理地下障碍物。

如果地下障碍物是地下敷设的管线,而顶管施工的线路又无法改变,则可以在科学合理的范围内提高或降低顶管施工管线的高程,也可以改变顶进施工的倾斜角度,避开地下管线障碍物的位置。一般说来当施工环境条件好、地层岩性稳定时,清除障碍物可以人工进行敞开式操作;若土体稳定性差、地层条件不好(土体松动、流砂等),则在清理地下障碍物时需借助其他辅助方法或采取保护措施。

3)地下水

在顶管施工中遇到有地下水的情况是比较麻烦的,如果顶管施工线路地下水位相对比较高,对于黏性土和砂性土来说,控制其含水率是首要任务,不能将水位降得太低,以免顶进施工困难;而对于软土或者膨胀性土来说,必须加强排水,尽量降低地下水位。

手掘式、气压平衡式顶管法在地下水位高的地层中均不太适用。地下水位偏高时,手掘式顶管法安全性不能保证;而采用气压平衡式顶管法又容易引起土体坍塌,坍落的土将顶管管道包裹住,使得总顶力增大,此时必须把砂性土中的地下水排干,将工作井设在地层坡降的下游有利于更快地排出地下水。

4)顶管施工适应性分析

从上面分析可以看出,顶管施工方法(机型)须根据地层条件进行选择。从管道纵剖面(顶进路径)来看,顶管有时需穿越多种地层,此时机型的选择必须兼顾各个地层的适用性。

二、施工条件

施工条件系指在顶管施工过程中的为保证顶管施工顺利开展的客观环境条件以及需人为提供的现场设施、材料等,如人工、材料、水源供应、施工工期、气候条件等。

(1)人工方面,顶管施工机械化程度高,与明挖开槽法和盾构施工法相比,其需要的人工要少得多。顶管施工的操作人员必须经过一定时间的专业培训,只有具备了专业的操作技能并且经考核合格后才能上岗施工。材料方面,顶管施工中采用的管道材料要求具有较高的抗压强度。目前,国内已经具备生产顶管施工用的主要机械设备和管道管材的能力,尽管在研制顶管掘进机械方面尚待提高和发展,但是随着我国社会经济的不断发展,也会日益满足国内顶管施工的市场需求。

(2)水源供应。在顶管施工时,需采用触变泥浆减阻技术,此时便需要加入一定量的水用于制备泥浆液。而当采用泥水平衡式顶管法施工时,则需要在施工的同时掺入一定的水以使水压平衡,建立泥水平衡时水的渗透量并不大,加入的水与土混合形成可以流动的泥浆液进行排土,在这个过程中,进行泥浆的二次处理将泥、水分离,这样可以使水循环使用。因此,在顶管施工中需要的水量并不多,比较容易满足施工水源供应的要求。

(3)施工工期。通常情况说来,开槽施工法的施工速度比顶管施工方法要快,但是采用顶管施工法可以避免受外界恶劣天气的影响,因此能够持续地顶进施工较少中断。不过,采用顶管施工方法必须注意做好测量工作,否则出现偏差需要纠偏时会中止顶进,从而影响了施工速度。除此之外,顶管施工方法相比开槽施工法的另一大优点便是其施工线路比开槽法短,这将非常有利于缩短施工工期。因此,当工程需要在较深覆土深度并且长距离顶进施工时,顶管施工方法可以明显节省施工工期,有利于工程的提前完工。

(4)气候条件。顶管施工的明显特征便是施工主要在地下进行,与其他户外施工工法相比,受恶劣天气的影响较小,在雨季天气,为保证顶管施工作业的顺利进行,需要做好顶进工作井的排水工作,以免中断施工。在考虑气候的影响因素下,顶管施工不失为较好的选择。

三、设计要求

顶管施工技术的设计要求是指为满足或使顶管施工达到一定的功能需求而根据成熟研究理论或实践经验经科学计算得出的顶管施工管道直径大小设计、管道长度、沉降变形、覆土深度等参数。

(1)管道直径。当顶管施工管道直径较大时,通常采用较长的管节从而减少顶管接头的次数和管道的个数,这样可以提高施工的效率,但需注意的是单根管节的长度以不超过顶管设备机身的长度为宜。顶进的管道直径DN系列为-400~250mm。当顶进的管子直径比较大,施工地层中无地下水、有害气体且顶进距离不长时,可以考虑采用手掘式顶管法。根据前述泥水平衡式顶管施工的特点分析,该工法在大口径的顶管施工中需处理大量的泥浆,因此,在管道直径较大的情况下,不易采用泥水平衡式顶管施工方法。此时,土压平衡式顶管施工方法就体现出其优点,可以考虑选用。

(2)管道长度。顶管施工的管道长度在2~3m之间比较合适,如果情况特殊,也可采用相对较短的管节(1~1.25m)。如果顶管施工的距离比较长,则需考虑顶进工作井后背墙最大的容许顶力是多少以及管材的最大容许顶力。此外,长距离的顶进施工往往会采用中继间、增加工作井等,此时需要比较采用中继间会增加多少造价、增加工作井(这里指接收井)会增加多少费用,将两者进行对比,选取成本经济合理的方案。管道长度较长的情况下，泥水平衡式顶管施工工法表现出较好的适应性，由于其泥浆液可以起到润滑减磨的作用，使得管道与工作面土体壁的摩擦减小，与其他工法相比，不需更大的顶力便能顶进更长的距离。而手掘式顶管施工工法需要大量人工施工进行工作面的开挖，人工不能像机械连续作业，因此手掘式顶管施工不适用于管道距离较长的情况。

（3）沉降变形。在顶管施工时，若施工区域靠近周围的建筑物群或者需穿越建筑物，务必注意保护建筑物地基，避免对其造成破坏或者引起地基沉降，这一点是至关重要的。通常采用的保护建筑物地基的方法是采用压实、加固的措施，也可以打板桩隔离建筑物区域和顶管施工路线，两种方法均有效。在顶进过程中，要注意控制好施工顶进的速度以及输送弃土的速度，避免引起地面隆起或者大的地面沉降，注意做好监测工作，尤其是顶管施工需要穿越建筑物时，边施工、边监测，监测的频率高为宜，争取一次性顺利穿越顶进。

（4）覆土深度。顶管施工过程中会对周围的土体造成一定程度的扰动，由于土压平衡式顶管施工法在覆土深度为 $0.8d$ 时的条件下也可施工，因此当施工管道的覆土深度比较浅时，可以采用土压平衡式施工法。如果土体具有流动性、土质疏松（如砂性土、碎石类土等），需要对土体进行加固处理之后再进行顶管施工。

若土体是黏性土，为提高施工的效率，这时可采用挤压式顶管施工方法。不过无论哪种顶管施工方法，与明挖开槽的方法相比，覆土深度越大，即施工深度越大，采用顶管施工均比明挖开槽法成本经济，顶管施工工法表现出极强的适应性。

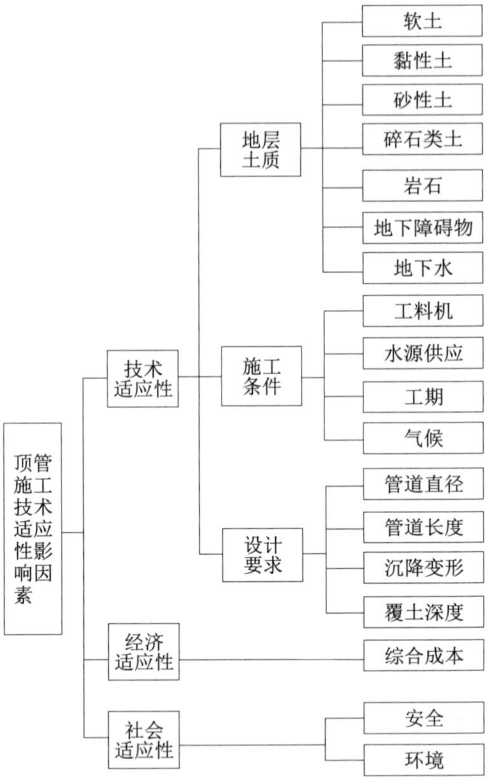

四、顶管施工技术适应性影响因素

图 16.5-1 顶管施工技术适应性影响因素层次图

根据前述对顶管施工技术的影响因素分析，顶管施工技术适应性影响因素的层次见图 16.5-1。适应性分析如表 16.5-1 所示。

表 16.5-1 各种顶管施工方法的适应性对比

适应性		顶管工法				
		手掘式	挤压式	泥水平衡式	气压平衡式	土压平衡式
地层土质条件	软土	适用	较适用	适用	适用	适用
	黏性土	适用	适用	适用	适用	适用
	砂性土	不适用	不适用	适用	适用	适用
	碎石类土	不适用	不适用	较适用	适用	适用
	岩石	不适用	不适用	适用	适用	适用
	地下障碍物	适用	不适用	适用	不适用	适用
	高地下水位	不适用	适用	适用	较适用	不适用

续表 16.5-1

适应性		顶管工法				
		手掘式	挤压式	泥水平衡式	气压平衡式	土压平衡式
施工条件	人材机	要求低	要求高	要求高	要求低	较适用
	水源供应	低	低	高	低	要求低
	气候	较适用	适用	适用	适用	较适用
	工期	不适用	适用	适用	适用	适用
设计要求	大口径	适用	不适用	不适用	适用	适用
	长距离	较适用	不适用	适用	较适用	适用
	覆土（浅）	较适用	不适用	不适用	不适用	较适用
	沉降变形	不适用	不适用	不适用	不适用	适用
经济环境	综合成本	低	低	高	低	适用
社会环境	安全	不适用	适用	适用	适用	低
	交通	适用	适用	较适用	适用	适用
	环境	适用	适用	不适用	适用	适用

注：适应性分析表只是将几种工法相互比较得出是否适用，在实际工程中选用时要根据工程的具体情况对比选择，尽量选择跟工程实情相适应的工法。

第六节　渝西顶管施工实例（范毅雄等，2014）

重庆地处山区，遇到以下情况之一时给排水管道的埋深会较深，且多位于岩层中，或者是岩层和土层交错的混合地层中：

（1）排水管道多按重力自流设计，而且受到起点、终点高程以及沿途接入点高程的控制，遇到地势起伏较大时，其埋深会很深。

（2）给水管道一般为压力管，可随地势起伏，但有时遇山丘阻拦，绕道或者翻山而过管线太长、水头损失太大，大直径管道则往往采取穿山而过的捷径。

（3）山区河流水位变化幅度较大，而且两岸一般比较陡峭，考虑交通方便和洪水等因素，水厂取水泵房位置多与河岸有一定距离，连接取水头和取水泵房的自流源水管一般会穿山而过。

以往遇到上述情况，重庆地区的惯例是采用隧洞；至 2001 年重庆主城排水工程实施时，开始尝试局部采用顶管。经过不断地积累经验，岩层中顶管的设计和施工技术逐渐完善。由于在很多条件下，相对于隧洞，顶管在安全性、经济性、施工进度上更优，因此目前在重庆地区，岩层中深埋管道越来越多地采用顶管。而且有时虽然管道埋深不是很深，但穿过狭窄的街道，为了不中断交通、不危及街道两边房屋的基础，也会采用顶管。

不同的岩石硬度以及软硬岩（土）层交错，对顶管施工的造价、施工进度、顶进距离等有较大影响。重庆市地处四川盆地东部，地貌类型复杂多样，以山地为主。地表岩石类型主要包括：砂岩、泥岩、石灰岩、页岩、砂质泥岩、泥质砂岩等。以上各类岩石中：泥岩、页岩、砂质泥岩、泥质砂岩等为泥质岩，属于极软岩—软岩，在以往工程实例中，其天然单轴抗压强度标准值 $f_r \leqslant 15\mathrm{MPa}$。砂岩以长石、石英砂岩为主，属于较软岩—较硬岩，$50\mathrm{MPa} \geqslant f_r \geqslant 15\mathrm{MPa}$。石灰岩属于坚硬岩，其 $f_r \geqslant 60\mathrm{MPa}$。

石灰岩地区喀斯特地貌较发育，不适合进行顶管施工。因此岩层中顶管的围岩主要为砂岩、泥岩、页岩等。实践经验证明,在天然单轴抗压强度标准值不超过50MPa的岩石中采取土法或机械顶管都是可行的。

地下水也是一个重要因素。重庆地区地下水均由大气降水补给,按其含水层的岩性、水力特征,可分为碳酸盐岩喀斯特水、碎屑岩孔隙裂隙水、基岩层间裂隙水三类。一般而言,除了岩溶地区,或者是靠近地表水系,山区基岩中裂隙水一般较为贫乏,对于采用土法顶管较为有利。地下水丰富地区,则不宜采用土法顶管。

一、岩层中顶管的设计

1) 顶管工法的选择

岩层中顶管的工法可分为开敞型和密封型两大类。开敞型以人工挖掘为主,由施工人员进入管道内,采用钻爆法或水钻等机械开挖的形式,俗称"土法顶管";密封型目前多采用泥水平衡岩盘顶管机进行机械顶管。从技术角度,工法的选择主要考虑以下四方面因素。

(1) 管径。由于人工挖掘条件的限制,土法顶管只能适用于管径不小于800mm的管道。

(2) 地下水。地下水丰富地区,不宜采用开敞式的土法顶管。

(3) 围岩的岩层构造。泥水平衡岩盘顶管机在较均匀的岩层中能很好的工作,遇到软硬岩交错地层,或者岩层和杂填土交错的地层,则容易发生卡管等事故。而土法顶管对于复杂地层的适应性更强。

(4) 岩层中顶进距离。由于岩盘顶管机前端的盘顶进一定距离后需要更换,小直径顶管时,无法进入更换,其顶进距离就受到限制。因此在某些需要较长顶进距离的特殊情况下,不宜采用机械顶管。

由于岩盘顶管机设备和更换盘都较贵,因此目前重庆地区顶管以土法顶管为主。在地下水贫乏地区,直径不小于800mm的管道多采用土法顶管。地下水丰富或小直径管道则采用机械顶管。

2) 顶管管道

(1) 围岩压力计算。目前土层中顶管管道所受土压力是按行业标准《给水排水工程顶管技术规程》(CECS 246—2008)的公式计算,该公式是按类似于"沟埋式"敷管的太沙基计算模型推导的,适用于松散土体。

而对于岩层中的管道,当管顶岩层足够厚时,建议采用《铁路隧道设计规范》(TB 10003—2016)的公式。该公式是根据铁路隧道塌方数据统计得出,更符合岩层中掘洞的实际情况。

以工程实例进行计算对比如下:某取水工程源水管为两根DN1200的钢筋管混凝土顶管,埋深约为50m,穿越岩层为中风化砂岩,其天然(饱和)单轴抗压强度标准值为21.5(15.1)MPa,围岩为Ⅳ类,岩体内摩擦角35.55°,岩体内聚力1380kPa。

采用上述参数,按《给水排水工程顶管技术规程》(CECS 246—2008)的公式计算,由于岩体内聚力值较大,计算所得管顶竖向土压力标准值为负值。或者根据《建筑边坡工程技术规范》(GB 50330—2013),参照岩体类型Ⅳ类,取综合内摩擦角为50°,则计算得管顶竖向土压力标准值 $F_{sv,k}=151$kPa。

如果按《铁路隧道设计规范》(TB 10003—2016)的公式计算,围岩为Ⅳ类,计算得管顶竖向土压力标准值 $q=20.7$kPa。

从各施工现场显示的掌子面稳定状况来看,围岩对管道的压力以采用TB 10003—2016的公式更为合理。目前岩层中的土法顶管,其挖掘方式已经逐渐摒弃了钻爆法,多采用水钻等机械开挖的方式,对围岩的扰动很小。而上述工程实例中,顶管工艺是采用的泥水平衡岩盘顶管机挖掘,对围岩扰动也较小。由于TB 10003—2016的公式是根据钻爆法施工的隧洞统计总结而来,用于顶管是偏于安全的。

管道侧面所受水平均布压力建议按《铁路隧道设计规范》(TB 10003—2016)公式计算。

而对于管顶围岩厚度小于1倍管外径,或者小于《铁路隧道设计规范》(TB 10003—2016)公式计算得出的"围岩压力计算高度 h"时,建议按浅埋管道计算管顶岩土压力。

(2) 管道顶力及顶进距离估算。岩层中采用土法顶管时,管洞挖掘会产生超挖,管底超挖部分可采用早强水泥填平至所需标高,管侧和管顶则在顶管结束后再注浆回填。因此当管道位于完整性较好的岩层中时,管洞围岩变形很小,顶管顶进时所受阻力就主要来自管底由于自重产生的摩擦力。由于对于该摩擦力尚未有详细的工程数据统计,因此目前设计时所取的顶进距离,是根据以往在不同岩层中的实际顶进距离的经验数据来估计的。

(3)管道计算。管道计算包括管道顶力验算、管道强度计算和管道稳定验算。可按 CECS 246—2008 第 8 章执行。

(4)顶管管道大样。图 16.6-1 是钢筋混凝土顶管管道的结构大样,管道接头采用 F 型接头。

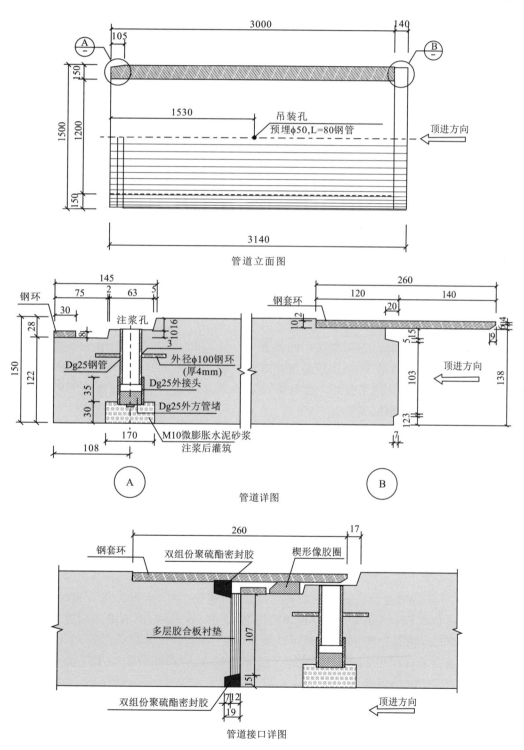

图 16.6-1 钢筋混凝土顶管管道的结构大样图

3) 工作井与接收井

和平原地区相比较，山区的顶管工作井和接收井往往很深。例如鱼嘴（九曲河）污水处理厂污水干管的顶管工作井（接收井）大深度达到 47m。而且山区地形复杂多变，井的深度变化幅度往往比较大。

对于很深的工作井（接收井），如果按永久性构筑物设计，其投资成本很高。考虑到山区的地质特点，除表层的土层和强风化岩层，工作井（接收井）下层位于中（微）风化岩层中，如果不存在外倾结构面或软弱夹层，围岩稳定性一般较好，因此可将工作井（接收井）作为施工临时设施，待顶管完成后再在井内浇筑一个小型的检查井，后将检查井周围回填。图 16.6-2 是一个顶管工作井的工程实例照片。

图 16.6-2 顶管工作井的工程实例照片

其中土层和强风化岩层采用钢筋混凝土护壁，护壁采用逆作法施工，开挖一节支护一节，每节高度为 0.5～1.0m。中风化岩层采用喷射混凝土护面，局部破碎处可采用挂钢筋网锚喷。需要注意的是，以上做法不适合于地下水丰富之处。

如果基坑岩体存在外倾结构面或软弱夹层，宜采用锚杆挡墙进行支护，并根据 GB 50330 的有关规定进行验算。

根据需要，也可将工作井（接收井）改造成永久性构筑物。一般采取在井内支模再现浇一道钢筋混凝土井壁的方式，并在井内增设上下楼梯。井壁的厚度和配筋按永久性构筑物计算。

4) 逆作法检查井

有时工作井和接收井距离较远，需要在中间设置一个检查井；或者中间段有支管接入，需要增设一个接入井。此时如果顶管管道很深，则比较经济和方便的做法就是采用类似人工挖孔桩的方式，逆作法开挖一个直径 1.0～1.2m 的井到管道处。然后将顶管的顶部凿开一个圆孔，露出管道钢筋，将管道钢筋与井壁钢筋连接后浇筑成整体。

二、岩层中顶管的施工

1) 土法顶管

早期在岩层中土法顶管多采用钻爆法挖掘，2001 年重庆主城排水工程中的岩层顶管即采用此种方式。钻爆法掘进的缺点是：由于需采用微差控制爆破方式进行施工，对爆破技术要求较高，而且成洞的精确度较差，管道周围空洞较大。另外爆破震动对环境的影响难以避免。由于水钻掘进具备无震动、无噪声、设备体积小、施工精度高、对岩体扰动小等优点，近年在顶管施工中广泛得到采用，代替了钻爆掘进工法。

不仅在岩层中，土法顶管也能较好适应岩土混合岩层，例如 2003 年重庆市万州区域区排水管道工程 A2 管线在白岩路上的 DN1200 顶管。该段顶管穿越太白岩古滑坡，滑坡堆积层成分为块碎石土，块碎石含量约 50%～85%，块石岩质坚硬，粒径可达数米，管道顶进途中经常需要穿过大块孤石。就是在这种极不均匀的岩土混合土层中，土法顶管发挥了排障性强、适应性好的优点，经参建各方共同努力，顺利地完成了该段总长 740m 的顶管。

总结以往的实际施工经验，对于不同地质条件下土法顶管的顶进速度、大顶距进行汇总的数据见表 16.6-1。

表 16.6-1　不同地质条件下土法顶管汇总数据表

地质条件	顶进速度/(m·d^{-1})	最大顶距/m
①岩土混合地层:含大块石的杂填土等	3~8	110~140
②泥质岩(泥岩、页岩等):天然单轴抗压强度标准值 f_r≤15MPa(极软岩—软岩)	4~5	140~250
③砂岩:天然单轴抗压强度标准值 50MPa≥f_r≥15MPa(较软岩—较硬岩)	0.8~2	150~250(430)

对于表 16.6-1 数据,需要说明的是:①统计样本的顶管为 DN900~DN1350 钢筋混凝土管。②岩石抗压强度越高(低),相应顶进速度越慢(快)。③工程中实际顶进距离是受管线布置、检查井间距等工艺条件限制的,并非顶管能够达到的大顶进距离。例如第③项括号中的 430m 就是某污水管网工程曾经顶进的距离,但该距离属个案。本表中所列数据是实际工程中顶进距离的大值汇总。

2) 机械顶管

重庆地区近年来也逐步引进了泥水平衡岩盘顶管机,用于地下水丰富情况下或小管径条件下岩层顶管。除了工具管前端盘能切削岩石,这种顶管机其他各部分及其工作原理和用于土层中的普通泥水平衡顶管机基本是一样的。下面主要介绍这种顶管机在不同岩层中的一些施工经验和数据。

决定岩层中机械顶管的顶进速度和顶距的主要因素是盘的磨损而非管道侧阻力。在较软的泥岩中,刀盘磨损较小,顶进速度较快而且比较均匀,大顶距也较长。而在较硬的砂岩中,岩石强度越高,刀盘磨损越严重,顶进速度越慢,而且随着磨损加剧越顶越慢,大顶距也越小。

另外在顶进过程中,刀盘切削的毛洞与管外壁会形成约 2cm 的缝隙,应通过注浆孔压入水泥浆置换触变泥浆将缝隙填充。这个缝隙如果没有填充密实,将成为地下水的通道,在某些情况下会对工程造成不良影响。

总结以往的实际施工经验,对于不同地质条件下机械顶管的顶进速度、最大顶距进行汇总的数据见表 16.6-2。

表 16.6-2　不同地质条件下机械顶管汇总数据表

地质条件	顶进速度/(m·d^{-1})	最大顶距/m
泥质岩(泥岩、页岩等):天然单轴抗压强度标准值 f_r≤15MPa(极软岩—软岩)	21~24	160~180
砂岩:天然单轴抗压强度标准值 50MPa≥f_r≥15MPa(较软岩—较硬岩)	8~9	100~120

对于表 16.6-2 数据,需要说明的是:①统计样本的顶管为 DN600~DN1200 钢筋混凝土管。②由于 DN1200 以下的管道不能在管道中更换盘,因此本表中大顶距是单个盘所能顶进的距离。③泥岩中顶进速度较为均匀,而砂岩中顶进速度是衰减的,表中数据是总的平均顶进速度。

三、结 论

工程经验证明在天然单轴抗压强度标准值不超过 50MPa 的岩石中进行顶管是可行的。岩层中顶管工法可采用人工挖掘式和岩盘顶管机两种形式。

建议按《铁路隧道设计规范》(TB 10003—2016)中第 4.3.3 条的公式计算岩层中顶管管道所受围岩压力。不同围岩条件、不同施工工法以及不同管径下岩层顶管的摩阻力的确定,有待进一步搜集有关施工数据进行统计分析。

岩层中人工挖掘顶管,建议采用水钻等机械开挖方式,其相对于钻爆法开挖更安全、高效。人工挖掘顶管不适合于地下水丰富的条件下,并且不能用于管径小于 800mm 的顶管。采用岩盘顶管机进行机械顶管,能用于有地下水的条件下,且能用于管径小于 800mm 的管道顶管,而且其施工安全性好,代表了未来的发展方向。

第十七章 隧道工程对水环境的影响与评价

第一节 问题的提出

为改善线路平纵线型、缩短行车时间和保护生态环境,隧道方案在市政工程、跨流域调水、水利水电工程等诸多领域得到了普遍应用(卢锟明,2012)。经过十几年的建设,我国已拥有 8600 多座铁路、公路隧道,总长度约 4370km,成为世界上隧道最多、发展最快的国家(刘文剑,2005)。隧道工程在众多领域发挥巨大作用的同时,也引发了一系列环境负效应。据统计,占我国已建成长隧道(长度大于 3km)总数的 41.27% 的隧道修建过程中,几乎不同程度遇到了地下水的危害,并由此产生了一系列的地下水环境负效应,主要表现为隧道涌突水、区域地下水位下降、地面沉降、地表井泉水枯竭、岩溶塌陷、地下水污染和生态环境退化等。例如,京广铁路衡阳至韶关段南岭隧道(全长 6.062km),9 年施工期间共发生突水涌泥 24 次,其中一次涌泥量 500m³ 以上者达到 10 次,不仅造成工期延误、加大工程造价,而且对当地水环境和人居环境产生了较大的不良影响(职晓阳等,2010);大瑶山班古拗竖井掘进到 334m 时,出现大量涌水(4000m³/d),致使水下六台高扬程水泵叶轮淤堵磨损全部失效,造成淹井事故(梅志荣等,2009);渝怀铁路圆梁山隧道(全长 11.068km)在毛坝向斜核部隧道洞身附近的二叠系吴家坪组(P_2w)和向斜东翼茅口组(P_1m)碳酸盐地层中揭露了 3 个罕见的深埋大型充填溶洞(蒋良文等,2007),2002 年 9 月 10 日,当隧道进口正洞超前下导坑施工至 DK354+879 时,出现大量涌泥,约 30s,涌泥喷射距离 244m,涌泥量达 4200m(曾蔚等,2008),不仅给工程施工带来了极大的困难,且导致一定范围内的地下水被疏干,直接或间接地影响了当地百姓的生活和生产用水;兰新线乌鞘岭隧道(全长 20.050km)7 号斜井施工 2200m 时,斜井内突发涌水(5300m³/d),造成洞内机电设备出现故障,极大地影响了施工进度(董勤银,2005)。表 17.1-1 列出了隧道涌水对施工所造成的主要影响。

表 17.1-1　隧道涌水对施工造成的影响

项别	产生条件及原因
工作面岩体崩溃,埋没隧道,作业危险	胶结差的砂岩、泥岩等稳定性差的软弱围岩一遇涌水就崩溃
隧道积水,设备被水淹没	隧道开挖揭开含水层或含水的破碎带或断层、大溶洞,发生较大的集中涌水,水量大流速大,隧道积水显著增大
隧道被泥沙淤积或被泥石流淹没	地下水通过流砂层或胶结差的长石砂岩、断层破碎带、充填泥化黏土的大溶洞等时,携带大量泥沙向隧道宣泄,造成淤积
隧道环境恶化,支撑基础减弱	涌水量大,排水设备不足,长期积水,围岩稳定性差
地表水干枯,严重影响生产生活,滨海地带海水侵入隧道	隧道开挖揭开了与地表溶洞联通的隐伏溶洞或地表水和地下水联通的断层,使地表水渗涌入隧道切断了水源,降低了利用水的水位
地面塌陷或产生地面陷穴、地面裂缝	大量携带泥沙的地表水、地下水向隧道宣泄,使地表水位迅速下降。在自重力、真空吸蚀和冲蚀作用下,造成地面塌陷或产生地面陷穴、地面裂缝

按照隧道工程在进行施工时，对隧道所在区域地下水补给、径流、排泄、循环和地下水渗流场等方面的影响，可分为以下情况：

（1）地下水水位上升时，往往造成当地土壤的盐渍化、沼泽化，使地下水对建筑物的腐蚀性增强（安乐祺等，2007）；增加了不良地质体发生危险的概率；降低了岩土体的稳定性，使其强度降低等。

（2）地下水水位频繁升降时，引起岩土不均匀膨胀变形，从而形成地裂，导致建筑物四周围岩稳定性受到破坏。

（3）地下水水位下降时，常伴随含水层的疏干。随着疏干降水漏洞不断扩大、水沟断流、农田荒化、井泉干涸、水土流失、地面沉降、岩溶塌陷、生物多样性遭破坏等众多环境地质问题（卢锟明，2012）。在我国，隧道的防排水设计基本上仍然贯彻"防排结合，以排为主"的综合治理原则，所以地下水下降是最常遇到的情况（蒋忠信，2005）。

总之，隧道工程的修建极易造成地下水环境负效应问题，不仅危及施工安全，影响施工进度，而且极大地恶化当地环境（刘建，2011），因此，开展隧道施工对水环境的影响研究势在必行。

第二节　隧道工程对地下水环境影响的勘察技术与方法

一、勘察技术方法

1. 基本规定

重庆市地方标准《地下工程地质环境保护技术规范》（DBJ 50/T-189—2014）中规定在地下工程选址应充分考虑工程对地质环境的影响，尽量避开可能引发严重地质环境问题的地段。且地下工程地质环境保护范围不应小于地下工程影响区，地下工程影响区应包括下列部分：①可能受影响的地表水体。②地下水可能疏降范围。③可能的地表变形范围。

地下工程引发的地质环境问题应按表17.2-1进行分类。

地下工程地质环境问题引发的次生灾害可分为建筑物变形损毁、生产生活缺水、土地利用功能下降和地质遗迹破坏。环境保护措施的制定应综合考虑工程条件、地质条件和保护对象。设计文件和施工组织方案应有专章或专篇的地质环境保护内容。地下工程地质环境保护应实行动态设计和信息化施工。施工前、施工中和竣工后应开展地质环境监测，工程验收应包括地质环境保护工程实体验收与地质环境保护工程效果评价。

表17.2-1　地下工程地质环境问题分类表

分类	问题
水环境问题	地表水水量减少
	地表水水位下降
	地下水水量减少
	地下水水位下降
岩土体问题	地面塌陷
	地面沉降
	地裂缝
	滑坡、危岩崩塌

2. 勘察技术方法

隧道施工对地下水环境影响研究的勘察方法应采用水文地质调绘、物探、钻探、野外试验、室内分析、测定、模拟实验、动态观测与均衡研究等多种手段相结合的综合勘察方法，并积极采用新理论、新技术、新方法。

1）隧道工程水文地质调绘

隧道工程水文地质调绘应包括下列内容：

（1）查明隧道通过地段的地层岩性。特别是不同岩性的接触带、断层带和富水带的位置及其分布范围；各类岩层的风化程度及风化带厚度。

（2）查明隧道通过地段的地下水类型、分布范围及其补给、径流、排泄的循环特征；地下水水位埋藏深度以及建筑物位于含水体中的长度。

（3）当隧道通过可溶岩地区时，应查明岩溶的类型、蓄水构造和垂直渗流带、水平径流带、深部缓流带的分布位置及其特征。当隧道位于水平径流带时,应预测施工中突水的可能性、突水模式及对施工和运营的危害程度。

(4)评价地下水对围岩等级、施工掘进和支护工程等的影响。

(5)预测隧道通过地段施工中可能发生集中涌水段、点的位置以及对工程的危害程度。

(6)分段预测施工阶段可能发生的最大涌水量和正常涌水量。进行水文地质评价并提出工程措施建议。

(7)特长、长隧道宜采用 T、D、^{18}O 等环境同位素方法,研究地下水的特征。

2)隧道工程水文地质勘探

水文地质勘探是直接探明隧道施工过程中地下水赋存情况的一种最重要、最可靠的勘探手段。布置的勘探试验孔主要任务是查明隧道地质和水文地质条件,借助钻孔采集水样、岩土样以及进行各种水文地质试验,取得水文地质参数和了解岩土体物理力学性质,从而获得评价地下水水质、水量方面所需资料。

(1)勘探应包括下列主要工作内容:①查明断层的性质、地层岩性、产状、长度、断距、破碎带厚度。②查明隐伏岩溶的规模、形态、埋藏深度与充填情况、覆盖层厚度及性质。③查明含水层结构、类型、埋藏深度、分布范围、水头(位)等。④查明暗河的走向、埋藏深度、规模、水位、水深等。⑤监测钻孔的水位变化。

(2)隧道工程的水文地质勘探试验孔布置。①山岭隧道的水文地质试验孔,应根据工程场地水文地质条件复杂程度,重点布置在下列地段:a.破碎带、构造复合部位、褶皱轴部、不整合接触带和不同岩性接触带;b.矿井、古坑道、古河床地段,地表水系汇集地段,山间河谷盆地和洼地地段;c.溶暗河发育地段在物探异常点布孔。②水文地质试验孔的位置和数量,应根据工程规模确定。不同水文地质单元不少于1孔。③钻孔深度宜达到隧道洞底设计高程以下 3~5m。

3)隧道工程水文地质物探

(1)一般规定。水文地质物探应在水文地质调绘的基础上,开展综合物探工作,为合理布置勘探孔提供依据。

物探的工作内容:方法应根据地质体的物性差异,工程所在地的水文地质条件和勘察目的,合理选择。

物探的成果资料:应结合工程场地的地形、水文地质条件和勘探资料进行综合解释,并对水文地质情况做出评价。

(2)水文地质物探应具备下列基本条件:①被探测体与围岩有较明显的物性差异。②被探测体的体积相对于其埋藏深度有一定的规模。③被探测体所引起的异常值应有足够的显示。④较宽阔平坦的场地。

(3)物探测线的布置宜垂直于被探测物的走向。物探测线的密度,应保证在每个探测目的物异常范围内不少于3个点。

(4)采用地面物探方法可解决下列水文地质问题:①隐伏的古河床和被掩埋的古冲积洪积扇。②基岩风化带厚度和断层破碎带、裂隙带、不同岩性接触带的位置、宽度和充填情况。②地下水的埋藏深度、地下水的流向。③地下水的矿化度、咸水、淡水在垂直方向的分界深度和在平面上的分布范围。④裸露型岩溶区的岩溶洞穴带埋藏深度、覆盖型岩溶区的覆盖层厚度等。⑤多年冻土的上限和下限的埋藏深度。⑥含水层的埋藏深度和厚度。⑦环境水文地质评价。

(5)采用物探测井方法可探查下列内容:①地下水的稳定水位、流向和含水层的渗透系数。②含水层渗透性的最佳位置。③孔径、孔温和孔斜等。④划分钻孔地质物性断面。

(6)物探成果资料,应包括下列内容:①物探工作报告。②物探平面布置图。③物探工作成果图。④测井曲线图。

4) 隧道工程水文地质试验

水文地质试验是研究隧道施工对地下水环境影响中不可缺少的重要手段,许多水文地质资料皆需通过水文地质试验才能获得。水文地质试验的种类很多,本章主要介绍野外抽水试验、压水试验以及注水试验。各类水文地质试验,应根据水文地质条件和工程目的及场地条件,选用合适方法。

(1)抽水试验。抽水试验是通过从钻孔或水井中抽水,定量评价含水层富水性,测定含水层水文地质参数和判断某些水文地质条件的一种野外试验工作方法。隧道施工中抽水试验主要目的和任务是直接测定隧道中含水层的富水程度和获得隧道工程设计所需的水文地质数据等。

抽水试验按照井流理论可分为稳定流抽水试验和非稳定流抽水试验,当只需要取得含水层渗透系数和涌水量时,一般多选用稳定流抽水试验;当需要获得渗透系数、导水系数、释水系数等更多水文地质参数时,则须选用非稳定流的抽水试验方法。

①稳定流抽水试验。

a. 稳定流抽水试验的水位降深次数,应根据工程目的确定,一般进行3次,并符合下列规定:ⓐ水位降深的最大值,当潜水时宜接近含水层厚度(完整孔)或过滤器长度(非完整孔)的1/2深度处;承压含水层最大降深值不宜低于含水层顶板;ⓑ其余两次水位降深值,宜分别为最大降深值的1/3和2/3;ⓒ各类试验的水泵进水口位置应相同;ⓓ当勘探孔的出水量较小或试验时出水量已达到极限时,水位降深次数可适当减少,但不得少于2次。

b. 抽水试验的稳定,应符合下列规定:ⓐ在抽水稳定延续时间内,出水量和动水位与时间关系曲线只在一定的范围内波动,且没有持续上升或下降的趋势;ⓑ水位降深小于10cm,用压风机抽水时,抽水孔动水位波动值不得超过10~20cm;用离心泵、深井泵等抽水时,动水位波动值不得超过50cm;ⓒ一般情况下不应超过平均水位降深值的1%,出水量波动值不应超过平均出水量的3%。

②非稳定流抽水试验。

a. 非稳定流的抽水试验延续时间,应按水位降深(s)与时间(t)的关系曲线确定,并符合下列要求:ⓐ当s(或Δh^2)-$\lg t$关系曲线有拐点时,则延续时间宜至拐点后的线段趋于水平为止;ⓑ当s(或Δh^2)-$\lg t$关系曲线无拐点时,则延续时间宜根据试验目的确定。

b. 承压含水层中抽水时,采用s-$\lg t$关系曲线;在潜水含水层中抽水时,采用Δh^2-$\lg t$关系曲线。

c. 当有观测孔时,应采用最远观测孔的s(或Δh^2)-$\lg t$关系曲线。

(2)压水试验。压水试验是指利用水泵或者水柱自重,将清水压入钻孔试验段,根据一定时间内压入的水量和施加压力大小的关系,计算岩土相对透水性和了解裂隙发育程度的试验。

①压水试验试验段应符合以下规定:a. 试验段长度一般宜采用5m,透水性较强的岩层和特殊孔段,宜根据具体情况确定,但不得超过16m;b. 同一试验段不宜跨越透水性相差悬殊的几种岩层;c. 相邻试验段之间应相互衔接,少量重叠,不得漏空。当栓塞出水无效时,应将栓塞向上移动,但不宜超过上一试验段栓塞的位置;d. 在同一工程中,试验段长度宜保持一致。

②压力阶段与压力值的确定,应符合下列规定:a. 压水试验宜采用三个压力阶段;b. 压水试验的总压力值应与设计水头大体相当。当设计水头低于30m时,宜采用30m垂直水柱的压力;当试验段漏水量过大而达不到预定压力时,可按实际能达到的最大压力值进行试验,各孔段试验压力值应该一致;c. 压水试验的总压力值即作用于试验段的实际平均压力,宜采用测压仪测定。无测压仪时,可按下式计算:

$$P = P_b + P_z - P_s \tag{17.2-1}$$

式中:P为试验段的实际平均压力(MPa);P_b为压力表压力(MPa);P_z为压力表中心至压力计算零线的水柱垂直压力(MPa);P_s为压力损失(MPa)。

③压力零线的确定,应符合下列规定:a. 地下水位在试验段以下时,以通过试验段1/2处的水平线作为压力计算零线;b. 地下水位在试验段以内时,以通过地下水位以上试验段1/2处的水平线作为压力计算零线;c. 地下水位在试验段以上,且属于试验段所在的含水层时,以地下水位线作为压力计算零线;

d.倾斜钻孔的水柱压力应进行换算;e.同一工程中试验总压力值宜一致。

④压水试验应符合下列规定:a.压水试验前,应进行不少于 20min 的试验性压水,其压力应为压水试验时的压力值;b.压水试验中试验压力应保持稳定;c.压水试验中,每 10min 应观测一次压入流量;每一压力阶段在流量达到稳定后延续 1.5~2.0h 即可结束;试验结束后绘制 $Q-S$ 关系曲线,并及时检查压水试验的偏差;d.压水试验过程中,压入的水应采用水质较好的清水;e.压水试验过程中,应在流量观测的同时测定管外水位的变化,当发现有异常时,及时检查分析原因,并立即采取措施;f.压水试验的单位吸水量,可按下式计算:

$$w = \frac{Q}{L \cdot p} \tag{17.2-2}$$

式中:w 为单位吸水量[L/(min·m²)];Q 为钻孔压水的稳定流量(L/min);L 为试验段长度(m);p 为试验段压水时所加的总压力(MPa)(MPa 换算为水柱高度 m)。

(3)注水试验。当扬程过大或试验层为透水不含水时,可用注水试验代替抽水试验,近似测定岩层的渗透系数。注水试验还可用于人工补给和废水地下处理研究。试验的根据是吸收井流理论,但不稳定的注水目前还很少实践。

注水试验的装置见图 17.2-1。

注水试验宜采用钻孔常水头注水法。当采用钻孔降水头注水试验时,应按现行《注水试验规程》(YS 5214)的有关规定执行。常水头注水试验的方法与步骤,应符合下列规定:①注水前应测定孔内的静止水位。②用水源箱连续向孔内注入清水,使管内水位升高到设计的高度后,应控制注水量,使水头、水量保持稳定。③注水开始后,第 1、2、3、4、5、10、15、20、25、30min 同时观测一次水位、水量,以后每隔

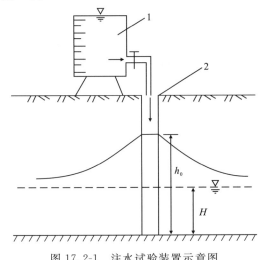

图 17.2-1 注水试验装置示意图
1.水源箱;2.试验井

30min 观测一次,至稳定后再延续 2~4h 即可结束。④注水试验结束后应立即观测钻孔中的水位下降,其时间间隔与注水试验相同,直至水位下降到静止水位为止;当水位下降缓慢到距静止水位 5~10cm 时,可停止观测。⑤注水试验应进行 3 次水位升高,每次水位升高宜采用 2cm、4cm、6cm 或更大,间距不宜小于 1m。⑥注水量允许偏差为 $(Q_{max}-Q_{min})Q_{cp}<10\%$;水头允许波动幅度为 ±1cm。

5)地下水动态观测与均衡研究

隧道工程中,地下水的量和质是随着时间而不停地变化着。所谓地下水动态是指地下水数量与质量的各种要素(水位、涌水量、溶质成分与含量、温度计其他物理特征等)随着时间而变化的规律。其变化规律可以是周期性的变化,也可以是趋势性的变化。而在隧道施工等人为因素的影响下,其变化速率可大大增强。这种迅速的变化,可能对地下水本身和环境带来严重的后果。地下水的质和量之所以变化,主要是由于水量和溶质成分在补充和消耗上的不平衡所造成的。所谓地下水均衡,就是指在一定范围、一定时间内,地下水水量、溶质含量及热量等的补充(流入)量和消耗(流出)量之间的数量关系。在隧道施工的影响下,则可能出现负均衡和正均衡状态。

由上可知,地下水动态与均衡之间存在互为因果的紧密联系。由于隧道施工引发或可能引发的环境地质问题研究,均需进行地下水动态监测,研究地下水的均衡转改,以便预测环境地质作用的变化及发展趋势。

(1)动态监测网点布置。地下水监测点主要布设在地下水分水岭、汇水槽谷、水位降落漏斗中心、计算区的边界、不同水文地质参数分区及有害的环境地质作用已发生和可能发生的地段。除利用井(孔)外,还应该充分利用已有的地下水天然及已有人工水点。对有关的地表水体、各种污染源,以及有害的

环境地质现象,亦应进行检测。监测频率、次数和时间所获得的地下水动态资料应能最逼真反映出年内地下水动态变化规律。

(2)动态监测与均衡研究项目。地下水动态监测基本型项目应有地下水水位、水温、水化学成分和井、泉流量等。对与地下水有水力联系的地表水水位和流量以及其他地下工程的出水点、排水量及水位标高也应该进行检测。

地下水均衡包括水量均衡、水质均衡和热量均衡等不同性质的均衡。在多数情况下,首先关注的是水量均衡,而水量均衡又是其他两种均衡的基础。均衡区在某均衡期内的各类水量均衡方程主要包括的项目有储存变化量、降水量、地表水流入流出量、凝结水量、蒸发量、地下径流量、人工引入和排出量等。

(3)分析地下水动态特征。根据监测资料分析地下水动态的年内及年际间的变化规律、依据某种动态要素随时间的变化过程、变化形态及变幅大小等分析评价区地质条件,根据变化的周期性与趋势性,并通过不同监测项目动态特征的对比,确定它们之间相互关系。

(4)划分地下水动态成因类型。根据所获得的各种动态资料,考虑各种影响因素(水文、气象、开采或人工补给地下水等)的作用,确定区内地下水的成因类型。为认识评价区区域地下水的埋藏条件,水质、水量的形成条件及有害环境地质作用的产生和发展原因等,提供动态上的佐证。

二、勘察成果

在野外勘察工作结束后,要编写出全面、系统的调查报告。在编写成果报告之前,首先对已经获得的全部室内、室外调查资料进行校核、整理和分析,尤其是要核查各种实际工作量,在数量、分布和精度上是否满足规范及实际要求。如发现不足,应及时进行现场补充工作,以保证编写勘察成果的质量。勘察成果通常由水文地质图件及文字报告组成。

1)水文地质图件

水文地质图件是总结和反映评价区地下水信息的主要手段之一,是记录、储存地下水各种信息的空间载体,是分析、研究、评价地下水的重要依据,为各部门提供重要的基础性资料。因此,应将各种勘察成果资料充分的反应在水文地质图件上。

由于调查信息量巨大,很难用一组图来概括,常编制一系列水文地质图系来反映。在编图过程中,既要将就编图技术,又要注重编图的科学性、艺术性与实用性;既要图面信息丰富,又能突出重点,防止负载过重影响读图效果。

水文地质图件一般包括四类:基础性图件、综合性或专门性图件、单项地下水特征性图件和应用型图件。

(1)基础性图件主要反映评价区地下水形成、赋存背景环境类图件,如降水量分布图、构造图、地貌图等。

(2)综合性或专门性图件是直接反映评价区地下水特征的图件,如综合水文地质图、地下水脆弱程度图、地下水质量评价图等;其中综合性水文地质图应包括的内容有:地下水类型、地下水水质、控制水点及地表水系、地下水流向、地质界线、地貌及地质内容,并应附区内典型剖面上的水文地质剖面图。

(3)单项地下水特征性图件,如地下水等水位(压)线图、地下水埋深图、地下水化学类型分区图等。

(4)应用型图件主要为满足实际生产需要而编制的图件,如地下水水质预测图、地下水动态预测图等。

2)文字报告

文字报告是勘察成果的主要组成部分,是对水文地质图系的说明和补充。报告主要阐明隧道工程区的地下水规律,隧道施工可能引起的环境地质问题评价以及对地下水利用、管理和保护作出科学论证。文字报告要求将现场观察到的感性认识和室内外获得的实际资料,认真地分析,去伪存真,去粗取精,层层深入,找出其客观规律,系统地综合,使报告具有科学性。

隧道施工对地下水环境影响的评价工程勘察报告文字部分应包括下列内容：

(1)前言（勘察目的、任务、范围、执行的技术标准、勘察方法、勘察的技术手段和勘察工作布置）。

(2)隧道工程基本情况。

(3)保护对象、影响范围及重要性分区。

(4)地下水天然环境条件：需与地下水的形成、补给、径流和排泄条件紧密结合，主要包括地形地貌、水文、气候、地质条件等内容。

(5)水文地质条件：阐明区内含水层系统特征、地下水类型、各含水层的分布、特征、富水性、富水部位、地下水赋存规律、隔水层（组）的隔水性及特征，各类地下水的补给、径流和排泄条件，地下水动态特征等。

(6)地质环境条件及主要地质环境问题。

(7)地质环境影响分析评价。

(8)地质环境保护措施建议（含设计参数建议）。

(9)结论及建议。

第三节 隧道施工对地下水环境影响评价

一、基本规定

(1)地下工程地质环境影响评价应分析预测地下工程可能引发的地质环境问题及次生灾害，并提出地质环境保护措施建议。

(2)地下工程地质环境影响评价应在定性分析的基础上进行定量分析。

(3)水环境问题评价应符合下列要求：①分析评价区域含水层的岩性、结构、厚度、分布、水力性质、富水性及其有关参数，含水层的边界条件，地下水补给、径流、排泄条件及已发生的水资源破坏的类型、规模及成因。②评价地下工程影响地表水、地下水水位下降及水量减少的区域、幅度、漏失通道及随时间变化规律，按照隧道涌水量计算方法估算水资源漏失量。③评价水资源漏失可能影响的水源地分布、人数和经济损失。④提出水环境保护措施建议。

(4)岩土体变形破坏问题评价应符合下列要求：①分析评价已有地面塌陷的成因和规律，预测地下工程诱发地面塌陷的可能性、塌陷范围及分布特征。②评价地下工程建设影响斜（边）坡、滑坡、危岩稳定性及危害性。③提出岩土体变形控制措施建议。

(5)地下工程地质环境问题引发的次生灾害评价应包括下列内容：①建筑物变形、损毁的可能性及严重程度。②导致生产生活缺水的可能性及严重程度。③土地利用功能下降的可能性及严重程度。④地质遗迹破坏的可能性及严重程度。

(6)对设置地质环境保护工程部位的工程地质条件进行评价，并提出相关设计参数。

二、隧道涌水灾害的发生条件及影响因素

1. 隧道涌水发生条件

在隧道掘进过程中，必然破坏含水或潜在含水围岩，揭露部分地下导水通道，使地下水或与之有水力联系的其他水体（地表水、地下暗河及溶洞等）突然涌入隧道，发生涌水突水灾害。隧道涌水是由于隧道的掘进破坏了含水层结构，使水动力条件和围岩力学平衡状态发生急剧改变，以致地下水体所储存的能量以流体（有时有固体物质伴随）高速运移形式瞬间释放而产生的一种动力破坏现象。当涌水中有大量的固体物质（尤其是泥质物）时，称为隧道的突泥。隧道涌水突泥是否发生，需满足一定的条件，即含水围岩的能量储存性能、释放性能、水动力性能和围岩稳定性能等。

(1)含水围岩的能量储存条件。隧道涌（突）水（泥）发生的储能条件指能够形成大量地下水及泥砂

的地质条件。岩溶、岩体中的各种破碎带（断层破碎带、节理密集带和岩性接触带）以及向斜构造盆地等部位，具有良好的富水和储水性能，常可形成水量大、水压高的地下水体。这些部位往往也是丰富的松散固体物质的来源，或本身含有大量的松散固体物质，如溶洞中的泥砂、节理裂隙中的充填物、断层破碎带中的断层岩（断层泥断层角砾岩和糜棱岩等）等；或与之有水力联系的其他水体（地表河、湖等）中含有大量的泥、砂或碎块，发生涌水时，也会随水流一并涌入隧道。同时这些部位也是地下水的良好运移通道，在条件具备时，其中的地下水或与之有水力联系的其他地下水体，将通过这些通道涌入隧道内。除岩体中储存的大量地下水体具有较高静水压力外，其他应力的综合作用也会使岩体储存较大的应力。包括：①岩体的结构体（骨架）在静水压力、构造应力和重力等作用下产生的应变能。②静水压力等对地下水体压缩产生的应变能。③在高水头压力作用下，地下水产生的运动势一旦能量达到一定程度在隧道开挖过程中，必然发生释放，引起地下水向隧道高速涌出而形成涌（突）水（泥）。

对于断层破碎带，不同断层带，其断层岩的结构特征和物理力学性能不同，具有不同的富水性。对于压性断层（裂），破碎带较宽，次级结构面延伸较远，岩体破碎，断层岩（砾岩、碎裂岩和断层泥等）发育，上盘岩体较下盘更为破碎，破碎带范围更大，因而具有良好的储水条件。

压性断层破碎带中常含有一定规模的透水性极弱的断层泥和糜棱岩，两侧为两个独立的水文地质单元。上盘破碎岩体中含水量相对较丰富且水位相对较高，由此产生的水压全部由其下伏透水性较弱的断层泥或糜棱岩承担，一旦施工从下盘开挖至该不透水层时，由于该层被开挖破坏或由于水压使其破坏，携带大量泥砂的水体将从破坏处涌入隧道发生涌水突泥，大瑶山隧道因 F_9 断层而发生的涌水突泥灾害即属此类。

扭性断层，在其两侧常发育多组平行的张性和扭性的次级断层或节理，且其主错动面上也常有相对不透水的断层泥发育，因而与压性断层破碎带相似，其富水性较好，两侧亦为两个不同的水文地质张性断层，上盘岩体较为破碎，节理裂隙较为发育，下盘岩体完整性较好，故上盘岩体富水性较好，易造成涌水现象，而下盘发生涌水的可能性相对小得多。

(2)地下水动力条件与含水围岩的能量。释放条件虽然含水围岩中储存了大量能量，但隧道涌突水能否发生，尚取决于隧道能量释放条件，即控制隧道涌突水的主要条件为其能量释放条件，包括水压及相对隔水层的厚度，其中最主要的是地下水的动力性能。根据对一些矿井巷道发生涌（突）水时的水压与隔水层厚度的统计，有

$$D = \frac{P}{a} + b \tag{17.3-1}$$

式中：D 为相对隔水层厚度；P 为含水层的水压；a 为相对突水的临界值；b 为隔水层保护作用的厚度。

若定义突水系数（T_s）为水压与有效保护层厚度之比，即

$$T_s = \frac{P}{D_e} = P/(D - D_p) \tag{17.3-2}$$

式中：T_s 为突水系数；D_e 为有效保护层厚度；D_p 为施工掘进时破坏的厚度。

$T_s > a$ 时，容易发生突水。

不同岩体结构和岩性条件的岩体，物理力学性质存在较大差异，隔水层厚度也不尽相同。因此，不同类型围岩被涌水突破所需的最小突水量差别较大，见表 17.3-1。

表 17.3-1　围岩被冲溃所需的最小突水量　　　　单位：m^3/h

围岩类别	喀斯特化石灰岩	碎屑岩	变质岩	黏土岩
最小突水量	100~200	125~300	150~200	10~40

单位厚度岩体承受的水压也随岩体种类不同而异，如砂岩为 0.1MPa、砂质页岩为 0.07MPa、黏土质页岩为 0.05MPa、断层角砾岩约为 0.035MPa。厚层且完整的岩体往往能承受较大水压力，如数米厚

的砂岩和灰岩能承受数十米高水头压力,甚至页岩和泥岩等在有保护作用下也能承受一定水压阻止涌水突水的发生;而薄层岩体和破碎岩体所能承受的水压力相对要小得多,抗涌水和突水的能力较低。

以断层破碎带为例,由于极其破碎,力学强度低,围岩稳定性差,开挖中对其破坏程度远大于完整岩体,涌水突泥灾害时常发生。尤其当断层带或其附近岩体中存在承压含水层时,地下水可沿上覆相对隔水层的薄弱带上升一定高度,产生潜在高水头,施工中隔水层的有效保护层厚度小于其临界值时,极易导致涌水突水。

(3)含水围岩的稳定性。隧道开挖直接影响到含水围岩的稳定性,造成隧道的涌水突泥。如果直接开挖掉相对隔水层,将揭露出地下水体并产生突发性灾害(涌水甚至突泥)即使掌子面处存在一定厚度的隔水层,但由于施工爆破,或者隧道开挖引起的围岩松弛和围岩应力集中,围岩发生变形破坏,也会使相对隔水层的有效保护层厚度相应减小,从而增加了隧道涌水的可能性。

在断层带上,由于剪切变形的发生和裂隙的扩展,地下水不断地沿裂隙渗入,产生相应的动水压力、静水压力和劈裂作用,加剧了断层带的变形和地下水的进一步运动,一旦破裂带的扩展使地下水的渗流速度达到或超过某些细小颗粒发生管涌的临界流速时,处于液限的泥质物将发生机械潜蚀。管涌的发生,使断层渗透特性发生质的变化,导致管涌进一步加剧,并最终形成突水通道而发生涌水甚至突泥。

2. 影响隧道涌水量的基本因素

隧道及地下工程涌水突泥的形成是一个较复杂的问题,其形成机理简单概括为隧道或地下工程中含水层所赋存的地下水水头压力,超过了阻挡它渗流的隔水保护层的力学强度,因此,地下水突破阻挡,涌入隧道或地下工程,同时携带了大量的泥砂由隧道涌水突泥的发生条件和动态变化特征,不难看出它不但与施工条件和隧道特征有关,更主要是受水文地质条件的制约,而水文地质条件又受控于地形地貌条件、地层岩性和地质构造等地质条件。一般而言,隧道的涌水突泥形成因素大致可归纳为如下几点:

(1)地形地貌条件。统计资料表明,隧道涌水与隧道穿过区地形地貌条件密切相关。按隧道与地形地貌的关系,在横断面上,分为平坦型(T_1)、凸型(T_2)、山谷正下方平行型(T_3)、山谷侧下平行型(T_4)和单斜面型(T_5);在纵断面上,分为平坦型(L_1)、凸型(L_2)、横贯河流型(L_3)、盆状(L_4)和平凸型(L_5)。

在横断面地形类别中,以 T_3 和 T_4 两类隧道的比涌水量(单位长度涌水量)较大,其次为 T_1 和 T_5 型,T_2 型最小。从纵剖面来看,L_5、L_4 和 L_3 三类隧道的比涌水量最大,L_1 和 L_2 类较小。

从其组合来看,T_1L_5、T_3L_3、T_3L_5 及 T_4L_3 的比涌水量较大,其次为 T_5L_3 和 T_1L_4 组合,T_2L_2、T_1L_1、T_5L_2 和 T_2L_3 组合时的比涌水量最小。隧道涌水量随地形地貌条件及隧道位置的变化而变化。上述的变化特征为深埋长大隧道的布局、前期地质调查、隧道施工涌水突水预测和超前预报以及隧道的防排水措施的制定提供了依据。

(2)地层岩性。隧道涌水量与地层岩性也有较密切的关系。灰岩、白云岩等可溶岩类围岩,隧道涌水量大水量多,比涌水量一般为 $0.35\sim3.47\text{m}/(\min\cdot\text{km})$,丰水期和枯水期涌水量之比(即不稳定系数)达 $2.5\sim4.0$。国内外大于 $1000\text{m}^3/\text{d}$ 的隧道涌水,几乎均发生在这些围岩中,如我国的梅花山隧道($55\,490\text{m}^3/\text{d}$)、平关隧道($108\,060\text{m}^3/\text{d}$)和大巴山隧道($205\,518\text{m}^3/\text{d}$),意大利格兰萨索隧道($388\,800\text{m}^3/\text{d}$)等,火山岩、火山碎屑岩等洞段,隧道涌水量较可溶岩段小,比涌水量为 $0.35\sim1.39\text{m}^3/(\min\cdot\text{km})$,不稳定系数 $1.5\sim2.5$,如日本青函隧道($100\,800\text{m}^3/\text{d}$)和大清水隧道($120\,384\text{m}^3/\text{d}$)等。花岗岩等深成岩的比涌水量一般为 $0.208\sim0.694\text{m}/(\min\cdot\text{km})$,不稳定系数为 $1.5\sim2.0$,如日本的六甲隧道($25\,920\text{m}^3/\text{d}$)和新清水隧道($66\,960\text{m}^3/\text{d}$)等。

泥质岩及砂岩类围岩隧道涌水量相对较小,但当其受断裂带的影响时,也往往会发生较大的涌水量,如成昆线上的许多隧道。

砂土、卵石土、黏性土等组成的岩层,其岩性特征表现为质地松散,在地下水的浸泡下抗剪强度大大降低。在地下水静、动压力作用下,易产生液化、塑流和悬浮等流动,因此一旦隧道或地下工程开挖揭露了这些岩性特征的地层,易形成涌水突泥;对于已固结或成岩的地层,不同岩性的岩层因强度不同,承受的地下水极限压力差异较大,经测试,每米厚度岩石承受的突水压力,石灰岩大于 0.1MPa,砂岩为

0.1MPa,砂质页岩为0.07MPa,铝土页岩为0.05MPa。

(3)构造因素。从隧道围岩的结构特征来看,不论何种围岩,当其各种破碎带较为发育时,隧道常会发生大规模、高水压的涌水,并且往往伴有突泥灾害。破碎带可以是断层(裂)破碎带和节理密集带,也可以是各种岩性接触带,如可溶岩与不可溶岩接触带、岩浆接触挤压带和变质接触带等。其中,在大断裂带和区域性断层(尤其是张性断层)附近,隧道涌水量更为严重。事实上,隧道大规模的涌(突)水均与断层破碎带有关。这种涌水虽也有一般涌水的特征,但其涌水量更大、水压高、突发性强,且通常有突泥相伴,灾害性更为严重;涌水的动态变化主要取决于围岩的地质构造特征。隧道及地下工程的涌水突泥发生的位置常受到地质构造控制。在断层带、断层交会处、尖灭处、节理密集处、背斜轴部等,由于岩石破碎、松散降低了岩层的力学强度,不仅为地下水的储存和运移提供了空间和通道,而且成为地下水突发性涌入的薄弱部位。据测试,每米厚度的断层角砾岩承受的突水压力为0.035MPa,仅为完整砂岩的1/3。特别当地下工程开挖施工时,在断裂带造成的破坏深度约为正常完整岩层中破坏深度的2倍,这样很容易形成地下涌水。由于上述原因,在断裂带中,承压含水层的地下水由于水头压力的驱动,沿这些薄弱部位或断裂带上升到上覆隔水保护层中,并达到一定高度,这一高度称为潜越高度,一般可达8~10m;如果隧道或地下工程的位置,或者由于施工造成隔水有效保护层厚度小于潜越高度时,则易发生涌水;同时,断裂带还提供大量固体物质,如断层泥、砂、砾等,被地下水带入隧道或地下工程,形成了涌水突泥现象。如日本海下采矿坑道统计,内部矿坑发生涌水80次,其中61次是由于断层引起,不丹丘长电站在黑云花岗片麻岩中开挖引水隧道,当开挖到含水较多的黏土组成的断裂剪切带(厚度0.8m)时,便发生涌水突泥,并大量坍塌。

(4)隧道的长度及埋深。隧道延伸越长,经过的水文地质单元就越多,汇水面积及补给范围越大,其单位涌水量就越大。但不同的隧道,经过的地质单元及水文地质单元有较大的差异,故其比涌水量与隧道长度的关系并不十分明显,也即隧道的比涌水量主要受控于地形地貌、地层岩性和地质构造特征。当长大隧道埋藏较深时,地下水补给较为充足,隧道总涌水量和比涌水量均有随着上覆岩体厚度增加而增大的特征。

三、隧道涌水水源类别及识别方法

1. 涌水水源类别

(1)降水。降水是地下水的主要补给来源,所有隧道涌水都直接或间接与降水有关。有时降水还是唯一的涌突水水源,如位于当地侵蚀基准面以上的隧道和无地表水分布的隧道。

降水量大小是决定隧道涌水大小的根本原因,南方湿润多雨地区的隧道涌水强度普遍大于北方半干旱地区,而西北干旱地区的隧道涌水量很小;隧道涌水量呈季节性周期变化;隧道出现的突然涌水均与降水强度有关,一般出现在暴雨后数小时至数日内。

分析降水对隧道涌水的影响,首先要考虑隧道与当地侵蚀带和地下水的关系,以及地形的自然汇水条件,然后具体地分析隧道埋深、入渗条件和汇水条件。隧道涌水量预测的重点是丰水年雨季峰期的最大涌水量,预测方法常以均衡法为主。

(2)地表水。地表水位于隧道或隧址区附近,往往成为隧道的重要涌突水水源,给隧道施工造成很大的威胁。因此,地表水也是工程区水文地质条件复杂程度划分的重要依据之一。

地表水的规模及其与隧道之间的关系,直接影响涌水强度。一般地表水的规模愈大,距离愈近,威胁也愈大,反之则小。位于季节性河流附近的隧道,平时涌水量一般不大,仅在雨季对隧道的威胁较大。此外,若对隧道排水管理不当,其回渗量也可成为隧道涌水的重要来源。地表水对隧道涌水影响的强弱,取决于地表水对隧道的补给方式。地表水对隧道的补给方式主要分为两种:一是渗透补给;二是灌入式补给。

对地表水补给条件的评价,应从上述两种补给方式的基本条件入手,分析河水通过导水通道灌入或渗入隧道的可能性。一是要分析地表水与充水围岩之间有无覆盖层及其隔水条件;二是分析开采状态下有无出现导水通道的条件,如覆盖层变薄或尖灭形成"天窗"、断裂破碎带、地面塌陷、顶板崩落等。此外,应利用一切技术手段掌握地表水与充水围岩之间的水力联系程度,如抽水试验、地下水动态成因分析、同位素测试、实测河段入渗量或用数值法反演计算不同河段的入渗量等。但是准确评价大型地表水的充水强度是很困难的,往往直至隧道施工结束前都在观测研究地表水灌入的可能性。

(3)地下水。地下水是隧道涌水的直接来源,同时它还是其他水源进入隧道的主要途径。

造成隧道涌水含水层的空隙性决定隧道的涌水强度。在宏观上岩溶含水层最强,裂隙含水层最弱,孔隙含水层居中。含水层的规模及其补给径流条件,影响隧道涌水量的大小和动态。含水层规模大、补给径流条件好,隧道涌水量大而稳定;反之,涌水量随排水逐年减小,易疏干。此外,开采初期隧道涌水量受储存量影响大;后期则主要反映充水含水层的补给、径流条件。在我国,对隧道威胁最大的充水含水层依次是:北方奥陶系灰岩、南方二叠系茅口组灰岩和石炭系壶天组灰岩,其共同特点是:岩石质纯厚度大、岩溶发育。

对地下水含水层的研究与评价,除常规水文地质条件分析方法外,最有效的技术方法是抽水试验。对于一般的含水层,常通过一至数个典型地段的抽水试验,查清典型地段含水层的水文地质条件,获取可能造成隧道涌水的地下含水层的代表性水动力参数及涌水量与水位降深的统计关系,作为评价其富水性及补给径流条件的依据,并为解析法和数理统计法等方法预测矿坑涌水量提供基本数据。对于水文地质条件复杂的隧道,20世纪70年代以来,我国普遍采用大流量、大降深、大口径、大范围的大型群孔抽水试验,从整体上揭示含水层的结构特征及其补给、径流、排泄条件,作为评价涌水条件的依据,大大提高了对隧道涌水的勘探与评价的水平。

(4)老窑水。老窑水是指被废弃的矿坑、淹没的生产井巷中的积水。老窑水涌水一般来势凶猛,酸性大并含有害气体或携带块石沙土,破坏性大;同时,老窑水涌水还可成为其他水源涌入隧道,此时危害更大。老窑水因年代久远,分布范围不清,调查困难。因此,对老窑水的调查很重要,主要通过调查编制老窑水空间分布图,划分危险区,估计容积水量,查清与其他水源的联系。除上述几种主要水源外,玄武岩中的同生、次生洞穴,煤矿中因煤层自燃形成的窑洞均充满积水,虽然储存量不大,有时也会对施工造成不良影响,尤其是当它们成为导水通道时,可能对隧道涌水强度影响很大,因此也应给予一定的关注。

2. 涌水水源识别方法

涌突水来源识别是涌水预测和渗漏水整治的基础,相关研究最早开始于矿井涌突水的来源识别,主要包括水温、地下水位动态、水化学分析法、同位素分析方法、模糊数学分析方法、神经网络方法和理论分析方法等。

(1)水位和水温法。按地壳受热情况,地壳表层可分为变温带、常温带和增温带三个不同的温度带,其中变温带中的地下水温度受季节影响较小的变化,常温带中的地下水温度与当年气温的平均值接近,增温带中的地下水随赋层和循环深度加大而提高。水文地球化学研究证明,水质、水温及水位的演变通常是相互联系的。比如刘文明等在考虑水化学资料的基础上,增加了水温及水位两个指标,建立了矿井突水水源的法判别数学模型,并开发了"潘谢矿区矿井突水水源法判别系统",为涌突水水源识别奠定了基础。

(2)水化学分析法。地下水在形成过程中,由于受到含水层的沉积期、地层岩性、建造和地化环境等诸多因素的影响,使储存在不同含水层中的地下水主要化学成分有所不同。传统水化学方法通常通过水质类型对比来确定涌水来源。

(3)同位素分析法。因同位素通常不和其他物质发生反应,且具有不易被吸附的特点,故对地下水起着标记作用。利用同位素来研究地下水的起源和年龄、测定水文地质参数或示踪地下水运动等都取得了较好的效果。

(4)模糊数学分析法。断裂、未封的钻孔和采动裂隙等可连通不同含水层,使之发生水利联系如果含水层的水质特征较为相近,或涌水水源较多时,常规的水化学分析法难以判断突水水源,借助模糊数学相关的理论就能很好的解决这一问题。模糊数学分析法主要包括:灰色系统理论方法、模糊数学方法、多元统计法。

(5)神经网络法。人工神经网络通过模仿动物神经网路行为特征来进行信息处理。将神经网络用于涌突水来源识别,其基本原理是提供一定数量已知含水层特征的水质样本进行学习,按照网络自身优化出的计算规则,实现对未知水源的判别。

四、隧道涌水量评价方法

隧道涌水量是指在隧道设计高程以上,因施工排水引起的降落漏斗范围内的地下水的疏干量。输水隧道开挖后,隧道周围的地下水补、径、排条件和流动方式发生改变,地下水主要以涌突水的方式流入隧道,因此涌水量的计算在隧道开挖对地下水的影响分析方面十分重要。

隧道涌水量预测可以认为是用水文地质学理论来研究和计算隧道通过工程地区时,在隧道进出口设计高程以上疏干范围内含水层(组)中地下水的储存量和补给量,在隧道施工中通过含水层时,从溶孔、溶隙、溶洞和施工激活的节理、裂隙以渗流、喷淋、管道流等方式流入坑道中的地下水,除已汇聚成管道流的地段外,流动速度往往较缓慢,虽然岩溶地区地下水分布极不均匀,但仍然可以采用地下水资源计算方法进行隧道涌水量计算。

初测阶段可采用降水入渗法、地下径流模数法、地下径流深度法、比拟法和评分法等概略预测,当有勘探、试验资料时,宜采用地下水动力学法进行预测;定测阶段应根据勘探和水文地质试验资料,采用地下水动力学法进行预测,并与其他方法进行综合分析后确定。

隧道施工中最大涌水量和运营中的正常涌水量的预测,可采用简易水均衡法、地下水动力学法、数值法等进行,并应采用多种方法综合分析后确定。

1. 简易水均衡法

一个地区的水均衡研究,就是应用质量守恒定律去分析与水循环相关的各要素间的数量关系。地下水均衡研究的是目标区地下水均衡情况。进行均衡研究必须对均衡域的收入项与支出项进行分析,列出均衡方程式,其收入项一般包括:大气降水入渗补给量、地表水流入量、地下水流入量、水汽凝结量、地表水流出量、地下水流出量、蒸发量和植物蒸腾量等。水均衡法是在研究隧道的补给、径流和排泄之间关系的基础上,通过计算得到涌水量。水均衡法适用于地下水形成条件较简单的区域。在预测涌水量时,可分为地下径流深度法、地下径流模数法和降水入渗法。地下水径流深度法和地下水径流模数法适用于越岭隧道通过一个或多个地表水流域地区,降水入渗法适用于埋藏深度较浅的越岭隧道。

(1)地下径流深度法:

$$Q_s = 2.74h \cdot A$$
$$h = W - H - E - SS$$
$$A = L \cdot B$$

(17.3-3)

式中:Q_s 为隧道通过含水体地段的正常涌水量(m^3/d);2.74 为换算系数;h 为年地下径流深度(mm);A 为隧道通过含水体地段的集水面积(km^2);W 为年降水量(mm);H 为年地表径流深度(mm);E 为某流域年蒸发蒸散量;SS 为年地表滞水深度(mm);L 为隧道通过含水体地段的长度(km);B 为隧道涌水地段 L 长度内对两侧的影响宽度(km)。

(2)地下径流模数法:

$$Q_s = M \cdot A$$
$$M = Q'/F$$

(17.3-4)

式中:M 为地下径流模数[$m^3/(d \cdot km^2)$];Q' 为地下水补给的河流流量或下降泉流量(m^3/d),采用枯水期流量计算;F 为与 Q' 的地表水或下降泉流量相当的地表流域面积;其他符号意义同前。

(3)降水入渗法:当隧道通过潜水含水体且埋藏深度较浅时,可采用降水入渗法预测隧道正常涌水量。

$$Q_s = 2.74\alpha \cdot W \cdot A \tag{17.3-5}$$

式中：α 为降水入渗系数；其他符号意义同前。

2. 地下水动力学法（解析法）

在地下水动力学理论的基础上，分析研究地下水在多孔介质中的运动规律、运动状态及含水层水涌入输水通道的流动条件，建立起描述区域地下水运动规律的基本方程，通过数学解析的方法求解方程，从而可以计算得到受控条件（地层的渗透性、补给、径流和排泄、边界约束条件、水力驱动条件等）下的涌水量。这种方法称为地下水动力学法，又称解析法。

目前用于隧道涌水量计算常用的解析法公式有：古德曼经验式、佐藤邦明非稳定流式、裘布依理论式、佐藤邦明经验式等。其中古德曼经验式、佐藤邦明非稳定流式可用于预测隧道最大涌水量，而裘布依理论式、佐藤邦明经验式可用于预测隧道正常涌水量。

1）隧道最大涌水量预测

当隧道通过潜水含水体时，可用下列公式预测隧道最大涌水量。

（1）古德曼经验式：

$$Q_0 = L \frac{2\pi \cdot K \cdot H}{\ln \frac{4H}{d}} \tag{17.3-6}$$

式中：Q_0 为隧道通过含水体地段的最大涌水量（m^3/d）；L 为隧道通过含水体的长度（m）；K 为含水体渗透系数（m/d）；H 为静止水位至洞身横断面等价圆中心的距离（m）；d 为洞身横断面等价圆直径（m）。

（2）佐藤邦明非稳定流式：

$$q_0 = \frac{2\pi \cdot m \cdot K \cdot h_2}{\ln[\tan \frac{\pi(2h_2 - r_0)}{4h_c}]\cot \frac{\pi \cdot r_0}{4h_c}} \tag{17.3-7}$$

式中：q_0 为隧道通过含水体地段的单位长度最大涌水量 [$m^3/(s \cdot m)$]；m 为换算系数，一般取 0.86；K 为含水体渗透系数（m/s）；h_2 为静止水位至洞身横断面等价圆中心的距离（m）；r_0 为洞身横断面等价圆半径（m）；h_c 为含水体厚度（m）。

2）隧道正常涌水量预测

当隧道通过潜水含水体时，可采用下列公式预测隧道正常涌水量。

（1）裘布依理论式：

$$Q_s = L \cdot K \frac{H^2 - h^2}{R_y - r} \tag{17.3-8}$$

式中：Q_s 为隧道正常涌水量（m^3/d）；K 为含水体的渗透系数（m/d）；H 为洞底以上潜水含水体厚度（m）；h 为洞内排水沟假设水深（一般考虑水跃值）（m）；R_y 为隧道涌水地段的引用补给半径（m）；L 为隧道通过含水体的长度（m）。

（2）佐藤邦明经验式：

$$q_s = q_0 - 0.584\varepsilon \cdot K \cdot r_0 \tag{17.3-9}$$

式中：q_s 为隧道单位长度正常涌水量 [$m^3/(s \cdot m)$]；ε 为试验系数，一般取 12.8；r_0 为洞身横断面的等价圆半径（m）；其他符号意义同前。

3. 数值法

前面介绍的几种方法，只能解决一些水文地质条件比较简单的问题。20 世纪 50 年代以来，由于电子计算机的出现，以及在应用计算机基础上的计算方法的创新，为地下水动力学的发展提供了崭新的研究方法，这就是数值法。数值法是随着电子计算机的发展而迅速发展起来的一种近似计算方法。地下水运移数学模型比较复杂，计算区的形状一般是不规则的，含水介质往往是多层的、非均质的和各向异性的,不易求得解析解,常用数值方法求得近似解。虽然数值法只能求出计算域内有限个点某时刻的近似解,但这些解完全能满足精度要求。因此,数值法已成为研究地下水运移的重要方法。

数值法一般有三种,即有限差分法、有限元法和边界元法。有限元和有限差分法两者在解题过程中有很多相似之处,都将计算域分成若干网格,都将偏微分方程离散成线性代数方程组,用计算机连理求解线性方程组,所不同的是网格剖分即线性化方法。

边界元法也称之为边界积分法,该方法不需要对整个计算区域剖分,只需要剖分区域便捷。在求出边界上的物理量后,计算域内部的任一点未知量可通过边界上的已知量求出。因此,所需准备的输入数据比有线差分法和有限单元少。边界元法处理无限边界比较容易,用于求解均质区域的稳定流问题(拉普拉斯方程)比较快速、有效。但是,边界元法也有不足,当用于飞均质区,尤其是非均质区域的非稳定流问题时,计算相当复杂。

目前常用的地下水资源评价的数值法是有限差分和有限单元法。运用数值法进行地下水评价的一般步骤如下:①建立水文地质概念模型。②计算范围和边界条件的概化。③建立计算区的数学模型。④从空间和时间上离散计算域。⑤校正(识别)数学模型。⑥验证数学模型。⑦模拟预报,进行地下水水量、水质评价。

4. 其他方法

1) 水文地质比拟法

当新建隧道附近有水文地质条件相似的既有隧道或坑道以及岩溶区时,可采用水文地质比拟法预测隧道涌水量。

$$Q = Q' \frac{F \cdot s}{F' \cdot s'}$$
$$F = B \cdot L$$
$$F' = B' \cdot L' \tag{17.3-10}$$

式中:Q、Q'为新建、既有隧道(坑道)通过含水体地段的正常涌水量或最大涌水量(m^3/d);F、F'为新建、既有隧道(坑道)通过含水体地段的涌水面积(m^2);s、s'为新建、既有隧道(坑道)通过含水体中自静止水位计起的水位降深(m);B、B'为新建、既有隧道(坑道)洞身横断面的周长(m);L、L'为新建、既有隧道(坑道)通过含水体地段的长度(m)。

2) 同位素氚(T)法

当隧道通过潜水含水体且有给水度或裂隙率资料时,可采用同位素氚(T)法预测隧道正常涌水量。

$$Q_s = \frac{L \cdot A \cdot \mu}{365t}$$
$$t = 40.727 \lg \frac{N_0}{N_t} \tag{17.3-11}$$

式中:L为N_0与N_t两样品间的距离(m);μ为含水体给水度(基岩可用裂隙率代替);365为年平均天数(d);t为N_0与N_t两样品间的时间差(a);N_0为样品中氚含量起始值(TR);N_t为与N_0比较的样品中氚含量(TR);其他符号意义同前。

3) 评分法概略预测

在踏勘和初测阶段,可采用评分法概略预测隧道最大涌水量。

(1)隧道涌水灾害严重等级判别,可按表17.3-2确定。

(2)根据不同岩性、构造、裂隙和节理的密集程度、富水程度等特征,应分段预测最大涌水量和正常涌水量,可按表17.3-3确定。

(3)山岭隧道围岩的富水程度,可按表17.3-4进行分区。

表 17.3-2 隧道涌水灾害严重等级判别

判别条件	评分标准			
地表环境特征	沟谷汇水、岩溶形态发育、集水建筑物以上0.7分			旱地、荒地0分
岩石性质	硬岩(硬岩+软岩)0.21分			软岩0分
地质构造	裂隙不发育紧闭0分	裂裂发育张开1.34分	断层破碎带1.7分	岩溶裂隙发育1.71分 / 岩溶断层带1.90分
防水措施	无0分		灌浆防水−0.3分	已衬砌−0.45分
气候条件	少雨区(年降水量W≤800mm)0分		多雨区(800mm<W≤1600mm)1.15分	丰雨区(W>1600mm)1.30分
最大埋深	$3.8H×10^{-4}$(H为最大埋深,m) 分			
隧道长度	$0.05L$(L为隧道长度,km) 分			
判别	D级 <2.48分	C级 2.48~3.30分	B级 3.30~3.91分	A级 >3.91分

注:A级,隧道涌漏水甚大或突然涌水或泥砂大量涌出;B级,隧道涌漏水较大或泥砂涌出;C级,隧道涌漏水较少,对围岩稳定性有一定影响;D级,隧道涌漏水甚微或无,一般不会对施工运营及环境造成不利影响。

表 17.3-3 隧道最大涌水量概略预测 单位:m^3/d

基本量	地表环境特征		隧道类型		岩石性质			
	沟谷汇水或纵向汇水长度大于1km	旱地	越岭	沿河	灰岩	硬岩	软硬互层	软岩
2900	188	0	0	820	4095	2730	0	−1724

	地质构造特征					气候特征	
裂隙不发育	裂隙发育	断层带	岩溶裂隙发育	岩溶断层	溶洞暗河	多雨区(800mm<W≤1600mm)	丰雨区(W>1600mm)
−1180	500	3140	3060	4480	28 338	0	3860

防水措施		隧道最大埋深			
无防护	灌浆后开挖,已衬砌	100m以下	100~400m	400~700m	>700m
0	−3940	5	23	45	578

隧道长度													
1.0	2.0	3.0	4.0	5.0	6.0	7.0	8.0	9.0	10.0	11.0	12.0	13.0	14.0
0	780	1108	1607	2000	2800	4280	5760	7250	8732	11 214	12 690	14 180	16 110

表 17.3-4 围岩富水程度分区

分区名称	贫水区(段)	弱富水区(段)	中等富水区(段)	强富水区(段)
地下径流模数$M/(m^3·d^{-1}·km^{-2})$	$M<100$	$100≤M<1\,000$	$1000≤M<5000$	$M≥5000$
洞身单位长度可能最大涌水量$q_0/(m^3·d^{-1}·m^{-1})$	$q_0<0.1$	$0.1≤q_0<1$	$1≤q_0<5$	$q_0≥5$

注:1.可选择具有代表性的一个项目进行分区;2.本表适用于裂隙水、孔隙水和岩溶水的地下工程。

5. 隧道涌水影响宽度的确定,应符合下列规定

(1)当新建隧道同某既有隧道(坑道)的地质、水文地质条件相似,水文地质参数相近时,可用水文地质比拟法参照既有隧道(坑道)的涌水影响宽度取值。

(2)当隧道通过地段的含水体与隔水体容易区分时,可采用地质调查法预测隧道涌水影响宽度值,并符合下列要求:①当隔水体与隧道中心线的距离小于可能影响宽度时,该侧的影响宽度以隔水体为界。当隔水体与隧道中心线的距离大于可能影响宽度时,应采用其他方法确定。

②当隧道通过汇水盆地(洼地、富水构造等)时,该汇水盆地可用来作为该段隧道的集水面积,可取其平均宽度作为隧道涌水影响宽度。

五、隧道涌水造成的环境影响问题及其评价方法

1. 隧道涌水造成的环境影响问题

在含水层中开凿隧道,因洞顶存在一定高度的地下水水头,导致隧道中突水和涌水。针对隧道涌突水,现大多数采用"以排为主"的防治原则,就是通过各种排水措施在衬砌外维持长期持续的排水,从而降低衬砌外水压力,减小衬砌工程。大量的地下水流失使地下水位不断下降,疏干漏斗逐渐扩大,从而导致洞顶地表河湖泉井枯竭,水环境失去平衡,进而引发生态环境破坏和岩溶地面塌陷等灾害。

(1)供水水源减少或枯竭。当疏干涌水的水位降落漏斗逐渐增大时,除疏干范围内的井泉出水量变小甚至枯干外,原有的地下水环境转化为无水环境,还可引起地面塌陷、裂缝和向井巷涌泥沙等环境地质问题。

(2)改变了水循环环境。开挖隧道时,可沟通各含水层和不同的补给源,使水循环环境恶化。这可产生两种后果:①在增加隧道涌水量的同时减少当地供水工程的出水量。②减少隧道涌水量的同时减少供水量或使之枯竭。

(3)地表渗透条件的变化,改变或破坏了原地表水状况,甚至导致突水事故。

例如,松宜煤矿猴子洞井田,矿床开采后使两条河流河床的渗透条件发生迥然不同的变化,水环境各异。南部洛溪河,开采前属常年性河流,开采后在流经栖霞灰岩的 250m 长度内,相继出现 13 个塌洞,河水流失;当流量小于 $0.3m^3/s$ 时,河水全部漏光,使下游成为干河道,干沟等矿井涌水量剧增近 1 倍。北部干沟河,原为间歇性河,河水间歇式补给下伏含水层。开采中,河流受上游携带大量煤粉(泥)的矿井排水补给,煤粉(泥)沉淀充填于河床碎石孔隙中,形成防渗层,河床由漏水转变为不漏水。河水补给量从占总涌水量的 20%、30%,逐渐降至 10%以下,转为常年性河流。

(4)改变含水层的边界条件。如原有不透水边界可转化成透水边界;自然排泄区可转化为补给区;地下分水岭可外移,增加补给区面积;以及海水倒灌补给等。这些都可增加矿井涌水量,使水质变坏和减少淡水资源,导致水环境恶化。

2. 隧道涌水对地表环境影响评价方法概述

针对隧道涌水所引起的地表水环境影响评价方法如下。

1) 解析法

解析法学通常可用来计算地下水疏干范围,常用的计算疏干影响半径的经验公式有很多,例如库萨金公式、古哈尔公式、裘布依公式等。

(1)根据地下水动力学公式中水平坑道疏干影响范围的计算公式(即库萨金公式):

$$R = 2 \times S \times \sqrt{H \times K} \tag{17.3-12}$$

式中:R 为疏干影响范围(m);S 为降深(m);H 为含水层厚度(m);K 为渗透系数(m/d)。

(2)对于承压含水层可利用吉哈尔经验公式计算疏干影响范围:

$$R = 10S\sqrt{K} \tag{17.3-13}$$

式中:符号意义同前。

(3) 对于承压含水层转潜水含水层,可采用裘布依公式反求影响半径:

$$Q = \frac{1.366K(2H-M)M}{\lg R_0 - \lg r_0}$$

$$r_0 = \sqrt{\frac{F_0}{\pi}} \tag{17.3-14}$$

式中:Q 为涌水量(m^3/d);H 为水头高度(m);M 为含水层厚度(m);K 为渗透系数(m/d);F_0 为系统面积。

在 F_0 不确定的情况下,可采用承压水完整式公式:

$$Q = BK\frac{(2H-M)M - h_0^2}{2R} \tag{17.3-15}$$

式中:B 为巷道长度(m);h_0 为地下水水位;其他符号意义同前。

(4)《环境影响评价技术导则——地下水环境》(HJ 610—2016)推荐排水渠和狭长坑道线性类建设项目的地下水水位变化区域半径计算公式如下:

$$R = H\sqrt{\frac{K}{2W}\left[1 - \exp\left(\frac{-6Wt}{\mu H}\right)\right]} \tag{17.3-16}$$

式中:R 为影响半径(m);H 为潜水含水层厚度(m);K 为含水层渗透系数(m/d);W 为降水补给强度(m/d);μ 为重力给水度,无量纲;t 为排水时间。

2) 类比法

类比法为选择条件相似的研究对象进行对比研究。这种条件相似主要是指影响地表环境的相关因素(含水层的水文地质条件、地下水水流的动力学性质、隔水层的结构与埋藏条件等)具有相似性或具有可比较的内在联系。比拟法适合水文地质比较简单的地区。

例如:2012—2014 年,重庆市地方标准《地下工程地质环境保护技术规范》的编制单位——重庆地质矿产研究院,通过对重庆已建 28 条典型隧道工程水文地质环境进行了调查分析,在其编写的《重庆市地下工程水环境问题调查分析》论文中调查结果见表 17.3-5。

表 17.3-5 重庆市 28 条隧道水环境问题影响半径统计表

岩性类型	强烈影响区/m	中等影响区/m	一般影响区/m
灰岩区	0~1500	1500~3000	3000~5000
砂岩区		0~1000	1000~2000
页岩、泥岩区			0~1000
主要表现形式	地表水和井、泉枯竭,地面沉降、地面塌陷、地裂缝、建筑物开裂和土地利用方式的完全改变	地表水漏失严重,但未完全干枯,地下水位发生明显的下降,局部发生小规模地面塌陷,局部土地利用方式发生改变	地表水发生轻微漏失,地下水位变化不明显

利用上表可类比得到重庆市内相近水文地质条件隧道水环境问题影响半径。

3) 数值法

针对复杂的水文地质条件,数值法以其直观、灵活性高的特点已被广泛应用于与地下水环境影响评价相关领域。随着我国地下水数值模拟技术的快速发展,各类科研、生产机构运用数值模拟方法成功的解决了许多地下工程建设中亟须解决的地下水环境评价问题。

数值法是将所研究的地下水区域离散网格化成许多小的单元格,根据渗流理论和地下水动力学中的原理,在研究区水文地质条件、边界条件、大气降水入渗等基础上,建立模型,然后采用不同的算法求解模型,最终计算出每个单元格的地下水运动要素。

近些年,众多地下水渗流场与温度场、应力场耦合数值模型被逐渐利用到环境影响评价中,例如

Barton对工程岩体地下水渗流场、应力场与温度场之间的耦合作用进行了初步的探讨性研究,针对工程岩体的稳定性和冻土地区隧道涌水问题进行了个别研究;运用渗透率张量和应力张量法,提出了岩体渗流场与应力场耦合分析的等效连续介质模型。各耦合模型可用于模拟隧道施工时所引起的渗流场、温度场、应力场变化,用于预测隧道施工所引起的地面沉降、地下水位、地温等变化程度及影响范围。

四、其他方法

此外,模糊数学法、层次分析法也用于环境负效应评价中。模糊数学法即采用模糊数学模型,须先进行单项指标的评价,然后分别对各单项指标给予适当的权重,最后应用模糊矩阵复合运算的方法得出综合评价的结果;层次分析法是指将一个复杂的多目标决策问题作为一个系统,将目标分解为多个目标或准则,进而分解为多指标(或准则、约束)的若干层次,通过定性指标模糊量化方法算出层次单排序(权数)和总排序,以作为目标(多指标)、多方案优化决策的系统方法,二者通常结合使用。

在地下水环境影响评价体系中,评价因子或评价指标可为地表汇水面积、降雨入渗系数、地层岩性、可溶岩比例及隧道埋深、施工方法等。

第四节 万开周家坝-浦里快速通道隧道工程地下水环境影响评价

一、工程概况与自然地理

万开周家坝-浦里快速通道隧道工程位于万州天城至开县长沙镇之间的铁峰山一带,由铁峰山隧道进口连接路、铁峰山深埋特长隧道、铁峰山隧道出口连接路组成,全长11.67km,其中铁峰山特长隧道长9.38km,隧道最大埋深点桩号K6+020,埋深878.66m。

万州、开县地处四川盆地东缘,重庆市东北边缘,东与巫溪、云阳、南与石柱和湖北利川、西与忠县和梁平、北与四川开江和宣汉接壤。开县位于重庆市东北部,三峡库区小江支流回水末端。多年平均降雨量1 227.90mm,降雨集中在5—9月,占全年降雨量的70%。

区内河流均属于长江水系,长江为该区的最低侵蚀基准面。区内水系的发育受地质构造所制约,主要水系在多平行于构造线。区内冲沟发育,主要冲沟呈北西向深切铁峰山脉。

二、水文地质条件

1. 基本地质背景

万州、开县位于四川盆地东部平行岭谷区,属构造剥蚀中低山丘陵地貌。受构造及岩性控制,背斜轴部的石灰岩、白云岩形成岩溶槽谷(高程700～1000m),坚硬的须家河组砂岩组成单面山(高程900～1300m),侏罗系红层组成丘陵(高程200～450m),形成区域内多样化的地貌景观。

线路穿越铁峰山背斜中段。该段背斜为南东翼近轴部直立,局部有倒转、北西翼缓倾的斜歪狭长背斜。核部出露的最老地层为三叠系中统巴东组第二段(T_2b^2),两翼依次分布三叠系上统至侏罗系中、下统地层。地层产状总体上南东翼陡,倾角31°～75°,北西翼略缓,倾角16°～63°;靠近轴部局部倒转,岩层挠曲,并有小规模错动迹象,轴部巴东组内见多组平行主轴的次级褶皱。

线路区地层由老到新依次为:三叠系中统巴东组(T_2b)、上统须家河组(T_3xj)、侏罗系下统珍珠冲组(J_1z)、自流井组(J_1zl)、中统新田沟组(J_2x)、下沙溪庙组(J_2xs)、上沙溪庙组(J_2s)地层及第四系,区内岩性以红层泥岩、粉砂岩等软质岩石为主,夹砂岩、岩屑砂岩及灰岩。

工程范围内地下水的补给主要由大气降水及部分地表水体沿构造裂隙、溶蚀裂隙及风化裂隙等的入渗组成,浅部风化带裂隙水在接受大气降水补给后,沿风化裂隙向冲沟排泄,具有就近补给就近排泄的特点。深部弱风化基岩裂隙水在水压力作用下,沿层间裂隙向下径流,在相对地势低洼地段分散排泄或以泉、井方式自然排泄。

隧址区含水层(粉砂岩、石英砂岩)虽被相对隔水层(泥岩、页岩)所间隔,每一含水层为相对独立的含水单元,构成各自的补给、径流和排泄系统,但该区靠近背斜的轴部,其构造张裂隙发育,因此含水层间有一定的水力联系。

由于隧址区岩溶不甚发育,各溶洞均未贯通,故其多受裂隙影响,呈现与基岩孔隙裂隙水相似的径流、排泄特点,局部裂隙发育地段可能发育小规模裂隙溶缝而具有集中排泄特点。

2. 含水岩组的划分及富水性

隧址区基岩大片裸露地表,第四系主要在洞口进出口少量分布,厚度小,富水性较差,为松散孔隙含水岩组。泥岩、页岩(J_2s、J_2xs、J_1zl、T_2b^2)区内的相对隔水岩组;其余岩组为相对含水层,其中新田沟组(J_2x)、珍珠冲组(J_1z)以粉砂岩与页岩(泥岩)互层状为主,部分为中厚层状(泥质)粉砂岩,属于富水性较差的碎屑岩裂隙含水岩组(Ⅰ类);须家河组(T_3xj)以中厚层状砂岩为主,属于富水性中等的碎屑岩裂隙含水岩组(Ⅱ类);巴东组(T_2b^1、T_2b^3)以泥质灰岩为主的岩溶含水岩组。

3. 岩溶发育特征与规律

工程区范围内碳酸盐岩主要分布于铁峰山背斜轴部,两侧被碎屑岩夹持,地表出露可溶岩组(图17.4-1)有三叠系中统巴东组第三段(T_2b^3)的泥质灰岩、含泥质灰岩等和侏罗系中下统自流井组(J_1zl)的灰岩、介壳灰岩;地表未见出露的可溶岩组有巴东组第一段(T_2b^1)的白云岩、白云石硬石膏、角砾状泥质白云岩及泥质灰岩。其余均为非可溶岩地层。

巴东组可溶岩地层主要分布于铁峰山背斜核部区域,综合考虑构造形迹分布、地形地貌特征、地层岩性及地表岩溶的发育状况等因素,根据区内岩溶水宏观赋存条件、地下水的径流运移介质空间、排泄量大小、岩溶发育程度及其富水透水性、补给区大小等因素,将岩溶地下水划分为南东翼(T_2b^3)、背斜核部(T_2b^1)和北西翼(T_2b^3)三个岩溶水系统,见图17.4-1。

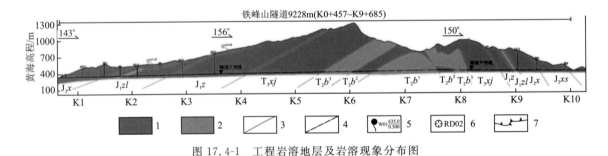

图17.4-1 工程岩溶地层及岩溶现象分布图

1.非可溶岩;2.可溶岩;3.地层界线;4.隧道设计轴线;5.泉水点;6.溶洞;7.地表分水岭

(1)背斜南东翼 T_2b^3 岩溶水系统。分布于铁峰山背斜南东翼近轴部,两侧分别为三叠系上统须家河组页岩和巴东组二段泥岩隔水层,总体地势南东高北西低。主要由 T_2b^3 薄层状泥质灰岩、含泥质灰岩、白云岩、钙质泥岩、石膏、硬石膏组成。位于主分水岭南东侧与次级分水岭之间,地形坡角较陡,汇水面积较大,地表横向沟谷发育,横向沟谷一般间距1~2km,岩层倾角陡,有利于地面水汇集下渗。

该岩溶水系统岩层产状陡,局部发育次级褶皱导致岩体破碎,地下水补给条件较好,地下水径流途径较短,地下水动态较明显。虽然隧道穿越段较短,但考虑上述因素,综合认为岩溶水对隧道施工影响较大。

(2)背斜北西翼 T_2b^3 岩溶水系统。分布于铁峰山背斜北西翼近轴部,两侧分别为三叠系上统须家河组页岩和巴东组二段泥岩隔水层,主要由 T_2b^3 灰色薄层状泥质灰岩、含泥质灰岩、白云岩、钙质泥岩、石膏、硬石膏组成,总体地势北高南低。地下水总体由沿构造轴线自南西向北东运移。由于该岩溶水系统覆盖于厚层三叠系须家河组砂岩、页岩以下,具有承压性。

该岩溶水系统占有面积宽广,地下水补给较好,地下水动态较强,岩溶化一般,隧道穿越段较长。因此,岩溶水对隧道施工影响较大。

铁峰山背斜轴部主要由 T_2b^1 灰色薄至中厚层状白云岩及含白云石硬石膏互层为主夹白云质泥岩、角砾状泥质白云岩及泥质灰岩组成,总体地势北西高南东低。岩体受两侧泥岩隔水层的封闭,岩溶发育轻微,发育岩溶系统的可能性较小,对隧道施工影响不明显。

三、地下水对隧道工程的影响分析

在隧道开挖过程中,由于揭露岩溶通道、构造富水带等地下水渗流通道,地下水将会大量涌入隧道,当水流量大于 $0.1m^3/s$ 时,并伴随一定的压力和流速,称为突水;当涌入的地下水中含有的泥沙等物质超过50%时,称为突泥。隧道施工过程中,突水突泥现象时有发生,由于其发生部位、规模、动力特征难以预测,且地下工程空间有限,一旦发生突水突泥事故,极易造成围岩失稳、人员伤亡等安全、质量事故,给工程施工带来巨大的影响和危害。

在隧道施工前的地质勘察阶段,可利用地质测绘、勘探、物探等手段和地质综合分析方法,对隧道开挖前进方向的地质条件及突水、突泥可能性和规模作出超前地质预测预报。合理的预测预报隧道突水突泥位置、规模、性质是保证隧道施工安全、减少地下水对隧道施工所造成的影响的重要措施。

1. 涌水量预测

在以上对万开隧道水文地质条件分析的基础上,划分出涌水计算单元,结合工程特点,采用地下水径流模数法、大气降水渗入法、地下水动力学法计算出万开隧道涌水量。

(1)涌水计算单元的划分:根据划分的水文地质单元(图17.4-1),结合地形地貌、岩性、透水性等参数,隧址区的涌水量计算单元可分为岩溶含水岩组、碎屑岩裂隙含水岩组(Ⅱ类)、碎屑岩裂隙含水岩组(Ⅰ类)、相对隔水岩组。

(2)汇水面积的计算:含水层分布长度从隧道轴线水文地质纵断面(1:2000)上量取,汇水宽度(范围)从1:10 000地形图中按照隧道处于分水岭之间的平均距离,并结合地表水汇水条件、地层岩性、煤矿开挖范围等综合考虑,出露面积则为出露宽度与汇水宽度的乘积。按照上述规则,隧址沿线含水层汇水面积计算见表17.4-1。

表17.4-1 隧址沿线含水层分段表

序号	分段里程	地层代号及地层岩性	含水岩组	渗透系数 $K/(m \cdot d^{-1})$	分布长度 L/km	汇水宽度 B/km	汇水面积 F/km^2
1	K0+457~K3+182	J_1z-J_2x/粉砂岩夹页岩	碎屑岩裂隙含水岩组(Ⅰ类)	0.02~0.04	2.725	1.8	4.91
2	K3+182~K4+510	T_3xj/石英砂岩	碎屑岩裂隙含水岩组(Ⅱ类)	0.07~0.10	1.328	2.8	3.72
3	K4+510~K5+718	T_2b^3/泥质灰岩	岩溶含水岩组	0.10~0.15	1.21	3.5	4.24
4	K5+718~K7+498	$T_2b^1-T_2b^2$/泥岩夹泥质灰岩	相对隔水岩组	0.01~0.03	1.78	3.5	6.23
5	K7+498~K7+913	T_2b^3/泥质灰岩	岩溶含水岩组	0.12~0.17	0.415	3.8	1.58
6	K7+913~K8+312	T_3xj/石英砂岩	碎屑岩裂隙含水岩组(Ⅱ类)	0.07~0.10	0.399	2.7	1.08
7	K8+312~K9+202	J_1z-J_2x/粉砂岩夹页岩	碎屑岩裂隙含水岩组(Ⅰ类)	0.02~0.04	0.89	2.2	1.96
8	K9+202~K9+685	J_2xs/页岩、泥岩	相对隔水岩组	0.005~0.01	0.483	1.25	0.60
9	K9+765~K9+900	J_2s/泥岩		0.005~0.01	0.135	0.95	0.20
10	合计				9.363		24.52

(3)分别采用地下水径流模数法、大气降水渗入法、地下水动力学法计算隧道涌水量。

①地下水径流模数法参照式(17.3-4)。径流模数取值与围岩富水程度有关,参照《铁路工程水文地

质勘测规程》(TB 10049—2014),见表 17.4-2。根据各岩组地层出露位置、地形地貌、岩溶发育部位及在水文地质单元中的径流条件,参考区域水文地质调查报告综合取值,各段计算结果见表 17.4-3,预测隧道的正常涌水量规模为 18 340.99 m³/d。

表 17.4-2 地下径流模数与围岩富水程度关系

地层岩性	贫水区	弱富水区	中等富水区	强富水区
地下径流模数 $M/(m^3 \cdot d^{-1} \cdot km^{-2})$	$M<100$	$100 \leqslant M<1000$	$1000 \leqslant M<5000$	$M \geqslant 5000$
地下径流模数 $M/(L \cdot s^{-1} \cdot km^{-2})$	$M<1.16$	$1.16 \leqslant M<11.57$	$11.57 \leqslant M<57.87$	$M \geqslant 57.87$
洞身单位长度可能最大涌水量 $q_0/(m^3 \cdot d^{-1} \cdot m^{-1})$	$q_0<0.1$	$0.1 \leqslant q_0<1$	$1 \leqslant q_0<5$	$q_0 \geqslant 5$

注:此表来源于《铁路工程水文地质勘测规程》(TB 10049—2014)。

②大气降水渗入量计算公式如下:

$$Q_i = 2.73 \times \lambda_i \times h \times F_i \tag{17.4-1}$$

$$Q_i = \sum Q_i \tag{17.4-2}$$

式中:Q 为隧道总的正常涌水量(m³/d);Q_i 为隧道通过各含水体地段的正常涌水量(m³/d);λ_i 为各含水体地段的渗入系数[L/(s·km²)];h 为区域多年最大年降水量(mm/a),取 1 227.9 mm/a;F_i 为隧道通过含水体地段的集水面积(km²)。

根据区域水文地质普查报告,参考降水入渗系数的经验参数,并结合该区地形特征、植被覆盖情况,各含水层的降雨入渗系数(λ)见表 17.4-4,涌水量计算见表 17.4-3,预测隧道的正常涌水量规模为 15231.24 m³/d。

除此之外还可以采取地下水动力学法对隧道正常涌水量及最大涌水量进行预测,计算结果见表 17.4-4。

可以看出,除地下水径流模数法计算结果相对偏大外,其余方法计算的正常涌水量结果相差不大。根据相关经验做法,取四种方法计算结果的平均值(17 038.13 m³/d)作为隧道平水期涌水量比较合理。

根据工程经验,隧道丰水期涌水量为平水期涌水量的 1.5 倍,雨洪期最大涌水量为平水期的 2.5 倍。据计算,丰水期隧道涌水量为 25 557.19 m³/d。

四、地下水对地表环境的影响分析

隧道施工将破坏原有的地下水平衡系统,改变既有水文地质条件,使得地下水径流、排泄途径发生变化,可能造成地表水流失,泉水量减少等水环境问题。

根据地下水动力学法公式中水平坑道疏干影响范围的计算公式(即库萨金公式):

$$R = 2 \times S \times \sqrt{H \times K} \tag{17.4-3}$$

式中:R 为疏干影响范围(m);S 为降深(m);H 为含水层厚度(m);K 为渗透系数(m/d)。

根据地质构造及同类工程的经验参数,对铁峰山背斜两翼的含水层进行地下水疏干水环境问题影响范围划分,计算结果如表 17.4-5、表 17.4-6 所示。

以上计算结果为理论值,对于均匀介质含水层相对准确,而对于极不均匀含水介质其计算结果与实际可能存在较大差异。本工程区内含水介质为不均匀介质,故上述疏干水影响半径计算结果仅作参考。

根据本隧址区工程地质和水文地质条件,结合水平坑道疏干影响范围计算结果、煤矿坑道对地下水的疏排影响,分别对隧址区内三类含水层地下水疏干造成的水环境问题的影响范围建议如表 17.4-6 所示。

根据上述原则确定的隧道建设对地下水疏干影响区范围见图 17.4-2,平面面积 21.40 km²。

表 17.4-3 隧道涌水量计算综合汇总表

序号	分段桩号	地层岩性	富水性	正常涌水量/(m³·d⁻¹)				最大涌水量/(m³·d⁻¹)			综合预测/(m³·d⁻¹)	
				径流模数法	降水入渗法	裘布依理论式	佐藤邦明经验式	古德曼经验式	佐藤邦明非稳定流式		平水期 W	丰水期 1.5W
1	K0+457～K3+182	粉砂岩夹页岩(J_1z-J_2x)	弱—中等富水	1 547.25	1 946.94	1 716.69	1 271.74	8 459.78	4 286.86		1 620.66	2 430.98
2	K3+182～K4+510	石英砂岩(T_3xj)	中等富水	3 028.75	2 350.20	3 483.29	4 243.73	16 626.02	8 181.67		3 276.49	4 914.74
3	K4+510～K5+718	泥质灰岩(T_2b^3)	中等—强富水	4 004.21	2 701.85	5 083.42	5 961.54	22 644.84	11 119.43		4 437.76	6 656.63
4	K5+718～K7+498	泥岩夹泥质灰岩(T_2b^1、T_2b^2)	弱—中等富水			1 119.19	957.05	4 755.83	2 375.09		1 038.12	1 557.18
5	K7+498～K7+913	泥质灰岩(T_2b^3)	强—中等富水	8 127.65	6 855.18	2 232.28	2 617.89	9 944.04	4 882.88		4 958.25	7 437.38
6	K7+913～K8+312	石英砂岩(T_3xj)	中等富水	902.88	573.89	1 173.77	1 182.61	4 797.97	2 366.68		958.29	1 437.43
7	K8+312～K9+202	粉砂岩夹页岩(J_1z-J_2x)	弱—中等富水	626.57	722.73	615.46	589.72	3 163.68	1 586.53		638.62	957.93
8	K9+202～K9+685	页岩、泥岩(J_2xs)	弱—贫富水	77.76	60.34	153.57	35.74	350.26	180.17		81.85	122.78
9	K9+765～K9+900	页岩、泥岩(J_2s)	弱—贫富水	25.92	20.11	61.98	4.37	127.44	67.16		28.10	42.14
10	总计			18 340.99	15 231.24	15 639.65	16 864.39	70 869.86	35 046.46		17 038.13	25 557.19

表 17.4-4　降水渗入系数的经验参数

地层岩性	渗入系数 λ	地层岩性	渗入系数 λ
完整岩石	0.01～0.10	岩溶微弱发育	0.01～0.10
较完整岩石	0.10～0.15	岩溶弱发育	0.10～0.15
较破碎岩石	0.15～0.18	岩溶中等发育	0.15～0.20
破碎岩石	0.18～0.20	岩溶强烈发育	0.20～0.50
极破碎岩石	0.20～0.25		

注：此表来源于《铁路工程水文地质勘测规程》(TB 10049—2014)。

表 17.4-5　公式计算法确定的影响范围

位置	地层	降深 S/m	含水层厚度 H/m	渗透系数 $K/(m \cdot d^{-1})$	影响半径 R/m
北西翼	泥岩、页岩等含水层	50	50	0.03	122.5
	砂岩含水层	85	85	0.1	495.6
	泥质灰岩含水层	150	150	0.2	1 643.2
南东翼	泥质灰岩含水层	175	175	0.25	2 315.0
	砂岩含水层	95	95	0.12	641.5
	泥岩、页岩等含水层	75	75	0.03	225.0

表 17.4-6　隧址区各含水层中水环境问题影响半径建议值

地层	强烈影响区/m	中等影响区/m	一般影响区/m
泥质灰岩等含水层	0～800	800～2000	2000～2500
石英砂岩等含水层		0～700	700～1500
泥岩、页岩等含水层			0～300

1. 强烈影响区

隧道施工疏干地下水强烈影响区主要集中在背斜轴部两翼巴东组上段（T_2b^3）泥质灰岩地层，分布面积 1.67km²，占研究区总面积的 1.1%，占影响区面积 7.8%。

2. 中等影响区

隧道施工疏干地下水中等影响区主要集中在背斜近轴部两翼须家河组（T_3xj）石英砂岩及部分珍珠冲组（J_1z）粉砂岩地层，分布面积 6.99km²，占研究区总面积的 5.7%，占影响区面积 32.6%。

3. 一般影响区

隧道施工疏干地下水一般影响区主要集中在两翼的珍珠冲组、自流井组、新田沟组、下沙溪庙组及沙溪庙组的泥岩、页岩夹粉砂岩，分布面积 12.74km²，占研究区总面积的 11.5%，占影响区面积 59.5%。

强烈影响区内泥质灰岩地表出露的高程较高，地势较陡，地下水水的补给主要来源于大气降水，虽岩性透水性相对较好，但因为该区内水塘(水库)较少，且基本无农田，因此隧道施工对该区的影响基本可控。初步判断主要影响大垭煤矿出水量，考虑该地下水为老岩新村饮用水的取水水源，需提前采取相

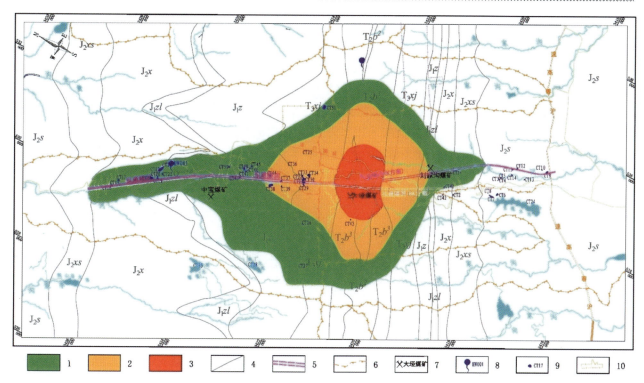

图 17.4-2　隧洞地下水疏干造成水环境问题影响分区示意图

1.水环境一般影响区;2.水环境中等影响区;3.水环境强烈影响区;4.地层界线;5.隧道设计轴线;6.地表分水岭;7.煤矿进出口;8.泉水点;9.地表池塘或水库;10.煤矿开采范围线

应的措施。

中等影响区地表主要出露砂岩,主要沿层面和裂隙面导水,导水性稍好,据调查该区内有少量池塘和小水库,少量的农田,池塘多为鱼塘(大部分已做防渗),地下水疏干会造成一定的影响。

一般影响区地表主要出露泥岩、页岩夹砂岩,隔水性较好,地势稍缓,地表分布较多池塘和小水库,池塘多用于养鱼,且大多已做防渗,受大气和冲沟补给,地下水疏干对池塘、小水库和农田影响较小。

五、地下水环境影响防治措施

1. 防治原则

(1)应采取"早期预测、预防为主、防治结合"的防治思路。
(2)加强对地表水体的地表监测及预警工作。
(3)严控施工作业在有序的实施。隧道必须严格控制排水及爆破,采用"以堵为主,局部堵排结合,有压隧道设计"原则进行设计。
(4)编制完善专项施工作业方案设计及防水预案,并严格实施,将隧道建设的影响降到可控范围。

2. 防治措施

(1)强烈影响区内,隧道开挖主要对生活饮用水产生影响,因此建议隧道开挖后及时衬砌,尽量减小地下水的抽排,并做好生活饮用水的应急预案。

(2)中等影响区,地下水受到一定程度影响,但总体影响不大。可对局部涉及生活饮用水的水库(水塘)加强监测、预防,必要时可能重点水源地进行加固防及防渗处理,隧道开挖严格控制进尺和及时封闭,减少排放长度和排放量。

(3)对建筑物分布区、地表水点,应加强监测、预防。因为重要水塘(水库)进行了塘底水泥衬砌,水体渗入隧道的可能性较小,建议对涉及生活饮用水的水塘(水库)进行适当监测。

3. 防治建议

1）综合方面

在集中涌水地段贯彻以"堵"为主方针，要求严密堵水，超前堵水。可采用超前帷幕注浆，在衬砌与围岩之间做严密隔水层等工程措施，将地下水予以封堵。根据隧道具体情况，在采用超前探水查明坑道前方地下水分布情况及水量后，适时采取预注浆，将大量地下水尽可能封堵在围岩内，使隧道开挖不出现大量涌水，为隧道后续施工创造条件。注浆材料采用水泥-水玻璃双液浆，注浆压力为静水压力的2～3倍。

据国内外既有隧道涌水记录，许多涌水点都是位于掌子面后方，也就是说，许多大规模涌水往往是在工作面通过以后才发生。因此，施工过程中应密切注意隧道四壁的干湿、滴水、渗水及动态等情况，重点区段初期支护应紧跟工作面，支护方式以锚喷联合支护为宜。

2）地质超前预报

（1）施工过程中，利用超前钻孔来预报可能出现的涌水位置及水头压力。

（2）运用地震反射法、地质雷达等较先进的技术方法，进行涌水超前预报。

3）施工作业（工序）

（1）钻爆破法可能是该隧道的首选掘进方式，为尽可能降低施工对围岩的扰动，减小松弛区半径，防止人为增加围岩的导水性能，建议严格控制爆破技术。

（2）施工工序要紧跟，采取"短开挖、快堵水、快衬砌"，严防超挖与坍方。

（3）该隧道为单向双洞，左右隧道相距约30m，自进口到出口路面纵坡为+1.80%。在穿越灰岩段的施工组织中，宜自进洞口（开县）向出洞口（万州）掘进，建议两个单洞工作面应同时开进，并保持大体一致的掘进速度，以便遇到重大涌突水过程中相互支援。

（4）隧道发生较大规模涌水的主要水源是背斜两翼近轴部T_2b^3碳酸盐岩，此在施工组织过程中，应将预测集中涌水段的施工安排在枯水季节进行，这样可以大大降低涌水量，并缓解外水压力。

4）地表监测（加固）工作

（1）建立施工前后的完善的地表水体的监测方案。并建立监测预警方案，分别设置监测手段和预警范围，建立有针对性的避险措施。

（2）指派专人对洞顶井泉排泄点和隧道内的水位水量（泥沙含量）进行动态观测，指导隧道内的防、排水工作。

（3）加固洞顶水塘、水沟的加固工作，避免造成重要地表水体疏干。

5）排放控制量

隧道允许排放标准与工程部位、地质状况和使用功能有关，同时又直接影响着工程造价，过高的允许排水标准只能片面的增加工程费用。本隧道允许排水量的制定主要考虑如下因素：

（1）从水保护角度考虑，排放的地下水不会引起地下水资源的干涸，具体估算。方法采用隧道穿越的地下水汇集区域内的降水量应不小于本区域内的地表径流净流失量以及隧道内的排水量之和。

（2）地下水的排水量不应引起水土流失，这个主要与地层特点及裂隙填充形式有关，因此通常在制定排放标准时不仅规定了区域性的排放标准，还要规定局部性的或个别突水点的最大涌水量。

（3）根据重庆市地方标准《地下工程地质环境保护技术规范》（DBJ 50/T-189—2014）对隧道内地下水控制排放量建议值（表17.4-7），工程区居民集中区大于500人，且存在一级集中式饮用水水源保护区，因此保护对象为重要区，建议其地下水控制排放量为1～2m³/(m·d)。结合以上因素并考虑原设计排水能力及后期涌水治理，建议该隧道限制排放水的标准为1m³/(m·d)。

表17.4-7 重庆市隧道内地下水控制排放量

保护对象重要性分区	地下水控制排放量/[m³/(m·d)]
一般区	4～5
较重要区	2～4
重要区	1～2

第十八章 展 望

渝西岩土工程跨越市政、公路、铁路、岸坡、桥梁等多个行业及学科领域,其问题涵盖高填方地基、人工岩质高边坡、桥梁地基、取水泵站地基、输水管线地基、堤库岸坡、病险库土石坝渗控工程、隧洞围岩、大跨度地下空间软弱围岩性质、岩爆、软弱围岩大变形、隧洞 TBM 适宜性、顶管施工适宜性、崩塌滑坡与泥石流治理、隧洞施工地下水环境等岩土工程问题,上述岩土工程问题的勘察论证与工程实践具有一定示范作用,为我国岩土工程学科的发展起到了促进作用。虽然如此,随着渝西岩土工程的跨越式发展,如 11km 长重庆万开-浦里深埋长隧洞等建成,对岩土工程勘察论证提出了新要求。为更好地服务渝西岩土工程建设,笔者对渝西岩土工程问题的发展前景展望如下。

第一,适应未来发展,开发新型岩土工程技术

我国现代土木工程建设发展趋势是人们将不断拓展新的生存空间,如地下空间、高速公路和高速铁路等。为适应未来发展,需要开发新型岩土工程技术,如无人机技术、InSAR、LiDAR、虚拟现实技术等在岩土工程领域的应用。

第二,适应未来发展,大力推进 GIS+BIM 技术在岩土工程勘查中的应用

推进岩土工程与地质工程的交叉融合,充分运用大数据、云计算、人工智能、数据挖掘,以及现代信息技术等,大力推进 GIS+BIM 技术在岩土工程勘查中的应用。基于国内相关领域普遍应用及大力推广地理信息系统前提下,岩土工程勘察技术将会迎来大规模、高速的发展时期,其中大力推进 GIS+BIM 技术在岩土工程勘查中的应用成为必然。

第三,适应未来发展,提高数字化岩土工程勘查技术的应用水平

数字化岩土工程勘查是应用当代测绘技术、数据库技术、计算机技术、网络通信技术及 CAD 技术,通过计算机及其软件,将工程项目的所有信息有机地集成起来,建立综合的计算机辅助信息流程,使勘查设计的技术手段从手工方式向现代化技术转变,做到数据采集信息化、勘查资料处理数字化、硬件系统网络化、图文处理自动化,逐步形成和建立适应多专业、多工种生产的智能化的工程勘查设计体系,主要解决的是岩土工程勘查中场地空域的数字化、场地物性指标的数字化、场地地层的数字化和岩土工程勘查数据库的设计。

第四,适应未来发展,开展绿色岩土工程施工技术的应用

在国家大力倡导可持续发展的时代背景下,岩土工程相关技术人员也要对原有的施工技术进行必要的梳理,并积极发展以及运用绿色施工技术,不断引进国际先进的设备以及技术,并使其尽快本土化,开展绿色岩土工程施工技术的应用,为我国的可持续发展做出重要贡献。

主要参考文献

北京市勘察设计研究院有限公司,2012.市政工程勘察规范:CJJ 56—2012[S].北京:中国建筑工业出版社.
长江岩土工程总公司(武汉),长江三峡勘测研究院,2012.长江流域水利水电工程地质[M].北京:中国水利水电出版社.
陈残云,2014.大竹河水库大坝渗漏处理补充勘察分析报告[R].武汉:长江岩土工程总公司(武汉).
陈残云,黄智强,田佐全,2013.重庆市巴南区病险水库治理勘察特点分析[J].人民长江,44(6):40-41,52.
陈桂华,徐锡伟,郑荣章,等,2008.2008年汶川Ms8.0地震地表破裂变形定量分析——北川-映秀断裂地表破裂带[J].地震地质,30(3):723-738.
陈国光,计凤桔,周荣军,等,2007.龙门山断裂带晚第四纪活动性分段的初步研究[J].地震地质,29(3):657-673.
陈国容,2011.拉平排涝隧洞岩爆特征分析与防治技术研究[J].中国西部科技,10(5):1-3.
陈社发,邓起东,1994.龙门山中段推覆构造带及相关构造的演化历史和变形机制(一)[J].地震地质,16(4):9.
陈祥军,王景春,2011.地质灾害防治[M].北京:中国建筑工业出版社.
陈学敏,陈厚林,范德顺,等,1977.中华人民共和国区域水文地质普查报告(比例尺:1∶20万)重庆幅H-48-【23】[R].成都:四川省地质局.
程德胜,汪旭,2018.HSP超前地质预报技术在双护盾TBM施工隧道中的应用[J].四川水力发电,37(3):177-181.
程裕淇,1994.中国区域地质概论[M].北京:地质出版社.
崇毅,赵家福,杨德发,等,1980.中华人民共和国区域水文地质普查报告(比例尺:1∶20万)綦江幅H-48-【29】[R].成都:四川省地质局.
董志宏,丁秀丽,李勤军,等,2013.大奔流沟料场施工期高边坡稳定性数值模拟[J].人民长江,44(14):13-19.
董志宏,丁秀丽,卢波,2011.锦屏一级水电站大奔流料场边坡变形机制与稳定性分析[R].武汉:长江科学院.
杜世明,吴建中,康荣,2013.水磨钻在抗滑桩中遇岩石开挖中的应用[J].人民长江,44(6):77-78.
范杰,2018.浅谈顶管施工技术[J].四川建筑,38(6):282-284.
范天印,汪小刚,2016.土石坝险情特征与应急处理[M].北京:中国水利水电出版社.
范毅雄,陈文华,杨松,等,2014.岩层中顶管的设计和施工[C]//中国土木工程学会水工业分会结构专业委员会五届第一次会议暨换届会议论文集.长春:中国土木工程学会,301-307.
方梨梨,2011.顶管施工参数的地层适应性问题研究[D].广州:广州大学,2011.
冯春,2015.线路勘测中航测技术的作用[J].能源·电力(15):61-62.
冯振,殷跃平,李滨,等,2012.重庆武隆鸡尾山滑坡视向滑动机制分析[J].岩土力学,33(9):2704-2712.
高峰,2018.禹门口一级水源泵站站址地质问题分析及防治措施[J].陕西水利,3(2):118-119.
高健,周慧林,李俣继,等,2015.万开周家坝—浦里快速通道工程地质勘察报告[R].武汉:长江勘测规划设计研究有限责任公司.
高同伟,王海亮,2011.静态爆破法在煤矿巷道扩建工程中的应用[J].爆破,28(1):98-99.
古上申,2018.TBM隧道施工超前地质预报现状和技术[J].四川水泥,(3):144.
谷继成,魏富胜,1987.论地震活动定量化:地震活动度[J].中国地震,3(增刊):12-22.
广东省基础工程集团有限公司,2016.顶管技术规程:DBJ/T 15-106-2015[S].北京:中国城市出版社.
郭文涛,胡艳伟,2013.中国泵站工程的现状与发展[J].中国科技博览,16:14-15.
郭正吾,韩永辉,1989.上扬子地区深部地质结构及其对盆地演化的控制意义[J].四川地质学报,9(2):1-8.
国家地震局,1996.中国地震烈度区划图(1990)概论[M].北京:地震出版社.
国家地震局全国地震烈度区划编图组,1979.中国地震等烈度线图集[M].北京:地震出版社.
何宏林,孙昭民,王世元,等,2008.汶川Ms8.0地震地表破裂带[J].地震地质,30(2):359-362.
何计彬,2013.深孔小口径科学钻探孔斜机理分析与轨迹预测[D].成都:成都理工大学.
侯靖,张春生,单治钢,2011.锦屏二级水电站深埋引水隧洞岩爆特征及防治措施[J].地下空间与工程学报,7(6):1251-1257.
胡钧杭,刘禹志,2015.对岩土工程技术应用及发展前景的探讨[J].建设与发展(4):936.

胡聿贤,1999.地震安全性评价技术教程[M].北京:地震出版社.
化建新,郑建国,王笃礼,等,2018.工程地质手册(第五版)[M].北京:中国建筑工业出版社.
环境保护部环境工程评估中心,2016.环境影响评价技术导则——地下水环境:HJ 610—2016[S].北京:中国环境科学出版社.
黄冬冬,2018.重庆地区泥岩条件下TBM滚刀偏磨研究[J].四川水泥(2):308.
黄明普,2011.重庆地铁TBM施工对隧道围岩影响区域的研究[J].兰州交通大学学报,30(3):11-13.
黄润秋,祁生文,2017.工程地质:十年回顾与展望[J].工程地质学报,25(2):257-276.
霍俊荣,胡聿贤,冯启民,1992.关于通过烈度资料估计地震动的研究[J].地震工程与工程振动,12(3):1-15.
简江涛,2018.引汉济渭工程TBM在不良地质段掘进难点分析和应对策略[J].工程技术(27):92-93.
建设部综合勘察研究设计院,2009.岩土工程勘察规范:GB 50021—2001[S].北京:中国建筑工业出版社.
江苏省工程勘测研究院有限责任公司,2015.水闸与泵站工程地质勘察规范:SL 704-2015[S].北京:中国水利水电出版社.
康荣,刘佰炼,高飞,2013.万州长江三桥深水区钻探定位方法[J].人民长江,44(6):74-76.
柯于义,彭良余,徐平,等,2010.青海省引大济湟调水总干渠工程地质勘察报告[R].武汉:长江规划勘测设计研究有限责任公司.
孔林军,2013.小孔径固体岩芯深孔钻探技术的探讨[J].科技与企业(23):237.
雷建成,张耀国,唐荣昌,等,1997.地震空间分布函数的确定方法研究[J].中国地震,13(1):9.
黎力,刘安云,袁兴平,等,2002.重庆市地质图说明书(1:50万)[R].重庆:重庆市地质矿产勘查开发总公司.
李传友,宋方敏,冉勇康,2004.龙门山断裂带北段晚第四纪活动性讨论[J].地震地质,26(2):11.
李广超,毋光荣,耿瑜平,2015.水库大坝渗漏探测技术与应用[M].郑州:黄河水利出版社.
李国和,2009.长大隧道综合勘察技术应用研究[J].现代隧洞技术,46(增刊1):105-111.
李凯磊,2015.TBM刀具消耗分析研究[D].石家庄:石家庄铁道大学.
李勤军,鄢双红,2017.大奔流沟料场高边坡支护设计研究与实践[J].人民长江,44(14):22-25.
李勇,周荣军,等,2006.青藏高原东缘中新生代龙门山前陆盆地动力学及其与大陆碰撞作用的耦合关系[J].地质学报,80(8):1101-1108.
李佑才,马卫东,吴明书,等,1977.中华人民共和国区域水文地质普查报告(比例尺:1:20万)内江幅H-48-【22】[R].成都:四川省地质局水文工程地质大队革命委员会.
李玉龙,1986.中国西北陕甘宁青地震区划[M].兰州:甘肃人民出版社.
林良进,2009.地基处理选择与桩基选型研究[D].厦门:厦门大学.
刘传正,2010.重庆武隆鸡尾山危岩体形成与崩塌成因分析[J].工程地质学报,18(3):297-304.
刘建,2011.岩溶隧道地下水环境负效应评价体系研究[D].成都:西南交通大学.
刘俊生,2015.长引水隧洞勘察的几点体会[J].东北水利水电,33(1):53-57.
刘天强,华兴,姜福,2017.浅析地下水开发利用中的环境问题与对策[J].企业技术开发,36(10):136-137,140.
刘兴诗,1983.四川盆地的第四系[M].成都:四川科学技术出版社.
卢丙清,戴岩柯,徐佩华,等,2011.重庆市某泥石泥成因机制分析及治理措施探讨[J].重庆市交通大学学报(自然科学版),30(1):658-661.
卢锟明,2012.引汉济渭输水隧道(岭北段)地下水环境影响研究[D].西安:长安大学.
陆关祥,李林,2010.重庆市滑坡、崩塌的发育规律及区域危险性程度区划[J].地质科学,36(3):335-341.
罗向奎,陈鹏,2010.重庆市泥石流特征及防治对策[J].地下空间及工程学报,6(2):1751-1754.
罗志立,1998.四川盆地基底结构的新认识[J].成都理工学院学报,25(2):10.
马保起,苏刚,侯治华,等,2005.利用岷江阶地的变形估算龙门山断裂带中段晚第四纪滑动速率[J].地震地质,27(2):9.
马佳,2012.瑞雷面波在土石方量调查中的应用[J].城市建设理论研究(15).
马新平,2010.马家沟水库活沥青混凝土心墙防治处理设计[J].大坝与安全(5):12-15.
马杏垣,1989.中国岩石圈动力学地图集[M].北京:中国地图出版社.
梅志荣,张军伟,李传富,2009.铁路长少隧道建设中地下水防治有关问题研究进展[J].铁道工程学报(9):78-82.
蒙小强,孙彭城,2010.顶管地层适应性与变形参数取值的分析[J].城区建设(4):328-328.
孟晓燕,2018.引水隧洞断层破碎带TBM掘进卡机处理措施[J].百科论坛电子杂志(24):717-718.

彭士标,袁建新,王惠明,等,2011.水力发电工程地质手册[M].北京:中国水利电力出版社.
钱洪,唐荣昌,1992.四川盆地的地震地质特征[J].四川地震(3):6.
冉勇康,陈立春,程建武,等,2008.安宁河断裂冕宁以北晚第四纪地表变形与强震破裂行为[J].中国科学D辑:地球科学,38:543-554.
时振梁,鄢家全,高孟潭,1991.地震区划原则和方法的研究:以华北地区为例[J].地震学报,13(2):11.
水利部水利水电规划设计总院,2013.堤防工程设计规范:GB 50286—2013[S].北京:中国计划出版社.
孙建华,张永勤,梁健,等,2011.深孔绳索取芯钻探技术现状及研发工作思路[J].地质装备,12(4):11-14.
孙业发,薛春刚,李一勇,等,2019.大型悬索桥水中锚碇基础方案创新研究[J].中国港湾建设,39(1):15-18.
孙云志,黄润秋,2012.谷坡岩体卸荷带划分量化指标研究[J].岩石力学与工程学报,31(增2):1-9.
孙云志,王颂,冉隆田,等,2013.锦屏水电站大奔流沟料场高边坡破坏模式分析[J].人民长江(3):5-10.
孙云志,张正清,占艳平,等,2012.重庆市万州长江三桥工程地质勘察报告[R].武汉:长江岩土工程总公司(武汉).
唐荣昌,韩渭滨,1993.四川活动断裂与地震[M].北京:地震出版社.
唐万金,黄智强,李长杰,2013.山区河流防洪护岸综合整治勘察方法探讨[J].人民长江,44(6):47-49.
唐万金,吴建中,谭书全,2013.三峡库区万州长江二桥在滑坡群中选址与滑坡利用[J].人民长江,44(6):29-32.
唐万金,张正清,陈永川,等,2009.三峡库区白马中学防护工程堤岸破坏模式分析[J].资源环境工程,23(5):598-600.
唐志强,张隆刚,夏贤峰,2013.重庆市綦江鱼栏嘴水库渠道张家沟滑坡形成机制[J].人民长江,44(6):21-25.
铁道第一勘察设计院,2019.铁路工程地质勘察规范:TB 10012—2019[S].北京:中国铁道出版社.
王民浩,杨志刚,刘世煌,2010.水电水利工程风险辨识与典型案例分析[M].北京:中国水利水电出版社.
王绍晋,等,1988.西南与华南应力场过渡区的现代构造应力场特征[C]//云南省地震局.云贵地区地震危险性研究文集.昆明:云南科技出版社.
王先远,2012.岩溶地区隧洞工程勘察应用技术的探讨[J].西部探矿工程(2):17-21.
吴森海,2010.建筑地基基础勘察、设计与施工中存在的问题剖析与控制管理[D].青岛:青岛理工大学.
吴世勇,王鸽,2010.锦屏二级水电站深埋长隧洞群的建设和工程中的挑战性问题[J].岩石力学与工程学报,29(11):2161-2170.
肖尚权,廖伟,杨安勇,2017.重庆市合川区涞滩古城(文昌宫段)应急抢险工程地质勘察报告[R].武汉:长江岩土工程总公司(武汉).
徐锡伟,闻学泽,叶建青,等,2008.汶川Ms8.0地震地表破裂带及其发震构造[J].地震地质,30(3):597-629.
许志琴,等,1986.东秦岭复合山链的形成[M].北京:中国环境科学出版社.
许志琴,侯立玮,王宗秀,等,1992.中国松潘—甘孜造山带的造山过程[M].北京:地质出版社.
闫滨,2016.病险水库除险加固技术[M].沈阳:辽宁科学技术出版社.
闫长斌,姜晓迪,杨继华,等,2018.考虑地质适宜性和滚刀直径的TBM刀具消耗预测[J].隧道建设(中英文),38(7):1243-1250.
杨光煦,2016.岩土工程关键技术研究与实践[M].北京:中国水利水电出版社.
杨晓平,宋方敏,梁小华,等,1999.龙门山断裂带南段断错晚更新世以来地层的证据[J].地震地质,21(4):341-345.
杨兴富,2013.水利水电工程中深埋长隧洞勘察技术方法思考[J].企业技术开发,32(11):136-137.
于志华,2012.管线工程软土地基处理应用研究[D].沈阳:东北大学.
俞言祥,2002.长周期地震动衰减关系研究[D].北京:中国地震局地球物理研究所.
袁亮,彭邦兴,2012.锦屏二级水电站引水隧洞岩爆段TBM穿越技术[J].水电站设计,28(Z1):13-17.
曾昆,2016.浅谈水利水电工程深埋长隧洞勘察技术[J].水利建设(15):114-115.
张诚,1990.中国地震震源机制[M].北京:学术书刊出版社.
张二朋,1993.秦巴及邻区地质—构造特征概论[M].北京:地质出版社.
张俊卿,2018.开敞式TBM在灰岩段岩溶及炭质板岩地层中快速掘进技术[J].商品与质量(34):158-160.
张连成,叶飞,谢永利,等,2011.软弱破碎围岩隧道大变形机理及处治[J].公路交通科技,28(12):94-100.
张宁,石豫川,童建刚,2010.TBM施工深埋隧洞围岩分类方法初探[J].现代隧道技术,47(5):11-14,31.
张鹏,2016.复杂地基上的长距离压力输水管线的设计与实现[J].中国水运,16(1):316-317.
张卫东,2018.山区特高压输电线路钻探设备应用探讨[J].国网技术学院学报,21(4):34-36,40.
张伟民,胡炎基,谢贻谋,等,1980.中华人民共和国区域地质调查报告(比例尺:1:20万)【H-48-(16)(遂宁幅)、H-

48-(21)(自贡幅)、H-48-(22)(内江幅)、H-48-(27)(宜宾幅)、H-48-(28)(泸州幅)】(地质部分)[R].成都:四川省地质局.

张彦坤,2018.软黏土中道路管线及构筑物的地基处理技术[J].四川建材,6(44):85-86.

张正清,刘宇,陕硕,等,2015.重庆市万开周家坝—浦里快速通道专项水文地质勘察报告[R].武汉:长江规划勘测设计研究有限责任公司.

张正清,朱本明,曾友仁,等,2009.重庆市巴南区重建丰岩水库坝基岩体岩爆问题分析[J].资源环境与工程,23(5):579-581.

赵彩飞,梁仁旺,2012.论岩土工程的发展与展望[J].科学之友(3):4-5.

赵从俊,1984.四川盆地构造垂向变异特征类型及其管理探讨[J].石油学报,5(2):11-21.

赵从俊,杨日畅,田晓燕,1989.川东构造应力场与油气富集规律探讨[J].石油学报,10(2):12.

赵国斌,程向民,贾国臣,2012a.岩爆分类与预测分析[J].资源环境与工程,26(5):509-511.

赵国斌,贾国臣,2012b.岩爆判别准则在深埋长隧洞中的应用[J].水利水电工程设计,31(1):27-30.

赵杰,2018.南水北调中线刘湾泵站工程地质问题评价[J].科技论坛(8):21-22.

赵明阶,徐容,王俊杰,等,2019.电阻率成像技术在土石坝渗漏诊断中的应用[J].重庆交通大学学报(自然科学版),28(6):1097-1101.

赵文华,汪苏华,刘廷文,等,1977.中华人民共和国区域水文地质普查报告(比例尺:1:20万)泸州幅H-48-【28】[R].成都:四川省地质局.

赵小麟,邓起东,陈社发,等,1994.岷江隆起的构造地貌学研究[J].地震地质,16(4):429-439.

赵友年,1980.四川省构造体系与地震分布规律图[R].成都:四川省地质局.

郑文俊,李传友,王伟涛,等,2008.汶川8.0级地震陡坎(北川以北段)探槽的记录特征[J].地震地质,30(3):697-709.

郑晓慧,2018.弹性波CT技术在岩溶区铁路桥梁勘察中的应用[J].铁道建筑技术(增1):216-219.

职晓阳,吴治生,2010.岩溶地区修建南岭隧道对环境地质的影响[J].石家庄铁路职业技术学院学报,9(2):42-45.

中国地质环境监测院,2016.滑坡防治工程勘查规范:GB/T 32846[S].北京:中国标准出版社.

中国建筑科学研究院,2017.高填方地基技术规范:GB 51254—2017[S].北京:中国建筑工业出版社.

中交第一公路勘察设计研究院有限公司,2011.公路工程地质勘察规范:JTG C20—2011[S].北京:人民交通出版社.

中水北方勘测设计研究有限责任公司,2014.引调水线路工程地质勘察规范:SL 629—2014[S].北京:中国水利水电出版社.

中铁第一勘察设计院集团有限公司,2015.铁路工程水文地质勘察规范:TB 10049—2014[S].北京:中国铁道出版社.

重庆地质矿产研究院,2014.地下工程地质环境保护技术规范:DBJ 50/T-189—2014[S].重庆:重庆地质矿产研究院.

周长武,曾绍良,郭鑫,等,1980.中华人民共和国区域地质调查报告(比例尺:1:20万)【H-48-(5)(仪陇)、H-48-(6)(通江幅)、H-48-(11)(南充幅)、H-48-(17)(广安幅)、H-48-(23)(重庆幅)】(地质部分)[R].成都:四川省地质局.

周华,2015.软土地基上市政管线工程不均匀沉降防治措施[J].市政工程,5(18):578-579.

周玖,黄修武,1980.在重力作用下的我国西南地区地壳物质流[J].地震地质,2(4):1-10.

周荣军,黎小刚,黄祖智,等,2003.四川大凉山断裂带的晚第四纪平均滑动速率[J].地震研究,26(2):6.

周荣军,唐荣昌,1997.地震构造类比法的应用:以川东地区华蓥山断裂带为例[J].地震研究,20(3):7.

周荣军,唐荣昌,雷建成,1997.四川盆地潜在震源区的细致划分[C]//国家地震局震害防御司.中国地震区划论文集.北京:地震出版社.

周中生,张建华,胡善铨,等,2010.重庆市近年地质灾害的特点及防治对策[J].地下空间,20(1):27-30.

朱多林,黄锋,韩晓萌,等,2014.综合物探技术在输电线路勘测中的应用[J].山西建筑,40(28):72-73.

朱永泉,李文江,赵勇,2012.软弱围岩隧道稳定性变形控制[M].北京:人民交通出版社.